国家出版基金项目
NATIONAL PUBLICATION FOUNDATION

国家出版基金资助项目
现代数学中的著名定理纵横谈丛书
丛书主编　王梓坤

U0211701

GOLDBACH CONJECTURE(Ⅱ)

Goldbach猜想(下)

刘培杰数学工作室 编译

哈尔滨工业大学出版社
HITP
HARBIN INSTITUTE OF TECHNOLOGY PRESS

内 容 提 要

本书叙述了哥德巴赫猜想从产生到陈景润解决"1＋2"问题的历史进程,突出记叙了陈景润在当时艰苦的生活环境中解决世界级数学难题的勇气、智慧和毅力,他所取得的成绩,他所赢得的殊荣,为千千万万的知识分子树起了一面不凋的旗帜,召唤着青少年奋发向前.

本书可供大学生、研究生以及数论爱好者研读.

图书在版编目(CIP)数据

Goldbach 猜想. 下/刘培杰数学工作室编译. 一哈尔滨:哈尔滨工业大学出版社,2018.9

(现代数学中的著名定理纵横谈丛书)

ISBN 978-7-5603-7594-6

Ⅰ.①G… Ⅱ.①刘… Ⅲ.①哥德巴赫猜想 Ⅳ.①O156.2

中国版本图书馆 CIP 数据核字(2018)第 184533 号

策划编辑 刘培杰 张永芹
责任编辑 杨明蕾 刘立娟
封面设计 孙茵艾
出版发行 哈尔滨工业大学出版社
社 址 哈尔滨市南岗区复华四道街 10 号 邮编 150006
传 真 0451－86414749
网 址 http://hitpress.hit.edu.cn
印 刷 哈尔滨市石桥印务有限公司
开 本 787mm×960mm 1/16 印张 57.75 字数 621 千字
版 次 2018 年 9 月第 1 版 2018 年 9 月第 1 次印刷
书 号 ISBN 978-7-5603-7594-6
定 价 198.00 元

读书的乐趣

你最喜爱什么——书籍.

你经常去哪里——书店.

你最大的乐趣是什么——读书.

这是友人提出的问题和我的回答.真的,我这一辈子算是和书籍,特别是好书结下了不解之缘.有人说,读书要费那么大的劲,又发不了财,读它做什么?我却至今不悔,不仅不悔,反而情趣越来越浓.想当年,我也曾爱打球,也曾爱下棋,对操琴也有兴趣,还登台伴奏过.但后来却都一一断交,"终身不复鼓琴".那原因便是怕花费时间,玩物丧志,误了我的大事——求学.这当然过激了一些.剩下来唯有读书一事,自幼至今,无日少废,谓之书痴也可,谓之书橱也可,管它呢,人各有志,不可相强.我的一生大志,便是教书,而当教师,不多读书是不行的.

读好书是一种乐趣,一种情操;一种向全世界古往今来的伟人和名人求

1

教的方法,一种和他们展开讨论的方式;一封出席各种活动、体验各种生活、结识各种人物的邀请信;一张迈进科学宫殿和未知世界的入场券;一股改造自己、丰富自己的强大力量.书籍是全人类有史以来共同创造的财富,是永不枯竭的智慧的源泉.失意时读书,可以使人重整旗鼓;得意时读书,可以使人头脑清醒;疑难时读书,可以得到解答或启示;年轻人读书,可明奋进之道;年老人读书,能知健神之理.浩浩乎! 洋洋乎! 如临大海,或波涛汹涌,或清风微拂,取之不尽,用之不竭.吾于读书,无疑义矣,三日不读,则头脑麻木,心摇摇无主.

潜能需要激发

我和书籍结缘,开始于一次非常偶然的机会.大概是八九岁吧,家里穷得揭不开锅,我每天从早到晚都要去田园里帮工.一天,偶然从旧木柜阴湿的角落里,找到一本蜡光纸的小书,自然很破了.屋内光线暗淡,又是黄昏时分,只好拿到大门外去看.封面已经脱落,扉页上写的是《薛仁贵征东》.管它呢,且往下看.第一回的标题已忘记,只是那首开卷诗不知为什么至今仍记忆犹新:

日出遥遥一点红,飘飘四海影无踪.

三岁孩童千两价,保主跨海去征东.

第一句指山东,二、三两句分别点出薛仁贵(雪、人贵).那时识字很少,半看半猜,居然引起了我极大的兴趣,同时也教我认识了许多生字.这是我有生以来独立看的第一本书.尝到甜头以后,我便千方百计去找书,向小朋友借,到亲友家找,居然断断续续看了《薛丁山征西》《彭公案》《二度梅》等,樊梨花便成了我心中的女英雄.我真入迷了.从此,放牛也罢,车水也罢,我总要带一本书,还练出了边走田间小路边读书的本领,读得津津有味,不知人间别有他事.

当我们安静下来回想往事时,往往会发现一些偶然的小事却影响了自己的一生.如果不是找到那本《薛仁贵征东》,我的好学心也许激发不起来.我这一生,也许会走另一条路.人的潜能,好比一座汽油库,星星之火,可以使它雷声隆隆、光照天地;但若少了这粒火星,它便会成为一潭死水,永归沉寂.

抄,总抄得起

好不容易上了中学,做完功课还有点时间,便常光顾图书馆.好书借了实在舍不得还,但买不到也买不起,便下决心动手抄书.抄,总抄得起.我抄过林语堂写的《高级英文法》,抄过英文的《英文典大全》,还抄过《孙子兵法》,这本书实在爱得狠了,竟一口气抄了两份.人们虽知抄书之苦,未知抄书之益,抄完毫末俱见,一览无余,胜读十遍.

始于精于一,返于精于博

关于康有为的教学法,他的弟子梁启超说:"康先生之教,专标专精、涉猎二条,无专精则不能成,无涉猎则不能通也."可见康有为强烈要求学生把专精和广博(即"涉猎")相结合.

在先后次序上,我认为要从精于一开始.首先应集中精力学好专业,并在专业的科研中做出成绩,然后逐步扩大领域,力求多方面的精.年轻时,我曾精读杜布(J. L. Doob)的《随机过程论》,哈尔莫斯(P. R. Halmos)的《测度论》等世界数学名著,使我终身受益.简言之,即"始于精于一,返于精于博".正如中国革命一样,必须先有一块根据地,站稳后再开创几块,最后连成一片.

丰富我文采,澡雪我精神

辛苦了一周,人相当疲劳了,每到星期六,我便到旧书店走走,这已成为生活中的一部分,多年如此.一次,偶然看到一套《纲鉴易知录》,编者之一便是选编《古文观止》的吴楚材.这部书提纲挈领地讲中国历史,上自盘古氏,直到明末,记事简明,文字古雅,又富于故事性,便把这部书从头到尾读了一遍.从此启发了我读史书的兴趣.

我爱读中国的古典小说,例如《三国演义》和《东周列国志》.我常对人说,这两部书简直是世界上政治阴谋诡计大全.即以近年来极时髦的人质问题(伊朗人质、劫机人质等),这些书中早就有了,秦始皇的父亲便是受害者,堪称"人质之父".

《庄子》超尘绝俗,不屑于名利.其中"秋水""解牛"诸篇,诚绝唱也.《论语》束身严谨,勇于面世,"己所不欲,勿施于人",有长者之风.司马迁的《报任少卿书》,读之我心两伤,既伤少卿,又伤司马;我不知道少卿是否收到这封信,希望有人做点研究.我也爱读鲁迅的杂文,果戈理、梅里美的小说.我非常敬重文天祥、秋瑾的人品,常记他们的诗句:"人生自古谁无死,留取丹心照汗青""休言女子非英物,夜夜龙泉壁上鸣".唐诗、宋词、《西厢记》《牡丹亭》,丰富我文采,澡雪我精神,其中精粹,实是人间神品.

读了邓拓的《燕山夜话》,既叹服其广博,也使我动了写《科学发现纵横谈》的心.不料这本小册子竟给我招来了上千封鼓励信.以后人们便写出了许许多多的"纵横谈".

从学生时代起,我就喜读方法论方面的论著.我想,做什么事情都要讲究方法,追求效率、效果和效益,方法好能事半而功倍.我很留心一些著名科学家、文学家写的心得体会和经验.我曾惊讶为什么巴尔扎克在51年短短的一生中能写出上百本书,并从他的传记中去寻找答案.文史哲和科学的海洋无边无际,先哲们的明智之光沐浴着人们的心灵,我衷心感谢他们的恩惠.

读书的另一面

以上我谈了读书的好处,现在要回过头来说说事情的另一面.

读书要选择.世上有各种各样的书:有的不值一看,有的只值看20分钟,有的可看5年,有的可保存一辈子,有的将永远不朽.即使是不朽的超级名著,由于我们的精力与时间有限,也必须加以选择.决不要看坏书,对一般书,要学会速读.

读书要多思考.应该想想,作者说得对吗?完全吗?适合今天的情况吗?从书本中迅速获得效果的好办法是有的放矢地读书,带着问题去读,或偏重某一方面去读.这时我们的思维处于主动寻找的地位,就像猎人追找猎物一样主动,很快就能找到答案,或者发现书中的问题.

有的书浏览即止,有的要读出声来,有的要心头记住,有的要笔头记录.对重要的专业书或名著,要勤做笔记,"不动笔墨不读书".动脑加动手,手脑并用,既可加深理解,又可避忘备查,特别是自己的灵感,更要及时抓住.清代章学诚在《文史通义》中说:"札记之功必不可少,如不札记,则无穷妙绪如雨珠落大海矣."

许多大事业、大作品,都是长期积累和短期突击相结合的产物.涓涓不息,将成江河;无此涓涓,何来江河?

爱好读书是许多伟人的共同特性,不仅学者专家如此,一些大政治家、大军事家也如此.曹操、康熙、拿破仑、毛泽东都是手不释卷,嗜书如命的人.他们的巨大成就与毕生刻苦自学密切相关.

王梓坤

出师未捷身先死，长使英雄泪满襟.

——杜甫《蜀相》

皇冠上的明珠

2006 年，英国著名理论物理学家霍金(S. Hawking)第三次来到中国，也是陈景润逝世十周年纪念之时.

作为一流学者，霍金与陈景润确有可比之处，他们都具有传奇色彩，其病弱的躯体和天才的头脑形成鲜明对比，为世人留下了深刻的印象.因此，霍金的到来和陈景润的纪念活动，都受到了媒体的关注.

两人还有一个非常相似之处，就是所研究的东西比较抽象，但其结论却往往通俗易懂.哥德巴赫(C. Goldbach)猜想和一些数论问题，可以对每个中学生都讲清楚；而霍金的《时间简史》则对物理学和宇宙学里的一些深奥道理做了生动的描述，加上精彩的插图，让非专业读者也"找到了感觉".数论和宇宙学就是这样在专家和公众之间保持着张力,使得学校教育很容易进入;每个孩子对科学神秘感的向往,数论和宇宙学总是两个最好的切入口.

这里暂且不说宇宙学,就谈一谈数论.

德国著名数学家克罗内克(L. Kronecker)说过:"上帝创造了自然数,其余一切都是人为的."如果说整数是如此的基本,那么素数则充满了神秘.素数在数论乃至全部数学中扮演了至关重要的角色,带给每一位智者无法割舍的情结和难以形容的喜悦.

素数主要是希腊数学的产物,早在公元前6世纪的毕达哥拉斯(Pythagoras)学派就有研究.由于第一次数学危机,古希腊人没法说清楚无理数是怎么回事,就把研究重心转向几何.后来,欧几里得(Euclid)在他的伟大著作《几何原本》里,专辟第7,8,9三篇讲述数论,尤其是在第7篇中,定义11、定义13分别说明了素数与合数.命题31称:任何一个合数都可以分解为有限个素数的乘积(差不多就是著名的"唯一分解定理").换句话说,素数是整数世界的"原子".第9篇命题20则称:素数有无穷多个.这些命题可以说对初等整数论的基本结果做了相当完整的总结.

过了几百年,古典时期结束了,希腊进入亚历山大(Alexander)时期.这以马其顿国王亚历山大大帝(他的老师是亚里士多德(Aristotle))的出现为标志,此时希腊人才开始重新注意代数.丢番图(Diophantus,公元250年左右)是亚历山大后期最伟大的数学家,代数和算术的发展在他手里达到了制高点.之后数学一直缓慢地发展着.直到17世纪,法国的一位律师、业余数

学家费马(P. Fermat)重新燃起了人们对数论的兴趣，他本人也做出了许多了不得的成绩.18世纪中叶，当时世界上两位最伟大的数学家——瑞士的欧拉(L. Euler)和法国的拉格朗日(L. Lagrange)都十分钟情于曾被忽略上千年的数论，使数论的地位大幅提高.18世纪末期，一位科学天才横空出世，改变了德国科学落后于法国的局面，他就是高斯(C. F. Gauss).作为有史以来最伟大的数学家之一，以及杰出的物理学家、天文学家，高斯一生贡献无数，但他最钟爱的，是年轻时做的第一项工作——数论.这门让法国人为之骄傲了150多年的学问，现在被一个德国人超过了.

高斯曾充满深情地说："数学是科学的皇后，数论是数学的皇后."苏联著名数学家辛钦(А. Я. Хинчин)则把这门迷人的学科中最著名的哥德巴赫猜想称为"皇冠上的明珠".数学中的猜想不计其数，唯独这个猜想有这么动听的比喻，也唯独这个猜想至今仍牵动着千千万万人的心.

稍微了解点数学史的人都知道，数学中素有"六大难题"的说法，即古代"三大尺规作图问题"——三等分任意角、立方倍积、化圆为方，以及近代的费马大定理、哥德巴赫猜想和四色猜想.其实重要的数学猜想很多，这六个猜想的特点不过是叙述通俗，人人能懂，当然它们对于数学本身也确实是重要的.在数学家的不懈努力下，六大难题中如今只剩哥德巴赫猜想依然悬而未决.

就这六大难题的解决情况来看，也十分耐人寻味.这些难题都依赖于数学理论和计算能力的推进."三大尺规作图问题"困扰了数学家几千年，到19世纪群论建立后几乎是一举解决.四色猜想则是早就给出了解决方案,等计算机计算速度提高后也很快就被证明.至于费马大定理,在 1637 年提出至 1994 年解决前,阶段性成果时断时续.相比之下,哥德巴赫猜想十分特殊,在它提出来将近 200 年里,人们对它几乎是束手无策.在 20 世纪上半叶和中叶有过一次高潮,现在似乎又进入了一个相对沉寂的时期.可以说哥德巴赫猜想是六大难题中"最难啃的骨头".270 多年过去了,这颗明珠依然光芒四射,令人向往,却又那么遥不可及.

信中提出的猜想

哥德巴赫是德国人,1690 年出生于"七桥"故乡哥尼斯堡的一个官员家庭.20 岁后,他开始游历欧洲,结识了莱布尼兹(G. W. Leibniz)、伯努利(Bernoulli)兄弟等著名数学家.1725 年左右,他自荐前往彼得堡科学院任职,几经周折后方获批准.两年后,瑞士大数学家欧拉也来到科学院,两人结为好友.哥德巴赫主要研究微分方程和级数理论.

1728 年 1 月,哥德巴赫受命调往莫斯科,担任沙皇彼得二世等人的家庭教师.1730 年,沙皇得了天花猝死,但哥德巴赫在皇室中依然受宠.1732 年,他终于重新回到了彼得堡科学院.此时由于他的政治地位越来越高,1742 年被调到外交部,从此仕途一帆风顺.1764 年,哥德巴赫在莫斯科去世.尽管是非职业数学家,但他出于对数学的敏锐洞察力,以及与许多大数学家的交往,积极推动了数学的发展.

从 1729 年到 1763 年,哥德巴赫一直保持与欧拉通信,讨论数论问题.1742 年 6 月,当时在柏林科学院

的欧拉收到移居莫斯科的哥德巴赫的来信,全文如下:

> 欧拉,我亲爱的朋友!你用极其巧妙而又简单的方法,解决了千百人为之倾倒而又百思不得其解的七桥问题,使我受到莫大的鼓舞,一直鞭策着我在数学的大道上前进.
>
> 经过充分的酝酿,我想冒险发表一个猜想.现写信以征求你的意见.我的问题如下:随便取某个奇数,比如 77,它可写成三个素数之和:$77=53+17+7$,再任取一个奇数 461,那么 $461=449+7+5$ 也是三个素数之和.461 还可以写成 $257+199+5$,仍然是三个素数之和.这样,我就发现:任何大于 5 的奇数都是三个素数之和.但是怎样证明呢?虽然任何一次试验都可以得到上述结果,但不可能把所有奇数都拿来检验,需要的是一般的证明,而不是个别的检验,你能帮忙吗?

哥德巴赫 6 月 7 日

其实,这一猜想早在笛卡儿(R. Descartes)的手稿中就出现过.哥德巴赫提出时已晚了 100 多年.看来一个重要的猜想迟早会受到人们的重视.

不久,欧拉回了信:

> 哥德巴赫,我的老朋友,你好!感谢你在信中对我的颂扬!
>
> 关于你的这个命题,我做了认真的推敲和

研究,看来是正确的.但是,我也给不出严格的证明.这里,在你的基础上,我认为:任何一个大于 2 的偶数都是两个素数之和.不过,这个命题也不能给出一般性的说明.但我确信它是完全正确的.

欧拉 6 月 30 日

后来,欧拉把他们的信公布于世,吁请世界上数学家共同求解这个难题.数学界把他们通信中涉及的问题统称为"哥德巴赫猜想".1770 年,华林(E. Waring)将哥德巴赫猜想发表出来.由于人们早已证明"每个充分大的奇数是三个素数之和"(下文会提到),现在的哥德巴赫猜想亦仅指偶数哥德巴赫猜想.

"上帝让素数相乘,人类让素数相加"

整整 2 000 年,人们一想到素数就是把它们相乘,没人想知道素数相加又是怎么回事.连 20 世纪苏联最有名的物理学家朗道(L. D. Landau)在读到哥德巴赫猜想时,也不禁惊呼:"素数怎么能相加呢? 素数是用来相乘的!"这么说来,克罗内克的话可以改造成"上帝让素数相乘,人类让素数相加".提出这个猜测确实需要想象力,不过朗道也不无道理,所有这类"人为"的猜想都要冒些风险,多数因为对数学价值不大而被遗忘或忽略.好在哥德巴赫猜想并不然,历史证明它是一个具有重大理论价值的命题,完全打开了数学的新境界.

然而,自哥德巴赫、欧拉、华林"激起一点浪花",这个问题在 18 世纪没有取得丝毫进展,在整个 19 世纪

6

也悄无声息……

20 世纪的钟声快要敲响了. 1900 年 8 月, 德国数学家希尔伯特(D. Hilbert)走上了国际数学家大会的讲坛. 在简要回顾了数学的历史及对新世纪的展望后, 这位当时的世界数学领袖提出了著名的"23 个问题", 哥德巴赫猜想被列为第 8 问题的一部分. 最后, 希尔伯特以他的祝愿——20 世纪带给数学杰出的大师和大批热忱的弟子——结束了他的世纪演讲. 不久, 他就注意到一位英国数学家开始崭露头角, 他的名字叫哈代(G. H. Hardy).

1920 年前后, 这位不列颠绅士和同事李特伍德(J. E. Littlewood)写了一篇长达 70 页的重量级论文, 在文章里提出了圆法. 哈代在皇家学会的演讲中说: "我和李特伍德的工作是历史上第一次严肃地研究哥德巴赫猜想."不过, 哈代和李特伍德对奇数哥德巴赫猜想的证明依赖于一个条件——广义黎曼猜想——这个猜想到现在也未被证明.

1937 年, 苏联顶尖的数论大师维诺格拉多夫(И. М. Виноградов)改进了圆法, 创造了所谓的三角和(或指数和)估值法. 运用这一强有力的方法, 维氏无条件地基本证明了奇数哥德巴赫猜想, 即任何充分大的奇数都能写成三个素数之和(尽管小于这个"充分大"的数计算机还未能全部验证, 但那是次要的事).

维诺格拉多夫出生于牧师与教师家庭, 从小具有绘画才能. 1910 年, 他进入彼得堡大学, 在学习期间对数论产生了浓厚兴趣. 后来他获得硕士学位, 并任列宁格勒(今彼得格勒)大学教授. 1929 年当选为苏联科学院院士, 1934 年起到去世为止他一直是科学院的斯捷克洛夫数学研究所所长.维氏独身,体格健壮,90 岁了也不乘电梯.他还十分好客,能容忍各种人一起工作,这对苏联数学的发展起到了积极的推动作用.

为什么是奇数哥德巴赫猜想先解决呢?因为奇数哥德巴赫猜想比较容易,表示成三个整数和的方式要比两个整数和多得多,由此可以得出结论:表示成三个素数和的可能性,也要比表示成两个素数和的可能性大许多,而且它是偶数哥德巴赫猜想的推论:如果每个大偶数都能写成两个素数之和,那么任何大奇数都是三个素数之和,因为任何奇数减去 3 都是一个偶数,当然减去 5,7,… 也一样.由此看来,偶数哥德巴赫猜想要强得多(自然也难许多),因为它一旦成立,奇数哥德巴赫猜想中的"三个素数"中有一个可随意选取.数学家关于这个猜想难度的估计完全被历史证实,相比之下,庞加莱(H. Poincaré)猜想和黎曼猜想的难度就曾一度大大超乎人们的意料.由于问题久攻不克,数学家们开始考虑从另外的角度来研究这个问题.运用估计的方法,1938 年,我国著名数学家华罗庚证明:几乎所有的偶数都是两个素数之和.

一个退而求其次的显然的想法是,"两个"不行,多一点总比较容易吧?这就是德国著名数论专家朗道(E. Landau,不是前面提到的那位大物理学家!)的想法.在 1912 年国际数学家大会上,他提出一个猜想:存在一个常数 C,使每个整数都是不超过 C 个素数的和.但他悲观地表示,即使这一"弱"的命题也是那个时代的数学家无能为力的.

但到 1933 年,情况出现了很大变化,一位年仅 25 岁的苏联数学家须尼尔曼(Л. Г. Шнирельман,他只活

了 33 岁)发明了至今仍有生命力的密率方法,由此他证明 $C \leqslant 800\,000$. 这个结果不断刷新,到 1970 年,沃恩(R. Vaughan)证出 $C \leqslant 6$. 一般来说,密率法的优点是避免了"充分大",可适用全体偶数. 最近已有数学家证明全体大于 6 的偶数都可表示为 4 个素数之和.

从筛法到陈氏定理

除了对素数个数动脑筋,还有人对素数本身做出"让步",即仍然是两个数,但不是素数,而是殆素数,即素因子个数不多的正整数. 设 N 为偶数,现用"$a+b$"表示如下命题:每个大偶数 N 都可表为 $A+B$,其中 A和 B 分别是素因子个数不超过 a 和 b 的殆素数. 显然,哥德巴赫猜想就可写成"$1+1$". 在这一方向上的进展都是用所谓的筛法得到的. 目前看来,殆素数这条途径的成果最为突出.

筛法最早是古希腊著名数学家埃拉托斯尼(Eratosthenes)提出的,这一方法具有强烈的组合味道. 不过原始的筛法没有什么直接用处. 1920 年前后,挪威数学家布朗(V. Brun)做了重大改进,并首先在殆素数研究上取得突破性进展,证明了命题"$9+9$". 后续进展如下:拉德马切尔(H. Rademacher):"$7+7$"(1924年);埃斯特曼(T. Estermann):"$6+6$"(1932 年);里奇(G. Ricci):"$5+7$"(1937 年);布赫夕塔布(A. A. Buchstab):"$5+5$"(1938 年),"$4+4$"(1940 年);库恩(P. Kuhn):$a+b \leqslant 6$(1950 年). 1947 年,挪威数学家、菲尔兹奖得主塞尔伯格(A. Selberg,2007 年以 90 岁高龄去世)改进了筛法,由此王元于 1956 年证明了"$3+4$". 另一位苏联数学家 A. 维诺格拉多夫(A. I.

Vinogradov,不是前面提到的那位)于 1957 年证明了"3＋3",王元在同年进一步证明了"2＋3".

一切都像是奥运会纪录,不断地被刷新.

上述结果有一个共同特点,就是 a 和 b 中没有一个是 1,即 A 和 B 没有一个是素数.要是能证明 $a＝1$,再改进 b,那就是件更了不起的工作.苏联天才数学家林尼克(Ю. В. Линник)于 1941 年提出一种全新的筛法使得这项工作成为可能.人们把这种方法称为大筛法,而原先的筛法则称为小筛法.

1932 年,埃斯特曼在广义黎曼猜想成立的前提下首先证明了"1＋b".林尼克的学生、匈牙利数学家瑞尼(A. Rényi)于 1947 年对林尼克的大筛法做了重要改进,结合布朗筛法,于 1948 年无条件地证明了命题"1＋b",b 是个确定的数,不过非常大.1962 年,潘承洞一次性把 b 从天文数字降到了 5(即"1＋5").不久,王元证明了"1＋4",并指出在广义黎曼猜想成立的前提下可得出"1＋3".同一年,潘承洞也证明了"1＋4".然后,布赫夕塔布证明了潘承洞的方法可推出"1＋3".1965 年,意大利数学家朋比尼(E. Bombieri)与 A. 维诺格拉多夫无条件地证明了"1＋3",这是朋比尼获得菲尔兹奖的工作之一.

当时国际数学界有一种观点认为"1＋3"已不能再改进.但就在 1966 年,一位年轻的中国数学家在《科学通报》上刊登了命题"1＋2"证明的简报(由于未附详细证明,国际数学界没有完全接受),他就是传奇数学家陈景润.

陈景润于 1933 年出生于福州,家境贫寒.1949 年,他考入厦门大学数学系,毕业后几经周折最终留校

任助教.此时的他已熟读华罗庚的著作,并开始思考哥德巴赫猜想.由于在一个数论问题上的见解而引起华罗庚的注意,1957年他被调到中科院数学研究所.因为各种因素,华罗庚组织的哥德巴赫猜想讨论班就在当年结束了.后来,尽管陈景润数学研究方面的好的结果层出不穷,但他还在想碰一碰这个猜想,当时人们不太在意.

1966年,"文化大革命"开始了,《科学通报》与《中国科学》随即停刊.由于国际数学界的观点及政治因素,只有闵嗣鹤等少数数学家确信(并审读了)他的论文.1973年,《中国科学》复刊之后,证明的全文才得以发表.陈景润改进筛法的方法叫"转换原理","1+2"被称为"陈氏定理".数学家们对这个成果极为钦佩.哈伯斯坦(H. Halberstam)与里切特(H. E. Richert)在名著《筛法》的最后一章指出:"陈氏定理是所有筛法理论的光辉顶点."华罗庚则说,"1+2"是令他此生最为激动的结果.

50多年过去了,陈景润所达到的高度依然无人超越.大家公认再用筛法去证明"1+1"几乎是不可能的.尽管国际上为这一猜想的证明屡设重奖,但始终无人能够领取.目前"1+1"仍是个相当孤立的命题,与主流数学比较脱节.数学界的普遍看法是,要证明"1+1",必须发展革命性的新方法.

田廷彦
2018. 1. 7

1

第四编　数论英雄

第11章　自述与回忆

附　录

第 三 编

中国解析数论群英谱（Ⅱ）

从林尼克到陈景润

第 8 章

§1 关于大筛法

——朋比尼

本节的目的是给予林尼克的大筛法以新的且改进的形式，并给出一些应用.大筛法导源于哈代－李特伍德圆法,在它的最普遍的形式中,可以考虑它为与一个积分 $\int_0^1 |S(\alpha)|^2 d\alpha$ 引起的奇异级数相关联的一个不等式.

罗斯[①]使这个问题有了重要进展,他证明了下面的定理.

---

① K. F. Roth. On the large sieve of Linnik and Rényi. Mathematika, 1965, 12: 1-9.

定理 A(罗斯) 令 $n_j (1 \leqslant j \leqslant Z)$ 为不超过 N 的互异整数及 $Z(N; q, a)$ 表示满足 $n_j \equiv a (\mathrm{mod}\ q)$ 的 n_j 的个数,又令 $X \geqslant 2$ 及 P 为满足 $p \leqslant X$ 的一个互异素数集,则

$$\sum_{p \in P} p \sum_{a=1}^{p} \left(Z(N; p, a) - \frac{Z}{p} \right)^2 \ll$$
$$ZN + ZX^2 \log R + Z^2 \mid P \mid R^{-2}$$

其中 $\mid P \mid$ 表示 P 的元素个数.

特别地,若 $X \geqslant N^{\frac{1}{2}} (\log N)^{-\frac{1}{2}}$,则

$$\sum_{p \leqslant X} p \sum_{a=1}^{p} \left(Z(N; p, a) - \frac{Z}{p} \right)^2 \ll ZX^2 \log X$$

我们将对这个结果做一些改进来证明:

定理 1 在定理 A 的记号下,我们有

$$\sum_{p \leqslant X} p \sum_{a=1}^{p} \left(Z(N; p, a) - \frac{Z}{p} \right)^2 \leqslant 7 \max\{N, X^2\} Z$$

我们在此将要考虑的大筛法的普遍形式将包含定理 1 为其特例,它取下面定理的形式. 现在关于素数与整数序列的任何文献中都未见到过:

定理 2 令 a_n 为任意复数及

$$S(\alpha) = \sum_{Y < n \leqslant Z} a_n e(n\alpha) \qquad \text{①}$$

此处用通常的记号 $e(t) = \mathrm{e}^{2\pi i t}$,则得

$$\sum_{q \leqslant X} \sum_{\substack{a=1 \\ (a, q)=1}}^{q} \left| S\left(\frac{a}{q}\right) \right|^2 \leqslant 7 \max\{Z - Y, X^2\} \sum_{Y < n \leqslant Z} \mid a_n \mid^2$$

$$\text{②}$$

为了推出定理 1,在定理 2 中取 $Y = 0$ 及 $Z = N$,并当 $n = n_j$ 时,令 $a_n = 1$,否则 $a_n = 0$,则 $\sum \mid a_n \mid^2 = Z$(用定理 A 的记号),以及由 ② 推出

4

$$\sum_{p \leqslant X} \sum_{a=1}^{p-1} \left| S\left(\frac{a}{p}\right) \right|^2 \leqslant 7 \max\{N, X^2\} Z$$

用简单的计算可得

$$\sum_{a=1}^{p-1} \left| S\left(\frac{a}{p}\right) \right|^2 = p \sum_{a=1}^{p} \left(Z(N; p, a) - \frac{Z}{p} \right)^2$$

故得定理 1.

首先取 $Z - Y \geqslant X^2$ 及 $a_n = 1$,则 $|S(1)|^2 = (Z - Y)^2$,以及 ② 给出上界 $7(Z - Y)^2$;这表明当 $Z - Y \geqslant X^2$ 时,我们不能将因子 $7\max\{Z - Y, X^2\}$ 换为 $\max\{Z - Y, X^2\}$. 现在取 $Y = 0, Z = 1$, $a_1 = 1$,则 $\left| S\left(\frac{a}{q}\right) \right| = 1$,因此 ② 的左端为

$$\left(\sum_{q \leqslant X} \phi(q) \right) \left(\sum_{Y < n \leqslant Z} |a_n|^2 \right) \sim \frac{3X^2}{\pi^2} \sum_{Y < n \leqslant Z} |a_n|^2$$

这表明当 $Z - Y < X^2$ 时,我们不能将因子 7 换为任何小于 $\frac{3}{\pi^2}$ 的数.

我们可以将 ② 看成加性特征的不等式,并且还可以询问是否存在一个乘性特征的相应不等式. 尽管最后结果取不同形式,事实上就是这个情况的结果.

令 Q 为正整数的有限集,并令

$$M = M(Q) = \max_{q \in Q} q \qquad ③$$
$$D = D(Q) = \max_{q \in Q} d(q) \qquad ④$$

其中 $d(q)$ 表示 q 的因子个数. 对于任意模 q 的特征 χ,令 $\tau(\chi)$ 表示高斯和

$$\tau(\chi) = \sum_{a=1}^{q} \chi(a) e\left(\frac{a}{q}\right) \qquad ⑤$$

我们有

$$|\tau(\chi)| = \begin{cases} \mu^2\left(\dfrac{q}{q^*}\right)q^*, & \left(q^*,\dfrac{q}{q^*}\right)=1 \\ 0, & 其他情况 \end{cases} \quad ⑥$$

此处 q^* 为特征 χ 的引导(χ 为模 q^* 的原特征对模 q 的扩张),注意当 χ 为原特征$(\bmod\ q)$ 时有

$$|\tau(\chi)|^2 = q \quad 及 \quad |\tau(\chi_0)|^2 = \mu^2(q)$$

此处 χ_0 为主特征,以及恒有 $|\tau(\chi)|^2 \leqslant q$.

定理 2 的乘法类似:

定理 3 令 a_n 为任意复数及 Q 为任意有限正整数集合,则

$$\sum_{q \in Q} \frac{1}{\phi(q)} \sum_{\chi} |\tau(\chi)|^2 \left| \sum_{Y<n\leqslant Z} \chi(n)a_n \right|^2 \leqslant$$

$$7D\max\{Z-Y,M^2\} \sum_{Y<n\leqslant Z} d(n)|a_n|^2 \quad ⑦$$

此处 $\sum\limits_{\chi}$ 表示过模 q 的所有特征 χ 求和.

对于特殊情况,可以证明稍强的结果. 特别地,当 n 为素数时,$a_n=1$,否则 $a_n=0$,则有同样广义类型的结果,但没有 D 与 $d(n)$.

定理 3 对迪利克雷 $L-$函数的零点与素数分布理论有重要应用. 事实上,林尼克在创立大筛法时即着眼于对素数论中经典问题的应用.

我们将要证明素数分布方面的主要结果如下. 令

$$\psi(z;q,a) = \sum_{\substack{n\leqslant z \\ n\equiv a(\bmod q)}} \Lambda(n)$$

此处 $(a,q)=1$. 考虑算术数列中的素数定理的误差

$$E(z;q,a) = \psi(z;q,a) - \frac{z}{\phi(q)} \quad ⑧$$

定义 $E(z,q)$ 及 $E^*(z,q)$ 如下,即

$$E(z,q) = \max_{(a,q)=1} \mid E(z;q,a) \mid \qquad ⑨$$

$$E^*(z,q) = \max_{y \leqslant z} E(y,q) \qquad ⑩$$

定理 4　对于任何正常数 A 皆存在正常数 B 使当 $X \leqslant z^{\frac{1}{2}} (\log z)^{-B}$ 时,有

$$\sum_{q \leqslant X} E^*(z,q) \ll z (\log z)^{-A} \qquad ⑪$$

我们将证明 B 可以取为 $3A+23$.

看来这个定理也可以用前面提到的罗斯的定理 A 来证明,然而,应用定理 3 来证明看来是更适宜的.

我们需要注意,即使假定了广义黎曼猜想成立,并将它用于此

$$E^*(z,q) \ll z^{\frac{1}{2}} (\log z)^2, q \leqslant z$$

我们亦不能证明比 ⑪ 更精密的结果,我们可以说在不少与素数有关的堆垒问题中,定理 4 可以用来代替广义黎曼猜想. 关于这个一般原则有不少例子,达文波特教授与朋比尼曾将这个定理在有关相邻素数距离问题上应用的详细证明投交给 $Proc. Royal\ Soc. A.$

类似于 ⑪ 的结果,例如,对于某个正常数 η 有

$$\sum_{q \leqslant z^{T-s}} \mu^2(q) E(z,q) \ll z (\log z)^{-A} \qquad ⑫$$

已被几个作者宣布过,林尼克[1]与端尼[2]关于大筛法的

①　Yu. V. Linnik. The large sieve. Doklady Akad. Nauk SSSR,1974,30:292-294(in Russian).

②　A. Rényi. On the representation of an even number as the sum of a single prime and an almost prime number. Izv. Akad. Nauk SSSR, Ser. Mat. , 1948, 12:57-73(in Russian); also American Math. Soc. Translations,1961,19(2):299-321.

工作得到了一个略比 ⑫ 弱一点的不等式. 巴尔巴恩[①②]与潘承洞[③④]发表了这方面的结果. 无论如何,巴尔巴恩的工作受到了潘承洞的批评,但朋比尼还不理解潘承洞[⑤]的文章(似乎该文引理1.2中素数的除外集依赖于 s 与 a,而(2.7)中 a 与 $s(=\rho)$ 的选择依赖于 D,对 ρ 的选择有许多可能,所以引理1.2不可使用).

定理4将从 L - 函数零点的新型的密度定理(下面的定理5)中推出;绝大部分属于所谓的 L - 函数统计理论的已知结果,均包含于这个密度定理之中.

令 $N(\alpha,T;\chi)$ 表示 $L(s,\chi)$ 在矩形

$$\alpha \leqslant \sigma \leqslant 1, \mid t \mid \leqslant T \qquad ⑬$$

中的零点个数,此处 $\dfrac{1}{2} \leqslant \alpha \leqslant 1$. 我们的主要密度定理为:

定理5 令 Q 为一个正整数的有限集及 M 与 D 由 ③ 与 ④ 定义,则对于 $\dfrac{1}{2} \leqslant \alpha \leqslant 1, T \geqslant 2$ 有

$$\sum_{q \in Q} \frac{1}{\phi(q)} \sum_{\chi} \mid \tau(\chi) \mid^2 N(\alpha,T;\chi) \ll$$
$$DT(M^2+MT)^{\frac{4(1-\alpha)}{3-2\alpha}} \log^{10}(M+T) \qquad ⑭$$

---

① M. B. Barban. Trudy Mat. Inst. Akad. Nauk Uz. S. S. R. , 1961,22:1-20.

② M. B. Barban. Mat. Sbornik (N. S.), 1963,61(103): 418-425.

③ Pan Chengdong. Acta Math. Sinica, 1964,14: 597-606 = Chinese Math. , 1964,5:642-652.

④ Pan Chengdong. Acta Math. Sinica, 1963,13: 262-268 = Chinese Math. , 1963,4:283-290.

⑤ 同上.

对于 Q 一致成立.

除引用朗道、李特伍德与迪奇马士的经典著作以外,定理 4 与定理 5 的证明是自给自足的,我们已给足证明的详细细节.

关于 ⑭ 的意义加一些注记可能是有意义的.李特伍德曾指出,对于固定的 χ 与变数 s,迪利克雷 L - 函数 $L(s,\chi)$ 理论中的许多结果成立,则对于固定的 s 与变数 χ(对于变数模)具有类似性("q 类似").关于这方面的一个例子为

$$\varlimsup_{t\to\infty} \frac{|L(1+it,\chi)|}{\log\log t} > 0$$

其中,q 类似为对于二次特征 $\chi\,(\mathrm{mod}\ q)$ 有

$$\varlimsup_{q\to\infty} \frac{L(1,\chi)}{\log\log q} > 0$$

易见我们的不等式 ⑭ 与 L - 函数的密度猜想的 q 类似相关联.这个猜想断言

$$\sum_{\chi} N(\alpha,T;\chi) \ll q^{1+\varepsilon}T^{2(1-\alpha)+\varepsilon} \qquad ⑮$$

而其 q 类似为

$$\sum_{\chi} N(\alpha,T;\chi) \ll q^{2(1-\alpha)+\varepsilon}T^{1+\varepsilon} \qquad ⑯$$

此处 $\sum\limits_{\chi}$ 表示过所有特征 $\chi\,(\mathrm{mod}\ q)$ 求和.最后两个不等式尚未被证明,也可能很难.事实上,正如我们将于以后看到的,可以由定理 5 推出:

推论　对于 $\dfrac{1}{2} \leqslant \alpha \leqslant 1$ 及 $2 \leqslant T \leqslant \sqrt{X}$ 一致地有

$$\sum_{q\leqslant X}\sum_{\chi} N(\alpha,T;\chi) \ll X^{1+2(1-\alpha)+\varepsilon}T^{1+\varepsilon} \qquad ⑰$$

进而言之

$$\sum_{q \leqslant X} \sum_{\chi} N(\alpha, T ; \chi) \leqslant X^{1+\varepsilon} T^{2+\varepsilon} \qquad ⑱$$

对于 $\dfrac{5}{6} \leqslant \alpha \leqslant 1, 2 \leqslant T \leqslant X^{2}$ 一致成立.

式 ⑰ 表示密度猜想 ⑯ 对于 q 的平均成立. 如果 $2 \leqslant T \leqslant (\max q)^{\frac{1}{2}}$,而 ⑱ 表示当 $\dfrac{5}{6} \leqslant \alpha \leqslant 1$ 及 $T \leqslant (\max q)^{2}$ 时,它关于 q 的平均亦成立. 后面的结果是令人惊奇的,这说明定理 5 的确为一个新型的密度结果,我们做如下猜想:

密度猜想 若 $\dfrac{1}{2} \leqslant \alpha \leqslant 1$ 及 $T \geqslant 2$,则

$$\sum_{q \leqslant X} \sum_{\chi}^{*} N(\alpha, T ; \chi) \ll X^{4(1-\alpha)+\varepsilon} T^{1+\varepsilon} \qquad ⑲$$

对于 α 一致成立,此处 $\sum\limits_{\chi}^{*}$ 表示过模 q 的所有原特征求和.

我们将在下面证明定理 2 与定理 3. 记 (m, n) 平面上形如

$$y < m \leqslant z, y' < n \leqslant z'$$

的矩形为 $R(y, z ; y', z')$,或简记为 R. 令 $c_{m,n}$ 为复数的双指标数列,其中 (m, n) 的定义范围为方形 $Y < m \leqslant Z, Y < n \leqslant Z$;对于每个这种数列,我们可以使之对应于方形的子矩形

$$R_{0} = R_{0}(Y, Z_{0} ; Y, Z'_{0})$$

它依赖于数列 $c_{m,n}$ 及 Y, Z,且具有性质:

对于每个含于 $R(Y, Z ; Y, Z)$ 的矩形 $R = R(Y, z ; Y, z')$,我们有

$$\left| \sum_{R} c_{m,n} \right| \leqslant \left| \sum_{R_{0}} c_{m,n} \right| \qquad ⑳$$

10

显然,这样一个矩形 R_0 总是存在的,并不需要它是唯一的.

引理 1(阿贝尔不等式)　令 $b_{m,n}$ 为实数,此处 $Y < m \leqslant Z, Y < n \leqslant Z$,并满足条件

$$(i)\begin{cases} b_{m,n} \geqslant 0, b_{m,n} - b_{m+1,n} \geqslant 0, b_{m,n} - b_{m,n+1} \geqslant 0 \\ b_{m,n} - b_{m+1,n} - b_{m,n+1} + b_{m+1,n+1} \geqslant 0 \end{cases}$$

令 $B = \max b_{m,n}$,则

$$\left| \sum_{R_0} c_{m,n} b_{m,n} \right| \leqslant B \left| \sum_{R_0} c_{m,n} \right| \qquad ㉑$$

证明　当 $(m,n) \in R_0$ 时,置 $b_{m,n}^* = b_{m,n}$,否则置 $b_{m,n}^* = 0$.由分部求和得

$$\sum_{R_0} c_{m,n} b_{m,n} = \sum_{R_0} \left(\sum_{R(Y,m;Y,n)} c_{h,k} \right) (b_{m,n}^* - b_{m+1,n}^* - b_{m,n+1}^* + b_{m+1,n+1}^*)$$

因此

$$\left| \sum_{R_0} c_{m,n} b_{m,n} \right| \leqslant \left(\max_R \left| \sum_R c_{m,n} \right| \right) \left(\sum_{R_0} | b_{m,n}^* - b_{m+1,n}^* - b_{m,n+1}^* + b_{m+1,n+1}^* | \right)$$

由 ⑳,我们有

$$\max_R \left| \sum_R c_{m,n} \right| \leqslant \left| \sum_R c_{m,n} \right|$$

又由条件(i)得

$$\sum_{R_0} | b_{m,n}^* - b_{m+1,n}^* - b_{m,n+1}^* + b_{m+1,n+1}^* | =$$
$$\sum_{R_0} | b_{m,n}^* - b_{m+1,n+1}^* - b_{m,n+1}^* + b_{m+1,n+1}^* | =$$
$$b_{Y+1,Z+1} \leqslant B$$

故得 ㉑.

引理 2　令 $c_{m,n}$ 与 R_0 的定义如前,假定 $\eta > 0$,则

$$\left| \sum_{R_0} c_{m,n} - (2\eta)^{-1} \sum_{R_0} c_{m,n} \int_{-\eta}^{\eta} e((m-n)\beta) \mathrm{d}\beta \right| \leqslant$$

$$\left(\frac{\sinh x}{x}-1\right)\Big|\sum_{R_0}c_{m,n}\Big| \qquad ㉒$$

此处 $x=4\pi\eta(Z-Y)$.

证明 我们有

$$(2\eta)^{-1}\sum_{R_0}c_{m,n}\int_{-\eta}^{\eta}e((m-n)\beta)\mathrm{d}\beta=$$

$$\sum_{k=0}^{\infty}\frac{(-1)^k(2\pi\eta)^{2k}}{(2k+1)!}\sum_{R_0}c_{m,n}(m-n)^{2k}=$$

$$\sum_{R_0}c_{m,n}+T$$

此处

$$T=\sum_{k=1}^{\infty}\frac{(-1)^k(2\pi\eta)^{2k}}{(2k+1)!}\sum_{r=0}^{2k}(-1)^r\binom{2k}{r}\cdot$$

$$\sum_{R_0}c_{m,n}(Z-m)^r(Z-n)^{2k-r}$$

数列 $b_{m,n}=(Z-m)^r(Z-n)^{2k-r}$ 满足引理 1 的条件(i)

及 $B\leqslant(Z-Y)^{2k}$. 因此由 ㉑ 得

$$\Big|\sum_{R_0}c_{m,n}(Z-m)^r(Z-n)^{2k-r}\Big|\leqslant(Z-Y)^{2k}\Big|\sum_{R_0}c_{m,n}\Big|$$

所以

$$|T|\leqslant\sum_{k=1}^{\infty}\frac{(2\pi\eta)^{2k}}{(2k+1)!}\sum_{r=0}^{2k}\binom{2k}{r}(Z-Y)^{2k}\Big|\sum_{R_0}c_{m,n}\Big|=$$

$$\left(\frac{\sinh x}{x}+1\right)\Big|\sum_{R_0}c_{m,n}\Big|$$

此处 $x=4\pi\eta(Z-Y)$. 引理 2 证毕.

定理 2 的证明 令

$$S_{m,q}=\sum_{\substack{a=1\\(a,q)=1}}^{q}e\left(\frac{am}{q}\right) \qquad ㉓$$

为熟知的拉马努金和. 取

$$c_{m,n} = a_m \bar{a}_n \sum_{q \leqslant X} S_{m-n,q} \qquad ㉔$$

此处 $(m,n) \in R(Y,Z;Y,Z)$. 选取 η 满足

$$x = 4\pi\eta(Z-Y) = \min\{1.316\,8, 2\pi(Z-Y)X^{-2}\}$$

$$㉕$$

则 $\sinh x < 2x$, 及由 ㉒ 推出

$$\left| \sum_{R_0} c_{m,n} \right| \leqslant \frac{2\pi(Z-Y)}{2x - \sinh x} \left| \sum_{R_0} c_{m,n} \int_{-\eta}^{\eta} e((m-n)\beta)\mathrm{d}\beta \right|$$

因为当 $0 < x \leqslant 1.316\,8$ 时有

$$2x - \sinh x > \frac{x}{1.463\,2}$$

所以

$$\left| \sum_{R_0} c_{m,n} \right| \leqslant \max\{7(Z-Y), 1.47X^2\} \cdot$$

$$\left| \sum_{R_0} c_{m,n} \int_{-\eta}^{\eta} e((m-n)\beta)\mathrm{d}\beta \right|$$

令 $M_{a,q}$ 表示区间 $\left| \alpha - \dfrac{a}{q} \right| < \eta$, 并置

$$S(\alpha;Y,Z) = \sum_{Y < n \leqslant Z} a_n e(n\alpha)$$

这与 ① 中的 $S(\alpha)$ 是一样的, 所以

$$\sum_{R_0} c_{m,n} \int_{-\eta}^{\eta} e((m-n)\beta)\mathrm{d}\beta =$$

$$\sum_{Y < m \leqslant Z_0} \sum_{Y < n \leqslant Z_0} a_m \bar{a}_n \sum_{q \leqslant X} \sum_{\substack{a=1 \\ (a,q)=1}}^{q} \int_{M_{a,q}} e((m-n)\alpha)\mathrm{d}\alpha =$$

$$\sum_{q \leqslant X} \sum_{\substack{a=1 \\ (a,q)=1}}^{q} \int_{M_{a,q}} S(\alpha;Y,Z_0) \overline{S(\alpha;Y,Z'_0)} \mathrm{d}\alpha$$

它的绝对值不大于

$$\frac{1}{2} \sum_{q \leqslant X} \sum_{\substack{a=1 \\ (a,q)=1}}^{q} \int_{M_{a,q}} \{ |S(\alpha;Y,Z_0)|^2 +$$

$$| S(\alpha;Y,Z'_0) |^2 \} \mathrm{d}\alpha \leqslant$$

$$\max_z \sum_{q \leqslant X} \sum_{\substack{a=1 \\ (a,q)=1}}^{q} \int_{M_{a,q}} | S(\alpha;Y,z) |^2 \mathrm{d}\alpha \leqslant$$

$$\max_z \int_0^1 | S(\alpha;Y,z) |^2 \mathrm{d}\alpha =$$

$$\max_z \sum_{Y<n\leqslant z} | a_n |^2 = \sum_{Y<n\leqslant Z} | a_n |^2$$

在此我们有这样的事实，即诸区间 $M_{a,q}$ 互不重复，这是由于 $q \leqslant X, (a,q)=1$ 及 $M_{a,q}$ 的长度 2η 满足 $2\eta \leqslant X^{-2}$，其中 X 满足 ㉕.

我们现在证明了

$$\left| \sum_{R_0} c_{m,n} \right| \leqslant \max\{7(Z-Y), 1.47X^2\} \sum_{Y<n\leqslant Z} | a_n |^2$$

由 ⑳ 有

$$\left| \sum_{R} c_{m,n} \right| \leqslant \left| \sum_{R_0} c_{m,n} \right|$$

及

$$\sum_{R(Y,Z;Y,Z)} c_{m,n} = \sum_{q\leqslant X} \sum_{\substack{a=1 \\ (a,q)=1}}^{q} \sum_{Y<m\leqslant Z} \sum_{Y<n\leqslant Z} a_m \bar{a}_n e\left(\frac{a(m-n)}{q}\right) =$$

$$\sum_{q\leqslant X} \sum_{\substack{a=1 \\ (a,q)=1}}^{q} \left| S\left(\frac{a}{q};Y,Z\right) \right|^2$$

故得 ②.

定理 3 的证明是类似的，但需要下面与拉马努金和有关的积性特征的引理.

引理 3 我们有

$$\sum_{\chi} | \tau(\chi) |^2 \chi(m) \bar{\chi}(n) = \begin{cases} \phi(q)S_{m-n,q}, & (mn,q)=1 \\ 0, & (mn,q)>1 \end{cases}$$

㉖

此处 $\sum_{\chi}$ 表示过所有模 q 的特征 χ 求和.

证明 若 $(mn,q) > 1$，因为对于每个 χ 皆有 $\chi(m)\bar{\chi}(n) = 0$，所以引理成立. 现在假定 $(mn,q) = 1$. 记 $\sum{}'$ 为过模 q 的缩系求和，因为 $am \equiv bn \pmod{q}$ 的所有值均由 $a \equiv hn \pmod{q}$，$b \equiv hm \pmod{q}$ 给出，所以

$$\sum_{\chi} |\tau(\chi)|^2 \chi(m)\bar{\chi}(n) =$$

$$\sum_{a}{}' \sum_{b}{}' \sum_{\chi} \chi(am)\bar{\chi}(bn)e\left(\frac{a-b}{q}\right) =$$

$$\phi(q) \sum_{\substack{a \\ am \equiv bn \pmod{q}}}{}' \sum_{b}{}' e\left(\frac{a-b}{q}\right) =$$

$$\phi(q) \sum_{h}{}' e\left(\frac{h(n-m)}{q}\right) =$$

$$\phi(q) S_{n-m,q} = \phi(q) S_{m-n,q}$$

故得引理 3.

定理 3 的证明 取

$$c_{m,n} = a_m \bar{a}_n \sum_{q \in Q}{}^{*} S_{m-n,q} \qquad ㉗$$

其中 q 为仅过满足 $(q,mn) = 1$ 的整数. 令

$$S_q(\alpha;Y,Z) = \sum_{\substack{Y < n \leqslant Z \\ (n,q)=1}} a_n e(n\alpha) \qquad ㉘$$

$$S^{(d)}(\alpha;Y,Z) = \sum_{\substack{Y < n \leqslant Z \\ d \mid n}} a_n e(n\alpha) \qquad ㉙$$

选取 η 满足

$$x = 4\pi\eta(Z-Y) = \min\{1.316\,8, 2\pi(Z-Y)M^{-2}\}$$

则如前可得

$$\left| \sum_{R_0} c_{m,n} \right| \leqslant 7\max\{Z-Y, M^2\} \cdot$$

$$\left| \sum_{R_0} c_{m,n} \int_{-\eta}^{\eta} e((m-n)\beta) \mathrm{d}\beta \right| =$$

$$7\max\{Z-Y,M^2\}\cdot$$

$$\left|\sum_{q\in Q}\sum_a{}'\int_{M_{a,q}}S_q(\alpha;Y,Z_0)\cdot\right.$$

$$\left.\overline{S_q(\alpha;Y,Z'_0)}\mathrm{d}\alpha\right|\leqslant$$

$$7\max\{Z-Y,M^2\}\cdot$$

$$\max_z(\sum_{q\in Q}\sum_a{}'\int_{M_{a,q}}\mid S_q(\alpha;Y,z)\mid^2\mathrm{d}\alpha)$$

由一个熟知的恒等式及利用柯西不等式可知

$$\mid S_q(\alpha;Y,Z)\mid^2=\mid\sum_{d\mid q}\mu(d)S^{(d)}(\alpha;Y,Z)\mid^2\leqslant$$

$$d(q)\sum_{d\mid q}\mid S^{(d)}(\alpha;Y,Z)\mid^2\leqslant$$

$$D\sum_{d=1}^{\infty}\mid S^{(d)}(\alpha;Y,Z)\mid^2 \qquad\text{㉚}$$

因此

$$\max_z(\sum_{q\in Q}\sum_a{}'\int_{M_{a,q}}\mid S_q(\alpha;Y,z)\mid^2\mathrm{d}\alpha)\leqslant$$

$$D\sum_{d=1}^{\infty}\max_z\int_0^1\mid S^{(d)}(\alpha;Y,z)\mid^2\mathrm{d}\alpha=$$

$$D\sum_{d=1}^{\infty}\max_z\sum_{\substack{Y<n\leqslant z\\d\mid n}}\mid a_n\mid^2=$$

$$D\sum_{Y<n\leqslant z}d(n)\mid a_n\mid^2$$

由引理 3 得

$$\sum_{R(Y,Z;Y,Z)}c_{m,n}=\sum_{q\in Q}\sum_{\substack{Y<m\leqslant Z\\(m,q)=1}}\sum_{\substack{Y<n\leqslant Z\\(n,q)=1}}a_m\bar{a}_mS_{m-n,q}=$$

$$\sum_{q\in Q}\sum_{Y<m\leqslant Z}\sum_{Y<n\leqslant Z}a_m\bar{a}_n\frac{1}{\phi(q)}\cdot$$

$$\sum_{\chi}\mid\tau(\chi)\mid^2\chi(m)\bar{\chi}(n)=$$

$$\sum_{q \in Q} \frac{1}{\phi(q)} \sum_{\chi} \mid \tau(\chi) \mid^2 \mid \sum_{Y < n \leqslant Z} \chi(n) a_n \mid^2$$

因此易得定理 3.

下面我们将证明定理 4. 我们用下面的记号,对于任何特征 $\chi(\bmod q)$,用 χ^* 表示与 χ 相关联的唯一的原特征,而用 q^* 表示 χ^* 的模,即 χ 的导引;我们用 $\sum_{\chi}^*$ 表示过模 q 的所有原特征求和;模 q 的主特征记为 χ_0. 对于任意特征 χ,定义

$$\psi(z,\chi) = \sum_{n \leqslant z} \chi(n) \Lambda(n) \qquad \text{③}$$

引理 4　令 N 为任意固定大数及 $X_0 = (\log z)^N$,假定 $X \leqslant z^{\frac{1}{2}}$,对于任意 $D \geqslant 2$ 及正整数 M,令 Q_M 为满足下面条件

$$1 < q \leqslant M, d(q) \leqslant D \qquad \text{③}$$

的整数 q 的集合,则对于每个任意的固定大数 A,我们有

$$\sum_{q \leqslant X} E^*(z,q) \ll z(\log z)^{-A} + zD^{-1}(\log z)^3 +$$

$$(\log z)^3 \max_{X_0 < M \leqslant X} M^{-1} \cdot$$

$$\sum_{Q_M} \sum_{\chi}^* \max_{y \leqslant z} \mid \psi(y,\chi) \mid \qquad \text{③}$$

证明　我们有

$$\sum_{q \leqslant X} E^*(z,q) = \sum_{q \in Q_X} E^*(z,q) + \sum_{q \in \overline{Q}_X} E^*(z,q) = \Sigma_1 + \Sigma_2$$

$$\text{③}$$

易于估计 Σ_2. 显然

$$\psi(z;q,a) \ll (\log z) \sum_{\substack{n \leqslant z \\ n \equiv a(\bmod q)}} 1 \ll (\log z)\left(1 + \frac{z}{\phi(q)}\right)$$

由 ⑩ 中 $E^*(z,q)$ 的定义可知

$$E^*(z,q) \ll \frac{z(\log z)}{\phi(q)}, q \leqslant z$$

因此

$$\Sigma_2 \ll E^*(z,1) + \sum_{\substack{q \leqslant X \\ d(q) > D}} \frac{z(\log z)}{\phi(q)} \ll$$

$$z(\log z)^{-A} + z(\log z)D^{-1} \sum_{q \leqslant X} \frac{d(q)}{\phi(q)} \ll$$

$$z(\log z)^{-A} + zD^{-1}(\log z)^3$$

对于 Σ_1，我们用 $\psi(z,\chi)$ 来表示 $E^*(z,q)$，所以

$$\psi(z;q,a) = \frac{1}{\phi(q)} \sum_{\chi} \bar{\chi}(a)\psi(z,\chi)$$

由此可得

$$\phi(q)E(z,q) \leqslant |\psi(z,\chi_0) - z| + \sum_{\chi \neq \chi_0} |\psi(z,\chi)|$$

现在由经典形式的素数定理得

$$|\psi(z,\chi_0) - z| \ll z\exp(-C(\log z)^{\frac{1}{2}}) \ll z(\log z)^{-A-1}$$

而当 $\chi \neq \chi_0$ 时有

$$\psi(z,\chi) = \sum_{\substack{m \leqslant z \\ (m,q)=1}} \chi^*(m)\Lambda(m) =$$

$$\psi(z,\chi^*) - \sum_{\substack{m \leqslant z \\ (m,q)>1}} \chi^*(m)\Lambda(m) =$$

$$\psi(z,\chi^*) + O(\sum_{\substack{p^\nu \leqslant z \\ p|q}} \log p) =$$

$$\psi(z,\chi^*) + O((\log z)(\log q))$$

因此

$$\phi(q)E^*(z,q) \ll z(\log z)^{-A-1} + \phi(q)(\log z)^2 +$$

$$\sum_{\chi \neq \chi_0} \max_{y \leqslant z} |\psi(y,\chi^*)|$$

从而

$$\Sigma_1 \ll z(\log z)^{-A-1} \sum_{q \leqslant X} \frac{1}{\phi(q)} + X(\log z)^2 +$$

$$\sum_{q \in Q_X} \frac{1}{\phi(q)} \sum_{\chi \neq \chi_0} \max_{y \leqslant z} |\psi(y,\chi^*)| \ll$$

$$z(\log z)^{-A} + \sum_{q \in Q_X} \frac{1}{\phi(q)} \sum_{\chi \neq \chi_0} \max_{y \leqslant z} |\psi(y,\chi^*)|$$

因为 $q^* \mid q$，所以

$$d(q^*) \leqslant d(q) \leqslant D$$

因为当 $\chi \neq \chi_0$ 时，$q^* > 1$，所以 $q^* \in Q_X$. 因此将属于同一模 q^* 的原特征放在一起，则得

$$\sum_{q \in Q_X} \frac{1}{\phi(q)} \sum_{\chi \neq \chi_0} \max_{y \leqslant z} |\psi(y,\chi^*)| =$$

$$\sum_{q^* \in Q_X} \sideset{}{^*}\sum_{\chi} \max_{y \leqslant z} |\psi(y,\chi)| \sum_{\substack{q \in Q_X \\ q \neq 0 (\bmod q^*)}} \frac{1}{\phi(q)}$$

由于

$$\phi(q^* r) \geqslant \varphi(q^*)\phi(r) \gg q^* \phi(r)(\log X)^{-1}$$

及 $X < z$，则最后一个表达式远小于

$$(\log z)^2 \sum_{q^* \in Q_X} (q^*)^{-1} \sideset{}{^*}\sum_{\chi} \max_{y \leqslant z} |\psi(y,\chi)|$$

由西格尔－瓦尔菲茨定理（见帕拉哈的著作[①]）可知，对于 $\chi \neq \chi_0$，有

$$|\psi(z,\chi)| \ll z\exp(-c(\log z)^{\frac{1}{2}})$$

对于满足 $q \leqslant (\log z)^N = X_0$ 的 q 一致成立，此处 $c = c(N)$. 易于证明对于 $\max_{y \leqslant z} |\psi(y,\chi)|$ 有同样的估计，

---

① K. Prachar. Primzahlverteilung. New York：Springer，1957.

其中仅可能是另一常数 c. 因此

$$\sum_{q^* \in Q_{X_0}} (q^*)^{-1} \sum_\chi^* \max_{y \leqslant z} |\psi(y,\chi)| \ll z(\log z)^{-A-2}$$

剩余的和，即过 $X_0 < q \leqslant X$ 的和，可以分成形如 $2^{m-1} < q \leqslant 2^m$ 的远小于 $\log X$ 个区间之和，从而

$$\sum_{\substack{q^* \in Q_X \\ q^* > X_0}} (q^*)^{-1} \sum_\chi^* \max_{y \leqslant z} |\psi(y,\chi)| \ll$$

$$(\log z) \max_{X_0 < M \leqslant X} M^{-1} \sum_{Q_M} \sum_\chi^* \max_{y \leqslant z} |\psi(y,\chi)|$$

所以

$$\Sigma_1 \ll z(\log z)^{-A} + (\log z)^3 \max_{X_0 < M \leqslant X} M^{-1} \cdot$$

$$\sum_{Q_M} \sum_\chi \max_{y \leqslant z} |\psi(y,\chi)|$$

代入 ㉞ 即得 ㉝. 引理 4 证毕.

定理 4 的证明　由素数论中一个熟知的显公式（例如帕拉哈的著作[①]）可知，对于 $\chi \neq \chi_0$ 有

$$|\psi(z,\chi)| \ll \sum_{|\gamma| \leqslant T} \frac{z^\beta}{|\rho|} + \frac{z(\log z)^2}{T} + z^{\frac{1}{2}}$$

对于 $q \leqslant z, 2 \leqslant T \leqslant z$ 一致成立，其中 $\rho = \beta + i\gamma$ 过 $L(s,\chi)$ 且满足 $0 < \beta < 1$ 的所有零点，重零点将计算其重数. 因为 $|\psi(y,\chi)| \ll z^{\frac{1}{2}}$，此处 $y \leqslant z^{\frac{1}{2}}$，所以

$$\max_{y \leqslant z} |\psi(y,\chi)| \leqslant \sum_{|\gamma| \leqslant T} \frac{z^\beta}{|\rho|} + \frac{z(\log z)^2}{T} + z^{\frac{1}{2}} \quad ㉟$$

对于 $q \leqslant z^{\frac{1}{2}}, 2 \leqslant T \leqslant z^{\frac{1}{2}}$ 一致成立.

首先考虑适合 $|\rho| < \frac{1}{4}$ 的零点的部分，这种零点

---

①　K. Prachar. Primzahlverteilung. New York: Springer, 1957.

的个数远小于 $\log z$. 考虑到 $L(s,\bar{\chi})$ 的对应零点 $1-\rho$ 可知,对于任何正数 ε 及 q 充分大时有

$$|\rho| > z^{-\varepsilon}$$

因此与这种零点有关的和的一部分远小于

$$\sum_{\rho} z^{\beta+\varepsilon} \ll (\log z) z^{\frac{1}{4}+\varepsilon} \ll z^{\frac{1}{2}}$$

关于满足 $|\rho| \geqslant \frac{1}{4}$ 的零点,仅需考虑满足 $\beta \geqslant \frac{1}{2}$ 的零点. 我们将区域 $|\gamma| \leqslant T$ 分成 $|\gamma| < 1$ 与 $2^{m-1} \leqslant |\gamma| < 2^m$, 此处 $m=1,2,\cdots$, 则

$$\sum_{\substack{|\gamma| \leqslant T \\ |\rho| \geqslant \frac{1}{4}}} \frac{z^{\beta}}{|\rho|} \ll \sum_{2^{m-1} \leqslant T} 2^{-m} \sum_{\substack{|\gamma| \leqslant 2^m \\ \beta \geqslant \frac{1}{2}}} z^{\beta}$$

进而言之

$$\sum_{\substack{|\gamma| \leqslant 2^m \\ \beta \geqslant \frac{1}{2}}} z^{\beta} = \sum_{\substack{|\gamma| \leqslant 2^m \\ \beta \geqslant \frac{1}{2}}} \left(z^{\frac{1}{2}} + \int_{\frac{1}{2}}^{\beta} z^{\sigma} \log z \mathrm{d}\sigma\right) =$$

$$z^{\frac{1}{2}} N\left(\frac{1}{2}, 2^m; \chi\right) +$$

$$(\log z) \int_{\frac{1}{2}}^{1} N(\alpha, 2^m; \chi) z^{\alpha} \mathrm{d}\alpha$$

在 ㉟ 中应用这些结果得

$$\max_{y \leqslant z} |\psi(y,\chi)| \ll z^{\frac{1}{2}} + z(\log z)^2 T^{-1} +$$

$$(\log z) \sum_{2^{m-1} \leqslant T} 2^m \left(z^{\frac{1}{2}} N\left(\frac{1}{2}, 2^m; \chi\right) +$$

$$\int_{\frac{1}{2}}^{1} N(\alpha, 2^m; \chi) z^{\alpha} \mathrm{d}\alpha\right)$$

所以

$$M^{-1} \sum_{Q_M} \sum_{\chi}^{*} \max_{y \leqslant z} |\psi(y,\chi)| \ll$$

$$M(z^{\frac{1}{2}} + z(\log z)^2 T^{-1}) +$$

$$M^{-1}(\log z)\sum_{2^{m-1}\leqslant T}2^{-m}\left\{z^{\frac{1}{2}}\sum_{Q_M}\sideset{}{^*}\sum_{\chi}N\left(\frac{1}{2},2^m;\chi\right)+\right.$$

$$\left.\int_{\frac{1}{2}}^{1}\sum_{Q_M}\sideset{}{^*}\sum_{\chi}N(\alpha,2^m;\chi)z^{\alpha}\,\mathrm{d}\alpha\right\}\ll$$

$$M(z^{\frac{1}{2}}+z(\log z)^2T^{-1})+$$

$$M^{-1}(\log z)\sum_{2^{m-1}\leqslant T}2^{-m}\cdot$$

$$\max_{\alpha}\left\{\sum_{Q_M}\sideset{}{^*}\sum_{\chi}N(\alpha,2^m;\chi)z^{\alpha}\right\}\ll$$

$$M(z^{\frac{1}{2}}+z(\log z)^2T^{-1})+$$

$$M^{-1}(\log z)^2\max_{2\leqslant T'\leqslant T}(T')^{-1}\cdot$$

$$\max_{\alpha}\left\{\sum_{Q_M}\sideset{}{^*}\sum_{\chi}N(\alpha,T';\chi)z^{\alpha}\right\}\qquad ③⑥$$

应用定理 5，并注意对于一个原特征 $\chi(\mathrm{mod}\ q)$，我们有

$$|\tau(\chi)|^2=q>\phi(q)$$

所以

$$\sum_{Q_M}\sideset{}{^*}\sum_{\chi}N(\alpha,T';\chi)\leqslant$$

$$\sum_{Q_M}\frac{1}{\phi(q)}\sum_{\chi}|\tau(\chi)|^2N(\alpha,T';\chi)\ll$$

$$DT'(M^2+MT')^{\frac{4(1-\alpha)}{3-2\alpha}}(\log z)^{10}$$

因此

$$\max_{2\leqslant T'\leqslant T}(T')^{-1}\max_{\alpha}\left\{\sum_{Q_M}\sideset{}{^*}\sum_{\chi}N(\alpha,T';\chi)z^{\alpha}\right\}\ll$$

$$D(\log z)^{10}\max_{\alpha}(M^2+MT)^{\frac{4(1-\alpha)}{3-2\alpha}}z^{\alpha}$$

我们加于 M 与 T 的条件为 $M\leqslant X\leqslant z^{\frac{1}{2}}$ 与 $T\leqslant z^{\frac{1}{2}}$.
度量 D 在我们的布置中，并且它关于 M 是独立的.

取

$$D = (\log z)^{A+3}, T = M(\log z)^{A+5}, X \leqslant z^{\frac{1}{2}} (\log z)^{-A-5}$$

因为 $M \leqslant X$,所以满足条件 $T \leqslant z^{\frac{1}{2}}$.将最后的不等式代入 ㊱,则得到

$$M^{-1} \sum_{Q_M} \sum_{\chi}{}^{*} \max_{y \leqslant z} \mid \psi(y,\chi) \mid \ll$$

$$Mz^{\frac{1}{2}} + z(\log z)^{-A-3} +$$

$$M^{-1} (\log z)^{2A+20} \max_{\alpha} M^{\frac{8(1-\alpha)}{3-2\alpha}} z^{\alpha} \qquad ㊲$$

$$\frac{8(1-\alpha)}{3-2\alpha} - 1 = 2(1-\alpha) - \frac{(2\alpha-1)^2}{3-2\alpha} \leqslant$$

$$2(1-\alpha) - \frac{1}{2}(2\alpha-1)^2 =$$

$$\frac{3}{2} - 2\alpha^2$$

当 $\alpha < \alpha_0$ 时,函数 $z^{\alpha} M^{\frac{3}{2}-2\alpha^2}$ 递增;而当 $\alpha > \alpha_0$ 时,函数 $z^{\alpha} M^{\frac{3}{2}-2\alpha^2}$ 递减,此处 $\alpha_0 = \frac{\log z}{4\log M}$.若 $M < z^{\frac{1}{4}}$,则 $\alpha_0 > 1$;当 $\frac{1}{2} \leqslant \alpha \leqslant 1$ 时,函数是 α 的递增函数,其最大值为

$$zM^{-\frac{1}{2}} \leqslant zX_0^{-\frac{1}{2}} = z(\log z)^{-\frac{1}{2}N}$$

若 $z^{\frac{1}{4}} \leqslant M \leqslant X(< z^{\frac{1}{2}})$,则函数的最大值为

$$\exp\left(\frac{3}{2}\log M + \frac{(\log z)^2}{8\log M}\right)$$

将它考虑为 $\log M$ 的一个函数,括号中的表达式为凸的,在

$$\frac{1}{4}\log z \leqslant \log M \leqslant \log X$$

中的极大值为

$$\max\left\{\frac{7}{8}\log z, \frac{(\log z)^2}{8\log X} + \frac{3}{2}\log X\right\}$$

我们按定理 4 的假定取 $X = z^{\frac{1}{2}}(\log z)^{-B}$，则最后的表达式不大于 $\log z - B\log\log z + O(1)$，所以

$$z^a M^{\frac{3}{2}-2a^2} \ll z(\log z)^{-\frac{1}{2}N} + z(\log z)^{-B}$$

我们取 $N = 2B$，并假定 $B \geqslant A + 5$，所以较早的条件 $X \leqslant z^{\frac{1}{2}}(\log z)^{-A-5}$ 满足.

应用 ㊲ 中证明的结果可知，当 $X_0 \leqslant M \leqslant X$ 时有

$$M^{-1} \sum_{Q_M} \sum_{\chi}{}^{*} \max_{y \leqslant z} \mid \psi(y,\chi) \mid \ll$$

$$Mz^{\frac{1}{2}} + z(\log z)^{-A-3} + z(\log z)^{2A+20-B}$$

因为 $D = (\log z)^{A+3}$，所以由引理 4 可知

$$\sum_{q \leqslant X} E^{*}(z,q) \ll z(\log z)^{-A} + z(\log z)^{2A+23-B}$$

取 $B = 3A + 23 (> A + 5)$，则得 ⑪，故得定理 4.

下面我们将在定理 3 的基础上证明定理 5.

令 Q 为一个正整数的有限集及 M 与 D 由 ③ 与 ④ 定义，又令

$$z = M^2 \tag{㊳}$$

$$Q(s,\chi) = \sum_{n \leqslant z} \chi(n)\mu(n)n^{-s} \tag{㊴}$$

$$f(s,\chi) = L(s,\chi)Q(s,\chi) - 1 \tag{㊵}$$

我们定义

$$F(s) = \prod_{q \in Q} \prod_{\chi \neq \chi_0} (1 - f^2(s,\chi))^{e(\chi)} \tag{㊶}$$

此处

$$e(\chi) = \frac{M!}{\phi(q)} \mid \tau(\chi) \mid^2 \tag{㊷}$$

因为当 $\chi \neq \chi_0$ 时，$L(s,\chi)$ 为一个整函数及 $e(\chi)$ 为一个正整数，所以 $F(s)$ 为 s 的整函数. 又当 s 为实数时，$F(s)$ 亦是实的，这是由于

$$\overline{f(s,\chi)} = f(s,\overline{\chi}), \ |\tau(\overline{\chi})|^2 = |\tau(\chi)|^2$$

我们将于以后证明,当 M 充分大,且 $\sigma = 2$ 时有 $F(s) \neq 0$. 我们用通常的方法来定义 $\arg F(\sigma + it)$(见帕拉哈的著作[①]);由 $\arg F(2) = 0$ 沿路径$(2, 2+it, \sigma + it)$ 行走,当沿第二条线段走时,若通过 $F(s)$ 的一个 m 重零点,则 $\arg F(s)$ 增加 $-\pi m \mathrm{sgn}\, t$,即通过连续变分来定义$\arg F(\sigma + it)$. 我们记

$$\log^+ x = \begin{cases} \log x, & x > 1 \\ 0, & \text{其他情况} \end{cases}$$

引理 5　我们有

$$2\pi M! \int_\alpha^\beta \sum_{q \in Q} \frac{1}{\phi(q)} \sum_{\chi \neq \chi_0} |\tau(\chi)|^2 N(\sigma, T; \chi) \mathrm{d}\sigma \leqslant$$

$$\int_{-T}^T \{\log |F(\alpha + it)| - \log |F(\beta + it)|\} \mathrm{d}t +$$

$$\int_\alpha^\beta \{\arg F(\sigma + iT) - \arg F(\sigma - iT)\} \mathrm{d}\sigma \qquad ㊸$$

　　证明　若 ρ 为 $L(s, \chi)$ 的一个 m 次零点,则 ρ 为 $1 - f^2(s, \chi)$ 的一个零点,所以它是 $F(s)$ 的零点,其重数至少为 $me(\chi)$,因此由李特伍德的一条熟知定理,即得引理 5.

　　引理 6　当 $\dfrac{1}{2} \leqslant \sigma \leqslant 2$ 时有

$$\int_\alpha^2 \{\arg F(\sigma + it) - \arg F(\sigma - it)\} \mathrm{d}\sigma \leqslant$$

$$M! + \int_0^{2\pi} \log^+ |F(2 + it + (2 - \alpha)\mathrm{e}^{i\theta})| \,\mathrm{d}\theta$$

　　证明　若 $\sigma > 1$,则由 ㊴ 与 ㊵ 可知

---

①　K. Prachar. Primzahlverteilung. New York: Springer, 1957.

$$f(s,\chi) = \sum_{n>z} \chi(n) A_z(n) n^{-s}$$

此处

$$A_z(n) = \sum_{\substack{d \mid n \\ d \leqslant z}} \mu(d), \mid A_z(n) \mid \leqslant d(n)$$

因此，当 M 充分大时有

$$\mid f(2+\mathrm{i}t,\chi) \mid^2 \leqslant (\sum_{n>z} d(n) n^{-2})^2 \ll (z^{-1} \log z)^2$$

从而 $\mid f(2+\mathrm{i}t,\chi) \mid$ 很小，这证明了较早的注记 $F(2+\mathrm{i}t) \neq 0$.

我们有

$$\sum_{q \in Q} \frac{1}{\phi(q)} \sum_{\chi \neq \chi_0} \mid \tau(\chi)^2 \mid \leqslant \sum_{q \leqslant M} q < M^2 = z$$

及

$$\mid \log(1 - f^2(2+\mathrm{i}t,\chi)) \mid \ll z^{-2} (\log z)^2$$

故由 ④1 可知

$$\mid \log F(2+\mathrm{i}t) \mid \leqslant \sum_{q \in Q} \frac{M!}{\phi(q)} \sum_{\chi \neq \chi_0} \mid \tau(\chi) \mid^2 \cdot$$
$$\mid \log(1 - f^2(2+\mathrm{i}t,\chi)) \mid \ll$$
$$M! \, z^{-1} (\log z)^2 \ll M! \qquad ④4$$

我们按迪奇马士[1]方法的一般做法，对于固定的 t，令

$$g_t(s) = \frac{1}{2} \{F(s+\mathrm{i}t) + F(s-\mathrm{i}t)\} \qquad ④5$$

则 $g_t(s)$ 为 s 的整函数及由反射原理得

$$g_t(\sigma) = RF(\sigma + \mathrm{i}t)$$

令 $n(r)$ 表示 $g_t(s)$ 在圆 $\mid s - 2 \mid \leqslant r$ 中的零点个数，零

---

[1]　E. C. Titchmarsh. The theory of the Riemann zeta-function. Oxford: Clarendon Press，1951.

点重数亦算在内,则当 $\sigma \leqslant 2$ 时有

$$|\arg F(\sigma+it)| \leqslant |\arg F(2+it)| + (N+1)\pi$$

此处 N 为 $g_t(s)$ 在线段 $\sigma \leqslant s \leqslant 2$ 上的零点个数,则由 ㊹ 可知

$$|\arg F(\sigma+it)| \ll M! + n(2-\sigma)$$

由此及引申公式可知,当 $\frac{1}{2} \leqslant \alpha \leqslant 2$ 及 $g_t(2) \neq 0$ 时有

$$\int_\alpha^2 |\arg F(\sigma+it)| \, \mathrm{d}\sigma \ll$$

$$M! + \int_0^{2-\alpha} n(r) \, \mathrm{d}r \ll$$

$$M! + \int_0^{2-\alpha} r^{-1} n(r) \, \mathrm{d}r =$$

$$M! + \frac{1}{2\pi} \int_0^{2\pi} \log |g_t(2 +$$

$$(2-\alpha)\mathrm{e}^{i\theta})| \, \mathrm{d}\theta - \log |g_t(2)|$$

同时,由不等式

$$\log^+ (a+b) \leqslant 2 + \log^+ a + \log^+ b$$

得

$$\int_0^{2\pi} \log^+ |g_t(2+(2-\alpha)\mathrm{e}^{i\theta})| \, \mathrm{d}\theta \leqslant$$

$$4\pi + \int_0^{2\pi} \log^+ |F(2+it+(2-\alpha)\mathrm{e}^{i\theta})| \, \mathrm{d}\theta +$$

$$\int_0^{2\pi} \log^+ |F(2-it+(2-\alpha)\mathrm{e}^{-i\theta})| \, \mathrm{d}\theta \ll$$

$$1 + \int_0^{2\pi} \log^+ |F(2+it+(2-\alpha)\mathrm{e}^{i\theta})| \, \mathrm{d}\theta$$

在此用到 $F(\sigma-it)$ 与 $F(\sigma+it)$ 为共轭复数,代入前面的不等式,则得引理 6 的结果,在此需假定 $-\log |g_t(2)| \ll M!$. 考虑函数

$$h_t(s) = \frac{1}{2\mathrm{i}} \{F(s+it) - F(s-it)\}$$

则我们免去这个假定,从而

$$|F(2+\mathrm{i}t)|^2 = |g_t(2)|^2 + |h_t(2)|^2$$

由 ⑭ 得

$$-\log|g_t(2)| \ll M! \quad \text{或} \quad -\log|h_t(2)| \ll M!$$

我们已处理了第一种情况,对于第二种情况,只要用 $h_t(s)$ 代替 $g_t(s)$,就可以用同样的方法处理. 引理 6 证毕.

引理 7 若 $\chi(\bmod q)$ 为非主特征,则对于 $\sigma \geqslant \dfrac{1}{2}$,$x \geqslant 2q$ 与 $|t| \leqslant \dfrac{x}{q}$,有

$$L(s,\chi) = \sum_{n \leqslant x} \chi(n) n^{-s} + O(qx^{-\sigma}) \qquad ⑯$$

一致成立.

证明 如通常一样,记

$$\zeta(s,w) = \sum_{n=0}^{\infty} (n+w)^{-s}$$

此处 $0 < w \leqslant 1$,$\sigma > 1$. 用熟知的方法(见迪奇马士的著作[①]) 可知逼近式

$$\zeta(s,w) = \sum_{0 \leqslant n \leqslant y} (n+w)^{-s} - \frac{y^{1-s}}{1-s} + O(y^{-\sigma})$$

对于 $\sigma \geqslant \dfrac{1}{2}$,任意正整数 y 及 $|t| \leqslant \pi y$ 一致成立.

我们有

$$L(s,\chi) = q^{-s} \sum_{a=1}^{q} \chi(a) \zeta\left(s, \frac{a}{q}\right)$$

将上面的逼近式代入并注意当 $\chi \neq \chi_0$ 时有

---

① E. C. Titchmarsh. The theory of the Riemann zeta-function. Oxford:Clarendon Press,1951.

$$\sum_{a=1}^{q} \chi(a) = 0$$

所以

$$L(s,\chi) = \sum_{0 < n \leqslant qy+q} \chi(n) n^{-s} + O(q^{1-\sigma} y^{-\sigma})$$

取 $x = qy + q$，则得 $|t| \leqslant \pi y$，以及当 x 为 q 的整数倍时有 ㊻. 因为小于 q 项之和可以归到 $O(qx^{-\sigma})$ 之中，所以后面的条件可以取消.

引理 8　我们有

$$\sum_{q \in Q} \frac{1}{\phi(q)} \sum_{\chi \neq \chi_0} |\tau(\chi)|^2 f\left(\frac{1}{2} + it, \chi\right) \ll$$

$$D(M^2 + M|t|) \log^2(M + |t|) \qquad ㊼$$

证明　由 ㊵ 可知

$$|f(s,\chi)| \leqslant 1 + |L(s,\chi)Q(s,\chi)| \leqslant$$

$$1 + \frac{1}{2}|L(s,\chi)|^2 + \frac{1}{2}|Q(s,\chi)|^2$$

因此 ㊼ 左端之和不大于 $\Sigma_1 + \Sigma_2 + \Sigma_3$，此处

$$\Sigma_1 = \sum_{q \in Q} \frac{1}{\phi(q)} \sum_{\chi \neq \chi_0} |\tau(\chi)|^2$$

$$\Sigma_2 = \sum_{q \in Q} \frac{1}{\phi(q)} \sum_{\chi \neq \chi_0} |\tau(\chi)|^2 \left| L\left(\frac{1}{2} + it, \chi\right) \right|^2$$

$$\Sigma_3 = \sum_{q \in Q} \frac{1}{\phi(q)} \sum_{\chi \neq \chi_0} |\tau(\chi)|^2 \left| Q\left(\frac{1}{2} + it, \chi\right) \right|^2$$

因为 $|\tau(\chi)|^2 \leqslant q$，所以 $\Sigma_1 \leqslant M^2$.

现在考虑 Σ_3，我们有

$$Q\left(\frac{1}{2} + it, \chi\right) = \sum_{n \leqslant z} \chi(n) \mu(n) n^{-\frac{1}{2} - it}$$

运用定理 3 并置 $Y = 0, Z = z, a_n = \mu(n) n^{-\frac{1}{2} - it}$，则得

$$\Sigma_3 \ll D \max\{z, M^2\} \sum_{n \leqslant z} d(n) n^{-1} \ll DM^2 (\log M)^2$$

只剩下 Σ_2. 我们首先用一个有限和来逼近 $L\left(\dfrac{1}{2}+\mathrm{i}t,\chi\right)$；在引理 7 中取 $x=M^2+M\mid t\mid$ 及 $q\leqslant M$，因为 $x\geqslant 2q$ 及 $\mid t\mid\leqslant\dfrac{x}{q}$，所以这是可能的，故得

$$\left|L\left(\frac{1}{2}+\mathrm{i}t,\chi\right)\right|^2\ll\mid\sum_{n\leqslant x}\chi(n)n^{-\frac{1}{2}-\mathrm{i}t}\mid^2+1$$

再用定理 3，并取 $Y=0,Z=x,a_n=n^{-\frac{1}{2}-\mathrm{i}t}$，则得

$$\Sigma_2\ll\Sigma_1+\sum_{q\in Q}\frac{1}{\phi(q)}\sum_{\chi\neq\chi_0}\mid\tau(\chi)\mid^2\mid\sum_{n\leqslant x}\chi(n)n^{-\frac{1}{2}-\mathrm{i}t}\mid^2\ll$$

$$M^2+D\max\{x,M^2\}\sum_{n\leqslant x}d(n)n^{-1}\ll$$

$$D(M^2+M\mid t\mid)\log^2(M+\mid t\mid)$$

将 $\Sigma_1,\Sigma_2,\Sigma_3$ 的估计加起来即得 ㊼.

引理 9　对于 $\sigma\geqslant 1$，下式一致成立

$$\sum_{q\in Q}\frac{1}{\phi(q)}\sum_{\chi\neq\chi_0}\mid\tau(\chi)\mid^2\mid f(\sigma+\mathrm{i}t,\chi)\mid^2\ll$$

$$D\log^9(M+\mid t\mid)$$

证明　如前面的证明一样，令 $x=M^2+M\mid t\mid$，则由引理 7 可知

$$f(\sigma+\mathrm{i}t,\chi)=(\sum_{n\leqslant x}\chi(n)n^{-\sigma-\mathrm{i}t})(\sum_{n\leqslant x}\chi(n)\mu(n)n^{-\sigma-\mathrm{i}t})-$$

$$1+O(Mx^{-\sigma}\mid Q(\sigma+\mathrm{i}t,\chi)\mid)=$$

$$\sum_{z<n\leqslant zx}\chi(n)a_n(x,z)n^{-\sigma-\mathrm{i}t}+$$

$$O(M^{1-2\sigma}\mid Q(\sigma+\mathrm{i}t,\chi)\mid)$$

此处 $a_n(x,z)=\sum\mu(d)$，其中 $d\mid n,nx^{-1}\leqslant d\leqslant z$.

将这个引理中的和记为 S，则得

$$S\ll S_1+M^{2-4\sigma}S_2$$

此处

$$S_1 = \sum_{q \in Q} \frac{1}{\phi(q)} \sum_{\chi \neq \chi_0} \mid \tau(\chi) \mid^2 \mid \sum_{z < n \leqslant zx} \chi(n) a_n(x, z) n^{-\sigma - it} \mid^2$$

$$S_2 = \sum_{q \in Q} \frac{1}{\phi(q)} \sum_{\chi \neq \chi_0} \mid \tau(\chi) \mid^2 \mid Q(\sigma + it, \chi) \mid^2$$

将定理 3 用于 S_2，并置 $Y = 0, Z = z, a_n = \mu(n) n^{-\sigma - it}$，则得

$$S_2 \ll D \max\{z, M^2\} \sum_{n \leqslant z} d(n) n^{-2\sigma} \ll DM^2$$

现在考虑 S_1，我们将区间 $z < n \leqslant zx$ 分成远小于 $\log x$ 个小区间 $(2^{h-1} z, 2^h z), h = 1, 2, \cdots, h_0$，再加上一个部分区间 $(2^{h_0} z, xz)$. 由柯西不等式得

$$\mid \sum_{z < n \leqslant zx} \chi(n) a_n(x, z) n^{-\sigma - it} \mid^2 \ll$$

$$(\log x) \sum_{h=1}^{h_0 + 1} \mid \sum_{2^{h-1} z < n \leqslant 2^h z} \chi(n) a_n(x, z) n^{-\sigma - it} \mid^2$$

此处按惯例当 $h = h_0 + 1$ 时，内和中 n 的上界为 xz. 这给出有 $h_0 + 1$ 个和的 S_1 的不等式，其中典型的一个为

$$\sum_{q \in Q} \frac{1}{\phi(q)} \sum_z \mid \tau(\chi) \mid^2 \mid \sum_{2^{h-1} z < n \leqslant 2^h z} \chi(n) a_n(x, z) n^{-\sigma - it} \mid^2$$

对于每个这种和，我们应用定理 3，其中 $Y = 2^{h-1} z, Z = 2^h z$（或 xz），$a_n = a_n(x, z) n^{-\sigma - it}$，注意

$$\mid a_n(x, z) \mid \leqslant d(n)$$

及

$$\sum_{n=1}^N d^3(n) \ll N (\log N)^7$$

与

$$\log(2^h z) \ll \log x$$

所以上面最后一个和有估计

$$D \max\{2^{h-1} z, M^2\} \sum_{2^{h-1} z < n \leqslant 2^h z} d(n) a_n^2(x, z) n^{-2\sigma} \ll$$

$$D2^h z \sum_{2^{h-1} < n \leqslant 2^h z} d^3(n) n^{-2\sigma} \ll$$

$$D(2^h z)^{1-2\sigma} \sum_{n=1}^{2^h z} d^3(n) \ll$$

$$D(2^h z)^{2-2\sigma} (\log x)^7 \ll$$

$$Dz^{2-2\sigma} (\log x)^7$$

代入 S_1，则得

$$S_1 \ll (\log x) \sum_{h=1}^{h_0+1} Dz^{2-2\sigma} (\log x)^7 \ll D(\log x)^9$$

结合所有这些结果即得引理 9.

引理 10　令 $f_1(s), \cdots, f_K(s)$ 为带状区域 $\alpha < \sigma < \beta$ 中的正则函数，在其边界上，它们是连续的. 假定当 $|t| \to \infty$ 时，它们对于 σ 皆一致趋于 0. 令 $c_1, \cdots, c_K$ 为正整数并定义

$$J(\sigma; \lambda) = \left\{ \int_{-\infty}^{+\infty} \sum_{k=1}^{K} c_k \mid f_k(\sigma + it) \mid^{\frac{1}{\lambda}} dt \right\}^\lambda \qquad \text{⑱}$$

则

$$J(\sigma; \lambda u + \mu v) \leqslant J(\alpha; \lambda)^u J(\beta; \mu)^v \qquad \text{⑲}$$

此处

$$u = \frac{\beta - \sigma}{\beta - \alpha}, v = \frac{\sigma - \alpha}{\beta - \alpha}$$

证明　当 $K = 1$ 时，这是加布利尔（Gabriel）[①] 定理，他的证明推广到一般情况是不困难的. 在证明加布利尔的定理 1 时，我们用 $\int_{AB} \sum_{k=1}^{K} c_k \phi_k(z) \overline{\phi}_k(z) dz$ 代替

① R. M. Gabriel. Some results concerning the integrals of moduli of regular functions along certain curves. Journal London Math. Soc., 1927, 2: 112-117.

$\int \phi(z)\bar{\phi}(z)\mathrm{d}z$,除增加利用赫尔德不等式以外,均按原来同样的证明方法,这是仅需做的稍本质的改动.

为简便,我们记

$$\Phi(\alpha,T)=\int_{-T}^{T}\sum_{q\in Q}\frac{1}{\phi(q)}\sum_{\chi\neq\chi_0}\mid\tau(\chi)\mid^2\cdot$$
$$\log^+\mid 1-f^2(\alpha+it,\chi)\mid\mathrm{d}t \qquad ⑩$$

引理 11　关系式

$$\Phi(\alpha,T)\ll DT(M^2+MT)^{\frac{4(1-\alpha)}{3-2\alpha}}\log^9(M+T) \qquad ⑪$$

对于 $\frac{1}{2}\leqslant\alpha\leqslant 1,T\geqslant 2$ 一致成立,而

$$\Phi(\alpha,T)\ll DT\log^9(M+T) \qquad ⑫$$

对于 $\alpha\geqslant 1,T\geqslant 2$ 一致成立.

证明　对于 $T\geqslant 4$,置

$$f_T(s,\chi)=\frac{f(s,\chi)}{\cos(s/T)}$$
$$J_T(\sigma;\lambda)=\left\{\int_{-\infty}^{+\infty}\sum_{q\in Q}\frac{1}{\phi(q)}\sum_{\chi\neq\chi_0}\mid\tau(\chi)\mid^2\cdot\right.$$
$$\left.\mid f_T(\sigma+it,\lambda)\mid^{\frac{1}{\lambda}}\mathrm{d}t\right\}^{\lambda}$$

对于 $T\geqslant 4,\frac{1}{2}\leqslant\sigma\leqslant 1$,我们有

$$\frac{1}{2}\exp\left(\frac{\mid t\mid}{T}\right)\leqslant\mid\cos\frac{s}{T}\mid\leqslant\exp\left(\frac{\mid t\mid}{T}\right) \qquad ⑬$$

所以 $f_T(s,\chi)$ 为 $\frac{1}{2}\leqslant\sigma\leqslant 1$ 中 s 的正则函数及当 $\mid t\mid\rightarrow\infty$ 时,于区域 $\frac{1}{2}\leqslant\sigma\leqslant 1$ 中一致地趋于 0.

由 ⑬ 及引理 8 可知

$$J_T\left(\frac{1}{2};1\right)\ll\int_{-\infty}^{+\infty}\mathrm{e}^{-\frac{\mid t\mid}{T}}\sum_{q\in Q}\frac{1}{\phi(q)}\sum_{\chi\neq\chi_0}\mid\tau(\chi)\mid^2\cdot$$

33

$$\left|f\left(\frac{1}{2}+\mathrm{i}t,\chi\right)\right|\mathrm{d}t\ll$$
$$\int_{-\infty}^{+\infty}\mathrm{e}^{-\frac{|t|}{T}}D(M^2+M|t|)\cdot$$
$$\log^2(M+|t|)\mathrm{d}t\ll$$
$$DT(M^2+MT)\log^2(M+T)$$

同理,由引理 9 得

$$J_T\left(1;\frac{1}{2}\right)\ll\left\{\int_{-\infty}^{+\infty}\mathrm{e}^{-\frac{|t|}{T}}\sum_{q\in Q}\frac{1}{\phi(q)}\sum_{\chi\neq\chi_0}|\tau(\chi)|^2\cdot\right.$$
$$\left.|f(1+\mathrm{i}t,\chi)|^2\mathrm{d}t\right\}^{\frac{1}{2}}\ll$$
$$\{DT\log^9(M+T)\}^{\frac{1}{2}}$$

由引理 10 两个变元的凸定理,并置

$$\alpha=\frac{1}{2},\beta=1,\lambda=1,\mu=\frac{1}{2}$$
$$u=2(1-\sigma),v=2\sigma-1$$
$$c_k=\frac{1}{\phi(q)}|\tau(\chi)|^2,f_k(s)=f_T(s,\chi)$$

则得

$$J_T\left(\sigma;\frac{3}{2}-\sigma\right)\ll\{DT(M^2+MT)\log^2(M+T)\}^{2-2\sigma}\cdot$$
$$\{DT\log^9(M+T)\}^{\sigma-\frac{1}{2}}\ll$$
$$\{DT\log^9(M+T)\}^{\frac{3}{2}-\sigma}\cdot$$
$$(M^2+MT)^{2-2\sigma}\tag{54}$$

对于$\frac{1}{2}\leqslant\sigma\leqslant 1,T\geqslant 4$一致成立.

对于每个复数 w 及满足$\frac{1}{2}\leqslant\lambda\leqslant 1$的每个 λ 皆有

$$\log^+|1-w^2|\ll|w|^{\frac{1}{\lambda}}\tag{55}$$

因此由 (50) 中 $\Phi(\alpha,T)$ 的定义可知

$$\Phi(\sigma,T)\ll\int_{-T}^{T}\sum_{q\in Q}\frac{1}{\phi(q)}\sum_{\chi\neq\chi_0}|\tau(\chi)|^2\cdot$$

$$|f(\sigma+\mathrm{i}t,\chi)|^{\frac{1}{\frac{3}{2}-\sigma}}\mathrm{d}t$$

对于$\frac{1}{2}\leqslant\sigma\leqslant 1$成立. 由 (53) 我们可以引进一个因子

$$\left|\cos\left(\frac{\sigma+\mathrm{i}t}{T}\right)\right|^{-\frac{1}{\frac{3}{2}-\sigma}}$$

于积分之中,这相当于将 $f(\sigma+\mathrm{i}t,\chi)$ 换成 $f_T(\sigma+\mathrm{i}t,\chi)$. 所以

$$\Phi(\sigma,T)\ll\left\{J_T\left(\sigma;\frac{3}{2}-\sigma\right)\right\}^{\frac{1}{\frac{3}{2}-\sigma}}$$

现在引理 11 的第一个结论,即 (51) 可以由 (54) 推出.

为了得到第二个结论,即 (52),我们再应用不等式 (55),由它推出

$$\Phi(\alpha,T)\ll\int_{-T}^{T}\sum_{q\in Q}\frac{1}{\phi(q)}\sum_{\chi\neq\chi_0}|\tau(\chi)|^2|f(\alpha+\mathrm{i}t,\chi)|^2\mathrm{d}t$$

当 $\alpha\geqslant 1$ 时,(52) 可由引理 9 立刻推出. 引理 11 证毕.

定理 5 的证明　为简便,我们记

$$N_Q(\sigma,T)=\sum_{q\in Q}\frac{1}{\phi(q)}\sum_{\chi\neq\chi_0}|\tau(\chi)|^2N(\sigma,T;\chi)$$

由引理 5 并取 $\beta=2$,引理 6 及 ㊹ 得

$$2\pi M!\int_{\alpha}^{2}N_Q(\sigma,T)\mathrm{d}\sigma\leqslant$$

$$\int_{-T}^{T}\{\log|F(\alpha+\mathrm{i}t)|-\log|F(2+\mathrm{i}t)|\}\mathrm{d}t+$$

$$\int_{\alpha}^{2}\{\arg F(\sigma+\mathrm{i}t)-\arg F(\sigma-\mathrm{i}t)\}\mathrm{d}\sigma\ll$$

$$\int_{-T}^{T}\log^{+}|F(\sigma+\mathrm{i}t)|\mathrm{d}t+$$

$$\int_0^{2\pi} \log^+ \mid F(2 + \mathrm{i}T + (2 - \alpha)\mathrm{e}^{\mathrm{i}\theta}) \mid \mathrm{d}\theta + M!\ T$$

$$\text{⑤⑥}$$

固定 σ，函数 $N_Q(\sigma, T)$ 为 T 的非递减函数，关于 T，从 0 至 $2T$ 积分 ⑤⑥ 得

$$2\pi M!\ T \int_\alpha^2 N_Q(\sigma, T)\mathrm{d}\sigma \leqslant$$

$$2\pi M!\ \int_0^{2T} \int_\alpha^2 N_Q(\sigma, U)\mathrm{d}\sigma \mathrm{d}U \ll$$

$$\int_0^{2T} \int_{-U}^{U} \log^+ \mid F(\alpha + \mathrm{i}t) \mid \mathrm{d}t \mathrm{d}U +$$

$$\int_0^{2T} \int_0^{2\pi} \log^+ \mid F(2 + \mathrm{i}U +$$

$$(2 - \alpha)\mathrm{e}^{\mathrm{i}\theta}) \mid \mathrm{d}\theta \mathrm{d}U + M!\ T^2 \qquad \text{⑤⑦}$$

显然

$$\int_0^{2T} \int_{-U}^{U} \log^+ \mid F(\alpha + \mathrm{i}t) \mid \mathrm{d}t \mathrm{d}U \leqslant$$

$$2T \int_{-2T}^{2T} \log^+ \mid F(\alpha + \mathrm{i}t) \mid \mathrm{d}t$$

及

$$\int_0^{2T} \int_0^{2\pi} \log^+ \mid F(2 + \mathrm{i}U + (2 - \alpha)\mathrm{e}^{\mathrm{i}\theta}) \mid \mathrm{d}\theta \mathrm{d}U \leqslant$$

$$2\pi \max_\theta \int_0^{2T} \log^+ \mid F(2 + \mathrm{i}U + (2 - \alpha)\mathrm{e}^{\mathrm{i}\theta}) \mid \mathrm{d}U \ll$$

$$\max_{\alpha \leqslant \sigma \leqslant 4} \int_0^{2T+2} \log^+ \mid F(\sigma + \mathrm{i}t) \mid \mathrm{d}t$$

将这些结果用于 ⑤⑦，我们得

$$M!\ \int_\alpha^2 N_Q(\sigma, T)\mathrm{d}\sigma \ll$$

$$M!\ T + \max_{\alpha \leqslant \sigma \leqslant 4} \int_{-2T-2}^{2T+2} \log^+ \mid F(\sigma + \mathrm{i}t) \mid \mathrm{d}t \qquad \text{⑤⑧}$$

因为

$$\log^+|F(s)|=\log^+\prod_{q\in Q}\prod_{\chi\neq\chi_0}|1-f^2(s,\chi)|^{e(\chi)}\leqslant$$

$$M!\sum_{q\in Q}\frac{1}{\phi(q)}\sum_{\chi\neq\chi_0}|\tau(\chi)|^2\cdot$$

$$\log^+|1-f^2(s,\chi)|$$

所以由 ㊿ 中关于 $\Phi(\alpha,T)$ 的定义可知

$$\int_{-2T-2}^{2T+2}\log^+|F(\sigma+\mathrm{i}t)|\,\mathrm{d}t\leqslant M!\,\Phi(\sigma,2T+2)$$

因此由 ㊽ 与引理 11 可知,当 $T\geqslant 2$ 及 $\frac{1}{2}\leqslant\alpha\leqslant 1$ 时有

$$\int_{\alpha}^{2}N_Q(\sigma,T)\mathrm{d}\sigma\ll DT(M^2+MT)^{\frac{4(1-\alpha)}{3-2\alpha}}\log^9(M+T)\quad ㊾$$

固定 $T,N_Q(\sigma,T)$ 是 σ 的非递增函数,所以,若 $0<\delta<1$,则当 $T\geqslant 2$ 及 $\frac{1}{2}\leqslant\alpha\leqslant 1$ 时有

$$N_Q(\alpha+\delta,T)\leqslant\delta^{-1}\int_{\alpha}^{\alpha+\delta}N_Q(\sigma,T)\mathrm{d}\sigma\ll$$

$$\delta^{-1}DT(M^2+MT)^{\frac{4(1-\alpha)}{3-2\alpha}}\log^9(M+T)$$

取

$$\delta=\frac{1}{\log(M+T)}$$

并注意

$$\frac{4(1-\alpha)}{3-2\alpha}=\frac{4(1-\alpha-\delta)}{3-2\alpha-2\delta}+O(\delta)$$

及

$$(M^2+MT)^{\delta}=O(1)$$

即可知

$$N_Q(\alpha,T)\leqslant DT(M^2+MT)^{\frac{4(1-\alpha)}{3-2\alpha}}\log^{10}(M+T)\quad ㊿$$

对于 $\frac{1}{2}+\delta \leqslant \alpha \leqslant 1$ 一致成立.

我们还有

$$\sum_{q\in Q}\frac{1}{\phi(q)}\mid \tau(\chi_0)\mid^2 N(\alpha,T;\chi_0)=$$

$$N(\alpha,T)\sum_{q\in Q}\frac{\mu^2(q)}{\phi(q)}\ll$$

$$T(\log T)(\log M) \qquad\qquad ⑥$$

此处如通常一样, $N(\alpha,T)$ 表示 $\zeta(s)$ 在矩形 $\frac{1}{2}\leqslant \sigma \leqslant 1$, $\mid t\mid \leqslant T$ 中的零点个数. 将 ⑥ 与 ⑥ 相加, 即得定理 5 的结论, 即 ⑭ 对于 $\frac{1}{2}+\delta \leqslant \alpha \leqslant 1$ 成立.

最后, 假定 $\frac{1}{2}\leqslant \alpha \leqslant \frac{1}{2}+\delta$, 由一个熟知的结果 (见帕拉哈的著作[①]) 得

$$\sum_{\chi}N(\alpha,T;\chi)\ll \phi(q)T\log(M+T)$$

因此

$$\sum_{q\in Q}\frac{1}{\phi(q)}\sum_{\chi}\mid \tau(\chi)\mid^2 N(\alpha,T;\chi)\ll$$

$$\sum_{q\in Q}qT\log(M+T)\ll$$

$$M^2 T\log(M+T)$$

当 $\frac{1}{2}\leqslant \alpha \leqslant \frac{1}{2}+\delta$ 时, 这个不等式比 ⑭ 更优, 注意到 δ 的定义即得定理 5.

我们来推导 ⑰ 与 ⑱. 每个特征 $\chi(\bmod q)$ 都是由

---

① K. Prachar. Primzahlverteilung. New York: Springer, 1957.

原特征 $\chi^*(\bmod q^*)$ 引起的,此处 $q^* \mid q$ 及

$$N(\alpha,T;\chi)=N(\alpha,T;\chi^*)$$

对于给定的 q^*,q 的值最大为 $\dfrac{X}{q^*}$,所以

$$\sum_{q \leqslant X}\sum_{\chi}N(\alpha,T;\chi) \leqslant \sum_{q^* \leqslant X}\frac{X}{q^*}\sum_{\chi^*}N(\alpha,T;\chi^*)$$

将过 q^* 的和分成诸区间 $(2^h,2^{h+1})$,则得估计

$$(\log X)\max_{M \leqslant X}XM^{-1}\sum_{q^* \leqslant M}\sum_{\chi^*}N(\alpha,T;\chi^*) \ll$$

$$\max_{M \leqslant X}XM^{-1}T(M^2+MT)^{\beta}(XT)^{\epsilon}$$

此处 $\beta=\dfrac{4(1-\alpha)}{3-2\alpha}$,这个式子远小于 $\max\{X^{1+\epsilon}T^{1+\beta+\epsilon},$

$X^{2\beta+\epsilon}T^{1+\epsilon}\}$. 因为 $T \leqslant X^{\frac{1}{2}}$,所以

$$T^{\beta} \leqslant X^{\frac{2(1-\alpha)}{3-2\alpha}} \leqslant X^{2(1-\alpha)}$$

还有 $2\beta \leqslant 1+2(1-\alpha)$,故得 ⑰. 当 $\dfrac{5}{6} \leqslant \alpha \leqslant 1$ 时,我

们注意到 $\beta \leqslant \dfrac{1}{2}$,故得 ⑱.

　　在本节结束之际,我们关于定理 5 做两点注记,我们可证很多其他类似的不等式,例如

$$\sum_{q \in Q}\frac{1}{\phi(q)}\sum_{\chi}|\tau(\chi)|^2 N(\alpha,T;\chi) \ll$$

$$DT^2 M^{5(1-\alpha)}\log^{10}(M+T)$$

当 $\alpha > \dfrac{7}{11}$ 及 T 不太大时,它比定理 5 更优.定理 5 的不

等式类似于英格姆(Ingham)的另一个结果(见迪奇马

士的著作[①]),在理想的状态下,它给出整个区间 $T \ll M^{1+\varepsilon}$ 一个有用的界;这似乎在定理 4 的证明中是很本质的.

§2 论筛法及其有关的若干应用
—— 表大整数为殆素数[②]之和[③]

—— 王元

2.1 结果的陈述

将下面的命题记为"$a+b$":

每一充分大的偶数可表为两个大于 1 的整数 c_1 与 c_2 之和,c_1 与 c_2 的素因子个数(包含相同的与相异的)分别不超过 a 与 b.

并不需要很复杂的数值计算,就能得到"3＋3"及"$a+b$"($a+b \leqslant 5$).用比较复杂的数值计算,我们得到了"2＋3".另一点值得注意的是本节所用的方法完全是初等的,而维诺格拉多夫在证明"3＋3"的过程中却引用了精深的黎曼 Zeta 函数理论的结果.

令 $P(M,\xi)$ 表示给定有限整数集合 M 中不被小于或等于 ξ 的素数所整除的元素的个数.本节还附带举

---

① E. C. Titchmarsh. The theory of the Riemann zeta-function. Oxford:Clarendon Press, 1951.

② 殆素数即素因子个数不超过某一确定限的整数.

③ 原载于《数学学报》,1958,8(3):413-428.

例以讨论塞尔伯格所提出的关于估计 $P(M, \xi)$ 下界的方法的某些限度问题.

定理 1　"2 + 3".

关于表示大奇数的问题及孪生素数问题,我们亦得到:

定理 2　对于任何偶数 k,皆存在无限多个整数 n 使:(1)n 与 $n + k$ 的素因子个数均不超过 3;(2)$n(n + k)$ 为不超过 5 个素数的乘积.

定理 3　每一充分大的奇数可表示为
$$2N + 1 = 2p_1 \cdots p_c + q_1 \cdots q_d$$
此处 c, d 满足 $1 \leqslant c \leqslant 3, 1 \leqslant d \leqslant 3$ 及 $c + d \leqslant 5$,而 p_i, q_j 均为素数.

本节中的 $p; p', p'', \cdots; p_1, p_2, \cdots$ 均表示素数,不再一一声明.

2.2　计算

引理 1　设 $\Omega(n)$ 表示 n 的不同素因子的个数,若 $x \geqslant 1, z \geqslant 1$,则
$$\sum_{\substack{n \leqslant z \\ (n, x) = 1}} \frac{|\mu(n)| 2^{\Omega(n)}}{n} =$$
$$\frac{1}{2} \prod_{p \mid x} \frac{p}{p + 2} \prod_p \left(1 - \frac{1}{p}\right)^2 \left(1 + \frac{2}{p}\right) \log^2 z +$$
$$O(\log 2z \cdot \log \log 3zx) + O((\log \log 3x)^2)$$
此处 $\mu(n)$ 表示熟知的麦比乌斯函数.

证明见夏皮罗、瓦尔加的文章[①].

引理 2 设 $2 \mid x$,若 $z \geqslant 1$,则

$$\sum_{\substack{n \leqslant z \\ (n,x)=1}} \frac{\mid \mu(n) \mid 2^{\Omega(n)}}{n} \prod_{p \mid n} \left(1 + \frac{2}{p-2}\right) =$$

$$\frac{1}{8} \prod_{p>2} \frac{(p-1)^2}{p(p-2)} \prod_{\substack{p \mid x \\ p>2}} \frac{p-2}{p} \log^2 z +$$

$$O(\log xz \log \log 3xz)$$

证明 设 $\Psi(r) = \prod_{p \mid r} (p-2)$,则由引理 1 得

$$\sum_{\substack{n \leqslant z \\ (n,x)=1}} \frac{\mid \mu(n) \mid 2^{\Omega(n)}}{n} \prod_{p \mid n} \left(1 + \frac{2}{p-2}\right) =$$

$$\sum_{\substack{n \leqslant z \\ (n,x)=1}} \frac{\mid \mu(n) \mid 2^{\Omega(n)}}{n} \sum_{r \mid n} \frac{2^{\Omega(r)}}{\Psi(r)} =$$

$$\sum_{\substack{r \leqslant z \\ (r,x)=1}} \frac{\mid \mu(r) \mid 2^{2\Omega(r)}}{r\Psi(r)} \sum_{\substack{s \leqslant z/r \\ (s,rx)=1}} \frac{\mid \mu(s) \mid 2^{\Omega(s)}}{s} =$$

$$\sum_{\substack{r \leqslant z \\ (r,x)=1}} \frac{\mid \mu(r) \mid 2^{2\Omega(r)}}{r\Psi(r)} \cdot$$

$$\left\{ \frac{1}{2} \prod_p \frac{(p-1)^2(p+2)}{p^3} \prod_{p \mid rx} \frac{p}{p+2} \log^2 \frac{z}{r} + \right.$$

$$\left. O(\log zx \log \log 3zx) \right\} =$$

$$\frac{1}{2} \prod_p \frac{(p-1)^2(p+2)}{p^3} \prod_{p \mid x} \frac{p}{p+2} \log^2 z \cdot$$

$$\sum_{\substack{r \leqslant z \\ (r,x)=1}} \frac{\mid \mu(r) \mid 4^{\Omega(r)}}{\prod_{p \mid r} (p^2-4)} +$$

① H. N. Shapiro, J. Warga. On representation of large integers as sum of primes, part I. Comm. Pure Appl. Math., 1950,3: 153-176.

$$O(\log zx \log \log 3zx) =$$

$$\frac{1}{8}\prod_{p>2}\frac{(p-1)^2}{p(p-2)}\prod_{\substack{p\mid x\\p>2}}\frac{p-2}{p}\log^2 z +$$

$$O(\log xz \log \log 3xz)$$

引理证毕.

引理 3　对于任何 $\eta > 0$, 皆存在 $x_0 = x_0(\eta)$, 当 $x > x_0$ 时, 有

$$2^{\Omega(x)} \leqslant d(x) \leqslant 2^{(1+\eta)\frac{\log x}{\log \log x}}$$

此处 $d(x)$ 表示 x 的因子个数.

证明略去.

引理 4　当 $x \geqslant 1$ 时, 令 $\Delta(x) = e^{\frac{\log 3x}{\log \log 9x}}$, 则存在 $c_1 > 0$, 使

$$\prod_{p\mid x}\left(1-\frac{1}{p}\right)^{-1} - \left\{1 + \sum_{\substack{p\mid x\\p\leqslant\Delta(x)}}\frac{1}{p}\left(1-\frac{1}{p}\right)^{-1} + \right.$$

$$\left. \sum_{\substack{pp'\mid x\\p p'\leqslant\Delta(x)\\p\neq p'}}\frac{1}{pp'}\left(1-\frac{1}{p}\right)^{-1}\left(1-\frac{1}{p'}\right)^{-1} + \cdots\right\} =$$

$$O(e^{-c_1\frac{\log 3x}{\log \log 9x}})$$

证明　由引理 3 可知

$$\prod_{p\mid x}\left(1-\frac{1}{p}\right)^{-1} - \left\{1 + \sum_{\substack{p\mid x\\p\leqslant\Delta(x)}}\frac{1}{p}\left(1-\frac{1}{p}\right)^{-1} + \right.$$

$$\left. \sum_{\substack{pp'\mid x\\p p'\leqslant\Delta(x)\\p\neq p'}}\frac{1}{pp'}\left(1-\frac{1}{p}\right)^{-1}\left(1-\frac{1}{p'}\right)^{-1} + \cdots\right\} =$$

$$\sum_{\substack{p\mid x\\p>\Delta(x)}}\frac{1}{p}\left(1-\frac{1}{p}\right)^{-1} +$$

$$\sum_{\substack{pp'\mid x\\p p'>\Delta(x)\\p\neq p'}}\frac{1}{pp'}\left(1-\frac{1}{p}\right)^{-1}\left(1-\frac{1}{p'}\right)^{-1} + \cdots \leqslant$$

43

$$\frac{1}{\Delta(x)} \prod_{p \mid x} \left(1 - \frac{1}{p}\right)^{-1} \left\{1 + \sum_{p \mid x} 1 + \sum_{\substack{pp' \mid x \\ p \neq p'}} 1 + \cdots \right\} =$$

$$\frac{2^{\Omega(x)}}{\Delta(x) \prod_{p \mid x} \left(1 - \frac{1}{p}\right)} = O(\mathrm{e}^{-c_1 \frac{\log 3x}{\log \log 9x}})$$

注意，在此用到估计：以 p_i 表示第 i 个素数

$$\prod_{p \mid x} \left(1 - \frac{1}{p}\right)^{-1} = O\left(\prod_{i \leqslant \Omega(x)} \left(1 - \frac{1}{p_i}\right)^{-1}\right) =$$

$$O\left(\prod_{p \leqslant c\log 2x} \left(1 - \frac{1}{p}\right)^{-1}\right) = O(\log \log 3x)$$

引理证毕.

引理 5 令 q 为给定的偶数，给予整数 y，令

$$g(1) = 1, g(p) = \frac{1}{p} (p \mid y), g(p) = \frac{2}{p} (p \nmid y)$$

若 n 无平方因子，则令

$$g(n) = \prod_{p \mid n} g(p), f(n) = \frac{1}{g(n)} \prod_{p \mid n} (1 - g(p))$$

若 $z \geqslant 1$，则

$$\sum_{\substack{n \leqslant z \\ (n,q) = 1}} \frac{\mid \mu(n) \mid}{f(n)} =$$

$$\frac{1}{4} \prod_{p \mid q} \frac{p-1}{p} \prod_{p > 2} \frac{(p-1)^2}{p(p-2)} \prod_{\substack{p \mid qy \\ p > 2}} \frac{p-2}{p-1} \log^2 z +$$

$$O\left(\prod_{\substack{p \mid qy \\ p > 2}} \frac{p-2}{p-1} \cdot \frac{\log^2 2yz}{\log \log 3yz}\right)$$

证明 分三种情况证明.

（1）若 $z \geqslant \Delta(y) \geqslant \log 2z$，则由引理 2、引理 4 得

$$\sum_{\substack{n \leqslant z \\ (n,q) = 1}} \frac{\mid \mu(n) \mid}{f(n)} =$$

$$\sum_{\substack{n \leqslant z \\ (n,qy) = 1}} \frac{\mid \mu(n) \mid 2^{\Omega(n)}}{n} \prod_{p \mid n} \left(1 - \frac{2}{p}\right)^{-1} +$$

$$\sum_{\substack{p'\mid y \\ p'\nmid q}} \frac{1}{p'}\left(1-\frac{1}{p'}\right)^{-1} \sum_{\substack{n\leqslant z/p' \\ (n,qy)=1}} \frac{\mid \mu(n)\mid 2^{\Omega(n)}}{n} \prod_{p\mid n}\left(1-\frac{2}{p}\right)^{-1}+$$

$$\sum_{\substack{p'p''\mid y \\ (p'p'',q)=1 \\ p'\neq p''}} \frac{1}{p'p''}\left(1-\frac{1}{p'}\right)^{-1}\left(1-\frac{1}{p''}\right)^{-1}\cdot$$

$$\sum_{\substack{n\leqslant z/(p'p'') \\ (n,qy)=1}} \frac{\mid \mu(n)\mid 2^{\Omega(n)}}{n} \prod_{p\mid n}\left(1-\frac{2}{p}\right)^{-1}+\cdots\geqslant$$

$$\left\{1+\sum_{\substack{p'\mid y \\ p'\leqslant\Delta(y) \\ p'\nmid q}} \frac{1}{p'}\left(1-\frac{1}{p'}\right)^{-1}+\right.$$

$$\left.\sum_{\substack{p'p''\mid y \\ (p'p'',q)=1 \\ p'\neq p'' \\ p'p''\leqslant\Delta(y)}} \frac{1}{pp'}\left(1-\frac{1}{p'}\right)^{-1}\left(1-\frac{1}{p''}\right)^{-1}+\cdots\right\}\cdot$$

$$\sum_{\substack{n\leqslant z/\Delta(y) \\ (n,qy)=1}} \frac{\mid \mu(n)\mid 2^{\Omega(n)}}{n} \prod_{p\mid n}\left(1+\frac{2}{p-2}\right)=$$

$$\left(\prod_{\substack{p\mid y \\ p\nmid q}}\left(1-\frac{1}{p}\right)^{-1}+O(\mathrm{e}^{-c_1\frac{\log 3y}{\log\log 9y}})\right)\cdot$$

$$\left(\frac{1}{8}\prod_{p>2}\frac{(p-1)^2}{p(p-2)}\prod_{\substack{p\mid qy \\ p>2}}\frac{p-2}{p}\log^2\frac{z}{\Delta(y)}+\right.$$

$$\left.O(\log 2zy\log\log 3zy)\right)=$$

$$\frac{1}{4}\prod_{p\mid q}\frac{p-1}{p}\prod_{p>2}\frac{(p-1)^2}{p(p-2)}\prod_{\substack{p\mid qy \\ p>2}}\frac{p-2}{p-1}\log^2 z+$$

$$O\left(\prod_{\substack{p\mid qy \\ p>2}}\frac{p-2}{p-1}\cdot\frac{\log 2z\log 2y}{\log\log 3y}\right)+$$

$$O(\mathrm{e}^{-c_1\frac{\log 3y}{\log\log 9y}}\log^2 2yz)+O\left(\frac{\log^2 2y}{(\log\log 3y)^2}\right)+$$

$$O(\log 2zy(\log\log 3zy)^2)=$$

$$\frac{1}{4}\prod_{p\mid q}\frac{p-1}{p}\prod_{p>2}\frac{(p-1)^2}{p(p-2)}\prod_{\substack{p\mid qy \\ p>2}}\frac{p-2}{p-1}\log^2 z+$$

$$O\Big(\prod_{\substack{p\mid qy\\p>2}}\frac{p-2}{p-1}\cdot\frac{\log^2 2zy}{\log\log 3zy}\Big)$$

注意此处用到 $\log 2y \gg \log\log 3z$, $\log\log 3z \gg \log\log 3y$（由 $z\geqslant\Delta(y)\geqslant\log 2z$ 推出）及当 $y>y_0$ 时, 函数 $\dfrac{\log 2y}{\log\log 3y}$ 的递增性.

另外, 可知

$$\sum_{\substack{n\leqslant z\\(n,q)=1}}\frac{\mid\mu(n)\mid}{f(n)}\leqslant$$

$$\Big\{1+\sum_{\substack{p'\mid y\\p'\nmid q}}\frac{1}{p'}\Big(1-\frac{1}{p'}\Big)^{-1}+$$

$$\sum_{\substack{p'p''\mid y\\(p'p'',q)=1\\p'\neq p''}}\frac{1}{p'p''}\Big(1-\frac{1}{p'}\Big)^{-1}\Big(1-\frac{1}{p''}\Big)^{-1}+\cdots\Big\}\cdot$$

$$\sum_{\substack{n\leqslant z\\(n,qy)=1}}\frac{\mid\mu(n)\mid 2^{\Omega(n)}}{n}\prod_{p\mid n}\Big(1-\frac{2}{p}\Big)^{-1}=$$

$$\prod_{\substack{p\mid y\\p\nmid q}}\Big(1-\frac{1}{p}\Big)^{-1}\Big(\frac{1}{8}\prod_{p>2}\frac{(p-1)^2}{p(p-2)}\prod_{\substack{p\mid qy\\p>2}}\frac{p-2}{p}\log^2 z+$$

$$O(\log 2zy\log\log 3zy)\Big)=$$

$$\frac{1}{4}\prod_{p\mid q}\frac{p-1}{p}\prod_{p>2}\frac{(p-1)^2}{p(p-2)}\prod_{\substack{p\mid qy\\p>2}}\frac{p-2}{p-1}\log^2 z+$$

$$O\Big(\prod_{\substack{p\mid qy\\p>2}}\frac{p-2}{p-1}\cdot\frac{\log^2 2zy}{\log\log 3zy}\Big)$$

综合上述, 即得引理.

(2) 若 $\Delta(y)<\log 2z$, 则 $y<\mathrm{e}^{c(\log\log 3z)^2}$ ($c>0$).

与(1)相仿, 可知

$$\sum_{\substack{n\leqslant z\\(n,q)=1}}\frac{\mid\mu(n)\mid}{f(n)}\geqslant$$

$$\left\{ 1 + \sum_{\substack{p' \mid y \\ p' \nmid q}} \frac{1}{p'} \left(1 - \frac{1}{p'} \right)^{-1} + \right.$$

$$\sum_{\substack{p'p'' \mid y \\ (p'p'',q)=1 \\ p' \neq p''}} \frac{1}{p'p''} \left(1 - \frac{1}{p'} \right)^{-1} \left(1 - \frac{1}{p''} \right)^{-1} + \cdots \left. \right\} \cdot$$

$$\sum_{\substack{n \leqslant z/\mathrm{e}^{c(\log\log 3z)^2} \\ (n,qy)=1}} \frac{\mid \mu(n) \mid 2^{\Omega(n)}}{n} \prod_{p \mid n} \left(1 - \frac{2}{p} \right)^{-1} =$$

$$\frac{1}{4} \prod_{p \mid q} \frac{p-1}{p} \prod_{p>2} \frac{(p-1)^2}{p(p-2)} \prod_{\substack{p \mid qy \\ p>2}} \frac{p-2}{p-1} \log^2 z +$$

$$O\Big(\prod_{\substack{p \mid qy \\ p>2}} \frac{p-2}{p-1} \cdot \frac{\log^2 2zy}{\log\log 3zy} \Big)$$

及

$$\sum_{\substack{n \leqslant z \\ (n,q)=1}} \frac{\mid \mu(n) \mid}{f(n)} \geqslant$$

$$\left\{ 1 + \sum_{\substack{p' \mid y \\ p' \nmid q}} \frac{1}{p'} \left(1 - \frac{1}{p'} \right)^{-1} + \right.$$

$$\sum_{\substack{p'p'' \mid y \\ (p'p'',q)=1 \\ p' \neq p''}} \frac{1}{p'p''} \left(1 - \frac{1}{p'} \right)^{-1} \left(1 - \frac{1}{p''} \right)^{-1} + \cdots \left. \right\} \cdot$$

$$\sum_{\substack{n \leqslant z \\ (n,qy)=1}} \frac{\mid \mu(n) \mid 2^{\Omega(n)}}{n} \prod_{p \mid n} \left(1 - \frac{2}{p} \right)^{-1} =$$

$$\frac{1}{4} \prod_{p \mid q} \frac{p-1}{p} \prod_{p>2} \frac{(p-1)^2}{p(p-2)} \prod_{\substack{p \mid qy \\ p>2}} \frac{p-2}{p-1} \log^2 z +$$

$$O\Big(\prod_{\substack{p \mid qy \\ p>2}} \frac{p-2}{p-1} \cdot \frac{\log^2 2zy}{\log\log 3zy} \Big)$$

亦得引理.

（3）若 $\Delta(y) > z$，则由引理 2 得

$$\sum_{\substack{n \leqslant z \\ (n,q)=1}} \frac{\mid \mu(n) \mid}{f(n)} =$$

$$O\Big(\sum_{\substack{n\leqslant z \\ (n,q)=1}} \frac{|\mu(n)|}{n} 2^{\Omega(n)} \prod_{p|n}\Big(1-\frac{2}{p}\Big)^{-1}\Big)=$$

$$O(\log^2 2z)=O\Big(\frac{\log^2 2y}{\log\log 3y}\Big)=$$

$$O\Big(\prod_{\substack{p|qy \\ p>2}} \frac{p-2}{p-1}\cdot\frac{\log^2 2zy}{\log\log 3zy}\Big)$$

及

$$\frac{1}{4}\prod_{p|q}\frac{p-1}{p}\prod_{p>2}\frac{(p-1)^2}{p(p-2)}\prod_{\substack{p|qy \\ p>2}}\frac{p-2}{p-1}\log^2 z=$$

$$O(\log^2 2z)=O\Big(\prod_{\substack{p|qy \\ p>2}} \frac{p-2}{p-1}\cdot\frac{\log^2 2zy}{\log\log 3zy}\Big)$$

故得

$$\sum_{\substack{n\leqslant z \\ (n,q)=1}} \frac{|\mu(n)|}{f(n)}=$$

$$\frac{1}{4}\prod_{p|q}\frac{p-1}{p}\prod_{p>2}\frac{(p-1)^2}{p(p-2)}\prod_{\substack{p|qy \\ p>2}}\frac{p-2}{p-1}\log^2 z+$$

$$O\Big(\prod_{\substack{p|qy \\ p>2}} \frac{p-2}{p-1}\cdot\frac{\log^2 2zy}{\log\log 3zy}\Big)$$

综合（1）～（3），引理证毕。

引理 6　设 $\beta>\alpha>1$ 是固定两数，则当 $x\geqslant 2$ 时，有

$$\sum_{x^{\frac{1}{\beta}}<p\leqslant x^{\frac{1}{\alpha}}} \frac{1}{p\log^2\frac{x}{p}}=$$

$$\frac{1}{\log^2 x}\Big\{\log\frac{\beta-1}{\alpha-1}+\frac{1}{\alpha-1}-\frac{1}{\beta-1}\Big\}+O\Big(\frac{1}{\log^3 x}\Big)$$

2.3　定理 A

给予两数 $2\leqslant y\leqslant x$；给出一组整数

$$a,q;a_i,b_i,1 \leqslant i \leqslant r \qquad (\omega)$$

满足

$$2 \mid q, q = O(1)$$

若 $p_i \mid y$，则 $a_i \equiv b_i (\bmod\ p_i)$，否则

$$a_i \not\equiv b_i (\bmod\ p_i), i = 1, 2, \cdots, r \qquad ①$$

此处 $2 < p_1 < \cdots < p_r \leqslant \xi$ 为不超过 ξ 而又不能整除 q 的全部素数，$\xi > q$.

令 $P_\omega(x,q,\xi)$ 为适合下面条件的整数 n 的个数

$$1 \leqslant n \leqslant x, n \equiv a(\bmod\ q), n \not\equiv a_i(\bmod\ p_i),$$

$$n \not\equiv b_i(\bmod\ p_i), 1 \leqslant i \leqslant r \qquad ②$$

由孙子定理可知同余式组

$$y \equiv a_i(\bmod\ p_i), 1 \leqslant i \leqslant r$$

$$y \equiv b_i(\bmod\ p_i), 1 \leqslant i \leqslant r$$

均在区间 $1 \leqslant y \leqslant p_1 \cdots p_r$ 内有唯一的解，分别记之为 a^* 及 b^*. 可知适合式 ② 与适合下式的整数个数相同

$$1 \leqslant n \leqslant x, n \equiv a(\bmod\ q),$$

$$(n - a^*)(n - b^*) \not\equiv 0(\bmod\ p_i), 1 \leqslant i \leqslant r \qquad ③$$

定理 A　令 $c > 0$, $P = \prod_{i=1}^{r} p_i$，则对于任意给予的整数列 (ω)，下式一致成立

$$P_\omega(x,q,\xi) \leqslant \frac{x}{q \displaystyle\sum_{\substack{m \leqslant \xi^c \\ m \mid P}} \frac{\mid \mu(m) \mid}{f(m)}} + O(\xi^{2c} \log^6 \xi)$$

此处

$$g(1) = 1, g(p) = \frac{1}{p}(p \mid y), g(p) = \frac{2}{p}(p \nmid y)$$

当 n 无平方因子时，有

$$g(n) = \prod_{p \mid n} g(p)$$

$$f(n) = \sum_{d \mid n} \frac{\mu(d)}{g\left(\frac{n}{d}\right)} = \frac{1}{g(n)} \prod_{p \mid n} (1 - g(p))$$

证明　当 $k \mid P$ 时,由于 $(k,q) = 1$,故由孙子定理可知同余式组

$$\begin{cases} (n - a^*)(n - b^*) \equiv 0 \pmod{k} \\ n \equiv a \pmod{q} \end{cases}$$

在区间 $1 \leqslant n \leqslant kq$ 中的解数为 $2^{\Omega(k) - \Omega((k,y))}$. 因此

$$\sum_{\substack{k \mid (n-a^*)(n-b^*) \\ n \equiv a \pmod q \\ 1 \leqslant n \leqslant x}} 1 = 2^{\Omega(k) - \Omega((k,y))} \left[\frac{x}{kq}\right] + O(2^{\Omega(k)}) =$$

$$g(k) \frac{x}{q} + O(2^{\Omega(k)})$$

当 $k \mid P$ 时,令

$$\lambda_k = \frac{\mu(k)}{g(k) f(k)} \sum_{\substack{1 \leqslant n \leqslant \xi^c / k \\ (n,k) = 1 \\ n \mid P}} \frac{|\mu(n)|}{f(n)} \Big/ \sum_{\substack{1 \leqslant l \leqslant \xi^c \\ l \mid P}} \frac{|\mu(l)|}{f(l)}$$

由于 $\lambda_1 = 1, \lambda_d = 0 (d > \xi^c)$ 及满足条件 ② 与条件 ③ 的整数 n 的个数相同,故

$$P_\omega(x, q, \xi) = \sum_{\substack{1 \leqslant n \leqslant x \\ ((n-a^*)(n-b^*), P) = 1 \\ n \equiv a \pmod q}} 1 \leqslant$$

$$\sum_{\substack{n \leqslant x \\ n \equiv a \pmod q}} \Big(\sum_{d \mid (n-a^*)(n-b^*)} \lambda_d \Big)^2 =$$

$$\sum_{\substack{d_1 \leqslant \xi^c \\ d_1 \mid P}} \sum_{\substack{d_2 \leqslant \xi^c \\ d_2 \mid P}} \lambda_{d_1} \lambda_{d_2} \sum_{\substack{\{d_1, d_2\} \mid (n-a^*)(n-b^*) \\ 1 \leqslant n \leqslant x \\ n \equiv a \pmod q}} 1 =$$

$$\frac{x}{q} \sum_{\substack{d_1 \leqslant \xi^c \\ d_1 \mid P}} \sum_{\substack{d_2 \leqslant \xi^c \\ d_2 \mid P}} \lambda_{d_1} \lambda_{d_2} g(\{d_1, d_2\}) +$$

$$O\Big(\sum_{\substack{d_1 \leqslant \xi^c \\ d_1 \mid P}} \sum_{\substack{d_2 \leqslant \xi^c \\ d_2 \mid P}} |\lambda_{d_1} \lambda_{d_2}| 2^{\Omega(d_1) + \Omega(d_2)} \Big) =$$

$$\frac{x}{q}Q+R$$

此处 $\{d_1,d_2\}$ 表示 d_1 与 d_2 的最小公倍数. 与王元[①]的结果相同, 可知

$$Q=\frac{1}{\displaystyle\sum_{\substack{n\leqslant\xi^c\\n\mid P}}\frac{\mid\mu(n)\mid}{f(n)}}$$

又

$$R=O\Big(\Big(\sum_{\substack{k\leqslant\xi^c\\k\mid P}}\mid\lambda_k\mid 2^{\Omega(k)}\Big)^2\Big)=$$

$$O\Big(\Big(\sum_{\substack{k\leqslant\xi^c\\k\mid P}}\frac{\mid\mu(k)\mid}{g(k)f(k)}2^{\Omega(k)}\Big)^2\Big)=$$

$$O\left(\left[\sum_{\substack{1\leqslant k\leqslant\xi^c\\k\mid P}}\frac{\mid\mu(k)\mid 2^{\Omega(k)}}{\displaystyle\prod_{2<p\leqslant\xi^c}\Big(1-\frac{2}{p}\Big)}\right]^2\right)=$$

$$O\Big(\log^4\xi\Big(\sum_{k\leqslant\xi^c}d(k)\Big)^2\Big)=$$

$$O(\xi^{2c}\log^6\xi)$$

证毕.

2.4　定理 A 的应用

如前段的记号, 不一一解释.

当 $l<c\leqslant l+1$ 时(l 为正整数), 用逐步淘汰原则得

$$\sum_{\substack{m\leqslant\xi^c\\m\mid P}}\frac{\mid\mu(m)\mid}{f(m)}=$$

---

① 　王元. 表大偶数为一个不超过三个素数的乘积及一个不超过四个素数的乘积之和. 数学学报, 1956, 3: 500-513.

$$\sum_{\substack{m\leqslant \xi^c \\ (m,q)=1}} \frac{|\mu(m)|}{f(m)} - \sum_{\xi<p<\xi^c} \frac{1}{f(p)} \sum_{\substack{m\leqslant \xi^c/p \\ (m,qp)=1}} \frac{|\mu(m)|}{f(m)} +$$

$$\sum_{\substack{\xi<p<p' \\ pp'\leqslant \xi^c}} \frac{1}{f(p)f(p')} \sum_{\substack{m\leqslant \xi^c/(pp') \\ (m,qpp')=1}} \frac{|\mu(m)|}{f(m)} + \cdots +$$

$$(-1)^l \sum_{\substack{\xi<p'<\cdots<p^{(l)} \\ p'p''\cdots p^{(l)}\leqslant \xi^c}} \frac{1}{f(p')\cdots f(p^{(l)})} \cdot$$

$$\sum_{\substack{m\leqslant \xi^c/(p'\cdots p^{(l)}) \\ (m,qp'\cdots p^{(l)})=1}} \frac{|\mu(m)|}{f(m)} \qquad ④$$

1. 当 $1\leqslant c\leqslant 2$ 时，取 x 充分大，又取 $\xi=\dfrac{x^{\frac{1}{2c}}}{\log^5 x}(>$

$q)$. 记 $2c=d$，由于

$$\sum_{\xi<p\leqslant \xi^c} \frac{1}{f(p)} - \sum_{\xi<p\leqslant \xi^c} \frac{2}{p} =$$

$$O\Big(\sum_{\substack{\xi<p\leqslant \xi^c \\ p\nmid y}} \frac{1}{p^2} \Big) + O\Big(\sum_{\substack{p\mid y \\ p>\xi}} \frac{1}{p} \Big) =$$

$$O\Big(\frac{1}{\xi} \Big) = O\Big(\frac{\log^5 x}{x^{\frac{1}{d}}} \Big)$$

故由式 ④ 及引理 5 可知

$$\sum_{\substack{m\leqslant \xi^c \\ m\mid P}} \frac{|\mu(m)|}{f(m)} =$$

$$\sum_{\substack{m\leqslant \xi^c \\ (m,q)=1}} \frac{|\mu(m)|}{f(m)} - \sum_{\xi<p\leqslant \xi^c} \frac{2}{p} \cdot$$

$$\sum_{\substack{m\leqslant \xi^c/p \\ (m,q)=1}} \frac{|\mu(m)|}{f(m)} + O\Big(\frac{\log^7 x}{x^{\frac{1}{d}}} \Big) =$$

$$\Big\{ (d-1)^2 - 2\Big(\frac{d}{2} \Big)^2 \log \frac{d}{2} \Big\} x \frac{1}{4} \prod_{p\mid q} \frac{p-1}{p} \cdot$$

52

$$\prod_{p>2}\frac{(p-1)^2}{p(p-2)}\prod_{\substack{p\mid qy\\p>2}}\frac{p-2}{p-1}\log^2\xi+$$

$$O\Big(\prod_{\substack{p\mid qy\\p>2}}\frac{p-2}{p-1}\frac{\log^2 x}{\log\log x}\Big)$$

故由定理 A 可知

$$P_\omega(x,q,x^{\frac{1}{d}})\leqslant P_\omega\Big(x,q,\frac{x^{\frac{1}{d}}}{\log^5 x}\Big)\leqslant$$

$$\Lambda(d)c_{qy}\frac{x}{\log^2 x}+$$

$$O\Big(\prod_{\substack{p\mid qy\\p>2}}\frac{p-2}{p-1}\frac{\log^2 x}{\log\log x}\Big)\qquad ⑤$$

此处

$$\Lambda(d)=2\mathrm{e}^{2\gamma}\left[\frac{d^2}{(d-1)^2-2\big(\frac{d}{2}\big)^2\log\frac{d}{2}}\right],2\leqslant d\leqslant 4$$

$$⑥$$

其中

$$c_{qy}=\frac{2\mathrm{e}^{-2\gamma}}{q}\prod_{p>2}\Big(1-\frac{1}{(p-1)^2}\Big)\prod_{p\mid q}\frac{p}{p-1}\prod_{\substack{p\mid qy\\p>2}}\frac{p-1}{p-2}$$

$$⑦$$

其中 γ 为欧拉常数.

2. 当 $2\leqslant c\leqslant 3$ 时,取 $\xi=\dfrac{x^{\frac{1}{2c}}}{\log^5 x}(>q)$. 记 $2c=d$,

由于

$$\sum_{\xi<p\leqslant\xi^c}\frac{1}{f(p)}\sum_{\substack{n\leqslant\xi^c/p\\(n,q)=1}}\frac{\mid\mu(n)\mid}{f(n)}-$$

$$\sum_{\xi<p<\xi^c}\frac{1}{f(p)}\sum_{\substack{n\leqslant\xi^c/p\\(n,qp)=1}}\frac{\mid\mu(n)\mid}{f(n)}=O\Big(\frac{\log^7 x}{x^{\frac{1}{d}}}\Big)$$

及

$$\sum_{\substack{\xi<p<p'\\pp'\leqslant\xi^c}}\frac{1}{f(p)f(p')}-\sum_{\substack{\xi<p<p'\\pp'\leqslant\xi^c}}\frac{4}{pp'}=O\Big(\frac{\log^5 x}{x^{\frac{1}{d}}}\Big)$$

故由式 ④ 及引理 5 可知

$$\sum_{\substack{n\leqslant\xi^c\\n\mid P}}\frac{\mid\mu(n)\mid}{f(n)}=$$

$$\sum_{\substack{n\leqslant\xi^c\\(n,q)=1}}\frac{\mid\mu(n)\mid}{f(n)}-\sum_{\xi<p\leqslant\xi^c}\frac{2}{p}\sum_{\substack{n\leqslant\xi^c/p\\(n,q)=1}}\frac{\mid\mu(n)\mid}{f(n)}+$$

$$\sum_{\substack{\xi<p<p'\\pp'\leqslant\xi^c}}\frac{4}{pp'}\sum_{\substack{n\leqslant\xi^c/(pp')\\(n,q)=1}}\frac{\mid\mu(n)\mid}{f(n)}+O\Big(\frac{\log^7 x}{x^{\frac{1}{d}}}\Big)=$$

$$\Big\{(d-1)^2-2\Big(\frac{d}{2}\Big)^2\log\frac{d}{2}+$$

$$\frac{4}{\log^2\xi}\sum_{\substack{\xi<p<p'\\pp'\leqslant\xi^c}}\frac{1}{pp'}\log^2\frac{\xi^c}{pp'}\Big\}\cdot$$

$$\frac{1}{4}\prod_{p>2}\frac{(p-1)^2}{p(p-2)}\prod_{p\mid q}\frac{p-1}{p}\cdot$$

$$\prod_{\substack{p\mid qy\\p>2}}\frac{p-2}{p-1}\log^2\xi+$$

$$O\Big(\prod_{\substack{p\mid qy\\p>2}}\frac{p-2}{p-1}\cdot\frac{\log^2 x}{\log\log x}\Big)$$

故由定理 A 得知，对于任何 $\varepsilon>0$，皆存在 $x_0=x_0(\varepsilon)$，当 $x>x_0$ 时，仍得式 ⑤，但

$$\Lambda(d)=2\mathrm{e}^{2\gamma}\left|\frac{d^2}{(d-1)^2-2\Big(\frac{d}{2}\Big)^2\log\frac{d}{2}+\delta\Big(\frac{d}{2}\Big)-\varepsilon}\right|,$$

$$4\leqslant d\leqslant 6 \tag{⑧}$$

此处

$$\delta(a) = \lim_{\xi \to \infty} \frac{4}{\log^2 \xi} \sum_{\substack{\xi < p < p' \\ pp' \leqslant \xi^a}} \frac{1}{pp'} \log^2 \frac{\xi^a}{pp'}, a \geqslant 2 \qquad ⑨$$

同理可知当 $6 \leqslant d \leqslant 8$ 时,式 ⑤ 当 $x > x_1(\varepsilon)$ 时成立,但

$$\Lambda(d) =$$

$$2e^{2\gamma} \left[\frac{d^2}{(d-1)^2 - 2\left(\frac{d}{2}\right)^2 \log \frac{d}{2} + \delta\left(\frac{d}{2}\right) - K\left(\frac{d}{2}\right) - \varepsilon} \right],$$

$$6 \leqslant d \leqslant 8 \qquad ⑩$$

此处

$$K(a) = \overline{\lim_{\xi \to \infty}} \frac{8}{\log^2 \xi} \sum_{\substack{pp'p'' \leqslant \xi^a \\ \xi < p < p' < p''}} \frac{1}{pp'p''} \log^2 \frac{\xi^a}{pp'p''}, a \geqslant 3$$

$$⑪$$

以下可以同理依此类推. 又当 $0 < d \leqslant 2$ 时,置 $\Lambda(d) = \Lambda(2)$,则式 ⑤ 显然成立.

下面我们提供一个简单估计 $\delta(a)$ 与 $K(a)$ 的方法. 例如,求 $\delta(3)$. 我们先求出

$$\lim_{\xi \to \infty} \sum_{\substack{\xi < p < p' \\ \xi^{2.1} < pp' \leqslant \xi^{2.2}}} \frac{1}{pp'} \geqslant$$

$$\lim_{\xi \to \infty} \left(\sum_{\xi < p < \xi^{1.01}} \frac{1}{p} \sum_{\xi^{1.1} < p' < \xi^{1.19}} \frac{1}{p'} + \right.$$

$$\sum_{\xi^{1.01} < p < \xi^{1.02}} \frac{1}{p} \sum_{\xi^{1.09} < p' < \xi^{1.18}} \frac{1}{p'} + \cdots +$$

$$\sum_{\xi^{1.08} < p < \xi^{1.09}} \frac{1}{p} \sum_{\xi^{1.09} < p' < \xi^{1.11}} \frac{1}{p'} +$$

$$\left. \sum_{\xi^{1.09} < p < \xi^{1.095}} \frac{1}{p} \sum_{\xi^{1.095} < p' < \xi^{1.105}} \frac{1}{p'} \right) =$$

$$\log 1.01 \log \frac{1.19}{1.1} + \log \frac{1.02}{1.01} \log \frac{1.18}{1.09} + \cdots +$$

$$\log \frac{1.09}{1.08}\log \frac{1.11}{1.09} + \log \frac{1.095}{1.09}\log \frac{1.105}{1.095} > 0.005\ 61$$

$$\delta(3) \geqslant 4 \lim_{\overline{\xi \to \infty}} \Bigg(0.81 \sum_{\substack{\xi < p < p' \\ pp' \leqslant \xi^{2.1}}} \frac{1}{pp'} + $$

$$0.64 \sum_{\substack{\xi^{2.1} < p < p' \\ < pp' \leqslant \xi^{2.2}}} \frac{1}{pp'} + \cdots + $$

$$0.01 \sum_{\substack{\xi^{2.8} < p < p' \\ < pp' \leqslant \xi^{2.9}}} \frac{1}{pp'} \Bigg) > $$

$$0.087\ 202$$

2.5　定理 B

定理 B_1　令 $1 < \alpha < \beta \leqslant 15$ 为固定两数，若有非负递增且仅有有限多个不连续点之函数 $\Lambda(z)(0 < z \leqslant 14)$ 使

$$P_\omega(x,q,x^{\frac{1}{z}}) < $$

$$\Lambda(z)\frac{c_{qy}x}{\log^2 x} + O\Bigg(\prod_{\substack{p\,|\,qy \\ p>2}} \frac{p-1}{p-2} \cdot \frac{x}{\log^2 x \log\log x} \Bigg)$$

此处与"O"有关的常数为绝对常数，则

$$\sum_{\substack{x^{\frac{1}{\beta}} < p \leqslant x^{\frac{1}{\alpha}} \\ p\nmid y}} P_{\omega_p}\left(\frac{x}{p}, q, x^{\frac{1}{\beta}} \right) \leqslant \left(\int_{\alpha-1}^{\beta-1} \Lambda\left(\frac{\beta z}{z+1} \right) \frac{z+1}{z^2}\mathrm{d}z \right) \frac{c_{qy}x}{\log^2 x} + $$

$$O\Bigg(\frac{c_{qy}x}{\log^2 x \log\log x} \Bigg)$$

此处与"O"有关的常数与诸 (ω_p) 无关.

证明　令

$$n = \left[\sqrt{\log x} \right]$$

$$u_l = \alpha + \frac{\beta-\alpha}{n}l - 1, 0 \leqslant l \leqslant n$$

则由引理 6 得

$$T_l = \sum_{\substack{x^{\frac{1}{u_{l+1}+1}} < p \leqslant x^{\frac{1}{u_l+1}} \\ p \nmid y}} P_{\omega_p}\left(\frac{x}{p}, q, x^{\frac{1}{\beta}}\right) =$$

$$\sum_{\substack{x^{\frac{1}{u_{l+1}+1}} < p \leqslant x^{\frac{1}{u_l+1}} \\ p \nmid y}} P_{\omega_p}\left(\frac{x}{p}, q, \left(\frac{x}{p}\right)^{\frac{\log x}{\beta \log \frac{x}{p}}}\right) \leqslant$$

$$\sum_{x^{\frac{1}{u_{l+1}+1}} < p \leqslant x^{\frac{1}{u_l+1}}} \left\{ \Lambda\left[\frac{\beta\log\frac{x}{p}}{\log x}\right] \frac{c_{qy}x}{p\log^2\frac{x}{p}} + \right.$$

$$\left. O\left[\frac{c_{qy}x}{p\log^2\frac{x}{p}\log\log\frac{x}{p}}\right] \right\} \leqslant$$

$$\Lambda\left(\frac{\beta u_{l+1}}{u_{l+1}+1}\right) \frac{c_{qy}x}{\log^2 x}\left(\log\frac{u_{l+1}}{u_l} + \frac{u_{l+1}-u_l}{u_{l+1}u_l}\right) +$$

$$O\left(\frac{c_{qy}x}{\log^3 x}\right) + O\left(\frac{c_{qy}x}{\log^2 x\log\log x}\right) \cdot$$

$$\left(\log\frac{u_{l+1}}{u_l} + \frac{u_{l+1}-u_l}{u_{l+1}u_l}\right)\right)$$

由于当 $x \geqslant 1$ 时,$\dfrac{x}{1+x}$ 是 x 的递增函数,故

$$\sum_{l=0}^{n-1} \Lambda\left(\frac{\beta u_{l+1}}{u_{l+1}+1}\right)\left\{\log\frac{u_{l+1}}{u_l} + \frac{u_{l+1}-u_l}{u_{l+1}u_l}\right\} -$$

$$\int_{a-1}^{\beta-1} \Lambda\left(\frac{\beta z}{z+1}\right)\frac{z+1}{z^2}\mathrm{d}z =$$

$$\sum_{l=0}^{n-1} \int_{u_l}^{u_{l+1}} \left(\Lambda\left(\frac{\beta u_{l+1}}{u_{l+1}+1}\right) - \Lambda\left(\frac{\beta z}{z+1}\right)\right)\frac{z+1}{z^2}\mathrm{d}z \leqslant$$

$$\sum_{l=0}^{n-1} \left(\Lambda\left(\frac{\beta u_{l+1}}{u_{l+1}+1}\right) - \Lambda\left(\frac{\beta u_l}{u_l+1}\right)\right) \cdot$$

$$\max_{0\leqslant l\leqslant n-1} \int_{u_l}^{u_{l+1}} \frac{z+1}{z^2}\mathrm{d}z =$$

$$O\left(\frac{1}{n}\right)$$

故

$$\sum_{\substack{x^{\frac{1}{\beta}}<p\leqslant x^{\frac{1}{\alpha}}\\p\nmid y}}P_{\omega_p}\left(\frac{x}{p},q,x^{\frac{1}{\beta}}\right)=\sum_{l=0}^{n-1}T_l\leqslant$$

$$\left(\int_{\alpha-1}^{\beta-1}\Lambda\left(\frac{\beta z}{z+1}\right)\frac{z+1}{z^2}\mathrm{d}z\right)\frac{c_{qy}x}{\log^2 x}+$$

$$O\left(\frac{c_{qy}x}{\log^2 x\log\log x}\right)$$

定理证毕.

定理 B$_2$ 若 $2\leqslant\alpha<\beta\leqslant 15$ 是固定两数，又若有非负递增且仅有有限多个不连续点之函数 $\Lambda(z)$ 及 $\lambda(z)(0<z\leqslant 15)$ 使

$$P_\omega(x,q,x^{\frac{1}{z}})\geqslant\lambda(z)\frac{c_{qy}x}{\log^2 x}+O\left(\frac{c_{qy}x}{\log^2 x\log\log x}\right),$$

$$0<z\leqslant 15$$

及

$$P_\omega(x,q,x^{\frac{1}{z}})\leqslant\Lambda(z)\frac{c_{qy}x}{\log^2 x}+O\left(\frac{c_{qy}x}{\log^2 x\log\log x}\right),$$

$$0<z\leqslant 15$$

此处与"O"有关的常数为绝对常数，则

$$\lambda_1(\alpha)=\begin{cases}0, & 2<\alpha\leqslant\tau\\\lambda(\beta)-2\displaystyle\int_{\alpha-1}^{\beta-1}\Lambda(z)\frac{z+1}{z^2}\mathrm{d}z, & \tau\leqslant\alpha\leqslant\beta\leqslant 15\end{cases}$$

与

$$\Lambda_1(\alpha)=\Lambda(\beta)-2\int_{\alpha-1}^{\beta-1}\lambda(z)\frac{z+1}{z^2}\mathrm{d}z,2\leqslant\alpha\leqslant\beta\leqslant 15$$

亦分别具有 $\lambda(\alpha)$ 与 $\Lambda(\alpha)$ 的性质.

2.6 定理 C

给予两数 $2\leqslant y\leqslant x$，给出一组数

58

$$a,q;a_i,b_i,i=1,2,\cdots \qquad\qquad (\omega)$$

满足

$$2\mid q,q=O(1)$$

若 $p_i\mid y$，则 $a_i\equiv b_i(\bmod\ p_i)$，否则

$$a_i\not\equiv b_i(\bmod\ p_i),i=1,2,\cdots \qquad ⑫$$

此处 $2<p_1<p_2<\cdots$ 为不能整除 q 的全体素数.

令 u,v 为满足 $15\geqslant v>u>1$ 的两数. 以 m 表示适合下面条件的整数 n 的集合

$$1\leqslant n\leqslant x,n\equiv a(\bmod\ q),n\not\equiv a_i(\bmod\ p_i),$$
$$n\not\equiv b_i(\bmod\ p_i),1\leqslant i\leqslant s,$$
$$n\not\equiv a_{s+j}(\bmod\ p_{s+j}^2),n\not\equiv b_{s+j}(\bmod\ p_{s+j}^2),1\leqslant j\leqslant t-s$$
$$⑬$$

此处 $p_s\leqslant x^{\frac{1}{v}}<p_{s+1},p_t\leqslant x^{\frac{1}{u}}<p_{t+1}$. m 中元素的个数记为 $M(x,x^{\frac{1}{v}},x^{\frac{1}{u}})$.

本段的宗旨在于证明：

定理 C　最多满足下面 $t-s$ 个关系式

$$n\equiv c_{s+j}(\bmod\ p_{s+j}) \qquad ⑭$$

$(1\leqslant j\leqslant t-s,c_{s+j}$ 为 a_{s+j} 或 b_{s+j}) 中 m 个的 m 的元素个数不少于

$$P_\omega(x,q,x^{\frac{1}{v}})-\left(\frac{2}{m+1}\int_{u-1}^{v-1}\Lambda\left(\frac{vz}{z+1}\right)\frac{z+1}{z^2}\mathrm{d}z\right)\frac{c_{qy}x}{\log^2 x}+$$

$$O\left(\frac{c_{qy}x}{\log^2 x\log\log x}\right)$$

证明之前，先证下面两个引理：

引理 7　$M(x,x^{\frac{1}{v}},x^{\frac{1}{u}})=P_\omega(x,q,x^{\frac{1}{v}})+O(x^{\frac{1}{u}})+O(x^{1-\frac{1}{v}})$.

证明　$P_\omega(x,q,x^{\frac{1}{v}})-M(x,x^{\frac{1}{v}},x^{\frac{1}{u}})\leqslant$

$$\sum_{j\leqslant t-s}\Big\{\sum_{\substack{n\leqslant x\\ n\equiv a_{s+j}(\bmod p_{s+j}^2)}}1+\sum_{\substack{n\leqslant x\\ n\equiv b_{s+j}(\bmod p_{s+j}^2)}}1\Big\}\leqslant$$

$$\sum_{j\leqslant t-s}\Big(2\Big[\frac{x}{p_{s+j}^2}\Big]+2\Big)=$$

$$O\Big(\sum_{n>x^{\frac{1}{v}}}\frac{1}{n^2}\Big)+O\Big(\sum_{n\leqslant x^{\frac{1}{u}}}1\Big)=$$

$$O(x^{1-\frac{1}{v}})+O(x^{\frac{1}{u}})$$

引理成立.

引理 8 存在 (ω_j) 及 $(\widetilde{\omega}_j)(1\leqslant j\leqslant t-s)$ 使 m 中的元素，至少适合关系式 ⑭ 中 l 个的个数不超过

$$\frac{1}{l}\Big\{\sum_{\substack{j\leqslant t-s\\ p_{s+j}\nmid y}}\Big(P_{\omega_j}\Big(\frac{x}{p_{s+j}},q,x^{\frac{1}{v}}\Big)+P_{\widetilde{\omega}_j}\Big(\frac{x}{p_{s+j}},q,x^{\frac{1}{v}}\Big)\Big)\Big\}+$$

$$O(x^{1-\frac{1}{v}})$$

证明 当 $1\leqslant j\leqslant t-s$ 时，m 中具有性质

$$n\equiv c_{s+j}(\bmod p_{s+j})$$

（c_{s+j} 为 a_{s+j} 或 b_{s+j}）的元素的全体记为 Γ_j.

(i) $p_{s+j}\mid y$：由假定 $a_{s+j}\equiv b_{s+j}(\bmod p_{s+j})$，当 $1\leqslant i\leqslant s$ 时，下面的同余式

$$\begin{cases}a_{s+j}+mp_{s+j}\equiv a(\bmod q), & 1\leqslant m\leqslant q\\ a_{s+j}+mp_{s+j}\equiv a_i(\bmod p_i), & 1\leqslant m\leqslant p_i\\ a_{s+j}+mp_{s+j}\equiv b_i(\bmod p_i), & 1\leqslant m\leqslant p_i\end{cases}$$

均在所示区间中有唯一的解，分别记为 $a^{(j)},a_i^{(j)},b_i^{(j)}$. 显然当 $p_i\mid y$ 时，$a_i^{(j)}=b_i^{(j)}$，否则 $a_i^{(j)}\neq b_i^{(j)}$. 令

$$a^{(j)},q;a_i^{(j)},b_i^{(j)},i=1,2,\cdots,s \qquad (\omega_j)$$

则 Γ_j 的元素个数显然不超过 $P_{\omega_j}\Big(\dfrac{x}{p_{s+j}},q,x^{\frac{1}{v}}\Big)$.

(ii) $p_{s+j}\nmid y$：由假定 $a_{s+j}\not\equiv b_{s+j}(\bmod p_{s+j})$，当 $1\leqslant$

60

$i \leqslant s$ 时,同样记下面同余式的解分别为 $\tilde{a}^{(j)}, \tilde{a}_i^{(j)}, \tilde{b}_i^{(j)}$,
即

$$
\begin{cases}
b_{s+j} + m p_{s+j} \equiv a (\bmod q), & 1 \leqslant m \leqslant q \\
b_{s+j} + m p_{s+j} \equiv a_i (\bmod p_i), & 1 \leqslant m \leqslant p_i \\
b_{s+j} + m p_{s+j} \equiv b_i (\bmod p_i), & 1 \leqslant m \leqslant p_i
\end{cases}
$$

令

$$
\tilde{a}^{(j)}, q; \tilde{a}_i^{(j)}, \tilde{b}_i^{(j)}, i = 1, 2, \cdots, s \qquad (\tilde{\omega}_j)
$$

则 Γ_j 的元素个数显然不超过

$$
P_{\omega_j}\left(\frac{x}{p_{s+j}}, q, x^{\frac{1}{v}}\right) + P_{\tilde{\omega}_j}\left(\frac{x}{p_{s+j}}, q, x^{\frac{1}{v}}\right)
$$

又

$$
P_{\omega_j}\left(\frac{x}{p_{s+j}}, q, x^{\frac{1}{v}}\right) = O\left(\sum_{n \leqslant x/p_{s+j}} 1\right) = O(x^{1-\frac{1}{v}})
$$

若 $n \in \mathfrak{m}$,它至少满足 ⑭ 中的 l 个,则 $\mathfrak{m}$ 至少属于
l 个不同的 Γ_j. 故至少适合关系式 ⑭ 中 l 个的 $\mathfrak{m}$ 的元素
个数不超过

$$
\frac{1}{l}\left\{ \sum_{\substack{j \leqslant t-s \\ p_{s+j} \nmid y}} \left(P_{\omega_j}\left(\frac{x}{p_{s+j}}, q, x^{\frac{1}{v}}\right) + P_{\tilde{\omega}_j}\left(\frac{x}{p_{s+j}}, q, x^{\frac{1}{v}}\right) \right) + \right.
$$

$$
\left. \sum_{\substack{j \leqslant t-s \\ p_{s+j} \mid y}} P_{\omega_j}\left(\frac{x}{p_{s+j}}, q, x^{\frac{1}{v}}\right) \right\} =
$$

$$
\frac{1}{l} \sum_{\substack{j \leqslant t-s \\ p_{s+j} \nmid y}} \left(P_{\omega_j}\left(\frac{x}{p_{s+j}}, q, x^{\frac{1}{v}}\right) + P_{\tilde{\omega}_j}\left(\frac{x}{p_{s+j}}, q, x^{\frac{1}{v}}\right) \right) +
$$

$$
O(x^{1-\frac{1}{v}})
$$

引理证毕.

定理 C 的证明　由引理 7、引理 8 及定理 B_1 可知
最多满足 ⑭ 中 m 个的 $\mathfrak{m}$ 的元素个数不少于

$$
M(x, x^{\frac{1}{v}}, x^{\frac{1}{u}}) - \frac{1}{m+1}\left(\sum_{\substack{j \leqslant t-s \\ p_{s+j} \nmid y}} \left(P_{\omega_j}\left(\frac{x}{p_{s+j}}, q, x^{\frac{1}{v}}\right) + \right.
$$

$$P_{\widetilde{\omega}_j}\left(\frac{x}{p_{s+j}},q,x^{\frac{1}{v}}\right)\Big)\Big)+O(x^{1-\frac{1}{v}})=$$

$$P_{\omega}(x,q,x^{\frac{1}{v}})-\frac{1}{m+1}\sum_{\substack{j\leqslant t-s\\ p_{s+j}\nmid y}}\left(P_{\omega_j}\left(\frac{x}{p_{s+j}},q,x^{\frac{1}{v}}\right)+\right.$$

$$P_{\widetilde{\omega}_j}\left(\frac{x}{p_{s+j}},q,x^{\frac{1}{v}}\right)\Big)\Big)+O(x^{1-\frac{1}{v}})+O(x^{\frac{1}{u}})\geqslant$$

$$P_{\omega}(x,q,x^{\frac{1}{v}})-\left(\frac{2}{m+1}\int_{u-1}^{v-1}\Lambda\left(\frac{vz}{z+1}\right)\frac{z+1}{z^2}\mathrm{d}z\right)\frac{c_{qy}x}{\log^2 x}+$$

$$O\left(\frac{c_{qy}x}{\log^2 x\log\log x}\right)$$

定理证毕.

2.7 主要定理的证明

令 $\lambda(\alpha)$ 及 $\Lambda(\alpha)(0<\alpha\leqslant15)$ 为使下式成立且仅有有限多个不连续点的非负递增函数：

$$\lambda(\alpha)\frac{c_{qy}x}{\log^2 x}+O\left(\frac{c_{qy}x}{\log^2 x\log\log x}\right)\leqslant$$

$$P_{\omega}(x,q,x^{\frac{1}{\alpha}})\leqslant\Lambda(\alpha)\frac{c_{qy}x}{\log^2 x}+$$

$$O\left(\frac{c_{qy}x}{\log^2 x\log\log x}\right),0<\alpha\leqslant15 \qquad ⑮$$

此处与"O"有关的常数为绝对常数.

这种函数记为 $\lambda_0(\alpha),\Lambda_0(\alpha);\lambda_1(\alpha),\Lambda_1(\alpha);\cdots$.

令 $x_i=3.5+0.01i(0\leqslant i\leqslant210),x_{210+i}=5.6+0.1i(1\leqslant i\leqslant34)$. 用 ⑥⑧⑩（取 ε 足够小）直接算出

$\Lambda(x_i)(0 \leqslant i \leqslant 232)$. 再用布赫夕塔布[1][2]文章中的 $\lambda(10)$ 及 $\Lambda(10)$ 及所提出的方法求出 $\Lambda(x_i)(233 \leqslant i \leqslant 244)$ 及 $\lambda(x_i)(0 \leqslant i \leqslant 244)$. 当 $x_i < x \leqslant x_{i+1}$ 时，定义 $\Lambda(x) = \Lambda(x_{i+1})$；当 $x_i \leqslant x < x_{i+1}$ 时，定义 $\lambda(x) = \lambda(x_i)$，则如此构造出来的函数具有 ⑮ 的性质，记为 $\lambda_0(x)$ 及 $\Lambda_0(x)$. 现在将其在整点所取之值写成表 1.

表 1

α	$\lambda_0(\alpha)$	$\Lambda_0(\alpha)$
4	0	29.390 23
5	9.181 09	34.896 66
6	26.709 25	43.008 2
7	43.515 54	54.393 52
8	60.888 17	68.525 11
9	79.784 69	82.720 7
10	99.981 81	100.020 73

将区间 $\alpha - 1 < x \leqslant \beta - 1$ 分为 n 个小区间 $u_i < x \leqslant u_{i+1}(0 \leqslant i \leqslant n-1)$，$u_0 = \alpha - 1$，$u_n = \beta - 1$，则由于 $\lambda(\alpha)$ 及 $\Lambda(\alpha)$ 均为递增函数，故

$$\int_{\alpha-1}^{\beta-1} \lambda(z) \frac{z+1}{z^2} dz \geqslant \sum_{s=0}^{n-1} \lambda(u_s) \int_{u_s}^{u_{s+1}} \frac{z+1}{z^2} dz$$

———————

①　А. А. Бухштаб. Новые улучшения в методе эратосфенова решета. Матем. сб. ,1938,4:375-387.

②　А. А. Бухштаб. О разложении чётных Чисел на сумму двух слагаемых с ограниченным числом множителей. ДАН СССР,1940,29: 544-548.

$$\int_{a-1}^{\beta-1} \Lambda(z) \frac{z+1}{z^2} \mathrm{d}z \leqslant \sum_{s=0}^{n-1} \Lambda(u_{s+1}) \int_{u_s}^{u_{s+1}} \frac{z+1}{z^2} \mathrm{d}z$$

取 $u_{i+1}-u_i=0.01$，利用上两式及定理 B_2，从 $\lambda_0(\alpha)$ 及 $\Lambda_0(\alpha)$ 出发，经过几次计算，得到表 2.

表 2

α	$\lambda_{11}(\alpha)$	$\Lambda_{12}(\alpha)$
$0 < \alpha < 5.53$	…	$\Lambda_{12}(\alpha)=\Lambda_0(\alpha)$
…	…	…
6	31.004 145	41.018 97
7	47.471 252	50.529 826
8	63.599 31	64.403 149
9	80.892 035	81.118 41
10	99.981 81	100.020 73

I. 取 $x=y$ 为偶数，又取

$$a=1, q=2; a_i=0, b_i=x, i=1,2,\cdots \qquad (\omega_1)$$

在此 p_i 为第 i 个奇素数.

（i）在定理 C 内取 $v=8, u=2, m=3$，则由表 1 可知

$$P_{\omega_1}(x,2,x^{\frac{1}{8}}) - \left(\frac{1}{2}\int_1^7 \Lambda_0\left(\frac{8z}{z+1}\right)\frac{z+1}{z^2}\mathrm{d}z\right)\frac{c_{2x}x}{\log^2 x} +$$

$$O\left(\frac{c_{2x}x}{\log^2 x \log\log x}\right) >$$

$$\left\{60.888\ 17 - \frac{1}{2}\left[\Lambda_0(7)\int_4^7 \frac{z+1}{z^2}\mathrm{d}z +\right.\right.$$

$$\Lambda_0(6.4)\int_3^4 \frac{z+1}{z^2}\mathrm{d}z + \Lambda_0(6)\int_2^3 \frac{z+1}{z^2}\mathrm{d}z +$$

64

$$\Lambda_0(5.4)\int_{1.28}^{2}\frac{z+1}{z^2}\mathrm{d}z+\Lambda_0(4.5)\int_{1}^{1.28}\frac{z+1}{z^2}\mathrm{d}z\Big]\Big\}\,\textcircled{1}.$$

$$\frac{c_{2r}x}{\log^2 x}+O\Big(\frac{c_{2r}x}{\log^2 x\log\log x}\Big)>$$

$$0.561\,25\,\frac{c_{2r}x}{\log^2 x}+O\Big(\frac{c_{2r}x}{\log^2 x\log\log x}\Big)>3\,,x>x_0$$

故由定理 C 得知,当 $x>x_0$ 时,存在整数 n,满足 $1<n<x-1$,$n(x-n)$ 不能被小于或等于 $x^{\frac{1}{8}}$ 的素数整除,最多被区间 $x^{\frac{1}{8}}<p\leqslant x^{\frac{1}{2}}$ 中 3 个素数整除,但不被此区间的素数平方整除,其他的素因子均大于 $x^{\frac{1}{2}}$. 故 $n(x-n)$ 为不超过 5 个素数的乘积. 由于 $x=n+x-n$,故得"$a+b$"$(a+b\leqslant 5)$.

(ii) 取 $v=6,u=3,m=2$,则由表 1 可知

$$P_{\omega_1}(x,2,x^{\frac{1}{6}})-\Big(\frac{2}{3}\int_{2}^{5}\Lambda_0\Big(\frac{6z}{z+1}\Big)\frac{z+1}{z^2}\mathrm{d}z\Big)\frac{c_{2r}x}{\log^2 x}+$$

$$O\Big(\frac{c_{2r}x}{\log^2 x\log\log x}\Big)>$$

$$\Big\{26.709\,25-\frac{2}{3}\Big[\Lambda_0(5)\int_{\frac{5}{1.1}}^{5}\frac{z+1}{z^2}\mathrm{d}z+$$

$$\Lambda_0(4.9)\int_{4}^{\frac{4.9}{1.1}}\frac{z+1}{z^2}\mathrm{d}z+\Lambda_0(4.8)\int_{\frac{4.6}{1.4}}^{4}\frac{z+1}{z^2}\mathrm{d}z+$$

$$\Lambda_0(4.6)\int_{\frac{4.4}{1.6}}^{\frac{4.6}{1.4}}\frac{z+1}{z^2}\mathrm{d}z+\Lambda_0(4.4)\int_{\frac{4.2}{1.8}}^{\frac{4.4}{1.6}}\frac{z+1}{z^2}\mathrm{d}z+$$

$$\Lambda_0(4.2)\int_{2}^{\frac{4.2}{1.8}}\frac{z+1}{z^2}\mathrm{d}z\Big]\Big\}\frac{c_{2r}x}{\log^2 x}+$$

---

① 此处用到下面简单的事实:若 $f(x)$ 与 $g(x)$ 是区间 $a\leqslant x\leqslant b$ 中的非负函数,且 $f(x)$ 为递增函数,则当 $a<c-\delta,c<b$ 时,有

$$\int_{a}^{b}g(x)f(x)\mathrm{d}x<f(b)\int_{c-\delta}^{b}g(x)\mathrm{d}x+f(c)\int_{a}^{c-\delta}g(x)\mathrm{d}x$$

$$O\left(\frac{c_{2x}x}{\log^2 x \log\log x}\right) > 3, x > x_0$$

同上可知"3 + 3".

(iii) 取 $v = 8, u = \frac{16}{7}, m = 2$，则由表 2 可知

$$P_{\omega_1}(x, 2, x^{\frac{1}{8}}) - \left(\frac{2}{3}\int_{\frac{9}{7}}^{7} \Lambda_{12}\left(\frac{8z}{z+1}\right)\frac{z+1}{z^2}dz\right)\frac{c_{2x}x}{\log^2 x} +$$

$$O\left(\frac{c_{2x}x}{\log^2 x \log\log x}\right) >$$

$$\left(\lambda_{11}(8) - \frac{128}{3}\sum_{y=0}^{124}\frac{\Lambda_{12}(4.5 + 0.02 \cdot y)}{(4.5 + 0.02 \cdot y)^2}\cdot\right.$$

$$\left.\int_{\frac{3.5-0.02\cdot y}{4.5+0.02\cdot(y+1)}}^{\frac{4.5+0.02\cdot(y+1)}{3.5-0.02\cdot(y+1)}}\frac{dz}{z+1}\right)\frac{c_{2x}x}{\log^2 x} +$$

$$O\left(\frac{c_{2x}x}{\log^2 x \log\log x}\right) >$$

$$0.43\frac{c_{2x}x}{\log^2 x} + O\left(\frac{c_{2x}x}{\log^2 x \log\log x}\right) > 3, x > x_0$$

同上可知"2 + 3".

II. 取 x 为一个整数，$y = k$ 为一个固定偶数. 又取

$$a = 1, q = 2; a_i = 0, b_i = -k, i = 1, 2, \cdots \quad (\omega_2)$$

此处 p_i 为第 i 个奇素数. 在定理 C 内取 $v = 8, u = \frac{16}{7}$，

$m = 2$，则由表 2 得

$$P_{\omega_2}(x, 2, x^{\frac{1}{8}}) - \left(\frac{2}{3}\int_{\frac{9}{7}}^{7}\Lambda_{12}\left(\frac{8z}{z+1}\right)\frac{z+1}{z^2}dz\right)\frac{c_{2x}x}{\log^2 x} +$$

$$O\left(\frac{c_{2x}x}{\log^2 x \log\log x}\right) >$$

$$0.43\frac{c_{2k}x}{\log^2 x} + O\left(\frac{c_{2x}x}{\log^2 x \log\log x}\right) >$$

$$0.4\frac{c_{2k}x}{\log^2 x}, x > x_0$$

66

故由定理 C 得知,当 $x > x_0$ 时,区间 $1 \leqslant n \leqslant x$ 中多于 $\dfrac{0.4c_{2k}x}{\log^2 x}$ 个 n 使 $n(n+k)$ 不被小于或等于 $x^{\frac{1}{8}}$ 的素数整除,最多被区间 $x^{\frac{1}{8}} < p \leqslant x^{\frac{7}{16}}$ 中 2 个素数整除,但又不被该区间中任何素数的平方整除,其余的素因子均大于 $x^{\frac{7}{16}}$. 因此 $n(n+k)$ 为不超过 5 个素数的乘积,且 n 与 $n+k$ 的素因子个数均不多于 3. 故得定理 2.

　　Ⅲ. 取 $x = y$ 为奇数,又取

$$a = x - 2, q = 4; a_i = 0, b_i = x, i = 1, 2, \cdots \quad (\omega_3)$$

此处 p_i 为第 i 个奇素数. 在定理 C 内取 $v = 8, u = \dfrac{16}{7}$, $m = 2$,则由表 2 得

$$P_{\omega_3}\left(x, 4, x^{\frac{1}{8}}\right) - \left(\frac{2}{3} \int_{\frac{9}{7}}^{7} \Lambda_{12}\left(\frac{8z}{z+1}\right) \frac{z+1}{z^2} \mathrm{d}z\right) \frac{c_{4x}x}{\log^2 x} +$$

$$O\left(\frac{c_{4x}x}{\log^2 x \log\log x}\right) > 3, x > x_0$$

故由定理 C 得知,当 $x > x_0$ 时,区间 $1 < n < x - 1$ 内存在 n 满足: $\dfrac{n(x-n)}{2}$ 为一个整数, $\dfrac{n(x-n)}{2}$ 不能被小于或等于 $x^{\frac{1}{8}}$ 的素数整除,最多被区间 $x^{\frac{1}{8}} < p \leqslant x^{\frac{7}{16}}$ 中 2 个素数整除,其余的素因子均大于 $x^{\frac{7}{16}}$. 故得定理 3.

2.8　关于塞尔伯格方法的若干附记

　　一切记号如前几段所示,不一一说明. 以 v_x 表示素因子皆小于 x 的无平方因子数.

　　定理 A′　令 $c \geqslant 1, P = \prod\limits_{\substack{p \leqslant \xi \\ p \nmid q}} p$,则对于任意给予的整数列 (ω),下式一致成立

$$P_\omega(x,q,\xi) \geqslant \frac{x}{q}\left[1 - \sum_{p|P}g(p)\frac{1}{\sum_{\substack{v_p \leqslant \xi^c/\sqrt{p} \\ v_p|P}}\frac{\mu^2(v_p)}{f(v_p)}}\right] +$$

$$O(\xi^{2c}\log^7\xi)$$

此处 $g(n)$ 与 $f(n)$ 的定义如定理 A.

当 $z \leqslant \xi$ 时,令

$$\sum_{\substack{v_z \leqslant \xi^c/\sqrt{z} \\ v_z|P}}\frac{\mu^2(v_z)}{f(v_z)} = \prod_{\substack{p<z \\ p\nmid q}}\left(1+\frac{1}{f(p)}\right)(1-\varepsilon(u_z)) =$$

$$\frac{1-\varepsilon(u_z)}{\Pi_z} \qquad\qquad ⑯$$

此处

$$\Pi_z = \prod_{\substack{p<z \\ p\nmid q}}(1-g(p)), u_z = \frac{1}{2}\left(2c\frac{\log z}{\log x}-1\right)$$

维诺格拉多夫曾给 $\varepsilon(u_z)$ 一个解析表达式.

取 $\xi = \left(\dfrac{x^{\frac{1}{2}}}{\log^5 x}\right)^{\frac{1}{c}}$,由 Mertens 定理得

$$\Pi_\xi = qc_{qy}\frac{1}{\log^2\xi}\left(1+O\left(\frac{1}{\log x}\right)\right)$$

故得

$$\lim_{\xi\to\infty}\sum_{\substack{v\leqslant\xi^c \\ v|P}}\frac{\mu^2(v)}{f(v)}\cdot\Pi_\xi = \frac{(2c)^2}{\Lambda(2c)}$$

此处 $\Lambda(2c)$ 由公式 ⑥⑧⑩ 等所定义. 故由 ⑮ 得

$$1-\varepsilon(c) = \frac{(2c)^2}{\Lambda(2c)}, c\geqslant\frac{1}{2} \qquad\qquad ⑰$$

此式即 $\varepsilon(c)$ 与 $\Lambda(d)$ 之间的关系. 由于 $\varepsilon(c)$ 递减,故 $\dfrac{\Lambda(d)}{d^2}$ 亦递减.

不难算出

68

$$P_\omega(x,q,\xi) \geqslant$$

$$\frac{x}{q} \prod_{p|P} \left(1 - g(p) - \sum_{p|P} g(p)\Pi_p \frac{\varepsilon(u_p)}{1 - \varepsilon(u_p)}\right) +$$

$$O\left(\frac{x}{\log^3 x}\right) =$$

$$\frac{xc_{qy}}{\log^2 x} \left(4c^2 - 4\int_{\frac{2c-1}{2}}^{\lambda} \frac{\varepsilon(u)}{1 - \varepsilon(u)}(2u+1)\mathrm{d}u\right) +$$

$$O\left(\frac{x}{\log^{2.5} x}\right)$$

因此得出

$$\lambda(d) = \max\left\{0, d^2 - 4\int_{\frac{d-1}{2}}^{\lambda} \frac{\varepsilon(u)}{1 - \varepsilon(u)}(2u+1)\mathrm{d}u\right\} \quad ⑱$$

通过实际计算可知

$$(4.1)^2 - 4\int_{1.55}^{\lambda} \frac{\varepsilon(u)}{1 - \varepsilon(u)}(2u+1)\mathrm{d}u <$$

$$16.81 - 4\int_{1.55}^{3} \frac{\varepsilon(u)}{1 - \varepsilon(u)}(2u+1)\mathrm{d}u <$$

$$16.81 - 4\sum_{i=1}^{14} \frac{\varepsilon(1.5 + 0.1x(i+1))}{1 - \varepsilon(1.5 + 0.1x(i+1))} \cdot$$

$$\int_{1.5+0.1xi}^{1.5+0.1x(i+1)} (2u+1)\mathrm{d}u -$$

$$4 \frac{\varepsilon(1.6)}{1 - \varepsilon(1.6)} \int_{1.55}^{1.6} (2u+1)\mathrm{d}u < -1$$

故仅当 $d > 4.1$ 时,式 ⑱ 才有用.

§3 大偶数表为一个素数及一个不超过两个素数的乘积之和[①]

—— 陈景润

本节的目的在于用筛法证明每一个充分大的偶数是一个素数及一个不超过两个素数的乘积之和.

关于孪生素数问题亦得到类似的结果.

3.1 引言

把命题"每一个充分大的偶数都能表示为一个素数及一个不超过 a 个素数的乘积之和"简记为 $(1,a)$.

不少数学工作者改进了筛法及素数分布的某些结果,并用以改善 $(1,a)$. 现在我们将 $(1,a)$ 的发展历史简述如下:

$(1,c)$——瑞尼[②].

$(1,5)$——潘承洞[③]、巴尔巴恩[④].

$(1,4)$——王元[⑤]、潘承洞[⑥]、巴尔巴恩[⑦].

---

① 原载于《中国科学》,1973,16(2):111-128.

② A. Rényi. Изв. АН СССР, серия матем. , 1948,2:57-78.

③ 潘承洞. 数学学报,1962,12:95-106.

④ М. Б. Барбан. Доклады Академии Наук Уз СССР, 1961,8:9-11.

⑤ 王元. 中国科学,1962,11:1033-1054.

⑥ 潘承洞. 中国科学,1963,12:455-473.

⑦ М. Б. Барбан. Матем. Сб. ,1963,61:418-425.

$(1,3)$——布赫夕塔布[①]、维诺格拉多夫[②]、朋比尼[③].

在相关文献[④]中我们已给出$(1,2)$的证明提要.

令 $P_x(1,2)$ 为适合下列条件的素数 p 的个数

$$x-p=p_1 \text{ 或 } x-p=p_2 p_3$$

其中 p_1,p_2,p_3 都是素数.

用 x 表示一个充分大的偶数. 令

$$C_x = \prod_{\substack{p\mid x \\ p>2}} \frac{p-1}{p-2} \prod_{p>2} \left(1 - \frac{1}{(p-1)^2}\right)$$

对于任意给定的偶数 h 及充分大的 x,用 $x_h(1,2)$ 表示满足下面条件的素数 p 的个数

$$p \leqslant x, p+h = p_1 \text{ 或 } p+h = p_2 p_3$$

其中 p_1,p_2,p_3 都是素数.

本节的目的在于证明并改进作者在相关文献[⑤]中所提及的全部结果,现在详述如下.

定理 1　$(1,2)$ 及 $P_x(1,2) \geqslant \dfrac{0.67 x C_x}{(\log x)^2}$.

定理 2　对于任意偶数 h,都存在无限多个素数 p,使得 $p+h$ 的素因子的个数不超过 2 个及

$$x_h(1,2) \geqslant \frac{0.67 x C_x}{(\log x)^2}.$$

在证明定理 1 时,主要用到本节中的引理 8 和引理 9.在证明引理 8 时,我们使用较为简单的数字计算

①　А. А. Бухштаб. Доклады АН СССР,1965,162:739-742.

②　А. И. Виноградов. Изв. АН СССР, серия матем. , 1965,29:903-934.

③　E. Bombieri. Mathematika, 1965, 12:201-225.

④　陈景润.科学通报,1966,17:385-386.

⑤　同上.

方法. 而在证明引理 9 时, 我们使用了朋比尼定理①及里切特②的一个结果.

3.2 几个引理

引理 1 假设 $y \geqslant 0$, 用 $[\log x]$ 表示 $\log x$ 的整数部分, $x > 1$, 且

$$\Phi(y) = \frac{1}{2\pi i} \int_{2-i\infty}^{2+i\infty} \frac{y^\omega \, d\omega}{\omega \left(1 + \frac{\omega}{(\log x)^{1.1}}\right)^{[\log x]+1}}$$

显见, 当 $0 \leqslant y \leqslant 1$ 时, 有 $\Phi(y) = 0$. 对于所有 $y \geqslant 0$, 则 $\Phi(y)$ 是一个非减函数. 当 $\log x \geqslant 10^4$ 及 $y \geqslant e^{2(\log x)^{-0.1}}$ 时, 有

$$1 - x^{-0.1} \leqslant \Phi(y) \leqslant 1$$

证明 我们先来证明

$$\frac{\partial^r}{\partial \omega^r}\left(\frac{y^\omega}{\omega}\right) = \left(\frac{y^\omega}{\omega}\right)\left\{(\log y)^r + \right.$$

$$\left. \sum_{i=1}^{r} \frac{(-1)^i r \cdots (r-i+1)(\log y)^{r-i}}{\omega^i} \right\} \quad ①$$

成立. 显见, 式 ① 当 $r = 1$ 和 $r = 2$ 时都成立. 现假定式 ① 对于 $r = 2, \cdots, S$ 都成立, 而证明对于 $r = S+1$ 也成立. 由于

$$\frac{\partial^{S+1}}{\partial \omega^{S+1}}\left(\frac{y^\omega}{\omega}\right) = \frac{\partial}{\partial \omega}\left\{y^\omega\left(\frac{(\log y)^S}{\omega} + \right.\right.$$

$$\left.\left. \sum_{i=1}^{S} \frac{(-1)^i S \cdots (S-i+1)(\log y)^{S-i}}{\omega^{i+1}} \right)\right\} =$$

$$y^\omega\left\{\frac{(\log y)^{S+1}}{\omega} + \right.$$

① E. Bombieri. Mathematika, 1965, 12:201-225.

② H. E. Richert. Mathematika, 1969, 16:1-22.

$$\sum_{i=1}^{S} \frac{(-1)^i S \cdots (S-i+1)(\log y)^{S+1-i}}{\omega^{i+1}} -$$

$$\frac{(\log y)^S}{\omega^2} + \sum_{i=1}^{S} \frac{(-1)^{i+1} S \cdots (S-i+1)(i+1)(\log y)^{S-i}}{\omega^{i+2}} \Bigg\} =$$

$$\left(\frac{y^\omega}{\omega}\right) \Bigg\{ (\log y)^{S+1} - \frac{(S+1)(\log y)^S}{\omega} +$$

$$\frac{(-1)^{S+1}(S+1)!}{\omega^{S+1}} +$$

$$\sum_{i=2}^{S} \Bigg(\frac{(-1)^i S \cdots (S-i+1)(\log y)^{S+1-i}}{\omega^i} +$$

$$\frac{(-1)^i S \cdots (S+2-i)i(\log y)^{S+1-i}}{\omega^i} \Bigg) \Bigg\} =$$

$$\left(\frac{y^\omega}{\omega}\right) \Bigg\{ (\log y)^{S+1} +$$

$$\sum_{i=1}^{S+1} \frac{(-1)^i(S+1)\cdots(S+1-i+1)(\log y)^{S+1-i}}{\omega^i} \Bigg\}$$

故式 ① 得证.

又当 $y \geqslant 1$ 时, 我们有

$$\Phi(y) = 1 + \left\{ \frac{(\log x)^{1.1+1.1[\log x]}}{[\log x]!} \right\} \cdot$$

$$\left\{ \frac{\partial^{[\log x]}}{\partial \omega^{[\log x]}} \left(\frac{y^\omega}{\omega} \right) \right\}_{\omega = -(\log x)^{1.1}} =$$

$$1 - \mathrm{e}^{-(\log x)^{1.1}(\log y)} \sum_{\nu=0}^{[\log x]} \frac{\{(\log x)^{1.1}(\log y)\}^\nu}{\nu!} =$$

$$\left\{ \frac{1}{[\log x]!} \right\} \int_0^{(\log x)^{1.1}(\log y)} \mathrm{e}^{-\lambda} \lambda^{[\log x]} \mathrm{d}\lambda$$

因为当 $0 \leqslant y \leqslant 1$ 时, $\Phi(y) = 0$, 所以, 由上式得到: 当 $y \geqslant 0$ 时, $\Phi(y)$ 是一个非减函数. 又当 $y \geqslant \mathrm{e}^{2(\log x)^{-1.1}}$ 时, 有

$$0 < 1 - \Phi(y) = \left\{ \frac{1}{[\log x]!} \right\} \int_{(\log x)^{1.1}(\log y)}^{\infty} \mathrm{e}^{-\lambda} \lambda^{[\log x]} \mathrm{d}\lambda \leqslant$$

$$\left\{\frac{1}{[\log x]!}\right\} \int_{2[\log x]}^{\infty} e^{-\lambda} \lambda^{[\log x]} d\lambda =$$

$$\left\{\frac{([\log x])^{1+[\log x]}}{[\log x]!}\right\} \int_{2}^{\infty} e^{-\lambda[\log x]} \lambda^{[\log x]} d\lambda =$$

$$\left\{\frac{e^{-[\log x]}([\log x])^{1+[\log x]}}{[\log x]!}\right\} \cdot$$

$$\int_{1}^{\infty} e^{-\lambda[\log x]} (1+\lambda)^{[\log x]} d\lambda \leqslant x^{-0.1}$$

其中用到 $\log x \geqslant 10^4$ 及当 $\lambda \geqslant 1$ 时，有 $e^{\log(1+\lambda)} \leqslant e^{\lambda \log 2}$.

引理 2 令

$$e(\alpha) = e^{2\pi i\alpha}, \quad S(\alpha) = \sum_{n=M+1}^{M+N} a_n e(n\alpha), \quad Z = \sum_{n=M+1}^{M+N} |a_n|^2$$

其中 a_n 是任意的实数. 我们用 $\sum_{\chi_q}^{*}$ 来表示和式之中

经过且只经过模 q 的所有原特征，则有

$$\sum_{q \leqslant X} \frac{q}{\varphi(q)} \sum_{\chi_q}^{*} \left| \sum_{n=M+1}^{M+N} a_n \chi_q(n) \right|^2 \leqslant$$

$$(X^2 + \pi N) \sum_{n=M+1}^{M+N} |a_n|^2 \qquad ②$$

$$\sum_{D < q \leqslant Q} \frac{1}{\varphi(q)} \sum_{\chi_q}^{*} \left| \sum_{n=M+1}^{M+N} a_n \chi_q(n) \right|^2 \ll$$

$$\left(Q + \frac{N}{D}\right) \sum_{n=M+1}^{M+N} |a_n|^2 \qquad ③$$

证明 令 F 是一个周期为 1 的复数值可微函数，则有

$$\left| F\left(\frac{a}{q}\right) \right| = \left| F(\alpha) - \int_{\frac{a}{q}}^{\alpha} dF(\beta) \right| \leqslant$$

$$|F(\alpha)| + \int_{\frac{a}{q}}^{\alpha} |F'(\beta)| \, |d\beta|$$

我们用 $I(a,q)$ 来表示以 $\frac{a}{q}$ 为中心，而长度为 $\frac{1}{Q^2}$ 的区

间. 显见, 当 $1 \leqslant a < q, (a,q) = 1, q \leqslant Q$ 时, 所有的区间 $I(a,q)$ 都没有共同部分, 故得

$$\sum_{q \leqslant Q} \sum_{\substack{(a,q)=1 \\ 1 \leqslant a < q}} \left| F\left(\frac{a}{q}\right) \right| \leqslant$$

$$\sum_{q \leqslant Q} \sum_{\substack{(a,q)=1 \\ 1 \leqslant a < q}} \left\{ Q^2 \int_{I(a,q)} | F(\alpha) | \, \mathrm{d}\alpha + \right.$$

$$\left. \frac{1}{2} \int_{I(a,q)} | F'(\beta) | \, \mathrm{d}\beta \right\} \leqslant$$

$$Q^2 \int_0^1 | F(\alpha) | \, \mathrm{d}\alpha + \frac{1}{2} \int_0^1 | F'(\beta) | \, \mathrm{d}\beta$$

我们取 $F(\alpha) = \{S(\alpha)\}^2$, 则得

$$\int_0^1 | F(\alpha) | \, \mathrm{d}\alpha = Z$$

及

$$\frac{1}{2} \int_0^1 | F'(\beta) | \, \mathrm{d}\beta =$$

$$\int_0^1 | S(\alpha) | | S'(\alpha) | \, \mathrm{d}\alpha \leqslant$$

$$\left\{ \left(\int_0^1 | S(\alpha) |^2 \mathrm{d}\alpha \right) \left(\int_0^1 | S'(\alpha) |^2 \mathrm{d}\alpha \right) \right\}^{\frac{1}{2}} =$$

$$Z^{\frac{1}{2}} \left(\int_0^1 | S'(\alpha) |^2 \mathrm{d}\alpha \right)^{\frac{1}{2}}$$

故有

$$\sum_{q \leqslant Q} \sum_{\substack{(a,q)=1 \\ 1 \leqslant a < q}} \left| S\left(\frac{a}{q}\right) \right|^2 =$$

$$\sum_{q \leqslant Q} \sum_{\substack{(a,q)=1 \\ 1 \leqslant a < q}} \left\{ \left| S\left(\frac{a}{q}\right) \right| \left| e\left(-\frac{a\left(M + \left[\frac{N}{2}\right]\right)}{q} \right) \right| \right\}^2 =$$

$$\sum_{q \leqslant Q} \sum_{\substack{(a,q)=1 \\ 1 \leqslant a < q}} \left| \sum_{n=M+1}^{M+N} a_n e\left(\left(n - \left(M + \left[\frac{N}{2}\right] \right) \right) \frac{a}{q} \right) \right|^2 =$$

$$\sum_{q \leqslant Q} \sum_{\substack{(a,q)=1 \\ 1 \leqslant a < q}} \left| \sum_{-\left[\frac{N}{2}\right]+1 \leqslant n \leqslant N - \left[\frac{N}{2}\right]} a_{n+M+\left[\frac{N}{2}\right]} e\left(\frac{na}{q}\right) \right|^2 \leqslant$$

$$ZQ^2 + Z^{\frac{1}{2}} \Big\{ \sum_{n=-\left[\frac{N}{2}\right]+1}^{N-\left[\frac{N}{2}\right]} ((2\pi n) a_{n+M+\left[\frac{N}{2}\right]})^2 \Big\}^{\frac{1}{2}} \leqslant$$

$$ZQ^2 + \pi N Z^{\frac{1}{2}} \Big(\sum_{n=-\left[\frac{N}{2}\right]+1}^{N-\left[\frac{N}{2}\right]} \mid a_{n+M+\left[\frac{N}{2}\right]} \mid^2 \Big)^{\frac{1}{2}} \leqslant$$

$$(Q^2 + \pi N) Z \qquad\qquad ④$$

令 χ^* 表示原特征

$$\tau(\chi_q^*) = \sum_{1 \leqslant a < q} \chi_q^*(a) e\left(\frac{a}{q}\right)$$

$$\tau(\overline{\chi_q^*}) \chi_q^*(n) = \sum_{a=1}^{q} \overline{\chi_q^*}(a) e\left(\frac{na}{q}\right)$$

由于 $\mid \tau(\overline{\chi_q^*}) \mid^2 = q$，故得到

$$\left(\frac{1}{\varphi(q)}\right) \sum_{\chi_q}^{*} \Big| \sum_{n=M+1}^{M+N} a_n \chi_q(n) \Big|^2 \leqslant$$

$$\left(\frac{1}{q\varphi(q)}\right) \sum_{\chi_q}^{*} \Big| \tau(\overline{\chi_q}) \sum_{n=M+1}^{M+N} a_n \chi_q(n) \Big|^2 =$$

$$\left(\frac{1}{q\varphi(q)}\right) \sum_{\chi_q}^{*} \Big| \sum_{a=1}^{q} \overline{\chi_q}(a) \sum_{n=M+1}^{M+N} a_n e\left(\frac{na}{q}\right) \Big|^2 \leqslant$$

$$\left(\frac{1}{q\varphi(q)}\right) \sum_{\chi_q} \Big| \sum_{a=1}^{q} \overline{\chi_q}(a) \sum_{n=M+1}^{M+N} a_n e\left(\frac{na}{q}\right) \Big|^2 \leqslant$$

$$\frac{1}{q} \sum_{\substack{a=1 \\ (a,q)=1}}^{q} \Big| \sum_{n=M+1}^{M+N} a_n e\left(\frac{na}{q}\right) \Big|^2$$

由上式及式 ② 即得到式 ②. 我们定义 h 是一个正整数，它使得 $2^h D < Q \leqslant 2^{h+1} D$，则有

$$\sum_{D < q \leqslant Q} \frac{1}{\varphi(q)} \sum_{\chi_q}^{*} \Big| \sum_{n=M+1}^{M+N} a_n \chi_q(n) \Big|^2 \leqslant$$

$$\sum_{i=0}^{h} \Big(\sum_{2^i D < q \leqslant 2^{i+1} D} \frac{1}{\varphi(q)} \sum_{\chi_q}^{*} \Big| \sum_{n=M+1}^{M+N} a_n \chi_q(n) \Big|^2 \Big) \leqslant$$

$$\sum_{i=0}^{h} \Big(\frac{1}{2^i D} \Big) \Big(\sum_{2^i D < q \leqslant 2^{i+1} D} \frac{q}{\varphi(q)} \sum_{\chi_q}^{*} \Big| \sum_{n=M+1}^{M+N} a_n \chi_q(n) \Big|^2 \Big) \leqslant$$

$$\sum_{i=0}^{h} \Big(2^{i+2} D + \frac{\pi N}{2^i D} \Big) \sum_{n=M+1}^{M+N} |a_n|^2 \ll$$

$$\Big(Q + \frac{N}{D} \Big) \sum_{n=M+1}^{M+N} |a_n|^2$$

故引理 2 得证.

引理 3　当 $S = \sigma + it$ 和 $\sigma \geqslant \dfrac{1}{2}$ 时, 则有

$$\sum_{q \leqslant Q} \sum_{\chi_q}^{*} |L(S, \chi_q)|^4 \ll Q^2 |S|^2 (\log Q)^4$$

证明　我们有

$$L(S, \chi) = \sum_{n=1}^{\infty} \frac{\chi(n)}{n^S} =$$

$$\sum_{n=1}^{N} \frac{\chi(n)}{n^S} + \sum_{n=N+1}^{\infty} \frac{\sum\limits_{i \leqslant n} \chi(i) - \sum\limits_{i \leqslant n-1} \chi(i)}{n^S} =$$

$$\sum_{n=1}^{N} \frac{\chi(n)}{n^S} + \sum_{n=N+1}^{\infty} \Big(\sum_{i \leqslant n} \chi(i) \Big) \cdot$$

$$\Big(\frac{1}{n^S} - \frac{1}{(n+1)^S} \Big) - \frac{\sum\limits_{i \leqslant N} \chi(i)}{(N+1)^S} =$$

$$\sum_{n=1}^{N} \frac{\chi(n)}{n^S} + O\Big(\frac{|S| q^{\frac{1}{2}} \log q}{N^\sigma} \Big)$$

故由引理 2 及 $\sigma \geqslant \dfrac{1}{2}$, 我们有

$$\sum_{q \leqslant Q} \sum_{\chi_q}^{*} |L(S, \chi_q)|^4 \ll \sum_{q \leqslant Q} \sum_{\chi_q}^{*} \Bigg(\Big| \sum_{n=1}^{[Q|S|]} \frac{\chi_q(n)}{n^S} \Big|^4 +$$

$$Q^{-2} \mid S \mid^2 q^2 (\log q)^4 \bigg\} \ll$$

$$\mid S \mid^2 Q^2 (\log Q)^4 +$$

$$(Q^2 + Q^2 \mid S \mid^2) \sum_{n=1}^{[Q \mid S \mid]^2} \frac{d^2(n)}{n} \ll$$

$$Q^2 \mid S \mid^2 (\log Q)^4$$

故本引理得证.

引理 4 当 k 是无平方因子的奇数，且 $m \neq 1$ 时，则有

$$\bigg| \sum_{\chi_k}^* \chi_k(m) \bigg| \leqslant \mid (m-1, k) \mid$$

证明 令 $k = p_1 \cdots p_l$，且 $p_1 < \cdots < p_l$，令 g_j 是模 p_j 的原根，则有

$$m \equiv g_j^{\xi_j} (\bmod p_j), 0 \leqslant \xi_j \leqslant p_j - 2, j = 1, \cdots, l$$

则关于模 k 的所有原特征可表示为

$$\chi_k^*(m) = e^{2\pi i \left(\frac{\nu_1 \xi_1}{p_1 - 1} + \cdots + \frac{\nu_l \xi_l}{p_l - 1} \right)}$$

其中 $1 \leqslant \nu_j \leqslant p_j - 2, j = 1, \cdots, l$.

令 $Z(m, k) = \bigg| \sum_{\chi_k}^* \chi_k(m) \bigg|$，则有

$$Z(m, k) = \prod_{j=1}^l Z(m, p_j) = \prod_{j=1}^l \bigg| \sum_{\nu_j=1}^{p_j-2} e^{2\pi i \frac{\nu_j \xi_j}{p_j-1}} \bigg| =$$

$$\prod_{\substack{j=1 \\ \xi_j=0}}^l (p_j - 2) < \prod_{p_j \mid (m-1)} p_j = \mid (m-1, k) \mid$$

故本引理得证.

设 x 是偶数，令 $\lambda_1 = 1$；当 $d > x^{\frac{1}{4} - \frac{\varepsilon}{2}}$ 时，令 $\lambda_d = 0$；而当 $1 < d \leqslant x^{\frac{1}{4} - \frac{\varepsilon}{2}}$ 时，令

$$\lambda_d = \frac{\mu(d)}{f(d)g(d)} \bigg\{ \sum_{\substack{1 \leqslant k \leqslant (x^{\frac{1}{2} - \varepsilon})^{\frac{1}{2}} / d \\ (k, xd) = 1}} \frac{\mu^2(k)}{f(k)} \bigg\} \cdot$$

$$\left\{\sum_{\substack{1\leqslant k\leqslant (x^{\frac{1}{2}-\varepsilon})^{\frac{1}{2}}\\(k,x)=1}}\frac{\mu^2(k)}{f(k)}\right\}^{-1}$$

其中 $g(k)=\dfrac{1}{\varphi(k)}$，$f(k)=\varphi(k)\prod\limits_{p\mid k}\dfrac{p-2}{p-1}$. 又当 d 为奇

数，$\mu(d)\neq 0$ 时，有

$$\sum_{\substack{1\leqslant k\leqslant (x^{\frac{1}{2}-\varepsilon})^{\frac{1}{2}}\\(k,x)=1}}\frac{\mu^2(k)}{f(k)}=\sum_{t\mid d}\sum_{\substack{1\leqslant k\leqslant (x^{\frac{1}{2}-\varepsilon})^{\frac{1}{2}}\\(k,x)=1,(k,d)=t}}\frac{\mu^2(k)}{f(k)}=$$

$$\sum_{t\mid d}\left\{\frac{1}{\prod\limits_{p\mid t}(p-2)}\right\}\sum_{\substack{1\leqslant k\leqslant (x^{\frac{1}{2}-\varepsilon})^{\frac{1}{2}}/t\\(k,xd)=1}}\frac{\mu^2(k)}{f(k)}\geqslant$$

$$\left\{\prod_{p\mid d}\left(1+\frac{1}{p-2}\right)\right\}\cdot$$

$$\left\{\sum_{\substack{1\leqslant k\leqslant (x^{\frac{1}{2}-\varepsilon})^{\frac{1}{2}}/d\\(k,xd)=1}}\frac{\mu^2(k)}{f(k)}\right\}$$

故对于所有正整数 d，都有 $\mid\lambda_d\mid\leqslant 1$. 设 x 是偶数，$\log x>10^4$，又令

$$Q=\prod_{2\leqslant p\leqslant x^{\frac{1}{4}}}p,\Omega=\sum_{\substack{x^{\frac{1}{10}}<p_1\leqslant x^{\frac{1}{3}}<p_2\leqslant (\frac{x}{p_1})^{\frac{1}{2}}\\p_3\leqslant \frac{x}{p_1 p_2}\\(x-p_1 p_2 p_3,Q)=1}}1$$

$$M=\sum_{x^{\frac{1}{10}}<p_1\leqslant x^{\frac{1}{3}}<p_2\leqslant (\frac{x}{p_1})^{\frac{1}{2}}}\left|\frac{1}{\log\frac{x}{p_1 p_2}}\right|\left(\sum_{\substack{n\leqslant \frac{x}{p_1 p_2}\\(x-p_1 p_2 n,Q)=1}}\Lambda(n)\right)$$

则有

$$\Omega\leqslant\frac{M}{1-\varepsilon}+N$$

其中

$$N \ll \sum_{x^{\frac{1}{10}} < p_1 \leqslant x^{\frac{1}{3}} < p_2 \leqslant \left(\frac{x}{p_1}\right)^{\frac{1}{2}}} \left(\frac{x}{p_1 p_2}\right)^{1-\varepsilon} \ll$$

$$x^{1-\varepsilon} \int_{x^{\frac{1}{10}}}^{x^{\frac{1}{3}}} \frac{\mathrm{d}S}{S^{1-\varepsilon}} \int_{x^{\frac{1}{3}}}^{\left(\frac{x}{S}\right)^{\frac{1}{2}}} \frac{\mathrm{d}t}{t^{1-\varepsilon}} \ll$$

$$x^{1-\frac{\varepsilon}{2}} \int_{x^{\frac{1}{10}}}^{x^{\frac{1}{3}}} \frac{\mathrm{d}S}{S^{1-\frac{\varepsilon}{2}}} \ll x^{1-\frac{\varepsilon}{3}}$$

由引理 1，我们有

$$M \leqslant \sum_{x^{\frac{1}{10}} < p_1 \leqslant x^{\frac{1}{3}} < p_2 \leqslant \left(\frac{x}{p_1}\right)^{\frac{1}{2}}} \left[\frac{1}{\log \frac{x}{p_1 p_2}}\right] \cdot$$

$$\sum_{\substack{n \leqslant \frac{x}{p_1 p_2} \\ (x-p_1 p_2 n, Q)=1}} \Lambda(n) \Phi\left(\frac{x}{p_1 p_2 n}\right) + O\left(\frac{x}{(\log x)^{2.01}}\right) \leqslant$$

$$\sum_{x^{\frac{1}{10}} < p_1 \leqslant x^{\frac{1}{3}} < p_2 \leqslant \left(\frac{x}{p_1}\right)^{\frac{1}{2}}} \left[\frac{1}{\log \frac{x}{p_1 p_2}}\right] \sum_{n \leqslant \frac{x}{p_1 p_2}} \Lambda(n) \Phi\left(\frac{x}{p_1 p_2 n}\right) \cdot$$

$$\left(\sum_{\substack{d \mid (x-p_1 p_2 n, Q) \\ (d,x)=1}} \lambda_d\right)^2 + O\left(\frac{x}{(\log x)^{2.01}}\right) =$$

$$\sum_{\substack{(d_1,x)=1 \\ d_1 \mid Q}} \sum_{\substack{(d_2,x)=1 \\ d_2 \mid Q}} \lambda_{d_1} \lambda_{d_2} N_{\frac{d_1 d_2}{(d_1,d_2)}} + O\left(\frac{x}{(\log x)^{2.01}}\right) \quad \text{⑤}$$

其中

$$N_{\frac{d_1 d_2}{(d_1,d_2)}} = \sum_{x^{\frac{1}{10}} < p_1 \leqslant x^{\frac{1}{3}} < p_2 \leqslant \left(\frac{x}{p_1}\right)^{\frac{1}{2}}} \left[\frac{1}{\log \frac{x}{p_1 p_2}}\right] \cdot$$

$$\sum_{\substack{n \leqslant \frac{x}{p_1 p_2} \\ x-p_1 p_2 n \equiv 0 \left(\mathrm{mod} \frac{d_1 d_2}{(d_1,d_2)}\right)}} \Lambda(n) \Phi\left(\frac{x}{p_1 p_2 n}\right) =$$

$$\left\{\frac{1}{\varphi\left(\frac{d_1 d_2}{(d_1,d_2)}\right)}\right\}\sum_{\substack{x^{\frac{1}{10}}<p_1<x^{\frac{1}{3}}<p_2\leqslant\left(\frac{x}{p_1}\right)^{\frac{1}{2}}\\ n\leqslant\frac{x}{p_1 p_2}\\ (p_1 p_2 n,d_1 d_2)=1}}\left[\frac{1}{\log\frac{x}{p_1 p_2}}\right]\cdot$$

$$\Lambda(n)\Phi\left(\frac{x}{p_1 p_2 n}\right)+\sum_{\chi_{\frac{d_1 d_2}{(d_1,d_2)}}\neq\chi_0}\overline{\chi}_{\frac{d_1 d_2}{(d_1,d_2)}}(x)\cdot$$

$$\sum_{\substack{x^{\frac{1}{10}}<p_1\leqslant x^{\frac{1}{3}}<p_2\leqslant\left(\frac{x}{p_1}\right)^{\frac{1}{2}}\\ n\leqslant\frac{x}{p_1 p_2}}}\left[\frac{\Lambda(n)}{\log\frac{x}{p_1 p_2}}\right]\cdot$$

$$\Phi\left(\frac{x}{p_1 p_2 n}\right)\chi_{\frac{d_1 d_2}{(d_1,d_2)}}(p_1 p_2 n)\right\}=$$

$$\left\{\frac{1}{\varphi\left(\frac{d_1 d_2}{(d_1,d_2)}\right)}\right\}\sum_{\substack{x^{\frac{1}{10}}<p_1\leqslant x^{\frac{1}{3}}<p_2\leqslant\left(\frac{x}{p_1}\right)^{\frac{1}{2}}\\ n\leqslant\frac{x}{p_1 p_2}\\ (p_1 p_2 n,d_1 d_2)=1}}\left[\frac{1}{\log\frac{x}{p_1 p_2}}\right]\cdot$$

$$\Lambda(n)\Phi\left(\frac{x}{p_1 p_2 n}\right)\right\}-\left\{\frac{1}{2\pi i\varphi\left(\frac{d_1 d_2}{(d_1,d_2)}\right)}\right\}\cdot$$

$$\left\{\int_{2-i\infty}^{2+i\infty}\left(1+\frac{\omega}{(\log x)^{1.1}}\right)^{-[\log x]-1}\cdot\right.$$

$$\left(\frac{x^\omega}{\omega}\right)\sum_{\chi_{\frac{d_1 d_2}{(d_1,d_2)}}\neq\chi_0}\overline{\chi}_{\frac{d_1 d_2}{(d_1,d_2)}}(x)\frac{L'}{L}(\omega,\chi_{\frac{d_1 d_2}{(d_1,d_2)}})\cdot$$

$$\sum_{x^{\frac{1}{10}}<p_1\leqslant x^{\frac{1}{3}}<p_2\leqslant\left(\frac{x}{p_1}\right)^{\frac{1}{2}}}\chi_{\frac{d_1 d_2}{(d_1,d_2)}}(p_1 p_2)\cdot$$

$$\left.\left[\frac{1}{\log\frac{x}{p_1 p_2}}\right]\left(\frac{d\omega}{(p_1 p_2)^\omega}\right)\right\}\qquad ⑥$$

令

$$M_1 = \sum_{(d_1, x) = 1} \sum_{(d_2, x) = 1} \frac{\lambda_{d_1} \lambda_{d_2}}{\varphi\left(\frac{d_1 d_2}{(d_1, d_2)}\right)} \cdot$$

$$\sum_{\substack{x^{\frac{1}{10}} < p_1 \leqslant x^{\frac{1}{3}} < p_2 \leqslant \left(\frac{x}{p_1}\right)^{\frac{1}{2}} \\ n \leqslant \frac{x}{p_1 p_2}}} \left[\frac{1}{\log \frac{x}{p_1 p_2}}\right] \Lambda(n) \Phi\left(\frac{x}{p_1 p_2 n}\right)$$

$$M_2 = \sum_{\substack{d \leqslant x^{\frac{1}{2} - \varepsilon} \\ (d, x) = 1}} \frac{|\mu(d)| \, 3^{\nu(d)}}{\varphi(d)} \left| \sum_{\chi_d \neq \chi_0} \overline{\chi}_{d^*}^*(x) \int_{2 - \mathrm{i}\infty}^{2 + \mathrm{i}\infty} \left(\frac{x^\omega}{\omega}\right) \cdot \right.$$

$$\left(1 + \frac{\omega}{(\log x)^{1.1}}\right)^{-[\log x] - 1} \frac{L'}{L}(\omega, \chi_{d^*}^*) \cdot$$

$$\sum_{\substack{x^{\frac{1}{10}} < p_1 \leqslant x^{\frac{1}{3}} < p_2 \leqslant \left(\frac{x}{p_1}\right)^{\frac{1}{2}} \\ (p_1 p_2, d) = 1}} \chi_{d^*}^*(p_1 p_2) \cdot$$

$$\left. \left((p_1 p_2)^\omega \log \frac{x}{p_1 p_2}\right)^{-1} \mathrm{d}\omega \right|$$

其中 d^* 是 χ_d 的导子(conductor),而 $\chi_{d^*}^*$ 是等价于 χ_d 的模 d^* 的原特征,$\nu(d)$ 是 d 的素数因子的个数.

引理 5 设 x 是偶数,则有

$$\Omega \leqslant \frac{M_1 + M_2}{1 - \varepsilon} + O\left(\frac{x}{(\log x)^{2.01}}\right)$$

证明 由式 ⑤ 和式 ⑥,我们有

$$M \leqslant M_1 + |M_3| + M_4 + O\left(\frac{x}{(\log x)^{2.01}}\right) \qquad ⑦$$

其中

$$M_3 = \sum_{(d_1, x) = 1} \sum_{(d_2, x) = 1} \frac{\lambda_{d_1} \lambda_{d_2}}{\varphi\left(\frac{d_1 d_2}{(d_1, d_2)}\right)} \cdot$$

$$\sum_{\substack{x^{\frac{1}{10}}<p_1\leqslant x^{\frac{1}{3}}<p_2\leqslant\left(\frac{x}{p_1}\right)^{\frac{1}{2}}\\ n\leqslant\frac{x}{p_1p_2}\\ (d_1d_2,\,p_1p_2n)>1}}\left[\frac{1}{\log\dfrac{x}{p_1p_2}}\right]\Lambda(n)\Phi\left(\frac{x}{p_1p_2n}\right)$$

$$M_4=\sum_{(d_1,\,x)=1}\sum_{(d_2,\,x)=1}\left[-\frac{\lambda_{d_1}\lambda_{d_2}}{2\pi\mathrm{i}\varphi\left(\dfrac{d_1d_2}{(d_1,d_2)}\right)}\right]\cdot$$

$$\int_{2-\mathrm{i}\infty}^{2+\mathrm{i}\infty}\left(\frac{x^\omega}{\omega}\right)\left(1+\frac{\omega}{(\log x)^{1.1}}\right)^{-[\log x]-1}\cdot$$

$$\sum_{\chi_{\frac{d_1d_2}{(d_1,d_2)}}\neq\chi_0}\overline{\chi}_{\frac{d_1d_2}{(d_1,d_2)}}(x)\frac{L'}{L}(\omega,\chi_{\frac{d_1d_2}{(d_1,d_2)}})\cdot$$

$$\sum_{x^{\frac{1}{10}}<p_1\leqslant x^{\frac{1}{3}}<p_2\leqslant\left(\frac{x}{p_1}\right)^{\frac{1}{2}}}\frac{\chi_{\frac{d_1d_2}{(d_1,d_2)}}(p_1p_2)}{(p_1p_2)^\omega\log\dfrac{x}{p_1p_2}}\mathrm{d}\omega$$

首先估计 M_3，即

$$M_3\leqslant x^\varepsilon\sum_{d\leqslant x^{\frac{1}{2}-\varepsilon}}\frac{1}{d}\sum_{\substack{x^{\frac{1}{10}}<p_1\leqslant x^{\frac{1}{3}}<p_2\leqslant\left(\frac{x}{p_1}\right)^{\frac{1}{2}}\\ n\leqslant\frac{x}{p_1p_2}\\ (d,\,p_1p_2n)>1}}\Lambda(n)\ll$$

$$\sum_{x^{\frac{1}{10}}<p_1\leqslant x^{\frac{1}{3}}<p_2\leqslant\left(\frac{x}{p_1}\right)^{\frac{1}{2}}}\left(\frac{x^{1+\varepsilon}}{p_1p_2}\right)\cdot$$

$$\left(\sum_{\substack{d\leqslant x^{\frac{1}{2}-\varepsilon}\\ p_1\mid d}}\frac{1}{d}+\sum_{\substack{d\leqslant x^{\frac{1}{2}-\varepsilon}\\ p_2\mid d}}\frac{1}{d}\right)+$$

$$\sum_{x^{\frac{1}{10}}<p_1\leqslant x^{\frac{1}{3}}<p_2\leqslant\left(\frac{x}{p_1}\right)^{\frac{1}{2}}}\sum_{p\leqslant\frac{x}{p_1p_2}}(\log p)\cdot$$

$$\sum_{\substack{d\leqslant x^{\frac{1}{2}-\varepsilon}\\ p\mid d}}\frac{x^\varepsilon}{d}+x^{1-\varepsilon}\ll x^{1-\varepsilon}\qquad\text{⑧}$$

再估计 M_4. 设 $\mu(d) \neq 0, d = p_1 \cdot \cdots \cdot p_k$，则正整数 d_1 和 d_2 满足 $\dfrac{d_1 d_2}{(d_1, d_2)} = d$ 的充分和必要的条件是

$$d_1 = p_1^{\alpha_1} \cdot \cdots \cdot p_k^{\alpha_k}, d_2 = p_1^{\beta_1} \cdot \cdots \cdot p_k^{\beta_k}$$

其中

$$0 \leqslant \alpha_i \leqslant 1, 0 \leqslant \beta_i \leqslant 1, \alpha_i + \beta_i \geqslant 1, 1 \leqslant i \leqslant k$$

故当 $d > 0, \mu(d) \neq 0$ 时，满足 $\dfrac{d_1 d_2}{(d_1, d_2)} = d$ 的正整数 d_1, d_2 的组数为 $3^{\nu(d)}$. 由于 $|\lambda_d| \leqslant 1$，故有

$$M_4 \leqslant \sum_{\substack{d \leqslant x^{\frac{1}{2}-\varepsilon} \\ (d,x)=1}} \frac{3^{\nu(d)} |\mu(d)|}{\varphi(d)} \cdot$$

$$\left| \sum_{\chi_d \neq \chi_0} \int_{2-i\infty}^{2+i\infty} \left(\frac{x^\omega}{\omega}\right) \left(1 + \frac{\omega}{(\log x)^{1.1}}\right)^{-[\log x]-1} \cdot \right.$$

$$\overline{\chi}_d(x) \frac{L'}{L}(\omega, \chi_d) \cdot$$

$$\left. \sum_{x^{\frac{1}{10}} < p_1 \leqslant x^{\frac{1}{3}} < p_2 \leqslant \left(\frac{x}{p_1}\right)^{\frac{1}{2}}} \left(\frac{\chi_d(p_1 p_2)}{(p_1 p_2)^\omega}\right) \left|\frac{\mathrm{d}\omega}{\log \dfrac{x}{p_1 p_2}}\right| \right|$$

由于

$$\frac{L'}{L}(\omega, \chi_d) = \frac{L'}{L}(\omega, \chi_{d^*}^*) + \sum_{p \mid \frac{d}{d^*}} \frac{\chi_{d^*}^*(p) \log p}{p^\omega - \chi_{d^*}^*(p)}$$

故有

$$M_4 \leqslant M_2 + M_5 \qquad\qquad ⑨$$

其中

$$M_5 = \sum_{\substack{d \leqslant x^{\frac{1}{2}-\varepsilon} \\ (d,x)=1}} \frac{|\mu(d)| 3^{\nu(d)}}{\varphi(d)} \cdot$$

$$\left| \sum_{\chi_d \neq \chi_0} \overline{\chi}_{d^*}^*(x) \int_{2-i\infty}^{2+i\infty} \left(\frac{x^\omega}{\omega}\right) \left(1 + \frac{\omega}{(\log x)^{1.1}}\right)^{-[\log x]-1} \cdot \right.$$

$$\left(\sum_{p\mid\frac{d}{d^*}}\frac{\chi_{d^*}^*(p)\log p}{p^\omega-\chi_{d^*}^*(p)}\right)\cdot$$

$$\left.\sum_{\substack{x^{\frac{1}{10}}<p_1\leqslant x^{\frac{1}{3}}<p_2\leqslant\left(\frac{x}{p_1}\right)^{\frac{1}{2}}\\(p_1p_2,d)=1}}\frac{\chi_{d^*}^*(p_1p_2)}{(p_1p_2)^\omega\log\dfrac{x}{p_1p_2}}\mathrm{d}\omega\right|$$

当 $\mathrm{Re}\,\omega=2$ 时，有

$$\frac{\chi_{d^*}^*(p)}{p^\omega-\chi_{d^*}^*(p)}=\sum_{\lambda=1}^{\infty}\left(\frac{\chi_{d^*}^*(p)}{p^\omega}\right)^\lambda$$

又当 $\lambda\geqslant 1,\mu(d^*)\neq 0,(d^*,xp_1p_2p^\lambda)=1$ 时，则由引理 4，我们有

$$|\sum_{\chi_{d^*}}^*\overline{\chi}_{d^*}(x)\chi_{d^*}(p_1p_2p^\lambda)|=|\sum_{\chi_{d^*}}^*\chi_{d^*}(p_1p_2p^\lambda y)|\leqslant$$
$$|(p_1p_2p^\lambda y-1,d^*)|=$$
$$|(x-p_1p_2p^\lambda,d^*)|$$

⑩

其中 y 是满足 $xy\equiv 1(\mathrm{mod}\,d^*)$ 的解. 又由式 ⑩ 及引理 1 得到

$$M_5\ll\sum_{\substack{d\leqslant x^{\frac{1}{2}-\varepsilon}\\(d,x)=1}}\frac{|\mu(d)|\,3^{\nu(d)}}{\varphi(d)}\Bigg|\sum_{\substack{d^*\mid d\\d^*>1}}\sum_{p\mid\frac{d}{d^*}}(\log p)\cdot$$

$$\sum_{\lambda=1}^{\infty}\sum_{\substack{x^{\frac{1}{10}}<p_1\leqslant x^{\frac{1}{3}}<p_2\leqslant\left(\frac{x}{p_1}\right)^{\frac{1}{2}}\\(p_1p_2,d)=1}}\sum_{\chi_{d^*}}^*\overline{\chi}_{d^*}(x)\chi_{d^*}(p_1p_2p^\lambda)\cdot$$

$$\left[\frac{1}{\log\dfrac{x}{p_1p_2}}\right]\Phi\left(\frac{x}{p_1p_2p^\lambda}\right)\Bigg|\ll$$

$$\sum_{\substack{d\leqslant x^{\frac{1}{2}-\varepsilon}\\(d,x)=1}}\frac{|\mu(d)|\,3^{\nu(d)}}{\varphi(d)}\cdot$$

85

$$\sum_{\substack{d^* \mid d\,p \\ d^* > 1}} \sum_{\frac{d}{d^*} \mid x^{\frac{1}{10}} < p_1 < x^{\frac{1}{3}} < p_2 \leqslant \left(\frac{x}{p_1}\right)^{\frac{1}{2}}} \sum_{\substack{1 \leqslant \lambda \leqslant \\ \left(\log \frac{x}{p_1 p_2}\right)(\log p)^{-1}}} \left\lfloor \frac{\log p}{\log \frac{x}{p_1 p_2}} \right\rfloor \cdot$$

$$(x - p_1 p_2 p^\lambda, d^*) \ll$$

$$\sum_{\substack{k_1 k_2 \leqslant x^{\frac{1}{2}-\varepsilon} \\ (k_1 k_2, x)=1}} \frac{\mid \mu(k_1) \mid \mid \mu(k_2) \mid x^{\frac{\varepsilon}{4}}}{\varphi(k_1)\varphi(k_2)} \cdot$$

$$\sum_{p \mid k_2} \sum_{\substack{x^{\frac{1}{10}} < p_1 \leqslant \\ x^{\frac{1}{3}} < p_2 \leqslant \left(\frac{x}{p_1}\right)^{\frac{1}{2}}}} \sum_{\substack{1 \leqslant \lambda \leqslant \\ \left(\log \frac{x}{p_1 p_2}\right)(\log p)^{-1}}} (x - p_1 p_2 p^\lambda, k_1) \ll$$

$$x^{\frac{\varepsilon}{3}} \sum_{\substack{k_1 \leqslant x^{\frac{1}{2}-\varepsilon} \\ (k_1, x)=1}} \frac{1}{k_1} \sum_{\substack{x^{\frac{1}{10}} < p_1 \leqslant x^{\frac{1}{3}} < p_2 \leqslant \left(\frac{x}{p_1}\right)^{\frac{1}{2}} \\ p^\lambda \leqslant \frac{x}{p_1 p_2}}} (x - p_1 p_2 p^\lambda, k_1) \cdot$$

$$\sum_{\substack{k_2 \leqslant x^{\frac{1}{2}-\varepsilon} \\ k_2 \equiv 0 (\bmod p)}} \frac{1}{k_2} \ll$$

$$x^{\frac{\varepsilon}{2}} \sum_{\substack{x^{\frac{1}{10}} < p_1 \leqslant x^{\frac{1}{3}} < p_2 \leqslant \left(\frac{x}{p_1}\right)^{\frac{1}{2}} \\ p^\lambda \leqslant \frac{x}{p_1 p_2}}} \frac{1}{p} \cdot$$

$$\sum_{d \mid (x - p_1 p_2 p^\lambda)} d \sum_{\substack{k_1 \leqslant x^{\frac{1}{2}-\varepsilon} \\ d \mid k_1}} \frac{1}{k_1} \ll x^{1-\varepsilon} \qquad ⑪$$

由式 ⑦⑧⑨⑪，本引理得证.

引理 6 我们有

$$M_2 \ll \frac{x}{(\log x)^{2.01}}$$

证明 令

$$\Phi(y, \chi) = \int_{2-i\infty}^{2+i\infty} \left(\frac{y^\omega}{\omega}\right) \left(1 + \frac{\omega}{(\log x)^{1.1}}\right)^{-[\log x]-1} \cdot$$

$$\frac{L'}{L}(\omega,\chi)\,\mathrm{d}\omega =$$

$$\int_{1+\frac{1}{\log x}-\mathrm{i}\infty}^{1+\frac{1}{\log x}+\mathrm{i}\infty}\left(\frac{y^{\omega}}{\omega}\right)\left(1+\frac{\omega}{(\log x)^{1.1}}\right)^{-\lceil\log x\rceil-1}\cdot$$

$$\frac{L'}{L}(\omega,\chi)\,\mathrm{d}\omega$$

则有

$$M_2\leqslant\sum_{\substack{1<l\leqslant x^{\frac{1}{2}-\varepsilon}\\(l,x)=1}}\left\{\sum_{\substack{1<d\leqslant x^{\frac{1}{2}-\varepsilon}\\l\mid d,(d,x)=1}}\frac{\mid\mu(d)\mid3^{\nu(d)}}{\varphi(d)}\right\}\cdot$$

$$\left|\sum_{\chi_l}^{*}\bar{\chi}_l(x)\sum_{\substack{x^{\frac{1}{10}}<p_1\leqslant x^{\frac{1}{3}}<p_2\leqslant\left(\frac{x}{p_1}\right)^{\frac{1}{2}}\\(p_1p_2,d)=1}}\left(\frac{1}{\log\frac{x}{p_1p_2}}\right)\cdot\right.$$

$$\left.\Phi\left(\frac{x}{p_1p_2},\chi_l\right)\chi_l(p_1p_2)\right|\leqslant$$

$$\sum_{\substack{1<d\leqslant x^{\frac{1}{2}-\varepsilon}\\(d,x)=1}}\frac{\mid\mu(d)\mid3^{\nu(d)}}{\varphi(d)}\cdot$$

$$\left\{\sum_{\substack{1<l\leqslant x^{\frac{1}{2}-\varepsilon}\\(l,xd)=1}}\frac{\mid\mu(l)\mid3^{\nu(l)}}{\varphi(l)}\left|\sum_{\chi_l}^{*}\bar{\chi}_l(x)\cdot\right.\right.$$

$$\sum_{\substack{x^{\frac{1}{10}}<p_1\leqslant x^{\frac{1}{3}}<p_2\leqslant\left(\frac{x}{p_1}\right)^{\frac{1}{2}}\\(p_1p_2,d)=1}}\left(\frac{1}{\log\frac{x}{p_1p_2}}\right)\cdot$$

$$\left.\left.\Phi\left(\frac{x}{p_1p_2},\chi_l\right)\chi_l(p_1p_2)\right|\right\}$$

令 $\tau(l)=\sum_{d\mid l}1$，则有

$$\sum_{1<d\leqslant x^{\frac{1}{2}-\varepsilon}}\frac{3^{\nu(d)}\mid\mu(d)\mid}{\varphi(d)}\ll$$

$$(\log x) \sum_{d \leqslant x^{\frac{1}{2}-\varepsilon}} \frac{(\tau(d))^2}{d} \ll (\log x)^5$$

故有

$$M_2 \ll (\log x)^6 \max_{1 < m \leqslant x^{\frac{1}{2}}} N_m \qquad ⑫$$

其中

$$N_m = \sum_{\substack{1 < l \leqslant x^{\frac{1}{2}-\varepsilon} \\ (l,x)=1}} \frac{|\mu(l)| \, 3^{\nu(l)}}{l} \left| \sum_{\chi_l}{}^* \overline{\chi}_l(x) \cdot \right.$$

$$\sum_{\substack{x^{\frac{1}{10}} < p_1 \leqslant x^{\frac{1}{3}} < p_2 \leqslant \left(\frac{x}{p_1}\right)^{\frac{1}{2}} \\ (p_1 p_2, m)=1}} \left(\frac{1}{\log \frac{x}{p_1 p_2}} \right) \cdot$$

$$\left. \Phi\left(\frac{x}{p_1 p_2}, \chi_l\right) \chi_l(p_1 p_2) \right|$$

我们用 $\sum\limits_{(k,m)}$ 来表示一个和式，其中的 p_1 和 p_2 经过且只经过

$$x^{\frac{1}{10}} < p_1 \leqslant x^{\frac{1}{3}} < p_2 \leqslant \left(\frac{x}{p_1}\right)^{\frac{1}{2}}$$

$$x^{\frac{13}{30}} 2^k < p_1 p_2 \leqslant x^{\frac{13}{30}} 2^{k+1}, (p_1 p_2, m)=1$$

令 I_1 是一个正整数，满足

$$2^{I_1-1}(\log x)^{100} < x^{\frac{1}{2}-\varepsilon} < 2^{I_1}(\log x)^{100}, I_2 = \left[\frac{7\log x}{30\log 2}\right]$$

则有

$$N_m \leqslant \sum_{l=0}^{I_1} \sum_{k=0}^{I_2} N_m^{(l,k)} \qquad ⑬$$

其中

$$N_m^{(0,k)} = \sum_{\substack{1 < d \leqslant (\log x)^{100} \\ (d,x)=1}} \frac{|\mu(d)| \, 3^{\nu(d)}}{d} \left| \sum_{\chi_d}{}^* \overline{\chi}_d(x) \cdot \right.$$

$$\sum_{(k,m)}\left|\frac{1}{\log\dfrac{x}{p_1 p_2}}\right|\Phi\left(\frac{x}{p_1 p_2},\chi_d\right)\chi_d(p_1 p_2)\right|$$

而当 $l\geqslant 1$ 时,有

$$N_m^{(l,k)}=\sum_{\substack{2^{l-1}(\log x)^{100}<d\leqslant 2^{l}(\log x)^{100}\\(d,x)=1}}\frac{|\mu(d)|3^{\nu(d)}}{d}\cdot$$

$$\left|\sum_{\chi_d}^{*}\bar\chi_d(x)\sum_{(k,m)}\left|\frac{1}{\log\dfrac{x}{p_1 p_2}}\right|\cdot$$

$$\Phi\left(\frac{x}{p_1 p_2},\chi_d\right)\chi_d(p_1 p_2)\right|$$

令 $S(H,\omega,\chi_d)=\displaystyle\sum_{n=1}^{H}\frac{\mu(n)\chi_d(n)}{n^{\omega}}$,其中 $H\ll x$. 我们知道当 $\operatorname{Re}\omega\geqslant 1$ 时,有

$$S(H,\omega,\chi_d)\ll\log x$$

$$L(\omega,\chi_d)=\sum_{n=1}^{H}\frac{\chi_d(n)}{n^{\omega}}+O\left(\frac{|\omega|d^{\frac{1}{2}}\log d}{H}\right)$$

故得到当 $\operatorname{Re}\omega\geqslant 1$ 时,有

$$1-L(\omega,\chi_d)S(H,\omega,\chi_d)=$$

$$\sum_{n=1}^{\infty}\frac{C_H(n)\chi_d(n)}{n^{\omega}}+O\left(\frac{|\omega|d^{\frac{1}{2}}(\log x)^2}{H}\right)$$

其中 $C_H(1)=0$;当 $n>H^2$ 时,$C_H(n)=0$;而当 $n>1$ 时,$C_H(n)=-\displaystyle\sum_{d}\mu(d)$,其中 d 经过 n 的因子,它使得 $1\leqslant d\leqslant H$ 及 $\dfrac{n}{d}\leqslant H$;当 $1\leqslant n\leqslant H$ 时,$C_H(n)=0$;而当 $n>H$ 时,$C_H(n)\leqslant\tau(n)$. 故当 $H\ll x$ 时,由施瓦兹不等式得到

$$\left|\sum_{n=1}^{\infty}\frac{C_H(n)\chi_d(n)}{n^{\omega}}\right|^2\ll(\log x)\sum_{l=0}^{3I_1}\left|\sum_{n=2^{l}H+1}^{2^{l+1}H}\frac{C_H(n)\chi_d(n)}{n^{\omega}}\right|^2$$

令 $\alpha = 1 + \dfrac{1}{\log x}$，由上式、$\displaystyle\sum_{n \leqslant x} \tau^2(n) \ll x(\log x)^3$ 及式

③ 我们得到：当 $Q \ll x$ 时，有

$$\sum_{D < d \leqslant Q} \frac{1}{\varphi(d)} \sum_{\chi_d}^* \left| \sum_{n = 2^l H + 1}^{2^{l+1} H} \frac{C_H(n)\chi_d(n)}{n^{\alpha + i\nu}} \right|^2 \ll$$

$$\left(Q + \frac{2^l H}{D}\right) \sum_{n = 2^l H + 1}^{2^{l+1} H} \frac{(\tau(n))^2}{n^2} \ll$$

$$\left(\frac{Q}{2^l H} + \frac{1}{D}\right)(\log x)^3$$

及

$$\sum_{D < d \leqslant Q} \frac{1}{\varphi(d)} \sum_{\chi_d}^* \left| 1 - L(\alpha + i\nu, \chi_d) S(H, \alpha + i\nu, \chi_d) \right|^2 \ll$$

$$\sum_{D < d \leqslant Q} \frac{1}{\varphi(d)} \sum_{\chi_d}^* \left| \sum_{n=1}^{\infty} \frac{C_H(n)\chi_d(n)}{n^{\alpha + i\nu}} \right|^2 +$$

$$\frac{|\alpha + i\nu|^2 Q^2 (\log x)^4}{H^2} \ll$$

$$\left(\frac{Q}{H} + \frac{1}{D} + \frac{|\alpha + i\nu|^2 Q^2}{H^2}\right)(\log x)^5 \qquad ⑭$$

令 $\beta = \dfrac{1}{2} + \dfrac{1}{\log x}$，由于

$$\{S(H, \beta + i\nu, \chi_d)\}^2 = \sum_{n=1}^{H^2} \frac{j(n)\chi_d(n)}{n^{\beta + i\nu}}$$

其中 $|j(n)| \leqslant \tau(n)$，故由式 ③ 可知，当 $l \geqslant 1, H \ll x$ 时，有

$$\sum_{2^{l-1}(\log x)^{100} < d \leqslant 2^l(\log x)^{100}} \frac{1}{\varphi(d)} \sum_{\chi_d}^* |S(H, \beta + i\nu, \chi_d)|^4 \ll$$

$$\left(2^l(\log x)^{100} + \frac{H^2}{2^l(\log x)^{100}}\right) \sum_{n=1}^{H^2} \frac{(\tau(n))^2}{n} \ll$$

$$2^l(\log x)^{104} + \frac{H^2}{2^l(\log x)^{96}} \qquad ⑮$$

90

由于

$$L'(\omega,\chi_d) = \frac{1}{2\pi i} \int_r \frac{L(\xi,\chi_d)}{(\xi-\omega)^2} d\xi$$

其中 r 是以 ω 为中心、$(\log x)^{-1}$ 为半径的圆,故有

$$|L'(\omega,\chi_d)| \ll (\log x)^2 \int_r |L(\xi,\chi_d)| d\xi$$

利用赫尔德不等式,得到

$$|L'(\omega,\chi_d)|^4 \ll (\log x)^5 \int_r |L(\xi,\chi_d)|^4 |d\xi|$$

又由引理 3,我们有

$$\sum_{2^{l-1}(\log x)^{100} < d \leqslant 2^l(\log x)^{100}} \left(\frac{1}{\varphi(d)}\right) \sum_{\chi_d}^* |L'(\beta+i\nu,\chi_d)|^4 \ll$$
$$2^l(\log x)^{109}(|\beta+i\nu|)^2$$

当 $\operatorname{Re}\omega \geqslant \alpha = 1 + \dfrac{1}{\log x}$ 时,我们得到

$$\frac{L'}{L}(\omega,\chi_d) = \left\{\frac{L'}{L}(\omega,\chi_d)\right\}\{1 - L(\omega,\chi_d)S(H,\omega,\chi_d)\} +$$
$$L'(\omega,\chi_d)S(H,\omega,\chi_d) \qquad \text{⑯}$$

令

$$A(l,k,\omega,m,H) = \sum_{\substack{2^{l-1}(\log x)^{100} < d \leqslant 2^l(\log x)^{100} \\ (d,x)=1}} \frac{|\mu(d)| \, 3^{\nu(d)}}{d} \cdot$$

$$\sum_{\chi_d}^* \left| \sum_{(k,m)} \frac{\chi_d(p_1 p_2)}{(p_1 p_2)^\omega \log \frac{x}{p_1 p_2}} \right| \cdot$$

$$|1 - L(\omega,\chi_d)S(H,\omega,\chi_d)|$$

$$B(l,k,\omega,m,H) = \sum_{\substack{2^{l-1}(\log x)^{100} < d \leqslant 2^l(\log x)^{100} \\ (d,x)=1}} \frac{|\mu(d)| \, 3^{\nu(d)}}{d} \cdot$$

$$\sum_{\chi_d}^* \left| \sum_{(k,m)} \frac{\chi_d(p_1 p_2)}{(p_1 p_2)^\omega \log \frac{x}{p_1 p_2}} \right| \cdot$$

$$| L'(\omega, \chi_d) S(H, \omega, \chi_d) |$$

当 $l \geqslant 1$ 时,由式 ⑯ 我们有

$$N_m^{(l,k)} \ll x(\log x)^2 \int_0^\infty \frac{A(l,k,\alpha+\mathrm{i}\nu,m,H)}{|\alpha+\mathrm{i}\nu| \left(1+\frac{|\alpha+\mathrm{i}\nu|}{(\log x)^{1.1}}\right)^{[\log x]+1}} \mathrm{d}\nu +$$

$$x^{\frac{1}{2}} \int_0^\infty \frac{B(l,k,\beta+\mathrm{i}\nu,m,H)}{|\beta+\mathrm{i}\nu| \left(1+\frac{|\beta+\mathrm{i}\nu|}{(\log x)^{1.1}}\right)^{[\log x]+1}} \mathrm{d}\nu \qquad ⑰$$

显见,当 $|\mu(d)| \neq 0$ 及 d 很大时,有

$$3^{\nu(d)} \geqslant \mathrm{e}^{\frac{3\log d}{\log \log d}} \qquad ⑱$$

现在我们首先对 $l \geqslant 1$ 时

$$2^k x^{\frac{13}{30}} > x^{\frac{1}{2}-\epsilon} \ \text{及} \ x^{\frac{1}{2}-\epsilon} \geqslant 2^k x^{\frac{13}{30}} > 2^l (\log x)^{100}$$

这两种情形的 $N_m^{(l,k)}$ 进行估计,此时我们取 $H = 2^l (\log x)^{200} I_{l,x}$,其中

$$I_{l,x} = \exp \left\{ \frac{6\log\{2^l (\log x)^{100}\}}{\log \log\{2^l (\log x)^{100}\}} \right\}$$

则根据式 ⑭ ～ ⑱,我们有

$$N_m^{(l,k)} \ll x(\log x)^4 \int_0^\infty \left\{\left\{ \sum_{\substack{2^{l-1}(\log x)^{100} < d \leqslant 2^l(\log x)^{100} \\ (d,x)=1}} \frac{|\mu(d)|}{d} \cdot \right.\right.$$

$$\sum_{\chi_d}^* \left| \sum_{(k,m)} \frac{\chi_d(p_1 p_2)}{(p_1 p_2)^{\alpha+\mathrm{i}\nu} \log \frac{x}{p_1 p_2}} \right|^2 \right\} \cdot$$

$$\left\{ \sum_{\substack{2^{l-1}(\log x)^{100} < d \leqslant 2^l(\log x)^{100} \\ (d,x)=1}} \frac{|\mu(d)|}{d} \cdot \right.$$

$$\sum_{\chi_d}^* |1 - L(\alpha+\mathrm{i}\nu, \chi_d) \cdot$$

$$\left. S(H, \alpha+\mathrm{i}\nu, \chi_d)|^2 I_{l,x} \right\}^{\frac{1}{2}} \left(\frac{\mathrm{d}\nu}{1+\nu^{2.1}} \right) +$$

$$x^{\frac{1}{2}}(\log x)^4 \int_0^\infty \left\{ (I_{l,x}) \sum_{\substack{2^{l-1}(\log x)^{100} < d \leqslant 2^l(\log x)^{100} \\ (d,x)=1}} \frac{|\mu(d)|}{d} \cdot \right.$$

$$\sum_{\chi_d}^* \left| \sum_{(k,m)} \frac{\chi_d(p_1 p_2)}{(p_1 p_2)^{\beta+i\nu} \log \frac{x}{p_1 p_2}} \right|^2 \right\}^{\frac{1}{2}} \cdot$$

$$\left\{ \sum_{\substack{2^{l-1}(\log x)^{100} < d \leqslant 2^l(\log x)^{100} \\ (d,x)=1}} \frac{|\mu(d)|}{d} \cdot \right.$$

$$\sum_{\chi_d}^* |S(H,\beta+i\nu,\chi_d)|^4 \right\}^{\frac{1}{4}} \left(\frac{\mathrm{d}\nu}{1+\nu^4} \right) \cdot$$

$$\left\{ \sum_{\substack{2^{l-1}(\log x)^{100} < d \leqslant 2^l(\log x)^{100} \\ (d,x)=1}} \frac{|\mu(d)|}{d} \cdot \right.$$

$$\sum_{\chi_d}^* |L'(\beta+i\nu,\chi_d)|^4 \right\}^{\frac{1}{2}} \ll$$

$$x(\log x)^8 \int_0^\infty \left\{ \left(2^l(\log x)^{100} + \frac{2^k x^{\frac{13}{30}}}{2^l(\log x)^{100}} \right) \cdot \right.$$

$$\left(\sum_{2^k x^{\frac{13}{30}} < n \leqslant 2^{k+1} x^{\frac{13}{30}}} \frac{1}{n^2} \right) \left(\frac{2^l(\log x)^{100}}{H} + \frac{1}{2^l(\log x)^{100}} + \right.$$

$$\frac{(1+\nu^2)2^{2l}(\log x)^{200}}{H^2} \right) (I_{l,x}) \right\}^{\frac{1}{2}} \cdot$$

$$\left(\frac{\mathrm{d}\nu}{1+\nu^{2.1}} \right) + x^{\frac{1}{2}}(\log x)^8 \cdot$$

$$\int_0^\infty \left\{ \left(2^l(\log x)^{100} + \frac{2^k x^{\frac{13}{30}}}{2^l(\log x)^{100}} \right) (I_{l,x}) \right\}^{\frac{1}{2}} \cdot$$

$$\{ 2^{2l}(\log x)^{213} + H^2(\log x)^{13} \}^{\frac{1}{4}} \cdot$$

$$(1+\nu^2)^{\frac{1}{4}} \left(\frac{\mathrm{d}\nu}{1+\nu^4} \right) \ll \frac{x}{(\log x)^{20}} \qquad ⑲$$

现在我们再对 $2^k x^{\frac{13}{30}} \leqslant 2^l (\log x)^{100} \leqslant 2x^{\frac{1}{2}-\varepsilon}$ 时的 $N_m^{(l,k)}$ 进行估计,此时我们取

$$H = \max\{2^{2l-k} x^{-\frac{13}{30}} (\log x)^{400} I_{l,x}, x^{\frac{1}{2}-\varepsilon}\}$$

则有

$$N_m^{(l,k)} \ll x(\log x)^8 \int_0^\infty \Bigg\{ \bigg(2^l (\log x)^{100} + \frac{2^k x^{\frac{13}{30}}}{2^l (\log x)^{100}} \bigg) \cdot$$

$$\bigg(\sum_{2^k x^{\frac{13}{30}} < n \leqslant 2^{k+1} x^{\frac{13}{30}}} \frac{1}{n^2} \bigg) \bigg(\frac{2^l (\log x)^{100}}{H} +$$

$$\frac{1}{2^l (\log x)^{100}} + \frac{(1+\nu^2) 2^{2l} (\log x)^{200}}{H^2} \bigg) (I_{l,x}) \bigg\}^{\frac{1}{2}} \cdot$$

$$\bigg(\frac{\mathrm{d}\nu}{1+\nu^{2.1}} \bigg) + x^{\frac{1}{2}} (\log x)^4 \cdot$$

$$\int_0^\infty \bigg\{ \sum_{2^{l-1} (\log x)^{100} < d \leqslant 2^l (\log x)^{100}} \frac{|\mu(d)|}{d} \cdot$$

$$\sum_{\chi_d}^* |S(H, \beta + \mathrm{i}\nu, \chi_d)|^2 \bigg\}^{\frac{1}{2}} (I_{l,x})^{\frac{1}{2}} \cdot$$

$$\bigg\{ \sum_{2^{l-1} (\log x)^{100} < d \leqslant 2^l (\log x)^{100}} \frac{|\mu(d)|}{d} \cdot$$

$$\sum_{\chi_d}^* |L'(\beta + \mathrm{i}\nu, \chi_d)|^4 \bigg\}^{\frac{1}{4}} \cdot$$

$$\bigg\{ \sum_{2^{l-1} (\log x)^{100} < d \leqslant 2^l (\log x)^{100}} \frac{|\mu(d)|}{d} \cdot$$

$$\sum_{\chi_d}^* \bigg| \bigg(\sum_{(k,m)} \frac{\chi_d (p_1 p_2)}{(p_1 p_2)^{\beta+\mathrm{i}\nu} \log \frac{x}{p_1 p_2}} \bigg)^2 \bigg|^2 \bigg\}^{\frac{1}{4}} \bigg(\frac{\mathrm{d}\nu}{1+\nu^4} \bigg) \ll$$

$$\frac{x}{(\log x)^{20}} + x^{\frac{1}{2}} (\log x)^{20} \cdot$$

94

$$\left\{2^l(\log x)^{100}+\frac{H}{2^l(\log x)^{100}}\right\}^{\frac{1}{2}}(I_{l,x})^{\frac{1}{2}}\ \cdot$$

$$(2^l(\log x)^{109})^{\frac{1}{4}}\left(2^l(\log x)^{100}+\frac{2^{2k}x^{\frac{13}{15}}}{2^l(\log x)^{100}}\right)^{\frac{1}{4}}\ \cdot$$

$$\int_0^\infty \frac{(1+\nu^2)^{\frac{1}{4}}}{1+\nu^4}\mathrm{d}\nu \ll \frac{x}{(\log x)^{20}}\qquad ⑳$$

现在来估计 $N_m^{(0,k)}$，其中 $0\leqslant k\leqslant I_2$．当 χ_d 是原特征及 $\mathrm{Re}\,S\geqslant 1-\dfrac{c}{d^{\frac{1}{300}}}$ 时，有

$$L(S,\chi_d)\neq 0$$

其中 c 是一个常数，故有

$$N_m^{(0,k)}\ll \sum_{1<d\leqslant(\log x)^{100}}\frac{3^{\nu(d)}\mid\mu(d)\mid}{d}\ \cdot$$

$$\sum_{\chi_d}{}^{*}\left|\int_{1-\frac{1}{(\log x)^{\frac{1}{2}}}-i\infty}^{1-\frac{1}{(\log x)^{\frac{1}{2}}}+i\infty}\sum_{(k,m)}\left(\frac{1}{\log\dfrac{x}{p_1p_2}}\right)\ \cdot\right.$$

$$\chi_d(p_1p_2)\left(\frac{x}{p_1p_2}\right)^\omega\left(1+\frac{\omega}{(\log x)^{1.1}}\right)^{-[\log x]-1}\ \cdot$$

$$\left.\frac{L'}{L}(\omega,\chi_d)\frac{\mathrm{d}\omega}{\omega}\right|\ll$$

$$(\log x)^{200}\sum_{x^{\frac{1}{10}}<p_1\leqslant x^{\frac{1}{3}}<p_2\leqslant\left(\frac{x}{p_1}\right)^{\frac{1}{2}}}\left(\frac{x}{p_1p_2}\right)^{1-\frac{1}{(\log x)^{\frac{1}{2}}}}\ll$$

$$\frac{x}{(\log x)^{20}}\qquad ㉑$$

由式 ⑫⑬ 及式 ⑲ ～ ㉑，本引理得证．

引理 7　对于大偶数 x，我们有

$$M_1\leqslant \left\{\frac{(8+24\varepsilon)xC_x}{\log x}\right\}\ \cdot$$

$$\left\{ \sum_{\substack{x^{\frac{1}{10}}<p_1\leqslant x^{\frac{1}{3}}<p_2\leqslant(\frac{x}{p_1})^{\frac{1}{2}}}} \frac{1}{p_1 p_2 \log\frac{x}{p_1 p_2}} \right\}$$

其中

$$C_x = \prod_{\substack{p\mid x \\ p>2}} \frac{p-1}{p-2} \prod_{p>2}\left(1-\frac{1}{(p-1)^2}\right)$$

证明 令 $S = \displaystyle\sum_{\substack{1\leqslant k\leqslant(x^{\frac{1}{2}-\varepsilon})^{\frac{1}{2}} \\ (k,x)=1}} \frac{\mu^2(k)}{f(k)}$，则有

$$\lambda_d g(d) = \left(\frac{1}{S}\right) \sum_{\substack{1\leqslant k\leqslant(x^{\frac{1}{2}-\varepsilon})^{\frac{1}{2}}/d \\ (k,xd)=1}} \frac{\mu(kd)\mu(k)}{f(kd)}$$

当 $(m,x)=1$ 时，有

$$\sum_{\substack{d\leqslant(x^{\frac{1}{2}-\varepsilon})^{\frac{1}{2}} \\ (d,x)=1,m\mid d}} \lambda_d g(d) =$$

$$\left(\frac{1}{S}\right)\left(\sum_{\substack{d\leqslant(x^{\frac{1}{2}-\varepsilon})^{\frac{1}{2}} \\ (d,x)=1,m\mid d}} \sum_{\substack{1\leqslant k\leqslant(x^{\frac{1}{2}-\varepsilon})^{\frac{1}{2}}/d \\ (k,xd)=1}} \frac{\mu(kd)\mu(k)}{f(kd)} \right) =$$

$$\left(\frac{1}{S}\right) \sum_{\substack{1\leqslant r\leqslant(x^{\frac{1}{2}-\varepsilon})^{\frac{1}{2}} \\ (r,x)=1}} \frac{\mu(r)}{f(r)} \sum_{m\mid d\mid r}\mu\left(\frac{r}{d}\right) = \frac{\mu(m)}{Sf(m)}$$

由于

$$\frac{1}{\varphi\left(\frac{d_1 d_2}{(d_1,d_2)}\right)} = g(d_1)g(d_2) \sum_{d\mid(d_1,d_2)} f(d)$$

故有

$$\sum_{\substack{d_1\leqslant(x^{\frac{1}{2}-\varepsilon})^{\frac{1}{2}} \\ (d_1 d_2,x)=1}} \sum_{d_2\leqslant(x^{\frac{1}{2}-\varepsilon})^{\frac{1}{2}}} \frac{\lambda_{d_1}\lambda_{d_2}}{\varphi\left(\frac{d_1 d_2}{(d_1,d_2)}\right)} =$$

$$\sum_{\substack{d_1\leqslant(x^{\frac{1}{2}-\varepsilon})^{\frac{1}{2}} \\ (d_1 d_2,x)=1}} \sum_{d_2\leqslant(x^{\frac{1}{2}-\varepsilon})^{\frac{1}{2}}} \lambda_{d_1}\lambda_{d_2}\, g(d_1)g(d_2) \sum_{k\mid(d_1,d_2)} f(k) =$$

96

$$\sum_{\substack{k \leqslant (x^{\frac{1}{2}-\varepsilon})^{\frac{1}{2}} \\ (k,x)=1}} f(k) \Big(\sum_{\substack{d \leqslant (x^{\frac{1}{2}-\varepsilon})^{\frac{1}{2}} \\ k|d,(d,x)=1}} \lambda_d g(d) \Big)^2 = \frac{1}{S} \qquad\qquad ㉒$$

令 $V_k(x) = \displaystyle\sum_{\substack{1 \leqslant n \\ (n,k)=1}} \frac{\mu^2(n)}{\varphi(n)}$，则有

$$\log x \leqslant \sum_{n=1}^{x} \frac{1}{n} \leqslant \sum_{1 \leqslant n \leqslant x} \frac{\mu^2(n)}{n} \prod_{p|n} \Big(\sum_{l=0}^{\infty} \frac{1}{p^l} \Big) =$$

$$\sum_{1 \leqslant n \leqslant x} \frac{\mu^2(n)}{n} \prod_{p|n} \Big(1 - \frac{1}{p} \Big)^{-1} =$$

$$V_1(x) = \sum_{d|k} \sum_{\substack{1 \leqslant n \leqslant x \\ (n,k)=d}} \frac{\mu^2(n)}{\varphi(n)} =$$

$$\sum_{d|k} \frac{\mu^2(d)}{\varphi(d)} \sum_{\substack{1 \leqslant m \leqslant \frac{x}{d} \\ (m,k)=1}} \frac{\mu^2(m)}{\varphi(m)} \leqslant$$

$$\sum_{d|k} \frac{\mu^2(d)}{\varphi(d)} V_k(x) = \frac{k V_k(x)}{\varphi(k)}$$

故有

$$V_k(x) \geqslant \frac{\varphi(k) \log x}{k}$$

令 $\psi(1) = 1$，而当 $q > 2$ 时，令 $\psi(q) = \displaystyle\prod_{p|q} (p-2)$，则有

$$S = \sum_{\substack{1 \leqslant k \leqslant (x^{\frac{1}{2}-\varepsilon})^{\frac{1}{2}} \\ (k,x)=1}} \frac{\mu^2(k)}{\varphi(k)} \prod_{p|k} \Big(1 + \frac{1}{p-2} \Big) =$$

$$\sum_{\substack{1 \leqslant k \leqslant (x^{\frac{1}{2}-\varepsilon})^{\frac{1}{2}} \\ (k,x)=1}} \frac{\mu^2(k)}{\varphi(k)} \sum_{q|k} \frac{1}{\varphi(q)} =$$

$$\sum_{\substack{q \leqslant (x^{\frac{1}{2}-\varepsilon})^{\frac{1}{2}} \\ (q,x)=1}} \frac{\mu^2(q)}{\psi(q)\varphi(q)} \sum_{\substack{r \leqslant (x^{\frac{1}{2}-\varepsilon})^{\frac{1}{2}}/q \\ (r,qx)=1}} \frac{\mu^2(r)}{\varphi(r)} \geqslant$$

$$\sum_{\substack{q \leqslant (x^{\frac{1}{2}-\varepsilon})^{\frac{1}{2}} \\ (q,x)=1}} \frac{\mu^2(q)}{\psi(q)\varphi(q)} \Big\{ \frac{\varphi(qx)}{qx} \log \frac{x^{\frac{1}{4}-\frac{\varepsilon}{2}}}{q} \Big\} =$$

$$\left(\frac{\varphi(x)}{x}\right)(\log x^{\frac{1}{4}-\frac{\varepsilon}{2}}) \cdot$$

$$\prod_{p\nmid x}\left(1+\frac{1}{p(p-2)}\right)+O(1)=$$

$$\frac{\left(\frac{1}{8}-\frac{\varepsilon}{4}\right)(\log x)}{C_x}+O(1)$$

由式 ㉒ 及上式,当 x 很大时,有

$$M_1 \leqslant (8+24\varepsilon)C_x(\log x)^{-1} \cdot$$

$$\sum_{\substack{x^{\frac{1}{10}}<p_1\leqslant x^{\frac{1}{3}}<p_2\leqslant\left(\frac{x}{p_1}\right)^{\frac{1}{2}}\\ n\leqslant\frac{x}{p_1p_2}}}\left(\frac{\Lambda(n)}{\log\frac{x}{p_1p_2}}\right)\Phi\left(\frac{x}{p_1p_2n}\right)$$

由引理 1,此引理得证.

引理 8 设 x 是大偶数,则有

$$\Omega \leqslant \frac{3.940\,4xC_x}{(\log x)^2}$$

证明 当 x 很大时,由引理 5 至引理 7,我们有

$$\Omega \leqslant \left\{\frac{8(1+5\varepsilon)xC_x}{\log x}\right\} \cdot$$

$$\left\{\sum_{x^{\frac{1}{10}}<p_1\leqslant x^{\frac{1}{3}}<p_2\leqslant\left(\frac{x}{p_1}\right)^{\frac{1}{2}}}\frac{1}{p_1p_2\log\frac{x}{p_1p_2}}\right\} \qquad ㉓$$

又有

$$\sum_{x^{\frac{1}{10}}<p_1\leqslant x^{\frac{1}{3}}<p_2\leqslant\left(\frac{x}{p_1}\right)^{\frac{1}{2}}}\frac{1}{p_1p_2\log\frac{x}{p_1p_2}} \leqslant$$

$$(1+\varepsilon)\sum_{x^{\frac{1}{10}}<p_1\leqslant x^{\frac{1}{3}}}\int_{x^{\frac{1}{3}}}^{\left(\frac{x}{p_1}\right)^{\frac{1}{2}}}\frac{\mathrm{d}t}{p_1t(\log t)\log\frac{x}{p_1t}} \leqslant$$

98

$$(1+2\varepsilon)\int_{x^{\frac{1}{10}}}^{x^{\frac{1}{3}}}\frac{\mathrm{d}S}{S\log S}\int_{x^{\frac{1}{3}}}^{\left(\frac{x}{S}\right)^{\frac{1}{2}}}\frac{\mathrm{d}t}{t\left(\log t\right)\left(\log\frac{x}{St}\right)}=$$

$$(1+2\varepsilon)\int_{\frac{1}{10}}^{\frac{1}{3}}\frac{\mathrm{d}\alpha}{\alpha}\int_{\frac{1}{3}}^{\frac{1-\alpha}{2}}\frac{\mathrm{d}\beta}{\beta(1-\alpha-\beta)\log x}$$

及

$$\int_{\frac{1}{10}}^{\frac{1}{3}}\frac{\mathrm{d}\alpha}{\alpha}\int_{\frac{1}{3}}^{\frac{1-\alpha}{2}}\left(\frac{1}{1-\alpha}\right)\left(\frac{1}{\beta}+\frac{1}{1-\alpha-\beta}\right)\mathrm{d}\beta=$$

$$\int_{\frac{1}{10}}^{\frac{1}{3}}\frac{\log\frac{1-\alpha}{2}-\log\frac{1}{3}-\log\frac{1-\alpha}{2}+\log\left(\frac{2}{3}-\alpha\right)}{\alpha(1-\alpha)}\mathrm{d}\alpha=$$

$$\int_{\frac{1}{10}}^{\frac{1}{3}}\frac{\log(2-3\alpha)}{\alpha(1-\alpha)}\mathrm{d}\alpha=$$

$$\sum_{i=0}^{6}\int_{\frac{1}{10}+\frac{i}{30}}^{\frac{1}{10}+\frac{i+1}{30}}\frac{\log\left(1.6-\frac{i}{10}\right)}{\alpha(1-\alpha)}\mathrm{d}\alpha+$$

$$\sum_{i=0}^{6}\int_{\frac{1}{10}+\frac{i}{30}}^{\frac{1}{10}+\frac{i+1}{30}}\frac{\log\frac{2-3\alpha}{1.6-0.i}}{\alpha(1-\alpha)}\mathrm{d}\alpha\leqslant$$

$$\sum_{i=0}^{6}\left\{\log\left(1.6-\frac{i}{10}\right)\right\}\left\{\log\frac{\frac{9}{10}-\frac{i}{30}}{\frac{1}{10}+\frac{i}{30}}-\log\frac{\frac{9}{10}-\frac{1}{30}-\frac{i}{30}}{\frac{1}{10}+\frac{i+1}{30}}\right\}+$$

$$\sum_{i=0}^{6}\int_{\frac{1}{10}+\frac{i}{30}}^{\frac{1}{10}+\frac{i+1}{30}}\frac{0.4+0.i-3\alpha}{(1.6-0.i)\alpha(1-\alpha)}\mathrm{d}\alpha\leqslant$$

$$\sum_{i=0}^{6}\left\{\log(1.6-0.i)+\frac{4+i}{16-i}\right\}\left\{\log\frac{27-i}{3+i}-\log\frac{26-i}{4+i}\right\}-$$

$$3\sum_{i=0}^{6}\int_{\frac{1}{10}+\frac{i}{30}}^{\frac{1}{10}+\frac{i+1}{30}}\frac{\mathrm{d}\alpha}{(1.6-0.i)(1-\alpha)}=$$

$$\sum_{i=0}^{6}\left\{\log(1.6-0.i)+\frac{4+i}{16-i}\right\}\left\{\log\frac{108+23i-i^2}{78+23i-i^2}\right\}-$$

99

$$3\sum_{i=0}^{6}\left(\frac{1}{1.6-0.i}\right)\left(\log\frac{27-i}{26-i}\right)\leqslant$$

$(0.47+0.25)(0.325\ 42)+$

$(0.405\ 47+0.333\ 34)(0.262\ 36)+$

$(0.336\ 47+0.428\ 58)(0.223\ 15)+$

$(0.262\ 36+0.538\ 47)(0.196\ 71)+$

$(0.182\ 32+0.666\ 67)(0.177\ 99)+$

$(0.095\ 31+0.818\ 19)(0.164\ 31)+0.154\ 15-$

$$3\Big(\frac{0.037\ 74}{1.6}+\frac{0.039\ 22}{1.5}+\frac{0.040\ 82}{1.4}+\frac{0.042\ 56}{1.3}+$$

$$\frac{0.044\ 45}{1.2}+\frac{0.046\ 52}{1.1}+0.048\ 79\Big)\leqslant$$

$0.234\ 303+0.193\ 837+0.170\ 73+0.157\ 54+$

$0.151\ 115+0.150\ 1+0.154\ 15-$

$3(0.023\ 587+0.026\ 146+0.029\ 157+0.032\ 738+$

$0.037\ 041+0.042\ 29+0.048\ 79)\leqslant$

$1.211\ 78-0.719\ 24=0.492\ 54$ ㉔

由式 ㉓ 和 ㉔,引理 8 得证.

设 x 是一个大偶数,令 $P_x(x,x^{\frac{1}{10}})$ 表示满足下面条件的素数 p 的个数:$p\leqslant x,p\not\equiv x(\bmod\ p_i)(1\leqslant i\leqslant j)$,其中 $3=p_1<p_2<\cdots<p_j\leqslant x^{\frac{1}{10}}$. 对于一个素数 p',则令 $P_x(x,p',x^{\frac{1}{10}})$ 表示满足下面条件的素数 p 的个数:$p\leqslant x,p\equiv x(\bmod\ p'),p\not\equiv x(\bmod\ p_i)$ $(1\leqslant i\leqslant j)$,其中 $3=p_1<p_2<\cdots<p_j\leqslant x^{\frac{1}{10}}$.

引理 9 设 x 是一个大偶数,则有

$$P_x(x,x^{\frac{1}{10}})-\left(\frac{1}{2}\right)\sum_{x^{\frac{1}{10}}<p\leqslant x^{\frac{1}{3}}}P_x(x,p,x^{\frac{1}{10}})\geqslant$$

$$\frac{2.640\ 8xC_x}{(\log x)^2}$$

其中

$$C_x = \prod_{\substack{p \mid x \\ p > 2}} \frac{p-1}{p-2} \prod_{p>2} \left(1 - \frac{1}{(p-1)^2}\right)$$

证明　在相关文献[①]中取

$$r(p) = \frac{p}{p-1}, K = x, Z = x^{\frac{1}{10}}$$

则显见该文献中的条件 (A_1) 和 (A_2) 都满足. 由该文献中的式 (2.11)，我们有

$$\Gamma_x(x^{\frac{1}{10}}) = \frac{x}{\varphi(x)} \prod_{p \nmid x} \frac{1 - \frac{1}{p-1}}{1 - \frac{1}{p}} \frac{e^{-\gamma}}{\log x^{\frac{1}{10}}} \cdot$$

$$\left\{1 + O\left(\frac{1}{\log x}\right)\right\} =$$

$$\frac{x}{\varphi(x)} \prod_{\substack{p \mid x \\ p > 2}} \frac{(p-1)^2}{p(p-2)} \cdot$$

$$\prod_{p>2} \left(1 - \frac{1}{(p-1)^2}\right) \frac{e^{-\gamma}}{\log x^{\frac{1}{10}}} \left\{1 + O\left(\frac{1}{\log x}\right)\right\} =$$

$$\frac{20 e^{-\gamma} C_x}{\log x} \left\{1 + O\left(\frac{1}{\log x}\right)\right\} \qquad ㉕$$

其中 γ 是欧拉常数. 又当 $0 < u \leqslant 2$ 时，令

$$F(u) = \frac{2 e^{\gamma}}{u}, f(u) = 0$$

而当 $u \geqslant 2$ 时，令

$$(uF(u))' = f(u-1), (uf(u))' = F(u-1)$$

当 $2 < u \leqslant 3$ 时，有

----

①　H. E. Richert. Mathematika, 1969, 16:1-22.

$$uF(u) = 2F(2), F(u) = \frac{2e^\gamma}{u}$$

又当 $2 < u \leqslant 4$ 时，则有

$$uf(u) = \int_2^u F(t-1)\mathrm{d}t = 2e^\gamma \log(u-1)$$

$$f(u) = \frac{2e^\gamma \log(u-1)}{u}$$

当 $3 \leqslant u \leqslant 4$ 时，我们有

$$uF(u) = 2e^\gamma + \int_3^u f(t-1)\mathrm{d}t =$$

$$2e^\gamma \left(1 + \int_2^{u-1} \frac{\log(t-1)}{t}\mathrm{d}t\right)$$

又有

$$5f(5) = 2e^\gamma \log 3 + \int_4^5 F(u-1)\mathrm{d}u =$$

$$2e^\gamma \left(\log 4 + \int_3^4 \frac{\mathrm{d}u}{u}\int_2^{u-1} \frac{\log(t-1)}{t}\mathrm{d}t\right)$$

在定理 A[1] 中取

$$\xi^2 = x^{\frac{1}{2}-\varepsilon}, q = 1, z = x^{\frac{1}{10}}$$

则由式 ㉕ 及相关文献[2]中的式（2.19）（4.18）（3.24），我们知道当 x 很大时，有

$$P_x(x, x^{\frac{1}{10}}) \geqslant \frac{2(1-\sqrt{\varepsilon})e^{-\gamma}xC_x f(5)}{(\log x)(\log x^{\frac{1}{10}})} \geqslant$$

$$\left\{\frac{8(1-\sqrt{\varepsilon})xC_x}{(\log x)^2}\right\} \cdot$$

$$\left\{\log 4 + \int_3^4 \frac{\mathrm{d}u}{u}\int_2^{u-1} \frac{\log(t-1)}{t}\mathrm{d}t\right\} \quad ㉖$$

---

① H. E. Richert. Mathematika, 1969, 16: 1-22.

② 同上

又在定理 A 中取

$$\xi^2 = \frac{x^{\frac{1}{2}-\varepsilon}}{p}, q = p, z = x^{\frac{1}{10}}$$

则由式 ㉕ 及文献中的式(2.18)(3.24)(4.18)，我们有

$$\sum_{x^{\frac{1}{10}} < p \leqslant x^{\frac{1}{3}}} P_x(x, p, x^{\frac{1}{10}}) \leqslant$$

$$\left\{ \frac{20(1+\sqrt{\varepsilon})e^{-\gamma}xC_x}{(\log x)^2} \right\} \cdot$$

$$\left\{ \sum_{x^{\frac{1}{10}} < p \leqslant x^{\frac{1}{3}}} \left(\frac{2e^{\gamma}}{p} \right) \left(1 + \int_2^{4 - \frac{10\log p}{\log x}} \frac{\log(t-1)}{t} dt \right) \cdot \right.$$

$$\left. \left[\frac{\log x^{\frac{1}{10}}}{\log \frac{x^{\frac{1}{2}}}{p}} \right] + \sum_{x^{\frac{1}{5}} < p \leqslant x^{\frac{1}{3}}} \frac{2e^{\gamma} \log x^{\frac{1}{10}}}{p \log \frac{x^{\frac{1}{2}}}{p}} \right\} \leqslant$$

$$\left\{ \frac{(4+5\sqrt{\varepsilon})xC_x}{\log x} \right\} \left\{ \iint_{x^{\frac{1}{10}}}^{x^{\frac{1}{5}}} \frac{dS}{S(\log S)\left(\log \frac{x^{\frac{1}{2}}}{S} \right)} \cdot \right.$$

$$\left. \int_2^{4 - \frac{10\log S}{\log x}} \frac{\log(t-1)}{t} dt + \int_{x^{\frac{1}{10}}}^{x^{\frac{1}{3}}} \frac{dS}{S(\log S)\left(\log \frac{x^{\frac{1}{2}}}{S} \right)} \right\} =$$

$$\left\{ \frac{(4+5\sqrt{\varepsilon})xC_x}{(\log x)^2} \right\} \left\{ \iint_{x^{\frac{1}{10}}}^{x^{\frac{1}{5}}} \frac{d\alpha}{\alpha\left(\frac{1}{2} - \alpha \right)} \cdot \right.$$

$$\left. \int_2^{4-10\alpha} \frac{\log(t-1)}{t} dt + \int_{\frac{1}{10}}^{\frac{1}{3}} \frac{d\alpha}{\alpha\left(\frac{1}{2} - \alpha \right)} \right\} =$$

$$\left\{ \frac{(8+10\sqrt{\varepsilon})xC_x}{(\log x)^2} \right\} \left\{ \log 8 + \right.$$

$$\int_{\frac{1}{10}}^{\frac{1}{5}} \frac{\mathrm{d}\alpha}{2\alpha\left(\frac{1}{2}-\alpha\right)} \int_2^{4-10\alpha} \frac{\log(t-1)}{t}\mathrm{d}t \Bigg\}$$

令

$$4-10\alpha=u-1,\ \alpha=\frac{5-u}{10},\ \frac{\mathrm{d}\alpha}{\alpha\left(\frac{1}{2}-\alpha\right)}=-\frac{10\mathrm{d}u}{u(5-u)}$$

又当 $\alpha=\dfrac{1}{10}$ 时，$u=4$；而当 $\alpha=\dfrac{1}{5}$ 时，$u=3$，故有

$$\int_{\frac{1}{10}}^{\frac{1}{5}} \frac{\mathrm{d}\alpha}{\alpha\left(\frac{1}{2}-\alpha\right)} \int_2^{4-10\alpha} \frac{\log(t-1)}{t}\mathrm{d}t =$$

$$\int_3^4 \frac{10\mathrm{d}u}{u(5-u)} \int_2^{u-1} \frac{\log(t-1)}{t}\mathrm{d}t$$

显见，当 $1\leqslant x\leqslant 2$ 时，有

$$\log x \leqslant \frac{x-1}{2}+\frac{x-1}{1+x}$$

故有

$$\int_3^4 \frac{\mathrm{d}u}{u} \int_2^{u-1} \frac{\log(t-1)}{t}\mathrm{d}t - \left(\frac{1}{4}\right)\int_{\frac{1}{10}}^{\frac{1}{5}} \frac{\mathrm{d}\alpha}{\alpha\left(\frac{1}{2}-\alpha\right)} \cdot$$

$$\int_2^{4-10\alpha} \frac{\log(t-1)}{t}\mathrm{d}t =$$

$$\int_3^4 \left(\frac{1}{u}-\frac{2.5}{u(5-u)}\right)\mathrm{d}u \int_2^{u-1} \frac{\log(t-1)}{t}\mathrm{d}t \geqslant$$

$$\int_3^4 \left\{\frac{2.5-u}{u(5-u)}\right\}\mathrm{d}u \int_2^{u-1} \left(\frac{t-2}{2}+\frac{t-2}{t}\right)\left(\frac{\mathrm{d}t}{t}\right) =$$

$$\int_3^4 \left\{\frac{2.5-u}{2u(5-u)}\right\}\left(u-3+\frac{4}{u-1}-2\right)\mathrm{d}u =$$

$$\int_3^4 \left(\frac{1}{2}-\frac{2.25}{u}-\frac{1}{4(5-u)}+\frac{0.75}{u-1}\right)\mathrm{d}u =$$

$$\frac{1}{2}-2.25\log\frac{4}{3}-\frac{\log 2}{4}+0.75\log\frac{3}{2} =$$

104

$$\frac{1}{2} + 0.75\log\frac{9}{8} - 1.5\log\frac{4}{3} - \frac{\log 2}{4} \geqslant$$

$$0.588\ 335 - 0.604\ 807\ 5 = -0.016\ 472\ 5 \qquad ㉗$$

由式 ㉖ 和 ㉗,我们有

$$P_x(x, x^{\frac{1}{10}}) - \left(\frac{1}{2}\right) \sum_{x^{\frac{1}{10}} < p \leqslant x^{\frac{1}{3}}} P_x(x, p, x^{\frac{1}{10}}) \geqslant$$

$$\left(\frac{(8 - 50\sqrt{\varepsilon})xC_x}{(\log x)^2}\right)\left(\log 4 - \frac{\log 8}{2} - 0.016\ 472\ 5\right) \geqslant$$

$$\frac{(8xC_x)(0.330\ 1)}{(\log x)^2}$$

故引理 9 得证.

3.3　结果

显见,我们有

$$P_x(1,2) \geqslant P_x(x, x^{\frac{1}{10}}) - \left(\frac{1}{2}\right) \cdot$$

$$\sum_{x^{\frac{1}{10}} < p \leqslant x^{\frac{1}{3}}} P_x(x, p, x^{\frac{1}{10}}) - \frac{\Omega}{2} - x^{0.91} \qquad ㉘$$

由式 ㉘、引理 8 和引理 9,即得到定理 1

$$(1,2) \text{ 及 } P_x(1,2) \geqslant \frac{0.67xC_x}{(\log x)^2}$$

的证明.

用完全类似的方法可得到定理 2 的证明.

　　编者注　　此论文的审稿人是著名数论专家闵嗣鹤. 他在肯定论文的正确性以后,曾对陈景润说:"去年人家证明'1+3'是用大型高速计算机,你证'1+2'全靠自己笔算,难怪写得太长." 于是劝他删繁就简.

§4　大偶数表为一个素数与一个殆素数之和 ——素数属于某个等差数列[①]

—— 单墫　阚家海

余新河猜想蕴含了哥德巴赫猜想. 对以任意给定的正整数为模的余新河猜想, 南京师范大学数学系的单墫教授和南京邮电学院管理系的阚家海教授 1997 年证明了与相关文献[②③④]中关于哥德巴赫猜想的定理同样强的结果.

4.1　引言

设 N 为充分大的偶数, p 为素数, P_r 为至多含 r 个素因子(重复者依重数计) 的殆素数. 置

$$C_N = \prod_{p>2}(1-(p-1)^{-2}) \prod_{2<p\mid N}(p-1)(p-2)^{-1}$$

1973 年, 陈景润证明了关于哥德巴赫猜想的著名定理

$$\#\{p:p<N,p+P_2=N\} > 0.67 C_N N\ln^{-2}N \quad ①$$

---

①　原载于《数学学报》, 1997, 40(4):625-638.

②　陈景润. 大偶数表为一个素数及一个不超过两个素数的乘积之和. 中国科学, 1973, 16:111-128.

③　阚家海. 关于序列 $p+h$ 与方程 $N-p=P_r$ 的解数(摘要). 科学通报, 1990, 35:558.

④　阚家海. On the number of solutions of $N-p=P_r$. Jour. reine angewandte Math. , 1991, 414:117-130.

1990 年我们证明了

$$\#\{p:p<N,N-p=p_1\cdots p_{r-1}$$

$$或 \ p_1\cdots p_r,p_1<\cdots<p_r\}>$$

$$\frac{0.77}{(r-2)!}C_N N\ln^{-2}N(\ln\ln N)^{r-2},r\geqslant 3 \qquad ②$$

由 ② 立得

$$\#\{p:p<N,p+P_r=N\}>$$

$$\frac{0.77}{(r-2)!}C_N N\ln^{-2}N(\ln\ln N)^{r-2},r\geqslant 3 \qquad ③$$

考虑到素数定理与(关于素数在等差数列中的分布的)迪利克雷定理之间的关系(众所周知,后者蕴含了前者,而且后者的证明比前者的证明更困难),本节将研究对 ① ～ ③ 中的素数 p 再加一约束,即限制 p 必须取自某个等差数列的情况.

设 a,b 为正整数,φ 为欧拉函数.本节的主要结果为下面的两个定理.

定理 1 若 $a\ll\ln^c N$,则

$$\#\{p:p<N,p\equiv b(\bmod\ a),(a,b)=1,$$

$$(N-b,a)=1,N-p=p_1\cdots p_{r-1}$$

$$或 \ p_1\cdots p_r,p_1<\cdots<p_r\}>$$

$$\frac{0.77}{(r-2)!}\ \frac{1}{\varphi(a)}\prod_{p|a,p\nmid N}\frac{p-1}{p-2}\cdot$$

$$C_N N\ln^{-2}N(\ln\ln N)^{r-2},r\geqslant 2$$

定理 2 若 $a\ll\ln^c N$,则

$$\#\{p:p<N,p\equiv b(\bmod\ a),(a,b)=1,$$

$$(N-b,a)=1,p+P_r=N\}>$$

$$\frac{0.77}{(r-2)!}\ \frac{1}{\varphi(a)}\prod_{p|a,p\nmid N}\frac{p-1}{p-2}\cdot$$

$$C_N N\ln^{-2}N(\ln\ln N)^{r-2},r\geqslant 2$$

易见定理 1,2 蕴含了 ① ～ ③. 例如,可以取下列情形之一:

(1) 令 $a=2, b=1$;(2) 令 $a=2^k (k \geqslant 2)$, b 过 $\bmod a$ 的缩系并将所得的 2^{k-1} 个不等式相加;(3) 令 a 等于奇素数 p_0, b 过 $\bmod a$ 的缩系,但 $b \not\equiv N(p_0)$,再将所得到的 $p_0 - 2$ 个不等式相加. 这样我们便由定理 1,2 导出 ① ～ ③. 因而本节结果可视为 ① ～ ③ 的深化或精细化. 事实上,定理 1,2 与 ① ～ ③ 的关系类似于迪利克雷定理与素数定理的关系.

4.2 预备知识

设 $\mathscr{A}$ 为有限整数集,$\mathscr{A}_d = \{a: a \in \mathscr{A}, d \mid a\}$. 以 $|\mathscr{A}|$ 表示 $\mathscr{A}$ 中的元素数,$\mathscr{P}$ 表示素数集. 设 $|\mathscr{A}| \sim X$ 且对不含平方因子的 d:

(A_1) $|\mathscr{A}_d| = \dfrac{\omega(d)}{d} X + r_d$, $\omega(d)$ 为积性函数,$0 \leqslant \omega(p) < p$.

对 $z \geqslant 2$,令 $P(z) = \displaystyle\prod_{p < z, p \in \mathscr{P}} p$, $S(\mathscr{A}; \mathscr{P}, z) = \#\{a: a \in \mathscr{A}, (a, P(z)) = 1\}$.

引理 1 设条件(A_1)与条件(A_2),即

$$\sum_{z_1 \leqslant p < z_2} \frac{\omega(p)}{p} = \ln\left(\frac{\ln z_2}{\ln z_1}\right) + O\left(\frac{1}{\ln z_1}\right), \quad z_2 > z_1 \geqslant 2$$

成立,则

$$S(\mathscr{A}; \mathscr{P}, z) \geqslant XV(z)\{f(s) + O(\ln^{-\frac{1}{3}} D)\} - R_D \quad ④$$

$$S(\mathscr{A}; \mathscr{P}, z) \leqslant XV(z)\{F(s) + O(\ln^{-\frac{1}{3}} D)\} + R_D \quad ⑤$$

其中 $s = \dfrac{\ln D}{\ln z}$, $R_D = \displaystyle\sum_{d < D, d \mid P(z)} |r_d|$, 而

$$V(z) = \prod_{p \mid P(z)} \left(1 - \frac{\omega(p)}{p}\right) = c(\omega) \mathrm{e}^{-\gamma} \ln^{-1} z (1 + O(\ln^{-1} z))$$

⑥

e 表示自然对数的底，γ 表示欧拉常数，$c(\omega) =$

$\prod_p \left(1 - \frac{\omega(p)}{p}\right) \left(1 - \frac{1}{p}\right)^{-1}$，$F, f$ 则由

$$\begin{cases} F(s) = \dfrac{2\mathrm{e}^{\gamma}}{s}, f(s) = 0, & \text{若 } 0 < s \leqslant 2 \\ (sF(s))' = f(s-1), (sf(s))' = F(s-1), & \text{若 } s \geqslant 2 \end{cases}$$

⑦

确定.

关于此引理，参见相关文献①中的(6) ～ (9)(取 $k = 1, \beta = 2$)，相关文献②中第 28 页的(4.12)(4.16)，第 145 页的(2.5)(取 $k = 1$).

由 ⑦ 易导出

$$F(s) = \frac{2\mathrm{e}^{\gamma}}{s}, \text{若 } 0 < s \leqslant 3 \qquad ⑧$$

$$f(s) = \frac{2\mathrm{e}^{\gamma} \ln(s-1)}{s}, \text{若 } 2 \leqslant s \leqslant 4 \qquad ⑨$$

$$F(s) = \frac{2\mathrm{e}^{\gamma}}{s} \left(1 + \int_2^{s-1} \frac{\ln(t-1)}{t} \mathrm{d}t\right), \text{若 } 3 \leqslant s \leqslant 5 \ ⑩$$

以及若 $4 \leqslant s \leqslant 6$，则

$$f(s) = \frac{2\mathrm{e}^{\gamma}}{s} \left(\ln(s-1) + \int_3^{s-1} \frac{\mathrm{d}t}{t} \int_2^{t-1} \frac{\ln(x-1)}{x} \mathrm{d}x\right) ⑪$$

引理 2　对任何给定的正数 A 与任意小的 $\varepsilon > 0$，

---

① H. Iwaniec. Rosser's sieve. Recent Progress in Analytic Number Theory I. Academic：Academic Press，1981：203-230.

② H. Halberstam，H. E. Richert. Sieve methods. Academic：Academic Press，1974.

有

$$\sum_{d \leqslant N^{\frac{1}{2}-\varepsilon}} \max_{y \leqslant N} \max_{(l,d)=1} \left| \pi(y;d,l) - \frac{\mathrm{Li}\ y}{\varphi(d)} \right| \ll N\ln^{-A}N$$

其中 $\pi(y;d,l) = \sum_{p \leqslant y, p \equiv l(d)} 1, \mathrm{Li}\ y = \int_2^y \frac{\mathrm{d}t}{\ln t}$.

这是著名的朋比尼定理的推论.

引理 3 设 α 为指定的数且满足 $0 < \alpha \leqslant 1, \pi(y; a,d,l) = \sum_{ap \leqslant y, ap \equiv l(d)} 1, f(a)(\ll 1)$ 为实函数. 对任何给定的正数 A 与任意小的 $\varepsilon > 0$,有

$$\sum_{d \leqslant N^{\frac{1}{2}-\varepsilon}} \max_{y \leqslant N} \max_{(l,d)=1} \Bigg(1 \cdot$$

$$\left| \sum_{\substack{a \leqslant N^{1-a} \\ (a,d)=1}} f(a) \left(\pi(y;a,d,l) - \frac{\mathrm{Li}(y/a)}{\varphi(d)} \right) \right| \Bigg) \ll$$

$$N\ln^{-A}N$$

这是潘承洞－丁夏畦均值定理[①]的推论.

今后总取 $\mathscr{A} = \{N-p:p < N, p \equiv b(a), (a,b) = 1, (N-b,a) = 1\}, \mathscr{P} = \{p:p \nmid N, p \nmid a\}, \omega(p) = \dfrac{p}{p-1}$

对 $p \in \mathscr{P}$. 显然条件 (A_1) 与 (A_2) 均成立.

4.3 定理 3 及其证明

本小节将考察 $r \geqslant 3$ 的情形,所得结果为:

定理 3 设 δ 为一指定数,$0 < \delta < 1$,对任何 $r \geqslant 3, a \ll \ln^c N$,有

---

① 潘承洞. A new mean value theorem and its applications. Recent Progress in Analytic Number Theory I. Academic:Academic Press,1981:275-287.

$$\#\{p:p<N,p\equiv b(a),(a,b)=1,$$

$$(N-b,a)=1,N-p=p_1\cdots p_{r-1} \text{ 或 } p_1\cdots p_r,$$

$$p_r>\cdots>p_1>\exp(\ln^\delta N)\}>$$

$$\frac{0.77(1-\delta)^{r-2}}{(r-2)!\ \varphi(a)}\prod_{p\mid a,p\nmid N}\frac{p-1}{p-2}\cdot$$

$$C_N N\ln^{-2} N(\ln\ln N)^{r-2}$$

证明　为了步骤清晰,我们将定理 3 的证明分成六部分.

（1）加权筛法.

令 $v=(\ln N)^{1-\delta}, u=\ln\ln N$. 对任何满足条件 (i)$3<\beta<\dfrac{3}{1-1/\alpha}$；(ii)$\beta<\alpha$ 的 α,β,若 $r\geqslant 3$,我们有

$$\#\{p:p<N,p\equiv b(a),(a,b)=1,$$

$$(N-b,a)=1,N-p=p_1\cdots p_{r-1} \text{ 或 } p_1\cdots p_r,$$

$$p_r>\cdots>p_1>\exp(\ln^\delta N)\}\geqslant$$

$$S-\frac{S_1}{2}-\frac{S_2}{2}-S_3-O(N\ln^{-3}N) \qquad ⑫$$

其中

$$S=\sum_{N^{\frac{1}{v}}<p_1<\cdots<p_{r-2}<N^{\frac{1}{u}}}S(\mathscr{A}_{p_1\cdots p_{r-2}};\mathscr{P}_{p_1\cdots p_{r-2}},N^{\frac{1}{\alpha}})$$

（回忆定义：$S(\mathscr{A}_d;\mathscr{P}_q,z)=\#\{a:a\in\mathscr{A}_d,(a,P_q(z))=1\}$, $\mathscr{A}_d=\{a:a\in\mathscr{A},d\mid a\}$, $\mathscr{P}_q=\{p:p\in\mathscr{P},p\nmid q\}$,

$$P_q(z)=\prod_{p<z,p\in\mathscr{P}_q}p).$$

$$S_1=\sum_{N^{\frac{1}{v}}<p_1<\cdots<p_{r-2}<N^{\frac{1}{u}}}\sum_{N^{\frac{1}{\alpha}}\leqslant p<N^{\frac{1}{\beta}}}S(\mathscr{A}_{p_1\cdots p_{r-2}p};\mathscr{P}_{p_1\cdots p_{r-2}},N^{\frac{1}{\alpha}})$$

$$S_2=\sum_{N^{\frac{1}{v}}<p_1<\cdots<p_{r-2}<N^{\frac{1}{u}}}\sum_{N^{\frac{1}{\alpha}}\leqslant p_{r-1}<N^{\frac{1}{\beta}}}\sum_{p_r<(\frac{N}{p_{r-1}})^{\frac{1}{2}}}(1\cdot$$

$$S_3 = \sum_{\substack{N^{\frac{1}{v}} < p_1 < \cdots < p_{r-2} < N^{\frac{1}{u}}}} \sum_{\substack{N^{\frac{1}{\beta}} \leqslant p_{r-1} < p_r < \left(\frac{N}{p_{r-1}}\right)^{\frac{1}{2}}}} (1 \cdot$$

$$\sum_{\substack{p_r < p_{r+1} < \frac{N}{p_{r-1} p_r} \\ p=N-p_1\cdots p_{r+1}, p\equiv b(a) \\ (a,b)=1, (N-b,a)=1}} 1)$$

$$\sum_{\substack{p_r < p_{r+1} < \frac{N}{p_{r-1} p_r} \\ p=N-p_1\cdots p_{r+1}, p\equiv b(a) \\ (a,b)=1, (N-b,a)=1}} 1)$$

而 $p_i \nmid N, i = 1, \cdots, r+1$. 理由如下.

首先我们可以忽略那些与 N 非互素的 $m \in \mathscr{A}$；否则有 $(m,N) = (N-p,N) = p$，从而这样的元素 m 的个数至多为 $\nu(N) = O(\ln N)$（ν 表示相异素因子数），故可被吸收至误差项中. 其次，由于

$$\sum_{p > N^{\frac{1}{v}}} |\mathscr{A}_{p^2}| \ll \sum_{p > N^{\frac{1}{v}}} \frac{N}{p^2} \ll N^{1-\frac{1}{v}} \ll N\ln^{-3} N$$

我们只考虑那些在 S 中被计及的不含平方因子的元素 m.

若 $\Omega(m) \geqslant r+2$（Ω 表示素因子总数），设 $m = p_1 \cdots p_t, t \geqslant r+2$，满足

$$N^{\frac{1}{v}} < p_1 < \cdots < p_{r-2} < N^{\frac{1}{u}}$$

$$N^{\frac{1}{a}} \leqslant p_{r-1} < p_r < p_{r+1} < \cdots < p_t < \frac{N}{p_1 \cdots p_{t-1}}$$

且 $a > 4$，则显然 $p_{r-1} < N^{\frac{1}{4}} < N^{\frac{1}{\beta}}$，并且，由于 $p_{r-1} p_r^3 < p_{r-1} p_r p_{r+1} p_{r+2} < N$，我们有

$$p_r < \left(\frac{N}{p_{r-1}}\right)^{\frac{1}{3}} \leqslant N^{\frac{1-1/a}{3}} < N^{\frac{1}{\beta}}$$

故 m 在 S_1 中必至少被计及两次，于是被从 S 中减去.

若 $\Omega(m) = r+1$，设 $m = p_1 \cdots p_{r+1}$，满足

112

$$N^{\frac{1}{v}} < p_1 < \cdots < p_{r-2} < N^{\frac{1}{u}}$$

$$N^{\frac{1}{a}} \leqslant p_{r-1} < p_r < p_{r+1} < \frac{N}{p_1 \cdots p_r}$$

则不难知道这样的元素 m 必然被(i)在 S_1 中至少计及两次,或(ii)在 S_1 与 S_2 中分别计及,或(iii)在 S_3 中计及.因而 m 亦被从 S 中减去.

现在,剩下的 m(对 $S - \dfrac{S_1}{2} - \dfrac{S_2}{2} - S_3$ 而言)必满足 $r - 2 \leqslant \Omega(m) \leqslant r$.但显然

$$\sum_{N^{\frac{1}{v}} < p_1 < \cdots < p_{r-2} < N^{\frac{1}{u}}} \#\{N - p : p < N, N - p = p_1 \cdots p_{r-2}\} \ll$$

$$N^{\frac{2(r-2)}{u}} \ll N\ln^{-3} N$$

这样我们便得到 ⑫.

(2)S 的下界.

为求出 S 的下界,我们应用 ④,取 $X = \dfrac{\omega(p_1 \cdots p_{r-2})}{p_1 \cdots p_{r-2}} \left(\dfrac{\text{Li } N}{\varphi(a)} + O(N\mathrm{e}^{-c\sqrt{\ln N}}) \right)$(由西格尔－瓦尔菲茨定理)

$$D = \frac{N^{\frac{1}{2} - \epsilon}}{p_1 \cdots p_{r-2}}, z = N^{\frac{1}{a}}, V(z) = \prod_{p \mid P_{p_1 \cdots p_{r-2}}(z)} \left(1 - \frac{\omega(p)}{p} \right)$$

由于 $\mathscr{P} = \{p : p \nmid N, p \nmid a\}$,$\omega(p) = \dfrac{p}{p-1}$ 对 $p \in \mathscr{P}$,故有

$$V(z) \geqslant \prod_{p \mid P(z)} \left(1 - \frac{1}{p-1} \right) =$$

$$2 \prod_{\substack{p \mid a \\ p \nmid N}} \frac{p-1}{p-2} C_N \mathrm{e}^{-\gamma} \alpha \ln^{-1} N (1 + O(\ln^{-1} N))$$

又由 f 的连续性及 $p_1 \cdots p_{r-2} < N^{\frac{r-2}{u}}$,易得

$$f(s) = \frac{f(\ln(N^{\frac{1}{2}-\varepsilon}/(p_1 \cdots p_{r-2})))}{\ln N^{\frac{1}{\alpha}}} = (1+o(1))f\left(\frac{\alpha}{2}\right)$$

今后设 $8 < \alpha \leqslant 12$. 由引理 1 与 ⑪,有

$$S \geqslant (1+o(1))\frac{8}{\varphi(a)}\prod_{p\,|\,a,\,p\nmid N}\frac{p-1}{p-2}C_N N\ln^{-2}N \cdot$$

$$\left(\ln\left(\frac{\alpha}{2}-1\right) + \int_3^{\frac{\alpha}{2}-1}\frac{\mathrm{d}x}{x}\int_2^{x-1}\frac{\ln(y-1)}{y}\mathrm{d}y\right)\Sigma - R$$

⑬

其中

$$\Sigma = \sum_{N^{\frac{1}{v}}<p_1<\cdots<p_{r-2}<N^{\frac{1}{u}}}\frac{1}{(p_1-1)\cdots(p_{r-2}-1)}$$

$$R = \sum_{N^{\frac{1}{v}}<p_1<\cdots<p_{r-2}<N^{\frac{1}{u}}}\sum_{\substack{d<\frac{N^{\frac{1}{2}-\varepsilon}}{p_1\cdots p_{r-2}}\\ d\,|\,P_{p_1\cdots p_{r-2}}(N^{\frac{1}{\alpha}})}}\Bigg(1\cdot$$

$$\left|\sum_{\substack{p<N,\,p\equiv N(p_1\cdots p_{r-2}d)\\ p\equiv b(a),\,(a,b)=1,\,(N-b,a)=1}}1 - \frac{\mathrm{Li}\,N/\varphi(a)}{\varphi(p_1\cdots p_{r-2}d)}\right|\Bigg)$$

由素数定理可得

$$\Sigma = (1+o(1))\left\{\left(\sum_{N^{\frac{1}{v}}<p<N^{\frac{1}{u}}}\frac{1}{p}\right)^{r-2}\cdot\right.$$

$$\frac{1}{(r-2)!} - O\left(\sum_{N^{\frac{1}{v}}<p<N^{\frac{1}{u}}}\frac{1}{p^2}\right)\bigg\} =$$

$$(1+o(1))\frac{\ln^{r-2}(v/u)}{(r-2)!} - O(1) =$$

$$(1+o(1))\frac{\ln^{r-2}(v/u)}{(r-2)!}$$

⑭

再来估计 R. 由条件 $p \equiv b(a), (a,b)=1, (N-b, a)=1, N \equiv p(p_1\cdots p_{r-2}d)$ 易知 $(a, p_1\cdots p_{r-2}d)=1$. 故由孙子定理

$$R = \sum_{\substack{N^{\frac{1}{v}} < p_1 < \cdots < p_{r-2} < N^{\frac{1}{u}}}} \sum_{\substack{d < \frac{N^{\frac{1}{2}-\varepsilon}}{p_1 \cdots p_{r-2}} \\ d \mid P_{p_1 \cdots p_{r-2}}(N^{\frac{1}{a}})}} \left(1 \cdot \right.$$

$$\left| \sum_{\substack{p < N, p \equiv l(p_1 \cdots p_{r-2} da) \\ (l, p_1 \cdots p_{r-2} da) = 1}} 1 - \frac{\mathrm{Li}\, N}{\varphi(p_1 \cdots p_{r-2} da)} \right| \right)$$

再由引理 2(取 $A \geqslant r+1$) 可得

$$R \ll \ln^{r-2} N \cdot N \ln^{-A} N \ll N \ln^{-3} N \qquad \text{⑮}$$

由 ⑬ ～ ⑮ 便有

$$S \geqslant (1 + o(1)) \frac{8}{\varphi(a)} \prod_{p \mid a, p \nmid N} \frac{p-1}{p-2} C_N N \ln^{-2} N \cdot$$

$$\left(\ln\left(\frac{\alpha}{2} - 1\right) + \int_3^{\frac{a}{2}-1} \frac{\mathrm{d}x}{x} \int_2^{x-1} \frac{\ln(y-1)}{y} \mathrm{d}y \right) \cdot$$

$$\frac{\ln^{r-2}(v/u)}{(r-2)!} \qquad \text{⑯}$$

(3)S_1 的上界.

为求得 S_1 的上界,我们应用 ⑤,取

$$X = \frac{\omega(p_1 \cdots p_{r-2} p)}{p_1 \cdots p_{r-2} p} \left(\frac{\mathrm{Li}\, N}{\varphi(a)} + O(N e^{-c\sqrt{\ln N}}) \right)$$

$$D = \frac{N^{\frac{1}{2}-\varepsilon}}{p_1 \cdots p_{r-2} p}, z = N^{\frac{1}{a}}$$

$$V(z) = \prod_{p \mid P_{p_1 \cdots p_{r-2}}(z)} \left(1 - \frac{\omega(p)}{p} \right)$$

其中 $\omega(p) = \dfrac{p}{p-1}$ 对 $p \in \mathscr{P}, \mathscr{P} = \{p : p \nmid N, p \nmid a\}$. 从而

$$V(z) \leqslant \prod_{p \mid P(z)} \left(1 - \frac{1}{p-1} \right) \prod_{i=1}^{r-2} \left(1 - \frac{1}{p_i - 1} \right)^{-1} =$$

$$(1 + o(1)) 2 \prod_{p \mid a, p \nmid N} \frac{p-1}{p-2} C_N e^{-\gamma} \alpha \ln^{-1} N$$

又由 F 的连续性及 $p_1\cdots p_{r-2} < N^{\frac{r-2}{u}}$ 知

$$F(s) = F\left(\frac{\ln(N^{\frac{1}{2}-\varepsilon}/(p_1\cdots p_{r-2}p))}{\ln N^{\frac{1}{a}}}\right) =$$

$$(1+o(1))F\left(\frac{\alpha}{2} - \frac{\alpha\ln p}{\ln N}\right)$$

故由引理 1 得

$$S_1 \leqslant (1+o(1))\frac{2}{\varphi(a)} \cdot$$

$$\prod_{p\mid a, p\nmid N}\frac{p-1}{p-2}C_N e^{-\gamma}\alpha N\ln^{-2}N \cdot$$

$$\sum_{N^{\frac{1}{v}}<p_1<\cdots<p_{r-2}<N^{\frac{1}{u}}}\frac{1}{(p_1-1)\cdots(p_{r-2}-1)} \cdot$$

$$\sum_{N^{\frac{1}{a}}\leqslant p<N^{\frac{1}{\beta}}}\frac{F(\alpha/2-\alpha\ln p/\ln N)}{p} + R_1 \qquad ⑰$$

其中

$$R_1 = \sum_{N^{\frac{1}{v}}<p_1<\cdots<p_{r-2}<N^{\frac{1}{u}}}\ \sum_{N^{\frac{1}{a}}\leqslant p<N^{\frac{1}{\beta}}}\ \sum_{\substack{d<\frac{N^{\frac{1}{2}-\varepsilon}}{p_1\cdots p_{r-2}p}\\ d\mid P_{p_1\cdots p_{r-2}}(N^{\frac{1}{a}})}}\Bigg(1\ \cdot$$

$$\Bigg|\sum_{\substack{p'<N\\ p'\equiv N(p_1\cdots p_{r-2}pd)\\ p'\equiv b(a),(a,b)=1\\ (N-b,a)=1}}1 - \frac{\operatorname{Li}N/\varphi(a)}{\varphi(p_1\cdots p_{r-2}pd)}\Bigg|\Bigg)$$

先估计 R_1. 由条件 $p'\equiv b(a),(a,b)=1,(N-b,a)=1,N\equiv p'(p_1\cdots p_{r-2}pd)$ 易知 $(a,p_1\cdots p_{r-2}pd)=1$. 故由孙子定理知

$$R_1 = \sum_{N^{\frac{1}{v}}<p_1<\cdots<p_{r-2}<N^{\frac{1}{u}}}\ \sum_{N^{\frac{1}{a}}\leqslant p<N^{\frac{1}{\beta}}}\ \sum_{\substack{d<\frac{N^{\frac{1}{2}-\varepsilon}}{p_1\cdots p_{r-2}p}\\ d\mid P_{p_1\cdots p_{r-2}}(N^{\frac{1}{a}})}}\Bigg(1\ \cdot$$

116

$$\left| \sum_{\substack{p' < N \\ p' \equiv l(p_1 \cdots p_{r-2} pda) \\ (l, p_1 \cdots p_{r-2} pda) = 1}} 1 - \frac{\mathrm{Li}\ N}{\varphi(p_1 \cdots p_{r-2} pda)} \right| \right)$$

再由引理 2 可得

$$R_1 \ll \ln^{r-2} N \cdot N\ln^{-A} N \ll N\ln^{-3} N \qquad \text{⑱}$$

由 ⑧⑩ 与素数定理,对 $8 < \alpha \leqslant 12$,有

$$\sum_{N^{\frac{1}{\alpha}} \leqslant p < N^{\frac{1}{\beta}}} \frac{F(\alpha/2 - \alpha\ln\ p/\ln N)}{p} =$$

$$\frac{2\mathrm{e}^\gamma}{\alpha/2} \Big(\sum_{N^{\frac{1}{\alpha}} \leqslant p < N^{\frac{1}{\beta}}} \frac{1}{p(1 - 2\ln\ p/\ln N)} +$$

$$\sum_{N^{\frac{1}{\alpha}} \leqslant p \leqslant N^{\frac{1}{2} - \frac{3}{\alpha}}} \frac{1}{p(1 - 2\ln\ p/\ln N)} \cdot$$

$$\int_2^{\frac{\alpha}{2} - 1 - \frac{\alpha\ln p}{\ln N}} \frac{\ln\ (x-1)}{x} \mathrm{d}x \Big) =$$

$$\frac{4\mathrm{e}^\gamma}{\alpha(1 + o(1))} \Big(\int_{N^{\frac{1}{\alpha}}}^{N^{\frac{1}{\beta}}} \frac{\mathrm{d}t}{t\ln\ t(1 - 2\ln\ t/\ln N)} +$$

$$\int_{N^{\frac{1}{\alpha}}}^{N^{\frac{1}{2} - \frac{3}{\alpha}}} \frac{\mathrm{d}t}{t\ln\ t(1 - 2\ln\ t/\ln N)} \cdot$$

$$\int_2^{\frac{\alpha}{2} - 1 - \frac{\alpha\ln t}{\ln N}} \frac{\ln(x-1)}{x} \mathrm{d}x \Big) =$$

$$\frac{4\mathrm{e}^\gamma}{\alpha(1 + o(1))} \Big(\int_{\frac{1}{\alpha}}^{\frac{1}{\beta}} \frac{\mathrm{d}y}{y(1 - 2y)} +$$

$$\int_{\frac{1}{\alpha}}^{\frac{1}{2} - \frac{3}{\alpha}} \frac{\mathrm{d}y}{y(1 - 2y)} \int_2^{\frac{\alpha}{2} - 1 - ay} \frac{\ln(x-1)}{x} \mathrm{d}x \Big) =$$

$$\frac{4\mathrm{e}^\gamma}{\alpha(1 + o(1))} \Big(\ln\Big(\frac{\alpha}{2} - 1\Big) - \ln\Big(\frac{\beta}{2} - 1\Big) +$$

$$\int_3^{\frac{\alpha}{2} - 1} \frac{\alpha\mathrm{d}t}{t(\alpha - 2t)} \int_2^{t-1} \frac{\ln(x-1)}{x} \mathrm{d}x \Big) \qquad \text{⑲}$$

由 ⑰ ~ ⑲ 及 ⑭ 便有

$$S_1 \leqslant (1 + o(1)) \frac{8}{\varphi(a)} \prod_{p \mid a, p \nmid N} \frac{p-1}{p-2} C_N N \ln^{-2} N \cdot$$

$$\left(\ln\left(\frac{\alpha}{2} - 1\right) - \ln\left(\frac{\beta}{2} - 1\right) + \right.$$

$$\int_3^{\frac{\alpha}{2}-1} \frac{\alpha \, \mathrm{d}t}{t(\alpha - 2t)} \int_2^{t-1} \frac{\ln(x-1)}{x} \mathrm{d}x \bigg) \cdot$$

$$\frac{\ln^{r-2}(v/u)}{(r-2)!} \qquad\qquad ⑳$$

（4）S_2 的上界.

考虑集合

$$\mathscr{E} = \{e : e = p_1 \cdots p_r, N^{\frac{1}{v}} < p_1 < \cdots < p_{r-2} < N^{\frac{1}{u}},$$

$$N^{\frac{1}{\alpha}} \leqslant p_{r-1} < N^{\frac{1}{\beta}} \leqslant p_r < \left(\frac{N}{p_{r-1}}\right)^{\frac{1}{2}} \}$$

与

$$\mathscr{L} = \{l : l = N - ep, ep < N, e \in \mathscr{E},$$

$$l \equiv b(a), (a, b) = 1, (N - b, a) = 1\}$$

显然 $|\mathscr{E}| \ll N^{\frac{2}{3} + \frac{r-2}{u}} \ll N^{\frac{2}{3} + \varepsilon_1}$（$\varepsilon_1$ 表示一个很小的正数），$e > N^{\frac{1}{\alpha} + \frac{1}{\beta}}$ 对 $e \in \mathscr{E}$；而

$$\#\{l : l \in \mathscr{L}, l \leqslant N^{\frac{1}{\alpha} + \frac{1}{\beta}}\} \ll N^{\frac{2}{3} + \varepsilon_1}$$

又 $S_2 \leqslant \mathscr{L}$ 中素数的个数，故

$$S_2 \leqslant S(\mathscr{L}; \mathscr{P}, N^{\frac{1}{\alpha} + \frac{1}{\beta}}) + O(N^{\frac{2}{3} + \varepsilon_1}) \qquad ㉑$$

其中 $\mathscr{P} = \{p : p \nmid N, p \nmid a\}$.

为估计 $S(\mathscr{L}; \mathscr{P}, N^{\frac{1}{\alpha} + \frac{1}{\beta}})$，我们应用 ⑤，取 $X = \frac{1}{\varphi(a)} \sum_{e \in \mathscr{E}} \mathrm{Li}\left(\frac{N}{e}\right)$，$\omega(p) = \frac{p}{p-1}$，$p \in \mathscr{P}$，$D = N^{\frac{1}{2} - \varepsilon}$，$z = N^{\frac{1}{\alpha} + \frac{1}{\beta}}$. 因 F 为连续函数，而

$$\frac{1}{2\left(\frac{1}{\alpha} + \frac{1}{\beta}\right)} < \frac{1}{2\left(\frac{1}{\alpha} + \frac{1}{3}\left(1 - \frac{1}{\alpha}\right)\right)} = \frac{3}{2\left(1 + \frac{2}{\alpha}\right)} < \frac{3}{2}$$

由 ⑧ 知

$$F(s) = (1 + o(1))F\left[\frac{1}{2\left(\dfrac{1}{\alpha} + \dfrac{1}{\beta}\right)}\right] =$$

$$(1 + o(1))4\mathrm{e}^{\gamma}\left(\frac{1}{\alpha} + \frac{1}{\beta}\right)$$

故由引理 1 得

$$S(\mathscr{L}; \mathscr{P}, N^{\frac{1}{\alpha} + \frac{1}{\beta}}) \leqslant (1 + o(1))\,\frac{8}{\varphi(a)} \cdot$$

$$\prod_{p \mid a, p \nmid N}\frac{p - 1}{p - 2}C_N Y \ln^{-1}N +$$

$$R_2 + R_3 \qquad\qquad ㉒$$

其中

$$Y = \sum_{e \in \mathscr{E}}\mathrm{Li}\left(\frac{N}{e}\right)$$

$$R_2 = \sum_{\substack{d < D \\ (d, N) = 1 \\ (d, a) = 1}}\Bigg|\sum_{\substack{e \in \mathscr{E} \\ (e, d) = 1}}\Bigg(\sum_{\substack{ep < N, ep \equiv N(d) \\ ep \equiv N - b(a) \\ (a, b) = 1 \\ (N - b, a) = 1}}1 - \frac{\mathrm{Li}(N/e)/\varphi(a)}{\varphi(d)}\Bigg)\Bigg|$$

$$R_3 = \sum_{\substack{d < D \\ (d, N) = 1 \\ (d, a) = 1}}\frac{1}{\varphi(d)}\sum_{\substack{e \in \mathscr{E} \\ (e, d) > 1}}\frac{\mathrm{Li}(N/e)}{\varphi(a)}$$

先估计 R_2. 由条件 $ep \equiv N(d), ep \equiv N - b(a)$,
$(a, b) = 1, (N - b, a) = 1$ 易知 $(d, a) = 1, (e, a) = 1$. 故
由孙子定理知

$$R_2 = \sum_{\substack{d < D \\ (d, N) = 1 \\ (d, a) = 1}}\Bigg|\sum_{\substack{e \in \mathscr{E} \\ (e, d) = 1}}\Bigg(\sum_{\substack{ep < N, ep \equiv t(da) \\ (t, da) = 1}}1 - \frac{\mathrm{Li}(N/e)}{\varphi(da)}\Bigg)\Bigg|$$

因为 $N^{\frac{1}{\alpha} + \frac{1}{\beta}} < e < N^{\frac{r}{r+1}}$ 对 $e \in \mathscr{E}$,所以

$$R_2 = \sum_{\substack{d < D \\ (d, N) = 1 \\ (d, a) = 1}}\Bigg|\sum_{\substack{N^{\frac{1}{\alpha} + \frac{1}{\beta}} < k < N^{\frac{r}{r+1}} \\ (k, da) = 1}}f(k)\Bigg(\sum_{\substack{kp < N \\ kp \equiv t(da) \\ (t, da) = 1}}1 - \frac{\mathrm{Li}(N/k)}{\varphi(da)}\Bigg)\Bigg|$$

其中 $f(k) = \sum\limits_{e \in \ell, e = k} 1 \ll 1.$ 故由引理 3（取 $A = 3$）易得

$$R_2 \ll N\ln^{-3} N \qquad \text{㉓}$$

为了估计 R_3，注意对不含平方因子的 q，有 $d(q) = 2^{\nu(q)}$（$d(q)$ 表示 q 的除数函数，$\nu(q)$ 表示 q 的相异素因子数），$\varphi(q) > \dfrac{q}{d(q)}.$ 从而

$$R_3 \ll \sum_{q < D} \frac{d(q)}{q} \sum_{e \in \ell, (e,q)=1} \frac{N}{e \ln(N/e)} \ll$$

$$N\ln^{-1} N \sum_{q < D} \frac{d(q)}{q} \sum_{a < N^{\frac{r}{r+1}}, (a,q) > N^{\frac{1}{v}}} \frac{1}{a} =$$

$$N\ln^{-1} N \sum_{q < D} \frac{d(q)}{q} \sum_{m \mid q, m > N^{\frac{1}{v}}} \frac{1}{m} \sum_{\substack{b < \frac{N^{\frac{r}{r+1}}}{m} \\ (b,q)=1}} \frac{1}{b} \ll$$

$$N \sum_{q < D} \frac{d(q)}{q} \sum_{m \mid q, m > N^{\frac{1}{v}}} \frac{1}{m} \ll$$

$$N^{1-\frac{1}{v}} \sum_{q < D} \frac{d^2(q)}{q} \ll N^{1-\frac{1}{v}} (\ln D)^{2^2} \ll$$

$$N^{1-\frac{1}{v}} \ln^4 N \ll N\ln^{-3} N \qquad \text{㉔}$$

由素数定理与 Stieltjes 积分

$$Y = (1 + o(1)) N\ln^{-1} N \cdot$$

$$\int_{\frac{1}{v}}^{\frac{1}{u}} \int_{t_1}^{\frac{1}{u}} \cdots \int_{t_{r-3}}^{\frac{1}{u}} \int_{\frac{1}{\beta}}^{\frac{1}{a}} \int_{\frac{1}{\beta}}^{\frac{1-t_{r-1}}{2}} \frac{\mathrm{d}t_r \cdots \mathrm{d}t_1}{t_1 \cdots t_r (1 - t_1 - \cdots - t_r)} =$$

$$(1 + o(1)) N\ln^{-1} N\ln^{r-2}\left(\frac{v}{u}\right) \frac{1}{(r-2)!} \cdot$$

$$\int_{\frac{1}{a}}^{\frac{1}{\beta}} \int_{\frac{1}{\beta}}^{\frac{1-x}{2}} \frac{\mathrm{d}y\mathrm{d}x}{xy(1-x-y)} \qquad \text{㉕}$$

由 ㉑ ~ ㉕，我们有

$$S_2 \leqslant (1 + o(1)) \frac{8}{\varphi(a)} \prod_{p \mid a, p \nmid N} \frac{p-1}{p-2} \cdot$$

$$C_N N \ln^{-2} N \ln^{r-2} \left(\frac{v}{u} \right) \frac{1}{(r-2)!} \cdot$$

$$\int_{\frac{1}{\alpha}}^{\frac{1}{\beta}} \int_{\frac{1}{\beta}}^{\frac{1-x}{2}} \frac{\mathrm{d}y\mathrm{d}x}{xy(1-x-y)} \qquad ㉖$$

(5) S_3 的上界.

考虑集合

$$\mathscr{E}' = \{e : e = p_1 \cdots p_r, N^{\frac{1}{v}} < p_1 < \cdots < p_{r-2} < N^{\frac{1}{u}},$$

$$N^{\frac{1}{\beta}} \leqslant p_{r-1} < p_r < \left(\frac{N}{p_{r-1}} \right)^{\frac{1}{2}} \}$$

与

$$\mathscr{L}' = \{l : l = N - ep, ep < N, e \in \mathscr{E}',$$

$$l \equiv b(a), (a,b) = 1, (N-b,a) = 1\}$$

显然 $|\mathscr{E}'| \ll N^{\frac{2}{3}+\epsilon_1}, e > N^{\frac{2}{\beta}}$ 对 $e \in \mathscr{E}'$;而 $\sharp\{l : l \in \mathscr{L}', l \leqslant N^{\frac{2}{\beta}}\} \ll N^{\frac{2}{3}+\epsilon_1}$. 又 $S_3 \leqslant \mathscr{L}'$ 中素数之个数,故

$$S_3 \leqslant S(\mathscr{L}'; \mathscr{P}, N^{\frac{2}{\beta}}) + O(N^{\frac{2}{3}+\epsilon_1}) \qquad ㉗$$

其中 $\mathscr{P} = \{p : p \nmid N, p \nmid a\}$.

由(4)中用过的方法,我们有

$$S(\mathscr{L}'; \mathscr{P}, N^{\frac{2}{\beta}}) \leqslant (1+o(1)) \frac{8}{\varphi(a)} \cdot$$

$$\prod_{p|a, p\nmid N} \frac{p-1}{p-2} C_N Y' \ln^{-1} N + R'_2 + R'_3 \qquad ㉘$$

其中

$$R'_2, R'_3 \ll N \ln^{-3} N \qquad ㉙$$

而

$$Y' = (1+o(1)) N \ln^{-1} N \cdot$$

$$\int_{\frac{1}{v}}^{\frac{1}{u}} \int_{t_1}^{\frac{1}{u}} \cdots \int_{t_{r-3}}^{\frac{1}{u}} \int_{\frac{1}{\beta}}^{\frac{1}{3}} \int_{t_{r-1}}^{\frac{1-t_{r-1}}{2}} 1 \cdot$$

$$\frac{\mathrm{d}t_r \cdots \mathrm{d}t_1}{t_1 \cdots t_r (1-t_1-\cdots-t_r)} =$$

121

$$(1+o(1))N\ln^{-1}N\ln^{r-2}\left(\frac{v}{u}\right)\frac{1}{(r-2)!}\cdot$$

$$\int_{\frac{1}{\beta}}^{\frac{1}{3}}\int_x^{\frac{1-x}{2}}\frac{\mathrm{d}y\mathrm{d}x}{xy(1-x-y)}\qquad ㉚$$

由 ㉗ ~ ㉚,有

$$S_3\leqslant(1+o(1))\frac{8}{\varphi(a)}\prod_{p\mid a,p\nmid N}\frac{p-1}{p-2}\cdot$$

$$C_N N\ln^{-2}N\ln^{r-2}\left(\frac{v}{u}\right)\frac{1}{(r-2)!}\cdot$$

$$\int_{\frac{1}{\beta}}^{\frac{1}{3}}\int_x^{\frac{1-x}{2}}\frac{\mathrm{d}y\mathrm{d}x}{xy(1-x-y)}\qquad ㉛$$

(6) 证明之完成.

将 ⑫⑯⑳㉖㉛ 合起来,我们得

$$\sharp\{p:p<N,p\equiv b(a),(a,b)=1,$$

$$(N-b,a)=1,N-p=p_1\cdots p_{r-1}$$

或 $p_1\cdots p_r,p_r>\cdots>p_1>\exp(\ln^\delta N)\}\geqslant$$

$$(1+o(1))K(\alpha,\beta)/\varphi(a)\prod_{p\mid a,p\nmid N}\frac{p-1}{p-2}\cdot$$

$$C_N N\ln^{-2}N\ln^{r-2}\left(\frac{v}{u}\right)\frac{1}{(r-2)!}\qquad ㉜$$

其中(对 $8<\alpha\leqslant12$)

$$K(\alpha,\beta)=4\ln\left(\left(\frac{\alpha}{2}-1\right)\left(\frac{\beta}{2}-1\right)\right)+$$

$$8\int_3^{\frac{\alpha}{2}-1}\frac{\mathrm{d}x}{x}\int_2^{x-1}\frac{\ln(y-1)}{y}\mathrm{d}y-$$

$$4\int_3^{\frac{\alpha}{2}-1}\frac{\alpha\mathrm{d}t}{t(\alpha-2t)}\int_2^{t-1}\frac{\ln(x-1)}{x}\mathrm{d}x-$$

$$4\int_{\frac{1}{\alpha}}^{\frac{1}{\beta}}\int_{\frac{1}{\beta}}^{\frac{1-x}{2}}\frac{\mathrm{d}y\mathrm{d}x}{xy(1-x-y)}-$$

$$8\int_{\frac{1}{\beta}}^{\frac{1}{3}}\int_x^{\frac{1-x}{2}}\frac{\mathrm{d}y\mathrm{d}x}{xy(1-x-y)}$$

化简后可得

$$K(\alpha,\beta) = 4\ln\left(\left(\frac{\alpha}{2}-1\right)\left(\frac{\beta}{2}-1\right)\right) -$$

$$4\int_{2}^{\frac{\alpha}{2}-2} \frac{\ln(x-1)}{x} \cdot$$

$$\ln\left((x+1)\left(1-\frac{x}{\alpha/2-1}\right)\right)\mathrm{d}x -$$

$$4\int_{\beta}^{\alpha} \frac{\ln(\beta-1-\beta/t)}{t-1}\mathrm{d}t -$$

$$8\int_{2}^{\beta-1} \frac{\ln(t-1)}{t}\mathrm{d}t \qquad ㉝$$

在 ㉝ 中令 $\alpha=10.54, \beta=3.203$，经计算得 $K(10.54, 3.203) > 0.77.$

最后，由 $v=(\ln N)^{1-\delta}, 0<\delta<1, u=\ln\ln N$，我们得到，对任何 $r \geqslant 3, a \ll \ln^{c}N$，有

$$\#\{p : p < N, p \equiv b(a), (a,b)=1,$$

$$(N-b,a)=1, N-p=p_1\cdots p_{r-1} \text{ 或 } p_1\cdots p_r,$$

$$p_r > \cdots > p_1 > \exp(\ln^{\delta}N)\} >$$

$$\frac{0.77(1-\delta)^{r-2}}{(r-2)!}\frac{1}{\varphi(a)}\prod_{p|a, p\nmid N}\frac{p-1}{p-2} \cdot$$

$$C_N N \ln^{-2}N(\ln\ln N)^{r-2}$$

定理 3 证毕.

4.4　定理 4 及其证明

本小节研究 $r=2$ 的情形.

定理 4　若 $a \ll \ln^{c}N$，则

$$\#\{p : p < N, p \equiv b(a),$$

$$(a,b)=1, (N-b,a)=1,$$

$$N-p=p_1 \text{ 或 } p_1p_2, p_2 > p_1\} >$$

$$\frac{0.77}{\varphi(a)}\prod_{p\mid a,\,p\nmid N}\frac{p-1}{p-2}C_N N\ln^{-2}N$$

证明　此定理的证明思路与定理 3 的平行，故我们只述其概要.

设 α,β 满足条件(i)$3<\beta<\dfrac{3}{1-\dfrac{1}{\alpha}}$；(ii)$\beta<\alpha$. 由筛法可得

$$\#\{p:p<N,p\equiv b(a),$$
$$(a,b)=1,(N-b,a)=1,$$
$$N-p=p_1 \text{ 或 } p_1p_2,p_2>p_1>N^{\frac{1}{\alpha}}\}=$$
$$\#\{N-p:p<N,p\equiv b(a),$$
$$(a,b)=1,(N-b,a)=1,$$
$$N-p=p_1 \text{ 或 } p_1p_2,p_2>p_1>N^{\frac{1}{\alpha}}\}\geqslant$$
$$S-\frac{S_1}{2}-\frac{S_2}{2}-S_3-O(N\ln^{-3}N) \qquad ㉞$$

其中

$$S=S(\mathscr{A};\mathscr{P},N^{\frac{1}{\alpha}})$$
$$\mathscr{A}=\{N-p:p<N,p\equiv b(a),$$
$$(a,b)=1,(N-b,a)=1\}$$
$$\mathscr{P}=\{p:p\nmid N,p\nmid a\}$$
$$S_1=\sum_{N^{\frac{1}{\alpha}}\leqslant p<N^{\frac{1}{\beta}}}S(\mathscr{A}_p;\mathscr{P},N^{\frac{1}{\alpha}})$$
$$S_2=\sum_{N^{\frac{1}{\alpha}}\leqslant p_1<N^{\frac{1}{\beta}}}\sum_{\leqslant p_2<\left(\frac{N}{p_1}\right)^{\frac{1}{2}}}\sum_{\substack{p_2<p_3<\frac{N}{p_1p_2}\\p=N-p_1p_2p_3,\,p\equiv b(a)\\(a,b)=1,\,(N-b,a)=1}}1$$
$$S_3=\sum_{N^{\frac{1}{\beta}}\leqslant p_1<p_2<\left(\frac{N}{p_1}\right)^{\frac{1}{2}}}\sum_{\substack{p_2<p_3<\frac{N}{p_1p_2}\\p=N-p_1p_2p_3,\,p\equiv b(a)\\(a,b)=1,\,(N-b,a)=1}}1$$

124

而 $p_i \nmid N, i = 1, 2, 3$.

运用定理 3 的证明中 (2) $\sim$ (5) 的类似方法,可以得到(当 $a \ll \ln^c N$ 时)

$$S \geqslant (1 + o(1)) \frac{8}{\varphi(a)} \prod_{p \mid a, p \nmid N} \frac{p-1}{p-2} C_N N \ln^{-2} N \cdot$$

$$\left(\ln\left(\frac{\alpha}{2} - 1\right) + \int_3^{\frac{\alpha}{2}-1} \frac{\mathrm{d}x}{x} \int_2^{x-1} \frac{\ln(y-1)}{y} \mathrm{d}y \right) \quad \text{㉟}$$

$$S_1 \leqslant (1 + o(1)) \frac{8}{\varphi(a)} \prod_{p \mid a, p \nmid N} \frac{p-1}{p-2} C_N N \ln^{-2} N \cdot$$

$$\left(\ln\left(\frac{\alpha}{2} - 1\right) - \ln\left(\frac{\beta}{2} - 1\right) + \right.$$

$$\left. \int_3^{\frac{\alpha}{2}-1} \frac{\alpha \mathrm{d}x}{t(\alpha - 2t)} \int_2^{t-1} \frac{\ln(x-1)}{x} \mathrm{d}x \right) \quad \text{㊱}$$

$$S_2 \leqslant (1 + o(1)) \frac{8}{\varphi(a)} \prod_{p \mid a, p \nmid N} \frac{p-1}{p-2} C_N N \ln^{-2} N \cdot$$

$$\int_{\frac{1}{\alpha}}^{\frac{1}{\beta}} \int_{\frac{1}{\beta}}^{\frac{1-x}{2}} \frac{\mathrm{d}y \mathrm{d}x}{x y (1 - x - y)} \quad \text{㊲}$$

$$S_3 \leqslant (1 + o(1)) \frac{8}{\varphi(a)} \prod_{p \mid a, p \nmid N} \frac{p-1}{p-2} C_N N \ln^{-2} N \cdot$$

$$\int_{\frac{1}{\beta}}^{\frac{1}{3}} \int_x^{\frac{1-x}{2}} \frac{\mathrm{d}y \mathrm{d}x}{x y (1 - x - y)} \quad \text{㊳}$$

将 ㉛ $\sim$ ㊳ 合起来,便有

$$\# \{ p : p < N, p \equiv b(a), (a, b) = 1, (N - b, a) = 1,$$

$$N - p = p_1 \text{ 或 } p_1 p_2, p_2 > p_1 > N^{\frac{1}{a}} \} \geqslant$$

$$(1 + o(1)) K(\alpha, \beta) / \varphi(a) \prod_{p \mid a, p \nmid N} \frac{p-1}{p-1} C_N N \ln^{-2} N$$

$$\text{㊴}$$

其中 $K(\alpha, \beta)$(当 $8 < \alpha \leqslant 12$ 时)由 ㉝ 确定.

因 $K(10.54, 3.203) > 0.77$,由 ㊴ 便得出定理 4,定理 4 证毕.

注 1　仔细观察后易知,我们实际上证明了比定理 $3,4$ 更为精确的下列定理.

定理 3′　设 δ 为一指定数,$0<\delta<1$. 对任何 $r\geqslant 3$,$a\ll\ln^c N$,有

$$\#\{p:p<N,p\equiv b(a),(a,b)=1,(N-b,a)=1,$$
$$N-p=p_1\cdots p_{r-1} \text{ 或 } p_1\cdots p_r,p_r>p_{r-1}>N^{\frac{1}{10.54}},$$
$$\exp(\ln^\delta N)<p_1<\cdots<p_{r-2}<N^{\frac{1}{\ln\ln N}}\}>$$
$$\frac{0.77(1-\delta)^{r-2}}{(r-2)!}\frac{1}{\varphi(a)}\prod_{p\mid a,p\nmid N}\frac{p-1}{p-2}C_N N\ln^{-2}N(\ln\ln N)^{r-2}$$

定理 4′　若 $a\ll\ln^c N$,则

$$\#\{p:p<N,p\equiv b(a),(a,b)=1,(N-b,a)=1,$$
$$N-p=p_1 \text{ 或 } p_1p_2,p_2>p_1>N^{\frac{1}{10.54}}\}>$$
$$\frac{0.77}{\varphi(a)}\prod_{p\mid a,p\nmid N}\frac{p-1}{p-2}C_N N\ln^{-2}N$$

4.5　定理 1,2 的证明

在定理 3 中令 $\delta\to 0^+$,再加上定理 4,我们便得到定理 1.定理 2 是定理 1 的直接推论.

注 2　在定理 3′ 中令 $\delta\to 0^+$ 可得:

定理 3″　对任何 $r\geqslant 3$,$a\ll\ln^c N$,有

$$\#\{p:p<N,p\equiv b(a),(a,b)=1,(N-b,a)=1,$$
$$N-p=p_1\cdots p_{r-1} \text{ 或 } p_1\cdots p_r,p_r>p_{r-1}>N^{\frac{1}{10.54}},$$
$$p_1<\cdots<p_{r-2}<N^{\frac{1}{\ln\ln N}}\}>$$
$$\frac{0.77}{(r-2)!}\frac{1}{\varphi(a)}\prod_{p\mid a,p\nmid N}\frac{p-1}{p-2}C_N N\ln^{-2}N(\ln\ln N)^{r-2}$$

注 3　对孪生素数猜想,本节的方法可导出类似的结果.设 x 为充分大的正数,h 为偶数,$C_h=\prod_{p>2}(1-$

$$(p-1)^{-2} \prod_{2<p|h} (p-1)(p-2)^{-1}.$$

定理 5　设 δ 为一指定数, $0<\delta<1$. 对任何 $r \geqslant 3, a \ll \ln^c x$, 有

$$\#\{p:p<x,p \equiv b(a),(a,b)=1,$$

$$(b+h,a)=1, p+h=p_1 \cdots p_{r-1} \text{ 或 } p_1 \cdots p_r,$$

$$p_r > \cdots > p_1 > \exp(\ln^\delta x)\} >$$

$$\frac{0.77(1-\delta)^{r-2}}{(r-2)! \; \varphi(a)} \prod_{p|a,p\nmid h} \frac{p-1}{p-2} \cdot$$

$$C_h x \ln^{-2} x (\ln \ln x)^{r-2}$$

定理 6　若 $a \ll \ln^c x$, 则

$$\#\{p:p<x,p \equiv b(a),$$

$$(a,b)=1,(b+h,a)=1,$$

$$p+h=p_1 \text{ 或 } p_1 p_2, p_2 > p_1\} >$$

$$\frac{0.77}{\varphi(a)} \prod_{p|a,p\nmid h} \frac{p-1}{p-2} C_h x \ln^{-2} x$$

定理 7　对任何 $r \geqslant 2, a \ll \ln^c x$, 有

$$\#\{p:p<x,p \equiv b(a),(a,b)=1,(b+h,a)=1,$$

$$p+h=p_1 \cdots p_{r-1} \text{ 或 } p_1 \cdots p_r, p_1 < \cdots < p_r\} >$$

$$\frac{0.77}{(r-2)! \; \varphi(a)} \prod_{p|a,p\nmid h} \frac{p-1}{p-2} C_h x \ln^{-2} x (\ln \ln x)^{r-2}$$

定理 8　对任何 $r \geqslant 2, a \ll \ln^c x$, 有

$$\#\{p:p<x,p \equiv b(a),(a,b)=1,$$

$$(b+h,a)=1, p+h=P_r\} >$$

$$\frac{0.77}{(r-2)! \; \varphi(a)} \prod_{p|a,p\nmid h} \frac{p-1}{p-2} \cdot$$

$$C_h x \ln^{-2} x (\ln \ln x)^{r-2}$$

若采用因凡涅斯的双线性余项估计, 上面四条定理中的系数 0.77 可改进为 2.1.

§5　表大偶数为一个素数及一个不超过两个素数的乘积之和[①]

—— 陈景润

5.1　引言

把命题"每一个充分大的偶数都能够表示为一个素数及一个不超过 a 个素数的乘积之和"简记为（1, a）.

不少数学工作者改进了塞尔伯格方法及迪利克雷 L － 函数的某些结果，并用之改善（1, a）. 现在我们将（1, a）的发展历史简述如下：

（1, 5）—— 潘承洞[②]、巴尔巴恩[③]；

（1, 4）—— 王元[④]、潘承洞[⑤]、巴尔巴恩[⑥]；

（1, 3）—— 布赫夕塔布[⑦]、维诺格拉多夫[⑧].

本节的目的是要给出（1, 2）的证明提要，详细的

[①]　原载于《科学通报》，1966，17：385-386.

[②]　潘承洞. 中国科学，1963，12：873-888.

[③]　М. Б. Барбан. Доклады Академии Наук Уз СССР, 1961, 8：9-11.

[④]　王元. 中国科学，1962，11：1033-1054.

[⑤]　潘承洞. 中国科学，1963，12：455-474.

[⑥]　М. Б. Барбан. Математический Сборник, 1963, 61：419-425.

[⑦]　А. А. Бухштаб. Доклады АН СССР，1965，162：739-742.

[⑧]　А. И. Виноградов. Изв. Акад. Наук СССР, 1965, 29：903-934.

证明将另文发表.

5.2　若干引理

命 x 是一个大偶数,命 $P_x(x,x^{\frac{1}{10}})$ 为适合下列条件的素数 p 的个数

$$p \leqslant x, p \not\equiv x(\operatorname{mod} p_i), 1 \leqslant i \leqslant j$$

此处 $3 = p_1 < p_2 < \cdots < p_j \leqslant x^{\frac{1}{10}}$ 为不超过 $x^{\frac{1}{10}}$ 的全部奇素数.

给定一个素数 p',命 $P_x(x,p',x^{\frac{1}{10}})$ 为适合下列条件的素数 p 的个数

$$p \leqslant x, p \equiv x(\operatorname{mod} p')$$
$$p \not\equiv x(\operatorname{mod} p_i), 1 \leqslant i \leqslant j$$

此处 $p_1,p_2,\cdots,p_j$ 的意义同上.

命 $Q(x,x^{\frac{1}{10}},x^{\frac{1}{3}})$ 为适合下列条件的素数 p 的个数

$$x - p = p_1 p_2 p_3, p \leqslant x$$
$$x^{\frac{1}{10}} < p_1 \leqslant x^{\frac{1}{3}} < p_2 < p_3$$

其中 p_1,p_2,p_3 都是素数.

命 $P_x(1,2)$ 为适合下列条件的素数 p 的个数

$$x - p = p_1 \text{ 或 } x - p = p_2 p_3$$

其中 p_1,p_2,p_3 都是素数.

我们已经证明下面三个引理恒成立.

引理 1　我们有

$$P_x(x,x^{\frac{1}{10}}) \geqslant \frac{9.976 x C_x}{\log^2 x}$$

此处

$$C_x = 2\mathrm{e}^{-\gamma} \prod_{\substack{p \mid x \\ p > 2}} \frac{p-1}{p-2} \prod_{p > 2} \left(1 - \frac{1}{(p-1)^2}\right)$$

其中 γ 为欧拉常数.

引理 2 我们有

$$\sum_{x^{\frac{1}{10}}<p'\leqslant x^{\frac{1}{3}}} P_x(x,p',x^{\frac{1}{10}}) \leqslant \frac{15.355xC_x}{\log^2 x}$$

引理 3 我们有

$$Q(x,x^{\frac{1}{10}},x^{\frac{1}{3}}) \leqslant \frac{4.4xC_x}{\log^2 x}$$

5.3 定理 1 的证明

定理 1 每一个充分大的偶数 x 都能够表示为一个素数及一个不超过两个素数的乘积之和.

证明 显然有

$$P_x(1,2) \geqslant P_x(x,x^{\frac{1}{10}}) -$$

$$\frac{1}{2}\sum_{x^{\frac{1}{10}}<p'\leqslant x^{\frac{1}{3}}} P_x(x,p',x^{\frac{1}{10}}) -$$

$$\frac{1}{2}Q(x,x^{\frac{1}{10}},x^{\frac{1}{3}}) - x^{0.91} \qquad ①$$

由式 ① 及引理 1,2,3 即得到

$$P_x(1,2) \geqslant \frac{0.098xC_x}{\log^2 x}$$

故定理得证.

§6　关于哥德巴赫问题和筛法[①]

—— 陈景润

设 $P_x(1,1)$ 表示满足条件 $x-p=p_1$ 的素数 p 的个数,其中 x 是一个大偶数,p_1 是一个素数.本节将证明

$$P_x(1,1) \leqslant \frac{7.834\ 2xC_x}{(\log x)^2}$$

其中

$$C_x = \prod_{p|x} \frac{p-1}{p-2} \prod_{p>2} \left(1 - \frac{1}{(p-1)^2}\right)$$

6.1　引言

设 x 是一个大偶数,h 是任一偶数,且

$$C_{xq} = \prod_{\substack{p|xq \\ p \geqslant 2}} \frac{p-1}{p-2} \prod_{p>2} \left(1 - \frac{1}{(p-1)^2}\right)$$

设 $P_x(1,1)$ 表示满足 $x-p=p_1$ 的素数 p 的个数,p_1 是素数.设 $x_h(1,1)$ 表示满足 $p \leqslant x, p+h=p_1$ 的素数 p 的个数.本节将证明

$$P_x(1,1) \leqslant \frac{7.834\ 2xC_x}{(\log x)^2}$$

对正整数 q,设 $P(x,q,z)$ 表示满足下列条件的素数 p 的个数

----

① 原载于 *Scientia Sinica*,1978,21(6):707-739.

131

$$p \leqslant x, p \equiv x \pmod q, p \not\equiv x \pmod{p_i}, 1 \leqslant i \leqslant j$$

其中 $p_i \nmid q, 3 = p_1 < p_2 < \cdots < p_j \leqslant z$ 是不超过 z 的奇素数. 设 $\underline{q} = \dfrac{x^{\frac{1}{2}-\epsilon}}{q}, 1 \leqslant q \leqslant x^{\frac{1}{2}-\epsilon}$. 令 $z \geqslant x^{\epsilon}, P_{y,z} = \displaystyle\prod_{\substack{2 \leqslant p \leqslant z \\ p \nmid y}} p$. 令

$$A(s) = \begin{cases} 0, & 1 \leqslant s \leqslant 3 \\ \displaystyle\int_2^{s-1} \frac{\log(t-1)}{t} \mathrm{d}t, & 3 \leqslant s \leqslant 5 \end{cases}$$

当 $0 < \alpha \leqslant \dfrac{1}{2} - \epsilon$ 时, 设 U_α 表示由一些满足下列条件的不同正整数 q 组成的集合

$$q \leqslant x^{\frac{1}{2}-\alpha}, \mid \mu(q) \mid = 1, (q,x) = 1$$

若 $p \mid q$, 则 $p \geqslant x^{\epsilon}$.

对 $1 \leqslant s \leqslant 5$, 令 $H(s)$ 为满足下列条件的最大实数

$$\sum_{q \in U_{2\epsilon}} P(x, q, \underline{q}^{\frac{1}{s}}) \leqslant \sum_{q \in U_{2\epsilon}} \left\{ \frac{4xC_x}{(\varphi(q))(\log x)(\log \underline{q})} \right\} \cdot$$
$$\left\{ 1 + A(s) - H(s) + \left| O\left(\frac{(\log \log x)^7}{(\log \underline{q})^{\frac{1}{14}}} \right) \right| \right\} + \left| O\left(\frac{x}{(\log x)^{100}} \right) \right|$$

对 $2 \leqslant s \leqslant 4$, 令 $G(s)$ 为满足下列条件的最大实数

$$\sum_{q \in U_{2\epsilon}} P(x, q, \underline{q}^{\frac{1}{s}}) \leqslant \sum_{q \in U_{2\epsilon}} \left\{ \frac{4xC_x}{(\varphi(q))(\log x)(\log \underline{q})} \right\} \cdot$$
$$\left\{ \log(s-1) + G(s) - \right.$$

$$\left| O\left(\frac{(\log \log x)^7}{(\log q)^{\frac{1}{14}}} \right) \right| \right\} -$$

$$\left| O\left(\frac{x}{(\log x)^{100}} \right) \right|$$

我们的结果叙述如下：

定理 1　$H(2,2) \geqslant 0.020\,73$.

定理 2　$P_x(1,1) \leqslant \dfrac{7.834\,2xC_x}{(\log x)^2}$.

定理 3　$x_h(1,1) \leqslant \dfrac{7.834\,2xC_x}{(\log x)^2}$.

设 $U_{2\varepsilon}$ 为只含 1 的一个整数集合. 由 x 为一个大偶数及定理 1，我们得到

$$P_x(1,1) \leqslant P(x,1,(x^{\frac{1}{2}-\varepsilon})^{\frac{1}{2.2}}) + x^{1-\varepsilon} \leqslant$$

$$\left\{ \frac{4xC_x}{\left(\frac{1}{2} - \varepsilon \right)(\log x)^2} \right\} \cdot$$

$$(1 - H(2.2) + \varepsilon) + 2x^{1-\varepsilon} \leqslant$$

$$\frac{7.834\,2xC_x}{(\log x)^2}$$

由此得定理 2.

用类似于估计 $P_x(1,1) \leqslant \dfrac{7.834\,2xC_x}{(\log x)^2}$ 的方法，容易得到

$$x_h(1,1) \leqslant \frac{7.834\,2xC_x}{(\log x)^2}$$

于是得定理 3.

下面我们将给出定理 1 的证明.

6.2　一些引理

当 $0 < \alpha_1 < \alpha \leqslant 1 - \varepsilon$ 时，设 S_α 表示由一些满足

下面条件的不同正整数 m 组成的集合：$m \leqslant x^{1-\alpha}$，若 $p \mid m$，那么 $p > x^{\varepsilon}$. 设 $\tau(a)$ 为方程 $a = mn$ 的解 (m,n) 的个数，其中 $m \in S_a$，$1 \leqslant n \leqslant x^{1-\alpha} m^{-1}$，$(n, P_{1,z}) = 1$. 若对于满足条件的 (m,n) 的方程 $a = mn$ 不存在，则令 $\tau(a) = 0$.

设 $\omega(a)$ 为方程 $a = mn$ 的解 (m,n) 的个数，其中

$$m \in S_a, \quad x^{1-\alpha} m^{-1} < n \leqslant x^{1-\alpha_1} m^{-1}, \quad (n, P_{1,z}) = 1$$

若对于满足条件的 (m,n) 的方程 $a = mn$ 不存在，则令 $\omega(a) = 0$.

设

$$D_1 = (\log x)^{1\,000}, D = x^{\frac{1}{4} - \frac{\varepsilon}{2}}, H_j = 2^{2j} D_1^2$$

$$T = e^{(\log x)^2}, \sigma = 1 + \frac{1}{\log x}$$

及

$$\tau_d(a) = \omega_d(a) = 0, \mu(d) = 0$$

$$\tau_d(a) = \omega_d(a) = 0, (a, d) > 1$$

$$\tau_d(a) = \tau(a), \omega_d(a) = \omega(a), (a, d) = 1, \mu(d) \neq 0$$

$$I_1 = \sum_{\substack{d \leqslant D^2 \\ (d,x)=1}} \left| \sum_{1 \leqslant a \leqslant x^{1-\alpha}} \tau_d(a) \left(\sum_{\substack{x^{\alpha_1} \leqslant p \leqslant x^{\alpha} \\ ap \equiv x (\bmod d)}} 1 - \frac{\int_{x^{\alpha_1}}^{x^{\alpha}} \frac{dt}{\log t}}{\varphi(d)} \right) \right|$$

$$I_2 = \sum_{\substack{d \leqslant D^2 \\ (d,x)=1}} \left| \sum_{x^{1-\alpha} < a \leqslant x^{1-\alpha_1}} \omega_d(a) \left(\sum_{\substack{x^{\alpha_1} \leqslant p \leqslant xa^{-1} \\ ap \equiv x (\bmod d)}} 1 - \frac{\int_{x^{\alpha_1}}^{xa^{-1}} \frac{dt}{\log t}}{\varphi(d)} \right) \right|$$

引理 1 我们有

$$I_1 \ll \frac{x}{(\log x)^{980}}, I_2 \ll \frac{x}{(\log x)^{980}}$$

证明　可采用相关文献[1][2]中同样的证明方法.

设 $\lambda_1 = 1, \lambda_d = 0, d > D.$ 令

$$g(k) = \frac{1}{\varphi(k)}, f(k) = \varphi(k)\prod_{p \mid k}\frac{p-2}{p-1}$$

$$\lambda_d = \frac{\mu(d)}{f(d)g(d)}\left\{\sum_{\substack{1 \leqslant k \leqslant \frac{D}{d} \\ (k, xd)=1}}\frac{\mu^2(k)}{f(k)}\right\} \cdot$$

$$\left\{\sum_{\substack{1 \leqslant k \leqslant D \\ (k, x)=1}}\frac{\mu^2(k)}{f(k)}\right\}^{-1}, 1 < d \leqslant D, (d, x) = 1$$

若 $5\varepsilon < \alpha_1 < \alpha \leqslant \frac{1}{2}$,则

$$\sum_{m \in S_a}\sum_{x^{\alpha_1} \leqslant p \leqslant x^{\alpha}}P(x, mp, z) \leqslant$$

$$\sum_{m \in S_a}\sum_{\substack{1 \leqslant n \leqslant x^{1-\alpha_1}m^{-1} \\ (n, P_{1,z})=1}}\sum_{\substack{x^{\alpha_1} \leqslant p \leqslant \min\{x^{\alpha}, \frac{x}{mn}\} \\ (x-mnp, P_{1,D})=1}}1 +$$

$$O\left(\frac{x}{(\log x)^{400}}\right) \leqslant$$

$$M_1 + M_2 + O\left(\frac{x}{(\log x)^{400}}\right) \qquad\qquad ①$$

其中

$$M_1 = \sum_{m \in S_a}\sum_{\substack{1 \leqslant n \leqslant x^{1-\alpha}m^{-1} \\ (n, P_{1,z})=1}}\sum_{x^{\alpha_1} \leqslant p \leqslant x^{\alpha}}\left\{\sum_{d \mid (x-mnp, P_{x,D})}\lambda_d\right\}^2$$

$$M_2 = \sum_{m \in S_a}\sum_{\substack{x^{1-\alpha}m^{-1} < n \leqslant x^{1-\alpha_1}m^{-1} \\ (n, P_{1,z})=1}}\sum_{x^{\alpha_1} \leqslant p \leqslant \frac{x}{mn}}\left\{\sum_{d \mid (x-mnp, P_{x,D})}\lambda_d\right\}^2$$

我们有

---

①　Chen Jingrun. Sci. Sin., 1973, 16:157-176.

②　Pan Chengdong, Ding Xiaxi, Wang Yuan. Sci. Sin., 1975, 18:599-610.

$$M_1 + M_2 = \sum_{d_1 \mid P_{x,D}} \sum_{d_2 \mid P_{x,D}} \lambda_{d_1} \lambda_{d_2} \cdot$$

$$\sum_{m \in S_a} \Big\{ \sum_{\substack{1 \leqslant n \leqslant x^{1-a} m^{-1} \\ (n, P_{1,z}) = 1}} \sum_{\substack{x^{a_1} \leqslant p \leqslant x^a \\ x \equiv mnp \left(\bmod \frac{d_1 d_2}{(d_1, d_2)} \right)}} 1 + $$

$$\sum_{\substack{x^{1-a} m^{-1} < n \leqslant x^{1-a_1} m^{-1} \\ (n, P_{1,z}) = 1}} \sum_{\substack{x^{a_1} \leqslant p \leqslant \frac{x}{mn} \\ x \equiv mnp \left(\bmod \frac{d_1 d_2}{(d_1, d_2)} \right)}} 1 \Big\} \quad ②$$

设 $\nu(d)$ 表示 d 的素因子个数. 由 ② 及 $\mid \lambda_d \mid \ll \log x$，$d \leqslant x$，我们有

$$\mid M_1 + M_2 - M_3 M_4 \mid \ll (M_1^* + M_2^*)(\log x)^2 \quad ③$$

其中

$$M_3 = \sum_{d_1 \mid P_{x,D}} \sum_{d_2 \mid P_{x,D}} \frac{\lambda_{d_1} \lambda_{d_2}}{\varphi\left(\frac{d_1 d_2}{(d_1, d_2)} \right)}$$

$$M_4 = \sum_{m \in S_a} \Big\{ \sum_{\substack{1 \leqslant n \leqslant x^{1-a} m^{-1} \\ (n, P_{1,z}) = 1}} \sum_{x^{a_1} \leqslant p \leqslant x^a} 1 + $$

$$\sum_{\substack{x^{1-a} m^{-1} < n \leqslant x^{1-a_1} m^{-1} \\ (n, P_{1,z}) = 1}} \sum_{x^{a_1} \leqslant p \leqslant \frac{x}{mn}} 1 \Big\}$$

$$M_1^* = \sum_{d \leqslant D^2, (d,x) = 1} 3^{\nu(d)} \Bigg\{ \Bigg| \sum_{1 \leqslant a \leqslant x^{1-a}} \tau_d(a) \Bigg(\sum_{\substack{x^{a_1} \leqslant p \leqslant x^a \\ x \equiv ap(\bmod d)}} 1 - \frac{\sum_{x^{a_1} \leqslant p \leqslant x^a} 1}{\varphi(d)} \Bigg) \Bigg| + $$

$$\Bigg| \sum_{x^{1-a} < a \leqslant x^{1-a_1}} \omega_d(a) \Bigg(\sum_{\substack{x^{a_1} \leqslant p \leqslant xa^{-1} \\ x \equiv ap(\bmod d)}} 1 - \frac{\sum_{x^{a_1} \leqslant p \leqslant xa^{-1}} 1}{\varphi(d)} \Bigg) \Bigg| \Bigg\}$$

$$M_2^* = \sum_{d \leqslant D^2, (d,x) = 1} \frac{3^{\nu(d)}}{\varphi(d)} \Bigg\{ \sum_{\substack{1 \leqslant a \leqslant x^{1-a} \\ (a,d) > 1}} \tau(a) x^a + \sum_{\substack{x^{1-a} < a \leqslant x^{1-a_1} \\ (a,d) > 1}} \frac{\omega(a) x}{a} \Bigg\}$$

若 x 是一个大整数,由相关文献[①]得

$$M_3 \leqslant \frac{(8+24\varepsilon)C_x}{\log x} \tag{④}$$

我们有

$$M_4 = \sum_{m \in S_a} \left\{ \sum_{x^{\alpha_1} \leqslant p \leqslant x^{\alpha}} \left(\sum_{\substack{1 \leqslant n \leqslant x^{1-\alpha}m^{-1} \\ (n, P_{1,z})=1}} 1 + \sum_{\substack{x^{1-\alpha}m^{-1} < n \leqslant \frac{x}{pm} \\ (n, P_{1,z})=1}} 1 \right) \right\} =$$

$$\sum_{m \in S_a} \sum_{x^{\alpha_1} \leqslant p \leqslant x^{\alpha}} \sum_{\substack{1 \leqslant n \leqslant \frac{x}{pm} \\ (n, P_{1,z})=1}} 1 \tag{⑤}$$

当 $1 \leqslant a \leqslant x^{1-\alpha}$ 时,$\tau(a) \ll \log x$;当 $x^{1-\alpha} < a \leqslant x^{1-\alpha_1}$ 时,$\omega(a) \ll \log x$. 设 $\sum_d '$ 表示对满足不等式 $3^{\nu(d)} \geqslant (\log x)^{580}, \mu(d) \neq 0$ 的所有正整数 d 求和. 由相关文献[②]中引理 3 及引理 1 得

$$M_1^* \ll (\log x)^{580}(I_1 + I_2) +$$

$$(\log x)^{-570} \sum_{d \leqslant D^2} {}' 3^{2\nu(d)} \left(\sum_{\substack{1 \leqslant n \leqslant x \\ n \equiv x (\bmod d)}} 1 + \frac{x}{\varphi(d)} \right) \ll$$

$$\frac{x}{(\log x)^{400}} \tag{⑥}$$

我们有

$$M_2^* \ll (\log x)^{580} \sum_{d \leqslant D^2} \frac{1}{\varphi(d)} \left\{ \sum_{\substack{1 \leqslant a \leqslant x^{1-\alpha} \\ (a, d) > 1}} \tau(a) x^{\alpha} + \right.$$

$$\left. \sum_{\substack{1 \leqslant a \leqslant x^{1-\alpha_1} \\ (a, d) > 1}} \frac{x\omega(a)}{a} \right\} +$$

$$(\log x)^{-570} \left(\sum_{d \leqslant D^2} {}' \frac{3^{2\nu(d)} x}{\varphi(d)} \right) \ll$$

① Chen Jingrun. Sci. Sin. , 1973,16:157-176.
② H. E. Richert. Mathematika, 1969,16:1-22.

$$(\log x)^{595}\sum_{x^{\varepsilon}\leqslant d_1\leqslant D^2}\frac{x}{d_1^2}+\frac{x}{(\log x)^{400}}\ll$$

$$\frac{x}{(\log x)^{400}} \qquad ⑦$$

由式 ③ ～ ⑦ 得

$$\sum_{m\in S_a}\sum_{x^{a_1}\leqslant p\leqslant x^a}P(x,mp,z)\leqslant$$

$$\left(\frac{(8+30\varepsilon)C_x}{\log x}\right)\sum_{m\in S_a}\sum_{x^{a_1}\leqslant p\leqslant x^a}\sum_{\substack{1\leqslant n\leqslant\frac{x}{mp}\\(n,P_{1,z})=1}}1+O\left(\frac{x}{(\log x)^{398}}\right)$$

$$⑧$$

令

$$Z_1(t)=\frac{1}{t},1\leqslant t\leqslant 2$$

$$(tZ_1(t))'=Z_1(t-1),t>2$$

当 $2\leqslant t\leqslant 3$ 时，由

$$tZ_1(t)=1+\int_2^t Z_1(s-1)\mathrm{d}s$$

得

$$Z_1(t)=\frac{1+\log(t-1)}{t}$$

$$Z'_1(t)=\frac{1-(t-1)\log(t-1)}{t^2(t-1)}$$

设 s 为满足 $\log(s-1)=\frac{1}{s-1}$ 的正实数. 由于

$$\log 1.77>\frac{1}{1.77},\log 1.763<\frac{1}{1.763}$$

故 $2.763<s<2.77$. 因而

$$Z_1(s)=\frac{1}{s-1}<\frac{1}{1.763}$$

当 $2\leqslant t\leqslant s$ 时，$Z'_1(t)\geqslant 0$；当 $s\leqslant t\leqslant 3$ 时，$Z'_1(t)\leqslant$

0. 因此

$$Z_1(t) \leqslant \frac{1}{1.763}, 2 \leqslant t \leqslant 3$$

设 $n \geqslant 3$,假定

$$Z_1(t) \leqslant \frac{1}{1.763}, 1.763 \leqslant t \leqslant n$$

则容易证明

$$Z_1(t) \leqslant \frac{1}{1.763}, n < t \leqslant n+1$$

因此

$$Z_1(t) \leqslant \frac{1}{1.763}, t \geqslant 1.763$$

设 $\varepsilon < \delta < \dfrac{2}{5}$. 令 Q_1 表示只含整数 1 的集合. 令 Q_2 表示由满足下面条件的一些不同正整数 q 构成的集合

$$\mu(q) \neq 0, (q, x) = 1, x^\delta < q \leqslant x^\delta + \frac{x^\delta}{(\log x)^3}$$

若 $p \mid q$,则 $p > x^\varepsilon$,且 Q_2 中 q 的个数 F 远大于 $x^\delta(\log x)^{-4}$. 令 $a_1 = 0, a_2 = \delta, s \geqslant 1, 1 \leqslant m \leqslant 15$. 令 $l_{2j+1} > l_{2j+2}, j = 0, 1, \cdots, m$.

引理 2　当 $s\left|\dfrac{1-a_i}{\dfrac{1}{2}-a_i-\varepsilon} - \displaystyle\sum_{j=0}^{m} \frac{1}{l_{2j+2}}\right| \geqslant 1+\varepsilon$ 时,

有

$$\sum_{q \in Q_i} \prod_{j=0}^{m} \Big(\sum_{q^{\frac{1}{l_{2j+1}}} < p_{j+1} \leqslant q^{\frac{1}{l_{2j+2}}}} P(x, qp_1 \cdots p_{m+1}, \underline{q}^{\frac{1}{s}}) \Big) \leqslant$$

$$\Big(\frac{(8+95\varepsilon)C_x}{\log x} \Big) \Big(\sum_{q \in Q_i} 1 \Big) \Big(\frac{sx^{1-a_i}}{\log x^{\frac{1}{2}-a_i-\varepsilon}} \Big) \cdot$$

$$\int_{(x^{\frac{1}{2}-a_i-\varepsilon})^{\frac{1}{l_1}}}^{(x^{\frac{1}{2}-a_i-\varepsilon})^{\frac{1}{l_2}}} \frac{\mathrm{d}t_1}{t_1 \log t_1} \cdots \int_{(x^{\frac{1}{2}-a_i-\varepsilon})^{\frac{1}{l_{2m+1}}}}^{(x^{\frac{1}{2}-a_i-\varepsilon})^{\frac{1}{l_{2m+2}}}} \frac{\mathrm{d}t_{m+1}}{t_{m+1} \log t_{m+1}} \cdot$$

$$Z_1\left(\frac{s\log \dfrac{x^{1-a_i}}{t_1\cdots t_{m+1}}}{\log x^{\frac{1}{2}-a_i-\varepsilon}}\right)$$

成立.

证明 由相关文献[1]可得

$$\sum_{\substack{1\leqslant n\leqslant x\\ p\,|\,n\to p>y}}1=\left(\frac{x}{\log y}\right)Z_1\left(\frac{\log x}{\log y}\right)+O\left(\frac{x}{(\log y)^2}\right)\quad ⑨$$

其中 $x\leqslant y\leqslant x^{\varepsilon}$. 由式 ⑧⑨ 得

$$\sum_{q\in Q_i}\prod_{j=0}^{m}\left(\sum_{q^{l_{2j+1}}<p_{j+1}\leqslant q^{l_{2j+2}}}P(x,qp_1\cdots p_{m+1},\underline{q}^{\frac{1}{s}})\right)\leqslant$$

$$\left(\frac{(8+90\varepsilon)C_x}{\log x}\right)\left(\sum_{q\in Q_i}1\right)\cdot$$

$$\prod_{j=0}^{m}\left\{\sum_{(x^{\frac{1}{2}-a_i-\varepsilon})^{\frac{1}{l_{2j+1}}}<p_{j+1}\leqslant(x^{\frac{1}{2}-a_i-\varepsilon})^{\frac{1}{l_{2j+2}}}}\left(\frac{x^{1-a_i}}{p_1\cdots p_{m+1}}\right)\cdot\right.$$

$$\left.\left(\frac{s}{\log x^{\frac{1}{2}-a_i-\varepsilon}}\right)Z_1\left(\frac{s\log \dfrac{x^{1-a_i}}{p_1\cdots p_{m+1}}}{\log x^{\frac{1}{2}-a_i-\varepsilon}}\right)\right\}$$

于是引理得证.

我们有

$$\sum_{q\in U_{2\varepsilon}}P(x,q,\underline{q}^{\frac{1}{s}})\geqslant\sum_{q\in U_{2\varepsilon}}\left\{P(x,q,\underline{q}^{\frac{1}{4}})-\right.$$

$$\left.\sum_{\underline{q}^{\frac{1}{4}}<p\leqslant\underline{q}^{\frac{1}{s}}}P(x,qp,p)\right\}-$$

---

① Б. Б. Левин, А. С. Файнлеев. Усиехи Математических Hayk，1967，22；119-196.

$$\left| O\left(\frac{x}{(\log x)^{100}}\right) \right| \qquad ⑩$$

其中 $2 \leqslant s \leqslant 4$. 当 $q \in U_{2\varepsilon}, p \leqslant \underline{q}^{\frac{1}{2}}$ 时,有

$$pq \leqslant \left(\frac{x^{\frac{1}{2}-\varepsilon}}{q}\right)^{\frac{1}{2}} q \leqslant q^{\frac{1}{2}} x^{\frac{1}{4}-\frac{\varepsilon}{2}} \leqslant x^{\frac{1}{2}-1.5\varepsilon}$$

取 $\varepsilon_1 = \dfrac{3\varepsilon}{4}$,则

$$\sum_{q \in U_{2\varepsilon}} P(x, q, \underline{q}^{\frac{1}{s}}) \geqslant \sum_{q \in U_{2\varepsilon}} \left\{ \frac{4 x C_x}{\varphi(q) \log x} \right\} \left\{ \frac{\log 3 + G(4) - \varepsilon}{\log \underline{q}} - \right.$$

$$\sum_{\underline{q}^{\frac{1}{4}} < p \leqslant \underline{q}^{\frac{1}{s}}} \left(\frac{1}{p \log \underline{q}/p} \right) \left(1 - H \frac{\log \underline{q}/p}{\log p} \right) +$$

$$\left. O\left| \left(\frac{(\log \log x)^7}{(\log \underline{q})^{\frac{1}{14}}} \right) \right| \right\} - \left| O\left(\frac{x}{(\log x)^{100}} \right) \right|$$

其中 $2 \leqslant s \leqslant 4$. 由

$$\int_{\underline{q}^{\frac{1}{4}}}^{\underline{q}^{\frac{1}{s}}} \frac{H\left[\dfrac{\log \underline{q}}{\log t} - 1 \right]}{t (\log t)(\log \underline{q}/t)} \mathrm{d}t =$$

$$\int_{\frac{1}{4}}^{\frac{1}{s}} \frac{H\left(\dfrac{1}{\alpha} - 1 \right) \mathrm{d}\alpha}{\alpha (1 - \alpha) \log \underline{q}} = \int_{s-1}^{3} \frac{H(t) \mathrm{d}t}{t \log \underline{q}}$$

及

$$\int_{\underline{q}^{\frac{1}{4}}}^{\underline{q}^{\frac{1}{s}}} \frac{\mathrm{d}t}{t (\log t)(\log \underline{q}/t)} =$$

$$\int_{\frac{1}{4}}^{\frac{1}{s}} \frac{\mathrm{d}\alpha}{\alpha (1 - \alpha) \log \underline{q}} = \frac{\log 3 - \log(s - 1)}{\log \underline{q}}$$

我们有

$$G(s) \geqslant G(4) + \int_{s-1}^{3} \frac{H(t)}{t} \mathrm{d}t - \varepsilon \qquad ⑪$$

其中 $2 \leqslant s \leqslant 4$. 类似可以证得

$$G(4) \geqslant \int_3^4 \frac{H(t)}{t} \mathrm{d}t - \varepsilon \qquad ⑫$$

$$H(s) \geqslant \int_{s-1}^4 \frac{G(t)}{t} \mathrm{d}t - \varepsilon \qquad ⑬$$

其中 $3 \leqslant s \leqslant 5$.

引理 3

$$H(2.5) \geqslant 0.010\ 18 + (0.204\ 4)(H(2.2)) +$$

$$(0.036\ 37)\left(H\left(\frac{7}{3}\right)\right) +$$

$$(0.057\ 24)(H(2.7)) +$$

$$(0.058\ 12)(H(2.9)) +$$

$$(0.029\ 25)(H(3))$$

$$H(2.7) \geqslant 0.005\ 41 + (0.202)(H(2.2)) +$$

$$(0.035\ 26)\left(H\left(\frac{7}{3}\right)\right) +$$

$$(0.045\ 37)(H(2.5)) +$$

$$(0.056\ 82)(H(2.9)) +$$

$$(0.028\ 65)(H(3))$$

$$H(2.9) \geqslant 0.000\ 786 + (0.200\ 29)(H(2.2)) +$$

$$(0.034\ 58)\left(H\left(\frac{7}{3}\right)\right) +$$

$$(0.044\ 56)(H(2.5)) +$$

$$(0.054\ 9)(H(2.7)) +$$

$$(0.028\ 23)(H(3))$$

证明　我们有

$$\int_{y^{\frac{1}{\alpha}}}^{y^{\frac{1}{\beta}}} \frac{\mathrm{d}t}{t\log t} \int_t^{y^{\frac{1}{\beta}}} \frac{\mathrm{d}s}{s(\log s)^2} \int_s^{y^{\frac{1}{\beta}}} \frac{\mathrm{d}r}{r\log r} =$$

$$\frac{2(\beta - \alpha) + (\alpha + \beta)\log(\alpha/\beta)}{\log y} \qquad ⑭$$

$$\int_2^{2.1} \frac{\log(t-1)}{t} \mathrm{d}t \leqslant$$

$$\left(\frac{1}{2.05}\right)(1.1\log 1.1 - 0.1 + \Delta) \leqslant$$

$$0.002\ 343\ 2 \qquad\qquad ⑮$$

其中

$$\Delta = 2\int_1^{1.1} \frac{(1.05-t)(t-1)}{(1+t)^2} \mathrm{d}t \leqslant -0.000\ 037\ 7$$

$$\int_{2.1}^{2.3} \frac{\log(t-1)}{t} \mathrm{d}t \leqslant$$

$$\left(\frac{1}{2.2}\right)(1.3\log 1.3 - 1.1\log 1.1 - 0.2 + \Delta) \leqslant$$

$$0.016\ 366\ 6$$

其中

$$\Delta = 2\int_{1.1}^{1.3} \frac{(1.2-t)(t-1)}{(1+t)^2} \mathrm{d}t \leqslant -0.000\ 226$$

$$\int_{2.3}^{2.5} \frac{\log(t-1)}{t} \mathrm{d}t \leqslant$$

$$\left(\frac{1}{2.4}\right)(1.5\log 1.5 - 1.3\log 1.3 - 0.2 + \Delta) \leqslant$$

$$0.027\ 903\ 9$$

其中

$$\Delta = 2\int_{1.3}^{1.5} \frac{(1.4-t)(t-1)}{(1+t)^2} \mathrm{d}t \leqslant -0.000\ 154\ 8$$

于是可得

$$\int_2^{2.3} \frac{\log(t-1)}{t} \mathrm{d}t \leqslant 0.018\ 71 \qquad ⑯$$

$$\int_2^{2.5} \frac{\log(t-1)}{t} \mathrm{d}t \leqslant 0.046\ 614 \qquad ⑰$$

我们有

$$\int_{1.5}^{2.5} \frac{\log\left(2.5 - \dfrac{3.5}{t+1}\right)}{t} \mathrm{d}t \geqslant$$

$$0.027\ 419 + \Delta_1 + 0.064\ 194 + \Delta_2 \geqslant$$

$$0.134\ 054 \qquad \qquad ⑱$$

其中

$$\Delta_1 = 2\int_{1.5}^{2} \frac{14t - 21}{t(36t + 1)} \mathrm{d}t \geqslant 0.028\ 865$$

$$\Delta_2 = 2\int_{2}^{2.5} \frac{3.5t - 7}{t(11.5t + 1)} \mathrm{d}t \geqslant 0.013\ 577$$

$$\int_{1.7}^{2.3} \frac{\log\left(2.3 - \dfrac{3.3}{t+1}\right)}{t} \mathrm{d}t \geqslant$$

$$0.022\ 641 + \Delta \geqslant 0.052\ 279 \qquad ⑲$$

其中

$$\Delta = 2\int_{1.7}^{2.5} \frac{110t - 187}{t(304t + 7)} \mathrm{d}t \geqslant 0.029\ 638$$

$$\int_{1.9}^{2.1} \frac{\log\left(2.1 - \dfrac{3.1}{t+1}\right)}{t} \mathrm{d}t \geqslant 0.006\ 349 \qquad ⑳$$

令 $s = 6 - r - \dfrac{6-r}{t+1}$. 由

$$t + 1 = \frac{6-r}{6-r-s}, \frac{\mathrm{d}t}{t} = \frac{\mathrm{d}s}{s\left(1 - \dfrac{s}{6-r}\right)}$$

可得

$$\int_{r-1}^{5-r} \frac{G\left(6 - r - \dfrac{6-r}{t+1}\right)}{t} \mathrm{d}t = \int_{7-r-\frac{6}{r}}^{5-r} \frac{G(s)\mathrm{d}s}{s\left(1 - \dfrac{s}{6-r}\right)} \qquad ㉑$$

其中 $2 \leqslant r \leqslant 3$.

由式 ⑪ 可得

$$\int_{2.1}^{2.5} \frac{G(t)}{2t\left(1-\dfrac{t}{3.5}\right)}\mathrm{d}t \geqslant$$

$$(0.255\ 412)(G(4))+$$

$$(0.097\ 82)(H(2.2))+$$

$$(0.015\ 02)\left(H\left(\frac{7}{3}\right)\right)+$$

$$(0.017\ 62)(H(2.5))+$$

$$(0.019\ 655)(H(2.7))+$$

$$(0.018\ 25)(H(2.9))+$$

$$(0.008\ 65)(H(3))+\Delta \qquad ㉒$$

其中

$$\Delta=\{H(2)\}\int_{2.1}^{2.5} \frac{2.5-t}{t\left(1-\dfrac{t}{3.5}\right)\left(t+\dfrac{1}{2}\right)}\mathrm{d}t \geqslant$$

$$0.036\ 365H(2.2)$$

若 $2.5 \leqslant r \leqslant 3$,则有

$$2\sum_{q \in Q_i} P(x,q,\underline{q}^{\frac{1}{r}}) \leqslant \sum_{q \in Q_i}(M_{q,1}+M_{q,2}) \qquad ㉓$$

其中 $i=1$ 或 $i=2$,且

$$M_{q,1}=2P(x,q,\underline{q}^{\frac{1}{6-r}})-\sum_{\underline{q}^{\frac{1}{6-r}}<p\leqslant \underline{q}^{\frac{1}{r}}} P(x,qp,\underline{q}^{\frac{1}{6-r}})$$

$$M_{q,2}=\sum_{\underline{q}^{\frac{1}{6-r}}<p_1<p_2\leqslant \underline{q}^{\frac{1}{r}}} P(x,p_1p_2q,p_1)-$$

$$\sum_{\underline{q}^{\frac{1}{6-r}}<p\leqslant \underline{q}^{\frac{1}{r}}} P(x,pq,p)$$

我们有

$$M_{q,2}=\sum_{\underline{q}^{\frac{1}{6-r}}<p_1<p_2<p_3\leqslant \underline{q}^{\frac{1}{r}}} P(x,p_1p_2p_3q,p_2)$$

由 $r \geqslant 2.5$ 得

$$\left(\frac{1}{2r}\right)^{-1}\left(1-\frac{3}{2r}\right)\geqslant 2$$

于是由式 ⑭ 及引理 2 可得

$$\sum_{q\in Q_i}M_{q,2}\leqslant\left(\frac{4x^{1-a_i}C_x}{\log x}\right)\sum_{q\in Q_i}\left(\frac{1}{\log \underline{q}}\right)\left(\frac{2}{1.763}\right)\cdot$$
$$\left(4r-12+6\log\frac{6-r}{r}\right)\qquad ㉔$$

又

$$\sum_{q\in Q_i}M_{q,1}\leqslant\left(\frac{4x^{1-a_i}C_x}{\log x}\right)\sum_{q\in Q_i}\left\{\left(\frac{1}{\log \underline{q}}\right)\cdot\right.$$
$$\left(2+2\int_{2}^{5-r}\frac{\log(t-1)}{t}\mathrm{d}t+\varepsilon-\right.$$
$$2H(6-r)\Big)-\sum_{\underline{q}^{\frac{1}{6-r}}<p\leqslant\underline{q}^{\frac{1}{r}}}\left(\frac{1}{p\log \underline{q}/p}\right)\cdot$$
$$\left(\log\left(5-r-\frac{(6-r)\log p}{\log \underline{q}}\right)+\right.$$
$$\left.\left.G\left(6-r-\frac{(6-r)\log p}{\log \underline{q}}\right)\right)\right\}$$

由

$$\sum_{\underline{q}^{\frac{1}{6-r}}<p\leqslant\underline{q}^{\frac{1}{r}}}\frac{\log\left(5-r-\frac{(6-r)\log p}{\log \underline{q}}\right)+G\left(6-r-\frac{(6-r)\log p}{\log \underline{q}}\right)}{p\log \underline{q}/p}\geqslant$$
$$\left(\frac{1-\varepsilon}{\log \underline{q}}\right)\left[\int_{r-1}^{5-r}\frac{\log\left(5-r-\frac{6-r}{t+1}\right)+G\left(6-r-\frac{6-r}{t+1}\right)}{t}\mathrm{d}t\right]$$

知，下式成立

$$\sum_{q\in Q_i}M_{q,1}\leqslant\left(\frac{4x^{1-a_i}C_x}{\log x}\right)\sum_{q\in Q_i}\left(\frac{1}{\log \underline{q}}\right)\cdot$$
$$\left\{2+2\int_{2}^{5-r}\frac{\log(t-1)}{t}\mathrm{d}t+\right.$$

$$2\varepsilon - 2H(6-r) -$$

$$\int_{r-1}^{5-r} \frac{\log\left(5-r-\dfrac{6-r}{t+1}\right)}{t}\mathrm{d}t -$$

$$\left.\int_{r-1}^{5-r} \frac{G\left(6-r-\dfrac{6-r}{t+1}\right)}{t}\mathrm{d}t\right\} \qquad ㉕$$

由 ㉓ ～ ㉕ 得

$$\sum_{q\in Q_i} P(x,q,\underline{q}^{\frac{1}{r}}) \leqslant \left(\frac{4x^{1-a_i}C_x}{\log x}\right)\sum_{q\in Q_i}\left(\frac{1}{\log \underline{q}}\right)\cdot$$

$$\left\{1+\int_2^{5-r}\frac{\log(t-1)}{t}\mathrm{d}t +\right.$$

$$\left(\frac{1}{1.763}\right)\left(4r-12+6\log\frac{6-r}{r}\right) -$$

$$\int_{r-1}^{5-r}\frac{1}{2t}\Big[\log\Big(5-r-\frac{6-r}{t+1}\Big) +$$

$$G\Big(6-r-\frac{6-r}{t+1}\Big)\Big]\mathrm{d}t -$$

$$\left. H(6-r)+\varepsilon\right\}$$

因而我们得到

$$H(r) \geqslant H(6-r) + \sum(r) +$$

$$\int_{r-1}^{5-r}\frac{G\Big(6-r-\dfrac{6-r}{t+1}\Big)}{2t}\mathrm{d}t - 2\varepsilon \qquad ㉖$$

其中 $2.5 \leqslant r \leqslant 3$，且

$$\sum(r) = \int_{r-1}^{5-r}\frac{\log\Big(5-r-\dfrac{6-r}{t+1}\Big)}{2t}\mathrm{d}t -$$

$$\int_2^{5-r}\frac{\log(t-1)}{t}\mathrm{d}t -$$

$$\frac{4r - 12 + 6\log\dfrac{6-r}{r}}{1.763}$$

由式 ⑰ 及 ⑱ 得

$$\sum(2.5) \geqslant \int_{1.5}^{2.5} \frac{\log\left(2.5 - \dfrac{3.5}{t+1}\right)}{2t} \mathrm{d}t -$$

$$\int_{2}^{2.5} \frac{\log(t-1)}{t} \mathrm{d}t -$$

$$\frac{6\log\dfrac{3.5}{2.5} - 2}{1.763} \geqslant 0.009\ 73 \qquad ㉗$$

由式 ⑯ 及 ⑲ 得

$$\sum(2.7) \geqslant \int_{1.7}^{2.3} \frac{\log\left(2.3 - \dfrac{3.3}{t+1}\right)}{2t} \mathrm{d}t -$$

$$\int_{2}^{2.3} \frac{\log(t-1)}{t} \mathrm{d}t -$$

$$\frac{6\log\dfrac{3.3}{2.7} - 1.2}{1.763} \geqslant 0.005\ 13 \qquad ㉘$$

由式 ⑮ 及 ⑳ 得

$$\sum(2.9) \geqslant \int_{1.9}^{2.1} \frac{\log\left(2.1 - \dfrac{3.1}{t+1}\right)}{2t} \mathrm{d}t -$$

$$\int_{2}^{2.1} \frac{\log(t-1)}{t} \mathrm{d}t -$$

$$\frac{6\log\dfrac{3.1}{2.9} - 0.4}{1.763} \geqslant 0.000\ 745 \qquad ㉙$$

由式 ⑫ 及 ⑬ 得

$$G(4) \geqslant \int_{3}^{4} \frac{H(t)}{t} \mathrm{d}t - \varepsilon \geqslant$$

148

$$\int_3^4 \frac{\mathrm{d}t}{t} \int_{t-1}^4 \frac{G(s)}{s} \mathrm{d}s - 2\varepsilon \geqslant$$

$$(G(4))M_1 + M_2 - 3\varepsilon$$

其中

$$M_1 = \int_3^4 \frac{\log \dfrac{4}{t-1}}{t} \mathrm{d}t \geqslant$$

$$\left(\log \frac{4}{3}\right)^2 + 2\int_3^4 \frac{4-t}{t(2+t)} \mathrm{d}t \geqslant$$

$$0.139\ 55$$

$$M_2 = \int_3^4 \frac{\mathrm{d}t}{t} \int_{t-1}^4 \frac{\mathrm{d}s}{s} \int_{s-1}^3 \frac{H(r)}{r} \mathrm{d}r =$$

$$\int_1^2 \frac{H(r)}{r} \mathrm{d}r \int_3^{r+2} \frac{\log \dfrac{r+1}{t-1}}{t} \mathrm{d}t +$$

$$\int_2^3 \frac{H(r)}{r} \mathrm{d}r \int_3^4 \frac{\log \dfrac{r+1}{t-1}}{t} \mathrm{d}t =$$

$$M_3 + M_4$$

$$M_3 \geqslant (H(2)) \int_1^2 \frac{\mathrm{d}r}{r} \int_3^{r+2} \frac{2(r-t+2)}{t(r+t)} \mathrm{d}t \geqslant$$

$$\left(\frac{H(2)}{3}\right) \int_1^2 \left\{\frac{(r-1)^2}{r(r+3)}\right\} \left(1 - \frac{r-1}{9} - \frac{r-1}{9+3r}\right) \mathrm{d}r$$

由

$$\int_1^2 \frac{(r-1)^2}{r(r+3)} \mathrm{d}r = \frac{1}{30} + \left(\frac{1}{3}\right) \int_1^2 \left(\frac{1}{r} + \frac{1}{r+3}\right) \left\{\frac{(r-1)^3}{r(r+3)}\right\} \mathrm{d}r$$

得到

$$M_3 \geqslant \left(\frac{H(2)}{3}\right) \left(\frac{1}{30} + \frac{1}{720}\right) \geqslant 0.011\ 57 H(2)$$

$$M_4 = \int_2^3 \frac{H(r)}{r} \mathrm{d}r \int_3^4 \frac{\log \dfrac{r+1}{3}}{t} \mathrm{d}t +$$

$$\int_2^3 \frac{H(r)}{r} \mathrm{d}r \int_3^4 \frac{\log \dfrac{3}{t-1}}{t} \mathrm{d}t \geqslant$$

$$\left(\log \frac{4}{3}\right) \int_2^3 \frac{2(r-2)H(r)}{r(r+4)} \mathrm{d}r +$$

$$2\int_2^3 \frac{H(r)}{r} \mathrm{d}r \int_3^4 \frac{4-t}{t(2+t)} \mathrm{d}t \geqslant$$

$$0.006\ 29 H(2.2) + 0.004\ 77 H\left(\frac{7}{3}\right) +$$

$$0.006\ 48 H(2.5) + 0.008\ 38 H(2.7) +$$

$$0.008\ 88 H(2.9) + 0.004\ 59 H(3)$$

因此我们得到

$$G(4) \geqslant \left(\frac{1}{0.860\ 5}\right) \{0.017\ 86 H(2.2) +$$

$$0.004\ 77 H\left(\frac{7}{3}\right) + 0.006\ 48 H(2.5) +$$

$$0.008\ 38 H(2.7) + 0.008\ 88 H(2.9) +$$

$$0.004\ 59 H(3)\} \qquad ㉚$$

由式 ⑪ 得

$$\int_3^4 \frac{G(t)}{t} \mathrm{d}t \geqslant \left(\log \frac{4}{3}\right)(G(4)) + \int_3^4 \frac{\mathrm{d}t}{t} \int_{t-1}^3 \frac{H(s)}{s} \mathrm{d}s - \varepsilon =$$

$$\left(\log \frac{4}{3}\right)(G(4)) + \int_2^3 \frac{H(s)}{s} \mathrm{d}s \int_3^{s+1} \frac{\mathrm{d}t}{t} - \varepsilon \geqslant$$

$$\left(\log \frac{4}{3}\right)(G(4)) + (0.003\ 059)(H(2.2)) +$$

$$(0.004\ 991)\left(H\left(\frac{7}{3}\right)\right) + (0.008\ 93)(H(2.5)) +$$

$$(0.013\ 95)(H(2.7)) + (0.016\ 78)(H(2.9)) +$$

$$(0.009\ 26)(H(3)) \qquad ㉛$$

$$\int_{2.5}^3 \frac{G(t)}{t} \mathrm{d}t \geqslant \left(\log \frac{3}{2.5}\right)(G(4)) + \int_{2.5}^3 \frac{\mathrm{d}t}{t} \int_{t-1}^3 \frac{H(s)}{s} \mathrm{d}s - \varepsilon \geqslant$$

$$\left(\log\frac{3}{2.5}\right)(G(4))+\int_{2.5}^{3}\frac{\mathrm{d}t}{t}\int_{2}^{3}\frac{H(s)}{s}\mathrm{d}s+$$

$$(H(2))\int_{2.5}^{3}\frac{\log\dfrac{2}{t-1}}{t}\mathrm{d}t-\varepsilon\geqslant$$

$$(\log 1.2)(G(4))+$$

$$(0.017\,37)(H(2.2))+$$

$$(0.010\,72)\left(H\left(\frac{7}{3}\right)\right)+$$

$$(0.012\,57)(H(2.5))+$$

$$(0.014\,03)(H(2.7))+$$

$$(0.013\,02)(H(2.9))+$$

$$(0.006\,18)(H(3))+\Delta \qquad\qquad ㉜$$

其中

$$\Delta=(H(2))\left(-2\log\frac{4}{3.5}+6\log 1.2-6\log\frac{4}{3.5}\right)\geqslant$$

$$(0.025\,671)(H(2))$$

当 $3.1\leqslant r\leqslant 3.5$ 时,我们有

$$H(r)\geqslant\int_{2.5}^{4}\frac{G(t)}{t}\mathrm{d}t+\int_{r-1}^{2.5}\frac{G(t)}{t}\mathrm{d}t-\varepsilon \qquad ㉝$$

我们有

$$\int_{2.3}^{2.5}\frac{G(t)}{t}\mathrm{d}t+\int_{\frac{187}{90}}^{2.3}\frac{G(t)}{2t\left(1-\dfrac{t}{3.3}\right)}\mathrm{d}t\geqslant$$

$$\left\{\log\frac{2.5}{2.3}+\int_{\frac{187}{90}}^{2.3}\frac{\mathrm{d}t}{2t\left(1-\dfrac{t}{3.3}\right)}\right\}\cdot$$

$$\left\{G(4)+\int_{1.5}^{3}\frac{H(t)}{t}\mathrm{d}t\right\}+$$

$$\{H(2)\}\left\{\int_{2.3}^{2.5}\frac{2(2.5-t)}{t\left(t+\dfrac{1}{2}\right)}\mathrm{d}t+\right.$$

$$\left.\int_{\frac{187}{90}}^{2.3} \frac{5-2t}{2t\left(1-\dfrac{t}{3.3}\right)\left(t+\dfrac{1}{2}\right)}\mathrm{d}t\right\}-\varepsilon \geqslant$$

$$(0.234\ 52)(G(4))+(0.089\ 82)(H(2.2))+$$

$$(0.013\ 79)\left(H\left(\frac{7}{3}\right)\right)+(0.016\ 18)(H(2.5))+$$

$$(0.018\ 04)(H(2.7))+(0.016\ 75)(H(2.9))+$$

$$(0.007\ 95)(H(3))+\Delta \qquad\qquad ㉞$$

其中

$$\Delta=\{H(2)\}\left\{10\log\frac{2.5}{2.3}-12\log\frac{3}{2.8}+5\log\frac{(23)(9)}{187}-\right.$$

$$\left.\left(\frac{4}{19}\right)\left(\log\frac{11}{9}\right)-\left(\frac{99}{19}\right)\left(\log\frac{63}{58}\right)\right\}\geqslant 0.040\ 83 H(2)$$

我们有

$$\int_{2.1}^{2.5}\frac{G(t)}{t}\mathrm{d}t+\int_{2\frac{9}{290}}^{2.1}\frac{G(t)}{2t\left(1-\dfrac{t}{3.1}\right)}\mathrm{d}t\geqslant$$

$$\left[\log\frac{2.5}{2.1}+\frac{\log\dfrac{2.1}{1.9}}{2}\right]\left(G(4)+\int_{1.5}^{3}\frac{H(t)}{t}\mathrm{d}t\right)+$$

$$\{H(2)\}\left\{\int_{2.1}^{2.5}\frac{5-2t}{t\left(t+\dfrac{1}{2}\right)}\mathrm{d}t+\right.$$

$$\left.\int_{2\frac{9}{290}}^{2.1}\frac{2.5-t}{t\left(1-\dfrac{t}{3.1}\right)\left(t+\dfrac{1}{2}\right)}\mathrm{d}t\right\}-\varepsilon\geqslant$$

$$(0.224\ 39)(G(4))+(0.085\ 94)(H(2.2))+$$

$$(0.013\ 2)\left(H\left(\frac{7}{3}\right)\right)+(0.015\ 48)(H(2.5))+$$

$$(0.017\ 26)(H(2.7))+(0.016\ 03)(H(2.9))+$$

$$(0.007\ 6)(H(3))+\Delta \qquad\qquad ㉟$$

其中

$$\Delta = \{H(2)\} \left\{ 10\log\frac{2.5}{2.1} - 12\log\frac{3}{2.6} + \right.$$

$$\int_{2\frac{9}{290}}^{2.1} \left(\frac{5}{t} - \frac{1}{18.6\left(1 - \dfrac{t}{3.1}\right)} - \right.$$

$$\left. \frac{31}{6\left(t + \dfrac{1}{2}\right)} \right) \left. dt \right\} \geqslant 0.043\ 27H(2)$$

由式 ㉛ 及 ㉜ 得

$$\int_{2.5}^{4} \frac{G(t)}{t}dt \geqslant (\log 1.6)(G(4)) +$$

$$(0.046\ 09)(H(2.2)) +$$

$$(0.015\ 71)\left(H\left(\frac{7}{3}\right)\right) +$$

$$(0.021\ 5)(H(2.5)) +$$

$$(0.027\ 98)(H(2.7)) +$$

$$(0.029\ 8)(H(2.9)) +$$

$$(0.015\ 44)(H(3)) \qquad ㊱$$

由式 ㉖㉗㉑㉒㊱㉝㉚，我们得到

$$H(2.5) \geqslant 0.009\ 73 + \int_{2.5}^{4} \frac{G(t)}{t}dt +$$

$$\int_{2.1}^{2.5} \frac{G(t)}{2t\left(1 - \dfrac{t}{3.5}\right)}dt - 3\varepsilon \geqslant$$

$$0.009\ 73 + (0.195\ 29)(H(2.2)) +$$

$$(0.034\ 75)\left(H\left(\frac{7}{3}\right)\right) +$$

$$(0.044\ 58)(H(2.5)) +$$

$$(0.054\ 69)(H(2.7)) +$$

$$(0.055\ 53)(H(2.9)) +$$

$$(0.027\ 95)(H(3))$$

于是引理 3 第一式得证.

由式 ⑳㉘㉑㉝㊱㉞㉚ 得

$$H(2.7) \geqslant 0.005\ 13 + (0.191\ 32)(H(2.2)) +$$

$$(0.033\ 4)\left(H\left(\frac{7}{3}\right)\right) +$$

$$(0.042\ 98)(H(2.5)) +$$

$$(0.052\ 88)(H(2.7)) +$$

$$(0.053\ 82)(H(2.9)) +$$

$$(0.027\ 14)(H(3))$$

于是引理 3 第二式得证.

由式 ⑳㉙㉑㉝㉟㊱㉚ 得

$$H(2.9) \geqslant 0.000\ 745 + (0.189\ 68)(H(2.2)) +$$

$$(0.032\ 75)\left(H\left(\frac{7}{3}\right)\right) +$$

$$(0.042\ 2)(H(2.5)) +$$

$$(0.052)(H(2.7)) +$$

$$(0.052\ 99)(H(2.9)) +$$

$$(0.026\ 74)(H(3))$$

于是引理 3 第三式得证.

引理 4

$$H\left(\frac{7}{3}\right) \geqslant 0.014\ 11 + (0.158\ 47)(H(2.2)) +$$

$$(0.043\ 53)(H(2.5)) +$$

$$(0.053\ 65)(H(2.7)) +$$

$$(0.054\ 68)(H(2.9)) +$$

$$(0.027\ 59)(H(3))$$

证明 我们有

$$\int_{y^{\frac{1}{\alpha}}}^{y^{\frac{1}{\beta}}} \frac{\mathrm{d}t}{t\,(\log t)^2} \int_{t}^{y^{\frac{1}{\beta}}} \frac{\mathrm{d}s}{s\log s} =$$

$$(\log y)^{-1}\left(\beta - \alpha + \alpha\log\frac{\alpha}{\beta}\right) \qquad ㊲$$

$$\int_{y^{\frac{1}{\alpha}}}^{y^{\frac{1}{\beta}}} \frac{\mathrm{d}t}{t\log t} \int_{t}^{y^{\frac{1}{\beta}}} \frac{\mathrm{d}s}{s\,(\log s)^2} = \frac{\alpha - \beta - \beta\log\dfrac{\alpha}{\beta}}{\log y} \qquad ㊳$$

$$\int_{y^{\frac{1}{\alpha}}}^{y^{\frac{1}{\beta}}} \frac{\mathrm{d}t}{t\log t} \int_{t}^{y^{\frac{1}{\beta}}} \frac{\mathrm{d}s}{s\log s} \int_{s}^{y^{\frac{1}{\beta}}} \frac{\mathrm{d}r}{r\,(\log r)^2} \int_{r}^{y^{\frac{1}{\beta}}} \frac{\mathrm{d}u}{u\log u} =$$

$$\left(\frac{1}{\log y}\right)\left\{3(\beta - \alpha) + (\alpha + 2\beta)\left(\log\frac{\alpha}{\beta}\right) + \left(\frac{\beta}{2}\right)\left(\log\frac{\alpha}{\beta}\right)^2\right\}$$

$$㊵$$

若 $m > n$,则

$$\int_{\frac{1}{m}}^{\frac{1}{n}} \frac{\mathrm{d}u}{u} \int_{u}^{\frac{1}{n}} \frac{\mathrm{d}v}{v(1 - u - v)} =$$

$$\int_{\frac{1}{m}}^{\frac{1}{n}} \frac{\mathrm{d}v}{v} \int_{\frac{1}{m}}^{v} \frac{\mathrm{d}u}{u(1 - u - v)} =$$

$$\int_{\frac{1}{m}}^{\frac{1}{n}} \frac{\log(m - 1 - mv) - \log\dfrac{1 - 2v}{v}}{v(1 - v)}\mathrm{d}v$$

其中 m,n 是正整数. 令 $v = \dfrac{1}{s + 1}$,则

$$\frac{\mathrm{d}v}{v(1 - v)} = -\frac{\mathrm{d}s}{s}, \frac{1 - 2v}{v} = s - 1$$

因而

$$\int_{\frac{1}{m}}^{\frac{1}{n}} \frac{\mathrm{d}v}{v} \int_{v}^{\frac{1}{n}} \frac{\mathrm{d}u}{u(1 - u - v)} =$$

$$\int_{n-1}^{m-1} \frac{\log\left(m - 1 - \dfrac{m}{s + 1}\right) - \log(s - 1)}{s}\mathrm{d}s \qquad ㊿$$

若 $5 \geqslant \omega > u, m > n > 2$,则

$$\int_{\frac{1}{m}}^{\frac{1}{n}} \frac{\mathrm{d}r}{r} \int_{\frac{1}{\omega}}^{\frac{1}{u}} \frac{\mathrm{d}s}{s(1-r-s)} =$$

$$\int_{n-1}^{m-1} \frac{\log\left(\omega - 1 - \dfrac{\omega}{t+1}\right) - \log\left(u - 1 - \dfrac{u}{t+1}\right)}{t} \mathrm{d}t \quad ⑪$$

我们有

$$\int_{2.5}^{2.75} \frac{\log(t-1)}{t} \mathrm{d}t =$$

$$\left(\frac{1}{2.625}\right)\left\{\int_{1.5}^{1.75} \log t\,\mathrm{d}t + \right.$$

$$\int_{1.5}^{1.75} \frac{(1.625-t)\left(\log 1.5 + \log \dfrac{t}{1.5}\right)}{1+t} \mathrm{d}t \right\} \leqslant$$

$$\left(\frac{1}{2.625}\right)\left\{1.75\log \frac{1.75}{1.5} - 0.75 + 11.25\log \frac{3.25}{3} - \right.$$

$$26.25\left(\log \frac{2.75}{2.5} - \log \frac{3.25}{3}\right)\right\} +$$

$$(\log 1.5)(\log 1.1) \leqslant$$

$$0.046\ 063\ 4 \quad ⑫$$

$$\int_{2.75}^{3} \frac{\log(t-1)}{t} \mathrm{d}t =$$

$$\left(\frac{1}{2.875}\right)\left\{\int_{1.75}^{2} \log t\,\mathrm{d}t + \right.$$

$$\int_{1.75}^{2} \frac{(1.875-t)(\log t)}{1+t} \mathrm{d}t\right\} \leqslant$$

$$\left(\frac{1}{2.875}\right)\left\{2\log \frac{2}{1.75} - 0.75 + 12.75\log \frac{3.75}{3.5} - \right.$$

$$\left(\frac{15.812\ 5}{0.75}\right)\left(\log \frac{3}{2.75} - \log \frac{3.75}{3.5}\right)\right\} +$$

$$(\log 1.75)\left(\log \frac{3}{2.75}\right) \leqslant 0.054\ 547\ 7 \quad ⑬$$

由式 ⑰⑫⑬ 我们有

156

$$\int_2^3 \frac{\log(t-1)}{t}\mathrm{d}t \leqslant 0.147\ 225\ 1 \qquad ㊹$$

$$\int_2^3 \frac{\log\left(3-\dfrac{4}{t+1}\right)}{t}\mathrm{d}t \geqslant 0.207\ 121\ 9 + \Delta \geqslant 0.246\ 191$$

$$㊺$$

其中

$$\Delta = 2\int_2^3 \frac{4t-8}{t(14t+2)}\mathrm{d}t \geqslant 0.039\ 069\ 1$$

我们有

$$\int_{1.6}^2 \frac{\log\left(3-\dfrac{4}{t+1}\right)}{t}\mathrm{d}t =$$

$$\left(\log\frac{19}{13}\right)\left(\log\frac{5}{4}\right) + \int_{1.6}^2 \frac{\log\dfrac{39t-13}{19t+19}}{t}\mathrm{d}t \geqslant$$

$$0.084\ 680\ 6 + \Delta \geqslant$$

$$0.099\ 797 \qquad ㊻$$

其中

$$\Delta = 2\int_{1.6}^2 \frac{20t-32}{t(58t+6)}\mathrm{d}t \geqslant 0.145\ 464\ 4 - 0.130\ 348$$

当 $i=1$ 或 2 时,我们有

$$3\sum_{q\in Q_i}P(x,q,\underline{q}^{\frac{3}{7}}) \leqslant \sum_{q\in Q_i}(M_{q,3}+M_{q,4}) \qquad ㊼$$

其中

$$M_{q,3} = 3P(x,q,\underline{q}^{\frac{1}{4}}) - \sum_{\underline{q}^{\frac{1}{4}}<p\leqslant\underline{q}^{\frac{3}{7}}}P(x,pq,\underline{q}^{\frac{1}{4}}) -$$

$$\sum_{\underline{q}^{\frac{1}{4}}<p\leqslant\underline{q}^{\frac{1}{3}}}P(x,pq,\underline{q}^{\frac{1}{4}}) +$$

$$\sum_{\underline{q}^{\frac{1}{4}}<p_1<p_2\leqslant\underline{q}^{\frac{1}{3}}}P(x,p_1p_2q,\underline{q}^{\frac{1}{4}})$$

$$M_{q,4} = \sum_{q^{\frac{1}{4}} < p_1 < p_2 \leqslant q^{\frac{3}{7}}} P(x, p_1 p_2 q, p_1) - \sum_{q^{\frac{1}{4}} < p \leqslant q^{\frac{3}{7}}} P(x, pq, p) -$$

$$\sum_{q^{\frac{1}{4}} < p_1 < p_2 < p_3 \leqslant q^{\frac{1}{3}}} P(x, p_1 p_2 p_3 q, p_1) -$$

$$\sum_{q^{\frac{1}{3}} < p \leqslant q^{\frac{3}{7}}} P(x, pq, p)$$

我们有

$$M_{q,4} \leqslant \sum_{q^{\frac{1}{4}} < p_1 < p_2 \leqslant q^{\frac{1}{3}} < p_3 \leqslant q^{\frac{3}{7}}} P(x, p_1 p_2 p_3 q, p_2) +$$

$$\sum_{q^{\frac{1}{4}} < p_1 \leqslant q^{\frac{1}{3}} < p_2 < p_3 \leqslant q^{\frac{3}{7}}} P(x, p_1 p_2 p_3 q, p_2) +$$

$$\sum_{q^{\frac{1}{3}} < p_1 < p_2 < p_3 < p_4 \leqslant q^{\frac{3}{7}}} P(x, p_1 p_2 p_3 p_4 q, p_3)$$

$$\sum_{q \in Q_i} M_{q,3} \leqslant \left(\frac{4 x^{1-a_i} C_x}{\log x} \right) \sum_{q \in Q_i} \left(\frac{1}{\log q} \right) \cdot$$

$$\left\{ 3 + 3 \int_2^3 \frac{\log(t-1)}{t} \mathrm{d}t + 2\varepsilon - \right.$$

$$\int_{\frac{4}{3}}^3 \frac{\log\left(3 - \frac{4}{t+1}\right)}{t} \mathrm{d}t -$$

$$\int_2^3 \frac{\log\left(3 - \frac{4}{t+1}\right)}{t} \mathrm{d}t +$$

$$\int_{\frac{1}{4}}^{\frac{1}{3}} \frac{\mathrm{d}\alpha}{\alpha} \int_\alpha^{\frac{1}{3}} \frac{1 - H(2)}{\beta(1-\alpha-\beta)} \mathrm{d}\beta - 3H(4) -$$

$$\left. \int_{\frac{4}{3}}^3 \frac{G\left(4 - \frac{4}{t+1}\right)}{t} \mathrm{d}t - \int_2^3 \frac{G\left(4 - \frac{4}{t+1}\right)}{t} \mathrm{d}t \right\}$$

由式 ④ 我们有

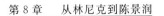

$$\int_{\frac{1}{4}}^{\frac{1}{3}} \frac{\mathrm{d}\alpha}{\alpha} \int_{\alpha}^{\frac{1}{3}} \frac{\mathrm{d}\beta}{\beta(1-\alpha-\beta)} = \int_{2}^{3} \frac{\log\left(3-\dfrac{4}{t+1}\right) - \log(t-1)}{t}\mathrm{d}t$$

因而有

$$\sum_{q \in Q_i} M_{q,3} \leqslant \left(\frac{4x^{1-a_i}C_x}{\log x}\right) \sum_{q \in Q_i} \left(\frac{1}{\log q}\right) \cdot$$

$$\left\{ 3 + 2\int_{2}^{3} \frac{\log(t-1)}{t}\mathrm{d}t + 2\varepsilon - \right.$$

$$\int_{\frac{4}{3}}^{3} \frac{\log\left(3-\dfrac{4}{t+1}\right)}{t}\mathrm{d}t -$$

$$(H(2))\int_{\frac{1}{4}}^{\frac{1}{3}} \frac{\mathrm{d}\alpha}{\alpha} \int_{\alpha}^{\frac{1}{3}} \frac{\mathrm{d}\beta}{\beta(1-\alpha-\beta)} -$$

$$3H(4) - \int_{\frac{4}{3}}^{3} \frac{G\left(4-\dfrac{4}{t+1}\right)}{t}\mathrm{d}t -$$

$$\left. \int_{2}^{3} \frac{G\left(4-\dfrac{4}{t+1}\right)}{t}\mathrm{d}t \right\}$$

由 $\left(\dfrac{14}{3}\right)\left(1-\dfrac{1}{6}-\dfrac{3}{7}\right) = \dfrac{17}{9}$，引理 2 及式 ㊲ ～ ㊴ 得

$$\sum_{q \in Q_i} M_{q,4} \leqslant \left(\frac{8x^{1-a_i}C_x}{\log x}\right) \sum_{q \in Q_i} \left\{ \left(\frac{1}{1.763}\right) \cdot \right.$$

$$\left(\int_{q^{\frac{1}{4}}}^{q^{\frac{1}{3}}} \frac{\mathrm{d}u}{u\log u} \int_{u}^{q^{\frac{1}{3}}} \frac{\mathrm{d}v}{v(\log v)^2} \int_{q^{\frac{1}{3}}}^{q^{\frac{3}{7}}} \frac{\mathrm{d}\omega}{\omega\log \omega} + \right.$$

$$\int_{q^{\frac{1}{4}}}^{q^{\frac{1}{3}}} \frac{\mathrm{d}u}{u\log u} \int_{q^{\frac{1}{3}}}^{q^{\frac{3}{7}}} \frac{\mathrm{d}v}{v(\log v)^2} \int_{v}^{q^{\frac{3}{7}}} \frac{\mathrm{d}\omega}{\omega\log \omega} \Big) +$$

$$\int_{q^{\frac{1}{3}}}^{q^{\frac{3}{7}}} \frac{\mathrm{d}u}{u\log u} \int_{u}^{q^{\frac{3}{7}}} \frac{\mathrm{d}v}{v\log v} \cdot$$

$$\left. \int_{v}^{q^{\frac{3}{7}}} \frac{\mathrm{d}\omega}{\omega(\log \omega)^2} \int_{\omega}^{q^{\frac{3}{7}}} \frac{\mathrm{d}t}{t\log t} \right\} \leqslant$$

159

$$\left(\frac{4x^{1-a_i}C_x}{\log x}\right)\sum_{q\in Q_i}\frac{0.068\ 39}{\log \underline{q}}$$

又有

$$\int_{\frac{4}{3}}^{1.6}\frac{\log\left(3-\frac{4}{t+1}\right)}{t}dt\geqslant 0.045\ 82+\Delta\geqslant 0.057\ 811$$

㊽

其中

$$\Delta=2\int_{\frac{4}{3}}^{1.6}\frac{12t-16}{t(30t+2)}dt\geqslant 0.011\ 991$$

由式 ㊼㊹㊺㊻㊽ 得

$$\sum_{q\in Q_i}P(x,q,\underline{q}^{\frac{3}{7}})\leqslant\left(\frac{4x^{1-a_i}C_x}{\log x}\right)\sum_{q\in Q_i}\left(\frac{1}{\log \underline{q}}\right)\cdot$$

$$\Bigg\{1-0.013\ 652-H(4)-$$

$$\int_{\frac{4}{3}}^{3}\frac{G\left(4-\frac{4}{t+1}\right)}{3t}dt-$$

$$\int_{2}^{3}\frac{G\left(4-\frac{4}{t+1}\right)}{3t}dt-$$

$$(H(2))\int_{\frac{1}{4}}^{\frac{1}{3}}\frac{d\alpha}{\alpha}\int_{\alpha}^{\frac{1}{3}}\frac{d\beta}{3\beta(1-\alpha-\beta)}\Bigg\}$$

因此

$$H\left(\frac{7}{3}\right)\geqslant 0.013\ 652+H(4)+$$

$$(H(2))\int_{\frac{1}{4}}^{\frac{1}{3}}\frac{d\alpha}{\alpha}\int_{\alpha}^{\frac{1}{3}}\frac{d\beta}{3\beta(1-\alpha-\beta)}+$$

$$\int_{\frac{4}{3}}^{3}\frac{G\left(4-\frac{4}{t+1}\right)}{3t}dt-$$

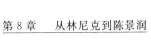

$$\int_2^3 \frac{G\left(4 - \dfrac{4}{t+1}\right)}{3t}\mathrm{d}t$$

令 $y = 4 - \dfrac{4}{t+1}$，则

$$\mathrm{d}y = \frac{y(4-y)}{4t}\mathrm{d}t$$

由式 ⑪ 我们有

$$\int_{\frac{4}{3}}^2 \frac{G\left(4 - \dfrac{4}{t+1}\right)}{t}\mathrm{d}t =$$

$$\int_{\frac{16}{7}}^{\frac{8}{3}} \frac{G(y)}{y\left(1 - \dfrac{y}{4}\right)}\mathrm{d}y \geqslant$$

$$\left(\log\frac{3}{2}\right)\left\{G(4) + \int_2^3 \frac{H(t)}{t}\mathrm{d}t + (H(2))\left(\log\frac{6}{5}\right)\right\} + \Delta \geqslant$$

$$\left(\log\frac{3}{2}\right)G(4) + (0.023\,85)\left(H\left(\frac{7}{3}\right)\right) +$$

$$(0.027\,97)(H(2.5)) + (0.031\,2)(H(2.7)) +$$

$$(0.028\,97)(H(2.9)) + (0.013\,74)(H(3)) +$$

$$(0.161\,93)(H(2.2)) \qquad\qquad ⑭$$

其中

$$\Delta = 2\{H(2)\}\int_{\frac{16}{7}}^{\frac{8}{3}} \frac{8 - 3t}{t\left(1 - \dfrac{t}{4}\right)(3t+2)}\mathrm{d}t \geqslant$$

$$(0.049\,361)(H(2))$$

我们有

$$\int_2^3 \frac{G\left(4 - \dfrac{4}{t+1}\right)}{t}\mathrm{d}t =$$

$$\int_{\frac{8}{3}}^3 \frac{G(y)}{y\left(1 - \dfrac{y}{4}\right)}\mathrm{d}y \geqslant$$

161

$$\left(\log \frac{3}{2}\right)\{G(4)\} + \int_{\frac{8}{3}}^{3} \frac{H(2)\log\frac{2}{t-1}}{t\left(1-\frac{t}{4}\right)}dt +$$

$$\int_{\frac{8}{3}}^{3} \frac{dy}{y\left(1-\frac{y}{4}\right)}\Big\{(\log 1.1)(H(2.2)) +$$

$$\left(\log \frac{7}{6.6}\right)\left(H\left(\frac{7}{3}\right)\right) + \left(\log \frac{7.5}{7}\right)(H(2.5)) +$$

$$\left(\log \frac{2.7}{2.5}\right)(H(2.7)) + \left(\log \frac{2.9}{2.7}\right)(H(2.9)) +$$

$$\left(\log \frac{3}{2.9}\right)(H(3))\Big\} - \varepsilon$$

$$\int_{\frac{8}{3}}^{3} \frac{\log\frac{2}{t-1}}{t\left(1-\frac{t}{4}\right)}dt \geqslant 2\int_{\frac{8}{3}}^{3} \frac{3-t}{t\left(1-\frac{t}{4}\right)(t+1)}dt \geqslant$$

$$0.034\ 751$$

因而

$$\int_{2}^{3} \frac{G\left(4-\frac{4}{t+1}\right)}{t}dt \geqslant$$

$$\left(\log \frac{3}{2}\right)(G(4)) + (0.073\ 39)(H(2.2)) +$$

$$(0.023\ 85)\left(H\left(\frac{7}{3}\right)\right) + (0.027\ 97)(H(2.5)) +$$

$$(0.031\ 2)(H(2.7)) + (0.028\ 97)(H(2.9)) +$$

$$(0.013\ 74)(H(3)) \tag{50}$$

由式 ④④⑤ 有

$$\int_{\frac{1}{4}}^{\frac{1}{3}} \frac{d\alpha}{\alpha} \int_{\alpha}^{\frac{1}{3}} \frac{d\beta}{\beta(1-\alpha-\beta)} =$$

$$\int_2^3 \frac{\log\left(3-\frac{4}{t+1}\right)-\log(t-1)}{t}\mathrm{d}t \geqslant 0.0989659 \qquad (51)$$

由式 ㊾ ～ (51) 及 ⑬㉛㉚ 有

$$\begin{aligned}H\left(\frac{7}{3}\right) \geqslant\ & 0.013652+(0.1533)(H(2.2))+ \\ & (0.03268)\left(H\left(\frac{7}{3}\right)\right)+ \\ & (0.04211)(H(2.5))+ \\ & (0.0519)(H(2.7))+ \\ & (0.0529)(H(2.9))+ \\ & (0.02669)(H(3))\end{aligned}$$

于是引理 4 得证.

6.3　定理 1 的证明

我们有

$$\int_{y^{\frac{1}{\alpha}}}^{y^{\frac{1}{\beta}}} \frac{\mathrm{d}t}{t\log t}\int_t^{y^{\frac{1}{\beta}}} \frac{\mathrm{d}s}{s\log s}\int_s^{y^{\frac{1}{\beta}}} \frac{\mathrm{d}r}{r(\log r)^2}=$$

$$\frac{\alpha-\beta-\beta\log\frac{\alpha}{\beta}-\left(\frac{\beta}{2}\right)\left(\log\frac{\alpha}{\beta}\right)^2}{\log y} \qquad (52)$$

$$\int_{1.2}^{1.6} \frac{\log\left(3-\frac{4}{t+1}\right)}{t}\mathrm{d}t \geqslant$$

$$0.0480584+\Delta \geqslant 0.0798696 \qquad (53)$$

其中

$$\Delta=2\int_{1.2}^{1.6} \frac{20t-24}{t(46t+2)}\mathrm{d}t \geqslant 0.0318112$$

由式 ㊻ 及 (53),我们有

$$\int_{1.2}^{2}\frac{\log\left(3.5-\dfrac{4.5}{t+1}\right)}{t}\mathrm{d}t\geqslant$$

$$0.179\,666\,5+\Delta\geqslant 0.278\,441\,5 \tag{54}$$

其中

$$\Delta=\int_{1.2}^{2}\frac{\log\dfrac{3.5t-1}{3t-1}}{t}\mathrm{d}t\geqslant$$

$$0.093\,134\,5+2\int_{1.2}^{2}\frac{2-t}{t(71t-22)}\mathrm{d}t\geqslant$$

$$0.098\,775$$

我们有

$$\int_{\frac{13}{8}}^{2}\frac{\log\left(2.5-\dfrac{3.5}{t+1}\right)}{t}\mathrm{d}t\geqslant$$

$$0.038\,77+\Delta\geqslant 0.046\,314 \tag{55}$$

其中

$$\Delta=2\int_{\frac{13}{8}}^{\frac{14}{8}}\frac{8t-13}{t(22t+1)}\mathrm{d}t+2\int_{\frac{14}{8}}^{2}\frac{28t-49}{t(82t+5)}\mathrm{d}t\geqslant 0.007\,544$$

若 $m\geqslant 2,l\geqslant 4$,则

$$\int_{2}^{m}\frac{(t-2)^{l-1}}{t^{l}}\mathrm{d}t=\sum_{i=l}^{\infty}\left(\frac{1}{i}\right)\left(\frac{m-2}{m}\right)^{i} \tag{56}$$

由式 (56) 得

$$\int_{2}^{2.5}\frac{(t-2)^{3}}{t^{4}}\mathrm{d}t\leqslant\frac{48}{10^{5}}$$

$$\int_{2}^{2.5}\frac{(t-2)^{5}}{t^{6}}\mathrm{d}t\leqslant\frac{4}{(3)(10^{5})}$$

因此

$$\int_{2}^{2.5}\frac{\log\dfrac{2t-1}{t+1}}{t}\mathrm{d}t\leqslant$$

$$2\int_2^{2.5}\left\{\frac{t-2}{3t^2}+\frac{(t-2)^3}{81t^4}+\frac{(t-2)^5}{243t^6}\right\}dt\leqslant$$

$$0.015\ 442 \qquad\qquad ㊼$$

由式 ㊶ 有

$$\int_2^3\frac{(t-2)^3}{t^4}dt\leqslant\sum_{i=4}^7\frac{1}{3^i i}+\frac{1}{(8)(3^8)\left(1-\dfrac{1}{3}\right)}\leqslant$$

$$0.004\ 24$$

$$\int_2^3\frac{(t-2)^5}{t^6}dt\leqslant 0.000\ 33$$

因而

$$\int_2^3\frac{\log\dfrac{2t-1}{t+1}}{t}dt\leqslant$$

$$2\int_2^3\left\{\frac{t-2}{3t^2}+\frac{(t-2)^3}{81t^4}+\frac{(t-2)^5}{243t^6}\right\}dt\leqslant$$

$$0.048\ 196 \qquad\qquad ㊽$$

我们有

$$\int_3^{3.5}\frac{t-3}{t(13t+1)}dt\leqslant 0.000\ 849\ 1$$

由

$$\int_3^{3.5}\frac{(t-3)^3}{t(13t+1)^3}dt\leqslant\left(\frac{1}{28}\right)\left(\frac{1}{93}\right)^3+\int_3^{3.5}\frac{(t-3)^3 dt}{7t(13t+1)^3}$$

得

$$\int_3^{3.5}\frac{(t-3)^3}{t(13t+1)^3}dt\leqslant\left(\frac{1}{24}\right)\left(\frac{1}{93}\right)^3$$

进而

$$\int_3^{3.5}\frac{\log\dfrac{2t-1}{t+1}}{t}dt\leqslant$$

$$0.034\ 398+2\int_3^{3.5}\left\{\frac{3(t-3)}{t(13t+1)}+\right.$$

$$\left.\frac{28(t-3)^3}{3(13t+1)^3 t}\right\} \mathrm{d}t \leqslant 0.039\ 496 \tag{59}$$

令

$$f(n)=\int_2^n \frac{\log(t-1)}{t}\mathrm{d}t - \left(\frac{1}{2}\right)\int_2^n \frac{\log\left(n-\dfrac{n+1}{t+1}\right)}{t}\mathrm{d}t - \left(\frac{1}{2}\right)\int_2^n \frac{\log\dfrac{2t-1}{t+1}}{t}\mathrm{d}t$$

当 $n \geqslant 2$ 时,我们有

$$f'(n)=\frac{\log(n-1)}{n}-\frac{\log(n-1)}{2n}-\left(\frac{1}{2}\right)\int_2^n \frac{t}{t(nt-1)}\mathrm{d}t-\left(\frac{1}{2n}\right)\left(\log\frac{2n-1}{n+1}\right)=0$$

当 $n \geqslant 2$ 时,由 $f(2)=0$ 得

$$\int_2^n \frac{\log(t-1)}{t}\mathrm{d}t-\left(\frac{1}{2}\right)\int_2^n \frac{\log\left(n-\dfrac{n+1}{t+1}\right)}{t}\mathrm{d}t=\int_2^n \frac{\log\dfrac{2t-1}{t+1}}{2t}\mathrm{d}t \tag{60}$$

设 $q \in Q_i(i=1$ 或 $2)$,则

$$3P(x,q,\underline{q}^{\frac{1}{2.2}}) \leqslant 2P(x,q,\underline{q}^{\frac{1}{4}})-\sum_{\underline{q}^{\frac{1}{4}}<p\leqslant \underline{q}^{\frac{1}{3}}} P(x,pq,p)-\sum_{\underline{q}^{\frac{1}{4}}<p\leqslant \underline{q}^{\frac{1}{3}}} P(x,pq,\underline{q}^{\frac{1}{4}})+\sum_{\underline{q}^{\frac{1}{4}}<p_1<p_2\leqslant \underline{q}^{\frac{1}{3}}} P(x,p_1p_2q,p_1)+$$

$$P(x,q,q^{\frac{1}{3.5}}) - \sum_{q^{\frac{1}{3.5}}<p\leqslant q^{\frac{1}{3}}} P(x,pq,p) -$$

$$3\sum_{q^{\frac{1}{3}}<p\leqslant q^{\frac{1}{2.2}}} P(x,pq,p) \qquad ⑥$$

$$P(x,q,q^{\frac{1}{2.2}}) \leqslant P(x,q,q^{\frac{1}{4.5}}) - \frac{1}{2}\sum_{q^{\frac{1}{4.5}}<p<q^{\frac{1}{4}}} P(x,pq,p) -$$

$$\frac{1}{2}\sum_{q^{\frac{1}{4.5}}<p\leqslant q^{\frac{1}{4}}} P(x,pq,q^{\frac{1}{4.5}}) +$$

$$\frac{1}{2}\sum_{q^{\frac{1}{4.5}}<p_1<p_2\leqslant q^{\frac{1}{4}}} P(x,qp_1p_2,p_1) -$$

$$\sum_{q^{\frac{1}{4}}<p\leqslant q^{\frac{1}{3}}} P(x,pq,q^{\frac{1}{4}}) +$$

$$\sum_{q^{\frac{1}{4}}<p_1<p_2\leqslant q^{\frac{1}{3.5}}} P\Big(x,qp_1p_2,\Big(\frac{x^{\frac{1}{2}-\varepsilon}}{qp_1p_2}\Big)^{\frac{1}{2.2}}\Big) -$$

$$\sum_{\substack{q^{\frac{1}{4}}<p_1<p_2\leqslant q^{\frac{1}{3.5}}\\ q^{\frac{1}{3.5}}>q^{\frac{1}{4}}>p_3\geqslant(\frac{x^{\frac{1}{2}-\varepsilon}}{qp_1p_2})^{\frac{1}{2.2}}}} P(x,qp_1p_2p_3,p_3) -$$

$$\sum_{q^{\frac{1}{4}}<p_1<p_2<p_3\leqslant q^{\frac{1}{3.5}}} P(x,qp_1p_2p_3,p_1) +$$

$$\sum_{q^{\frac{1}{4}}<p_1\leqslant q^{\frac{1}{3.5}}<p_2\leqslant q^{\frac{1}{3}}} P(x,qp_1p_2,q^{\frac{1}{4.5}}) -$$

$$\sum_{q^{\frac{1}{4.5}}<p_1\leqslant q^{\frac{1}{4}}<p_2\leqslant q^{\frac{1}{3.5}}<p_3\leqslant q^{\frac{1}{3}}} P(x,qp_1p_2p_3,p_1) -$$

$$\sum_{q^{\frac{1}{4}}<p_1<p_2\leqslant q^{\frac{1}{3.5}}<p_3\leqslant q^{\frac{1}{3}}} P(x,qp_1p_2p_3,p_1) +$$

$$\sum_{q^{\frac{1}{3.5}}<p_1<p_2\leqslant q^{\frac{1}{3}}} P(x,qp_1p_2,p_1) -$$

$$\sum_{q^{\frac{1}{3}} < p_1 \leqslant q^{\frac{8}{21}}} P(x, qp, q^{\frac{1}{4.5}}) +$$

$$\sum_{q^{\frac{1}{4.5}} < p_1 \leqslant q^{\frac{1}{4}} < q^{\frac{1}{3}} < p_2 \leqslant q^{\frac{8}{21}}} P(x, qp_1 p_2, p_1) +$$

$$\sum_{q^{\frac{1}{4}} < p_1 \leqslant q^{\frac{1}{3.5}} < q^{\frac{1}{3}} < p_2 \leqslant q^{\frac{8}{21}}} P(x, qp_1 p_2, q^{\frac{1}{4.5}}) -$$

$$\sum_{q^{\frac{1}{4.5}} < p_1 \leqslant q^{\frac{1}{4}} < p_2 \leqslant q^{\frac{1}{3.5}} < q^{\frac{1}{3}} < p_3 \leqslant q^{\frac{8}{21}}} P(x, qp_1 p_2 p_3, p_1) -$$

$$\sum_{q^{\frac{1}{4}} < p_1 < p_2 \leqslant q^{\frac{1}{3.5}} < q^{\frac{1}{3}} < p_3 \leqslant q^{\frac{8}{21}}} P(x, qp_1 p_2 p_3, p_1) +$$

$$\sum_{q^{\frac{1}{3.5}} < p_1 \leqslant q^{\frac{1}{3}} < p_2 \leqslant q^{\frac{8}{21}}} P(x, qp_1 p_2, p_1) +$$

$$\sum_{q^{\frac{1}{3}} < p_1 < p_2 \leqslant q^{\frac{8}{21}}} P(x, qp_1 p_2, p_1) -$$

$$\sum_{q^{\frac{8}{21}} < p \leqslant q^{\frac{1}{2.2}}} P(x, qp, p) \qquad ⑥2$$

我们有

$$P(x, q, q^{\frac{1}{2.2}}) \leqslant P(x, q, q^{\frac{1}{4.5}}) - \sum_{q^{\frac{1}{4.5}} < p \leqslant q^{\frac{1}{2.2}}} P(x, qp, q^{\frac{1}{4.5}}) +$$

$$\sum_{q^{\frac{1}{4.5}} < p_1 < p_2 \leqslant q^{\frac{1}{2.2}}} P(x, qp_1 p_2, p_1)$$

$$\sum_{q^{\frac{1}{4.5}} < p_1 < p_2 \leqslant q^{\frac{1}{2.2}}} P(x, p_1 p_2 q, p_1) =$$

$$\frac{1}{2} \sum_{q^{\frac{1}{4.5}} < p_1 < p_2 \leqslant q^{\frac{1}{4}}} P(x, p_1 p_2 q, p_1) +$$

$$\frac{1}{2} \sum_{q^{\frac{1}{4.5}} < p_1 < p_2 \leqslant q^{\frac{1}{4}}} P(x, p_1 p_2 q, q^{\frac{1}{4.5}}) -$$

$$\frac{1}{2}\sum_{q^{\frac{1}{4.5}}<p_1<p_2<p_3\leqslant q^{\frac{1}{4}}}P(x,p_1p_2p_3q,p_1)+$$

$$\frac{1}{2}\sum_{q^{\frac{1}{4.5}}<p_1\leqslant q^{\frac{1}{4}}<p_2\leqslant q^{\frac{1}{2.2}}}P(x,p_1p_2q,p_1)+$$

$$\frac{1}{2}\sum_{q^{\frac{1}{4.5}}<p_1\leqslant q^{\frac{1}{4}}<p_2\leqslant q^{\frac{1}{2.2}}}P(x,p_1p_2q,q^{\frac{1}{4.5}})-$$

$$\frac{1}{2}\sum_{q^{\frac{1}{4.5}}<p_1<p_2\leqslant q^{\frac{1}{4}}<p_3\leqslant q^{\frac{1}{2.2}}}P(x,p_1p_2p_3q,p_1)+$$

$$\sum_{q^{\frac{1}{4}}<p_1<p_2\leqslant q^{\frac{1}{3}}}P(x,p_1p_2q,q^{\frac{1}{4.5}})-$$

$$\sum_{q^{\frac{1}{4.5}}<p_1\leqslant q^{\frac{1}{4}}<p_2<p_3\leqslant q^{\frac{1}{3}}}P(x,p_1p_2p_3q,p_1)-$$

$$\sum_{q^{\frac{1}{4}}<p_1<p_2<p_3\leqslant q^{\frac{1}{3}}}P(x,qp_1p_2p_3,p_1)+$$

$$\sum_{q^{\frac{1}{4}}<p_1\leqslant q^{\frac{1}{3}}<p_2\leqslant q^{\frac{1}{2.2}}}P(x,p_1p_2q,p_1)+$$

$$\sum_{q^{\frac{1}{3}}<p_1<p_2\leqslant q^{\frac{1}{2.2}}}P(x,qp_1p_2,p_1)\qquad ㊜$$

对 $i=1$ 或 $i=2$，由式 ㊶ ～ ㊜ 有

$$5\sum_{q\in Q_i}P(x,q,q^{\frac{1}{2.2}})\leqslant\sum_{q\in Q_i}(S_q^{(1)}+S_q^{(2)}+S_q^{(3)}+S_q^{(4)})$$

$$㊝$$

其中

$$S_q^{(1)}=2P(x,q,q^{\frac{1}{4.5}})-\sum_{q^{\frac{1}{4.5}}<p\leqslant q^{\frac{1}{2.2}}}P(x,pq,q^{\frac{1}{4.5}})-$$

$$\frac{1}{2}\sum_{q^{\frac{1}{4.5}}<p\leqslant q^{\frac{1}{4}}}P(x,qp,q^{\frac{1}{4.5}})-$$

$$\sum_{q^{\frac{1}{3}}<p\leqslant q^{\frac{8}{21}}} P(x,qp,q^{\frac{1}{4.5}})+$$

$$\frac{1}{2}\sum_{q^{\frac{1}{4.5}}<p_1<p_2\leqslant q^{\frac{1}{4}}} P(x,p_1p_2q,q^{\frac{1}{4.5}})+$$

$$\frac{1}{2}\sum_{q^{\frac{1}{4.5}}<p_1\leqslant q^{\frac{1}{4}}<p_2\leqslant q^{\frac{1}{2.2}}} P(x,p_1p_2q,q^{\frac{1}{4.5}})+$$

$$\sum_{q^{\frac{1}{4}}<p_1<p_2\leqslant q^{\frac{1}{3}}} P(x,p_1p_2q,q^{\frac{1}{4.5}})+$$

$$\sum_{q^{\frac{1}{4}}<p_1\leqslant q^{\frac{1}{3.5}}<q^{\frac{1}{3}}<p_2\leqslant q^{\frac{8}{21}}} P(x,p_1p_2q,q^{\frac{1}{4.5}})+$$

$$\frac{1}{2}\sum_{q^{\frac{1}{4.5}}<p_1<p_2\leqslant q^{\frac{1}{4}}} P(x,p_1p_2q,p_1)+$$

$$\sum_{q^{\frac{1}{4.5}}<p_1\leqslant q^{\frac{1}{4}}<q^{\frac{1}{3}}<p_2\leqslant q^{\frac{8}{21}}} P(x,p_1p_2q,p_1)$$

$$S_q^{(2)}=2P(x,q,q^{\frac{1}{4}})+P(x,q,q^{\frac{1}{3.5}})-$$

$$2\sum_{q^{\frac{1}{4}}<p\leqslant q^{\frac{1}{3}}} P(x,pq,q^{\frac{1}{4}})+$$

$$\sum_{q^{\frac{1}{4}}<p_1\leqslant q^{\frac{1}{3.5}}<p_2\leqslant q^{\frac{1}{3}}} P(x,p_1p_2q,q^{\frac{1}{4.5}})+$$

$$\sum_{q^{\frac{1}{4}}<p_1<p_2\leqslant q^{\frac{1}{3.5}}} P\left(x,p_1p_2q,\left(\frac{q}{p_1p_2}\right)^{\frac{1}{2.2}}\right)$$

$$S_q^{(3)}=\frac{1}{2}\sum_{q^{\frac{1}{4.5}}<p_1<p_2\leqslant q^{\frac{1}{4}}} P(x,p_1p_2q,p_1)+$$

$$\frac{1}{2}\sum_{q^{\frac{1}{4.5}}<p_1\leqslant q^{\frac{1}{4}}<p_2\leqslant q^{\frac{1}{2.2}}} P(x,p_1p_2q,p_1)-$$

$$\frac{1}{2}\sum_{q^{\frac{1}{4.5}}<p\leqslant q^{\frac{1}{4}}} P(x,qp,p)-$$

170

$$\frac{1}{2}\sum_{q^{\frac{1}{4.5}}<p_1<p_2\leqslant q^{\frac{1}{4}}<p_3\leqslant q^{\frac{1}{2.2}}}P(x,p_1p_2p_3q,p_1)-$$

$$\frac{1}{2}\sum_{q^{\frac{1}{4.5}}<p_1<p_2<p_3\leqslant q^{\frac{1}{4}}}P(x,p_1p_2p_3q,p_1)-$$

$$\sum_{q^{\frac{1}{4.5}}<p_1\leqslant q^{\frac{1}{4}}<p_2<p_3\leqslant q^{\frac{1}{3}}}P(x,p_1p_2p_3q,p_1)-$$

$$\sum_{q^{\frac{1}{4.5}}<p_1\leqslant q^{\frac{1}{4}}<p_2\leqslant q^{\frac{1}{3.5}}<p_3\leqslant q^{\frac{8}{21}}}P(x,p_1p_2p_3q,p_1)-$$

$$\sum_{\substack{q^{\frac{1}{4}}<p_1<p_2\leqslant q^{\frac{1}{3.5}}\\ q^{\frac{1}{3.5}}>q^{\frac{1}{4}}>p_3\geqslant\left(\frac{q}{p_1p_2}\right)^{\frac{1}{2.2}}}}P(x,qp_1p_2p_3,p_3)$$

$$S_q^{(4)}=\sum_{q^{\frac{1}{4}}<p_1\leqslant q^{\frac{1}{3}}<p_2\leqslant q^{\frac{1}{2.2}}}P(x,p_1p_2q,p_1)+$$

$$\sum_{q^{\frac{1}{4}}<p_1<p_2\leqslant q^{\frac{1}{3}}}P(x,p_1p_2q,p_1)+$$

$$\sum_{q^{\frac{1}{3.5}}<p_1<p_2\leqslant q^{\frac{8}{21}}}P(x,p_1p_2q,p_1)+$$

$$\sum_{q^{\frac{1}{3}}<p_1<p_2\leqslant q^{\frac{1}{2.2}}}P(x,p_1p_2q,p_1)-$$

$$\sum_{q^{\frac{1}{4}}<p\leqslant q^{\frac{1}{3}}}P(x,pq,p)-\sum_{q^{\frac{1}{3.5}}<p\leqslant q^{\frac{1}{3}}}P(x,pq,p)-$$

$$\sum_{q^{\frac{1}{4}}<p_1<p_2<p_3\leqslant q^{\frac{1}{3}}}P(x,p_1p_2p_3q,p_1)-$$

$$\sum_{q^{\frac{1}{4}}<p_1<p_2<p_3\leqslant q^{\frac{1}{3.5}}}P(x,p_1p_2p_3q,p_1)-$$

$$\sum_{q^{\frac{1}{4}}<p_1<p_2\leqslant q^{\frac{1}{3.5}}<p_3\leqslant q^{\frac{8}{21}}}P(x,p_1p_2p_3q,p_1)-$$

171

$$3\sum_{q^{\frac{1}{3}}<p\leqslant q^{2.2}}P(x,pq,p)-\sum_{q^{\frac{8}{21}}<p\leqslant q^{2.2}}P(x,pq,p)$$

对 $i=1$ 或 $i=2$，由式 ⑭ 有

$$\sum_{q\in Q_i}S_q^{(1)}\leqslant\left(\frac{4x^{1-a_i}C_x}{\log x}\right)\sum_{q\in Q_i}\left\{\left(\frac{2}{\log q}\right)\left(1+\right.\right.$$

$$\int_2^{3.5}\frac{\log(t-1)}{t}\mathrm{d}t+\varepsilon-H(4.5)\right)-$$

$$\sum_{q^{\frac{1}{4.5}}<p\leqslant q^{\frac{1}{2.2}}}\left(\frac{1}{p\log q/p}\right)\left(\log\left(3.5-\frac{4.5\log p}{\log q}\right)+\right.$$

$$G\left(4.5-\frac{4.5\log p}{\log q}\right)\right)-\frac{1}{2}\sum_{q^{\frac{1}{4.5}}<p\leqslant q^{\frac{1}{4}}}\left(\frac{1}{p\log q/p}\right)\cdot$$

$$\left(\log\left(3.5-\frac{4.5\log p}{\log q}\right)+G\left(4.5-\frac{4.5\log p}{\log q}\right)\right)-$$

$$\sum_{q^{\frac{1}{3}}<p\leqslant q^{\frac{8}{21}}}\left(\frac{1}{p\log q/p}\right)\left(\log\left(3.5-\frac{4.5\log p}{\log q}\right)+\right.$$

$$G\left(4.5-\frac{4.5\log p}{\log q}\right)\right)+$$

$$\sum_{q^{\frac{1}{4.5}}<p_1\leqslant q^{\frac{1}{3.5}}<q^{\frac{1}{3}}<p_2\leqslant q^{\frac{8}{21}}}\frac{1-H(2.2)}{p_1p_2\log\frac{q}{p_1p_2}}+$$

$$\frac{1}{2}\sum_{q^{\frac{1}{4.5}}<p_1<p_2\leqslant q^{\frac{1}{4}}}\left[\frac{1}{p_1p_2\log\frac{q}{p_1p_2}}\right]\cdot$$

$$\left(2-H\left(4.5-\frac{4.5\log p_1p_2}{\log q}\right)-\right.$$

$$H\left(\frac{\log q/p_2}{\log p_1}-1\right)\right)+$$

$$\frac{1}{2}\sum_{q^{\frac{1}{4.5}}<p_1\leqslant q^{\frac{1}{4}}<p_2\leqslant q^{\frac{1}{2.2}}}\left[\frac{1}{p_1p_2\log\frac{q}{p_1p_2}}\right]\cdot$$

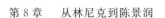

$$\left(1 - H\left(4.5 - \frac{4.5\log p_1 p_2}{\log \underline{q}}\right)\right) +$$

$$\sum_{q^{\frac{1}{4}} < p_1 < p_2 \leqslant q^{\frac{1}{3}}} \frac{1 - H\left(4.5 - \frac{4.5\log p_1 p_2}{\log \underline{q}}\right)}{p_1 p_2 \log \frac{\underline{q}}{p_1 p_2}}\right\}$$

若 $5 \geqslant l > m \geqslant 2.2, 2 \leqslant n \leqslant 5$,则

$$\sum_{q^{\frac{1}{l}} < p \leqslant q^{\frac{1}{m}}} \left(\frac{1}{p\log \underline{q}/p}\right)\left\{\log\left(n - 1 - \right.\right.$$

$$\left.\frac{n\log p}{\log \underline{q}}\right) + G\left(n - \frac{n\log p}{\log \underline{q}}\right)\right\} \geqslant$$

$$\int_{q^{\frac{1}{l}}}^{q^{\frac{1}{m}}} \frac{(1 - \varepsilon)\mathrm{d}t}{t(\log t)(\log \underline{q}/t)}\left\{\log\left(n - 1 - \frac{n\log t}{\log \underline{q}}\right) + \right.$$

$$\left. G\left(n - \frac{n\log t}{\log \underline{q}}\right)\right\} \geqslant$$

$$(1 - \varepsilon)\int_{m-1}^{l-1} \frac{\log\left(n - 1 - \frac{n}{t+1}\right) + G\left(n - \frac{n}{t+1}\right)}{t\log \underline{q}}\mathrm{d}t \qquad \text{㉕}$$

由式 ㉕ 我们有

$$\sum_{q \in Q_i} S_q^{(1)} \leqslant \left(\frac{4x^{1 - a_i}C_x}{\log x}\right)\left(\sum_{q \in Q_i} \frac{1}{\log \underline{q}}\right) \cdot$$

$$\left\{2 + 2\int_2^{3.5} \frac{\log(t - 1)}{t}\mathrm{d}t + 2\varepsilon - \right.$$

$$\int_{1.2}^{3.5} \frac{\log\left(3.5 - \frac{4.5}{t+1}\right)}{t}\mathrm{d}t - $$

$$\frac{1}{2}\int_3^{3.5} \frac{\log\left(3.5 - \frac{4.5}{t+1}\right)}{t}\mathrm{d}t - $$

$$\int_{\frac{13}{8}}^2 \frac{\log\left(3.5 - \frac{4.5}{t+1}\right)}{t}\mathrm{d}t + $$

$$\int_{\frac{1}{4.5}}^{\frac{1}{3.5}} \frac{\mathrm{d}\alpha}{\alpha} \int_{\frac{1}{3}}^{\frac{8}{21}} \frac{\mathrm{d}\beta}{\beta(1-\alpha-\beta)} +$$

$$\int_{\frac{1}{4.5}}^{\frac{1}{4}} \frac{\mathrm{d}\alpha}{\alpha} \int_{\alpha}^{\frac{1}{4}} \frac{\mathrm{d}\beta}{\beta(1-\alpha-\beta)} +$$

$$\frac{1}{2}\int_{\frac{1}{4.5}}^{\frac{1}{4}} \frac{\mathrm{d}\alpha}{\alpha} \int_{\frac{1}{4}}^{\frac{1}{2.2}} \frac{\mathrm{d}\beta}{\beta(1-\alpha-\beta)} +$$

$$\int_{\frac{1}{4}}^{\frac{1}{3}} \frac{\mathrm{d}\alpha}{\alpha} \int_{\alpha}^{\frac{1}{3}} \frac{\mathrm{d}\beta}{\beta(1-\alpha-\beta)} - 2H(4.5) -$$

$$\int_{1.2}^{3.5} \frac{G\left(4.5-\dfrac{4.5}{t+1}\right)}{t} \mathrm{d}t -$$

$$\frac{1}{2}\int_{3}^{3.5} \frac{G\left(4.5-\dfrac{4.5}{t+1}\right)}{t} \mathrm{d}t -$$

$$\int_{\frac{13}{8}}^{2} \frac{G\left(4.5-\dfrac{4.5}{t+1}\right)}{t} \mathrm{d}t -$$

$$\int_{\frac{1}{4.5}}^{\frac{1}{3.5}} \frac{\mathrm{d}\alpha}{\alpha} \int_{\frac{1}{3}}^{\frac{8}{21}} \frac{H(2.2)}{\beta(1-\alpha-\beta)} \mathrm{d}\beta -$$

$$\frac{1}{2}\int_{\frac{1}{4.5}}^{\frac{1}{4}} \frac{\mathrm{d}\alpha}{\alpha} \int_{\alpha}^{\frac{1}{4}} \bigg(H(4.5-4.5\alpha-4.5\beta) +$$

$$H\left(\frac{1-\beta}{\alpha}-1\right) \bigg) \left(\frac{\mathrm{d}\beta}{\beta(1-\alpha-\beta)}\right) -$$

$$\frac{1}{2}\int_{\frac{1}{4.5}}^{\frac{1}{4}} \frac{\mathrm{d}\alpha}{\alpha} \int_{\frac{1}{4}}^{\frac{1}{2.2}} \frac{H(4.5-4.5\alpha-4.5\beta)}{\beta(1-\alpha-\beta)} \mathrm{d}\beta -$$

$$\int_{\frac{1}{4}}^{\frac{1}{3}} \frac{\mathrm{d}\alpha}{\alpha} \int_{\alpha}^{\frac{1}{3}} \frac{H(4.5-4.5\alpha-4.5\beta)}{\beta(1-\alpha-\beta)} \mathrm{d}\beta \bigg\} \qquad ⑥⑥$$

当 $i=1$ 或 $i=2$ 时，由式 ⑥④ 我们有

$$\sum_{q\in Q_i} S_q^{(2)} \leqslant \left(\frac{4x^{1-a_i}C_x}{\log x}\right) \sum_{q\in Q_i} \Bigg\{ \left(\frac{1}{\log q}\right)\left(3+\right.$$

$$2\int_2^3 \frac{\log(t-1)}{t}\mathrm{d}t + \int_2^{2.5} \frac{\log(t-1)}{t}\mathrm{d}t +$$

$$\varepsilon - 2H(4) - H(3.5)\Big) -$$

$$2\sum_{q^{\frac{1}{4}}<p\leqslant q^{\frac{1}{3}}} \Big(\frac{1}{p\log \underline{q}/p}\Big)\Big(\log\Big(3 - \frac{4\log p}{\log \underline{q}}\Big) +$$

$$G\Big(4 - \frac{4\log p}{\log \underline{q}}\Big)\Big) +$$

$$\sum_{q^{\frac{1}{4}}<p_1\leqslant q^{\frac{1}{3.5}}<p_2\leqslant q^{\frac{1}{3}}} \frac{1-H(2.2)}{p_1 p_2 \log \dfrac{\underline{q}}{p_1 p_2}} +$$

$$\left.\sum_{q^{\frac{1}{4}}<p_1<p_2\leqslant q^{\frac{1}{3.5}}} \frac{1-H(2.2)}{p_1 p_2 \log \dfrac{\underline{q}}{p_1 p_2}}\right\} \leqslant$$

$$\left(\frac{4x^{1-a_i}C_x}{\log x}\right)\Big(\sum_{q\in Q_i} \frac{1}{\log \underline{q}}\Big)\left\{3 +\right.$$

$$\int_2^3 \frac{2\log(t-1)}{t}\mathrm{d}t + \int_2^{2.5} \frac{\log(t-1)}{t}\mathrm{d}t +$$

$$\int_{\frac{1}{4}}^{\frac{1}{3.5}} \frac{\mathrm{d}\alpha}{\alpha}\int_{\frac{1}{3.5}}^{\frac{1}{3}} \frac{\mathrm{d}\beta}{\beta(1-\alpha-\beta)} +$$

$$\int_{\frac{1}{4}}^{\frac{1}{3.5}} \frac{\mathrm{d}\alpha}{\alpha}\int_{a}^{\frac{1}{3.5}} \frac{\mathrm{d}\beta}{\beta(1-\alpha-\beta)} +$$

$$\varepsilon - 2H(4) - H(3.5) -$$

$$2\int_2^3 \frac{\log\Big(3 - \dfrac{4}{t+1}\Big)}{t}\mathrm{d}t -$$

$$2\int_2^3 \frac{G\Big(4 - \dfrac{4}{t+1}\Big)}{t}\mathrm{d}t -$$

$$\int_{\frac{1}{4}}^{\frac{1}{3.5}} \frac{\mathrm{d}\alpha}{\alpha}\int_{\frac{1}{3.5}}^{\frac{1}{3}} \frac{H(2.2)}{\beta(1-\alpha-\beta)}\mathrm{d}\beta -$$

$$\left.\int_{\frac{1}{4}}^{\frac{1}{3.5}} \frac{\mathrm{d}\alpha}{\alpha} \int_{\alpha}^{\frac{1}{3.5}} \frac{H(2.2)}{\beta(1-\alpha-\beta)} \mathrm{d}\beta \right\} \qquad ⑥⑦$$

当 $i=1$ 或 $i=2$ 时，由式 ⑥⑥ 及 ⑥⑦ 有

$$\sum_{q \in Q_i} (S_q^{(1)} + S_q^{(2)}) \leqslant \left(\frac{4x^{1-a_i}C_x}{\log x}\right) \left(\sum_{q \in Q_i} \frac{1}{\log \underline{q}}\right) (N_1 - N_2)$$

$$⑥⑧$$

其中

$$N_1 = 5 + 2\int_2^{3.5} \frac{\log(t-1)}{t} \mathrm{d}t +$$

$$2\int_2^3 \frac{\log(t-1)}{t} \mathrm{d}t +$$

$$\int_2^{2.5} \frac{\log(t-1)}{t} \mathrm{d}t +$$

$$\int_{\frac{1}{4.5}}^{\frac{1}{3.5}} \frac{\mathrm{d}\alpha}{\alpha} \int_{\frac{1}{3}}^{\frac{8}{21}} \frac{\mathrm{d}\beta}{\beta(1-\alpha-\beta)} +$$

$$\int_{\frac{1}{4.5}}^{\frac{1}{4}} \frac{\mathrm{d}\alpha}{\alpha} \int_{\alpha}^{\frac{1}{4}} \frac{\mathrm{d}\beta}{\beta(1-\alpha-\beta)} +$$

$$\frac{1}{2}\int_{\frac{1}{4.5}}^{\frac{1}{4}} \frac{\mathrm{d}\alpha}{\alpha} \int_{\frac{1}{4}}^{\frac{1}{2.2}} \frac{\mathrm{d}\beta}{\beta(1-\alpha-\beta)} +$$

$$\int_{\frac{1}{4}}^{\frac{1}{3}} \frac{\mathrm{d}\alpha}{\alpha} \int_{\alpha}^{\frac{1}{3}} \frac{\mathrm{d}\beta}{\beta(1-\alpha-\beta)} +$$

$$\int_{\frac{1}{4}}^{\frac{1}{3.5}} \frac{\mathrm{d}\alpha}{\alpha} \int_{\frac{1}{3.5}}^{\frac{1}{3}} \frac{\mathrm{d}\beta}{\beta(1-\alpha-\beta)} +$$

$$\int_{\frac{1}{4}}^{\frac{1}{3.5}} \frac{\mathrm{d}\alpha}{\alpha} \int_{\alpha}^{\frac{1}{3.5}} \frac{\mathrm{d}\beta}{\beta(1-\alpha-\beta)} + 3\varepsilon -$$

$$\int_{1.2}^{3.5} \frac{\log\left(3.5 - \frac{4.5}{t+1}\right)}{t} \mathrm{d}t -$$

$$\frac{1}{2}\int_3^{3.5} \frac{\log\left(3.5 - \frac{4.5}{t+1}\right)}{t} \mathrm{d}t -$$

$$\int_{\frac{13}{8}}^{2} \frac{\log\left(3.5 - \frac{4.5}{t+1}\right)}{t} \mathrm{d}t -$$

$$2\int_{2}^{3} \frac{\log\left(3 - \frac{4}{t+1}\right)}{t} \mathrm{d}t$$

$$N_2 = 2H(4.5) + 2H(4) + H(3.5) +$$

$$\int_{1.2}^{3.5} \frac{G\left(4.5 - \frac{4.5}{t+1}\right)}{t} \mathrm{d}t +$$

$$\frac{1}{2}\int_{3}^{3.5} \frac{G\left(4.5 - \frac{4.5}{t+1}\right)}{t} \mathrm{d}t +$$

$$\int_{\frac{13}{8}}^{2} \frac{G\left(4.5 - \frac{4.5}{t+1}\right)}{t} \mathrm{d}t +$$

$$2\int_{2}^{3} \frac{G\left(4 - \frac{4}{t+1}\right)}{t} \mathrm{d}t +$$

$$\{H(2.2)\}\left\{\int_{\frac{1}{4.5}}^{\frac{1}{3.5}} \frac{\mathrm{d}\alpha}{\alpha} \int_{\frac{1}{3}}^{\frac{8}{21}} \frac{\mathrm{d}\beta}{\beta(1-\alpha-\beta)} +\right.$$

$$\int_{\frac{1}{4}}^{\frac{1}{3.5}} \frac{\mathrm{d}\alpha}{\alpha} \int_{\frac{1}{3.5}}^{\frac{1}{3}} \frac{\mathrm{d}\beta}{\beta(1-\alpha-\beta)} +$$

$$\left.\int_{\frac{1}{4}}^{\frac{1}{3.5}} \frac{\mathrm{d}\alpha}{\alpha} \int_{\alpha}^{\frac{1}{3.5}} \frac{\mathrm{d}\beta}{\beta(1-\alpha-\beta)}\right\} +$$

$$\frac{1}{2}\int_{\frac{1}{4.5}}^{\frac{1}{4}} \frac{\mathrm{d}\alpha}{\alpha} \int_{\frac{1}{4}}^{\frac{1}{2.2}} \frac{H(4.5 - 4.5\alpha - 4.5\beta)}{\beta(1-\alpha-\beta)} \mathrm{d}\beta +$$

$$\frac{1}{2}\int_{\frac{1}{4.5}}^{\frac{1}{4}} \frac{\mathrm{d}\alpha}{\alpha} \int_{\alpha}^{\frac{1}{4}} \frac{H(4.5 - 4.5\alpha - 4.5\beta)}{\beta(1-\alpha-\beta)} +$$

$$\frac{H\left(\frac{1-\beta}{\alpha} - 1\right)}{\beta(1-\alpha-\beta)} \mathrm{d}\beta +$$

$$\int_{\frac{1}{4}}^{\frac{1}{3}} \frac{\mathrm{d}\alpha}{\alpha} \int_{\alpha}^{\frac{1}{3}} \frac{H(4.5 - 4.5\alpha - 4.5\beta)}{\beta(1 - \alpha - \beta)} \mathrm{d}\beta$$

我们有

$$N_1 = 5 + \int_3^{3.5} \frac{\log(t-1)}{t} \mathrm{d}t +$$

$$2\int_2^3 \frac{\log(t-1)}{t} \mathrm{d}t +$$

$$2\int_2^{2.5} \frac{\log(t-1)}{t} \mathrm{d}t + 3\varepsilon -$$

$$\left(\frac{1}{2}\right) \int_{1.2}^{3.5} \frac{\log\left(3.5 - \dfrac{4.5}{t+1}\right)}{t} \mathrm{d}t -$$

$$\left(\frac{1}{2}\right) \int_{1.2}^{3} \frac{\log\left(3 - \dfrac{4}{t+1}\right)}{t} \mathrm{d}t -$$

$$\int_2^{2.5} \frac{\log\left(2.5 - \dfrac{3.5}{t+1}\right)}{t} \mathrm{d}t -$$

$$\int_{\frac{13}{8}}^{2} \frac{\log\left(2.5 - \dfrac{3.5}{t+1}\right)}{t} \mathrm{d}t + N_1^* \qquad ⑥$$

其中

$$N_1^* = \int_2^{3.5} \frac{\log(t-1)}{t} \mathrm{d}t +$$

$$\int_{2.5}^{3} \frac{\log(t-1)}{t} \mathrm{d}t -$$

$$\frac{1}{2} \int_{1.2}^{3.5} \frac{\log\left(3.5 - \dfrac{4.5}{t+1}\right)}{t} \mathrm{d}t -$$

$$\frac{1}{2} \int_{3}^{3.5} \frac{\log\left(3.5 - \dfrac{4.5}{t+1}\right)}{t} \mathrm{d}t -$$

$$\int_{\frac{13}{8}}^{2} \frac{\log\left(3.5 - \dfrac{4.5}{t+1}\right)}{t}\, \mathrm{d}t -$$

$$2\int_{2}^{3} \frac{\log\left(3 - \dfrac{4}{t+1}\right)}{t}\, \mathrm{d}t +$$

$$\frac{1}{2}\int_{1.2}^{3} \frac{\log\left(3 - \dfrac{4}{t+1}\right)}{t}\, \mathrm{d}t +$$

$$\int_{2}^{2.5} \frac{\log\left(2.5 - \dfrac{3.5}{t+1}\right)}{t}\, \mathrm{d}t +$$

$$\int_{\frac{13}{8}}^{2} \frac{\log\left(2.5 - \dfrac{3.5}{t+1}\right)}{t}\, \mathrm{d}t +$$

$$\int_{\frac{1}{4.5}}^{\frac{1}{3.5}} \frac{\mathrm{d}\alpha}{\alpha} \int_{\frac{1}{3}}^{\frac{8}{21}} \frac{\mathrm{d}\beta}{\beta(1-\alpha-\beta)} +$$

$$\int_{\frac{1}{4.5}}^{\frac{1}{4}} \frac{\mathrm{d}\alpha}{\alpha} \int_{\alpha}^{\frac{1}{4}} \frac{\mathrm{d}\beta}{\beta(1-\alpha-\beta)} +$$

$$\frac{1}{2}\int_{\frac{1}{4.5}}^{\frac{1}{4}} \frac{\mathrm{d}\alpha}{\alpha} \int_{\frac{1}{4}}^{\frac{1}{2.2}} \frac{\mathrm{d}\beta}{\beta(1-\alpha-\beta)} +$$

$$\int_{\frac{1}{4}}^{\frac{1}{3}} \frac{\mathrm{d}\alpha}{\alpha} \int_{\alpha}^{\frac{1}{3}} \frac{\mathrm{d}\beta}{\beta(1-\alpha-\beta)} +$$

$$\int_{\frac{1}{4}}^{\frac{1}{3.5}} \frac{\mathrm{d}\alpha}{\alpha} \int_{\frac{1}{3.5}}^{\frac{1}{3}} \frac{\mathrm{d}\beta}{\beta(1-\alpha-\beta)} +$$

$$\int_{\frac{1}{4}}^{\frac{1}{3.5}} \frac{\mathrm{d}\alpha}{\alpha} \int_{\alpha}^{\frac{1}{3.5}} \frac{\mathrm{d}\beta}{\beta(1-\alpha-\beta)}$$

由式 ⑩ 及 ⑪ 得

$$N_1^* = \left\{ \int_{3}^{3.5} \frac{\log(t-1)}{t}\, \mathrm{d}t - \right.$$

$$\int_{3}^{3.5} \frac{\log\left(3.5 - \dfrac{4.5}{t+1}\right)}{t}\, \mathrm{d}t +$$

$$\left.\int_{\frac{1}{4.5}}^{\frac{1}{4}} \frac{\mathrm{d}\alpha}{\alpha} \int_{\alpha}^{\frac{1}{4}} \frac{\mathrm{d}\beta}{\beta(1-\alpha-\beta)} \right\} +$$

$$\left\{ \int_{2}^{3} \frac{\log(t-1) - \log\left(3 - \dfrac{4}{t+1}\right)}{t} \mathrm{d}t + \right.$$

$$\left.\int_{\frac{1}{4}}^{\frac{1}{3}} \frac{\mathrm{d}\alpha}{\alpha} \int_{\alpha}^{\frac{1}{3}} \frac{\mathrm{d}\beta}{\beta(1-\alpha-\beta)} \right\} +$$

$$\left\{ \int_{2.5}^{3} \frac{\log(t-1) - \log\left(3 - \dfrac{4}{t+1}\right)}{t} \mathrm{d}t + \right.$$

$$\left.\int_{\frac{1}{4}}^{\frac{1}{3.5}} \frac{\mathrm{d}\alpha}{\alpha} \int_{\alpha}^{\frac{1}{3.5}} \frac{\mathrm{d}\beta}{\beta(1-\alpha-\beta)} \right\} +$$

$$\left\{ \int_{1.2}^{3} \frac{\log\left(3 - \dfrac{4}{t+1}\right) - \log\left(3.5 - \dfrac{4.5}{t+1}\right)}{2t} \mathrm{d}t + \right.$$

$$\left.\int_{\frac{1}{4}}^{\frac{1}{2.2}} \frac{\mathrm{d}\alpha}{\alpha} \int_{\frac{1}{4.5}}^{\frac{1}{4}} \frac{\mathrm{d}\beta}{2\beta(1-\alpha-\beta)} \right\} +$$

$$\left\{ \int_{2}^{2.5} \frac{\log\left(2.5 - \dfrac{3.5}{t+1}\right) - \log\left(3 - \dfrac{4}{t+1}\right)}{t} \mathrm{d}t + \right.$$

$$\left.\int_{\frac{1}{3.5}}^{\frac{1}{3}} \frac{\mathrm{d}\alpha}{\alpha} \int_{\frac{1}{4}}^{\frac{1}{3.5}} \frac{\mathrm{d}\beta}{\beta(1-\alpha-\beta)} \right\} +$$

$$\left\{ \int_{\frac{13}{8}}^{2} \frac{\log\left(2.5 - \dfrac{3.5}{t+1}\right) - \log\left(3.5 - \dfrac{4.5}{t+1}\right)}{t} \mathrm{d}t + \right.$$

$$\left.\int_{\frac{1}{3}}^{\frac{8}{21}} \frac{\mathrm{d}\alpha}{\alpha} \int_{\frac{1}{4.5}}^{\frac{1}{3.5}} \frac{\mathrm{d}\beta}{\beta(1-\alpha-\beta)} \right\} = 0 \qquad ⑩$$

由式 ⑩ 我们有

$$\int_2^{3.5} \frac{\log(t-1)}{t}\mathrm{d}t - \frac{1}{2}\int_2^{3.5} \frac{\log\left(3.5 - \frac{4.5}{t+1}\right)}{t}\mathrm{d}t =$$

$$\frac{1}{2}\int_2^{3.5} \frac{\log\frac{2t-1}{t+1}}{t}\mathrm{d}t$$

$$\int_2^{3} \frac{\log(t-1)}{t}\mathrm{d}t - \frac{1}{2}\int_2^{3} \frac{\log\left(3 - \frac{4}{t+1}\right)}{t}\mathrm{d}t =$$

$$\frac{1}{2}\int_2^{3} \frac{\log\frac{2t-1}{t+1}}{t}\mathrm{d}t$$

$$2\int_2^{2.5} \frac{\log(t-1)}{t}\mathrm{d}t - \int_2^{2.5} \frac{\log\left(2.5 - \frac{3.5}{t+1}\right)}{t}\mathrm{d}t =$$

$$\int_2^{2.5} \frac{\log\frac{2t-1}{t+1}}{t}\mathrm{d}t$$

因此,由式 ⑥⑨ 及 ⑦⓪ 我们有

$$N_1 = 5 + \int_2^{2.5} \frac{\log\frac{2t-1}{t+1}}{t}\mathrm{d}t +$$

$$\frac{1}{2}\int_2^{3} \frac{\log\frac{2t-1}{t+1}}{t}\mathrm{d}t +$$

$$\frac{1}{2}\int_2^{3.5} \frac{\log\frac{2t-1}{t+1}}{t}\mathrm{d}t -$$

$$\frac{1}{2}\int_{1.2}^{2} \frac{\log\left(3.5 - \frac{4.5}{t+1}\right)}{t}\mathrm{d}t -$$

$$\frac{1}{2}\int_{1.2}^{2} \frac{\log\left(3 - \frac{4}{t+1}\right)}{t}\mathrm{d}t -$$

$$\int_{\frac{13}{8}}^{2}\frac{\log\left(2.5-\frac{3.5}{t+1}\right)}{t}\mathrm{d}t$$

由式 ⑤⑦⑤⑧⑤⑨⑤④④⑥⑤③⑤⑤ 得

$$N_1\leqslant 5+0.015\,442+0.048\,196+0.019\,748-\left(\frac{1}{2}\right)(0.278\,441\,5+0.179\,666\,6)-0.046\,314\leqslant 5-0.191\,982 \tag{71}$$

令 $y=4.5-\frac{4.5}{t+1}$,则

$$t+1=\frac{4.5}{4.5-y},\frac{\mathrm{d}t}{t}=\frac{4.5(4.5-y)\mathrm{d}y}{y(4.5-y)^2}$$

由式 ⑪ 有

$$\int_{3}^{3.5}\frac{G\left(4.5-\frac{4.5}{t+1}\right)}{t}\mathrm{d}t=$$

$$\int_{\frac{27}{8}}^{3.5}\frac{4.5G(y)}{y(4.5-y)}\mathrm{d}y\geqslant$$

$$\{G(4)\}\left(\log\frac{28}{27}+\log\frac{9}{8}\right)+$$

$$\left(\log\frac{7}{6}\right)\int_{2.5}^{3}\frac{H(t)}{t}\mathrm{d}t+$$

$$(H(2.5))\int_{\frac{19}{8}}^{2.5}\frac{\log\frac{8(t+1)}{27}+\log\frac{9/8}{3.5-t}}{t}\mathrm{d}t$$

因

$$\int_{\frac{19}{8}}^{2.5}\frac{\log\frac{t+1}{10.5-3t}}{t}\mathrm{d}t\geqslant$$

$$2\int_{\frac{19}{8}}^{2.5}\frac{4t-9.5}{t(11.5-2t)}\mathrm{d}t\geqslant$$

$$0.003\,862$$

故

$$\int_3^{3.5} \frac{G\left(4.5 - \dfrac{4.5}{t+1}\right)}{t} \mathrm{d}t \geqslant$$

$$(0.154\ 15)(G(4)) +$$

$$(0.003\ 86)(H(2.5)) +$$

$$(0.011\ 86)(H(2.7)) +$$

$$(0.011\ 01)(H(2.9)) +$$

$$(0.005\ 22)(H(3)) \qquad ⑫$$

我们有

$$\int_{\frac{13}{8}}^{2} \frac{G\left(4.5 - \dfrac{4.5}{t+1}\right)}{t} \mathrm{d}t =$$

$$\int_{\frac{39}{14}}^{3} \frac{4.5 G(y)}{y(4.5 - y)} \mathrm{d}y \geqslant$$

$$\{G(4)\} \int_{\frac{39}{14}}^{3} \frac{4.5}{y(4.5 - y)} \mathrm{d}y +$$

$$\int_{\frac{39}{14}}^{3} \frac{4.5}{y(4.5 - y)} \mathrm{d}y \int_{y-1}^{3} \frac{H(t)}{t} \mathrm{d}t - \varepsilon =$$

$$\left(\log \frac{16}{13}\right)\left(G(4) + \int_2^3 \frac{H(t)}{t} \mathrm{d}t\right) + \Delta - \varepsilon \geqslant$$

$$(0.207\ 639)(G(4)) +$$

$$(0.031\ 19)(H(2.2)) +$$

$$(0.012\ 21)\left(H\left(\frac{7}{3}\right)\right) +$$

$$(0.014\ 32)(H(2.5)) +$$

$$(0.015\ 98)(H(2.7)) +$$

$$(0.014\ 83)(H(2.9)) +$$

$$(0.007\ 03)(H(3)) \qquad ⑬$$

其中

$$\Delta = (H(2)) \int_{\frac{25}{14}}^{2} \left(\log \frac{8(t+1)}{45.5 - 13t} \right) \left(\frac{\mathrm{d}t}{t} \right) \geqslant$$

$$(H(2))(2) \int_{\frac{25}{14}}^{2} \frac{21t - 37.5}{t(53.5 - 5t)} \mathrm{d}t \geqslant$$

$$0.011\,407 H(2.2)$$

我们有

$$\int_{2}^{3} \frac{G\left(4.5 - \frac{4.5}{t+1} \right)}{t} \mathrm{d}t =$$

$$\int_{3}^{\frac{27}{8}} \frac{4.5 G(y)}{y(4.5 - y)} \mathrm{d}y \geqslant$$

$$\{G(4)\} \int_{3}^{\frac{27}{8}} \frac{4.5}{y(4.5 - y)} \mathrm{d}y +$$

$$\int_{3}^{\frac{27}{8}} \frac{4.5}{y(4.5 - y)} \mathrm{d}y \int_{y-1}^{3} \frac{H(t)}{t} \mathrm{d}t - \varepsilon \geqslant$$

$$\left(\log \frac{3}{2} \right) \left(G(4) + \int_{\frac{19}{8}}^{3} \frac{H(t)}{t} \mathrm{d}t \right) + \Delta - \varepsilon \geqslant$$

$$(0.405\,46)(G(4)) +$$

$$(0.009\,59)(H(2.2)) +$$

$$(0.016\,5)\left(H\left(\frac{7}{3} \right) \right) +$$

$$(0.027\,53)(H(2.5)) +$$

$$(0.031\,2)(H(2.7)) +$$

$$(0.028\,97)(H(2.9)) +$$

$$(0.013\,74)(H(3)) \qquad ⑭$$

其中

$$\Delta \geqslant (H(2.2)) \int_{2}^{2.2} \frac{\log \dfrac{t+1}{7-2t}}{t} \mathrm{d}t +$$

$$\left(H\left(\frac{7}{3} \right) \right) \int_{2.2}^{\frac{7}{3}} \frac{\log \dfrac{t+1}{7-2t}}{t} \mathrm{d}t +$$

184

$$\left(H\left(\frac{19}{8}\right)\right)\int_{\frac{7}{3}}^{\frac{19}{8}}\frac{\log\dfrac{t+1}{7-2t}}{t}\mathrm{d}t \geqslant$$

$$0.009\ 591 H(2.2)+$$

$$(0.016\ 5)\left(H\left(\frac{7}{3}\right)\right)+$$

$$(0.006\ 74)(H(2.5))$$

我们有

$$\int_{1.2}^{\frac{13}{8}}\frac{G\left(4.5-\dfrac{4.5}{t+1}\right)}{t}\mathrm{d}t\geqslant$$

$$\{G(4)\}+\int_{\frac{27}{11}}^{\frac{39}{14}}\frac{4.5}{y(4.5-y)}\mathrm{d}y+$$

$$\int_{\frac{27}{11}}^{\frac{39}{14}}\frac{4.5}{y(4.5-y)}\mathrm{d}y\int_{y-1}^{3}\frac{H(t)}{t}\mathrm{d}t-\varepsilon\geqslant$$

$$\left(\log\frac{65}{48}\right)\left\{G(4)+\left(\log\frac{7}{6.6}\right)\left(H\left(\frac{7}{3}\right)\right)+\right.$$

$$\left(\log\frac{7.5}{7}\right)(H(2.5))+\left(\log\frac{27}{25}\right)(H(2.7))+$$

$$\left(\log\frac{29}{27}\right)(H(2.9))+\left(\log\frac{3}{2.9}\right)(H(3))\right\}+$$

$$\left\{\left(\log\frac{3.08}{2.5}\right)\left(\log\frac{65}{45}\right)+\Delta\right\}(H(2.2))-\varepsilon\geqslant$$

$$(0.303\ 18)(G(4))+(0.092\ 9)(H(2.2))+$$

$$(0.017\ 83)\left(H\left(\frac{7}{3}\right)\right)+(0.020\ 91)(H(2.5))+$$

$$(0.023\ 33)(H(2.7))+(0.021\ 66)(H(2.9))+$$

$$(0.010\ 27)(H(3)) \qquad \text{⑦}$$

其中

$$\Delta=\int_{\frac{16}{11}}^{\frac{25}{14}}\frac{\log\dfrac{5t+5}{21-6t}}{t}\mathrm{d}t\geqslant$$

185

$$2\int_{\frac{16}{11}}^{\frac{25}{14}} \frac{11t-16}{t(26-t)}\mathrm{d}t \geqslant 0.029\ 65$$

由式 ⑫ ~ ⑮ 得

$$\int_{1.2}^{3.5} \frac{G\left(4.5-\dfrac{4.5}{t+1}\right)}{t}\mathrm{d}t +$$

$$\left(\frac{1}{2}\right)\int_{3}^{3.5} \frac{G\left(4.5-\dfrac{4.5}{t+1}\right)}{t}\mathrm{d}t +$$

$$\int_{\frac{13}{8}}^{2} \frac{G\left(4.5-\dfrac{4.5}{t+1}\right)}{t}\mathrm{d}t \geqslant$$

$$(0.135\ 513)(G(4))+$$

$$(0.164\ 87)(H(2.2))+$$

$$(0.058\ 75)\left(H\left(\frac{7}{3}\right)\right)+$$

$$(0.082\ 87)(H(2.5))+$$

$$(0.104\ 28)(H(2.7))+$$

$$(0.096\ 8)(H(2.9))+$$

$$(0.045\ 9)(H(3)) \qquad\qquad ⑯$$

由式 ⑬ 及 ⑪ 得

$$H(4.5) \geqslant \int_{3.5}^{4} \frac{G(t)}{t}\mathrm{d}t -\varepsilon \geqslant \left(\log\frac{8}{7}\right)(G(4))+\Delta \geqslant$$

$$\left(\log\frac{8}{7}\right)(G(4))+(0.002\ 13)(H(2.7))+$$

$$(0.005\ 84)(H(2.9))+(0.004\ 09)(H(3))$$

$$\qquad\qquad ⑰$$

其中

$$\Delta = \int_{2.5}^{3} \frac{H(s)}{s}\mathrm{d}s\int_{3.5}^{s+1} \frac{\mathrm{d}t}{t} -2\varepsilon \geqslant$$

$$\{H(2.7)\}\int_{2.5}^{2.7} \frac{2(s-2.5)}{s(s+4.5)}\mathrm{d}s +$$

186

$$\{H(2.9)\}\int_{2.7}^{2.9}\frac{2(s-2.5)}{s(s+4.5)}\mathrm{d}s\,+$$

$$\{H(3)\}\int_{2.9}^{3}\frac{2(s-2.5)}{s(s+4.5)}\mathrm{d}s$$

由式 ⑬㉛㉜⑰ 得

$$2H(4.5)+2H(4)+H(3.5)\geqslant$$

$$(1.312\ 42)(G(4))+(0.052\ 2)(H(2.2))+$$

$$(0.025\ 69)\left(H\left(\frac{7}{3}\right)\right)+(0.039\ 36)(H(2.5))+$$

$$(0.060\ 14)(H(2.7))+(0.075\ 04)(H(2.9))+$$

$$(0.042\ 14)(H(3)) \qquad\qquad ⑱$$

由式 ㊶ 有

$$\int_{\frac{1}{4.5}}^{\frac{1}{3.5}}\frac{\mathrm{d}u}{u}\int_{\frac{1}{3}}^{\frac{8}{21}}\frac{\mathrm{d}v}{v(1-u-v)}=$$

$$\int_{2.5}^{3.5}\frac{\log\dfrac{16t-8}{13t-8}}{t}\mathrm{d}t\geqslant$$

$$0.083\ 061+\Delta\geqslant0.086\ 18 \qquad\qquad ⑲$$

其中

$$\Delta=\int_{2.5}^{3.5}\frac{\log\dfrac{50t-25}{52t-32}}{t}\mathrm{d}t\geqslant$$

$$2\int_{2.5}^{3.5}\frac{7-2t}{t(102t-57)}\mathrm{d}t\geqslant0.003\ 119$$

由式 ㊵ 有

$$\int_{\frac{1}{4}}^{\frac{1}{3.5}}\frac{\mathrm{d}u}{u}\int_{u}^{\frac{1}{3.5}}\frac{\mathrm{d}v}{v(1-u-v)}=$$

$$\int_{2.5}^{3}\frac{\log\left(3-\dfrac{4}{t+1}\right)-\log(t-1)}{t}\mathrm{d}t$$

我们有

$$\int_{2.5}^{3} \frac{\log\left(3 - \dfrac{4}{t+1}\right)}{t} \mathrm{d}t \geqslant$$

$$\left(\log \frac{13}{7}\right)\left(\log \frac{6}{5}\right) +$$

$$2\int_{2.5}^{3} \frac{8t - 20}{t(34t + 6)} \mathrm{d}t \geqslant 0.119\ 796\ 9$$

故由式 ㊷ 及 ㊸ 有

$$\int_{\frac{1}{4}}^{\frac{1}{3.5}} \frac{\mathrm{d}u}{u} \int_{u}^{\frac{1}{3.5}} \frac{\mathrm{d}v}{v(1 - u - v)} \geqslant$$

$$0.119\ 796\ 9 - 0.046\ 063\ 4 -$$

$$0.054\ 547\ 7 = 0.019\ 185\ 8 \qquad ㊿$$

由式 ㊶ 有

$$\int_{\frac{1}{4}}^{\frac{1}{3.5}} \frac{\mathrm{d}u}{u} \int_{\frac{1}{3.5}}^{\frac{1}{3}} \frac{\mathrm{d}v}{v(1 - u - v)} =$$

$$\int_{2.5}^{3} \frac{\log \dfrac{2.5 - (3.5/(t+1))}{2 - (3/(t+1))}}{t} \mathrm{d}t =$$

$$\left(\log \frac{6.5}{5}\right)\left(\log \frac{6}{5}\right) + \int_{2.5}^{3} \frac{\log \dfrac{25t - 10}{26t - 13}}{t} \mathrm{d}t \geqslant$$

$$(\log 1.3)(\log 1.2) + 2\int_{2.5}^{3} \frac{3 - t}{t(51t - 23)} \mathrm{d}t \geqslant$$

$$0.048\ 669\ 9 \qquad ㊿$$

由式 ㊲ ～ ㊿ 得

$$\int_{\frac{1}{4.5}}^{\frac{1}{3.5}} \frac{\mathrm{d}u}{u} \int_{\frac{1}{3}}^{\frac{8}{21}} \frac{\mathrm{d}v}{v(1 - u - v)} +$$

$$\int_{\frac{1}{4}}^{\frac{1}{3.5}} \frac{\mathrm{d}u}{u} \int_{u}^{\frac{1}{3.5}} \frac{\mathrm{d}v}{v(1 - u - v)} +$$

$$\int_{\frac{1}{4}}^{\frac{1}{3.5}} \frac{\mathrm{d}u}{u} \int_{\frac{1}{3.5}}^{\frac{1}{3}} \frac{\mathrm{d}v}{v(1 - u - v)} \geqslant$$

$$0.086\ 18 + 0.019\ 185 +$$
$$0.048\ 669 \geqslant 0.154\ 034 \qquad \textcircled{\scriptsize 82}$$

我们有

$$\int_{\frac{2}{9}}^{\frac{1}{4}} \frac{\mathrm{d}u}{u} \int_{\frac{1}{4}}^{\frac{1}{2.2}} \frac{H(4.5 - 4.5u - 4.5v)}{v(1 - u - v)} \mathrm{d}v =$$

$$\int_{\frac{117}{88}}^{\frac{19}{8}} \frac{H(s)}{s} \mathrm{d}s \int_{\max\left\{\frac{2}{9}, \frac{6}{11} - \frac{2s}{9}\right\}}^{\min\left\{\frac{1}{4}, \frac{3}{4} - \frac{2s}{9}\right\}} \frac{\mathrm{d}u}{u\left(1 - u - \dfrac{s}{4.5}\right)} = \sum_{i=1}^{5} M_i$$

其中

$$M_1 = \int_{\frac{117}{88}}^{\frac{16}{11}} \frac{H(s)\mathrm{d}s}{s} \int_{\frac{6}{11} - \frac{2s}{9}}^{\frac{1}{4}} \frac{\mathrm{d}u}{u\left(1 - u - \dfrac{s}{4.5}\right)} \geqslant$$

$$\{H(2)\} \int_{\frac{117}{88}}^{\frac{16}{11}} \frac{4\left(\dfrac{2s}{9} + \dfrac{1}{4} - \dfrac{6}{11}\right)}{s\left(\dfrac{3}{4} - \dfrac{s}{4.5}\right)} \mathrm{d}s \geqslant$$

$$0.011\ 274 H(2)$$

$$M_2 = \int_{\frac{16}{11}}^{2.2} \frac{H(s)\mathrm{d}s}{s} \int_{\frac{2}{9}}^{\frac{1}{4}} \frac{\mathrm{d}u}{u\left(1 - u - \dfrac{s}{4.5}\right)} \geqslant$$

$$\{H(2.2)\} \int_{\frac{16}{11}}^{2.2} \frac{\mathrm{d}s}{s\left(1 - \dfrac{s}{4.5}\right)} \left\{\log \frac{9}{8} + \log \frac{\dfrac{7 - 2s}{9}}{\dfrac{27 - 8s}{(9)(4)}}\right\} =$$

$$\{H(2.2)\} \left\{(\log 1.2)\left(\log \frac{368.5}{184}\right) + \Delta\right\} \geqslant$$

$$(0.136\ 45)(H(2.2))$$

而

$$\Delta = 2 \int_{\frac{16}{11}}^{2.2} \left\{\frac{2s - 3}{213 - 62s}\right\} \left\{\frac{\mathrm{d}s}{s\left(1 - \dfrac{s}{4.5}\right)}\right\} \geqslant 0.009\ 83$$

189

$$M_3=\int_{2.2}^{2.25}\frac{H(s)\mathrm{d}s}{s}\int_{\frac{2}{9}}^{\frac{1}{4}}\frac{\mathrm{d}u}{u\left(1-u-\frac{s}{4.5}\right)}\geqslant$$

$$\{H(2.25)\}\int_{\frac{2}{9}}^{\frac{1}{4}}\frac{0.05\mathrm{d}u}{(2.2)u\left(\frac{23}{45}-u\right)}\geqslant$$

$$0.009\ 73H(2.25)$$

$$M_4=\int_{2.25}^{\frac{7}{3}}\frac{H(s)\mathrm{d}s}{s}\int_{\frac{2}{9}}^{\frac{3}{4}-\frac{2s}{9}}\frac{\mathrm{d}u}{u\left(1-u-\frac{s}{4.5}\right)}\geqslant$$

$$\left\{H\left(\frac{7}{3}\right)\right\}\int_{2.25}^{\frac{7}{3}}\frac{4\left(\frac{3}{4}-\frac{2s}{9}-\frac{2}{9}\right)}{s\left(\frac{3}{4}-\frac{2s}{9}\right)}\mathrm{d}s\geqslant$$

$$0.011\ 15H\left(\frac{7}{3}\right)$$

$$M_5=\int_{\frac{7}{3}}^{\frac{19}{8}}\frac{H(s)\mathrm{d}s}{s}\int_{\frac{2}{9}}^{\frac{3}{4}-\frac{2s}{9}}\frac{\mathrm{d}u}{u\left(1-u-\frac{s}{4.5}\right)}\geqslant$$

$$\left\{H\left(\frac{19}{8}\right)\right\}\int_{\frac{7}{3}}^{\frac{19}{8}}\frac{3-\frac{8s}{9}-\frac{8}{9}}{s\left(\frac{3}{4}-\frac{2s}{9}\right)}\mathrm{d}s\geqslant$$

$$0.001\ 439H\left(\frac{19}{8}\right)$$

因此

$$\int_{\frac{2}{9}}^{\frac{1}{4}}\frac{\mathrm{d}u}{u}\int_{\frac{1}{4}}^{\frac{1}{2.2}}\frac{H(4.5-4.5u-4.5v)}{v(1-u-v)}\mathrm{d}v\geqslant$$

$$0.147\ 724H(2.2)+$$

$$(0.020\ 88)\left(H\left(\frac{7}{3}\right)\right)+$$

$$(0.001\ 439)(H(2.5)) \qquad (83)$$

由式(51)有

$$\int_{\frac{1}{4}}^{\frac{1}{3}} \frac{\mathrm{d}u}{u} \int_{u}^{\frac{1}{3}} \frac{H(4.5-4.5u-4.5v)}{v(1-u-v)} \mathrm{d}v =$$

$$\int_{1.2}^{2.25} \frac{H(s)\mathrm{d}s}{s} \int_{\max\left\{\frac{1}{4},\frac{3-s}{4.5}\right\}}^{\min\left\{\frac{1}{3},\frac{1}{2}-\frac{s}{9}\right\}} \frac{\mathrm{d}u}{u\left(1-u-\dfrac{s}{4.5}\right)} \geqslant$$

$$\{H(2.2)\} \int_{\frac{1}{4}}^{\frac{1}{3}} \frac{\mathrm{d}u}{u} \int_{u}^{\frac{1}{3}} \frac{\mathrm{d}v}{v(1-u-v)} - \Delta \geqslant$$

$$0.097\,991H(2.2) + 0.000\,974H\left(\frac{7}{3}\right) \qquad \text{⑧④}$$

其中

$$\Delta = \int_{2.2}^{2.25} \frac{H(2.2)-H(2.25)}{s} \mathrm{d}s \int_{\frac{1}{4}}^{\frac{1}{2}-\frac{s}{9}} \frac{\mathrm{d}u}{u\left(1-u-\dfrac{s}{4.5}\right)} \leqslant$$

$$4\{H(2.2)-H(2.25)\} \int_{2.2}^{2.25} \frac{\dfrac{1}{4}-\dfrac{s}{9}}{s\left(\dfrac{3}{4}-\dfrac{2s}{9}\right)} \mathrm{d}s \leqslant$$

$$0.000\,974\{H(2.2)-H(2.25)\}$$

我们有

$$\int_{3}^{3.5} \frac{\log\left(3.5-\dfrac{4.5}{t+1}\right)}{t} \mathrm{d}t \geqslant$$

$$\left(\log \frac{19}{8}\right)\left(\log \frac{7}{6}\right) +$$

$$2\int_{3}^{3.5} \frac{9t-27}{t(47t+11)} \mathrm{d}t \geqslant$$

$$0.137\,38$$

$$\int_{3}^{3.5} \frac{\log(t-1)}{t} \mathrm{d}t =$$

$$\left(\frac{1}{3.25}\right)\left(\int_{2}^{2.5} \log t\,\mathrm{d}t + \int_{2}^{2.5} \frac{(2.25-t)\log t}{1+t} \mathrm{d}t\right) \leqslant$$

$$\left(\frac{1}{3.25}\right)\left\{2.5\log 2.5 - 2\log 2 - 0.5 +\right.$$

$$(\log 2)\left(-0.5+3.25\log\frac{3.5}{3}\right)+$$

$$2\int_{2}^{2.5}\frac{(2.25-t)(t-2)}{(1+t)(t+2)}\mathrm{d}t\Big\}\leqslant 0.124\ 247\ 4$$

由式 ㊵ 有

$$\int_{\frac{2}{9}}^{\frac{1}{4}}\frac{\mathrm{d}u}{u}\int_{u}^{\frac{1}{4}}\frac{\mathrm{d}v}{v(1-u-v)}\geqslant$$

$$0.137\ 38-0.124\ 247\ 4=0.013\ 132\ 6 \qquad (85)$$

由式 (85) 得

$$\int_{\frac{2}{9}}^{\frac{1}{4}}\frac{\mathrm{d}u}{u}\int_{u}^{\frac{1}{4}}\frac{H(4.5-4.5u-4.5v)}{v(1-u-v)}\mathrm{d}v\geqslant$$

$$(0.013\ 132\ 6)(H(2.5)) \qquad (86)$$

$$\int_{\frac{1}{4.5}}^{\frac{1}{4}}\frac{\mathrm{d}u}{u}\int_{u}^{\frac{1}{4}}\frac{H\left(\frac{1-u-v}{u}\right)}{v(1-u-v)}\mathrm{d}v=$$

$$\int_{\frac{1}{4.5}}^{\frac{1}{4}}\frac{\mathrm{d}u}{u}\int_{\frac{3}{4}-u}^{1-2u}\frac{H\left(\frac{s}{u}\right)}{s(1-u-s)}\mathrm{d}s=$$

$$\int_{\frac{1}{4.5}}^{\frac{1}{4}}\frac{\mathrm{d}u}{u}\int_{\frac{3}{4u}-1}^{\frac{1}{u}-2}\frac{H(y)}{uy\left(\frac{1}{u}-1-y\right)}\mathrm{d}y\geqslant$$

$$\{H(2.2)\}\Delta+\{H(2.5)\}\cdot$$

$$\left\{\int_{\frac{1}{4.5}}^{\frac{1}{4}}\frac{\mathrm{d}u}{u}\int_{u}^{\frac{1}{4}}\frac{\mathrm{d}v}{v(1-u-v)}-\Delta\right\}\geqslant$$

$$(0.003\ 02)(H(2.2))+$$

$$(0.013\ 132\ 6-0.003\ 02)(H(2.5)) \qquad (87)$$

其中

$$\Delta=\int_{2}^{2.2}\frac{\mathrm{d}y}{y}\int_{\frac{3}{4(y+1)}}^{\frac{1}{y+2}}\frac{\mathrm{d}u}{u^{2}\left(\frac{1}{u}-1-y\right)}\geqslant$$

$$\left(\frac{16}{3}\right)\int_{2}^{2.2}\left(\frac{y+1}{y}\right)\left(\frac{1}{y+2}-\frac{3}{4(y+1)}\right)\mathrm{d}y\geqslant$$

0.003 02

由式 ⑧④⑧⑦ 得

$$\left(\frac{1}{2}\right)\int_{\frac{1}{4.5}}^{\frac{1}{4}}\frac{\mathrm{d}u}{u}\int_{u}^{\frac{1}{4}}\frac{H\left(\frac{1-u-v}{u}\right)+H(4.5-4.5u-4.5v)}{v(1-u-v)}\mathrm{d}v+$$

$$\int_{\frac{1}{4}}^{\frac{1}{3}}\frac{\mathrm{d}u}{u}\int_{u}^{\frac{1}{3}}\frac{H(4.5-4.5u-4.5v)}{v(1-u-v)}\mathrm{d}v+$$

$$\left(\frac{1}{2}\right)\int_{\frac{2}{9}}^{\frac{1}{4}}\frac{\mathrm{d}u}{u}\int_{\frac{1}{4}}^{\frac{1}{2.2}}\frac{H(4.5-4.5u-4.5v)}{v(1-u-v)}\mathrm{d}v\geqslant$$

$$(0.173\ 363)(H(2.2))+(0.011\ 41)\left(H\left(\frac{7}{3}\right)\right)+$$

$$(0.012\ 3)(H(2.5)) \tag{⑧}$$

由式 ⑤⑦⑦⑧⑧⑧⑧⑧ 得

$$N_2\geqslant(3.478\ 48)(G(4))+$$
$$(0.691\ 24)(H(2.2))+$$
$$(0.143\ 55)\left(H\left(\frac{7}{3}\right)\right)+$$
$$(0.190\ 47)(H(2.5))+$$
$$(0.226\ 82)(H(2.7))+$$
$$(0.229\ 78)(H(2.9))+$$
$$(0.115\ 52)(H(3))\geqslant$$
$$(0.763\ 28)(H(2.2))+$$
$$(0.162\ 83)\left(H\left(\frac{7}{3}\right)\right)+$$
$$(0.216\ 66)(H(2.5))+$$
$$(0.260\ 69)(H(2.7))+$$
$$(0.265\ 67)(H(2.9))+$$
$$(0.134\ 07)(H(3)) \tag{⑧}$$

我们有

193

$$S_q^{(3)} \leqslant \sum_{i=1}^{3} M_q(i) \qquad \textcircled{90}$$

其中

$$M_q(1) = \left(\frac{1}{2}\right) \Big\{ \sum_{q^{\frac{1}{4.5}} < p_1 \leqslant q^{\frac{1}{4}} < q^{\frac{1}{3}} < p_2 < p_3 \leqslant q^{\frac{1}{2.2}}} P(x, qp_1 p_2 p_3, p_2) +$$

$$\sum_{q^{\frac{1}{4.5}} < p_1 \leqslant q^{\frac{1}{4}} < q^{\frac{1}{3.5}} < p_2 \leqslant q^{\frac{1}{3}} < p_3 \leqslant q^{\frac{1}{2.2}}} P(x, qp_1 p_2 p_3, q^{\frac{1}{3}}) +$$

$$\sum_{q^{\frac{1}{4.5}} < p_1 \leqslant q^{\frac{1}{4}} < p_2 \leqslant q^{\frac{1}{3.5}} < q^{\frac{8}{21}} < p_3 \leqslant q^{\frac{1}{2.2}}} P(x, qp_1 p_2 p_3, q^{\frac{8}{21}}) \Big\}$$

$$M_q(3) = \left(\frac{1}{2}\right) \Big\{ \sum_{q^{\frac{1}{4.5}} < p_1 \leqslant q^{\frac{1}{4}} < p_2 < p_3 \leqslant q^{\frac{1}{3}} < q^{\frac{8}{21}} < p_4 < p_5 < p_6 < p_7 \leqslant q^{\frac{1}{2.2}}} P(x,$$

$$qp_1 p_2 p_3 p_4 p_5 p_6 p_7, p_3) +$$

$$\sum_{q^{\frac{1}{4.5}} < p_1 \leqslant q^{\frac{1}{4.4}} < q^{\frac{1}{4}} < p_2 < p_3 \leqslant q^{\frac{1}{3.5}} < q^{\frac{8}{21}} < p_4 < p_5 \leqslant q^{\frac{1}{2.2}}} P(x,$$

$$qp_1 p_2 p_3 p_4 p_5, p_4) \Big\}$$

$$M_q(2) = \left(\frac{1}{2}\right) \Big\{ \sum_{q^{\frac{1}{4.5}} < p_1 \leqslant q^{\frac{1}{4}} < q^{\frac{1}{3.5}} < p_2 < p_3 \leqslant q^{\frac{1}{3}} < p_4 < p_5 \leqslant q^{\frac{1}{2.2}}} \left(\left(\frac{9}{10}\right) \cdot\right.$$

$$P(x, qp_1 p_2 p_3 p_4 p_5, p_4) +$$

$$\left(\frac{1}{10}\right) P(x, qp_1 p_2 p_3 p_4 p_5, p_3) \Big) +$$

$$\sum_{q^{\frac{1}{4.5}} < p_1 \leqslant q^{\frac{1}{4}} < p_2 \leqslant q^{\frac{1}{3.5}} < q^{\frac{1}{3}} < p_3 \leqslant q^{\frac{8}{21}} < p_4 < p_5 \leqslant q^{\frac{1}{2.2}}} P(x,$$

$$qp_1 p_2 p_3 p_4 p_5, p_3) \Big\}$$

我们有

$$S_q^{(4)} \leqslant \sum_{i=4}^{8} M_q(i) \qquad \textcircled{91}$$

其中

194

$$M_q(4) = \sum_{q^{\frac{1}{4}} < p_1 \leqslant q^{\frac{1}{3.5}} < q^{\frac{1}{3}} < p_2 < p_3 \leqslant q^{\frac{1}{2.2}}} P(x, qp_1 p_2 p_3, p_2) +$$

$$\sum_{q^{\frac{1}{3.5}} < p_1 \leqslant q^{\frac{1}{3}} < p_2 < p_3 \leqslant q^{\frac{8}{21}}} P(x, qp_1 p_2 p_3, p_2) +$$

$$\sum_{q^{\frac{1}{3.5}} < p_1 \leqslant q^{\frac{1}{3}} < p_2 \leqslant q^{\frac{8}{21}} < p_3 \leqslant q^{\frac{1}{2.2}}} P(x, qp_1 p_2 p_3, p_2) +$$

$$\sum_{q^{\frac{1}{4}} < p_1 \leqslant q^{\frac{1}{3.5}} < p_2 \leqslant q^{\frac{1}{3}} < p_3 \leqslant q^{\frac{1}{2.2}}} P(x, qp_1 p_2 p_3, q^{\frac{1}{3}}) +$$

$$\sum_{q^{\frac{1}{3.5}} < p_1 < p_2 \leqslant q^{\frac{1}{3}} < p_3 \leqslant q^{\frac{1}{2.2}}} P(x, qp_1 p_2 p_3, q^{\frac{1}{3}}) +$$

$$\sum_{q^{\frac{1}{4}} < p_1 < p_2 \leqslant q^{\frac{1}{3.5}} < q^{\frac{8}{21}} < p_3 \leqslant q^{\frac{1}{2.2}}} P(x, qp_1 p_2 p_3, q^{\frac{1}{3}}) +$$

$$\sum_{q^{\frac{1}{3.5}} < p_1 < p_2 < p_3 \leqslant q^{\frac{8}{21}}} P(x, qp_1 p_2 p_3, p_2)$$

$$M_q(5) = \sum_{q^{\frac{1}{3.5}} < p_1 < p_2 < p_3 \leqslant q^{\frac{1}{3}} < p_4 \leqslant q^{\frac{1}{2.2}}} P(x, qp_1 p_2 p_3 p_4, q^{\frac{1}{3}}) +$$

$$\sum_{q^{\frac{1}{4}} < p_1 \leqslant q^{\frac{1}{3.5}} < p_2 < p_3 \leqslant q^{\frac{1}{3}} < p_4 \leqslant q^{\frac{1}{2.2}}} P(x, qp_1 p_2 p_3 p_4, q^{\frac{1}{3}})$$

$$M_q(6) = \sum_{q^{\frac{1}{3}} < p_1 < p_2 < p_3 < p_4 \leqslant q^{\frac{8}{21}}} P(x, qp_1 p_2 p_3 p_4, p_3) +$$

$$\sum_{q^{\frac{1}{3}} < p_1 < p_2 < p_3 \leqslant q^{\frac{8}{21}} < p \leqslant q^{\frac{1}{2.2}}} P(x, qp_1 p_2 p_3 p_4, p_3)$$

$$M_q(7) = \sum_{q^{\frac{1}{3.5}} < p_1 \leqslant q^{\frac{1}{3}} < q^{\frac{8}{21}} < p_2 < p_3 < p_4 \leqslant q^{\frac{1}{2.2}}} P(x, qp_1 p_2 p_3 p_4, p_3) +$$

$$\sum_{q^{\frac{1}{3.5}} < p_1 < p_2 < p_3 < p_4 \leqslant q^{\frac{1}{3}} < p_5 < p_6 \leqslant q^{\frac{1}{2.2}}} P(x,$$

$$qp_1 p_2 p_3 p_4 p_5 p_6, p_3) +$$

$$\sum_{\substack{q^{\frac{1}{4}}<p_1\leqslant q^{\frac{1}{3.5}}<p_2<p_3<p_4\leqslant q^{\frac{1}{3}}<p_5<p_6\leqslant q^{\frac{1}{2.2}}}} P(x,$$

$$qp_1p_2p_3p_4p_5p_6,p_4)+$$

$$\sum_{\substack{q^{\frac{1}{4}}<p_1<p_2\leqslant q^{\frac{1}{3.5}}<p_3\leqslant q^{\frac{1}{3}}<q^{\frac{8}{21}}<p_4<p_5\leqslant q^{\frac{1}{2.2}}}} \left\{\left(\frac{5}{6}\right)\cdot\right.$$

$$P(x,qp_1p_2p_3p_4p_5,q^{\frac{1}{3}})+$$

$$\left.\left(\frac{1}{6}\right)P(x,qp_1p_2p_3p_4p_5,p_3)\right\}+$$

$$\sum_{\substack{q^{\frac{1}{4}}<p_1<p_2<p_3\leqslant q^{\frac{1}{3.5}}<q^{\frac{1}{21}}<p_4<p_5\leqslant q^{\frac{1}{2.2}}}} P(x,$$

$$qp_1p_2p_3p_4p_5,p_3)+$$

$$\sum_{\substack{q^{\frac{1}{3}}<p_1<p_2\leqslant q^{\frac{8}{21}}<p_3<p_4\leqslant q^{\frac{1}{2.2}}}} P(x,qp_1p_2p_3p_4,p_3)$$

$$M_q(8)=\sum_{\substack{q^{\frac{8}{21}}<p_1<p_2<p_3<p_4<p_5<p_6\leqslant q^{\frac{1}{2.2}}}} P(x,$$

$$qp_1p_2p_3p_4p_5p_6,p_5)+$$

$$\sum_{\substack{q^{\frac{1}{3}}<p_1\leqslant q^{\frac{8}{21}}<p_2<p_3<p_4<p_5\leqslant q^{\frac{1}{2.2}}}} P(x,$$

$$qp_1p_2p_3p_4p_5,p_4)$$

由 $Z_1(t)\leqslant\dfrac{1}{1.763}$（当 $t\geqslant1.763$ 时）得

$$(4.4)\left(1-\frac{1}{7}-\frac{1}{2.2}\right)>1.77$$

式 ⑭ 及式 ㊲ ～ ㊳ 得

$$\sum_{q\in Q_i}(M_q(1)+M_q(4))\leqslant$$

$$\frac{4x^{1-a_i}C_x}{1.763\log x}\left(\sum_{q\in Q_i}\frac{1}{\log q}\right)\left\{\left(\log\frac{9}{8}\right)\left(-0.8+3\log\frac{15}{11}+\right.\right.$$

$$3\left(\log\frac{7}{6}\right)\left(\log\frac{15}{11}\right)+\left(\frac{21}{8}\right)\left(\log\frac{8}{7}\right)\left(\log\frac{21}{17.6}\right)\right)+$$

196

$$\left(\log \frac{8}{7}\right)\left(6\log \frac{15}{11} - 1.6 + 6\left(\log \frac{7}{6}\right)\left(\log \frac{15}{11}\right)\right) +$$

$$\left(\log \frac{7}{6}\right)\left(-0.75 + 6\log \frac{8}{7} + 0.75\log \frac{21}{17.6}\right) +$$

$$3\left(\log \frac{15}{11}\right)\left(\log \frac{7}{6}\right)^{2} + 3\left(\log \frac{8}{7}\right)^{2}\left(\log \frac{21}{17.6}\right) +$$

$$10.5 - 14 + \left(7 + \frac{21}{4}\right)\left(\log \frac{4}{3}\right)\bigg\} \leqslant$$

$$\left(\frac{4x^{1-a_i}C_x}{\log x}\right)\left(\sum_{q \in Q_i} \frac{0.111\ 571}{\log q}\right)$$

这里 $i = 1$ 或 $i = 2$. 对于 $i = 1$ 或 $i = 2$, 我们有

$$\sum_{q \in Q_i} M_q(2) \leqslant \left(\frac{4x^{1-a_i}C_x}{\log x}\right)\left(\sum_{q \in Q_i} \frac{1}{\log q}\right)\left(\frac{1}{2}\right)\left(\log \frac{9}{8}\right) \cdot$$

$$\left\{\left(\log \frac{7}{6}\right)^{2}\left(\frac{9}{10}\right)\left(-0.8 + 3\log \frac{15}{11}\right) +\right.$$

$$\left(\log \frac{15}{11}\right)^{2}\left(\frac{1}{10}\right)\left(0.5 - 3\log \frac{7}{6}\right) +$$

$$\left.\left(\log \frac{8}{7}\right)\left(\log \frac{21}{17.6}\right)^{2}\left(3 - \frac{21}{8}\right)\right\} \leqslant$$

$$\left(\frac{4x^{1-a_i}C_x}{\log x}\right)\left(\sum_{q \in Q_i} \frac{0.000\ 278}{\log q}\right)$$

$$\sum_{q \in Q_i} M_q(5) \leqslant \left(\frac{4x^{1-a_i}C_x}{\log x}\right)\left(\sum_{q \in Q_i} \frac{1}{\log q}\right) \cdot$$

$$\left\{\left(\frac{1}{1.636}\right)\left(\log \frac{7}{6}\right)^{3}\left(\log \frac{2.45}{2.2}\right) +\right.$$

$$\left(\frac{1}{1.763}\right)\left(\log \frac{7}{6}\right)^{3}\left(\log \frac{3}{2.45}\right) +$$

$$\left.\left(\frac{3}{1.763}\right)\left(\log \frac{8}{7}\right)\left(\log \frac{7}{6}\right)^{2}\left(\log \frac{15}{11}\right)\right\} \leqslant$$

$$\left(\frac{4x^{1-a_i}C_x}{\log x}\right)\left(\sum_{q \in Q_i} \frac{0.002\ 337}{\log q}\right)$$

$$\sum_{q \in Q_i} M_q(6) \leqslant \left(\frac{4x^{1-a_i}C_x}{\log x}\right)\left(\sum_{q \in Q_i}\frac{1}{\log \underline{q}}\right) \cdot$$

$$\left\{\left(\frac{2}{1.25}\right)\left(3\left(\frac{21}{8}-3\right)+\right.\right.$$

$$\left(3+\frac{21}{4}\right)\left(\log \frac{8}{7}\right)+\left(\frac{21}{16}\right)\left(\log \frac{8}{7}\right)^2\right)+$$

$$\left[\frac{2\log \dfrac{21}{17.6}}{1.056}\right]\left(3-\frac{21}{8}-\frac{21}{8}\log \frac{8}{7}-\right.$$

$$\left.\left(\frac{21}{16}\right)\left(\log \frac{8}{7}\right)^2\right)\right\}\leqslant$$

$$\left(\frac{4x^{1-a_i}C_x}{\log x}\right)\left(\sum_{q \in Q_i}\frac{0.000\ 42}{\log \underline{q}}\right)$$

$$\sum_{q \in Q_i} M_q(7) \leqslant \left(\frac{4x^{1-a_i}C_x}{\log x}\right)\left(\sum_{q \in Q_i}\frac{1}{\log \underline{q}}\right) \cdot$$

$$\left\{2\left(\log \frac{7}{6}\right)\left(2\left(2.2-\frac{21}{8}\right)+\right.\right.$$

$$\left.\left(2.2+\frac{21}{8}\right)\left(\log \frac{21}{17.6}\right)\right)+$$

$$\left(\log \frac{15}{11}\right)^2\left(3(3-3.5)+\right.$$

$$(3.5+6)\left(\log \frac{7}{6}\right)+1.5\left(\log \frac{7}{6}\right)^2\right)+$$

$$\left(\log \frac{8}{7}\right)\left(\log \frac{15}{11}\right)^2\left(3.5-3-3\log \frac{7}{6}-\right.$$

$$\left.1.5\left(\log \frac{7}{6}\right)^2\right)+\left(\frac{1}{2}\right)\left(\log \frac{8}{7}\right)^2 \cdot$$

$$\left(\log \frac{21}{17.6}\right)^2\left(2.5\log \frac{7}{6}+\frac{0.5}{6}\right)+$$

$$\left(\log \frac{21}{17.6}\right)^2\left(0.5-3.5\log \frac{8}{7}-\right.$$

$$\left.1.75\left(\log \frac{8}{7}\right)^2\right)+$$

$$\left(\log \frac{8}{7}\right)^2 \left(2.2 - \frac{21}{8} + \frac{21}{8}\log\frac{21}{17.6}\right) \Big\} \leqslant$$

$$\left(\frac{4x^{1-a_i}C_x}{\log x}\right)\left(\sum_{q\in Q_i} \frac{0.001\ 579}{\log \underline{q}}\right)$$

$$\sum_{q\in Q_i} M_q(3) \leqslant \left(\frac{4x^{1-a_i}C_x}{\log x}\right)\left(\sum_{q\in Q_i} \frac{1}{\log \underline{q}}\right)\cdot$$

$$\left\{\left(\log \frac{9}{8}\right)\left(1-3\log\frac{4}{3}\right)\cdot\right.$$

$$\left(\frac{1}{24}\right)\left(\log\frac{21}{17.6}\right)^4 +$$

$$\left(\log\frac{45}{44}\right)\left(\frac{1}{2}\right)\left(\log\frac{8}{7}\right)^2 \cdot$$

$$\left.\left(2.2 - \frac{21}{8} + \frac{21}{8}\log\frac{21}{17.6}\right)\right\} \leqslant$$

$$\left(\frac{4x^{1-a_i}C_x}{\log x}\right)\left(\sum_{q\in Q_i} \frac{0.000\ 009}{\log \underline{q}}\right)$$

$$\sum_{q\in Q_i} M_q(8) \leqslant \left(\frac{4x^{1-a_i}C_x}{\log x}\right)\left(\sum_{q\in Q_i} \frac{1}{\log \underline{q}}\right)\cdot$$

$$\left\{\left(\frac{21}{8}\right)\left(\frac{1}{360}\right)\left(\log\frac{21}{17.6}\right)^6 +\right.$$

$$2\left(\log\frac{8}{7}\right)\left(6.6 - \frac{63}{8} + \left(4.4 + \frac{21}{8}\right)\cdot\right.$$

$$\left.\left(\log\frac{21}{17.6}\right) + 1.1\left(\log\frac{21}{17.6}\right)^2\right) \Big\} \leqslant$$

$$\left(\frac{4x^{1-a_i}C_x}{\log x}\right)\left(\sum_{q\in Q_i} \frac{0.000\ 026}{\log \underline{q}}\right)$$

对 $i=1$ 或 $i=2$，由式 ⑨⑨ 有

$$\sum_{q\in Q_i}(S_q^{(3)}+S_q^{(4)}) \leqslant \left(\frac{4x^{1-a_i}C_x}{\log x}\right)\left(\sum_{q\in Q_i}\frac{0.116\ 22}{\log \underline{q}}\right) \quad ⑨$$

由式 ⑥⑥⑦⑧⑨ 得

$$5\sum_{q\in Q_i}(x,q,\underline{q}^{\frac{1}{2.2}})\leqslant\left(\frac{4x^{1-a_i}C_x}{\log x}\right)\left(\sum_{q\in Q_i}\frac{1}{\log\underline{q}}\right)\cdot$$

$$(5-0.075\ 762-(0.763\ 28)\cdot$$

$$(H(2.2))-(0.162\ 83)\left(H\left(\frac{7}{3}\right)\right)-$$

$$(0.216\ 66)(H(2.5))-$$

$$(0.260\ 69)(H(2.7))-$$

$$(0.265\ 67)(H(2.9))-$$

$$(0.134\ 07)(H(3)))$$

因此

$$H(2.2)\geqslant 0.015\ 152\ 4+(0.152\ 65)(H(2.2))+$$

$$(0.032\ 56)\left(H\left(\frac{7}{3}\right)\right)+(0.043\ 33)(H(2.5))+$$

$$(0.052\ 13)(H(2.7))+(0.053\ 13)(H(2.9))+$$

$$(0.026\ 81)(H(3))$$

$$H(2.2)\geqslant 0.017\ 882+(0.038\ 42)\left(H\left(\frac{7}{3}\right)\right)+$$

$$(0.051\ 13)(H(2.5))+$$

$$(0.061\ 52)(H(2.7))+$$

$$(0.062\ 7)(H(2.9))+$$

$$(0.031\ 63)(H(3))\qquad\qquad ㊿$$

由式 ⑬㉛㉜⑪ 得

$$H(3)\geqslant\int_{2}^{4}\frac{G(t)}{t}\mathrm{d}t-\varepsilon\geqslant\left(\log\frac{4}{2.5}\right)(G(4))+$$

$$(0.046\ 1)(H(2.2))+(0.015\ 711)\left(H\left(\frac{7}{3}\right)\right)+$$

$$(0.021\ 5)(H(2.5))+(0.027\ 98)(H(2.7))+$$

$$(0.029\ 8)(H(2.9))+(0.015\ 44)(H(3))+\Delta\geqslant$$

$$\{G(4)\}(\log 2)+(0.175\ 13)(H(2.2))+$$

$$(0.028\ 84)\left(H\left(\frac{7}{3}\right)\right)+(0.036\ 89)(H(2.5))+$$

$$(0.045\ 15)(H(2.7))+(0.045\ 74)(H(2.9))+$$

$$(0.023)(H(3))$$

其中

$$\Delta=\int_{2}^{2.5}\frac{G(t)}{t}\mathrm{d}t-\varepsilon\geqslant$$

$$\int_{2}^{2.5}\left(G(4)+\int_{t-1}^{3}\frac{H(s)}{s}\mathrm{d}s\right)\left(\frac{\mathrm{d}t}{t}\right)-2\varepsilon\geqslant$$

$$\{G(4)\}\left(\log\frac{2.5}{2}\right)+\int_{2}^{2.5}\frac{\mathrm{d}t}{t}\int_{1.5}^{3}\frac{H(s)}{s}\mathrm{d}s+$$

$$\{H(2.2)\}\int_{2}^{2.5}\frac{\log\dfrac{1.5}{t-1}}{t}\mathrm{d}t-2\varepsilon\geqslant$$

$$\left(\log\frac{2.5}{2}\right)(G(4))+(H(2.2))(0.085\ 462+$$

$$0.043\ 576)+(0.013\ 129)\left(H\left(\frac{7}{3}\right)\right)+$$

$$(0.015\ 395)(H(2.5))+$$

$$(0.017\ 173)(H(2.7))+$$

$$(0.015\ 945)(H(2.9))+$$

$$(0.007\ 56)(H(3))$$

由式 ㉚ 有

$$H(3)\geqslant(0.189\ 51)(H(2.2))+(0.032\ 68)\left(H\left(\frac{7}{3}\right)\right)+$$

$$(0.042\ 1)(H(2.5))+(0.051\ 9)(H(2.7))+$$

$$(0.052\ 89)(H(2.9))+(0.026\ 69)(H(3))$$

$$H(3)\geqslant(0.194\ 7)(H(2.2))+(0.033\ 57)\left(H\left(\frac{7}{3}\right)\right)+$$

$$(0.043\ 25)(H(2.5))+$$

$$(0.053\ 32)(H(2.7))+$$

$$(0.054\ 34)(H(2.9)) \qquad\qquad ⑭$$

由式 ⑬⑭、引理 3 与引理 4，我们有

$$H(2.2) \geqslant 0.019\ 326 + (0.047\ 68)(H(2.2)) +$$

$$(0.007\ 25)\left(H\left(\frac{7}{3}\right)\right) + (0.008\ 62) \cdot$$

$$(H(2.5)) + (0.010\ 11)(H(2.7)) +$$

$$(0.010\ 28)(H(2.9)) + (0.006\ 08)(H(3))$$

$$H(2.2) \geqslant 0.020\ 293 + (0.007\ 61)\left(H\left(\frac{7}{3}\right)\right) +$$

$$(0.009\ 05)(H(2.5)) +$$

$$(0.010\ 616)(H(2.7)) +$$

$$(0.010\ 794)(H(2.9)) +$$

$$(0.006\ 38)(H(3))$$

由式 ⑭、引理 3 及引理 4 有

$$H(2.2) \geqslant 0.020\ 558 + 0.008\ 6H(2.2)$$

及

$$H(2.2) \geqslant 0.020\ 73$$

因此在相关文献[①]中我们有 $E(x) \leqslant x^{0.989}$. 此即完成定理 1 的证明.

---

① H. L. Montgomery, R. C. Vaughan. Acta Arith. , 1975，27：353-370.

§7　一个均值定理①

—— 潘承洞　　丁夏畦

7.1　引言

设

$$\psi(y,l,d) = \sum_{\substack{n \leqslant y \\ n \equiv l(d)}} \Lambda(n) \qquad ①$$

在 1948 年,瑞尼利用林尼克创造的大筛法证明了下面的定理:

定理 1　对任给正数 A,必存在正数 $\eta < 1$,使得下面的估计式成立

$$\sum_{d \leqslant x^\eta} \mu^2(d) \max_{y \leqslant x} \max_{(l,d)=1} \left| \psi(y,l,d) - \frac{y}{\varphi(d)} \right| = O\left(\frac{x}{\log^A x} \right)$$

$$②$$

由此,他证明了下面的命题:

每一充分大的偶数是一个素数与一个素因子个数不超过 a 的殆素数之和.

我们将上面的命题简记作"$1+a$".

瑞尼并没有给出 η 和 a 的定量估计.巴尔巴恩及潘承洞互相独立地证明了当 $\eta < \frac{1}{6}$ 及 $\eta < \frac{1}{3}$ 时定理 1 是成立的.由 $\eta < \frac{1}{3}$ 潘承洞首先给出了 a 的定量估

---

①　原载于《数学学报》,1975,18(4):254-262.

计，证明了命题"$1+5$".

王元首先给出了 η 和 a 之间的一个明确的非显然联系.

潘承洞与巴尔巴恩独立地证明了定理 1 当 $\eta < \dfrac{3}{8}$ 时是成立的，不难看出如果广义黎曼猜测成立，则定理 1 当 $\eta < \dfrac{1}{2}$ 时是成立的. 维诺格拉多夫及朋比尼独立地证明了定理 1 当 $\eta < \dfrac{1}{2}$ 时是成立的. 确切地说，朋比尼证明了下面的重要定理：

定理 2　任给正数 A，当 $B \geqslant 3A + 23$ 时，下面的估计式成立

$$\sum_{d \leqslant x^{\frac{1}{2}} \log^{-B} x} \max_{y \leqslant x} \max_{(l,d)=1} \left| \psi(y,l,d) - \frac{y}{\varphi(d)} \right| = O\left(\frac{x}{\log^A x} \right)$$

③

上面的定理在近代解析数论与堆垒数论的理论中扮演着十分重要的角色，由它不但能推出命题"$1+3$"，而且还有许多其他重要的应用. 加勒革尔对定理 2 给出了一个有价值的简化证明. 定理 2 通常称为朋比尼－维诺格拉多夫定理.

本节的目的是证明下面的均值定理：

均值定理　设

$$\psi(y,a,l,d) = \sum_{\substack{n \leqslant y/a \\ a_n \equiv l(d)}} \Lambda(n)$$

则对任给正数 A 及正数 $\varepsilon < 1$，当 $1 \leqslant A_1 < A_2 \leqslant y^{1-\varepsilon}$ 时，下面的估计式成立

$$I = \sum_{d \leqslant x^{\frac{1}{2}} \log^{-B} x} \max_{y \leqslant x} \max_{(l,d)=1} \left| \sum_{\substack{A_1 \leqslant a < A_2 \\ (a,d)=1}} f(a) \cdot \right.$$

$$\left(\psi(y,a,l,d)-\frac{y}{a\varphi(d)}\right)\Big|=$$

$$O\left(\frac{x}{\log^A x}\right)$$

这里 $|f(a)|\leqslant 1,B\geqslant 2A+50.$

　　显然,上面的均值定理是定理 2 的推广,但它并不纯粹是一种推广,而有其重要的应用.例如用定理 2 只能推出命题"$1+3$",但是上面的均值定理在陈景润的重要工作"$1+2$"中却起着基本的作用.另外,本节的证明方法亦不同于朋比尼及加勒革尔的方法,证明均值定理的基础工具仍是大筛法,本节用嵌入定理对大筛法给出了一个简单证明.

7.2　大筛法

　　定理 3　令

$$S=\sum_{n=-N}^{N}a_n\mathrm{e}^{2\pi inx}$$

则有

$$\sum_{r=1}^{k}|S(x_r)|^2\leqslant(\sqrt{2}\delta^{-1}+2\pi N)\sum_{n=-N}^{N}|a_n|^2$$

这里

$$\delta=\min_{i\neq j}|x_i-x_j|,0\leqslant x_0<x_1<\cdots<x_k=1$$

　　证明　构造一族函数 $\varepsilon_r(x),r=1,2,\cdots,k.$ 其定义如下:

　　$\varepsilon_r(x_r)=1$;

　　$\varepsilon_r(x)=0$,若 $x\in(-\infty,x_{r-1})$ 或 $(x_{r+1},+\infty)$;

　　$\varepsilon_r(x)$ 为线性函数,若 $x\in[x_{r-1},x_r]$ 及 $[x_r,x_{r+1}]$.

　　令 $f_r(x)=\varepsilon_r(x)S(x)$,则有

$$f_r^2(x) = \int_{-\infty}^{x} \left[f_r^2(t) \right]' \mathrm{d}t = -\int_{x}^{+\infty} \left[f_r^2(t) \right]' \mathrm{d}t =$$

$$\frac{1}{2} \left[\int_{-\infty}^{x} 2f_r f'_r \mathrm{d}t - \int_{x}^{+\infty} 2f_r f'_r \mathrm{d}t \right]$$

所以

$$|f_r(x)|^2 \leqslant \left(\int_{-\infty}^{x} f_r^2(t)\mathrm{d}t \right)^{\frac{1}{2}} \left(\int_{-\infty}^{x} f'^2_r(t)\mathrm{d}t \right)^{\frac{1}{2}} +$$

$$\left(\int_{x}^{+\infty} f_r^2(t)\mathrm{d}t \right)^{\frac{1}{2}} \left(\int_{x}^{+\infty} f'^2_r(t)\mathrm{d}t \right)^{\frac{1}{2}} \leqslant$$

$$\left(\int_{-\infty}^{+\infty} f_r^2(t)\mathrm{d}t \right)^{\frac{1}{2}} \left(\int_{-\infty}^{+\infty} f'^2_r(t)\mathrm{d}t \right)^{\frac{1}{2}}$$

由此得到

$$\sum_{r=1}^{k} |S(x_r)|^2 = \sum_{r=1}^{k} |f_r(x_r)|^2 \leqslant$$

$$\left(\int_{-\infty}^{+\infty} \sum \varepsilon_r^2(x) |S(x)|^2 \mathrm{d}x \right)^{\frac{1}{2}} \cdot$$

$$\left[\left(\int_{-\infty}^{+\infty} \sum \varepsilon'^2_r(x) |S(x)|^2 \mathrm{d}x \right)^{\frac{1}{2}} + \right.$$

$$\left. \left(\int_{-\infty}^{+\infty} \varepsilon_r^2(x) |S'(x)|^2 \mathrm{d}x \right)^{\frac{1}{2}} \right] \leqslant$$

$$(\sqrt{2}\delta^{-1} + 2\pi N) \int_{0}^{1} |S(x)|^2 \mathrm{d}x =$$

$$(\sqrt{2}\delta^{-1} + 2\pi N) \sum_{n=-N}^{N} |a_n|^2$$

由此可以得到下面几个推论：

推论 1

$$\sum_{q \leqslant Q} \sum_{(a,q)=1} \left| \sum_{n=M+1}^{M+N} a_n e\left(\frac{na}{q} \right) \right|^2 \ll (Q^2 + N) \sum_{n=M+1}^{M+N} |a_n|^2$$

推论 2

$$\sum_{q \leqslant Q} \frac{q}{\varphi(q)} \sum_{\chi}^{*} \left| \sum_{n=M+1}^{M+N} a_n \chi(n) \right|^2 \ll (Q^2 + N) \sum_{n=M+1}^{M+N} |a_n|^2$$

206

$$\sum_{D<q\leqslant Q}\frac{1}{\varphi(q)}\sum_{\chi}{}^{*}\Big|\sum_{n=M+1}^{M+N}a_n\chi(n)\Big|^2\ll\Big(Q+\frac{N}{D}\Big)\sum_{n=M+1}^{M+N}|a_n|^2$$

这里"$*$"表示对所有属于模 q 的原特征求和.

推论 3　令

$$N(s,\chi)=\sum_{n=1}^{M}\frac{a_n\chi(n)}{n^s}$$

则对任意的 Q,T_0,T,下面的估计式成立

$$\sum_{q\leqslant Q}\sum_{\chi}{}^{*}\int_{T_0}^{T_0+T}|N(\mathrm{i}t,\chi)|^2\mathrm{d}t\ll(Q^2T+M)\sum_{n=1}^{M}|a_n|^2$$

7.3　问题的转化

设 $B\geqslant 2A+50$,令 $D=x^{\frac{1}{2}}\log^{-B}x$,$D_1=\log^{\frac{B}{2}}x$. 再设 $(a,d)=(l,d)=1$,则有

$$\psi(y,a,l,d)=\sum_{\substack{n\leqslant y/a\\ an\equiv l(d)}}\Lambda(n)=$$

$$\frac{1}{\varphi(d)}\sum_{\chi}\overline{\chi}(l)\chi(a)\sum_{n\leqslant y/a}\chi(n)\Lambda(n)\quad ④$$

所以

$$\psi(y,a,l,d)-\frac{1}{\varphi(d)}\sum_{\substack{n\leqslant y/a\\ (n,d)=1}}\Lambda(n)=$$

$$\frac{1}{\varphi(d)}\sum_{\chi\neq\chi_0}\overline{\chi}(l)\chi(a)\sum_{n\leqslant y/a}\chi(n)\Lambda(n)=$$

$$\frac{1}{\varphi(d)}\sum_{d_1\mid d}\sum_{\chi}{}^{*}\overline{\chi}(l)\chi(a)\sum_{\substack{n\leqslant y/a\\ (n,\frac{d}{d_1})=1}}\chi(n)\Lambda(n)\quad ⑤$$

这里"$*$"表示对所有属于模 $d_1\mid d$ 的原特征求和. 由素数定理得到

$$\sum_{\substack{n\leqslant y/a\\ (n,d)=1}}\Lambda(n)=\frac{y}{a}+O\Big(\frac{y}{a}\mathrm{e}^{-\varepsilon\sqrt{\log y}}\Big)\quad ⑥$$

从 ④ ～ ⑥ 立即推出下面的不等式

$$I = \sum_{d \leqslant D} \max_{y \leqslant x} \max_{(l,d)=1} \Big| \sum_{\substack{A_1 \leqslant a < A_2 \\ (a,d)=1}} f(a) \cdot$$

$$\Big(\psi(y,a,l,d) - \frac{y}{a\varphi(d)} \Big) \Big| \leqslant$$

$$\sum_{d_1 \leqslant D} \frac{1}{\varphi(d_1)} \sum_{d_2 \leqslant D} \frac{1}{\varphi(d_2)} \cdot$$

$$\max_{y \leqslant x} \sum_{\chi}^{*} \Big| \sum_{\substack{A_1 \leqslant a < A_2 \\ (a,d_2)=1}} f(a) \chi(a) \cdot$$

$$\sum_{\substack{n \leqslant y/a \\ (n,d_2)=1}} \chi(n) \Lambda(n) \Big| + O\Big(\frac{x}{\log^A x} \Big) \leqslant$$

$$\max_{y \leqslant x} \max_{m \leqslant D} \log x \sum_{d \leqslant D} \frac{1}{\varphi(d)} \cdot$$

$$\sum_{\chi}^{*} \Big| \sum_{A_1 \leqslant a < A_2} g(a) \chi(a) \sum_{n \leqslant y/a} c_n \chi(n) \Big| +$$

$$O\Big(\frac{x}{\log^A x} \Big) \qquad\qquad ⑦$$

这里

$$\begin{cases} g(n) = f(n), c_n = \Lambda(n), & \text{当}(n,m)=1 \text{ 时} \\ g(n) = c_n = 0, & \text{其他} \end{cases} \qquad ⑧$$

由西格尔 — 瓦尔菲茨定理,可以得到

$$I \leqslant \log x \max_{y \leqslant x} \max_{m \leqslant x} I_{y,m} + O\Big(\frac{x}{\log^A x} \Big) \qquad ⑨$$

这里

$$I_{y,m} = \sum_{D_1 < d \leqslant D} \frac{1}{\varphi(d)} \sum_{\chi}^{*} \Big| \sum_{A_1 \leqslant a < A_2} g(a) \chi(a) \sum_{n \leqslant y/a} c_n \chi(n) \Big|$$

显然

208

$$I_{y,m} \leqslant \sum_{j=0}^{J} \sum_{k=0}^{K} I_{y,m}(j,k)^{①}$$

此处 J, K 满足条件

$$2^J D_1 < D \leqslant 2^{J+1} D_1$$

$$2^K A_1 < A_2 \leqslant 2^{K+1} A_1$$

$$I_{y,m}(j,k) = \sum_{2^j D_1 \leqslant d < 2^{j+1} D_1} \frac{1}{\varphi(d)} \sum_{\chi}^{*} \Big| \sum_{2^k A_1 \leqslant a < 2^{k+1} A_1} g(a) \chi(a) \cdot$$

$$\sum_{n \leqslant y/a} c_n \chi(n) \Big| \qquad ⑩$$

再设 K_1 为适合条件 $2^{K_1} A_1 \leqslant \log^B y \leqslant 2^{K_1+1} A_1$ 的自然数. 因为

$$\sum_{n \leqslant y/a} c_n \chi(n) = \sum_{n \leqslant y/a} \chi(n) \Lambda(n) - \sum_{\substack{n \leqslant y/a \\ (n,m) > 1}} \chi(n) \Lambda(n) =$$

$$\sum_{n \leqslant y/a} \chi(n) \Lambda(n) + O(\log^2 y)$$

所以当 $k \leqslant K_1$ 时, 有

$$I_{y,m}(j,k) = \sum_{(d)} \frac{1}{\varphi(d)} \sum_{\chi}^{*} \Big| \sum_{(a)} g(a) \chi(a) \cdot$$

$$\sum_{n \leqslant y/a} \chi(n) \Lambda(n) \Big| + O\Big(\frac{x}{\log^{A+3} x}\Big) \qquad ⑪$$

这里 $(d), (a)$ 分别表示对 $2^j D_1 \leqslant d < 2^{j+1} D_1$ 及 $2^k A_1 \leqslant a < 2^{k+1} A_1$ 求和. 一般有

$$I_{y,m}(j,k) = \sum_{(d)} \frac{1}{\varphi(d)} \sum_{\chi}^{*} \Big| \sum_{(a)} g(a) \chi(a) \cdot$$

$$\sum_{n \leqslant y/a} \chi(n) d_n^{(k)} \Big| + O\Big(\frac{x}{\log^{A+3} x}\Big) \qquad ⑫$$

这里

---

① 当 $k = K$ 时, a 的求和区间为 $2^K A_1 \leqslant a < A_2$.

$$\begin{cases} d_n^{(k)} = \Lambda(n), & \text{当 } k \leqslant K_1 \text{ 时} \\ |\ d_n^{(k)}\ | \leqslant \Lambda(n), & \text{当 } k > K \text{ 时} \end{cases} \quad ⑬$$

所以现在对 I 的估计已转化成对 $I_{y,m}(j,k)$ 的估计.

7.4 均值定理的证明

引理 1 对任意正数 T,Q,下面的估计式成立

$$\sum_{Q \leqslant d < 2Q} \frac{1}{\varphi(d)} \int_{-T}^{T} \sum_{\chi}^{*} \left| L\left(\frac{1}{2} + \mathrm{i}t, \chi\right) \right|^2 \mathrm{d}t \ll$$
$$QT \log^2 Q(T+1) \quad ⑭$$

证明 设 $s = \frac{1}{2} + \mathrm{i}t$,$\chi$ 为属于模 d 的原特征,则当 $M \geqslant d^2(T+1)$ 时,有

$$L(s,\chi) = \sum_{n \leqslant M} \frac{\chi(n)}{n^s} + O(1) \quad ⑮$$

所以

$$|\ L(s,\chi)\ |^2 \ll \left| \sum_{n \leqslant M} \frac{\chi(n)}{n^s} \right|^2 + O(1)$$

$$\sum_{Q \leqslant d < 2Q} \frac{1}{\varphi(d)} \int_{-T}^{T} \sum_{\chi}^{*} |\ L(s,\chi)\ |^2 \mathrm{d}t \ll$$

$$\sum_{Q \leqslant d < 2Q} \frac{1}{\varphi(d)} \int_{-T}^{T} \sum_{\chi}^{*} \left| \sum_{n \leqslant M} \frac{\chi(n)}{n^s} \right|^2 \mathrm{d}t + O(QT)$$

由上式及推论 3(利用部分求和) 即得 ⑭.

令 $c = 1 + \dfrac{1}{\log x}$,$T = x^{10}$,$s = \sigma + \mathrm{i}t$,当 $\sigma > 1$ 时令

$$f_k(s,\chi) = \sum_{n=1}^{\infty} \frac{d_n^{(k)}\chi(n)}{n^s} \quad ⑯$$

由熟知的 Perron 公式得到

$$\sum_{n \leqslant y/a} d_n^{(k)}\chi(n) = \frac{1}{2\pi\mathrm{i}} \int_{c-\mathrm{i}T}^{c+\mathrm{i}T} \left(\frac{y}{a}\right)^s \frac{f_k(s,\chi)}{s} \mathrm{d}s +$$

$$O(x^{-1}) + O(a)\log y \qquad ⑰$$

这里

$$O(a) = \begin{cases} O(1), & a \mid y \\ 0, & a \nmid y \end{cases}$$

由 ⑰ 得到

$$\sum_{(a)} \chi(a)g(a) \sum_{n \leqslant y/a} d_n^{(k)} \chi(n) =$$

$$\frac{1}{2\pi i} \int_{c-iT}^{c+iT} g_k(s,\chi) f_k(s,\chi) \frac{y^s}{s} ds + O(\tau(y)\log y) \quad ⑱$$

这里

$$g_k(s,\chi) = \sum_{(a)} \frac{\chi(a)g(a)}{a^s} \qquad ⑲$$

由 ⑫ 及 ⑱ 得到

$$I_{y,m}(j,k) \leqslant \sum_{(d)} \frac{1}{\varphi(d)} \sum_{\chi}^{*} \left| \int_{c-iT}^{c+iT} g_k(s,\chi) \cdot \right.$$

$$\left. f_k(s,\chi) \frac{y^s}{s} ds \right| + O\left(\frac{x}{\log^{A+3} x} \right) \qquad ⑳$$

令

$$\eta_k = \begin{cases} 1, & k \leqslant K_1 \\ 0, & k > K_1 \end{cases}$$

显然有

$$g_k(s,\chi) f_k(s,\chi) =$$

$$g_k(s,\chi) f_k(s,\chi)(1 - \eta_k L(s,\chi) H(s,\chi)) +$$

$$\eta_k g_k(s,\chi) f_k(s,\chi) L(s,\chi) H(s,\chi) \qquad ㉑$$

这里

$$H(s,\chi) = \sum_{n \leqslant M_1} \frac{\mu(n)\chi(n)}{n^s}, M_1 = 2^j D_1^2 \qquad ㉒$$

下面先来处理 $k \leqslant K_1$ 时的情形. 为简便起见, 我们以 g_k 表示 $g_k(s,\chi)\cdots$, 因为此时 $\eta_k = 1, d_n^{(k)} = \Lambda(n)$,

所以有 $f_k = -\dfrac{L'}{L}$，故 ㉑ 变成

$$g_k f_k = g_k f_k (1 - LH) - g_k L' H \qquad ㉓$$

显然

$$g_k f_k = \sum_{n=1}^{\infty} \frac{a_n \chi(n)}{n^s}, \ |a_n| \leqslant \tau(n) \log n$$

而

$$\sum_{n=1}^{\infty} \frac{a_n \chi(n)}{n^s} = \sum_{n \leqslant M_1} \frac{a_n \chi(n)}{n^s} + \sum_{M_1 < n \leqslant N} \frac{a_n \chi(n)}{n^s} + O(x^{-\frac{4}{5}}) =$$

$$F_1 + F_2 + O(x^{-\frac{4}{5}}) \qquad ㉔$$

这里 $N = \mathrm{e}^{\log^2 x}$，所以

$$\int_{(c)} g_k f_k \frac{y^s}{s} \mathrm{d}s = \int_{(c)} g_k f_k (1 - LH) \frac{y^s}{s} \mathrm{d}s -$$

$$\int_{(c)} g_k L' H \frac{y^s}{s} \mathrm{d}s =$$

$$\int_{(c)} F_2 (1 - LH) \frac{y^s}{s} \mathrm{d}s +$$

$$\int_{(\frac{1}{2})} F_1 (1 - LH) \frac{y^s}{s} \mathrm{d}s +$$

$$\int_{(\frac{1}{2})} g_k L' H \frac{y^s}{s} \mathrm{d}s + O(x^{\frac{1}{2}}) \qquad ㉕$$

此处 (c)，$\left(\dfrac{1}{2}\right)$ 分别表示在直线段 $(c - \mathrm{i}T, c + \mathrm{i}T)$ 及

$\left(\dfrac{1}{2} - \mathrm{i}T, \dfrac{1}{2} + \mathrm{i}T\right)$ 上积分.

由 ⑳ 及 ㉕ 得到

$$I_{y,m}(j,k) \ll \sum_{(d)} \frac{1}{\varphi(d)} \sum_{\chi}^{*} \int_{(c)} |F_2 (1 -$$

$$LH)| \ \left|\frac{y}{|s|}\right| \ |\mathrm{d}s| +$$

$$\sum_{(d)} \frac{1}{\varphi(d)} \sum_{\chi}{}^{*} \int_{\left(\frac{1}{2}\right)} \mid F_1 (1 -$$

$$LH) \mid \frac{y^{\frac{1}{2}}}{\mid s \mid} \mid \mathrm{d}s \mid +$$

$$\sum_{(d)} \frac{1}{\varphi(d)} \sum_{\chi}{}^{*} \int_{\left(\frac{1}{2}\right)} \mid g_k L'H \mid \cdot$$

$$\frac{y^{\frac{1}{2}}}{\mid s \mid} \mid \mathrm{d}s \mid + O\left(\frac{x}{\log^{A+3} x}\right) \qquad ㉖$$

将上式右端的三项分别记作 I_1, I_2, I_3，则

$$I_1 \ll x \log x \max_{\mid t \mid \leqslant T} \left(\sum_{(d)} \frac{1}{\varphi(d)} \sum_{\chi}{}^{*} \mid F_2 \mid^2 \right)^{\frac{1}{2}} \cdot$$

$$\left(\sum_{(d)} \frac{1}{\varphi(d)} \sum_{\chi}{}^{*} \mid 1 - LH \mid^2 \right)^{\frac{1}{2}}$$

但当 $s = c + it$ 时，有

$$1 - LH = \sum_{M_1 < n \leqslant M_1 N} \frac{b_n \chi(n)}{n^s} + O(x^{-\frac{1}{2}}), \mid b_n \mid \leqslant \tau(n)$$

故

$$\mid 1 - LH \mid^2 \leqslant$$

$$4 \log^2 x \sum_{i=0}^{2\log^2 x} \left| \sum_{2^i M_1 < n \leqslant 2^{i+1} M_1} \frac{b_n \chi(n)}{n^s} \right|^2 + O(x^{-1}) \qquad ㉗$$

由上式及推论 2 得到

$$\sum_{(d)} \frac{1}{\varphi(d)} \sum_{\chi}{}^{*} \mid 1 - LH \mid^2 \ll \log^{12} x \cdot D_1^{-1} \qquad ㉘$$

同样，因为

$$\mid F_2 \mid^2 \ll \log^2 x \sum_{i=0}^{2\log^2 x} \left| \sum_{2^i M_1 < n \leqslant 2^{i+1} M_1} \frac{a_n \chi(n)}{n^s} \right|^2$$

所以从推论 2 得到

$$\sum_{(d)} \frac{1}{\varphi(d)} \sum_{\chi}{}^{*} \mid F_2 \mid^2 \ll \log^{16} x \cdot D_1^{-1} \qquad ㉙$$

由 ㉗ ～ ㉙ 得到

$$I_1 \ll x \log^{15} x \cdot D_1^{-1} \qquad ㉚$$

下面来估计 I_2. 则

$$I_2 \ll y^{\frac{1}{2}} \sum_{(d)} \frac{1}{\varphi(d)} \sum_{\chi}{}^* \int_{-T}^{T} \frac{\mid F_1 \mid \mid 1 - LH \mid}{\mid s \mid} \mid ds \mid \ll$$

$$y^{\frac{1}{2}} \sum_{i=0}^{20\log x} \frac{1}{2^i} \sum_{(d)} \frac{1}{\varphi(d)} \int_{|t| \leqslant 2^{i+1}} \sum_{\chi}{}^* \mid F_1 \mid dt +$$

$$y^{\frac{1}{2}} \sum_{i=0}^{20\log x} \frac{1}{2^i} \sum_{(d)} \frac{1}{\varphi(d)} \int_{|t| \leqslant 2^{i+1}} \sum_{\chi}{}^* \mid F_1 LH \mid dt =$$

$$I_2^{(1)} + I_2^{(2)} \qquad ㉛$$

由推论 2 得到

$$I_2^{(1)} \ll y^{\frac{1}{2}} \log x \Big(\sum_{(d)} \sum_{\chi}{}^* \mid F_1 \mid^2 \Big)^{\frac{1}{2}} \ll$$

$$y^{\frac{1}{2}} \log^2 x ((2^{j+1} D_1)^2 +$$

$$2^j D_1^2)^{\frac{1}{2}} \log^3 x \ll$$

$$D x^{\frac{1}{2}} \log^5 x \qquad ㉜$$

因为

$$F_1^2 = \sum_{n \leqslant M_1^2} \frac{c_n \chi(n)}{n^s}, \ \mid c_n \mid \leqslant \tau^3(n) \log^2 n$$

$$H^2 = \sum_{n \leqslant M_1^2} \frac{e_n \chi(n)}{n^s}, \ \mid e_n \mid \leqslant \tau(n)$$

所以由推论 2 及引理 1 得到

$$\sum_{(d)} \frac{1}{\varphi(d)} \sum_{\chi}{}^* \int_{|t| \leqslant 2^{i+1}} \mid F_1 \mid^4 dt \ll 2^j D_1^3 \cdot 2^{i+1} \log^{69} x$$

$$\sum_{(d)} \frac{1}{\varphi(d)} \sum_{\chi}{}^* \int_{|t| \leqslant 2^{i+1}} \mid H \mid^4 dt \ll 2^j D_1^3 \cdot 2^{i+1} \log^6 x$$

$$\sum_{(d)} \frac{1}{\varphi(d)} \sum_{\chi}{}^* \int_{|t| \leqslant 2^{i+1}} \mid L \mid^2 dt \ll 2^{i+1} (2^j D_1) \log^2 x$$

对 $I_2^{(2)}$ 用施瓦兹不等式,再从上面三个估计就得到

$$I_2^{(2)} \ll y^{\frac{1}{2}} \sum_{i=0}^{2\log x} \frac{1}{2^i} \Big(\sum_{(d)} \frac{1}{\varphi(d)} \sum_\chi {}^* \int_{|t| \leqslant 2^{i+1}} |F_1|^4 \mathrm{d}t \Big)^{\frac{1}{4}} \cdot$$

$$\Big(\sum_{(d)} \frac{1}{\varphi(d)} \sum_\chi {}^* \int_{|t| \leqslant 2^{i+1}} |H|^4 \mathrm{d}t \Big)^{\frac{1}{4}} \cdot$$

$$\Big(\sum_{(d)} \frac{1}{\varphi(d)} \sum_\chi {}^* \int_{|t| \leqslant 2^{i+1}} |L|^2 \mathrm{d}t \Big)^{\frac{1}{2}} \ll$$

$$D_1 D x^{\frac{1}{2}} \log^{21} x \qquad\qquad ㉝$$

因此

$$I_2 \ll D_1 D x^{\frac{1}{2}} \log^{21} x \qquad\qquad ㉞$$

利用同样的方法得到

$$I_3 \ll D_1 D x^{\frac{1}{2}} \log^{22} x \qquad\qquad ㉟$$

由 ㉖㉚㉞㉟ 就得到当 $k \leqslant K_1$ 时,有

$$I_{y,m}(j,k) \ll D_1 D x^{\frac{1}{2}} \log^{22} x + D_1^{-1} x \log^{15} x +$$

$$O\Big(\frac{x}{\log^{A+3} x} \Big) = O\Big(\frac{x}{\log^{A+3} x} \Big) \qquad㊱$$

下面再来处理当 $k > K_1$ 时的情形. 此时 $\eta_k = 0$,令 $M_2 = (2^j D_1)^2$,显然

$$f_k(s,\chi) = \sum_{n \leqslant M_2} \frac{d_n^{(k)} \chi(n)}{n^s} + \sum_{M_2 < n \leqslant N} \frac{d_n^{(k)} \chi(n)}{n^s} + O(x^{-\frac{4}{5}}) =$$

$$f_1(s,\chi) + f_2(s,\chi) + O(x^{-\frac{4}{5}})$$

所以有

$$I_{y,m}(j,k) \ll \int_{(\frac{1}{2})} \sum_{(d)} \frac{1}{\varphi(d)} \sum_\chi {}^* \ |g_k(s,\chi) \cdot$$

$$f_1(s,\chi)| \ \frac{y^{\frac{1}{2}}}{|s|} \ |\mathrm{d}s| +$$

$$\int_{(c)} \sum_{(d)} \frac{1}{\varphi(d)} \sum_\chi {}^* \ |g_k(s,\chi) \cdot$$

$$f_2(s,\chi)| \ \frac{y}{|s|} \ |\mathrm{d}s| + O\Big(\frac{x}{\log^{A+3} x} \Big) \ll$$

$$y^{\frac{1}{2}} \log x \max_{|t| \leqslant T} \Big(\sum_{(d)} \frac{1}{\varphi(d)} \cdot$$

$$\sum_\chi {}^* \Big| g_k\Big(\frac{1}{2}+\mathrm{i}t, \chi\Big) \Big|^2 \Big)^{\frac{1}{2}} \cdot$$

$$\Big(\sum_{(d)} \frac{1}{\varphi(d)} \sum_\chi {}^* \Big| f_1\Big(\frac{1}{2}+\mathrm{i}t, \chi\Big) \Big|^2 \Big)^{\frac{1}{2}} +$$

$$y\log x \max_{|t| \leqslant T}\Big(\sum_{(d)} \frac{1}{\varphi(d)} \cdot$$

$$\sum_\chi {}^* \Big| g_k(c+\mathrm{i}t, \chi) \Big|^2 \Big)^{\frac{1}{2}} \cdot$$

$$\Big(\sum_{(d)} \frac{1}{\varphi(d)} \sum_\chi {}^* \Big| f_2(c+\mathrm{i}t, \chi) \Big|^2 \Big)^{\frac{1}{2}} +$$

$$O\Big(\frac{x}{\log^{A+3} x} \Big) \qquad\qquad ㊲$$

由推论 2 得到

$$\sum_{(d)} \frac{1}{\varphi(d)} \sum_\chi {}^* \Big| g_k\Big(\frac{1}{2}+\mathrm{i}t, \chi\Big) \Big|^2 \ll$$

$$\Big(2^{j+1} D_1 + \frac{2^{k+1} A_1}{2^j D_1} \Big) \log x \qquad\qquad ㊳$$

$$\sum_{(d)} \frac{1}{\varphi(d)} \sum_\chi {}^* \Big| f_1\Big(\frac{1}{2}+\mathrm{i}t, \chi\Big) \Big|^2 \ll$$

$$\Big(2^{j+1} D_1 + \frac{(2^j D_1)^2}{2^j D_1} \Big) \log^2 x \qquad\qquad ㊴$$

$$\sum_{(d)} \frac{1}{\varphi(d)} \sum_\chi {}^* \Big| f_2(c+\mathrm{i}t, \chi) \Big|^2 \ll$$

$$\log^2 x \sum_{i=0}^{2\log^2 x} \sum_{(d)} \frac{1}{\varphi(d)} \cdot$$

$$\sum_\chi {}^* \Big| \sum_{2^i M_2 < n \leqslant 2^{i+1} M_2} \frac{d_n^{(k)} \chi(n)}{n^s} \Big| \ll$$

$$\Big(\frac{2^{j+1} D_1}{M_2} + \frac{1}{2^j D_1} \Big) \log^6 x \qquad\qquad ㊵$$

216

$$\sum_{(d)} \frac{1}{\varphi(d)} \sum_{\chi}^{*} \mid g_k(c+\mathrm{i}t,\chi) \mid^2 \ll \left(\frac{2^{j+1}D_1}{2^kA_1} + \frac{1}{2^jD_1}\right)$$

⑪

由 ㉞ ～ ⑪ 得到

$$\begin{aligned}
I_{y,m}(j,k) &\ll x^{\frac{1}{2}}\log^3 x(D^2+A_2)^{\frac{1}{2}} + \\
&\quad y\log^4 x\left(\frac{1}{2^kA_1} + \frac{1}{D_1^2}\right)^{\frac{1}{2}} + \\
&\quad O\left(\frac{x}{\log^{A+3}x}\right) \ll \\
&\quad Dx^{\frac{1}{2}}\log^3 x + x\log^{4-\frac{B}{2}}x + \\
&\quad O\left(\frac{x}{\log^{A+3}x}\right) = O\left(\frac{x}{\log^{A+3}x}\right)
\end{aligned}$$

⑫

由 ㊱ 及 ⑫ 看出,对所有的 k 恒有

$$I_{y,m}(j,k) = O\left(\frac{x}{\log^{A+3}x}\right)$$

⑬

因此

$$I_{y,m} \ll \log^2 x \cdot \frac{x}{\log^{A+3}x} = O\left(\frac{x}{\log^{A+1}x}\right)$$

再由 ⑨ 得到

$$I = O\left(\frac{x}{\log^A x}\right)$$

均值定理证毕.

§8 一个新的均值定理及其应用

—— 潘承洞

8.1 导引

命

$$\pi(x;d,l) = \sum_{\substack{p \leqslant x \\ p \equiv l (\mathrm{mod}\, d)}} 1$$

在 1948 年,瑞尼证明了下面的定理:

定理 1 对于任意正数 A,皆存在正数 η 使

$$R(x^\eta;x) =$$

$$\sum_{d \leqslant x^\eta} \max_{y \leqslant x} \max_{(l,d)=1} \left| \pi(y;d,l) - \frac{\pi(y;1,1)}{\phi(d)} \right| \ll \frac{x}{\log^A x}$$

此处 $\phi(d)$ 表示欧拉函数.

确切地说,瑞尼的结果是对于一个加权和来证明的,但消除加权与否并不影响对主要问题的应用.

由此,他证明了下面的命题:

每个大偶数为一个素数及一个素因子个数不超过 C 的殆素数之和.

为简单计,我们将上面的命题记为 $(1,C)$,瑞尼并未给出 η 与 C 的定量估计,但用其方法,我们可以说 η 是非常小而 C 是非常大的数.

巴尔巴恩在 1961 年与笔者在 1962 年独立地证明了定理 1 对于 $\eta < \frac{1}{6}$ 与 $\eta < \frac{1}{3}$ 成立.用 $\eta < \frac{1}{3}$,笔者

218

首先证明了定量结果 $(1,5)$. 1962 年, 王元仅用 $\eta < \dfrac{1}{3}$ 证明了 $(1,4)$. 笔者于 1962 年及巴尔巴恩于 1963 年独立地证明了定理 1 对于 $\eta < \dfrac{3}{8}$ 成立, 从而不需要复杂的数值计算即推出 $(1,4)$. 1965 年, 布赫夕塔布用 $\eta < \dfrac{3}{8}$ 证明了 $(1,3)$.

1965 年, 维诺格拉多夫与朋比尼[①]独立地证明了定理 1 对于 $\eta < \dfrac{1}{2}$ 成立.

确切地说, 朋比尼证明了下面的重要定理:

定理 2（朋比尼）　对于任何 $A > 0$ 皆有

$$\sum_{d \leqslant x^{\frac{1}{2}} \log^{-B_1} x} \max_{y \leqslant x} \max_{(l,d)=1} \left| \pi(y;d,l) - \frac{\pi(y;1,1)}{\phi(d)} \right| \ll x \log^{-A} x$$

此处 $B_1 = 3A + 23$.

不需要太多的数值计算, 即可由此推出 $(1,3)$.

1975 年, 丁夏畦与笔者证明了下面新的均值定理:

定理 3　命

$$\pi(x;a,d,l) = \sum_{\substack{ap \leqslant x \\ ap \equiv l \,(\mathrm{mod}\, d)}} 1$$

及命 $f(a)$ 为一个实函数, $f(a) \ll 1$. 则对于任意 $A > 0$ 皆有

$$\sum_{d \leqslant x^{\frac{1}{2}} \log^{-B_2} x} \max_{y \leqslant x} \max_{(l,d)=1} \left| \sum_{\substack{a \leqslant x^{1-\varepsilon} \\ (a,d)=1}} f(a) \Big(\pi(y;a,d,l) - \right.$$

---

①　E. Bombieri. On the large sieve. Mathematika, 1965, 12: 201-225.

$$\left.\frac{\pi(y;a,1,1)}{\phi(d)}\right)\Big|\ll\frac{x}{\log^A x}$$

此处, $B_2 = \frac{3}{2}A + 17$ 及 $0 < \varepsilon < 1$.

置

$$f(a) = \begin{cases} 1, & a = 1 \\ 0, & a > 1 \end{cases}$$

则

$$\sum_{a\leqslant x^{1-\varepsilon}} f(a)\left(\pi(y;a,d,l) - \frac{\pi(y;a,1,1)}{\phi(d)}\right) =$$

$$\pi(y;d,l) - \frac{\pi(y;1,1)}{\phi(d)}$$

所以定理 3 为定理 2 的推广, 但其兴趣并不在于推广而在于应用. 我们将在 8.3 中给出若干应用的例子.

8.2 定理 3 的证明

为了证明定理 3, 我们列举一些熟知的引理.

引理 1 对于任何复数 a_n, 我们有

$$\sum_{q\leqslant Q}\frac{q}{\phi(q)}\sum_{\chi_q}^{*}\Big|\sum_{n=M+1}^{M+N}a_n\chi(n)\Big|^2\ll(Q^2+N)\sum_{n=M+1}^{M+N}|a_n|^2$$

及

$$\sum_{H<q\leqslant Q}\frac{1}{\phi(q)}\sum_{\chi_q}^{*}\Big|\sum_{n=M+1}^{M+N}a_n\chi(n)\Big|^2\ll\left(Q+\frac{N}{H}\right)\sum_{n=M+1}^{M+N}|a_n|^2$$

此处星号表示过模 q 的所有原特征求和.

引理 2 若 $T\geqslant 2$ 及 $\left|\sigma-\frac{1}{2}\right|\leqslant\frac{1}{200\log qT}$, 则

$$\sum_{\chi_q}^{*}\int_{-T}^{T}|L(\sigma+\mathrm{i}t,\chi)|^4\mathrm{d}t\ll\phi(q)T\log^4 qT$$

及

$$\sum_{\chi_q}{}^{*}\int_{-T}^{T}\mid L'(\sigma+\mathrm{i}t,\chi)\mid^{4}\mathrm{d}t\ll\phi(q)\,T\log^{8}qT$$

命

$$\Psi(x;a,d,l)=\sum_{\substack{an\leqslant x\\ an\equiv l(\bmod d)}}\Lambda(n)$$

及

$$R(D;x,f)=\sum_{d\leqslant D}\max_{y\leqslant x}\max_{(l,d)=1}\Big|\sum_{\substack{a\leqslant x^{1-\varepsilon}\\(a,d)=1}}f(a)\cdot$$

$$\Big(\psi(y;a,d,l)-\frac{\psi(y;a,1,1)}{\phi(d)}\Big)\Big|$$

此处

$$D=x^{\frac{1}{2}}\log^{-B_{2}}x,B_{2}=\frac{3}{2}A+17$$

对于 $(a,d)=(l,d)=1$,我们有

$$\psi(y;a,d,l)=\frac{1}{\phi(d)}\sum_{an\leqslant y}\sum_{\chi_d}\chi(an)\,\overline{\chi}(l)\chi(n)=$$

$$\frac{1}{\phi(d)}\sum_{an\leqslant y}\chi_d^0(n)\Lambda(n)+$$

$$\frac{1}{\phi(d)}\sum_{\chi_d\neq\chi_d^0}\overline{\chi}(l)\chi(a)\sum_{an\leqslant y}\chi(n)\Lambda(n)=$$

$$\frac{1}{\phi(d)}\sum_{an\leqslant y}\Lambda(n)+\frac{1}{\phi(d)}\sum_{1<\frac{q}{d}}\sum_{\chi_d}{}^{*}\overline{\chi}(l)\chi(a)\cdot$$

$$\sum_{\substack{an\leqslant y\\(n,d)=1}}\chi(n)\Lambda(n)+O\Big(\frac{\log\,d\log\,y}{\phi(d)}\Big)$$

由此可得

$$R(D;x,f)\leqslant\sum_{d\leqslant D}\frac{1}{\phi(d)}\sum_{1<\frac{q}{d}}\max_{y\leqslant x}\sum_{\chi_q}{}^{*}\mid\sum_{\substack{a\leqslant x^{1-\varepsilon}\\(a,d)=1}}f(a)\chi(a)\cdot$$

$$\sum_{\substack{an\leqslant y\\(n,d)=1}}\Lambda(n)\chi(n)\mid+O\Big(\frac{x}{\log^{A}x}\Big)\leqslant$$

221

$$\log x \max_{m \leqslant D} \sum_{1 < q \leqslant D} \frac{1}{\phi(q)} \sum_{\chi_q}{}^{*} \mid \sum_{\substack{a \leqslant x^{1-\varepsilon} \\ (a,m)=1}} f(a)\chi(a) \cdot$$

$$\sum_{\substack{an \leqslant y \\ (n,m)=1}} \Lambda(n)\chi(n) \mid + O\left(\frac{x}{\log^A x}\right) \qquad ①$$

命 h 为任意固定数及 $D_1 = \log^h x$. 由式 ① 及西格尔－瓦尔菲茨定理可知

$$R(D; x, f) \leqslant \log x \max_{m \leqslant D} \sum_{D_1 < q \leqslant D} \frac{1}{\phi(q)} \cdot$$

$$\sum_{\chi_q}{}^{*} \mid \sum_{\substack{a \leqslant x^{1-\varepsilon} \\ (a,m)=1}} f(a)\chi(a) \cdot$$

$$\sum_{\substack{an \leqslant y \\ (n,m)=1}} \Lambda(n)\chi(n) \mid + O\left(\frac{x}{\log^A x}\right) \qquad ②$$

命 $D_1 \leqslant Q \leqslant 2D_1, Q < Q' \leqslant 2Q_1$ 及命 (q) 表示区间 $Q < q \leqslant Q'$.

命 $\frac{1}{2} \leqslant E \leqslant x^{1-\varepsilon}, E < E' \leqslant 2E$ 及命 (a) 表示区间 $E < a \leqslant E'$.

命

$$\mathrm{Im}(Q, E) = \sum_{(q)} \frac{1}{\phi(q)} \max_{y \leqslant x} \sum_{\chi_q}{}^{*} \left| \sum_{\substack{(a) \\ (a,m)=1}} f(a)\chi(a) \cdot \right.$$

$$\left. \sum_{\substack{an \leqslant y \\ (n,m)=1}} \Lambda(n)\chi(n) \right|$$

假定

$$\mathrm{Im}(Q, E) \ll \frac{x}{\log^{A+3} x} \qquad ③$$

则显然得到定理 3.

为了方便起见，命

$$f^{(m)}(a) = \begin{cases} f(a), & (m,a)=1 \\ 0, & (m,a) > 1 \end{cases}$$

222

$$d_E^{(m)}(n) = \Lambda(n), E \geqslant D_1^2$$

$$d_E^{(m)}(n) = \begin{cases} \Lambda(n), & (n,m)=1 \\ 0, & (n,m)>1 \end{cases}, E > D_1^2$$

及命

$$\operatorname{Im}'(Q,E) = \sum_{(q)} \frac{1}{\phi(q)} \max_{y \leqslant x} \sum_{\chi_q}^* \Big| \sum_{(a)} f^{(m)}(a)\chi(a) \cdot$$

$$\sum_{an \leqslant y} d_E^{(m)}(n)\chi(n) \Big|$$

则得

$$\operatorname{Im}'(Q,E) = \operatorname{Im}'(Q,E) + O\Big(\frac{x}{\log^{A+3} x}\Big) \qquad ④$$

由佩龙公式得

$$\operatorname{Im}'(Q,E) \ll \sum_{(q)} \frac{1}{\phi(q)} \max_{y \leqslant x} \sum_{\chi_q}^* \Big| \int_{b-iT}^{b+iT} f_E^{(m)}(s,\chi) \cdot$$

$$d_E^{(m)}(s,\chi) \frac{y^s}{s} \mathrm{d}s \Big| + O\Big(\frac{x}{\log^{A+3} x}\Big) \qquad ⑤$$

此处

$$s = \sigma + \mathrm{i}t, b = 1 + \frac{1}{\log x}, T = x^{10}$$

$$d_E^{(m)}(s,\chi) = \sum_{n=1}^{\infty} d_E^{(m)}(n)\chi(n)n^{-s}, \sigma > 1$$

$$f_E^{(m)}(s,\chi) = \sum_{(a)} f^{(m)}(a)\chi(a)a^{-s}$$

引理 3　若 $E \leqslant D_1^2$, 则

$$\operatorname{Im}'(Q,E) \ll x D_1^{-1} \log^{13} x + x^{\frac{1}{2}} DD_1^{\frac{1}{2}} \log^6 x \qquad ⑥$$

证明　命 $M_1 = QD_1$ 及

$$H(s,\chi) = \sum_{n \leqslant M_1} \mu(n)\chi(n)n^{-s}$$

为简单计, 命 G, F, H 为表示 $d_E^{(m)}(s,\chi), f_E^{(m)}(s,\chi)$ 与 $H(s,\chi)$, 则

$$FG = FG(1-LH) + FGLH = FG(1-LH) - FL'H$$
$$⑦$$

我们有

$$FG = \sum_{n=1}^{\infty} a(n)\chi(n)n^{-s} = F_1 + F_2 \qquad ⑧$$

此处

$$F_1 = \sum_{n \leqslant M_1} a(n)\chi(n)n^{-s}$$
$$F_2 = \sum_{n > M_1} a(n)\chi(n)n^{-s} \qquad ⑨$$

其中

$$a(n) = \sum_{l \mid n} d_E^{(m)}(l) f^{(m)}\left(\frac{n}{l}\right)$$

由式 ⑦⑧⑨ 可得

$$\int_{b-iT}^{b+iT} FG \frac{y^s}{s} ds = \int_{(b,T)} FG \frac{y^s}{s} ds =$$
$$\int_{(b,T)} F_2(1-LH) \frac{y^s}{s} ds +$$
$$\int_{(\frac{1}{2},T)} (F_1 - F_1 LH - FL'H) \frac{y^s}{s} ds + O(x^{-1})$$

由此及施瓦兹不等式得

$$\mathrm{Im}'(Q,E) \ll$$

$$x \log x \max_{\mathrm{Re}\, s=b}\left(\sum_{(q)} \frac{1}{\phi(q)} \sum_{\chi_q}{}^{*} \mid F_2 \mid^2\right)^{\frac{1}{2}} \cdot$$

$$\max_{\mathrm{Re}\, s=b}\left(\sum_{(q)} \frac{1}{\phi(q)} \sum_{\chi_q}{}^{*} \mid 1-LH \mid^2\right)^{\frac{1}{2}} +$$

$$x^{\frac{1}{2}} \log x Q^{\frac{1}{2}} \max_{\mathrm{Re}\, s=\frac{1}{2}}\left(\sum_{(q)} \frac{1}{\phi(q)} \sum_{\chi_q}{}^{*} \mid F_1 \mid^2\right)^{\frac{1}{2}} +$$

$$x^{\frac{1}{2}} \log^{\frac{3}{4}} x \max_{\mathrm{Re}\, s=\frac{1}{2}}\left(\sum_{(q)} \frac{1}{\phi(q)} \sum_{\chi_q}{}^{*} \mid F_1 \mid^2\right)^{\frac{1}{2}} \cdot$$

$$\max_{\mathrm{Re}\,s=\frac{1}{2}}\Big(\sum_{(q)}\frac{1}{\phi(q)}\sum_{\chi_q}{}^{*}\mid H\mid^4\Big)^{\frac{1}{4}}\cdot$$

$$\Big(\sum_{(q)}\frac{1}{\phi(q)}\sum_{\chi_q}{}^{*}\int_{(\frac{1}{2},T)}\frac{\mid L\mid^4}{\mid s\mid}\mid \mathrm{d}s\mid\Big)^{\frac{1}{4}}+$$

$$x^{\frac{1}{2}}\log^{\frac{3}{4}}x\max_{\mathrm{Re}\,s=\frac{1}{2}}\Big(\sum_{(q)}\frac{1}{\phi(q)}\sum_{\chi_q}{}^{*}\mid F\mid^2\Big)\cdot$$

$$\max_{\mathrm{Re}\,s=\frac{1}{2}}\Big(\sum_{(q)}\frac{1}{\phi(q)}\sum_{\chi_q}{}^{*}\mid H\mid^4\Big)^{\frac{1}{4}}\cdot$$

$$\Big(\sum_{(q)}\frac{1}{\phi(q)}\sum_{\chi_q}{}^{*}\int_{(\frac{1}{2},T)}\frac{\mid L'\mid^4}{\mid s\mid}\mid \mathrm{d}s\mid\Big)^{\frac{1}{4}} \qquad ⑩$$

用引理 1 与引理 2 估计 ⑩ 的每一项,我们立刻得式 ⑥.

引理 4　若 $E>D_1^2$,则

$$\mathrm{Im}'(Q,E)\ll xD_1^{-1}\log^4 x+x^{\frac{1}{2}}D\log^2 x \qquad ⑪$$

证明　当 $\mathrm{Re}\,s=b=1+\dfrac{1}{\log x}$ 时,取 $M_2=Q^2$,则

$$G=d_E^{(m)}(s,\chi)=G_1+G_2$$

$$G_1=\sum_{n\leqslant M_2}d_E^{(m)}(n)\chi(n)n^{-s}$$

$$G_2=\sum_{n>M_2}d_E^{(m)}(n)\chi(n)n^{-s}$$

及

$$\int_{(b,T)}FG\frac{y^s}{s}\mathrm{d}s=$$

$$\int_{(b,T)}FG_2\frac{y^s}{s}\mathrm{d}s+\int_{(\frac{1}{2},T)}FG_1\frac{y^s}{s}\mathrm{d}s+O(X^{-1})$$

由此及施瓦兹不等式得

$$\mathrm{Im}'(Q,E)\ll x\log x\max_{\mathrm{Re}\,s=b}\Big(\sum_{(q)}\frac{1}{\phi(q)}\sum_{\chi_q}{}^{*}\mid G_2\mid^2\Big)^{\frac{1}{2}}\cdot$$

$$\max_{\text{Re }s=b}\left(\sum_{(q)}\frac{1}{\phi(q)}\sum_{\chi_q}^{*}\mid G\mid^2\right)^{\frac{1}{2}}+$$

$$x^{\frac{1}{2}}\log x\max_{\text{Re }s=\frac{1}{2}}\left(\sum_{(q)}\frac{1}{\phi(q)}\sum_{\chi_q}^{*}\mid G_1\mid^2\right)^{\frac{1}{2}}\cdot$$

$$\max_{\text{Re }s=\frac{1}{2}}\left(\sum_{(q)}\frac{1}{\phi(q)}\sum_{\chi_q}^{*}\mid F\mid^2\right)^{\frac{1}{2}} \qquad ⑫$$

类似地，由引理 1 与引理 2 估计 ⑫ 的每一项，则立刻得式 ⑪.

在式 ⑥⑪⑭ 中取 $h=A+16$，则得式 ③. 定理 3 证毕.

注 若 $f(a)$ 满足

$$\sum_{n\leqslant x}\mid f(n)\mid\ll x\log^{\lambda_1}x,\sum_{n\leqslant x}\sum_{d\mid n}\mid f(d)\mid\ll x\log^{\lambda_2}x$$

$$(*)$$

此处 λ_1,λ_2 为正常数，则定理 3 仍成立（$B_2\geqslant q(A_1,\lambda_1,\lambda_2)$）.

8.3 应用

（1）用于结果（1,2）.

1966 年与 1973 年，陈景润给出了一个新的加权筛法并证明了（1,2），陈景润的主要贡献在于他指出证明（1,2）的关键在于估计

$$\Omega=\sum_{\substack{(p_{1,2})\\p_3\leqslant\frac{N}{p_1p_2}\\N-p=p_1p_2p_3}}1$$

此处 N 为一个大偶数，及（$p_{1,2}$）表示条件 $N^{\frac{1}{10}}<p_1<N^{\frac{1}{3}}\leqslant p_2\leqslant\left(\frac{N}{p_1}\right)^{\frac{1}{2}}$；而且他首先建议了一个估计 Ω 的

方法. 1975 年, 我们指出陈景润的加权筛法需估计者即定理 3.

命 $P = \prod\limits_{\substack{2 < p \leqslant N^{\frac{1}{4} - \frac{\varepsilon}{2}} \\ p \nmid N}} p$, 则得

$$\Omega \leqslant \sum_{(p_{1,2})} \sum_{\substack{p \leqslant \frac{N}{p_1 p_2} \\ (N - p_1 p_2 p_3, p) = 1}} \{ \sum_{d \mid (N - p_1 p_2 p_3, p)} \lambda_d \}^2 + O(N^{\frac{1}{4}})$$

此处 λ_d 为塞尔伯格函数 ($\lambda_d = 0, d > N^{\frac{1}{4} - \frac{\varepsilon}{2}}$), 因此

$$\Omega \leqslant \sum_{d_1 \mid p} \sum_{d_2 \mid p} \lambda_{d_1} \lambda_{d_2} \sum_{(p_{1,2})} \pi(N; p_1 p_2, [d_1, d_2], N) + O(N^{\frac{1}{4}}) \leqslant$$

$$\sum_{(p_{1,2})} \sum_{d_1 \mid p} \sum_{d_2 \mid p} \lambda_{d_1} \lambda_{d_2} \frac{\pi(N; p_1 p_2, 1, 1)}{\phi([d_1, d_2])} +$$

$$O\left(\sum_{d \leqslant N^{\frac{1}{2} - \varepsilon}} |\mu(d)| 3^{\omega(d)} \left| \sum_{\substack{(p_{1,2}) \\ (p_1 p_2, d) = 1}} \left(\pi(N; p_1 p_2, d, N) - \right. \right. \right.$$

$$\left. \left. \left. \frac{\pi(N; p_1 p_2, 1, 1)}{\phi(d)} \right) \right| \right) + O(N^{\frac{1}{4}}) \leqslant$$

$$\sum_{(p_{1,2})} \sum_{d_1 \mid p} \sum_{d_2 \mid p} \lambda_{d_1} \lambda_{d_2} \frac{\pi(N; p_1 p_2, 1, 1)}{\phi([d_1, d_2])} +$$

$$O\left(\sum_{d \leqslant N^{\frac{1}{2} - \varepsilon}} |\mu(d)| 3^{\omega(d)} \left| \sum_{N^{\frac{13}{30}} < a \leqslant N^{\frac{2}{3}}} f(a) \left(\pi(N; a, d, N) - \right. \right. \right.$$

$$\left. \left. \left. \frac{\pi(N; a, 1, 1)}{\phi(d)} \right) \right| \right) + O(N^{\frac{1}{4}})$$

此处

$$f(a) = \begin{cases} 1, & a = p_1 p_2, N^{\frac{1}{10}} < p_1 \leqslant N^{\frac{1}{3}} \leqslant p_2 \leqslant \left(\frac{N}{p_1} \right)^{\frac{1}{2}} \\ 0, & \text{其他情形} \end{cases}$$

所以由定理 3 可知

$$\Omega \leqslant \text{主项} + O\left(\frac{N}{\log^3 N} \right)$$

（2）$D(N)$ 的上界.

命

$$D(N) = \sum_{N = p_1 + p_2} 1$$

在 1949 年,塞尔伯格证明了

$$D(N) \leqslant 16(1 + o(1))G(N) \frac{N}{\log^2 N}$$

此处

$$G(N) = \prod_{p \mid N} \frac{p-1}{p-2} \prod_{p>2} \left(1 - \frac{1}{(p-1)^2}\right)$$

在 1964 年,应用定理 1,其中 $\eta < \frac{1}{3}$,笔者将 16 改进为 12. 直到 1978 年,最佳结果均为 1966 年朋比尼与达文波特改进的系数 8.

欲改进系数 8 是很困难的.1978 年,陈景润将系数 8 改进为 7.834 2,但他的证明很复杂.潘承彪曾给出陈景润结果的一个简化证明,他证明了

$$D(N) \leqslant 7.928G(N) \frac{N}{\log^2 N}$$

现在笔者来概要给出证明的主要步骤.

命 $\mathscr{B} = \{b = N - p, p < N\}$,易见

$$D(N) \leqslant S(\mathscr{B}; \mathscr{P}, N^{\frac{1}{5}}) + O(N^{\frac{1}{5}}) \qquad \text{⑬}$$

此处

$$S(\mathscr{B}; \mathscr{P}, z) = \sum_{\substack{b \in \mathscr{B} \\ (b, P(z)) = 1}} 1$$

及

$$\mathscr{P} = \{p \mid p \nmid N\}, P(z) = \prod_{\substack{p \in \mathscr{P} \\ p < z}} p$$

由布赫夕塔布恒等式

228

$$S(\mathscr{B};\mathscr{P},z) = S(\mathscr{B};\mathscr{P},w) - \sum_{\substack{w \leqslant p < z \\ p \in \mathscr{P}}} S(\mathscr{B}_p;\mathscr{P},p) \qquad ⑭$$

此处 $z \geqslant w \geqslant 2$ 及 $\mathscr{B}_d = \{b \in \mathscr{B}, d \mid b\}$. 易于证明

$$S(\mathscr{B};\mathscr{P},N^{\frac{1}{5}}) \leqslant S(\mathscr{B};\mathscr{P},N^{\frac{1}{7}}) - \frac{1}{2}\Omega_1 + \frac{1}{2}\Omega_2 + O(N^{\frac{6}{7}})$$

$$⑮$$

此处

$$\Omega_1 = \sum_{N^{\frac{1}{7}} \leqslant p_1 < N^{\frac{1}{5}}} S(\mathscr{B}_{p_1};\mathscr{P},N^{\frac{1}{7}}) \qquad ⑯$$

$$\Omega_2 = \sum_{N^{\frac{1}{7}} \leqslant p_2 < p_3 < p_1 < N^{\frac{1}{5}}} S(\mathscr{B}_{p_1 p_2 p_3};\mathscr{P},p_3) \qquad ⑰$$

由朱尔凯特－里切特定理及朋比尼定理得

$$S(\mathscr{B};\mathscr{P},N^{\frac{1}{7}}) - \frac{1}{2}\Omega_1 \leqslant$$

$$8(1+o(1))G(N)\frac{N}{\log^2 N}$$

$$\left[1 + \int_{1.5}^{2.5} \frac{\log(t-1)}{t}\mathrm{d}t - \right.$$

$$\left. \frac{1}{2}\int_{1.5}^{2.5} \frac{\log(2.5 - 3.5/(t+1))}{t}\mathrm{d}t \right] \qquad ⑱$$

因为 $\max p_1 p_2 p_3 \geqslant N^{\frac{1}{2}}$, 所以我们不能用同样的方法估计 Ω_2 的上界.

为了估计 Ω_2, 我们考虑集合

$$\mathscr{L} = \left\{ l = N - (np_2 p_3)p_1; N^{\frac{1}{7}} \leqslant p_2 < p_3 < N^{\frac{1}{5}}, \right.$$

$$1 \leqslant n \leqslant \frac{N}{p_2 p_3^2}, \left(n, \frac{P(p_1)}{p_2} \right) = 1,$$

$$\left. p_3 < p_1 < \min\left\{ N^{\frac{1}{5}}, \frac{N}{np_2 p_3} \right\} \right\}$$

易知

$$\Omega_2 \leqslant \sum_{p \in \mathscr{L}} 1$$

所以

$$\Omega_2 \leqslant S(\mathscr{L}; \mathscr{P}, N^{\frac{1}{4}-\varepsilon}) + O(N^{\frac{6}{7}}) \tag{⑲}$$

当我们用最简单的塞尔伯格上界筛法来估计 $S(\mathscr{L}; \mathscr{P}, N^{\frac{1}{4}-\varepsilon})$ 时，误差正好可以用定理 3 来估计，而不是定理 2，故得

$$S(\mathscr{L}; \mathscr{P}, N^{\frac{1}{4}-\varepsilon}) \leqslant 8(1+o(1))G(N)\frac{X}{\log N} \tag{⑳}$$

此处

$$X = \sum_{\substack{N^{\frac{1}{7}} \leqslant p_2 < p_3 < p_1 < N^{\frac{1}{5}}}} \sum_{\substack{1 \leqslant n \leqslant \frac{N}{p_1 p_2 p_3} \\ (n, P(p_3))=1}} 1 \tag{㉑}$$

由布赫夕塔布渐近公式

$$\sum_{\substack{1 \leqslant n \leqslant y \\ (n, P(y^{\frac{1}{u}}))=1}} 1 = \frac{y}{\log y^{\frac{1}{u}}}\omega(u) + O\left(\frac{y}{(\log y^{\frac{1}{u}})^2}\right) \tag{㉒}$$

$$\begin{cases} \omega(u) = \dfrac{1}{u}, & 1 \leqslant u < 2 \\ (u\omega(u))' = \omega(u-1), & u > 2 \end{cases}$$

我们得

$$\omega(u) < \frac{1}{1.763}, u \geqslant 2$$

由此及式 ㉒ 可得

$$X < \frac{4}{1.763}\left(3\log\frac{7}{5} - 1\right)(1+o(1))\frac{N}{\log N} \tag{㉓}$$

由式 ㉓⑳⑲⑱⑮ 得

$$S(\mathscr{B}; \mathscr{P}, N^{\frac{1}{5}}) < 7.928G(N)\frac{N}{\log^2 N} \tag{㉔}$$

由此及式 ⑬ 得

$$D(N) < 7.928 G(N) \frac{N}{\log^2 N}$$

（3）迪奇马士除数问题的一个推广.

熟知由定理 2 可得渐近公式

$$\sum_{p \leqslant x} d(p-1) \sim C_1 x$$

此处 $d(n)$ 表示除数函数及 C_1 为一个正常数. 运用新中值公式可得下面的结果：

命 $1 \leqslant y \leqslant x^{1-\varepsilon}(0 < \varepsilon < 1)$，及命 $f(a)$ 为一个满足条件（ $*$ ）的实函数，则

$$\sum_{\substack{ap \leqslant x \\ a \leqslant y}} f(a) d(ap-1) \sim 2x \sum_{d \leqslant x^{\frac{1}{2}}} \frac{1}{\phi(d)} \sum_{a \leqslant y} \frac{f(a)}{a \log(x/a)}$$

置

$$f(a) = \begin{cases} 1, & a = 1 \\ 0, & a > 1 \end{cases}$$

则得

$$\sum_{p \leqslant x} d(p-1) \sim C_1 x$$

（4）$p+a$ 的最大素因子.

命 P_x 为 $\displaystyle\prod_{0 < p+a < x}(p+a)$ 的最大素因子，此处 a 为一个非零整数.

1973 年，霍勒证明了当 $\theta < \dfrac{5}{8}$ 时有 $P_x > x^\theta$. 证明的关键在于估计和

$$V(y) = \sum_{\substack{p+a = kq \\ p \leqslant x-a \\ y < q \leqslant ry}} \log q \qquad ㉕$$

此处 q 表示素数及 $x^{\frac{1}{2}} < y < x^{\frac{3}{4}}, 1 < r < 2$.

利用塞尔伯格筛法，我们可将估计 ㉕ 化为估计下面的和

$$\sum_{d \leqslant x^{\frac{1}{2}} \log^{-B} x} \sum_{k \leqslant \frac{x}{y}} \sum_{\substack{kq \leqslant x \\ kq \equiv a \,(\mathrm{mod}\, d)}} \log q$$

显然我们的定理在此也可以用.

现在我们简要地解释一下筛法与新均值公式之间的关系.

命 N 为一个大整数,E 为一个适合条件

$$(e,N)=1, 0 < e < x^{1-\eta_1}, 0 < \eta_1 < 1, e \in \mathscr{E}$$

的正整数集,及命

$$\mathscr{L} = \{l = N - ep, e \in \mathscr{E}, ep \leqslant N\}$$
$$\mathscr{P} = \{p \mid p \nmid N\}$$

显然,当我们估计筛函数

$$S(\mathscr{L};\mathscr{P},z) = \sum_{\substack{l \in \mathscr{L} \\ (l,P(z))=1}} 1, z \leqslant N^{\frac{1}{4}-\frac{\varepsilon}{2}}, 0 < \varepsilon < \frac{1}{2} \quad ㉖$$

时应用塞尔伯格筛法,则只要

$$f(a) = \sum_{\substack{e=a \\ e \in \mathscr{E}}} 1$$

适合条件(∗),误差项正好可以用新均值定理来估计.

熟知,在陈景润的工作之前,当 $\max q \geqslant N^{\frac{1}{2}}$ 时,我们不能估计下面筛函数之和

$$\sum_{q \in Q} S(\mathscr{B}_q;\mathscr{P}_q,z_q) \qquad ㉗$$

此处 Q 为一个不同正整数的集合,$\mathscr{B} = \{b = N - p, p \leqslant N\}$,$\mathscr{B}_q = \{b \in \mathscr{B}, q \mid b\}$,$\mathscr{P}_q$ 为仅依赖于 q 的 $\mathscr{P}$ 的子集,及 z_q 为依赖于 q 的一个正整数.因为当我们用朱尔凯特－里切特定理去估计每个筛函数 $S(\mathscr{B}_q;\mathscr{P}_q,z_q)$ 时,由每个 $S(\mathscr{B}_q;\mathscr{P}_q,z_q)$ 引起的误差的总和不能用朋比尼定理来估计,当然,我们可以在哈伯斯坦猜想下来估计 ㉗.

当 $N^{\frac{1}{2}} \leqslant \max\limits_{q \in Q} q \leqslant N^{1-\eta_2}, 0 < \eta_2 < 1$ 时,陈景润首先建议了估计某些类型和 ㉗ 的方法,简言之,他的方法的想法为将估计 ㉗ 转化为估计 ㉖;而我们指出实现陈景润方法的关键在于新中值定理.

§9　代数数域中的均值定理[①]

—— 方华鹏

设 K 是 n 次代数数域. 令
$$\psi(x,u,\eta) = \sum_{\substack{Nb \leqslant x \\ b \sim u(\bmod \eta)}} \Lambda(b)$$
其中 $u \sim b(\bmod \eta) \Leftrightarrow \exists \alpha, \beta \in Z_k, \alpha \equiv \beta(\bmod \eta), \alpha \prec 0, \beta \prec 0, (\alpha, \eta) = (\beta, \eta) = 1, (\alpha)u = (\beta)b, h(\eta)$ 表示等价类 $\bmod \eta$ 的类数, $T(\eta) = (U:U')$,其中 U 表示域 K 中全体单位所构成的群, $U' = \{\varepsilon \mid \varepsilon \in U, \varepsilon > 0, \varepsilon \equiv 1(\bmod \eta)\}$.

武汉大学的方华鹏教授 1990 年证明了下述定理:

对于任一正常数 A,存在一个正常数 $B = B(A) > 0$,当 $Q = x^{\frac{1}{n+1}}(\log x)^{-B}, x \geqslant 1$ 时,有
$$\sum_{N\eta \leqslant Q} \max_{z \leqslant x} \max_{\substack{u(\bmod \eta) \\ (\eta, u) = 1}} \frac{1}{T(\eta)} \left| \psi(z, u, \eta) - \frac{z}{h(\eta)} \right| \ll \frac{x}{\log^A x}$$

9.1　绪言

设 K 为有理数域 Q 上的 n 次代数数域, η 为 K 中

① 原载于《数学杂志》,1990,10(2):129-138.

的整理想,在 K 中与 η 互质的诸整理想间定义等价关系"$\sim$":u,b 为 K 中整理想,$(u,\eta)=(b,\eta)=1$,则规定 $u \sim b(\mathrm{mod}\ \eta) \Leftrightarrow \exists \alpha,\beta \in Z_k(Z_k$ 为 K 之整数环$),\alpha \equiv \beta(\mathrm{mod}\ \eta),\alpha > 0,\beta > 0(\alpha,\beta$ 之实共轭全正$),(\alpha,\eta) = (\beta,\eta)=1,(\alpha)u=(\beta)b.$ 利用"$\sim$"可将 K 中与 η 互质的整理想分成 $h(\eta) = \dfrac{1}{T(\eta)} \cdot h \cdot 2^{r_1} \cdot \varphi(\eta)$ 个等价类,这些类构成一个 $h(\eta)$ 阶的交换群,记为 $G(\eta)$,其中 K 之共轭域中有 r_1 个实域,r_2 对共轭虚域且 $r_1 + 2r_2 = n$,$T(\eta) = (U : U'),U$ 为 K 之单位群,$U' = \{\varepsilon \mid \varepsilon \in U,\varepsilon \equiv 1(\mathrm{mod}\ \eta),\varepsilon > 0\}$,$h$ 为 K 之类数,$\varphi(\eta)$ 为 η 之欧拉函数,又有

$$\Lambda(b) = \begin{cases} \log NP, & b = P^k, k > 0, P \text{ 为素理想} \\ 0, & \text{否则} \end{cases}$$

$$\psi(x,u,\eta) = \sum_{\substack{Nb \leqslant x \\ b \sim u(\mathrm{mod}\ \eta)}} \Lambda(b)$$

我们证明了如下定理:

定理 1 设 $Q = x(\log x)^{-A}$,A 为任一正常数,则

$$\sum_{N\eta \leqslant Q} \sum_{\substack{u(\mathrm{mod}\ \eta) \\ (u,\eta)=1}} \frac{1}{T(\eta)} \Big(\psi(x,u,\eta) - \frac{x}{h(\eta)}\Big)^2 \ll \frac{x^2}{(\log x)^{A-1}}$$

定理 2 设 A 为任一正常数,则存在正常数 $B = B(A)$,当 $Q = x^{\frac{1}{n+1}}(\log x)^{-B}$,$x \geqslant 1$ 时,有

$$\sum_{N\eta \leqslant Q} \max_{z \leqslant x} \sum_{\substack{u(\mathrm{mod}\ \eta) \\ (u,\eta)=1}} \frac{1}{T(\eta)} \Big| \psi(z,u,\eta) - \frac{z}{h(\eta)} \Big| \ll \frac{x}{(\log x)^A}$$

这些结果改进了威尔逊的相应结论[①].

---

① Robin J. Wilson. The large sieve in algebraic number fields. Mathematika,1969,16:189-204.

9.2　大筛法型的特征和的估值

引理 1　设 $\theta_1, \cdots, \theta_n$ 为域 K 之整底

$$\mathfrak{M} = \{ L_1\theta_1 + \cdots + L_n\theta_n \mid L_j \in Z,$$
$$M_j < L_j \leqslant M_j + N_j, 1 \leqslant j \leqslant n \}$$

X 为 $\bmod\ \eta$ 之既约剩余类群上的（乘法）特征，令

$$S^{(1)}(X) = \sum_{\xi \in \mathfrak{M}} c(\xi)X(\xi)$$

则

$$\sum_{N\eta \leqslant x^n} \frac{N\eta}{\varphi(\eta)} \sum_{X(\bmod\ \eta)}^{*} \mid S^{(1)}(X) \mid^2 \leqslant$$
$$B_1 \cdots B_n \sum_{\xi \in \mathfrak{M}} \mid c(\xi) \mid^2$$

其中 $B_j = (N_j^{\frac{1}{2}} + c_1 x)^2, 1 \leqslant j \leqslant n$，"$\sum^{*}$" 表示对于 $\bmod\ \eta$ 之既约剩余类群上的所有本原特征 X 求和，c_1 为仅依赖于 K 之常数.

利用引理 1 可证得：

引理 2　设 $P > 1$，范数小于或等于 P 之任一主理想数均可写成 (α)，其中 $\alpha \in Z_k$，且

$$\mid \alpha^{(i)} \mid \leqslant c_2 \mid N(\alpha) \mid^{\frac{1}{n}}, 1 \leqslant i \leqslant n$$
$$\alpha^{(1)} = \alpha, \alpha^{(2)}, \cdots, \alpha^{(n)}$$

为 α 之共轭数，c_2 为仅依赖于 K 之正常数. 这些 α 之全体所成之集合记为 R_1. 令

$$S^{(2)}(X) = \sum_{\omega \in R_1} a_\omega X(\omega)$$

其中 X 为 $\bmod\ \eta$ 之既约剩余类群之特征，则

$$\sum_{N\eta \leqslant Q} \frac{N\eta}{\varphi(\eta)} \sum_{X(\bmod\ \eta)}^{*} \mid S^{(2)}(X) \mid^2 \ll (Q^2 + P) \sum_{\omega \in R_1} \mid a_\omega \mid^2$$

①

其中"$\sum^{*}$"表示对 $\mathrm{mod}\ \eta$ 之既约剩余类群上所有本原特征求和.

证明　对 $\forall\ \omega \in R_1$ 均有

$$\omega = L_1\theta_1 + \cdots + L_n\theta_n, L_i \in Z, 1 \leqslant i \leqslant n$$

因此

$$\omega^{(k)} = L_1\theta_1^{(k)} + \cdots + L_n\theta_n^{(k)}, 1 \leqslant k \leqslant n$$

利用克莱姆公式可得

$$|L_i| \leqslant c_3 |N(\omega)|^{\frac{1}{n}} \leqslant c_4 P^{\frac{1}{n}}, 1 \leqslant i \leqslant n$$

其中 c_3, c_4 均为仅依赖于域 K 之正常数. 令

$$\mathfrak{M} = \{L_1\theta_1 + \cdots + L_n\theta_n \mid L_j \in Z,$$

$$|L_j| \leqslant c_4 P^{\frac{1}{n}}, 1 \leqslant j \leqslant n\}$$

则 $R_1 \subseteq \mathfrak{M}$. 又令

$$a_\omega = \begin{cases} a_\omega, & \omega \in R_1 \\ 0, & \text{否则} \end{cases}$$

则

$$S^{(2)}(X) = \sum_{\omega \in R_1} a_\omega X(\omega) = \sum_{\omega \in \mathfrak{M}} a_\omega X(\omega)$$

由引理 1 得

$$\sum_{N\eta \leqslant Q} \frac{N\eta}{\varphi(\eta)} \sum_{X(\mathrm{mod}\ \eta)}^{*} |S^{(2)}(X)|^2 \ll$$

$$(P^{\frac{1}{2n}} + Q^{\frac{1}{n}})^{2n} \sum_{\omega \in \mathfrak{M}} |a_\omega|^2 \ll$$

$$(Q^2 + P) \sum_{\omega \in R_1} |a_\omega|^2$$

设 χ 为群 $G(\eta)$ 上的特征,这些特征构成一 $h(\eta)$ 阶交换群,记为 A,则由引理 2 得:

引理 3　令

$$S_1(\chi) = \sum_{\omega \in R_1} a_\omega \chi((\omega))$$

其中 (ω) 为 ω 生成之主理想,则有

$$\sum_{N\eta\leqslant Q}\frac{N\eta}{\varphi(\eta)}\sum_{\chi(\bmod \eta)}^{*}\mid S_1(\chi)\mid^2\ll(Q^2+P)\sum_{\omega\in R_1}\mid a_\omega\mid^2$$

其中"$\sum^{*}$"表示对群 $G(\eta)$ 中所有本原特征 χ 求和.

证明　对 $\widetilde{X}$ 为 $\bmod \eta$ 之既约剩余类群上具有如下性质的特征:$\widetilde{X}(\varepsilon)=1(\forall \varepsilon\in U_k,U_k$ 为 K 之单位群),显然全体 $\widetilde{X}$ 构成一交换群 B,由相关文献[①]知在 A,B 之间可建立对应关系 $\widetilde{X}(\alpha)\leftrightarrow\chi((\alpha))$,故由引理 2 可得

$$\sum_{N\eta\leqslant Q}\frac{N\eta}{\varphi(\eta)}\sum_{\chi(\bmod \eta)}^{*}\mid S_1(\chi)\mid^2\leqslant$$
$$\sum_{N\eta\leqslant Q}\frac{N\eta}{\varphi(\eta)}\sum_{\chi(\bmod \eta)}^{*}\mid\sum_{\omega\in R_1}a_\omega X(\omega)\mid^2\ll$$
$$(Q^2+P)\sum_{\omega\in R_1}\mid a_\omega\mid^2$$

引理 4　设 $S(\chi)=\sum_{u_v}a_v\chi(u_v)$,其中 u_v 跑遍范数小于或等于 P 之全体整理想,则

$$\sum_{N\eta\leqslant Q}\frac{N\eta}{\varphi(\eta)}\sum_{\chi(\bmod \eta)}^{*}\mid S(\chi)\mid^2\ll(Q^2+P)\sum\mid a_v\mid^2$$

[②]

证明　设 u,b 为 K 中任两个整理想,定义 $u\sim b\Leftrightarrow\exists \alpha,\beta\in Z_k,(\beta)u=(\beta)b$.易证"$\sim$"为等价关系,它可将 K 中整理想分成 h 个等价类(理想类):$H_1,\cdots,H_h$,且它们构成一交换群.

---

① 　Robin J. Wilson. The large sieve in algebraic number fields. Mathematika,1969,16:189-204.

在类 $H_l(1 \leqslant l \leqslant h)$ 中,令范数小于或等于 P 之整理想为 $u_1, \cdots, u_k$,在类 H_l 之逆类中取定一整理想 $\mathfrak{M}_l$,使 $N\mathfrak{M}_l$ 尽可能小,则

$$u_1\mathfrak{M}_l = (\alpha_1), \cdots, u_k\mathfrak{M}_l = (\alpha_k)$$

其中 $\alpha_i \in Z_k$,$|\alpha_i^{(j)}| \leqslant c_5 |N(\alpha_i)|^{\frac{1}{n}}$,$1 \leqslant i \leqslant k$,$1 \leqslant j \leqslant n$,$c_5$ 为仅依赖于 K 之正常数. 显然

$$N((\alpha_i)) \leqslant P \cdot N\mathfrak{M}_l, 1 \leqslant i \leqslant k$$

设范数小于或等于 $P \cdot N\mathfrak{M}_l$ 之主理想为 (α),其中 $\alpha \in Z_k$,$|\alpha^{(i)}| \leqslant c_5 |N(\alpha)|^{\frac{1}{n}}$,这些 α 之全体构成集合 $R_1^{(l)}$. 显然有 $\{\alpha_1, \cdots, \alpha_k\} \subseteq R_1^{(l)}$. 令 $S_l(\chi) = \sum_{i=1}^{k} a_i \chi(u_i)$,则

$$S_l(\chi) = \overline{\chi}(\mathfrak{M}_l) \sum_{i=1}^{k} a_i \chi((\alpha_i)) = \overline{\chi}(\mathfrak{M}_l) \sum_{\alpha \in R_1^{(l)}} a_\alpha \chi((\alpha))$$

其中

$$a_\alpha = \begin{cases} a_i, & \alpha = \alpha_i, 1 \leqslant i \leqslant k \\ 0, & \alpha \notin \{\alpha_1, \cdots, \alpha_k\} \end{cases}$$

和引理 3 之证明一样,有

$$\sum_{N\eta \leqslant Q} \frac{N\eta}{\varphi(\eta)} \sum_{\chi(\bmod \eta)}^{*} |S_l(\chi)|^2 \leqslant$$

$$\sum_{N\eta \leqslant Q} \frac{N\eta}{\varphi(\eta)} \sum_{\chi(\bmod \eta)}^{*} |\sum_{\alpha \in R_1^{(l)}} a_\alpha X(\alpha)|^2 \ll$$

$$(Q^2 + PN\mathfrak{M}_l) \sum_{i=1}^{k} |a_i|^2 (\text{利用 ①}) \ll$$

$$(Q^2 + P) \sum_{i=1}^{k} |a_i|^2$$

又 $S(\chi) = \sum_{1 \leqslant l \leqslant h} S_l(\chi)$,则

238

$$| S(\chi) |^2 \leqslant h \sum_{1 \leqslant l \leqslant h} | S_l(\chi) |^2$$

故

$$\sum_{N\eta \leqslant Q} \frac{N\eta}{\varphi(\eta)} \sum_{\chi(\bmod \eta)}^{*} | S(\chi) |^2 \ll (Q^2 + P) \sum | a_v |^2$$

利用相关文献中的方法可得 ② 之加权形式,即有:

引理 5　设 $\lambda(x)$ 是定义在 $D < x \leqslant Q$ 上的正的、递减函数,则

$$\sum_{D < N\eta \leqslant Q} \lambda(N\eta) \frac{N\eta}{\varphi(\eta)} \sum_{\chi(\bmod \eta)}^{*} | S(\chi) |^2 \leqslant$$

$$\left\{ \lambda(D)(D^2 + P) + \int_D^Q x\lambda(x)\mathrm{d}x \right\} \cdot \sum | a_v |^2$$

令 $\lambda(x) = x^{-1}, x^{-1}\left(1 + \log \dfrac{Q}{x}\right)$,则得:

引理 6

$$\sum_{D < N\eta \leqslant Q} \frac{1}{\varphi(\eta)} \sum_{\chi(\bmod \eta)}^{*} | S(\chi) |^2 \ll \left(Q + \frac{P}{D}\right) \sum | a_v |^2$$

$$③$$

$$\sum_{D < N\eta \leqslant Q} \frac{1}{\varphi(\eta)}\left(1 + \log \frac{Q}{N\eta}\right) \sum_{\chi(\bmod \eta)}^{*} | S(\chi) |^2 \ll$$

$$\left(Q + \frac{P\log Q}{D}\right) \sum | a_v |^2 \qquad ④$$

设 χ 为群 $G(\eta)$ 上的非主特征,定义

$$L(s,\chi) = \sum_u \frac{\chi(u)}{Nu^s}$$

其中“$\displaystyle\sum_u$”表示对 K 中所有整理想 u 求和.熟知,当 s

---

① 　Robin J. Wilson. The large sieve in algebraic number fields. Mathematika,1969,16:189-204.

之实部 $R(s) > \dfrac{n-1}{n+1}$ 时，$\sum\limits_{u} \dfrac{\chi(u)}{Nu^{s}}$ 收敛. 利用引理 6 可得：

引理 7 设 $x > 1, s = \beta + \mathrm{i}t, \beta = \dfrac{n}{n+1} + (\log x)^{-1}$，则

$$\sum_{1 < N\eta \leqslant Q} \frac{N\eta}{\varphi(\eta)} \sum_{\chi(\bmod \eta)}^{*} \mid L(s,\chi) \mid^{4} \ll$$

$$Q^{2} \mid s \mid^{\frac{4(n+1)}{n+3}} \log^{4n}(Q \mid s \mid) \qquad ⑤$$

若 $Q \leqslant x$，则

$$\sum_{1 < N\eta \leqslant Q} \frac{N\eta}{\varphi(\eta)} \sum_{\chi(\bmod \eta)}^{*} \mid L'(s,\chi) \mid^{4} \ll$$

$$Q^{2} \mid s \mid^{\frac{4(n+1)}{n+3}} \log^{4n}(Q \mid s \mid)\log^{4} x \qquad ⑥$$

9.3 定理 1 之证明

设 $\psi(x) = \sum\limits_{Nb \leqslant x} \Lambda(b), S(\chi) = \sum\limits_{Nu \leqslant x} \Lambda(u)\chi(u)$，则当 $(u, \eta) = 1$ 时，有

$$\psi(x, u, \eta) = \frac{1}{h(\eta)} \sum_{\chi(\bmod \eta)} \overline{\chi}(u) S(\chi)$$

设 χ_{1} 为群 $G(\eta)$ 之主特征，则

$$\sum_{\substack{u(\bmod \eta) \\ (u,\eta)=1}} \frac{1}{T(\eta)} \left| \psi(x, u, \eta) - \frac{S(\chi_{1})}{h(\eta)} \right|^{2} =$$

$$\frac{1}{T(\eta)h^{2}(\eta)} \sum_{\substack{u(\bmod \eta) \\ (u,\eta)=1}} \left| \sum_{\chi \neq \chi_{1}} \overline{\chi}(u) S(\chi) \right|^{2} =$$

$$\frac{1}{T(\eta)h^{2}(\eta)} \sum_{\substack{\chi \neq \chi_{1} \\ \chi' \neq \chi_{1}}} S(\chi)\overline{S}(\chi') \sum_{\substack{u(\bmod \eta) \\ (u,\eta)=1}} \overline{\chi}(u)\chi'(u) =$$

$$\frac{1}{h2^{r_{1}}\varphi(\eta)} \sum_{\chi \neq \chi_{1}} \mid S(\chi) \mid^{2}$$

对每一非主特征 $\chi(\bmod \eta)$, 总存在一个 $G(\eta_1)$ 之本原特征 $\chi^*(\bmod \eta_1)$, 其中 $\eta_1 \mid \eta$, $N\eta_1 \neq 1$, 当 $(u',\eta)=1$ 时, $\chi(u')=\chi^*(u')$. 又知

$$\sum_{Nu' \leqslant x,(u',\eta)=1} \Lambda(u') = O(\log x \cdot \log N\eta)$$

故

$$S(\chi) - S(\chi') = O(\log x \cdot \log N\eta)$$

因此

$$\sum_{\chi \neq \chi_1} \mid S(\chi) \mid^2 \ll \sum_{\substack{\eta_1 \mid \eta \\ \eta_1 \neq 1}} \sum_{\chi(\bmod \eta_1)}{}^* \mid S(\chi) \mid^2 +$$
$$O(h(\eta)\log^2 x \cdot \log^2 N\eta)$$

又熟知

$$\sum_{\eta_1 \mid \eta, N\eta \leqslant Q} \frac{1}{\varphi(\eta)} \ll \frac{1}{\varphi(\eta_1)}\Big(1 + \log \frac{Q}{N\eta_1}\Big) \qquad ⑦$$

故

$$\sum_{N\eta \leqslant Q} \sum_{\substack{u(\bmod \eta) \\ (u,\eta)=1}} \frac{1}{T(\eta)} \left| \psi(x,u,\eta) - \frac{S(\chi_1)}{h(\eta)} \right|^2 \ll$$
$$\sum_{1 < N\eta_1 \leqslant Q} \frac{1}{\varphi(\eta_1)}\Big(1 + \log \frac{Q}{N\eta_1}\Big) \cdot$$
$$\sum_{\chi(\bmod \eta_1)}{}^* \mid S(\chi) \mid^2 + O(Q\log^2 Q \cdot \log^2 x)$$

令 $D = \log^{A-1} x$, $Q = x\log^{-A} x$, 利用西格尔－瓦尔菲茨定理及 ④ 得

$$\sum_{D < N\eta \leqslant Q} \sum_{\substack{u(\bmod \eta) \\ (u,\eta)=1}} \frac{1}{\varphi(\eta)} \left| \psi(x,u,\eta) - \frac{S(\chi_1)}{h(\eta)} \right|^2 \ll$$
$$\Big(Q + \frac{x}{D}\log x\Big)x\log x + O\Big(\frac{x^2}{\log^{A-1} x}\Big) +$$
$$O(Q\log^2 Q \cdot \log^2 x) \ll \frac{x^2}{\log^{A-1} x} \qquad ⑧$$

利用西格尔－瓦尔菲茨定理^①可得

$$\sum_{N\eta \leqslant D} \sum_{\substack{u(\bmod \eta) \\ (u,\eta)=1}} \frac{1}{T(\eta)} \left| \psi(x,u,\eta) - \frac{S(\chi_1)}{h(\eta)} \right|^2 \ll \frac{x^2}{\log^{A-1} x} \quad ⑨$$

熟知 $:\psi(x) = x + O(x\mathrm{e}^{-c\sqrt{\log x}})$，易证

$$\sum_{N\eta \leqslant Q} \sum_{\substack{u(\bmod \eta) \\ (u,\eta)=1}} \frac{1}{T(\eta)} \left\{ \frac{S(\chi_1) - x}{h(\eta)} \right\}^2 \ll \frac{x^2}{\log^{A-1} x} \quad ⑩$$

由 ⑧ ～ ⑩ 即得定理 1.

9.4 定理 2 之证明

设

$$\psi_0(x,\chi) = \psi(x,\chi) = \sum_{Nu \leqslant x} \Lambda(u)\chi(u)$$

$$\psi_k(x,\chi) = \int_1^x \psi_{k-1}(z,\chi) \frac{\mathrm{d}z}{z}, k \geqslant 1$$

$$\psi_0(x,u,\eta) = \psi(x,u,\eta)$$

$$\psi_k(x,u,\eta) = \int_1^x \psi_{k-1}(z,u,\eta) \frac{\mathrm{d}z}{z}, k \geqslant 1$$

易证

$$\psi_0(x,u,\eta) = \frac{1}{h(\eta)} \sum_{\chi(\bmod \eta)} \overline{\chi}(u)\psi_0(x,\chi)$$

由此对 k 采用数学归纳法可得

$$\psi_k(x,u,\eta) = \frac{1}{h(\eta)} \sum_{\chi(\bmod \eta)} \overline{\chi}(u)\psi_k(x,\chi), k \geqslant 0$$

设 χ_0 为群 $G(\eta)$ 之主特征，则

---

① 西格尔－瓦尔菲茨定理:设 $\psi(x,\chi) = \sum_{Nu \leqslant x} \Lambda(u)\chi(u)$，则

$$\max_{z \leqslant x} | \psi(z,\chi) | \ll \frac{x}{\log^M x}$$

其中 $\chi \neq \chi_1$ 且 $N\eta \leqslant \log^N x$，M,N 可为任意大的常数.

$$\psi_k(x,u,\eta) - \frac{\psi_k(x,\chi_0)}{h(\eta)} = \frac{1}{h(\eta)} \sum_{\substack{\chi(\bmod \eta) \\ \chi \neq \chi_0}} \overline{\chi}(u) \psi_k(x,\chi)$$

设 $G(\eta)$ 之非主特征 $\chi(\bmod \eta)$ 对应 $G(\eta_1)$ 之本原特征 $\chi_1(\bmod \eta_1)$, $\eta_1 \mid \eta$, 则

$$\psi(x,\chi_1) - \psi(x,\chi) \ll \log x \cdot \log N\eta$$

由此可得

$$\psi_1(x,\chi_1) - \psi_1(x,\chi) = \int_1^x (\psi(z,\chi_1) - \psi(z,\chi)) \frac{\mathrm{d}z}{z} \ll$$
$$\log^2 x \log N\eta$$

对 k 采用数学归纳法可得

$$\psi_k(x,\chi_1) - \psi_k(x,\chi) \ll (\log x)^{k+1} \cdot \log N\eta$$

故

$$\psi_k(x,u,\eta) - \frac{\psi_k(x,\chi_0)}{h(\eta)} = \frac{1}{h(\eta)} \sum_{\substack{\chi(\bmod \eta) \\ \chi \neq \chi_0}} \overline{\chi_1}(u) \psi_k(x,\chi_1) +$$
$$O(\log^{k+1} x \cdot \log N\eta)$$

令 $\eta = \eta_1 u_1$, 则 $Nu_1 \leqslant \dfrac{Q}{N\eta_1}$, 故

$$\sum_{D < N\eta \leqslant Q} \max_{z \leqslant x} \max_{\substack{u(\bmod \eta) \\ (u,\eta)=1}} \frac{1}{T(\eta)} \left| \psi_k(z,u,\eta) - \frac{\psi_k(z,\chi_0)}{h(\eta)} \right| \ll$$
$$\sum_{D < N\eta \leqslant Q} \frac{\log^{k+1} x \cdot \log N\eta}{T(\eta)} +$$
$$\sum_{N\eta_1 \leqslant Q} \sum_{\chi(\bmod \eta_1)}^{*} \max_{z \leqslant x} | \psi_k(z,\chi) | \cdot$$
$$\sum_{Nu_1 \leqslant \frac{Q}{N\eta_1}} \frac{1}{h(\eta)T(\eta)}$$

利用 ⑦ 知

$$\sum_{Nu_1 \leqslant \frac{Q}{N\eta_1}} \frac{1}{h(\eta)T(\eta)} \ll \frac{1}{\varphi(\eta_1)} \sum_{Nu_1 \leqslant \frac{Q}{N\eta_1}} \frac{1}{\varphi(u_1)} \ll$$

$$\frac{1}{\varphi(\eta_1)}\Big(1+\log\frac{Q}{N\eta_1}\Big)$$

故

$$\sum_{D<N\eta\leqslant Q}\max_{z\leqslant x}\max_{\substack{u(\bmod\eta)\\(u,\eta)=1}}\frac{1}{T(\eta)}\cdot$$

$$\Big|\psi_k(z,u,\eta)-\frac{\psi_k(z,\chi_0)}{h(\eta)}\Big|\ll$$

$$\sum_{D<N\eta\leqslant Q}\frac{\log^{k+1}x\cdot\log N\eta}{T(\eta)}+$$

$$\sum_{N\eta\leqslant Q}\frac{1}{\varphi(\eta)}\Big(1+\log\frac{Q}{N\eta}\Big)\cdot$$

$$\sum_{\chi(\bmod\eta)}{}^*\max_{z\leqslant x}|\psi_k(z,\chi)| \qquad ⑪$$

其中"$\displaystyle\sum_{\chi(\bmod\eta)}{}^*$"表示对 $G(\eta)$ 之所有本原特征求和.

又设 $\alpha=1+(\log x)^{-1}$,则得

$$\psi_k(x,\chi)=\frac{1}{2\pi\mathrm{i}}\int_{\alpha-\mathrm{i}\infty}^{\alpha+\mathrm{i}\infty}-\frac{L'}{L}(s,\chi)\cdot\frac{x^s}{s^{k+1}}\mathrm{d}s$$

因为

$$\frac{L'}{L}\ll\frac{1}{\alpha-1}=\log x$$

所以

$$\int_{\alpha-\mathrm{i}\infty}^{\alpha+\mathrm{i}\infty}-\frac{L'}{L}(s,\chi)\cdot\frac{x^s}{s^{k+1}}\mathrm{d}s\ll x\log x\cdot T^{-k}$$

设 $S=S(s,\chi)$ 是在 $R(s)>\dfrac{n-1}{n+1}$ 上的任一解析函数,则由恒等式

$$-\frac{L'}{L}=-\frac{L'}{L}(1-LS)^2+(L'LS^2-2L'S)$$

可得

$$\int_{\alpha-\mathrm{i}T}^{\alpha+\mathrm{i}T}\frac{x^s}{s^{k+1}}\cdot\frac{L'}{L}\mathrm{d}s=\int_{\alpha-\mathrm{i}T}^{\alpha+\mathrm{i}T}\frac{x^s}{s^{k+1}}\cdot\frac{L'}{L}(1-LS)^2\mathrm{d}s-$$

244

$$\int_G \frac{x^s}{s^{k+1}}(L'LS^2 - 2L'S)\mathrm{d}s$$

其中 G 是积分线路

$$\alpha - \mathrm{i}T \to \beta - \mathrm{i}T \to \beta + \mathrm{i}T \to \alpha + \mathrm{i}T$$

$$\beta = \frac{n}{n+1} + (\log x)^{-1}$$

故

$$\psi_k(x,\chi) = \frac{1}{2\pi\mathrm{i}}\left\{ -\int_{\alpha-\mathrm{i}T}^{\alpha+\mathrm{i}T} \frac{x^s}{s^{k+1}} \cdot \frac{L'}{L}(1-LS)^2 \mathrm{d}s + \right.$$

$$\left. \int_C \frac{x^s}{s^{k+1}}(L'LS^2 - 2L'S)\mathrm{d}s \right\} +$$

$$O(x\log x \cdot T^{-k}) \qquad\qquad ⑫$$

由 ⑪⑫ 得$(Q \leqslant x, D = \log^l x, l > 0)$

$$\sum_{D < N\eta \leqslant Q} \max_{z \leqslant x} \max_{\substack{u(\bmod \eta) \\ (u,\eta)=1}} \frac{1}{T(\eta)} \left| \psi_k(z,u,\eta) - \frac{z}{h(\eta)} \right| \ll$$

$$\sum_{D < N\eta \leqslant Q} \frac{\log^{k+1} x \cdot \log N\eta}{T(\eta)} +$$

$$\left(\sum_{N\eta \leqslant Q} + \sum_{D < N\eta \leqslant Q} \right) \frac{1}{\varphi(\eta)}\left(1 + \log\frac{Q}{N\eta} \right) \cdot$$

$$\sum_{\chi(\bmod \eta)}^* \max_{z \leqslant x} |\psi_k(z,\chi_1)| +$$

$$\sum_{D < N\eta \leqslant Q} \max_{z \leqslant x} \max_{\substack{u(\bmod \eta) \\ (u,\eta)=1}} \frac{1}{T(\eta)} \left| \frac{\psi_k(z,\chi_0) - z}{h(\eta)} \right| \ll$$

$$\log^{k+2} x \cdot Q + x^\alpha \log x \int_{\alpha-\mathrm{i}T}^{\alpha+\mathrm{i}T} \frac{A(s)}{|s|^{k+1}} | \, \mathrm{d}s | +$$

$$\int_C \frac{|x^s| \cdot B(s)}{|s|^{k+1}} | \, \mathrm{d}s | + xT^{-k}\log x \cdot Q +$$

$$\sum_{N\eta \leqslant D} \frac{1}{\varphi(\eta)}\left(1 + \log\frac{Q}{N\eta} \right) \cdot$$

$$\sum_{\chi(\bmod \eta)}^* \max_{z \leqslant x} |\psi_k(z,\chi)| +$$

$$\sum_{N\eta \leqslant Q} \frac{1}{\varphi(\eta)} \max_{z \leqslant x} \mid \psi_k(z, \chi_0) - z \mid \qquad ⑬$$

其中

$$A(s) = \sum_{D < N\eta \leqslant Q} \frac{1}{\varphi(\eta)} \Big(1 + \log \frac{Q}{N\eta}\Big) \cdot$$

$$\sum_{\chi(\bmod \eta)}^{*} \mid 1 - LS \mid^2$$

$$B(s) = \sum_{D < N\eta \leqslant Q} \frac{1}{\varphi(\eta)} \Big(1 + \log \frac{Q}{N\eta}\Big) \cdot$$

$$\sum_{\chi(\bmod \eta)}^{*} \mid L'LS^2 \mid + \mid L'S \mid$$

令 $S = S(s, \chi) = \sum_{N\eta \leqslant H} \frac{\mu(u) \cdot \chi(u)}{Nu^s}$，其中 $H = DQ$，利用

相关文献① 得

$$A(s) \ll D^{-1} \log^6 x \qquad ⑭$$

$$B(s) \ll DQ \mid s \mid^{\frac{2(n+1)}{n+3}} (\log x)^{2n+4} \qquad ⑮$$

又

$$\psi_0(z, \chi_0) = \sum_{\substack{Nb \leqslant z \\ (b, \eta) = 1}} \Lambda(b) =$$

$$\sum_{Nb \leqslant z} \Lambda(b) - \sum_{\substack{Nb \leqslant z \\ (b, \eta) = 1}} \Lambda(b) =$$

$$O(ze^{-c\sqrt{\log z}}) + z$$

即 $\psi_0(z, \chi_0) - z = O(ze^{-c\sqrt{\log z}})$. 用数学归纳法易证

$$\psi_k(z, \chi_0) - z = O(ze^{-c\sqrt{\log z}}), k \geqslant 0$$

故

$$\sum_{N\eta \leqslant Q} \frac{1}{\varphi(\eta)} \max_{z \leqslant x} \mid \psi_k(z, \chi_0) - z \mid \ll xe^{-c\sqrt{\log x}} \cdot \log Q$$

$$⑯$$

---

① P. X. Gallagher. Bombieri's mean value theorem. Mathematika, 1968, 15: 1-6.

由西格尔－瓦尔菲茨定理及数学归纳法知

$$\max_{z \leqslant x} \mid \psi_k(x,\chi) \mid \ll \frac{x}{(\log x)^{M-k}}, k \geqslant 0$$

其中 $\chi \neq \chi_0$，$N\eta \leqslant \log^M x$，M,N 可为任意大的常数. 故

$$\sum_{N\eta \leqslant Q} \frac{1}{\varphi(\eta)} \Big(1 + \log \frac{Q}{N\eta}\Big) \cdot$$

$$\sum_{\chi(\bmod \eta)}^{*} \max_{z \leqslant x} \mid \psi_k(z,\chi) \mid \ll \frac{x}{\log^m x} \qquad ⑰$$

其中 m 可取充分大的值.

取 $k = 3$，$x^{\frac{1}{2}} \leqslant T \leqslant x$，由 ⑬ ～ ⑰ 得

$$\sum_{D < N\eta \leqslant Q} \max_{z \leqslant x} \max_{\substack{u(\bmod \eta) \\ (u,\eta)=1}} \frac{1}{T(\eta)} \left| \psi_3(z,u,\eta) - \frac{z}{h(\eta)} \right| \ll$$

$$Q\log^5 x + xD^{-1}\log^7 x + x^{\frac{n}{n+1}}DQ\log^{2n+4} x +$$

$$xT^{-3}\log x \cdot Q + x\log^{-m}x + xe^{-c\sqrt{\log x}} \cdot \log Q$$

$\forall A_1 > 0$，令

$$D = (\log x)^{A_1+7}, Q = x^{\frac{1}{n+1}}(\log x)^{-(2A_1+2n+11)}, T = x^{\frac{1}{2}}$$

得

$$\sum_{D < N\eta \leqslant Q} \max_{z \leqslant x} \max_{\substack{u(\bmod \eta) \\ (u,\eta)=1}} \frac{1}{T(\eta)} \left| \psi_3(z,u,\eta) - \frac{z}{h(\eta)} \right| \ll$$

$$\frac{x}{\log^{A_1} x} \qquad ⑱$$

运用相关文献[1]中之方法可得：$\forall A > 0, \exists B = B(A) > 0$，使得当 $Q = x^{\frac{1}{n+1}} \log^{-B} x$ 时，有

$$\sum_{D < N\eta \leqslant Q} \max_{z \leqslant x} \max_{\substack{u(\bmod \eta) \\ (u,\eta)=1}} \frac{1}{T(\eta)} \left| \psi(z,u,\eta) - \frac{z}{h(\eta)} \right| \ll \frac{x}{\log^{A_1} x}$$

---

① P. X. Gallagher. Bombieri's mean value theorem. Mathematika, 1968, 15: 1-6.

应用西格尔－瓦尔菲茨定理知 ⑲ 当 $N\eta \leqslant D$ 时亦成立，故定理 2 成立.

§10　关于表大偶数为一个素数与一个殆素数之和[①]

—— 王元　　丁夏畦　　潘承洞

本节将给出陈景润定理"每一充分大的偶数都是一个素数及一个不超过两个素数之积的和"一个简化证明.

10.1　引论

为简单计，将下面的命题记为 $(1,a)$：

每一充分大的偶数都是一个素数与一个素因子个数不超过 a 的殆素数之和.

① 　原载于《山东大学学报》，1975(2)：15-26．参见 On the representation of every large even integer as a sum of a prime and an almost prime，Sci. Sin. ，1975，18(5).

埃斯特曼[①]、瑞尼[②]、王元[③④]、巴尔巴恩[⑤⑥]、潘承洞[⑦⑧]、Б. В. Левин[⑨]、布赫夕塔布[⑩⑪]、维诺格拉多

①　T. Estermann. Eine neue Darstellung und neue Anwendung der Viggo Brunschen Metode. J. Rei. und Ang. Math. , 1932, 168: 106-116.

②　А. Реныи. О представлении читных чисел в вчде суммы простого и почти простого чисел. ИАН СССР, 1948, 2: 57-78.

③　王元. 表大偶数为一个素数及一个不超过四个素数的乘积之和. 数学学报, 1956, 6: 565-582.

④　王元. On representation of large integer as a sum of a prime and an almost prime. Sci. Sin. , 1962, 11: 1033-1054.

⑤　М. Б. Барбан. Новые применении болвшого решета Ю. В. Линника. Тру. Ин. Мат. им. В. И. Романовского, 1961, 22.

⑥　М. Б. Барбан. Плотность нулей L-рядов Дирихре и Задача о сложении простых и почти-простых чисел. Мат. Сб. , 1963, 61: 419-425.

⑦　潘承洞. 表偶数为素数及殆素数之和. 数学学报, 1962, 12: 95-106.

⑧　潘承洞 (Пан Чэн Дун). О представлении четных чисел в виде суммы простого и непревоходящего 4 простых произведения. Sci. Sin. , 1963, 12, : 455-474.

⑨　Б. В. Левин. Распределение "почти простых" чисел в целозначных полиномиальных посмдовательностях. Мат. Сб. , 1963, 61: 401-419.

⑩　А. А. Бухштаб. Новые результаты В исследовании проблемы Гольдбаха-Эйлера и проблемы простых чисел близнецов. ДАН СССР, 1965, 162: 739-742.

⑪　А. А. Бухштаб. Комбирнаторное усиление метода эратосфенова решега. УМН СССР, 1967, 22: 199-226.

夫[①]、里切特[②]与陈景润[③][④]曾先后用筛法与大筛法研究过这个命题,最佳的结果是陈景润得到的,他证明了如下定理:

定理 1 $(1,2)$.

陈景润对处理这一命题的方法做了重要改进,特别地,他引进并估计了

$$\Omega = \sum_{\substack{(p_{1,2}) \\ p_3 \leqslant \frac{x}{p_1 p_2} \\ x-p=p_1 p_2 p_3}} 1 \qquad ①$$

此处 p,p_1,p_2,p_3 都表示素数,而 $(p_{1,2})$ 则表示条件

$$x^{\frac{1}{10}} \leqslant p_1 \leqslant x^{\frac{1}{3}} \leqslant p_2 \leqslant \left(\frac{x}{p_1}\right)^{\frac{1}{2}}.$$

本节将给 $(1,2)$ 一个简化证明. 首先指出 Ω 的估计可以由下面的均值定理直接推出来. 命 $2 \leqslant y \leqslant x$,命

$$\pi(y,a,q,l) = \sum_{\substack{n \leqslant y/a \\ a_n \equiv l(\bmod q)}} a_n$$

此处

$$a_n = \begin{cases} 1, & n \text{ 为素数} \\ 0, & \text{其他情形} \end{cases}$$

定理 2 对于任意正常数 A 及正数 $\varepsilon(\varepsilon < 1)$,当

---

① А. И. Виноградов. О плотностной гипотезе для L-рядов Дирихре. ИАН СССР, сер. мат,1965,29:903-934.

② H. E. Richert. Selberg's sieve with weights. Mathematika, 1969,16:1-22.

③ 陈景润. 大偶数表为一个素数及一个不超过二个素数的乘积之和. 科学通报,1966,17:385-386.

④ 陈景润. 大偶数表为一个素数及一个不超过二个素数的乘积之和. 中国科学,1973,16:111-128.

$\log^{2B} y < A_1 \leqslant A_2 \leqslant y^{1-\varepsilon}$ 时,下面的估计成立

$$I = \sum_{q \leqslant x^{\frac{1}{2}} \log^{-B} x} \max_{y \leqslant x} \max_{(l,q)=1} \left| \sum_{\substack{A_1 < a \leqslant A_2 \\ (a,q)=1}} f(a) \cdot \right.$$

$$\left[\pi(y,a,q,l) - \frac{\mathrm{Li}\left(\dfrac{y}{a}\right)}{\varphi(q)} \right] \left. \vphantom{\sum} \right| = O\left(\frac{x}{\log^A x} \right) \qquad ②$$

此处 $\mid f(a) \mid \leqslant 1, B = A+7$ 及与"O"有关的常数仅依赖于 ε, A.

其次,本节所用的筛法是将作者之一曾用过的方法稍加改进而得来的[1].

类似地,可以证明:

定理 3　命 k 为正整数,则存在无限多个素数 p,使 $p+2k$ 为不超过两个素数之积.

定理 4　每一充分大的奇数 N 都可以表为 $N = p + 2p^{(2)}$,此处 p 为一个素数及 $p^{(2)}$ 为一个素因子个数不超过 2 的殆素数.

利用这一方法也可以处理其他有关的著名殆素数分布问题.

10.2　定理 2 的证明

在证明定理 2 之前,先引用下面的定理.

定理 5(大筛法)　命 $1 < P < Q$,命 M 与 N 都是正整数,又命诸 b_n 为任意复数,则

$$\sum_{P < q \leqslant Q} \frac{1}{\varphi(q)} \sum_{\chi_q}^* \left| \sum_{n=M+1}^{M+N} b_n \chi(n) \right|^2 \ll$$

---

① 王元. On representation of large integer as a sum of a prime and an almost prime. Sci. Sin. , 1962,11:1033-1054.

$$\left(Q+\frac{N}{P}\right)\sum_{n=M+1}^{M+N}\mid b_n\mid^2 \qquad ③$$

此处 $\sum\limits_{\chi_q}^{*}$ 表示过模 q 的全体原特征求和,为简单计,

我们常省去 χ_q 中的 q.

证明见 P. X. Gallagher[①] 或陈景润[②]的文章.

定理 2 的证明 (1)记

$$D_1=\log^B x,D=x^{\frac{1}{2}}\log^{-B}x \qquad ④$$

则当 $(a,q)=(l,q)=1$ 时有

$$\pi(y,a,q,l)=\sum_{\substack{n\leqslant y/a\\ a_n\equiv l(\bmod q)}}a_n=\frac{1}{\varphi(q)}\sum_{\chi_q}\bar{\chi}(l)\chi(a)\sum_{n\leqslant y/a}a_n\chi(n)$$

$$⑤$$

此处 $\sum\limits_{\chi_q}$ 表示过模 q 的全体特征求和,所以

$$\pi(y,a,q,l)-\frac{1}{\varphi(q)}\sum_{\substack{n\leqslant y/a\\ (n,q)=1}}a_n=$$

$$\frac{1}{\varphi(q)}\sum_{\chi_q\neq\chi_0}\bar{\chi}(l)\chi(a)\sum_{n\leqslant y/a}a_n\chi(n)=$$

$$\frac{1}{\varphi(q)}\sum_{q_1\mid q}\sum_{\chi_{q_1}}^{*}\bar{\chi}(l)\chi(a)\sum_{\substack{n\leqslant y/a\\ (n,q/q_1)=1}}a_n\chi(n) \qquad ⑥$$

由素数定理可知

$$\sum_{\substack{n\leqslant y/a\\ (n,q)=1}}a_n=\operatorname{Li}\frac{y}{a}+O\left(\frac{y}{a}e^{-\varepsilon\sqrt{\log y}}\right)+O(q^\varepsilon) \qquad ⑦$$

----

① P. X. Gallagher. Bombieri's mean value theorem. Mathematika,1968,15:1-6.

② 陈景润. 大偶数表为一个素数及一个不超过二个素数的乘积之和. 中国科学,1973,16:11-128.

所以由式 ⑤ ～ ⑦ 得

$$I \leqslant \sum_{q_1 \leqslant D} \frac{1}{\varphi(q_1)} \sum_{q_2 \leqslant D} \frac{1}{\varphi(q_2)} \max_{y \leqslant x} \sum_{\chi_{q_1}}{}^{*} \Big| \sum_{\substack{A_1 < a \leqslant A_2 \\ (a, q_2) = 1}} f(a) \chi(a) \cdot$$

$$\sum_{\substack{n \leqslant y/a \\ (n, q_2) = 1}} a_n \chi(n) \Big| + O\Big(\frac{x}{\log^A x} \Big) \leqslant$$

$$\max_{y \leqslant x} \max_{m \leqslant D} \log x \cdot I_{y,m} + O\Big(\frac{x}{\log^A x} \Big) \qquad ⑧$$

此处

$$I_{y,m} = \sum_{q \leqslant D} \frac{1}{\varphi(q)} \sum_{\chi_q}{}^{*} \Big| \sum_{A_1 < a \leqslant A_2} g(a) \chi(a) \sum_{n \leqslant y/a} d_n \chi(n) \Big|$$

$$\qquad ⑨$$

其中

$$\begin{cases} g(n) = f(n), d_n = a_n, & (n, m) = 1 \\ g(n) = d_n = 0, & \text{其他情形} \end{cases} \qquad ⑩$$

（2）命

$$I_{y,m} = I_{y,m}^{(1)} + I_{y,m}^{(2)} \qquad ⑪$$

此处

$$I_{y,m}^{(1)} = \sum_{q \leqslant D_1} \frac{1}{\varphi(q)} \sum_{\chi_q}{}^{*} \Big| \sum_{A_1 < a \leqslant A_2} g(a) \chi(a) \sum_{n \leqslant y/a} d_n \chi(n) \Big|$$

$$\qquad ⑫$$

$$I_{y,m}^{(2)} = \sum_{D_1 < q \leqslant D} \frac{1}{\varphi(q)} \sum_{\chi_q}{}^{*} \Big| \sum_{A_1 < a \leqslant A_2} g(a) \chi(a) \sum_{n \leqslant y/a} d_n \chi(n) \Big|$$

$$\qquad ⑬$$

由西格尔－瓦尔菲茨定理（Prachar[①]）可知存在正常数 $\varepsilon_1 = \varepsilon_1(\varepsilon)$ 使

---

① K. Prachar. Primzahlverteilung. New York：Springer，1957.

$$I_{y,m}^{(1)} = \sum_{q \leqslant D_1} \frac{1}{\varphi(q)} \sum_{\chi_q}{}^* \Big| \sum_{A_1 < a \leqslant A_2} g(a)\chi(a) \sum_{n \leqslant y/a} a_n \chi(n) \Big| +$$

$$\sum_{q \leqslant D_1} \frac{1}{\varphi(q)} \sum_{\chi_q}{}^* \Big| \sum_{A_1 < a \leqslant A_2} \sum_{\substack{n \leqslant y/a \\ (n,m)>1}} a_n \Big| =$$

$$O(D_1 x \mathrm{e}^{-\varepsilon_1 \sqrt{\log x}} \log x) + O(D_1 A_2 m^\varepsilon) =$$

$$O\Big(\frac{x}{\log^{A+1} x}\Big) \qquad\qquad ⑭$$

（3）显然

$$I_{y,m}^{(2)} = \sum_{j=0}^{J} \sum_{k=0}^{K} I_{y,m}^{(2)}(j,k) \qquad\qquad ⑮$$

此处 $2^J D_1 < D \leqslant 2^{J+1} D_1$，$2^K A_1 < A_2 \leqslant 2^{K+1} A_1$ 及

$$I_{y,m}^{(2)}(j,k) =$$

$$\sum_{2^j D_1 < q \leqslant 2^{j+1} D_1} \frac{1}{\varphi(q)} \sum_{\chi_q}{}^* \Big| \sum_{2^k A_1 < a \leqslant 2^{k+1} A_1} g(a)\chi(a) \sum_{n \leqslant y/a} d_n \chi(n) \Big|$$

$$⑯$$

当 $j = J$ 与 $k = K$ 时，需分别将上界换为 D 与 A_2，以后亦同. 命

$$f(s,\chi) = \sum_{n=1}^{\infty} \frac{d_n \chi(n)}{n^s}, \sigma = 1 + \frac{1}{\log x} \qquad\qquad ⑰$$

取

$$T = \mathrm{e}^{(\log x)^2} \qquad\qquad ⑱$$

则由佩龙公式得

$$\sum_{n \leqslant y/a} d_n \chi(n) = \frac{1}{2\pi \mathrm{i}} \int_{\sigma-\mathrm{i}T}^{\sigma+\mathrm{i}T} \frac{f(s,\chi)}{s} \Big(\frac{y}{a}\Big)^s \mathrm{d}s + O\Big(\frac{y}{T}\Big) + \theta(a)$$

$$⑲$$

此处

$$\theta(a) = \begin{cases} O(1), & a \mid y \\ 0, & a \nmid y \end{cases} \qquad\qquad ⑳$$

假定 $H < T$，命

$$f_1(s,\chi) = \sum_{n \leqslant H} \frac{d_n\chi(n)}{n^s}, f_2(s,\chi) = \sum_{H < n \leqslant T} \frac{d_n\chi(n)}{n^s}$$

㉑

则显然有

$$f(s,\chi) = f_1(s,\chi) + f_2(s,\chi) + O(x^{-1}\log x)$$ ㉒

命

$$g_k(s,\chi) = \sum_{2^k A_1 < a \leqslant 2^{k+1} A_1} \frac{g(a)\chi(a)}{a^s}$$ ㉓

及

$$P_{j,k}^{(l)}(s) = \sum_{2^j D_1 < q \leqslant 2^{j+1} D_1} \frac{1}{\varphi(q)} \sum_{\chi_q}^{*} \mid g_k(s,\chi)f_l(s,\chi) \mid$$

㉔

其中 $l = 1, 2.$ 由于

$$\int_{\sigma-iT}^{\sigma+iT} g_k(s,\chi)f_1(s,\chi)\frac{y^s}{s}\mathrm{d}s -$$

$$\int_{\frac{1}{2}-iT}^{\frac{1}{2}+iT} g_k(s,\chi)f_1(s,\chi)\frac{y^s}{s}\mathrm{d}s =$$

$$O\Big(\frac{y}{T}\Big(\sum_{n \leqslant H} n^{-\frac{1}{2}}\Big)\Big(\sum_{a \leqslant A_2} a^{-\frac{1}{2}}\Big)\Big) =$$

$$O\Big(\frac{y^{\frac{3}{2}}\sqrt{H}}{T}\Big) = O(x^{-2})$$ ㉕

故由式 ⑯ ～ ㉕ 得

$$I_{y,m}^{(2)}(j,k) \leqslant \frac{1}{2\pi}\int_{\frac{1}{2}-iT}^{\frac{1}{2}+iT} P_{j,k}^{(1)}(s)\frac{y^{\frac{1}{2}}}{\mid s \mid}\mid \mathrm{d}s \mid +$$

$$\frac{\mathrm{e}}{2\pi}\int_{\sigma-iT}^{\sigma+iT} P_{j,k}^{(2)}(s)\frac{y}{\mid s \mid}\mid \mathrm{d}s \mid + O\Big(\frac{x}{\log^{A+3}x}\Big)$$

㉖

（4）由施瓦兹不等式可得

$$P_{j,k}^{(l)}(s) \leqslant \left(\sum_{2^j D_1 < q \leqslant 2^{j+1} D_1} \frac{1}{\varphi(q)} \sum_{\chi_q}^* \mid g_k(s,\chi) \mid^2 \right)^{\frac{1}{2}} \cdot$$

$$\left(\sum_{2^j D_1 < q \leqslant 2^{j+1} D_1} \frac{1}{\varphi(q)} \sum_{\chi_q}^* \mid f_l(s,\chi) \mid^2 \right)^{\frac{1}{2}}$$

㉗

其中 $l = 1,2$. 取

$$H = (2^j D_1)^2 \qquad ㉘$$

则当 $s = \frac{1}{2} + it (-T \leqslant t \leqslant T)$ 时，由定理 5 可得

$$P_{j,k}^{(1)}(s) \ll \left(\left(2^j D_1 + \frac{2^k A_1}{2^j D_1} \right) \sum_{a \leqslant A_2} \frac{1}{a} \right)^{\frac{1}{2}} \cdot$$

$$\left(\left(2^j D_1 + \frac{H}{2^j D_1} \right) \sum_{n \leqslant H} \frac{1}{n} \right)^{\frac{1}{2}} \leqslant$$

$$(H + 2^k A_1)^{\frac{1}{2}} \log x \ll x^{\frac{1}{2}} \log^{-B+1} x \qquad ㉙$$

又当 $s = \sigma + it (-T \leqslant t \leqslant T)$ 时，将 f_2 的求和区间 $H < n \leqslant T$ 分成形如 $2^t H < n \leqslant 2^{t+1} H$ 的 $O(\log^2 x)$ 个小区间，则由定理 5 得

$$P_{j,k}^{(2)}(s) \ll \max_t \left(\left(2^j D_1 + \frac{2^k A_1}{2^j D_1} \right) \sum_{a \geqslant 2^k A_1} \frac{1}{a^2} \right)^{\frac{1}{2}} \cdot$$

$$\left(\left(2^j D_1 + \frac{2^t H}{2^j D_1} \right) \sum_{n > 2^t H} \frac{1}{n^2} \right)^{\frac{1}{2}} \log^2 x \ll$$

$$\left(\frac{2^j D_1}{2^k A_1} + \frac{1}{2^j D} \right)^{\frac{1}{2}} \left(\frac{2^j D_1}{H} + \frac{1}{2^j D_1} \right)^{\frac{1}{2}} \log^2 x \ll$$

$$\left(\frac{1}{2^k A_1} + \frac{1}{H} \right)^{\frac{1}{2}} \ll \log^{-B} y \log^2 x \qquad ㉚$$

将式 ㉙ 与 ㉚ 代入式 ㉖ 即得

$$\max_{y \leqslant x} I_{y,m}^{(2)}(j,k) \ll x \log^{-B+4} x \ll x \log^{-A-3} x \qquad ㉛$$

256

故由式 ⑧⑭⑮㉛ 即得定理.

由定理 2 易推出(潘承洞[1]):

系　在定理 2 的假定下有

$$J = \sum_{q \leqslant x^{\frac{1}{2}} \log^{-B} x} 3^{\nu(q)} \mid \mu(q) \mid \cdot$$

$$\max_{y \leqslant x} \max_{(l,q)=1} \left| \sum_{\substack{A_1 < a \leqslant A_2 \\ (a,q)=1}} f(a) \left[\pi(y,a,q,l) - \right. \right.$$

$$\left. \left. \frac{\mathrm{Li}\left(\dfrac{y}{a}\right)}{\varphi(q)} \right] \right| = O\left(\frac{x}{\log^A x}\right) \qquad ㉜$$

此处 $\nu(q)$ 表示 q 的素因子个数及 $B = 2A + 24$.

附记　由函数

$$\psi_k(y,a,q,l) = \sum_{\substack{n \leqslant y/a \\ a_n \equiv l(\mathrm{mod}\, q)}} \Lambda(n) \log^k \frac{y}{a_n}$$

出发,我们也可以证明类似的结果.

10.3　筛法

朋比尼－维诺格拉多夫中值定理.

(1) 命 $\eta = \dfrac{1}{2} - \varepsilon$,其中 $\varepsilon\left(\varepsilon < \dfrac{1}{4}\right)$ 为任意给定的正数,命 q 为正整数及 $\xi > 0$,命 $\Omega(x,q,\xi)$ 为形如 $k = qm$ 的全体整数,此处 $m \leqslant \dfrac{x^\eta}{q}$,且 m 的最大素因子不超过 ξ. 又命

$$R(x,q,\xi) = \sum_{k \in \Omega(x,q,\xi)} 3^{\nu(k)} \mid \mu(k) \mid \cdot$$

---

① 潘承洞. 表偶数为素数及殆素数之和. 数学学报,1962,12: 95-106.

$$\max_{y \leqslant x} \max_{(l,k)=1} \left| \pi(x,k,l) - \frac{\mathrm{Li}\, x}{\varphi(k)} \right| \qquad ㉝$$

此处

$$\pi(x,k,l) = \pi(x,1,k,l)$$

定理 6 对于任意正常数 A,皆有

$$R(x,1,x^{\nu}) = O\left(\frac{x}{\log^{A} x}\right) \qquad ㉞$$

此处与"O"有关的常数仅依赖于 ε 与 A.

证明见朋比尼[①]与维诺格拉多夫[②]的相关文章.

（2）布朗方法.

命 $2 \leqslant y \leqslant x$ 为两个整数,命

$$a,q;a_{i},1 \leqslant i \leqslant r \qquad (\omega)$$

为满足下面条件的一组整数

$$q < x^{\eta-\varepsilon}, (a,q)=1, a_{i} \neq 0 (\bmod p_{i}), 1 \leqslant i \leqslant r ㉟$$

此处 $2 < p_{1} < \cdots < p_{r} \leqslant \xi$ 为不超过 ξ 而又除不尽 qy 的全体素数. 又命 $P_{\omega}(x,q,\xi)$ 为满足下面条件的素数 p 的个数

$$p \leqslant x, p \equiv a(\bmod q), p \not\equiv a_{i}(\bmod p_{i}), 1 \leqslant i \leqslant r$$
$$㊱$$

记 γ 为欧拉常数及

$$c_{qy} = \mathrm{e}^{-\gamma} \prod_{\substack{p \mid qy \\ p>2}} \frac{p-1}{p-2} \prod_{p>2} \left(1 - \frac{1}{(p-1)^{2}}\right) \qquad ㊲$$

定理 7 命 C 为任意给定的正常数,则存在非降、非负,且仅有有限多个不连续点的函数 $\lambda(\alpha)$ 与

---

① E. Bombieri. On the large sieve. Mathematika, 1965,12: 201-225.

② А. И. Виноградов. О плотностной гипотезе для L-рядов Дирихре. ИАН СССР, сер. мат,1965,29:903-934.

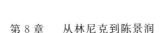

$\Lambda(\alpha)(0 < \alpha \leqslant C)$ 使下面的估计对于 α 与 (ω) 一致成立. 于是

$$\lambda(\alpha)\frac{c_{qy}\,\mathrm{Li}\,x}{\varphi(q)\log x}\Big(1 + O\Big(\frac{1}{\log x}\Big)\Big) +$$

$$O\Big(\log^2 x \cdot R\Big(x, q, \Big(\frac{x^{\eta}}{q}\Big)^{\frac{1}{a}}\Big)\Big) <$$

$$P_{\omega}\Big(x, q, \Big(\frac{x^{\eta}}{q}\Big)^{\frac{1}{a}}\Big) <$$

$$\Lambda(\alpha)\frac{c_{qy}\,\mathrm{Li}\,x}{\varphi(q)\log x}\Big(1 + O\Big(\frac{1}{\log x}\Big)\Big) +$$

$$O\Big(\log^2 x \cdot R\Big(x, q, \Big(\frac{x^{\eta}}{q}\Big)^{\frac{1}{a}}\Big)\Big) \qquad ㊳$$

实际上, 取

$$\lambda(\alpha) = \begin{cases} 2\alpha\Big(1 - \sum\limits_{k=0}^{\infty} \dfrac{\lambda^{k+1}((k+1)\tau)^{2k+4}}{(2k+4)!}\Big), & \alpha \geqslant 7 \\ 0, & \alpha < 7 \end{cases}$$

$$㊴$$

与

$$\Lambda(\alpha) = \begin{cases} 2\alpha\Big(1 + \sum\limits_{k=0}^{\infty} \dfrac{\lambda^{k+1}((k+1)\tau)^{2k+5}}{(2k+5)!}\Big), & \alpha \geqslant 8 \\ \Lambda(8), & \alpha \leqslant 8 \end{cases}$$

$$㊵$$

即可, 此处 $\lambda = 1.5 + \varepsilon, \tau = \log 1.5 + \varepsilon$, 其中 ε 为任意给定的正数.

（3）塞尔伯格上界方法.

命 $c > 0, \xi^{2c} \leqslant \dfrac{x^{\eta}}{q}$ 及 $P = \prod\limits_{i=1}^{r} p_i$. 当 $d \mid P$ 时, 命

$$\lambda_d = \frac{\mu(d)}{f(d)g(d)} \sum_{\substack{1 \leqslant k \leqslant \xi^c/d \\ (k,d)=(k,y)=1 \\ k|P}} \frac{\mu^2(k)}{f(k)} \Big/ \sum_{\substack{1 \leqslant l \leqslant \xi^c \\ (l,y)=1 \\ l|P}} \frac{\mu^2(l)}{f(l)} \quad ㊶$$

此处

$$f(k) = \varphi(k) \prod_{p|k} \frac{p-2}{p-1}$$

又命

$$Q(x,q,\xi) = \sum_{\substack{d_1 \leqslant \xi^c \\ d_1|P}} \sum_{\substack{d_2 \leqslant \xi^c \\ d_2|P}} \lambda_{d_1} \lambda_{d_2} \frac{\mathrm{Li}\, x}{\varphi(q)\varphi([d_1,d_2])} \quad ㊷$$

此处 $[d_1,d_2]$ 表示 d_1,d_2 的最小公倍数,则得:

定理 8 下面的估计对于 $\alpha(0 < \alpha \leqslant 6)$ 与(ω)一致成立

$$P_\omega(x,q,\xi) \leqslant Q(x,q,\xi) + O(\log^2 x \cdot R(x,q,\xi)) \quad ㊸$$

与

$$Q\Big(x,q,\Big(\frac{x^\eta}{q}\Big)^{\frac{1}{\alpha}}\Big) \leqslant \Lambda(\alpha) \frac{c_{qy}\mathrm{Li}\, x}{\varphi(q)\log x}\Big(1 + O\Big(\frac{\log\log x}{\log x}\Big)\Big) \quad ㊹$$

此处

$$\Lambda(\alpha) = \begin{cases} 4\mathrm{e}^\gamma, & 0 < \alpha \leqslant 2 \\[2mm] \dfrac{2\alpha\mathrm{e}^\gamma}{\alpha - 1 - \dfrac{\alpha}{2}\log\dfrac{\alpha}{2}}, & 2 \leqslant \alpha \leqslant 4 \\[3mm] \dfrac{2\alpha\mathrm{e}^\gamma}{\alpha - 1 - \dfrac{\alpha}{2}\log\dfrac{\alpha}{2} + \delta(\alpha)}, & 4 \leqslant \alpha \leqslant 6 \end{cases} \quad ㊺$$

其中

$$\delta(\alpha) = \int_1^{\frac{\alpha}{4}} \int_s^{\frac{\alpha}{2}-s} \frac{\frac{\alpha}{2} - s - t}{st} \mathrm{d}t\mathrm{d}s \quad ㊻$$

260

（4）布赫夕塔布方法.

定理 9　命 $\lambda(\alpha)$ 与 $\Lambda(\alpha)$ 为适合定理 7 要求的函数,则由下式定义的函数

$$
\lambda_1(\alpha) = \begin{cases} \max\left\{\lambda(\alpha), \lambda(\beta) - \displaystyle\int_{\alpha-1}^{\beta-1} \frac{\Lambda(z)}{z}\mathrm{d}z\right\}, \\[2mm] 1+\varepsilon \leqslant \alpha \leqslant \beta \leqslant C \\[2mm] \lambda(\alpha), 0 < \alpha \leqslant 1+\varepsilon \end{cases} \qquad ㊼
$$

与

$$
\Lambda_1(\alpha) = \begin{cases} \min\left\{\Lambda(\alpha), \Lambda(\beta) - \displaystyle\int_{\alpha-1}^{\beta-1} \frac{\lambda(z)}{z}\mathrm{d}z\right\}, \\[2mm] 1+\varepsilon < \alpha \leqslant \beta \leqslant C \\[2mm] \Lambda(\alpha), 0 < \alpha \leqslant 1+\varepsilon \end{cases} \qquad ㊽
$$

亦分别具有函数 $\lambda(\alpha)$ 与 $\Lambda(\alpha)$ 的性质.

关于定理 9 的证明,请参看布赫夕塔布[1]与王元[2]关于定理 8 的证明.

10.4　定理 1 的证明

（1）$\Gamma_\omega(\alpha, \beta)$ 的估计. 命 $\beta > \alpha > 1$,命

$$
\Gamma_\omega(\alpha, \beta) = \sum_{\left(\frac{x^\eta}{q}\right)^{\frac{1}{\beta}} < p \leqslant \left(\frac{x^\eta}{q}\right)^{\frac{1}{\alpha}}} P_\omega\left(x, qp, \left(\frac{x^\eta}{q}\right)^{\frac{1}{\beta}}\right) \qquad ㊾
$$

此处 p 表示素数,则由定理 6 可得

$$
\Gamma_\omega(\alpha, \beta) \leqslant \left(\beta \int_{\beta(1-\alpha^{-1})}^{\beta-1} \frac{\Lambda(z)}{z(\beta-z)}\mathrm{d}z\right) \cdot
$$

————————

①　A. A. Бухштаб. Комбирнаторное усиление метода эратосфенова решега. УМН СССР，1967,22:199-226.

②　王元. On representation of large integer as a sum of a prime and an almost prime. Sci. Sin. , 1962,11:1033-1054.

$$\frac{c_{qy}\,\mathrm{Li}\ x}{\varphi(q)}\cdot\left[1+O\Big(\frac{\log\log x}{\log x}\Big)\right]+$$

$$O\Big(\frac{x}{\log^{A-2}x}\Big)\qquad\qquad\text{⑩}$$

（2）Ω 的估计. 命 $P=\prod\limits_{2<p\leqslant x^{\frac{1}{4}-\frac{\varepsilon}{2}}}p,x=y$ 为偶数，$a=1,q=2$ 及 $a_i=x(i=1,2,\cdots)$，则

$$\Omega=\sum_{\substack{(p_{1,2})\\ n\leqslant\frac{x}{p_1p_2}\\ (x-p_1p_2n,P)=1}}a_n+O(x^{\frac{1}{4}})\leqslant$$

$$\sum_{(p_{1,2})}\sum_{n\leqslant\frac{x}{p_1p_2}}a_n\Big(\sum_{d|(x-p_1p_2n,P)}\lambda_d\Big)^2+O(x^{\frac{1}{4}})=$$

$$\sum_{d_1|P}\sum_{d_2|P}\lambda_{d_1}\lambda_{d_2}\sum_{(p_{1,2})}\pi(x,p_1p_2,[d_1,d_2],x)+O(x^{\frac{1}{4}})$$

显然（$[d_1,d_2],p_1p_2$）$=1$ 及 $\lambda_d=O(\log x)$，所以

$$\Omega\leqslant\sum_{(p_{1,2})}\sum_{d_1|P}\sum_{d_2|P}\lambda_{d_1}\lambda_{d_2}\frac{\mathrm{Li}\,\dfrac{x}{p_1p_2}}{\varphi([d_1,d_2])}+$$

$$O\Bigg[\log^2x\sum_{\substack{d\leqslant x^\eta\\ (d,x)=1}}|\,\mu(d)\,|\,3^{\nu(d)}\cdot$$

$$\Bigg|\sum_{\substack{(p_{1,2})\\ (p_1p_2,d)=1}}\Bigg(\pi(x,p_1p_2,d,x)-\frac{\mathrm{Li}\,\dfrac{x}{p_1p_2}}{\varphi(d)}\Bigg)\Bigg|\Bigg]\leqslant$$

$$\sum_{(p_{1,2})}\sum_{d_1|P}\sum_{d_2|P}\lambda_{d_1}\lambda_{d_2}\frac{\mathrm{Li}\,\dfrac{x}{p_1p_2}}{\varphi([d_1,d_2])}+$$

$$O\Bigg[\log^2x\sum_{\substack{d\leqslant x^\eta\\ (d,x)=1}}|\,\mu(d)\,|\,3^{\nu(d)}\cdot$$

$$\left| \sum_{x^{\frac{13}{30}} < a \leqslant x^{\frac{2}{3}}} f(a) \left[\pi(x,a,d,x) - \frac{\mathrm{Li}\,\dfrac{x}{a}}{\varphi(d)} \right] \right|$$

此处

$$f(a) = \begin{cases} 1, & a = p_1 p_2,\text{其中}\ p_1, p_2\ \text{适合条件}(p_{1.2}) \\ 0, & \text{其他情形} \end{cases}$$

所以由定理 2、系(取 $A = 5$)与定理 8 得

$$\Omega \leqslant \left[8\mathrm{e}^{\gamma} \sum_{(p_{1.2})} \frac{1}{p_1 p_2 \log \dfrac{x}{p_1 p_2}} + \delta \right] \cdot$$

$$\frac{c_x x}{\log^2 x}\left(1 + O\left(\frac{1}{\log^{\frac{1}{2}} x}\right)\right) \leqslant$$

$$\left[8\mathrm{e}^{\gamma} \int_3^{10} \frac{\log\left(2 - \dfrac{3}{y}\right)}{y-1}\,\mathrm{d}y + \delta \right] \cdot$$

$$\frac{c_x x}{\log^2 x}\left(1 + O\left(\frac{1}{\log^{\frac{1}{2}} x}\right)\right) <$$

$$7.014\,74\,\frac{c_x x}{\log^2 x}\left(1 + O\left(\frac{1}{\log^{\frac{1}{2}} x}\right)\right) \qquad ㉛$$

其中 $\delta = O(1)$(当 $\varepsilon \to 0$).

(3) 由公式 ㊴ 与 ㊵ 直接算出 $\lambda_0(7) = 13.955\,78$ 与 $\Lambda_0(8) = 16.006\,24$,而 $\Lambda_0(\alpha)(0 \leqslant \alpha \leqslant 6)$ 则直接由公式 ㊺ 给出. 取 $\beta - \alpha = 0.01$,则由定理 9 可得 $\lambda_0(3 + 0.01i)(0 \leqslant i \leqslant 400)$, 例如,$\lambda_0(6) = 11.903\,32$,$\lambda_0(5) = 9.770\,58$,$\lambda_0(4) = 7.412\,96$ 与 $\lambda_0(3) = 4.448\,24$. 再从 $\lambda_0(\alpha)$ 与 $\Lambda_0(\alpha)$ 出发,取 $\beta - \alpha = 0.01$,由定理 9 可得 $\lambda_1(\alpha)$ 与 $\Lambda_1(\alpha)$,例如,$\lambda_1(5) = 9.878\,44$.

(4) 取 $x = y$ 为偶数,$a = 1$,$q = 2$ 及 $a_i = x(i = 1, 2, \cdots)$,命

$$M = \frac{1}{2} \sum_{x^{\frac{1}{10}} < p \leqslant x^{\frac{1}{3}}} P_\omega\left(x, 2p, x^{\frac{1}{10}}\right) + \frac{\Omega}{2} + O\left(x^{\frac{9}{10}}\right) \quad ⑤②$$

则由定理 6、式 ⑤⓪⑤① 及（3）可知

$$P_\omega\left(x, 2, x^{\frac{1}{10}}\right) - M \geqslant$$

$$2\left(\lambda(5) - \frac{5}{2} \int_{\frac{2.5}{1.5}}^{4} \frac{\Lambda_0(z)}{z(5-z)} \mathrm{d}z - 3.507\,37 - \delta\right) \cdot$$

$$\frac{c_x x}{\log^2 x}\left(1 + O\left(\frac{1}{\log^{\frac{1}{2}} x}\right)\right) =$$

$$2\left(9.878\,44 - 10\mathrm{e}^\gamma \int_1^2 \frac{\mathrm{d}z}{(5-z)(2z-1-z\log z)} - \right.$$

$$\left. 2\mathrm{e}^\gamma \log \frac{2}{1.5} - 3.507\,37 - \delta\right) \frac{c_x x}{\log^2 x}\left(1 + O\left(\frac{1}{\log^{\frac{1}{2}} x}\right)\right) >$$

$$\frac{c_x x}{10\log^2 x}\left(1 + O\left(\frac{1}{\log^{\frac{1}{2}} x}\right)\right) > 1（当 x 充分大时） \quad ⑤③$$

若 p' 为 x 的素因子及 $p' \mid (x-p)$，则 $p' = p$。所以 $P_\omega\left(x, 2, x^{\frac{1}{10}}\right) + O\left(x^{\frac{9}{10}}\right)$ 表示满足下面条件的素数 p 的个数

$$2 < p < x$$

若

$$p' \mid (x-p)$$

则

$$p' > x^{\frac{1}{10}} \quad\quad\quad ⑤④$$

此处 p' 表示素数。满足条件 ⑤④ 的素数 p，且使 $x-p$ 至少有两个素因子满足 $x^{\frac{1}{10}} < p' \leqslant x^{\frac{1}{3}}$ 或 $x-p$ 有一个素因子满足 $x^{\frac{1}{10}} < p' \leqslant x^{\frac{1}{3}}$，两个素因子大于 $x^{\frac{1}{3}}$ 者之个数不超过 M，故由 ⑤③ 可知当 x 充分大时，存在素数 p 使 $x-p$ 最多含有两个素因子。

定理证毕。

§11　关于表大偶数为素数与至多
三个素数的乘积之和[①②]

—— 谢盛刚

11.1　本节的结果

巴尔巴恩[③]、王元[④]及潘承洞[⑤]证明了任一充分大的偶数均可表为素数与至多四个素数的乘积之和. 在广义黎曼猜想之下,王元证明了任一充分大的偶数可表为素数与至多三个素数的乘积之和.

本节的目的在于将上述结果改进为:

定理 1　任一充分大的偶数均可表为素数与至多三个素数的乘积之和.

---

①　作者衷心感谢王元老师,他让作者考虑这一问题. 在作者证明了"充分大的偶数可表为两个殆素数之和,它们的素因子总共不超过 4 个"之后,他指出证明本节定理的可能性. 在作者工作的过程中,他又给以不少有益的指导与帮助.

②　原载于《数学进展》,1965,8(2):209-216.

③　М. Б. Барбан. "Плотность" нулий L-рядов Дирихле задача о сложении простых и "почти простых" чисел. Матем. сб. , 1963, 61(103),418-425.

④　Wang Yuan. On the representation of large integer as a sum of prime and an almost prime. Sci. Sin. , 1962,11(8):1033-1054.

⑤　Пан Чэн Дун. О представлении четных чисел в виде суммы простого и непревоходящего 4 простых произведения. Sci. Sin. , 1963, 12(4):455-473. 潘承洞. 表偶数为素数及一个不超过四个素数的乘积之和. 山东大学学报,1962(2):40-62.

11.2 $P_1(x, x^{\frac{1}{7}})$ 的下界

设 x 为充分大的偶数, $2 < \xi < x$ 为实数.

命 $P = \prod_{2 < p \leqslant \xi} p$, $a_n = \log n \mathrm{e}^{-\frac{n\log x}{x}}$ 及

$$P_1(x, \xi) = \sum_{\substack{(x-p, P)=1 \\ 2 < p \leqslant x}} a_p$$

引理 1

$$P_1(x, x^{\frac{1}{7}}) > 8.149\ 967 \frac{c_{2x} x}{\log^2 x}$$

这里 c_{2x} 如相关文献[①]中的定义.

证明 与相关文献[②]类似可知

$$P_1(x, x^{\frac{1}{18}}) > 36(1 - 0.007\ 32) \frac{c_{\gamma, x} x}{\log^2 x} =$$

$$35.736\ 48 \frac{c_{\gamma, x} x}{\log^2 x}$$

这里

$$c_{\gamma, x} = \mathrm{e}^{-\gamma} \prod_{p > 2} \left(1 - \frac{1}{(p-1)^2}\right) \prod_{\substack{p \mid x \\ p > 2}} \frac{p-1}{p-2}$$

由相关文献[③]可知

$$P_1(x, x^{\frac{1}{7}}) >$$

---

① 王元. 论筛法及其有关的若干应用(Ⅰ). 数学学报,1958,8: 413-429.

② Пан Чэн Дун. О представлении четных чисел в виде суммы простого и непреходящего 4 простых произведения. Sci. Sin. , 1963, 12(4):455-473. 潘承洞. 表偶数为素数及一个不超过四个素数的乘积之和. 山东大学学报,1962(2):40-62.

③ 同上.

$$\left(35.736\,48 - \int_8^{18} \frac{2\mathrm{e}^\gamma \mathrm{d}u}{\dfrac{3u-8}{8}-1-\dfrac{3u-8}{16}\log\dfrac{3u-8}{16}} - \right.$$

$$\left. \int_7^8 \frac{32\mathrm{e}^\gamma \mathrm{d}u}{3u-8}\right)\frac{c_{\gamma,x}\,x}{\log^2 x}$$

通过计算即得到引理.

11.3　函数 $\rho(x,k,l)$ 及塞尔伯格筛法

设 $k > l \geqslant 0$, 命

$$\rho(x,k,l) = \sum_{\substack{n \equiv l(\bmod k) \\ n \leqslant x}} a_n$$

及

$$\rho(x) = \rho(x,1,0) = \sum_{n \leqslant x} a_n$$

容易证明

$$\rho(x) = x + O\!\left(\frac{x \log \log x}{\log x}\right)$$

引理 2　对于 $k > l \geqslant 0$, 一致有

$$\rho(x,k,l) = \frac{1}{k}\rho(x) + O(\log x)$$

这里与 "O" 有关的常数不依赖于 x,k 及 l .

证明　设

$$t_0 \log t_0 - \frac{x}{\log x} = 0$$

易知 a_n 在区间 $(1, t_0)$ 上单调递增, 在区间 (t_0, x) 上单调递减, 故有

$$-\log x < \sum_{\substack{n \equiv l(\bmod k) \\ n \leqslant t_0}} a_n - \sum_{\substack{n \equiv 0(\bmod k) \\ n \leqslant t_0}} a_n < \log x$$

及

$$-\log x < \sum_{\substack{n \equiv l(\bmod k) \\ t_0 < n \leqslant x}} a_n - \sum_{\substack{n \equiv 0(\bmod k) \\ t_0 < n \leqslant x}} a_n < \log x$$

综合以上两式即得

$$\rho(x,k,0)=\rho(x,k,l)+O(\log x)$$

因此

$$k\rho(x,k,0)=\sum_{l=0}^{k-1}\rho(x,k,l)+O(k\log x)=$$
$$\rho(x)+O(k\log x)$$

故我们有

$$\rho(x,k,l)=\rho(x,k,0)+O(\log x)=$$
$$\frac{1}{k}\rho(x)+O(\log x)$$

设 x 为充分大的偶数,ξ_1 及 $\xi_2(2<\xi_1<\xi_2<x)$ 为两个实数. 给定正整数组

$$y;q,a;a',b';K \qquad\qquad (*)$$

满足

$$2\leqslant y\leqslant x;q<\xi_1,2\mid q,q=O(1)$$

当 $p\leqslant\xi_2$ 时,若 $p\mid y$,则 $a'\equiv b'(\bmod\ p)$;若 $p\nmid y$,则 $a'\not\equiv b'(\bmod\ p)$;$\mu(K)\neq 0,K<x$.

令 $\pi_\xi=\prod\limits_{\substack{p\nmid qK\\p\leqslant\xi}}p$ 及

$$P_\omega(x,\xi_1,\xi_2)=\sum_{\substack{(n-a',\pi_{\xi_1})=1\\(n-b',\pi_{\xi_2})=1\\n\leqslant x,n\equiv a(\bmod\ q)}}a_n$$

引理 3　设 $c>0$,则下式

$$P_\omega(x,\xi_1,\xi_2)<\frac{\rho(x)}{q\sum\limits_{\substack{n\mid\pi_{\xi_2}\\n\leqslant\xi_1^c}}\dfrac{\mu(n)}{f(n)}}+O(\xi^{2c}\log^7 x)$$

对$(*)$一致成立,这里当 $n\mid\pi_{\xi_2}$ 时有

$$f(n)=\prod_{p\mid n}f(p),f(p)=\frac{1}{g(p)}-1,g(1)=1$$

268

$$g(p) = \frac{2}{p}(p \nmid y, p < \xi_1), g(p) = \frac{1}{p}(p \mid y \text{ 或 } \xi_1 < p)$$

证明　若 $k \mid \pi_{\xi_2}$，则有 $k = k_1 k_2$，这里 $k_1 \mid \pi_{\xi_1}, (k_2, \pi_{\xi_1}) = 1$. 易知同余方程组

$$\begin{cases} (n - a')(n - b') \equiv 0 (\bmod k_1) \\ n - b' \equiv 0 (\bmod k_2) \\ n \equiv a (\bmod q) \end{cases}$$

在区间 $1 \leqslant n \leqslant kq$ 上有 $2^{\Omega(k_1) - \Omega((k_1, y))}$ 个解，所以由引理 1 知

$$\sum_{\substack{k_1 \mid (n-a')(n-b') \\ k_2 \mid (n-b') \\ n \leqslant x, n \equiv a (\bmod q)}} a_n = \frac{\rho(x)}{kq} 2^{\Omega(k_1) - \Omega((k_1, y))} + O(2^{\Omega(k_1)} \log x)$$

当 $k \mid \pi_{\xi_2}$ 时，命

$$\lambda_k = \frac{\mu(k)}{g(k)f(k)} \sum_{\substack{n \leqslant \xi_1^c / k \\ (n, k) = 1 \\ n \mid \pi_{\xi_2}}} \frac{\mu^2(n)}{n} \Big/ \sum_{\substack{l \leqslant \xi_1^c \\ l \mid \pi_{\xi_2}}} \frac{\mu^2(l)}{f(l)}$$

由于 $\lambda_1 = 1$ 及当 $d > \xi_1^c$ 时 $\lambda_d = 0$，故

$$P_\omega(x, \xi_1, \xi_2) = \sum_{\substack{(n-a', \pi_{\xi_1}) = 1 \\ (n-b', \pi_{\xi_2}) = 1 \\ n \leqslant x, n \equiv a (\bmod q)}} a_n =$$

$$\sum_{\substack{(n-a', \pi_{\xi_1}) = 1 \\ (n-b', \pi_{\xi_2}) = 1 \\ n \leqslant x, n \equiv a (\bmod q)}} a_n \Big(\sum_{d_1 \mid ((n-a')(n-b'), \pi_{\xi_1})} \sum_{d_2 \mid (n-b', \pi_{\xi_2} / \pi_{\xi_1})} \lambda_{d_1 d_2} \Big)^2 \leqslant$$

$$\sum_{n \leqslant x, n \equiv a (\bmod q)} a_n \Big(\sum_{d_1 \mid ((n-a')(n-b'), \pi_{\xi_1})} \sum_{d_2 \mid (n-b', \pi_{\xi_2} / \pi_{\xi_1})} \lambda_{d_1 d_2} \Big)^2 =$$

$$\sum_{\substack{d_1 d_2 \leqslant \xi_1^c \\ d_1 \mid \pi_{\xi_1} \\ d_2 \mid \pi_{\xi_2} / \pi_{\xi_1}}} \sum \sum_{\substack{d'_1 d'_2 \leqslant \xi_1^c \\ d'_1 \mid \pi_{\xi_1} \\ d'_2 \mid \pi_{\xi_2} / \pi_{\xi_1}}} \sum \lambda_{d_1 d_2} \lambda_{d'_1 d'_2} \cdot$$

$$\sum_{\substack{n\leqslant x,\, n\equiv a(\bmod q) \\ \{d_1,d'_1\}\mid (n-a')(n-b') \\ \{d_2,d'_2\}\mid (n-b')}} a_n =$$

$$\frac{\rho(x)}{q} \sum_{\substack{d_1 d_2\leqslant \xi^c_1 \\ d_1\mid \pi_{\xi_1} \\ d_2\mid \pi_{\xi_2}/\pi_{\xi_1}}} \sum \sum_{\substack{d'_1 d'_2\leqslant \xi^c_1 \\ d'_1\mid \pi_{\xi_1} \\ d'_2\mid \pi_{\xi_2}/\pi_{\xi_1}}} \sum \lambda_{d_1 d_2}\lambda_{d'_1 d'_2}\cdot$$

$$g(\{d_1 d_2, d'_1 d'_2\}) +$$

$$O\Big(\sum_{\substack{d\leqslant \xi^c_1 \\ d\mid \pi_{\xi_2}}} \sum_{\substack{d'\leqslant \xi^c_1 \\ d'\mid \pi_{\xi_2}}} \mid \lambda_d \lambda_{d'}\mid 2^{\Omega(d)+\Omega(d')}\log x\Big) =$$

$$\frac{\rho(x)}{q} \sum_{\substack{d\leqslant \xi^c_1 \\ d\mid \pi_{\xi_2}}} \sum_{\substack{d'\leqslant \xi^c_1 \\ d'\mid \pi_{\xi_2}}} \lambda_d \lambda_{d'} g(\{d,d'\}) + R =$$

$$\frac{\rho(x)}{q} Q + R$$

这里 $\{d,d'\}$ 表示 d 与 d' 的最小公倍数. 以下的证明与相关文献[①]中一样.

11.4 引理 3 的应用

取 $\xi_1 = x^{\frac{1}{2c}}\log^{-6} x, \xi_2 = x^{\frac{1}{2}}$, 并记 $d = 2c$.

（1）若 $1\leqslant c\leqslant 3$, 则与相关文献[①] 类似有

$$\sum_{\substack{n\leqslant \xi^c_1 \\ n\mid \pi_{\xi_2}}} \frac{\mu^2(n)}{f(n)} \geqslant$$

$$\sum_{\substack{n\leqslant \xi^c_1 \\ n\mid \pi_{\xi_1}}} \frac{\mu^2(n)}{f(n)} + \sum_{\xi_1 < p\leqslant \xi^c_1} \frac{1}{p-1} \sum_{\substack{n\leqslant \xi^c_1/p \\ n\mid \pi_{\xi_1}}} \frac{\mu^2(n)}{f(n)} \geqslant$$

① 王元. 论筛法及其有关的若干应用. 数学学报,1958,8:413-429.

$$\sum_{\substack{n\leqslant \xi_1^c \\ (n,qK)=1}} \frac{\mu^2(n)}{f(n)} - \sum_{\substack{\xi_1<p\leqslant \xi_1^c \\ p\nmid K}} \frac{1}{p} \sum_{\substack{n\leqslant \xi_1^c/p \\ (n,qK)=1}} \frac{\mu^2(n)}{f(n)} + O\left(\frac{\log^6 x}{x^{\frac{1}{d}}}\right) =$$

$$\frac{c'}{2}\left[(d-1)^2 - \frac{d^2}{2}\log\frac{d}{2} + \frac{d^2}{4}\right]\log^2\xi_1 +$$

$$O\left(\prod_{\substack{p\mid qKy \\ p>2}} \frac{p-2}{p-1} \cdot \frac{\log^2 x}{\log\log x}\right)$$

这里

$$c' = \frac{1}{4}\prod_{p\mid qK}\frac{p-1}{p}\prod_{p>2}\frac{(p-1)^2}{p(p-2)}\prod_{\substack{p\mid qKy \\ p>2}}\frac{p-2}{p-1}$$

（2）由（1）我们立刻得到下述引理.

引理 4　若 $2\leqslant d\leqslant 6$,则下式

$$P_\omega(x,x^{\frac{1}{d}},x^{\frac{1}{2}}) < c_{qKy}\Lambda(d)\frac{x}{\log^2 x} + O\left(\frac{c_{qKy}x}{\log^2 x\log\log x}\right)$$

对（＊）一致成立,这里

$$c_{qKy} = \frac{2\mathrm{e}^{-2\gamma}}{q}\prod_{p>2}\left(1-\frac{1}{(p-2)^2}\right)\prod_{p\mid qK}\frac{p}{p-1}\prod_{\substack{p\mid qKy \\ p>2}}\frac{p-1}{p-2}$$

$$\Lambda(d) = \frac{4\mathrm{e}^{2\gamma}d^2}{(d-1)^2 + \frac{d^2}{4} - \frac{d^2}{2}\log\frac{d}{2}}$$

容易证明,在区间 $2\leqslant d\leqslant 6$ 上 $\frac{\Lambda(d)}{d^2}$ 是减函数.

11.5　集合 M

以 M 表示满足下述条件的整数 n 的集合

$$x^{\frac{1}{2}} < n\leqslant x, 2\mid n$$

$$n(x-n)\not\equiv 0(\bmod\ p), 2<p\leqslant x^{\frac{1}{7}}$$

$$n\not\equiv 0(\bmod\ p), x^{\frac{1}{7}}<p\leqslant x^{\frac{1}{2}}$$

$$x-n\not\equiv 0(\bmod\ p^2), x^{\frac{1}{7}}<p\leqslant x^{\frac{1}{2}}$$

显然

$$\sum_{n \in M} a_n = P_1(x, x^{\frac{1}{7}}) + O(x^{\frac{1}{2}} \log x)$$

用 $J(1,3)$ 表示使 $x - p(1 < p < x)$ 至多有三个素因子的素数 p 的全体.

引理 5

$$P_1(x, x^{\frac{1}{7}}) < \sum_{p \in J(1,3)} a_p + \frac{1}{6} \sum_{\substack{p'p'' \leqslant x^{\frac{1}{2}} \\ p', p'' > x^{\frac{1}{7}} \\ (p'p'', x) = 1}} \sum P_{\omega_{p'p''}} \left(\frac{x}{p'p''}, x^{\frac{1}{7}}, \right.$$

$$\left(\frac{x}{p'p''} \right)^{\frac{1}{2}} \right) + O(x^{\frac{6}{7}+\varepsilon})$$

这里 p', p'' 表示素数，$(\omega_{p'p''})$ 依赖于 p', p''.

证明 设 $p'' > p' > x^{\frac{1}{7}}(p'p'' \leqslant x^{\frac{1}{2}})$ 为两个素数，用 $\Gamma_{p'p''}$ 表示 M 中满足同余式

$$x - n \equiv 0 (\bmod\ p'p'')$$

的元素 n 的全体. 设 $a_{p'p''}(0 < a_{p'p''} \leqslant p'p'')$ 是上述同余式的解，则有

$$n = mp'p'' + a_{p'p''}$$

当 $(p'p'', x) = 1$ 时，同余方程组

$$mp'p'' + a_{p'p''} \equiv x (\bmod\ p), 2 < p \leqslant x^{\frac{1}{7}}$$

有唯一解 $\tilde{a}'(0 < \tilde{a}' \leqslant \pi_{x^{\frac{1}{7}}})$.

取 $K = p'p''$，同余方程组

$$mp'p'' + a_{p'p''} \equiv 0 (\bmod\ p), p \mid \pi_{x^{\frac{1}{2}}}$$

有唯一解 $\tilde{b}'(0 < \tilde{b}' \leqslant \pi_{x^{\frac{1}{2}}})$.

命 $\tilde{a}$ 为

$$mp''p' + a_{p'p''} \equiv 1 (\bmod\ 2)$$

的解.

定义正整数组

$(\omega_{p'p''})$　　　$y=x\,;q=2,\tilde{a}\,;\tilde{a}',\tilde{b}'\,;K=p'p''$

这时有

$$\sum_{n\in\Gamma_{p'p''}}a_n\leqslant P_{\omega_{p'p''}}\left(\frac{x}{p'p''},x^{\frac{1}{7}},x^{\frac{1}{2}}\right)\leqslant$$

$$P_{\omega_{p'p''}}\left(\frac{x}{p'p''},x^{\frac{1}{7}},\left(\frac{x}{p'p''}\right)^{\frac{1}{2}}\right)$$

当 $(p'p'',x)>1$ 时,显然

$$\sum_{n\in\Gamma_{p'p''}}a_n<x^{\frac{6}{7}}\log x$$

因 $p''>p'>x^{\frac{1}{7}}$,故

$$\sum_{(p'p'',x)>1}\sum_{n\in\Gamma_{p'p''}}a_n=O(x^{\frac{6}{7}}\log x)$$

所以

$$\sum_{\substack{p'p''\leqslant x^{\frac{1}{2}}\\p',p''>x^{\frac{1}{7}}}}\sum\sum_{n\in\Gamma_{p'p''}}a_n\leqslant$$

$$\sum_{\substack{p'p''\leqslant x^{\frac{1}{2}}\\p',p''>x^{\frac{1}{7}}\\(p'p'',x)=1}}\sum P_{\omega_{p'p''}}\left(\frac{x}{p'p''},x^{\frac{1}{7}},\left(\frac{x}{p'p''}\right)^{\frac{1}{2}}\right)+O(x^{\frac{6}{7}}\log x)$$

如果 $p\in M$ 而 $x-p$ 在 $x^{\frac{1}{7}}$ 与 $x^{\frac{1}{2}}$ 间至少有四个素因子,假定它们是 $q_1<q_2<q_3<q_4<\cdots$,共有六对 $(q_\mu,q_\nu)(1\leqslant\mu<\nu\leqslant4)$. 若其中有一对的乘积大于 $x^{\frac{1}{2}}$,则其余两个素数的乘积必小于 $x^{\frac{1}{2}}$. 因此,至少有三对 $(q_\mu,q_\nu)(1\leqslant\mu<\nu\leqslant4)$ 满足 $q_\mu q_\nu\leqslant x^{\frac{1}{2}}$. 于是 p 必属于至少三个不同的 $\Gamma_{p'p''}$.

如果 $p\in M$ 而 $x-p$ 在 $x^{\frac{1}{7}}$ 与 $x^{\frac{1}{2}}$ 间恰好有三个素因子,则当此三个素因子的积大于 $x^{\frac{1}{2}}$ 时 $p\in J(1,3)$,而当此三个素因子的积小于 $x^{\frac{1}{2}}$ 时,p 属于三个不

同的 $\Gamma_{p'p''}$.

如果 $p \in M$ 而 $x - p$ 在 $x^{\frac{1}{7}}$ 与 $x^{\frac{1}{2}}$ 间至多有两个素因子,则 $p \in J(1,3)$.

因此,若 $p \in M$,则 p 必属于三个不同的 $\Gamma_{p'p''}$ 或属于 $J(1,3)$. 由此我们有

$$P_1(x, x^{\frac{1}{7}}) \leqslant$$

$$\sum_{p \in J(1,3)} a_p + \frac{1}{3} \sum_{\substack{p'p'' \leqslant x^{\frac{1}{2}} \\ p'' > p' > x^{\frac{1}{7}}}} \sum \sum_{n \in \Gamma_{p'p''}} a_n + O(x^{\frac{1}{2}} \log x) \leqslant$$

$$\sum_{p \in J(1,3)} a_p + \frac{1}{6} \sum_{\substack{p'p'' \leqslant x^{\frac{1}{2}} \\ p', p'' > x^{\frac{1}{7}} \\ (p'p'', x) = 1}} \sum \sum P_{\omega_{p'p''}} \left(\frac{x}{p'p''}, x^{\frac{1}{7}}, \left(\frac{x}{p'p''}\right)^{\frac{1}{2}} \right) +$$

$$O(x^{\frac{6}{7}+\varepsilon})$$

11.6 定理 1 的证明

引理 6 给定 $\beta > 0, \alpha > 2$ 为两个实数,则

$$\sum_{\substack{p', p'' > x^{\frac{1}{\beta}} \\ p'p'' \leqslant x^{\frac{\alpha}{\beta}}}} \sum \frac{1}{p'p''} =$$

$$\log \alpha \log(\alpha - 1) -$$

$$\sum_{n=1}^{\infty} \frac{1}{n^2} \left(\left(\frac{\alpha-1}{\alpha}\right)^n - \left(\frac{1}{\alpha}\right)^n \right) + O(\log^{-\frac{1}{2}} x)$$

证明 取 $\delta = \log^{-\frac{1}{2}} x, N = \left[\frac{\alpha-2}{\delta\beta} \right]$,则

$$\sum_{\substack{p', p'' > x^{\frac{1}{\beta}} \\ p'p'' \leqslant x^{\frac{\alpha}{\beta}}}} \sum \frac{1}{p'p''} =$$

$$\sum_{x^{\frac{1}{\beta}} < p' < x^{\frac{\alpha-1}{\beta}}} \frac{1}{p'} \sum_{x^{\frac{1}{\beta}} < p'' \leqslant x^{\frac{\alpha}{\beta}}/p'} \frac{1}{p''} \leqslant$$

$$\sum_{n=0}^{N} \sum_{x^{\frac{1}{\beta}+n\delta}<p'<x^{\frac{1}{\beta}+(n+1)\delta}} \frac{1}{p'} \cdot \sum_{x^{\frac{1}{\beta}}<p''\leqslant x^{\frac{\alpha-1}{\beta}-n\delta}} \frac{1}{p''} =$$

$$\sum_{n=0}^{N} \log(\alpha-1-n\beta\delta) \cdot$$

$$\int_{1+n\beta\delta}^{1+(n+1)\beta\delta} \frac{\mathrm{d}t}{t} + O(\log^{-\frac{1}{2}}x) =$$

$$\sum_{n=0}^{N} \int_{1+n\beta\delta}^{1+(n+1)\beta\delta} \frac{\log(\alpha-t)}{t}\mathrm{d}t +$$

$$O(\log^{-\frac{1}{2}}x) + O\left(\sum_{n=0}^{N}\delta\int_{1+n\beta\delta}^{1+(n+1)\beta\delta} \frac{\mathrm{d}t}{t}\right) =$$

$$\int_{1}^{\alpha-1} \frac{\log(\alpha-t)}{t}\mathrm{d}t + O(\log^{-\frac{1}{2}}x) =$$

$$\log \alpha \int_{1}^{\alpha-1} \frac{\mathrm{d}t}{t} + \int_{1}^{\alpha-1} \frac{\log\left(1-\frac{t}{\alpha}\right)}{t}\mathrm{d}t + O(\log^{-\frac{1}{2}}x) =$$

$$\log \alpha\log(\alpha-1) -$$

$$\int_{1}^{\alpha-1} \frac{1}{t} \sum_{n=1}^{\infty} \frac{t^n}{n\alpha^n}\mathrm{d}t + O(\log^{-\frac{1}{2}}x) =$$

$$\log \alpha\log(\alpha-1) -$$

$$\sum_{n=1}^{\infty} \frac{1}{n^2}\left(\left(\frac{\alpha-1}{\alpha}\right)^n - \left(\frac{1}{\alpha}\right)^n\right) + O(\log^{-\frac{1}{2}}x)$$

同样可证

$$\sum_{\substack{p',p''>x^{\frac{1}{\beta}} \\ p'p''\leqslant x^{\frac{\alpha}{\beta}}}} \frac{1}{p'p''} \geqslant$$

$$\log \alpha\log(\alpha-1) - \sum_{n=1}^{\infty} \frac{1}{n^2}\left(\left(\frac{\alpha-1}{\alpha}\right)^n - \left(\frac{1}{\alpha}\right)^n\right) +$$

$$O(\log^{-\frac{1}{2}}x)$$

故得引理.

引理 7　当 x 充分大时,有

275

$$\sum_{\substack{p',p''>x^{\frac{1}{7}} \\ p'p''\leqslant x^{\frac{1}{2}} \\ (p'p'',x)=1}} P_{\omega_{p'p''}}\left(\frac{x}{p'p''},x^{\frac{1}{7}},\left(\frac{x}{p'p''}\right)^{\frac{1}{2}}\right)<45.797\ 7\ \frac{c_{2x}x}{\log^2 x}$$

这里 c_{2x} 如相关文献[1]中的定义.

证明 由于 $p'',p'>x^{\frac{1}{7}}$，命 $K=p'p''$，容易知道

$$c_{2Kx}=\frac{p'p''}{(p'-2)(p''-2)}c_{2x}=c_{2x}(1+O(x^{-\frac{1}{7}}))$$

故由引理 4 知

$$\sum_{\substack{p',p''>x^{\frac{1}{7}} \\ p'p''\leqslant x^{\frac{1}{2}} \\ (p'p'',x)=1}} P_{\omega_{p'p''}}\left(\frac{x}{p'p''},x^{\frac{1}{7}},\left(\frac{x}{p'p''}\right)^{\frac{1}{2}}\right)=$$

$$\sum_{\substack{p',p''>x^{\frac{1}{7}} \\ p'p''\leqslant x^{\frac{1}{2}} \\ (p'p'',x)=1}} P_{\omega_{p'p''}}\left(\frac{x}{p'p''},\left(\frac{x}{p'p''}\right)^{\frac{\log x}{7\log x-7\log p'p''}},\left(\frac{x}{p'p''}\right)^{\frac{1}{2}}\right)\leqslant$$

$$c_{2x}(1+O(x^{-\frac{1}{7}}))\sum_{\substack{p',p''>x^{\frac{1}{7}} \\ p'p''\leqslant x^{\frac{1}{2}}}}\Lambda\left(\frac{7\log x-7\log p'p''}{\log x}\right)\cdot$$

$$\frac{x}{p'p''}\log^{-2}\frac{x}{p'p''}+O\left(\frac{c_{2x}x}{\log^2 x\log\log x}\right)=$$

$$49\ \frac{c_{2x}x}{\log^2 x}\sum_{\substack{p',p''>x^{\frac{1}{7}} \\ p'p''\leqslant x^{\frac{1}{2}}}}\frac{\Lambda\left(\dfrac{7\log x-7\log p'p''}{\log x}\right)}{\left(\dfrac{7\log x-7\log p'p''}{\log x}\right)^2}\frac{1}{p'p''}+$$

$$O\left(\frac{c_{2x}x}{\log^2 x\log\log x}\right)$$

---

① 王元. 论筛法及其有关的若干应用. 数学学报,1958,8：413-429.

由于 $\dfrac{\Lambda(d)}{d^2}$ 是 d 的减函数, 故

$$\sum_{\substack{p',p''>x^{\frac{1}{7}} \\ p'p''\leqslant x^{\frac{1}{2}}}} \frac{\Lambda\!\left(\dfrac{7\log x - 7\log\ p'p''}{\log\ x}\right)}{\left(\dfrac{7\log x - 7\log\ p'p''}{\log\ x}\right)^2}\ \frac{1}{p'p''} \leqslant$$

$$\sum_{n=20}^{34} \frac{\Lambda(6.9-0.1n)}{(6.9-0.1n)^2} \sum_{\substack{p',p''>x^{\frac{1}{7}} \\ x^{\frac{0.1n}{7}}<p'p''\leqslant x^{\frac{0.1n+0.1}{7}}}}\ \frac{1}{p'p''} =$$

$$\frac{\Lambda(3.5)}{3.5^2} \sum_{\substack{p',p''>x^{\frac{1}{7}} \\ p'p''\leqslant x^{\frac{1}{2}}}} \frac{1}{p'p''} -$$

$$\sum_{n=21}^{34}\left[\frac{\Lambda(6.9-0.1n)}{(6.9-0.1n)^2}-\frac{\Lambda(7-0.1n)}{(7-0.1n)^2}\right] \sum_{\substack{p',p''>x^{\frac{1}{7}} \\ p'p''\leqslant x^{\frac{0.1n}{7}}}} \frac{1}{p'p''}$$

由引理 4 和引理 6 并经过计算即得引理 7.

定理 1 的证明　　由引理 1、引理 5、引理 7 得到

$$\sum_{p\in J(1,3)} a_p > 0.517\ \frac{c_{2x}x}{\log^2 x}$$

即证明了定理.

§12　关于谢盛刚的"表大偶数为素数与至多三个素数的乘积之和"一文的一些意见[①]

—— 陈景润

我们认为谢盛刚在相关文献[②]中引理 1 的证明是错的,在该文的第 209 页倒数第三行有

$$\left(35.736\,48 - \int_8^{18} \frac{2e^\gamma \, du}{\frac{3u-8}{8} - 1 - \frac{3u-8}{16}\log\frac{3u-8}{16}} - \int_7^8 \frac{32e^\gamma \, du}{3u-8}\right)\frac{c_{\gamma,x}x}{\log^2 x} > \frac{8.149\,967c_{2,x}x}{\log^2 x}$$

我们将证明上式是错的,实际上我们将证明下式一定成立

$$\left(35.736\,48 - \int_8^{18} \frac{2e^\gamma \, du}{\frac{3u-8}{8} - 1 - \frac{3u-8}{16}\log\frac{3u-8}{16}} - \int_7^8 \frac{32e^\gamma \, du}{3u-8}\right)\frac{c_{\gamma,x}x}{\log^2 x} > \frac{7.16c_{2,x}x}{\log^2 x}$$

由相关文献[③]我们有 $1.78 < e^\gamma < 1.782$. 显然有

$$\int_7^8 \frac{32e^\gamma \, du}{3u-8} = \frac{32e^\gamma}{3}\log\frac{16}{13} \geqslant 3.939$$

故得

---

① 原载于《数学进展》,1965,8(3):335-336.

② 谢盛刚. 关于表大偶数为素数与至多三个素数的乘积之和. 数学进展,1965,8(2):209-216.

③ 王竹溪. 简明十位对数表. 北京:科学出版社,1963.

$$35.736\,48 - \int_8^{18} \frac{2\mathrm{e}^\gamma\,\mathrm{d}u}{\dfrac{3u-8}{8}-1-\dfrac{3u-8}{16}\log\dfrac{3u-8}{16}} -$$

$$\int_7^8 \frac{32\mathrm{e}^\gamma\,\mathrm{d}u}{3u-8} < 31.798 -$$

$$\int_8^{18} \frac{2\mathrm{e}^\gamma\,\mathrm{d}u}{\dfrac{3u-8}{8}-1-\dfrac{3u-8}{16}\log\dfrac{3u-8}{16}} \qquad\qquad ①$$

令 $t=\dfrac{3u-8}{16}$，则我们得到

$$\int_8^{18} \frac{2\mathrm{e}^\gamma\,\mathrm{d}u}{\dfrac{3u-8}{8}-1-\dfrac{3u-8}{16}\log\dfrac{3u-8}{16}} =$$

$$\frac{32\mathrm{e}^\gamma}{3}\int_1^{2\frac{7}{8}} \frac{\mathrm{d}t}{2t-1-t\log t} \qquad\qquad ②$$

现在我们来证明下面的引理.

引理 1　假设 $1\leqslant\alpha<\alpha+\Delta\leqslant\mathrm{e}$，则我们有

$$\int_\alpha^{\alpha+\Delta} \frac{\mathrm{d}t}{2t-1-t\log t} \geqslant$$

$$\frac{\Delta}{2\left(\alpha+\dfrac{\Delta}{2}\right)-1-\left(\alpha+\dfrac{\Delta}{2}\right)\log\left(\alpha+\dfrac{\Delta}{2}\right)} - \varepsilon$$

这里 ε 是一个任意取的充分小正数.

证明[①]　命 $f(t)=2t-1-t\log t$，则 $f'(t)>0$，
而 $f''(t)<0$. 显然有

$$\int_\alpha^{\alpha+\Delta} \frac{\mathrm{d}t}{f(t)} \geqslant \int_\alpha^{\alpha+\frac{\Delta}{2}} \left(\frac{1}{f(t)}+\frac{1}{f(2\alpha+\Delta-t)} -\right.$$

$$\left.\frac{2}{f\left(\alpha+\dfrac{1}{2}\Delta\right)}\right)\mathrm{d}t + \frac{\Delta}{f\left(\alpha+\dfrac{1}{2}\Delta\right)}$$

---

① 这个引理的简单证明是吴方同志给出的，作者特此致谢.

而因$\dfrac{\mathrm{d}^2}{\mathrm{d}t^2}\dfrac{1}{f(t)}=2f'^2f^{-3}+(-f'')f^{-2}>0$，故上式右边

积分中的函数恒取正值，因此得到

$$\int_{\alpha}^{\alpha+\Delta}\frac{\mathrm{d}t}{f(t)}\geqslant\frac{\Delta}{f\left(\alpha+\dfrac{1}{2}\Delta\right)}$$

此即引理.

显然我们有

$$\int_{1}^{2\frac{7}{8}}\frac{\mathrm{d}t}{2t-1-t\log t}=$$

$$\int_{1}^{\mathrm{e}}\frac{\mathrm{d}t}{2t-1-t\log t}+\int_{\mathrm{e}}^{2\frac{7}{8}}\frac{\mathrm{d}t}{2t-1-t\log t}\qquad ③$$

由于当$t\geqslant\mathrm{e}$时，$2t-1-t\log t$是t的单调递减函数，故得

$$\int_{\mathrm{e}}^{2\frac{7}{8}}\frac{\mathrm{d}t}{2t-1-t\log t}\geqslant\frac{2.875-\mathrm{e}}{\mathrm{e}-1}\geqslant0.09\qquad ④$$

由引理 1 我们得到

$$\int_{1}^{\mathrm{e}}\frac{\mathrm{d}t}{2t-1-t\log t}\geqslant\int_{1}^{1.43}\frac{\mathrm{d}t}{2t-1-t\log t}+$$

$$\int_{1.43}^{1.86}\frac{\mathrm{d}t}{2t-1-t\log t}+$$

$$\int_{1.86}^{2.29}\frac{\mathrm{d}t}{2t-1-t\log t}+$$

$$\int_{2.29}^{2.718}\frac{\mathrm{d}t}{2t-1-t\log t}\geqslant$$

$$\frac{0.43}{1.43-1.215\log 1.215}+$$

$$\frac{0.43}{2.29-1.645\log 1.645}+$$

$$\frac{0.43}{3.15-2.075\log 2.075}+$$

$$\frac{0.428}{4.008 - 2.504\log 2.504} \geqslant$$

$$\frac{0.43}{1.194} + \frac{0.43}{1.472} + \frac{0.43}{1.636} + \frac{0.428}{1.71} \geqslant$$

$$0.36 + 0.29 + 0.262 + 0.25 =$$

$$1.162 \qquad\qquad ⑤$$

由式 ③④⑤ 得到

$$\int_{1}^{2\frac{7}{8}} \frac{\mathrm{d}t}{2t - 1 - t\log t} \geqslant 1.252$$

故有

$$\frac{32\mathrm{e}^{\gamma}}{3} \int_{1}^{2\frac{7}{8}} \frac{\mathrm{d}t}{2t - 1 - t\log t} \geqslant 23.763$$

由式 ① 和 ② 即得

$$\left(35.736\,48 \int_{8}^{18} \frac{2\mathrm{e}^{\gamma}\mathrm{d}u}{\dfrac{3u - 8}{8} - 1 - \dfrac{3u - 8}{16}\log\dfrac{3u - 8}{16}} - \right.$$

$$\int_{7}^{8} \frac{32\mathrm{e}^{\gamma}\mathrm{d}u}{3u - 8}\right) \frac{c_{\gamma,x}x}{\log^2 x} < \frac{8.035c_{\gamma,x}x}{\log^2 x} < \frac{7.16c_{2,x}x}{\log^2 x}$$

由于相关文献[①]中引理 1 的证明是错的,所以定理
"任一充分大的偶数均可表为素数与至多三个素数的
乘积之和"并没有被证明.

————————————

　　① 谢盛刚.关于表大偶数为素数与至多三个素数的乘积之和.数
学进展,1965,8(2):209-216.

迪利克雷 L 一级数的零点密度与王元

第 9 章

§1 迪利克雷 L 一级数的密度猜想

——维诺格拉多夫

本节的宗旨为证明下面的定理：

定理 1 命 $N_d(\sigma,t)$ 为所有模 d 的迪利克雷 L 一级数在区域 $\mathrm{Re}\,\rho \geqslant \sigma$，$|\,\mathrm{Im}\,\rho\,| \leqslant t$ 中的零点 ρ 的个数，则在区间 $D \leqslant d \leqslant 2D$ 中最多除去 $D^{1-0.5\varepsilon}$ 个整数，皆有

$$N_d(\sigma,t) < (t\ln D)^{c_0 \cdot \varepsilon^{-4}} \cdot D^{2(1+\varepsilon)(1-\sigma)}$$

$$\frac{1}{2} \leqslant \sigma \leqslant 1, t \geqslant 1$$

此处 ε 为任意给定的正数.

这个定理通常称为迪利克雷 L - 级数的平均密度猜想.

由定理 1 及巴尔巴恩[1]的工作可得:

定理 2　算术数列中的素数分布的平均渐近律

$$\sum_{d \leqslant x^{\frac{1}{2}-\varepsilon}} \max_{(l,d)=1} \left| \pi(x,d,l) - \frac{1}{\varphi(d)} \mathrm{Li}(x) \right| \ll \frac{x}{(\ln x)^c}$$

成立,此处 c 为任意大常数而 ε 为任意小正数.

对于数论中的很多问题,定理 2 可以用来代替广义黎曼猜想,特别是由王元[2]的工作与列文[3]的工作可以推出:

定理 3　每个大偶数 m 可以表示为 $m = p + P_3$,此处 p 为一个素数及 P_3 为一个素因子个数不超过 3 的殆素数. 进而言之,这个方程的解数多于 $c_0 S(m) \dfrac{m}{\ln^2 m}$,此处 c_0 为一个绝对正常数及 $S(m)$ 表示奇异级数.

对于差数问题

$$2k = p - P_3, k = 1, 2, \cdots$$

我们有类似的结果.

关于两项问题的上界估计,我们有:

定理 4　命 m 为一个偶数,则方程 $m = p + q$ 的素数解 p, q 的个数不超过 $(4 + \varepsilon) S(m) \dfrac{m}{\ln^2 m}$,此处 ε 为任意正数及 $S(m)$ 表示奇异级数.

---

① 　M. B. Barban. Mat. Sbornik, 1963, 61: 418-425.

② 　Wang Yuan. Acta. Math. Sinica, 1960, 10: 168-181.

③ 　B. V. Levin. Mat. Sbornik, 1963, 61: 389-407.

在 L —级数的模及其零点的界之间有一些熟知的关系. $L(s,\chi)$ 在某区域中的零点个数为 $O(\ln Dt)$，因此由相关文献[1]的方法，类似于定理 2，我们可以证明除数函数幂 $\tau_k^n(m)$ 的中值公式

$$\sum_{d\leqslant x^{\frac{1}{2}-\varepsilon}} \max_{(l,d)=1} \left| \sum_{\substack{m\equiv l(d)\\m\leqslant x}} \tau_k^n(m) - A_k^n(x,d) \right| < \frac{x}{(\ln x)^c}$$

此处 k 与 n 为两个给定的正整数及 $A_k^n(x,d)$ 表示 $\tau_k^n(m)$ 的和的期望主项.

这个中值公式可以用来建立一般的林尼克[2]公式，即：

定理 5 渐近关系

$$\sum_{m\leqslant x} \tau_k^n(m+l)\cdot\tau(m) \sim c_{k,n} x\ln^{k^n} x$$

成立.

注意用迪奇马士的方法[3]，由定理 2 易得林尼克定理[4]的一个新证明，即证明迪奇马士的除数问题

$$\sum_{p\leqslant x} \tau(p-l) \sim E(l)\cdot x$$

定理 1 的证明 首先，证明的主要困难在于建立下面的估计，即对于任何整数 $n\geqslant 2$ 及区间 $D^{\frac{1}{n}} \leqslant Z \leqslant D^{\frac{1}{n-1}}$ 中的任何 Z，不等式

① M. B. Barban. Mat. Sbornik，1963，61：418-425.

② Ju. V. Linnik. Abstract on intern. Math. Conf.，Edinburgh，1958.

③ E. C. Titchmarsh. Rend. Circ. Mat. Palermo，1930,54：414-429.

④ Ju. V. Linnik. The dispersion method in binary additive problems. Leningrad Univ. Press，1961，Providence，R. I.，1963.

$$\sum_{d=D}^{2D} \sum_{\chi_d \neq \chi_0} | \sum_{m \leqslant Z} \chi_d(m) |^{2n} \leqslant D^2 Z^n \exp[(\ln D^\epsilon)] \quad ①$$

成立.

这表明非主特征值的平均和不超过求和区间长度的平方根.

其次,当 $n \geqslant 2$ 时来证明式 ①.本节建议的方法可以很好地处理当 $n \geqslant 4$ 时的高次矩,但不能处理 $n=2$,3 的情况.当 $n=3$ 时,估计式 ① 是林尼克建立的,这对我们是本质上有用的.

§2 关于 L - 函数例外零点的一个定理[①]

—— 陈景润 王天泽

设 $x \geqslant e^{e^{11.503}}$ 是一个实数,q 是一个整数且满足 $3 \leqslant q \leqslant (\log x)^3$,$\chi_1$ 是模 q 的原特征,$\beta_1 = 1 - \delta_1 \geqslant 1 - \dfrac{0.1077}{\log q}$ 是 $L(s, \chi_1)$ 的实零点.陈景润院士和河南大学数学系王天泽教授 1988 年证明了 $\delta_1 \geqslant \dfrac{1}{240 \log \log x}$.

2.1 引言

早在 1937 年,维诺格拉多夫就证明了:每一个正奇数 $N \geqslant N_0$ 都能够表示成三个素数之和,其中 N_0 是

---

① 原载于《数学学报》,1988,32(6):841-858.

一个充分大的实数. 其后苏联学者 Borozdkin 在 1956 年曾宣布 N_0 可以取为 $\mathrm{e}^{\mathrm{e}^{16.038}}$，但至今尚未见到其证明. 本节我们给出了关于 $L-$ 函数例外零点的一个明确上界，由此我们将能够大大改进 Borozdkin 的结果. 我们证明了如下的定理：

定理 1 设 χ_1 是模 q 的一个原特征，$\beta_1 = 1 - \delta_1 \geqslant 1 - \dfrac{0.107\,7}{\log q}$ 是 $L(s, \chi_1)$ 的一个实零点，$3 \leqslant q \leqslant (\log x)^3$，其中 x 是一个实数，则当 $x \geqslant \mathrm{e}^{\mathrm{e}^{11.503}}$ 时我们有

$$\delta_1 \geqslant \frac{1}{240 \log \log x}$$

2.2 一些引理

引理 1 设 χ 是模 $q \geqslant 3$ 的任一特征，χ_1 是模 q 的实原特征，f 是一个可乘函数，r 和 r' 表示无平方因子的正整数并且满足：对任意素数 $p \mid rr'$ 都有 $\chi_1(p) = 1$. 令

$$a_n = \sum_{d \mid n} \chi_1(d) = \prod_{p^k \| n} (1 + \chi_1(p) + \cdots + \chi_1(p^k)) \geqslant 0$$

当 $\operatorname{Re} s > 1$ 时令

$$G_{r,r'}(s, \chi) = \sum_{n=1}^{\infty}{}' \mu^2(n) a_n \chi(n) f_r f_{r'}(n) n^{-s}$$

其中

$$f_r f_{r'}(n) = f_r(n) \cdot f_{r'}(n) = f((r,n)) \cdot f((r',n))$$

"$\displaystyle\sum_{n=1}^{\infty}{}'$" 表示 "$\displaystyle\sum_{\substack{n=1 \\ \chi_1(p)=1,\, p \mid n}}^{\infty}$"，则我们有

$$G_{r,r'}(s, \chi) = L(s, \chi) L(s, \chi\chi_1) P_{r,r'}(s, \chi) Q(s, \chi)$$

其中

$$P_{r,r'}(s,\chi) = \prod_{\substack{p\mid r' \\ p\nmid (r,r')}} (1 + 2\chi(p)f(p)p^{-s}) \cdot$$

$$\prod_{p\mid(r,r')} (1 + 2\chi(p)f^2(p)p^{-s}) \cdot$$

$$\prod_{p\mid r'} (1 + 2\chi(p)p^{-s})^{-1}$$

$$Q(s,\chi) = \prod_{\chi_1(p)=1} (1 - \chi(p)p^{-s})^2 (1 + 2\chi(p)p^{-s}) \cdot$$

$$\prod_{\chi_1(p)=-1} (1 - \chi^2(p)p^{-2s})$$

引理 2　设 $x \geqslant 5$ 是一个实数,令 $d(n) = \sum_{d\mid n} 1$,则

我们有

$$\sum_{1\leqslant n\leqslant x} (d(n))^2 \leqslant 1.06x(\log x)^3$$

证明　当 $x \geqslant 6$ 时,有

$$\sum_{1\leqslant n\leqslant x} d(n) = \sum_{1\leqslant n\leqslant x} \sum_{d\mid n} 1 \leqslant \sum_{1\leqslant d\leqslant x} \frac{x}{d} \leqslant$$

$$x(2.45 - \log 6 + \log x) \qquad ①$$

当 $x \geqslant 6$ 时,由式 ① 可得

$$\sum_{1\leqslant n\leqslant x} \frac{d(n)}{n} = x^{-1} \sum_{1\leqslant n\leqslant x} d(n) + \int_1^x \left(\sum_{1\leqslant n\leqslant t} d(n) \right) t^{-2} \, \mathrm{d}t \leqslant$$

$$\frac{1}{2}\log^2 x + (3.45 - \log 6)\log x + 0.024$$

$$②$$

因为对任意的正整数 k, l 都有 $d(kl) \leqslant d(k)d(l)$,所以
由式 ① 和式 ② 可得

$$\sum_{1\leqslant n\leqslant x} (d(n))^2 = \sum_{1\leqslant n\leqslant x} \sum_{k\mid n} d(n) \leqslant$$

$$\sum_{1\leqslant k\leqslant x} d(k) \sum_{1\leqslant l\leqslant x/k} d(l) \leqslant$$

$$\sum_{1\leqslant k\leqslant x} d(k)\left(1+\log\frac{x}{k}\right)\left(\frac{x}{k}\right)\leqslant$$

$$x(1+\log x)\sum_{1\leqslant k\leqslant x}\frac{d(k)}{k}-$$

$$(x\log x)\sum_{1\leqslant k\leqslant x}\frac{d(k)}{k}+$$

$$x\int_1^x\left(\sum_{1\leqslant k\leqslant t}\frac{d(k)}{k}\right)t^{-1}\mathrm{d}t\leqslant$$

$$x\sum_{1\leqslant k\leqslant x}\frac{d(k)}{k}+x\left(\int_1^2\frac{\mathrm{d}t}{t}+\int_2^3\frac{2\mathrm{d}t}{t}+\right.$$

$$\frac{8}{3}\int_3^4\frac{\mathrm{d}t}{t}+\frac{41}{12}\int_4^5\frac{\mathrm{d}t}{t}+\frac{229}{60}\int_5^6\frac{\mathrm{d}t}{t}+$$

$$\int_6^x\left(\sum_{1\leqslant k\leqslant t}\frac{d(k)}{k}\right)t^{-1}\mathrm{d}t\right)\leqslant$$

$$x\left(\frac{1}{6}\log^3 x+1.33(\log x)^2+\right.$$

$$\left.1.683\log x+0.09\right) \tag{③}$$

由式 ③ 知当 $x\geqslant 11$ 时本引理成立；当 $5\leqslant x<11$ 时通过简单的验证可知本引理成立.

引理 3 设 $x\geqslant 5$ 是一个实数，则当 $\lambda>1$ 时，有

$$\sum_{n>x}\frac{d^2(n)}{n^{\lambda}}\leqslant\frac{1.06\lambda x^{1-\lambda}}{\lambda-1}\left(\log^3 x+\frac{3}{\lambda-1}\log^2 x+\right.$$

$$\left.\frac{6}{(\lambda-1)^2}\log x+\frac{6}{(\lambda-1)^3}\right)$$

当 $0\leqslant\lambda<1$ 时，有

$$\sum_{1\leqslant n\leqslant x}\frac{d^2(n)}{n^{\lambda}}\leqslant 1+\frac{4}{2^{\lambda}}+\frac{4}{3^{\lambda}}+\frac{9}{4^{\lambda}}-\frac{18}{5^{\lambda}}-$$

$$\frac{(1.06\lambda)5^{1-\lambda}}{1-\lambda}\left(\log^3 5-\frac{3\log^2 5}{1-\lambda}+\right.$$

$$\left.\frac{6\log 5}{(1-\lambda)^2}-\frac{6}{(1-\lambda)^3}\right)+$$

$$\frac{1.06x^{1-\lambda}}{1-\lambda}\Big(\log^3 x - \frac{3\lambda\log^2 x}{1-\lambda} +$$

$$\frac{6\lambda\log x}{(1-\lambda)^2} - \frac{6\lambda}{(1-\lambda)^3}\Big)$$

证明　由引理 2 使用分部积分法即可证明本引理.

引理 4　设 R,Y,β_1 是满足条件 $R \geqslant \mathrm{e}^{60}, Y > 0$,
$0.95 < \beta_1 < 1, L(\beta_1,\chi_1) = 0$ 的实数,用 $\omega(n)$ 表示 n 的不同素因子的个数. 在引理 1 的条件下,令

$$f(n) = \mu(n)2^{-\omega(n)} \cdot n, \beta_1 = 1 - \delta_1$$

$$T = \sum_{n=1}^{\infty}{}' a_n \mathrm{e}^{-\frac{n}{Y}} \cdot n^{-\beta_1}\Big(\sum_{r\leqslant R}{}' \frac{a_r f_r(n)}{r}\Big)^2$$

则我们有

$$T = \Big(\frac{\varphi(q)}{q}\Big)Q(1,\chi_0)L(1,\chi_1)\Gamma(\delta_1)Y^{\delta_1}S + A$$

其中

$$S = \sum_{r\leqslant R}{}' a_r r^{-1}$$

$$|A| \leqslant \mathrm{e}^{18.8758} q^{0.15}(\log q)^{0.2} Y^{0.8-\beta_1} R^{0.8}(\log R)^2$$

证明　由梅林变换易得

$$\mathrm{e}^{-\frac{n}{Y}} = \frac{1}{2\pi\mathrm{i}}\int_{\mathrm{Re}\,s=1} n^{-s}Y^s\Gamma(s)\mathrm{d}s \qquad ④$$

将式 ④ 两边同时乘以 $a_n n^{-\beta_1}(rr')^{-1}a_r a_{r'}$,然后分别对 n,r,r' 求和,则由引理 1 可得

$$2\pi\mathrm{i}T = \sum_{r,r'\leqslant R}{}'(rr')^{-1}a_r a_{r'}\int_{\mathrm{Re}\,s=1} G_{r,r'}(s+\beta_1,\chi_0)\Gamma(s)Y^s\mathrm{d}s$$

$$⑤$$

由引理 1 知函数 $G_{r,r'}(s+\beta_1,\chi_0)\Gamma(s)Y^s$ 在直线 $\mathrm{Re}(s+\beta_1)=0.8$ 和 $\mathrm{Re}\,s=1$ 之间有唯一一个一级极点 $s=1-\beta_1$,故由留数定理得

289

$$\int_{\mathrm{Re}\,s=1} G_{r,r'}(s+\beta_1,\chi_0)\Gamma(s)Y^s\mathrm{d}s =$$

$$\int_{\mathrm{Re}(s+\beta_1)=0.8} G_{r,r'}(s+\beta_1,\chi_0)\Gamma(s)Y^s\mathrm{d}s +$$

$$2\pi\mathrm{i}\left(\frac{\varphi(q)}{q}\right)L(1,\chi_1)Q(1,\chi_0)\Gamma(\delta_1)Y^{\delta_1}P_{r,r'}(1,\chi_0)$$

⑥

因为 $f(p)=-\dfrac{p}{2}$，所以当 $r\neq r'$ 时，有 $P_{r,r'}(1,\chi_0)=0$，

当 $r=r'$ 时，有

$$P_{r,r'}(1,\chi_0)=\prod_{p\mid r}\left(1+\frac{p}{2}\right)(1+2p^{-1})^{-1}=\frac{r}{2^{\omega(r)}}=ra_r^{-1}$$

故由式 ⑤ 和式 ⑥ 可得

$$T=\left(\frac{\varphi(q)}{q}\right)Q(1,\chi_0)L(1,\chi_1)\Gamma(\delta_1)Y^{\delta_1}S +$$

$$\frac{1}{2\pi\mathrm{i}}\sum_{r,r'\leqslant R}{}'(rr')^{-1}a_r a_{r'}\cdot$$

$$\int_{\mathrm{Re}\,s=0.8-\beta_1} G_{r,r'}(s+\beta_1,\chi_0)\Gamma(s)Y^s\mathrm{d}s$$

⑦

令 $(r,r')=d,r=r_1 d,r'=r'_1 d$，则有

$$\mid P_{r,r'}(0.8+\mathrm{i}t,\chi_0)\mid=$$

$$\left|\prod_{p\mid r_1 r'_1}(1-p^{0.2-\mathrm{i}t})\prod_{p\mid d}\left(1+\frac{1}{2}p^{1.2-\mathrm{i}t}\right)\cdot\right.$$

$$\left.\prod_{p\mid r_1 r'_1 d}(1+2p^{-0.8-\mathrm{i}t})^{-1}\right|\leqslant$$

$$\prod_{p\mid r_1 r'_1}(1+p^{0.2})\prod_{p\mid d}\left(1+\frac{1}{2}p^{1.2}\right)\cdot$$

$$\prod_{p\mid r_1 r'_1 d}\mid 1-2p^{-0.8}\mid^{-1}\leqslant$$

$$2^{-\omega(d)}(r_1 r'_1)^{0.4}d^{1.4}\cdot$$

$$\left(\prod_{p\mid r_1 r'_1}\frac{1+p^{0.2}}{p^{0.3}}\right)\left(\prod_{p\mid d}\frac{2+p^{1.2}}{p^{1.3}}\right)\cdot$$

$$\Big(\prod_{p\,|\,r_1 r'_1 d}\Big|\frac{p^{0.7}}{p^{0.8}-2}\Big|\Big) \qquad\qquad ⑧$$

令 $f_1(t)=t^{1.3}-t^{1.2}-2$，当 $t\geqslant 7$ 时，由

$$f'_1(t)=1.3t^{0.3}-1.2t^{0.2}\geqslant 0,\ f_1(7)\geqslant 0$$

知 $f_1(t)\geqslant 0$，即有 $2+t^{1.2}\leqslant t^{1.3}$. 令

$$f_2(t)=t^{0.3}-t^{0.2}-1,\ f_3(t)=t^{0.8}-t^{0.7}-2$$

用类似的方法可知：当 $t\geqslant 47$ 时，有 $1+t^{0.2}\leqslant t^{0.3}$，当 $t\geqslant 17$ 时，有 $t^{0.8}-2\geqslant t^{0.7}$. 使用 $(r_1 r'_1,d)=1$，由式 ⑧ 可得

$$|P_{r,r'}(0.8+\mathrm{i}t,\chi_0)|\leqslant 2^{-\omega(d)}(r_1 r'_1)^{0.4}d^{1.4}\cdot$$

$$\Big(\prod_{2\leqslant p\leqslant 43}\frac{1+p^{0.2}}{p^{0.3}}\Big)\cdot$$

$$\Big(\prod_{2\leqslant p\leqslant 13}\Big|\frac{p^{0.7}}{p^{0.8}-2}\Big|\Big)\leqslant$$

$$(1\ 759)2^{-\omega(d)}(rr')^{0.4}d^{0.6}$$

$$⑨$$

我们有

$$|Q(0.8+\mathrm{i}t,\chi_0)|\leqslant$$

$$\Big|\prod_{\chi_1(p)=1}(1-p^{-0.8-\mathrm{i}t})^2(1+2p^{-0.8-\mathrm{i}t})\Big|\cdot$$

$$\Big|\prod_{\chi_1(p)=-1}(1-p^{-1.6-2\mathrm{i}t})\Big|\leqslant$$

$$\prod_p(1+3p^{-1.6}+2p^{-2.4})\leqslant$$

$$\Big(\prod_p\frac{1+3p^{-1.6}+2p^{-2.4}}{1+p^{-1.3}}\Big)\Big(\sum_{n=1}^{\infty}\frac{|\mu(n)|}{n^{1.3}}\Big)\qquad ⑩$$

令 $f_4(t)=t^{-1.3}-3t^{-1.6}-2t^{-2.4}$，容易得出当 $t\geqslant 47$ 时，有 $f_4(t)\geqslant 0$，故由式 ⑩ 可得

$$|Q(0.8+\mathrm{i}t,\chi_0)|\leqslant\Big(\prod_{2\leqslant p\leqslant 43}\frac{1+3p^{-1.6}+2p^{-2.4}}{1+p^{-1.3}}\Big)\cdot$$

$$\Big(\sum_{n=1}^{\infty}\frac{\mid\mu(n)\mid}{n^{1.3}}\Big)\leqslant 10.666\ 1 \quad ⑪$$

由于对任何整数 M 和 $N\geqslant 0$ 有

$$\Big|\sum_{n=M+1}^{M+N}\chi_1(n)\Big|\leqslant q^{\frac{1}{2}}\log q$$

故记

$$H=q^{\frac{1}{2}}(0.64+t^2)^{\frac{1}{2}}\log q$$

则有

$$\mid L(0.8+\mathrm{i}t,\chi_1)\mid\leqslant\sum_{1\leqslant n\leqslant H}n^{-0.8}+\mid 0.8+\mathrm{i}t\mid\cdot$$

$$\Big|\int_H^{\infty}\Big(\sum_{H\leqslant n\leqslant x}\chi_1(n)\Big)\big/x^{1.8+\mathrm{i}t}\mathrm{d}x\Big|\leqslant$$

$$\sum_{1\leqslant n\leqslant H}n^{-0.8}+H\int_H^{\infty}x^{-1.8}\mathrm{d}x\leqslant$$

$$6.25q^{0.1}(\log q)^{0.2}(0.64+t^2)^{0.1}$$

$$⑫$$

当 $\mathrm{Re}\ s>0$ 时我们有

$$\zeta(s)=\frac{1}{s-1}+\frac{1}{2}+s\int_1^{\infty}\frac{\frac{1}{2}-\{u\}}{u^{s+1}}\mathrm{d}u$$

其中 $\{u\}$ 表示 u 的小数部分. 于是

$$\mid\zeta(0.8+\mathrm{i}t)\mid\leqslant$$

$$\Big|\frac{1}{2}+\frac{1}{-0.2+\mathrm{i}t}\Big|+\frac{\mid 0.8+\mathrm{i}t\mid}{2}\int_1^{\infty}\frac{\mathrm{d}u}{u^{1.8}}\leqslant$$

$$\frac{1}{2}\sqrt{\frac{3.24+t^2}{0.04+t^2}}+\sqrt{\frac{t^2+0.64}{1.6}}$$

由此可得

$$\mid L(0.8+\mathrm{i}t,\chi_0)\mid\leqslant$$

$$\mid\zeta(0.8+\mathrm{i}t)\mid\cdot\Big|\prod_{p\mid q}(1-p^{-0.8-\mathrm{i}t})\Big|\leqslant$$

$$| \zeta(0.8 + \mathrm{i}t) | \, q^{0.05} \prod_{p \mid q} \frac{1 + p^{-0.8}}{p^{0.05}} \leqslant$$

$$2.680\,3 q^{0.05} \left(\frac{1}{2} \sqrt{1 + \frac{3.2}{0.04 + t^2}} + \frac{\sqrt{t^2 + 0.64}}{1.6} \right)$$

⑬

当 $\mathrm{Re}\, s > 0$ 时,由斯特林公式可得

$$\log \Gamma(s) = \left(s - \frac{1}{2} \right) \log s - s + \log \sqrt{2\pi} + B \quad ⑭$$

其中

$$| B | \leqslant \frac{1}{8} \int_0^\infty \frac{\mathrm{d}u}{u^2 + | s |^2} = \frac{\pi}{16 | s |}$$

当 $\mathrm{Re}\, s = 1.8 - \beta_1$ 时,由式 ⑭ 以及

$$\mathrm{Re}\left(\left(s - \frac{1}{2} \right) \log s - s \right) =$$

$$(1.3 - \beta_1) \log | s | - t \arg s - 1.8 + \beta_1$$

我们有

$$| \Gamma(s) | \leqslant \sqrt{2\pi}\, \mathrm{e}^{\frac{\pi}{16 | s |} - 1.8 + \beta_1} \, | s |^{1.3 - \beta_1} \, \mathrm{e}^{-| t | \arctan \frac{| t |}{1.8 - \beta_1}} \leqslant$$

$$\sqrt{2\pi}\, \mathrm{e}^{\frac{\pi}{16 | s |}} \, \mathrm{e}^{-1.8 + \beta_1} \, | s |^{1.3 - \beta_1} \, \cdot$$

$$\mathrm{e}^{-\frac{\pi}{2} | t |}\, \mathrm{e}^{| t | \left(\frac{\pi}{2} - \arctan \frac{| t |}{1.8 - \beta_1} \right)} \quad ⑮$$

令 $f_5(x) = x \left(\dfrac{\pi}{2} - \arctan \dfrac{x}{1.8 - \beta_1} \right)$,当 $x \geqslant 0$ 时我们
有

$$f'_5(x) = \frac{\pi}{2} - \arctan \frac{x}{1.8 - \beta_1} - \frac{(1.8 - \beta_1)x}{(1.8 - \beta_1)^2 + x^2}$$

$$f''_5(x) = 2(1.8 - \beta_1) \left(-\frac{1}{(1.8 - \beta_1)^2 + x^2} + \right.$$

$$\left. \frac{x^2}{((1.8 - \beta_1)^2 + x^2)^2} \right) < 0$$

故有

$$f'_5(x) \geqslant \lim_{x \to +\infty} f'_5(x) = 0$$

进而有

$$f_5(x) \leqslant \lim_{x \to +\infty} f_5(x) = \lim_{x \to +\infty} \frac{\dfrac{\pi}{2} - \arctan \dfrac{x}{1.8 - \beta_1}}{\dfrac{1}{x}} =$$

$$1.8 - \beta_1 \qquad\qquad ⑯$$

由式 ⑮ 和式 ⑯ 可得

$$|\Gamma(1.8 - \beta_1 + it)| \leqslant$$

$$\sqrt{2\pi}\, e^{\frac{\pi}{16|0.8 + it|}} \, |1.8 - \beta_1 + it|^{1.3 - \beta_1} e^{-\frac{\pi}{2}|t|} \qquad ⑰$$

暂记 $s = 0.8 + it$，由于当 $a > b > 0, x \geqslant 0$ 时，$\dfrac{a^2 + x^2}{b^2 + x^2}$ 是 x 的单调减函数，a^x 依 $0 < a < 1$ 和 $a > 1$ 分别是 x 的单调减函数和单调增函数，所以通过简单的计算可得

$$\int_{-\infty}^{+\infty} |s|^{0.2} \left(\frac{1}{2} \sqrt{1 + \frac{3.2}{0.04 + t^2}} + \frac{|s|}{1.6} \right) \cdot$$

$$\frac{|1.8 - \beta_1 + it|^{1.3 - \beta_1}}{|0.8 - \beta_1 + it|} e^{\frac{\pi}{16|s|}} e^{-\frac{\pi}{2}|t|} \, dt \leqslant 19.2 \qquad ⑱$$

因为对任何复数 z 都有 $z\Gamma(z) = \Gamma(z + 1)$，所以由 ⑨⑪ ~⑬⑰⑱ 诸式可得

$$\left| \int_{\mathrm{Re}\, s = 0.8 - \beta_1} G_{r,r'}(s + \beta_1, \chi_0) \Gamma(s) Y^s \, ds \right| \leqslant$$

$$(1\,759)(10.666\,1)(6.25)(2.680\,3) \cdot$$

$$(\sqrt{2\pi})\, q^{0.15} (\log q)^{0.2} \cdot$$

$$Y^{0.8 - \beta_1} 2^{-\omega(d)} (rr')^{0.4} d^{0.6} \cdot (19.2) \leqslant$$

$$e^{16.532} q^{0.15} (\log q)^{0.2} Y^{0.8 - \beta_1} 2^{-\omega(d)} (rr')^{0.4} d^{0.6} \qquad ⑲$$

当实数 $x \geqslant 6$ 时由式 ① 可得

$$\sum_{1 \leqslant n \leqslant x} \frac{d(n)}{n^{0.6}} = \left(\sum_{1 \leqslant n \leqslant x} d(n) \right) x^{-0.6} +$$

$$0.6 \int_1^x \Big(\sum_{1 \leqslant n \leqslant t} d(n) \Big) t^{-1.6} \mathrm{d}t \leqslant$$

$$2.5 x^{0.4} \log x \qquad\qquad ⑳$$

由于对任何素数 $p \mid rr'$ 都有 $\chi_1(p) = 1$, 故有 $a_r = 2^{\omega(r)}$, $a_{r'} = 2^{\omega(r')}$, 所以由式 ⑳ 可得

$$\sum_{r,r' \leqslant R}' (rr')^{-1} a_r a_{r'} 2^{-\omega(d)} (rr')^{0.4} d^{0.6} \leqslant$$

$$\sum_{1 \leqslant d \leqslant R} 2^{\omega(d)} d^{-0.6} \cdot \Big(\sum_{r_1 \leqslant R/d} 2^{\omega(r_1)} r_1^{-0.6} \Big)^2 \leqslant$$

$$(6.25 R^{0.8}) \Big((\log R)^2 \sum_{1 \leqslant d \leqslant R/6} 2^{\omega(d)} d^{-1.4} -$$

$$(2\log R) \sum_{1 \leqslant d \leqslant R/6} 2^{\omega(d)} d^{-1.4} \log d +$$

$$\sum_{1 \leqslant d \leqslant R/6} 2^{\omega(d)} d^{-1.4} (\log d)^2 \Big) +$$

$$(49.64 R^{-0.6}) \sum_{R/6 < d \leqslant R} 2^{\omega(d)} \qquad\qquad ㉑$$

因为

$$\sum_{1 \leqslant n \leqslant x} d(n) n^{-1.4} =$$

$$\Big(\sum_{1 \leqslant n \leqslant x} d(n) \Big) x^{-1.4} + 1.4 \int_1^x \Big(\sum_{1 \leqslant n \leqslant t} d(n) \Big) t^{-2.4} \mathrm{d}t \leqslant 10.476$$

$$\sum_{1 \leqslant d \leqslant R/6} 2^{\omega(d)} d^{-1.4} \log d =$$

$$\Big(\sum_{1 \leqslant d \leqslant R/6} 2^{\omega(d)} d^{-1.4} \Big) \Big(\log \frac{R}{6} \Big) -$$

$$\int_1^{R/6} \Big(\sum_{1 \leqslant d \leqslant t} 2^{\omega(d)} d^{-1.4} \Big) t^{-1} \mathrm{d}t$$

$$\sum_{1 \leqslant d \leqslant R/6} 2^{\omega(d)} d^{-1.4} (\log d)^2 =$$

$$\Big(\sum_{1 \leqslant d \leqslant R/6} 2^{\omega(d)} d^{-1.4} \Big) \Big(\log \frac{R}{6} \Big)^2 -$$

$$\int_1^{R/6} \Big(\sum_{1 \leqslant d \leqslant t} 2^{\omega(d)} d^{-1.4} \Big) t^{-1} (2\log t) \mathrm{d}t$$

$$\sum_{R/6 < d \leqslant R} 2^{\omega(d)} \leqslant \sum_{R/6 < d \leqslant R} \sum_{k \mid d} 1 \leqslant$$

$$\sum_{1 \leqslant k \leqslant R} \sum_{\substack{R/6 < d \leqslant R \\ k \mid d}} 1 \leqslant$$

$$\sum_{1 \leqslant k \leqslant R} \left(\frac{5R}{6k} + 1\right) \leqslant$$

$$\left(\frac{5R}{6}\right)(3.65 - \log 6 + \log R)$$

所以由式 ㉑ 可得

$$\sum_{r,r' \leqslant R}{}' (rr')^{-1} a_r a_{r'} 2^{-\omega(d)} (rr')^{0.4} d^{0.6} \leqslant$$

$$(6.25 R^{0.8}) \Big\{ (\log 6)^2 (10.476) + (2\log R) \cdot$$

$$\int_1^{R/6} \Big(\sum_{1 \leqslant d \leqslant t} 2^{\omega(d)} d^{-1.4} \Big) t^{-1} \mathrm{d}t -$$

$$\int_1^{R/6} \Big(\sum_{1 \leqslant d \leqslant t} 2^{\omega(d)} d^{-1.4} \Big) t^{-1} (2\log t) \mathrm{d}t \Big\} +$$

$$(41.37 R^{0.4})(3.65 - \log 6 + \log R) \leqslant$$

$$(6.25 R^{0.8}) \Big\{ (\log 6)^2 (10.476) +$$

$$(2\log 6) \int_1^{R/6} \Big(\sum_{1 \leqslant d \leqslant t} 2^{\omega(d)} d^{-1.4} \Big) t^{-1} \mathrm{d}t +$$

$$\int_1^{R/6} \Big(2 \int_1^t \Big(\sum_{1 \leqslant d \leqslant u} 2^{\omega(d)} d^{-1.4} \Big) u^{-1} \mathrm{d}u \Big) t^{-1} \mathrm{d}t \Big\} +$$

$$(41.37 R^{0.4})(3.65 - \log 6 + \log R) \leqslant$$

$$(6.25 R^{0.8}) \Big((\log 6)^2 (10.476) +$$

$$(2\log 6)(10.476) \Big(\log \frac{R}{6} \Big) +$$

$$(2)(10.476) \Big(\frac{1}{2} \Big) \Big(\log \frac{R}{6} \Big)^2 \Big) +$$

$$(3.65 - \log 6 + \log R)(41.37 R^{0.4}) \leqslant$$

$$65.475\ 1 R^{0.8} (\log R)^2 \qquad ㉒$$

由 ⑦⑲㉒ 三式知本引理能够成立.

引理 5 设 χ 是模 $q \geqslant 3$ 的任一实特征,$M \geqslant 0$,$N \geqslant 1$ 是整数,令 $s = \sigma + \mathrm{i}t$,则对任意实数 $T \geqslant T_0 \geqslant 2$ 和任意复数 $a_n (M+1 \leqslant n \leqslant M+N)$ 我们有

$$\int_0^T \Big| \sum_{n=M+1}^{M+N} a_n \chi(n) n^{-s} \Big|^2 \mathrm{d}t \leqslant \frac{\pi}{4} g_1^2 \Big(\frac{1}{T_0} \Big) \sum_{n=M+1}^{M+N} |a_n|^2 n^{1-2\sigma}$$

其中 $g_1(x) = (\mathrm{e}^{\frac{\pi}{2}x} - \mathrm{e}^{-\frac{\pi}{2}x}) x^{-1}$.

证明 令 $\lambda = \mathrm{e}^{\frac{\pi}{2T}}$,则由《哥德巴赫猜想》中第二章的引理 2 可得

$$\int_0^T \Big| \sum_{n=M+1}^{M+N} a_n \chi(n) n^{-s} \Big|^2 \mathrm{d}t =$$

$$\frac{1}{2} \int_{-T}^T \Big| \sum_{n=M+1}^{M+N} a_n \chi(n) n^{-s} \Big|^2 \mathrm{d}t \leqslant$$

$$\Big(\frac{\pi^2 T^2}{2} \Big) \int_{-\infty}^{+\infty} \Big| \sum_{\lambda^{-1} \mathrm{e}^{-2\pi x} \leqslant n \leqslant \lambda \mathrm{e}^{-2\pi x}} a_n \chi(n) n^{-\sigma} \Big|^2 \mathrm{d}x \leqslant$$

$$\Big(\frac{1}{2} \pi^2 T^2 \Big) (\lambda - \lambda^{-1}) \cdot$$

$$\int_{-\infty}^{+\infty} \mathrm{e}^{-2\pi x} \Big(\sum_{\lambda^{-1} \mathrm{e}^{-2\pi x} \leqslant n \leqslant \lambda \mathrm{e}^{-2\pi x}} |a_n|^2 n^{-2\sigma} \Big) \mathrm{d}x \leqslant$$

$$\Big(\frac{1}{2} \pi^2 T^2 \Big) (\lambda - \lambda^{-1}) \cdot$$

$$\sum_{n=M+1}^{M+N} |a_n|^2 n^{-2\sigma} \int_{\frac{1}{2\pi} \log \frac{1}{n\lambda}}^{\frac{1}{2\pi} \log \frac{\lambda}{n}} \mathrm{e}^{-2\pi x} \mathrm{d}x \leqslant$$

$$\Big(\frac{1}{2} \pi^2 T^2 \Big) (\lambda - \lambda^{-1})^2 \cdot$$

$$\Big(\frac{1}{2\pi} \Big) \sum_{n=M+1}^{M+N} |a_n|^2 n^{1-2\sigma} \leqslant$$

$$\Big(\frac{\pi}{4} T^2 \Big) (\lambda - \lambda^{-1})^2 \sum_{n=M+1}^{M+N} |a_n|^2 n^{1-2\sigma} \qquad ㉓$$

由 $g_1(x)$ 的定义易得

$$g'_1(x) = \left(\frac{\pi x}{2}(e^{\frac{\pi}{2}x} + e^{-\frac{\pi}{2}x}) - (e^{\frac{\pi}{2}x} - e^{-\frac{\pi}{2}x}) \right) x^{-2}$$

令

$$f_6(x) = x(e^x + e^{-x}) - (e^x - e^{-x}) =$$
$$e^{-x}(xe^{2x} - e^{2x} + x + 1)$$
$$f_7(x) = x + 1 + (x - 1)e^{2x}$$

则有 $f_6(x) = e^{-x}f_7(x)$. 当 $x \geqslant 0$ 时, 由 $f'_7(x) = (2x-1)e^{2x} + 1 \geqslant 0$ 以及

$$\lim_{x \to 0^+} f_7(x) = 0$$

可得 $f_7(x) \geqslant 0$, 所以当 $x \geqslant 0$ 时, 有 $g'_1(x) \geqslant 0$. 于是当 $0 < x \leqslant \dfrac{1}{T_0}$ 时, 有 $g_1(x) \leqslant g_1\left(\dfrac{1}{T_0}\right)$. 故由式 ㉓ 知本引理能够成立.

引理 6 设 $T \geqslant 2$ 是一个实数, χ_1 是模 $q \geqslant 3$ 的一个原特征, 则我们有

$$\int_0^T |L(0.8 + it, \chi_1)|^4 dt \leqslant (23\ 929)(qT)^{0.4}(\log qT)^3$$

证明 设 M 是满足 $2 \leqslant \dfrac{T}{2^M} < 4 \leqslant \dfrac{T}{2^{M-1}}$ 的整数, 则有

$$\int_0^T |L(0.8 + it, \chi_1)|^4 dt =$$

$$\int_0^{\frac{T}{2^M}} |L(0.8 + it, \chi_1)|^4 dt +$$

$$\sum_{m=1}^M \int_{\frac{T}{2^m}}^{\frac{T}{2^{m-1}}} |L(0.8 + it, \chi_1)|^4 dt \qquad ㉔$$

令 $s = 0.8 + it$, 在《哥德巴赫猜想》第三章的引理 5 中取 $f(z) = L^2(z, \chi_1)$, 由于当 $\mathrm{Re}\ z > 1$ 时, 有

$$L^2(z,\chi_1) = \sum_{n=1}^{\infty} \frac{\chi_1(n)d(n)}{n^z}$$

所以

$$\sum_{n=1}^{\infty} \chi_1(n)d(n)n^{-s}e^{-\frac{n}{qV}} =$$

$$\frac{1}{2\pi i}\int_{0.5-i\infty}^{0.5+i\infty} \Gamma(w)f(s+w)(qV)^w dw \triangleq I \qquad ㉕$$

其中 $V = V(m) = \dfrac{T}{2^m}, w = u + iv.$ 将上式中积分的积分

路线移到 $\operatorname{Re} w = -1.3$ 上,由留数定理得

$$I = \frac{1}{2\pi i}\int_{-1.3-i\infty}^{-1.3+i\infty} \Gamma(w)f(s+w)(qV)^w dw + f(s) \qquad ㉖$$

令

$$A(s,\chi) = \left(\frac{q}{\pi}\right)^{\frac{1}{2}-s} \cdot \frac{\tau(\chi)}{i^\delta \sqrt{q}} \cdot \frac{\Gamma\left(\dfrac{1-s+\delta}{2}\right)}{\Gamma\left(\dfrac{s+\delta}{2}\right)}$$

其中

$$\tau(\chi) = \sum_{h=1}^{q} \chi(h)e\left(\frac{h}{q}\right), \delta = \begin{cases} 0, & \text{当 } \chi(-1)=1 \\ 1, & \text{当 } \chi(-1)=-1 \end{cases}$$

则由式 ㉖ 可得

$$|f(s)| \leqslant |I| + \frac{1}{2\pi}\left|\int_{-1.3-i\infty}^{-1.3+i\infty} \Gamma(w)A^2(s+w,\chi_1) \cdot \right.$$

$$\left. \left(\sum_{n=1}^{\infty} \frac{\chi_1(n)d(n)}{n^{1-s-w}}\right)(qV)^w dw \right| \leqslant$$

$$|I| + \left(\frac{1}{2\pi}\right)\left|\int_{-1.3-i\infty}^{-1.3+i\infty} \Gamma(w)A^2(s+w,\chi_1) \cdot \right.$$

$$\left. \left(\sum_{n>qV} \frac{\chi_1(n)d(n)}{n^{1-s-w}}\right)(qV)^w dw \right| +$$

$$\frac{1}{2\pi}\left|\int_{-0.3-i\infty}^{-0.3+i\infty} \Gamma(w)A^2(s+w,\chi_1) \cdot \right.$$

$$\left(\sum_{n\leqslant qV}\frac{\chi_1(n)d(n)}{n^{1-s-w}}\right)(qV)^w \mathrm{d}w\right|\leqslant$$

$$\mid I\mid+\frac{(qV)^{-1.3}}{2\pi}\cdot$$

$$\left(\int_{-\infty}^{+\infty}\mid\Gamma(-1.3+\mathrm{i}v)\mid\mathrm{d}v\right)^{\frac{1}{2}}\cdot$$

$$\left(\int_{-\infty}^{+\infty}\mid\Gamma(-1.3+\mathrm{i}v)\mid\cdot\right.$$

$$\mid A(-0.5+\mathrm{i}(t+v),\chi_1)\mid^4\cdot$$

$$\left.\left|\sum_{n>qV}\frac{\chi_1(n)d(n)}{n^{1.5-\mathrm{i}(t+v)}}\right|^2\mathrm{d}v\right)^{\frac{1}{2}}+$$

$$\frac{(qV)^{-0.3}}{2\pi}\left(\int_{-\infty}^{+\infty}\mid\Gamma(-0.3+\mathrm{i}v)\mid\mathrm{d}v\right)^{\frac{1}{2}}\cdot$$

$$\left(\int_{-\infty}^{+\infty}\mid\Gamma(-0.3+\mathrm{i}v)\mid\cdot\right.$$

$$\mid A(0.5+\mathrm{i}(t+v),\chi_1)\mid^4\cdot$$

$$\left.\left|\sum_{n\leqslant qV}\frac{\chi_1(n)d(n)}{n^{0.5-\mathrm{i}(t+v)}}\right|^2\mathrm{d}v\right)^{\frac{1}{2}}\qquad ㉗$$

因为

$$\mathrm{Re}\left(\left(0.7+\mathrm{i}v-\frac{1}{2}\right)\log(0.7+\mathrm{i}v)-(0.7+\mathrm{i}v)\right)=$$

$$0.2\log\mid0.7+\mathrm{i}v\mid-v\arg(0.7+\mathrm{i}v)-0.7=$$

$$\log\mid0.7+\mathrm{i}v\mid^{0.2}-v\arctan\frac{v}{0.7}-0.7$$

所以由式 ⑭ 和 $\mid v\mid\left(\frac{\pi}{2}-\arctan\frac{\mid v\mid}{0.7}\right)\leqslant0.7$ 可得

$$\mid\Gamma(0.7+\mathrm{i}v)\mid\leqslant\sqrt{2\pi}\mathrm{e}^{\frac{\pi}{16\mid0.7+\mathrm{i}v\mid}}\cdot\mid0.7+\mathrm{i}v\mid^{0.2}\mathrm{e}^{-\frac{\pi}{2}\mid v\mid}$$

$$㉘$$

由于对任何复数 z 都有 $z\Gamma(z)=\Gamma(z+1)$，故由式 ㉘ 通过简单的计算可得

$$\int_{-\infty}^{+\infty} \mid \Gamma(-0.3 + iv) \mid dv \leqslant$$

$$2\sqrt{2\pi} \int_{0}^{+\infty} \frac{\mid 0.7 + iv \mid^{0.2}}{\mid -0.3 + iv \mid} e^{\frac{\pi}{16\mid 0.7+iv \mid}} e^{-\frac{\pi}{2}v} dv \leqslant$$

10.013 3 ㉙

$$\int_{-\infty}^{+\infty} \mid \Gamma(-1.3 + iv) \mid dv \leqslant$$

$$2\sqrt{2\pi} \int_{0}^{+\infty} \frac{\mid 0.7 + iv \mid^{0.2}}{\mid -1.3 + iv \mid \mid -0.3 + iv \mid} \cdot$$

$$e^{\frac{\pi}{16\mid 0.7+iv \mid} - \frac{\pi}{2}v} dv \leqslant 7.461 3 \qquad ㉚$$

因为

$$\mathrm{Re}\{(1.5 - i(t + v) - 0.5)\log(1.5 -$$
$$i(t + v)) - (1.5 - i(t + v))\} =$$
$$\log \mid 1.5 - i(t + v) \mid +$$
$$(t + v)\arg(1.5 - i(t + v)) - 1.5$$

所以由式 ⑭ 和 $\mid t + v \mid \left(\dfrac{\pi}{2} - \arctan \dfrac{\mid t + v \mid}{1.5}\right) \leqslant 1.5$

可得

$$\mid \Gamma(1.5 - i(t + v)) \mid \leqslant$$
$$\sqrt{2\pi} \, e^{\frac{\pi}{16\mid 1.5-i(t+v) \mid}} \cdot \mid 1.5 - i(t + v) \mid \cdot e^{-\frac{\pi}{2}\mid t+v \mid} \qquad ㉛$$

因为当 z 非整数时有 $\Gamma(z)\Gamma(1 - z) = \dfrac{\pi}{\sin \pi z}$ 和

$\Gamma(z)\Gamma\left(z + \dfrac{1}{2}\right) = 2^{1-2z}\pi^{\frac{1}{2}}\Gamma(2z)$，所以由式 ㉛ 可得

$$\left| \frac{\Gamma\left(\dfrac{1 - (0.8 + it) - (-1.3 + iv) + \delta}{2}\right)}{\Gamma\left(\dfrac{0.8 + it - 1.3 + iv + \delta}{2}\right)} \right| =$$

$$\left| \frac{\sin \dfrac{\delta - 0.5 + i(t + v)}{2\pi^{-1}}}{\pi} \right| \cdot$$

$$\left|\Gamma\left(\frac{1.5+\delta-\mathrm{i}(t+v)}{2}\right)\cdot\right.$$

$$\left.\Gamma\left(\frac{2.5-\delta-\mathrm{i}(t+v)}{2}\right)\right|\leqslant$$

$$(2\pi)^{-1}(\mathrm{e}^{-\frac{\pi(t+v)}{2}}+\mathrm{e}^{\frac{\pi(t+v)}{2}})\left(\frac{\pi}{2}\right)^{\frac{1}{2}}\cdot$$

$$|\Gamma(1.5-\mathrm{i}(t+v))|\leqslant$$

$$1.139\ 9\,|1.5-\mathrm{i}(t+v)| \qquad ㉜$$

与式 ㉜ 类似,由

$$|\Gamma(0.5-\mathrm{i}(t+v))|\leqslant\sqrt{2\pi}\,\mathrm{e}^{\frac{\pi}{8}}\,\mathrm{e}^{-\frac{\pi|t+v|}{2}}$$

可得

$$\left|\frac{\Gamma\left(\frac{1-(0.5+\mathrm{i}(t+v))+\delta}{2}\right)}{\Gamma\left(\frac{0.5+\mathrm{i}(t+v)+\delta}{2}\right)}\right|\leqslant 2\mathrm{e}^{\frac{\pi}{8}} \qquad ㉝$$

因为对任何实数 $a\geqslant 0,b\geqslant 0,c\geqslant 0$ 有

$$(a+b+c)^2\leqslant 3(a^2+b^2+c^2)$$

所以当 $V\leqslant t\leqslant 2V$ 时由式 ㉗ ~ ㉚㉜㉝ 可得

$$|f(s)|^2\leqslant 3|I|^2+\frac{(3)(7.461\ 3)}{4\pi^2}(qV)^{-2.6}\left(\frac{q}{\pi}\right)^4\cdot$$

$$(1.139\ 9)^4\int_{-\infty}^{+\infty}|\Gamma(-1.3+\mathrm{i}v)|\cdot$$

$$|1.5-\mathrm{i}(t+v)|^4\left|\sum_{n>qV}\frac{\chi_1(n)d(n)}{n^{1.5-\mathrm{i}(t+v)}}\right|^2\mathrm{d}v+$$

$$\frac{(3)(10.013\ 3)}{4\pi^2}(qV)^{-0.6}(16\mathrm{e}^{\frac{\pi}{2}})\cdot$$

$$\int_{-\infty}^{+\infty}|\Gamma(-0.3+\mathrm{i}v)|\cdot$$

$$\left|\sum_{n\leqslant qV}\frac{\chi_1(n)d(n)}{n^{0.5-\mathrm{i}(t+v)}}\right|^2\mathrm{d}v\leqslant$$

$$3|I|^2+(0.032\ 7q^{1.4}V^{-2.6})\cdot$$

$$\Bigg(112.258V^4 \int_0^V \frac{\mid 0.7 + iv \mid^{0.2}}{\mid -1.3 + iv \mid \mid -0.3 + iv \mid} \cdot$$

$$\left| \sum_{n > qV} \frac{\chi_1(n)d(n)}{n^{1.5 - i(t+v)}} \right|^2 e^{-\frac{\pi}{2}v} dv +$$

$$93.883 \int_V^{+\infty} \frac{\mid 0.7 + iv \mid^{0.2} v}{\mid -1.3 + iv \mid \mid -0.3 + iv \mid} \cdot$$

$$\left| \sum_{n > qV} \frac{\chi_1(n)d(n)}{n^{1.5 - i(t+v)}} \right|^2 e^{-\frac{\pi}{2}v} dv \Bigg) +$$

$$(2)(194.34)(qV)^{-0.6} \cdot$$

$$\int_0^{+\infty} \frac{\mid 0.7 + iv \mid^{0.2}}{\mid -0.3 + iv \mid} \cdot$$

$$\left| \sum_{n \leqslant qV} \frac{\chi_1(n)d(n)}{n^{0.5 - i(t+v)}} \right|^2 e^{-\frac{\pi}{2}v} dv \leqslant$$

$$3 \mid I \mid^2 + (3.671q^{1.4}V^{1.4}) \cdot$$

$$\int_0^V \frac{\mid 0.7 + iv \mid^{0.2}}{\mid -1.3 + iv \mid} \cdot \frac{e^{-\frac{\pi}{2}v}}{\mid -0.3 + iv \mid} \cdot$$

$$\left| \sum_{n > qV} \frac{\chi_1(n)d(n)}{n^{1.5 - i(t+v)}} \right|^2 dv +$$

$$(3.07q^{1.4}V^{-2.6}) \cdot$$

$$\int_V^{+\infty} v^{2.2} \left| \sum_{n > qV} \frac{\chi_1(n)d(n)}{n^{1.5 - i(t+v)}} \right|^2 e^{-\frac{\pi}{2}v} dv +$$

$$388.68(qV)^{-0.6} \int_0^{+\infty} \frac{\mid 0.7 + iv \mid^{0.2}}{\mid -0.3 + iv \mid} \cdot$$

$$\left| \sum_{n \leqslant qV} \frac{\chi_1(n)d(n)}{n^{0.5 - i(t+v)}} \right|^2 e^{-\frac{\pi}{2}v} dv \quad ㉞$$

在引理 5 中取 $M = 0$，令 $N \to +\infty$，则由式 ㉕ 以及引理 3 和引理 5 我们有

$$\int_V^{2V} \mid I \mid^2 dt \leqslant (9.5) \sum_{n=1}^{\infty} d^2(n)e^{-\frac{2n}{qV}} \cdot n^{-0.6} \leqslant$$

$$\left(\frac{19}{qV}\right)\int_1^{+\infty}\left(\sum_{1\leqslant n\leqslant x}\frac{d^2(n)}{n^{0.6}}\right)\mathrm{e}^{-\frac{2x}{qV}}\mathrm{d}x\leqslant$$

$$\left(\frac{19}{qV}\right)\cdot\left(\int_1^2\mathrm{e}^{-\frac{2x}{qV}}\mathrm{d}x+\right.$$

$$\int_2^3(1+2^{1.4})\mathrm{e}^{-\frac{2x}{qV}}\mathrm{d}x+$$

$$\int_3^4\left(1+2^{1.4}+\frac{4}{3^{0.6}}\right)\mathrm{e}^{-\frac{2x}{qV}}\mathrm{d}x+$$

$$\int_5^{+\infty}(150.04+(\log^3 x-$$

$$4.5\log^2 x+22.5\log x-$$

$$56.25)(2.65x^{0.4}))\mathrm{e}^{-\frac{2x}{qV}}\mathrm{d}x\Bigg)\leqslant$$

$$34.295+19.08(qV)^{0.4}\cdot$$

$$\left(\int_{\frac{8}{qV}}^{+\infty}t^{0.4}\mid\log t\mid^3\mathrm{e}^{-t}\mathrm{d}t+(3\log qV)\cdot\right.$$

$$\int_{\frac{8}{qV}}^{+\infty}t^{0.4}(\log t)^2\mathrm{e}^{-t}\mathrm{d}t+3(\log qV)^2\cdot$$

$$\int_{\frac{8}{qV}}^{+\infty}t^{0.4}\mid\log t\mid\mathrm{e}^{-t}\mathrm{d}t+$$

$$(\log qV)^3\int_{\frac{8}{qV}}^{+\infty}t^{0.4}\mathrm{e}^{-t}\mathrm{d}t\Bigg)\leqslant$$

$$(176)(qV)^{0.4}(\log qV)^3 \qquad\qquad ㉟$$

取 $M=[qV]$，令 $N\rightarrow+\infty$，则由引理 3 和引理 5 可得

$$\int_V^{2V}\left|\sum_{n>qV}\frac{\chi_1(n)d(n)}{n^{0.5-i(t+v)}}\right|^2\mathrm{d}t\leqslant$$

$$(9.5)\sum_{n>qV}d^2(n)n^{-2}\leqslant$$

$$(112.51)(qV)^{-1}(\log qV)^3 \qquad\qquad ㊱$$

取 $M=0$，$N=[qV]$，则由引理 3 和引理 5 可得

$$\int_V^{2V}\left|\sum_{n\leqslant qV}\frac{\chi_1(n)d(n)}{n^{-0.5-i(t+v)}}\right|^2\mathrm{d}t\leqslant$$

$$(9.5) \sum_{n \leqslant qV} d^2(n) \leqslant$$

$$(10.07qV)(\log qV)^3 \qquad \text{㊲}$$

由式 ㉞ ～ ㊲ 我们有

$$\int_V^{2V} | L(0.8 + \mathrm{i}t, \chi_1) |^4 \mathrm{d}t \leqslant$$

$$(3)(176)(qV)^{0.4}(\log qV)^3 +$$

$$(3.671)(112.51)(qV)^{0.4}(\log qV)^3 \cdot$$

$$\int_0^V \frac{| 0.7 + \mathrm{i}v |^{0.2}}{| -1.3 + \mathrm{i}v || -0.3 + \mathrm{i}v |} \mathrm{e}^{-\frac{\pi}{2}v} \mathrm{d}v +$$

$$(3.07)(112.51)(q^{0.4} V^{-3.6})(\log qV)^3 \cdot$$

$$\int_V^{+\infty} v^{2.2} \mathrm{e}^{-\frac{\pi}{2}v} \mathrm{d}v + (388.68)(10.07) \cdot$$

$$(qV)^{0.4}(\log qV)^3 \int_0^{+\infty} \frac{| 0.7 + \mathrm{i}v |^{0.2}}{| -0.3 + \mathrm{i}v |} \mathrm{e}^{-\frac{\pi}{2}v} \mathrm{d}v \qquad \text{㊳}$$

通过简单的计算我们可以得出

$$\int_0^V \frac{| 0.7 + \mathrm{i}v |^{0.2}}{| -1.3 + \mathrm{i}v || -0.3 + \mathrm{i}v |} \mathrm{e}^{-\frac{\pi}{2}v} \mathrm{d}v \leqslant 0.9551$$

$$\int_0^{+\infty} \frac{| 0.7 + \mathrm{i}v |^{0.2}}{| -0.3 + \mathrm{i}v |} \mathrm{e}^{-\frac{\pi}{2}v} \mathrm{d}v \leqslant 1.2433$$

$$\int_V^{+\infty} v^{2.2} \mathrm{e}^{-\frac{\pi}{2}v} \mathrm{d}v \leqslant 0.2509$$

故由式 ㊳ 可得

$$\int_V^{2V} | L(0.8 + \mathrm{i}t, \chi_1) |^4 \mathrm{d}t \leqslant (5794.2)(qV)^{0.4}(\log qV)^3$$

$$\text{㊴}$$

用 $2q$ 代替式 ㉕ 中的 qV，使用与证明式 ㊴ 相同的方法
可得

$$\int_0^4 | L(0.8 + \mathrm{i}t, \chi_1) |^4 \mathrm{d}t \leqslant$$

$$(5794.2)(2q)^{0.4}(\log 2q)^3 \leqslant$$

$$(5\ 794.2)(qT)^{0.4}(\log qT)^3 \qquad ⑩$$

由式 ㉔㊴⑩ 即可得出本引理的证明.

引理 7 设 $T \geqslant 6$ 是一个实数,则有

$$\int_0^T |\zeta(0.8+it)|^4 dt \leqslant 19\ 938.3T^{0.4}(\log T)^3$$

证明 设 M 是满足 $6 \leqslant \dfrac{T}{2^M} < 12 \leqslant \dfrac{T}{2^{M-1}}$ 的整数,令

$$V = V(m) = \frac{T}{2^m}, 1 \leqslant m \leqslant M$$

用 $\zeta^2(z)$, V 分别代替引理 6 中的 $L^2(z,\chi_1)$ 和 qV,则有

$$\int_V^{2V} |\zeta(0.8+it)|^4 dt \leqslant (5\ 794.2)V^{0.4}(\log V)^3 \quad ⑪$$

由

$$|\zeta(0.8+it)| \leqslant \frac{1}{2}\sqrt{\frac{3.24+t^2}{0.04+t^2}} + \frac{\sqrt{t^2+0.64}}{1.6}$$

易得

$$\int_0^{12} |\zeta(0.8+it)|^4 dt \leqslant 21\ 243.02$$

故由式 ⑪ 即可完成本引理的证明.

引理 8 在引理 1 和引理 4 的条件下有

$$S \geqslant \left(\frac{\varphi(q)}{q}\right)Q(1,\chi_0)L(1,\chi_1)\delta_1^{-1} + B$$

其中

$$|B| \leqslant (19\ 142)R^{-0.2}q^{0.15}(h(q))^{\frac{1}{4}}$$

$$h(x) = 0.725\ 5(\log x)^3 + 6.645(\log x)^2 + 26.333(\log x) + 45.823$$

证明 令 $F(s) = \sum_{n=1}^{\infty}{}' \mu^2(n)a_n\chi_0(n)n^{-s}$,当 $\text{Re } s >$ 1 时我们可以得到

$$F(s) = L(s,\chi_1)L(s,\chi_0)Q(s,\chi_0)$$

令 $c_n = \mu^2(n)a_n\chi_0(n)n^{-\beta_1}$，则我们有

$$F(s+\beta_1) = \sum_{n=1}^{\infty}{}' c_n n^{-s}$$

并且容易得到

$$|c_n| \leqslant a_n n^{-\beta_1} \leqslant 2^{\omega(n)}n^{-0.95} \leqslant 11.243n^{-0.75}$$

所以当 $\sigma \to 0.3+0$ 时,有

$$\sum_{n=1}^{\infty}{}' |c_n| n^{-\sigma} \leqslant (11.243)\sum_{n=1}^{\infty}n^{-1.05} \leqslant 236.103$$

使用相关文献①中引理 1 的证明方法可得

$$\sum_{r\leqslant R}{}' a_r r^{-\beta_1} = \frac{1}{2\pi i}\int_{0.3-iR}^{0.3+iR}F(s+\beta_1)R^s s^{-1}ds + C \qquad ㊷$$

其中

$$|C| \leqslant \frac{236.103R^{0.3}}{\pi R\log 2} + \frac{(11.243)(2.5)2^{-0.75}2^{0.3}R\log R}{\pi R(\log 2)R^{0.75}} \leqslant$$
$$161.1R^{-0.7}$$

由此可得

$$S = R^{-\delta_1}\sum_{r\leqslant R}{}' a_r r^{-\beta_1} =$$
$$\left(\frac{R^{-\delta_1}}{2\pi i}\right)\int_{0.3-iR}^{0.3+iR}F(s+\beta_1)R^s s^{-1}ds + R^{-\delta_1}C \qquad ㊸$$

由于 $L(s,\chi_1)$ 的零点 $s=\beta_1$ 与 s^{-1} 的极点 $s=0$ 相抵消,故函数 $F(s+\beta_1)R^s s^{-1}$ 在以 $0.8-\beta_1+iR, 0.8-\beta_1-iR, 0.3-iR, 0.3+iR$ 为顶点的矩形内仅有唯一一个一级极点 $s=1-\beta_1=\delta_1$. 所以由留数定理可得

$$\frac{1}{2\pi i}\int_{0.3-iR}^{0.3+iR}F(s+\beta_1)R^s s^{-1}ds =$$

---

① Chen Jingrun, Wang Tianze. On the distribution of primes in an arithmetical progression. Scientia Sinica.

$$\left(\frac{\varphi(q)}{q}\right)L(1,\chi_1)Q(1,\chi_0)R^{\delta_1}\delta_1^{-1}+$$

$$\frac{1}{2\pi \mathrm{i}}\int_{0.8-\beta_1-\mathrm{i}R}^{0.8-\beta_1+\mathrm{i}R}F(s+\beta_1)R^s s^{-1}\mathrm{d}s+$$

$$\frac{1}{2\pi \mathrm{i}}\int_{0.8-\beta_1+\mathrm{i}R}^{0.3+\mathrm{i}R}F(s+\beta_1)R^s s^{-1}\mathrm{d}s+$$

$$\frac{1}{2\pi \mathrm{i}}\int_{0.3-\mathrm{i}R}^{0.8-\beta_1-\mathrm{i}R}F(s+\beta_1)R^s s^{-1}\mathrm{d}s \qquad ㊹$$

由式 ㊸ 和 ㊹ 可得

$$S\geqslant \left(\frac{\varphi(q)}{q}\right)L(1,\chi_1)Q(1,\chi_0)\delta_1^{-1}+B \qquad ㊺$$

其中

$$|B|\leqslant R^{-\delta_1}|C|+\left(\frac{R^{-\delta_1}}{2\pi}\right)\cdot$$

$$\left(\left|\int_{0.8-\beta_1-\mathrm{i}R}^{0.8-\beta_1+\mathrm{i}R}F(s+\beta_1)R^s s^{-1}\mathrm{d}s\right|+\right.$$

$$\left|\int_{0.8-\beta_1+\mathrm{i}R}^{0.3+\mathrm{i}R}F(s+\beta_1)R^s s^{-1}\mathrm{d}s\right|+$$

$$\left.\left|\int_{0.8-\beta_1-\mathrm{i}R}^{0.3-\mathrm{i}R}F(s+\beta_1)R^s s^{-1}\mathrm{d}s\right|\right)$$

由式 ⑪ 我们有

$$\left|\int_{0.8-\beta_1-\mathrm{i}R}^{0.8-\beta_1+\mathrm{i}R}F(s+\beta_1)R^s s^{-1}\mathrm{d}s\right|\leqslant$$

$$(10.666\ 1R^{0.8-\beta_1})\cdot$$

$$\int_{-R}^{R}|L(0.8+\mathrm{i}t,\chi_1)L(0.8+\mathrm{i}t,\chi_0)|\cdot$$

$$|0.8-\beta_1+\mathrm{i}t|^{-1}\mathrm{d}t\leqslant$$

$$(21.332\ 2R^{0.8-\beta_1})\left(\prod_{p\mid q}(1+p^{-0.8})\right)\cdot$$

$$\left(\int_{0}^{4}|L(0.8+\mathrm{i}t,\chi_1)\zeta(0.8+\mathrm{i}t)|\cdot\right.$$

$$|0.8-\beta_1+\mathrm{i}t|^{-1}\mathrm{d}t+$$

$$\int_4^R \mid L(0.8 + it, \chi_1) \zeta(0.8 + it) \mid t^{-1} dt \Big) \qquad ㊻$$

由

$$\mid \zeta(0.8 + it) \mid \leqslant \frac{1}{2} \sqrt{\frac{3.24 + t^2}{0.04 + t^2}} + \frac{\sqrt{t^2 + 0.64}}{1.6}$$

容易算出

$$\int_0^4 \mid \zeta(0.8 + it) \mid^{\frac{4}{3}} dt \leqslant 16.816$$

故由式 ㊵ 和赫尔德不等式可得

$$\int_0^4 \mid L(0.8 + it, \chi_1) \zeta(0.8 + it) \mid \mid 0.8 - \beta_1 + it \mid^{-1} dt \leqslant$$

$$\Big(\int_0^4 \mid \zeta(0.8 + it) \mid^{\frac{4}{3}} \mid 0.8 - \beta_1 + it \mid^{-\frac{4}{3}} dt \Big)^{\frac{3}{4}} \cdot$$

$$\Big(\int_0^4 \mid L(0.8 + it, \chi_1) \mid^4 dt \Big)^{\frac{1}{4}} \leqslant$$

$$235.2 q^{0.1} (\log q)^{\frac{3}{4}} \qquad ㊼$$

当实数 $T \geqslant 4$ 时,由式 ㊴ 可得

$$\int_4^T \mid L(0.8 + it, \chi_1) \mid^4 dt \leqslant 18\ 134.8 (qT)^{0.4} (\log qT)^3$$

所以

$$\int_4^R \mid L(0.8 + it, \chi_1) \mid^4 t^{-1} dt =$$

$$R^{-1} \int_4^R \mid L(0.8 + it, \chi_1) \mid^4 dt +$$

$$\int_4^R \Big(\int_4^t \mid L(0.8 + iu, \chi_1) \mid^4 du \Big) t^{-2} dt \leqslant$$

$$(18\ 134.8 q^{0.4}) \Big(R^{-0.6} (\log Rq)^3 + \int_4^R \frac{(\log qt)^3}{t^{1.6}} dt \Big) \leqslant$$

$$18\ 134.8 q^{0.4} h(q) \qquad ㊽$$

其中

$$h(x) = 0.725\ 5 (\log x)^3 + 6.645 (\log x)^2 +$$

$$26.333(\log x) + 45.823$$

由引理 7 我们有

$$\int_4^R |\zeta(0.8+it)|^4 t^{-0.6}\,dt \leqslant$$

$$R^{-0.6}\int_4^R |\zeta(0.8+it)|^4\,dt +$$

$$0.6\int_4^R \left(\int_4^t |\zeta(0.8+iu)|^4\,du\right)t^{-1.6}\,dt \leqslant$$

$$(19\,938.3)(R^{-0.2}(\log R)^3 +$$

$$0.6\int_4^R t^{-1.2}(\log t)^3\,dt) \leqslant e^{17.618\,945} \qquad ㊾$$

使用赫尔德不等式，由式 ㊽ 和 ㊾ 可得

$$\int_4^R |L(0.8+it,\chi_1)\zeta(0.8+it)|\,t^{-1}\,dt \leqslant$$

$$\left(\int_4^R |L(0.8+it,\chi_1)|^4 t^{-1}\,dt\right)^{\frac{1}{4}} \cdot$$

$$\left(\int_4^R |\zeta(0.8+it)|^{\frac{4}{3}} t^{-1}\,dt\right)^{\frac{3}{4}} \leqslant$$

$$(18\,134.8 q^{0.4} h(q))^{\frac{1}{4}} \cdot$$

$$\left(\int_4^R |\zeta(0.8+it)|^4 t^{-0.6}\,dt\right)^{\frac{1}{4}}\left(\int_4^R t^{-1.2}\,dt\right)^{\frac{1}{2}} \leqslant$$

$$1\,848.7 q^{0.1}(h(q))^{\frac{1}{4}} \qquad ㊿$$

令 $f_8(t)=t^{0.85}-t^{0.8}-1$，当 $t\geqslant 13$ 时，由 $f'_8(t)\geqslant 0$ 和 $f_8(13)\geqslant 0.065>0$ 可得 $f_8(t)\geqslant 0$，故由式 ㊻㊼㊿ 可得

$$\left|\int_{0.8-\beta_1-iR}^{0.8-\beta_1+iR} F(s+\beta_1)R^s s^{-1}\,ds\right| \leqslant$$

$$(21.332\,2)(2\,103.55)R^{0.8-\beta_1} \cdot$$

$$q^{0.15}(h(q))^{\frac{1}{4}} \cdot \left(\prod_{2\leqslant p\leqslant 11} \frac{1+p^{-0.8}}{p^{0.05}}\right) \leqslant$$

$$e^{11.697\,505}R^{0.8-\beta_1}q^{0.15}(h(q))^{\frac{1}{4}} \quad (51)$$

令 $H=q^{\frac{1}{2}}(\sigma^2+t^2)^{\frac{1}{2}}\log q$，则由《解析数论基础》(1984年)中第八章的引理 5 可得

$$|L(\sigma+\mathrm{i}t,\chi_1)|\leqslant\sum_{1\leqslant n\leqslant H}n^{-\sigma}+(\sigma^2+t^2)^{\frac{1}{2}}\cdot\left|\int_H^{+\infty}\frac{\sum_{H\leqslant n\leqslant x}\chi_1(n)}{x^{\sigma+1+\mathrm{i}t}}\mathrm{d}x\right|\leqslant\sum_{1\leqslant n\leqslant H}n^{-\sigma}+H\int_H^{+\infty}x^{-1-\sigma}\mathrm{d}x \quad (52)$$

当 $0.8-\beta_1\leqslant\sigma\leqslant 0.1$ 时，则由式 (52) 可得

$$|L(\sigma+\beta_1+\mathrm{i}R,\chi_1)|\leqslant\sum_{1\leqslant n\leqslant H}n^{-0.8}+H\int_H^{+\infty}x^{-1.8}\mathrm{d}x\leqslant 6.251q^{0.1}R^{0.2}(\log q)^{0.2} \quad (53)$$

因为当 $\mathrm{Re}\,s>0,N\geqslant 1$ 时，有

$$\zeta(s)=\sum_{1\leqslant n\leqslant N}n^{-s}+\frac{N^{1-s}}{s-1}-\frac{1}{2}N^{-s}+s\int_N^{+\infty}\frac{\frac{1}{2}-\{u\}}{u^{s+1}}\mathrm{d}u$$

所以当 $0.8-\beta_1\leqslant\sigma\leqslant 0.1$ 时，有

$$|\zeta(\sigma+\beta_1+\mathrm{i}R)|\leqslant 5.63R^{0.2}$$

由此易得

$$|L(\sigma+\beta_1+\mathrm{i}R,\chi_0)|\leqslant 5.63R^{0.2}\cdot\Big(\prod_{p|q}(1+p^{-0.8})\Big)\leqslant 15.1R^{0.2}q^{0.05} \quad (54)$$

由 $0.8-\beta_1\leqslant\sigma\leqslant 0.1$ 易得

$$|Q(\sigma+\beta_1+\mathrm{i}R,\chi_0)|\leqslant\prod_p(1+3p^{-2(\sigma+\beta_1)}+2p^{-3(\sigma+\beta_1)})\leqslant 10.666\,1$$

故当 $0.8-\beta_1\leqslant\sigma\leqslant 0.1$ 时，由式 (53) 和 (54) 可得

$$\left| \int_{0.8-\beta_1}^{0.1} |L(\sigma+\beta_1+\mathrm{i}R,\chi_1)| \cdot \right.$$

$$L(\sigma+\beta_1+\mathrm{i}R,\chi_0) \cdot$$

$$\left. Q(\sigma+\beta_1+\mathrm{i}R,\chi_0)R^{\sigma} \mid \mathrm{d}\sigma \right| \leqslant$$

$$(6.251)(10.666\ 1)(15.1) \cdot$$

$$(0.3)q^{0.15}R^{0.5}(\log q)^{0.2} \leqslant$$

$$302.04R^{0.5}q^{0.15}(\log q)^{0.2} \qquad \text{⑤}$$

当 $0.1 \leqslant \sigma \leqslant 0.3$ 时容易得到

$$|L(\sigma+\beta_1+\mathrm{i}R,\chi_1)| \leqslant \sum_{n=1}^{\infty} n^{-1.05} \leqslant 21$$

$$|L(\sigma+\beta_1+\mathrm{i}R,\chi_0)| \leqslant 21$$

$$|Q(\sigma+\beta_1+\mathrm{i}R,\chi_0)| \leqslant 10.666\ 1$$

所以我们有

$$\int_{0.1}^{0.3} |L(\sigma+\beta_1+\mathrm{i}R,\chi_1)L(\sigma+\beta_1+\mathrm{i}R,\chi_0) \cdot$$

$$Q(\sigma+\beta_1+\mathrm{i}R,\chi_0)| R^{\sigma}\mathrm{d}\sigma \leqslant 940.8R^{0.3} \qquad \text{⑤⑥}$$

由式 ⑤ 和 ⑤⑥ 可得

$$\left| \int_{0.8-\beta_1+\mathrm{i}R}^{0.3+\mathrm{i}R} F(s+\beta_1)R^s s^{-1}\mathrm{d}s \right| \leqslant$$

$$R^{-1}\int_{0.8-\beta_1}^{0.3} |F(\sigma+\beta_1+\mathrm{i}t)| R^{\sigma}\mathrm{d}\sigma \leqslant$$

$$302.05R^{-0.5}q^{0.15}(\log q)^{0.2} \qquad \text{⑤⑦}$$

与式 ⑤⑦ 完全类似我们可以得到

$$\left| \int_{0.8-\beta_1-\mathrm{i}R}^{0.3-\mathrm{i}R} F(s+\beta_1)R^s s^{-1}\mathrm{d}s \right| \leqslant 302.05R^{-0.5}q^{0.15}(\log q)^{0.2}$$

故由式 ⑤④ ⑤① ⑤⑦ 即可完成本引理的证明.

引理 9 设 χ_1 是模 $q \geqslant 3$ 的原特征，$x \geqslant \mathrm{e}^{\mathrm{e}^{11.503}}$ 是一个实数，$q \leqslant (\log x)^3$，则有

$$L(1,\chi_1) \geqslant 0.002\ 318(\log x)^{-1.5}(\log\log x)^{-2}$$

证明　当 $y > 0$ 是一个实数时,则有

$$\left| L(1,\chi_1) - \sum_{n \leqslant y} \frac{\chi_1(n)}{n} \right| = \left| \sum_{n > y} \frac{\chi_1(n)}{n} \right| \leqslant$$

$$\int_y^\infty \left| \sum_{y < n \leqslant x} \chi_1(n) \right| x^{-2} \mathrm{d}x \leqslant y^{-1} q^{\frac{1}{2}} \log q \qquad ㊳$$

令 $H(t) = \sum_{n=1}^\infty a_n t^n$, 其中 $1 - 10^{-3} \leqslant t < 1, a_n = \sum_{d \mid n} \chi_1(d)$. 因为 $a_n \geqslant 0, a_{m^2} \geqslant 1$, 所以

$$H(t) \geqslant \sum_{m=1}^\infty t^{m^2} > \int_1^\infty t^{u^2} \mathrm{d}u > \int_0^\infty t^{u^2} \mathrm{d}u - 1 =$$

$$\frac{1}{\sqrt{-\log t}} \int_0^\infty \mathrm{e}^{-x^2} \mathrm{d}x - 1 >$$

$$\left[\frac{\sqrt{\pi}}{2\sqrt{2}} \right] \left(\frac{1}{\sqrt{1-t}} \right) - 1 \qquad ㊴$$

令

$$G(t) = H(t) - \frac{L(1,\chi_1)}{1-t}, S_n = \sum_{m=n}^\infty \frac{\chi_1(m)}{m}$$

由于

$$H(t) = \sum_{m=1}^\infty \left(\sum_{n \mid m} \chi_1(n) \right) t^m =$$

$$\sum_{n=1}^\infty \chi_1(n) \sum_{r=1}^\infty t^{nr} =$$

$$\sum_{n=1}^\infty \frac{\chi_1(n) t^n}{1 - t^n}$$

故有

$$G(t) = \sum_{n=1}^\infty \chi_1(n) \frac{t^n}{1-t^n} - \sum_{n=1}^\infty \frac{\chi_1(n)}{n} \cdot \frac{t^n}{1-t} +$$

$$\sum_{n=1}^\infty (S_n - S_{n+1}) \frac{t^n}{1-t} - \frac{L(1,\chi_1)}{1-t} =$$

313

$$\sum_{n=1}^{\infty} \chi_1(n) \left(\frac{t^n}{1-t^n} - \frac{t^n}{n(1-t)} \right) +$$

$$\sum_{n=0}^{\infty} (-S_{n+1} t^n) + \frac{S_1}{1-t} - \frac{L(1, \chi_1)}{1-t} =$$

$$\sum_{n=1}^{\infty} \chi_1(n) \left(\frac{t^n}{1-t^n} - \frac{t^n}{n(1-t)} \right) - \sum_{n=0}^{\infty} S_{n+1} t^n$$

$$⑩$$

由式 ⑱ 可得 $|S_n| \leqslant n^{-1} q^{\frac{1}{2}} \log q$,故我们有

$$\left| \sum_{n=0}^{\infty} S_{n+1} t^n \right| \leqslant q^{\frac{1}{2}} (\log q) \sum_{n=0}^{\infty} \frac{t^n}{n+1} =$$

$$t^{-1} q^{\frac{1}{2}} (\log q) \sum_{n=1}^{\infty} \frac{t^n}{n} \leqslant$$

$$1.001 1 q^{\frac{1}{2}} (\log q) \log \frac{1}{1-t} \qquad ⑪$$

$$\left| \sum_{n=1}^{\infty} \chi_1(n) \left(\frac{t^n}{1-t^n} - \frac{t^n}{n(1-t)} \right) \right| =$$

$$\left| \sum_{n=1}^{\infty} \left(\sum_{m=1}^{n} \chi_1(m) \right) \left(\frac{t^n}{1-t^n} - \frac{t^n}{n(1-t)} - \frac{t^{n+1}}{1-t^{n+1}} + \frac{t^{n+1}}{(n+1)(1-t)} \right) \right| \leqslant$$

$$\frac{q^{\frac{1}{2}} \log q}{1-t} \sum_{n=1}^{\infty} \left| \frac{t^n}{1+t+\cdots+t^{n-1}} - \frac{t^{n+1}}{1+t+\cdots+t^n} - \frac{t^n}{n(n+1)} - \frac{(1-t)t^n}{n+1} \right| \leqslant$$

$$\frac{q^{\frac{1}{2}} \log q}{1-t} \left(\left(\sum_{n=1}^{\infty} \left(\frac{t^n}{1+t+\cdots+t^{n-1}} - \frac{t^{n+1}}{1+t+\cdots+t^n} \right) - \sum_{n=1}^{\infty} \frac{t^n}{n(n+1)} \right) + (1-t) \sum_{n=1}^{\infty} \frac{t^n}{n+1} \right) \leqslant$$

$$\frac{q^{\frac{1}{2}}\log q}{1-t}\left(t-\frac{1-t}{t}\log(1-t)-1\right)+$$

$$(q^{\frac{1}{2}}\log q)\log\frac{1}{1-t}\leqslant$$

$$2.001\ 1q^{\frac{1}{2}}(\log q)\log\frac{1}{1-t}\qquad\qquad ⑥$$

由式 ⑥ ～ ⑥ 易得

$$|G(t)|\leqslant 3.002\ 2q^{\frac{1}{2}}(\log q)\left(\log\frac{1}{1-t}\right)\qquad ⑥$$

取 $t=1-\dfrac{1}{216(\log x)^3(3\log\log x)^4}$，则由式 ⑤ 和 ⑥ 可

得

$$\frac{L(1,\chi_1)}{1-t}=H(t)-G(t)\geqslant$$

$$40.569(\log x)^{1.5}(\log\log x)^2$$

由此极易推得本引理的结论.

　　引理 10　在引理 1、引理 4 和引理 9 的条件下，设 χ 是模 q 的任一特征，$\rho=\beta+i\gamma$ 是 $L(s,\chi)$ 的一个零点，$0.5\leqslant\beta\leqslant\beta_1,\delta_1\leqslant\dfrac{0.004\ 2}{\log\log x}$，则当 $\chi\neq\chi_0,\chi_1,Y\geqslant e^{300}$ 时，有

$$T\geqslant S^2(1+Y^{1.05(\beta-\beta_1)})-e^{18.875\ 801}q^{0.15}\cdot$$

$$(\log q)^{0.2}Y^{0.8-\beta_1}R^{0.8}(\log R)^2\qquad ⑥$$

当 $\chi=\chi_0$ 或者 χ_1 时，我们有

$$T\geqslant S^2\left(1+\frac{4}{5}Y^{1.05(\beta-\beta_1)}\right)-e^{18.875\ 801}q^{0.15}\cdot$$

$$(\log q)^{0.2}Y^{0.8-\beta_1}R^{0.8}(\log R)^2,Y\geqslant e^{300}\qquad ⑥$$

或者有

$$\delta_1\geqslant\frac{1}{5}Y^{\beta-1}\ |\ \Gamma(1-\rho)\ |^{-1}(1-e^{13}R^{-0.2}q^{0.25}\cdot$$

$$(h(q))^{\frac{1}{4}}(\log x)^{1.5}(\log\log x)) \tag{⑥⑥}$$

证明 当 $\chi \neq \chi_0, \chi_1$ 时,我们来考虑级数

$$T_\chi = \sum_{n=1}^{\infty}{}' \mu^2(n) a_n \chi(n) \mathrm{e}^{-\frac{n}{Y}} \cdot n^{-\rho} \Big(\sum_{r \leqslant R}{}' a_r f_r(n) r^{-1} \Big)^2$$

类似于式 ⑤ 我们可以得到

$$2\pi \mathrm{i} T_\chi = \sum_{r,r' \leqslant R}{}'(rr')^{-1} a_r a_{r'} \int_{\mathrm{Re}\, s=1} G_{r,r'}(s+\rho,\chi) \Gamma(s) Y^s \mathrm{d}s \tag{⑥⑦}$$

因为 $L(s,\chi)$ 的零点 $s=\rho$ 与 $\Gamma(s)$ 的极点 $s=0$ 相抵消,所以函数 $G_{r,r'}(s+\rho,\chi)\Gamma(s)Y^s$ 在带形 $0.8-\beta \leqslant \mathrm{Re}\, s \leqslant 1$ 内是解析的,故使用引理 4 中估计 A 的方法可得

$$|T_\chi| \leqslant \mathrm{e}^{18.8758} q^{0.15}(\log q)^{0.2} Y^{0.8-\beta_1} R^{0.8}(\log R)^2 \tag{⑥⑧}$$

令 $\alpha_n = \mu^2(n) a_n \chi(n) n^{-\mathrm{i}\gamma} \Big(\sum_{r \leqslant R} a_r f_r(n) r^{-1} \Big)^2$,则有

$$T_\chi = \sum_{n=1}^{\infty}{}' \alpha_n \mathrm{e}^{-\frac{n}{Y}} \cdot n^{-\beta}, \alpha_1 = S^2$$

由式 ② 可得

$$\alpha_1 = \Big(\sum_{r \leqslant R} a_r f_r(1) r^{-1} \Big)^2 =$$

$$\Big(\sum_{r \leqslant R}{}' d(r) r^{-1} \Big)^2 \leqslant$$

$$0.28(\log R)^4 \tag{⑥⑨}$$

因为 $1-\mathrm{e}^{-\frac{1}{Y}} \leqslant \dfrac{1}{Y}$,所以由式 ⑥⑨ 我们有

$$\Big| \sum_{n=2}^{\infty}{}' \alpha_n \mathrm{e}^{-\frac{n}{Y}} n^{-\beta} \Big| = |T_\chi - \alpha_1 + \alpha_1 - \alpha_1 \mathrm{e}^{-\frac{1}{Y}}| \geqslant$$

$$S^2 - |T_\chi| - 0.28 Y^{-1}(\log R)^4 \tag{⑦⓪}$$

因为 $|\alpha_n| \leqslant d(n) S^2 \leqslant 0.28 d(n)(\log R)^4$,所以由式

① 可得

$$\sum_{n>Y^{1.05}}{}' \mid \alpha_n \mid \mathrm{e}^{-\frac{n}{Y}}n^{-\beta} \leqslant$$

$$0.28(\log R)^4 \sum_{n>Y^{1.05}}{}'d(n)\mathrm{e}^{-\frac{n}{Y}}n^{-\beta} \leqslant$$

$$0.28Y^{-0.525}(\log R)^4 \cdot$$

$$\int_{Y^{1.05}}^{\infty} \Big(\sum_{Y^{1.05}<n\leqslant x} d(n)\Big)Y^{-1}\mathrm{e}^{-\frac{x}{Y}}\mathrm{d}x \leqslant$$

$$0.281Y^{-1.525}(\log R)^4 \cdot$$

$$\int_{Y^{1.05}}^{\infty} x(\log x)\mathrm{e}^{-\frac{x}{Y}}\mathrm{d}x \leqslant$$

$$0.3Y^{0.525}(\log R)^4(\log Y)\mathrm{e}^{-Y^{0.05}} \qquad\qquad ⑦$$

令 $f_9(t)=\mathrm{e}^{0.05t}-0.725t-\log t$，当 $t\geqslant 300$ 时则由

$f'_9(t)=0.05\mathrm{e}^{0.05t}-0.725-\dfrac{1}{t}>0$ 和 $f_9(300)\geqslant \mathrm{e}^{13}$

可得 $f_9(t)\geqslant \mathrm{e}^{13}$. 故当 $Y\geqslant \mathrm{e}^{300}$ 时,有

$$\mathrm{e}^{0.05\log Y} \geqslant 0.725\log Y+\log \log Y+\mathrm{e}^{13}$$

于是由式 ⑥⑦ 和 $1-\mathrm{e}^{-Y^{-1}} \leqslant Y^{-1}$ 可得

$$\sum_{n=2}^{\infty}{}' \mid \alpha_n \mid \mathrm{e}^{-\frac{n}{Y}}n^{-\beta} \leqslant Y^{1.05(\beta_1-\beta)}\sum_{1\leqslant n\leqslant Y^{1.05}}{}' \mid \alpha_n \mid \mathrm{e}^{-\frac{n}{Y}}n^{-\beta_1} +$$

$$\sum_{n>Y^{1.05}}{}' \mid \alpha_n \mid \mathrm{e}^{-\frac{n}{Y}}n^{-\beta} \leqslant$$

$$Y^{1.05(\beta_1-\beta)}\Big(\sum_{n=2}^{\infty} \mid \alpha_n \mid \mathrm{e}^{-\frac{n}{Y}}n^{-\beta_1}\Big) +$$

$$(0.3\mathrm{e}^{-\mathrm{e}^{12}})Y^{-0.2}(\log R)^4 \leqslant$$

$$Y^{1.05(\beta_1-\beta)}(T-S^2) +$$

$$0.0001Y^{-0.2}(\log R)^4 \qquad\qquad ⑦②$$

由式 ⑥⑧⑦⑩⑦② 知式 ⑥④ 能够成立. 当 $\chi=\chi_0$ 或者 χ_1 时,因

为 $s=1$ 是 $L(s,\chi_0)$ 的一个极点,所以由留数定理可得

$$T_\chi = \left(\frac{\varphi(q)}{q}\right) \Gamma(1-\rho) Y^{1-\rho} L(1,\chi_1) Q(1,\chi_0) S + \Delta$$

⑬

其中 $|\Delta| \leqslant e^{18.875\,8} q^{0.15} (\log q)^{0.2} Y^{0.8-\beta_1} R^{0.8} (\log R)^2$.
类似于式 ⑰ 可得

$$\left| \sum_{n=2}^{\infty}{}' \alpha_n e^{-\frac{n}{Y}} n^{-\beta} \right| \geqslant | S^2 - \left(\frac{\varphi(q)}{q}\right) Q(1,\chi_0) \cdot$$
$$L(1,\chi_1) \Gamma(1-\rho) Y^{1-\rho} S | -$$
$$0.28 Y^{-1} (\log R)^4 - |\Delta| =$$
$$H - |\Delta| - 0.28 Y^{-1} (\log R)^4 \quad ⑭$$

当 $H \geqslant \frac{4}{5} S^2$ 时,由式 ⑫ ~ ⑭ 知式 ㊺ 能够成立. 当
$H < \frac{4}{5} S^2$ 时,则我们有

$$| S^2 - \left(\frac{\varphi(q)}{q}\right) Q(1,\chi_0) L(1,\chi_1) | \cdot$$
$$\Gamma(1-\rho) | Y^{1-\beta} S | < \frac{4}{5} S^2$$

所以有

$$S = \theta \left(\frac{\varphi(q)}{q}\right) Q(1,\chi_0) L(1,\chi_1) | \Gamma(1-\rho) | Y^{1-\beta} \quad ⑮$$

其中 $\frac{5}{9} \leqslant \theta \leqslant 5$. 由式 ⑮ 和引理 8 可得

$$㊏\delta_1 | \Gamma(1-\rho) | Y^{1-\beta} \geqslant$$
$$1 + B\delta_1 \left(\frac{q}{\varphi(q)}\right) (Q(1,\chi_0) L(1,\chi_1))^{-1} \quad ⑯$$

又我们有

$$(Q(1,\chi_0))^{-1} = \left(\prod_{\chi_1(p)=1} (1-\rho^{-1})^2 (1+2p^{-1}) \cdot \right.$$
$$\left. \prod_{\chi_1(p)=-1} (1-p^{-2}) \right)^{-1} \leqslant$$

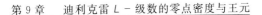

$$\left(\prod_{p}(1-3p^{-2}+2p^{-3})\right)^{-1} \leqslant 4.326$$

$$\frac{q}{\varphi(q)} = \prod_{p|q}\frac{p}{p-1} \leqslant q^{0.1}\prod_{p|q}\frac{p^{0.9}}{p-1} \leqslant 2.67q^{0.1}$$

故由式 ⑦⑥、引理 9 和 $\theta \leqslant 5, \delta_1 \leqslant \dfrac{0.004\,2}{\log\log x}$ 知式 ⑥⑥ 能够

成立. 于是本引理得证.

2.3　定理 1 的证明

不失一般性我们可以假定 $\delta_1 \leqslant \dfrac{0.004\,2}{\log\log x}$. 在引理

10 中取 $\chi = \chi_1$. 当式 ⑥⑤ 成立时, 取 $\rho = \beta_1$, 则由式 ⑥⑤ 以

及引理 4 和引理 8 可得

$$\left(\frac{\varphi(q)}{q}\right)Q(1,\chi_0)L(1,\chi_1)\Gamma(\delta_1)Y^{\delta_1}S\,+$$

$$\mathrm{e}^{19.568\,95}q^{0.15}(\log q)^{0.2}Y^{0.8-\beta_1}R^{0.8}(\log R)^2 \geqslant$$

$$S^2\left(1+\frac{4}{5}Y^{1.05(\beta-\beta_1)}\right) \geqslant$$

$$\left(\frac{\varphi(q)}{q}\right)Q(1,\chi_0)L(1,\chi_1)\cdot$$

$$\delta_1^{-1}S\left(1+\frac{4}{5}Y^{1.05(\beta-\beta_1)}\right)-$$

$$34\,455.6SR^{-0.2}q^{0.15}(h(q))^{\frac{1}{4}} \qquad\qquad ⑦⑦$$

由于

$$\log\Gamma(x) = \left(x-\frac{1}{2}\right)\log x - x + \log\sqrt{2\pi} + \frac{\theta_1}{x}, x > 0$$

其中 $0 < \theta_1 \leqslant \dfrac{1}{8}$. 令 $f_{10}(x) = \log\Gamma(x)$, 当 $0 < x \leqslant$

1.1 时, 有

$$f'_{10}(x) = \log x - \frac{1}{2x} - \frac{\theta}{x^2} < 0$$

所以

$$\delta_1 \Gamma(\delta_1) = \Gamma(1 + \delta_1) \leqslant \lim_{x \to 1^+} \Gamma(x) = \Gamma(1) = 1 \qquad ⑱$$

使用 $S \geqslant 1, h(q) \leqslant 25.42 (\log \log x)^3$,由式 ⑰ 和 ⑱ 可得

$$1.8 \leqslant 1 + \frac{4}{5} Y^{1.05(\beta - \beta_1)} \leqslant$$

$$\delta_1 \Gamma(\delta_1) Y^{\delta_1} + (34\ 455.6 S R^{-0.2} q^{0.15} (h(q))^{\frac{1}{4}} +$$

$$e^{19.568\ 95} q^{0.15} (\log q)^{0.2} Y^{0.8 - \beta_1} R^{0.8} (\log R)^2) \cdot$$

$$\left(\frac{q}{\varphi(q)} \right) (Q(1, \chi_0) L(1, \chi_1))^{-1} \delta_1 S^{-1} \leqslant$$

$$Y^{\delta_1} + e^{14.297\ 413} R^{-0.2} (\log x)^{2.25} (\log \log x)^{1.75} +$$

$$e^{22.829\ 775} Y^{0.8 - \beta_1} R^{0.8} (\log R)^2 \cdot$$

$$(\log x)^{2.25} (\log \log x)^{1.2} \qquad ⑲$$

取 $R = (\log x)^{21}, Y = (\log x)^{115}$,则由式 ⑲ 可得

$$Y^{\delta_1} - 1 \geqslant 0.8 - e^{14.297\ 413} (\log x)^{-1.95} (\log \log x)^{1.75} -$$

$$e^{29.413\ 32} (\log x)^{-3.95} (\log \log x)^{3.2} \qquad ⑳$$

又我们有

$$Y^{\delta_1} - 1 \leqslant \delta_1 Y^{\delta_1} \log Y \leqslant 115 e^{0.483} \delta_1 \log \log x$$

所以由式 ⑳ 可得

$$115 e^{0.483} \delta_1 \log \log x \geqslant 0.8 - 0.021\ 1 - 0.000\ 3 \geqslant$$

$$0.778\ 6$$

由此易知当式 ㊺ 成立时本节的定理能够成立. 当式 ㊻ 成立时,设 $\rho = \beta + i\gamma$ 是 $L(s, \chi_1)$ 的一个零点并且 $\rho \neq$

β_1，$|\gamma| \leqslant 0.005$. 由相关文献中的定理 1[1] 和引理 11[2] 可得

$$|1 - \rho| \geqslant \frac{0.035\ 9}{\log \log x} \qquad \text{⑧}$$

因为

$$\mathrm{Re}\left\{\left(2 - \beta - \mathrm{i}\gamma - \frac{1}{2}\right)\log(2 - \beta - \mathrm{i}\gamma) - (2 - \beta - \mathrm{i}\gamma)\right\} =$$

$$(1.5 - \beta)\log|2 - \beta - \mathrm{i}\gamma| - (2 - \beta) + \gamma \arg(2 - \beta - \mathrm{i}\gamma)$$

所以由式 ⑭ 和 ⑧ 可得

$$|\Gamma(1 - \rho)| = \frac{1}{|1 - \rho|}|\Gamma(2 - \rho)| \leqslant$$

$$\left(\frac{\log \log x}{0.035\ 9}\right)(\sqrt{2\pi})\,\mathrm{e}^{\frac{\pi}{16(2-\beta)} - (2-\beta)} \cdot$$

$$|2 - \beta - \mathrm{i}\gamma|^{1.5 - \beta}\,\mathrm{e}^{-|\gamma|\arctan\frac{|\gamma|}{2-\beta}} \leqslant$$

$$\left(\frac{\sqrt{2\pi}}{0.035\ 9}\right)(\log \log x) \cdot$$

$$(1.5^2 + 0.005^2)^{\frac{1}{2}}\,\mathrm{e}^{\frac{\pi}{16} - 1} \leqslant$$

$$46.889 \log \log x \qquad \text{⑧}$$

在式 ⑥ 中取 $Y = 1$，令 $R \to +\infty$，则由式 ⑥ 和 ⑧ 可得

$$\delta_1 \geqslant \frac{1}{235 \log \log x}$$

这就完成了本节定理的证明。

---

① Chen Jingrun，Wang Tianze. On zeros of Dirichlet's L — functions. Chinese Quarterly Journal of Mathematics.

② Chen Jingrun，Wang Tianze. On the distribution of primes in an arithmetical progression. Scientia Sinica.

§3　表大整数为一个素数
及一个殆素数之和[①]

——王元

本节我们将给某些基于假定广义黎曼猜想成立之下获得的结果以详细的证明[②][③]. 首先，我们将广义黎曼猜想叙于下：

猜想 R　所有迪利克雷 L－函数 $L(s,\chi)$ 的零点的实部皆不大于 $\dfrac{1}{2}$.

由（猜想 R）易推出[③]：

猜想 R*　命 $(l,k)=1$，则

$$\pi(x;k,l)=\sum_{\substack{p\leqslant x \\ p\equiv l(\bmod k)}}1=\frac{\mathrm{Li}\ x}{\varphi(k)}+O(x^{\frac{1}{2}}\log x)$$

此处

$$\mathrm{Li}\ x=\int_{2}^{x}\frac{\mathrm{d}t}{\log t}$$

现在将本节主要结果叙于下：

定理 1　假定猜想 R* 成立，则每个大偶数都是一个素数及一个不超过 3 个素数的乘积之和.

————————

　　① 本文以前曾在《数学学报》（见 1960,10(2):168-181）上发表，但附录是新加的.

　　② Wang Yuan. On sieve methods and some of the related problems. Science Record，1957,1(1):9-11.

　　③ Wang Yuan. On sieve methods and some of their applications. Scientia Sinica, 1959,8:375-381.

定理 2　假定猜想 R^* 成立, 则存在无穷多个素数 p 使 $p+2k$ 最多为 3 个素数的乘积, 此处 k 为一个给定的正整数.

定理 3　假定猜想 R^* 成立, 则每个大奇数都可以表示为 $N=p+2P$, 此处 p 为一个素数, 而 P 为一个素因子个数不超过 3 的殆素数.

定理 4　命 $Z_k(x)$ 为不超过 x 且形如 $(p,p+2k)$ 的素数对的个数, 则

$$Z_k(x) \leqslant 8 \prod_{\substack{p \mid 2k \\ p>2}} \frac{p-1}{p-2} \prod_{p>2} \left(1 - \frac{1}{(p-1)^2}\right) \frac{x}{\log^2 x} +$$

$$O\left(\frac{x}{\log^3 x} \log \log x\right)$$

定理 1,2,3 改进了本节作者[1]与维诺格拉多夫[2]独立并同时得到的结果. 在这些结果中将 3 换成 4 即得我们原来的结果.

若将 $\pi(x;k,l)$ 换成

$$P(x;k,l) = \sum_{\substack{p \leqslant x \\ p \equiv l(\bmod k)}} e^{\frac{p \log x}{x}} \log p$$

则定理 1,2,3 可以由下面较弱的猜想 R^{**} 推出来.

猜想 R^{**}　命 χ 为模 D 的一个特征, 则 $L(s,\chi)$ 在区域

$$|t| \leqslant \log^3 D, \sigma > \frac{1}{2}, s = \sigma + it$$

①　Wang Yuan. On the representation of large integer as a sum of a prime and a product of at most 4 primes. Acta Mathematica Sinica, 1956, 6(4): 565-582.

②　А. И. Виноградов. Применение $\zeta(s)$ к решету Эратосфена. Мат. СБ, 1957, 41: 49-80.

中没有零点.

本节中 $p, p', p'', \cdots; p_1, p_2, \cdots$ 均表示素数.

引理 1 若 $x \geqslant 1$ 及 $z \geqslant 1$，则

$$\sum_{\substack{1 \leqslant n \leqslant z \\ (n,x)=1}} \frac{\mu^2(n)}{\varphi(n)} = \frac{\varphi(x)}{x} \log z + O(\log \log 3x)$$

引理 2 命 $f(k) = \varphi(k) \prod_{p|k} \frac{p-2}{p-1}$. 若 $1 \leqslant z \leqslant x$,

$1 \leqslant y \leqslant x$，则

$$\sum_{\substack{1 \leqslant k \leqslant z \\ (k,2y)=1}} \frac{\mu^2(k)}{f(k)} =$$

$$\frac{1}{2} \prod_{\substack{p|y \\ p>2}} \frac{p-2}{p-1} \prod_{p>2} \left(1 + \frac{1}{p(p-2)}\right) \log z +$$

$$O(\log \log 3x)$$

证明 命 $\psi(q) = \prod_{p|q} \frac{p-2}{p-1}$，则

$$\sum_{\substack{1 \leqslant k \leqslant z \\ (k,2y)=1}} \frac{\mu^2(k)}{f(k)} = \sum_{\substack{1 \leqslant k \leqslant z \\ (k,2y)=1}} \frac{\mu^2(k)}{\varphi(k)} \prod_{p|k} \left(1 + \frac{1}{p-2}\right) =$$

$$\sum_{\substack{1 \leqslant k \leqslant z \\ (k,2y)=1}} \frac{\mu^2(k)}{\varphi(k)} \sum_{q|k} \frac{1}{\psi(q)} =$$

$$\sum_{\substack{q \leqslant z \\ (q,2y)=1}} \frac{\mu^2(q)}{\varphi(q)\psi(q)} \sum_{\substack{t \leqslant z/q \\ (t,2qy)=1}} \frac{\mu^2(q)}{\varphi(t)} =$$

$$\sum_{\substack{q \leqslant z \\ (q,2y)=1}} \frac{\mu^2(q)}{\varphi(q)\psi(q)} \Big[\frac{\varphi(2qy)}{2qy} \log \frac{z}{q} +$$

$$O(\log \log 6qy) \Big] =$$

$$\frac{\varphi(2y)}{2y} \sum_{\substack{q \leqslant z \\ (q,2y)=1}} \frac{\mu^2(q)}{q\psi(q)} \log z +$$

$$O(\log \log 3x) =$$

324

$$\frac{\varphi(2y)}{2y} \prod_{p \nmid 2y} \left(1 + \frac{1}{p(p-2)}\right) \log z +$$

$$O(\log \log 3x) =$$

$$\frac{1}{2} \prod_{\substack{p \mid y \\ p > 2}} \frac{p-2}{p-1} \prod_{p > 2} \left(1 + \frac{1}{p(p-2)}\right) \log z +$$

$$O(\log \log 3x)$$

引理证毕.

命 $2 \leqslant y \leqslant x$ 为两个整数,命

(ω)　　　　　$a, q; a_i, 1 \leqslant i \leqslant r$

为一个适合下面条件的整数列

$$q \leqslant x, (a, q) = 1 \qquad ①$$

若 $p_i \mid y$,则 $a_i \equiv 0 (\mathrm{mod}\ p_i)$,否则 $a_i \not\equiv 0 (\mathrm{mod}\ p_i)(1 \leqslant i \leqslant r)$,此处 $2 < p_1 < \cdots < p_r \leqslant \xi$ 为所有不超过 ξ 而又除不尽 q 的素数.

命 $P_\omega(x, q, \xi)$ 为适合下面条件的素数 p 的个数

$$p \leqslant x, p \equiv a (\mathrm{mod}\ q), p \equiv a_i (\mathrm{mod}\ p_i), 1 \leqslant i \leqslant r$$
$$②$$

则由孙子定理可知同余式组

$$y \equiv a_i (\mathrm{mod}\ p_i), 1 \leqslant i \leqslant r$$

在区间 $1 \leqslant y \leqslant p_1 \cdots p_r$ 中有唯一的解,将这个解记为 a^*. 因此 $P_\omega(x, q, \xi)$ 等于适合下面条件的素数的个数

$$p \leqslant x, p \equiv a (\mathrm{mod}\ q), p \not\equiv a^* (\mathrm{mod}\ p_i), 1 \leqslant i \leqslant r ③$$

定理 5　命 $c > 0$ 及 $P = \prod_{i=1}^{r} p_i$,则在猜想 R^* 成立下,估计式

$$P_\omega(x, q, \xi) \leqslant \frac{\mathrm{Li}\ x}{\varphi(q) \sum_{\substack{1 \leqslant k \leqslant \xi^c \\ k \mid P \\ (k, l) = 1}} \frac{\mu^2(k)}{f(k)}} + O(x^{\frac{1}{2}} \log x \cdot \xi^{2c} \log^2 \xi)$$

对于(ω)一致成立,此处 $f(k) = \varphi(k) \prod\limits_{p \mid k} \dfrac{p-2}{p-1}.$

证明   记 $g(k) = \varphi(k)^{-1}$. 若 $(k, y) = 1$ 及 $k \mid P$,则由猜想 R^* 可知

$$\sum_{\substack{p \leqslant x \\ p \equiv a \,(\mathrm{mod}\, q) \\ p \equiv a^* \,(\mathrm{mod}\, k)}} 1 = \frac{\mathrm{Li}\, x}{\varphi(q)\varphi(k)} + O(x^{\frac{1}{2}} \log x)$$

命

$$\lambda_d = \frac{\mu(d)}{f(d)g(d)} \sum_{\substack{1 \leqslant k \leqslant \xi^c/d \\ (k,d)=1 \\ k \mid P \\ (k,y)=1}} \frac{\mu^2(k)}{f(k)} \Bigg/ \sum_{\substack{1 \leqslant l \leqslant \xi^c \\ l \mid P \\ (l,y)=1}} \frac{\mu^2(l)}{f(l)}$$

此处 $d \mid P$,则

$$P_\omega(x, q, \xi) = \sum_{\substack{p \leqslant x \\ p \equiv a \,(\mathrm{mod}\, q) \\ (p - a^*, P) = 1}} 1 \leqslant \sum_{\substack{p \leqslant x \\ p \equiv a \,(\mathrm{mod}\, q)}} \Bigg(\sum_{\substack{d \mid (p - a^*, P) \\ (d,y)=1}} \lambda_d \Bigg)^2 =$$

$$\sum_{\substack{d_1 \leqslant \xi^c \\ d_1 \mid P \\ (d_1, y) = 1}} \sum_{\substack{d_2 \leqslant \xi^c \\ d_2 \mid P \\ (d_2, y) = 1}} \lambda_{d_1} \lambda_{d_2} \sum_{\substack{p \leqslant x \\ p \equiv a \,(\mathrm{mod}\, q) \\ p \equiv a^* \,\left(\mathrm{mod}\, \frac{d_1 d_2}{(d_1, d_2)}\right)}} 1 =$$

$$\frac{\mathrm{Li}\, x}{\varphi(q)} \sum_{\substack{d_1 \leqslant \xi^c \\ d_1 \mid P \\ (d_1, y) = 1}} \sum_{\substack{d_2 \leqslant \xi^c \\ d_2 \mid P \\ (d_2, y) = 1}} \lambda_{d_1} \lambda_{d_2} \frac{g(d_1)g(d_2)}{g(d_1, d_2)} +$$

$$O\Big(x^{\frac{1}{2}} \log x \Big(\sum_{\substack{d \leqslant \xi^c \\ d \mid P}} \mid \lambda_d \mid \Big)^2 \Big) =$$

$$\frac{\mathrm{Li}\, x}{\varphi(q)} Q + R$$

令

$$S = \sum_{\substack{l \leqslant \xi^c \\ l \mid P \\ (l, y) = 1}} \frac{\mu^2(l)}{f(l)}$$

则

$$\lambda_k g(k) = \frac{1}{S} \sum_{\substack{m \leqslant \xi^c/k \\ (m,k)=1 \\ m|P \\ (m,y)=1}} \frac{\mu(k)}{f(k)} \cdot \frac{\mu^2(m)}{f(m)} =$$

$$\frac{1}{S} \sum_{\substack{m \leqslant \xi^c/k \\ (m,y)=(m,k)=1 \\ m|P}} \frac{\mu(mk)\mu(m)}{f(mk)}$$

当 $(d,y)=1$ 时有

$$\sum_{\substack{d|k|P \\ k \leqslant \xi^c \\ (k,y)=1}} \lambda_k g(k) = \frac{1}{S} \sum_{\substack{d|k|P \\ k \leqslant \xi^c \\ (k,y)=1}} \sum_{\substack{m \leqslant \xi^c/k \\ (m,y)=(m,k)=1 \\ m|P}} \frac{\mu(mk)\mu(m)}{f(mk)} =$$

$$\frac{1}{S} \sum_{\substack{r \leqslant \xi^c \\ r|P \\ (r,y)=1}} \frac{\mu(r)}{f(r)} \sum_{d|k|r} \mu\left(\frac{r}{k}\right) = \frac{1}{S} \cdot \frac{\mu(d)}{f(d)}$$

所以

$$Q = \sum_{\substack{d_1 \leqslant \xi^c \\ d_1|P \\ (d_1,y)=1}} \sum_{\substack{d_2 \leqslant \xi^c \\ d_2|P \\ (d_2,y)=1}} \lambda_{d_1} \lambda_{d_2} g(d_1) g(d_2) \sum_{d|(d_1,d_2)} f(d) =$$

$$\sum_{\substack{d \leqslant \xi^c \\ d|P \\ (d,y)=1}} f(d) \Big(\sum_{\substack{k \leqslant \xi^c \\ d|k|P \\ (k,y)=1}} \lambda_k g(k) \Big)^2 = \frac{1}{S}$$

由 Merten 定理可知当 $d \mid P$ 及 $d \leqslant \xi^c$ 时

$$|\lambda_d| \leqslant \frac{|\mu(d)|}{|f(d)g(d)|} \leqslant \prod_{p|d} \frac{p-1}{p-2} = O(\log \xi)$$

所以

$$R = O(x^{\frac{1}{2}} \log x \cdot \xi^{2c} \log^2 \xi)$$

定理证毕.

命 $\xi > 2$,命 $l < c \leqslant l+1$,此处 l 为一个正整数,
则

$$\sum_{\substack{1 \leqslant n \leqslant \xi^c \\ n|P \\ (n,y)=1}} \frac{\mu^2(n)}{f(n)} = \sum_{\substack{1 \leqslant n \leqslant \xi^c \\ (n,2qy)=1}} \frac{\mu^2(n)}{f(n)} - \sum_{\xi < p \leqslant \xi^c} \sum_{\substack{1 \leqslant n \leqslant \xi^c \\ (n,2qy)=1 \\ p|n}} \frac{\mu^2(n)}{f(n)} +$$

$$\sum_{\substack{\xi < p < p' \\ pp' \leqslant \xi^c}} \sum_{\substack{n \leqslant \xi^c \\ pp'|n \\ (n,2qy)=1}} \frac{\mu^2(n)}{f(n)} + \cdots +$$

$$(-1)^l \sum_{\substack{\xi < p' < \cdots < p^{(l)} \\ p' \cdots p^{(l)} \leqslant \xi^c}} \sum_{\substack{n \leqslant \xi^c \\ p' \cdots p^{(l)}|n \\ (n,2qy)=1}} \frac{|\mu(n)|}{f(n)} =$$

$$\sum_{\substack{1 \leqslant n \leqslant \xi^c \\ (n,2qy)=1}} \frac{\mu^2(n)}{f(n)} - \sum_{\substack{\xi < p \leqslant \xi^c \\ (p,qy)=1}} \frac{1}{f(p)} \cdot$$

$$\sum_{\substack{n \leqslant \xi^c/p \\ (n,2pyq)=1}} \frac{\mu^2(n)}{f(n)} + \cdots +$$

$$(-1)^l \sum_{\substack{\xi < p' < \cdots < p^{(l)} \\ p' \cdots p^{(l)} \leqslant \xi^c \\ (p' \cdots p^{(l)},qy)=1}} \frac{1}{f(p') \cdots f(p^{(l)})} \cdot$$

$$\sum_{\substack{n \leqslant \frac{\xi^c}{p' \cdots p^{(l)}} \\ (n,2p' \cdots p^{(l)}qy)=1}} \frac{\mu^2(n)}{f(n)} \qquad \text{④}$$

若 $3 \leqslant u \leqslant 6$ 及 $x^{\frac{1}{u}} < q \leqslant c_0 x^{\frac{1}{u}}$，则我们取 $\xi = \dfrac{x^{\frac{1}{u}}}{\log^{12} x}$ 及 $c = \dfrac{u-2}{4} < 1.$ 由引理 2 及式 ④ 可知

$$\sum_{\substack{n \leqslant \xi^c \\ n|P \\ (n,y)=1}} \frac{\mu^2(n)}{f(n)} = \sum_{\substack{n \leqslant \xi^c \\ (n,2qy)=1}} \frac{\mu^2(n)}{f(n)} =$$

$$\frac{1}{2} \prod_{\substack{p|qy \\ p>2}} \frac{p-2}{p-1} \prod_{p>2} \left(1 + \frac{1}{p(p-2)}\right) \log \xi +$$

$$O(\log\log 3x) =$$

$$\frac{u-2}{8u} \prod_{\substack{p|qy \\ p>2}} \frac{p-1}{p-2} \cdot$$

$$\prod_{p>2} \left(1 + \frac{1}{p(p-2)}\right) \log x +$$

$$O(\log \log 3x)$$

因此由定理 5 得

$$P_\omega\left(x,q,x^{\frac{1}{u}}\right) \leqslant P_\omega\left(x,q,\frac{x^{\frac{1}{u}}}{\log^{12}x}\right) \leqslant$$

$$\Lambda(u)\frac{c_{qy}x}{\varphi(q)\log^2 x} + O\left(\frac{c_{qy}x}{\varphi(q)}\cdot\frac{\log\log x}{\log^3 x}\right) \quad ⑤$$

此处

$$\Lambda(u) = \frac{8u}{u-2}e^\gamma$$

$$c_{qy} = e^{-\gamma}\prod_{\substack{p\mid qy\\p>2}}\frac{p-1}{p-2}\prod_{p>2}\left(1-\frac{1}{(p-1)^2}\right) \quad ⑥$$

其中 γ 表示欧拉常数.

若 $6\leqslant u\leqslant 13$ 及 $x^{\frac{1}{u}}<q\leqslant c_0 x^{\frac{1}{u}}$，则我们取 $\xi = \dfrac{x^{\frac{1}{u}}}{\log^{12}x}$ 及 $c = \dfrac{u-2}{4}<3$. 因为

$$\sum_{\substack{\xi<p\leqslant\xi^c\\p\nmid qy}}\frac{1}{f(p)} - \sum_{\xi<p\leqslant\xi^c}\frac{1}{p} =$$

$$O\left(\sum_{p>\xi}\frac{1}{p^2}\right) + O\left(\sum_{\substack{p>\xi\\p\mid qy}}\frac{1}{p}\right) = O\left(\frac{1}{\xi}\right)$$

$$\sum_{\substack{\xi<p\leqslant\xi^c\\p\nmid qy}}\frac{1}{f(p)}\sum_{\substack{n\leqslant\xi^c/p\\(n,2qy)=1}}\frac{\mu^2(n)}{f(n)} -$$

$$\sum_{\substack{\xi<p\leqslant\xi^c\\p\nmid qy}}\frac{1}{f(p)}\sum_{\substack{n\leqslant\xi^c/p\\(n,2pqy)=1}}\frac{\mu^2(n)}{f(n)} =$$

$$O\left(\sum_{\substack{\xi<p\leqslant\xi^c\\p\nmid qy}}\frac{1}{f(p)}\sum_{\substack{n\leqslant\xi^c/p\\(n,2qy)=1\\p\mid n}}\frac{\mu^2(n)}{f(n)}\right) =$$

$$O\left(\sum_{\substack{\xi<p\leqslant\xi^c\\p\nmid qy}}\frac{1}{f^2(p)}\sum_{\substack{n\leqslant\xi^c/p^2\\(n,2qy)=1}}\frac{\mu^2(n)}{f(n)}\right) = O\left(\frac{\log x}{\xi}\right)$$

所以

$$\sum_{\xi < p \leqslant \xi^c} \frac{1}{p} \sum_{\substack{n \leqslant \xi^c/p \\ (n, 2qy)=1}} \frac{\mu^2(n)}{f(n)} -$$

$$\sum_{\substack{\xi < p \leqslant \xi^c \\ p \nmid qy}} \frac{1}{f(p)} \sum_{\substack{n \leqslant \xi^c/p \\ (n, 2pqy)=1}} \frac{\mu^2(n)}{f(n)} = O\left(\frac{\log x}{\xi}\right)$$

由引理 2 及式 ④ 可知

$$\sum_{\substack{n \leqslant \xi^c \\ n \mid P \\ (n, y)=1}} \frac{\mu^2(n)}{f(n)} \geqslant \sum_{\substack{n \leqslant \xi^c \\ (n, 2qy)=1}} \frac{\mu^2(n)}{f(n)} - \sum_{\xi < p \leqslant \xi^c} \frac{1}{p} \cdot$$

$$\sum_{\substack{n \leqslant \xi^c/p \\ (n, 2qy)=1}} \frac{\mu^2(n)}{f(n)} + O\left(\frac{\log x}{\xi}\right) =$$

$$\frac{1}{2}(2c - 1 - c\log c) \prod_{\substack{p \mid qy \\ p > 2}} \frac{p-2}{p-1} \cdot$$

$$\prod_{p > 2} \frac{(p-1)^2}{p(p-2)} \log \xi + O(\log\log x)$$

因此,由定理 5 可知式 ⑤ 对于

$$\Lambda(u) = \frac{2u}{\dfrac{u-2}{2} - 1 - \dfrac{u-2}{4}\log\dfrac{u-2}{4}} e^\gamma, 6 \leqslant u \leqslant 13$$

⑦

成立.

命 U 表示方程

$$\frac{u}{4} - 2 - \frac{1}{2}\log\frac{u-2}{4} = 0$$

的根,则

$$\frac{\mathrm{d}\Lambda(u)}{\mathrm{d}u} = \Lambda'(u) \begin{cases} > 0, & 13 \geqslant u > U \\ < 0, & U > u \geqslant 3 \end{cases}$$

因此 $\Lambda(u)$ 在区间 $(3, U)$ 中递减而在区间 $(U, 13)$ 中递增. 由数值计算可知

330

$$7.35 < U < 7.4$$

命 $v > 4$，若 $q = x^{\frac{1}{u}}$ 及 $2 < u \leqslant \dfrac{1}{\dfrac{1}{2} - \dfrac{2}{v}}$，则我们取

$$c = \frac{v}{2}\left(\frac{1}{2} - \frac{1}{u}\right) \leqslant 1 \ \text{及} \ \xi = \frac{x^{\frac{1}{u}}}{\log^{\frac{3}{c}} x}. \ \text{因为}$$

$$\sum_{\substack{n \leqslant \xi^c \\ n \mid P \\ (n,y)=1}} \frac{\mu^2(n)}{f(n)} = \sum_{\substack{n \leqslant \xi^c \\ (n,2qy)=1}} \frac{\mu^2(n)}{f(n)} =$$

$$\frac{u-2}{8u} \prod_{\substack{p \mid qy \\ p>2}} \frac{p-2}{p-1} \prod_{p>2}\left(1 + \frac{1}{p(p-2)}\right)\log x +$$

$$O(\log\log x)$$

所以，由定理 5 得

$$P_\omega(x,q,x^{\frac{1}{v}}) \leqslant P_\omega(x,q,\xi) \leqslant$$

$$\frac{8u}{u-2} \prod_{\substack{p \mid qy \\ p>2}} \frac{p-1}{p-2} \prod_{p>2}\left(1 - \frac{1}{(p-1)^2}\right) \cdot$$

$$\frac{x}{\varphi(q)\log^2 x} + O\left(\frac{xc_{qy}\log\log x}{\log^3 x}\right) =$$

$$\Lambda_1(u)\frac{c_{qy}x}{\varphi(q)\log^2 x} + O\left(\frac{xc_{qy}\log\log x}{\varphi(q)\log^3 x}\right) \qquad ⑧$$

此处

$$\Lambda_1(u) = \frac{8u}{u-2}e^\gamma \qquad ⑨$$

若 $q = x^{\frac{1}{u}}$ 及

$$\frac{1}{\dfrac{1}{2} - \dfrac{2}{v}} < u < \begin{cases} \dfrac{1}{\dfrac{1}{2} - \dfrac{4}{v}}, & v > 8 \\[3mm] \infty, & v \leqslant 8 \end{cases}$$

则我们取 $\xi = \dfrac{x^{\frac{1}{u}}}{\log^3 x}$ 及 $c = \dfrac{v}{2}\left(\dfrac{1}{2} - \dfrac{1}{u}\right)$. 因为

$$\sum_{\substack{n\leqslant \xi^c \\ n\mid P \\ (n,y)=1}} \frac{\mu^2(n)}{f(n)} = \sum_{\substack{n\leqslant \xi^c \\ (n,2qy)=1}} \frac{\mu^2(n)}{f(n)} - \sum_{\xi<p\leqslant \xi^c} \frac{1}{p} \cdot$$

$$\sum_{\substack{n\leqslant \xi^c/p \\ (n,2qy)=1}} \frac{\mu^2(n)}{f(n)} + O\left(\frac{\log x}{\xi}\right) =$$

$$\frac{1}{2v}\left[v\left(\frac{1}{2}-\frac{1}{u}\right)-1-\frac{v}{2}\left(\frac{1}{2}-\frac{1}{u}\right)\cdot\right.$$

$$\left.\log\frac{v}{2}\left(\frac{1}{2}-\frac{1}{u}\right)\right]\cdot$$

$$\prod_{\substack{p\mid qy \\ p>2}}\frac{p-2}{p-1}\prod_{p>2}\frac{(p-1)^2}{p(p-2)}\log x +$$

$$O(\log\log x)$$

所以由定理 5 可知式 ⑧ 仍成立,但

$$\Lambda_1(u) = \frac{2ve^{\gamma}}{v\left(\dfrac{1}{2}-\dfrac{1}{u}\right)-1-\dfrac{v}{2}\left(\dfrac{1}{2}-\dfrac{1}{u}\right)\log\dfrac{v}{2}\left(\dfrac{1}{2}-\dfrac{1}{u}\right)}$$

⑩

因为当 $4 < v < 8$ 时有

$$\Lambda_1'(u) = \frac{\mathrm{d}}{\mathrm{d}u}\Lambda_1(u) = \begin{cases} \dfrac{-16}{(u-2)^2}<0, & 0<c\leqslant 1 \\[2mm] \dfrac{-\dfrac{v^2}{u^2}(1-\log c)}{(2c-1-c\log c)^2}<0, & 1<c\leqslant 2 \end{cases}$$

所以当 $u\leqslant\dfrac{1}{\dfrac{1}{2}-\dfrac{4}{v}}$ 时,$\Lambda_1(u)$ 为一个递减函数.

定理 6 在猜想 R^* 成立之下,估计式

$$P_\omega(x,q,x^{\frac{1}{13}}) > 25.809\,6e^{-\gamma}\prod_{\substack{p>2 \\ p\mid qy}}\frac{p-1}{p-2}\cdot$$

$$\prod_{p>2}\left(1-\frac{1}{(p-1)^2}\right)\frac{x}{\varphi(q)\log^2 x} +$$

$$O\left(\frac{xc_{qy}}{\log^3 x}\right)$$

对于 (ω) 一致成立,此处 q 是一个给定的整数.

引理 3　命 $r \geqslant r_1 \geqslant \cdots \geqslant r_n \geqslant 1$ 为一个整数集合,则在猜想 R^* 成立之下,估计式

$$P_\omega(x, q, p_r) > \frac{\mathrm{ELi}\, x}{\varphi(q)} - |R|$$

对于 (ω) 一致成立,此处

$$E = 1 - \sum_{\substack{a \leqslant r \\ (p_a, y) = 1}} \frac{1}{\varphi(p_a)} + \sum_{\substack{a \leqslant r \\ a > \beta}} \sum_{\substack{\beta \leqslant r \\ (p_a p_\beta, y) = 1}} \frac{1}{\varphi(p_a)\varphi(p_\beta)} - \cdots -$$

$$\overbrace{\sum_{\substack{a \leqslant r \\ a > \beta > \cdots > \mu \\ (p_a p_\beta \cdots p_\mu, y) = 1}} \sum_{\beta \leqslant r_1} \sum_{\gamma \leqslant r_1} \sum_{\delta \leqslant r_2} \cdots \sum_{\mu \leqslant r_n}}^{2n+1\text{个}} \frac{1}{\varphi(p_a)\cdots\varphi(p_\mu)}$$

$$R = O\left((1 + r)(1 + r_1)^2 \cdots (r + r_n)^2 x^{\frac{1}{2}}\log x\right)$$

证明　命 $P_\omega(q; p_1, \cdots, p_r) = P_\omega(x, q, p_r)$. 特别地,我们有 $P_\omega(q) = \pi(x, q, a)$. $P_\omega(q; p_1, \cdots, p_{r-1})$ 与 $P_\omega(q; p_1, \cdots, p_r)$ 之差等于适合下面条件的素数 p 的个数

$$p \leqslant x, p \equiv a(\mathrm{mod}\ q)$$
$$p \not\equiv a_i(\mathrm{mod}\ p_i), 1 \leqslant i \leqslant r - 1$$
$$p \equiv a_r(\mathrm{mod}\ p_r)$$

由孙子定理可知同余式组

$$\begin{cases} y \equiv a_r(\mathrm{mod}\ p_r) \\ y \equiv a(\mathrm{mod}\ q) \end{cases}$$

在右区间 $1 \leqslant a^* \leqslant qp_r$ 中有唯一的解. 若 $p_r \nmid y$,则 $(a^*, qp_r) = 1$,否则 $(a^*, qp_r) > 1$. 为简单计,我们记 (ω) 表示所有 (ω_r). 所以

$$P_\omega(q; p_1, \cdots, p_{r-1}) - P_\omega(q; p_1, \cdots, p_r)$$

$$
\begin{cases}
= P_\omega(qp_r\,;p_1,\cdots,p_{r-1}), & p_r \nmid y \\
\leqslant 1, & p_r \mid y
\end{cases}
$$

$$
P_\omega(q\,;p_1,\cdots,p_r) =
$$

$$
P_\omega(q) - \sum_{\substack{\alpha=1\\ p_\alpha \nmid y}}^{r} P_\omega(qp_\alpha\,;p_1,\cdots,p_{\alpha-1}) - \theta r, 0 \leqslant \theta \leqslant 1
$$

运用这个公式 r 次并给予限制 $\beta \leqslant r_1$，则得

$$
P_\omega(q\,;p_1,\cdots,p_r) \geqslant P_\omega(q) - \sum_{\substack{\alpha=1\\ p_\alpha \nmid y}}^{r} P_\omega(qp_\alpha) +
$$

$$
\sum_{\substack{\alpha \leqslant r}} \sum_{\substack{\beta \leqslant r_1\\ \alpha > \beta\\ (p_\alpha p_\beta,\,y)=1}} P_\omega(qp_\alpha p_\beta\,;p_1,\cdots,p_{\beta-1}) -
$$

$$
\theta(r+rr_1),0 \leqslant \theta \leqslant 1
$$

命 $r \geqslant r_1 \geqslant \cdots \geqslant r_n \geqslant 1$ 为一个整数列. 由于

$$
P_\omega(qp_\alpha \cdots p_\mu\,;p_1,\cdots,p_{\mu-1}) \leqslant P_\omega(qp_\alpha \cdots p_\mu)
$$

所以

$$
P_\omega(q\,;p_1,\cdots,p_r) \geqslant P_\omega(q) - \sum_{\substack{\alpha \leqslant r\\ (p_\alpha,\,y)=1}} P_\omega(qp_\alpha) +
$$

$$
\sum_{\substack{\alpha \leqslant r}} \sum_{\substack{\beta \leqslant r_1\\ \alpha > \beta\\ (p_\alpha p_\beta,\,y)=1}} P_\omega(qp_\alpha p_\beta) - \cdots -
$$

$$
\overbrace{\sum_{\substack{\alpha \leqslant r}} \sum_{\substack{\beta \leqslant r_1\\ \alpha > \beta > \cdots > \mu\\ (p_\alpha p_\beta \cdots p_\mu,\,y)=1}} \cdots \sum_{\mu \leqslant r_n}}^{2n+1 \uparrow} P_\omega(qp_\alpha \cdots p_\mu) -
$$

$$
(1+r)(1+r_1)^2 \cdots (1+r_n)^2
$$

因为我们已假定猜想 R^* 成立，所以

$$
P_\omega(q\,;p_1,\cdots,p_r) \geqslant \frac{\mathrm{ELi}\,x}{\varphi(q)} - |R|
$$

引理成立.

定理 6 的证明　　命 ε 为一个足够小的正数,命 $h = \dfrac{55}{35} + \varepsilon$,则存在 δ_0 使当 $\delta > \delta_0$ 时

$$\begin{cases} \displaystyle\sum_{\substack{\delta < p \leqslant \delta^h \\ p \nmid qy}} \frac{1}{\varphi(p)} < \log(h + \varepsilon) < 0.452 = \tau \\[4mm] \displaystyle\prod_{\substack{\delta < p \leqslant \delta^h \\ p \nmid qy}} \left(1 - \frac{1}{\varphi(p)}\right)^{-1} < h + \varepsilon < 1.572 = \lambda \end{cases}$$

命 $p_r = p_{r_1}$ 表示不超过 $x^{\frac{1}{13}}$ 的最大素数. 若 $2 \leqslant k \leqslant t+1$,我们用 p_{r_k} 表示不超过 $x^{\frac{1}{13h^{k-1}}}$ 的最大素数,此处 $p_{r_{t+1}}$ 具有性质 $p_{r_{t+1}}^{\frac{1}{h}} < \delta_0 \leqslant p_{r_{t+1}}$.命 n 为满足 $2n > 2t + r_{t+1}$ 的一个整数,命 $r_k = r_{t+1} (t+1 \leqslant k \leqslant n)$,则我们得[1]

$$P_\omega\left(x, q, x^{\frac{1}{13}}\right) > \frac{\mathrm{ELi}\, x}{\varphi(q)} - |R|$$

此处

$$E > (1 - 0.007\,319\,3) \prod_{\substack{2 < p \leqslant x^{\frac{1}{13}} \\ p \nmid qy}} \left(1 - \frac{1}{\varphi(p)}\right) >$$

$$25.809\,6\mathrm{e}^{-\gamma} \prod_{\substack{p \mid qy \\ p > 2}} \frac{p-1}{p-2} \cdot$$

$$\prod_{p > 2} \left(1 - \frac{1}{(p-1)^2}\right) \frac{1}{\log x} + O\left(\frac{c_{qy}}{\log^2 x}\right)$$

$$R = O\left(x^{\frac{1}{2} + \frac{3}{13} + \frac{2}{13h} + \frac{2}{13h^2} + \cdots} \log x\right) =$$

———————

①　Wang Yuan. On the representation of large integer as a sum of a prime and a product of at most 4 primes. Acta Mathematica Sinica,1956,6(4): 565-582.

$$O(x^{\frac{1}{2}+\frac{3}{13}+\frac{2}{13(h-1)}}\log x) =$$

$$O\left(\frac{x}{\log^3 x}\right)$$

故得定理.

定理 7　命 α, β 为两个满足 $8 > \beta > 4$ 与 $\beta \geqslant \alpha > 2$ 的正数,则

$$\sum_{\substack{x^{\frac{1}{\beta}} < p \leqslant x^{\frac{1}{\alpha}} \\ p \nmid qy}} P_\omega(x, pq, x^{\frac{1}{\beta}}) \leqslant$$

$$\left(\frac{c_{qy}}{\varphi(q)}\int_\alpha^\beta \frac{\Lambda_1(u)}{u}du\right)\frac{x}{\log^2 x} + O\left(\frac{c_{qy}x}{\log^3 x}\log\log x\right)$$

此处 q 是一个给定的正整数.

证明　命 $n = [\log x], u_l = \alpha + \dfrac{\beta-\alpha}{n}l (0 \leqslant l \leqslant n)$,
则

$$\sum_{\substack{x^{\frac{1}{\beta}} < p \leqslant x^{\frac{1}{\alpha}} \\ p \nmid qy}} P_\omega(x, pq, x^{\frac{1}{\beta}}) =$$

$$\sum_{l=0}^{n-1}\sum_{\substack{x^{\frac{1}{u_{l+1}}} < p \leqslant x^{\frac{1}{u_l}} \\ p \nmid qy}} P_\omega(x, x^{\frac{1}{\frac{\log x}{\log pq}}}, x^{\frac{1}{\beta}}) = \sum_{l=0}^{n-1} T_l$$

$$T_l = \sum_{\substack{x^{\frac{1}{u_{l+1}}} < p \leqslant x^{\frac{1}{u_l}} \\ p \nmid qy}} P_\omega(x, x^{\frac{1}{\frac{\log x}{\log pq}}}, x^{\frac{1}{\beta}}) \leqslant$$

$$\sum_{\substack{x^{\frac{1}{u_{l+1}}} < p \leqslant x^{\frac{1}{u_l}} \\ p \nmid qy}} \Lambda_1\left(\frac{\log x}{\log pq}\right)\frac{c_{qy}x}{\varphi(p)\varphi(q)\log^2 x} +$$

$$O\left(\frac{c_{qy}x}{\log^3 x}\log\log x \log\frac{u_{l+1}}{u_l}\right)$$

因为

$$\Lambda_1\left(u + O\left(\frac{1}{\log x}\right)\right) = \Lambda_1(u) + O\left(\frac{1}{\log x}\right)$$

及 $\Lambda_1(u)$ 是一个递减函数，所以

$$T_l \leqslant \Lambda_1(u_l)\frac{c_{qy}x}{\varphi(q)\log^2 x}\log\frac{u_{l+1}}{u_l} +$$

$$O\left(\frac{c_{qy}x}{\log^3 x}\log\log x\,\log\frac{u_{l+1}}{u_l}\right)$$

因为

$$\sum_{l=0}^{n-1}\Lambda_1(u_l)\log\frac{u_{l+1}}{u_l} - \int_\alpha^\beta\frac{\Lambda_1(u)}{u}du \leqslant$$

$$\sum_{l=0}^{n-1}(\Lambda_1(u_{l+1})-\Lambda_1(u_l))\max_{0\leqslant l\leqslant n-1}\log\frac{u_{l+1}}{u_l} =$$

$$O\left(\frac{1}{n}\right) = O\left(\frac{1}{\log x}\right)$$

所以

$$\sum_{l=0}^{n-1}T_l \leqslant \left(\frac{c_{qy}}{\varphi(q)}\int_\alpha^\beta\frac{\Lambda_1(u)}{u}du\right)\frac{x}{\log^2 x} + O\left(\frac{c_{qy}x}{\log^3 x}\log\log x\right)$$

定理证毕.

定理 8　命 $3 \leqslant \alpha < \beta \leqslant 13$ 为两个给定的数，则

$$P_\omega(x,q,x^{\frac{1}{\alpha}}) \geqslant P_\omega(x,q,x^{\frac{1}{\beta}}) - \frac{c_{qy}x}{\varphi(q)\log^2 x} \cdot$$

$$\int_\alpha^\beta\frac{\Lambda(u)}{u}du + O\left(\frac{c_{qy}x}{\log^3 x}\log\log x\right)$$

此处 q 是一个给定的正整数.

证明　显然我们可以假定 $\alpha < U < \beta$. 我们估计

$$P_\omega(x,q,x^{\frac{1}{\beta}}) - P_\omega(x,q,x^{\frac{1}{U}})$$

与

$$P_\omega(x,q,x^{\frac{1}{U}}) - P_\omega(x,q,x^{\frac{1}{\alpha}})$$

$P_\omega(x,q,p_m)$ 与 $P_\omega(x,q,p_{m+1})$ 之差为适合下面条件

$$p \leqslant x, p \equiv a\,(\bmod\ q)$$

$$p \not\equiv a_i (\mathrm{mod}\ p_i), i \leqslant m$$

$$p \equiv a_{m+1} (\mathrm{mod}\ p_{m+1})$$

的素数个数. 若 $p_{m+1} \nmid y$，则由定义可知它等于 $P_\omega(x, qp_{m+1}, p_m)$，否则它等于 0 或 1. 所以

$$P_\omega(x, q, p_m) - P_\omega(x, q, p_{m+1}) \begin{cases} = P_\omega(x, qp_{m+1}, p_m), \\ p_{m+1} \nmid y \\ \leqslant 1, \\ p_{m+1} \mid y \end{cases}$$

将 $x^{\frac{1}{U}}$ 与 $x^{\frac{1}{\alpha}}$ 之间的素数排列为

$$p_t \leqslant x^{\frac{1}{U}} < p_{t+1} < \cdots < p_s \leqslant x^{\frac{1}{\alpha}} < p_{s+1}$$

则

$$P_\omega(x, q, x^{\frac{1}{U}}) =$$

$$P_\omega(x, q, x^{\frac{1}{\alpha}}) + \sum_{\substack{t \leqslant i < s \\ p_{i+1} \nmid qy}} P_\omega(x, qp_{i+1}, p_i) + O(1)$$

命 $n = [\log x]$ 及 $u_m = \alpha + \dfrac{U - \alpha}{n} m \, (0 \leqslant m \leqslant n)$，并置

$$T = \sum_{\substack{t \leqslant i < s \\ p_{i+1} \nmid qy}} P_\omega(x, qp_{i+1}, p_i) = \sum_{m=0}^{n-1} T_m$$

因为 $p_i < qp_{i+1} < 4qp_i$ 及 $\Lambda(u)$ 为区间 (α, U) 中的递减函数，所以

$$T_m = \sum_{\substack{x^{\frac{1}{u_{m+1}}} < p_{i+1} \leqslant x^{\frac{1}{u_m}} \\ p_{i+1} \nmid qy}} P_\omega(x, qp_{i+1}, p_i) =$$

$$\sum_{\substack{x^{\frac{1}{u_{m+1}}} < p_{i+1} \leqslant x^{\frac{1}{u_m}} \\ p_{i+1} \nmid qy}} P_\omega(x, qp_{i+1}, x^{\frac{\log p_i}{\log x}}) \leqslant$$

$$\Lambda(u_m) \frac{c_{qy} x}{\varphi(q) \log^2 x} \log \frac{u_{m+1}}{u_m} +$$

$$O\left(\frac{c_{qy}x}{\log^3 x}\log\log x \log\frac{u_{m+1}}{u_m}\right)$$

因为

$$\sum_{m=0}^{n-1}\Lambda(u_m)\log\frac{u_{m+1}}{u_m}-\int_a^U\frac{\Lambda(u)}{u}\mathrm{d}u=O\left(\frac{1}{\log x}\right)$$

所以

$$T\leqslant\left(\frac{c_{qy}}{\varphi(q)}\int_a^U\frac{\Lambda(u)}{u}\mathrm{d}u\right)\frac{x}{\log^2 x}+O\left(\frac{c_{qy}x}{\log^3 x}\log\log x\right)$$

因此

$$P_\omega(x,q,x^{\frac{1}{U}})\leqslant P_\omega(x,q,x^{\frac{1}{a}})+$$
$$\left(\frac{c_{qy}}{\varphi(q)}\int_a^U\frac{\Lambda(u)}{u}\mathrm{d}u\right)\frac{x}{\log^2 x}+$$
$$O\left(\frac{c_{qy}x}{\log^3 x}\log\log x\right)$$

类似地, 我们有

$$P_\omega(x,q,x^{\frac{1}{\beta}})\leqslant P_\omega(x,q,x^{\frac{1}{U}})+$$
$$\left(\frac{c_{qy}}{\varphi(q)}\int_U^\beta\frac{\Lambda(u)}{u}\mathrm{d}u\right)\frac{x}{\log^2 x}+$$
$$O\left(\frac{c_{qy}x}{\log^3 x}\log\log x\right)$$

故定理得证.

命 $4<v<8,2<u\leqslant v$ 为两个给定的正数, 命 M 表示适合下面条件的素数集合

$$p\leqslant x,p\equiv a(\mathrm{mod}\ q),p\not\equiv a_i(\mathrm{mod}\ p_i),i\leqslant s$$
$$p\not\equiv a_{s+j}(\mathrm{mod}\ p_{s+j}^2),j\leqslant t-s \qquad ⑪$$

此处 $p_s\leqslant x^{\frac{1}{v}}<p_{s+1},p_t\leqslant x^{\frac{1}{u}}<p_{t+1}$ 及 q 为一个给定的正整数.

M 的元素个数记为 $M_\omega(x,x^{\frac{1}{v}},x^{\frac{1}{u}})$.

引理 4　存在诸整数列 (ω_j) 使 M 中至少适合同

余式

$$p \not\equiv a_{s+j} (\mathrm{mod}\ p_{s+j}), 1 \leqslant j \leqslant t - s \qquad ⑫$$

中的 l 个的元素个数不超过

$$\frac{1}{l} \sum_{\substack{j \leqslant t-s \\ p_{s+j} \nmid y}} P_{\omega_j}(x, qp_{s+j}, x^{\frac{1}{v}})$$

证明 命 Γ_j 为 M 的子集,其元素适合同余式

$$p \equiv a_{s+j} (\mathrm{mod}\ p_{s+j})$$

现在我们来估计 Γ_j 的元素个数. 若 $p_{s+j} \mid y$,则 Γ_j 的元素个数为 0 或 1. 假定 $p_{s+j} \nmid y$,记同余方程组

$$\begin{cases} n \equiv a_{s+j} (\mathrm{mod}\ p_{s+j}) \\ n \equiv a (\mathrm{mod}\ q) \end{cases}$$

的解为 $\tilde{a}_{s+j}$. 命

$$(\omega_j) \qquad \tilde{a}_{s+j}, qp_{s+j}; a_i, 1 \leqslant i \leqslant t$$

则 Γ_j 的元素个数不超过 $P_{\omega_j}(x, qp_{s+j}, x^{\frac{1}{v}})$.

若 M 的元素至少适合 ⑫ 中 l 个同余式,则它至少属于 l 个不同的 Γ_j. 因此 M 的元素,它至少适合 ⑫ 中 l 个同余式的个数不超过

$$\frac{1}{l} \sum_{\substack{j \leqslant t-s \\ p_{s+j} \nmid y}} P_{\omega_j}(x, qp_{s+j}, x^{\frac{1}{v}})$$

故得引理.

定理 9 M 中的元素至少满足 ⑫ 中的 m 个同余式的个数不少于

$$P_\omega(x, q, x^{\frac{1}{v}}) - \frac{1}{m+1} \left(\int_u^v \Lambda_1(t)\ \frac{\mathrm{d}z}{z} \right) \cdot$$

$$\frac{c_{qy} x}{\varphi(q) \log^2 x} + O\left(\frac{c_{qy} x}{\log^3 x} \log \log x \right) \qquad ⑬$$

证明 因为

$$P_\omega(x, q, x^{\frac{1}{v}}) - M_\omega(x, x^{\frac{1}{v}}, x^{\frac{1}{u}}) \leqslant$$

$$\sum_{j \leqslant t-s} \sum_{\substack{p \equiv a_{s+j} \,(\bmod\, p_{s+j}^2) \\ p \leqslant x}} 1 \leqslant$$

$$\sum_{1 \leqslant j \leqslant t-s} \left(\frac{x}{p_{s+j}^2} + 1 \right) =$$

$$O(x^{\frac{1}{u}}) + O(x^{1-\frac{1}{v}})$$

所以由引理 4 与定理 7 可知 M 的元素至少适合 ⑫ 中的 m 个同余式的个数不少于

$$M_\omega(x, x^{\frac{1}{v}}, x^{\frac{1}{u}}) - \frac{1}{m+1} \cdot$$

$$\sum_{\substack{j \leqslant t-s \\ p_{s+j} \leqslant y}} P_{\omega_j}(x, q p_{s+j}, x^{\frac{1}{v}}) + O(1) \geqslant$$

$$P_\omega(x, q, x^{\frac{1}{v}}) - \frac{1}{m+1} \left(\int_u^v \Lambda_1(z) \frac{\mathrm{d}z}{z} \right) \cdot$$

$$\frac{c_{qy} x}{\varphi(q) \log^2 x} + O\left(\frac{c_{yq} x}{\log^3 x} \log \log x \right)$$

定理证毕.

由定理 6 及定理 8 可知

$$P_\omega(x, q, x^{\frac{1}{6}}) > \left(25.809\,6 - \int_6^{13} \frac{\Lambda(u)}{u} \mathrm{d}u \right) \frac{c_{yq} x}{\varphi(q) \log^2 x} +$$

$$O\left(\frac{c_{qy} x}{\log^3 x} \log \log x \right) >$$

$$8.4 \frac{c_{yq} x}{\varphi(q) \log^2 x} + O\left(\frac{c_{qy} x}{\log^3 x} \log \log x \right)$$

（i）命 $x = y$ 为偶数,命

（ω_1）　　　$a = 1, q = 2; a_i = x, i = 1, 2, \cdots$

由 ⑨ 可知存在一个正常数 x_1,使当 $x > x_1$ 时有

$$P_{\omega_1}(x, 2, x^{\frac{1}{6}}) - \frac{1}{3} \left(\int_3^6 \frac{\Lambda_1(u)}{u} \mathrm{d}u \right) \cdot$$

$$\frac{c_{2x} x}{\log^2 x} + O\left(\frac{c_{2x} x}{\log^3 x} \log \log x \right) >$$

$$(8.4 - 6.588)\frac{c_{2_x}x}{\log^2 x} +$$

$$O\left(\frac{c_{2_x}x}{\log^3 x}\log\log x\right) > \frac{c_{2_x}x}{\log^2 x} > 1$$

因此由定理 9 可知，当 $x > x_1$ 时存在一个素数 p 满足 $1 < p < x-1$ 及 $x-p$ 没有小于或等于 $x^{\frac{1}{6}}$ 的素因子，它在区间 $x^{\frac{1}{6}} < p' \leqslant x^{\frac{1}{3}}$ 中最多只有 2 个素因子，因此 $x-p$ 为不超过 3 个素数的乘积. 由于 $x = p + x - p$，故得定理 1.

（ii）命 $x = y$ 为一个奇数，命

$$(\omega_2) \qquad a = x-2, q = 4; a_i = x, i = 1, 2, \cdots$$

则由 ⑨ 可知存在一个正常数 x_2，使当 $x > x_2$ 时有

$$P_{\omega_2}(x, 4, x^{\frac{1}{6}}) - \frac{1}{3}\left(\int_3^6 \frac{\Lambda_1(u)}{u}\mathrm{d}u\right)\frac{c_{4_x}x}{2\log^2 x} +$$

$$O\left(\frac{c_{4_x}x}{\log^3 x}\log\log x\right) > \frac{c_{4_x}x}{2\log^2 x} > 2$$

因此由定理 9 可知，当 $x > x_2$ 时存在一个素数 p 满足 $p < x-3$ 及 $\dfrac{x-p}{2}$ 没有小于或等于 $x^{\frac{1}{6}}$ 的素因子，它在区间 $x^{\frac{1}{6}} < p' \leqslant x^{\frac{1}{3}}$ 中最多只有 2 个素因子，因此 $\dfrac{x-p}{2}$ 为一个不超过 3 个素数的乘积，故得定理 3.

（iii）命 k 为一个正整数，命

$$(\omega_3) \qquad a = 1, q = 2; a_i = -2k, i = 1, 2, 3, \cdots$$

则由 ⑨ 可知存在一个正常数 x_3，使当 $x > x_3$ 时有

$$P_{\omega_3}(x, 2, x^{\frac{1}{6}}) - \frac{1}{3}\left(\int_3^6 \frac{\Lambda_1(u)}{u}\mathrm{d}u\right)\frac{c_{4k}x}{\log^2 x} +$$

$$O\left(\frac{x}{\log^3 x}\log\log x\right) > \frac{c_{4k}x}{\log^2 x}$$

所以由 ⑨ 可知，当 $x > x_3$ 时存在不少于 $\dfrac{c_{4k} x}{\log^2 x}$ 个素数 p 满足 $1 < p \leqslant x$ 及 $p + 2k$ 最多只有 3 个素因子，故得定理 2.

取 $c = 1$，则由引理 2 与定理 5 可知

$$P_{\omega_3}\left(x, 2, \frac{x^{\frac{1}{4}}}{\log^3 x}\right) \leqslant 8 \prod_{\substack{p \mid 2k \\ p > 2}} \frac{p-1}{p-2} \prod_{p > 2}\left(1 - \frac{1}{(p-1)^2}\right) \cdot$$

$$\frac{x}{\log^2 x} + O\left(\frac{x}{\log^3 x} \log \log x\right)$$

由于

$$Z_k(x) = \sum_{\substack{p < \frac{x^{\frac{1}{4}}}{\log^3 x} \\ p + 2k = p'}} 1 + \sum_{\substack{\frac{x^{\frac{1}{4}}}{\log^3 x} < p \leqslant x \\ p + 2k = p'}} 1 \leqslant$$

$$O(x^{\frac{1}{4}}) + P_{\omega_3}\left(x, 2, \frac{x^{\frac{1}{4}}}{\log^3 x}\right) \leqslant$$

$$8 \prod_{\substack{p \mid 2k \\ p > 2}} \frac{p-1}{p-2} \prod_{p > 2}\left(1 - \frac{1}{(p-1)^2}\right) \cdot$$

$$\frac{x}{\log^2 x} + O\left(\frac{x}{\log^3 x} \log \log x\right)$$

故得定理 4.

附录

（1）我们将弱广义黎曼猜想叙述于下：

（R_δ）所有迪利克雷 L - 函数 $L(s, \chi)$ 的所有零点的实部皆不大于 δ^{-1}，此处 $1 < \delta \leqslant 2$.

特别地，（R_2）就是熟知的广义黎曼猜想.

为简单计，我们将下面的命题记为 $(1, A)$：

每个充分大的偶数皆为一个素数及一个素因子个数不超过 A 的殆素数之和.

在此我们陈述下面改进得更精密的结果：

定理 10 $(1,3)$可以由(R_{δ_1})推出来,此处$\delta_1 \geqslant \dfrac{2.475}{1.475}$及$(1,4)$可以从$(R_{\delta_2})$推出来,此处$\delta_2 \geqslant \dfrac{3.237}{2.237}$.

所有以下的结果都是在假设(R_δ)之下推出来的,不再声明.

(2) 命$\eta = \dfrac{\delta}{\delta-1}$,则$x^{\frac{1}{u}} \leqslant q \leqslant c_0 x^{\frac{1}{u}}$,此处$c_0$为一个常数,则估计式

$$P_\omega(x,q,x^{\frac{1}{u}}) \leqslant \Lambda(u)\frac{c_{qy}x}{\varphi(q)\log^2 x} + O\left(\frac{c_{qy}\log\log x}{\varphi(q)\log^3 x}\right)$$

⑭

对于(ω)一致成立,此处

$$\Lambda(u) = \frac{4\eta u}{u-\eta}\mathrm{e}^\gamma, \eta < u \leqslant 3\eta \qquad ⑮$$

及

$$\Lambda(u) = \frac{4u\mathrm{e}^\gamma}{\dfrac{u-\eta}{\eta} - 1 - \dfrac{u-\eta}{2\eta}\log\dfrac{u-\eta}{2\eta}}, 3\eta < u \leqslant 7\eta$$

⑯

(3) 命$v > 2\eta$为一个给定的数及$q = x^{\frac{1}{u}}$,则

$$P_\omega(x,q,x^{\frac{1}{v}}) \leqslant \Lambda_1(u)\frac{c_{qy}x}{\varphi(q)\log^2 x} + O\left(\frac{xc_{qy}\log\log x}{\varphi(q)\log^3 x}\right)$$

⑰

对于(ω)一致成立,此处

$$\Lambda_1(u) = \frac{4\eta u}{u-\eta}\mathrm{e}^\gamma \qquad ⑱$$

对于$\eta < u \leqslant \dfrac{1}{\dfrac{1}{\eta} - \dfrac{2}{v}}$成立,及

$$\Lambda_1(u) = \frac{2v\mathrm{e}^\gamma}{v\left(\dfrac{1}{\eta} - \dfrac{1}{u}\right) - 1 - \dfrac{v}{2}\left(\dfrac{1}{\eta} - \dfrac{1}{u}\right)\log\dfrac{v}{2}\left(\dfrac{1}{\eta} - \dfrac{1}{u}\right)}$$

⑲

对于

$$\frac{1}{\frac{1}{\eta}-\frac{2}{v}} < v < \begin{cases} \dfrac{1}{\dfrac{1}{\eta}-\dfrac{4}{v}}, & v > 4\eta \\[3mm] \infty, & v \leqslant 4\eta \end{cases}$$

成立.

（4）命 q 为一个整数,则

$$P_\omega(x,q,x^{\frac{1}{6.5\eta}}) > \lambda(6.5\eta)\frac{c_{qy}x}{\varphi(q)\log^2 x} + O\left(\frac{xc_{qy}}{\log^3 x}\right)$$

⑳

此处

$$\lambda(6.5\eta) \geqslant 2\eta \cdot 6.453\ 306 \qquad ㉑$$

证明类似于定理 6 的证明,本质的差别为在此我们取 $\tau=0.452$ 与 $\lambda=1.571\ 5$,从而获得更为准确的估计

$$\sum_{k=0}^{\infty}\frac{\lambda^{k+1}\bigl[(k+1)\tau\bigr]^{2k+4}}{(2k+4)!} <$$

$$\sum_{k=0}^{6}\frac{\lambda^{k+1}\bigl[(k+1)\tau\bigr]^{2k+4}}{(2k+4)!} +$$

$$\frac{\lambda^8(8\tau)^{18}}{18!}\sum_{k=0}^{\infty}\left(\frac{\lambda\tau^2 e^2}{4}\cdot\frac{6\ 561}{6\ 080}\right)^k <$$

$$0.007\ 183\ 682$$

（5）命 $\eta < \alpha < \beta \leqslant 6.5\eta$ 为两个正数,命 q 为一个正整数,则

$$P_\omega(x,q,x^{\frac{1}{\alpha}}) \geqslant P_\omega(x,q,x^{\frac{1}{\beta}}) -$$

$$\frac{c_{qy}x}{\varphi(q)\log^2 x}\int_\alpha^\beta\frac{\Lambda(u)}{u}\mathrm{d}u +$$

$$O\left(\frac{c_{qy}x}{\log^3 x}\log\log x\right) \qquad ㉒$$

（6）命 u,v 为两个数且满足 $2\eta < v < 10\eta$ 与 $\eta < u < v$，命 M 表示适合下面条件的素数 p 的集合

$$p \leqslant x, p \equiv a(\bmod q), p \not\equiv a_i(\bmod p_i), i \leqslant s$$

$$p \not\equiv a_{s+j}(\bmod p_{s+j}^2), i \leqslant t-s \qquad ㉓$$

此处，$p_s \leqslant x^{\frac{1}{v}} < p_{s+1}, p_t \leqslant x^{\frac{1}{u}} < p_{t+1}$ 及 q 为一个整数，则最多适合同余式

$$p \equiv a_{s+j}(\bmod p_{s+j}), 1 \leqslant j \leqslant t-s \qquad ㉔$$

中的 m 个的 M 的元素个数不少于

$$P_\omega(x, q, x^{\frac{1}{v}}) - \frac{1}{m+1}\left(\int_u^v \Lambda_1(z) \frac{\mathrm{d}z}{z}\right) \cdot$$

$$\frac{c_{qy}x}{\varphi(q)\log^2 x} + O\left(\frac{c_{qy}x}{\log^3 x}\log\log x\right) \qquad ㉕$$

（7）计算积分.

（i）$\Delta_1 = \displaystyle\int_{5\eta}^{6.5\eta} \frac{\Lambda(u)}{u}\mathrm{d}u =$

$$2\mathrm{e}^\gamma \int_{5\eta}^{6.5\eta} \frac{\mathrm{d}u}{\dfrac{u-\eta}{\eta} - 1 - \dfrac{u-\eta}{2\eta}\log\dfrac{u-\eta}{2\eta}} =$$

$$2\eta\mathrm{e}^\gamma \int_4^{5.5} \frac{\mathrm{d}w}{w - 1 - \dfrac{w}{2}\log\dfrac{w}{2}} =$$

$$2\eta\mathrm{e}^\gamma \int_4^{5.5} f(w)\mathrm{d}w <$$

$$2\eta\mathrm{e}^\gamma \Big(\sum_{i=0}^{71} f(4+0.02i) +$$

$$\sum_{j=0}^2 f(5.46+0.02j)\Big) <$$

$$2\eta\mathrm{e}^\gamma \cdot 0.890\ 506\ 52$$

（ii）在（3）中命 $v=5\eta$，则

$$\Delta_2 = \int_{\frac{5}{3}\eta}^{5\eta} \frac{\Lambda_1(u)}{u}\mathrm{d}u =$$

346

$$\int_{\frac{5\eta}{3}}^{5\eta} \frac{2ve^{\gamma}}{v\left(\frac{1}{\eta}-\frac{1}{u}\right)-1-\frac{v}{2}\left(\frac{1}{\eta}-\frac{1}{u}\right)\log\frac{v}{2}\left(\frac{1}{\eta}-\frac{1}{u}\right)} \frac{\mathrm{d}u}{u} =$$

$$20\eta e^{\gamma} \int_{1}^{2} \frac{\mathrm{d}z}{(5-2z)(2z-1-z\log z)} =$$

$$20\eta e^{\gamma} \int_{1}^{2} g(z)\mathrm{d}z <$$

$$20\eta e^{\gamma} \left(\sum_{i=0}^{71} g(1+0.02i) + \right.$$

$$\left. \sum_{j=0}^{41} g(1.18+0.02j)\right) <$$

$$20\eta e^{\gamma} \cdot 0.397\ 237\ 1$$

（8）定理 10 的证明：命 $x=y$ 为一个偶数，命

（ω）　　　　$a=1, q=2; a_i=x, i=1,2,\cdots$

（i）命 $\eta=2.475$，则由（2）～（7）可知存在一个常数 x_1，使当 $x>x_1$ 时有

$$P_{\omega}\left(x,2,x^{\frac{1}{5\eta}}\right) -$$

$$\frac{1}{2}\left(\int_{\frac{15\eta}{5\eta-1}}^{5\eta} \frac{\Lambda_1(u)}{u}\mathrm{d}u\right)\frac{c_{2x}x}{\log^2 x} +$$

$$O\left(\frac{c_{2x}x}{\log^3 x}\log\log x\right) >$$

$$P_{\omega}\left(x,2,x^{\frac{1}{6.5\eta}}\right) - \left(\int_{5\eta}^{6.5\eta} \frac{\Lambda(u)}{u}\mathrm{d}u + \right.$$

$$\left. \frac{1}{2}\int_{\frac{15\eta}{5\eta-1}}^{5\eta} \frac{\Lambda_1(u)}{u}\mathrm{d}u\right)\frac{c_{2x}x}{\log^2 x} +$$

$$O\left(\frac{c_{2x}x}{\log^2 x}\log\log x\right) >$$

$$2\eta[6.453\ 306 - e^{\gamma}(0.890\ 506\ 52 +$$

$$1.986\ 185\ 5 + 0.738\ 218)]\frac{c_{2x}x}{\log^2 x} +$$

$$O\left(\frac{c_{2x}x}{\log^3 x}\log\log x\right) >$$

$$0.05\,\frac{c_{2x}x}{\log^2 x} + O\left(\frac{c_{2x}x}{\log^2 x}\log\log x\right) > 1$$

故由(6)可知当 $x > x_1$ 时,存在一个素数 p 满足 $p < x - 1$ 及 $x - p$ 没有小于或等于 $x^{\frac{1}{5\eta}}$ 的素因子,而它在区间 $x^{\frac{1}{5\eta}} < p' \leqslant x^{\frac{5\eta-1}{15\eta}}$ 中最多只有一个素因子.因此 $x - p$ 为一个最多 3 个素数的乘积,故得 $(1,3)$.

(ii) 命 $\eta = 3.237$,则由 $(2) \sim (7)$ 可知存在一个 x_2,使当 $x > x_2$ 时有

$$P_\omega(x, 2, x^{\frac{1}{5\eta}}) -$$

$$\frac{1}{2}\left(\int_{\frac{20\eta}{5\eta-1}}^{5\eta}\frac{\Lambda_1(u)}{u}\mathrm{d}u\right)\frac{c_{2x}x}{\log^2 x} +$$

$$O\left(\frac{c_{2x}x}{\log^3 x}\log\log x\right) >$$

$$0.01\,\frac{c_{2x}x}{\log^2 x} + O\left(\frac{c_{2x}x}{\log^3 x}\log\log x\right) > 1$$

因此由(6)可知当 $x > x_2$ 时,存在一个素数 p 满足 $p < x - 1$ 及 $x - p$ 没有小于或等于 $x^{\frac{1}{5\eta}}$ 的素因子,而它在区间 $x^{\frac{1}{5\eta}} < p' \leqslant x^{\frac{5\eta-1}{20\eta}}$ 中最多只有一个素因子.因此 $x - p$ 为一个最多 4 个素数的乘积,故得 $(1,4)$.

(9) 在定理 10 的证明中,猜想 (R_δ) 可以换成

$$(\widetilde{\mathrm{R}}_\delta)\quad \sum_{D \leqslant x^{\frac{1}{\eta}}} \mu^2(D)\max_{\substack{l(\bmod D)\\(l,D)=1}}\left|\pi(x, D, l) - \frac{\mathrm{Li}\,x}{\varphi(D)}\right| =$$

$$O\left(\frac{x}{\log^A x}\right)$$

其中 A 为任意常数,而与"O"有关的常数仅依赖于 δ 与 A.类似地,(R_δ) 可以换成

$$(\widetilde{\widetilde{R}}_{\delta}) \sum_{D \leqslant x^{\frac{1}{\eta}}} \mu^2(D) \max_{\substack{l(\bmod D) \\ (l,D)=1}} \left| P(x,D,l) - \frac{x}{\varphi(D)\log x} \right| =$$

$$O\left(\frac{x}{\log^A x}\right)$$

此处 $P(x,D,l) = \sum_{\substack{p \leqslant x \\ p \equiv l(\bmod D)}} \log p \cdot e^{-\frac{\log x}{x}p}$[1][2].

巴尔巴恩[3][4]首先证明了 $(\widetilde{\widetilde{R}}_{1.2})$. 以后,潘承洞又独立地证明了 $(\widetilde{\widetilde{R}}_{1.5})$,并由此导出 $(1,5)$. 由定理 10,我们能够由 $(\widetilde{\widetilde{R}}_{1.5})$ 推出 $(1,4)$. 换言之,我们证明了:

定理 11　每个充分大的偶数都是一个素数及一个不超过 4 个素数的乘积之和.

注　$(1,4)$ 也被潘承洞与巴尔巴恩独立地加以证明,但他们的证明方法比这里复杂得多. 事实上,他们的证明分别依赖于 $(\widetilde{\widetilde{R}}_{1.6})$ 与 $(\widetilde{R}_{1.6})$[5].

①　А. Реньи. О представлении четных чисел в виде суммы простого и почти простого числа. ИАН, СССР, 1948, 2: 57-78.

②　Pan Chin Tong. On the representation of large even integer as a sum of a prime and an almost prime. Acta Math. Sinica, 1962, 12(1): 95-106.

③　М. Б. Барбан. Арифметические функции на редких множествах. Доклады Академии Наук УЗССР, 1961, 8: 9-11.

④　М. Б. Барбан. Новые применении большого Решета Ю. В. Линника, Труды Института Мамемамики. им. В. И. Романобского, вып. , 1961, 22.

⑤　Ю. В. Линник. Асимптотическая формула в аддитивной проблеме Гарди Литтльвуда. NAH СССР, Том, 1960, 24(5): 629-706.

§4 表偶数为素数及殆素数之和

—— 潘承洞

设 N 为大偶数, $V(m)$ 为 m 的素因子个数. 在 1948 年, 瑞尼证明了

$$N = a + b$$

这里, $V(a)=1, V(b) \leqslant K, K$ 为一个绝对常数. 在广义黎曼猜测下王元证明了 $K \leqslant 3$. 本节证明了 $K \leqslant 5$, 即证明了下面的定理:

定理 1 任一充分大的偶数 N 可表示成 $p + P$, 其中 p 为素数, P 为一个不超过 5 个素因子的乘积的殆素数.

定理的证明依赖于下面的基本定理.

基本定理 令

$$P_1(N, D, l) = \sum_{\substack{p \leqslant N \\ p \equiv l (\bmod D)}} \log p \cdot e^{-p \frac{\log N}{N}} =$$

$$\frac{N}{\varphi(D) \log N} + R_D(N) \qquad ①$$

$$(l, D) = 1$$

则

$$\sum_{d \leqslant N^{\frac{1}{3} - \varepsilon}} |\mu(d) \tau(d) R_d(N)| \leqslant \frac{N}{\log^5 N} \qquad ②$$

这里 ε 为任意小的正数, $\tau(d)$ 为除数函数.

基本定理的证明主要依赖于有关 L — 函数的零点密度的估计.

我们主要采用下面的记号:

$C_1, C_2, \cdots$—— 正的绝对常数;

$\varepsilon_1, \varepsilon_2, \cdots$—— 任意小的正常数;

B—— 表示其模为有界量,不是各处都相同的;

$p, p_1, p_2, \cdots$—— 奇素数;

$\chi_D(n)$—— 模 D 的特征;

$\chi_D^0(n)$—— 模 D 的主特征;

$\rho_{\chi_D} = \beta_{\chi_D} + i\tau_{\chi_D}$——$L(s, \chi_D)$ 的零点;

N—— 充分大的偶数.

定理 2　$N(\Delta, T, D)$ 记作所有属于模 D 的 $L(s, \chi_D)$ 在下面的矩形 R 内的零点的个数(计算它们的重数)

$$\Delta \leqslant \sigma \leqslant 1, |t| \leqslant T \qquad (R)$$

这里 $\Delta \geqslant \dfrac{1}{2}$,则有

$$N(\Delta, T, D) < C_{15} D^{(2+4C)(1-\Delta)} T^3 \log^6 DT$$

这里 C 由下式确定

$$\left| L\left(\frac{1}{2} + it, \chi_D\right) \right| \leqslant 3D^C(|t| + 1)$$

$C \leqslant \dfrac{1}{4} + \varepsilon_1$(参考引理 2).

这里的结果当矩形 R 的面积远小于模 D 时,它优于 Tatuzawa 的结果.

我们要用到下面的引理.

引理 1　设 $0 \leqslant \alpha < \beta < 2, f(s)$ 除了 $s = 1$ 这一点外在 $\sigma \geqslant \alpha$ 时是解析的,当 s 为实数时,$f(s)$ 为实数,且有

$$|\operatorname{Re} f(2 + it)| \geqslant m > 0$$

及

351

$$|f(\sigma'+\mathrm{i}t')|\leqslant M_{\sigma,t},\sigma'\geqslant\sigma,1\leqslant t'\leqslant t$$

则当 T 不是 $f(s)$ 的零点的纵坐标时,有

$$|\arg f(\sigma+\mathrm{i}T)|\leqslant\frac{\pi}{\log\left(\dfrac{\pi-\alpha}{\pi-\beta}\right)}\left(\log M_{\sigma,T+2}+\log\frac{1}{m}\right)+\frac{3\pi}{2}$$

其中 $\sigma\geqslant\beta$.

引理 2 存在 $C\leqslant\dfrac{1}{4}+\varepsilon_1$ 使下面的估计式成立

$$\left|L\left(\frac{1}{2}+\mathrm{i}t,\chi_D\right)\right|\leqslant 3D^C(|t|+1),\chi_D\neq\chi_D^0$$

证明 熟知任一特征 $\chi_D(n)$ 可表示成

$$\chi_D(n)=\chi_{D_1}^0(n)\chi_{D_2}(n)$$

这里 $\chi_{D_2}(n)$ 为模 D_2 的原特征,$(D_1,D_2)=1,D_1D_2\leqslant D$.

设 $s=\dfrac{1}{2}+\mathrm{i}t$,我们有下面的恒等式

$$\sum_{n\geqslant z}\frac{\chi_D(n)}{n^s}=\sum_{\substack{n\geqslant z\\(n,D_1)=1}}\frac{\chi_{D_2}(n)}{n^s}=$$

$$\sum_{d\mid D_1}\frac{\chi_{D_2}(d)\mu(d)}{d^s}\sum_{nd\geqslant t}\frac{\chi_{D_2}(n)}{n^s}\qquad ③$$

而

$$\left|\sum_{nd\geqslant z}\frac{\chi_{D_2}(n)}{n^s}\right|\leqslant\int_{\frac{z}{d}}^{\infty}\left|\sum_{\frac{z}{d}\leqslant n<u}\chi_{D_2}(n)\cdot|\mathrm{d}u^{-s}|<\right.$$

$$2|s|\sqrt{D_2}\log D_2\left(\frac{z}{d}\right)^{-\frac{1}{2}}\leqslant$$

$$2(|t|+1)\sqrt{D}\log D\left(\frac{z}{d}\right)^{-\frac{1}{2}}\qquad ④$$

由式 ④ 及 ③ 推出

352

$$\left| \sum_{n \geqslant z} \frac{\chi_D(n)}{n^s} \right| \leqslant 2(|t|+1) \sqrt{D} \log D \tau(D_1) z^{-\frac{1}{2}} \quad ⑤$$

另外

$$|L(s,\chi_D)| \leqslant \left| \sum_{n \leqslant z} \frac{\chi_D(n)}{n^s} \right| + \sum_{n > z} \frac{\chi_D(n)}{n^s} \quad ⑥$$

取 $z = \sqrt{D}$，从式 ⑤ 及 ⑥ 得

$$|L(s,\chi_D)| \leqslant D^{\frac{1}{4}} + 2(|t|+1) D^{\frac{1}{4}+\epsilon_1} \leqslant$$
$$3(|t|+1) D^{\frac{1}{4}+\epsilon_1}$$

引理 3　设

$$\rho_{\chi_D}(s,z) = \rho_{\chi_D}(s) = \sum_{n \leqslant z} \frac{\mu(n)\chi_D(n)}{n^s}$$

这里 $z \geqslant D \log D$，则

$$\sum_{\chi_D} \left| \rho_{\chi_D}\left(\frac{1}{2} + \mathrm{i}t \right) \right|^2 \leqslant C_1 z + \varphi(D) \log z$$

证明

$$\sum_{\chi_D} \left| \rho_{\chi_D}\left(\frac{1}{2} + \mathrm{i}t \right) \right|^2 =$$

$$\sum_{\chi_D} \sum_{n \leqslant z} \frac{\mu(n)\chi_D(n)}{n^{\frac{1}{2}+\mathrm{i}t}} \cdot \sum_{m \leqslant z} \frac{\mu(m)\overline{\chi_D(m)}}{m^{\frac{1}{2}-\mathrm{i}t}} \leqslant$$

$$\varphi(D) \sum_{n \leqslant z} \frac{\mu^2(n)}{n} + 2\varphi(D) \sum_{\substack{m < n \leqslant z \\ n \equiv m(\bmod D)}} \frac{1}{(nm)^{\frac{1}{2}}} \leqslant$$

$$\varphi(D) \log z + C_1 z$$

引理 4　设

$$f_{\chi_D}(s,z) = f_{\chi_D}(s) = L(s,\chi_D) \rho_{\chi_D}(s) - 1$$

则

$$\sum_{\chi_D} |f_{\chi_D}(1+\delta+\mathrm{i}t)|^2 \leqslant$$

353

$$C_4\left(\frac{D}{z}\delta^{-1}\log^3 z + \delta^{-2}\log^2 z\right),0<\delta<1$$

证明

$$f_{\chi_D}(s) = L(s,\chi_D)\rho_{\chi_D}(s) - 1 = \sum_{n\geqslant z}\frac{a_n\chi_D(n)}{n^s}$$

这里

$$a_n = \sum_{d\mid n}\mu(d)$$

$$\sum_{\chi_D}\mid f_{\chi_D}(1+\delta+\mathrm{i}t)\mid^2$$

$$\sum_{\chi_D}\sum_{\substack{d<z\\n\geqslant z}}\frac{a_n\chi_D(n)}{n^{1+\delta+\mathrm{i}t}}\sum_{m\geqslant z}\frac{a_m\overline{\chi_D(m)}}{m^{1+\delta-\mathrm{i}t}}\leqslant$$

$$\varphi(D)\sum_{n\geqslant z}\frac{a_n^2}{n^{2+2\delta}} + 2\varphi(D)\sum_{\substack{z\leqslant m<n\\n\equiv m(\mathrm{mod}\,D)}}\frac{\mid a_n a_m\mid}{(nm)^{1+\delta}}\leqslant$$

$$\varphi(D)\sum_{n\geqslant z}\frac{\tau^2(n)}{n^{2+2\delta}} + 2\varphi(D)\sum_{\substack{z\leqslant m<n\\n\equiv m(\mathrm{mod}\,D)}}\frac{\tau(n)\tau(m)}{(nm)^{1+\delta}}\leqslant$$

$$\varphi(D)(\Sigma^1+\Sigma^2) \qquad\qquad ⑦$$

这里

$$\Sigma^1 = \sum_{n\geqslant z}\frac{\tau^2(n)}{n^{2+2\delta}}\leqslant 4\int_z^\infty\sum_{z\leqslant n<u}\tau^2(n)\cdot n^{-3-2\delta}\mathrm{d}u\leqslant$$

$$C_2 z^{-1}\delta^{-1}\log^3 z \qquad\qquad ⑧$$

$$\Sigma^2 \leqslant 2\sum_{\substack{z\leqslant m<n\\n\equiv m(\mathrm{mod}\,D)}}\frac{\tau(n)\tau(m)}{(nm)^{1+\delta}}\leqslant C_3 D^{-1}\delta^{-2}\log^2 z \quad ⑨$$

由式 ⑦⑧⑨ 得

$$\sum_{\chi_D}\mid f_{\chi_D}(1+\delta+\mathrm{i}t)\mid^2\leqslant$$

$$C_4(D\cdot z^{-1}\delta^{-1}\log^3 z + \log^2 z\cdot\delta^{-2})$$

引理 5　设

$$g_{\chi_D}(s,z) = g_{\chi_D}(s) = 1 - f_{\chi_D}^2(s)$$

$$G(s,z) = G(s) = \prod_{\chi_D} g_{\chi_D}(s)$$

则 $G(s)$ 具有下面的性质：

(1) 对实数 $s, G(s)$ 取实数；

(2) $\operatorname{Re} G(2 + it) \geqslant \dfrac{1}{2}$.

证明　(1) 略.

(2) 因

$$| f_{\chi_D}(2+it) | \leqslant \left| \sum_{n \geqslant z} \frac{a_n \chi_D(n)}{n^{2+it}} \right| \leqslant$$

$$\sum_{n \geqslant z} \frac{\tau(n)}{n^2} \leqslant \frac{3 \log z}{z}$$

则有

$$\operatorname{Re} G(2+it) = \operatorname{Re} \prod_{\chi_D} (1 - f_{\chi_D}^2(2+it)) \geqslant$$

$$1 - \left\{ \prod_{\chi_D} (1 + | f_{\chi_D} |^2) - 1 \right\} \geqslant$$

$$2 - \left(1 + \frac{10}{D^2}\right)^D \geqslant \frac{1}{2}$$

引理 6　设 $f_1(s), f_2(s), \cdots, f_n(s)$ 为在带 $\alpha \leqslant \sigma \leqslant \beta$ 内解析且有界的函数，令

$$F(s) = \sum_{i=1}^{n} | f_i(s) |^2$$

$$M(\sigma) = \sup_{\operatorname{Re} s = \sigma} F(s)$$

则

$$M(\sigma) \leqslant M(\alpha)^{\frac{\beta-\sigma}{\beta-\alpha}} M(\beta)^{\frac{\sigma-\alpha}{\beta-\alpha}}$$

证明　由熟知的李特伍德定理及引理 1 得

$$N(\Delta, T, D) \leqslant C_5 \delta^{-1} \int_{-T}^{T} \sum_{\chi_D} | f_{\chi_D}(\Delta - \delta + it) |^2 dt +$$

$$\max_{\substack{\sigma \geqslant \Delta-\delta \\ |t| \leqslant T+2}} \sum_{\chi_D} | f_{\chi_D}(s) |^2 \qquad \text{⑩}$$

为了利用引理 6,引入新函数

$$h_{\chi_D}(s,z) = h_{\chi_D}(s) = \frac{s-1}{s} \cos\left(\frac{s}{2T}\right)^{-1} f_{\chi_D}(s)$$

则有

$$C_6 | f_{\chi_D}(s) | e^{-\frac{|t|}{2T}} \leqslant | h_{\chi_D}(s) | \leqslant C_7 | f_{\chi_D}(s) | e^{-\frac{|t|}{2T}}$$

令

$$H(s) = \sum_{\chi_D} | h_{\chi_D}(s) |^2$$

$$M(\sigma) = \sup_{\text{Re } s = \sigma} H(s)$$

则从引理 2 及引理 3 得

$$H\left(\frac{1}{2} + it\right) \leqslant C_8 e^{-\frac{|t|}{T}} \sum_{\chi_D} \left| f_{\chi_D}\left(\frac{1}{2} + it\right) \right|^2 \leqslant$$

$$C_8 e^{-\frac{|t|}{T}} (| t | + 1)^2 D^{2C} \cdot$$

$$\left(\sum_{\chi_D} \left| \rho_{\chi_D}\left(\frac{1}{2} + it\right) \right|^2 + C_8 D\right) \leqslant$$

$$C_8 e^{-\frac{|t|}{T}} (| t | + 1)^2 D^{2C}(z + D\log z)$$

所以得到

$$M\left(\frac{1}{2}\right) = C_9 D^{2C} T^2 z \qquad \text{⑪}$$

由引理 4 得

$$H(1 + \delta + it) \leqslant C_{10} e^{-\frac{|t|}{T}} \sum_{\chi_D} | f_{\chi_D}(1 + \delta + it) |^2 \leqslant$$

$$C_{11}\left(\delta^{-2} \log^2 z + \frac{D}{z} \delta^{-1} \log^3 z\right)$$

取 $\delta = \dfrac{1}{\log DT}$,$z = D\log D$,得

$$M(1 + \delta) = C_{12} \log^4 DT$$

$$M\left(\frac{1}{2}\right)=C_9 D^{1+2C} T^2 \log DT$$

在引理 6 中命 $H(s)=F(s)$，$\alpha=\frac{1}{2}$，$\beta=1+\delta$，则当

$\frac{1}{2}\leqslant\sigma\leqslant 1+\delta$ 时，有

$$M(\sigma)\leqslant M\left(\frac{1}{2}\right)^{\frac{1+\delta-\sigma}{\frac{1}{2}+\delta}} M(1+\delta)^{\frac{\sigma-\frac{1}{2}}{\frac{1}{2}+\delta}}\leqslant$$
$$C_{13} D^{(2+4C)(1-\sigma)} T^{4(1-\sigma)} \log^6 DT$$

这样一来得到

$$M(\Delta-\delta)\leqslant C_{14} D^{(2+4C)(1-\sigma)} T^{4(1-\Delta)} \log^6 DT \qquad ⑫$$

由式 ⑩ 及 ⑫ 得到

$$N(\Delta,T,D)\leqslant C_{15} D^{(2+4C)(1-\Delta)} T^3 \log^6 DT$$

定理得证.

定理 3　设 $D\leqslant z^{\frac{1}{3}-\varepsilon_2}$，若 $L(s,\chi_D)$ 在区域 (R_1) 内

不为零

$$1-\frac{C_{16}}{\log^{\frac{4}{5}}D}\leqslant\sigma\leqslant 1,\ |t|\leqslant\log^3 D \qquad (R_1)$$

则

$$\sum_{\chi_D}{}'\left|\sum_{n=1}\chi_D(n)\Lambda(n)\mathrm{e}^{-\frac{n}{z}}\right|\leqslant C_{17} z\mathrm{e}^{-\varepsilon_3(\log z)^{\frac{1}{5}}}$$

这里"$\sum\limits_{\chi_D}{}'$"表示求和只对那些使 $L(s,\chi_D)$ 在 (R_1) 内

不为零的特征 $\chi_D(n)$.

证明　因为

$$\sum_{n=1}^{\infty}\chi_D(n)\Lambda(n)\mathrm{e}^{-\frac{n}{z}}=$$
$$-\frac{1}{2\pi\mathrm{i}}\int_{2-\mathrm{i}\infty}^{2+\mathrm{i}\infty}\frac{L'}{L}(s,\chi_D)\Gamma(s)z^s\mathrm{d}s=$$

$$-\frac{1}{2\pi\mathrm{i}}\int_{-\frac{1}{2}-\mathrm{i}\infty}^{-\frac{1}{2}+\mathrm{i}\infty}\frac{L'}{L}(s,\chi_D)\Gamma(s)z^s\mathrm{d}s+\sum_{\rho_{\chi_D}}\Gamma(\rho_{\chi_D})z^{\rho_{\chi_D}}=$$

$$\sum_{\rho_{\chi_D}}\Gamma(\rho_{\chi_D})z^{\rho_{\chi_D}}+B\log D$$

所以

$$\sum_{\chi_D}{}'\left|\sum_{n=1}^{\infty}\chi_D(n)\Lambda(n)\mathrm{e}^{-\frac{n}{z}}\right|\leqslant$$

$$\sum_{\chi_D}{}'\sum_{\rho_{\chi_D}}|\Gamma(\rho_{\chi_D})|z^{\beta_{\chi_D}}+BD\log D \qquad ⑬$$

而

$$\sum_{\chi_D}{}'\sum_{\rho_{\chi_D}}|\Gamma(\rho_{\chi_D})|z^{\beta_{\chi_D}}\leqslant$$

$$\sum_{0\leqslant\beta\leqslant1-\frac{C_{16}}{\log^{\frac{4}{5}}D}}|\Gamma(\rho)|z^{\beta}\leqslant$$

$$\sum_{\substack{0\leqslant\beta\leqslant1-\frac{C_{16}}{\log^{\frac{4}{5}}D}\\|\tau|\leqslant\log^3 D}}|\Gamma(\beta+\mathrm{i}\tau)|z^{\beta}+$$

$$\sum_{\substack{0\leqslant\beta\leqslant1-\frac{C_{16}}{\log^{\frac{4}{5}}D}\\|\tau|>\log^3 D}}|\Gamma(\beta+\mathrm{i}\tau)|z^{\beta}\leqslant$$

$$\sum_{\substack{\frac{1}{2}\leqslant\beta\leqslant1-\frac{C_{16}}{\log^{\frac{4}{5}}D}\\|\tau|\leqslant\log^3 D}}|\Gamma(\beta+\mathrm{i}\tau)|z^{\beta}+z\mathrm{e}^{-\varepsilon_3(\log z)^{\frac{1}{5}}}\leqslant$$

$$C_{18}\log^2 z\sum_{\frac{1}{2}\leqslant\Delta\leqslant1-\frac{C_{16}}{\log^{\frac{4}{5}}D}}N(\Delta,\log^3 D,D)z^{\Delta}+z\mathrm{e}^{-\varepsilon_3(\log z)^{\frac{1}{5}}}\leqslant$$

$$C_{19}\log^{20}z\sum_{\frac{1}{2}\leqslant\Delta\leqslant1-\frac{C_{16}}{\log^{\frac{4}{5}}D}}\left(\frac{D^{2+4C}}{z}\right)^{1-\Delta}+z\mathrm{e}^{-\varepsilon_3(\log z)^{\frac{1}{5}}}\leqslant$$

$$C_{17}ze^{-\varepsilon_3(\log z)^{\frac{1}{5}}}$$

引入下面的记号. 若

$$D = p_1p_2\cdots p_s, p_1 > p_2 > \cdots > p_s, s \leqslant 10\log\log N$$

则令

$$D = p_1q_1, q_1 = p_2q_2, \cdots, p_{s-2} = p_{s-1}q_{s-1}, q_{s-1} = p_s$$

$q_1, q_2, \cdots, q_{s-1}$ 称作"D 的对角线因子".

熟知任一特征 $\chi_D(n)$（D 无平方因子）可用唯一的方法唯一分解成属于模 D 的素因子的模. 例如, 若 $D = p_1q_1$, 则有

$$\chi_D(n) = \chi_{p_1}(n)\chi_{q_1}(n)$$

若 $\chi_{p_1}(n) \neq \chi_{p_1}^0(n)$, 则称 $\chi_D(n)$ 对 p_1 是本原的.

定理 4（瑞尼）　设 q 无平方因子, $A \geqslant C_{20}$, 令

$$k = \frac{\log q}{\log A} + 1$$

若 $k \leqslant \log^3 A$, 则对所有的素数 $p, A < p \leqslant 2A$, 除了不超过 $A^{\frac{3}{4}}$ 个属于模 $D = pq$ 的例外 L - 函数, 当 $\chi_D(n)$ 对 p 为本原时, $L(s, \chi_D)$ 在下面的区域内不为零

$$1 - \frac{C_{21}}{\log^{\frac{4}{5}}D} \leqslant \sigma \leqslant 1, |t| \leqslant \log^3 D$$

我们还需要下面的几个引理.

引理 7

$$\sum_{\substack{d \leqslant z \\ V(d) > 10\log\log z}} \frac{|\mu(d)|\tau(d)}{\varphi(d)} \leqslant \frac{C_{22}}{\log^5 z}$$

证明

$$\sum_{\substack{d \leqslant z \\ V(d) > 10\log\log z}} \frac{|\mu(d)|\tau(d)}{\varphi(d)} \leqslant$$

$$2^{-10\log\log z}\sum_{d \leqslant z}\frac{\tau^2(d)}{\varphi(d)} \leqslant \frac{C_{22}}{\log^5 z}$$

容易证明下面的引理.

引理 8　设 $\{p^*\}$ 为一个素数序列,具有下面的性质:任一区间 $(A,2A)$ 内含有不大于 $A^{\frac{3}{4}}$ 个元素,则有

$$\sum_{p^*>M}\frac{1}{p^*-1}\leqslant\frac{C_{23}}{M^{\frac{1}{4}}}$$

引理 9

$$\sum_{p>N}\chi_D(p)\log p\cdot\mathrm{e}^{-\frac{p\log N}{N}}\leqslant C_{24}N^{\frac{1}{2}}$$

引理 10

$$\sum_{p\leqslant N}\chi_D(p)\log p\cdot\mathrm{e}^{-\frac{p\log N}{N}}=\sum_{n=1}^{\infty}\chi_D(n)\Lambda(n)\mathrm{e}^{-\frac{n\log N}{N}}+BN^{\frac{1}{2}}$$

引理 11　对所有的 $D\leqslant\exp(C_{25}\sqrt{\log N})$,除了某个 $\widetilde{D}$ 的倍数,对于 $(l,D)=1$,有

$$\sum_{\substack{p\leqslant N\\p\equiv l(\bmod D)}}\log p\cdot\mathrm{e}^{-\frac{p\log N}{N}}=\frac{N}{\varphi(D)\log N}+BN\mathrm{e}^{-C_{26}\sqrt{\log N}}$$

⑭

对于 $\widetilde{D}\mid D$,则在⑭内还必须加上项 $\dfrac{BN^{1-\frac{C(\varepsilon)}{\widetilde{D}^\varepsilon}}}{\varphi(D)}$,这里 ε 是任意的正数,$C(\varepsilon)$ 是依赖于 ε 的正数.

引理 12　对于 $D<\sqrt{N}$,下式一致成立

$$P_1(N,D,l)<\frac{C_{27}N}{\varphi(D)}$$

现考虑 $D=p_1p_2\cdots p_s\leqslant N^{\frac{1}{3}-\varepsilon_2}$,$p_1>p_2>\cdots>p_s$,$s\leqslant10\log\log N$,若 $D>\exp(\log N)^{\frac{2}{5}}$,则

$$p_1>D^{\frac{1}{V(D)}}>\exp(\log N)^{\frac{1}{3}}$$

⑮

另外,因为

$$q_1<p_1^{V(D)}<p_1^{10\log\log N}$$

所以

$$k_1 = \frac{\log q_1}{\log \dfrac{p_1}{2}} + 1 < 11 \log \log N \qquad ⑯$$

对固定的 q_1，将定理 4 应用到式⑮，我们只要考虑区间 $(A, 2A)$，这里

$$A = 2^k l, k = 0, 1, 2, \cdots$$

$$l = \exp(\log N)^{\frac{1}{3}}$$

我们称 $D > \exp(\log N)^{\frac{2}{5}}$ 为"条件 1". 假如 p_1 是 D 的最大素因子，$D = p_1 q_1$，则 p_1 对 q_1 不是例外的（在定理 4 的意义下）. 我们称它为"条件 2".

假若两个条件都满足，则由定理 3,4 及引理 9,10 得到

$$P_1(N, D, l) = \frac{1}{\varphi(p_1)} P_1(N, q_1, l) +$$

$$\frac{BN}{\varphi(D)} \exp[-\varepsilon_3 (\log N)^{\frac{1}{3}}] \qquad ⑰$$

若 $q_1 = p_2 q_2$ 亦满足条件 1 及条件 2，则我们得到

$$P_1(N, D, l) = \frac{1}{\varphi(p_1 p_2)} P_1(N, q_2, l) +$$

$$\frac{BN}{\varphi(D)} \exp[-\varepsilon_3 (\log N)^{\frac{1}{5}}] \qquad ⑱$$

假若对某个 m 破坏了条件 1，即

$$q_m < \exp(\log N)^{\frac{2}{5}}$$

则由引理 11 得

$$P_1(N, D, l) = \frac{1}{\varphi(D)} \frac{N}{\log N} + \frac{BN}{\varphi(D)} \exp(-\varepsilon_3 (\log N)^{\frac{1}{5}}) +$$

$$E_1(q_m) \frac{N^{1 - \frac{C(\varepsilon)}{\overline{D}^{\varepsilon}}}}{\varphi(D)} \qquad ⑲$$

这里

$$E_1(q_m) = \begin{cases} 1, & \widetilde{D} \mid q_m \\ 0, & \widetilde{D} \nmid q_m \end{cases}$$

假若破坏了条件 2,即 p_{m+1} 对 q_{m+1} 而言是例外素数,则由引理 12 得

$$P_1(N, D, l) = \frac{BN}{\varphi(D)} \qquad ⑳$$

由引理 7 得

$$\sum_{d \leqslant N^{\frac{1}{3} - \varepsilon_2}} \mid \mu(d)\tau(d)R_d(N) \mid \leqslant$$

$$\sum_{\substack{d \leqslant N^{\frac{1}{3} - \varepsilon_2} \\ V(d) \leqslant 10\log\log N}} \mid \mu(d)\tau(d)R_d(N) \mid +$$

$$\sum_{\substack{d \leqslant N^{\frac{1}{3} - \varepsilon_2} \\ V(d) > 10\log\log N}} \mid \mu(d)\tau(d)R_d(N) \mid \leqslant$$

$$\sum_{\substack{d \leqslant N^{\frac{1}{3} - \varepsilon_2} \\ V(d) \leqslant 10\log\log N}} \mid \mu(d)\tau(d)R_d(N) \mid + \frac{BN}{\log^5 N} \qquad ㉑$$

由式 ⑲⑳ 及引理 8 得

$$\sum_{\substack{d \leqslant N^{\frac{1}{3} - \varepsilon_2} \\ V(d) \leqslant 10\log\log N}} \mid \mu(d)\tau(d)R_d(N) \mid \leqslant$$

$$\left(\sum_{d \leqslant N^{\frac{1}{3} - \varepsilon_2}} \frac{\mid \mu(d) \mid \tau(d)}{\varphi(d)} \right) N e^{-\varepsilon_3 (\log N)^{\frac{1}{5}}} +$$

$$\frac{\tau(\widetilde{d})}{\varphi(\widetilde{d})} N^{1 - \frac{C(\varepsilon)}{d^\varepsilon}} \left(\sum_{d \leqslant N} \frac{\tau(d)}{\varphi(d)} \right)^2 +$$

$$N \sum_{d \leqslant N} \frac{\tau(d)}{\varphi(d)} \sum_{p^* > e^{(\log N)^{\frac{1}{3}}}} \frac{1}{p^* - 1} \leqslant \frac{N}{\log^5 N} \qquad ㉒$$

由式 ㉑ 及 ㉒ 基本定理得证.

362

§5　迪利克雷 L - 函数的零点"密度" 及素数与"殆素数"之和问题

—— 巴尔巴恩

命 $\pi(x,D,l)$ 表示区间 $(1,x)$ 中满足恒等于 $l(\bmod D)$ 的素数的个数. 本节对于 $(l,D)=1$ 及"几乎"所有 $D \leqslant x^{\frac{3}{8}-\varepsilon}$, 我们将证明关于 $\pi(x,D,l)$ 的一个中值公式, 此后我们用 ε 表示任意给定的正数.

定理 1　给定任意大数 A, 不等式

$$\sum_{D \leqslant x^{\frac{3}{8}-\varepsilon}} \mu^2(D) \max_{\substack{l(\bmod D) \\ (l,D)=1}} \left| \pi(x,D,l) - \frac{\operatorname{Li} x}{\varphi(D)} \right| = O\left(\frac{x}{\log^A x} \right)$$

①

成立.

由定理 1 及塞尔伯格筛法可得:

定理 2　每个充分大的偶数为一个素数及一个不超过 4 个素数的乘积之和.

我们将这个问题的历史叙述如下.

在 1947 年, 瑞尼[①②]证明了下面的定理, 它是对于未解决的两个哥德巴赫猜想的重要逼近结果.

存在一个绝对常数 R 使每一大偶数都是一个素数及一个素因子个数不超过 R 的殆素数之和.

---

① A. Renyi. Izv. Akad. Nauk SSSR, Ser. Mat. , 1948, 12: 57-78.

② A. Renyi. Dokl. Akad. Nauk SSSR, 1947, 56: 455-458.

瑞尼定理中的常数 R 依赖于林尼克的文章[1]中某些分析引理中的一系列常数,估计 R 需要复杂的计算,而其值将是很大的.

用瑞尼的方法及迪利克雷 $L-$ 级数零点"密度"的某些近代结果,作者[2]证明了如果求和范围为 $D \leqslant x^{\frac{1}{6}-\varepsilon}$,则定理1的结论成立,并由此推出 $R=9$. 注意,在假定广义黎曼猜想之下,$R=3$ 已经证明[3].

进一步的进展与 $L-$ 级数的"密度"定理的精密化相关联.

命 $N(\alpha, T)$ 表示所有模 D 的 $L-$ 函数在区域
$$\alpha < \sigma < 1, \ | \ t \ | \leqslant T \qquad ②$$
中的零点个数,此处多重零点将计算其重数.

相关文献[4]中的方法表明求和范围为 $D \leqslant x^{\frac{1}{a}-\varepsilon}$ 的关系式 ① 可以由下面的估计推出来
$$N(\alpha, T) \ll T^{c_1} D^{a(1-\alpha)} \log^{c_2} DT \qquad ③$$
此处 a, c_1, c_2 为绝对常数.

用林尼克的新"离差法"证明了迪奇马士的除数问题[5]与哈代－李特伍德问题[6]. 我们很有兴趣地注意

①　Ju. V. Linnik. Mat. Sbornik, 1944, 57: 3-12.

②　M. B. Barban. Trudy Inst. Mat. Akad. Nauk UzSSR, 1961, 22: 1-20.

③　Wang Yuan. Acta Math. Sinica, 1960, 10: 168-181.

④　M. B. Barban. Trudy Inst. Mat. Akad. Nauk UzSSR, 1961, 22: 1-20.

⑤　Ju. V. Linnik. Dokl. Akad. Nauk SSSR, 1961, 137: 1299-1302.

⑥　Ju. V. Linnik. Izv. Akad. Nauk SSSR, Ser. Math., 1960, 24: 629-706.

到在这些问题的著名条件[1][2]中,黎曼猜想可以换成"密度"猜想,即 ③ 对于 $a=2$ 成立.

在相关文献[3]中,我们用了 Tatuzawa 的"密度"定理,由它得到式 ③,其中 $a=6$.

我们的定理 1 的获得基于改进的 Tatuzawa 定理及林尼克[3]关于 L －级数在半直线上六次矩的估计的一条深刻定理.

我们从下面的引理开始.

引理 1 命 $0 \leqslant \alpha < \beta < 2$,命 $f(s)$ 为一个解析函数,当 s 为实值时亦取实值,当 $\sigma \geqslant \alpha$ 时,除 $s=1$ 以外为正则的. 又命 $|\operatorname{Re} f(2+it)| \geqslant m > 0$ 及

$$|f(\sigma' + it')| \leqslant M_{\sigma,t}, \sigma' \geqslant \sigma, 1 \leqslant t' \leqslant t$$

若 T 非 $f(s)$ 的零点的纵坐标,则当 $\sigma \geqslant \beta$ 时有

$$|\arg f(\sigma + iT)| \leqslant$$

$$\frac{\pi}{\log\left\{\frac{2-\alpha}{2-\beta}\right\}}\left(\log M_{a,T+2} + \log \frac{1}{m}\right) + \frac{3\pi}{2}$$

关于证明,我们引用相关文献[3].

我们引入下面的记号

$$Q_z(s,\chi) = \sum_{n<z} \mu(n)\chi(n)n^{-s}$$

$$f_z(s,\chi) = L(s,\chi)Q_z(s,\chi) - 1$$

$$h_z(s,\chi) = 1 - f_z^2(s,\chi)$$

① E. Titchmarsh. Rend. Cir. Mat. Palermo,1930,54: 414-429.

② C. Hooley. Acta Math. ,1957,97:189-210.

③ E. Titchmarsh. The theory of the Riemann zeta function. Oxford:Clarendon Press,1951.

$$K_z(\sigma, T) = \max_{|t| \leqslant T} \sum_{\chi} | f_z(\sigma + \mathrm{i}t, \chi) |^2$$

$L(s, \chi)$ 所有的零点亦是 $h_z(s, \chi)$ 的零点. 因此

$$N(\alpha, T) \leqslant N_1(\alpha, T)$$

此处 $N_1(\alpha, T)$ 表示 $H_z(s) = \prod\limits_{\chi} h_z(s, \chi)$ 在区域 ② 中的零点个数. 将熟知的李特伍德定理用于这个函数, 因为 $N_1(\alpha, T)$ 当 α 递增时亦递增, 所以

$$N_1(\alpha, T) \leqslant \delta^{-1} \int_{\alpha-\delta}^{\alpha} N_1(\sigma, T) \mathrm{d}\sigma \leqslant$$

$$\delta^{-1} \int_{\alpha-\delta}^{2} N_1(\sigma, T) \mathrm{d}\sigma =$$

$$\frac{\delta^{-1}}{2\pi} \int_{-T}^{T} \{ \log | H_z(\alpha - \delta + \mathrm{i}t) | -$$

$$\log | H_z(2 + \mathrm{i}t) | \} \mathrm{d}t +$$

$$\frac{\delta^{-1}}{2\pi} \int_{\alpha-\delta}^{2} \{ H_z(\sigma + \mathrm{i}T) -$$

$$\arg H_z(\sigma - \mathrm{i}T) \} \mathrm{d}\sigma + O(\delta^{-1}) \qquad ④$$

此处量 δ 将于以后确定.

以下将假定 D 充分大及 $z \geqslant D$.

当 $\sigma > 1$ 时我们有

$$f_z(s, \chi) = \sum_{n=1}^{\infty} n^{-s} \sum_{\substack{d \mid n \\ d < z}} \mu(d) \chi(d) \chi\left(\frac{n}{d}\right) - 1 =$$

$$\sum_{n \geqslant z} \chi(n) n^{-s} \sum_{\substack{d \mid n \\ d < z}} \mu(d) = \sum_{n \geqslant z} \chi(n) a_n n^{-s}$$

$$| a_n | \leqslant \tau(n)$$

此处 $\tau(n)$ 表示 n 的因子个数.

因对于任意 ε 皆有 $\tau(n) = O(n^{\varepsilon})$, 我们得

$$| f_z(2 + \mathrm{i}t, \chi) | \leqslant \sum_{n \geqslant z} \tau(n) n^{-2} \leqslant \sum_{n \geqslant D} n^{0.1} n^{-2} < D^{-0.8}$$

现在将引理 1 用于 ④, 并且

366

$$f(s) \to H_z(s), \alpha \to (\alpha - 2\delta), \beta \to (\alpha - \delta)$$

因为 $H_z(s)$ 的迪利克雷级数有正系数，所以当 s 为实数时，$H_z(s)$ 亦然[①]. 其次

$$\mathrm{Re}\, H_z(2 + \mathrm{i}t) =$$

$$\mathrm{Re} \prod_\chi \{1 - f_z^2(2 + \mathrm{i}t, \chi)\} =$$

$$1 + \mathrm{Re}\{\prod_\chi (1 - f_z^2) - 1\} \geqslant$$

$$1 - |\prod_\chi (1 - f_z^2) - 1| \geqslant$$

$$1 - \{\prod_\chi (1 + |f_z|^2) - 1\} \geqslant$$

$$1 - \{\prod_\chi (1 + D^{-1.6}) - 1\} \geqslant$$

$$2 - (1 + D^{-1.6})^D \geqslant \frac{1}{2}$$

所以 m 可以取为 $\frac{1}{2}$. 最后

$$|H_z(s)| \leqslant \prod_\chi (1 + |f_z(s, \chi)|^2) \leqslant$$

$$\exp \sum_\chi |f_z(s, \chi)|^2$$

因此 $M_{\sigma,t}$ 可以取作 $\exp \max_{\sigma < \sigma' \leqslant 2} K_z(\sigma', t)$.

我们还有

$$|H_z(2 + \mathrm{i}t)| \geqslant \mathrm{Re}\, H_z(2 + \mathrm{i}t) \geqslant \frac{1}{2}$$

所以综合上述估计，我们有下面的引理.

引理 2　若 $z \geqslant D$，则

$$N(\alpha, T) \ll \delta^{-2} T \max_{\alpha - 3\delta < \sigma < 2} K_z(\sigma, T + 2)$$

---

① K. Prachar. Primzahlverteilung. New York: Springer, 1957.

为了估计 $K_z(\sigma,T)$，我们需用解析函数的凸定理的经典方法，从 $K_z(1+\delta,T)$ 的估计开始.

引理 3 若 $z \geqslant D$ 及 $0 < \delta \leqslant 3$，则
$$K_z(1+\delta,T) \ll \delta^{-5}$$

证明 我们有
$$\sum_{\chi} \mid f_z(1+\delta+\mathrm{i}t,\chi) \mid^2 =$$
$$\sum_{\substack{m,n \geqslant z \\ (m,D)=1 \\ n \equiv m(\bmod D)}} \frac{\varphi(D)}{(mn)^{1+\delta}} \cdot$$
$$\sum_{\substack{d \mid m \\ d < z}} \mu(d) \sum_{\substack{d \mid n \\ d < z}} \mu(d) \left(\frac{m}{n}\right)^{\mathrm{i}t} \leqslant$$
$$\varphi(D) \sum_{\substack{m \geqslant z \\ (m,D)=1}} \frac{\tau(m)}{m^{1+\delta}} \sum_{\substack{n \equiv m(\bmod D) \\ n \geqslant z}} \frac{b_z(n)}{n^{1+\delta}}$$

此处 $b_z(n) = \sum_{\substack{d \mid n \\ d \leqslant n/z}} 1.$

因 $(m,D)=1$，我们有
$$\sum_{n \leqslant x} b_z(n) = \sum_{\substack{n \leqslant x \\ n \equiv m(\bmod D)}} \sum_{d \leqslant n/z} 1 =$$
$$\sum_{d < x/z} \sum_{\substack{n \leqslant x \\ n \equiv m(\bmod D) \\ n \equiv 0(\bmod d)}} 1 \ll \sum_{d < x/z} \left(\frac{x}{Dd}+1\right) \ll$$
$$\frac{x}{D}\log x + \frac{x}{z} \ll \frac{x\log x}{D}$$

所以
$$K_z(1+\delta,T) \ll \frac{\log z}{z^{\delta}\delta^2} \sum_{m \geqslant z} \frac{\tau(m)}{m^{1+\delta}} \ll$$
$$\frac{\log z}{z^{\delta}\delta^2} \zeta^2(1+\delta) \ll -\frac{\log z}{z^{\delta}\delta^4}$$

因 $\delta\log z \ll z^{\delta}$，故得引理 3.

引理 4 命 $z = D$ 及对于所有 $\chi(\bmod D)$ 有

$$\max_{|t| \leqslant T} \left| L\left(\frac{1}{2} + it, \chi\right) \right| \leqslant MT^{c_0}$$

则

$$K_z\left(\frac{1}{2}, T\right) \leqslant M^2 T^{2c_0} \varphi(D) \log D$$

证明　显然

$$K_z\left(\frac{1}{2}, T\right) \ll M^2 T^{2c_0} \max_{|t| \leqslant T} \sum_{\chi} \left\{ \left| Q_z\left(\frac{1}{2} + it, \chi\right) \right|^2 + 1 \right\} \ll$$

$$M^2 T^{2c_0} \max_{|t| \leqslant T} \varphi(D) \sum_{\substack{m, n < z \\ n \equiv m \,(\mathrm{mod}\, D)}} \sum_{(m, D) = 1} \frac{\mu(m)\mu(n)}{(mn)^{\frac{1}{2}}} \left(\frac{m}{n}\right)^{it}$$

因 $z = D$,将同余式变成等式即得引理 4.

引理 5　命 $z = D$ 及 $T \geqslant 2$,则在引理 4 的假定下, 有

$$K_z(\sigma, T) \ll \begin{cases} T^{2c_0} \{M^2 D^2\}^{2(1-\sigma)} \log^5 D, & \frac{1}{2} \leqslant \sigma \leqslant 1 \\ \log^5 D, & 1 \leqslant \sigma \leqslant 4 \end{cases}$$

证明　由解析函数的凸定理[①]及引理 3 与引理 4 可知,当 $\frac{1}{2} \leqslant \sigma \leqslant 1 + \delta$ 时,有

$$K_z(\sigma, T) \ll \{M^2 T^{2c_0} \varphi(D) \log D\}^{\frac{1 + \delta - \sigma}{\frac{1}{2} + \delta}} \delta^{\frac{-5\left(\delta - \frac{1}{2}\right)}{\frac{1}{2} + \delta}}$$

命 $\delta = \frac{1}{\log D}$,则由 L - 级数熟知的估计,即 $M \ll D^{\frac{1}{2}}$ 可以推出引理的第一部分,由引理 3 即得第二部分.

基本引理　假定对于所有 $\chi \,(\mathrm{mod}\, D)$ 皆有

$$\max_{|t| \leqslant T} \left| L\left(\frac{1}{2} + it, \chi\right) \right| \leqslant MT^{c_0}$$

则

---

① 　K. Prachar. Primzahlverteilung. New York：Springer，1957.

$$N(\alpha, T) \ll T^{1+2c_0} \{M^2 D\}^{2(1-\sigma)} \log^7 D$$

若 $\alpha > \dfrac{1}{2} + \dfrac{3}{\log D}$，则由引理 2 与引理 5 可得基本引理.

若 $0 \leqslant \alpha \leqslant \dfrac{1}{2} + \dfrac{3}{\log D}$，则由粗略估计 $N(\alpha, T) \leqslant DT \log DT$ 即得基本引理.

特别地，置 $M = D^{\frac{1}{4}} \log D$，则由 L — 级数的"渐近函数方程"可知 M 的这种选取是可能的. 例如，由相关文献[①]得 ③，其中 $a = 3$.

对于"几乎所有" D，由林尼克关于 L — 级数的六次矩的估计可得一个相当精密的结果，这将在以后被使用.

由作者以前的工作可知，由 ③ 即可推出定理 1，其中 $a = \dfrac{8}{3} - \varepsilon$.

由林尼克关于 L — 级数的六次阶的估计[②]

$$\sum_{D_1 \leqslant D \leqslant D_1\left(1+\frac{1}{\log^{20} D_1}\right)} \sum_{\chi_0} \left| L\left(\frac{1}{2} + it, \chi_D\right) \right|^6 \ll$$

$$D_1^2 (|t|+1)^{c_0} \exp(\log D_1)^\varepsilon$$

我们立刻得：

引理 6 在区间 $D_1 \leqslant D \leqslant D_1\left(1+\dfrac{1}{\log^{20} D_1}\right)$ 中最多除去 $D_1^{1-\varepsilon}$ 个 D，我们有

---

① Ju. V. Linnik. Mat. Sbornik, 1961, 53: 3-83.

② Ju. V. Linnik. Izv. Akad. Nauk SSSR, Ser. Math., 1960, 24: 629-706.

$$\max_{\chi(\bmod d)}\left| L\left(\frac{1}{2}+\mathrm{i}t,\chi\right)\right| \ll D^{\frac{1}{6}+\varepsilon}(\mid t\mid +1)^{c_0}$$

因此,若 D 非引理 6 意义下被"除去"的,则由基本引理可得式③,其中 $a=\frac{8}{3}+\varepsilon$. 相关文献①中的结果说明只要考虑 $D>x^{\frac{1}{7}}$ 的情况即可.

命 $\sum'$ 表示 D 的一个和,此处 D 表示引理 6 意义下被"除外"者,则

$$\sum_{x^{\frac{1}{7}}\leqslant D\leqslant x^{\frac{3}{8}-\varepsilon}}'\mu^2(D)\max_{\substack{l(\bmod D)\\(l,T)=1}}\left|\pi(x,D,l)-\frac{\mathrm{Li}\,x}{\varphi(D)}\right|\ll$$

$$\sum_{x^{\frac{1}{7}}\leqslant D\leqslant x^{\frac{3}{8}-\varepsilon}}'\frac{x}{D}\ll$$

$$x\sum_{n\leqslant \log^{22}x}\sum_{x^{\frac{1}{7}}\left(1+\frac{1}{\log^{20}x}\right)^n\leqslant D\leqslant x^{\frac{1}{7}}\left(1+\frac{1}{\log^{20}x}\right)^{n+1}}\frac{1}{D}\ll$$

$$x\sum_{n\leqslant \log^{22}x}\frac{1}{x^{\frac{1}{7}}\left(1+\frac{1}{\log^{20}x}\right)^n}\cdot$$

$$\sum_{x^{\frac{1}{7}}\left(1+\frac{1}{\log^{20}x}\right)^n\leqslant D\leqslant x^{\frac{1}{7}}\left(1+\frac{1}{\log^{20}x}\right)^{n+1}}1\ll\frac{x}{\log^A x}$$

定理 1 证毕.

由定理 1 及王元②或列文③形式的塞尔伯格筛法可推出定理 2.

定理 3　区间 $(2,N)$ 中的孪生素数对,即 p 与 $p+$

---

①　M. B. Barban. Trudy Inst. Mat. Akad. Nauk UzSSR, 1961,22:1-20.

②　Wang Yuan. Acta Math. Sinica,1960,10:168-181.

③　B. V. Levin. Dokl. Akad. Nauk UzSSR,1962,11:7-9.

2 同时为素数的个数不超过

$$\left(\frac{16}{3}+\varepsilon\right)2\prod_{p>2}\left(1-\frac{1}{(p-1)^2}\right)\frac{N}{\log^2 N} \qquad ⑤$$

此处 $N \geqslant N(\varepsilon)$.

过去的最佳纪录是属于塞尔伯格[①]的,在他的结果中,式 ⑤ 中的 $\frac{16}{3}$ 需换成 8.令人感兴趣的是塞尔伯格曾断言他的结果是用"纯"筛法所能达到的极限.

在此,我们可以用维诺格拉多夫[②]方法证明,或者在定理 3 中用 $4-2\varepsilon$ 代替 $\frac{16}{3}$ 成立,或者存在无穷多个素数 p 使 $p+2$ 最多为 2 个素数的乘积.

现在我们给塞尔伯格筛法以下面的形式.

引理 7　命 $a_1,\cdots,a_N$ 为一个整数集合且满足

$$\sum_{a_n \equiv 0(\bmod d)} 1 = \frac{N}{f(d)} + R_d$$

此处 $f(d)$ 为积性函数及 $\frac{p}{f(p)}=O(1)$. 若我们用 N_z 表示不被不大于 z 的素数整除的 a_n 的个数,则

$$N_z \leqslant \frac{N}{\sum\limits_{m \leqslant z}\dfrac{\mu^2(m)}{f_1(m)}} + O\Big\{(\log\log z)^c \sum_{d \leqslant z^2}\mu^2(d)\mid R_d\mid \tau(d)\Big\}$$

此处 $f_1(m)$ 表示 $f(m)$ 的麦比乌斯变换及 $\tau(m)$ 表示 m 的因子个数.

关于塞尔伯格方法的全面阐述可以参看相关文献[③].为了从引理 7 推出定理 3,我们取 $\{a_n\}$ 为集合

①　A. Selberg. Den 11-te Skan. Mat. Kong, 1949,13-22.

②　A. I. Vinogradov. Vest. Leningrad Univ. , 1959,7:26-31.

③　K. Prachar. Primzahlverteilung. New York:Springer, 1957.

$\{p-2\}$,此处 p 过所有不大于 N 的素数,及 $z=N^{\frac{3}{16}-\epsilon}$.

主项可以用熟知的方法来计算,参见相关文献[①].
误差项为和

$$\sum_{\substack{d\leqslant N^{\frac{3}{8}-\epsilon}\\ d\equiv 1(\bmod 2)}} \mu^2(d)\left|\pi(n,d,z)-\frac{\mathrm{Li}\,N}{\varphi(d)}\right|\tau(d)$$

由定理 1 可知满足 $\tau(d)\leqslant\log^{\frac{A}{2}}N$ 的 d 构成的部分和远远小于 $\dfrac{N}{\log^{\frac{A}{2}}N}$,其余部分则远小于

$$\sum_{\substack{d\leqslant N^{\frac{3}{8}-\epsilon}\\ \tau(d)\geqslant\log^{\frac{A}{2}}N}} \frac{N}{d}\mu^2(d)\tau(d)\ll$$

$$N\sum_{d\leqslant N^{\frac{3}{8}-\epsilon}}\frac{\mu^2(d)}{d}\tau(d)\frac{\tau(d)}{\log^{\frac{A}{2}}N}\ll\frac{N}{\log^{\frac{A}{2}-5}N}$$

因 A 可以任意大,故定理成立.

注　定理 1 是作者于 1965 年证明的.用这个定理来估计瑞尼的常数 R,我们征引王元的文章[②],这是塞尔伯格"线性"筛法的已知最佳结果.王元的文章是用中文发表的,应用这个方法时需进行复杂的计算.列文友好地告诉作者,$R\leqslant 4$ 可以由他关于塞尔伯格的新方法与定理 1[③][④] 推出来.然后王元又肯定了由定理 1 及他的工作可导出同样的结论,王元的工作的详细阐述发表于相关文献[⑤]的英文翻译本所加的附录之中.

①　N. E. Klimov, Usp. Mat. Nauk, 1958, 3: 145-164.

②　Wang Yuan. Acta Math. Sinica, 1960, 10: 168-181.

③　B. V. Levin. Dokl. Akad. Nauk UzSSR, 1962, 11: 7-9.

④　B. V. Levin. Mat. Sbornik, 1963, 61: 389-407.

⑤　Wang Yuan. Acta Math. Sinica, 1960, 10: 168-181.

作者已注意到与定理 1 相类似的结果已由潘承洞独立地证明了,但他的结果不是用术语 $\pi(x, D, l)$ 来表述的,而是用一个"加权"和,由此可以推出定理 2,但不能推出定理 3.

§6　哥德巴赫－欧拉问题与孪生素数问题研究的新结果

—— 布赫夕塔布

关于表偶数为两个素数之和的哥德巴赫－欧拉问题至今尚未解决.由埃拉托斯尼筛法及林尼克与其后继者所发展的迪利克雷 L－级数理论可以证明存在一个整数 k 使每个大偶数 $2N$ 均可以表示为 $2N = p + n$,此处 p 为一个素数及 n 最多只有 k 个素因子.瑞尼[①]首先证明了 k 的存在性.$k = 4$ 是由列文、巴尔巴恩、王元与潘承洞[②③④]得到的.对于孪生素数问题,他们也得到了类似结果,即存在无穷多个素数 p 使 $p + 2$ 最多有 k 个素因子.本节,我将证明 $k = 3$.

定理 1　存在 N_0 使每个大于 N_0 的偶数都可以表成一个素数及一个素因子个数不超过 3 的殆素数之

---

①　A. Renyi. Izv. Akad. Nauk SSSR, Ser. Mat., 1948,12: 57-78.

②　Wang Yuan. Sci. Sinica, 1962,11:1033-1054.

③　B. V. Levin. Dokl. Akad. Nauk UzSSR, 1962,11:7-9; Mat. Sbornik, 1963, 61:389-407.

④　M. B. Barban. Mat. Sbornik, 1963, 61:418-425.

和.

定理 2　存在无穷多个素数 p 使 $p+2$ 为一个不超过 3 个素数的乘积.

证明基于下面的巴尔巴恩定理.

定理 3　命 ν 为一个小于 $\dfrac{8}{3}$ 的数及 A 为一个正常数,则

$$\sum_{D\leqslant x^{\nu}}\mu^2(D)\max_{\substack{a(\mathrm{mod}\,D)\\(a,D)=1}}\left|\pi_a(x,D)-\frac{\mathrm{Li}(x)}{\varphi(D)}\right|=O\left(\frac{x}{\ln^A x}\right)$$

此处 $\pi_a(x,D)$ 表示适合 $p\leqslant x$ 及 $p\equiv a(\mathrm{mod}\,D)$ 的素数个数, $\varphi(D)$ 为欧拉函数及 $\mu(D)$ 为麦比乌斯函数.

定理 2 的证明　注意熟知的定理 1 可以用类似的方法来证明.

命 q 为一个整数及 $2<p_1<\cdots<p_r$ 为素数列,此处 $p_i\mid q$ 与 $p_r\leqslant z<p_{r+1}$. 命 $a,a_1,\cdots,a_r$ 为一个整数集合且满足 $(a,q)=1$ 及 $p_i\nmid a_i$, 我们将它们记为 ω. 我们用 $P_\omega(x,q,z)$ 表示适合 $p\equiv a(\mathrm{mod}\,q)$ 与 $p\not\equiv a_i(\mathrm{mod}\,p_i)(1\leqslant i\leqslant r)$ 的素数 p 的个数. 由布朗方法可以证明:

定理 4　存在非递减函数 $\lambda(\alpha)$ 与 $\Lambda(\alpha)$, 使当 $\alpha>0$ 及 $q<x^\nu$ 时有

$$P_\omega\left(x,q,\left(\frac{x^\nu}{q}\right)^{\frac{1}{\alpha}}\right)>\left\{B_0\lambda(\alpha)+O\left(\frac{1}{(\nu\ln x-\ln q)^{\frac{1}{2}}}\right)\right\}\cdot$$

$$\frac{c(q)\mathrm{Li}(x)}{\nu\ln x-\ln q}-r_\omega\left(x,q,\left(\frac{x^\nu}{q}\right)^{\frac{1}{\alpha}}\right)$$

$$P_\omega\left(x,q,\left(\frac{x^\nu}{q}\right)^{\frac{1}{\alpha}}\right)<\left\{B_0\Lambda(\alpha)+O\left(\frac{1}{(\nu\ln x-\ln q)^{\frac{1}{2}}}\right)\right\}\cdot$$

$$\frac{c(q)\mathrm{Li}(x)}{\nu\ln x-\ln q}+r_\omega\left(x,q,\left(\frac{x^\nu}{q}\right)^{\frac{1}{\alpha}}\right)\quad①$$

此处 B_0 是一个与 ω 无关的常数;当 $\alpha \geqslant 10$ 时, $\lambda(\alpha) >$

0, $c(q) = \dfrac{1}{\varphi(q)} \prod\limits_{\substack{p \mid q \\ p \neq 2}} \dfrac{p-1}{p-2}$, 及

$$r_\omega \left(x, q, \left(\frac{x^\nu}{q} \right)^{\frac{1}{\alpha}} \right) >$$

$$\sum_{D \in \Omega} \mu^2(D) \max_{\substack{a(\bmod D) \\ (D,a)=1}} \left| \pi_a(x, D) - \frac{\mathrm{Li}(x)}{\varphi(D)} \right| \qquad ②$$

其中区域 $\Omega = \Omega\left(x, q, \left(\dfrac{x^\nu}{q} \right)^{\frac{1}{\alpha}} \right)$ 包括满足 $D = qm$, $m <$

$\dfrac{x^\nu}{q}$ 及 m 的最大素因子小于 $\left(\dfrac{x^\nu}{q} \right)^{\frac{1}{\alpha}}$ 的诸数 D.

我们得到通常的公式 $\lambda(\alpha)$ 与 $\Lambda(\alpha)$. 每隔步长 0.01, 给出 $\Lambda(\alpha)$ 的一个值,此处 $\alpha \leqslant 10$. 取 $\lambda(10) = 9.999\,942$, 这些值是在以列宁命名的莫斯科师范大学的"明斯克－1"计算机上算出来的,这样就定义了两个阶梯函数 $\Lambda_0(\alpha)$ 与 $\lambda_0(\alpha)$ 之值,其中当 $\alpha < 10$ 时, $\lambda_0(\alpha) = 0$. 由王元的工作表明,用布赫夕塔布方法可以证明下面的定理.

定理 5 命 $\beta > 1$, 若 $\Lambda(\alpha)$ 与 $\lambda(\alpha)$ 换为

$$\begin{cases} \bar{\lambda}(\alpha) = \begin{cases} \max\left\{ \lambda(\alpha), \lambda(\beta) - \displaystyle\int_{\alpha-1}^{\beta-1} \frac{\Lambda(z)}{z} \mathrm{d}z \right\}, \\ 1 < \alpha \leqslant \beta \\ \lambda(\alpha), \quad 0 < \alpha \leqslant 1 \text{ 或 } \alpha > \beta \end{cases} \\[2em] \bar{\Lambda}(\alpha) = \begin{cases} \max\left\{ \Lambda(\alpha), \Lambda(\beta) - \displaystyle\int_{\alpha-1}^{\beta-1} \frac{\lambda(z)}{z} \mathrm{d}z \right\}, \\ 1 < \alpha \leqslant \beta \\ \Lambda(\alpha), \quad 0 < \alpha \leqslant 1 \text{ 或 } \alpha > \beta \end{cases} \end{cases} \qquad ③$$

则不等式 ① 仍然成立,此处误差项满足 ② 并具有同样的 Ω.

从 $\lambda_0(\alpha)$ 与 $\Lambda_0(\alpha)$ 出发,由 ③ 可得区间 $0 < \alpha \leqslant$ 10 上的函数

$$\lambda_0(\alpha) \leqslant \lambda_1(\alpha) \leqslant \lambda_2(\alpha) \leqslant \cdots \leqslant$$

$$\Lambda_2(\alpha) \leqslant \Lambda_1(\alpha) \leqslant \Lambda_0(\alpha)$$

在同样的计算机上连续迭代,我们得到一张表,具有足够多的 $\lambda(\alpha)$ 与 $\Lambda(\alpha)$ 的值,此处为简单计,我们略去了下标.特别地,我们得到下表诸值:

α	$\alpha \leqslant 3$	3.1	3.2	3.3	3.4	3.5
$\Lambda(\alpha)$	3.580 161	3.586 19	3.607 11	3.640 53	3.684 37	3.736 96
α	3.6	3.7	3.8	3.9	4.0	4.1
$\Lambda(\alpha)$	3.796 94	3.863 18	3.934 73	4.010 79	4.090 72	4.173 92
α	4.2	4.3	4.4	4.5	4.6	4.7
$\Lambda(\alpha)$	4.259 94	4.348 34	4.438 77	4.530 94	4.624 55	4.719 40
α	4.8	4.9	5.0			
$\Lambda(\alpha)$	4.815 26	4.911 97	5.009 38			

下面的定理可用证明定理 5 的方法类似地来证明.

定理 6　命 $\dfrac{3}{8\nu} < \alpha \leqslant \beta$ 及 $\nu_1 < \nu$,则

$$\sum_{x^{\frac{3}{8\beta}} \leqslant p < x^{\frac{3}{8\alpha}}} P_\omega(x,p,p) <$$

$$\frac{B_0}{\nu_1} \cdot \frac{\mathrm{Li}(x)}{\ln x} \int_{\alpha-1}^{\beta-1} \frac{\Lambda(z)}{z} \mathrm{d}z + O\left(\frac{x}{\ln^{\frac{5}{2}} x}\right) \qquad ④$$

定理 7　命 $\dfrac{3}{8\nu} < \alpha \leqslant \beta \leqslant \delta$ 及 $\nu_1 < \nu$,则

$$\sum_{x^{\frac{3}{8\beta}} \leqslant p < x^{\frac{3}{8\alpha}}} P_\omega(x,p,x^{\frac{3}{8}}) <$$

$$\frac{B_0}{\nu_1} \cdot \frac{\mathrm{Li}(x)}{\ln x} \int_{\alpha-1}^{\beta-1} \Lambda\left(\frac{z}{z+1}\right) \frac{\mathrm{d}z}{z} + O\left(\frac{x}{\ln^{\frac{5}{2}} x}\right) \qquad ⑤$$

377

当 $4 \leqslant n \leqslant 10$ 时,考虑区间 $I_n = [x^{\frac{n}{64}}, x^{\frac{22-n}{64}}]$;当 $18 \leqslant n \leqslant 20$ 时,考虑 $I_n = [x^{\frac{n}{64}}, x^{\frac{n+1}{64}}]$;当 $4 \leqslant n \leqslant 10$ 时,考虑 $L_n = [x^{\frac{n}{64}}, x^{\frac{n+1}{64}}]$. 假定 c_n 与 d_n 对应于 I_n 与 L_n,此处 $c_4 = \frac{4}{21}$. 当 $5 \leqslant n \leqslant 10$ 时,$c_n = \frac{1}{21}$;当 $18 \leqslant n \leqslant 20$ 时,$c_n = \frac{21-n}{n}$;$d_n = \frac{21-2n}{21}$.

定理 8 命 $G(x)$ 表示 $p < x-2$ 且满足下面条件的素数 p 的个数:

(1) $p+2 \not\equiv 0 (\bmod p_i)(p_i < x^{\frac{1}{16}})$;

(2) $p+2$ 最少有 4 个互不相同的素因子,这种素数的集合记为 G. 命

$$S(x) = \sum_{4 \leqslant n \leqslant 10} c_n \sum_{p_i \in I_n} P(x, p_i, x^{\frac{n}{64}}) +$$
$$\sum_{18 \leqslant n \leqslant 20} c_n \sum_{p_i \in I_n} P(x, p_i, x^{\frac{1}{16}}) +$$
$$\sum_{4 \leqslant n \leqslant 10} d_n \sum_{p_i \in L_n} P(x, p_i, p_i) \qquad ⑥$$

则 $G(x) \leqslant S(x)$.

命 M 表示适合下面条件的诸素数:$p < x-2$ 及 $p+2 \not\equiv 0 (\bmod p_i)(p_i < x^{\frac{1}{16}})$. 对于每个 $p+2$,此处 $p \in G(G \subset M)$,它可以表成

$$p+2 = p_\alpha^{(k_1)} p_\beta^{(k_2)} p_\gamma^{(k_3)} p_\delta^{(k_4)} m$$

此处 $p_\alpha^{(k_1)} < p_\beta^{(k_2)} < p_\gamma^{(k_3)} < p_\delta^{(k_4)}$ 为 $p+2$ 的四个最小互异的素因子. 当 $4 \leqslant t \leqslant 10$ 时,记 $x^{\frac{t}{64}} \leqslant p^{(t)} < x^{\frac{t+1}{64}}$ 及 $x^{\frac{21}{64}} \leqslant p^{(21)} < x$,则 $S(x) = \sum_{p \in M} T(p)$,此处

$$T(p) = \sum_{\substack{p_i \mid (p+2) \\ 4 \leqslant n \leqslant 10 \\ p_i \in I_n, p \in M_n}} \sum c_n + \sum_{\substack{p_i \mid (p+2) \\ 18 \leqslant n \leqslant 20 \\ p_i \in I_n}} \sum c_n + d(p)$$

$p \in M_n$ 表示 $p+2 \not\equiv 0 \pmod{p_i}$ $(p_i \leqslant x^{\frac{n}{64}})$；当 $p_\alpha^{(k_1)} \in L_n (4 \leqslant n \leqslant 10)$ 时，$d(p) = d_n$，否则 $d(p) = 0$.

对于 $p \in G$，在和 $T(p)$ 中取 c_n 及 $d_n = d(p)$，此处 p_i 为 $p_\alpha^{(k_1)} p_\beta^{(k_2)} p_\gamma^{(k_3)} p_\delta^{(k_4)}$ 的素因子，则得其值 $U(p) \leqslant T(p)$. 为了证明定理，只要能证明对于所有 $p \in G$，$U(p) \geqslant 1$ 即可. 事实上

$$S(x) \geqslant \sum_{p \in G} T(p) \geqslant \sum_{p \in G} U(p) \geqslant \sum_{p \in G} 1 = G(x)$$

为了证明对于所有 $p \in G, U(p) \geqslant 1$，我们考虑所有可能的 k_1, k_2, k_3, k_4. 经过对这个函数做 108 次计算，我们得 $U(p) \geqslant 1$.

在 ⑥ 中，$S(x)$ 可以表示为 10 个形如 $c_n \sum\limits_{p_i \in I_n} P(x, p_i, x^{\frac{5}{64}})$ 及 7 个形如 $d_n \sum\limits_{p_i \in L_n} P(x, p_i, p_i)$ 的项之和，这些可以由 $\Lambda(\alpha)$ 的表、定理 6 与定理 7 来加以估计. 取 $\nu_1 = \dfrac{3}{8} - \dfrac{1}{10^7}$，则得

$$G(x) \leqslant S(x) < 15.060\ 7 B_0 \frac{x}{\ln^2 x}, x > x_0$$

命 $P(x)$ 表示适合 $p \leqslant x$ 及 $p+2$ 不能被任何小于或等于 $x^{\frac{1}{16}}$ 的素数整除的素数的个数，命 $a = a_1 = \cdots = a_r = -2$，则当 $x > x_0$ 时有

$$P(x) = P_\omega(x, 1, x^{\frac{1}{16}}) >$$

$$\frac{8}{3} B_0 \lambda(6) \frac{x}{\ln^2 x} >$$

$$15.997\ 9 B_0 \frac{x}{\ln^2 x}$$

命 $K(x)$ 表示适合 $p \leqslant x$ 及 $p+2$ 无平方因子且无不大于 $x^{\frac{1}{16}}$ 的素因子的素数 p 的个数，则当 $x > x_0$ 时有

$$K(x) < 0.000\ 1B_0\ \frac{x}{\ln^2 x}$$

命 $F(x)$ 为适合 $p \leqslant x$ 的素数个数,此处 p 满足:

(1) $p+2$ 没有小于或等于 $x^{\frac{1}{16}}$ 的素因子;

(2) $p+2$ 没有平方因子;

(3) $p+2$ 最多只有 3 个素因子.

则当 $x > x_0$ 时有

$$F(x) \leqslant P(x) - G(x) - K(x) - 2 > 0.937B_0\ \frac{x}{\ln^2 x}$$

因当 $x \to \infty$ 时,$F(x) \to \infty$,故得定理 2. 为了证明定理 1,在 $G(x)$,M,$P(x)$,$K(x)$,$F(x)$ 的定义中,$p+2$ 需换成 $2N-p$,并在 $P(x, p_i, x^{\frac{n}{64}})$ 与 $P(x, p_i, p_i)$ 的定义中,我们取 $a_i = 2N(1 \leqslant i \leqslant r)$.

§7 素数论中的一个初等方法

—— 沃恩

7.1 引论

命

$$T(Y, Q) = \sum_{q \leqslant Q} \frac{q}{\phi(q)} \sum_{\chi}{}^{*} \max_{X \leqslant Y} |\psi(X, \chi)| \qquad ①$$

此处

$$\psi(X, \chi) = \sum_{n \leqslant X} \Lambda(n) \chi(n) \qquad ②$$

及 $\sum{}^{*}$ 表示过模 q 的原特征求和. T 的估计是朋比尼—维诺格拉多夫关于算术级数素数定理的要素. 又命

$$H_r(Y,Q) = \sum_{q \leqslant Q} \frac{q}{\phi(q)} \sum_{\chi}{}^{*} \max_{X \leqslant Y} \mid M_r(X,\chi) \mid \quad ③$$

此处

$$M_r(X,\chi) = \sum_{\substack{n \leqslant Y \\ (n,r)=1}} \mu(n)\chi(n) \quad ④$$

本节的目的是描述下面两个定理的证明,这一证明的想法已含于相关文献[①②]之中.

定理 1　命 $Q \geqslant 1, Y \geqslant 2, L = \log YQ$,则

$$T(Y,Q) \ll (Y + Y^{\frac{5}{6}}Q + Y^{\frac{1}{2}}Q^2)L^4 \quad ⑤$$

定理 2　命 $Q \geqslant 1, Y \geqslant 2, r \geqslant 1, L = \log YQ$,则

$$H_r(Y,Q) \ll (Y + d(r)Y^{\frac{5}{6}}Q + Y^{\frac{1}{2}}Q^2)L^4 \quad ⑥$$

由定理 1 及西格尔 - 瓦尔菲茨定理易推出:

定理 3(朋比尼 - 维诺格拉多夫)　命 $Q \geqslant 1, Y \geqslant 2, L = \log YQ$,则

$$\sum_{q \leqslant Q} \sup_{\substack{a,X \\ (a,q)=1, X \leqslant Y}} \left| \psi(X,q,a) - \frac{X}{\phi(q)} \right| \ll A^{Y(\log Y)^{-A} + Y^{\frac{1}{2}}QL^4} \quad ⑦$$

类似地,由定理 2 可推出:

定理 4　命 $Q \geqslant 1, Y \geqslant 2, L = \log YQ$,则

$$\sum_{q \leqslant Q} \sup_{\substack{a,X \\ X \leqslant Y}} \left| \sum_{\substack{n \leqslant X \\ n \equiv a(\bmod q)}} \mu(n) \right| \ll A^{Y(\log Y)^{-A} + Y^{\frac{1}{2}}QL^4} \quad ⑧$$

①　R. C. Vaughan. Sommes trigonométriques sur les nombres premiers. Comptes Rendus Acad. Sci. Paris, Serie A, 1977,285: 981-983.

②　R. C. Vaughan. On the distribution of αp modulo 1. Mathematika, 1977,24:135-141.

7.2 定理 1 与定理 3 的证明

引理 1 假定 $a_m(m=1,\cdots,M)$ 与 $b_n(n=1,\cdots,N)$ 为复数,则

$$\sum_{q\leqslant Q}\frac{q}{\phi(q)}\sum_{\chi}^{*}\Big|\sum_{m=1}^{M}\sum_{n=1}^{N}a_m b_n\chi(mn)\Big|\ll$$

$$\Big((M+Q^2)(N+Q^2)\sum_m|a_m|^2\sum_n|b_n|^2\Big)^{\frac{1}{2}}$$

这是大筛法不等式与柯西不等式的直接推论,例如,见 Gallagher 的文章[①②].

引理 2 在引理 1 的前提下有

$$\sum_{q\leqslant Q}\frac{q}{\phi(q)}\sum_{\chi}^{*}\sup_{X\leqslant Y}\Big|\sum_{\substack{m=1\\mn\leqslant X}}^{M}\sum_{n=1}^{N}a_m b_n\chi(mn)\Big|\ll$$

$$\Big((M+Q^2)(N+Q^2)\sum_m|a_m|^2\sum_n|b_n|^2\Big)^{\frac{1}{2}}\cdot$$

$$\log YMN \qquad\qquad ⑨$$

证明 命

$$C=\int_{-\infty}^{+\infty}\frac{\sin\alpha}{\alpha}\mathrm{d}\alpha$$

及 $\gamma>0$,当 $0\leqslant\beta<\gamma$ 时,定义 $\delta(\beta)=1$,而当 $\beta>\gamma$ 时,定义 $\delta(\beta)=0$,则 $C>0$,且易见当 $A\geqslant 1$,$\beta\geqslant 0$,$\beta\neq\gamma$ 时有

$$\delta(\beta)=\int_{-A}^{A}\mathrm{e}^{\mathrm{i}\beta\alpha}\frac{\sin\gamma\alpha}{C\alpha}\mathrm{d}\alpha+O(A^{-1}|\gamma-\beta|^{-1})$$

---

① P. X. Gallagher. The large sieve. Mathematika, 1967,14: 14-20.

② H. L. Montgomery, R. C. Vaughan. The large sieve. Mathematika,1973,20:119-134.

命 $\gamma = \log\left([X] + \dfrac{1}{2}\right), \beta = \log mn$，则

$$\sum_{\substack{m \\ mn \leqslant X}} \sum_n a_m b_n \chi(mn) =$$

$$\int_{-A}^{A} \sum_m \sum_n a_m m^{i\alpha} b_n n^{i\alpha} \chi(mn) \frac{\sin \gamma\alpha}{C\alpha} \mathrm{d}\alpha +$$

$$O(XA^{-1} \sum_m \sum_n \mid a_m b_n \mid)$$

在引理 1 中取 $A = YMN$，则得所需之结论.

若 $Q^2 > Y$，则在引理 2 中取 $M = 1, a_1 = 1, b_n = \Lambda(n)$ 即得定理 2. 因此可以假定 $Q^2 \leqslant Y$.

命

$$u = \min\{Q^2, Y^{\frac{1}{3}}, YQ^{-2}\} \qquad \text{⑩}$$

如同 $Q^2 > Y$ 时一样应用引理 2，则得

$$\sum_{q \leqslant Q} \frac{q}{\phi(q)} \sum_\chi^* \sup_{X \sim u^2} \mid \psi(X, \chi) \mid \ll (u^2 Q + \iota Q^2) L^2 \qquad \text{⑪}$$

考虑恒等式

$$\sum_{u < n \leqslant X} \Lambda(n) f(n) = S_1 - S_2 - S_3 \qquad \text{⑫}$$

此处

$$S_1 = \sum_{m \leqslant u} \sum_{n \leqslant X/m} \mu(m)(\log n) f(mn) \qquad \text{⑬}$$

$$S_2 = \sum_{m \leqslant u^2} \sum_{n \leqslant X/m} c_m f(mn), c_m = \sum_{\substack{a \leqslant u, b \leqslant u \\ ab = m}} \mu(a)\Lambda(b) \qquad \text{⑭}$$

$$S_3 = \sum_{\substack{m > u \\ mn \leqslant X}} \sum_{n > u} \tau_m \Lambda(n) f(mn), \tau_m = \sum_{\substack{d \mid m \\ d \leqslant u}} \mu(d) \qquad \text{⑮}$$

这可以由比较下面迪利克雷级数的恒等式的系数而求得

$$\left(-\frac{\zeta'}{\zeta}(s) - F(s)\right) =$$

$$G(s)(-\zeta'(s)) - F(s)G(s)\zeta(s) -$$

$$\big(\zeta(s)G(s)-1\big)\Big(-\frac{\zeta'}{\zeta}(s)-F(s)\Big) \qquad ⑯$$

此处

$$F(s)=\sum_{n\leqslant u}\Lambda(n)n^{-s},G(s)=\sum_{n\leqslant u}\mu(n)n^{-s} \qquad ⑰$$

在 ⑫ 中记 $f(n)=\chi(n)$，则可见只要证明当 $j=1,2,3$ 时，和

$$T_j=\sum_{q\leqslant Q}\frac{q}{\phi(q)}\sum_{\chi}{}^{*}\sup_{u^2<X\leqslant Y}|S_j|$$

适合 ⑤ 即可，其中 T 需换成 T_j. 注意在 $\displaystyle\sum_{n\leqslant X}\Lambda(n)\chi(n)$ 中 $n\leqslant u$ 之诸项可由 ⑪ 估计.

由 ⑮ 可知

$$T_3\leqslant\sum_{M\in\mathscr{M}}T_3(M)$$

此处 $\mathscr{M}=\{2^k u\mid k=0,1,\cdots;2^k u^2\leqslant Y\}$ 及

$$T_3(M)=\sum_{q\leqslant Q}\frac{q}{\phi(q)}\sum_{\chi}{}^{*}\sup_{u^2<X\leqslant Y}|S_3(M)|$$

其中

$$S_3(M)=\sum_{M<m\leqslant 2M}\sum_{u<n\leqslant X/m}\tau_m\Lambda(n)\chi(mn)$$

由引理 2 得

$$T_3(M)\ll\Big((M+Q^2)(YM^{-1}+Q^2)\cdot$$

$$\sum_{m\leqslant 2M}d^2(m)\sum_{n\leqslant Y/M}\Lambda^2(n)\Big)^{\frac{1}{2}}\log Y\ll$$

$$(Y+Y^{\frac{1}{2}}M^{\frac{1}{2}}Q+YM^{-\frac{1}{2}}Q+Y^{\frac{1}{2}}Q^2)(\log Y)^3$$

由此易得所需的结论.

记 $\displaystyle\log n=\int_1^n\frac{\mathrm{d}\alpha}{\alpha}$，并交换求和与积分运算的次序，则由 ⑬ 得

384

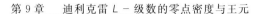

$$S_1 = \int_1^X \sum_{m \leqslant \min\{u, X/\alpha\}} \mu(m)\chi(m) \sum_{\alpha \leqslant n \leqslant X/m} \chi(n) \frac{\mathrm{d}\alpha}{\alpha}$$

运用波利亚－维诺格拉多夫不等式(舒尔的证明是初等的)可知当 $q > 1$ 时有

$$T_1 \ll (Y + uQ^{\frac{5}{2}})(\log Y)^2$$

与 ⑩ 相结合仍可得相宜的估计.

综合上述方法可得 T_2 的估计. 将和 S_2 分割成两部分

$$S_2 = S'_2 + S''_2$$

此处 S'_2 含有 $m \leqslant u$ 诸项,而 S''_2 则含有 $u < m \leqslant u^2$ 诸项. 如 S_1 一样,可以处理 S'_2,而 S''_2 可以如 S_3 来处理. 这样即可得 T_2 的一个适当上界并完成定理 1 的证明.

如同定理 1 推出相关文献[1]的系 1.1.1 一样,可以由定理 1 推出定理 3.

7.3　定理 2 与定理 4 的证明

定理 2 的证明类似于定理 1 的证明,但需换一个恒等式

$$\sum_{n \leqslant X} \mu(n)f(n) = 2S_1 - S_2 - S_3 \qquad ⑱$$

此处

$$S_1 = \sum_{n \leqslant u} \mu(n)f(n) \qquad ⑲$$

$$S_2 = \sum_{m \leqslant u^2} \sum_{n \leqslant X/m} c_m f(mn), c_m = \sum_{\substack{a \leqslant u, b \leqslant u \\ ab = m}} \mu(a)\mu(b) \qquad ⑳$$

① R. C. Vaughan. Mean value theorems in prime number theory. J. London Math. Soc. , 1975,10(2):153-162.

$$S_3 = \sum_{\substack{m>u \\ mn \leqslant X}} \sum_{n>u} \tau_m \mu(n) f(mn), \tau_m = \sum_{\substack{d \mid m \\ d \leqslant u}} \mu(d) \quad ㉑$$

这是下面恒等式的直接推论

$$\frac{1}{\zeta(s)} = 2G(s) - G^2(s)\zeta(s) -$$

$$(\zeta(s)G(s) - 1)\left(\frac{1}{\zeta(s)} - G(s)\right) \quad ㉒$$

其中 $G(s)$ 满足 ⑰.

定理 2 证明中的情况 $Q^2 > Y$ 可以如定理 1 证明中所用的方法来处理. 命 u 适合 ⑩, 则如前一样, 将 ⑪ 中的 $\psi(X,\chi)$ 换成 $M_r(X,\chi)$ 仍成立. 在 ⑱ 中, 当 $(n,r) = 1$ 时, 命 $f(n) = \chi(n)$; 当 $(n,r) > 1$ 时, 命 $f(n) = 0$. 则估计

$$T_j = \sum_{q \leqslant Q} \frac{q}{\phi(q)} \sum_\chi {}^* \sup_{u^2 \leqslant X \leqslant Y} |S_j|, j = 1,2,3$$

即可.

类似于 ⑪, 可以估出 T_1. 利用定理 2 中对应和的估计方法可以估计 T_3. 类似地, 用将 S_2 按 $m \leqslant u$ 及 $m > u$ 划分为 S_2' 与 S_2'' 的方法可以估计 T_2, 所以 $T_2 \leqslant T_2' + T_2''$, 此处 T_2' 与 T_2'' 对应于 T_2 中将 S_2 分别换成 S_2' 与 S_2'', T_2'' 可以类似于 T_3 来处理. 剩下需处理者为 T_2'.

当 χ 为模 $q > 1$ 的非主特征时, 由波利亚－维诺格拉多夫不等式得

$$\sum_{\substack{n \leqslant Z \\ (n,r)=1}} \chi(n) = \sum_{d \mid r} \mu(d)\chi(d) \sum_{m \leqslant Z/d} \chi(m) \ll d(r)q^{\frac{1}{2}} \log q$$

所以

$$T_2' \ll (Y + d(r)uQ^{\frac{5}{2}})L^2$$

386

由 ⑩ 可知 $uQ^{\frac{5}{2}} \leqslant Y^{\frac{5}{6}}Q.$ 由此可得定理 2.

定理 4 的证明较之定理 3 的证明复杂些,其中的主要困难为原特征的归化.

注意

$$\sup_{a} \sup_{X \leqslant Y} \left| \sum_{\substack{n \leqslant X \\ n=a(\mathrm{mod}\, q)}} \mu(n) \right| \leqslant \sum_{r \mid q} \sup_{b} \sup_{\substack{X \leqslant Y/r \\ (b,q/r)=1}} \left| \sum_{\substack{m \leqslant X \\ m=b(\mathrm{mod}\, q/r) \\ (m,r)=1}} \mu(m) \right|$$

所以

$$\sum_{q \leqslant Q} \sup_{a} \sup_{X \leqslant Y} \left| \sum_{\substack{n \leqslant X \\ n=a(\mathrm{mod}\, q)}} \mu(n) \right| \leqslant \sum_{r \leqslant Q} F_r\left(\frac{Y}{r}, \frac{Q}{r}\right) \qquad ㉓$$

此处

$$F_r(Y, Q) = \sum_{q \leqslant Q} \sup_{\substack{a \\ (a,q)=1}} \sup_{X \leqslant Y} \left| \sum_{\substack{n \leqslant X \\ n=a(\mathrm{mod}\, q) \\ (n,r)=1}} \mu(n) \right|$$

当 $(a,q)=1$ 时

$$\sum_{\substack{n \leqslant X \\ n=a(\mathrm{mod}\, q) \\ (n,r)=1}} \mu(n) = \frac{1}{\phi(q)} \sum_{X(\mathrm{mod}\, q)} \bar{\chi}(a) \sum_{\substack{n \leqslant X \\ (n,r)=1}} \chi(n)\mu(n)$$

所以

$$\left| \sum_{\substack{n \leqslant X \\ n=a(\mathrm{mod}\, q) \\ (n,r)=1}} \mu(n) \right| \leqslant \frac{1}{\phi(q)} \sum_{d \mid q} \sideset{}{^*}\sum_{X(\mathrm{mod}\, q)} \left| \sum_{\substack{n \leqslant X \\ (n,rq/d)=1}} \chi(n)\mu(n) \right|$$

这里用到

$$F_r(Y, Q) \leqslant \sum_{k \leqslant Q} \frac{1}{\phi(k)} G_{rk}\left(Y, \frac{Q}{k}\right) \qquad ㉔$$

其中

$$G_r(Y, Q) = \sum_{q \leqslant Q} \frac{1}{\phi(q)} \sideset{}{^*}\sum_{\chi} \sup_{X \leqslant Y} \left| \sum_{\substack{n \leqslant X \\ (n,r)=1}} \chi(n)\mu(n) \right| \qquad ㉕$$

命 $R \leqslant Q$,则由式 ㉓㉔ 与分部积分可知

$$G_r(Y, Q) - G_r(Y, R) \leqslant Q^{-1} H_r(Y, Q) + \int_R^Q \alpha^{-2} H_r(Y, \alpha)\mathrm{d}\alpha$$

所以由定理 2 得

$$G_r(Y,Q) - G_r(Y,R) \ll (YR^{-1} + Y^{\frac{1}{2}}Q)L^4 + d(r)Y^{\frac{5}{6}}L^5$$

㉖

假定 $q \leqslant (\log Z)^A$ 及 χ 为模 q 的一个特征,则由迪利克雷 L—函数理论的标准应用可知

$$\sum_{\substack{n \leqslant X \\ (n,r)=1}} \chi(n)\mu(n) \ll A^{d(r)}Z\exp(-c(\log Z)^{\frac{1}{2}})$$

此处 c 为一个正常数,因此由 ㉕ 可知

$$G_r(Y,(\log Y)^B) \ll B^{d(r)}Y\exp\left(-\frac{1}{2}c(\log Y)^{\frac{1}{2}}\right)$$

这与 ㉖ 结合并适当选取 B 得

$$G_r(Y,Q) \ll A^{(YL^{-A-4}+Y^{\frac{1}{2}}QL^4)d(r)}$$

所以由 ㉔ 得

$$F_r(Y,Q) \ll A^{(YL^{-A-2}+Y^{\frac{1}{2}}QL^4)d(r)}$$

因此当 $Q \leqslant Y^{\frac{1}{2}}$ 时,由 ㉓ 得

$$\sum_{q \leqslant Q} \sup_{\substack{a,X \\ X \leqslant Y}} \left| \sum_{\substack{n \leqslant X \\ n \equiv a(\bmod q)}} \mu(n) \right| \ll A^{YL^{-A}+Y^{\frac{1}{2}}QL^4}$$

注 当 $Q > N^{\frac{1}{2}}$ 时,定理的结论是显然的,定理 4 证毕.

注(潘承彪) 由 ⑫,我们可以给出

$$S(\alpha) = \sum_{n \leqslant x} \Lambda(n)e(n\alpha)$$

的估计,即当 $\left| \alpha - \dfrac{a}{q} \right| < q^{-2}$,$(a,q) = 1$ 时有

$$S(\alpha) \ll (xq^{-\frac{1}{2}} + x^{\frac{4}{5}} + x^{\frac{1}{2}}q^{\frac{1}{2}})\log^{\frac{7}{2}}x$$

不失一般性,我们可以假定 $q \leqslant x$. 因

$$\sum_{m \leqslant y} \max_{\omega} \left| \sum_{\omega < n \leqslant x/m} e(mn\alpha) \right| \sum_{m \leqslant y} \min\left\{ \frac{x}{m}, \frac{1}{\|m\alpha\|} \right\} \ll$$
$$(xq^{-1} + y + q)\log qy$$

此处 $\|\xi\|$ 表示 ξ 至最近整数的距离, 取 $f(n) = e(n\alpha)$. 则由式 ⑬ ~ ⑮ 得

$$S_1 \ll \log x \sum_{m \leqslant u} \max_{\omega} \Big| \sum_{\omega \leqslant n \leqslant x/m} e(mn\alpha) \Big| \ll$$
$$(xq^{-1} + u + q)\log^2 x$$

$$S_2 \ll \log x \sum_{m \leqslant u^2} \Big| \sum_{n \leqslant x/m} e(mn\alpha) \Big| \ll (xq^{-1} + u^2 + q)\log^2 x$$

与

$$S_3 \ll \log x \max_{u < M < x/u} \Big| \sum_{M < m \leqslant 2M} \tau_m \sum_{u < n \leqslant x/m} \Lambda(n)e(mn\alpha) \Big| \ll$$

$$\log^{\frac{5}{2}} x \max_{u < M < x/u} M^{\frac{1}{2}} \Big(\sum_{M < m \leqslant 2M} \Big| \sum_{u < n \leqslant x/m} \Lambda(n)e(mn\alpha) \Big|^2 \Big)^{\frac{1}{2}} \ll$$

$$x^{\frac{1}{2}} \log^3 x \max_{u < M < x/u} \max_{u < n_1 \leqslant x/M} \Big(\sum_{u < n_2 \leqslant x/M} 1 \cdot$$

$$\Big| \sum_{\substack{M < m \leqslant 2M \\ m \leqslant x/n_1 \\ m \leqslant x/n_2}} e((n_1 - n_2)m\alpha) \Big| \Big)^{\frac{1}{2}} \ll$$

$$x^{\frac{1}{2}} \log^3 x \max_{u < M < x/u} \max_{u < n_1 \leqslant x/M} \Big(\sum_{u < n_2 \leqslant x/M} \min\Big\{ M,$$

$$\frac{1}{\|(n_1 - n_2)\alpha\|} \Big\} \Big)^{\frac{1}{2}} \ll$$

$$x^{\frac{1}{2}} \log^3 x \max_{u < M < x/u} \Big(M + \sum_{1 \leqslant m \leqslant x/M} \min\Big\{ \frac{x}{m}, \frac{1}{\|m\alpha\|} \Big\} \Big)^{\frac{1}{2}} \ll$$

$$(xq^{-\frac{1}{2}} + xu^{-\frac{1}{2}} + x^{\frac{1}{2}}q^{\frac{1}{2}})\log^{\frac{7}{2}} x$$

取 $u = x^{\frac{2}{5}}$, 即明所欲证.

§8　表偶数为一个素数及一个殆素数之和

—— 瑞尼

关于表偶数为两个素数之和及表奇数为三个素数之和的问题是 1742 年哥德巴赫与欧拉通信中提出来的.

在 1937 年,维诺格拉多夫院士[①]用他关于三角和的估计方法证明了关于奇数的哥德巴赫定理. 在 1938 年,朱达科夫[②]应用维诺格拉多夫方法证明了几乎所有偶数都是两个素数之和. 其他类型的变形结果则是布朗[③]在 1920 年得到的,他用初等的埃拉托斯尼筛法证明了每个大偶数都可以表为两个殆素数之和,即 $2N = P_1 + P_2$,此处 P_1 与 P_2 最多只有 9[④] 个素因子.

一个条件结果是埃斯特曼[⑤]在 1932 年证明的,即每个大偶数是一个素数及一个素因子个数不超过 6 的殆素数之和. 埃斯特曼的结果是基于假定所有迪利克雷 L – 级数在著名的未被证明的黎曼猜想之下证明

---

① I. M. Vinogradov. C. R. Acad. URSS, 1937, 15: 291-294.

② N. G. Tchudakov. Izv. Akad. Nauk. SSSR, Ser. Math., 1938, 1: 25-40.

③ V. Brun. Skr. Norske Vid. Akad., Kristiania, I, 1920, 3.

④ 9 可以换成 4,见 V. A. Tartakovskii, Dokl. Akad. Nauk SSSR, 1939, 23: 126-129,与 A. A. Buchstab, Dokl. Akad. Nauk SSSR, 1940, 29: 544-548.

⑤ T. Estermann. J. Reine Angew. Math., 1932, 168: 106-116.

的,本节不做任何假定,我们将证明:

定理 1　每个偶数都可以表示为 $2N=p+P$,此处 p 为一个素数而 P 为一个殆素数,即 P 最多只有 K 个素因子,此处 K 为一个绝对常数.

本节仅给出证明的主要步骤,详细证明将于另文发表.

黎曼猜想可以用关于 L-级数零点的一条新定理(定理 2)来代替,这条定理是用林尼克的两个方法来证明的,即大筛法[1]与含于其文[2]中的方法.

为了叙述定理 2,我们引入某些定义.熟知模 D 的 $\varphi(D)$ 个特征中的任何特征皆可以唯一地表成模 D 的素因子的特征之积,此处 D 是一个无平方因子数.因此若 $D=pq$,此处 p 为一个素数及 $(p,q)=1$,则模 D 的每一个特征皆可以表为形式 $\chi_D(n)=\chi_p(n)\chi_q(n)$,此处 $\chi_p(n)$ 与 $\chi_q(n)$ 分别表示模 p 与模 q 的特征.若 $\chi_p(n)$ 非主特征,则称 $\chi_D(n)$ 为关于 p 的原特征.显然,若关于 D 的每个素因子 $\chi_D(n)$ 都是原特征,则它就是通常意义下的原特征.

定理 2　命 q 为一个无平方因子数,$A\geqslant c_1$[3],$k=\dfrac{\log q}{\log A}+1$ 及 $k\leqslant\log^3 A$.对于所有适合 $A\leqslant p\leqslant 2A$ 及 $(p,q)=1$ 的素数,最多除去不超过 $A^{\frac{3}{4}}$ 个这种素数,模 $D=pq$ 的 L-函数

---

① Ju. V. Linnik. Dokl. Akad. Nauk SSSR, 1914,30:292-294.
② Ju. V. Linnik. Mat. Sbornik, 1944,15:3-12.
③ $c_1,c_2,\cdots$ 均表示绝对常数.

$$L(s,\chi)=\sum_{n=1}^{\infty}\frac{\chi(n)}{n^s}, s=\sigma+\mathrm{i}t$$

此处 $\chi(n)$ 为关于 p 的原特征,在区域

$$\sigma\geqslant 1-\frac{\delta}{k+1},|t|\leqslant\log^3 D$$

中没有零点,其中 $\delta>0$ 为一个常数.

例如,由定理 2 可以推出存在无穷多个素数 p_1, $p_2,\cdots,p_n,\cdots$ 使当 $\chi(n)$ 非主特征模 p_n 时,当 $s=\sigma+\mathrm{i}t$, $\sigma\geqslant 1-\frac{\delta}{2},|t|<\log^3 p_n$ 时有 $L(s,\chi)\neq 0$,此处 $\delta>0$ 为一个常数.

命

$$H(2N)=\sum_{\substack{p<2N\\(2N-p,B)=1}}\log p\cdot\exp\left(-p\frac{\log 2N}{2N}\right) \quad ①$$

此处 $B=\prod_{c_2\leqslant p\leqslant(2N)^{\frac{1}{R}}}p$ 及 R 为一个给定的整数.命

$$P_Q(x)=\sum_{\substack{p<x\\p\equiv l(\bmod Q)}}\log p\cdot\exp\left(-p\frac{\log x}{x}\right)=$$
$$\frac{x}{\varphi(Q)\log x}+R_Q(x) \quad ②$$

此处 $(l,Q)=1$. 则由布朗方法可知

$$H(2N)>\frac{c_3 N}{\log^2 N}-\sum_{Q\in E}|R_Q(2N)| \quad ③$$

此处集合 E 的定义为:若

$$c_2\leqslant p_i\leqslant(2N)^{\frac{1}{Rh^{\left[\frac{i}{2}\right]}}},i=1,\cdots,r$$

则 E 含有形如 $Q=p_1 p_2\cdots p_r$ 的无平方因子数,其中 $h=$ 1.25.

如果我们能够证明当 $N\geqslant c_4$ 时有 $H(2N)>0$,则定理 1 对于 $K=\max\{R+c_2,c_4\}$ 成立.因此问题归结

为估计

$$\sum_{Q \in E} | R_Q(2N) | \qquad \text{④}$$

我们将证明

$$\sum_{Q \in E} | R_Q(2N) | < \frac{4N}{\log^3 N} \qquad \text{⑤}$$

为了估计④，我们由定理 2 来推出定理 3.

定理 3　命 q_1 是一个无平方因子整数，$A \geqslant c_1$ 及

$$\exp((\log x)^{\frac{2}{5}}) < Aq_1 < \sqrt{x}$$

命 $k_1 = \dfrac{q_1}{\log \dfrac{p_1}{2}} + 1$，此处 p_1 为素数，$A \leqslant p_1 < 2A$ 及

$(p_1, q_1) = 1$. 假定 $k_1 \leqslant \log^3 A$，则最多除去 $A^{\frac{3}{4}}$ 个素数，对于所有素数 p_1 皆有

$$\left| \sum_{p \leqslant x} \chi(p) \log p \cdot \exp\left(-p \frac{\log x}{x}\right) \right| \leqslant x^{1 - \frac{\delta_1}{k_1 + 1}} \qquad \text{⑥}$$

此处 $\chi(n)$ 为模 $p_1 q_1$ 的特征，它关于 p_1 为原特征，及 $\delta_1 > 0$ 为一个常数.

容易由定理 2 及熟知的李特伍德公式[1]推出

$$\sum_{n=1}^{\infty} \Lambda(n) \chi(n) \mathrm{e}^{-\frac{n}{Y}} = -\frac{1}{2\pi\mathrm{i}} \int_{2-\mathrm{i}\infty}^{2+\mathrm{i}\infty} \frac{L'}{L}(s, \chi) \Gamma(s) Y^s \mathrm{d}s \qquad \text{⑦}$$

从熟知的迪奇马士[2]、佩吉[3]与西格尔[4]的结果可知

①　Ju. V. Linnik. Mat. Sbornik, 1944, 15:3-12.

②　E. C. Titchmarsh. Rend. Cir. Mat. Palermo, 1930, 54: 414-429.

③　A. Page. Proc. London Math. Soc., 1935, 39:116-141.

④　C. L. Siegel. Acta Arith., 1936, 1:83-86.

$$P_D(x) = \frac{x}{\varphi(D)\log x} + O(x\exp(-c_6\sqrt{\log x})) \quad ⑧$$

对于所有 $D \leqslant \exp(c_5\sqrt{\log x})$ 成立,最多除去某整数 D_1 [①] 的倍数,D_1 是可能存在的.

当 $D_1 \mid D$ 时有

$$P_D(x) = \frac{x}{\varphi(D)\log x} + O(x\exp(-c_6\sqrt{\log x})) +$$

$$O\left(\frac{1}{\varphi(D)}x^{1-\frac{c_\varepsilon}{D_1^\varepsilon}}\right) \quad ⑨$$

此处 ε 为任意正数及 c_ε 仅依赖于 ε. 进而言之,我们需要布朗－迪奇马士公式[②]

$$P_D(x) = O\left(\frac{x}{\varphi(D)}\right) \quad ⑩$$

对于 $D \leqslant \sqrt{x}$ 一致成立.

研究和 ④. 命 $2N = x$ 及

$$S_\chi(x) = \sum_{p\leqslant x}\chi(p)\log p \cdot \exp\left(-p\frac{\log x}{x}\right) \quad ⑪$$

若 $Q \geqslant \exp((\log x)^{\frac{2}{5}})$ 及 $Q = p_1q_1$,此处 p_1 为 Q 的最大素因子及它不是定理 3 意义下被除去的一个数,则由

$$P_Q(x) = \frac{1}{\varphi(Q)}\sum_{(\chi)}\overline{\chi}(l)S_\chi(x) \quad ⑫$$

可得

———————

① D_1 为模,其对应的 L－级数在区域 $\sigma > 1 - \dfrac{c_7}{\sqrt{\log x}}$ 中有西格尔零点 $\rho = \sigma + it$.

② E. C. Titchmarsh. Rend. Cir. Mat. Palermo, 1930,54: 414-429.

$$P_Q(x) = \frac{1}{\varphi(p_1)} P_{q_1}(x) + O(x^{1-\frac{\delta_1}{k_1+1}}) \qquad ⑬$$

这个步骤可以对于 $q_1 = p_2 q_2, q_2 = p_3 q_3$ 等加以继续，直至经过一定步骤，例如 s 步之后，定理 3 的条件对于 $q_s = p_{s+1} q_{s+1}$ 不成立. 若 $q_s < \exp(\log x)^{\frac{2}{5}}$，我们用 ⑧ 或 ⑨，而当 $q_s \geqslant \exp(\log x)^{\frac{2}{5}}$ 及 p_{s+1} 为一个被除去的素数时，我们用 ⑩. 则 ④ 的估计归结为下面四项的和的估计：

（1）$x\exp(-c_6 \sqrt{\log x})$；

（2）$\dfrac{1}{\varphi(D)} x^{1-\frac{c_\varepsilon}{D_1^\varepsilon}}$；

（3）$\dfrac{x}{\varphi(D)}$；

（4）$x^{1-\frac{\delta_1}{k_1+1}}$.

类型（1）的项的和显然为 $O\left(\dfrac{N}{\log^4 N}\right)$.

类型（2）的项的和不超过

$$N\log^3 N \cdot \exp\left(-\log D_1 - \frac{c_\varepsilon}{D_1^\varepsilon} \log N\right) \qquad ⑭$$

尽管 D_1 的值是未知的，但我们可以证明对于 $1 \leqslant D_1 < \infty, N \geqslant c_4$ 及 $\varepsilon = \dfrac{1}{8}$，⑭ 的极大值不超过 $\dfrac{N}{\log^3 N}$.

在估计类型（3）的项的和时，需注意对于任何 q，在任何区间 $(A, 2A)$ 中被除去的素数 p' 的个数不超过 $A^{\frac{3}{4}}$，所以

$$\sum_{p' \geqslant T} \frac{1}{p'-1} < \frac{\log^2 T}{T^{\frac{1}{4}}}, T \geqslant c_8 \qquad ⑮$$

最后，下述关于 E 的初等性质对于类型（4）的项的和的估计是需要的：整数 $Q = pq$ 的个数，此处 p 为 Q 的最大素因子，它属于 E 并满足 $p < q^{\frac{1}{k}}$（k 为整数，且

大于或等于 1),不超过 $(2N)^{\frac{40k}{Rh\frac{k}{2}}}$.

因此我们证明了对于充分大的 R,当 $N > c_8$ 时,任何类型项的和均不超过 $\dfrac{N}{\log^3 N}$,即

$$\sum_{Q \in E} \mid R_Q(2N) \mid < \frac{4N}{\log^3 N}, N > c_8 \qquad ⑯$$

由 ③ 与 ⑯ 可知当 $N > c_4$ 时有 $H(2N) > \dfrac{c_9 N}{\log^2 N}$,

故得定理 1.方程 $2N = p + P$ 的解数不小于 $\dfrac{c_9 N}{\log^3 N}$.

我们很自然地希望能证明解数为 $O\left(\dfrac{N}{\log^2 N}\right)$.结果减弱的原因在于我们用和

$$\sum \log p \cdot \exp\left(-p\frac{\log x}{x}\right)$$

代替 $\sum \log p$,从而运用李特伍德公式时,定理 2 中无零点的矩形的长边可以减少.

类似于定理 1,我们有:

定理 4 存在无限多个素数 p 使 $P = p + 2$ 为一个殆素数,即 P 的素因子个数不超过一个绝对常数.

定理 4 给出了著名孪生素数对有无穷多这一猜想的一个相近结果.

§9　关于 L - 函数的 K 次均值公式[①]

—— 张文鹏

西北大学的张文鹏教授 1992 年利用初等方法及其特征和的估计给出迪利克雷 L - 函数的一类特殊均值的一个较强的渐近公式.

9.1　引言

对整数 $q \geqslant 3$，设 χ 表示模 q 的迪利克雷特征，$L(s, \chi)$ 是对应于 χ 的 L - 函数，我们定义均值函数 $A(q, k)$ 及 $B(q, k)$ 如下

$$A(q,k) = \sum_{\chi \neq \chi^0} L^k(1,\chi), B(q,k) = \sum_{\chi(-1)=-1} L^k(1,\chi)$$

其中 "$\sum\limits_{\chi \neq \chi^0}$" 表示对模 q 的所有非主特征求和，k 为正整数，"$\sum\limits_{\chi(-1)=-1}$" 表示对模 q 的所有奇特征求和. 本节的主要目的是研究均值 $A(q,k)$ 及 $B(q,k)$ 对模 q 的渐近性质. 关于这一问题，至今没有人给出过任何渐近公式，甚至也没有 $A(q,k)$ 和 $B(q,k)$ 的非平凡估计式出现. 本节利用初等方法及其特征和的估计研究了 $A(q,k)$ 及 $B(q,k)$ 对于模 q 的渐近性质，证明了下面两个定理：

定理 1　设模 $q \geqslant 3$，对于任意给定的整数 $k \geqslant 2$，

---

① 原载于《数学杂志》，1992，12(2)：162-166.

397

我们有渐近公式：

$$(1)A(q,1) = \Phi(q) - \frac{\Phi(q)}{q}\Big(\ln q + \sum_{p|q} \frac{\ln p}{p-1}\Big) -$$

$$\frac{\Phi(q)}{q^2}\sum_{n=1}^{\infty} \frac{1}{n(n+1/q)};$$

$$(2)A(q,k) = \Phi(q) + O\Big(\exp\Big(\frac{k\ln q}{\ln\ln q}\Big)\Big).$$

定理 2   在定理 1 的条件下我们有：

$$(1)B(q,1) = \frac{1}{2}\pi\,\frac{\Phi(q)}{q}\cot\Big(\frac{\pi}{q}\Big);$$

$$(2)B(q,k) = \frac{1}{2}\Phi(q) + O\Big(\exp\Big(\frac{k\ln q}{\ln\ln q}\Big)\Big).$$

其中大 O 常数仅与 k 和 q 有关，$\Phi(q)$ 为欧拉函数，"$\sum\limits_{p|q}$" 表示对 q 的所有不同素因子求和，$\exp(y) = \mathrm{e}^y$.

9.2   基本引理

下面我们将给出几个在定理的证明过程中所必要的引理. 为书写简单，我们只证明定理 2，类似地可推出定理 1. 首先引入下面三个记号

$$d_{k,q}(n) = \sum_{\substack{r_1 r_2 \cdots r_k = n \\ 1 \leqslant r_1, r_2, \cdots, r_k \leqslant q}} 1, \quad A(y,\chi) = \sum_{n \leqslant y}{}' \chi(n)$$

如果 $n \leqslant q$，显然 $d_{k,q}(n) = d_k(n)$，即 k 次除数函数，"$\sum\limits_{n}{}'$" 表示对所有与 q 互素的 n 求和. 有了这些记号，我们可以给出下面的引理：

引理 1   设模 $q > 2$，那么对任意给定的整数 $k \geqslant 1$，我们有渐近式

$$\sum_{\chi(-1)=-1}\Big(\sum_{n\leqslant q}\frac{\chi(n)}{n}\Big)^k = \frac{1}{2}\Phi(q) + O\Big(\exp\Big(\frac{k\ln q}{\ln\ln q}\Big)\Big)$$

证明　由奇特征的定义及特征的正交性质我们容易推出

$$\sum_{\chi^{(-1)} = -1} \chi(a) = \begin{cases} \dfrac{1}{2}\Phi(q), & \text{如果 } a \equiv 1 \,(\mathrm{mod}\ q) \\[2mm] -\dfrac{1}{2}\Phi(q), & \text{如果 } a \equiv -1 \,(\mathrm{mod}\ q) \\[2mm] 0, & \text{其他} \end{cases}$$

①

因此,由式 ① 我们可得

$$\sum_{\chi^{(-1)} = -1} \left(\sum_{n \leqslant q} \frac{\chi(n)}{n} \right)^k = \frac{1}{2}\Phi(q) \sideset{}{'}\sum_{\substack{1 \leqslant r_1, r_2, \cdots, r_k \leqslant q \\ r_1 r_2 \cdots r_k \equiv 1(\mathrm{mod}\ q)}} \frac{1}{r_1 r_2 \cdots r_k} -$$

$$\frac{1}{2}\Phi(q) \sideset{}{'}\sum_{\substack{1 \leqslant r_1, r_2, \cdots, r_k \leqslant q \\ r_1 r_2 \cdots r_k \equiv -1(\mathrm{mod}\ q)}} \frac{1}{r_1 r_2 \cdots r_k}$$

②

现在我们有

$$\sideset{}{'}\sum_{\substack{1 \leqslant r_1, r_2, \cdots, r_k \leqslant q \\ r_1 r_2 \cdots r_k \equiv 1(\mathrm{mod}\ q)}} \frac{1}{r_1 r_2 \cdots r_k} =$$

$$1 + \sideset{}{'}\sum_{\substack{1 \leqslant r_1, r_2, \cdots, r_k \leqslant q \\ r_1 r_2 \cdots r_k \equiv 1(\mathrm{mod}\ q) \\ r_1 r_2 \cdots r_k \geqslant 1}} \frac{1}{r_1 r_2 \cdots r_k} =$$

$$1 + O\left(\sum_{1 \leqslant r \leqslant q^{k-1}} \frac{d_{k,q}(rq+1)}{rq+1} \right) =$$

$$1 + O\left(q^{-1} \exp\left(\frac{(k-\varepsilon)\ln q}{\ln \ln q} \right) \sum_{1 \leqslant r \leqslant q^{k-1}} \frac{1}{r} \right) =$$

$$1 + O\left(q^{-1} \exp\left(\frac{k\ln q}{\ln \ln q} \right) \right)$$

③

$$\sideset{}{'}\sum_{\substack{1 \leqslant r_1, r_2, \cdots, r_k \leqslant q \\ r_1 r_2 \cdots r_k \equiv -1(\mathrm{mod}\ q)}} \frac{1}{r_1 r_2 \cdots r_k} = O\left(\sum_{1 \leqslant r \leqslant q^{k-1}} \frac{d_{k,q}(rq-1)}{rq-1} \right) =$$

$$O\Big(q^{-1}\exp\Big(\frac{k\ln q}{\ln\ln q}\Big)\Big) \qquad ④$$

其中我们使用了估计式

$$d_{k,q}(n)\leqslant d_k(n)\ll \exp\Big(\frac{(k-\varepsilon)\ln n}{\ln\ln n}\Big)$$

ε 为某一给定的正数.

由式 ② ～ ④ 立刻得到引理 1.

引理 2 对模 $q\geqslant 3$，我们有估计式

$$\sum_{\chi(-1)=-1}\Big(\sum_{n\leqslant q}\frac{\chi(n)}{n}\Big)^{k-1}A(y,\chi)\ll \Phi(q)(\ln q)^{k-1}$$

证明 注意到对 $\chi\neq\chi^0$ 有

$$A(y,\chi)=A(y+q,\chi),A(q,\chi)=0$$

因而不失一般性我们可假定 $y\leqslant q$，由式 ① 我们可得

$$\sum_{\chi(-1)=-1}\Big(\sum_{n\leqslant q}\frac{\chi(n)}{n}\Big)^{k-1}A(y,\chi^0)=$$

$$\frac{1}{2}\Phi(q)\sum_{\substack{1\leqslant r_1,r_2,\cdots,r_{k-1}\leqslant q\\1\leqslant r_k\leqslant y,r_1r_2\cdots r_k\equiv 1(\bmod q)}}{}'\frac{1}{r_1r_2\cdots r_{k-1}}-$$

$$\frac{1}{2}\Phi(q)\sum_{\substack{1\leqslant r_1,r_2,\cdots,r_{k-1}\leqslant q\\1\leqslant r_k\leqslant y,r_1r_2\cdots r_k\equiv -1(\bmod q)}}{}'\frac{1}{r_1r_2\cdots r_{k-1}} \qquad ⑤$$

当 $\chi(-1)=-1$ 时显然 $\chi\neq\chi^0$，于是 $A(q,\chi)=0$，所以在式 ⑤ 中取 $y=q$ 可得恒等式

$$\sum_{\substack{1\leqslant r_1,r_2,\cdots,r_k\leqslant q\\r_1r_2\cdots r_k\equiv 1(\bmod q)}}{}'\frac{1}{r_1r_2\cdots r_{k-1}}=\sum_{\substack{1\leqslant r_1,r_2,\cdots,r_k\leqslant q\\r_1r_2\cdots r_k\equiv 1(\bmod q)}}{}'\frac{1}{r_1r_2\cdots r_{k-1}} \qquad ⑥$$

同理由

$$\sum_{\chi\neq\chi^0}\Big(\sum_{n\leqslant q}\frac{\chi(n)}{n}\Big)^{k-1}A(q,\chi)=0$$

我们容易推出

400

$$\sideset{}{'}\sum_{\substack{1\leqslant r_1,r_2,\cdots,r_k\leqslant q \\ r_1 r_2\cdots r_k\equiv 1(\bmod q)}} \frac{1}{r_1 r_2\cdots r_{k-1}} \leqslant \Big(\sideset{}{'}\sum_{n\leqslant q} \frac{1}{n}\Big)^{k-1} \ll (\ln q)^{k-1}$$

由式 ⑤⑥ 及上式我们立刻得到

$$\sum_{\chi(-1)=-1}\Big(\sum_{n\leqslant q}\frac{\chi(n)}{n}\Big)^{k-1}A(y,\chi)\ll$$

$$\Phi(q)\sideset{}{'}\sum_{\substack{1\leqslant r_1,r_2,\cdots,r_k\leqslant q \\ r_1 r_2\cdots r_k\equiv 1(\bmod q)}}\frac{1}{r_1 r_2\cdots r_{k-1}}\ll \Phi(q)(\ln q)^{k-1}$$

于是完成了引理 2 的证明.

9.3　定理的证明

下面我们来完成定理 2 的证明. 如果 $\chi\neq\chi^0$,那么由阿贝尔恒等式容易得到

$$L(1,\chi)=\sum_{n\leqslant Nq}\frac{\chi(n)}{n}+\int_{Nq}^{\infty}\frac{A(y,\chi)}{y^2}\mathrm{d}y \qquad ⑦$$

其中 N 是任意正整数.

为证明定理 2 的(1),我们结合式 ①⑦ 及引理 2 可得

$$B(q,1)=\sum_{\chi(-1)=-1}\Big(\sum_{n\leqslant Nq}\frac{\chi(n)}{n}\Big)+\sum_{\chi(-1)=-1}\int_{Nq}^{\infty}\frac{A(y,\chi)}{y^2}\mathrm{d}y=$$

$$\frac{1}{2}\Phi(q)\Big(1+\sum_{1\leqslant r\leqslant N-1}\frac{1}{rq+1}-\sum_{1\leqslant r\leqslant N}\frac{1}{rq-1}\Big)+$$

$$\int_{Nq}^{\infty}y^{-2}\Big(\sum_{\chi(-1)=-1}A(y,\chi)\Big)\mathrm{d}y=$$

$$\frac{1}{2}\Phi(q)\Bigg[1+q^{-1}\sum_{1\leqslant r\leqslant N}\Bigg[\frac{1}{r+\dfrac{1}{q}}+\frac{1}{\dfrac{1}{q}-r}\Bigg]\Bigg]+$$

$$O\Big(\frac{1}{N}\Big)+O\Big(\Phi(q)\int_{Nq}^{\infty}\frac{\mathrm{d}y}{y^2}\Big)=$$

$$\frac{\varPhi(q)}{2q}\left[q+\sum_{1\leqslant r\leqslant q}\left(\frac{1}{\frac{1}{q}+r}+\frac{1}{\frac{1}{q}-r}\right)\right]+O\left(\frac{1}{N}\right)$$

⑧

在式 ⑧ 中取 $N\to\infty$ 并注意级数展开

$$\pi\cot(\pi x)=\frac{1}{x}+\sum_{n=1}^{\infty}\left(\frac{1}{x+n}+\frac{1}{x-n}\right)$$

我们立刻获得

$$B(q,1)=\frac{\varPhi(q)}{2q}\pi\cot\left(\frac{\pi}{q}\right)$$

此即为定理 2 的(1).

为证明定理 2 的(2)，我们在 ⑦ 中取 $N=1$，于是有

$$B(q,k)=\sum_{\chi(-1)=-1}\left(\sum_{n\leqslant q}\frac{\chi(n)}{n}+\int_{q}^{\infty}\frac{A(y,\chi)}{y^{2}}\mathrm{d}y\right)^{k}=$$

$$\sum_{\chi(-1)=-1}\left(\sum_{n\leqslant q}\frac{\chi(n)}{n}\right)^{k}+$$

$$k\sum_{\chi(-1)=-1}\left(\sum_{n\leqslant q}\frac{\chi(n)}{n}\right)^{k-1}\int_{q}^{\infty}\frac{A(y,\chi)}{y^{2}}\mathrm{d}y+$$

$$O\left(\sum_{r=2}^{k}\sum_{\chi(-1)=-1}\left|\sum_{n\leqslant q}\frac{\chi(n)}{n}\right|^{k-r}\cdot\right.$$

$$\left.\left|\int_{q}^{\infty}\frac{A(y,\chi)}{y^{2}}\mathrm{d}y\right|^{r}\right)$$

⑨

应用引理 2 我们得到

$$\left|\sum_{\chi(-1)=-1}\left(\sum_{n\leqslant q}\frac{\chi(n)}{n}\right)^{k-1}\int_{q}^{\infty}\frac{A(y,\chi)}{y^{2}}\mathrm{d}y\right|=$$

$$\left|\int_{q}^{\infty}y^{-2}\left(\sum_{\chi(-1)=-1}\left(\sum_{n\leqslant q}\frac{\chi(n)}{n}\right)^{k-1}A(y,\chi)\right)\mathrm{d}y\right|\ll$$

$$\varPhi(q)(\ln q)^{k-1}\int_{q}^{\infty}\frac{\mathrm{d}y}{y^{2}}\ll(\ln q)^{k-1}$$

⑩

由波利亚－维诺格拉多夫定理知

$$| A(y,\chi) | \ll q^{\frac{1}{2}} \ln q , \chi \neq \chi^0 \qquad ⑪$$

注意到 $\left| \sum_{n \leqslant q} \dfrac{\chi(n)}{n} \right| \ll \ln q$，由式 ⑪ 可得

$$\sum_{\chi(-1)=-1} \left| \sum_{n \leqslant q} \frac{\chi(n)}{n} \right|^{k-r} \left| \int_q^\infty \frac{A(y,\chi)}{y^2} \mathrm{d}y \right|^r \ll$$

$$\Phi(q)(\ln q)^{k-r} \cdot (q^{\frac{1}{2}} \ln q)^r \cdot \left(\int_q^\infty \frac{\mathrm{d}y}{y^2} \right)^r \ll$$

$$(\ln q)^k , r = 2,3,\cdots,k \qquad ⑫$$

由式 ⑨ ～ ⑫ 及引理 1 我们得到

$$\sum_{\chi(-1)=-1} L^k(1,\chi) = \frac{1}{2}\Phi(q) + O\left(\exp\left(\frac{k\ln q}{\ln \ln q}\right)\right)$$

于是完成了定理 2 中(2) 的证明.

　　同理我们可推出定理 1 的(1) 及(2).

403

哥德巴赫数与姚琦

第 10 章

§1　哥德巴赫数（Ⅰ）[①]

——潘承洞　潘承彪

我们把能够表为两个奇素数之和的偶数称为哥德巴赫数,而把不能够表为两个奇素数之和的偶数称为非哥德巴赫数. 我们把所有不超过 x 的非哥德巴赫数所组成的集合及其个数均用 $E(x)$ 来表示, $E(x)$ 亦称为哥德巴赫数的例外集合. 这样,关于偶数的哥德巴赫猜想就是要证明:当 $x \geqslant 4$ 时有
$$E(x) = 2$$

---

① 　摘自:潘承洞,潘承彪. 哥德巴赫猜想. 北京:科学出版社,1984.

本节的主要目的是证明蒙哥马利和沃恩所得到的目前关于 $E(x)$ 的最好估计（1.2 小节中定理 3）

$$E(x) \ll x^{1-\Delta}$$

这里 Δ 为一个可计算的绝对正常数. 在陈景润和潘承洞的《哥德巴赫数的例外集合》中确定出 $\Delta > 0.01$. 在证明这一结果之前,我们先顺便证明较弱的结果（1.1 小节中定理 2）:对任给正数 A,有

$$E(x) \ll \frac{x}{\log^A x}$$

拉德马切尔把这一较弱的估计推广到了小区间的情形,我们将在 1.3 小节中证明这一结果（定理 5）.

显然,这些结果相对于解决关于偶数的哥德巴赫猜想来说是微不足道的,用这样的方法看来也是没有希望解决这一猜想的. 但是,我们从利用了这么多的工具和十分深刻的性质仅能对它得到这么弱的结果这一点可以看出,要最终解决哥德巴赫猜想是存在着多么巨大的困难.

1.1　$E(x)$ 的初步估计

设 x 为充分大的数,以 $D(n,x)$ 表示方程

$$n = p_1 + p_2, 2 < p_1 \leqslant x, 2 < p_2 \leqslant x$$

的解数. 显然,当 $n \leqslant 4$ 或 $n > 2x$ 时,恒有

$$D(n,x) = 0$$

同时,若

$$D(n,x) > 0$$

则 n 一定是哥德巴赫数.

设

$$S(\alpha,x) = \sum_{2 < p \leqslant x} e(\alpha p)$$

则显然有

$$D(n,x) = \int_0^1 S^2(\alpha,x)e(-\alpha n)\,\mathrm{d}\alpha$$

现在来应用圆法. 设 $Q = \log^\lambda x$, $\tau = xQ^{-1}$, $\lambda \geqslant 9$ 为一个待定正常数. 显然，当 x 充分大时，对所取的 Q 及 τ，我们可以确定基本区间 E_1 及余区间 E_2. 若设

$$S_1(\alpha,x) = \begin{cases} S(\alpha,x), & \alpha \in E_1 \\ 0, & \alpha \in E_2 \end{cases}$$

及

$$S_2(\alpha,x) = \begin{cases} S(\alpha,x), & \alpha \in E_2 \\ 0, & \alpha \in E_1 \end{cases}$$

我们就有

$$D(n,x) = \int_{-\frac{1}{\tau}}^{1-\frac{1}{\tau}} S^2(\alpha,x)e(-\alpha n)\,\mathrm{d}\alpha = D_1(n,x) + D_2(n,x)$$

其中①

$$D_1(n,x) = \int_{E_1} S^2(\alpha,x)e(-\alpha n)\,\mathrm{d}\alpha =$$
$$\int_{-\frac{1}{\tau}}^{1-\frac{1}{\tau}} S_1^2(\alpha,x)e(-\alpha n)\,\mathrm{d}\alpha$$

$$D_2(n,x) = \int_{E_2} S^2(\alpha,x)e(-\alpha n)\,\mathrm{d}\alpha =$$
$$\int_{-\frac{1}{\tau}}^{1-\frac{1}{\tau}} S_2^2(\alpha,x)e(-\alpha n)\,\mathrm{d}\alpha$$

由熟知的 Parseval 等式就得到

$$\sum_n |D_1(n,x)|^2 =$$

---

① 容易证明 $D_1(n,x)$ 及 $D_2(n,x)$ 都是实数.

406

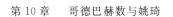

$$\int_{-\frac{1}{\tau}}^{1-\frac{1}{\tau}} \mid S_1(\alpha,x) \mid^4 \mathrm{d}\alpha =$$

$$\int_{E_1} \mid S(\alpha,x) \mid^4 \mathrm{d}\alpha$$

$$\sum_n \mid D_2(n,x) \mid^2 =$$

$$\int_{-\frac{1}{\tau}}^{1-\frac{1}{\tau}} \mid S_2(\alpha,x) \mid^4 \mathrm{d}\alpha =$$

$$\int_{E_2} \mid S(\alpha,x) \mid^4 \mathrm{d}\alpha \qquad ①$$

如果能够证明

$$\mid D_1(n,x) \mid > \mid D_2(n,x) \mid \qquad ②$$

那么就一定有

$$D(n,x) > 0$$

因而 n 就一定是哥德巴赫数. 至今,对于一个固定的偶数 n,我们并不能证明式 ② 成立. 但是,利用维诺格拉多夫证明三素数定理的思想及关系式 ①,我们可以证明:对于几乎所有不超过 x 的偶数 n,都有式 ② 成立. 以上就是利用圆法来研究关于偶数的哥德巴赫猜想的基本思想. 本节将要证明下面的定理:

定理 1　对于任意给定的正数 A,区间 $\left(\dfrac{x}{2},x\right]$ 中的偶数 n 除了可能有远小于 $\dfrac{x}{\log^A x}$ 个例外值,恒有

$$\mid D_1(n,x) \mid > \mid D_2(n,x) \mid$$

成立.

若以 $E_1(x)$ 表示区间 $\left(\dfrac{x}{2},x\right]$ 中的非哥德巴赫数的个数,则由定理 1 立即推出

$$E_1(x) \ll \frac{x}{\log^A x}$$

407

设正整数 K 满足 $2^K < x^{\frac{1}{2}} \leqslant 2^{K+1}$，则有

$$E(x) \leqslant x^{\frac{1}{2}} + \sum_{k=1}^{K+1} E_1\left(\frac{x}{2^{k-1}}\right) \ll$$

$$x^{\frac{1}{2}} + \sum_{k=1}^{K} \frac{x}{2^{k-1}\log^A\left(\frac{x}{2^{k-1}}\right)} \ll \frac{x}{\log^A x}$$

这样，由定理 1 就可推得本节的主要结果.

定理 2 对于任给的正数 A，我们有

$$E(x) \ll \frac{x}{\log^A x}$$

下面我们分若干引理来证明定理 1. 首先估计余区间上的积分 $D_2(n,x)$.

引理 1 设 M 为使 $|D_2(n,x)| > xQ^{-\frac{1}{3}}$ 的整数 n 的个数，则

$$M \ll xQ^{-\frac{1}{3}}\log^3 x$$

证明 当 $\alpha \in E_2$ 时有

$$S(\alpha,x) \ll xQ^{-\frac{1}{2}}\log^2 x$$

由此及式 ① 得

$$\sum_n |D_2(n,x)|^2 =$$

$$\int_{E_2} |S(\alpha,x)|^4 d\alpha \ll$$

$$x^2 Q^{-1}\log^4 x \int_{E_2} |S(\alpha,x)|^2 d\alpha \ll$$

$$x^3 Q^{-1}\log^3 x$$

因而有

$$Mx^2 Q^{-\frac{2}{3}} \ll x^3 Q^{-1}\log^3 x$$

这就证明了引理 1.

下面我们来处理基本区间上的积分 $D_1(n,x)$.

引理 2　我们有

$$\sum_{q \leqslant Q} \left| \frac{\mu^2(q)}{\phi^2(q)} C_q(-n) \right| \ll \log \log n$$

其中 $C_q(-n)$ 为拉马努金和.

证明

$$\sum_{q \leqslant Q} \left| \frac{\mu^2(q)}{\phi^2(q)} C_q(-n) \right| =$$

$$\sum_{q \leqslant Q} \frac{\mu^2(q)}{\phi^2(q)} \phi((n,q)) =$$

$$\sum_{d \mid n} \phi(d) \sum_{\substack{q \leqslant Q \\ (q,n)=d}} \frac{\mu^2(q)}{\phi^2(q)} =$$

$$\sum_{d \mid n} \frac{\mu^2(d)}{\phi^2(d)} \sum_{\substack{v \leqslant Q/d \\ (v,n/d)=1}} \frac{\mu^2(v)}{\phi^2(v)} \ll$$

$$\sum_{d \mid n} \frac{\mu^2(d)}{\phi(d)} = \frac{n}{\phi(n)}$$

由此及熟知的不等式

$$\frac{n}{\phi(n)} \ll \log \log n \qquad\qquad ③$$

就证明了引理 2.

引理 3　设 $d(n)$ 为除数函数, 我们有

$$\sum_{q > Q} \left| \frac{\mu^2(q)}{\phi^2(q)} C_q(-n) \right| \ll$$

$$d(n) Q^{-1} (\log \log Q)^2 \log \log n$$

证明

$$\sum_{q > Q} \left| \frac{\mu^2(q)}{\phi^2(q)} C_q(-n) \right| =$$

$$\sum_{q > Q} \frac{\mu^2(q)}{\phi^2(q)} \phi((n,q)) =$$

$$\sum_{d \mid n} \frac{\mu^2(d)}{\phi(d)} \sum_{\substack{v > Q/d \\ (v,n/d)=1}} \frac{\mu^2(v)}{\phi^2(v)} \ll$$

$$(\log \log Q)^2 \sum_{d \mid n} \frac{\mu^2(d)}{\phi(d)} \sum_{v > Q/d} \frac{1}{v^2} \ll$$

$$Q^{-1} (\log \log Q)^2 \sum_{d \mid n} \frac{\mu^2(d) d}{\phi(d)} \ll$$

$$Q^{-1} (\log \log Q)^2 (\log \log n) 2^{\nu_1(n)}$$

这里 $\nu_1(n)$ 为 n 的不同素因子的个数. 由于 $2^{\nu_1(n)} \leqslant d(n)$,这就证明了引理 3.

引理 4 级数

$$G_2(n) = \sum_{q=1}^{\infty} \frac{\mu^2(q)}{\phi^2(q)} C_q(-n)$$

绝对收敛,且有

$$G_2(n) = \frac{n}{\phi(n)} \prod_{p \nmid n} \left(1 - \frac{1}{(p-1)^2}\right) \qquad ④$$

证明 由引理 2 或引理 3 均可推出级数 $G_2(n)$ 绝对收敛,因而有

$$G_2(n) = \prod_{p} \left(1 + \frac{C_p(-n)}{(p-1)^2}\right) =$$

$$\prod_{p \nmid n} \left(1 - \frac{1}{(p-1)^2}\right) \cdot$$

$$\prod_{p \mid n} \left(1 + \frac{1}{p-1}\right)$$

这就证明了式 ④.上式最后一步用到了

$$C_p(-n) = \begin{cases} p-1, & p \mid n \\ -1, & p \nmid n \end{cases}$$

由 ④ 容易推得:当 n 为奇数时,有

$$G_2(n) = 0 \qquad ⑤$$

当 n 为偶数时,因为

$$1 > \prod_{p \nmid n} \left(1 - \frac{1}{(p-1)^2}\right) > \prod_{k=2}^{\infty} \left(1 - \frac{1}{k^2}\right) = \frac{1}{2}$$

所以

$$1 \leqslant \frac{1}{2} \cdot \frac{n}{\phi(n)} < G_2(n) < \frac{n}{\phi(n)} \qquad ⑥$$

当 n 为偶数时,有

$$G_2(n) = 2C(n) \qquad ⑦$$

引理 5　设 $\frac{1}{2}x < n \leqslant x$,我们有

$$D_1(n,x) = \left(\sum_{q \leqslant Q} \frac{\mu^2(q)}{\phi^2(q)} C_q(-n) \right) \frac{n}{\log^2 n} +$$

$$O\left(\frac{x(\log \log x)^2}{\log^3 x} \right) \qquad ⑧$$

证明　当 $\alpha \in E_1$ 时,有

$$S^2(\alpha,x) = \frac{\mu^2(q)}{\phi^2(q)} \sum_{m=2}^{[x]-1} \frac{e(zm)}{\log m} + O(x^2 e^{-c\sqrt{\log x}})$$

这里 $\alpha = \frac{h}{q} + z \in I(q,h) \subset E_1$. 所以

$$D_1(n,x) = \sum_{q \leqslant Q} \sum_{h=0}^{q-1} \int_{\frac{h}{q}-\frac{1}{\tau}}^{\frac{h}{q}+\frac{1}{\tau}} S^2(\alpha,x) e(-\alpha n) \mathrm{d}\alpha =$$

$$\left(\sum_{q \leqslant Q} \frac{\mu^2(q)}{\phi^2(q)} C_q(-n) \right) \cdot$$

$$\int_{-\frac{1}{\tau}}^{\frac{1}{\tau}} \left(\sum_{m=2}^{[x]-1} \frac{e(zm)}{\log m} \right)^2 e(-zn) \mathrm{d}z$$

利用 $Q = \log^\lambda x$, $\tau = xQ^{-1}$,我们有

$$\int_{-\frac{1}{\tau}}^{\frac{1}{\tau}} \left[\left(\sum_{m=2}^{[x]-1} \frac{e(zm)}{\log m} \right)^2 - \left(\sum_{m=2}^{[x]-1} \frac{e(zm)}{\log [x]} \right)^2 \right] e(-zn) \mathrm{d}z \ll$$

$$\frac{x}{\log^2 x} \int_{-\frac{1}{\tau}}^{\frac{1}{\tau}} \min \left\{ \frac{[x]}{\log [x]}, \frac{1}{|z| \log [x]} \right\} \mathrm{d}z \ll$$

$$\frac{x}{\log^2 x} \left(\int_0^{\frac{1}{x}} \frac{x}{\log x} \mathrm{d}z + \int_{\frac{1}{x}}^{\frac{Q}{x}} \frac{\mathrm{d}z}{z \log x} \right) \ll$$

$$\frac{x}{\log^3 x} \log Q \ll \frac{x \log \log x}{\log^3 x}$$

由以上两式及引理 2 即得

$$D_1(n,x) = \Big(\sum_{q \leqslant Q} \frac{\mu^2(q)}{\phi^2(q)} C_q(-n) \Big) \cdot$$

$$\int_{-\frac{1}{\tau}}^{\frac{1}{\tau}} \Big(\sum_{m=2}^{[x]-1} \frac{e(zm)}{\log [x]} \Big)^2 e(-zn)\mathrm{d}z +$$

$$O\Big(\frac{x(\log\log x)^2}{\log^3 x} \Big)$$

有

$$\int_{\frac{1}{\tau}}^{\frac{1}{2}} \Big(\sum_{m=2}^{[x]-1} e(zm) \Big)^2 e(-zn)\mathrm{d}z \ll \tau$$

及

$$\int_{-\frac{1}{2}}^{-\frac{1}{\tau}} \Big(\sum_{m=2}^{[x]-1} e(zm) \Big)^2 e(-zn)\mathrm{d}z \ll \tau$$

由以上三式及引理 2 并利用 $\lambda \geqslant 9$ 即得

$$D_1(n,x) = \Big(\sum_{q \leqslant Q} \frac{\mu^2(q)}{\phi^2(q)} C_q(-n) \Big) \cdot$$

$$\int_{-\frac{1}{2}}^{\frac{1}{2}} \Big(\sum_{m=2}^{[x]-1} \frac{e(zm)}{\log [x]} \Big)^2 e(-zn)\mathrm{d}z +$$

$$O\Big(\frac{x(\log\log x)^2}{\log^3 x} \Big)$$

由于 $\frac{x}{2} < n \leqslant x$,我们有

$$\int_{-\frac{1}{2}}^{\frac{1}{2}} \Big(\sum_{m=2}^{[x]-1} e(zm) \Big)^2 e(-zn)\mathrm{d}z = \sum_{\substack{n=m_1+m_2 \\ 2 \leqslant m_1, m_2 \leqslant [x]-1}} 1 = n + O(1)$$

从以上两式及引理 2 即得式 ⑧,引理 5 证毕.

    定理 1 的证明   取 $\lambda = 3A + 9$,$Q = \log^\lambda x$,$\tau = x\log^{-\lambda}x$,由引理 5、引理 3 推得

$$D_1(n,x) = G_2(n) \frac{n}{\log^2 n} + O\Big(\frac{x}{\log^2 x} d(n) Q^{-1} \cdot$$

$$(\log\log x)^3\Big) + O\Big(\frac{x(\log\log x)^2}{\log^3 x}\Big)$$

知

$$\sum_{n\leqslant x} d(n) \ll x\log x$$

所以在 $\frac{x}{2} < n \leqslant x$ 中, 使 $d(n) > Q\log^{-1}x$ 的 n 的个数

远小于 $xQ^{-1}\log^2 x$. 因此, 在 $\frac{x}{2} < n \leqslant x$ 中除去远小于

$xQ^{-1}\log^2 x$ 个例外值 n, 总有

$$D_1(n,x) = G_2(n)\frac{n}{\log^2 n} + O\Big(\frac{x(\log\log x)^3}{\log^3 x}\Big)$$

由上式、引理 1 及式 ⑥ 知, 对于充分大的 x, 当 n 为偶

数, 且 $\frac{x}{2} < n \leqslant x$ 时(注意这里 $\lambda > 9$), 除了远小于

$xQ^{-\frac{1}{3}}\log^3 x = x\log^{-A} x$ 个例外值 n, 一定有

$$|D_1(n,x)| > |D_2(n,x)|$$

这就证明了定理 1.

　　从以上圆法所得到的结果, 人们猜测, 如果关于偶

数的哥德巴赫猜想正确的话, 应该有

$$D(n) \sim G_2(n)\frac{n}{\log^2 n} \qquad\qquad ⑨$$

这里 n 为偶数, $D(n)$ 为 n 表为两个奇素数之和的表法

的个数.

1.2　$E(x)$ 的进一步估计

　　本小节将得到比定理 2 更强的估计, 我们要证明

下面的定理:

定理 3　存在一个可计算的绝对正常数 Δ, 使得

$$E(x) \ll x^{1-\Delta}$$

413

定理 3 的证明方法在原则上和定理 2 是一样的. 我们可以看出,如果 1.1 小节中的所有引理,当把 Q 放大到 x^η($\eta < 1$ 为一个适当的正数)时仍然正确,我们就立即得到定理 3,而 1.1 小节中的所有结论除引理 5 以外,都显然和 Q 的阶无关,所以把 Q 放大到 x^η 时仍是正确的. 但在引理 5 中,我们应用了西格尔－瓦尔菲茨定理,而 Q 放大到 x^η 时,就不能如此简单地应用西格尔－瓦尔菲茨定理,因此也就推不出引理 5 来. 这时需要做十分细致的考虑,情况变得极为复杂. 同时为了使得常数可以计算,还一定要避开西格尔－瓦尔菲茨定理,而用佩吉定理来代替它.

放大 Q 就是放大基本区间,在圆法中,基本区间的放大就会带来许多新的困难. 而这些困难的克服,在本质上依赖于对 $L-$ 函数零点性质的进一步研究.

设 x 为充分大的正数,$Q = x^\eta$,$\tau = xQ^{-1}$,$\eta < \dfrac{1}{4}$ 为一个待定正常数. 为了便于利用 $L-$ 函数的性质,代替 1.1 小节中的 $S(\alpha, x)$,我们考虑

$$\hat{S}(\alpha) = \hat{S}(\alpha; x, Q) = \sum_{Q < p \leqslant x} \log pe(\alpha p) \qquad ⑩$$

相应地,代替 $D(n, x)$,要考虑

$$\hat{D}(n) = \hat{D}(n; x, Q) = \sum_{\substack{n = p_1 + p_2 \\ Q < p_1, p_2 \leqslant x}} \log p_1 \log p_2$$

显然有

$$\hat{D}(n) = \int_0^1 (\hat{S}(\alpha))^2 e(-\alpha n) \mathrm{d}\alpha$$

及当 $n \leqslant 2Q$ 或 $n > 2x$ 时,有

$$\hat{D}(n) = 0$$

且若

$$\hat{D}(n) > 0$$

则 n 一定是哥德巴赫数.

现在来应用圆法. 对所取的 Q 及 τ, 当 x 充分大时, 我们以 E_1 及 E_2 分别表示由所取的 Q 及 τ 所确定的基本区间及余区间. 同样, 若设

$$\hat{S}_1(\alpha) = \begin{cases} \hat{S}(\alpha), & \alpha \in E_1 \\ 0, & \alpha \in E_2 \end{cases}$$

及

$$\hat{S}_2(\alpha) = \begin{cases} \hat{S}(\alpha), & \alpha \in E_2 \\ 0, & \alpha \in E_1 \end{cases}$$

则有

$$\hat{D}(n) = \int_{-\frac{1}{\tau}}^{1-\frac{1}{\tau}} (\hat{S}(\alpha))^2 e(-n\alpha) \mathrm{d}\alpha = \hat{D}_1(n) + \hat{D}_2(n)$$

其中

$$\hat{D}_1(n) = \int_{-\frac{1}{\tau}}^{1-\frac{1}{\tau}} (\hat{S}_1(\alpha))^2 e(-\alpha n) \mathrm{d}\alpha$$

$$\hat{D}_2(n) = \int_{-\frac{1}{\tau}}^{1-\frac{1}{\tau}} (\hat{S}_2(\alpha))^2 e(-\alpha n) \mathrm{d}\alpha$$

由 Parseval 等式即得

$$\sum_n |\hat{D}_2(n)|^2 = \int_{-\frac{1}{\tau}}^{1-\frac{1}{\tau}} |\hat{S}_2(\alpha)|^4 \mathrm{d}\alpha = \int_{E_2} |\hat{S}(\alpha)|^4 \mathrm{d}\alpha$$

⑪

和 1.1 小节中的论证完全一样, 由下面的定理立即可推出定理 3.

定理 4　存在一个可计算的绝对正常数 Δ, 使得区间 $\left(x, \dfrac{x}{2}\right]$ 中的偶数 n, 除了可能有远小于 $x^{1-\Delta}$ 个例外值, 恒有

$$|\hat{D}_1(n)| > |\hat{D}_2(n)|$$

下面我们就来证明定理 4. 为此要分别讨论 $\hat{D}_1(n)$ 及 $\hat{D}_2(n)$. 首先，和引理 1 相同，对余区间上的积分 $\hat{D}_2(n)$ 我们有：

引理 6 设 M 为使

$$|\hat{D}_2(n)| > xQ^{-\frac{1}{3}}$$

的整数 n 的个数，则

$$M \ll xQ^{-\frac{1}{3}} \log^{24} x$$

证明 当 $\alpha \in E_2$ 时，有

$$\hat{S}(\alpha) \ll xQ^{-\frac{1}{2}} \log^{12} x$$

由此及式 ⑪ 得

$$\sum_n |\hat{D}_2(n)|^2 = \int_{E_2} |\hat{S}(\alpha)|^4 \mathrm{d}\alpha \ll$$
$$x^2 Q^{-1} \log^{24} x \int_0^1 |\hat{S}(\alpha)|^2 \mathrm{d}\alpha \ll$$
$$x^3 Q^{-1} \log^{24} x$$

因而有

$$Mx^2 Q^{-\frac{2}{3}} \ll x^3 Q^{-1} \log^{24} x$$

这就证明了引理 6.

估计基本区间上的积分 $\hat{D}_1(n)$ 是极其复杂的. 我们将分 (1)(2)(3)(4) 四部分来讨论它. 以下恒假定 $\dfrac{x}{2} < n \leqslant x$.

(1) $\hat{D}_1(n)$ 的分解式.

设 $\chi(\bmod q), q \leqslant Q$，则

$$\hat{S}(\theta, \chi) = \sum_{Q < p \leqslant x} \chi(p) \log p \, e(p\theta) \qquad ⑫$$

推得

$$e\left(\frac{h}{q}\right) = \frac{1}{\phi(q)} \sum_{\chi_q} \chi(h) \tau(\bar{\chi}), (h, q) = 1$$

当 $q \leqslant Q < p$ 时,一定有 $(q,p)=1$,所以

$$e\left(\frac{hp}{q}\right) = \frac{1}{\phi(q)} \sum_{\chi_q} \chi(hp)\tau(\bar{\chi})$$

$$(h,q)=1, q \leqslant Q < p \qquad \text{⑬}$$

设 $\alpha \in I(q,h) \subset E_1$,则

$$\alpha = \frac{h}{q} + \theta, (h,q)=1, q \leqslant Q, |\theta| \leqslant \frac{1}{\tau} \qquad \text{⑭}$$

由式 ⑩⑫ $\sim$ ⑭ 我们有

$$\hat{S}(\alpha) = \sum_{Q < p \leqslant x} \log\ pe(p\theta)\frac{1}{\phi(q)}\sum_{\chi_q}\chi(hp)\tau(\bar{\chi}) =$$

$$\frac{1}{\phi(q)}\sum_{\chi_q}\chi(h)\tau(\bar{\chi})\hat{S}(\theta,\chi) \qquad \text{⑮}$$

对于这里所取的 Q,我们以 $\tilde{q} \leqslant Q, \tilde{\chi}(\mathrm{mod}\ \tilde{q})$ 及 $\tilde{\beta}$ 分别表示可能存在的例外模、例外原特征及例外零点. 再设

$$T(\theta) = \sum_{Q < m \leqslant x} e(m\theta) \qquad \text{⑯}$$

$$\widetilde{T}(\theta) = \sum_{Q < m \leqslant x} m^{\tilde{\beta}-1}e(m\theta) \qquad \text{⑰}$$

并令

$$\begin{cases} \hat{S}(\theta,\chi_q^0) = T(\theta) + W(\theta,\chi_q^0) \\ \hat{S}(\theta,\chi_q^0\tilde{\chi}) = \widetilde{T}(\theta) + W(\theta,\chi_q^0\tilde{\chi}), \tilde{q} \mid q \\ \hat{S}(\theta,\chi_q) = W(\theta,\chi_q), \chi_q \neq \chi_q^0, \text{及当} \tilde{q} \mid q \text{时} \chi_q \neq \chi_q^0\tilde{\chi} \end{cases} \qquad \text{⑱}$$

这样,当 $\alpha \in E_1$ 时,由式 ⑮⑱ 得到

$$\hat{S}(\alpha) = \frac{\mu(q)}{\phi(q)}T(\theta) + E_0\frac{\tau(\chi_q^0\tilde{\chi})\tilde{\chi}(h)}{\phi(q)}\widetilde{T}(\theta) +$$

$$\frac{1}{\phi(q)}\sum_{\chi_q}\chi(h)\tau(\bar{\chi})W(\theta,\chi) \qquad \text{⑲}$$

其中

$$E_0 = \begin{cases} 1, & \tilde{q} \mid q \\ 0, & \tilde{q} \nmid q \end{cases}$$

所以我们就有

$$\hat{D}_1(n) = \sum_{q \leqslant Q} \sum_{h=0}^{q-1} \int_{\frac{h}{q}-\frac{1}{\tau}}^{\frac{h}{q}+\frac{1}{\tau}} (\hat{S}(\alpha))^2 e(-n\alpha) \mathrm{d}\alpha =$$

$$\sum_{q \leqslant Q} \sum_{h=0}^{q-1} {}' e\left(-\frac{hn}{q}\right) \cdot \int_{-\frac{1}{\tau}}^{\frac{1}{\tau}} \left[\frac{\mu(q)}{\phi(q)} T(\theta) + \right.$$

$$\left. \frac{1}{\phi(q)} \sum_{\chi_q} \chi(h) \tau(\bar{\chi}) W(\theta, \chi) \right]^2 \cdot$$

$$e(-n\theta) \mathrm{d}\theta + \sum_{\substack{q \leqslant Q \\ \tilde{q} \mid q}} \sum_{h=0}^{q-1} {}' e\left(-\frac{hn}{q}\right) \cdot$$

$$\int_{-\frac{1}{\tau}}^{\frac{1}{\tau}} \left[\left(\frac{\tau(\chi_q^0 \tilde{\chi}) \tilde{\chi}(h)}{\phi(q)} \widetilde{T}(\theta)\right)^2 + \right.$$

$$2\left(\frac{\mu(q)}{\phi(q)} T(\theta) + \frac{1}{\phi(q)} \sum_{\chi_q} \chi(h) \tau(\bar{\chi}) W(\theta, \chi)\right) \cdot$$

$$\left. \left(\frac{\tau(\chi_q^0 \tilde{\chi}) \tilde{\chi}(h)}{\phi(q)} \widetilde{T}(\theta)\right) \right] e(-n\theta) \mathrm{d}\theta = \sum_{j=1}^{6} \hat{D}_{1,j}(n) \qquad ⑳$$

其中

$$\hat{D}_{1,1}(n) = \sum_{q \leqslant Q} \frac{\mu^2(q)}{\phi^2(q)} C_q(-n) \int_{-\frac{1}{\tau}}^{\frac{1}{\tau}} T^2(\theta) e(-n\theta) \mathrm{d}\theta \qquad ㉑$$

$$\hat{D}_{1,2}(n) = 2 \sum_{q \leqslant Q} \frac{\mu(q)}{\phi^2(q)} \sum_{\chi_q} \tau(\bar{\chi}) G_{\chi}(-n) \cdot$$

$$\int_{-\frac{1}{\tau}}^{\frac{1}{\tau}} T(\theta) W(\theta, \chi) e(-n\theta) \mathrm{d}\theta \qquad ㉒$$

$$\hat{D}_{1,3}(n) = \sum_{q \leqslant Q} \frac{1}{\phi^2(q)} \sum_{\chi_q} \sum_{\chi'_q} \tau(\bar{\chi}) \tau(\bar{\chi}') G_{\chi\chi'}(-n) \cdot$$

$$\int_{-\frac{1}{\tau}}^{\frac{1}{\tau}} W(\theta,\chi) W(\theta,\chi') e(-n\theta) \mathrm{d}\theta \qquad \text{㉓}$$

$$\hat{D}_{1,4}(n) = \sum_{\substack{q \leqslant Q \\ \tilde{q}|q}} \frac{C_q(-n)}{\phi^2(q)} \tau^2(\chi_q^0 \tilde{\chi}) \cdot$$

$$\int_{-\frac{1}{\tau}}^{\frac{1}{\tau}} (\tilde{T}(\theta))^2 e(-n\theta) \mathrm{d}\theta \qquad \text{㉔}$$

$$\hat{D}_{1,5}(n) = 2 \sum_{\substack{q \leqslant Q \\ \tilde{q}|q}} \frac{\mu(q)}{\phi^2(q)} G_{\chi_q^0 \tilde{\chi}}(-n) \tau(\chi_q^0 \tilde{\chi}) \cdot$$

$$\int_{-\frac{1}{\tau}}^{\frac{1}{\tau}} T(\theta) \tilde{T}(\theta) e(-n\theta) \mathrm{d}\theta \qquad \text{㉕}$$

$$\hat{D}_{1,6}(n) = 2 \sum_{\substack{q \leqslant Q \\ \tilde{q}|q}} \frac{\tau(\chi_q^0 \tilde{\chi})}{\phi^2(q)} \sum_{\chi_q} G_{\tilde{\chi}\chi}(-n) \tau(\bar{\chi}) \cdot$$

$$\int_{-\frac{1}{\tau}}^{\frac{1}{\tau}} \tilde{T}(\theta) W(\theta,\chi) e(-n\theta) \mathrm{d}\theta \qquad \text{㉖}$$

这就是 $\hat{D}_1(n)$ 的分解式. 我们将证明 $\hat{D}_{1,1}(n)$ 及 $\hat{D}_{1,4}(n)$ 是它的主要项. 这就表明了 $\hat{S}(\theta,\chi)$, 当例外原特征不存在时, 除了 $\chi = \chi^0$ 都是比较小的; 当例外原特征存在时, 除了 $\chi = \chi^0$ 及当 $\tilde{q} | q$ 时, $\chi = \chi_q^0 \tilde{\chi}$ 这两种情形, 亦都是比较小的. 这种复杂性是由于把 Q 放大到了 x^η 及可能存在例外零点 $\tilde{\beta}$ 所引起的.

(2) $\hat{D}_{1,j}(n)$ 的估计.

首先我们来证明一个引理:

引理 7　当 $\frac{x}{2} < n \leqslant x$ 时, 我们有

$$\int_{-\frac{1}{\tau}}^{\frac{1}{\tau}} T^2(\theta) e(-n\theta) \mathrm{d}\theta = n + O(\tau) \qquad \text{㉗}$$

$$\int_{-\frac{1}{\tau}}^{\frac{1}{\tau}} (\tilde{T}(\theta))^2 e(-n\theta) \mathrm{d}\theta = \tilde{I}(n) + O(\tau) \qquad \text{㉘}$$

这里

$$\widetilde{I}(n) = \sum_{Q < m \leqslant n-Q} (m(n-m))^{\hat{\beta}-1} \qquad ㉙$$

以及

$$\int_{-\frac{1}{\tau}}^{\frac{1}{\tau}} T(\theta) \widetilde{T}(\theta) e(-n\theta) \mathrm{d}\theta = \widetilde{J}(n) + O(\tau) \qquad ㉚$$

这里

$$\widetilde{J}(n) = \sum_{Q < m \leqslant n-Q} m^{\hat{\beta}-1} \qquad ㉛$$

证明　当 $\langle \theta \rangle > 0$ 时，有

$$T(\theta) \ll \frac{1}{\langle \theta \rangle} \ \text{及} \ \widetilde{T}(\theta) \ll \frac{1}{\langle \theta \rangle}$$

故

$$\int_{\pm \frac{1}{\tau}}^{\pm \frac{1}{2}} \mid T(\theta) \mid^2 \mathrm{d}\theta \ll \tau \ \text{及} \int_{\pm \frac{1}{\tau}}^{\pm \frac{1}{2}} \mid \widetilde{T}(\theta) \mid^2 \mathrm{d}\theta \ll \tau$$

此外我们有

$$\int_{-\frac{1}{2}}^{\frac{1}{2}} T^2(\theta) e(-n\theta) \mathrm{d}\theta = \sum_{Q < m \leqslant n-Q} 1$$

$$\int_{-\frac{1}{2}}^{\frac{1}{2}} (\widetilde{T}(\theta))^2 e(-n\theta) \mathrm{d}\theta = \widetilde{I}(n)$$

$$\int_{-\frac{1}{2}}^{\frac{1}{2}} T(\theta) \widetilde{T}(\theta) e(-n\theta) \mathrm{d}\theta = \widetilde{J}(n)$$

综合以上结果就证明了引理 7.

在估计 $\hat{D}_{1,j}(n)$ 之前，我们先指出下面的一个事实：设 $q \leqslant Q, \chi_q \Leftrightarrow \chi_q^*$，则一定有

$$\hat{S}(\theta, \chi) = \hat{S}(\theta, \chi^*) \qquad ㉜$$

及

$$W(\theta, \chi) = W(\theta, \chi^*) \qquad ㉝$$

这是由求和范围 $Q < p \leqslant x$ 所决定的，因为当 $q \leqslant Q$ 时，总有 $(p, q) = 1$.

(i) $\hat{D}_{1,2}(n), \hat{D}_{1,3}(n), \hat{D}_{1,6}(n)$ 的估计.

利用式 ㉝，由式 ㉒ 得

$$\hat{D}_{1,2}(n) = 2 \sum_{d \leqslant Q} \sum_{\chi_d} {}^{*} \sum_{\substack{q \leqslant Q \\ d \mid q}} \frac{\mu(q)}{\phi^2(q)} \tau(\chi_q^0 \bar{\chi}_d) G_{\chi_q^0 \chi_d}(-n) \cdot$$

$$\int_{-\frac{1}{\tau}}^{\frac{1}{\tau}} T(\theta) W(\theta, \chi_d) e(-n\theta) d\theta$$

由于

$$\int_{-\frac{1}{2}}^{\frac{1}{2}} \mid T(\theta) \mid^2 d\theta \leqslant x$$

利用施瓦兹不等式有

$$\left| \int_{-\frac{1}{\tau}}^{\frac{1}{\tau}} T(\theta) W(\theta, \chi_d) e(-n\theta) d\theta \right| \leqslant x^{\frac{1}{2}} W(\chi_d)$$

其中

$$W(\chi_d) = \left(\int_{-\frac{1}{\tau}}^{\frac{1}{\tau}} \mid W(\theta, \chi_d) \mid^2 d\theta \right)^{\frac{1}{2}} \qquad ㉞$$

这样就得到了

$$\mid \hat{D}_{1,2}(n) \mid \leqslant 2x^{\frac{1}{2}} \sum_{d \leqslant Q} \sum_{\chi_d} {}^{*} W(\chi_d) \cdot$$

$$\left(\sum_{\substack{q \leqslant Q \\ d \mid q}} \left| \frac{\mu(q)}{\phi^2(q)} \tau(\chi_q^0 \bar{\chi}_d) G_{\chi_q^0 \chi_d}(-n) \right| \right) \leqslant$$

$$64 x^{\frac{1}{2}} \frac{n}{\phi(n)} W \qquad ㉟$$

其中

$$W = \sum_{d \leqslant Q} \sum_{\chi_d} {}^{*} W(\chi_d) \qquad ㊱$$

用完全同样的方法可以得到

$$\mid \hat{D}_{1,3}(n) \mid \leqslant 32 \frac{n}{\phi(n)} W^2 \qquad ㊲$$

$$\mid \hat{D}_{1,6}(n) \mid \leqslant 64 x^{\frac{1}{2}} \frac{n}{\phi(n)} W \qquad ㊳$$

（ii）$\hat{D}_{1,1}(n)$ 的估计.

由式 ㉑ 及 ㉗ 知

$$\hat{D}_{1,1}(n) = \sum_{q \leqslant Q} \frac{\mu^2(q)}{\phi^2(q)} C_q(-n)(n + O(\tau))$$

由引理 2、引理 3、引理 4、$\tau = xQ^{-1}$ 及对任意小的 ε 有 $d(n) \ll x^{\frac{\varepsilon}{2}}$，从上式就得到

$$\hat{D}_{1,1}(n) = G_2(n)n + O(x^{1+\varepsilon}Q^{-1}) \qquad ㊴$$

（iii）$\hat{D}_{1,5}(n)$ 的估计.

由式 ㉕ 及 ㉚ 并利用 $\tilde{J}(n) \leqslant x$ 可得

$$\hat{D}_{1,5}(n) = 2 \sum_{\substack{q \leqslant Q \\ \tilde{q} \mid q}} \frac{\mu(q)}{\phi^2(q)} G_{\chi_q^0 \bar{\tilde{\chi}}}(-n) \tau(\chi_q^0 \bar{\tilde{\chi}})(\tilde{J}(n) + O(\tau)) \ll$$

$$x \sum_{\substack{q \leqslant Q \\ \tilde{q} \mid q}} \frac{\mu^2(q)}{\phi^2(q)} \left| G_{\chi_q^0 \bar{\tilde{\chi}}}(-n) \tau(\chi_q^0 \bar{\tilde{\chi}}) \right| \leqslant$$

$$x \sum_{\substack{q=1 \\ \tilde{q} \mid q}}^{\infty} \frac{\mu^2(q)}{\phi^2(q)} \left| G_{\chi_q^0 \bar{\tilde{\chi}}}(-n) \tau(\chi_q^0 \bar{\tilde{\chi}}) \right|$$

得

$$\hat{D}_{1,5}(n) \ll \mu^2(q) \tilde{\chi}^2(n) \frac{\tilde{q}}{\phi^2(\tilde{q})} \frac{n}{\phi(n)} x \qquad ㊵$$

（iv）$\hat{D}_{1,4}(n)$ 的估计.

由式 ㉔ 及 ㉘ 得到

$$\hat{D}_{1,4}(n) = \sum_{\substack{q \leqslant Q \\ \tilde{q} \mid q}} \frac{C_q(-n)}{\phi^2(q)} \tau^2(\chi_q^0 \bar{\tilde{\chi}})(\tilde{I}(n) + O(\tau)) \qquad ㊶$$

令 $q = \tilde{q}k$，利用 $C_q(-n)$ 对 q 的可乘性，有

$$\frac{C_q(-n)}{\phi^2(q)} \tau^2(\chi_q^0 \bar{\tilde{\chi}}) =$$

$$\frac{C_{\tilde{q}}(-n)}{\phi^2(\tilde{q})} \tau^2(\bar{\tilde{\chi}}) \tilde{\chi}^2(k) \frac{\mu^2(k)}{\phi^2(k)} C_k(-n) =$$

$$\tilde{\chi}(-1) \frac{\tilde{q} C_{\tilde{q}}(-n)}{\phi^2(\tilde{q})} \tilde{\chi}^2(k) \frac{\mu^2(k)}{\phi^2(k)} C_k(-n) \qquad ㊷$$

对于实特征 χ 有

$$\overline{\tau(\chi)} = \chi(-1)\tau(\chi)$$

由上式我们有

$$\sum_{\substack{q>Q \\ \tilde{q}\mid q}} \left| \frac{C_q(-n)}{\phi^2(q)} \tau^2(\chi_q^0 \tilde{\chi}) \right| =$$

$$\frac{\tilde{q}}{\phi^2(\tilde{q})} \mid C_{\tilde{q}}(-n) \mid \cdot$$

$$\sum_{\substack{k>Q/\tilde{q} \\ (k,\tilde{q})=1}} \left| \frac{\mu^2(k)C_k(-n)}{\phi^2(k)} \right| \ll$$

$$\frac{\tilde{q}}{\phi^2(\tilde{q})} \mu^2\left(\frac{\tilde{q}}{(n,\tilde{q})}\right) \phi(\tilde{q})\phi^{-1}\left(\frac{\tilde{q}}{(n,\tilde{q})}\right) \cdot$$

$$d(n)\frac{\tilde{q}}{Q}(\log\log x)^3 \ll (n,\tilde{q})x^\varepsilon Q^{-1} \qquad ㊽$$

其中 ε 为任意小的正常数. 同样由式 ㊷ 及引理 2 可得

$$\sum_{\substack{q\leqslant Q \\ \tilde{q}\mid q}} \left| \frac{C_q(-n)}{\phi^2(q)} \tau^2(\chi_q^0 \tilde{\chi}) \right| =$$

$$\frac{\tilde{q}}{\phi^2(\tilde{q})} \mid C_{\tilde{q}}(-n) \mid \cdot$$

$$\sum_{\substack{k\leqslant Q/\tilde{q} \\ (k,\tilde{q})=1}} \left| \frac{\mu^2(k)C_k(-n)}{\phi^2(k)} \right| \ll x^\varepsilon \qquad ㊹$$

这样由式 ㊶㊽㊹ 及 $\tilde{I}(n) \leqslant x$ 得

$$\hat{D}_{1,4}(n) = \tilde{G}_2(n)\tilde{I}(n) + O((n,\tilde{q})x^{1+\varepsilon}Q^{-1}) \qquad ㊺$$

其中

$$\tilde{G}_2(n) = \sum_{\substack{q=1 \\ \tilde{q}\mid q}}^{\infty} \frac{C_q(-n)}{\phi^2(q)} \tau^2(\chi_q^0 \tilde{\chi}) \qquad ㊻$$

综合 ㉟㊲ $\sim$ ㊵ 及 ㊺ 各式,最后得到

$$\mid \hat{D}_1(n) \mid \geqslant G_2(n)n - \mid \tilde{G}_2(n)\tilde{I}(n) \mid -$$

$$128 \frac{n}{\phi(n)}(x^{\frac{1}{2}}W + W^2) +$$

$$O(x^{1+\varepsilon}Q^{-1}) + O\left(\frac{\tilde{q}}{\phi^2(\tilde{q})}\frac{n}{\phi(n)}x\right) +$$

$$O((n,\tilde{q})x^{1+\varepsilon}Q^{-1}) \qquad ㊼$$

其中 ε 为任意小的正数. 这样,对 $\hat{D}_1(n)$ 的讨论就归结为估计 W 以及当例外原特征存在时需要进一步处理的 $\tilde{G}_2(n)$,$\tilde{I}(n)$ 和因此而出现的余项.

（3）W 的估计.

估计 W（见 ㊱）是证明定理 4,亦即定理 3 的关键所在.

引理 8 设 $Q = x^{\eta}, 0 < \eta < \dfrac{1}{10}, \tilde{\beta}$ 是例外零点,我们有

$$W \leqslant \frac{2}{3}\pi x^{\frac{1}{2}} \sum_{d \leqslant Q} \sum_{\chi_d}^{*} \sum_{|\gamma| \leqslant Q^4}{}' \left(\frac{x}{Q^4}\right)^{\beta-1} + O(x^{\frac{1}{2}}Q^{-1}\log^2 x)$$

$$㊽$$

这里 $\rho = \beta + \mathrm{i}\gamma$ 为 $L(s,\chi_d)$ 的零点,$\sum{}'$ 表示对除 $\tilde{\beta}$ 以外的所有非显明零点求和.

证明 注意到式 ⑱⑫⑯⑰,我们有

$$W(\chi_d) \leqslant \frac{\pi}{\tau}\left(\int_{-\infty}^{+\infty}\left|\sum_{\substack{Q<p\leqslant x \\ t-\frac{\tau}{2}<p\leqslant t}}^{\#}\chi_d(p)\log p\right|^2 \mathrm{d}t\right)^{\frac{1}{2}} \qquad ㊾$$

其中

$$\sum_{K<p\leqslant K+h}^{\#}\chi_d(p)\log p =$$

$$\begin{cases} \displaystyle\sum_{K<p\leqslant K+h}\log p - \sum_{K<n\leqslant K+h}1, & \chi_d = \chi_d^0 \\[3mm] \displaystyle\sum_{K<p\leqslant K+h}\chi_d(p)\log p + \sum_{K<n\leqslant K+h}n^{\tilde{\beta}-1}, & \tilde{q}\mid d, \chi_d = \chi_d^0\tilde{\chi} \\[3mm] \displaystyle\sum_{K<p\leqslant K+h}\chi_d(p)\log p, & \text{其他} \end{cases} \qquad ㊿$$

这里 $d \leqslant Q \leqslant K$. 显然, 我们有

$$W(\chi_d) \leqslant$$

$$\frac{\pi}{\tau} \left(\int_Q^{x+\frac{\tau}{2}} \Big| \sum_{\substack{Q < p \leqslant x \\ t-\frac{\tau}{2} < p \leqslant t}} \chi_d(p) \log p \Big|^2 \mathrm{d}t \right)^{\frac{1}{2}} =$$

$$\frac{\pi}{\tau} \left(\int_Q^{x+\frac{\tau}{2}} \Big| \sum_{\substack{xQ^{-4} < p \leqslant x \\ t-\frac{\tau}{2} < p \leqslant t}} \chi_d(p) \log p \Big|^2 \mathrm{d}t \right)^{\frac{1}{2}} + O(x^{\frac{1}{2}} Q^{-3}) \leqslant$$

$$\max_{xQ^{-4} \leqslant K \leqslant 2x} \max_{h \leqslant \frac{\tau}{2}} \frac{\pi}{\tau} \left(\frac{3x}{2} \right)^{\frac{1}{2}} \cdot$$

$$\Big| \sum_{K < p \leqslant K+h}^{\#} \chi_d(p) \log p \Big| + O(x^{\frac{1}{2}} Q^{-3}) \qquad \text{㉛}$$

由

$$\sum_{\substack{n = p^k \leqslant x \\ k \geqslant 2}} \chi(n) \Lambda(n) \ll x^{\frac{1}{2}} \log^2 x$$

容易推得: 若取 $T = Q^4$, 则当 $d \leqslant Q$ 时, 对原特征 $\chi_d(n)$ 一致有

$$\sum_{p \leqslant x} \chi_d(p) = E_0 x - E_1 \frac{x^{\tilde{\beta}}}{\tilde{\beta}} - \sum_{|\gamma| \leqslant Q^4}{}' \frac{x^{\rho}}{\rho} +$$
$$O(x Q^{-4} \log^2 x)$$

由此即得

$$\sum_{K < p \leqslant K+h} \chi_d(p) \log p =$$

$$E_0 h - E_1 \left(\frac{(K+h)^{\tilde{\beta}}}{\tilde{\beta}} - \frac{K^{\tilde{\beta}}}{\tilde{\beta}} \right) -$$

$$\sum_{|\gamma| \leqslant Q^4}{}' \left(\frac{(K+h)^{\rho}}{\rho} - \frac{K^{\rho}}{\rho} \right) +$$
$$O(x Q^{-4} \log^2 x)$$

由上式、式㊿ 及

$$\frac{(K+h)^{\tilde{\beta}}}{\tilde{\beta}} - \frac{K^{\tilde{\beta}}}{\tilde{\beta}} = \int_K^{K+h} t^{\tilde{\beta}-1} \mathrm{d}t = \sum_{K<n\leqslant K+h} n^{\tilde{\beta}-1} + O(1)$$

知,当 $xQ^{-4} \leqslant K \leqslant 2x, h \leqslant \dfrac{\tau}{2}$ 时有

$$\Big| \sum_{K<p\leqslant K+h}^{\#} \chi_d(p)\log p \Big| =$$

$$\Big| \sum_{|\gamma|\leqslant Q^4}{}' \int_K^{K+h} t^{\rho-1} \mathrm{d}t \Big| + O(xQ^{-4}\log^2 x) \leqslant$$

$$\frac{\tau}{2} \sum_{|\gamma|\leqslant Q^4}{}' \Big(\frac{x}{Q^4}\Big)^{\beta-1} + O(xQ^{-4}\log^2 x)$$

由此及式 ㉛ 即得 ㊽,引理 8 证毕.

引理 9 在引理 7 的符号下,我们有

$$\sum_{d\leqslant Q}\sum_{\chi_d}{}^* \sum_{|\gamma|\leqslant Q^4}{}' \Big(\frac{x}{Q^4}\Big)^{\beta-1} \leqslant 2c_{35}\,\mathrm{e}^{-\frac{\eta_1}{2\eta}} + O(x^{-\frac{1}{2}}) \qquad ㊾$$

其中 c_{35} 为常数,η_1 和 η 分别由式 ㊿ 和 ㊽ 所确定.

证明 设 c_6, c_{20}, c_{21} 是常数,我们取

$$A_1 = \frac{1}{6}\min\{c_6, c_{20}, c_{21}\} \qquad ㊿$$

若例外零点 $\tilde{\beta}$ 存在且 $\tilde{\delta}\log Q \leqslant A_1$,$\tilde{\delta} = 1-\tilde{\beta}$,则知

函数 $\prod_{d\leqslant Q}\prod_{\chi_d}{}^* L(s,\chi_d)$ 在区域

$$\sigma \geqslant 1 - \frac{A_1}{\log Q}\log\frac{\mathrm{e}A_1}{\tilde{\delta}\log Q}, \ |t| \leqslant Q^4$$

中除 $\tilde{\beta}$ 以外无其他零点.

若 $\tilde{\beta}$ 不存在,或存在但 $\tilde{\delta}\log Q > A_1$,则知函数

$\prod_{d\leqslant Q}\prod_{\chi_d}{}^* L(s,\chi_d)$ 在区域

$$\delta \geqslant 1 - \frac{A_1}{\log Q}, \ |t| \leqslant Q^4$$

中无零点.为简单起见,令

$$\eta_1 = A_1 \log \frac{eA_1}{\delta_0 \log Q} \qquad ㊹$$

这里

$$\delta_0 = \begin{cases} \tilde{\delta}, & \tilde{\delta} \log Q \leqslant A_1 \\ \dfrac{A_1}{\log Q}, & \tilde{\delta} \log Q > A_1 \ 或 \ \tilde{\beta} \ 不存在 \end{cases} \qquad ㊺$$

则由以上两种情况知，函数 $\prod\limits_{d \leqslant Q} \prod\limits_{\chi_d}^{*} L(s, \chi_d)$ 在区域

$$\sigma \geqslant 1 - \frac{\eta_1}{\log Q}, \ |t| \leqslant Q^4 \qquad ㊻$$

内仅可能除去 $\tilde{\beta}$ 无零点. 这样，我们就有

$$\sum_{d \leqslant Q} \sum_{\chi_d}^{*} \sum_{|\gamma| \leqslant Q^4}' \left(\frac{x}{Q^4}\right)^{\beta-1} = -\int_0^{1-\eta_1/\log Q} \left(\frac{x}{Q^4}\right)^{\alpha-1} d\alpha N^*(\alpha, Q)$$

$$㊼$$

这里

$$N^*(\alpha, Q) = \sum_{d \leqslant Q} N^*(\alpha, Q^4, d)$$

得

$$N^*(\alpha, Q) \leqslant c_{35} Q^{4c_{36}(1-\alpha)}$$

知

$$N^*(0, Q) \ll Q^7$$

故从式 ㊼ 及 $Q = x^\eta$ 可得

$$\sum_{d \leqslant Q} \sum_{\chi_d}^{*} \sum_{|\gamma| \leqslant Q^4}' \left(\frac{x}{Q^4}\right)^{\beta-1} =$$

$$\int_0^{1-\eta_1/\log Q} \left(\log \frac{x}{Q^4}\right) \left(\frac{x}{Q^4}\right)^{\alpha-1} \cdot$$

$$N^*(\alpha, Q) d\alpha + O(x^{-1} Q^{11}) \leqslant$$

$$c_{35} \log \frac{x}{Q^4} \int_0^{1-\eta_1/\log Q} \left(\frac{x}{Q^{4+4c_{36}}}\right)^{\alpha-1} d\alpha + O(x^{-1} Q^{11}) =$$

$$c_{35} \frac{1-4\eta}{1-(4+4c_{36})\eta} e^{-(1-(4+4c_{36})\eta)\frac{\eta_1}{\eta}} +$$

$$O(x^{-1+(4+4c_{36})\eta}) + O(x^{-1}Q^{11})$$

只要取正数 η 满足

$$\eta \leqslant \min\left\{\frac{1}{22}, \frac{1}{8(1+c_{36})}\right\} \qquad \text{⑱}$$

则由前式即得式 ㉒，证毕.

由引理 8 及引理 9 立刻得到

$$W \leqslant \frac{4\pi}{3}c_{35}x^{\frac{1}{2}}e^{-\frac{\eta_1}{2\eta}} + O(x^{\frac{1}{2}-\eta}\log^2 x) \qquad \text{⑲}$$

（4）$\widetilde{G}_2(n)$ 及 $\widetilde{I}(n)$ 的进一步计算.

引理 10　当 n 为奇数时，有

$$\widetilde{G}_2(n) = 0$$

当 n 为偶数时，有

$$\widetilde{G}_2(n) = \widetilde{\chi}(-1)\mu\left(\frac{\widetilde{q}}{(n,\widetilde{q})}\right)\prod_{\substack{p\mid q \\ p\nmid n}}\frac{1}{p-2}G_2(n) \qquad \text{⑳}$$

证明　由式 ㊻ 及 ㊷ 得

$$\widetilde{G}_2(n) = \widetilde{\chi}(-1)\mu\left(\frac{\widetilde{q}}{(n,\widetilde{q})}\right)\widetilde{q}\phi^{-1}(\widetilde{q})\phi^{-1}\left(\frac{\widetilde{q}}{(n,\widetilde{q})}\right)\cdot$$

$$\sum_{\substack{k=1 \\ (k,\widetilde{q})=1}}^{\infty}\frac{\mu^2(k)}{\phi^2(k)}C_k(-n) =$$

$$\widetilde{\chi}(-1)\mu\left(\frac{\widetilde{q}}{(n,\widetilde{q})}\right)\frac{\widetilde{q}}{\phi(q)}\phi^{-1}\left(\frac{\widetilde{q}}{(n,\widetilde{q})}\right)\cdot$$

$$\prod_{\substack{p\nmid n \\ p\nmid q}}\left(1-\frac{1}{(p-1)^2}\right)\prod_{\substack{p\mid n \\ p\nmid q}}\left(1+\frac{1}{p-1}\right) \qquad \text{㉑}$$

当 n，$\widetilde{q}$ 均为奇数时，显然有 $\widetilde{G}_2(n)=0$. 当 n 为奇数，$\widetilde{q}$ 为偶数时，一定有 $4\mid\widetilde{q}$，故有 $\mu\left(\frac{\widetilde{q}}{(n,\widetilde{q})}\right)=0$，所以亦得 $\widetilde{G}_2(n)=0$. 当 n 为偶数时，有

$$\prod_{\substack{p\nmid n \\ p\nmid q}}\left(1-\frac{1}{(p-1)^2}\right)\prod_{\substack{p\mid n \\ p\nmid q}}\left(1+\frac{1}{p-1}\right) =$$

$$\prod_{p\nmid n}\left(1-\frac{1}{(p-1)^2}\right)\prod_{\substack{p\nmid n\\p\mid\tilde{q}}}\left(1-\frac{1}{(p-1)^2}\right)^{-1}\cdot$$

$$\prod_{p\mid n}\left(1+\frac{1}{p-1}\right)\prod_{\substack{p\mid n\\p\mid\tilde{q}}}\left(1+\frac{1}{p-1}\right)^{-1}=$$

$$\prod_{\substack{p\nmid n\\p\mid\tilde{q}}}\left(1-\frac{1}{(p-1)^2}\right)^{-1}\prod_{\substack{p\mid n\\p\mid\tilde{q}}}\left(1+\frac{1}{p-1}\right)^{-1}G_2(n)=$$

$$\frac{\phi(\tilde{q})}{\tilde{q}}\prod_{\substack{p\nmid n\\p\mid\tilde{q}}}\left(\frac{1}{p-2}\right)\prod_{\substack{p\mid n\\p\mid\tilde{q}}}(p-1)G_2(n)=\qquad\text{⑥②}$$

$\tilde{q}$ 的标准分解式一定形如

$$\tilde{q}=2^l p_1 p_2\cdots p_s,l=0,2,3$$

所以总有

$$\mu\left(\frac{\tilde{q}}{(n,\tilde{q})}\right)\phi^{-1}\left(\frac{\tilde{q}}{(n,\tilde{q})}\right)\prod_{\substack{p\nmid n\\p\mid\tilde{q}}}(p-1)=\mu\left(\frac{\tilde{q}}{(n,\tilde{q})}\right)$$

由上式及式 ⑥①⑥② 即得 ⑥⓪,引理 10 证毕.

引理 11　设 $\tilde{I}(n)$ 由式 ㉙ 所确定,$\frac{x}{2}<n\leqslant x$,我们有

$$\tilde{I}(n)\leqslant n^{\tilde{\beta}}\qquad\text{⑥③}$$

及

$$n-n^{\tilde{\beta}}\geqslant\begin{cases}\dfrac{n}{2}, & \tilde{\beta}<1-\dfrac{\log 2}{\log n}\\[3mm]\dfrac{1}{2}(1-\tilde{\beta})n\log n, & \tilde{\beta}\geqslant 1-\dfrac{\log 2}{\log n}\end{cases}\qquad\text{⑥④}$$

证明　由于当 $a\geqslant 2,b\geqslant 2$ 时,有

$$ab\geqslant a+b$$

故有

$$\tilde{I}(n)=\sum_{Q<m\leqslant n-Q}(m(n-m))^{\tilde{\beta}-1}\leqslant n^{\tilde{\beta}}$$

这就证明了式 ⑥③.再从

$$n - n^{\tilde{\beta}} \geqslant n - n^{1 - \frac{\log 2}{\log n}} = \frac{n}{2}, \tilde{\beta} < 1 - \frac{\log 2}{\log n}$$

及

$$n - n^{\tilde{\beta}} = \int_{\tilde{\beta}}^{1} n^t \log n \, \mathrm{d}t \geqslant (1 - \tilde{\beta}) n^{\tilde{\beta}} \log n \geqslant$$

$$\frac{1 - \tilde{\beta}}{2} n \log n, \tilde{\beta} \geqslant 1 - \frac{\log 2}{\log n}$$

就得到式 ⑭,引理 11 证毕.

至此,完成了对 $\hat{D}_1(n)$ 的讨论. 综合以上的 (1)(2)(3)(4) 四部分的讨论及引理 6,我们下面来证明定理 4.

定理 4 的证明　我们将分例外零点 $\tilde{\beta}$ 不存在和存在这两种情况来证明,比较复杂的是后一种情形. 以下总假定 n 为偶数,$\frac{x}{2} < n \leqslant x$,并取 $Q = x^\eta$,η 为一个待定常数,满足条件 ㊹.

(1) 例外零点 $\tilde{\beta}$ 不存在. 这时由式 ㊼⑥㊾㊴㊵,做粗略计算后可得

$$|\hat{D}_1(n)| \geqslant \frac{1}{4} \frac{n}{\phi(n)} x - 600 \frac{n}{\phi(n)} x \cdot$$

$$(c_{35} e^{-\frac{A_1}{2\eta}} + c_{35}^2 e^{-\frac{A_1}{\eta}}) + O(x^{1 - \eta + \varepsilon})$$

如使所取 η 再满足条件

$$c_{35} e^{-\frac{A_1}{2\eta}} \leqslant 10^{-5}$$

即

$$\eta \leqslant \frac{A_1}{2\log(10^5 c_{35})} \qquad ㊽$$

则对充分大的 x 就有

$$|\hat{D}_1(n)| \geqslant \frac{1}{8} \frac{n}{\phi(n)} x \geqslant \frac{1}{8} x \qquad ㊾$$

430

以后,我们不妨假定 $c_{35} \geqslant 1$,所以从条件 ⑥⑤ 知,总有

$$\frac{A_1}{\eta} \geqslant 20 \qquad ⑥⑦$$

(2) 例外零点 $\tilde{\beta}$ 存在.首先,使 $(n,\tilde{q}) > Q^{\frac{1}{2}}$ 的 n 的个数远小于

$$\sum_{\substack{h \mid q \\ h > Q^{\frac{1}{2}}}} \sum_{\substack{n \leqslant x \\ h \mid n}} 1 \ll \sum_{\substack{h \mid q \\ h > Q^{\frac{1}{2}}}} \frac{x}{h} \ll xQ^{-\frac{1}{2}} d(\tilde{q}) \ll x^{1-\frac{\eta}{2}+\varepsilon} \qquad ⑥⑧$$

所以,这样的 n 可看作例外值,而下面恒可假定 n 满足条件

$$(n,\tilde{q}) \leqslant Q^{\frac{1}{2}} \qquad ⑥⑨$$

这样,由式 ④⑦ 及 ⑤⑨ 得

$$|\hat{D}_1(n)| \geqslant G_2(n)n - |\widetilde{G}_2(n)\tilde{I}(n)| -$$

$$600 \frac{n}{\phi(n)} x(c_{35} e^{-\frac{\eta_1}{2\eta}} + c_{35}^2 e^{-\frac{\eta_1}{\eta}}) +$$

$$O(x^{1-\frac{\eta}{2}+\varepsilon}) + O\left(\frac{n}{\phi(n)} \frac{\tilde{q}}{\phi^2(\tilde{q})} x\right) \qquad ⑦⓪$$

我们再分两种情形来讨论.

(i) 存在素数 $p > 3$,使 $p \mid \tilde{q}, p \nmid n$,则由引理 10 知

$$|\widetilde{G}_2(n)| \leqslant \frac{1}{3} G_2(n)$$

由此并利用

$$\widetilde{G}_2(n) \geqslant \frac{1}{2} \frac{n}{\phi(n)}, \quad |\tilde{I}(n)| \leqslant n, \eta_1 \geqslant A_1$$

从式 ⑦⓪ 即得

$$|\hat{D}_1(n)| \geqslant \frac{1}{6} \frac{n}{\phi(n)} x - 600 \frac{n}{\phi(n)} x(c_{35} e^{-\frac{A_1}{2\eta}} + c_{35}^2 e^{-\frac{A_1}{\eta}}) +$$

$$O(x^{1-\frac{\eta}{2}+\varepsilon}) + O\left(\frac{n}{\phi(n)} \frac{x}{\log Q}\right)$$

同样,当 η 满足式 ⑥⑤ 时,对充分大的 x 就有

$$|\hat{D}_1(n)| \geqslant \frac{1}{12}\frac{n}{\phi(n)}x \geqslant \frac{1}{12}x \qquad ⑦$$

(ii) 不存在素数 $p>3$，使 $p\,|\,\tilde{q}$，$p\nmid n$. 这时由式 ⑥⓪ 知

$$|\tilde{G}_2(n)| = G_2(n)$$

由此及式 ⑥③ 即得

$$G_2(n)n - |\tilde{G}_2(n)\tilde{I}(n)| \geqslant G_2(n)(n-n^{\mathring{\beta}}) \qquad ⑦②$$

同时，在这种情形下，必有

$$(n,\tilde{q}) \geqslant \frac{1}{24}\tilde{q}$$

由此及式 ⑥⑨ 得

$$\frac{(\log Q)^2}{(\log\log Q)^8} \ll \tilde{q} \ll Q^{\frac{1}{2}} \qquad ⑦③$$

当 $\tilde{\beta} < 1 - \dfrac{\log 2}{\log n}$ 时，和情形(i)一样，由式 ⑦⓪ 及 ⑥④ 知，只要 η 再满足条件 ⑥⑤，则对充分大的 x 有

$$|\hat{D}_1(n)| \geqslant \frac{1}{16}\frac{n}{\phi(n)}x \geqslant \frac{1}{16}x \qquad ⑦④$$

当 $\tilde{\beta} \geqslant 1 - \dfrac{\log 2}{\log n}$ 时，知

$$1 - \tilde{\beta} \geqslant \frac{c_4}{\sqrt{\tilde{q}}\,(\log\tilde{q})^4} \qquad ⑦⑤$$

由此及式 ⑦③ 知，对充分大的 x，可使式 ⑦⓪ 中的两个误差项为

$$O(x^{1-\frac{\eta}{2}+\varepsilon}) \leqslant \frac{1}{20}\frac{n}{\phi(n)}(1-\tilde{\beta})n\log n$$

$$O\left(\frac{\tilde{q}}{\phi^2(\tilde{q})}\frac{n}{\phi(n)}x\right) \leqslant \frac{1}{20}\frac{n}{\phi(n)}(1-\tilde{\beta})n\log n$$

由以上两式及式 ⑦⓪⑦②⑥④ 知，对充分大的 x 有

$$|\hat{D}_1(n)| \geqslant \frac{1}{20}\frac{n}{\phi(n)}(1-\tilde{\beta})x\log x -$$

$$600 \, \frac{n}{\phi(n)} x \left(c_{35} \mathrm{e}^{-\frac{\eta_1}{2\eta}} + c_{35}^2 \mathrm{e}^{-\frac{\eta_1}{\eta}} \right) \qquad ㊐$$

此外, 由式 ㊲ 知

$$\tilde{\beta} \geqslant 1 - \frac{\log 2}{\log n} \geqslant 1 - \frac{A_1}{\eta \log x} = 1 - \frac{A_1}{\log Q}$$

因而, 由式 ㊤㊥ 及 ㊲ 知

$$\mathrm{e}^{-\frac{\eta_1}{2\eta}} = \mathrm{e}^{-\frac{A_1}{2\eta}} \left(\frac{(1-\tilde{\beta}) \log Q}{A_1} \right)^{\frac{A_1}{2\eta}} \leqslant \mathrm{e}^{-\frac{A_1}{2\eta}} (1-\tilde{\beta}) \log x$$

故当 η 再满足条件 ㊥ 时, 由上式及 ㊐ 可得

$$|\hat{D}_1(n)| \geqslant \frac{1}{40} (1-\tilde{\beta}) \frac{n}{\phi(n)} x \log x$$

从上式及式 ㊐㊡ 即得

$$|\hat{D}_1(n)| \gg \frac{x \log x}{\sqrt{\tilde{q}} (\log \tilde{q})^4} \gg x Q^{-\frac{1}{4}} (\log x)^{-3} \qquad ㊑$$

把上面所得的结果: 式 ㊥㊗㊙㊑ 及引理 6 合在一起, 并注意到式 ㊳, 我们就得出下面的结论: 当 η 为满足条件 ㊶㊥ 的正数时, 只要取 $\Delta < \frac{1}{3}\eta$, 就可使 $\frac{x}{2} < n \leqslant x$ 中的偶数 n 除去远小于 $x^{1-\Delta}$ 个例外值, 恒有

$$|\hat{D}_1(n)| > |\hat{D}_2(n)|$$

定理 4 证毕.

由定理 4 立即推出定理 3.

1.3　小区间上的哥德巴赫数

拉德马切尔把 1.1 小节中的结果推广到了小区间上, 本小节就是要证明这一推广. 设 $0 < \theta < 1$, 我们以 $E(x, \theta)$ 表示区间 $(x, x+x^\theta]$ 中的非哥德巴赫数的个数.

定理 5　设 A 为任意正数, ε_1 为任意小的正数, 若

对 L — 函数有零点密度估计[①]

$$N(\alpha, T, q) \ll (qT)^{c_1(1-\alpha)} (\log qT)^{c_2} \qquad ⑦⑧$$

成立,则对任意的 θ 有

$$1 \geqslant \theta > 1 - \frac{1}{c_1} + \varepsilon_1 \qquad ⑦⑨$$

有

$$E(x, \theta) \ll \frac{x^{\theta}}{(\log x)^A}$$

显然可以假定 x 充分大. 设 $y = x^{\theta}$,且不妨假定 $y < \dfrac{x}{2}$. 现在来应用圆法. 设

$$S^{(1)}(\alpha) = \sum_{x-y < p \leqslant x+y} \log p e(p\alpha)$$

$$S^{(2)}(\alpha) = \sum_{2 < p \leqslant 2y} \log p e(p\alpha)$$

$$\widetilde{D}(n) = \int_0^1 S^{(1)}(\alpha) S^{(2)}(\alpha) e(-n\alpha) \mathrm{d}\alpha$$

取 $\lambda = 3(A+8)$,$Q = (\log x)^{\lambda}$,$\tau = yQ^{-1}$. 设 E_1, E_2 为基本区间和余区间,则有

$$\widetilde{D}(n) = \widetilde{D}_1(n) + \widetilde{D}_2(n)$$

其中

$$\widetilde{D}_1(n) = \int_{E_1} S^{(1)}(\alpha) S^{(2)}(\alpha) e(-n\alpha) \mathrm{d}\alpha$$

$$\widetilde{D}_2(n) = \int_{E_2} S^{(1)}(\alpha) S^{(2)}(\alpha) e(-n\alpha) \mathrm{d}\alpha \qquad ⑧⓪$$

如果能够证明

$$|\widetilde{D}_1(n)| > |\widetilde{D}_2(n)|$$

则 n 一定是哥德巴赫数. 显然从下面的定理将立即推

---

① 本节中的常数 $c_1, c_2, \cdots$ 都按在本节中出现的先后编号.

出定理 5.

定理 6　在定理 5 的符号和条件下,区间 $(x, x + x^\theta]$ 中的偶数 n,除了可能有远小于 $\dfrac{x^\theta}{(\log x)^A}$ 个例外值,恒有

$$|\widetilde{D}_1(n)| > |\widetilde{D}_2(n)|$$

我们分若干引理来证明定理 6. 首先,对于余区间上的积分 $\widetilde{D}_2(n)$,同样有:

引理 12　设 M 为使

$$|\widetilde{D}_2(n)| > x^\theta Q^{-\frac{1}{3}}$$

的整数 n 的个数,则

$$M \ll x^\theta Q^{-\frac{1}{3}} (\log x)^8$$

证明　和引理 1 的证明完全一样,当 $\alpha \in E_2$ 时有

$$S^{(2)}(\alpha) \ll x^\theta Q^{-\frac{1}{2}} (\log x)^3$$

因而就有

$$\sum_n |\widetilde{D}_2(n)|^2 = \int_{E_2} |S^{(1)}(\alpha) S^{(2)}(\alpha)|^2 \mathrm{d}\alpha \ll$$
$$x^{3\theta} Q^{-1} (\log x)^8$$
$$M x^{2\theta} Q^{-\frac{2}{3}} \ll x^{3\theta} Q^{-1} (\log x)^8$$

这就证明了引理 12.

下面讨论基本区间上的积分 $\widetilde{D}_1(n)$,这是主要的.

引理 13　对 $q \leqslant x, T \leqslant x^{\frac{3}{4}}, (q, l) = 1$,我们有

$$\psi(x; q, l) = \frac{x}{\phi(q)} - \widetilde{E} \frac{\widetilde{\chi}(l)}{\phi(q)} \frac{x^{\widetilde{\beta}}}{\widetilde{\beta}} - \frac{1}{\phi(q)} \sum_{\chi_q} \chi(l) \cdot$$

$$\sideset{}{'}\sum_{|\gamma| \leqslant T} \frac{x^\rho}{\rho} + O\left(\frac{x \log^2 x}{T}\right)$$

这里 $\widetilde{\chi}, \widetilde{\beta}$ 是对应于模 q 的可能存在的例外特征和例外

零点.

我们证明：

引理 14 设 A_1 为任意正数，$q \leqslant (\log x)^{A_1}$. 若估计式 ⑱ 成立，则对任意小的正数 ε_2，当 $T \ll x^{\frac{1}{c_1} - \varepsilon_2}$ 时，有

$$\sum_{\chi_q} \sum_{|\gamma| \leqslant T} {}' x^{\beta-1} \ll e^{-c_3 (\log x)^{\frac{1}{5}}}$$

其中 c_1 为式 ⑱ 中的常数，$\sum_{\rho}{}'$ 表示对 $L(s, \chi_q)$ 除去可能存在的例外零点 $\tilde{\beta}$ 的所有非显明零点 $\rho = \beta + i\gamma$ 求和.

证明 由条件 $q \leqslant (\log x)^{A_1}$ 知，对所有的 $L(s, \chi)$，$\chi(\bmod q)$，除去可能存在的例外零点 $\tilde{\beta}$，在区域

$$\sigma \geqslant 1 - \frac{c_4}{(\log x)^{\frac{4}{5}}}, \quad |t| \leqslant x$$

中无零点. 所以由式 ⑱ 及条件 $T \ll x^{\frac{1}{c_1} - \varepsilon_2}$ 可得

$$\sum_{\chi_q} \sum_{|\gamma| \leqslant T} {}' x^{\beta-1} = \int_0^{1 - c_4/(\log x)^{\frac{4}{5}}} x^{\alpha-1} \, \mathrm{d}\alpha N(\alpha; T, q) \ll$$

$$x^{-1} q T \log(qT) +$$

$$\log x \int_0^{1 - c_4/(\log x)^{\frac{4}{5}}} x^{\alpha-1} N(\alpha; T, q) \mathrm{d}\alpha \ll$$

$$x^{-1 + \frac{1}{c_1} - \varepsilon_2} (\log x)^{c_5} +$$

$$(\log x)^{c_6} \int_0^{1 - c_4/(\log x)^{\frac{4}{5}}} x^{-\varepsilon_2 c_1 (1-\alpha)} \mathrm{d}\alpha \ll$$

$$x^{-1 + \frac{1}{c_1} - \varepsilon_2} (\log x)^{c_5} +$$

$$(\log x)^{c_6} x^{-\varepsilon_2 c_1 c_4/(\log x)^{\frac{4}{5}}}$$

再注意到总有

436

$$c_1 \geqslant 2$$

这就证明了引理 14.

引理 15　设 $\alpha \in I(q,h) \subset E_1$，$\alpha = \dfrac{h}{q} + z$，$|z| \leqslant$

$\dfrac{1}{\tau}$，$q \leqslant Q$，我们有

$$S^{(1)}(\alpha) = \frac{\mu(q)}{\phi(q)} \frac{\sin 2\pi zy}{\sin \pi z} e(zx) + O(y\mathrm{e}^{-c_7(\log x)^{\frac{1}{5}}}) \quad \textcircled{81}$$

证明　我们有

$$S^{(1)}(\alpha) = \sum_{l=1}^{q}{}' e\left(\frac{h}{q}l\right) \sum_{\substack{x-y<n\leqslant x+y \\ n\equiv l(q)}} \Lambda(n)e(nz) + O(x^{\frac{1}{2}}\log x) \quad \textcircled{82}$$

注意到 $x-y > \dfrac{x}{2}$，利用引理 13 对固定的 $q \leqslant Q$ 可得

$$\sum_{\substack{x-y<n\leqslant x+y \\ n\equiv l(q)}} \Lambda(n)e(nz) = \int_{x-y}^{x+y} e(tz)\mathrm{d}t\, \psi(t;q,l) =$$

$$\int_{x-y}^{x+y} e(tz)\left(\frac{1}{\phi(q)} - \widetilde{E}\,\frac{\widetilde{\chi}(l)}{\phi(q)} t^{\widetilde{\beta}-1} - \right.$$

$$\left.\frac{1}{\phi(q)} \sum_{\chi_q} \chi(l) \sum_{|\gamma|\leqslant T}{}' \frac{t^{\rho-1}}{\rho}\right) \mathrm{d}t +$$

$$\int_{x-y}^{x+y} e(tz)\mathrm{d}\gamma(t) \quad \textcircled{83}$$

其中

$$\gamma(t) \ll \frac{t(\log x)^2}{T}, \quad x-y \leqslant t \leqslant x+y$$

以及取 $T = x^{1-\theta+\frac{\varepsilon_1}{2}}$，$\dfrac{\varepsilon_1}{2} < 1-\theta+\dfrac{\varepsilon_1}{2} < \dfrac{1}{c_1} - \dfrac{\varepsilon_1}{2}$. 由西格尔定理$\left(\text{取 } \varepsilon = \dfrac{4}{5\lambda}\right)$，可得

$$t^{\tilde\beta-1} \ll e^{-c_4(\log x)^{\frac{1}{5}}}, x-y \leqslant t \leqslant x+y, q \leqslant Q$$

所以

$$\int_{x-y}^{x+y} \frac{\tilde\chi(l)}{\phi(q)} t^{\tilde\beta-1} \,\mathrm{d}t \ll y e^{-c_8(\log x)^{\frac{1}{5}}} \qquad ⑧④$$

利用引理 14,我们有

$$\int_{x-y}^{x+y} e(tz) \sum_{\chi_q} \chi(l) \sum_{|\gamma| \leqslant T}{}' t^{\rho-1} \,\mathrm{d}t \ll \int_{x-y}^{x+y} \sum_{\chi_q} \sum_{|\gamma| \leqslant T}{}' t^{\beta-1} \,\mathrm{d}t \ll$$
$$y e^{-c_3(\log x)^{\frac{1}{5}}} \qquad ⑧⑤$$

我们还有

$$\int_{x-y}^{x+y} e(tz) \,\mathrm{d}\gamma(t) \ll$$

$$\frac{x(\log x)^2}{T} + \int_{x-y}^{x+y} |z| |\gamma(t)| \,\mathrm{d}t \ll$$

$$\frac{x(\log x)^2}{T} Q = x^{\theta - \frac{\varepsilon_1}{2}} (\log x)^2 Q \ll y e^{-c_9(\log x)^{\frac{1}{5}}} \qquad ⑧⑥$$

综合 ⑧② ~ ⑧⑤ 即得

$$S^{(1)}(\alpha) = \frac{\mu(q)}{\phi(q)} \frac{\sin 2\pi z y}{\pi z} e(zx) + O(y e^{-c_{10}(\log x)^{\frac{1}{5}}})$$

由此并利用

$$\frac{1}{\pi t} = \frac{1}{\sin \pi t} + O(|t|), \quad |t| < \frac{1}{2}$$

即得式 ⑧①,引理 15 证毕.

不难看出,上面的引理对 $x-y \leqslant \dfrac{x}{2}$,即 $y \geqslant \dfrac{x}{2}$ 亦

成立. 事实上,这时证明更简单. 在引理 15 的条件下

$$S^{(2)}(\alpha) = \frac{\mu(q)}{\phi(q)} \frac{\sin 2\pi z y}{\sin \pi z} e(zy) + O(y e^{-c_7(\log x)^{\frac{1}{5}}}) \qquad ⑧⑦$$

我们还需要下面的引理:

引理 16 设 K 为正整数,则

438

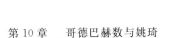

$$\left(\frac{\sin 2\pi Kz}{\sin \pi z}\right)^2 = \sum_{k=-(2K-1)}^{2K-1} (2K-|k|)e(zk)$$

证明　我们有

$$\left(\frac{\sin 2\pi Kz}{\sin \pi z}\right)^2 = e(-(2K-1)z)\left(\frac{e(2Kz)-1}{e(z)-1}\right)^2 =$$

$$e(-(2K-1)z)\left(\sum_{k=0}^{2K-1} e(kz)\right)^2 =$$

$$e(-(2K-1)z)\left(\sum_{k=0}^{2K-1}(k+1)e(kz)+\right.$$

$$\left.\sum_{k=2K}^{2(2K-1)}(4K-(k+1))e(zk)\right)=$$

$$\sum_{k=-(2K-1)}^{0}(2K+k)e(kz)+$$

$$\sum_{k=1}^{2K-1}(2K-k)e(kz)$$

证毕.

引理 17　设 $1 \geqslant \theta > 1 - \dfrac{1}{c_1} + \varepsilon_1, x \leqslant n \leqslant x+x^\theta,$

则有

$$\widetilde{D}_1(n) = G_2(n)T(n) + O(d(n)x^\theta Q^{-1}\log x) \qquad ⑧⑧$$

其中 $G_2(n)$ 由 1.1 小节中的引理 4 所确定,$T(n)$ 满足

$$x^\theta \leqslant T(n) \leqslant 2x^\theta - 1 \qquad ⑧⑨$$

证明　由式 ⑧① 及 ⑧⑥ 可得,当 $\alpha \in E_1$ 时,有

$$S^{(1)}(\alpha)S^{(2)}(\alpha) = \frac{\mu^2(q)}{\phi^2(q)}\left(\frac{\sin 2\pi zy}{\sin \pi z}\right)^2 e(z(x+y)) +$$

$$O(y^2 e^{-c_7(\log x)^{\frac{1}{5}}})$$

这里的 α 在引理 15 中给出. 因为 $|z| \leqslant \dfrac{1}{\tau} = y^{-1}Q$,所以,若设 $N=[x], U=[y]=[x^\theta]$,就有

$$\widetilde{D}_1(n) = \int_{E_1} S^{(1)}(\alpha) S^{(2)}(\alpha) e(-n\alpha) d\alpha =$$

$$\sum_{q \leqslant Q} \frac{\mu^2(q)}{\phi^2(q)} C_q(-n) \cdot$$

$$\int_{-\frac{1}{\tau}}^{\frac{1}{\tau}} \left(\frac{\sin 2\pi z U}{\sin \pi z} \right)^2 e((N+U-n)z) dz +$$

$$O(y e^{-c_{11}(\log x)^{\frac{1}{5}}})$$

由于

$$\int_{\pm\frac{1}{\tau}}^{\pm\frac{1}{2}} \left(\frac{\sin 2\pi z U}{\sin \pi z} \right)^2 dz \ll \tau$$

由以上两式及引理 2 即得

$$\widetilde{D}_1(n) = \sum_{q \leqslant Q} \frac{\mu^2(q)}{\phi^2(q)} C_q(-n) \int_{-\frac{1}{2}}^{\frac{1}{2}} \left(\frac{\sin 2\pi z U}{\sin \pi z} \right)^2 \cdot$$

$$e((N+U-n)z) dz +$$

$$O(y Q^{-1} \log \log x)$$

由引理 16 可得

$$T(n) = \int_{-\frac{1}{2}}^{\frac{1}{2}} \left(\frac{\sin 2\pi z U}{\sin 2\pi z} \right)^2 e((N+U-n)z) dz =$$

$$2U - |N+U-n|$$

从以上两式及引理 3 即得式 ⑧⑧. 因为 $N \leqslant n \leqslant N + U + 1$, 所以

$$-1 \leqslant N+U-n \leqslant U$$

故 $T(n)$ 满足式 ⑧⑨, 证毕.

定理 6 的证明　在 $x \leqslant n \leqslant x + x^{\theta}$ 中使

$$d(n) \geqslant Q^{\frac{1}{2}}$$

的 n 的个数远小于 $x^{\theta} Q^{-\frac{1}{2}} \log x$, 故由此及式 ⑧⑦ 知, 可能除了远小于 $x^{\theta} Q^{-\frac{1}{2}} \log x$ 个例外值 n, 恒有

$$\widetilde{D}_1(n) = G_2(n) T(n) + O(x^{\theta} Q^{-\frac{1}{2}} \log x)$$

这样,由此及引理 11,并利用式 ⑥⑧ 及 $Q = (\log x)^{\lambda}$,
$\lambda = 3(A + 8)$ 即知,在 $x \leqslant n \leqslant x + x^{\theta}$ 中的偶数 n,仅
可能除了远小于 $\dfrac{x^{\theta}}{(\log x)^{A}}$ 个例外值,恒有

$$| \widetilde{D}_1(n) | > | \widetilde{D}_2(n) |$$

这就证明了定理 6.

由定理 6 立即推得定理 5.

§2　哥德巴赫数(Ⅱ)[①]

—— 潘承洞　潘承彪

1951 年,林尼克首先研究了如下的问题:找一个
函数 $f(x)$,使对充分大的 x,区间 $[x, x + f(x)]$ 中必
有哥德巴赫数存在.这实际上就是估计相邻哥德巴赫
数之差.显然,若能证明 $f(x) \equiv 2$,则也就解决了关于
偶数的哥德巴赫猜想.林尼克在黎曼猜想下证明了可
取

$$f(x) = (\log x)^{3+\varepsilon}$$

这里 ε 为任意小的正数,并在 $\zeta -$ 函数零点密度假设下
也得到了一个结果.潘承洞实际上证明了:当 $\zeta -$ 函数
的零点密度估计

$$N(\alpha, T) \ll T^{c_1(1-\alpha)} (\log T)^{c_2}, \frac{1}{2} \leqslant \alpha \leqslant 1, T \geqslant 2 \text{①}$$

---

①　摘自:潘承洞,潘承彪. 哥德巴赫猜想. 北京:科学出版社,
1984.

成立时,可取

$$f(x) = x^{1-\frac{2}{c_1}+\varepsilon}$$

ε 为任意小的正数. 王元和 Prachar 分别在 ζ — 函数零点密度假设下得到了一些结果,王元的结果较强,他证明了:

（1）如果

$$N(\alpha,T) \ll T^{2(1-\alpha)} \log T, \frac{1}{2} \leqslant \alpha \leqslant 1, T \geqslant 2$$

成立,则可取

$$f(x) = (\log x)^{\frac{148}{13}+\varepsilon}$$

ε 为任意小的正数.

（2）如果更强的估计（比黎曼猜想要弱）

$$N(\alpha,T) \ll T^{2(1-\alpha)} (\log T)^{-\frac{72}{37}}, \frac{1}{2} < \alpha < 1, T \geqslant 2$$

成立,则可取

$$f(x) = (\log x)^{3+\varepsilon}$$

ε 为任意小的正数.

林尼克的方法实质上是圆法,以上结果都是用林尼克方法得到的. 研究这一问题的另一方法是利用塞尔伯格不等式（见引理 $5,6,7,8$）,这要比林尼克方法简单,且得到了更好的结果. Kátai 指出:当黎曼猜想成立时,可取

$$f(x) = c_3 (\log x)^2 \qquad\qquad ②$$

蒙哥马利和沃恩证明了:若估计式 ① 成立,则可取

$$f(x) = x^{(1-\frac{2}{c_1})(1-\frac{1}{c_1})+\varepsilon}$$

这里 ε 为任意小的正数. 拉德马切尔得到了相应于这一结果的小区间中的哥德巴赫数的个数的一个下界估计.

在本节里,我们将利用塞尔伯格不等式证明:

定理 1 若:

(1)ζ-函数零点密度估计 ① 成立;

(2)存在正数 $\alpha_0,\frac{1}{2}<\alpha_0<1$ 及正数 $c_4>0$,使 ζ-函数零点密度估计

$$N(\alpha,T) \ll T^{(2-c_4)(1-\alpha)}(\log T)^{c_5},\alpha_0 \leqslant \alpha \leqslant 1,T>2$$

$$③$$

成立,则对所有的 $x \geqslant 2$,区间 $[x,x+f(x)]$ 中必有哥德巴赫数,这里

$$f(x)=c_6 x^{\left(1-\frac{2}{c_1}\right)\left(1-\frac{1}{c_1}\right)}(\log x)^{c_7}$$

以及证明在黎曼猜想下得到的结果 ②:

定理 2 若黎曼猜想成立,则对所有的 $x \geqslant 2$,区间 $[x,x+f(x)]$ 中必有哥德巴赫数,这里 $f(x)$ 由 ② 给出.

2.1 一些引理

引理 1 $\zeta(s)$ 在区域

$$\sigma \geqslant 1-\frac{c_8}{(\log(|t|+10))^{\frac{2}{3}}\log\log(|t|+10)}$$

中没有零点.

引理 2 设 $2 \leqslant T \leqslant x\log x$,则有

$$\psi(x)=\sum_{n \leqslant x}\Lambda(n)=x-\sum_{|\gamma| \leqslant T}\frac{x^\rho}{\rho}+O\left(\frac{x\log^2 x}{T}\right)$$

这里 $\rho=\beta+\mathrm{i}\gamma$ 为 $\zeta(s)$ 的非显明零点.

引理 3 若 ζ-函数零点密度估计 ① 及 ③ 均成立,则对任意正数 A,当 $x \gg h \gg x^{1-\frac{1}{c_1}}\log^{c_9} x$ 时,有

$$\psi(x+h)-\psi(x)=h+O\left(\frac{h}{\log^A x}\right)$$

这里

$$c_9 = \frac{c_{10}}{c_1} + A + 2, c_{10} = \frac{c_2 + A + 1}{1 - \alpha_0}$$

证明 由引理 2 知，当 $2 \leqslant T \leqslant x$ 时

$$\psi(x + h) - \psi(x) =$$

$$h - \sum_{|\gamma| \leqslant T} \left(\frac{(x + h)^\rho}{\rho} - \frac{x^\rho}{\rho} \right) + O\left(\frac{x \log^2 x}{T} \right) \qquad ④$$

我们有

$$\sum_{|\gamma| \leqslant T} \left(\frac{(x + h)^\rho}{\rho} - \frac{x^\rho}{\rho} \right) = \sum_{|\gamma| \leqslant T} \int_x^{x+h} u^{\rho-1} \mathrm{d}u \ll h \sum_{|\gamma| \leqslant T} x^{\beta-1}$$

$$⑤$$

利用引理 1、密度估计 ①③ 及 $N(0, T) \ll T \log T$，可得

$$\sum_{|\gamma| \leqslant T} x^{\beta-1} \ll x^{-\frac{1}{2}} T \log T - \int_{\frac{1}{2}}^1 x^{\alpha-1} \mathrm{d}N(\alpha, T) \ll$$

$$x^{-\frac{1}{2}} T \log T + \log x \cdot$$

$$\int_{\frac{1}{2}}^{\alpha_0} x^{\alpha-1} T^{c_1(1-\alpha)} \log^{c_2} T \mathrm{d}\alpha +$$

$$\log x \int_{\alpha_0}^{1-\sigma(T)} x^{\alpha-1} T^{(2-c_4)(1-\alpha)} \log^{c_5} T \mathrm{d}\alpha \ll$$

$$(\log x)^{c_2+1} \left[\left(\frac{T^{c_1}}{x} \right)^{\frac{1}{2}} + \left(\frac{T^{c_1}}{x} \right)^{1-\alpha_0} \right] +$$

$$(\log x)^{c_5+1} \left[\left(\frac{T^{2-c_4}}{x} \right)^{1-\alpha_0} + \left(\frac{T^{2-c_4}}{x} \right)^{\sigma(T)} \right]$$

这里

$$\sigma(T) = \frac{c_8}{(\log(T + 10))^{\frac{2}{3}} \log \log(T + 10)}$$

现取 $T^{c_1} = x(\log x)^{-c_{10}}$，由上式即得

$$\sum_{|\gamma| \leqslant T} x^{\beta-1} \ll (\log x)^{c_2+1-c_{10}(1-\alpha_0)} = (\log x)^{-A} \qquad ⑥$$

此外我们还有

$$\frac{x\log^2 x}{T} = x^{1-\frac{1}{c_1}}(\log x)^{\frac{c_{10}}{c_1}+2} \qquad ⑦$$

综合式 ④ ～ ⑦ 就证明了引理.

当取 $c_1 = 3, c_2 = 9$ 时,估计式 ① 成立.

当取 $\alpha_0 = \dfrac{12}{13}, c_4 = \dfrac{1}{33}, c_5 = 16$ 时,估计式 ③ 成立.

这样我们就可确定出 c_9,并取

$$1 - \frac{1}{c_1} = \frac{2}{3}$$

即 $h \gg x^{\frac{2}{3}}(\log x)^{c_9}$ 时引理 3 成立. 如利用蒙哥马利的结果,则可取 $c_1 = \dfrac{5}{2}$,而利用 Huxley 的结果,则可取 $c_1 = \dfrac{12}{5}$. 这样,相应地当

$$h \gg x^{\frac{3}{5}}(\log x)^{c_9}, h \gg x^{\frac{7}{12}}(\log x)^{c_9}$$

时引理 3 成立. 这里对数方次 c_9 是次要的.

利用熟知的方法,易从引理 3 推出:

引理 4　在引理 3 的符号和条件下,我们有

$$\vartheta(x + h) - \vartheta(x) = h + O\Big(\frac{h}{(\log x)^A}\Big) \qquad ⑧$$

及

$$\pi(x + h) - \pi(x) = \int_x^{x+h} \frac{\mathrm{d}t}{\log t} + O\Big(\frac{h}{(\log x)^{A+1}}\Big) \qquad ⑨$$

引理 5　若黎曼猜想成立,则当 $0 \leqslant \theta \leqslant 1$ 时,有

$$I(\psi) = \int_x^{2x}\big[\psi(y + \theta y) - \psi(y) - \theta y\big]^2 \mathrm{d}y \ll$$
$$\theta x^2 \min\{\log^2 x, \log^2(2 + \theta^{-1})\}$$

证明　显然有

$$I(\psi) \leqslant \int_1^2 \mathrm{d}\lambda \int_{\frac{\lambda x}{2}}^{2\lambda x}\big[\psi(y + \theta y) - \psi(y) - \theta y\big]^2 \mathrm{d}y \qquad ⑩$$

由引理 2 可得

$$\int_{\frac{\lambda x}{2}}^{2\lambda x} \left[\psi(y+\theta y) - \psi(y) - \theta y \right]^2 \mathrm{d}y \leqslant$$

$$\int_{\frac{\lambda x}{2}}^{2\lambda x} \left| \sum_{|\gamma|\leqslant T} \frac{(1+\theta)^\rho - 1}{\rho} y^\rho \right|^2 \mathrm{d}y + O\left(\frac{x^3 \log^4 x}{T^2}\right) \quad ⑪$$

进而有

$$\int_1^2 \mathrm{d}\lambda \int_{\frac{\lambda x}{2}}^{2\lambda x} \left| \sum_{|\gamma|\leqslant T} \frac{(1+\theta)^\rho - 1}{\rho} y^\rho \right|^2 \mathrm{d}y =$$

$$\int_1^2 \left[\sum_{|\gamma_1|\leqslant T} \sum_{|\gamma_2|\leqslant T} \frac{(1+\theta)^{\rho_1} - 1}{\rho_1} \cdot \right.$$

$$\left. \frac{(1+\theta)^{\bar{\rho}_2} - 1}{\bar{\rho}_2} \frac{y^{1+\rho_1+\bar{\rho}_2}}{1+\rho_1+\bar{\rho}_2} \Big|_{\frac{\lambda x}{2}}^{2\lambda x} \right] \mathrm{d}\lambda =$$

$$\sum_{|\gamma_1|\leqslant T} \sum_{|\gamma_2|\leqslant T} \frac{(1+\theta)^{\rho_1} - 1}{\rho_1} \frac{(1+\theta)^{\bar{\rho}_2} - 1}{\bar{\rho}_2} \cdot$$

$$\frac{2^{1+\rho_1+\bar{\rho}_2} - \left(\frac{1}{2}\right)^{1+\rho_1+\bar{\rho}_2}}{1+\rho_1+\bar{\rho}_2} \frac{2^{2+\rho_1+\bar{\rho}_2} - 1}{2+\rho_1+\bar{\rho}_2} x^{1+\rho_1+\bar{\rho}_2} \ll$$

$$\sum_{|\gamma_1|\leqslant T} \sum_{|\gamma_2|\leqslant T} \min\{\theta, |\gamma_1|^{-1}\} \min\{\theta, |\gamma_2|^{-1}\} \cdot$$

$$\frac{x^{1+\beta_1+\beta_2}}{(1+|\gamma_1-\gamma_2|)^2} \quad ⑫$$

这里最后一步用到了

$$\frac{(1+\theta)^\rho - 1}{\rho} = \int_1^{1+\theta} t^{\rho-1} \mathrm{d}t \ll \min\{\theta, |\gamma|^{-1}\}$$

利用 $|ab| \leqslant |a|^2 + |b|^2$，由式 ⑩ ～ ⑫ 即得

$$I(\psi) \ll \frac{x^3 \log^4 x}{T^2} + I_1 \quad ⑬$$

这里

$$I_1 = \sum_{|\gamma_1|\leqslant T} \sum_{|\gamma_2|\leqslant T} \min\{\theta^2, |\gamma_1|^{-2}\} \frac{x^{1+2\beta_1}}{(1+|\gamma_1-\gamma_2|)^2}$$

$$⑭$$

利用熟知的估计

$$N(0,T+1)-N(0,T)\ll \log T,T\geqslant 2 \qquad ⑮$$

可得

$$\sum_{|\gamma_2|\leqslant T}\frac{1}{(1+|\gamma_1-\gamma_2|)^2}\ll$$

$$\sum_{k=0}^{\infty}\sum_{k\leqslant|\gamma_1-\gamma_2|<k+1}\frac{1}{(1+k)^2}\ll$$

$$\sum_{k=0}^{\infty}\frac{\log(k+2+|\gamma_1|)}{(1+k)^2}\ll$$

$$\log(2+|\gamma_1|) \qquad ⑯$$

由式 ⑭ 及 ⑮ 推得

$$I_1\ll \sum_{|\gamma_1|\leqslant T}\min\{\theta^2,|\gamma_1|^{-2}\}x^{1+2\beta_1}\log(2+|\gamma_1|) ⑰$$

而当黎曼猜想成立时,对任意的 T 有(利用 ⑮)

$$I_1\ll x^2\sum_{|\gamma_1|\leqslant\theta^{-1}}\theta^2\log(2+\theta^{-1})+$$

$$x^2\sum_{|\gamma_1|>\theta^{-1}}\frac{\log(2+|\gamma_1|)}{|\gamma_1|^2}\ll$$

$$\theta x^2\log^2(2+\theta^{-1}) \qquad ⑱$$

现取 $T=x\log x$,由式 ⑬ 及 ⑱ 得

$$I(\psi)\ll \theta x^2\log^2(2+\theta^{-1})+x\log^2 x$$

由于对充分小的 $\theta>0,\theta\log^2(2+\theta^{-1})$ 是 θ 的增函数,所以对充分大的 x,当 $\theta\geqslant\frac{1}{x}$ 时,从上式可得

$$I(\psi)\ll \theta x^2\log^2(2+\theta^{-1}),\theta\geqslant\frac{1}{x} \qquad ⑲$$

这就证明了引理当 $\theta\geqslant\frac{1}{x}$ 时成立. 下面来证明

$0\leqslant\theta<\frac{1}{x}$ 的情形. 当 $x\leqslant y\leqslant 2x$ 时,我们有

$$\psi(y+\theta y)-\psi(y)=$$

$$\sum_{\substack{y<p^m\leqslant y+\theta y\\ m\geqslant 1}}\log p\ll$$

$$\log x\sum_{m\leqslant 2\log x}\frac{1}{m}\sum_{y<p^m\leqslant y+\theta y}1$$

所以

$$I(\psi)\ll\log^2 x\int_x^{2x}\Big(\sum_{m\leqslant 2\log x}\frac{1}{m}\sum_{y<p^m\leqslant y+\theta y}1\Big)^2\mathrm{d}y+\theta^2 x^3\ll$$

$$\log^2 x\sum_{m\leqslant 2\log x}\int_x^{2x}\Big(\sum_{y<p^m\leqslant y+\theta y}1\Big)^2\mathrm{d}y+\theta^2 x^3 \qquad ⑳$$

设 q 为素数，则对固定的 m 有

$$\int_x^{2x}\Big(\sum_{y<p^m\leqslant y+\theta y}1\Big)^2\mathrm{d}y\leqslant$$

$$\sum_{x-2\theta x\leqslant q^m\leqslant 2x+2\theta x}\int_{q^m-2\theta x}^{q^m+2\theta x}\Big(\sum_{y<p^m\leqslant y+\theta y}1\Big)^2\mathrm{d}y\ll$$

$$\frac{x^{\frac{1}{m}}}{\log x^{\frac{1}{m}}}\theta x(1+\theta^2 x^2) \qquad ㉑$$

由以上两式即得

$$I(\psi)\ll\theta x(1+\theta^2 x^2)\log x\sum_{m\leqslant 2\log x}m x^{\frac{1}{m}}+\theta^2 x^3\ll$$

$$\theta x^2(1+\theta^2 x^2)\log x+\theta^2 x^3 \qquad ㉒$$

故当 $0\leqslant\theta\leqslant x^{-1}\log^{\frac{1}{2}}x$ 时，由式 ㉒ 推得

$$I(\psi)\ll\theta x^2\log^2 x$$

这显然包含了我们所要证明的情形，引理证毕.

引理 6　若 ζ-函数零点密度估计 ① 及 ② 均成立，则对任意正数 A，当 $1\geqslant\theta\geqslant x^{-\frac{2}{c_1}}(\log x)^{c_{11}}$ 时，有

$$I(\psi)=\int_x^{2x}[\psi(y+\theta y)-\psi(y)-\theta y]^2\mathrm{d}y\ll\frac{\theta^2 x^3}{(\log x)^A}$$

这里

$$c_{11}=\frac{c_{12}}{c_1}+\frac{A+4}{2},\ c_{12}=\frac{c_2+A+2}{1-\alpha_0}$$

证明　引理 5 证明中的推导从式 ⑩ ～ ⑰ 并未用到条件黎曼猜想成立,所以这些结果在这里亦成立. 现取 $T^{c_1}=x^2(\log x)^{-c_{12}}$,由式 ⑰ 得

$$I_1\ll \theta^2 x^3\log x\sum_{|\gamma_1|\leqslant T}(x^2)^{\beta_1-1}$$

由此及引理 3 中的式 ⑥ 就容易推得

$$I_1\ll \theta^2 x^3(\log x)^{-A}$$

从上式及式 ⑬ 就得到所要的结果,证毕.

引理 7　若黎曼猜想成立,则当 $0\leqslant\theta\leqslant 1$ 时,有

$$I(\vartheta)=\int_x^{2x}[\vartheta(y+\theta y)-\vartheta(y)-\theta y]^2\mathrm{d}y\ll \theta x^2\log^2 x$$

证明　显然,引理 5 的证明的后半部分结果在这里亦成立(相当于仅有 $m=1$ 这一项). 所以,当 $0\leqslant\theta\leqslant x^{-1}(\log x)^{\frac12}$ 时,引理成立.

当 $x\leqslant y\leqslant 2x$ 时,我们有

$$(\psi(y+\theta y)-\psi(y))-(\vartheta(y+\theta y)-\vartheta(y))=$$

$$\sum_{\substack{y<p^m\leqslant y+\theta y\\ m\geqslant 2}}\log p\ll\sum_{2\leqslant m\leqslant 2\log x}\frac{\log x}{m}\sum_{y^{\frac1m}<p\leqslant\left(1+\frac{\theta}{m}\right)y^{\frac1m}}1\leqslant$$

$$\sum_{2\leqslant m\leqslant 2\log x}\frac{\log x}{m}\left(1+\frac{\theta}{m}y^{\frac1m}\right)\ll$$

$$(\log x)\log\log x+\theta x^{\frac12}\log x\qquad\text{㉓}$$

由此即得

$$I(\vartheta)\ll I(\psi)+x(\log x)^2(\log\log x)^2+\theta^2 x^2\log^2 x\qquad\text{㉔}$$

故当 $1\geqslant\theta\geqslant x^{-1}(\log x)^{\frac12}$ 时,由上式及引理 5 知引理 7 亦成立,证毕.

引理 8　在引理 6 的符号和条件下,我们有

$$I(\vartheta) \ll \frac{\theta^2 x^3}{(\log x)^A}$$

证明 引理 7 证明中的式 ㉔ 在这里仍成立. 由引理 6、式 ㉔ 及 θ 所满足的条件就推得本引理成立, 证毕.

注 引理 6 可以不用引理 5 的证明方法, 而更简单地加以直接证明. 由引理 7 也可以得到

$$I(\vartheta) \ll \theta^2 x^2 \min\{\log^2 x, \log^2(1+\theta^{-1})\}$$

这样的估计, 但证明要复杂些, 这里也用不着这样的结果.

2.2 定理的证明

定理 1 的证明 设 x 为充分大的正数, 若 $[x, x+h]$ 中没有哥德巴赫数, 我们取

$$y = x^{1-\frac{1}{c_1}}(\log x)^{c_9}$$

由引理 4 知, $\left[x-y, x-\dfrac{y}{2}\right]$ 中必有远大于 $\dfrac{y}{\log x}$ 个素数. 由假设知, 对任一奇素数 $p \in \left[x-y, x-\dfrac{y}{2}\right]$, 区间 $[x-p, x-p+h]$ 中必无奇素数, 且当 $p \in \left[x-y, x-\dfrac{y}{2}\right]$ 时, 有①

$$\frac{y}{2} \leqslant x-p \leqslant y$$

这样, 当 $y \in \left[x-p, x-p+\dfrac{h}{2}\right]$ 时, 区间 $\left[y, y+\dfrac{h}{2}\right]$ 中亦必无素数. 现取 $\theta = \dfrac{1}{4}hy^{-1}$, 我们就有

---

① 只要 x 充分大, 一定可使 $x-y \geqslant 3, \dfrac{y}{2} \geqslant 3$.

$$\int_{\frac{y}{4}}^{2y}\left[\vartheta(t+\theta t)-\vartheta(t)-\theta t\right]^2\mathrm{d}t\geqslant$$

$$\sum_{\frac{1}{2}y\leqslant x-p\leqslant y}\int_{x-p}^{x-p+1}\left(\sum_{t<p\leqslant t+\theta t}\log\ p-\theta t\right)^2\mathrm{d}t\gg$$

$$\theta^2y^3(\log\ y)^{-1}$$

由此及引理 8(取 $A=2$) 知,必有

$$\theta\ll y^{-\frac{2}{c_1}}(\log\ y)^{c_{11}}$$

即

$$h\ll y^{\left(1-\frac{2}{c_2}\right)}(\log\ y)^{c_{11}}$$

注意到所取的 y,这就证明了定理 1.

和对引理 3 中常数的讨论一样,我们知道,取适当的常数可使估计式 ① 及 ③ 成立,因而可定出函数

$$f(x)=c_6x^{\left(1-\frac{2}{c_1}\right)\left(1-\frac{1}{c_1}\right)}(\log\ x)^{c_7}$$

中 的 常 数, 而 其 主 要 常 数, 即 x 的 方 次 $\left(1-\dfrac{2}{c_1}\right)\left(1-\dfrac{1}{c_1}\right)$ 完全由 c_1 所确定. 当 c_1 分别取 3, $\dfrac{5}{2}$, $\dfrac{12}{5}$ 时,这里的方次可相应地取为 $\dfrac{2}{9}$, $\dfrac{3}{25}$, $\dfrac{7}{72}$.

定理 2 的证明　设 x 充分大,若区间 $[x,x+h]$ 中没 有 哥 德 巴 赫 数,则 对 每 一 个 $y\leqslant x$, 在 区 间 $\left[y,y+\dfrac{h}{2}\right]$ 及 $\left[x-y,x-y+\dfrac{h}{2}\right]$ 中不能同时存在奇素数. 现考虑这样一组区间

$$\left[y_k,y_k+\frac{h}{2}\right],\ y_k=\frac{1}{2}x+\frac{1}{2}kh$$

$$-\frac{1}{2}xh^{-1}\leqslant k\leqslant\frac{1}{2}xh^{-1}\qquad ㉕$$

同时相应地考虑

$$\left[x-y_k,x-y_k+\frac{h}{2}\right],\ y_k=\frac{1}{2}x+\frac{1}{2}kh$$

$$-\frac{1}{2}xh^{-1} \leqslant k \leqslant \frac{1}{2}xh^{-1} \qquad \text{㉖}$$

把这两组区间写为

$$\left[\frac{1}{2}x + \frac{1}{2}kh, \frac{1}{2}x + \frac{h}{2}(k+1)\right]$$

$$-\frac{1}{2}xh^{-1} \leqslant k \leqslant \frac{1}{2}xh^{-1} \qquad \text{㉗}$$

及

$$\left[\frac{1}{2}x - \frac{1}{2}kh, \frac{1}{2}x - \frac{h}{2}(k-1)\right]$$

$$-\frac{1}{2}xh^{-1} \leqslant k \leqslant \frac{1}{2}xh^{-1} \qquad \text{㉘}$$

就不难看出，它们只是同一组区间按相反的次序排列. 由于对应同一个 k 的两个区间不能同时存在奇素数，所以这一组区间中至少有一半区间其中不存在奇素数. 而区间组 ㉕ 的区间个数不小于 $[xh^{-1}]$，所以其中至少有 $\frac{1}{3}xh^{-1}$ 个区间不包含奇素数. 现取 $\theta = \frac{1}{4}x^{-1}h$，因为

$$3 \leqslant \frac{1}{4}x \leqslant y_k \leqslant \frac{3}{4}x, \ -\frac{1}{2}xh^{-1} \leqslant k \leqslant \frac{1}{2}xh^{-1}$$

所以有

$$\int_{\frac{x}{4}}^{x} \left[\vartheta(y+\theta y) - \vartheta(y) - \theta y\right]^2 \mathrm{d}y =$$

$$\int_{\frac{x}{4}}^{x} \left(\sum_{y < p \leqslant y + \theta y} \log p - \theta y\right)^2 \mathrm{d}y \geqslant$$

$$\sum_k{}' \int_{y_k}^{y_k + \frac{h}{4}} \left(\sum_{y < p \leqslant y + \theta y} \log p - \theta y\right)^2 \mathrm{d}y \gg$$

$$xh^{-1}\theta^2 x^2 h \gg xh^2$$

这里 $\sum\limits_k{}'$ 表示对这样一些 k 求和，对应这些 k，区间

$\left[y_k, y_k + \dfrac{h}{2}\right]$ 中不包含素数. 由此及引理 7 即得

$$h \ll \log^2 x$$

这就证明了定理 2.

§3　关于哥德巴赫数的林尼克方法[①]

—— 王元

我们将在本节中证明关于哥德巴赫数的一些条件结果. 例如,假定 $\zeta(s)$ 的密度猜想成立,则不等式

$$|N - p - p'| \leqslant c(\varepsilon)(\ln N)^{\frac{148}{13}+\varepsilon}$$

恒有解,此处 ε 为任意给定的正数及 p, p' 为素数. 似乎林尼克的类似结果的证明有误.

3.1　导言

凡能表成两个奇素数之和的偶数就称为哥德巴赫数. 关于偶数的哥德巴赫猜想可以叙述为每一个大于 4 的偶数都是哥德巴赫数.

命 $0 \leqslant \nu \leqslant \dfrac{1}{2}$ 及 $T > 0$,命 $N(T, \nu)$ 表示黎曼 Zeta 函数 $\zeta(s)$ 在矩形

$$\frac{1}{2} + \nu \leqslant \sigma \leqslant 1, \ |t| \leqslant T \qquad ①$$

中的零点个数.

---

① 原载于 *Scientia Sinica*,1977,20(1)：16-30.

现在我们叙述黎曼猜想（RH）与密度猜想（DH）如下

（RH）　　$N(T,\nu)=0, 0<\nu\leqslant\dfrac{1}{2}, T>0$

及

（DH）　　$N(T,\nu)=O(T^{c(1-2\nu)})(\ln(T+2))^{r}$

$$0<\nu\leqslant\frac{12}{37}+\varepsilon, T>0$$

此处 r 及 $c(c>0)$ 为常数，ε 为任意给定的正数及与"O"有关的常数仅依赖于 ε.

由于

$$N_0(T)>cN(T,0), T>T_0 \qquad ②$$

此处 c 及 T_0 为正常数，$N_0(T)$ 表示 $\zeta(s)$ 适合

$$\sigma=\frac{1}{2}, |t|\leqslant T \qquad ③$$

的零点个数（见塞尔伯格[①]及 N. Levinson[②] 的文章），所以在（DH）中不需要考虑 $\nu=0$. 又由于 $\zeta(s)$ 在直线 $\sigma=1$ 附近没有零点（见维诺格拉多夫[③]与 H. M. Коробов[④] 的文章）及当 $\dfrac{12}{37}+\varepsilon\leqslant\nu\leqslant\dfrac{1}{2}$ 时，$N(T,\nu)$ 比

---

① A. Selberg. On the zeros of Riemann's zeta function. Skr. Nor. Vid. Akad. Oslo, 1942,10:1-59.

② N. Levinson. More than one-third of zeros of Riemann's zeta function are on $\sigma=\dfrac{1}{2}$. Adv. in Math. , 1974,4:383-436.

③ Н. М. Виноградов. Новая оценка Функции $\zeta(1+it)$. ИАН СССР, сер. мат,1958, 22:161-164.

④ Н. М. Коробов. Оценки тригонометрических сумм и их приложения. УМН СССР, 1958:185-192.

较小(见 M. N. Huxley[①] 的文章),所以我们不需要考虑 $\frac{12}{37}+\varepsilon\leqslant\nu\leqslant\frac{1}{2}$ 的情况.

我们用 N 表示偶数,p,p' 表示素数,c 为正常数,ε 为任意给定的正数及 $c(\varepsilon)$ 为依赖于 ε 的正常数,但它们并不总等于同样的数值.

定理 1　假定

$$N(T,\nu)\leqslant c(\varepsilon)T^{1-2\nu}\ln(T+2),0<\nu\leqslant\frac{12}{37}+\varepsilon \quad ④$$

则对于任意 N,恒存在 p,p' 使

$$|N-p-p'|\leqslant c(\varepsilon)(\ln N)^{\frac{148}{13}+\varepsilon} \quad\quad ⑤$$

定理 2　假定

$$N(T,\nu)\leqslant c(\varepsilon)T^{1-2\nu}(\ln(T+2))^{-\frac{72}{37}},0<\nu\leqslant\frac{12}{37}+\varepsilon$$

$$⑥$$

则对于任意 N,恒存在 p,p' 使

$$|N-p-p'|\leqslant c(\varepsilon)(\ln N)^{3+\varepsilon} \quad\quad ⑦$$

一般言之,我们可以证明:

定理 3　假定

$$N(T,\nu)\leqslant\begin{cases}cT^{1-2\nu}(\ln(T+2))^r, & 0<\nu\leqslant\alpha\\[2mm]cT^{\frac{1-2\nu}{1+\varepsilon_1}}, & \alpha<\nu\leqslant\frac{1}{2}\end{cases} \quad ⑧$$

此处 α,r,ε_1 为适合 $0<\alpha<\frac{1}{2},r\geqslant-6\alpha,\varepsilon_1>0$ 的常数,则对于任意 N,皆存在 p,p' 满足

$$|N-p-p'|\leqslant c(\varepsilon)(\ln N)^{(3+r)(1-2\alpha)^{-1}+\varepsilon} \quad\quad ⑨$$

---

① M. N. Huxley. Large values of Dirichlet polynomials. Ⅰ. Acta Arith. ,1973,24:329-346;Ⅱ. Acta Arith. ,1975,27:159-169;Ⅲ. Acta Arith. ,1975,26:435-444.

我们还证明了：

定理 4　命 q 与 N 为两个正整数，且适合 $q \leqslant \dfrac{N}{(\ln N)^{3+\epsilon}}$，当 q 为偶数时 N 亦为偶数，则在广义黎曼猜想成立之下，方程

$$N = p + p' + hq \qquad ⑩$$

当 $N > c(\epsilon)$ 时恒有解，此处 h 满足 $0 \leqslant h \leqslant (\ln N)^{3+\epsilon}$.

这些定理的证明依赖于林尼克方法（见林尼克[①]的文章）. 定理 2 与定理 4 是相关文献[①]中对应定理的某些改进，在相关文献[①]中，林尼克宣布了一个结果，他是在假定 ④ 成立之下得到的，其中 $0 < \nu \leqslant \dfrac{1}{2}$，而 ⑤ 的右端需换成 $O((\ln N)^7)$，作者看不懂他的证明，在他的证明中可能有错.

3.2　一些引理

我们用记号

$$x = N^{-1} + 2\pi \mathrm{i} \vartheta, 0 \leqslant \vartheta \leqslant 1 \qquad ⑪$$

$$Q(N) = \sum_{p+p'=N} \ln p \ln p' \qquad ⑫$$

$$S(\vartheta, N) = \sum_{n=2}^{\infty} \Lambda(n) \mathrm{e}^{-xn} \qquad ⑬$$

$$S_1(\vartheta, N) = \sum_{\rho_k} x^{-\rho_k} \Gamma(\rho_k) \qquad ⑭$$

此处 $\displaystyle\sum_{\rho_k}$ 表示过 $\zeta(s)$ 在临界区域 $0 < \sigma < 1$ 中所有的

---

① Ю. В. Линник. Некоторые условные теоремы, касаюшиеся бинарных задач с простыми числами. ДАН СССР, 1951,77;15-18. Некоторые условные теоремы касаюшиеся бинарных проблемы Гольдбах. ИАН СССР, сер. мат, 1952,16;503-520.

零点 $\rho_k = \sigma_k + \mathrm{i}t_k$ 的一个和

$$S_2(\vartheta, N) = \sum_{\rho_k, t_k > 0} x^{-\rho_k} \Gamma(\rho_k) \qquad ⑮$$

$$S_3(\vartheta, N) = \sum_{\rho_k, t_k < 0} x^{-\rho_k} \Gamma(\rho_k) \qquad ⑯$$

引理 1　当 $-1 \leqslant \sigma \leqslant 2$ 时，我们有

$$\Gamma(s) \leqslant c(\mid t \mid + 1)^{\sigma - \frac{1}{2}} \mathrm{e}^{-\frac{\pi}{2}\mid t \mid} \qquad ⑰$$

（见 K. Prachar[①] 的著作）.

引理 2

$$\int_{-\infty}^{+\infty} \frac{\mathrm{e}^{2\pi \mathrm{i}N_1 \vartheta}}{x^2} \mathrm{d}\vartheta = N_1 \mathrm{e}^{-\frac{N_1}{N}}$$

证明　考虑积分

$$\int_c \frac{\mathrm{e}^{2\pi \mathrm{i}N_1 z}}{(N^{-1} + 2\pi \mathrm{i}z)^2} \mathrm{d}z$$

此处 C 表示闭围道，它包括一条线段 $[-R, R]$ 及一个半圆 $R\mathrm{e}^{\mathrm{i}\varphi}(0 \leqslant \varphi \leqslant \pi)$，命 $R \to \infty$，则得引理:

引理 3

$$\sum_{n+n'=N} \Lambda(n)\Lambda(n') = Q(N) + O(\sqrt{N}(\ln N)^2)$$

引理 4　假定 $N_1 = N + H$，此处 H 为满足 $H = O(\sqrt{N}(\ln N)^2)$ 的整数，则

$$Q(N_1) = \mathrm{e}\int_{-\frac{1}{2}}^{\frac{1}{2}} S^2(\vartheta, N) \mathrm{e}^{2\pi \mathrm{i}N_1 \vartheta} \mathrm{d}\vartheta + O(\sqrt{N}(\ln N)^2)$$

$$⑱$$

引理 5　我们有

$$S(\vartheta, N) = x^{-1} - S_1(\vartheta, N) + O((\ln N)^2) \qquad ⑲$$

证明　由梅林变换得

---

① K. Prachar. Primzahlverteilung. New York: Springer, 1957.

$$S(\vartheta,N)=-\frac{1}{2\pi i}\int_{2-i\infty}^{2+i\infty}\Gamma(s)x^{-s}\frac{\zeta'}{\zeta}(s)\mathrm{d}s \qquad ⑳$$

显然,我们有

$$x^{-s}=\begin{cases}|x|^{-s}\mathrm{e}^{\frac{\pi}{2}t-t\arctan\frac{1}{2\pi N\vartheta}}\mathrm{e}^{-i\sigma\left(\frac{\pi}{2}-\arctan\frac{1}{2\pi N\vartheta}\right)}, & \vartheta\geqslant0\\|x|^{-s}\mathrm{e}^{-\frac{\pi}{2}t-t\arctan\frac{1}{2\pi N|\vartheta|}}\mathrm{e}^{i\sigma\left(\frac{\pi}{2}-\arctan\frac{1}{2\pi N|\vartheta|}\right)}, & \vartheta<0\end{cases}$$
$$㉑$$

首先,假定 $\vartheta\geqslant0$,将 ⑳ 中的积分线移至直线 $\sigma=-\frac{1}{2}$,
则得

$$S(\vartheta,N)=x^{-1}-S_1(\vartheta,N)-\frac{1}{2\pi i}\int_{-\frac{1}{2}-i\infty}^{-\frac{1}{2}+i\infty}\Gamma(s)x^{-s}\frac{\zeta'}{\zeta}(s)\mathrm{d}s$$
$$㉒$$

因为

$$\frac{\zeta'}{\zeta}\left(-\frac{1}{2}+it\right)=O(\ln(|t|+2)) \qquad ㉓$$

(见 Prachar[①] 的著作)所以由式 ㉑㉒ 及引理1可知,当
$N\vartheta\leqslant1$ 时,有

$$\int_{-\frac{1}{2}-i\infty}^{-\frac{1}{2}+i\infty}\Gamma(s)x^{-s}\frac{\zeta'}{\zeta}(s)\mathrm{d}s\ll$$

$$\int_2^\infty t^{-1}\mathrm{e}^{-t\arctan\frac{1}{2\pi N\vartheta}}\ln t\mathrm{d}t\ll$$

$$\int_2^\infty t^{-1}\mathrm{e}^{-t\arctan\frac{1}{2\pi}}\ln t\mathrm{d}t\ll1 \qquad ㉔$$

现在假定 $N\vartheta\geqslant1$,则

$$\frac{1}{4\pi N\vartheta}\leqslant\arctan\frac{1}{2\pi N\vartheta}\leqslant\frac{1}{2\pi N\vartheta} \qquad ㉕$$

及

---

① K. Prachar. Primzahlverteilung. New York: Springer,1957.

$$\int_{-\frac{1}{2}-i\infty}^{-\frac{1}{2}+i\infty} \Gamma(s)x^{-s}\frac{\zeta'}{\zeta}(s)\mathrm{d}s \ll$$

$$\int_2^{4\pi N\vartheta} \mathrm{e}^{-\frac{t}{4\pi N\vartheta}}t^{-1}\ln t\mathrm{d}t +$$

$$\int_{4\pi N\vartheta}^{\infty} \mathrm{e}^{-\frac{t}{4\pi N\vartheta}}t^{-1}\ln t\mathrm{d}t \ll (\ln N)^2 \qquad ㉖$$

将 ㉖ 代入 ㉒,即得引理 5. 类似地,我们可以处理 $\vartheta <$
0 的情况.

引理证毕.

引理 6(林尼克[①])　　假定 η 满足 $\frac{1}{4} \geqslant \eta \geqslant 4N^{-1}$,则

$$\int_{\eta}^{2\eta} | S_2(\vartheta,N) |^2 \mathrm{d}\theta \ll$$

$$\sum_{\rho_{k_1},t_{k_1}>0}\sum_{\rho_{k_2},t_{k_2}>0}(t_{k_1}+1)^{\beta_{k_1}-\frac{1}{2}}\cdot$$

$$(t_{k_2}+1)^{\beta_{k_2}-\frac{1}{2}}\eta^{1-\beta_{k_1}-\beta_{k_2}}\cdot$$

$$\frac{1}{| t_{k_1}-t_{k_2} |+1}\mathrm{e}^{-(t_{k_1}+t_{k_2})\arctan\frac{1}{4\pi N\eta}} \qquad ㉗$$

及

$$\int_{\eta}^{2\eta} | S_3(\vartheta,N) |^2 \mathrm{d}\theta \ll$$

$$\sum_{\rho_{k_1},t_{k_1}<0}\sum_{\rho_{k_2},t_{k_2}<0}(| t_{k_1} |+1)^{\beta_{k_1}-\frac{1}{2}}\cdot$$

$$(| t_{k_2} |+1)^{\beta_{k_2}-\frac{1}{2}}\cdot\frac{1}{| t_{k_1}-t_{k_2} |+1}\cdot$$

$$\mathrm{e}^{-(| t_{k_1} |+| t_{k_2} |)(\pi-\arctan\frac{1}{2\pi N\eta})} \qquad ㉘$$

———————

　　① Ю. В. Линник. Некоторые условные теоремы, касающиеся бинарных задач с простыми числами. ДАН СССР, 1951,77:15-18. Некоторые условные теоремы касаюшиеся бинарных проблемы Гольдбах. ИАН СССР, сер. мат, 1952,16:503-520.

我们还需要关于 $\zeta(s)$ 临界零点的一些结果.

引理 7(Prachar[1])　在任意区间 $(t,t+1)$ 中,$\zeta(s)$ 的临界零点个数不超过 $c\ln(|t|+2)$.

引理 8(维诺格拉多夫[2] — Коробов[3])　$\zeta(s)$ 在区域

$$\sigma \geqslant 1 - \frac{c}{(\ln|t|+2)^{\frac{2}{3}}} \qquad ㉙$$

中没有零点.

引理 9(Huxley[4])　我们有

$$N(T,\nu) \ll \begin{cases} T^{\frac{12(1-2\nu)}{37\nu}+\varepsilon}, & \dfrac{12}{37} \leqslant \nu \leqslant \dfrac{8}{21} \\[2mm] T^{\frac{3(1-2\nu)}{2(1+2\nu)}+\varepsilon}, & \dfrac{8}{21} \leqslant \nu \leqslant 1 \end{cases} \qquad ㉚$$

此处与"$\ll$"有关的常数仅依赖于 ε.

由引理 1 与引理 8 得:

引理 10　假定 $0 \leqslant \vartheta \leqslant 8N^{-1}$,则

$$S_1(\vartheta,N) = O(Ne^{-c(\ln N)^{\frac{1}{3}}}) \qquad ㉛$$

引理 11　我们有

$$\int_0^1 |S(\vartheta,N)|^2 \mathrm{d}\vartheta = \frac{1}{2}N\ln N + O(N\ln\ln 3N) \qquad ㉜$$

① K. Prachar. Primzahlverteilung. New York: Springer,1957.

② Н. М. Виноградов. Новая оценка Функции $\zeta(1+it)$. ИАН СССР, сер. мат,1958, 22:161-164.

③ Н. М. Коробов. Оценки тригонометрических сумм и их приложения. УМН СССР, 1958:185-192.

④ M. N. Huxley. Large values of Dirichlet polynomials. Ⅰ. Acta Arith. , 1973, 24:329-346; Ⅱ. Acta Arith. , 1975,27:159-169; Ⅲ. Acta Arith. ,1975,26:435-444.

3.3　林尼克方法

引理 12　假定 $N^{-\frac{1}{2}} \leqslant \delta = \delta(N) \leqslant \dfrac{1}{4}$. 若

$$\int_0^{\delta} |S_1(\vartheta, N)|^2 \, \mathrm{d}\vartheta \ll N(\ln N)^{-\frac{\varepsilon}{10}} \tag{33}$$

此处及以后与"$\ll$"有关的常数仅依赖于 ε, 则对于任意给定的 N, 皆存在 p, p' 使

$$|N - p - p'| \ll \delta^{-1}(\ln N)^{\frac{\varepsilon}{2}} \tag{34}$$

证明　命

$$J(N_1) = \int_{-\delta}^{\delta} S^2(\vartheta, N) \mathrm{e}^{2\pi \mathrm{i} N_1 \vartheta} \, \mathrm{d}\vartheta \tag{35}$$

则由引理 5 及施瓦兹不等式得

$$J(N_1) = \int_{-\delta}^{\delta} \frac{\mathrm{e}^{2\pi \mathrm{i} N_1 \vartheta}}{x^2} \, \mathrm{d}\vartheta + R \tag{36}$$

此处

$$|R| \leqslant 2 \int_0^{\delta} |S_1(\vartheta, N)|^2 \, \mathrm{d}\vartheta + O(R_1) \tag{37}$$

其中

$$R_1 = \sqrt{\int_0^{\delta} \frac{\mathrm{d}\vartheta}{|x|^2} \int_0^{\delta} |S_1(\vartheta, N)|^2 \, \mathrm{d}\vartheta} +$$

$$\sqrt{\delta \int_0^{\delta} \frac{\mathrm{d}\vartheta}{|x|^2} (\ln N)^2} +$$

$$\sqrt{\delta \int_0^{\delta} |S_1(\vartheta, N)|^2 \, \mathrm{d}\vartheta (\ln N)^2} + (\ln N)^4 \tag{38}$$

由引理 2 得

$$\int_{-\delta}^{\delta} \frac{\mathrm{e}^{2\pi \mathrm{i} N_1 \vartheta}}{x^2} \, \mathrm{d}\vartheta = N_1 \mathrm{e}^{-\frac{N_1}{N}} + O\left(\int_{\delta}^{\infty} \frac{\mathrm{d}\vartheta}{\vartheta^2}\right) =$$

$$N_1 \mathrm{e}^{-\frac{N_1}{N}} + O(\delta^{-1}) \tag{39}$$

因为

461

$$\int_0^{\aleph} \frac{\mathrm{d}\vartheta}{|x|^2} \ll \int_0^{N^{-1}} \frac{\mathrm{d}\vartheta}{N^{-2}} + \int_{N^{-1}}^{\infty} \frac{\mathrm{d}\vartheta}{\vartheta^2} \ll N \qquad ⑩$$

所以由 ㉝ 及 ㊱ ～ ⑩ 得

$$J(N_1) = N_1 \mathrm{e}^{-\frac{N_1}{N}} + O(N(\ln N)^{-\frac{\varepsilon}{20}}) \qquad ㊶$$

记

$$H = \aleph^{-1}(\ln N)^{\frac{\varepsilon}{2}} \qquad ㊷$$

及

$$T(\vartheta) = \sum_{0 \leqslant y \leqslant H} \mathrm{e}^{2\pi i y \vartheta} \qquad ㊸$$

则对于 $\vartheta \in \left[\aleph, \frac{1}{2}\right]$ 与 $\vartheta \in \left[-\frac{1}{2}, -\aleph\right]$ 得

$$|T(\vartheta)| \leqslant |\vartheta|^{-1} \leqslant \aleph^{-1} \leqslant H(\ln N)^{-\frac{\varepsilon}{2}} \qquad ㊹$$

命 $r = \left[\dfrac{4}{\varepsilon}\right] + 1$ 及 $x = x_1 + \cdots + x_r$，此处 $0 \leqslant x_j \leqslant H$ $(1 \leqslant j \leqslant r)$. 进而言之，命 N_1 表示形如 $N + x$ 的整数，则由 ㊶ 及 ㊹ 与引理 4 及引理 11 得，当 $N > c(\varepsilon)$ 时有

$$\sum_{N_1} Q(N_1) = \mathrm{e} \sum_{N_1} \int_{-\frac{1}{2}}^{\frac{1}{2}} S^2(\vartheta, N) \mathrm{e}^{2\pi i N_1 \vartheta} \mathrm{d}\vartheta +$$

$$O(\sqrt{N} H^r (\ln N)^2) =$$

$$\mathrm{e} \sum_{N_1} \int_{-\aleph}^{\aleph} S^2(\vartheta, N) \mathrm{e}^{2\pi i N_1 \vartheta} \mathrm{d}\vartheta +$$

$$O\left(\int_{\aleph}^{\frac{1}{2}} |S(\vartheta, N)|^2 |T(\vartheta)|^r \mathrm{d}\vartheta\right) +$$

$$O(\sqrt{N} H^r (\ln N)^2) =$$

$$\mathrm{e} \sum_{N_1} N_1 \mathrm{e}^{-\frac{N_1}{N}} + O(N H^r (\ln N)^{-\frac{\varepsilon}{20}}) +$$

$$O\left(H^r (\ln N)^{-\frac{\varepsilon r}{2}} \int_{-\frac{1}{2}}^{\frac{1}{2}} |S(\vartheta, N)|^2 \mathrm{d}\vartheta\right) =$$

$$\mathrm{e}N\sum_{N_1}\mathrm{e}^{-1}(1+O(N^{-1}H))+$$

$$O(NH^r(\ln N)^{-\frac{\varepsilon}{20}})=$$

$$NH^r(1+O(\ln N)^{-\frac{\varepsilon}{20}})>2 \qquad ㊺$$

引理证毕.

3.4　积分的估计

记

$$M=[2\ln N] \text{ 及 } M_1=[\ln N-c(\ln N)^{\frac{1}{3}}]+1 \quad ㊻$$

在本小节中,与"$\ll$"有关的常数为绝对常数.

引理 13　假定 $\dfrac{1}{4}\geqslant\eta\geqslant 4N^{-1}$ 及

$$N(T,\nu)\ll T^{\mu(\nu)(1-2\nu)}(\ln(T+2))^r,0<\nu\leqslant\frac{1}{2} \quad ㊼$$

此处 r 为一个常数及 $\mu(\nu)$ 为一个适合 $\dfrac{1}{2}\leqslant\mu(\nu)\leqslant 3$ 的

递减函数. 则

$$\int_{\eta}^{2\eta}\mid S_1(\vartheta,N)\mid^2\mathrm{d}\vartheta\ll$$

$$N\eta(\ln N)^3+\sum_{m=2}^{M_1}N^{\frac{2m}{M}+\mu(\frac{m-1}{M})\,(1-\frac{2m}{M})}\cdot$$

$$\eta^{\mu(\frac{m-1}{M})\,(1-\frac{2m}{M})}(\ln N)^{2+r} \qquad ㊽$$

证明　（1）命 $T=2N\eta$,则

$$N\geqslant T\geqslant 8,\frac{1}{2\pi T}\geqslant\arctan\frac{1}{4\pi N\eta}\geqslant\frac{1}{4\pi T} \quad ㊾$$

故由引理 6 得

$$\int_{\eta}^{2\eta}\mid S_2(\vartheta,N)\mid^2\mathrm{d}\vartheta\ll\Sigma_1+\Sigma_2 \qquad ㊿$$

此处

$$\Sigma_1 = \sum_{\rho_{k_1}, t_{k_1} > 0} \sum_{\substack{\rho_{k_2}, \beta_{k_2} \leqslant \beta_{k_1} \\ t_{k_2} > 0}} (t_{k_1} + 1)^{\beta_{k_1} - \frac{1}{2}} \cdot (t_{k_2} + 1)^{\beta_{k_2} - \frac{1}{2}} \eta^{1 - \beta_{k_1} - \beta_{k_2}} \cdot \frac{1}{|t_{k_1} - t_{k_2}| + 1} e^{\frac{-(t_{k_1} + t_{k_2})}{4\pi T}} \qquad (51)$$

及 Σ_2 表示一个和,它与 Σ_1 的差别为将条件 $\beta_{k_2} \leqslant \beta_{k_1}$ 换为 $\beta_{k_2} > \beta_{k_1}$.

显然

$$\Sigma_1 \leqslant \Sigma_{11} + \Sigma_{12} + \Sigma_{13} \qquad (52)$$

此处

$$\Sigma_{11} = \sum_{\substack{\rho_{k_1} \\ 0 < t_{k_1} \leqslant NT}} \sum_{\substack{\rho_{k_2}, \beta_{k_2} \leqslant \beta_{k_1} \\ 0 < t_{k_2} \leqslant NT}} (t_{k_1} + 1)^{\beta_{k_1} - \frac{1}{2}} \cdot (t_{k_2} + 1)^{\beta_{k_2} - \frac{1}{2}} \eta^{1 - \beta_{k_1} - \beta_{k_2}} \cdot \frac{1}{|t_{k_1} - t_{k_2}| + 1} e^{\frac{-(t_{k_1} + t_{k_2})}{4\pi T}} \qquad (53)$$

$$\Sigma_{12} = \sum_{\substack{\rho_{k_1} \\ t_{k_1} \geqslant NT}} \sum_{\substack{\rho_{k_2}, \beta_{k_2} \leqslant \beta_{k_1} \\ 0 < t_{k_2} \leqslant t_{k_1}}} (t_{k_1} + 1)^{\beta_{k_1} - \frac{1}{2}} \cdot (t_{k_2} + 1)^{\beta_{k_2} - \frac{1}{2}} \eta^{1 - \beta_{k_1} - \beta_{k_2}} \cdot \frac{1}{|t_{k_1} - t_{k_2}| + 1} e^{\frac{-(t_{k_1} + t_{k_2})}{4\pi T}} \qquad (54)$$

及 Σ_{13} 表示一个和,它与 Σ_{12} 的差别在于 t_{k_1} 与 t_{k_2} 的条件需换为 $0 < t_{k_1} \leqslant t_{k_2}$ 及 $t_{k_2} \geqslant NT$.

(2) 显然

$$\Sigma_{12} \ll \sum_{s=N}^{\infty} \sum_{\substack{\rho_{k_1} \\ sT \leqslant t_{k_1} < (s+1)T}} \sum_{l=1}^{(s+1)T} (sT)\eta^{-1} \cdot$$

$$\sum_{\substack{\rho_{k_2} \\ l-1 \leqslant t_{k_1}-t_{k_2} \leqslant l}} \frac{1}{|t_{k_1}-t_{k_2}|+1} e^{\frac{-s}{4\pi}}$$

所以由引理 7 得

$$\Sigma_{12} \ll \eta^{-1} T \sum_{s=N}^{\infty} \sum_{\substack{\rho_{k_1} \\ sT \leqslant t_{k_1} < (s+1)T}} \sum_{l=1}^{(s+1)T} \frac{\ln sT}{l} s e^{\frac{-s}{4\pi}} \ll$$

$$\eta^{-1} T^2 \sum_{s=N}^{\infty} s(\ln sT)^3 e^{\frac{-s}{4\pi}} \ll$$

$$N^2 (\ln N)^3 e^{\frac{-N}{8\pi}} \sum_{s=N}^{\infty} s(\ln s)^3 e^{\frac{-s}{8\pi}} \ll 1 \quad (55)$$

因为 Σ_{13} 满足与 Σ_{12} 一样的关系，所以由 (52) 得

$$\Sigma_1 \ll \Sigma_{11} + 1 \quad (56)$$

(3) 命 I_m 表示区间 $\left[\frac{1}{2}+\frac{m-1}{M}, \frac{1}{2}+\frac{m}{M}\right]$，则由引理 8 得

$$\Sigma_{11} = \sum_{m=1}^{M_1} \Sigma_{11}(m) \quad (57)$$

此处

$$\Sigma_{11}(m) = \sum_{\substack{\rho_{k_1}, \beta_{k_1} \in I_m \\ 0 < t_{k_1} \leqslant NT}} \sum_{\substack{\rho_{k_2}, \beta_{k_2} \leqslant \beta_{k_1} \\ 0 < t_{k_2} \leqslant NT}} (t_{k_1}+1)^{\beta_{k_1}-\frac{1}{2}} \cdot (t_{k_2}+1)^{\beta_{k_2}-\frac{1}{2}} \eta^{1-\beta_{k_1}-\beta_{k_2}} \cdot \frac{1}{|t_{k_1}-t_{k_2}|+1} e^{\frac{-(t_{k_1}+t_{k_2})}{4\pi T}} \quad (58)$$

易知

$$\Sigma_{11}(m) \ll \Sigma_{111}(m) + \Sigma_{112}(m) \quad (59)$$

此处

$$\Sigma_{111}(m) = \sum_{s=0}^{N-1} \sum_{\substack{\rho_{k_1},\beta_{k_1} \in I_m \\ sT < t_{k_1} \leqslant (s+1)T}} \sum_{\substack{\rho_{k_2},\beta_{k_2} \leqslant \beta_{k_1} \\ t_{k_2} \leqslant (s+2)T}} (t_{k_1}+1)^{\beta_{k_1}-\frac{1}{2}} \cdot$$

$$(t_{k_2}+1)^{\beta_{k_2}-\frac{1}{2}} \eta^{1-\beta_{k_1}-\beta_{k_2}} \cdot$$

$$\frac{1}{|t_{k_1}-t_{k_2}|+1} e^{\frac{-(t_{k_1}+t_{k_2})}{4\pi T}} \tag{60}$$

$$\Sigma_{112}(m) = \sum_{s=0}^{N-1} \sum_{\substack{\rho_{k_1},\beta_{k_1} \in I_m \\ sT < t_{k_1} \leqslant (s+1)T}} \sum_{\substack{\rho_{k_2},\beta_{k_2} \leqslant \beta_{k_1} \\ (s+2)T < t_{k_2}}} (t_{k_1}+1)^{\beta_{k_1}-\frac{1}{2}} \cdot$$

$$(t_{k_2}+1)^{\beta_{k_2}-\frac{1}{2}} \eta^{1-\beta_{k_1}-\beta_{k_2}} \cdot$$

$$\frac{1}{|t_{k_1}-t_{k_2}|+1} e^{\frac{-(t_{k_1}+t_{k_2})}{4\pi T}} \tag{61}$$

（4）假定 $m \geqslant 2$. 因为 $(NT)^{\frac{1}{M}} \ll 1$,所以

$$\Sigma_{111}(m) \ll \sum_{s=0}^{N-1} \sum_{\substack{\rho_{k_1},\beta_{k_1} \in I_m \\ sT < t_{k_1} \leqslant (s+1)T}} ((s+1)T)^{2\beta_{k_1}-1} \eta^{1-2\beta_{k_1}} \cdot$$

$$\sum_{l=1}^{(s+2)T} \frac{\ln(s+2)T}{l} e^{\frac{-s}{4\pi}} \ll$$

$$T^{\frac{2m}{M}} \eta^{-\frac{2m}{M}} (\ln N)^2 \sum_{s=0}^{N-1} (s+1)^{\frac{2m}{M}} \cdot$$

$$e^{\frac{-s}{4\pi}} N\left((s+1)T, \frac{m-1}{M}\right) \ll$$

$$T^{\frac{2m}{M}+\mu\left(\frac{m-1}{M}\right)\left(1-\frac{2m}{M}\right)} \eta^{-\frac{2m}{M}} (\ln N)^{2+r} \cdot$$

$$\sum_{s=0}^{\infty} (s+1)^{\frac{2m}{M}+\mu\left(\frac{m-1}{M}\right)\left(1-\frac{2m}{M}\right)} e^{\frac{-s}{4\pi}} \ll$$

$$N^{\frac{2m}{M}+\mu\left(\frac{m-1}{M}\right)\left(1-\frac{2m}{M}\right)} \eta^{\mu\left(\frac{m-1}{M}\right)\left(1-\frac{2m}{M}\right)} (\ln N)^{2+r} \tag{62}$$

对于 $m=1$,由引理 7 可知

$$\Sigma_{111}(1) = \sum_{s=0}^{N-1} (\ln(s+1)T)^2 e^{\frac{-s}{4\pi}} N((s+1)T, 0) \ll$$

$$T(\ln N)^3 \sum_{s=0}^{N-1} (s+1) e^{\frac{-s}{4\pi}} \ll N\eta (\ln N)^3 \quad ⑥③$$

（5）由引理 7 可知

$$\Sigma_{112}(m) \ll T^{-1} \sum_{s=0}^{N-1} \sum_{\substack{\rho_{k_1}, \beta_{k_1} \in I_m \\ sT < t_{k_1} \leqslant (s+1)T}} ((s+1)T)^{\beta_{k_1} - \frac{1}{2}} \eta^{1-2\beta_{k_1}} e^{\frac{-s}{4\pi}} \cdot$$

$$\sum_{x=[(s+2)T]}^{\infty} \sum_{\substack{\rho_{k_2} \\ x < t_{k_2} \leqslant x+1}} (t_{k_2}+1)^{\beta_{k_1} - \frac{1}{2}} e^{\frac{-t_{k_2}}{4\pi T}} \ll$$

$$T^{-1} \sum_{s=0}^{N-1} \sum_{\substack{\rho_{k_1}, \beta_{k_1} \in I_m \\ sT < t_{k_1} \leqslant (s+1)T}} ((s+1)T)^{\beta_{k_1} - \frac{1}{2}} \eta^{1-2\beta_{k_1}} e^{\frac{-s}{4\pi}} \cdot$$

$$\sum_{x=[(s+2)T]}^{\infty} (x+2)^{\beta_{k_1} - \frac{1}{2}} e^{\frac{-x}{4\pi T}} \ln(x+2) \ll$$

$$T^{-1} \sum_{s=0}^{N-1} \sum_{\substack{\rho_{k_1}, \beta_{k_1} \in I_m \\ sT < t_{k_1} \leqslant (s+1)T}} ((s+1)T)^{\beta_{k_1} - \frac{1}{2}} \eta^{1-2\beta_{k_1}} e^{\frac{-s}{4\pi}} \cdot$$

$$\int_{[(s+2)T]}^{\infty} x^{\beta_{k_1} - \frac{1}{2}} e^{\frac{-x}{4\pi T}} \ln(x+2) dx \ll$$

$$\sum_{s=0}^{N-1} \sum_{\substack{\rho_{k_1}, \beta_{k_1} \in I_m \\ sT < t_{k_1} \leqslant (s+1)T}} ((s+1)T)^{2\beta_{k_1} - 1} \eta^{1-2\beta_{k_1}} e^{\frac{-s}{4\pi}} \ln N \cdot$$

$$\int_{s+1}^{\infty} y^{\beta_{k_1} - \frac{1}{2}} e^{\frac{-y}{4\pi}} \ln(y+2) dy \ll$$

$$\begin{cases} N^{\frac{2m}{M} + \mu\left(\frac{m-1}{M}\right)\left(1-\frac{2m}{M}\right)} \eta^{\mu\left(\frac{m-1}{M}\right)\left(1-\frac{2m}{M}\right)} (\ln N)^{1+r}, & m \geqslant 2 \\ N\eta (\ln N)^2, & m = 1 \end{cases}$$

$$⑥④$$

由式 ⑤⑥⑤⑦⑤⑨ 及 ⑥②～⑥④ 得

$$\Sigma_1 \ll N\eta(\ln N)^3 + \sum_{m=2}^{M_1} N^{\frac{2m}{M}+\mu\left(\frac{m-1}{M}\right)\left(1-\frac{2m}{M}\right)} \cdot$$

$$\eta^{\mu\left(\frac{m-1}{M}\right)\left(1-\frac{2m}{M}\right)}(\ln N)^{2+r} \tag{65}$$

显然，Σ_2 满足与 Σ_1 同样的关系式，所以由 ⑩ 得

$$\int_\eta^{2\eta} |S_2(\vartheta,N)|^2 \mathrm{d}\vartheta \ll$$

$$N\eta(\ln N)^3 + \sum_{m=2}^{M_1} N^{\frac{2m}{M}+\mu\left(\frac{m-1}{M}\right)\left(1-\frac{2m}{M}\right)} \cdot$$

$$\eta^{\mu\left(\frac{m-1}{M}\right)\left(1-\frac{2m}{M}\right)}(\ln N)^{2+r} \tag{66}$$

如果将 $S_2(\vartheta,N)$ 换成 $S_3(\vartheta,N)$，我们可以类似地证明 ⑯ 亦成立．由于

$$\int_\eta^{2\eta} |S_1(\vartheta,N)|^2 \mathrm{d}\vartheta \ll$$

$$2\int_\eta^{2\eta} |S_2(\vartheta,N)|^2 \mathrm{d}\vartheta +$$

$$2\int_\eta^{2\eta} |S_2(\vartheta,N)|^2 \mathrm{d}\vartheta \tag{67}$$

故得引理．

3.5 定理 1 的证明

命

$$\aleph = \aleph(N) = (\ln N)^{-\frac{148}{13}-\frac{\varepsilon}{2}} \tag{68}$$

命

$$\varepsilon_1 = 10^{-3}\varepsilon \ \text{及}\ M_2 = \left[2\left(\frac{12}{37}+\varepsilon_1\right)\ln N\right]+1 \tag{69}$$

则由引理 9 及定理的假设可知，存在一个正常数 $\varepsilon_2 = \varepsilon_2(\varepsilon)$ 使

$$N(T,\nu) \ll \begin{cases} T^{1-2\nu}\ln(T+2), & \nu \in I_m(1 \leqslant m \leqslant M_2) \\ T^{\frac{1}{1+\varepsilon_2}(1-2\nu)}, & \nu \in I_m(M_2 < m \leqslant M_1) \end{cases} \tag{70}$$

468

此后与"≪"有关的常数仅依赖于 ε.

命 L 为满足

$$\frac{\mathfrak{S}}{2^{L+1}} < \frac{4}{N} \leqslant \frac{\mathfrak{S}}{2^L} \qquad ⑦1$$

的整数,则当 $1 \leqslant l \leqslant L$ 时有

$$\sum_{m=1}^{M_2} N^{\frac{2m}{M}+\left(1-\frac{2m}{M}\right)} \left(\frac{\mathfrak{S}}{2^l}\right)^{1-\frac{2m}{M}} (\ln N)^3 \ll$$

$$\frac{N\mathfrak{S}}{2^l}(\ln N)^3 \sum_{m=1}^{M_2} \left(\frac{\mathfrak{S}}{2^l}\right)^{-\frac{2m}{M}} \ll$$

$$\frac{N\mathfrak{S}}{2^l}\left(\frac{\mathfrak{S}}{2^l}\right)^{-\frac{2M_2}{M}}(\ln N)^4 \ll$$

$$N(\ln N)^{-\frac{\varepsilon}{10}} 2^{-\frac{13}{38}l} \qquad ⑦2$$

及

$$\sum_{m=M_2+1}^{M_1} N^{\frac{2m}{M}+\frac{1}{1+\varepsilon_2}\left(1-\frac{2m}{M}\right)} \left(\frac{\mathfrak{S}}{2^l}\right)^{\frac{1}{1+\varepsilon_2}\left(1-\frac{2m}{M}\right)} (\ln N)^2 \ll$$

$$N^{\frac{2M_1}{M}+\frac{1}{1+\varepsilon_2}\left(1-\frac{2M_1}{M}\right)} (\ln N)^3 \ll$$

$$N^{\frac{1}{1+\varepsilon_2}+\frac{\varepsilon_2}{1+\varepsilon_2}\cdot\frac{2M_1}{M}} (\ln N)^3 \ll$$

$$N e^{-\frac{\varepsilon_2}{2}c(\ln N)^{\frac{1}{3}}} \ll N(\ln N)^{-2} \qquad ⑦3$$

因此,由引理 13 得

$$\int_{\mathfrak{S}/2^l}^{\mathfrak{S}/2^{l-1}} |S_1(\vartheta,N)|^2 \mathrm{d}\vartheta \ll$$

$$N\mathfrak{S}(\ln N)^3 2^{-l} +$$

$$N(\ln N)^{-\frac{\varepsilon}{10}} 2^{-\frac{13}{38}l} + N(\ln N)^{-2} \ll$$

$$N(\ln N)^{-\frac{\varepsilon}{10}} 2^{-\frac{13}{38}l} + N(\ln N)^{-2} \qquad ⑦4$$

显然由引理 10 得

$$\int_0^{\mathfrak{S}/2^L} |S_1(\vartheta,N)|^2 \mathrm{d}\vartheta \leqslant$$

$$\int_0^{8/N} \mid S_1(\vartheta, N) \mid^2 d\vartheta \leqslant$$

$$Ne^{-c(\ln N)^{\frac{1}{3}}} \qquad\qquad ⑦⑤$$

所以由 ⑦④ 与 ⑦⑤ 可知

$$\int_0^{\S} \mid S_1(\vartheta, N) \mid^2 d\vartheta =$$

$$\sum_{l=1}^{L} \int_{\S/2^l}^{\S/2^{l-1}} \mid S_1(\vartheta, N) \mid^2 d\vartheta +$$

$$\int_0^{\S/2^L} \mid S_1(\vartheta, N) \mid^2 d\vartheta \ll$$

$$N(\ln N)^{-\frac{6}{10}} \qquad\qquad ⑦⑥$$

因此由引理 12 即得定理 1.

因为定理 2 与定理 3 的证明与定理 1 的证明是平行的，所以我们略去其证明.

附记 在林尼克证明类似于定理 1 的一个结果时，他用了如下推导："因此，若不等式

$$N^{1+2\nu-\varphi(\nu)} \left(\frac{\S_N}{2^r}\right)^{1-\varphi(\nu)} \ll \frac{N}{(\ln N)^7}$$

或

$$\frac{\S_N}{2^r} \ll \frac{1}{(\ln N)^{\frac{7}{1-\varphi(\nu)}}} \cdot \frac{1}{N^{\frac{2\nu-\varphi(\nu)}{1-\varphi(\nu)}}}$$

对于 $0 \leqslant \nu \leqslant \dfrac{1}{2} - \dfrac{1}{(\ln N)^{\frac{10}{11}}}$[①] 成立，则论断成立"，若我们取 $r = 1, \varphi(\nu) = 2\nu$ 及 $\S_N = (\ln N)^{-7}$，则当 $\nu = \dfrac{1}{2} -$

---

① Ю. В. Линник. Некоторые условные теоремы，касаюшиеся бинарных задач с простыми числами. ДАН СССР，1951,77：15-18. Некоторые условные теоремы касаюшиеся бинрных проблемы Гольдбах. ИАН СССР，сер. мат，1952,16：503-520.

$\dfrac{1}{(\ln N)^{\frac{10}{11}}}$ 时,上面的不等式不成立. 因此在我看来,他

的结论 $O((\ln N)^7)$ 似乎应换成 $O(\mathrm{e}^{c(\ln N)^{\frac{10}{11}}\ln\ln 3N})$.

3.6　定理 4 的证明

（1）记

$$E(\chi)=\begin{cases}1, & \chi=\chi_0\\ 0, & \text{其他情形}\end{cases} \qquad ⑦$$

$$\tau_\chi=\sum_{(l,q)=1}\chi(l)\,\mathrm{e}^{\frac{2\pi il}{q}} \qquad ⑧$$

$$S(\vartheta,N,\chi)=\sum_{n=2}^{\infty}\Lambda(n)\chi(n)\mathrm{e}^{-xn} \qquad ⑲$$

$$S_1(\vartheta,N,\chi)=\sum_{\rho_\chi}x^{-\rho_\chi}\Gamma(\rho_\chi) \qquad ⑳$$

此处 $\displaystyle\sum_{\rho_\chi}$ 表示过 $L(s,\chi)$ 的所有临界零点求和. 则类似

于引理 5 得

$$S(\vartheta,N,\chi)=\frac{E(\chi)}{x}-S_1(\vartheta,N,\chi)-S_2(\vartheta,N,\chi)\quad ㉑$$

此处

$$S_2(\vartheta,N,\chi)=O((\ln N)^2) \qquad ㉒$$

由于当 $(a,q)=1$ 时有

$$S\Big(\frac{a}{q}+\vartheta,N\Big)=\frac{1}{\varphi(q)}\sum_{\chi_q}\bar\tau_\chi\,\chi(a)S(\vartheta,N,\chi)+O((\ln N)^2)$$

$$㉓$$

此处 $\displaystyle\sum_{\chi_q}$ 表示过模 q 的所有特征求和,及对于模 q 的所

有特征 χ 有 $\tau_{\chi_0} = \mu(q)$ 与 $|\tau_\chi| \leqslant \sqrt{q}$ (Prachar[①]),所以

$$S\left(\frac{a}{q} + \vartheta, N\right)^2 =$$

$$\left(\frac{1}{\varphi(q)} \sum_{\chi_q}^{-} \tau_\chi \chi(a)(S_1(\vartheta, N, \chi) +\right.$$

$$\left. S_2(\vartheta, N, \chi))\right)^2 + O(N(\ln N)^2) =$$

$$\frac{\mu^2(q)}{\varphi^2(q)x^2} + \frac{1}{\varphi^2(q)} \left(\sum_{\chi_q}^{-} \tau_\chi \chi(a) \cdot\right.$$

$$\left. (S_1(\vartheta, N, \chi) + S_2(\vartheta, N, \chi))\right)^2 -$$

$$\frac{2\mu(q)}{\varphi^2(q)x} \sum_{\chi_q}^{-} \tau_\chi \chi(a)(S_1(\vartheta, N, \chi) +$$

$$S_2(\vartheta, N, \chi)) + O(N(\ln N)^2) \qquad ⑧④$$

在广义黎曼猜想成立之下,当 $\frac{1}{2} \geqslant \eta \geqslant 2N^{-1}$ 时有类似于引理 13 的估计

$$\int_{-\eta}^{\eta} |S_1(\vartheta, N, \chi)|^2 d\vartheta \ll N\eta(\ln N)^3 \qquad ⑧⑤$$

(2) 假定 N_1 为适合 $\frac{N}{2} \leqslant N_1 \leqslant N$ 的整数. 命

$$J_0(N_1, \eta) = \sum_{a=0}^{q-1} \int_{\frac{a}{q}-\eta}^{\frac{a}{q}+\eta} S^2(\vartheta, N) e^{2\pi i N_1 \vartheta} d\vartheta \qquad ⑧⑥$$

此处 $\frac{1}{2q} \geqslant \eta \geqslant \frac{2}{N}$,则由 ⑧④ 与 ⑧⑤ 得

$$J_0(N_1, \eta) = \sum_{q_1 | q} \sum_{(a, q_1) = 1} e^{\frac{2\pi i a N_1}{q}} \int_{-\eta}^{\eta} S\left(\frac{a}{q_1} + \vartheta, N\right)^2 e^{2\pi i N_1 \vartheta} d\vartheta =$$

$$\sum_{q_1 | q} \frac{\mu^2(q_1)}{\varphi^2(q_1)} \sum_{(a, q_1) = 1} e^{\frac{2\pi i a N_1}{q}} d\vartheta \int_{-\eta}^{\eta} \frac{e^{2\pi i N_1 \vartheta}}{x^2} d\vartheta +$$

① K. Prachar. Primzahlverteilung. New York:Springer,1957.

$$O(R_1) + O(R_2) + O(N\eta(\ln N)^3) \qquad \text{⑧⑦}$$

此处

$$R_1 = \sum_{q_1 \mid q} \frac{1}{\varphi^2(q_1)} \sum_{(a,q_1)=1} \int_{-\eta}^{\eta} \left| \sum_{\chi_{q_1}} \bar\tau_\chi \, \chi(a) \cdot \right.$$

$$\left. (S_1(\vartheta,N,\chi) + S_2(\vartheta,N,\chi)) \right|^2 d\vartheta \qquad \text{⑧⑧}$$

及

$$R_2 = \sum_{q_1 \mid q} \frac{1}{\varphi^2(q_1)} \sum_{(a,q_1)=1} \int_{-\eta}^{\eta} \left| x^{-1} \sum_{\chi_{q_1}} \bar\tau_\chi \, \chi(a) \cdot \right.$$

$$\left. (S_1(\vartheta,N,\chi) + S_2(\vartheta,N,\chi)) \right| d\vartheta \qquad \text{⑧⑨}$$

由 ⑧② 与 ⑧⑤ 得

$$R_1 = \sum_{q_1 \mid q} \frac{1}{\varphi^2(q_1)} \int_{-\eta}^{\eta} \sum_{\chi_{q_1}} \sum_{\chi'_{q_1}} \bar\tau_\chi \tau_{\chi'} \cdot$$

$$\sum_{(a,q_1)=1} \chi \bar{\chi}'(a)(S_1(\vartheta,N,\chi) +$$

$$S_2(\vartheta,N,\chi)) \overline{(S_1(\vartheta,N,\chi') + S_2(\vartheta,N,\chi'))} d\vartheta \ll$$

$$\sum_{q_1 \mid q} \frac{q_1}{\varphi(q_1)} \sum_{\chi_{q_1}} \int_{-\eta}^{\eta} (\mid S_1(\vartheta,N,\chi) \mid^2 +$$

$$O((\ln N)^4)) d\vartheta \ll$$

$$\sum_{q_1 \mid q} q_1 N\eta(\ln N)^3 \qquad \text{⑨⓪}$$

及

$$R_2 \leqslant \sum_{q_1 \mid q} \frac{1}{\varphi^2(q_1)} \int_{-\eta}^{\eta} \left(\sum_{(a,q_1)=1} \mid x \mid^{-2} \right)^{\frac{1}{2}} \cdot$$

$$\left(\sum_{(b,q_1)=1} \left| \sum_{\chi_{q_1}} \bar\tau_\chi \, \chi(b)(S_1(\vartheta,N,\chi) + \right. \right.$$

$$\left. \left. S_2(\vartheta,N,\chi)) \right|^2 \right)^{\frac{1}{2}} d\vartheta \leqslant$$

$$\sum_{q_1|q}\frac{1}{\varphi^2(q_1)}\left(\int_{-\eta}^{\eta}\sum_{(a,q_1)=1}|x|^{-2}\mathrm{d}\vartheta\right)^{\frac{1}{2}}\cdot$$

$$\left(\int_{-\eta}^{\eta}\sum_{(b,q_1)=1}\left|\sum_{\chi_{q_1}}\bar{\tau}_{\chi}\chi(b)(S_1(\vartheta,N,\chi)+\right.\right.$$

$$\left.\left.S_2(\vartheta,N,\chi))\right|^2\mathrm{d}\vartheta\right)^{\frac{1}{2}}\leqslant$$

$$\sum_{q_1|q}\frac{1}{\varphi^2(q_1)}(\varphi(q_1)N)^{\frac{1}{2}}\cdot$$

$$(q_1\varphi^2(q_1)N\eta(\ln N)^3)^{\frac{1}{2}}\leqslant$$

$$\sum_{q_1|q}\frac{q_1^{\frac{1}{2}}}{\varphi^{\frac{1}{2}}(q_1)}N\eta^{\frac{1}{2}}(\ln N)^{\frac{3}{2}} \tag{91}$$

所以由(87)(90)(91)得

$$J_0(N_1,\eta)=\sum_{q_1|q}\frac{\mu^2(q_1)}{\varphi^2(q_1)}\sum_{(a,q_1)=1}\mathrm{e}^{\frac{2\pi iaN_1}{q_1}}(N_1\mathrm{e}^{-\frac{N_1}{N}}+$$

$$O(\eta^{-1}))+O\left(\sum_{q_1|q}q_1N\eta(\ln N)^3\right)+$$

$$O\left(\sum_{q_1|q}\frac{q_1^{\frac{1}{2}}}{\varphi^{\frac{1}{2}}(q_1)}N\eta^{\frac{1}{2}}(\ln N)^{\frac{3}{2}}\right)=$$

$$N_1\mathrm{e}^{-\frac{N_1}{N}}\prod_{p|q}(1+\Psi_{N_1}(p))+$$

$$O\left(\sum_{q_1|q}\frac{1}{\eta\varphi(q_1)}\right)+O\left(\sum_{q_1|q}q_1N\eta(\ln N)^3\right)+$$

$$O\left(\sum_{q_1|q}\frac{q_1^{\frac{1}{2}}}{\varphi^{\frac{1}{2}}(q_1)}N\eta^{\frac{1}{2}}(\ln N)^{\frac{3}{2}}\right) \tag{92}$$

此处

$$\Psi_{N_1}(p)=\begin{cases}\dfrac{1}{p-1}, & p\mid N_1\\ -\dfrac{1}{(p-1)^2}, & p\nmid N_1\end{cases} \tag{93}$$

（3）命

$$\S = (\ln N)^{-3-\frac{\varepsilon}{2}}, H = (\ln N)^{3+\varepsilon}, r = \left[\frac{4}{\varepsilon}\right] + 1 \quad ⑭$$

命

$$T(\vartheta) = \sum_{0 \leqslant h \leqslant \frac{H}{2r}} e^{-2\pi iqh\vartheta} \quad ⑮$$

命 M 表示区间 $\left[\dfrac{a}{q} - \dfrac{\S}{q}, \dfrac{a}{q} + \dfrac{\S}{q}\right] (0 \leqslant a \leqslant q-1)$ 的

和集及 m 表示 M 关于 $\left[-\dfrac{\S}{q}, 1 - \dfrac{\S}{q}\right]$ 的余集,又命 N_1

表示下面形式的整数

$$N_1 = N - q(h_1 + \cdots + h_r) \quad ⑯$$

此处 $0 \leqslant h \leqslant \dfrac{H}{2r}$. 则 $\dfrac{N}{2} \leqslant N_1 \leqslant N$ 及

$$J = \sum_{N_1} \int_{-\frac{\S}{q}}^{1-\frac{\S}{q}} S^2(\vartheta, N) e^{2\pi iN_1\vartheta} d\vartheta =$$

$$\sum_{N_1} J_0\left(N_1, \frac{\S}{q}\right) + \sum_{N_1} J_1\left(N_1, \frac{\S}{q}\right) \quad ⑰$$

其中

$$J_1\left(N_1, \frac{\S}{q}\right) = \int_m S^2(\vartheta, N) e^{2\pi iN_1\vartheta} d\vartheta \quad ⑱$$

因为当 $\vartheta \in m$ 时有

$$T(\vartheta) \ll \S^{-1} \quad ⑲$$

所以由 ⑭ 与引理 11 可知

$$\sum_{N_1} J_1\left(N, \frac{\S}{q}\right) = \int_m S^2(\vartheta, N) T^r(\vartheta) e^{2\pi iN\vartheta} d\vartheta \ll$$

$$\S^{-r} \int_0^1 |S(\vartheta, N)|^2 d\vartheta \ll$$

$$H^r(\ln N)^{\frac{-\varepsilon r}{2}} N\ln N \ll \frac{NH^r}{\ln N} \quad ⑳$$

475

因此由 ㉒（注意当 $p \mid q$ 时，$\Psi_{N_1}(p) = \Psi_N(p)$）㊲ 与 ⑩ 得

$$J = \prod_{p \mid q}(1 + \Psi_N(p)) \sum_{N_1} N_1 \mathrm{e}^{-\frac{N_1}{N}} +$$

$$O\left(\frac{H^r q}{\$} \sum_{q_1 \mid q} \frac{1}{\varphi(q_1)}\right) +$$

$$O\left(NH^r \$(\ln N)^3 \sum_{q_1 \mid q} \frac{1}{q_1}\right) +$$

$$O\left(\frac{NH^r \$^{\frac{1}{2}}(\ln N)^{\frac{3}{2}}}{q^{\frac{1}{2}}} \sum_{q_1 \mid q} \frac{q_1^{\frac{1}{2}}}{\varphi^{\frac{1}{2}}(q_1)}\right) + O\left(\frac{NH^r}{\ln N}\right) =$$

$$\prod_{p \mid q}(1 + \Psi_N(p)) \sum_{N_1} N_1 \mathrm{e}^{-\frac{N_1}{N}} + O(NH^r(\ln N)^{-\frac{\varepsilon}{4}})$$

$$⑩①$$

因为当 q 为偶数时，N 亦为偶数，所以

$$\prod_{p \mid q}(1 + \Psi_N(p)) > c > 0 \qquad ⑩②$$

此处 c 为一个绝对常数. 因此，当 $N > c(\varepsilon)$ 时有

$$J > c \sum_{N_1} N_1 \mathrm{e}^{-\frac{N_1}{N}} + O(NH^r(\ln N)^{-\frac{\varepsilon}{4}}) >$$

$$\frac{c}{3\mathrm{e}^2(2r)^r} NH^r \qquad ⑩③$$

定理证毕.

§4　哥德巴赫数(Ⅲ)[①]

—— 潘承洞

4.1　引言

设 n 为大于 4 的偶数,若 n 能表成两个奇素数之和,则称它为哥德巴赫数.1952 年,林尼克首先研究了下面的问题:设 $x \geqslant 2$,要找一函数 $h(x)$,使在区间 $[x, x+h]$ 内至少有一个哥德巴赫数.

设 $\dfrac{1}{2} \leqslant \alpha \leqslant 1, T \geqslant 2, N(\alpha, T)$ 表示 $\zeta(s)$ 在区域

$$\alpha \leqslant \sigma \leqslant 1, 0 \leqslant t \leqslant T$$

内的零点个数.

1959 年,作者实质上证明了下面的结果[②].

若

$$N(\alpha, T) \ll T^{c_1(1-\alpha)} \log^{c_2} T \qquad ①$$

成立,则有

$$h(x) \ll x^{1-\frac{1}{c_1}+\varepsilon} \qquad ②$$

这里 c_1, c_2 为正常数,ε 为任意小的正数.

1975 年,蒙哥马利及沃恩[③]将上面的结果改成

$$h(x) \ll x^{\left(1-\frac{1}{c_1}\right)\left(1-\frac{2}{c_1}\right)+\varepsilon} \qquad ③$$

本节要证明下面的定理.

---

①　原载于《科学通报(数理化专辑)》,1980,2:71-73.

②　潘承洞. 数学学报,1959,3(9):315.

③　H. L. Montgomery, R. C. Vaughan. Acta Arith. ,1975,27.

定理 1　若 $N(\alpha,T)$ 满足 ① 及

$$N(\alpha,T) \ll T^{(2-c_3)(1-\alpha)} \log^4 T, \alpha_0 \leqslant \alpha < 1, T > 2 \quad ④$$

这里 $c_3 > 0, c_4 > 0, \frac{1}{2} < \alpha_0 < 1$，则我们有

$$h(x) \ll x^{\left(1-\frac{1}{c_1}\right)\left(1-\frac{2}{c_1}\right)} \log^{c_5} x \qquad ⑤$$

4.2　几个引理

引理 1　$N(\alpha,T) = 0$，其中

$$\alpha > 1 - \frac{c_6}{\log^{\frac{2}{3}}(T+10) \log\log(T+10)}$$

引理 2　设 $2 \leqslant T \leqslant x \log x$，则

$$\psi(x) = \sum_{n \leqslant x} \Lambda(n) = x - \sum_{|\gamma| \leqslant T} \frac{x^\rho}{\rho} + O\left(\frac{x \log^2 x}{T}\right)$$

这里 $\rho = \beta + i\gamma$ 表示 $\zeta(s)$ 的非明显零点.

引理 3　若式 ① 及 ④ 成立，则对任给正数 A，我们有

$$\psi(x+h) - \psi(x) = h + O\left(\frac{h}{\log^A x}\right)$$

这里

$$x \gg h \gg x^{1-\frac{1}{c_1}} \log^{c_7} x$$

$$c_7 = \frac{c_8}{c_1} + A + 2, c_8 = \frac{c_2 + A + 1}{1 - \alpha_0}$$

证明　由引理 2 得到

$$\psi(x+h) - \psi(x) =$$

$$h - \sum_{|\gamma| \leqslant T} \left(\frac{(x+h)^\rho}{\rho} - \frac{x^\rho}{\rho}\right) + O\left(\frac{x \log^2 x}{T}\right)$$

$$\sum_{|\gamma| \leqslant T} \left(\frac{(x+h)^\rho}{\rho} - \frac{x^\rho}{\rho}\right) = \sum_{|\gamma| \leqslant T} \int_x^{x+h} u^{\rho-1} \mathrm{d}u \ll h \sum_{|\gamma| \leqslant T} x^{\beta-1}$$

$$⑥$$

利用引理 1、式 ①④ 及 $N(0,T) \ll T\log T$，我们得到

$$\sum_{|\gamma|\leqslant T} x^{\beta-1} \ll x^{-\frac{1}{2}} T\log T - \int_{\frac{1}{2}}^{1} x^{\alpha-1} \mathrm{d}N(\alpha,T) \ll$$

$$x^{-\frac{1}{2}} T\log T + \log x \int_{\frac{1}{2}}^{\alpha_0} x^{\alpha-1} T^{c_1(1-\alpha)} \log^{c_2} T \mathrm{d}\alpha +$$

$$\log x \int_{\alpha_0}^{1-\sigma(T)} x^{\alpha-1} T^{(2-c_3)(1-\alpha)} \log^{c_4} T \mathrm{d}\alpha \ll$$

$$\log^{c_2+1} x \left(\left(\frac{T^{c_1}}{x}\right)^{\frac{1}{2}} + \left(\frac{T^{c_1}}{x}\right)^{1-\alpha_0} \right) +$$

$$\log^{c_4+1} x \left(\left(\frac{T^{2-c_3}}{x}\right)^{1-\alpha_0} + \left(\frac{T^{2-c_3}}{x}\right)^{\sigma(T)} \right) \qquad ⑦$$

这里

$$\sigma(T) = \frac{c_6}{\log^{\frac{2}{3}}(T+10)\log\log(T+10)}$$

现取 $T^{c_1} = x\log^{-c_8} x$，则得到

$$\sum_{|\gamma|\leqslant T} x^{\beta-1} \ll \log^{-A} x \qquad ⑧$$

此外

$$\frac{x\log^2 x}{T} = x^{1-\frac{1}{c_1}} (\log x)^{\frac{c_8+2}{c_1}} \qquad ⑨$$

由式 ⑥ ～ ⑨ 引理 3 得证.

推论

$$\vartheta(x+h) - \vartheta(x) = h + O\left(\frac{h}{\log^A x}\right)$$

$$\pi(x+h) - \pi(x) = \int_x^{x+h} \frac{\mathrm{d}t}{\log t} + O\left(\frac{h}{\log^{A+1} x}\right) \qquad ⑩$$

引理 4　若式 ① 及 ④ 成立，则对任给正数 A，当

$1 \geqslant \eta \geqslant x^{-\frac{2}{c_1}}\log^{c_9} x$ 时，我们有

$$I(\psi) = \int_x^{2x} \left[\psi(t+\eta t) - \psi(t) - \eta t\right]^2 \mathrm{d}t \ll \frac{\eta^2 x^3}{\log^A x} \qquad ⑪$$

这里 $c_9 = \dfrac{c_{10}}{c_1} + \dfrac{A+4}{2}, c_{10} = \dfrac{c_2 + A + 2}{1 - \alpha_0}.$

证明　由引理 2,我们得到

$$\int_x^{2x} [\psi(t + \eta t) - \psi(t) - \eta t]^2 \mathrm{d}t \ll$$

$$\int_2^{2x} \left| \sum_{|\gamma| \leqslant T} \frac{(1+\eta)^\rho - 1}{\rho} t^\rho \right|^2 \mathrm{d}t + O\left(\frac{x^3 \log^4 x}{T^2}\right) \qquad ⑫$$

因为

$$\frac{(1+\eta)^\rho - 1}{\rho} = \int_1^{1+\eta} t^{\rho-1} \mathrm{d}t \leqslant \min\{\eta, |\gamma|^{-1}\} \qquad ⑬$$

所以从式 ⑫ 及 ⑬,我们得到

$$I(\psi) \ll \sum_{|\gamma_1| \leqslant T} \sum_{|\gamma_2| \leqslant T} \min\{\eta, |\gamma_1|^{-1}\} \min\{\eta, |\gamma_2|^{-1}\} \cdot$$

$$\frac{x^{1+\beta_1+\beta_2}}{(1 + |\gamma_1 - \gamma_2|)^2} + O\left(\frac{x^3 \log^4 x}{T^2}\right)$$

由 $|ab| \leqslant |a|^2 + |b|^2$,得到

$$I(\psi) \ll I_1(\psi) + \frac{x^3 \log^4 x}{T^2} \qquad ⑭$$

这里

$$I_1(\psi) = \sum_{|\gamma_1| \leqslant T} \sum_{|\gamma_2| \leqslant T} \min\{\eta^2, |\gamma_1|^{-2}\} \frac{x^{1+2\beta_1}}{(1 + |\gamma_1 - \gamma_2|)^2} \qquad ⑮$$

由熟知的估计

$$N(0, T+1) - N(0, T) \ll \log T, T \geqslant 2$$

得到

$$\sum_{|\gamma_2| \leqslant T} \frac{1}{(1 + |\gamma_1 - \gamma_2|)^2} \ll$$

$$\sum_{k=0}^{\infty} \sum_{k \leqslant |\gamma_1 - \gamma_2| \leqslant k+1} \frac{1}{(1+k)^2} \ll$$

$$\log(2 + |\gamma_1|) \qquad ⑯$$

由式 ⑮ 及 ⑯ 得到

$$I_1(\psi) \ll \eta^2 x^3 \sum_{|\gamma_1| \leqslant T} (x^2)^{\beta_1 - 1} \qquad ⑰$$

取 $T^{c_1} = x^2 \log^{-c_{10}} x$，由式 ⑰ 及 ⑧ 立即推出

$$I_1(\psi) \ll \eta^2 x^3 \log^{-A} x \qquad ⑱$$

由上式及式 ⑭，引理 4 得证.

4.3　定理 1 的证明

设 x 为一个大正数，假设在区间 $[x, x+h]$ 内没有哥德巴赫数，取

$$Y = x^{1-\frac{1}{c_1}} \log^{c_7} x \qquad ⑲$$

由式 ⑪ 知道，在区间 $\left[x-Y, x-\frac{1}{2}Y\right]$ 内含有远大于 $Y\log^{-1} x$ 个素数. 对这种素数 p，在区间 $(x-p, x-p+h)$ 内没有素数. 这样，在区间 $\left(y, y+\frac{1}{2}h\right)$ 内不含有素数（这种 y 有远大于 $Y\log^{-1} x$ 个，$\frac{Y}{2} \leqslant y \leqslant Y$）. 现取 $\eta = \frac{1}{4} hY^{-1}$，则容易推出

$$h \ll Y^{1-\frac{2}{c_1}} \log^{c_9} Y \qquad ⑳$$

由式 ⑲ 及 ⑳ 定理得证.

§5　偶数表为两个素数之和的 表法个数的上界估计①

—— 潘承彪

潘承彪教授 1980 年用较为简单的方法,改进了偶数 N 表为两个素数之和的表法个数 $D(N)$ 的上界估计.

在本节中,N 表示偶数,p,p_1,p_2,p_3 表示素数. 设 $D(N)$ 是 N 表为两个素数之和的表法个数,即

$$D(N) = \sum_{N = p_1 + p_2} 1 \qquad ①$$

塞尔伯格证明了

$$D(N) \leqslant 16(1 + o(1)) \mathfrak{S}(N) \frac{N}{\log^2 N} \qquad ②$$

其中

$$\mathfrak{S}(N) = \prod_{p > 2} \left(1 - \frac{1}{(p-1)^2}\right) \prod_{\substack{p \mid N \\ p > 2}} \frac{p-1}{p-1}$$

1956 年,在广义黎曼假设下,王元证明了式 ② 中的系数 16 可用 8 来代替. 1964 年,潘承洞证明了式 ② 中的系数 16 可改进为 12. 1966 年,朋比尼和达文波特进一步把系数 12 改进为 8. 1978 年,陈景润证明了式 ② 中的系数可取为 7.834 2,即对充分大的偶数 N 有

$$D(N) < 7.834\ 2 \mathfrak{S}(N) \frac{N}{\log^2 N} \qquad ③$$

---

①　原载于《中国科学》,1980(7):628-636.

他的证明是极其复杂的.本节将用较为简单的方法证明下面的定理.

定理 1 对充分大的偶数 N,我们有

$$D(N) < 7.988 \mathfrak{S}(N) \frac{N}{\log^2 N} \qquad ④$$

5.1 一些引理

首先我们引进一些符号.

设 $\mathscr{A}$ 是一个有限的整数数列(这些整数不一定需要是不同的和正的),$\mathscr{P}$ 是由无限多个不同素数组成的集合,$\overline{\mathscr{P}}$ 表示所有不属于 $\mathscr{P}$ 的素数组成的集合.设 $\omega(d)$ 是一个定义在所有无平方因子的正整数上的可乘函数,且满足 $\omega(p) = 0, p \in \overline{\mathscr{P}}$.

对任一有限的整数集合 $\mathscr{M}$,我们以 $|\mathscr{M}|$ 表示它的元素的个数,以 $\mathscr{M}_d$ 表示它的子集 $\{m \in \mathscr{M}, d \mid m\}$,以 $(d, \mathscr{M}) = 1$ 表示 d 和 $\mathscr{M}$ 中的任一整数 m 都互素,这里 d 是一个正整数.

再设 $X > 1$,及

$$r_d = |\mathscr{A}_d| - \frac{\omega(d)}{d} X, \mu(d) \neq 0$$

其中 $\mu(d)$ 为麦比乌斯函数.

最后,我们设 $z \geqslant 2$,有

$$P(z) = \prod_{\substack{p < z \\ p \in \mathscr{P}}} p$$

$$S(\mathscr{A}; \mathscr{P}, z) = \sum_{\substack{a \in \mathscr{A} \\ (a, P(z)) = 1}} 1$$

以及

$$W(z) = \prod_{p < z} \left(1 - \frac{\omega(p)}{p}\right)$$

483

引理 1（塞尔伯格）　若 $\omega(d)$ 满足条件

$$0 \leqslant \frac{\omega(p)}{p} < 1 - \frac{1}{A_1} \qquad ⑤$$

$$-A_2 \leqslant \sum_{w \leqslant p < z} \frac{\omega(p)}{p} \log p - \log \frac{z}{w} \leqslant A_3, 2 \leqslant w \leqslant z \qquad ⑥$$

其中 $A_i \geqslant 1(i=1,2,3)$ 是适当的常数. 我们有

$$S(\mathscr{A};\mathscr{P},z) \leqslant$$

$$XW(z)\mathrm{e}^{\gamma}\left(1 + O\left(\frac{1}{\log z}\right)\right) + \sum_{\substack{d < z \\ d \mid P(z)}} 3^{v_1(d)} \mid r_d \mid$$

这里 γ 是欧拉常数, $v_1(d)$ 是 d 的不同素因子的个数.

引理 2（朱尔凯特－里切特）　若条件⑤⑥成立, 则对 $\xi^{\lambda} \geqslant z \geqslant 2(\lambda$ 为一个正常数), 有

$$S(\mathscr{A};\mathscr{P},z) \leqslant XW(z)\left\{F\left(\frac{\log \xi^2}{\log z}\right) + O\left(\frac{1}{(\log \xi)^{\frac{1}{14}}}\right)\right\} + R \qquad ⑦$$

$$S(\mathscr{A};\mathscr{P},z) \geqslant XW(z)\left\{f\left(\frac{\log \xi^2}{\log z}\right) + O\left(\frac{1}{(\log \xi)^{\frac{1}{14}}}\right)\right\} - R \qquad ⑧$$

其中 $F(u)$ 和 $f(u)$ 是连续函数, 且满足方程

$$\begin{cases} F(u) = \dfrac{2\mathrm{e}^{\gamma}}{u}, f(u) = 0, \ 0 < u \leqslant 2 \\ (uF(u))' = f(u-1), (uf(u))' = F(u-1), \ u > 2 \end{cases}$$

以及

$$R = \sum_{\substack{d < \xi \\ d \mid P(z)}} 3^{v_1(d)} \mid r_d \mid$$

熟知

$$F(u) = \frac{2\mathrm{e}^{\gamma}}{u}, 0 < u \leqslant 3 \qquad ⑨$$

$$F(u) = \frac{2\mathrm{e}^{\gamma}}{u}\left(1 + \int_2^{u-1} \log(t-1)\,\frac{\mathrm{d}t}{t}\right), 3 \leqslant u \leqslant 5 \quad ⑩$$

及

$$f(u) = \frac{2\mathrm{e}^{\gamma}}{u}\log(u-1), 2 \leqslant u \leqslant 4 \qquad ⑪$$

引理 3(朋比尼 - 维诺格拉多夫)　对任给正数 A,一定存在正数 $B_1 = B_1(A)^{①}$,使

$$\sum_{d \leqslant x^{\frac{1}{2}}\log^{-B_1} x} \max_{y \leqslant x} \max_{(l,d)=1} \left| \pi(y;d,l) - \frac{1}{\phi(d)}\pi(y) \right| \ll \frac{x}{\log^A x}$$

$$⑫$$

成立,其中 $\phi(d)$ 为欧拉函数

$$\pi(y;d,l) = \sum_{\substack{p \leqslant y \\ p \equiv l(\mathrm{mod}\,d)}} 1, \pi(y) = \pi(y;1,1)$$

引理 4^{②}　设 $0 < \varepsilon \leqslant 1$ 为任意小的正数,函数 $E(x)$ 满足条件

$$E(x) \ll x^{1-\varepsilon}$$

函数 $f_x(a)$(依赖于参数 x)满足条件

$$f_x(a) \ll 1$$

则对任给的正数 A,一定存在正数 $B_2 = B_2(A)$,使

$$\sum_{d \leqslant x^{\frac{1}{2}}\log^{-B_2} x} \max_{y \leqslant x} \max_{(l,d)=1} \left| \sum_{\substack{a \leqslant E(x) \\ (a,d)=1}} f_x(a) \cdot \right.$$

$$\left. \left(\pi(y;a,d,l) - \frac{1}{\phi(d)}\pi\left(\frac{y}{a}\right)\right)\right| \ll \frac{x}{\log^A x} \qquad ⑬$$

---

　　①　这里的 B_1 以及下面的 B_2,B_3,B_4 都是仅依赖于 A 的可计算的正常数.

　　②　这里只需用到引理的一个简单的特殊情形,即求和范围 $a \leqslant E(x)$ 用 $E_1(x) \leqslant a \leqslant E(x)$ 来代替,其中 $E_1(x) \geqslant x^{\delta}$,$\delta$ 为一个正常数. 对引理 6 亦一样.

成立，其中

$$\pi(y;a,d,l)=\sum_{\substack{ap\leqslant y\\ up\equiv l(\bmod d)}}1$$

利用熟知的方法，从引理 3、引理 4 可分别推得：

引理 5 对任给的正数 A，一定存在正数 $B_3=B_3(A)$，使

$$\sum_{d\leqslant x^{\frac{1}{2}}\log^{-B_3}x}\mu^2(d)3^{v_1(d)}\cdot$$

$$\max_{y\leqslant x}\max_{(l,d)=1}\left|\pi(y;d,l)-\frac{1}{\phi(d)}\pi(y)\right|\ll\frac{x}{\log^A x}\qquad⑭$$

成立.

引理 6 在引理 4 的条件下，对任给的正数 A，一定存在正数 $B_4=B_4(A)$，使

$$\sum_{d\leqslant x^{\frac{1}{2}}\log^{-B_4}x}\mu^2(d)3^{v_1(d)}\max_{y\leqslant x}\max_{(l,d)=1}\left|\sum_{\substack{a\leqslant E(x)\\(a,d)=1}}f_x(a)\cdot\right.$$

$$\left.\left(\pi(y;a,d,l)-\frac{1}{\phi(d)}\pi\left(\frac{y}{a}\right)\right)\right|\ll\frac{x}{\log^A x}\qquad⑮$$

成立.

注 1 引理 4、引理 6 中的 $\pi(y;a,d,l)$ 分别用 $\pi(ar_1(y);a,d,l)$ 和 $\pi(ar_2(a);a,d,l)$ 来代替时均成立，这里函数 $r_1(y)$ 依赖于参数 x，且满足条件

$$r_1(y)\ll x^\varepsilon,y\leqslant x$$

函数 $r_2(a)$ 依赖于参数 x,y，且满足条件

$$ar_2(a)\ll x,a\ll E(x),y\leqslant x$$

引理 7 设 $z_1\geqslant z_2\geqslant 2$，我们有

$$S(\mathscr{A};\mathscr{P},z_1)\leqslant\Omega_1+\frac{1}{2}\Omega_2\qquad⑯$$

其中

$$\Omega_1 = S(\mathscr{A}; \mathscr{P}, z_2) - \frac{1}{2} \sum_{\substack{z_2 \leqslant p_1 < z_1 \\ p_1 \in \mathscr{P}}} S(\mathscr{A}_{p_1}; \mathscr{P}, z_2) \qquad ⑰$$

$$\Omega_2 = \sum_{\substack{z_2 \leqslant p_2 \leqslant p_3 < p_1 < z_1 \\ p_i \in \mathscr{P}, i=1,2,3}} S(\mathscr{A}_{p_1 p_2 p_3}; \mathscr{P}(p_2), p_3) \qquad ⑱$$

及

$$\mathscr{P}(q) = \{p \in \mathscr{P}, p \nmid q\}, (q, \overline{\mathscr{P}}) = 1$$

证明　利用布赫夕塔布恒等式可得

$$S(\mathscr{A}; \mathscr{P}, z_1) = S(\mathscr{A}; \mathscr{P}, z_2) - \sum_{\substack{z_2 \leqslant p_1 < z_1 \\ p_1 \in \mathscr{P}}} S(\mathscr{A}_{p_1}; \mathscr{P}, p_1)$$

$$\frac{1}{2} S(\mathscr{A}_{p_1}; \mathscr{P}, p_1) =$$

$$\frac{1}{2} S(\mathscr{A}_{p_1}; \mathscr{P}, z_2) - \frac{1}{2} \sum_{\substack{z_2 \leqslant p_2 < p_1 \\ p_2 \in \mathscr{P}}} S(\mathscr{A}_{p_1 p_2}; \mathscr{P}, p_2)$$

$$z_2 \leqslant p_1 < z_1, p_1 \in \mathscr{P}$$

从以上两式可得

$$S(\mathscr{A}; \mathscr{P}, z_1) = \Omega_1 + M \qquad ⑲$$

其中

$$M = \frac{1}{2} \sum_{\substack{z_2 \leqslant p_2 < p_1 < z_1 \\ p_i \in \mathscr{P}, i=1,2}} S(\mathscr{A}_{p_1 p_2}; \mathscr{P}, p_2) -$$

$$\frac{1}{2} \sum_{\substack{z_2 \leqslant p_1 < z_1 \\ p_1 \in \mathscr{P}}} S(\mathscr{A}_{p_1}; \mathscr{P}, p_1) \qquad ⑳$$

再应用布赫夕塔布恒等式,可得

$$S(\mathscr{A}_{p_1}; \mathscr{P}, p_1) = S(\mathscr{A}_{p_1}; \mathscr{P}(p_1), z_1) +$$

$$\sum_{\substack{p_1 \leqslant p_3 < z_1 \\ p_3 \in \mathscr{P}}} S(\mathscr{A}_{p_1 p_3}; \mathscr{P}(p_1), p_3)$$

$$z_2 \leqslant p_1 < z_1, p_1 \in \mathscr{P}$$

$$S(\mathscr{A}_{p_1 p_2}; \mathscr{P}, p_2) = S(\mathscr{A}_{p_1 p_2}; \mathscr{P}(p_2), p_1) +$$

$$\sum_{\substack{p_2\leqslant p_3<p_1\\p_3\in\mathscr{P}}}S(\mathscr{A}_{p_1p_2p_3};\mathscr{P}(p_2),p_3)$$

$$z_2\leqslant p_2<p_1<z_1,p_i\in\mathscr{P},i=1,2$$

把以上两式代入式 ⑳，即得

$$M=\frac{1}{2}\Omega_2-\frac{1}{2}\sum_{\substack{z_2\leqslant p_1<z_1\\p_1\in\mathscr{P}}}S(\mathscr{A}_{p_1};\mathscr{P}(p_1),z_1)-$$

$$\frac{1}{2}\sum_{\substack{z_2\leqslant p_1<z_1\\p_1\in\mathscr{P}}}S(\mathscr{A}_{p_1^2};\mathscr{P},p_1)$$

由此及式 ⑲ 就证明了引理.

引理 8 对 $u>1$，我们有

$$\sum_{\substack{n\leqslant x\\(n,P_q(x^{\frac{1}{u}}))=1}}1\leqslant(1+o(1))\mathrm{e}^{-\gamma}F(u)\frac{x}{\log x^{\frac{1}{u}}}\qquad㉑$$

其中 $P_q(x^{\frac{1}{u}})=\prod\limits_{\substack{p<x^{\frac{1}{u}}\\p\nmid q}}p$.

证明 在引理 2 中，取 $\mathscr{A}=\{n,1\leqslant n\leqslant x\}$，$P$ 为由全体素数组成的集合，$X=x$，$\omega(p)\equiv1$，$z=x^{\frac{1}{u}}$ 以及 $\xi^2=x\log^{-c}x$，c 为一个适当的正常数，再注意到

$$\prod_{p<z}\Big(1-\frac{1}{p}\Big)=\frac{\mathrm{e}^{-\gamma}}{\log z}\Big(1+O\Big(\frac{1}{\log z}\Big)\Big)$$

由式 ⑦ 立即推出式 ㉑.

引理 9 设

$$H=\sum_{N^{\frac{1}{7}}\leqslant p_2<p_1<N^{\frac{1}{5}}}\sum_{\substack{n\leqslant N/(p_1p_2p_3)\\(n,P_1(p_2))=1}}1$$

我们有

$$H\leqslant4\Big(3\log\frac{7}{5}-1\Big)(1+o(1))\frac{N}{\log N}\qquad㉒$$

证明 当 $N^{\frac{1}{7}}\leqslant p_2\leqslant p_3<p_1<N^{\frac{1}{5}}$ 时，有

$$2 \leqslant \frac{1}{\log p_3} \log \frac{N}{p_1 p_2 p_3} \leqslant 4$$

因此,由式 ㉑⑨⑩ 及素数定理得

$$H \leqslant \sum_{N^{\frac{1}{7}} \leqslant p_2 \leqslant p_3 < p_1 < N^{\frac{1}{5}}} \left\{ (1+o(1)) e^{-\gamma} \cdot \right.$$

$$F\left(\frac{1}{\log p_3} \log \frac{N}{p_1 p_2 p_3} \right) \frac{N}{p_1 p_2 p_3 \log p_3} \right\} \leqslant$$

$$(1+o(1)) N \int_{N^{\frac{1}{7}}}^{N^{\frac{1}{5}}} \frac{\mathrm{d}u}{u \log u} \cdot$$

$$\int_{u}^{N^{\frac{1}{5}}} \frac{\mathrm{d}v}{v \log^2 v} \int_{v}^{N^{\frac{1}{5}}} \frac{\mathrm{d}t}{t \log t} =$$

$$4(1+o(1)) \left(3 \log \frac{7}{5} - 1 \right) \frac{N}{\log N}$$

引理 9 证毕.

以后我们总取

$$\mathscr{A} = \{ N - p, p \leqslant N \}, \mathscr{P} = \{ p, p \nmid N \} \qquad ㉓$$

引理 10　设 Ω_1 由式 ⑰ 给出,当 $\mathscr{A}, \mathscr{P}$ 由式 ㉓ 给出,$z_1 = N^{\frac{1}{5}}$ 及 $z_2 = N^{\frac{1}{7}}$ 时,我们有

$$\Omega_1 \leqslant (1+o(1)) 8 \left\{ 1 + \int_2^{2.5} \log(t-1) \frac{\mathrm{d}t}{t} - \right.$$

$$\left. \frac{1}{2} \int_{1.5}^{2.5} \log \left(2.5 - \frac{3.5}{t+1} \right) \frac{\mathrm{d}t}{t} \right\} \cdot \mathfrak{S}(N) \frac{N}{\log^2 N} \qquad ㉔$$

证明　对于 $S(\mathscr{A}; \mathscr{P}, N^{\frac{1}{7}})$,我们在式 ⑦ 中取

$$X = \mathrm{Li}\, N, \omega(p) = \frac{p}{p-1}, p \nmid N$$

$$z = N^{\frac{1}{7}}, \xi^2 = N^{\frac{1}{2}} \log^{-c} N$$

这里 c 为一个适当的正常数. 由此并利用引理 3 和式 ⑩,可得

$$S(\mathscr{A};\mathscr{P},N^{\frac{1}{7}}) \leqslant (1+o(1))8\left\{1+\int_{2}^{2.5}\frac{\log(t-1)}{t}\mathrm{d}t\right\} \cdot$$

$$\mathfrak{S}(N)\frac{N}{\log^2 N} \qquad \text{㉕}$$

对每一个 $S(\mathscr{A}_{p_1};\mathscr{P},N^{\frac{1}{7}})$，$N^{\frac{1}{7}} \leqslant p_1 < N^{\frac{1}{5}}$，$p_1 \nmid N$，我们在式 ⑧ 中取

$$X = \frac{1}{\phi(p_1)}\mathrm{Li}\,N,\omega(p) = \frac{p}{p-1},p \nmid N$$

$$z = N^{\frac{1}{7}},\xi^2 = \frac{1}{p_1}N^{\frac{1}{2}}\log^{-c}N$$

这里 c 为一个适当的正常数. 由此并利用引理 3 和式 ⑪，可得

$$\sum_{\substack{N^{\frac{1}{7}} \leqslant p_1 < N^{\frac{1}{5}} \\ p_1 \nmid N}} S(\mathscr{A}_{p_1};\mathscr{P},N^{\frac{1}{7}}) \geqslant$$

$$(1+o(1))8\int_{1.5}^{2.5}\log\left(2.5-\frac{3.5}{t+1}\right)\frac{\mathrm{d}t}{t} \cdot \mathfrak{S}(N)\frac{N}{\log^2 N}$$

由此及式 ㉕ 即得式 ㉔，引理证毕.

引理 11 设 Ω_2 由式 ⑱ 给出，当 $\mathscr{A},\mathscr{P}$ 由式 ㉓ 给出，$z_1 = N^{\frac{1}{5}}$，$z_2 = N^{\frac{1}{7}}$ 时，我们有

$$\Omega_2 \leqslant (1+o(1))8\mathfrak{S}(N)\frac{H}{\log N} \qquad \text{㉖}$$

其中 H 的定义见引理 9.

证明 显然有

$$\Omega_2 = \sum_{\substack{N^{\frac{1}{7}} \leqslant p_2 < p_3 < p_1 < N^{\frac{1}{5}} \\ (p_1 p_2 p_3,N)=1}} \sum_{\substack{a \in \mathscr{A},p_1 \cdot p_2 \cdot p_3 \mid a \\ (a,P_{p_2}(p_3))=1}} 1 + O(N^{\frac{6}{7}}) =$$

$$\sum_{\substack{N^{\frac{1}{7}} \leqslant p_2 < p_3 < p_1 < N^{\frac{1}{5}} \\ (p_1 p_2 p_3,N)=1}} \sum_{\substack{p=N-p_1 p_2 p_3 n \\ n \leqslant N/(p_1 p_2 p_3),(n,P_{p_2}(p_3))=1}} 1 + O(N^{\frac{6}{7}}) =$$

$$\Omega'_2 + O(N^{\frac{6}{7}}) \qquad \text{㉗}$$

其中

$$\Omega'_2 = \sum_{\substack{N^{\frac{1}{7}} \leqslant p_2 < p_3 < N^{\frac{1}{5}} \\ (p_2 p_3, N) = 1}} \sum_{\substack{n \leqslant N/(p_2 p_3^2) \\ (n, P_{p_2}(p_3)) = 1}} \sum_{\substack{p = N - (p_2 p_3 n) p_1 \\ p_1 \nmid N, p_3 < p_1 < \min\{N^{\frac{1}{5}}, N/(p_2 p_3 n)\}}} 1$$

㉘

现考虑集合

$$\mathscr{E} = \{e = p_2 p_3 n, N^{\frac{1}{7}} \leqslant p_2 < p_3 < N^{\frac{1}{5}}, (p_2 p_3, N) = 1,$$
$$n \leqslant \frac{N}{p_2 p_3^2}, (n, P_{p_2}(p_3)) = 1\}$$

及集合

$$\mathscr{L} = \{l = N - e p_1, e \in \mathscr{E}, p_3 < p_1 < \min\{N^{\frac{1}{5}}, \frac{N}{e}\}\}$$

对任一 $e \in \mathscr{E}$,设其标准分解式为

$$e = \bar{p}_1^{m_1} \bar{p}_2^{m_2} \cdots \bar{p}_r^{m_r}, \bar{p}_1 < \cdots < \bar{p}_r, m_i > 0, 1 \leqslant i \leqslant r$$

则由集合 $\mathscr{E}$ 的定义可看出

$$p_2 = \bar{p}_1 = g_1(e), p_3 = \bar{p}_2 = g_2(e)$$

㉙

即 p_2, p_3 是由 e 所唯一确定的,且有

$$N^{\frac{1}{7}} < g_2(e) < N^{\frac{1}{5}}, e g_2(e) < N, e \in \mathscr{E}$$

㉚

因为当 $e \in \mathscr{E}$ 时, $(e, N) = 1, N^{\frac{2}{7}} < e < N^{\frac{6}{7}}$ 及 $|\mathscr{E}| \ll N^{\frac{6}{7}}$,所以

$$\sum_{\substack{l \in \mathscr{L} \\ l \leqslant N^{\frac{2}{7}}}} 1 \ll N^{\frac{6}{7}}$$

显然 Ω'_2 不超过集合 $\mathscr{L}$ 中素数的个数,故有

$$\Omega_2 = \Omega'_2 + O(N^{\frac{6}{7}}) \leqslant S(\mathscr{L}; \mathscr{P}, z) + O(N^{\frac{6}{7}}), z \leqslant N^{\frac{2}{7}}$$

㉛

现利用最简单的塞尔伯格上界筛法(即引理 1)来估计 $S(\mathscr{L}; \mathscr{P}, z)$,取

$$X = |\mathscr{L}|, \omega(p) = \frac{p}{p-1}, p \nmid N$$

$$z^2 = N^{\frac{1}{2}} \log^{-c} N$$

这里 c 为一个适当选取的正常数，由引理 1 可得

$$S(\mathscr{L}; \mathscr{P}, N^{\frac{1}{4}} \log^{\frac{c}{2}} N) \leqslant$$

$$8(1 + o(1)) \mathfrak{S}(N) \frac{|\mathscr{L}|}{\log N} + R_1 + R_2 \qquad ㉜$$

其中

$$R_1 = \sum_{\substack{d \leqslant N^{\frac{1}{2}} \log^{-c} N \\ (d,N)=1}} \mu^2(d) 3^{v_1(d)} \cdot$$

$$\left| \sum_{\substack{e \in \mathscr{E} \\ (e,d)=1}} \left(\sum_{\substack{p_3 < p_1 < \min\{N^{\frac{1}{5}}, N/e\} \\ ep_1 \equiv N (\mathrm{mod}\, d)}} 1 - \right.\right.$$

$$\left.\left. \frac{1}{\varphi(d)} \sum_{p_3 < p_1 < \min\{N^{\frac{1}{5}}, N/e\}} 1 \right) \right| =$$

$$\sum_{\substack{d \leqslant N^{\frac{1}{2}} \log^{-c} N \\ (d,N)=1}} \mu^2(d) 3^{v_1(d)} \cdot$$

$$\left| \sum_{\substack{N^{\frac{2}{7}} < a < N^{\frac{6}{7}} \\ (a,d)=1}} f_N(a) \left(\sum_{\substack{p_3 < p_1 < \min\{N^{\frac{1}{5}}, N/a\} \\ ap_1 \equiv N (\mathrm{mod}\, d)}} 1 - \right.\right.$$

$$\left.\left. \frac{1}{\phi(d)} \sum_{p_3 < p_1 < \min\{N^{\frac{1}{5}}, N/a\}} 1 \right) \right|$$

$$R_2 = \sum_{\substack{d \leqslant N^{\frac{1}{2}} \log^{-c} N \\ (d,N)=1}} \frac{\mu^2(d) 3^{v_1(d)}}{\phi(d)} \sum_{\substack{e \in \mathscr{E} \\ (e,d)>1}} \sum_{p_3 < p_1 < \min\{N^{\frac{1}{5}}, N/e\}} 1 =$$

$$\sum_{\substack{d \leqslant N^{\frac{1}{2}} \log^{-c} N \\ (d,N)=1}} \frac{\mu^2(d) 3^{v_1(d)}}{\phi(d)} \sum_{\substack{N^{\frac{2}{7}} < a < N^{\frac{6}{7}} \\ (a,d)>1}} f_N(a) \cdot$$

$$\sum_{p_3 < p_1 < \min\{N^{\frac{1}{5}}, N/a\}} 1$$

$$f_N(a) = \sum_{\substack{e \in \mathscr{E} \\ e=a}} 1$$

由式 ㉙ 知，$f_N(a) \leqslant 1$. 现设

$$r_2(a) = \begin{cases} g_2(a), & f_N(a) = 1 \\ 0, & f_N(a) = 0 \end{cases}$$

其中 g_2 由式 ㉙ 确定. 容易看出

$$R_1 \leqslant R_3 + R_4 + R_5 \qquad\qquad ㉝$$

其中

$$R_3 = \sum_{\substack{d \leqslant N^{\frac{1}{2}} \log^{-c} N \\ (d,N) = 1}} \mu^2(d) 3^{v_1(d)} \cdot$$

$$\left| \sum_{\substack{N^{\frac{2}{7}} < a \leqslant N^{\frac{4}{5}} \\ (a,d) = 1}} f_N(a) \left(\sum_{\substack{ap_1 \leqslant aN^{\frac{1}{5}} \\ ap_1 \equiv N(\bmod d)}} 1 - \frac{1}{\phi(d)} \sum_{p_1 < N^{\frac{1}{5}}} 1 \right) \right|$$

$$R_4 = \sum_{\substack{d \leqslant N^{\frac{1}{2}} \log^{-c} N \\ (d,N) = 1}} \mu^2(d) 3^{v_1(d)} \cdot$$

$$\left| \sum_{\substack{N^{\frac{4}{5}} < a \leqslant N^{\frac{6}{7}} \\ (a,d) = 1}} f_N(a) \left(\sum_{\substack{ap_1 \leqslant N \\ ap_1 \equiv N(\bmod d)}} 1 - \frac{1}{\phi(d)} \sum_{ap_1 < N} 1 \right) \right|$$

$$R_5 = \sum_{\substack{d \leqslant N^{\frac{1}{2}} \log^{-c} N \\ (d,N) = 1}} \mu^2(d) 3^{v_1(d)} \cdot$$

$$\left| \sum_{\substack{N^{\frac{2}{7}} < a \leqslant N^{\frac{6}{7}} \\ (a,d) = 1}} f_N(a) \left(\sum_{\substack{ap_1 \leqslant ar_2(a) \\ ap_1 \equiv N(\bmod d)}} 1 - \frac{1}{\phi(d)} \sum_{p_1 < r_2(a)} 1 \right) \right|$$

注意到式 ㉚，由引理 6 及注 1，并选择适当的常数 c，即可得

$$R_i \ll \frac{N}{\log^3 N}, i = 3, 4, 5 \qquad\qquad ㉞$$

此外，容易估计

$$R_2 \ll N^{\frac{6}{7}+\varepsilon'}$$

这里 ε' 为任一充分小的正数. 由式 ㉗㉛ $\sim$ ㉞ 及

$$|\mathscr{L}| = H + O(N^{\frac{6}{7}})$$

即得式 ㉖,引理 11 证毕.

5.2 定理 1 的证明

显然有

$$D(N) \leqslant S(\mathscr{A}; \mathscr{P}, N^{\frac{1}{5}}) + O(N^{\frac{1}{5}}) \qquad ㉟$$

这里 $\mathscr{A}$ 和 $\mathscr{P}$ 由式 ㉓ 给出. 由引理 7,10,11 可得

$$S(\mathscr{A}; \mathscr{P}, N^{\frac{1}{5}}) \leqslant (1+o(1))8(1-\lambda)\mathfrak{S}(N)\frac{N}{\log^2 N} \qquad ㊱$$

其中

$$\lambda = \frac{1}{2}\int_{1.5}^{2.5} \log\left(2.5 - \frac{3.5}{t+1}\right)\frac{\mathrm{d}t}{t} -$$

$$\int_{2}^{2.5} \frac{\log(t-1)}{t}\mathrm{d}t - 2\left(3\log\frac{7}{5}-1\right) \qquad ㊲$$

我们有

$$\int_{2}^{2.5} \frac{\log(t-1)}{t}\mathrm{d}t < 0.046\ 614 \qquad ㊳$$

$$\int_{1.5}^{2.5} \log\left(2.5 - \frac{3.5}{t}\right)\frac{\mathrm{d}t}{t+1} > 0.134\ 054 \qquad ㊴$$

以及

$$2\left(3\log\frac{7}{5}-1\right) < 0.018\ 835 \qquad ㊵$$

所以得

$$\lambda > 0.001\ 578 \qquad ㊶$$

由式 ㉟㊱㊶ 即得式 ④,定理证毕.

注 2 在《哥德巴赫猜想》一书所给出的这一定理的证明中,用到了布赫夕塔布的渐近公式

$$\sum_{\substack{n \leqslant x \\ (n, P_q(x^{\frac{1}{u}}))=1}} 1 = w(u)\frac{x}{\log x^{\frac{1}{4}}} + O\left(\frac{x}{(\log x^{\frac{1}{4}})^2}\right),\ u \geqslant 2$$

㊷

其中 $w(u)$ 是连续函数且满足方程

$$\begin{cases} w(u) = \dfrac{1}{u}, & 1 \leqslant u \leqslant 2 \\ (uw(u))' = w(u-1), & u > 2 \end{cases}$$

但在本节中不需用这一结果,我们用引理 8 代替了它.

§6　哥德巴赫数的例外集合[①]

—— 陈景润

我们把能表示成两个奇素数之和的偶数称为哥德巴赫数,以 $E(x)$ 记作不超过 x 的非哥德巴赫数的数目,本节证明了 $E(x) = O(x^{0.99})$.

1742 年,哥德巴赫在写给欧拉的信中提出了任一超过 2 的偶数都是两个素数之和的猜想.我们称能够表成两个奇素数之和的偶数为哥德巴赫数,并以 $E(x)$ 表示所有不超过 x 的非哥德巴赫数的数目,则哥德巴赫猜想就是要证明当 $x \geqslant 2$ 时恒有 $E(x) \leqslant 2$.哥德巴赫猜想虽然仍未解决,但维诺格拉多夫关于三素数定理的基本工作引起了许多人证明 $E(x) = o(x)$,即几乎所有的偶数都是哥德巴赫数.

1972 年,沃恩改进了前人的结果,证明了

$$E(x) = O(x \mathrm{e}^{-c_1 \sqrt{\log x}})$$

蒙哥马利和沃恩证明了存在一个正常数 δ,使得对于一切充分大的 X,有

---

① 原载于《中国科学》,1980,23(3):219-232.

$$E(X) = O(X^{1-\delta})$$

6.1 预备引理

引理 1 设 A 是充分大的固定常数，q_1, q_2 是整数，$q_1 \geqslant A, q_2 \geqslant A$. 若 β_1 是对应于某个实原特征（$\bmod\ q_1$）的 L－函数的实零点，β_2 是对应于另一实原特征（$\bmod\ q_2$）的 L－函数的实零点，其中 q_1 与 q_2 可能相等，但两个特征是不同的，则

$$\min\{\beta_1, \beta_2\} \leqslant 1 - \frac{1}{5\log q_1 q_2}$$

证明 设 $\chi_i(n)$ 是一个实原特征（$\bmod\ q_i$）（$i=1,$ 2），容易证明 $\chi_1(n)\chi_2(n)$ 是一个特征（$\bmod\ q_1 q_2$），而且

$$\chi_1(n)\chi_2(n) \neq \chi^0(n)$$

此处 $\chi^0(n)$ 是主特征（$\bmod\ q_1 q_2$）. 在相关文献[1]的引理 2 中取

$$\sigma = 1 + \frac{1}{2\log q_1 q_2}$$

我们得到

$$-0.426\ 3\log q_1 q_2 \leqslant$$

$$-\operatorname{Re}\frac{L'}{L}(\sigma, \chi_1\chi_2) +$$

$$\operatorname{Re}\sum_\rho \left(\frac{1}{\sigma-\rho} - 4(\bar{\sigma}-\bar{\rho})\right) \leqslant$$

$$0.426\ 3\log q_1 q_2$$

其中 ρ 取值于圆 $|s-\sigma| \leqslant \frac{1}{2}$ 内的 $L(s, \chi_1\chi_2)$ 的零点.

---

① M. Jutila. Ann. Acad. Sci. Fenn., 1969, 458: 1-32.

令 $z = \sigma - \rho$,则

$$\mathrm{Re}(z^{-1} - 4\bar{z}) = \mathrm{Re}\,\frac{\bar{z}}{|z|^2}(1 - 4|z|^2) \geqslant 0, \quad |z| \leqslant \frac{1}{2}$$

因此

$$-\frac{L'}{L}(\sigma, \chi_1\chi_2) \leqslant 0.426\ 3\log q_1 q_2 \qquad ①$$

类似地可有

$$-\frac{L'}{L}(\sigma, \chi_1) \leqslant 0.426\ 3\log q_1 - \frac{1}{\sigma - \beta_1} \qquad ②$$

$$-\frac{L'}{L}(\sigma, \chi_2) \leqslant 0.426\ 3\log q_2 - \frac{1}{\sigma - \beta_2} \qquad ③$$

另外,有

$$-\frac{\zeta'}{\zeta}(\sigma) < \frac{1}{\sigma - 1} + O(1) \qquad ④$$

$$-\frac{\zeta'}{\zeta}(\sigma) - \frac{L'}{L}(\sigma, \chi_1) - \frac{L'}{L}(\sigma, \chi_2) - \frac{L'}{L}(\sigma, \chi_1\chi_2) \geqslant 0$$

$$⑤$$

由式 ① ～ ⑤,我们有

$$\frac{1}{\sigma - \beta_1} + \frac{1}{\sigma - \beta_2} \leqslant \frac{1}{\sigma - 1} + 0.853\log q_1 q_2 =$$

$$2.853\log q_1 q_2 \qquad ⑥$$

设 $\beta = \min\{\beta_1, \beta_2\}$,则

$$\frac{2}{\sigma - \beta} \leqslant 2.853\log q_1 q_2 \qquad ⑦$$

从而

$$\beta < 1 - \frac{1}{5\log q_1 q_2}$$

引理 1 证毕.

引理 2　设 z 是充分大的正数,那么,在模 $q \leqslant z$ 的实原特征所构成的一切 $L -$ 函数中,至多有一个函

数具有一个实零点 $\beta,\beta > 1 - \dfrac{1}{10\log z}$.

证明 由引理 1 推出.

引理 3 设 q 是充分大的整数，令

$$L(s) = \prod_{\chi(\bmod q)} L(s,\chi)$$

则 $L(s)$ 至多有一个零点 $s = \sigma + \mathrm{i}t$，使得

$$\sigma \geqslant 1 - \frac{1}{20\log q(|t|+1)}$$

若这样的零点存在，则必是实零点，而且与之对应的是实特征.

证明 这是相关文献①中的一个引理.

引理 4 设 ε 是任意正常数，$y \geqslant X^\varepsilon$，令

$$N(y,\alpha,yX^\varepsilon) = \sum_{q \leqslant y} \sum_{\chi_q}^* N(\chi_q,\alpha,yX^\varepsilon)$$

其中 $N(\chi_q,\alpha,yX^\varepsilon)$ 表示 $L(s,\chi_q)$ 在区域

$$\sigma \geqslant \alpha, \quad |t| \leqslant yX^\varepsilon$$

中的零点个数，则

$$N(y,\alpha,yX^\varepsilon) \leqslant \begin{cases} (y^3 X^\varepsilon)^{2(1-\alpha)}, & \alpha \geqslant 1 - \varepsilon \\ (y^3 X^\varepsilon)^{4(1-\alpha)}, & 0 < \alpha < 1 - \varepsilon \end{cases}$$

证明 由相关文献②中定理 1 推出.

引理 5 设 $Y = X^\lambda,\lambda = 0.022\,61,q \leqslant Y$，则对于模 $q \leqslant Y$ 的所有原特征 χ，函数 $L(s,\chi_q)$ 在区域

$$\sigma \geqslant 1 - \frac{1}{20(\lambda + 2\varepsilon)\log X}, \quad |t| \leqslant \frac{X^{\lambda+\varepsilon}}{q} \qquad \text{⑧}$$

中不为零，但可能有一个简单实零点 $\tilde{\beta}$ 是例外. 凡使 $L(\tilde{\beta},\chi) = 0$ 的特征 $\chi(\bmod q),q \leqslant Y$，都由 $\tilde{\chi}$ 导出，而且

---

① R. J. Miech. Acta Arith., 1969,15:119-137.

② M. Jutila. Mathematica Scandinavica，1977,41:45-62.

$\tilde{\beta}$ 满足

$$1 - \frac{1}{20(\lambda + 2\varepsilon)\log X} \leqslant \tilde{\beta} \leqslant 1 - \frac{C_2}{\tilde{r}^{\frac{1}{2}}\log^2 \tilde{r}} \qquad ⑨$$

其中 ε 是任意小的固定正数,而 $\tilde{r}$ 表示例外模.

证明　由引理 2、引理 3 及相关文献①中的引理 4.1 推出.

6.2　圆法

令

$$S(\alpha) = \sum_{y < p \leqslant X} \log p e(p\alpha)$$

则

$$S^2(\alpha) = \sum_n R(n) e(p\alpha)$$

其中

$$R(n) = \sum_{\substack{n = p_1 + p_2 \\ y < p_1, p_2 \leqslant X}} \log p_1 \log p_2$$

令 $Q = X^{1-\lambda}$, $\tau = Q^{-1}$,则

$$R(n) = \int_\tau^{1+\tau} S^2(\alpha) e(-n\alpha)\,\mathrm{d}\alpha$$

现将积分区间分为基本区间和次要区间. 我们定义基本区间由下面的 α 组成,即

$$\alpha = \frac{a}{q} + \beta, (a, q) = 1, |\beta| \leqslant \frac{1}{qQ}, 1 \leqslant a \leqslant q \leqslant Y$$

以 E 表示 $(\tau, 1+\tau)$ 中所有不属于基本区间的 α 所组成的集合. 现令

$$R(n) = R_1(n) + R_2(n)$$

---

①　H. L. Montgomery, R. C. Vaughan. Acta Arith. , 1975,27: 353-370.

其中 $R_1(n)$ 表示基本区间上的积分值，$R_2(n)$ 表示次要区间上的积分值.

本节的目的在于证明：对于区间 $(1-\varepsilon)X < n \leqslant X$ 中的偶数 n，至多除去 $X^{1-0.5\lambda+3\varepsilon}$ 个例外值，总有 $R_1(n) > |R_2(n)|$. 由此立刻可证得定理.

引理 6 设
$$1 \leqslant y \leqslant x^{\frac{1}{4}}, y \leqslant q \leqslant xy^{-1}$$
$$\left| \alpha - \frac{a}{q} \right| \leqslant \frac{1}{q^2}, (a,q) = 1$$
则
$$S(\alpha) \ll xy^{-\frac{1}{2}}\log^{17}x$$

证明 由相关文献①中引理 3.1 得出.

引理 7
$$\sum_n R_2^2(n) \ll x^{3-\lambda}\log^{35}x$$

证明 由 Parseval 恒等式，我们有
$$\sum_n R_2^2(n) = \int_E |S(\alpha)|^4 d\alpha \leqslant$$
$$\pi(x)\log^2 x \max_{\alpha\in E} |S(\alpha)|^2$$
由引理 6 即可得证.

引理 8 区间 $(1-\varepsilon)x < n \leqslant x$ 中使 $|R_2(n)| > x^{1-0.25\lambda+\varepsilon}$ 的数的个数至多为 $x^{1-0.5\lambda+3\varepsilon}$.

证明 易由引理 7 得出.

6.3 基本区间上的积分

令

----

① H. L. Montgomery，R. C. Vaughan. Acta Arith. ，1975，27：353-370.

$$\alpha = \frac{a}{q} + \eta, (a,q) = 1, 1 \leqslant a \leqslant q \leqslant Y$$

又设 $\chi_q (\mathrm{mod}\ q)$ 是由原特征 $\chi^* (\mathrm{mod}\ q^*)$ 导出的特征,则

$$S(\chi_q, \eta) = S(\chi^*, \eta)$$

此处

$$S(\chi_q, \eta) = \sum_{Y < p \leqslant x} \chi_q(p) \log pe(p\eta)$$

设

$$\tau(\chi_q) = \sum_{h=1}^{q} \chi_q(h) e\left(\frac{h}{q}\right)$$

则

$$S(\alpha) = \frac{1}{\varphi(q)} \sum_{\chi_q} \chi_q(a) \tau(\bar{\chi}_q) S(\chi_q, \eta)$$

若 $\tilde{r} \nmid q$,令

$$S(\chi_q^0, \eta) = T(\eta) + W(\chi_q^0, \eta)$$
$$S(\chi_q, \eta) = W(\chi_q, \eta), \chi_q \neq \chi_q^0$$

其中 χ_q^0 表示主特征 $(\mathrm{mod}\ q)$

$$T(\eta) = \sum_{Y < m \leqslant x} e(m\eta)$$

我们得到

$$S(\alpha) = \frac{\mu(q)}{\varphi(q)} T(\eta) + \frac{1}{\varphi(q)} \sum_{\chi} \chi(a) \tau(\bar{\chi}_q) W(\chi_q, \eta)$$

若 $\tilde{r} \mid q$,令

$$S(\chi_q^0, \eta) = T(\eta) + W(\chi_q^0, \eta)$$
$$S(\tilde{\chi}\chi_q^0, \eta) = \widetilde{T}(\eta) + W(\tilde{\chi}\chi_q^0, \eta)$$
$$S(\chi_q, \eta) = W(\chi_q, \eta), \chi_q \neq \chi_q^0, \chi_q \neq \tilde{\chi}\chi_q^0$$

其中

$$\widetilde{T}(\eta) = \sum_{Y < m \leqslant x} m^{\tilde{\beta}-1} e(m\eta)$$

我们得到

$$S(\alpha) = \frac{\mu(q)T(\eta)}{\varphi(q)} + \frac{\tau(\tilde{\chi}\chi_q^0)\tilde{\chi}(a)\widetilde{T}(\eta)}{\varphi(q)} +$$

$$\frac{1}{\varphi(q)} \sum_{\chi_q} \chi_q(a)\tau(\bar{\chi}_q)W(\chi_q, \eta)$$

令

$$C_q(m) = \sum_{(a,q)=1} e\left(\frac{am}{q}\right)$$

$$\tau_q(\chi_d) = \sum_{(a,q)=1} \chi_d(a)e\left(\frac{a}{q}\right)$$

$$C_{\chi_q}(m) = \sum_{(a,q)=1} \chi_q(a)e\left(\frac{am}{q}\right)$$

$$C_{\chi_d,q}(m) = \sum_{(a,q)=1} \chi_d(a)e\left(\frac{am}{q}\right)$$

先假定不存在例外特征，于是

$$R_1(n) = \sum_{i=1}^{3} R_{1i}(n) \qquad ⑩$$

其中

$$R_{11}(n) = \sum_{q \leqslant Y} \sum_{(a,q)=1} \frac{\mu^2(q)}{\varphi^2(q)} e\left(-\frac{an}{q}\right) \cdot$$

$$\int_{-\frac{1}{qQ}}^{\frac{1}{qQ}} T^2(\eta)e(-n\eta)\mathrm{d}\eta =$$

$$\sum_{q \leqslant Y} \frac{\mu^2(q)}{\varphi^2(q)} C_q(-n) \int_{-\frac{1}{qQ}}^{\frac{1}{qQ}} T^2(\eta)e(-n\eta)\mathrm{d}\eta$$

$$R_{12}(n) = 2\sum_{q \leqslant Y} \sum_{\chi_q} \frac{\mu(q)}{\varphi^2(q)} \sum_{(a,q)=1} \chi_q(a)e\left(-\frac{na}{q}\right)\tau(\bar{\chi}_q) \cdot$$

$$\int_{-\frac{1}{qQ}}^{\frac{1}{qQ}} T(\eta)W(\chi_q, \eta)e(-n\eta)\mathrm{d}\eta =$$

$$2\sum_{d \leqslant Y} \sum_{\chi_d}^{*} \sum_{\substack{q \leqslant Y \\ d|q}} \frac{\mu(q)}{\varphi^2(q)} C_{\chi_d,q}(-n)\tau_q(\bar{\chi}_d) \cdot$$

$$\int_{-\frac{1}{qQ}}^{\frac{1}{qQ}} T(\eta)W(\chi_d,\eta)\mathrm{d}\eta$$

其中 $\sum\limits_{\chi_d}^{*}$ 表示对所有原特征（mod q）求和，即

$$R_{13}(n) = \sum_{q \leqslant Y}\sum_{(a,q)=1}\frac{1}{\varphi^2(q)}\sum_{\chi_q}\chi_q(a) \cdot$$

$$\sum_{\chi'_q}\chi'_q(a)\tau(\bar\chi_q)\tau(\bar{\chi'}_q) \cdot$$

$$e\left(-\frac{na}{q}\right)\int_{-\frac{1}{qQ}}^{\frac{1}{qQ}}W(\chi_q,\eta) \cdot$$

$$W(\chi'_q,\eta)e(-n\eta)\mathrm{d}\eta =$$

$$\sum_{d_1 \leqslant Y}\sum_{d_2 \leqslant Y}\sum_{\chi_{d_1}}\sum_{\chi_{d_2}}\sum_{\substack{q \leqslant Y\\d_1|q,d_2|q}}\frac{1}{\varphi^2(q)}C_{\chi_{d_1},\chi_{d_2},q}(-n) \cdot$$

$$\tau_q(\bar\chi_{d_1})\tau_q(\bar\chi_{d_2})\int_{-\frac{1}{qQ}}^{\frac{1}{qQ}}W(\chi_{d_1},\eta) \cdot$$

$$W(\chi_{d_2},\eta)e(-n\eta)\mathrm{d}\eta$$

其中

$$C_{\chi_{d_1},\chi_{d_2},q}(-n) = \sum_{(a,q)=1}\chi_{d_1}(a)\chi_{d_2}(a)e\left(-\frac{na}{q}\right)$$

若存在例外特征，我们有

$$R_1(n) = \sum_{i=1}^{6}R_{1i}(n)$$

此外

$$R_{14}(n) = \sum_{\substack{q \leqslant Y\\r|q}}\sum_{(a,q)=1}\frac{\tau_q^2(\bar\chi)}{\varphi^2(q)}e\left(-\frac{na}{q}\right) \cdot$$

$$\int_{-\frac{1}{qQ}}^{\frac{1}{qQ}}\widetilde{T}^2(\eta)e(-n\eta)\mathrm{d}\eta =$$

$$\sum_{\substack{q \leqslant Y\\r|q}}\frac{\tau_q^2(\bar\chi)}{\varphi^2(q)}C_q(-n) \cdot$$

$$\int_{-\frac{1}{qQ}}^{\frac{1}{qQ}} \widetilde{T}^2(\eta)e(-n\eta)\mathrm{d}\eta$$

$$R_{15}(n) = 2\sum_{\substack{q\leqslant Y \\ r\mid q}} \frac{\mu(q)}{\varphi^2(q)} C_{\widetilde{\chi},q}(-n)\tau_q(\widetilde{\chi})\cdot$$

$$\int_{-\frac{1}{qQ}}^{\frac{1}{qQ}} T(\eta)\widetilde{T}(\eta)e(-n\eta)\mathrm{d}\eta$$

$$R_{16}(n) = 2\sum_{\substack{q\leqslant Y \\ r\mid q}} \frac{\tau_q(\widetilde{\chi})}{\varphi^2(q)} \sum_{\chi_q} \tau(\overline{\chi_q}) C_{\chi_q\overline{\chi},q}(-n)\cdot$$

$$\int_{-\frac{1}{qQ}}^{\frac{1}{qQ}} \widetilde{T}(\eta)W(\chi_q,\eta)e(-n\eta)\mathrm{d}\eta$$

容易得到

$$R_{11}(n) = n\sum_{q=1}^{\infty} \frac{\mu^2(q)}{\varphi^2(q)} C_q(-n)O(x^{1-\lambda+\varepsilon}) =$$
$$nG(n) + O(x^{1-\lambda+\varepsilon}) \qquad\qquad ⑪$$

其中

$$G(n) = \prod_{p\nmid n}\left(1-\frac{1}{(p-1)^2}\right)\prod_{p\mid n}\left(1+\frac{1}{p-1}\right)$$

令

$$\widetilde{G}(n) = \widetilde{\chi}(-1)\mu\left(\frac{\widetilde{r}}{(r,n)}\right)G(n)\prod_{\substack{p\nmid n \\ p\mid \widetilde{r}}}(p-2)^{-1}$$

$$\widetilde{I}(n) = \sum_{Y<k\leqslant n-Y}(k(n-k))^{\widetilde{\beta}-1}$$

由相关文献①，我们有

$$R_{14}(n) = \widetilde{G}(n)\widetilde{I}(n) + O(x^{1-\lambda+\varepsilon}(\widetilde{r},n)) \qquad ⑫$$

令

---

① H. L. Montgomery，R. C. Vaughan. Acta Arith.，1975,27：353-370.

$$W(\chi_d) = \left(\int_{-\frac{1}{dQ}}^{\frac{1}{dQ}} |W(\chi_d,\eta)|^2 \,\mathrm{d}\eta\right)^{\frac{1}{2}} \qquad ⑬$$

则

$$R_{12}(n) = 2x^{\frac{1}{2}} \sum_{d\leqslant Y}\sideset{}{^*}\sum_{\chi_d} W(\chi_d) \cdot$$

$$\sum_{\substack{q\leqslant Y\\ d\mid q}} \left|\frac{\mu(q)}{\varphi^2(q)}\tau_q(\bar\chi_d)C_{\chi_d,q}(-n)\right| \qquad ⑭$$

$$R_{13}(n) \leqslant \sum_{d_1\leqslant Y}\sum_{d_2\leqslant Y}\sideset{}{^*}\sum_{\chi_{d_1}}\sideset{}{^*}\sum_{\chi_{d_2}} W(\chi_{d_1})W(\chi_{d_2}) \cdot$$

$$\sum_{\substack{q\leqslant Y\\ d_1\mid q, d_2\mid q}} \frac{1}{\varphi^2(q)} \cdot |\tau_q(\bar\chi_{d_1})\tau_q(\bar\chi_{d_2}) \cdot$$

$$C_{\chi_{d_1},\chi_{d_2},q}(-n)| \qquad ⑮$$

引理 9　设 χ_{r_i} 是原特征 $(\mathrm{mod}\ r_i),i=1,2$, 又设

$$r_3 = (r_1,r_2), r_4 = [r_1,r_2]$$

于是

$$r_1 = r_3 r_5, r_2 = r_5 r_6, r_4 = r_3 r_5 r_6$$

其中 $(r_5,r_6)=1.$ 令 $m>0$ 有

$$S(\chi_{r_1},\chi_{r_2},m) = \sum_{\substack{q=1\\ r_1\mid q, r_2\mid q}}^{\infty} \frac{|\tau_q(\bar\chi_{r_1})\tau_q(\bar\chi_{r_2})C_{\chi_{r_1},\chi_{r_2},q}(-m)|}{\varphi^2(q)}$$

$$A(r_1,r_2,m) = \frac{r_5 r_6\,|\chi_{r_1}(r_6)\chi_{r_2}(r_5)|\displaystyle\prod_{p\nmid r_4,p\nmid m}\left(1+\frac{1}{(p-1)^2}\right)}{\varphi^2(r_5 r_6)\sqrt{\dfrac{r_3}{(m,r_3)}}\displaystyle\prod_{p\mid\frac{r_3}{(m,r_3)}}\left(1-\frac{1}{p}\right)^2} \cdot$$

$$|\mu(r_5)||\mu(r_6)|$$

则

$$S(\chi_{r_1},\chi_{r_2},m) \leqslant \frac{A(r_1,r_2,m)m}{\varphi(m)}$$

证明 令 $q = kr_4$，则由相关文献[①]中引理 5.2 得

$$\tau_q(\overline{\chi}_{r_1}) = \overline{\chi}_{r_1}(kr_6)\mu(kr_6)\tau(\overline{\chi}_{r_1})$$

$$\tau_q(\overline{\chi}_{r_2}) = \overline{\chi}_{r_2}(kr_5)\mu(kr_5)\tau(\overline{\chi}_{r_2})$$

由此得到

$$S(\chi_{r_1}, \chi_{r_2}, m) \leqslant \sum_{\substack{k=1 \\ (k,r_4)=1}}^{\infty} \frac{|\mu^2(k)\mu(r_5)\mu(r_6)\chi_{r_1}(r_6)\chi_{r_2}(r_5)|}{\varphi^2(k)\varphi^2(r_4)} \cdot$$

$$|\tau(\overline{\chi}_{r_1})\tau(\overline{\chi}_{r_2})C_{\chi_{r_1},\chi_{r_2},q}(-m)| \quad \text{⑯}$$

令 $h = kh_1 + r_4 h_2$，则

$$C_{\chi_{r_1},\chi_{r_2},q}(-m) =$$

$$\sum_{\substack{h=1 \\ (h,kr_4)=1}}^{kr_4} \chi_{r_1}(h)\chi_{r_2}(h)e\left(-\frac{hm}{kr_4}\right) =$$

$$\sum_{h_1=1}^{r_4}\sum_{h_2=1}^{k} \chi_{r_1}(kh_1)\chi_{r_2}(kh_1) \cdot$$

$$e\left(-\frac{h_1 m}{r_4}\right)e\left(-\frac{h_2 m}{k}\right) =$$

$$\chi_{r_1}(k)\chi_{r_2}(k)C_{\chi_{r_1},\chi_{r_2},r_4}(-m)C_k(-m) \quad \text{⑰}$$

我们可以假定 $(r_1, r_6) = (r_2, r_5) = 1$，于是 $(r_3, r_5) = (r_3, r_6) = 1$. 令

$$\chi_{r_1}(n) = \chi_{r_3}^{(1)}(n)\chi_{r_5}(n), \chi_{r_2}(n) = \chi_{r_3}^{(2)}(n)\chi_{r_6}(n)$$

其中 $\chi_{r_i}(n)$ 是原特征 $(\bmod\ r_i)$，$i = 5, 6$，而 $\chi_{r_3}^{(i)}(n)(i = 1, 2)$ 是原特征 $(\bmod\ r_3)$. 于是

$$\chi_{r_1}(n)\chi_{r_2}(n) = \chi_{r_3}^{(1)}(n)\chi_{r_3}^{(2)}(n)\chi_{r_5}(n)\chi_{r_6}(n)$$

令

---

① H. L. Montgomery, R. C. Vaughan. Acta Arith., 1975, 27: 353-370.

$$\chi_{r_3}^{(1)}(n)\chi_{r_3}^{(2)}(n)=\chi_{r_3}^{(3)}(n),\chi_{r_5}(n)\chi_{r_6}(n)=\chi_{r_5 r_6}(n)$$

则 $\chi_{r_5 r_6}(n)$ 是原特征 $(\bmod r_5 r_6)$，但 $r_4=r_3 r_5 r_6$，$(r_3,r_5 r_6)=1$，所以

$$C_{\chi_{r_1},\chi_{r_2},r_4}(-m)=\sum_{h=1}^{r_4}\chi_{r_3}^{(3)}(h)\chi_{r_5 r_6}(h)e\left(-\frac{hm}{r_4}\right)=$$

$$\sum_{\substack{h_1=1\\(h_2,r_3)=(h_1,r_5 r_6)=1}}^{r_5 r_6}\sum_{h_2=1}^{r_3}\chi_{r_3}^{(3)}(r_3 h_1+r_5 r_6 h_2)\cdot$$

$$\chi_{r_5 r_6}(r_3 h_1+r_5 r_6 h_3)\cdot$$

$$e\left(-\frac{h_1 m}{r_5 r_6}\right)e\left(-\frac{h_2 m}{r_3}\right)=$$

$$\chi_{r_3}^{(3)}(r_5 r_6)\chi_{r_5 r_6}(r_3)\cdot$$

$$\sum_{\substack{h_1=1\\(h_1,r_5 r_6)=1}}^{r_5 r_6}\chi_{r_5 r_6}(h_1)e\left(-\frac{h_1 m}{r_5 r_6}\right)\cdot$$

$$\sum_{\substack{h_2=1\\(h_2,r_3)=1}}^{r_3}\chi_{r_3}^{(3)}(h_2)e\left(-\frac{h_2 m}{r_3}\right)$$

由式 ⑯ 及 ⑰ 得到

$$S(\chi_{r_1},\chi_{r_2},m)\leqslant|\mu(r_5)\mu(r_6)\chi_{r_1}(r_6)\cdot$$

$$\chi_{r_2}(r_5)\chi_{r_5 r_6}(-m)|\cdot$$

$$|\tau(\bar{\chi}_{r_1})\tau(\bar{\chi}_{r_2})\tau(\chi_{r_5 r_6})\cdot$$

$$C_{\chi_{r_3}^{(3)}}(-m)|\frac{1}{\varphi^2(r_4)}\cdot$$

$$\sum_{\substack{k=1\\(k,r_4)=1}}^{\infty}\frac{\mu^2(k)C_k(-m)}{\varphi^2(k)}$$

由相关文献[①]中引理 5.4,我们得到

$$\mid C_{\chi_{r_3}^{(3)}}(-m)\mid \leqslant \frac{\sqrt{\frac{r_3}{(m,r_3)}}\varphi(r_3)}{\varphi\left(\frac{r_3}{(m,r_3)}\right)}$$

$$\frac{1}{\varphi^2(r_4)}\mid \tau(\bar{\chi}_{r_1})\tau(\bar{\chi}_{r_2})\tau(\chi_{r_5 r_6})C_{\chi_{r_3}^{(3)}}(-m)\mid \leqslant$$

$$\frac{r_5 r_6}{\varphi^2(r_5 r_6)\sqrt{\frac{r_3}{(r_3,m)}}\left(\prod_{\substack{p\mid r_3\\p\mid m}}\left(1-\frac{1}{p}\right)\prod_{p\mid \frac{r_3}{(m,r_3)}}\left(1-\frac{1}{p}\right)^2\right)}$$

⑱

当 $\left(m,\frac{r_4}{r_3}\right)=1$ 时,容易得到

$$\sum_{k=1}^{\infty}\frac{\mu^2(k)\mid C_k(-m)\mid}{\varphi^2(k)}\leqslant$$

$$\prod_{\substack{p\nmid m\\p\nmid r_4}}\left(1+\frac{1}{(p-1)^2}\right)\prod_{\substack{p\mid m\\p\nmid r_3}}\left(1+\frac{1}{p-1}\right)=$$

$$\prod_{\substack{p\nmid m\\p\nmid r_4}}\left(1+\frac{1}{(p-1)^2}\right)\prod_{\substack{p\mid m\\p\nmid r_3}}\left(1-\frac{1}{p}\right)^{-1}$$

⑲

由式 ⑱ 及 ⑲ 推知

$$S(\chi_{r_1},\chi_{r_2},m)\leqslant A(r_1,r_2,m)\prod_{p\mid m}\left(1-\frac{1}{p}\right)^{-1}$$

引理 10　设 m 是偶整数,$r_1>0,r_2>0$,则

$$A(r_1,r_2,m)\leqslant \frac{10.41}{\sqrt{6}}$$

---

① H. L. Montgomery, R. C. Vaughan. Acta Arith., 1975,27: 353-370.

证明　令

$$C_1(r_1,r_2,m)=\begin{cases}1, & 2\mid r_5r_6\\2\sqrt{2}, & 2\nmid r_5r_6\end{cases}$$

于是

$$\frac{r_5r_6}{\varphi^2(r_5r_6)}C_1(r_1,r_2,m)\leqslant 2\sqrt{2},(r_5,r_6)=1$$

$$A(r_1,r_2,m)\leqslant\frac{r_5r_6C_1(r_1,r_2,m)\displaystyle\prod_{p\nmid r_4,\,p\nmid m}\left(1+\frac{1}{(p-1)^2}\right)}{\varphi^2(r_5r_6)\displaystyle\prod_{\substack{p\mid\frac{r_3}{(m,r_3)}\\p\geqslant 3}}\left(1-\frac{1}{p}\right)^2 p^{\frac{1}{2}}}\leqslant$$

$$\frac{2\sqrt{2}\displaystyle\prod_{p\nmid r_4,\,p\nmid m}\left(1+\frac{1}{(p-1)^2}\right)}{\displaystyle\prod_{\substack{p\mid\frac{r_3}{(m,r_3)}\\p\geqslant 3}}p^{\frac{1}{2}}\left(1-\frac{1}{p}\right)^2}$$

因此，有

$$A(r_1,r_2,m)\leqslant\frac{9\displaystyle\prod_{p\geqslant 5}\left(1+\frac{1}{(p-1)^2}\right)}{\sqrt{6}}\leqslant\frac{10.41}{\sqrt{6}}$$

引理 11

$$A(1,r,m)\leqslant\frac{2r}{\varphi^2(r)},A(r,1,m)\leqslant\frac{2r}{\varphi^2(r)}$$

由引理 9 和引理 11 可以得到

$$R_{12}(n)\leqslant 4x^{\frac{1}{2}}\sum_{d\leqslant Y}\sum_{\chi_d}{}^{*}\frac{ndW(\chi_d)}{\varphi(n)\varphi^2(d)}\leqslant$$

$$\frac{n}{\varphi(n)}\Big(8x^{\frac{1}{2}}\sum_{d\leqslant\log^{10}x}\sum_{\chi_d}{}^{*}W(\chi_d)+$$

$$O\Big(x^{\frac{1}{2}}\log^{-6}x\sum_{d\leqslant Y}\sum_{\chi_d}{}^{*}W(\chi_d)\Big)\Big)\leqslant$$

509

$$\frac{n}{\varphi(n)}(8x^{\frac{1}{2}}W(\log^{10}x)) + O\left(\frac{x^{\frac{1}{2}}W(Y)}{\log^6 x}\right) \qquad ⑳$$

其中

$$W(Y) = \sum_{d \leqslant Y} \sum_{\chi_d}^{*} W(\chi_d)$$

由相关文献[①]中引理 5.1 与引理 5.2 容易推知

$$R_{15}(n) \ll \frac{\tilde{\chi}(n)n\tilde{r}}{\varphi(n)\varphi^2(\tilde{r})} + (\tilde{r},n)\chi^{1-\lambda+\varepsilon} \qquad ㉑$$

由式 ⑮、引理 9 及引理 10 我们得到

$$R_{13}(n) \leqslant \frac{10.41nW^2(Y)}{\sqrt{6}\,\varphi(n)} \qquad ㉒$$

$$R_{16}(n) \leqslant \frac{20.82x^{\frac{1}{2}}nW^2(Y,\tilde{r})}{\sqrt{6}\,\varphi(n)} + \frac{\varepsilon nW(Y)x^{\frac{1}{2}}}{\varphi(n)} \qquad ㉓$$

其中

$$W(Y,\tilde{r}) = \sum_{d \leqslant Y,\frac{[d,r]}{(d,r)} \leqslant x^{\varepsilon}} \sum_{\chi_d}^{*} W(\chi_d)$$

6.4 $W(Y)$ 的估计

令

$$\sum_{p}^{*} \chi_d(p)\log p =$$

$$\begin{cases} \sum_{p}\log p - \sum_{n}1, & \chi_d = \chi_d^0 \\ \sum_{p}\tilde{\chi}(p)\log p - \sum_{n}n^{\tilde{\beta}-1}, & \chi_d = \tilde{\chi}\chi_d^0 \\ \sum \chi_d(p)\log p, \chi_d \neq \chi_d^0, & \chi_d \neq \tilde{\chi}\chi_d^0 \end{cases}$$

---

① H. L. Montgomery, R. C. Vaughan. Acta Arith. , 1975, 27: 353-370.

由相关文献中引理 1 可得

$$W(\chi_d) = \left(\int_{-\frac{1}{dQ}}^{\frac{1}{dQ}} |W(\chi_d,t)|^2 \, dt\right)^{\frac{1}{2}} \leqslant$$

$$\pi\left(\int_{-\infty}^{+\infty} \left|\frac{1}{dQ}\sum_{\substack{Y < p \leqslant x \\ t-\frac{Qt}{2} \leqslant p \leqslant t}}{}^{*} \chi_d(p)\log p\right|^2 dt\right)^{\frac{1}{2}} \leqslant$$

$$\pi\left(\int_{Y}^{x+\frac{Qt}{2}} \left|\frac{1}{dQ}\sum_{\substack{xY^{-3} < p \leqslant x \\ t-\frac{Qt}{2} \leqslant p \leqslant t}}{}^{*} \chi_d(p)\log p\right|^2 dt\right)^{\frac{1}{2}} +$$

$$O(x^{\frac{1}{2}}d^{-1}Q^{-1}xY^{-3}) \leqslant$$

$$\frac{\pi\sqrt{x+\frac{dQ}{2}}}{dQ} \max_{xY^{-3} \leqslant t \leqslant x+\frac{Qt}{2}} \left|\sum_{\substack{xY^{-3} < p \leqslant x \\ t-\frac{Qt}{2} \leqslant p \leqslant t}}{}^{*} \chi_d(p)\log p\right| +$$

$$O(x^{\frac{1}{2}-2\lambda}d^{-1})$$

令

$$E_{0,\chi_d} = \begin{cases} 1, & \chi_d = \chi_d^{0} \\ 0, & \chi_d \neq \chi_d^{0} \end{cases}, E_{1,\chi_d} = \begin{cases} 1, & \chi_d = \tilde{\chi}\chi_d^{0} \\ 0, & \chi_d \neq \tilde{\chi}\chi_d^{0} \end{cases}$$

并设 $d \leqslant Y = x^{\lambda}, x^{\varepsilon} \leqslant T \leqslant x^{0.1}$，则

$$\sum_{n \leqslant x} \chi_d(n)\Lambda(n) =$$

$$E_{0,\chi_d}x - \frac{E_{1,\chi_d}x^{\tilde{\beta}}}{\tilde{\beta}} - \sum_{\beta \geqslant \frac{1}{4}, |\gamma| \leqslant T}' \frac{x^{\rho}}{\rho} + O\left(\frac{x\log^2 x}{T}\right)$$

此处"'"表示 $\rho \neq \tilde{\beta}$. 由此得到

$$\left|\sum_{\max\{xY^{-3}, t-\frac{Qt}{2}\} \leqslant p \leqslant \min\{x,t\}}{}^{*} \chi_d(p)\log p\right| \leqslant$$

①　P. X. Gallagher. Invent Math.，1970，11：329-339.

$$\sum_{\substack{\beta \geqslant \frac{1}{4} \\ |\gamma| \leqslant Yx^\varepsilon d^{-1}}}{}' \left| \int_{\max\{xY^{-3},\, t-\frac{Qd}{2}\}}^{\min\{x,t\}} s^{\rho-1}\,\mathrm{d}s \right| +$$

$$\frac{d}{Yx^{0.9\varepsilon}} \sum_{\substack{\beta \geqslant \frac{1}{4},\, |\gamma| \leqslant Y^4}}{}' x^\beta + O(x^{1-4\lambda+\varepsilon}) \leqslant$$

$$\frac{Qd}{2} \sum_{\substack{\beta \geqslant \frac{1}{4},\, |\gamma| \leqslant Yx^\varepsilon d^{-1}}}{}' \left(\frac{x}{Y^3}\right)^{\beta-1} +$$

$$\frac{d}{Yx^{0.9\varepsilon}} \sum_{\substack{\beta \geqslant \frac{1}{4},\, |\gamma| \leqslant Y^4}}{}' x^\beta + O(x^{1-4\lambda+\varepsilon})$$

当 $1 \leqslant d \leqslant Y$ 时，可以得到

$$W(\chi_d) \leqslant \frac{\pi\sqrt{1.5}\,x^{\frac{1}{2}}}{2} \sum_{\substack{\beta \geqslant \frac{1}{4} \\ |\gamma| \leqslant x^{\lambda+\varepsilon}d^{-1}}}{}' (x^{1-3\lambda})^{\beta-1} +$$

$$x^{\frac{1}{2}-0.8\varepsilon} \sum_{\substack{\beta \geqslant \frac{1}{4} \\ |\gamma| \leqslant x^{4\lambda}}}{}' x^{\beta-1} + O(x^{\frac{1}{2}-2\lambda+2\varepsilon}d^{-1}) \qquad ㉔$$

$$W(Y) = \frac{\pi\sqrt{1.5}\,x^{\frac{1}{2}}}{2} \sum_{d \leqslant Y} \sum_{\chi_d}{}^* \sum_{\substack{\beta \geqslant \frac{1}{4} \\ |\gamma| \leqslant x^{\lambda+\varepsilon}d^{-1}}}{}' x^{(1-3\lambda)(\beta-1)} +$$

$$x^{\frac{1}{2}-0.8\varepsilon} \sum_{d \leqslant Y} \sum_{\chi_d}{}^* \sum_{\substack{\beta \geqslant \frac{1}{4} \\ |\gamma| \leqslant x^{4\lambda}}}{}' x^{\beta-1} + O(x^{\frac{1}{2}-\lambda+2\varepsilon}) \qquad ㉕$$

先假定例外特征不存在，此时由引理 4 和引理 5 可得

$$\sum_{d \leqslant Y} \sum_{\chi_d}{}^* \sum_{\beta \geqslant \frac{1}{4}}{}' x^{(1-3\lambda)(\beta-1)} \leqslant$$

$$-\int_{\frac{1}{4}}^{1-\frac{1}{20(\lambda+\varepsilon)\log x}} x^{(1-3\lambda)(\beta-1)}\,\mathrm{d}N(Y,\alpha,Yx^\varepsilon) \leqslant$$

$$\left(\frac{1-3\lambda}{1-9\lambda-2\varepsilon}\right) \mathrm{e}^{-\frac{1-9\lambda-2\varepsilon}{20(\lambda+\varepsilon)}} + O(x^{-0.5\varepsilon}) \qquad ㉖$$

而且类似地,有

$$\sum_{d\leqslant Y}\sum_{\chi_d}{}^{*}\sum_{\substack{\beta\geqslant\frac{1}{4}\\|\gamma|\leqslant x^{4\lambda}}}{}'x^{\beta-1}=O(x^{0.3\varepsilon}) \qquad ㉗$$

由式 ㉕ 及 ㉖ 得到

$$W(Y)\leqslant\frac{\pi\sqrt{1.5}(1-3\lambda)}{2(1-9\lambda-2\varepsilon)}\mathrm{e}^{-\frac{1-9\lambda-2\varepsilon}{20(\lambda+\varepsilon)}}x^{\frac{1}{2}}+O(x^{\frac{1}{2}-0.5\varepsilon})$$

$$㉘$$

现在设有例外特征 $\tilde{\chi}(\bmod \tilde{r})$,且

$$(1-\tilde{\beta})(1+\varepsilon)\log x\leqslant C_1\leqslant\frac{1}{20}$$

引理 12[①]　设 χ_1 是实的非主特征 $(\bmod q)$,且 $\beta_1=1-\delta_1$ 是 $L(s,\chi_1)$ 的实零点,χ 是一个特征 $(\bmod q)$,$\rho=\beta+i\tau=1-\delta+i\tau$ 是 $L(s,\chi)$ 的一个零点,$\delta<0.01,\beta\leqslant\beta_1$.若 $D=q(|\tau|+1)$ 充分大,即 $D\geqslant D_0(\varepsilon)$,则

$$\delta_1\geqslant\frac{1-6\delta}{8\log D}D^{\frac{-(2+\varepsilon)\delta}{1-6\delta}}$$

引理 13　设 $\tilde{\delta}=1-\tilde{\beta}$,$\chi$ 是一个特征 $(\bmod q)$,$\rho=\beta+i\tau=1-\delta+i\tau$ 是 $L(s,\chi)$ 的零点,$\delta<0.1$.设 $D_1=[q,\tilde{r}](|\tau|+1)$ 充分大,即 $D\geqslant D_0(\varepsilon)$,则

$$\tilde{\delta}\geqslant\frac{1-6\delta}{8\log D_1}D_1^{\frac{-(2+\varepsilon)\delta}{1-6\delta}} \qquad ㉙$$

证明　设 $\chi^0_{[\tilde{r},q]}$ 是一个主特征 $(\bmod [\tilde{r},q])$,则

$$L(\tilde{\beta},\tilde{\chi}\chi^0_{[\tilde{r},q]})=L(\tilde{\beta},\tilde{\chi})=0 \qquad ㉚$$

$$L(\beta+i\tau,\chi_q\chi^0_{[\tilde{r},q]})=L(\beta+i\tau,\chi_q)=0 \qquad ㉛$$

---

① M. Jutila. Mathematica Scandinavica,1977,41:45-62.

由此及引理 12 就可得需要的结果.

引理 14 设 $\tilde{r} \leqslant x^{\frac{1}{2}(\lambda+\varepsilon)}, \tilde{\delta}(\lambda+\varepsilon)\log x \leqslant C_1 \leqslant \frac{1}{20}$，则

$$W(Y) \leqslant \left(\frac{\pi\sqrt{1.5}\,(6.075)\lambda\tilde{\delta}(1-3\lambda)\log x}{1-9\lambda-2\varepsilon}\right) \cdot$$

$$\left(\frac{20}{12.15}\right)^{1-\frac{1-9\lambda-2\varepsilon}{3.001\,5\lambda}} x^{\frac{1}{2}} + O(x^{\frac{1}{2}-\frac{\varepsilon}{2}}) \qquad ㉜$$

证明 在引理 13 中取 $D_1 = x^{1.5+\varepsilon}$，得到

$$\tilde{\delta} \geqslant \frac{D_1^{-2.001\delta}}{8.1\log D_1}, \delta \leqslant \varepsilon$$

因此

$$S \geqslant \eta = \frac{\log \dfrac{1}{(8.1)(1.5\lambda\log x)\tilde{\delta}}}{(2.001)(1.5\lambda+\varepsilon)\log x}, \delta \leqslant \varepsilon$$

从而

$$\sum_{d\leqslant Y}\sum_{\chi_d}^{*}\sum_{\substack{\beta\geqslant 4 \\ |\gamma|\leqslant x^{\lambda+\varepsilon}/d}} x^{(1-3\lambda)(\beta-1)} \leqslant$$

$$\int_{\frac{1}{4}}^{1-\varepsilon}(x^{3\lambda+4})^{4(1-\alpha)}x^{(1-3\lambda)(\alpha-1)}\log x^{1-3\lambda}\,\mathrm{d}\alpha +$$

$$\int_{1-\varepsilon}^{1-\eta}(x^{3\lambda+\varepsilon})^{2(1-\alpha)}x^{(1-3\lambda)(\alpha-1)} \cdot$$

$$\log x^{1-3\lambda}\,\mathrm{d}\alpha + O(x^{-\varepsilon}) \leqslant$$

$$\left(\frac{12.15\lambda\tilde{\delta}(1-3\lambda)\log x}{1-9\lambda-2\varepsilon}\right)\left(\frac{20}{12.15}\right)^{1-\frac{1-9\lambda-2\varepsilon}{3.001\,5\lambda}} + O(x^{-\frac{\varepsilon}{2}})$$

由此及式 ㉕ 可得到引理的结论.

由式 ㉘ 容易得知

$$W(\log^{10}x) \leqslant 10^{-10}x^{\frac{1}{2}} \qquad ㉝$$

引理 15

$$W(Y,\tilde{r}) \leqslant \left(\frac{4.05\pi\sqrt{1.5}(1-3\lambda)}{20(1-9\lambda-2\varepsilon)}\right) \cdot$$

$$\left(\frac{20}{8.12}\right)^{1-\frac{1-9\lambda}{2.001\lambda}} x^{\frac{1}{2}} + O(x^{\frac{1}{2}-\frac{\varepsilon}{2}}) \qquad ㉞$$

证明

$$W(Y,\tilde{r}) = \sum_{\substack{d \leqslant Y \\ \frac{[d,\tilde{r}]}{(d,\tilde{r})} \leqslant x^{\varepsilon}}} \sum_{\chi_d}{}^{*} W(\chi_d)$$

在引理 13 中取 $D_1 = x^{\lambda+2\varepsilon}$，则得到

$$\delta \geqslant \eta = \frac{\log\frac{1}{8.1\lambda\tilde{\delta}\log x}}{2.001(\lambda+2\varepsilon)\log x}, \delta \leqslant \varepsilon$$

于是

$$\sum_{\substack{d \leqslant Y \\ \frac{[d,\tilde{r}]}{(d,\tilde{r})} \leqslant x^{\varepsilon}}} \sum_{\chi_d}{}^{*} \sum_{\substack{\beta \geqslant \frac{1}{4} \\ |\gamma| \leqslant x^{\lambda+\varepsilon}/d}} x^{(1-3\lambda)(\beta-1)} \leqslant$$

$$\int_{\frac{1}{4}}^{1-\varepsilon} (x^{3\lambda+\varepsilon})^{4(1-\alpha)} x^{(1-3\lambda)(\alpha-1)} \log x^{1-3\lambda} \mathrm{d}\alpha +$$

$$\int_{1-\varepsilon}^{1-\eta} (x^{3\lambda+\varepsilon})^{2(1-\alpha)} x^{(1-3\lambda)(\alpha-1)} \log x^{1-3\lambda} \mathrm{d}\alpha + O(x^{-\varepsilon}) \leqslant$$

$$\left(\frac{8.1\lambda\tilde{\delta}(1-3\lambda)\log x}{1-9\lambda-2\varepsilon}\right)\left(\frac{20}{8.11}\right)^{1-\frac{1-9\lambda}{2.001\lambda}} + O(x^{-\frac{\varepsilon}{2}})$$

由此及式 ㉔ 即可得证.

6.5　定理的证明

（1）首先，假定不存在例外特征. 由式 ⑩⑪⑳㉒㉓ 有

$$R_1(n) \geqslant nG(n) - \frac{n}{\varphi(n)}\left(8x^{\frac{1}{2}}W(\log^{10} x) + \right.$$

$$O\left(\frac{x^{\frac{1}{2}}W(Y)}{\log^6 x}\right) + \frac{10.41W^2(Y)}{\sqrt{6}}\right) + O(x^{1-\lambda+\varepsilon}) \geqslant$$

$$\frac{n}{\varphi(n)}\left(\prod_{\substack{p\geqslant 3\\p\nmid n}}\left(1-\frac{1}{(p-1)^2}\right)n - 10^{-9}x - \right.$$

$$\left(\frac{10.411}{\sqrt{6}}\right)\left(\frac{\pi^2(1.5)(1-3\lambda)^2}{4(1-9\lambda)^2 e^{0.1\lambda^{-1}-0.09}}\right)x\right) \geqslant$$

$$\frac{n}{\varphi(n)}\{0.65x - 0.636x\} \geqslant 0.014x$$

定理由此得证.

（2）若存在例外特征，则

$$R_1(n) \geqslant nG(n) - |\widetilde{G}(n)\widetilde{I}(n)| + O(x^{1-\lambda+\varepsilon}(\widetilde{r},n)) - $$

$$\frac{n}{\varphi(n)}\left(8x^{\frac{1}{2}}W(\log^{10} x) + \frac{10.41}{\sqrt{6}}W^2(Y) + \right.$$

$$\frac{20.82W(Y,\widetilde{r})x^{\frac{1}{2}}}{\sqrt{6}} + \varepsilon W(Y)x^{\frac{1}{2}} + $$

$$O\left(\frac{x^{\frac{1}{2}}W(Y)}{\log^6 x}\right) + O\left(\frac{n\widetilde{r}\widetilde{\chi}^2(n)}{\varphi^2(\widetilde{r})}\right)\right) \qquad ㉟$$

我们分三种情形讨论.

（i）$(n,r)=1$ 或 $\prod_{p|\widetilde{r},p\nmid n}(p-2) \geqslant \frac{1}{\varepsilon}$，$(\widetilde{r},n) \leqslant x^{\frac{\lambda}{2}}$. 若

$\prod_{p|\widetilde{r},p\nmid n}(p-2) \geqslant \frac{1}{\varepsilon}$，则

$$|\widetilde{G}(n)\widetilde{I}(n)| \leqslant nG(n)\prod_{p|\widetilde{r},p\nmid n}(p-2)^{-1} \leqslant \varepsilon nG(n)$$

若 $(n,r)=1$，则

$$\prod_{p|\widetilde{r},p\nmid n}(p-2)^{-1} \leqslant 6\varepsilon, \widetilde{r} > \log^{1.5}x$$

因此

$$R_1(n) \geqslant \frac{n}{\varphi(n)}\left(n\prod_{p\geqslant 3}\left(1-\frac{1}{(p-1)^2}\right) - \right.$$

$$2\varepsilon x - 10^{-9}x - \varepsilon W(Y)x^{\frac{1}{2}} -$$

$$\frac{10.41}{\sqrt{6}}W^2(Y) - \frac{20.82W(Y,\tilde{r})}{\sqrt{6}}x^{\frac{1}{2}}\bigg) \geqslant$$

$$\frac{n}{\varphi(n)}\bigg(0.65x - \frac{10.41}{\sqrt{6}}\bigg(\frac{1.5\pi^2(1-3\lambda)^2 x}{4(1-9\lambda)^2 e^{0.1\lambda^{-1}-0.9}}\bigg) -$$

$$\frac{\pi\sqrt{1.5}\,\varepsilon(1-3\lambda)x}{2(1-9\lambda)e^{\frac{1}{2}(0.1\lambda^{-1}-0.9)}} -$$

$$\frac{20.83}{\sqrt{6}}\bigg(\frac{4.05\pi\sqrt{1.5}\,(1-3\lambda)}{20(1-9\lambda)}\bigg)\cdot$$

$$\bigg(\frac{20}{8.11}\bigg)^{1-\frac{1-9\lambda}{2.001\lambda}}x\bigg) \geqslant 0.000\,1x \qquad \text{㊱}$$

（ii）　　　　　　$(n,\tilde{r}) > x^{\frac{\lambda}{2}}$

$$\sum_{\substack{n\leqslant x \\ (n,\tilde{r})>x^{\frac{\lambda}{2}}}}1 \leqslant \sum_{\substack{d\mid r \\ d>x^{\frac{\lambda}{2}}}}\sum_{\substack{n\leqslant x \\ d\mid n}}1 \leqslant x^{1-\frac{\lambda}{2}}d(\tilde{r}) \leqslant x^{1-\frac{\lambda}{2}+\varepsilon} \qquad \text{㊲}$$

（iii）$1 < (n,\tilde{r}) \leqslant x^{\frac{\lambda}{2}}$，$\displaystyle\prod_{p\mid r,\,p\nmid n}(p-2) \leqslant \frac{1}{\varepsilon}$.

由相关文献[①]中引理 4.1，有 $\mu\bigg(\dfrac{\tilde{r}}{(4,\tilde{r})}\bigg)=0$，因而

$16\nmid\tilde{r}$，$p^2\nmid\tilde{r}(p>3)$. 但

$$\prod_{p\mid r,\,p\nmid n}(p-2) \leqslant \frac{1}{\varepsilon}$$

所以

$$\tilde{r} \leqslant 16\bigg(\frac{1}{\varepsilon}\bigg)^2(n,\tilde{r}) \leqslant x^{\frac{1}{2}(\lambda+\varepsilon)}$$

由式 ㉟ 可得到

---

①　H. L. Montgomery，R. C. Vaughan. Acta Arith.，1975，27：353-370.

$$R_1(n) \geqslant nG(n) - | G(n)\tilde{I}(n) | -$$

$$\frac{n}{\varphi(n)}\Big(8x^{\frac{1}{2}}W(\log^{10}x) + \frac{10.41W^2(Y)}{\sqrt{6}} +$$

$$\frac{20.82W^2(Y,\tilde{r})x^{\frac{1}{2}}}{\sqrt{6}} + \varepsilon W(Y)x^{\frac{1}{2}} +$$

$$O\Big(\frac{x^{\frac{1}{2}}W(Y)}{\log^6 x}\Big) + O(x^{1-\frac{\lambda}{2}+\frac{3}{2}\varepsilon})\Big) \tag{38}$$

容易证明

$$nG(n) - | \tilde{G}(n)\tilde{I}(n) | \geqslant 0.651 e^{-\frac{1}{0.45}} \tilde{\delta}x \log x \frac{n}{\varphi(n)}$$

由此及式 ㉜ ～ ㉟㊳ 推出

$$R_1(n) \geqslant (0.070\,5 - 0.048\,5 - 0.002)\frac{n}{\varphi(n)}\tilde{\delta}x \log x \geqslant$$

$$0.001x^{1-0.25\lambda-0.5\varepsilon} \tag{39}$$

由式 ㊱㊲㊳ 及引理 8，定理即可得证.

§7　一个素数和一个素数的平方和问题[①]

—— 王明强

　　设 H 表示一个正整数 N 的集合，曲阜师范大学数学系的王明强教授 2004 年证明了对任意的正整数 q，同余方程 $a + b^2 \equiv N(\bmod\ q)$ 在模 q 的既约剩余系中有解 a, b. $E(x)$ 表示 $N \leqslant x, N \in H$，但不能表成 $p_1 + p_2^2 = N$ 的数的个数，其中 p_1, p_2 表示素数，则 $E(x) \ll x \log^{-A}x$，这里 A 是任一大正数.

---

① 原载于《数学学报》，2004，47(4)：695-702.

7.1　预备知识

本节研究了一个与哥德巴赫猜想有关的堆垒素数论中的经典问题. 1996 年, Brüdern 和 Perelli 证明了: 对 $k > 5$, H_k 表示一个正整数 N 的集合, 使对任意 q, 同余方程 $a + b^k \equiv N \pmod{q}$ 在模 q 的既约剩余系中有解 a, b. $E_k(x)$ 表示 $N \leqslant x$, $N \in H_k$ 且不能表成 $N = p_1 + p_2^k$ 的数的个数, 其中 p_1, p_2 表示素数, 则在 GRH 下有

$$E_k(x) \leqslant x^{1 - \frac{c}{k^2 \log k}}$$

这里 c 为一个常数. 对于比较小的情形他们没有给出任何结果. 以下我们将 H_2 及 $E_2(x)$ 分别简记为 H 和 $E(x)$.

下面给出一个无条件的结果.

定理 1　设 x 表示一个正数, 对 $N \in H, N \leqslant x$, 有 $E(x) \ll x \log^{-A} x$, 其中 A 表示任一大正数.

在证明过程中, 我们总假定 $\dfrac{x}{2} < N < x$, 即证明

$$E(x) - E\left(\frac{x}{2}\right) \ll x \log^{-A} x, \text{则易得}$$

$$E(x) \ll x \log^{-A} x$$

本节所用方法是 A. Ghosh 研究哥德巴赫猜想的例外集所用方法的深化. 为了有效地处理增大的主区间, 本节应用了经典的 L - 函数零点的分布结果, 还应用了不等式 $[r_1, r_2, r_3]^{-\frac{1}{2}} \leqslant (r_1 r_2 r_3)^{-\frac{1}{6}}$ 处理主区间的余项.

本节所用记号都是标准的. 特别地, $\Lambda(n), \phi(n)$, $d(n)$ 分别表示 von Mangoldt 函数、欧拉函数、除数函

数. ε 是充分小的正数,本节要求满足 $\varepsilon \leqslant \dfrac{1}{200}$ 即可.

7.2　余区间上的估计

设

$$Q = x^{\frac{5}{89}}, \tau = x Q^{-\frac{3}{2}-\varepsilon} \qquad ①$$

$$S(\alpha) = \sum_{\frac{x}{8} < p < x} (\log p) e(\alpha p), f(\alpha) = \sum_{\frac{x}{8} < p^2 < x} \log p e(p^2 \alpha)$$

$$②$$

简记 $L = \log x$,区间 $\left[\dfrac{1}{\tau}, 1 + \dfrac{1}{\tau} \right]$ 可被划分成主区间和余区间 E_1 和 E_2,这里

$$E_1 = \bigcup_{q \leqslant Q} \bigcup_{\substack{a=1 \\ (a,q)=1}}^{q} \left[\frac{a}{q} - \frac{1}{q\tau}, \frac{a}{q} + \frac{1}{q\tau} \right],$$

$$E_2 = \left[\frac{1}{\tau}, 1 + \frac{1}{\tau} \right] - E_1 \qquad ③$$

应用圆法得

$$R(N) = \int_{\frac{1}{\tau}}^{1+\frac{1}{\tau}} S(\alpha) f(\alpha) e(-\alpha N) \mathrm{d}\alpha =$$

$$\left\{ \int_{E_1} + \int_{E_2} \right\} S(\alpha) f(\alpha) e(-\alpha N) \mathrm{d}\alpha =$$

$$R_1(N) + R_2(N) \qquad ④$$

利用迪利克雷逼近引理,对于 $\alpha \in E_2$ 均可表为

$$\alpha = \frac{a}{q} + \lambda, (a,q) = 1, |\lambda| < \frac{1}{q\tau}, Q < q < \tau \quad ⑤$$

对于余区间 E_2 上的积分,可用以下引理来估计.

引理 1　若 $\alpha = \dfrac{a}{q} + \lambda, (a,q) = 1, |\lambda| \leqslant \dfrac{1}{q^2}$,则

$$f(\alpha) \ll x^{\frac{1}{2}} (q^{-1} + x^{-\frac{1}{2}} + q x^{-1})^{\frac{1}{4}}.$$

利用这一引理和式 ①⑤,有

$$\max_{\alpha \in E_2} \mid f(\alpha) \mid \ll x^{\frac{1}{2}} (q^{-1} + x^{-\frac{1}{2}} + Q^{-1})^{\frac{1}{4}} \ll x^{\frac{1}{2}} Q^{-\frac{1}{4}}$$

⑥

由帕塞瓦尔定理和式 ⑥,有

$$\sum_N \mid R_2(N) \mid^2 = \int_{E_2} \mid S(\alpha) f(\alpha) \mid^2 \mathrm{d}\alpha \leqslant$$

$$\max_{\alpha \in E_2} \mid f(\alpha) \mid^2 \int_0^1 \mid S(\alpha) \mid^2 \mathrm{d}\alpha \ll$$

$$x Q^{-\frac{1}{2}} x L = x^2 Q^{-\frac{1}{2}} L$$

$M_1(x)$ 表示满足 $\mid R_2(N) \mid > x^{\frac{1}{2}} L^{-3}$ 的 N 的个数,则

$$M_1(x) \ll x Q^{-\frac{1}{2}} L^7 \tag{⑦}$$

7.3　指数和 $f(\alpha)$ 和 $S(\alpha)$,主区间,主项

设 $\chi(\mathrm{mod}\ q)$ 是迪利克雷特征,$L(s, \chi)$ 是与其相关的 $L -$ 函数,而 $\rho = \beta + \mathrm{i}\gamma$ 表示 $L(s, \chi)$ 的非显然零点. 此外记

$$C(a, \chi) = \sum_{h=1}^q \chi(h) e\left(\frac{ah^2}{q}\right) \tag{⑧}$$

其中 χ^0 是模的主特征. 当 $\chi = \chi^0$ 时记 $C(a, \chi) = C(a, q)$,$G(a, \chi)$ 表示高斯和.

本节给出 $S(\alpha)$ 和 $f(\alpha)$ 在 $\alpha \in E_1$ 上的一个渐近表示,显然主区间是两两不交的,而且每个 $\alpha \in E_1$ 均可表为 $\alpha = \dfrac{a}{q} + \lambda$,$(a, q) = 1$,$\mid \lambda \mid \leqslant \dfrac{1}{q\tau}$,$q \leqslant Q$.

引理 2　若 $\alpha \in E_1$,令

$$T = Q^6 \tag{⑨}$$

则

$$S\left(\frac{a}{q}+\lambda\right) = \frac{\mu(q)}{\phi(q)}\sum_{\frac{x}{8}<n<x}e(n\lambda)-$$

$$\frac{1}{\phi(q)}\sideset{}{'}\sum_{\chi(\bmod q)}G(a,\chi)\cdot$$

$$\sum_{|\gamma|\leqslant T}\int_{\frac{x}{8}}^{x}v^{\rho-1}e(\lambda v)\mathrm{d}v+$$

$$O(xQ^{-\frac{9}{2}+\varepsilon}L^2)=$$

$$S_1(\lambda)+S_2(\lambda)+S_3(\lambda) \qquad ⑩$$

$$f\left(\frac{a}{q}+\lambda\right) = \frac{C(a,q)}{2\phi(q)}\sum_{\frac{x}{8}<n<x}n^{-\frac{1}{2}}e(n\lambda)-$$

$$\frac{1}{2\phi(q)}\sum_{\chi(\bmod q)}C(a,\chi)\cdot$$

$$\sum_{|\gamma|\leqslant T}\int_{\frac{x}{8}}^{x}v^{\frac{\rho}{2}-1}e(\lambda v)\mathrm{d}v+$$

$$O(x^{\frac{1}{4}}L^2)=$$

$$f_1(\lambda)+f_2(\lambda)+f_3(\lambda) \qquad ⑪$$

证明　因为

$$\sum_{\substack{p^k<x\\k\geqslant 2}}\log pe(\alpha p^k)\ll x^{\frac{1}{2}}L^2$$

$$\sum_{\substack{p^{2k}<x\\k\geqslant 2}}\log pe(\alpha p^{2k})\ll x^{\frac{1}{4}}L^2$$

所以

$$f(\alpha)=\sum_{\frac{x}{8}<n^2<x}\Lambda(n)e(\alpha n^2)+O(x^{\frac{1}{4}}L^2)$$

$$S(\alpha)=\sum_{\frac{x}{8}<n<x}\Lambda(n)e(\alpha n)+O(x^{\frac{1}{2}}L^2)$$

引入迪利克雷特征

$$\sum_{\frac{x}{8}<n<x}\Lambda(n)e(\alpha n)=\frac{1}{\phi(q)}\sum_{\chi(\bmod q)}G(a,\chi)\cdot$$

$$\sum_{\frac{x}{8}<n<x} \Lambda(n)\overline{\chi(n)}e(\lambda n) + O(L^2)$$

⑫

$$\sum_{\frac{x}{8}<n^2<x} \Lambda(n)e(\alpha n^2) = \frac{1}{\phi(q)}\sum_{\chi(\mathrm{mod}\,q)} C(a,\chi)\cdot$$

$$\sum_{\frac{x}{8}<n^2<x} \Lambda(n)\overline{\chi(n)}e(\lambda n^2) + O(L^2)$$

⑬

应用显式,有

$$\sum_{n<x}\chi(n)\Lambda(n) = E(\chi)x - \sum_{|\gamma|\leqslant T}\frac{x^\rho}{\rho} + \sum_{|\gamma|\leqslant 1}\frac{1}{\rho} + O\left(\frac{x\log^2 xqT}{T} + \log^2 qx\right)$$

其中 $E(\chi^0)=1$,而 $E(\chi)=0$. 当 $\chi\neq\chi^0$ 时,$\rho=\beta+\mathrm{i}\gamma$ 是函数 $L(s,\chi)$ 的非显然零点. $T\geqslant 2$ 是参数,则式 ⑫ 内层和等于

$$\int_{\frac{x}{8}}^x e(\lambda v)\mathrm{d}\sum_{n<v}\overline{\chi(n)}\Lambda(n) = E(\chi)\int_{\frac{x}{8}}^x e(\lambda v)\mathrm{d}v -$$

$$\sum_{|\gamma|\leqslant T}\int_{\frac{x}{8}}^x v^{\rho-1}e(\lambda v)\mathrm{d}v + O(xQ^{-\frac{9}{2}+\varepsilon}L^2)$$

为了估计上面的 O 项使用了式 ① 和式 ⑨. 又因为

$$\int_{\frac{x}{8}}^x e(\lambda v)\mathrm{d}v = \sum_{\frac{x}{8}<n<x}e(n\lambda) + O(1)$$

所以

$$S\left(\frac{a}{q}+\lambda\right) = \frac{\mu(q)}{\phi(q)}\sum_{\frac{x}{8}<n<x}e(\lambda n) - \frac{1}{\phi(q)}\sum_{\chi(\mathrm{mod}\,q)}G(a,\chi)\cdot$$

$$\sum_{|\gamma|\leqslant T}\int_{\frac{x}{8}}^x v^{\rho-1}e(\lambda v)\mathrm{d}v + O(xQ^{-\frac{9}{2}+\varepsilon}L^2)$$

523

同理可得

$$f\left(\frac{a}{q}+\lambda\right)=\frac{C(a,q)}{\phi(q)}\sum_{\frac{x}{8}<n<x}n^{-\frac{1}{2}}e(\lambda n)-\frac{1}{2\phi(q)}\sum_{\chi(\bmod q)}C(a,\chi)\cdot$$

$$\sum_{|\gamma|\leqslant T}\int_{\frac{x}{8}}^{x}v^{\frac{\rho}{2}-1}e(\lambda v)\mathrm{d}v+O(x^{\frac{1}{4}}L^{2})$$

下面我们考虑在 E_1 上的积分

$$R_1(N)=\int_{E_1}S(\alpha)f(\alpha)e(-\alpha N)\mathrm{d}\alpha=$$

$$\sum_{i=1}^{2}\sum_{j=1}^{2}\int_{E_1}S_i(\lambda)f_j(\lambda)e(-\alpha N)\mathrm{d}\alpha+$$

$$\int_{E_1}f(\alpha)S_3(\lambda)e(-\alpha N)\mathrm{d}\alpha+$$

$$\int_{E_1}f_3(\lambda)S(\alpha)e(-\alpha N)\mathrm{d}\alpha-$$

$$\int_{E_1}f_3(\lambda)S_3(\lambda)e(-\alpha N)\mathrm{d}\alpha=$$

$$\sum_{i=1}^{2}\sum_{j=1}^{2}D_{ij}(N)+D_{03}+D_{30}-D_{33}\qquad ⑭$$

D_{ij} 中 D_{11} 是主项

$$D_{11}(N)=\int_{E_1}S_1(\lambda)f_1(\lambda)e(-\alpha N)\mathrm{d}\alpha=$$

$$\sum_{q\leqslant Q}\frac{\mu(q)}{2\phi^2(q)}\sum_{\substack{a=1\\(a,q)=1}}^{q}C(a,q)e\left(\frac{-aN}{q}\right)\cdot$$

$$\int_{-\frac{1}{q\tau}}^{\frac{1}{q\tau}}T_f(\lambda)T_S(\lambda)e(-\lambda N)\mathrm{d}\lambda\qquad ⑮$$

其中 $T_f(\lambda)=\sum_{\frac{x}{8}<n<x}n^{-\frac{1}{2}}e(\lambda n),T_S(\lambda)=\sum_{\frac{x}{8}<n<x}e(\lambda n)$. 熟知

$$T_f(\lambda)\ll x^{-\frac{1}{2}}\min\left\{x,\frac{1}{\|\lambda\|}\right\},T_S(\lambda)\ll\min\left\{x,\frac{1}{\|\lambda\|}\right\}$$

$$⑯$$

故式 ⑮ 中的积分扩张到 $\left[-\dfrac{1}{2}, \dfrac{1}{2}\right]$ 所引起的误差

$$\ll \sum_{q \leqslant Q} \frac{1}{2\phi^2(q)} \sum_{\substack{a=1 \\ (a,q)=1}}^{q} \mid C(a,q) \mid \int_{\frac{1}{q^x}}^{\frac{1}{2}} x^{-\frac{1}{2}} \frac{1}{\lambda^2} \mathrm{d}\lambda \ll x^{\frac{1}{2}} Q^{-\varepsilon}$$

估计上式用到 $C(a,q) \ll q^{\frac{1}{2}} d(q)$，所以

$$D_{11}(N) = \sum_{q \leqslant Q} \frac{\mu(q)}{2\phi^2(q)} \sum_{\substack{a=1 \\ (a,q)=1}}^{q} C(a,q) e\left(\frac{-aN}{q}\right) \cdot$$

$$\sum_{\substack{n_1+n_2=N \\ \frac{x}{8} < n_i < x}} n_i^{-\frac{1}{2}} + O(x^{\frac{1}{2}} Q^{-\varepsilon}) =$$

$$\Phi(N,Q) \sum_{\substack{n_1+n_2=N \\ \frac{x}{8} < n_i < x}} n_i^{-\frac{1}{2}} + O(x^{\frac{1}{2}} Q^{-\varepsilon})$$

其中

$$\Phi(N,Q) = \sum_{q \leqslant Q} \frac{\mu(q)}{2\phi^2(q)} \sum_{\substack{a=1 \\ (a,q)=1}}^{q} C(a,q) e\left(\frac{-aN}{q}\right)$$

而

$$\sum_{\substack{n_1+n_2=N \\ \frac{x}{8} < n_i < x}} n_i^{-\frac{1}{2}} \gg x^{\frac{1}{2}}$$

由相关文献[①]引理 5 知，对所有 $\dfrac{x}{2} < N < x, N \in H$，除

$Q_C(xQ^{-\frac{1}{2}})$ 个例外值之外，均有 $\Phi(N,Q) \gg L^{-2}$，故除

$Q_C(xQ^{-\frac{1}{2}})$ 个例外值之外

$$D_{11}(N) \gamma g x^{\frac{1}{2}} L^{-2} \qquad ⑰$$

---

① J. Brüdern，A. Perelli. The addition of primes and power. Can. J. Math. ,1996,48(3):512-526.

7.4 主区间的处理,余项

本节将证明除 $D_{11}(N)$ 之外,对所有 $D_{ij}(N)$,除 $O(x\log^{-A}x)$ 个例外值之外,$D_{ij}(N) \ll x^{\frac{1}{2}}L^{-3}$.

引理 3 以 $N(\sigma,T,\chi)$ 表示 $L(s,\chi)$ 在区域 $\sigma \leqslant \operatorname{Re} s \leqslant 1$,$|\operatorname{Im} s| \leqslant T$ 中零点的个数,定义

$$N(\sigma,T,q) = \sum_{\chi(\bmod q)} N(\sigma,T,\chi)$$

$$N^*(\sigma,T,q) = \sum_{\chi(\bmod q)}^* N(\sigma,T,\chi)$$

(" * "表示对原特征 $\chi(\bmod q)$ 求和),则有

$$N(\sigma,T,q) \ll (qT)^{A(\sigma)(1-\sigma)}\log^9(qT) \qquad ⑱$$

$$\sum_{q \leqslant Q}^* N^*(\sigma,T,q) \ll (Q^2 T)^{A(\sigma)(1-\sigma)}\log^2(QT) \qquad ⑲$$

此处 $\frac{1}{2} \leqslant \sigma \leqslant 1$,而 $A(\sigma)$ 可取 $\frac{3}{2-\sigma}$ 和 $\frac{12}{5}+\delta$ 中的任何一个数.

下面我们考虑 $D_{21}(N)$. 由贝塞尔和赫尔德不等式,有

$$\sum_N |D_{21}(N)|^2 \leqslant \int_{E_1} |f_1(\lambda)S_2(\lambda)|^2 \mathrm{d}\lambda \leqslant$$

$$\left[\iint_{E_1} |f_1(\lambda)|^6 \mathrm{d}\lambda\right]^{\frac{1}{3}} \cdot$$

$$\left[\iint_{E_1} |S_2(\lambda)|^3 \mathrm{d}\lambda\right]^{\frac{2}{3}} \qquad ⑳$$

因为

$$\int_{E_1} |f_1(\lambda)|^6 \mathrm{d}\lambda = \frac{1}{2^6}\sum_{q \leqslant Q}\frac{1}{\phi^6(q)}\sum_{\substack{a=1 \\ (a,q)=1}}^q |C(a,q)|^6 \cdot$$

$$\left|\int_{-\frac{1}{q\tau}}^{\frac{1}{q\tau}} |T_f(\lambda)|^6 \mathrm{d}\lambda\right| =$$

$$\frac{1}{2^6}\sum_{q\leqslant Q}\frac{1}{\phi^2(q)}\sum_{\substack{a=1\\(a,q)=1}}^{q}\mid C(a,q)\mid^6 \cdot$$

$$\left|\int_{-\frac{1}{2}}^{\frac{1}{2}}\mid T_f(\lambda)\mid^6 d\lambda\right|+$$

$$O\Big(\sum_{q\leqslant Q}\frac{q^{3+\epsilon}}{\phi^5(q)}\int_{\frac{1}{q\tau}}^{\frac{1}{2}}\mid T_f(\lambda)\mid^6 d\lambda\Big)\ll$$

$$\sum_{\substack{n_1+n_2+n_3=n_4+n_5+n_6\\ \frac{x}{8}<n_i<x}}\Big(\prod_{i=1}^{6}n_i\Big)^{-\frac{1}{2}}+$$

$$x^{-3}Q^4\tau^5\ll x^2 \qquad\qquad ㉑$$

上式估计用到了式 ①⑯ 和

$$\sum_{\substack{n_1+n_2+n_3=n_4+n_5+n_6\\ \frac{x}{8}<n_i<x}}\Big(\prod_{i=1}^{6}n_i\Big)^{-\frac{1}{2}}\ll x^2 \qquad ㉒$$

又

$$\int_{E_1}\mid S_2(\lambda)\mid^3 d\lambda=\sum_{q\leqslant Q}\frac{1}{\phi^3(q)}\sum_{\substack{a=1\\(a,q)=1}}^{q}\int_{-\frac{1}{q\tau}}^{\frac{1}{q\tau}}\Big|\sum_{\chi(\bmod q)}G(a,\chi)\cdot$$

$$\sum_{|\gamma|\leqslant T}\int_{\frac{x}{8}}^{x}v^{\rho-1}e(\lambda v)dv\Big|^3 d\lambda \qquad ㉓$$

因为

$$\frac{d}{dv}\Big(\lambda v+\frac{\log v}{2\lambda}\Big)=\lambda+\frac{\gamma}{2\lambda v}$$

$$\frac{d^2}{dv^2}\Big(\lambda v+\frac{\log v}{2\lambda}\Big)=-\frac{\gamma}{2\lambda v^2}$$

所以由相关文献[①]中的引理 4.3 和 4.4 知

$$\int_{\frac{x}{8}}^{x}v^{\beta-1}e\Big(\lambda v+\frac{\gamma}{2\pi}\log v\Big)dv\ll$$

---

① R. C. Vaughan. The Hardy-Littlewood method. Cambridge：Cambridge University Press, 1981.

$$x^{\beta-1} \min\left\{x, \frac{x}{\min\limits_{\frac{x}{8}<v<x} \mid \gamma+2\pi\lambda v \mid}, \frac{x}{\sqrt{\mid \gamma \mid}}\right\}$$

故

$$\sum_{\mid \gamma \mid \leqslant T} \int_{\frac{x}{8}}^{x} v^{\rho-1} e(\lambda v)\,\mathrm{d}v \ll$$

$$\sum_{\mid \gamma \mid \leqslant \min\{\mid \lambda \mid x, T\}} x^{\beta-1} \min\left\{x, \frac{x}{\min\limits_{\frac{x}{8}<v<x} \mid \gamma+4\pi\lambda v \mid}\right\} +$$

$$\sum_{\mid \lambda \mid x < \mid \gamma \mid < T} x^{\beta-1} \min\left\{x, \frac{x}{\sqrt{\mid \gamma \mid}}\right\} \ll$$

$$\sum_{\mid \gamma \mid \leqslant \min\{\mid \lambda \mid x, T\}} x^{\beta-1} \min\left\{x, \frac{1}{\mid \lambda \mid}\right\} +$$

$$\sum_{\mid \lambda \mid x < \mid \gamma \mid \leqslant T} x^{\beta-1} \min\left\{x, \frac{x^{\frac{1}{2}}}{\mid \lambda \mid^{\frac{1}{2}}}\right\} \ll$$

$$\min\left\{x, \frac{1}{\mid \lambda \mid} + \frac{x^{\frac{1}{2}}}{\mid \lambda \mid^{\frac{1}{2}}}\right\} \sum_{\mid \gamma \mid \leqslant T} x^{\beta-1} \qquad \text{㉔}$$

由式 ㉔ 知,式 ㉓ 可被估计为

$$\ll \left(x^2 + (Q\tau)^2 + (Q\tau)^{\frac{1}{2}} x^{\frac{3}{2}}\right) \sum_{q \leqslant Q} \frac{1}{\phi^3(q)} \cdot$$

$$\sum_{\substack{a=1 \\ (a,q)=1}}^{q} \left\lvert \sum_{\chi(\bmod q)} G(a,\chi) \sum_{\mid \gamma \mid \leqslant T} x^{\beta-1} \right\rvert^3 = $$

$$(x^2 + (Q\tau)^2 + (Q\tau)^{\frac{1}{2}} x^{\frac{3}{2}}) I$$

熟知,若原特征 $\chi(\bmod r)$ 诱导出特征 $\eta(\bmod k)$,则 $r \mid k$ 且 $\eta = \chi\chi^0$,这里 χ^0 是模 k 的主特征. 按照每个原特征的贡献集项,有

$$I = \sum_{r_1 < Q} \sum_{r_2 < Q} \sum_{r_3 < Q} \sideset{}{^*}\sum_{\chi_1(\bmod r_1)} \sideset{}{^*}\sum_{\chi_2(\bmod r_2)} \sideset{}{^*}\sum_{\chi_3(\bmod r_3)} \cdot$$

$$\sum_{\mid \gamma_1 \mid \leqslant T} \sum_{\mid \gamma_2 \mid \leqslant T} \sum_{\mid \gamma_3 \mid \leqslant T} \prod_{i=1}^{3} x^{\beta_i-1} \sum_{\substack{q \leqslant Q \\ r_i \mid q}} \frac{1}{\phi^3(q)} \cdot$$

$$\sum_{\substack{a=1 \\ (a,q)=1}}^{q} \prod_{i=1}^{3} |G(a,\chi_q^0\chi_i)| \qquad \text{㉕}$$

因为 $|G(a,\chi_q^0\chi_i)| \leqslant r_i^{\frac{1}{2}}$,所以

$$\sum_{q\leqslant Q} \frac{1}{\phi^3(q)} \sum_{\substack{a=1 \\ (a,q)=1}}^{q} \prod_{i=1}^{3} |G(a,\chi_q^0\chi_i)| \ll q^{-\frac{1}{2}+\varepsilon}$$

又 $r_i \mid q$,故 $q^{-\frac{1}{2}} \leqslant (r_1 r_2 r_3)^{-\frac{1}{6}}$,所以

$$I \ll \left(\sum_{r<Q} r^{-\frac{1}{6}} \sum_{\chi(\bmod r)}^{*} \sum x^{\beta_i-1}\right)^3 \ll$$
$$\max_{R\leqslant Q} \left\{\sum_{r\sim R} r^{-\frac{1}{6}} \sum_{\chi(\bmod r)}^{*} \sum_{|\gamma|\leqslant T} x^{\beta-1}\right\}^3 \ll$$
$$\max_{R\leqslant Q} \max_{\frac{1}{2}\leqslant\sigma\leqslant 1} \left\{R^{-\frac{1}{6}}(R^2 T)^{A(\sigma)(1-\sigma)} x^{\sigma-1}\right\}^3 \qquad \text{㉖}$$

为了估计式 ㉖,将其分成两部分 $R\leqslant W,W\leqslant R\leqslant Q$,其中 $W=\log^B x$,这里 $B=4A+24$. 为了在 $R\leqslant W$ 时估计式 ㉖,利用 $L-$ 函数的非零区域如下结果:存在常数 $c=c(B)>0$,使得 $r\sim R=W$ 的所有 $L-$ 函数在下列区域内无零点

$$\sigma \geqslant 1 - \frac{c}{\log r + \log^{\frac{4}{5}}(|t|+2)}$$

取 $\eta(x)=c\log^{-\frac{4}{5}}x$,可得

$$\max_{R\leqslant W} \max_{\frac{1}{2}\leqslant\sigma\leqslant 1-\eta(x)} \{R^{-\frac{1}{6}}(R^2 T)^{A(\sigma)(1-\sigma)} x^{\sigma-1}\} \ll$$
$$\exp(-c'\log^{\frac{1}{5}}x) \qquad \text{㉗}$$

这里 c' 是一个正常数.

记式 ㉖ 最后一个大括号中的量为 K,为在 $W\leqslant R\leqslant Q$ 时估计式 ㉖,考虑下面两种情形.

情形 1　当 $\frac{1}{2}\leqslant\sigma\leqslant\frac{34}{35}$ 时,取 $A(\sigma)=\frac{3}{2-\sigma}$,易见

$\dfrac{6(1-\sigma)}{2-\sigma}\geqslant\dfrac{1}{6}$，故在式 ㉖ 中 R 的方幂为正，对 $T=Q^{6}$，有

$$\max_{W\leqslant R\leqslant Q\frac{1}{2}\leqslant\sigma\leqslant\frac{34}{35}}\max K\ll\max_{\frac{1}{2}\leqslant\sigma\leqslant\frac{34}{35}}\{Q^{-\frac{1}{6}}(Q^{2}T)^{\frac{3(1-\sigma)}{2-\sigma}}x^{\sigma-1}\}^{3}\ll x^{-\frac{9}{6\,230}}$$

㉘

情形 2　当 $\dfrac{34}{35}\leqslant\sigma\leqslant 1$ 时，取 $A(\sigma)=\dfrac{12}{5}+\delta$，此时式 ㉖ 中 R 的方幂为

$$2\left(\dfrac{12}{5}+\delta\right)(1-\sigma)-\dfrac{1}{6}<-\dfrac{31}{1\,050}$$

因此

$$\max_{W\leqslant R\leqslant Q\frac{34}{35}\leqslant\sigma\leqslant 1}\max K\ll\max_{\frac{34}{35}\leqslant\sigma\leqslant 1}\{W^{-\frac{31}{1\,050}}T^{(\frac{12}{5}+\delta)\,(1-\sigma)}x^{\sigma-1}\}^{3}\ll$$

$$W^{-\frac{31}{1\,050}}\ll\log^{-\frac{B}{4}}x=\log^{-A-6}x\qquad㉙$$

由式 ⑳㉑㉓ ～ ㉙ 可知，除 $O(x\log^{-A}x)$ 个例外值之外，有

$$|D_{12}(N)|\leqslant x^{\frac{1}{2}}L^{-3}\qquad㉚$$

用完全相同的方法也可证明，除 $O(x\log^{-A}x)$ 个例外值之外，有

$$|D_{12}(N)|,|D_{22}(N)|\leqslant x^{\frac{1}{2}}L^{-3}\qquad㉛$$

下面估计 D_{03}，D_{30} 和 D_{33}。由贝塞尔和赫尔德不等式及式 ⑩，得

$$\sum_{N}|D_{03}(N)|^{2}\leqslant\int_{E_{1}}|f(\alpha)S_{3}(\alpha)|^{2}\mathrm{d}\alpha\leqslant$$

$$\left(\int_{0}^{1}|f(\alpha)|^{4}\mathrm{d}\alpha\right)^{\frac{1}{2}}\cdot$$

$$\left(\int_{E_{1}}|S_{3}(\lambda)|^{4}\mathrm{d}\lambda\right)^{\frac{1}{2}}\leqslant$$

$$x^{\frac{1}{2}}((xQ^{-\frac{9}{2}+\varepsilon}L)^4\tau^{-1})^{\frac{1}{2}} \leqslant$$
$$x^2 Q^{-8} L$$

估计上面和式也用到了华不等式.

由贝塞尔不等式和式 ⑪,得

$$\sum_N \mid D_{30}(N) \mid^2 \leqslant \int_{E_1} \mid S(\alpha)f_3(\alpha) \mid^2 \mathrm{d}\alpha \leqslant$$
$$\mathop{\mathrm{Sup}}_{\alpha \in E_1} \mid f_3(\alpha) \mid^2 \int_0^1 \mid S(\alpha) \mid^2 \mathrm{d}\alpha \ll$$
$$(x^{\frac{1}{4}}L^2)^2 xL \ll x^{\frac{3}{2}} L^5$$

由引理 2 和贝塞尔不等式,有

$$\sum_N \mid D_{33}(N) \mid^2 \leqslant \int_{E_1} \mid S_3(\alpha)f_3(\alpha) \mid^2 \mathrm{d}\alpha \leqslant$$
$$(xQ^{-\frac{9}{2}+\varepsilon}L^2)^2(x^{\frac{1}{4}}L^2)^2 \ll$$
$$x^{\frac{5}{2}}Q^{-9+\varepsilon}L^8 \ll x^{2-\frac{1}{178}+\varepsilon}L^8$$

由以上讨论可知,除 $O(x\log^{-A}x)$ 个例外值之外,均有

$$\mid D_{03}(N) \mid, \mid D_{30}(N) \mid, \mid D_{33}(N) \mid \ll x^{\frac{1}{2}}L^{-3} \quad ㉜$$

最后,由式 ⑦⑰㉚ ～ ㉜ 知,对充分大的 x,除 $O(x\log^{-A}x)$ 个例外值之外, 均有 $\mid R_1(N) \mid >$ $\mid R_2(N) \mid$,即 $R(N) > 0$.定理证毕.

§8 哥德巴赫数(Ⅳ)[①]

—— 姚琦　楼世拓

表为两个奇素数之和的偶数称为哥德巴赫数. 很多数学工作者研究了对于怎样的数 $\eta(\eta \geqslant 0)$,当 $h \geqslant x^{\eta}$ 时区间 $(x-h, x+h]$ 中必含有哥德巴赫数. 本节应用筛法余项的新的估计式证明了以下主要结果:

当 $h \geqslant x^{\frac{245}{5\,088}}$ 时,区间 $(x-h, x+h]$ 中必含有哥德巴赫数,这里 x 是充分大的正数.

8.1 序

我们将能表为两个奇素数之和的偶数称为哥德巴赫数. 很多数学工作者研究了当 h 满足什么条件时区间中存在哥德巴赫数,即在什么条件下存在两个奇数 p_1 和 p_2 使下式成立

$$|x-p_1-p_2|<2h \qquad ①$$

当 $h=1$ 时,上述命题即著名的哥德巴赫猜想.

华罗庚[②]指出:应用 Ingham 的相继素数定理可以得到当

$$h \geqslant x^{\frac{25}{64}+\varepsilon}$$

时式 ① 成立. 用 $N(\sigma, T)$ 表示黎曼 ζ 一函数满足 $|t| \leqslant T$,$|\beta| \geqslant \sigma$ 的零点 $\beta+\mathrm{i}t$ 的个数. 若存在一个常数 c,当

---

① 原载于《数学年刊》1986 年第 7 卷 A 辑.

② 华罗庚. 指数和的估计及其在数论中的应用. 北京:科学出版社,1963.

$0 \leqslant \sigma \leqslant 1$ 时一致有
$$N(\sigma, T) \ll T^{c(1-\sigma)} \log^A T \qquad ②$$

潘承洞[1]证明了当 $h \geqslant x^{1-\frac{2}{c}+\varepsilon}$ 时式 ① 成立. 蒙哥马利和沃恩[2]及 Ramachandra[3] 都证明了当
$$h \geqslant x^{\left(1-\frac{1}{c}\right)\left(1-\frac{2}{c}\right)+\varepsilon} \qquad ③$$

时式 ① 成立. 由 Huxley[4] 给出当 $c \geqslant \dfrac{12}{5}$ 时式 ② 成立,从而得到当
$$h \geqslant x^{\frac{7}{72}+\varepsilon}$$

时式 ① 成立. 潘承洞[5]给出了当
$$h \geqslant x^{\frac{7}{72}} \log^{c_1} x$$

(c_1 是常时) 时式 ① 成立.

在相关文献[6]中作者得到: 当 $y \geqslant x^{\xi}, \xi \geqslant \dfrac{35}{64}$ 时下式成立
$$\pi(x) - \pi(x-y) > c_2 \frac{y}{\log x} \qquad ④$$

这里 c_2 是正常数.

定理 1　当 $h \geqslant x^{\eta}, \eta > \dfrac{245}{5\,088}\left(= \dfrac{14}{159} \times \dfrac{35}{64}\right)$ 时式

————————

①　潘承洞. 堆垒素数论的一些新结果. 数学学报, 1959, 9(3): 264-269.

②　H. L. Montgomery, R. C. Vaughan. The exceptional set in Goldbach's problem. Acta Arith. XXVII, 1975: 353-370.

③　K. Ramachandra. Two remarks in prime number theory. Bull. Soc. Math. France, 1977, 105: 433-437

④　M. N. Huxley. On the difference between consecutive primes. Invent. Math., 1972, 15: 164-170.

⑤　潘承洞. 哥德巴赫数. 科学通报(数理化专辑), 1980, 2: 71-73.

⑥　楼世拓, 姚琦. 相邻素数差. 自然杂志, 1984, 7(9): 713.

① 成立. 与式 ② 相比较,若令 $\left(1-\dfrac{1}{c}\right)=\dfrac{35}{64}$,则

$$\left(1-\frac{1}{c}\right)\left(1-\frac{2}{c}\right)=\frac{105}{2\,048}>\frac{245}{5\,088}$$

定理 1 是用式 ③ 和下列定理得到的.

定理 2 当 $h\geqslant y^{\theta},\theta>\dfrac{14}{159}$ 时下式成立

$$\pi(y)-\pi(y-h)\geqslant c_1\frac{h}{\log y}+R' \qquad ⑤$$

其中

$$\int_Y^{2Y}(R')^2\,\mathrm{d}y\ll h^2Y\log^{-(4+\varepsilon)}Y$$

8.2 问题的转化

本节仅需证明定理 2.当 p 是素数时,记

$$P(z)=\prod_{p<z}p,V(z)=\prod_{p<z}\left(1-\frac{1}{p}\right)$$

对于有限集合 $\mathscr{A}=\{n\mid y\geqslant n>y-h\}$,记

$$\mathscr{A}_d=\{n\in\mathscr{A};d\mid n\}$$

$$S(\mathscr{A},z)=|\ \{n\in\mathscr{A};(n,P(z))=1\}\ |$$

这里 y 是实数且满足 $Y<y\leqslant 2Y,Y$ 是充分大的正数.

不失一般性取 $h=\theta_2 y$,$\theta_2=\dfrac{1}{2}Y^{\theta-1}$,$\theta>\dfrac{14}{159}$,$T=Y^{1+2\eta}h^{-1}$,$t_0=\dfrac{\log T}{\log Y}$,$z=Y^{1-\frac{8}{9}t_0-\varepsilon}$,$z_1=Y^{\frac{1}{4}}$,$D=D(p)$ 在 8.4 小节中给出.$z\leqslant D,p,q$ 表示素数,η,ε 是适当的正常数,而且在下文中不一定代表同一个数. 我们有

$$\pi(y)-\pi(y-h)=$$

$$S(\mathscr{A},y^{\frac{1}{2}})=$$

$$S(\mathscr{A},z)-\sum_{z\leqslant p<y^{\frac{1}{2}}}S(\mathscr{A}_p,p)=$$

$$S(\mathscr{A},z) - \sum_{z \leqslant p < z_1} S(\mathscr{A}_p, p) -$$

$$\sum_{z_1 \leqslant p < y^{\frac{1}{2}}} S\left(\mathscr{A}_p, \left(\frac{D}{p}\right)^{\frac{1}{3}}\right) + \sum_{\substack{(D/p)^{\frac{1}{3}} \leqslant q < p \\ z_1 \leqslant p < y^{\frac{1}{2}}}} S(\mathscr{A}_{pq}, q) =$$

$$\Sigma_1 - \Sigma_2 - \Sigma_3 + \Sigma_4 \qquad \qquad ⑥$$

我们仅需证明

$$\begin{cases} \Sigma_i \geqslant A_i \dfrac{h}{\log Y} + R_i, i = 1, 4 \\[2mm] \Sigma_j \leqslant A_j \dfrac{h}{\log Y} + R_j, j = 2, 3 \\[2mm] A_1 - A_2 - A_3 + A_4 > 0 \\[2mm] \displaystyle\int_Y^{2Y} R_i^2 \mathrm{d}y \ll h^2 Y \log^{-(4+\varepsilon)} Y, 1 \leqslant i \leqslant 4 \end{cases} \qquad ⑦$$

因凡涅斯[①]给出了如下引理.

引理 1　设 $z \geqslant 2, D \geqslant z^2$ 及 $\varepsilon > 0$,则

$$S(\mathscr{A},z) \leqslant hV(z)\{F(s) + E\} + R^+ (D)$$

$$S(\mathscr{A},z) \geqslant hV(z)\{f(s) - E\} - R^- (D)$$

这里 $s = \dfrac{\log D}{\log z}, E = c\varepsilon + O((\log D)^{-\frac{1}{3}}), F(s), f(s)$ 的

定义见相关文献[②]. 则

$$R^{\pm} (D) = \sum_{(D)} \sum_{\nu < D^{\varepsilon}}{}' c_{(D)}(\nu, \varepsilon) \sum_{D_i \leqslant p_i < D_i^{1+\varepsilon^7}}{}' r(\mathscr{A}, \nu p_1, \cdots, p_r)$$

$$⑧$$

①　H. Iwaniec. A new form of the error term in the linear sieve. Acta Math. , 1980,37;307-320.

②　H. Halberstam, H. E. Richert. Sieve methods. Academic: Academic Press，1974.

$$r(\mathcal{A},d) = \left[\frac{y}{d}\right] - \left[\frac{y-h}{d}\right] - \frac{h}{d}$$

其中(D) 是关于 $D_1,\cdots,D_r$ 求和. 数列 $\{D_i, i=1,\cdots,r\}$ 满足 $D_1 \geqslant D_2 \geqslant \cdots \geqslant D_r$. $\{D_i\}$ 取遍 $\{D^{\varepsilon^2(1+\varepsilon^7)^n}, n=0, 1,2,\cdots\}$ 所有子序列(包括空子列)且满足在 R^+ 中下式成立

$$D_1 \cdots D_{2l} D_{2l+1}^3 \leqslant D, 0 \leqslant l \leqslant \frac{1}{2}(r-1) \qquad ⑨$$

在 R^- 中还满足

$$D_1 \cdots D_{2l-1} D_{2l}^3 \leqslant D, 0 \leqslant l \leqslant \frac{1}{2}r \qquad ⑩$$

式 ⑧ 中 $\sum'$ 表示关于 $\nu, p_i(1 \leqslant i \leqslant r)$ 求和,其限制条件为

$$\nu \mid P(D^{\varepsilon^2}), p_i \mid P(z) \qquad ⑪$$

系数 $c_{(D)}^{\pm}(\nu,\varepsilon)$ 仅取决于 ν,ε 及符号"+""−",且满足 $|c_{(D)}^{\pm}(\nu,\varepsilon)| \leqslant 1$.

8.3 一类迪利克雷级数的和式估计

设

$$R(y;M_1,\cdots,M_k) = \sum_{\substack{M_i \leqslant m_i < 2M_i \\ 1 \leqslant i \leqslant k}} a_{m_1}^1 \cdots a_{m_k}^k r(\mathcal{A};M_1,\cdots,M_k)$$

这里 $|a_{m_i}^i| \leqslant 1$. 由 $R^{\pm}$ 的定义及式 ⑦,我们应估计

$$R'_0(Y;M_1,\cdots,M_k) = \int_Y^{2Y} R^2(y;M_1,\cdots,M_k)\mathrm{d}y$$

为方便起见,当 m_i 不属于 $[M_i,2M_i)$ 时,令 $a_{m_i}^i=0(1 \leqslant i \leqslant k)$,记

$$L = \frac{Y}{2\prod\limits_{i=1}^k M_i}, L(s) = \sum_{\frac{L}{2^k} \leqslant l < 3L} l^{-s}$$

536

$$M_i(s) = \sum a_{m_i}^i m_i^{-\epsilon}, g(s) = L(s) \prod_{i=1}^k M_i(s)$$

则

$$\sum_{\substack{lm_1 \cdots m_k \in \mathscr{A} \\ \frac{L}{2^k} < l \leqslant 3L}} a_{m_1}^1 \cdots a_{m_k}^k =$$

$$\frac{1}{2\pi\mathrm{i}} \int_{c-\mathrm{i}T}^{c+\mathrm{i}T} g(s) \frac{y^s - (y-h)^s}{s} \mathrm{d}s + O\left(\frac{Y^{1+\eta}}{T}\right)$$

这里 $c = 1 + \dfrac{1}{\log Y}$，取 $T_0 = L^{\frac{1}{2}}$ 即得

$$R(Y; M_1, \cdots, M_k) =$$

$$\frac{1}{2\pi\mathrm{i}} \left(\int_{c-\mathrm{i}T}^{c-\mathrm{i}T_0} + \int_{c+\mathrm{i}T_0}^{c+\mathrm{i}T} \right) g(s) \cdot$$

$$\frac{y^s - (y-h)^s}{s} \mathrm{d}s + O(Y^{\theta-\eta})$$

$$R'_0(Y; M_1, \cdots, M_k) =$$

$$-\frac{1}{4\pi\mathrm{i}} \int_Y^{2Y} \left| \left(\int_{c-\mathrm{i}T}^{c-\mathrm{i}T_0} + \int_{c+\mathrm{i}T_0}^{c+\mathrm{i}T} \right) g(s) \cdot \right.$$

$$\left. \frac{y^s - (y-h)^s}{s} \mathrm{d}s \right|^2 \mathrm{d}y + O(Y^{1-2\theta-\eta})$$

我们将上式右端的积分区域分成不超过 $(4\log x)^2$ 个子区域，即把上面式子表示为不超过 $(4\log x)^2$ 个如下积分的和，即

$$R''_0(Y; M_1, \cdots, M_k; T_1, T_2) =$$

$$\int_Y^{2Y} \left(\int_{c+\mathrm{i}T_1}^{c+2\mathrm{i}T_1} g(s_1) \frac{y^{s_1} - (y-h)^{s_1}}{s_1} \mathrm{d}s_1 \right) \cdot$$

$$\overline{\left(\int_{c+\mathrm{i}T_2}^{c+2\mathrm{i}T_2} g(s_2) \frac{y^{s_2} - (y-h)^{s_2}}{s_2} \mathrm{d}s_2 \right)} \mathrm{d}y$$

这里 $s_j = c + \mathrm{i}t_j, j = 1, 2, T_1 \ll T, T_2 \ll T$. 我们有

$$R''_0(Y; M_1, \cdots, M_k; T_1, T_2) =$$

$$\int_Y^{2Y} \int_{c+iT_1}^{c+2iT_1} \int_{c+iT_2}^{c+2iT_2} g(s_1) \overline{g(s_2)} \frac{y^{s_1}-(y-h)^{s_1}}{s_1} \cdot$$

$$\overline{\left(\frac{y^{s_2}-(y-h)^{s_2}}{s_2}\right)} ds_1 \overline{ds_2} dy =$$

$$\int_{c+iT_1}^{c+2iT_1} \int_{c+iT_2}^{c+2iT_2} g(s_1) g(s_2) \frac{1-(1-\theta_2)^{s_1}}{s_1} \cdot$$

$$\overline{\left[\frac{1-(1-\theta_2)^{s_2}}{s_2}\right]} \left(\frac{y^{s_1+s_2+1}}{1+s_1+\overline{s_2}}\right) \Big|_Y^{2Y} ds_1 \overline{ds_2} + O(Y^{1+2\theta-\eta})$$

我们可以选取点集 $E=\{t_1,\cdots,t_r\}$ 及 $E'=\{t'_1,\cdots,t'_r\}$，其中 $T_1 \leqslant t_1 < t_2 < \cdots < t_r \leqslant 2T_1, t_{j+1}-t_j \geqslant 1, T_2 \leqslant t'_1 < t'_2 < \cdots < t'_r \leqslant 2T_2, t'_{j+1}-t'_j \geqslant 1$，则

$$R'_0(Y;M_1,\cdots,M_k) \ll$$

$$Y^{1+2\theta-\eta} + (\log^2 Y)Y^{1+2\theta} \cdot$$

$$\sum_{t_j \in E} \sum_{t'_j \in E'} \frac{|g(c+it_j)||g(c+it'_j)|}{1+|t_j-t'_j|} \ll$$

$$Y^{1+2\theta-\eta} + (\log^3 Y)Y^{1+2\theta} \cdot$$

$$\left(\sum_{t_j \in E} |g(c+it_j)|^2 + \sum_{t'_j \in E'} |g(c+it'_j)|^2\right)$$

由以上讨论可见，欲证式 ⑦ 中第 4 式仅需证明

$$R'_0(Y;M_1,\cdots,M_k) \ll Y^{1+2\theta-\eta}$$

引理 2 当 $Y^\varepsilon < M_1 < Y^{1-\frac{8}{9}t_0-\varepsilon}, M_1 M_2 < Y^{1-\varepsilon}$ 时下式成立

$$R'_0(Y;M_1,M_2) \ll Y^{1+2\theta-\eta} \qquad ⑫$$

证明 考虑和式

$$\sum_{t_r \in E} |g(c+it_r)|^2 =$$

$$\sum_{t_r \in E} N_1(c+it_r) N_2(c+it_r) N_3(c+it_r)$$

其中

538

$$c = 1 + \frac{1}{\log Y}$$

$$N_1(s) = M_1(s)$$

$$N_2(s) = M_2(s)L(s)$$

$$N_3(s) = M_1(s)M_2(s)L(s)$$

记 $N_1 = M_1, N_2 = M_2 L, N_3 = M_1 M_2 L$，则

$$N_1 N_2 N_3 = \frac{Y^2}{4}$$

和式关于满足 $N_j(c+\mathrm{i}t_r) \leqslant Y^2 N_j^{\frac{1}{2}-c}$ 的点 t_r 求和，显然满足式 ⑫. 将余下来的 t_r 分成至多不超过 $O(\log^3 Y)$ 个点集 $S(U_1, U_2, U_3)$. 在 $S(U_1, U_2, U_3)$ 中的点 t_r 满足

$$U_j \leqslant N^{c-\frac{1}{2}} \mid N_j(c+\mathrm{i}t_r) \mid < 2U_j, j = 1, 2, 3 \qquad ⑬$$

这里 $Y^{-2} \leqslant N_j^{\frac{1}{2}-c} U_j \leqslant 2^{-u} \leqslant 1$，对于某整数 u，则

$$\sum_{t_r \in E} \mid g(c+\mathrm{i}t_r) \mid^2 \ll$$

$$Y^{-1} U_1 U_2 U_3 \mid S(U_1, U_2, U_3) \mid \log^A Y$$

其中 A 为适当的常数.

利用同蒙哥马利文章[①]中完全一样的方法及 $T \leqslant N_3$，可得

$$S(U_1, U_2, U_3) \ll U_3^{-2} N_3 \log^A Y$$

$$S(U_1, U_2, U_3) \ll U_2^{-2}(N_2 + T) \log^A Y$$

$$S(U_1, U_2, U_3) \ll U_1^{-10}(N_1^5 + T) \log^A Y$$

又由 Huxley[②] 的方法可得

$$S(U_1, U_2, U_3) \ll (U_2^{-2} N_2 + U_2^{-6} N_2 T) \log^A Y$$

① H. L. Montgomery. Topic in multiplicative number theory. New York：Springer，1971.

② M. N. Huxley. On the difference between consecutive primes. Invent. Math.，1972，15：164-170.

$$S(U_1, U_2, U_3) \ll (U_1^{-10} N_1^5 + U_1^{-30} N_1^5 T) \log^A Y$$

我们仅需讨论 F 的估计，F 满足

$$F = \min\{U_3^{-2} N_3, U_2^{-2}(N_2 + T), U_1^{-10}(N_1^5 + T),$$
$$U_2^{-2} N_2 + U_2^{-6} N_2 T, U_1^{-10} N_1^5 + U_1^{-30} N_1^5 T\}$$

当 $F \leqslant 2U_2^{-2} N_2$ 时，因为总可以找到正整数 k，使 $N_1^k > T$，则由蒙哥马利的工作可得

$$S(U_1, U_2, U_3) \ll U_1^{-2k} N_1^k \log^A Y$$

故 $F \leqslant 2U_1^{-2k} N_1^k$. 于是

$$F \ll (U_3^{-2} N_3)^{\frac{1}{2}} (U_1^{-2k} N_1^k)^{\frac{1}{2k}} (U_2^{-2} N_2)^{\frac{1}{2} - \frac{1}{2k}} \ll$$
$$(U_1 U_2 U_3)^{-1} Y U_2^{\frac{1}{k}} N_2^{-\frac{1}{2k}}$$

由迪奇马士的工作[1]可见：由 $L > Y^\varepsilon$ 知，存在 $\delta > 0$ 满足 $U_2 \ll N_2^{\frac{1}{2}} Y^{-\delta}$，即得 $F \ll (U_1 U_2 U_3)^{-1} Y^{1-\delta}$，可见式 ⑫ 成立.

当 $F \geqslant 2U_2^{-2} N_2$ 时，若 $F \leqslant 2U_1^{-10} N_1^5$ 同时成立，则

$$F \ll \min\{U_3^{-2} N_3, U_2^{-2} T, U_2^{-6} N_2 T, U_1^{-10} N_1^5\} \ll$$
$$(U_3^{-2} N_3)^{\frac{1}{2}} (U_1^{-10} N_1^5)^{\frac{1}{10}} (U_2^{-2} T)^{\frac{7}{20}} (U_2^{-6} N_2 T)^{\frac{1}{20}} \ll$$
$$(U_1 U_2 U_3)^{-1} N_1^{\frac{1}{2}} N_3^{\frac{1}{2}} N_2^{\frac{1}{20}} T^{\frac{2}{5}} \ll$$
$$(U_1 U_2 U_3)^{-1} Y^{\frac{1}{10}} (N_1 N_3)^{\frac{9}{20}} T^{\frac{2}{5}} \ll$$
$$(U_1 U_2 U_3)^{-1} Y^{\frac{11}{20}} N_1^{\frac{9}{20}} T^{\frac{2}{5}}$$

由假设 $N_1^{\frac{9}{20}} T^{\frac{2}{5}} \ll Y^{(1 - \frac{8}{9} t_0 - \varepsilon) \frac{9}{20} + \frac{2}{5} t_0} \ll Y^{\frac{9}{20} - \varepsilon}$，可见式 ⑫ 成立.

又当 $F \geqslant 2U_2^{-2} N_2$ 及 $F \geqslant 2U_1^{-10} N_1^5$ 时，由

$$F \leqslant U_1^{-10}(N_1^5 + T)$$

---

① E. C. Titchmarsh. The theory of the Riemann Zeta-function. Oxford：Oxford Science Publications，1951.

可知 $N_1^5 < T$. 又此时 $F \leqslant 2U_1^{-30} N_1^5 T$ 必成立,故得

$$F \ll (U_3^{-2} N_3)^{\frac{1}{2}} (U_2^{-6} N_2 T)^{\frac{1}{60}} (U_2^{-2} T)^{\frac{27}{60}} (U_1^{-30} N_1^5 T)^{\frac{1}{30}} =$$
$$(U_1 U_2 U_3)^{-1} N_3^{\frac{1}{2}} N_2^{\frac{1}{60}} N_1^{\frac{1}{6}} T^{\frac{1}{2}} \ll$$
$$(U_1 U_2 U_3)^{-1} Y^{\frac{31}{60}} N_1^{\frac{3}{20}} T^{\frac{1}{2}}$$

由 $N_1^{\frac{3}{20}} T^{\frac{1}{2}} \ll T^{\frac{1}{2}+\frac{3}{100}} \ll Y^{\frac{29}{60}-\varepsilon}$,在以下各引理中,我们将 $M_1, M_2, M_3, L, M_1, M_2, M_3, L$ 分成三组, 且满足 $L > Y^\varepsilon$ 以及至少有一个 L 属于第二或第三组,每一组的乘积分别记为 N_1, N_2, N_3. 这些引理的证明方法与引理 2 类似,故从略.

引理 3　设 $N_1 > Y^{1-\frac{8}{9}t_0-\varepsilon}, N_2 > T, N_1 N_2 < Y^{2-\frac{8}{9}t_0-\varepsilon}$,则

$$R'_0(Y; M_1, M_2, M_3) \ll Y^{1+2\theta-\eta} \qquad ⑭$$

引理 4　设 $N_1 > Y^{1-\frac{8}{9}t_0-\varepsilon}, N_2 \leqslant T, N_3 \leqslant N_2$, $N_1 N_2 \ll Y^{2-\frac{8}{9}t_0-\varepsilon}$,且记 $a = \dfrac{\log N_1}{\log Y}, b = \dfrac{\log N_3}{\log Y}$,满足

$$\frac{1}{2}a + \frac{1}{20}b + \frac{9}{10}t_0 < 1 \qquad ⑮$$

则

$$R'_0(Y; M_1, M_2, M_3) \ll Y^{1+2\theta-\eta} \qquad ⑯$$

由引理 4 直接得到:

系 1　若

$$Y^{2-\frac{35}{19}t_0} > N_1 > Y^{1-\frac{8}{9}t_0-\varepsilon}$$
$$N_3 \leqslant N_2 < T$$
$$N_1 N_2 \ll Y^{2-\frac{8}{9}t_0-\varepsilon}$$

则式 ⑯ 成立.

引理 5　设 $N_1 > Y^{\frac{t_0}{4}}, N_2 > T, N_1 N_2 \ll Y^{2-\frac{6}{7}t_0-\varepsilon}$,则式 ⑯ 成立.

引理 6　设 $M_1 M_2 < Y^{1-\frac{4}{9}t_0-\varepsilon}$，$M_1 > Y^{1-\frac{8}{9}t_0-\varepsilon}$，$M_1 M_2^2 > T$，$M_1 M_2 M_3 < Y^{1-\varepsilon}$，则式 ⑯ 成立.

引理 7　若 $\prod_{i=0}^{r} D_i < Y^{1-\frac{t_0}{2}-\varepsilon}$，$M_1 = \coprod_{i=0}^{r} D_i$，则
$$R'_0(Y;M_1) \ll Y^{1+2\theta-\eta}$$

8.4　$\Sigma_1, \Sigma_2, \Sigma_3$ 的估计

定义 1　设 $D_0, D_1, \cdots, D_r$ 是一组实数，满足 $D_0 \geqslant D_1 \geqslant \cdots \geqslant D_r$，且 $D_0 \cdots D_{2l} D_{2l+1}^3 \leqslant D(2l+1 \leqslant r)$，则称 $\{D_i\}$ 是 $D_0 - D$ 许可的数组.

定义 2　设 $\{D_i\}$ 为 $D_0 - D$ 许可的数组，将 $\{D_i\}$ 分成 k 组，其乘积分别为 $M_1, M_2, \cdots, M_k$，且满足
$$R'_0(Y;M_1, \cdots, M_k) \ll Y^{1+2\theta-\eta} \qquad ⑰$$
则称 $\{D_i\}$ 为 θ 许可的数组.

注意到 Σ_2 和 Σ_3 的余项形为 $\sum_{z_0 \leqslant p \leqslant y^{\frac{1}{z}}} R^+(D)$，将这个和式化为 $\sum_{D_0 \leqslant p \leqslant D_0^{1+\varepsilon^7}} R^+(D)$，而 $z_0 \leqslant D_0 \leqslant Y^{\frac{1}{2}}$. Σ_1 的余项是 $R^-(D)$，用 $D_{i-1}(i=1, \cdots, r)$ 来代替 D_i 即可. 欲证 R_1，R_2 和 R_3 满足式 ⑰，仅需证明每一个 $D_0 - D$ 许可数组 $\{D_i\}$ 必为 θ 许可数组.

若 $\prod_{i=0}^{r} D_i < Y^{1-\frac{t_0}{2}-\varepsilon}$，由引理 7 知 $\{D_i\}$ 为 θ 许可数组，故在本节中我们仅讨论满足
$$\prod_{i=0}^{r} D_i \geqslant Y^{1-\frac{t_0}{2}-\varepsilon} \qquad ⑱$$
的 $D_0 - D$ 许可数组 $\{D_i\}$，其中 $D = D(D_0)$ 由引理 8 ~ 16 给出. 又由 $D_0 \leqslant 2Y^{\frac{1}{2}} < Y^{1-\frac{t_0}{2}-2\varepsilon}$，及式 ⑱ 可见

$\prod_{i=0}^{r} D_i > Y^{2\varepsilon}$ 必成立. 当 $r=0$ 时, 易见 $\{D_i\}$ 必为 θ 许可数组. 下面仅需讨论 $\prod_{i=0}^{r} D_i > Y^{2\varepsilon}$, 也就是 $D_1 > Y^\varepsilon$ 的情形.

引理 8　若 $D_0 \leqslant Y^{1-\frac{8}{9}t_0-\varepsilon}$, $D(D_0)=D^{(1)}=Y^{1-\varepsilon}$, 则 $D_0 - D^{(1)}$ 许可数组 $\{D_i\}$ 为 θ 许可数组.

证明　若 $D_0 > Y^\varepsilon$, 取 $M_1=D_0$, $M_2=\prod_{i=1}^{r} D_i$, 由引理 2 得证. 若 $D_0 \leqslant Y^\varepsilon$, 由式 ⑱ 可以找到 i_0, $0<i_0<r$, 满足 $Y^{2\varepsilon} \leqslant \prod_{i=0}^{i_0} D_i$, $\prod_{i=0}^{i_0} D_i > Y^\varepsilon$. 取 $M_1 = \prod_{j=0}^{i_0} D_j$, $M_2 = \prod_{j=i_0+1}^{r} D_j$, 由引理 2 得证.

引理 9　若 $Y^{1-\frac{8}{9}t_0-\varepsilon} \leqslant D_0 < Y^{\frac{1}{3}-\frac{4}{27}t_0-\varepsilon}$, 则 $D - D^{(1)}$ 许可数组 $\{D_i\}$ 为 θ 许可数组.

证明　由于 $D_3 \leqslant \left(\frac{D}{D_0}\right)^{\frac{1}{5}} < Y^{1-\frac{8}{9}t_0-\varepsilon}$, 由引理 2 仅需考虑 $\prod_{i=3}^{r} D_i < Y^\varepsilon$ 的情形(以下各引理也是这样). 据式 ⑱ 及 $D_0 D_1 < Y^{1-\frac{t_0}{2}-2\varepsilon}$ 可知 $D_2 > Y^\varepsilon$, 又由引理 2 知仅需考虑 $D_2 \geqslant Y^{1-\frac{8}{9}t_0-\varepsilon}$. 取 $N_1=D_2$, $N_2=D_0^2 D_1^2 D_2$, 用引理 3 即证得本引理结论.

引理 10　若 $Y^{\frac{1}{3}-\frac{4}{27}t_0-\varepsilon} \leqslant D_0 < Y^{\frac{16}{27}t_0-\frac{1}{3}+\varepsilon}$, $D(D_0)=D^{(2)}=Y^{\frac{3}{2}-\frac{2}{3}t_0-\frac{1}{2}\theta_0}$, 而 $\theta_0 = \frac{\log D_0}{\log Y}$, 则 $D_0 - D^{(2)}$ 许可数组 $\{D_i\}$ 为 θ 许可数组.

证明　易见 $D_2 > Y^\varepsilon$, 在引理 3 中取 $N_1=D_2$,

$N_2 = D_0^2 D_1^2 D_2$ 即得证.

引理 11　若 $Y^{\frac{16}{27}t_0 - \frac{1}{3} + \varepsilon} \leqslant D_0 < Y^{\frac{2}{5} - \frac{8}{45}t_0 - \varepsilon}$，则 $D_0 - D^{(1)}$ 许可数组 $\{D_i\}$ 为 θ 许可数组.

证明　仅需讨论 $D_2 \geqslant Y^{1 - \frac{8}{9}t_0 - \varepsilon}$，$\prod_{i=3}^{r} D_i < Y^{\varepsilon}$ 的情形. 当 $D_0^2 D_1^2 \leqslant T$ 时由引理 3 知结论成立；当 $D_0^2 D_1^2 \leqslant T$ 时由引理 4 及系 1 知本引理成立.

引理 12　若 $Y^{\frac{2}{5} - \frac{8}{45}t_0 - \varepsilon} \leqslant D_0 < Y^{\frac{2}{5} - \frac{6}{35}t_0 - \varepsilon}$，则 $D_0 - D^{(1)}$ 许可数组 $\{D_i\}$ 为 θ 许可数组.

证明　由于 $D_0 > T^{\frac{1}{4}}$，当 $D_0 D_1^2 D_2 > T$ 时由引理 5，当 $D_0 D_1^2 D_2 \leqslant T$ 时由引理 3 及引理 4 知结论成立.

引理 13　若 $Y^{\frac{2}{5} - \frac{6}{35}t_0 - \varepsilon} \leqslant D_0 < Y^{\frac{18}{35}t_0 - \frac{1}{5}}$，$D(D_0) = D^{(3)} = Y^{\frac{3}{2} - \frac{9}{14}t_0 + \frac{1}{4}\theta_0 - \varepsilon}$，则 $D_0 - D^{(3)}$ 许可数组 $\{D_i\}$ 为 θ 许可数组.

证明　易知仅需讨论 $D_2 > Y^{\varepsilon}$ 的情形. 故当 $D_0 D_1^2 D_2 > T$ 时由引理 5，当 $D_0 D_1^2 D_2 \leqslant T$ 时由引理 3 及引理 4 得证.

引理 14　若 $Y^{\frac{18}{35}t_0 - \frac{1}{5}} \leqslant D_0 < Y^{1 - \frac{2}{3}t_0 - \varepsilon}$，则 $D_0 - D^{(1)}$ 许可数组 $\{D_i\}$ 为 θ 许可数组.

证明　由于 $D_0 D_1 \leqslant D_0 \left(\dfrac{D}{D_0}\right)^{\frac{1}{3}} \ll Y^{1 - \frac{4}{9}t_0 - 3\varepsilon}$，当 $\prod_{i=2}^{r} D_i < Y^{\varepsilon}$ 时由引理 2，3 及 4 知结论成立；当 $\prod_{i=2}^{r} D_i \geqslant Y^{\varepsilon}$ 时由引理 3，4 及 5 知 $\{D_i\}$ 为 θ 许可数组.

引理 15　若 $Y^{1 - \frac{2}{3}t_0 - \varepsilon} \leqslant D_0 < Y^{\frac{4}{9}t_0 + \varepsilon}$，$D = D(D_0) = D^{(4)} = Y^{3 - \frac{4}{3}t_0 - \varepsilon} D_0^{-2}$，则 $D_0 - D^{(2)}$ 许可数组 $\{D_i\}$ 为 θ 许可数组.

证明　由于 $D_0 D_1 \leqslant Y^{1-\frac{4}{9}t_0-\varepsilon}$，故由引理 3 知 $\{D_i\}$ 为 θ 许可数组.

引理 16　若 $Y^{\frac{4}{9}t_0+\varepsilon} \leqslant D_0 \leqslant Y^{\frac{1}{2}}$，则 $D_0-D^{(1)}$ 许可数组 $\{D_i\}$ 为 θ 许可数组.

证明　由引理 2 及引理 3 即可得证.

希恩－布朗和因凡涅斯[1]已经指出 R_i 可以表为 R'_0 的形式.引理 8～16 证明了当 $D=D(D_0)(D(D_0)$ 已由各引理给定）时 R_i 满足式⑦.应用筛法[2]估计得

$$A_1 - A_2 - A_3 > -0.018\,979 \qquad ⑲$$

8.5　加权密度筛法

引理 17　若 $\tau^{\frac{16}{3}}Y_1^{-2} \leqslant M^2 \leqslant Y_1^2 \tau^{-\frac{5}{6}}$，则

$$\sum_{\substack{\beta \geqslant \sigma,|\gamma| \leqslant \tau \\ \beta_1 \geqslant \sigma_1,|\gamma_1| \leqslant \tau}} \frac{M(\rho)M(\rho_1)}{1+|\rho-\rho_1|} \ll Y_1^{2-\sigma-\sigma_1}(\log Y_1)^c \qquad ⑳$$

这里 $\rho=\beta+i\gamma$，$\rho_1=\beta_1+i\gamma_1$ 是 $\zeta(s)$ 的零点，$\frac{1}{2} \leqslant \sigma < 1$，$\frac{1}{2} \leqslant \sigma_1 < 1$，$c$ 为某常数.

证明　由柯西不等式及相关文献[2]中引理 5.4，以 M^2 代替 M；以 Y^2 代替 X 可得

$$\sum_{\beta \geqslant \sigma,|\gamma| \leqslant \tau} |M(\rho)|^2 \ll Y_1^{2(1-\sigma)}\log^A Y$$

$$\sum_{\beta_1 \geqslant \sigma_1,|\gamma_1| \leqslant \tau} |M(\rho_1)|^2 \ll Y_1^{2(1-\sigma_1)}\log^A Y$$

①　D. R. Heath-Brown，H. Iwaniec. On the difference between consecutive primes. Invent，Math.，1979，55：49-69.

②　H. Halberstam，H. E. Richert. Sieve methods. Academic：Academic Press，1974.

即可证得式 ⑳.

同样地,用相关文献[①]中引理 5.5 ～ 5.7 可以得到:

引理 18 设 $\tau^{\frac{18}{5}} x^{-\frac{8}{5}} \leqslant M^2 N^2 \leqslant x^2, M^2 N^{-\frac{5}{2}} \leqslant x^2 \tau^{-\frac{9}{4}}$ 及 $M^{-\frac{5}{2}} N^2 \leqslant x^2 \tau^{-\frac{9}{4}}$,则式 ⑳ 对于 $0 \leqslant \sigma \leqslant 1$, $0 \leqslant \sigma_1 \leqslant 1$ 一致成立.

应用上述引理可以证明 R_4 满足式 ⑦,再用筛法估计得

$$A_4 > 0.03 \qquad\qquad ㉑$$

于是由式 ⑲ 及 ㉑ 得

$$A_1 - A_2 - A_3 + A_4 > 0.03 - 0.019 = 0.011$$

式 ⑦ 证毕. 定理 2 得证.

§9　在小区间中哥德巴赫数的例外集[②]

—— 楼世拓　姚琦

9.1　引言

我们将能表为两个素数之和的偶数称为哥德巴赫数. 拉德马切尔证明了对于常数 a,当 $\frac{3}{5} < a \leqslant 1$ 时,对于任意一个给定的常数 A,在区间 $[N, N + N^a]$ 中哥德

① D. R. Heath-Brown, H. Iwaniec. On the difference between consecutive primes. Invent. Math., 1979,55:49-69.

② 原载于《数学学报》,1981,24(2):269-282.

巴赫数的个数是 $\frac{1}{2}N^a + O(N^a\log^{-A}N)$. 山东大学的楼世拓和姚琦两位教授 1981 进一步得到:

定理 1　对于任意满足 $\frac{3}{4} < a < 1$ 的常数,区间 $[N, N + N^a]$ 中的哥德巴赫数的个数是 $\frac{1}{2}N^a + O(N^{a(1-\lambda)})$,其中 λ 为适当的正常数.

当 $a = 1$ 时,陈景润、潘承洞给出:在 $[2, N]$ 中哥德巴赫数的个数为

$$\frac{1}{2}N + O(N^{1-\lambda})$$

其中 $\lambda > 0.011$.

9.2　圆法

设 N, U 表示充分大的实数,并取 $U = N^a, a > \frac{3}{4}$,令 $Y = U^\lambda, \lambda$ 是某固定常数($\lambda < 1$). 令

$$V_1(\alpha) = \sum_{N-U < p \leqslant N+U} \log p e(p\alpha) \qquad ①$$

$$V_2(\alpha) = \sum_{Y < p \leqslant U} \log p e(p\alpha) \qquad ②$$

这里 $e(p\alpha) = e^{2\pi i p\alpha}$ 必成立

$$V_1(\alpha)V_2(\alpha) = \sum_n R(n)e(n\alpha) \qquad ③$$

其中

$$R(n) = \sum_{\substack{n = p_1 + p_2 \\ N-U < p_1 \leqslant N+U \\ Y < p_2 \leqslant U}} \log p_1 \log p_2 \qquad ④$$

取 $Q = U^{1-\lambda}, \tau = U^{-1+\lambda}$,则我们有

$$R(n) = \int_{\tau}^{1+\tau} V_1(\alpha) V_2(\alpha) e(-n\alpha) \mathrm{d}\alpha = R_1(n) + R_2(n)$$

⑤

其中

$$R_1(n) = \int_{\mathfrak{M}} V_1(\alpha) V_2(\alpha) e(-n\alpha) \mathrm{d}\alpha$$

$$R_2(n) = \int_{E} V_1(\alpha) V_2(\alpha) e(-n\alpha) \mathrm{d}\alpha$$

这里

$$\mathfrak{M} = \bigcup_{1 \leqslant q \leqslant Y} \bigcup_{(a,q)=1} \mathfrak{M}(q,a)$$

而

$$\mathfrak{M}(q,a) = \left[\frac{a}{q} - \frac{1}{qQ}, \frac{a}{q} + \frac{1}{qQ} \right]$$

并记 E 为区间 $[\tau, 1+\tau]$ 中除去 $\mathfrak{M}$ 以后，所剩余的区间. $\mathfrak{M}$ 称为基本区间，E 称为余区间. 本节的目的是要证明 $[N, N+U]$ 中所有的偶数至多除去 $O(U^{1-\lambda})$ 个以外，均有 $R_1(n) > |R_2(n)|$，由此立即可以导出，在区间 $[N, N+U]$ 中最多除去 $O(U^{1-\lambda})$ 个偶数以外，对于其余的偶数 n 而言，都有 $R(n) > 0$，即 n 为哥德巴赫数.

9.3 在 E 上的估计

引理 1 当 $Y \leqslant q \leqslant UY^{-1}$ 时，这里 $1 \leqslant Y \leqslant U^{\frac{1}{4}}$，则当 α 满足

$$\left| \alpha - \frac{a}{q} \right| \leqslant \frac{1}{q^2}, (a,q) = 1$$

时，下式成立

$$V_2(\alpha) \ll UY^{-0.5} \log^{17} U$$

引理 2 我们有

548

$$\sum R_2^2(n) \ll U^{3-\lambda} \log^{35} U$$

证明　由帕塞瓦尔等式,我们有

$$\sum R_2^2(n) = \int_E \mid V_1(\alpha) \mid^2 \mid V_2(\alpha) \mid^2 d\alpha \leqslant$$

$$\max_{a \in E} \mid V_2(\alpha) \mid^2 \int_E \mid V_1(\alpha) \mid^2 d\alpha \qquad ⑥$$

$$\int_E \mid V_1(\alpha) \mid^2 d\alpha \leqslant \int_\tau^{1+\tau} \mid V_1(\alpha) \mid^2 d\alpha =$$

$$\sum_{N-U < p \leqslant N+U} \log^2 p \ll U \log U \qquad ⑦$$

由引理 1 知

$$\max_{a \in E} \mid V_2(\alpha) \mid^2 d\alpha \ll U^{2-\lambda} \log^{34} U \qquad ⑧$$

由式 ⑥ ∼ ⑧ 引理 2 得证.

引理 3　在区间 $[N, N+U]$ 中使

$$R_2(n) > U^{1-0.25\lambda-\varepsilon}$$

成立的 n 的个数不超过

$$U^{1-0.5\lambda+3\varepsilon} \qquad ⑨$$

证明　若在 $[N, N+U]$ 内有 M 个整数 n,使得式 ⑨ 成立,则有

$$MU^{2-0.5\lambda-2\varepsilon} \ll \sum_n R_2^2(n) \ll U^{3-\lambda} \log^{35} U$$

故引理 3 得证.

9.4　在 $\mathfrak{M}$ 上的估计

设

$$\alpha = \frac{a}{q} + \eta, (a,q)=1, 1 \leqslant a \leqslant q \leqslant Y$$

$$S_1(\chi_q, \eta) = \sum_{N-U < p \leqslant N+U} \chi_q(p) \log p e(p\eta)$$

$$S_2(\chi_q, \eta) = \sum_{Y < p \leqslant U} \chi_q(p) \log p e(p\eta)$$

这里 $\chi_q(p)$ 是模 q 的一个特征. 由于 $p > Y$, 故有 $(p, q) = 1$. 若记 χ_q 的导出原特征为 χ^*, 则

$$V_1(\chi_q, \eta) = V_1(\chi^*, \eta)$$
$$V_2(\chi_q, \eta) = V_2(\chi^*, \eta)$$

且设

$$\tau(\chi_q) = \sum_{h=1}^{q} \chi_q(h) e\left(\frac{h}{q}\right)$$

则有

$$V_1(\alpha) = \sum_{N-U < p \leqslant N+U} \log p \, e\left[p\left(\frac{a}{q} + \eta\right)\right] =$$

$$\sum_{\substack{h=1 \\ (h,q)=1}}^{q} e\left(\frac{h}{q}\right) \sum_{\substack{N-U < p \leqslant N+U \\ pa \equiv h \,(\mathrm{mod}\, q)}} \log p \, e(p\eta) =$$

$$\frac{1}{\varphi(q)} \sum_{\chi_q} \chi_q(a) \sum_{h=1}^{q} \overline{\chi}_q(h) e\left(\frac{h}{q}\right) \cdot$$

$$\sum_{N-U < p \leqslant N+U} \chi_q(p) \log p \, e(p\eta) =$$

$$\frac{1}{\varphi(q)} \sum_{\chi_q} \chi_q(a) \tau(\overline{\chi}_q) S_1(\chi_q, \eta) \qquad \text{⑩}$$

$V_2(\alpha)$ 也同样可得

$$V_2(\alpha) = \frac{1}{\varphi(q)} \sum_{\chi_q} \chi_q(a) \sum_{h=1}^{q} \overline{\chi}_q(h) e\left(\frac{h}{q}\right) \cdot$$

$$\sum_{Y < p \leqslant U} \chi_q(p) \log p \, e(p\eta) =$$

$$\frac{1}{\varphi(q)} \sum_{\chi_q} \chi_q(a) \tau(\overline{\chi}_q) S_2(\chi_q, \eta)$$

我们用 $\tilde{r}$ 表示除外模, $\tilde{\chi}$ 表示模 $\tilde{r}$ 的除外特征, $\tilde{\beta}$ 为除外零点, 则所有属于模 q 的 L — 函数 $L(s, \chi)$ ($s = \beta + ir$, $|r| \leqslant T$) 内的零点除了一切除外零点皆有

$$\beta < 1 - \frac{c_0}{(\log T)^{\frac{4}{5}}} + \log q$$

这里 c_0 是一个常数. 当 $\tilde{r} \nmid q$ 时, 对于 $i = 1, 2$, 记

$$S_i(\chi_q^0, \eta) = T_i(\eta) + W_i(\chi_q^0, \eta)$$

这里

$$T_1(\eta) = \sum_{N-U < m \leqslant N+U} e(m\eta), \quad T_2(\eta) = \sum_{Y < m \leqslant U} e(m\eta)$$

而 χ_q^0 是模 q 的主特征. 又令

$$S_i(\chi_q, \eta) = W_i(\chi_q, \eta), i = 1, 2$$

若 $\chi_q \neq \chi_q^0$, 当 $\tilde{r} \nmid q$ 时, 由 $(a, q) = 1$ 及式⑩, 对于 $i = 1$, 2, 有

$$V_i(\eta) = \frac{1}{\varphi(q)} \chi_q^0(a) \tau(\chi_q^0) S_i(\chi_q^0, \eta) +$$

$$\frac{1}{\varphi(q)} \sum_{\chi_q \neq \chi_q^0} \chi_q^0(a) \tau(\overline{\chi_q^0})$$

$$W_i(\chi_q, \eta) = \frac{\mu(q) T_i(\eta)}{\varphi(q)} + \frac{1}{\varphi(q)} \sum_{\chi_q} \chi_q(a) \tau(\overline{\chi_q}) W_i(\chi_q, \eta)$$

$$⑪$$

当 $\tilde{r} \mid q$ 时, 我们记

$$S_i(\chi_q^0, \eta) = T_i(\eta) + W_i(\chi_q^0, \eta)$$

$$S_i(\tilde{\chi} \chi_q^0, \eta) = \tilde{T}_i(\eta) + W_i(\tilde{\chi} \chi_q^0, \eta)$$

这里

$$\tilde{T}_1(\eta) = -\sum_{N-U < m \leqslant N+U} m^{\tilde{\beta}-1} e(m\eta)$$

$$\tilde{T}_2(\eta) = -\sum_{Y < m \leqslant U} m^{\tilde{\beta}-1} e(m\eta)$$

当 $\chi_q \neq \chi_q^0, \chi_q \neq \tilde{\chi} \chi_q^0$ 时, $S_i(\chi_q, \eta) = W_i(\chi_q, \eta)$, 我们有

$$V_i(\eta) = \frac{\mu(q)T_i(\eta)}{\varphi(q)} + \frac{\tau(\widetilde{\chi}\,\chi_q^0)\widetilde{\chi}(a)\widetilde{T}_i(\eta)}{\varphi(q)} +$$

$$\frac{1}{\varphi(q)}\sum_{\chi_q}\chi_q(a)\tau(\overline{\chi_q})W_i(\chi_q,\eta)$$

记

$$C_q(m) = \sum_{\substack{a=1 \\ (a,q)=1}}^{q} e\left(\frac{am}{q}\right),\ \tau_q(\chi_d) = \sum_{a=1}^{q}\chi_q(a)e\left(\frac{a}{q}\right)$$

当 $N < n \leqslant N+U$，且不存在除外特征时，我们有

$$R_1(n) = \sum_{i=1}^{3} R_{1i}(n) \tag{⑫}$$

这里

$$R_{11}(n) = \sum_{q \leqslant Y}\sum_{(a,q)=1}\left(\frac{\mu(q)}{\varphi(q)}\right)^2 e\left(-\frac{na}{q}\right)\cdot$$

$$\int_{-\frac{1}{qQ}}^{\frac{1}{qQ}} T_1(\eta)T_2(\eta)e(-n\eta)\mathrm{d}\eta =$$

$$\sum_{q \leqslant Y}\frac{\mu^2(q)c_q(-n)}{\varphi^2(q)}\int_{-\frac{1}{qQ}}^{\frac{1}{qQ}} T_1(\eta)T_2(\eta)\cdot$$

$$e(-n\eta)\mathrm{d}\eta \tag{⑬}$$

$$R_{12}(n) = \sum_{q \leqslant Y}\sum_{\chi_q}\frac{\mu(q)}{\varphi^2(q)}\sum_{(a,q)=1}\chi_q(a)e\left(-\frac{na}{q}\right)\tau(\chi_q)\cdot$$

$$\int_{-\frac{1}{qQ}}^{\frac{1}{qQ}} (T_1(\eta)W_2(\chi_q,\eta) +$$

$$T_2(\eta)W_1(\chi_q,\eta))e(-n\eta)\mathrm{d}\eta =$$

$$\sum_{d \leqslant Y}\sum_{\chi_q}{}^*\sum_{\substack{q \leqslant Y \\ d|q}}\frac{\mu(q)}{\varphi^2(q)}c_{\chi_d,q}(-n)\tau_q(\chi_q)\cdot$$

$$\int_{-\frac{1}{qQ}}^{\frac{1}{qQ}} (T_1(\eta)W_2(\chi_d,\eta) +$$

$$T_2(\eta)W_1(\chi_d,\eta))e(-n\eta)\mathrm{d}\eta \tag{⑭}$$

其中"$\sum\limits_{\chi_q}{}^*$"表示经过模 d 的所有原特征的和

$$R_{13}(n) = \sum_{q \leqslant Y} \sum_{(a,q)=1} \frac{1}{\varphi^2(q)} \sum_{\chi_q} \chi_q(a) \cdot$$

$$\sum_{\chi'_q} \chi'_q(a) \tau(\overline{\chi_q}) \tau(\overline{\chi'_q}) e\left(-\frac{na}{q}\right) \cdot$$

$$\int_{-\frac{1}{qQ}}^{\frac{1}{qQ}} W_1(\chi_q, \eta) W_2(\chi'_q, \eta) e(-n\eta) \mathrm{d}\eta =$$

$$\sum_{d_1 \leqslant Y} \sum_{d_2 \leqslant Y} \sum_{\chi_{d_1}}^{*} \sum_{\chi_{d_2}}^{*} \sum_{\substack{q \leqslant Y \\ d_1 \mid q, d_2 \mid q}} \frac{1}{\varphi^2(q)} \cdot$$

$$c_{\chi_{d_1}, \chi_{d_2}, q}(-n) \tau_q(\overline{\chi_{d_1}}) \tau_q(\overline{\chi_{d_2}}) \cdot$$

$$\int_{-\frac{1}{qQ}}^{\frac{1}{qQ}} W_1(\chi_{d_1}, \eta) W_2(\chi_{d_2}, \eta) e(-n\eta) \mathrm{d}\eta$$

⑮

当 $N < n \leqslant N + U$，且存在除外特征时，我们有

$$R(n) = \sum_{i=1}^{6} R_{1i}(n)$$

其中

$$R_{14}(n) = \sum_{\substack{q \leqslant Y \\ \tilde{r} \nmid q}} \sum_{(a,q)=1} \left(\frac{\tau_q^2(\tilde{\chi})}{\varphi^2(q)} e\left(\frac{ma}{q}\right) \right) \cdot$$

$$\int_{-\frac{1}{qQ}}^{\frac{1}{qQ}} \widetilde{T}_1(\eta) \widetilde{T}_2(\eta) e(-n\eta) \mathrm{d}\eta =$$

$$\sum_{\substack{q \leqslant Y \\ \tilde{r} \nmid q}} \frac{\tau_q^2(\tilde{\chi})}{\varphi^2(q)} c_q(-n) \cdot$$

$$\int_{-\frac{1}{qQ}}^{\frac{1}{qQ}} \widetilde{T}_1(\eta) \widetilde{T}_2(\eta) e(-n\eta) \mathrm{d}\eta$$

$$R_{15}(n) = \sum_{\substack{q \leqslant Y \\ \tilde{r} \nmid q}} \frac{\mu(q)}{\varphi^2(q)} c_{\tilde{\chi}, q}(-n) \tau_q(\tilde{\chi}) \cdot$$

$$\int_{-\frac{1}{qQ}}^{\frac{1}{qQ}} \left(\widetilde{T}_1(\eta) T_2(\eta) + \right.$$

$$\widetilde{T}_2(\eta)T_1(\eta))e(-n\eta)\mathrm{d}\eta \qquad ⑯$$

$$R_{16}(n) = \sum_{\substack{q \leqslant Y \\ \hat{r} \nmid q}} \frac{\tau_q(\widetilde{\chi})}{\varphi^2(q)} \sum_{\chi_q} \iota(\overline{\chi}_q)c_{\chi_q \widetilde{\chi},q}(-n) \cdot$$

$$\int_{-\frac{1}{qQ}}^{\frac{1}{qQ}} (\widetilde{T}_1(\eta)W_1(\chi_q,\eta) +$$

$$\widetilde{T}_2(\eta)W_2(\chi_q,\eta))e(-n\eta)\mathrm{d}\eta$$

其中

$$c_{\chi_q \widetilde{\chi},q}(-n) = \sum_{\substack{a=1 \\ (a,q)=1}}^{q} \chi_q(a)\widetilde{\chi}(a)e\left(-\frac{na}{q}\right)$$

又记

$$W_i(\chi_d) = \left(\int_{-\frac{1}{qQ}}^{\frac{1}{qQ}} |W_i(\chi_d,\eta)|^2\mathrm{d}\eta\right)^{\frac{1}{2}}$$

$$W_i(y) = \sum_{d \leqslant Y} \sideset{}{^*}\sum_{\chi_d} W_i(\chi_d)$$

对于偶数 n，令

$$\sigma(n) = \prod_{p \nmid n}\left(1 - \frac{1}{(p-1)^2}\right)\prod_{p \mid n}\left(1 + \frac{1}{p-1}\right)$$

由于 $T_i(\eta) = \sum e(n\eta) \ll \dfrac{1}{\eta}$，故有

$$\int_{\frac{1}{qQ}}^{\frac{1}{2}} |T_1(\eta)T_2(\eta)|\mathrm{d}\eta \ll qQ$$

则

$$\int_{-\frac{1}{qQ}}^{\frac{1}{qQ}} T_1(\eta)T_2(\eta)e(-n\eta)\mathrm{d}\eta =$$

$$\int_0^1 T_1(\eta)T_2(\eta)e(-n\eta)\mathrm{d}\eta + O(qQ)$$

记

$$t(n) = \int_0^1 T_1(\eta) T_2(\eta) e(-n\eta) \mathrm{d}\eta = \sum_{\substack{n=m_1+m_2 \\ N-U<m_1\leqslant N+U \\ Y<m_2\leqslant U}} 1$$

显然 $t(n) \leqslant U$ 成立. 此时

$$R_{11}(n) = \sum_{q\leqslant Y} \frac{\mu^2(q) c_q(-n)}{\varphi^2(q)} (t(n) + O(qQ)) \qquad ⑰$$

由相关文献[①]中式(5.2)知

$$c_q(-n) = \frac{\mu\left(\dfrac{q}{(q,n)}\right) \varphi(q)}{\varphi\left(\dfrac{q}{(q,n)}\right)} \qquad ⑱$$

易得

$$\sum_{q\leqslant Y} \frac{qQ \mid c_q(-n) \mid}{\varphi^2(q)} \ll Q\sum_{q\leqslant Y} \frac{q}{\varphi(q)\varphi\left(\dfrac{q}{(q,n)}\right)} \ll$$

$$Q\log^5 N \sum_{d\mid n}\sum_{\substack{d\leqslant Y \\ d\mid q}} \frac{d}{q} \ll U^{1-\lambda+\varepsilon} \qquad ⑲$$

$$\sum_{q>Y} \frac{t(n)}{\varphi^2(q)} \mid c_q(-n)\mid \ll U\log^5 N \sum_{q>Y} \frac{(q,n)}{q^2} \ll$$

$$U\log^5 N \sum_{d\mid n} d \sum_{\substack{q>Y \\ d\mid q}} \frac{1}{q^2} \ll U^{1-\lambda+\varepsilon}$$

$$⑳$$

由式 ⑰⑲⑳ 可见

$$R_{11}(n) = \sum_{q=1}^{\infty} \frac{t(n)\mu^2(q) c_q(-n)}{\varphi^2(q)} + O(U^{1-\lambda+\varepsilon}) =$$

　① K. Ramachandra. On the number of Goldbach numbers in small interval. J. Indian Math. Soc. ,1973,37:37-52.

$$\sum_{q=1}^{\infty} \frac{t(n)\mu^2(q)\mu\left(\frac{q}{(q,n)}\right)}{\varphi(q)\varphi\left(\frac{q}{(q,n)}\right)} + O(U^{1-\lambda+\varepsilon}) =$$

$$t(n)\sum_{d\mid n} \frac{\mu^2(d)}{\varphi(d)} \sum_{\substack{l=1\\(l,n)=1}}^{\infty} \frac{\mu(l)}{\varphi^2(l)} + O(U^{1-\lambda+\varepsilon}) =$$

$$t(n)\sigma(n) + O(U^{1-\lambda+\varepsilon}) \qquad ㉑$$

又由于 $\widetilde{T}_i(\eta) \ll \frac{1}{\eta}$,故有

$$\int_{\frac{1}{qQ}}^{\frac{1}{2}} \widetilde{T}_1(\eta)\widetilde{T}_2(\eta)\mathrm{d}\eta \ll qQ$$

$$R_{14}(n) = \sum_{q\leqslant Y,\,\tilde{r}\nmid q} \frac{\tau_q^2(\chi)}{\varphi^2(q)} c_q(-n) \cdot$$

$$\left(\int_0^1 \widetilde{T}_1(\eta)\widetilde{T}_2(\eta)e(-n\eta)\mathrm{d}\eta + O(qQ)\right) \qquad ㉒$$

由式 ⑱ 以及

$$Q\sum_{q\leqslant Y,\,\tilde{r}\nmid q} \frac{\tau_q^2(\tilde{\chi})}{\varphi^2(q)} q c_q(-n) \ll \tilde{r}Q\sum_{\substack{q\leqslant Y\\\tilde{r}\nmid q}} \frac{1}{\varphi^2(q)} q \frac{\varphi(q)}{\varphi\left(\frac{q}{(n,q)}\right)} \ll$$

$$\tilde{r}Q\log^{10}N \sum_{q\leqslant Y,\,\tilde{r}\nmid q} \frac{(n,q)}{q} \ll$$

$$(\tilde{r},n)Q\log^{10}N \sum_{l\leqslant Y} (l,n)l^{-1} =$$

$$(\tilde{r},n)Q\log^{10}N \sum_{d\mid n} d \sum_{\substack{l\leqslant Y\\d\mid l}} l^{-1} \ll$$

$$(\tilde{r},n)U^{1-\lambda+\varepsilon} \qquad ㉓$$

由

$$\int_{-\frac{1}{qQ}}^{\frac{1}{qQ}} \mid T_i(\eta)\mid^2 \mathrm{d}\eta \ll U \qquad ㉔$$

记

$$\tilde{I}(n) = \int_0^1 \widetilde{T}_1(\eta) \widetilde{T}_2(\eta) e(-n\eta) \mathrm{d}\eta =$$

$$\sum_{\substack{N-U < k_1 \leqslant N+U \\ Y < k_2 \leqslant U \\ k_1 + k_2 = n}} (k_1 k_2)^{\tilde{\beta}-1}$$

与相关文献①中类似可得

$$\tilde{\sigma}(n) = \sum_{q \geqslant 1, \tilde{r} \nmid q} \frac{\tau_q^2(\chi)}{\varphi^2(q)} c_q(-n) =$$

$$\tilde{\chi}(-1) \mu\left(\frac{\tilde{r}}{(\tilde{r},n)}\right) \sigma(n) \left\{ \prod_{\substack{p \nmid n \\ p \mid \tilde{r}}} (p-2) \right\}^{-1}$$

则

$$R_{14}(n) = \tilde{\sigma}(n) \tilde{I}(n) + O(U^{1-\lambda+\varepsilon}(\tilde{r},n)) \qquad ㉕$$

由式 ㉔ 知

$$R_{12}(n) \leqslant U^{\frac{1}{2}} \sum_{d \leqslant Y} \sum_{\chi_d}^{*} (W_1(\chi_d) + W_2(\chi_d)) \cdot$$

$$\sum_{\substack{q \leqslant Y \\ d \mid q}} \frac{\mu(q)}{\varphi^2(q)} \tau_q(\overline{\chi_d}) c_{\chi_d, q}(-n) \qquad ㉖$$

$$R_{13}(n) \leqslant \sum_{d_1 \leqslant Y} \sum_{d_2 \leqslant Y} \sum_{\chi_{d_1}}^{*} \sum_{\chi_{d_2}}^{*} W_1(\chi_{d_1}) W_2(\chi_{d_2}) \cdot$$

$$\sum_{\substack{d \leqslant Y \\ d_1 \mid q, d_2 \mid q}} \frac{1}{\varphi^2(q)} \mid \tau_q(\tilde{\chi}_{d_1}) \tau_q(\tilde{\chi}_{d_2}) \cdot$$

$$C_{\chi_{d_1} \chi_{d_2}, q}(-n) \mid \qquad ㉗$$

由相关文献②中引理 9,10,11 可知

$$R_{12}(n) \leqslant 2U^{\frac{1}{2}} \left\{ \sum_{d \leqslant Y} \sum_{\chi_d}^{*} \frac{nd}{\varphi(n)\varphi^2(d)} \cdot \right.$$

---

　　①　陈景润,潘承洞.Goldbach 数例外集上界估计.山东大学学报,
1979,1:1-17.

　　②　同上。

$$\left.[W_1(\chi_d) + W_2(\chi_d)]\right\} \leqslant$$

$$4U^{\frac{1}{2}}\frac{n}{\varphi(n)}(W_1(Y) + W_2(Y)) \qquad \text{㉘}$$

由

$$|T_i(\eta)\widetilde{T}_j(\eta)| \ll \frac{1}{\eta^2}, \int_{\frac{1}{qQ}}^{\frac{1}{2}}|T_i(\eta)\widetilde{T}_j(\eta)|\,\mathrm{d}\eta \ll \frac{1}{qQ}$$

可知

$$\int_{-\frac{1}{qQ}}^{\frac{1}{qQ}} T_i(\eta)\widetilde{T}_j(\eta)e(-n\eta)\,\mathrm{d}\eta =$$

$$\int_0^1 T_i(\eta)\widetilde{T}_j(\eta)e(-n\eta)\,\mathrm{d}\eta + O(qQ)$$

由相关文献[①]中引理 5.1,5.2,5.4 可得

$$qQ\sum_{\substack{q\leqslant Y \\ \widetilde{r}\nmid q}}\frac{\mu(q)}{\varphi^2(q)}|c_{\widetilde{\chi},q}(-n)\tau_q(\widetilde{\chi})| \ll$$

$$\widetilde{r}qQ\sum_{\substack{q\leqslant Y \\ \widetilde{r}\nmid q}}\frac{\mu^2(q)}{\varphi^2(q)}\varphi(q)\varphi^{-1}\left(\frac{q}{(q,n)}\right) \ll$$

$$\widetilde{r}Q\log^{10}N\sum_{\substack{q\leqslant Y \\ \widetilde{r}\nmid q}}\frac{(q,n)}{q} \ll (\widetilde{r},n)U^{1-\lambda+\varepsilon}$$

$$n\sum_{\substack{q>Y \\ \widetilde{r}\nmid q}}\frac{\mu^2(q)}{\varphi^2(q)}|c_{\widetilde{\chi},q}(-h)\tau_q(\widetilde{\chi})| \ll$$

$$\widetilde{r}n\sum_{\substack{q>Y \\ \widetilde{r}\nmid q}}\frac{\mu^2(q)}{\varphi^2(q)}\varphi(q)\varphi^{-1}\left(\frac{q}{(q,n)}\right) \ll$$

$$U^{1-\lambda+\varepsilon}(\widetilde{r},n)$$

故由 $R_{15}(n)$ 的定义得

---

① H. L. Montgomery，R. C. Vaughan. The exceptional set in Goldbach's problem. Acta Arith. , 1915,27:353-370.

$$R_{15}(n) = \sum_{\substack{q=1 \\ \tilde{r} \nmid q}}^{n} \frac{\mu(q) c_{\tilde{\chi},q}(-n) \tau_q(\tilde{\chi})}{\varphi^2(q)} \cdot$$

$$\int_0^1 (T_1(\eta) \tilde{T}_2(\eta) +$$

$$T_2(\eta) \tilde{T}_1(\eta)) e(-n\eta) \mathrm{d}\eta +$$

$$O((\tilde{r}, n) U^{1-\lambda+\varepsilon})$$

因此

$$\sum_{\substack{q=1 \\ \tilde{r} \nmid q}}^{\infty} \frac{\mu(q) \tau_q(\tilde{\chi}) c_{\tilde{\chi},q}(-n)}{\varphi^2(q)} \ll \frac{\tilde{\chi}(n) n \tilde{r}}{\varphi(n) \varphi^2(\tilde{r})}$$

又由

$$\int_0^1 (T_1(\eta) \tilde{T}_2(\eta) + T_2(\eta) \tilde{T}_1(\eta)) e(-n\eta) \mathrm{d}\eta \ll U$$

即得

$$R_{15}(n) \ll \frac{\tilde{\chi}(n) U n \tilde{r}}{\varphi(n) \varphi^2(\tilde{r})} + (\tilde{r}, n) U^{1-\lambda+\varepsilon} \qquad ㉙$$

由相关文献[①]中引理 9,10 可见

$$R_{13}(n) \leqslant \frac{10.41 n}{\sqrt{6} \, \varphi(n)} W_1(Y) W_2(Y) \qquad ㉚$$

$$R_{16}(n) \leqslant U^{\frac{1}{2}} \sum_{d \leqslant Y} \sum_{\chi_d}^{*} (W_1(\chi_d) + W_2(\chi_d)) \cdot$$

$$\sum_{\substack{q \leqslant Y \\ \tilde{r} \nmid q, d \mid q}} \frac{\tau_q(\tilde{\chi}) \tau_q(\tilde{\chi}_d)}{\varphi^2(q)} c_{\chi \chi_d, q}(-n) \leqslant$$

$$\frac{10.41}{\sqrt{6}} \frac{U^{\frac{1}{2}} n}{\varphi(n)} \sum_{d \leqslant Y} \sum_{\chi_d}^{*} (W_1(\chi_d) +$$

---

① 陈景润,潘承洞. Goldbach 数例外集上界估计. 山东大学学报,1979,1:1-17.

$$W_2(\chi_d))$$

9.5 $W_i(Y)$ 的估计

记

$$E_{0,\chi_d} = \begin{cases} 1, & \text{当 } \chi_d = \chi_d^0 \text{ 时} \\ 0, & \text{当 } \chi_d \neq \chi_d^0 \text{ 时} \end{cases}$$

$$E_{1,\chi_d} = \begin{cases} 1, & \text{当 } \chi_d = \tilde{\chi}\chi_d^0 \text{ 时} \\ 0, & \text{当 } \chi_d \neq \tilde{\chi}\chi_d^0 \text{ 时} \end{cases}$$

当 $0 < \nu \leqslant N - U$ 时，$c(\nu, \chi_d) = 0$，而当 $\nu > N + U$ 时，$c(\nu, \chi_d) = 0$. 而当

$$N - U < \nu \leqslant N + U$$

且 ν 是素数时，令

$$c(\nu, \chi_d) = \chi_d(\nu)\log \nu - E_{0,\chi_d} + E_{1,\chi_d}\nu^{\tilde{\beta}-1}$$

当 ν 不是素数时，则令

$$c(\nu, \chi_d) = -E_{0,\chi_d} + E_{1,\chi_d}\nu^{\tilde{\beta}-1}$$

由相关文献[①]引理 1，取 $T = \dfrac{1}{dQ}$，$\delta = \dfrac{1}{2T}$，我们有

$$V'_1(t) = S_1(\chi_d, t) = \sum_{\nu} c(\nu, \chi_d)e(\nu, t)$$

设

$$\hat{F}_\delta(t) = \frac{\sin \pi \delta t}{\pi \delta t}$$

则当

$$c_\delta(x) = \delta^{-1} \sum_{|\nu - X| < \frac{\delta}{2}} c(\nu, \chi_d)$$

---

① 陈景润，潘承洞. Goldbach 数例外集上界估计. 山东大学学报，1979,1:1-17.

时，有

$$\int_{-\infty}^{+\infty} |c_\delta(x)|^2 \, dx = \int_{-\infty}^{+\infty} |V'_1(t) \hat{F}_\delta(t)|^2 \, dt$$

由 $\dfrac{\sin t}{t}$ 在 $0 \leqslant t \leqslant \dfrac{\pi}{2}$ 上的单调性可知 $|\hat{F}_\delta(t)| \geqslant \dfrac{2}{\pi}$

$(0 \leqslant t \leqslant T)$，因而由 $W(\chi_d, t)$ 的定义我们有

$$\int_{-\infty}^{+\infty} |V'_1(t) \hat{F}_\delta(t)|^2 \, dt \geqslant \frac{4}{\pi^2} \int_{-T}^{T} |W_i(\chi_d, t)|^2 \, dt$$

又

$$\int_{-\infty}^{+\infty} |c_\delta(x)|^2 \, dx =$$

$$4 \int_{-\infty}^{+\infty} \left| \frac{1}{dQ} \sum_{\substack{N-U < p \leqslant N+U \\ t-Ql/4 < p \leqslant t+Ql/4}}^{\#} \chi_d(p) \log p \right|^2 \, dt \qquad ㉜$$

这里

$$\sum_p^{\#} \chi_d(p) \log p =$$

$$\begin{cases} \displaystyle\sum_p \log p - \sum_n 1, & \text{当 } \chi_d = \chi_d^0 \text{ 时} \\[2mm] \displaystyle\sum_p \tilde{\chi}(p) \log p + \sum_n n^{\tilde{\beta}-1}, & \text{当 } \chi_d = \tilde{\chi}\chi_d^0 \text{ 时} \\[2mm] \displaystyle\sum_p \chi_d(p) \log p, & \text{其他} \end{cases}$$

则我们有

$$W_1(\chi_d) =$$

$$\left| \int_{-\frac{1}{dQ}}^{\frac{1}{dQ}} |W_1(\chi_d, t)|^2 \, dt \right|^{\frac{1}{2}} \leqslant$$

$$\pi \left(\int_{-\infty}^{+\infty} \left| \frac{1}{dQ} \sum_{\substack{N-U < p \leqslant N+U \\ t-Ql/2 < p \leqslant t}}^{\#} \chi_d(p) \log p \right|^2 \, dt \right)^{\frac{1}{2}} \leqslant$$

$$\pi \left(\int_{N-U}^{N+U+\frac{Ql}{2}} \left| \frac{1}{dQ} \sum_{\substack{N-U < p \leqslant N+U \\ t-Ql/2 < p \leqslant t}}^{\#} \chi_d(p) \log p \right|^2 \, dt \right)^{\frac{1}{2}} \leqslant$$

$$\frac{\pi\left(2U+\dfrac{Qd}{2}\right)^{\frac{1}{2}}}{dQ} \cdot$$

$$\max_{N-U<t\leqslant N+U+Qd/2}\left|\sum_{\substack{N-U<p\leqslant N+U \\ t-Qd/2<p\leqslant t}}^{\#}\chi_d(p)\log p\right| \tag{33}$$

设 χ_d 是模 d 的特征,而 $d\leqslant Y\leqslant U^\lambda$,当 $x^\varepsilon\leqslant T\leqslant x$ 时,有

$$\sum_{n\leqslant x}\chi_d(n)\Lambda(n)=E_{0,\chi_d}x-\frac{E_{1,\chi_d}x^{\tilde{\beta}}}{\tilde{\beta}}-$$

$$\sum_{\substack{\beta\geqslant 1/4 \\ |\gamma|\leqslant T}}'\frac{x^\rho}{\rho}+O\left(\frac{x\log^2 x}{T}\right)+O(x^{\frac{7}{12}})$$

其中 $\sum'$ 表示和式中不包含 $\tilde{\beta},1-\tilde{\beta}$ 的在指定区域中的零点求和.

当 $1<d\leqslant Y$ 时,取 $\lambda_2>1-a(1-2\lambda)+\varepsilon$,由于当 $a>\dfrac{3}{4}$ 时,必能选取 λ,ε,使 $\lambda_2<\dfrac{1}{4}$,取 $T=N^{\lambda_2}$,则

$$\left|\sum_{\max\{N-U,t-Qd/2\}<p\leqslant\min\{N+U,t\}}^{\#}\chi_d(p)\log p\right|\leqslant$$

$$\left|\sum_{\substack{\beta\geqslant 1/4 \\ |\gamma_{\chi_d}|\leqslant N^{\lambda_2}}}'\frac{\min\{N+U,t\}^\rho-\max\left\{N-U,t-\dfrac{Qd}{2}\right\}^\rho}{\rho}\right|+$$

$$O(N^{1-\lambda_2}\log^2 N) \tag{35}$$

由

$$\left|\frac{(y+K)^s-y^s}{s}\right|\ll\min\left\{Ky^{\sigma-1},\frac{y^\sigma}{|s|}\right\}$$

$$\mathrm{Re}\,s=\sigma,1\leqslant K\leqslant Y$$

则得

562

$$\left| \sum_{\max(N-U,\,t-Ql/2) < p \leqslant \min(N+U,\,t)}^{\#} \chi_d(p) \log p \right| \leqslant$$

$$\frac{dQ}{2} \sum_{\substack{\beta \geqslant 1/4 \\ |\gamma_{\chi_d}| \leqslant N^{\lambda_2}}}{}' (N-U)^{\beta-1} + O(N^{1-\lambda_2} \log^2 N) \qquad ㊱$$

$$W_1(\chi_d) \leqslant \frac{\pi\sqrt{2.5}}{2} U^{\frac{1}{2}} \sum_{\substack{\beta \geqslant 1/4 \\ |\gamma_{\chi_d}| \leqslant N^{\lambda_2}}} (N-U)^{\beta-1} +$$

$$O\left(\frac{N^{1-\lambda_2} \cdot \log^2 N \cdot U^{\lambda-\frac{1}{2}}}{d}\right) \qquad ㊲$$

$$W_1(Y) \leqslant \frac{\pi\sqrt{2.5}}{2} U^{\frac{1}{2}} \sum_{d \leqslant Y} \sum_{\chi_d}{}^* \sum_{\substack{\beta \geqslant 1/4 \\ |\gamma_{\chi_d}| \leqslant N^{\lambda_2}}} (N-$$

$$U)^{\beta-1} + O(U^{\frac{1}{2}-\varepsilon}) \qquad ㊳$$

式 ㊳ 中用到 $\dfrac{1-\lambda_2}{a} + 2\lambda + \varepsilon < 1$.

当不存在例外特征时，$L -$ 函数的零点 $S = \beta +$ $i\gamma_{\chi_d}$，$|\gamma_{\chi_d}| \leqslant N^{\lambda_2}$，必满足

$$\beta < 1 - \frac{c_0}{\log^{\frac{4}{5}}(N^{\lambda_2}) + \log d}$$

这里 c_0 是一个常数. 我们用 $N(Y, \alpha, T)$ 表示属于模 $d \leqslant Y$ 的 $L -$ 函数在 $1 > \beta \geqslant a$，$|\gamma_{\chi_d}| \leqslant T$ 内的零点个数，当 $1 > \alpha > \dfrac{4}{5}$，$T \geqslant 1$ 时我们有 $N(Y, \alpha, T) \ll$ $(Y^2 T)^{(2+\varepsilon)(1-\alpha)}$，则得

$$\sum_{d \leqslant Y} \sum_{\chi_d}{}^* \sum_{\substack{\beta \geqslant 1/4 \\ |\gamma_{\chi_d}| \leqslant N^{\lambda_2}}} N^{\beta-1} \leqslant$$

$$-\int_{\frac{1}{4}}^{\frac{4}{5}} N^{\alpha-1} \, dN(Y, \alpha, N^{\lambda_2}) -$$

$$\int_{\frac{4}{5}}^{1-\frac{c_0}{\log^{\frac{4}{5}}(N^{\lambda_2})+\log(N^\lambda)}} N^{\alpha-1} \, dN(Y, \alpha, N^{\lambda_2}) \leqslant$$

$$-\int_{\frac{4}{5}}^{1-\frac{c_0}{\log^{\frac{4}{5}}(N^{\lambda_2})+\log(N^{\lambda})}} N^{(2a\lambda+\lambda_2)(2+\varepsilon)(1-\alpha)} \cdot$$

$$N^{a-1}\log N\mathrm{d}\alpha + O(N^{-\varepsilon}) \leqslant$$

$$\frac{1}{1-2\lambda_2-4\lambda a-4\varepsilon}e^{-\frac{c_0(1-2\lambda_2-4\lambda a-4\varepsilon)}{\log^{\frac{4}{5}}(N^{\lambda_2})+\log(N^{\lambda})}} \cdot \log N \leqslant$$

$$\frac{1}{1-2\lambda_2-4\lambda a-4\varepsilon}e^{-\frac{c'_0(1-2\lambda_2-4\lambda a-4\varepsilon)}{2\lambda}} \qquad ㊴$$

则

$$W_1(Y) \leqslant \frac{\pi\sqrt{2.5}}{2}U^{\frac{1}{2}}\frac{1}{1-2\lambda_2-4\lambda a-4\varepsilon}e^{-\frac{c'_0(1-2\lambda_2-4\lambda a-4\varepsilon)}{2\lambda}}$$

$$㊵$$

对 $W_2(Y)$ 的估计可用类似于相关文献[1]中式（50）的方法得到

$$W_2(Y) \leqslant \frac{\pi\sqrt{1.5}}{2}U^{\frac{1}{2}}\frac{1-3\lambda}{(1-9\lambda-2\varepsilon)e^{\frac{1-9\lambda-2\varepsilon}{20(\lambda+\varepsilon)}}} + O(U^{\frac{1}{2}-\frac{\varepsilon}{2}})$$

$$㊶$$

如果存在除外零点 $\tilde{\beta}$，则可应用下述引理：

引理 4　设存在模 $\tilde{r}$ 的除外实原特征 $\tilde{\chi}$，$L(s,\tilde{\chi})$ 有一个实零点 $\tilde{\beta}=1-\tilde{\delta}$，令 χ_q 是模 q 的一个原特征，而 $\rho = \beta + i\tau = 1-\delta + i\tau$ 是 $L(s,\chi_q)$ 的一个零点，其中 $0 < \delta < 0.1$，设 $D = q(|\tau|+1)$ 充分大，也就是说 $D_1 \geqslant D(\varepsilon)$，则我们有

$$\tilde{\delta} \geqslant (1-6\delta)D_1^{-\frac{(2+\varepsilon)\delta}{1-6\delta}} \cdot \frac{1}{8\log D_1}$$

设存在除外原特征 $\tilde{\chi}$，模 $\tilde{r}$，$\tilde{r} \leqslant U^{0.5(\lambda+\varepsilon)}$，而它有除

---

① 陈景润，潘承洞. Goldbach 数例外集上界估计. 山东大学学报，1979，1：1-17.

外零点 $\tilde{\beta}=1-\tilde{\delta}$. 在引理 4 中取 $D_1=N^{0.5\lambda+\lambda_2+\varepsilon}$,不妨设 $\delta\leqslant\varepsilon$,则 $\tilde{\delta}\geqslant D_1^{-(2+\varepsilon)\delta}/8.1\log D_1$,可见

$$1-\delta\leqslant 1-\log(8.1\tilde{\delta}\log D_1)/(2+\varepsilon)\log D_1 \qquad ㊷$$

故有

$$\sum_{d\leqslant Y}\sum_{\chi_d}{}^{*}\sum_{\substack{\beta\geqslant 1/4 \\ |\alpha_d|\leqslant N^{\lambda_2}}}N^{\beta-1}\leqslant$$

$$\int_{\frac{1}{4}}^{\frac{4}{5}}N^{(\lambda_2+2\lambda a+\varepsilon)4(1-a)}N^{a-1}\log N\mathrm{d}\alpha +$$

$$\int_{\frac{4}{5}}^{1-\frac{\log(8.1\tilde{\delta}\log D_1)}{(2+\varepsilon)\log D_1}}N^{(\lambda_2+2\lambda a+\varepsilon)(2+\varepsilon)(1-a)}N^{a-1}\log N\mathrm{d}\alpha \leqslant$$

$$\frac{1}{1-2\lambda_2-4\lambda a-4\varepsilon}N^{-\frac{\log(8.1\tilde{\delta}\log D_1)}{(2+\varepsilon)\log D_1}(1-(2+\varepsilon)(\lambda_2+2\lambda a))}+O(N^{-\varepsilon})=$$

$$\frac{1}{1-2\lambda_2-4\lambda a-4\varepsilon}e^{\frac{\log N\cdot\log(8.1\tilde{\delta}\log D_1)}{(2+\varepsilon)\log D_1}(1-(2+\varepsilon)(\lambda_2+2\lambda a))}+O(N^{-\varepsilon})\leqslant$$

$$\frac{1}{1-2\lambda_2-4\lambda a-4\varepsilon}(8.1\tilde{\delta}\log D_1)^{\frac{1-2\lambda_2-4\lambda a-4\varepsilon}{(2+\varepsilon)(\lambda_2+0.5\lambda)}}=$$

$$\frac{8.1\tilde{\delta}\log D_1}{1-2\lambda_2-4\lambda a-4\varepsilon}(8.1\tilde{\delta}\log D_1)^{\frac{1-2\lambda_2-4\lambda a-4\varepsilon}{2(\lambda_2+0.5\lambda)}-1} \qquad ㊸$$

由式 ㊸ 可得

$$W_1(Y)\leqslant\frac{\pi\sqrt{2.5}U^{\frac{1}{2}}}{2(1-2\lambda_2-4\lambda a-4\varepsilon)}\cdot$$

$$(8.1\tilde{\delta}\log D_1)^{\frac{1-2\lambda_2-4\lambda a-4\varepsilon}{2(\lambda_2+0.5\lambda)}-1} \qquad ㊹$$

可以完全类似地得到

$$W_2(Y)\leqslant\frac{\pi\sqrt{1.5}U^{\frac{1}{2}}}{2(1-27\lambda-5\varepsilon)}\left(\frac{8.1\tilde{\delta}\log D_1}{0.7}\right)^{\frac{1-27\lambda-4\varepsilon}{4.5\lambda}}+$$

$$O(U^{\frac{1}{2}-\varepsilon}) \qquad ㊺$$

9.6　定理 1 的证明

我们分别对存在除外特征及不存在除外特征两种情况来证明定理.

（1）当不存在除外特征时，由式 ㉑㉘㉚ 可得

$$R_1(n) = t(n)\sigma(n) - \frac{n}{\varphi(n)}\left\{4U^{\frac{1}{2}}(W_1(Y) + W_2(Y)) + \right.$$

$$\left. \frac{10.41}{\sqrt{6}}W_1(Y)W_2(Y)\right\} + O(U^{1-\lambda+\varepsilon}) \geqslant$$

$$\frac{n}{\varphi(n)}\left\{\prod_{\substack{p \geqslant 3 \\ p \nmid n}}\left(1 - \frac{1}{(p-1)^2}\right)U - \right.$$

$$4U\left(\frac{\pi\sqrt{2.5}}{2} \cdot \frac{1}{1-2\lambda_2-4\lambda a-4\varepsilon}e^{-\frac{c'_0(1-2\lambda_2-4\lambda a-4\varepsilon)}{2\lambda}} + \right.$$

$$\frac{\pi\sqrt{1.5}(1-3\lambda)}{2(1-9\lambda-2\varepsilon)}e^{-\frac{1-9\lambda-2\varepsilon}{20(\lambda+\varepsilon)}} - \frac{10.41}{\sqrt{6}}\frac{\pi^2\sqrt{2.5}\sqrt{1.5}}{4} \cdot$$

$$U\frac{1-3\lambda}{(1-9\lambda-3\varepsilon)(1-2\lambda_2-4\lambda a-4\varepsilon)} \cdot$$

$$\left.\left. e^{-\frac{c'_0(1-2\lambda_2-4\lambda a-4\varepsilon)}{2\lambda}}e^{-\frac{1-9\lambda-2\varepsilon}{20(\lambda+\varepsilon)}}\right)\right\} \qquad ㊻$$

适当选取 λ，可使 $R_1(n) \gg U$.

（2）当存在除外特征 $\tilde{\chi}$ 时，由式 ㉑㉕㉘㉙㉚㉛ 可得

$$R_1(n) \geqslant t(n)\sigma(n) - |\tilde{\sigma}(n)\tilde{I}(n)| -$$

$$O(U^{1-\lambda+\varepsilon}(\tilde{r},n)) - \frac{n}{\varphi(n)} \cdot$$

$$\left\{4U^{\frac{1}{2}}(W_1(Y) + W_2(Y)) + \right.$$

$$\frac{10.41W_1(Y)W_2(Y)}{\sqrt{6}} +$$

566

$$\frac{10.41}{\sqrt{6}}U^{\frac{1}{2}}(W_1(Y) +$$

$$W_2(Y)) + O\left(\frac{U\tilde{r}\tilde{\chi}^2(n)}{\varphi^2(\tilde{r})}\right)\Big\}\Big\}$$　　㊼

分三种情形讨论:

(1)$(\tilde{r}, n) = 1$ 或者

$$\prod_{p \mid \tilde{r}, p \nmid n}(p - 2) \geqslant \frac{1}{\varepsilon}$$

且$(\tilde{r}, n) \leqslant U^{\frac{1}{2}}$. 当$(\tilde{r}, n) = 1$ 时,由相关文献[①]中引理 5

可知$\tilde{r} \geqslant \log^{1.5}N$,当 N 充分大时,$\dfrac{\tilde{r}}{\varphi^2(\tilde{r})} \leqslant \varepsilon^2$. 由此可

见

$$\mid \tilde{\sigma}(n)\tilde{I}(n)\mid \leqslant U\sigma(n)\Big\{\prod_{p \mid \tilde{r}, p \nmid n}(p - 2)\Big\}^{-1} \leqslant \varepsilon U$$

由式 ㊼ 得

$$R_1(n) \geqslant \frac{n}{\varphi(n)}\Big\{U\prod_{p \geqslant 3}\Big(1 - \frac{1}{(p-1)^2}\Big) -$$

$$2\varepsilon U - \frac{10.4W_1(Y)W_2(Y)}{\sqrt{6}} -$$

$$\frac{10.41(W_1(Y) + W_2(Y))U^{\frac{1}{2}}}{\sqrt{6}}\Big\} \geqslant$$

$$\frac{n}{\varphi(n)}\Big\{0.65U - \frac{10.41}{\sqrt{6}}\frac{\pi^2\sqrt{2.5}\sqrt{1.5}}{4}\cdot U\cdot$$

$$\frac{1 - 3\lambda}{(1 - 9\lambda - 2\varepsilon)(1 - 2\lambda_2 - 4\lambda a - 4\varepsilon)}\cdot$$

①　陈景润,潘承洞. Goldbach 数例外集上界估计. 山东大学学报,
1979,1:1-17.

$$e^{-\frac{c_0(1-2\lambda_2-4\lambda a-4\varepsilon)}{2\lambda}}e^{-\frac{1-9\lambda-2\varepsilon}{20(\lambda+\varepsilon)}}-\frac{10.411}{\sqrt{6}}\cdot U\cdot$$

$$\left[\frac{\pi\sqrt{2.5}}{2(1-2\lambda_2-4\lambda a-4\varepsilon)}\cdot\right.$$

$$e^{\frac{c'_0(1-2\lambda_2-4\lambda a-4\varepsilon)}{2\lambda}}+$$

$$\left.\left.\frac{\pi\sqrt{1.5}(1-3\lambda)}{2(1-9\lambda-2\varepsilon)}e^{-\frac{1-9\lambda-2\varepsilon}{20(\lambda+\varepsilon)}}\right]\right\} \qquad \text{㊽}$$

在式 ㊽ 中适当选取 λ，必有 $R_1(n)\gg U$.

（2）当 $(n,\tilde{r})>U^{0.5\lambda}$ 时，我们有

$$\sum_{\substack{N-U<N\leqslant N+U\\(n,\tilde{r})>U^{0.5\lambda}}}1\leqslant\sum_{\substack{d\mid\tilde{r}\\d>U^{0.5\lambda}}}\sum_{\substack{N-U<n\leqslant N+U\\d\mid n}}1\leqslant$$

$$U^{1-0.5\lambda}d(\tilde{r})\leqslant U^{1-0.5\lambda+\varepsilon}$$

（3）当 $1<(n,\tilde{r})\leqslant U^{0.5\lambda}$ 且

$$\prod_{p\mid\tilde{r},p\nmid n}(p-2)<\frac{1}{\varepsilon}$$

时，由相关文献[1]中引理 5.1 有 $\mu(\tilde{r}/(4,\tilde{r}))\neq0$，即 $16\nmid\tilde{r}$，及 $\tilde{r}$ 无奇素数的平方因子. 由于

$$\prod_{p\mid\tilde{r},p\nmid n}(p-2)<\frac{1}{\varepsilon}$$

我们有

$$\tilde{r}\leqslant16\left(\frac{1}{\varepsilon}\right)^2\cdot(n,\tilde{r})\leqslant U^{0.5(\lambda+\varepsilon)}$$

由 $(n,\tilde{r})>1$，有 $\tilde{\chi}(n)=0$. 在式 ㊼ 中

$$R_1(n)\geqslant t(n)\sigma(n)-|\tilde{\sigma}(n)\tilde{I}(n)|-$$

————————

① H. L. Montgomery, R. C. Vaughan. The exceptional set in Goldbach's problem. Acta Arith., 1975, 27: 353-370.

$$\frac{n}{\varphi(n)}\{4U^{\frac{1}{2}}(W_1(Y)+W_2(Y))+$$

$$\frac{10.41W_1(Y)W_2(Y)}{\sqrt{6}}+$$

$$\frac{10.41(W_1(Y)+W_2(Y))}{\sqrt{6}}U^{\frac{1}{2}}+$$

$$O(U^{1-0.5\lambda+\varepsilon})\}\tag{49}$$

由相关文献[①]中式(3)可得 $|\tilde{\sigma}(n)|\leqslant\sigma(n)$,则

$$t(n)\sigma(n)-|\tilde{\sigma}(n)\tilde{I}(n)|\geqslant$$

$$\sum_{\substack{n=k_1+k_2\\N-U<k_1\leqslant N+U\\Y<k_2\leqslant U}}(1-(k_1,k_2)^{\tilde{\beta}-1})\sigma(n)\geqslant$$

$$\sigma(n)(1-\tilde{\beta})Un^{\tilde{\beta}-1}\log n$$

又由 $\sigma(n)\geqslant\dfrac{n}{\varphi(n)}\prod\limits_{p\geqslant3}\left(1-\dfrac{1}{(p-1)^2}\right)$,可得

$$t(n)\sigma(n)-|\tilde{\sigma}(n)\tilde{I}(n)|\geqslant$$

$$\frac{n}{\varphi(n)}\Big\{(1-\tilde{\beta})U\log Ne^{-\frac{1}{0.45}}\cdot$$

$$\prod_{p\geqslant3}\left(1-\frac{1}{(p-1)^2}\right)\Big\}\geqslant$$

$$\frac{0.651\tilde{\delta}U\log N}{e^{\frac{1}{0.45}}}\frac{n}{\varphi(n)}\tag{50}$$

若 $\tilde{\delta}\log N\leqslant a_0$($a_0$ 是某个适当选取的常数),由于
在 $a>\dfrac{3}{4}$ 时,可取 $\lambda_2<\dfrac{1}{4}$,此时适当选取 λ 可以使

---

① 陈景润,潘承洞.Goldbach 数例外集上界估计.山东大学学报,
1979,1:1-17.

$$\frac{1-2\lambda_2-4a-4\varepsilon}{2(\lambda_2+0.5\lambda)}-1>0$$

由式 ㊸,当 a_0 充分小时,下式成立.

$$W_1(Y)\leqslant\frac{\pi\sqrt{2.5}}{2(1-4\lambda_2-8\lambda a-4\varepsilon)}\cdot$$

$$8.1\tilde{\delta}\log D_1(8.1a_0)^{\left(\frac{1-2\lambda_2-4\lambda a-4\varepsilon}{2(\lambda_2+0.5\lambda)}-1\right)}\leqslant$$

$$\varepsilon\tilde{\delta}\log N$$

即得 $R_1(n)\gg a_0U\tilde{\delta}\log N$. 由相关文献[①]中引理 5,$\tilde{\delta}>c/\tilde{r}^{\frac{1}{2}}(\log\tilde{r})^2$,由条件 $\tilde{r}\leqslant U^{0.5(\lambda+\varepsilon)}$ 即得

$$R_1(n)\gg U^{1-0.25\lambda-0.3\varepsilon}$$

当 $\tilde{\delta}\log N>a_0$ 时,将式 ㊴ 代入式 ㊾,对于 a_0,适当选取 λ,可以使 $R_1(n)\gg U$.

综上所述可见定理成立.

---

① 陈景润,潘承洞. Goldbach 数例外集上界估计. 山东大学学报,1979,1:1-17.

第四编
数论英雄

自述与回忆

第 11 章

§0　陈景润的中学老师沈元

——谢础

沈元（1916—2004），福建福州人.
空气动力学家，航空航天教育家. 1980
年当选中国科学院学部委员（院士）.
1940 年毕业于西南联合大学，1945 年
在英国伦敦大学获博士学位. 中国航空
航天高等教育事业的开拓者和教育家，
曾先后担任清华大学航空系主任，航空
工程学院院长，北京航空学院副院长、
院长、名誉院长. 20 世纪 40 年代，在空
气动力学跨声速研究领域，首次从理论

573

和计算结果上证实了高亚声速流动下,圆柱体表面附近出现极限线的可能性及其出现条件,并说明了在高亚声速流动下,圆柱体附近局部流速可能超过声速而不出现激波,对解决跨声速飞行中的气动问题,做出开创性贡献.曾多次参加国家科学技术远景规划的制定,积极从事中国交通运输战略决策研究,为中国决定立项研制国产干线大飞机起到重要作用.中国航空学会第一、第二届理事长,中国空气动力学研究会名誉会长,中国力学学会第一、第二届副理事长.曾任国务院学位委员会委员、中国科学技术协会全国委员会常务委员、国家自然科学奖励委员会委员、国家自然科学基金委员会顾问、国家教委高等工科力学课程指导委员会主任委员、原航空工业部科学技术委员会特邀委员、《航空知识》杂志首任主编.被国家教委授予"从事高教科技工作四十年成绩显著"荣誉证书,被授予航空航天工业部"劳动模范"称号,航空航天工业部"有突出贡献专家"称号,被英国剑桥国际传记中心授予"世界杰出知识分子"荣誉称号及金质证章.

0.1 成长经历

沈元 1916 年 4 月 26 日生于福建省福州市.2004 年 5 月 30 日,沈元在北京逝世,享年 88 岁.

沈元的世祖沈绍安,是著名的福州脱胎漆器的创始人.沈绍安的漆器店,就开在福州城里双抛路自己家里,是一个手工业式的家庭作坊.以后,每代都传给长子,一直到沈元的父亲,都是以生产和经营漆器为生.福州的脱胎漆器从沈绍安发明以后,逐渐流传开来,成为名扬中外的一项福州特产的工艺品.有的人通过经

营脱胎漆器发了财,但是沈元的家境却并不宽裕.沈家制作的漆器,一向注重质量,从不偷工减料.有的人做漆器不但加工粗糙,且里面用猪血代替生漆,外面再刷上漆,买主看不出来.其祖父沈正镐就不肯这么干,所以沈家的产量低、成本高.这个祖传的作风,也影响到沈元.他无论是对待教学科研,还是对待一项具体工作,都一丝不苟,严格要求.这同他从小参与家庭作坊的一些劳动,受严格而细致的生产漆器的家风的熏陶有直接关系.

1935 年,沈元从福州英华中学高中毕业,由于经济原因,没有立即投考大学.他跟着父亲到青岛,参加展销会,推销家里生产的漆器.展销活动结束后,父亲给了他一些钱,让他到北平(今北京)求学.但是这时已过了大学的入学考试时期,他只好到英华中学毕业前保送他去的燕京大学化学系学习.1935 年冬天,他在北平参加了"一二·九"学生运动,进一步激发了反帝爱国的决心.由于燕京大学没有沈元想学的工科,1936年夏天,沈元报考了清华大学机械系,学习航空工程.当年清华全校录取新生 300 名,沈元考了第 3 名.

沈元的大学生活是在战乱中度过的.他进入清华大学的第二年,1937 年 7 月 7 日爆发了"卢沟桥事变",日军开始全面侵华战争,清华大学仓促撤退到湖南长沙.由于 6 月放暑假时沈元就已回家,他就从福州赶到长沙上学.在长沙,清华、北大和南开三所大学,借用岳麓山下湖南大学的部分房子上课,度过了一个冬天.1938 年,日本侵略军大举南下,国民党军队一溃千里,战火很快要烧到长沙.沈元又跟着学校 300 多位师生,背着简单的行李,风餐露宿,跋山涉水,步行 2 000

余里来到云南昆明. 在这里,清华大学、北京大学和南开大学三所学校的师生,联合起来成立了一所抗战时期西南最高学府——西南联合大学.

抗战时期生活艰苦,西南联大师生们在简陋的校舍里,在仪器设备极端缺乏的条件下坚持教学. 沈元在艰难环境下刻苦学习,于 1940 年毕业. 由于成绩优秀,毕业后留校任航空系助教,辅导学生功课、改作业、做实验. 当时西南联大航空系主任王德荣教授,夸奖航空系 1940 届毕业生表现优秀,特别是毕业后庚款留美的屠守锷和留英的沈元,说他们资质超群,又勤奋学习. 那时航空系有一个发动机实验室,里面精心布置许多发动机零部件,有的还经过解剖,可以一目了然看到内部构造. 实验室中一台经过改装的汽车发动机,可供学生测量功率以及其他性能. 这样的实验室在抗战时期物质匮乏的条件下,可谓难能可贵. 这个实验室当时是由担任助教的沈元在教授指导下创建起来的.

1942 年,著名的英国科学史家李约瑟博士(Dr. Joseph Need-Ham)受英国文化委员会委托,来华开展中英科学合作和交流工作. 他在重庆建立中英科学合作办事处(Sino-British Science Cooperation). 这个机构负责推荐中国人员去英国进修、研究. 1943 年,沈元考取了英国文化委员会提供的奖学金,到英国伦敦大学帝国理工学院航空系当研究生,攻读博士学位. 这种奖学金航空学科两三年才有一次机会,而且全国只录取一人,非常难得.

在英国攻读博士学位,一般要 3 年时间. 沈元到英国后,为了争取在取得学位后留出时间去研究机构工作,取得一年实际工作经验后回国,决定用两年时间获

取博士学位．他的导师同意帮助他实现这个很难达到
的目标．结果沈元如愿在两年内拿到了伦敦大学的博
士学位．他谢绝了英国大学待遇优厚的聘请，于 1946
年夏天回到了战后的祖国．

　　当时，旧中国的航空科学研究工作由国民党政府
的航空委员会所把持，要想进入这个机构，就必须加入
国民党．但是沈元对于国民党统治的腐败，早已深恶痛
绝，决不愿意参加国民党．他已经两度顶住压力，拒不
接受国民党拉他下水的企图．一次是出国之前，国民党
当局在出国人员中反复动员，要他们履行入党手续后
再出国．沈元顶住了．另一次是在英国，当时中国驻英
使馆的国民党官员通知沈元说：你为什么还不加入国
民党？你要马上填表，补行宣誓仪式．又被沈元拒绝
了．回国以后，沈元虽然很希望继续做航空研究工作，
但由于不愿与国民党反动派同流合污，只好放弃进入
航空委员会的机会．

　　1946 年，沈元接受了母校的聘请，回到清华大学
航空系任教．开始是副教授，一年之后升任正教授．在
清华，沈元继续做他在英国开始的研究工作．

　　1983 年在沈元之后接任北京航空学院院长的曹
传钧教授，从西南联大开始，就与沈元相识，先是沈元
的学生，后来合作共事长达 30 年．他回忆说，沈元能团
结人，与人为善，人品很好，受到大家的拥戴．清华航空
系主任职位出现空缺，校方广泛征集教师意见，由谁接
任系主任职务．大家一致公推沈元，32 岁的沈元出任
了清华航空系主任．走上航空系领导岗位的沈元，为了
开展教学与科研方面的实验工作，在当时经费和设备
极为困难的条件下，主持为清华大学设计并建造了一

座低速回流式风洞．它的试验段截面是椭圆形的，在其他相同条件下，可以进行模型尺寸较大的吹风试验．这是抗战胜利后中国大学的第一个风洞，也是当时国内高等院校中最先进的风洞，对航空系的教学与科研起了重要作用．后来这个风洞搬迁到北京航空航天大学（简称北航），至今仍然在为教学和科研服务．1951 年，国家把厦门大学、北洋大学、西北工学院三个学校的航空系合并到清华大学，成立清华大学航空学院，在同仁们一致推荐下，沈元被任命为清华大学航空学院院长．这说明沈元的良好人品和能力，得到了大家的肯定．

曾多次在新中国成立前拒绝参加国民党的沈元，于 1951 年 8 月加入中国民主同盟，1956 年 11 月加入中国共产党，成为一名自觉的共产主义战士．"文化大革命"的动乱中，造反派把"航空霸主""反动学术权威""走资本主义道路的当权派"等大帽子，强加在沈元的头上，长时间批斗、迫害，沈元始终不曾说过一句失掉原则的话，保持着一个知识分子共产党员的气节．

沈元在工作之余喜习中国书画，陶冶性格．他写得一手好字，画的花草也相当好．北航的东校门，巨大的石碑上刻着北航校训：艰苦朴素、勤奋好学、全面发展、勇于创新．碑文的字体是由沈元书写的隶书书法．

沈元热心支持科普工作．从 1964 年起，他曾长期兼任新中国创办的第一本航空航天科普杂志《航空知识》的编委会主任，是该杂志的首任主编．在他的指导下，该刊受到广大航空爱好者，特别是青少年读者的欢迎，发行量跃居全国航空航天类报刊之首，有许多青少年读者都是在该刊影响下，走上献身祖国航空航天事业的人生道路．1984 年，该刊荣获国际航空联合会

(FAI)颁发的荣誉奖,成为国内第一家获得国际奖励的科普期刊.

另外,为给青少年夏令营活动提供一个参观学习的场所,北航在校内建造了航空馆.同时,作为中国科学技术协会常委,沈元曾提议建造一个中国科技馆,以很好地开展科普工作,宣传中国古今科学成就.为此,沈元还获得了"启明"奖状.

0.2　高亚声速领域研究的开创性成果

沈元的专业是空气动力学.空气动力学是一切飞行器在大气中飞行的理论基础,也是设计飞机的基本理论依据.在伦敦大学,沈元选择了一个在当时航空发展上具有关键意义的课题,他的研究工作,集中在解决飞机从亚声速向声速逼近时的空气动力问题.

20 世纪 40 年代,航空科学技术面临着革命性的变革.飞机的外形适应提高速度的要求,就是摆在空气动力学研究人员面前重要的理论课题.沈元的研究工作,正是针对解决这方面的问题进行的.

沈元抵达英国的 1943 年,第二次世界大战进入后期.当时活塞式战机的性能逐渐发展到极限.在速度提高的同时,新的空气动力学现象开始出现,这就是空气的可压缩性.可压缩性是空气的一个基本特性.在较低的速度下(例如小于 400 km/h),空气的可压缩性对飞机阻力的影响很小,可以忽略不计.但是当飞行时速达到 700 km 以上的高亚声速领域,空气可压缩性产生的阻力效应,就上升为主导因素.高亚声速和跨声速飞行,伴随着空气的可压缩性,发生了一系列新的空气动力学现象,主要是激波的出现和波阻的产生.空气动力学的研究,也在 20 世纪 40 年代,从亚声速向跨声速、超声速领域发展,逐步进入高速空气动力学时代.

沈元抵达英国之前,空气的可压缩性已经对当时高速战斗机,造成所谓"声障"问题. 声障(sonic barrier)是指飞机的飞行速度接近声速时,进一步提高飞机速度所遇到的障碍. 20 世纪 40 年代初,战斗机平飞速度已达 M 数 0.5,空战俯冲时,M 数可达 0.7 以上,这时飞行员发现飞机的阻力激增,升力下降,产生很大的低头不稳定力矩,机翼和尾翼出现抖振,再提高飞行速度就十分困难. 这种情况下,飞机可能失速或失控,严重的会造成机毁人亡的灾难.

在沈元开始研究高 M 数的空气动力特性之前,人们已经发现,飞机在飞行中,其机体造成的空气扰动所导致的空气压强变化,在飞行过程中,会在飞机前积累,从而引起飞行前方空气密度的变化. 这个密度变化,在不同的速度下也是不同的. 在 M 数为 0.3 的情况下,飞机前方空气密度的增加为 5% 左右,可以忽略不计. 当飞行速度进一步增大,空气密度的变化就会显著增加. 因此在 M 数 0.3 至 M 数 0.8 之间,由于空气密度增加所产生的阻力影响,对空气不可压缩假设下的计算结果,必须进行修正. 当飞行速度进一步提高,甚至接近声速时,由于飞机对前方空气扰动导致的压强变化,会层层积累,于是在飞机前面空气密度会急剧增大. 飞机以声速飞行时,飞机与前面的空气波面产生剧烈碰撞,空气遭到强烈压缩,密度急剧增大,形成一面致密的空气墙壁,挡在飞机的面前. 人们称这道稠密的空气墙壁为"激波". 飞机在通过激波时,受到高度稠密空气的阻滞,会使流过飞机表面的气流速度急剧降

低,由阻滞产生的热量来不及扩散,空气受到加热,能量发生了转化,由动能转变成热能.动能的消耗,表明此时空气对飞机产生了一种特殊的阻力,这个阻力是随着激波的生成而产生,所以被称为"激波阻力"(简称波阻).波阻是飞机要进行超声速飞行必须克服的特殊阻力.

据估算,飞机速度接近声速时,波阻可能消耗发动机全部功率的 75%.不过当飞机超过声速时,生成的强激波会演变成弱激波,阻力也随之下降.因此,飞行速度在 M 数 0.8 至 M 数 1.2 之间,即所谓跨声速飞行,是飞机空气动力学中问题最多、最难解决的飞行速度段.为了设计出能够接近声速,突破声速,超越声速飞行的飞机,空气动力学家必须首先弄清楚跨声速飞行的机理,找出其规律,为研制出合适的机翼、机身外形奠定理论基础.

航空科学发展面临的关键问题激励了沈元在英国的研究方向.沈元的研究工作,就是要从理论上探讨处在高亚声速气流中的物体在什么情况下会出现怎样的局部超声速和激波,怎样减少激波阻力.

飞行速度达到声速,会产生激波,出现波阻.但是当战斗机俯冲时,其速度短时间加大到近声速,M 数 0.8 或 M 数 0.9,尚未达到声速,却也可能出现波阻,造成飞机阻力激增,机翼升力下降,导致飞机失速或失控.这是为什么? 当时通过空气动力学的研究,人们了解到,虽然飞机的整体速度尚未达到声速,但是其上凸形机翼表面上的某一区域,气流速度加快,可能会达到局部声速,从而产生局部激波.其表面上气流的最大速度达到当地声速时相应的飞行 M 数,被称为"临界 M

581

数"，这个数值随不同飞机的外形各异而互不相同，或 M 数 0.85，或 M 数 0.92. 当飞行速度大于临界 M 数时，飞机上的某些部位出现了局部超声速区，在其后常出现激波，气流经过激波又变成亚声速流动，激波与飞机表面上的边界层产生相互作用，引起边界层的严重分离. 这些跨声速流动的特点，使飞机的空气动力特性发生激烈而不规则的变化，并导致翼面抖振. 为避免局部超声速区域的产生，尽可能提高飞机的临界 M 数，推迟局部激波的来临，对提高飞机性能来说，具有很大的现实意义. 不过，在沈元之前，还没有人从理论上计算出在近声速情况下，什么样的形体会产生什么样的局部激波，何时会产生局部激波，同样也不能确定这个形体的临界 M 数是多少. 而这个问题，对正确设计高速飞机的外形，减少跨声速气流产生的波阻，又是迫切需要解决的.

　　各国空气动力学家为了解决跨声速流动问题，除了进一步充实初期的理论方法，先后提出许多新的处理方法. 速度图法、级数法和小参量展开法等理论方法相继被提出，为后来的数值方法奠定了基础. 在这一阶段的研究中，美国的冯·卡门以及中国学者钱学森、郭永怀等，在沈元之前，都做出过很大贡献.

　　1939 年，钱学森发表题为《关于可压缩流体二维亚声速流动的研究结果》的论文，提出空气可压缩性对物体表面压力影响的估算公式，即著名的"卡门－钱公式"（Kármán-Tsien formula）. 这个公式考虑了空气可压缩性的影响，能对某一速度范围内，计算气流在机翼上的作用力，提出适当的修正，可以比较精确地估算出翼型上的压力分布，同时还可估算出该翼型的临界 M

数.不过"卡门-钱公式"的局限是,它不适用于高亚声速、近声速的气流情况.1941 年,郭永怀在加拿大多伦多大学获得硕士学位后,来到美国加州理工学院,在冯·卡门指导下攻读博士学位,博士论文研究的也是跨声速难题《可压缩黏性流体跨声速流动的不连续性问题》.

沈元在前人研究的基础上,选用速度图法开展自己的研究.为了做出流体速度图,要做大量的数学运算.当时电子计算机还未问世,在一年多时间里,沈元依靠手摇计算机,进行了大量繁杂的计算,付出艰苦的劳动,终于对圆柱体在高速气流中的运动规律,得出了很有价值的成果.

1945 年夏天,沈元的博士论文《大马赫数下绕圆柱的可压缩流动的理论探讨》(*A theoretical investigation of compressible flow round cylinders at large Mach numbers*)通过答辩,在伦敦大学获得了博士学位.他的论文用速度图法,从理论和计算结果上证实了高亚声速流动下,圆柱体表面附近出现极限线的可能性及其出现条件,并说明了在高亚声速流动下,圆柱体附近局部流速可能超过声速而不出现激波.它揭示出,圆柱体表面附近可以出现正常流动的局部超声速区.只有在气流 M 数增加到一定数值时,圆柱体表面某处流线才开始出现来回折转的尖点,这时正常流动才不复存在.这项研究成果对当时解决跨声速飞行中的气动理论问题做出开创性贡献,受到国际空气动力学界的重视.

这一研究结果启示了空气在绕固体(如机翼)的高亚声速流动中,如果 M 数不超过某一定值,就可能保持无激波的、含有局部超声速区的跨声速流动.沈元的这项研究,针对当时飞机高速飞行接近声速时产生激波的问题,从理论上探讨了无激波跨声速绕流的可能性.它第一次从理论计算上,得出高亚声速绕圆柱体流动的流线图,得出速度分布,以及在某一临界 M 数以下,流动可以加速而不致发生激波的可能性.通过这方面的研究,可以掌握高速气流的规律,了解机体形状和产生激波阻力之间的关系,探索是否可能让飞机在无激波的情况下接近音速,从而为设计新型高速飞机奠定理论基础.这个成果,虽然带有近似性,但在沈元之前,还没有人从理论上计算出来,因此是一项首创性的成果.根据这项研究成果写成的学位论文,获得答辩委员会的很高评价,被推荐在英国皇家航空研究院第9873号报告上发表.沈元本人被接纳为英国皇家航空学会副高级会员.

这项研究成果,在论文正式发表之前,就引起国内外航空界的注意.1945 年 9 月,当时已经享有国际声誉的物理学家周培源,到巴黎出席国际应用力学学术会议,特地从法国赶到英国,通过中国驻英使馆找到沈元,向他了解这项研究的情况.英国著名空气动力学家戈德斯廷(S. Goldstein)博士应邀到美国麻省理工学院讲学,曾经介绍了沈元的这项成果.1947 年,英国赖特希尔(M. J. Lighthill)教授(后来曾任英国皇家航空研究院的院长),在英国最高的学术刊物《皇家学会会志》上发表的文章中,也引述了沈元论文的结论.一直到 20 世纪 50 年代,英国著名学者豪沃思(L. Howarth)出版的两卷集著作《近代流体力学发展:高速流动》一书中,还详细谈到沈元十几年前做的工作及成果.可

以说,沈元的研究成果,对当时航空科学在高亚声速领域内的发展,起到一定的推动作用.沈元取得博士学位后,在英国又住了一年,到以生产航空喷气发动机著称的英国罗伊斯·罗尔斯公司(Rolls Royce Ltd)考察技术.

通过包括中国钱学森、郭永怀、沈元在内的各国学者艰苦的理论和实验研究,科学家们提出了突破声障、延迟临界 M 数的方法.这些方法在飞机设计上的采用,以及喷气发动机技术的发展,为突破声障打下了基础.1947 年 10 月 14 日,美国 X－1 型研究机首次突破声障,飞行速度达到 M 数 1.105.以美国 F－100 和苏联米格－19 为代表的世界第一代超声速战斗机,也在50 年代投入使用.

1948 年,沈元将他在空气动力学高亚声速领域中气流运动规律的研究,从圆柱体推进到椭圆柱体,对于飞机速度从亚声速到超声速的过渡,在理论研究上更接近于机翼外形的实际.1948 年 4 月,他在清华大学发表了《高亚音速下可压缩性流体绕似椭圆柱体的流动》(*The flow of a compressible fluid past quasi-elliptic cylinders at high subsonic speeds*)的论文,载于《清华大学理科报告》第 5 卷第 1 期.他还计划进一步扩展对翼型体的高亚声速流动进行研究.

0.3　献身于祖国航空航天教育事业

从大学毕业开始,沈元就把自己献给祖国的航空科学和教育事业.在半个多世纪里,不论在国内还是在国外,他的生活和工作几乎都是在学校里度过的.他既是一位科学家,又是一位教育家.

1948 年 12 月,国民党当局仓促胁迫清华的教授们逃往南方,在中共地下党的领导下,进步教授们在会上一致反对国民党搬迁清华,沈元坚决反对逃跑,并参加了护校活动,迎接解放. 1949 年 2 月北平和平解放,正在这时,沈元突然接到福州电报,父亲病故,母亲病重. 经校领导批准,沈元从北平绕道香港回到福州料理后事. 8 月 17 日福州解放,海陆两路暂不通行至北京的客运,沈元不能北上. 福州英华中学校长就邀请沈元回母校教课,沈元应聘担任了高中的数学、物理、英语和政治经济学(由当时福建省人民政府对教师进行辅导)的讲课,同时还兼任高三一个班的班主任,课上课下同学生打成一片,谈青年人的理想和抱负,启发他们对科学事业的志向. 著名数学家陈景润当时就是这个班上的学生,他在沈元课上听到这样一段话:"自然科学的皇后是数学,数学的皇冠是数论,哥德巴赫猜想,则是皇冠上的明珠."沈元对陈景润在科学上的启蒙,成为陈景润毕生攀登数论高峰的起跑线. 陈景润在其后几十年里,时常怀念这位中学时代的启蒙老师. 从 20 世纪 50 年代起,陈景润就将他每次发表的论文的单行本寄赠给沈元,并在上面写了对老师感谢的话. 1978 年全国科学大会召开期间,沈元从《人民日报》刊登的报告文学《哥德巴赫猜想》上,读到了这位久别高足的事迹,给陈景润写了一封信,信里说:"你的卓越成就,是你在党的培养下和老科学家的支持下,不畏艰苦,勇攀高峰,辛勤劳动的结果. 至于文章中提到我的作用,我感到是对我过奖了. 当然我也为有你这样的学友而自豪."

1950 年,沈元从福州回到北京. 华罗庚领导的数

学研究所和清华大学联合聘请沈元担任清华大学航空系教授,后任清华航空系主任.1951 年 4 月清华大学成立航空工程学院,沈元被聘任为院长.

1952 年全国院系调整,8 个大学的航空系合并成立北京航空学院(现北京航空航天大学),36 岁的沈元被聘任为北航副院长.沈元家中珍藏的北航副院长聘书,落款是中央人民政府主席毛泽东.沈元全心全意投入新中国第一所航空高等学府的建设,这当然会影响到他个人的研究工作,但是他愉快地服从了党的教育事业需要.他知道刚刚诞生的新中国需要既懂科学专业,又有管理才能的技术领导骨干.

几十年来,沈元从中国航空教育的实际出发,根据长远的需要,在师资培养、新专业设置、重大科研项目的开展和实验设备建设等方面,都发挥了重要领导作用.北航建校初期,沈元亲自领导师资培养工作,组织大批青年教育向苏联专家学习,使学院的师资队伍及时得到了充实.从确定筹建方案到制订教学计划、教学大纲,从学习苏联到建立教学组织和制度,他都倾注了大量精力,使学校教学工作很快走上正轨.

1956 年,沈元参与制定国家科学技术发展远景规划,预见到航天事业和火箭、导弹工业需要人才的紧迫性,和学校其他领导一起,采取果断措施,率先在全国高校中创建了火箭、导弹等方面的一整套新专业,这些专业的许多毕业生如今已成为中国航天事业的栋梁之材.

1958 年,沈元率领师生在北航自行设计建造了中国第一座中型超声速风洞,使其在教学和科研上发挥了重要作用.同年,由北航师生研制的"北京一号"轻型旅客机、"北京二号"探空火箭、"北京五号"无人驾驶飞机等科研型号成功上天,其中也凝聚着沈元的大量心血和汗水.

沈元对科学技术发展的新动向比较敏感,他较早地注意到电子计算机将对航空航天工业起到革命性的作用.早在 20 世纪 50 年代末,他就组织选派北航教师到中国科学院计算技术研究所进修学习,并批准购置刚试制成功的国产第一代电子数字计算机."文化大革命"后期,1975 年,在沈元的组织领导下,克服了思想上和经费上的重重困难,北航从国外成功引进 FELIX－0256 第三代中型电子计算机,建立了计算机应用专业.粉碎"四人帮"后,北航又继续从国外引进一批更先进的小型计算机,并购进一批国产计算机,为培养人才和推广计算机在各专业的应用,起了重要的作用.

1982 年,沈元积极组织北航教师开展航空领域可靠性研究,这对推动航空工程传统学科专业的改造,对中国航空产品可靠性设计,以及国产飞机延寿的改进,对可靠性学科理论在中国传播发展,都起了推动作用.

沈元一贯强调理论联系实际的教学原则,培养学生的动手能力.1978 年恢复招收研究生制度,北航首次一年招收了 128 名研究生.沈元对研究生培养提出了"精选苗子、宁缺毋滥、打好基础、严格要求、能力培养和科研任务结合"的方针.在繁重的行政工作之余,他还亲自指导培养了四届研究生.

沈元积极倡导同国外大学、研究机构、航空航天企业的国际交流.从 1973 年开始,北航就聘请外国专家为名誉教授,开展双边参观、讲学、学术交流,为改革开

放及人才培养创造了有利条件.

　　1980 年,沈元被任命为北京航空学院院长、党委副书记,在北航大力开展教育、教学改革,注重提高教学质量,提出既要把学校办成教育中心,又要办成科研中心的任务.1982 年,他积极鼓励组织北航的可靠性研究,对推动可靠性工程学科的发展起到了重要的作用.1983 年,沈元改任北航的名誉校长,继续关心北航的建设和发展,提出了很多建设性意见和建议.

　　20 世纪 60 年代初,沈元积极领导筹建中国航空学会,这是新中国建立的第一个全国性航空航天学术交流组织.1963 年,沈元任中国航空学会筹委会主任.1964 年,在北京召开的中国航空学会成立大会上,由国务院副总理兼国家科委、国防科委主任聂荣臻元帅提名,沈元当选为首届理事长.1979 年,在中国航空学会第二次全国代表大会上,沈元再度当选为第二届理事长.

　　沈元 1980 年当选为中国科学院学部委员(院士),任数学物理学部常委.他是第五届、第六届全国政协委员,第七届全国政协常委,并兼任全国政协提案委员会副主任.他还曾任国务院学位委员会委员、民盟中央科技委员会副主任、中国科学技术协会全国委员会常务委员、国家自然科学奖励委员会委员、国家自然科学基金委员会顾问、国家教委高等工科力学课程指导委员会主任委员、原航空工业部科学技术委员会特邀委员、《中国大百科全书》总编辑委员会委员.曾当选中国空气动力学研究会名誉会长,中国力学学会第一、二届副理事长,欧美同学会常务副会长.曾任泰国亚洲理工学院董事会成员.

589

由于沈元在学术上有较深的造诣，在教学、科研、管理方面有丰富经验，曾多次被聘请参加国家科学技术远景规划的制定工作. 1981 年，他应邀在巴黎国际航空航天博览会（Paris Air Show）"首届国际航空航天学术报告会"上，发表题为"中国航空航天发展成就概述"（Some aspects of aerospace development in China)的主题演讲. 1983 年后，沈元从事中国交通运输战略决策问题的研究，为中国决定立项研制国产干线大飞机起到重要作用.

沈元 1990 年被国家教委授予"从事高教科技工作四十年成绩显著"荣誉证书. 1991 年被授予航空航天工业部"劳动模范"称号. 1992 年被授予航空航天工业部"有突出贡献专家"称号. 1993 年被英国剑桥国际传记中心授予"世界杰出知识分子"荣誉称号及金质证章. 他还多次入选英国、美国、澳大利亚及远东名人录.

0.4　沈元主要论著

Shen Y. A theoretical investigation of compressible flow round cylinders at large Mach numbers. British Aeronautical Research Council Report，9874，1947.

沈元. 高亚音速下可压缩性流体绕似椭圆柱体的流动，1848(Shen Y. The flow of a compressible fluid past quasi-elliptic cylinders at high subsonic speeds，1948). The science reports of National Tsing hua University，1948，5(1).

沈元. 中国航空航天发展成就概述，1981(Shen Y. Some aspects of aerospace development in China.

Proceedings of the First International Aerospace Symposium at the Paris Air Show，June 2-3，1981）. 又见：Shen Y. AIAA Aerospace Assessment Series，6，1982.

(1)主要参考文献.

谢础.沈元∥中国大百科全书·航空航天卷.北京：中国大百科全书出版社,1985.

谢础.我所认识的沈元教授.航空知识.北京：航空知识杂志社出版,1996.

谢础.沈元——航空科学在高亚音速领域研究的推动者∥中国科学技术专家传略·工学编·航空航天卷.北京：中国科学技术出版社,2006.

(2)撰写者.

谢础(1935—　　),浙江绍兴人.北京航空航天大学教授,曾协助沈元筹建中国航空学会,在沈元指导下从事航空航天科普工作逾 30 年.

§1　我的心里话①

——陈景润

许多人都知道我在攻克哥德巴赫猜想这一数学堡垒中取得了一点成绩,却很少有人知道我这个对生活一窍不通的人心里想的是什么.这次借《工人日报》一角,向全国关心我的同胞们说几句话.

————————

①　原载于《工人日报》,1989 年 12 月 18 日.

　　在家里，我排行老三．母亲生了 12 个孩子，只有 6 个存活下来．新中国成立前，父母终日为生活奔波．我从生下来那天起，似乎已经被宣布为不受欢迎的人，一个多余的孩子．在学校，我觉得自己像一只丑小鸭．有些学生见我瘦小，经常欺负我．可我心里明白，一个人真正的强壮与弱小不在于体格，而在于志气的高下．记得读高中时，我的数学教师讲了一件事：我国古籍《孙子算经》中一条余数定理是中国首创的，后来传到西方，欧美人士对之非常尊崇，称誉为孙子定理．我萌发了一个念头，我将来能不能像前人孙子那样，在数学上搞出点名堂来，为祖国争点光呢？后来，老师又讲了哥德巴赫的故事．老师说，数学的皇冠是数论，哥德巴赫猜想则是这顶皇冠上的璀璨的明珠．老师当时还笑着说，我有一天夜里，梦见我的一个学生证明了哥德巴赫猜想．同学们听罢都笑了．然而，我没有笑，也不敢笑，怕同学们猜破我心里的憧憬．但我永远记着这件事，记着那皇冠上的明珠和我的抱负与理想．

　　转眼 20 年过去了，英国和德国两位数学家合作的数学专著《筛法》正在编校．他们见到我研究的关于哥德巴赫猜想的"1＋2"成果的论文，十分惊诧，立即要求他们这部专著暂不付印，在书中加添了一章：陈氏定理．他们称这是"筛法的光辉顶点"．我的研究成果为祖国争了光，心中当然高兴万分．但我更不能忘记，在我遇到磨难的关键时刻，是党组织和同志们帮我改善了环境，驱走了病魔，在我的生命中注入了研究的活力，追求的活力，这才有"1＋2"的面世啊！

　　我身体状况的来龙去脉是这样的：1953 年，我被分配到北京一家中学当教师，由于肩上种种负荷过于

沉重,患上了肺结核和腹膜综合征.一年内,住院 6 次,手术 3 次.由于母亲就死于肺结核,我担心身体由此彻底垮掉.就在这时,厦门大学校长王亚南教授得知我的处境,把我调回厦门大学工作.后来与华罗庚老师取得联系,我又调到中科院数学研究所.环境的改变,复活了我的数学生命.

1973 年,世界数学在数论方面的三十多道难题中,我攻下了六七道难题,并初步取得了"1+2"的研究成果.但同时得到的是已入膏肓的身体,我的身心已经到了衰竭的地步.当数学所的李书记、周大姐春节前为我送来苹果时,我激动极了,春节后上班第一天,我把论文稿交给李书记,郑重地说:"这是我的论文,我把它交给党!"

同年 1 月,我被送进医院.卫生部一位副部长亲自为我做了全面检查,让我立即住院.我执意不肯,副部长拿出了毛主席对我身体问题的专门批示,我激动得热泪盈眶,马上同意住院治疗.住院期间,周总理还特意安排我参加第四届全国人民代表大会,并和我在一个小组开会讨论大事.会上,得知周总理已患重病时,我悲恸地哭了,几夜睡不着觉.我结婚以后,当时任第一副总理的邓小平同志亲自指示把我爱人调到北京工作,又指示解决好住房等生活方面的问题.

前几年,我又患了世界公认的疑难病——帕金森综合征.全身僵直,大小便失禁,完全失去了工作能力.中科院生物物理所的祝总骧教授和他的同事郝金凯教授对我体贴入微,免费为我治疗,使我基本上恢复了工作能力.他们说,是为了让我继续为祖国争光.我决不辜负领导同志和全国人民的期望.

§2　于无声处响惊雷——悼念陈景润院士[①]

——中国科学院数学研究所

中国科学院院士、数学研究所一级研究员陈景润教授因长期患病，医治无效，于 1996 年 3 月 19 日与世长辞，终年 63 岁. 我们全所同仁为失去一位杰出的同事和朋友，为我国失去一位科研功臣而万分痛惜.

1957 年，我所老所长、数学大师华罗庚教授远见卓识，把陈景润调来数学所，并引导他迈进数论研究的前沿. 在此后的十几年里，陈景润对解析数论的许多重要课题做了深入探究. 他在华林问题、圆内和球内整点问题、算术级数中的最小素数问题、小区间中殆素数分布问题、三素数定理中的常数估计、孪生素数问题和哥德巴赫猜想的研究中，独立地获得了十几项重要成果.

陈景润饮誉国际数学界的代表作是他对哥德巴赫猜想的研究. 他证明了每个充分大的偶数都是一个素数与不超过两个素数的乘积之和（简称为"1＋2"）. 1966 年，他在《科学通报》宣布了这个结果（但未发表详细证明）. 1973 年，《中国科学》发表了他的证明全文，立即引起国内外数学界的高度重视. 人们公认陈景润的论文是哥德巴赫猜想研究的重要里程碑，是重要的数论方法——筛法理论的"光辉顶点". 这项成果被誉为"陈氏定理"，载入美、英、法、苏、日等国的许多数

---

① 原载于《光明日报》，1996 年 4 月 15 日.

论专著.随后,学者们在陈景润工作的基础上,至少给出了该定理的五个简化证明(数学史上一些重要定理往往被人们用各种不同的方式加以证明),足见陈氏定理影响之广泛.在哥德巴赫猜想的研究领域,陈景润的"1+2"现在仍居世界领先地位,历 30 年而无人能够超越.

陈景润教授的成就是他用心血铸成的,是他刻苦攻读与钻研的结晶.陈景润的刻苦,用"一箪食,一瓢饮,在陋巷,人不堪其忧,回也不改其乐"来形容,再贴切不过了.我们清楚地记得他在 20 世纪五六十年代的情景.清晨,他从食堂打一壶开水,买几个馒头和一点小菜,匆匆回到他那 6 平方米的小屋(那时大家的居住条件都比较差),一干就是一整天.傍晚,他收听对外英语广播,然后又干到深夜.有时停电,他就点着煤油灯看书.走进他的房间,除了见到一张木床、一个课桌、一把木椅,余下的就全是一堆一堆的草稿纸.他不看电影,不聊天,全部生活就是研究数学.

从 20 世纪 70 年代后期至 20 世纪 80 年代中期,他已是闻名全国的学者、全国人大代表.在参加一些重要会议时,他仍停不下手头的研究.为了不影响别人休息,他常常深夜到有灯光的走廊或厕所去看书.在住院治疗期间,他也从不间断自己的工作.医生给他扎针,他不让往右手扎,因为他要用右手写字.同志们去医院探望,都劝他暂时放一放手头的工作,他总是摇摇头.到了生命的后期,他已不能握笔,不能清晰地发声,但他仍用手势和含糊的语言,跟他的学生探讨数学问题.这需要何等的毅力!实际上,陈景润很早就疾病缠身,中关村医院在 1963 年就曾告诫过数学所的领导,要特别留意他的病情，以免发生他一人"死在房间里无人知道"的悲剧.

常人有时难以理解陈景润对数学的这种追求与迷恋，而恰恰是这种精神使他登上了一座座数学的高峰.在他用筛法证明"1＋2"之前，数论专家们曾普遍认为，要想沿用已有的方法（包括筛法）来证明"1＋2"几乎是不可能的.而陈景润居然于无声处响惊雷，对筛法"敲骨吸髓"，加以改进，使其效力发挥得淋漓尽致，几乎到了极限的地步，从而震撼了数学界.

在数学王国里，陈景润是位思维清晰、逻辑严谨、勤奋至极的耕耘者.对数学的如痴如醉，使他少与别人交往，言行难免有不为人理解或不合时宜之处.这便有了关于他的怪僻的不少传闻（其中有些是人们想象出来而实际并不存在的"故事"）.其实在日常生活中，他是一个朴素正直、谦虚谨慎、受人尊敬的人.

陈景润生活俭朴是闻名的，几十年如一日，跟他在科学上追求的高标准形成鲜明的对照.成名后，他的经济状况有了很大改善，朋友们劝他多花点钱好好保养身体，他总是说："我的生活条件和医疗条件已经比贫下中农好得多了."跟常人相比，他的生活标准是很低很低的.

他为人大度，对别人总是以礼相待，和气相处.对帮助过他的人，他的感激之情常流露于面，每每相见总要连声道谢.陈景润尤其忘不了导师华罗庚和举荐过他的王亚南、沈元等教授的知遇之恩，在他们生前，常去登门拜访问候.华罗庚铜像落成时，陈景润已重病住院，但他仍坐着轮椅参加了揭幕典礼.

陈景润的谦虚谨慎，更为学界称道.他一生取得多

项重要成果,发表 50 多篇论文、4 本著作,但他从未说过自己的工作达到了多高的水平,从来没有去争什么奖项.对他工作的高度评价都是其他专家做出的,他所获得的奖励都是组织上帮他申请的.工作自己做,评价由别人,这是他的哲学,反映了他对科学成果评价的严肃态度.

陈景润的影响是巨大的.早在 20 世纪 60 年代初,他的成绩就受到科学院领导的重视,被树为从事科研工作"安、钻、迷"的典型.但在"文化大革命"期间,他也经常成为批判所谓"白专道路"的靶子.

1973 年春,毛泽东主席圈阅了一份反映陈景润工作成绩和健康状况的简报.当时正值"读书无用论""理论无用论"盛行,"白专"帽子满天飞的时代,一个"白专"典型竟受到毛泽东的关怀.被空头政治闹得沸沸扬扬的学界,突然冒出一个面壁 20 年做出大成绩的陈景润.这确实震撼了人们的心灵,对知识分子和青年学生回到课堂、回到教学与科研工作中去,起到了极大的推动作用.1974 年,周恩来总理亲自推荐陈景润为第四届全国人大代表.1975 年,邓小平同志针对有人说陈景润是"白专"典型,愤怒地说,什么"白专"典型,总比把着茅坑不拉屎的人强,并具体过问陈景润的工作与生活.粉碎"四人帮"以后,他成了为科学献身的传奇式人物,成为青少年学习的榜样.我们数学所曾收到上万封青年的来信,表达对他的崇敬与关心.

1982 年,陈景润与王元、潘承洞一起荣获第二届全国自然科学一等奖.这是我国对科学成果的最高奖励.在此之前,因数学方面成就获此殊荣的只有华罗庚教授和吴文俊教授.

陈景润教授自 20 世纪 80 年代后期病情逐渐加重，中央领导同志和有关部委的领导十分关心他的健康，多次前往探视. 许多医院对他进行过精心的治疗和护理. 全国各地不少人士为他的治疗献计献策. 福建省两次邀他返乡疗养. 这些充分显示了国人对他的关怀与爱护.

陈景润教授是默默地离去的，他没有留下任何遗言. 但是，他为科学痴心奋斗的光辉一生，他所取得的卓越成就，给我们留下了宝贵的精神财富.

§3　忆景润①

——潘承洞

景润离开我们已百日了，最后一次见到他是在华罗庚老师铜像揭幕式上，那时他已病重住院，但仍非要坐着轮椅来，由数学所老书记李尚杰同志推着，向自己的恩师表示敬爱与感激之情. 一见到他，我思绪万千. 仪式结束后，我怀着深深的敬意向他问好，祝愿他早日康复，他仍是像往常一样，反复不停地说着："你好！谢谢老潘……"周围一片热闹声，我却感到万籁俱寂，伫立着目送他渐渐离去…… 自己近年亦多病，后来没能再去看望他. 他去世前半年，病重的消息不断传来，我和大家一样，焦急地希望能有好的医疗条件，让他平静地生活下去，即使不能工作也好. 希望不要……

---

① 原载于《大学生》，1996 年第 10 期.

3 月 19 日晚,王元同志电告我这一噩耗时,我止不住地悲痛与震惊.新中国自己培养的一代青年、中年知识分子最杰出的代表永远离开我们了……

景润去世后,全国各界发自内心地哀悼是有点出乎意料的.这使我回忆起他的著名论文在 1973 年刚发表及以后的情景."每个大的偶数一定可表为一个素数与一个不超过两个素数乘积的数之和"——这就是国内外所说的陈景润定理——早在 1965 年他就证明了,并在"文化大革命"刚开始不久的《科学通报》上发表了摘要.这一成果的重大意义,当时国内只有少数几个数论工作者清楚,而国际数论界则根本不相信,有的甚至在书上公开声言这是不可能的.因为当时国际上许多最优秀的数论学家都在梦想证明它,而结果一无所获,一个无名的中国年轻人怎么能在最著名的一个数学猜想上做出这样的历史性成果呢?随着"文化大革命"开始,这件事也被人淡忘了.

我至今仍无法想象,景润是以怎样的信念、理想、勇气、毅力及机智巧妙的方式,不顾后果地把全身心倾注在自己的"初生婴儿"上,以汗水、泪水和血水浇灌培育她成长.终于在 1972 年年底进一步完善简化了命题的证明细节,并把厚厚的一沓全文送给他最信任的闵嗣鹤老师审阅.1973 年,他的论文在《中国科学》上全文发表了.一经发表,在国际数学界立即引起巨大轰动,他们折服了.

在国内,一石激起千层浪,他的论文——一项重大的历史性科学成就——经新闻媒介的迅速及时介绍,即刻得到全国各行各业——不仅是知识分子和学生——的最强烈反响和欢呼!他得到了人民的认可!

陈景润——一时成了几乎家喻户晓的传奇式名字.这意味着什么呢? 这是对"文化大革命"的强烈抗议.一个没有科学,没有教育,没有文化,没有法制,没有民主,没有纪律,没有自由,不抓生产,不搞经济,处处落后于外的民族能生存下去吗? 人民被压抑得透不过气来,陈景润的成就为他们扬眉吐气.特别是学生和年轻人,在昏暗迷惘之夜,血雨腥风之时,看到了一线光明,看到了一颗星星——陈景润就是榜样! 在某种意义上可以这么说,"文化大革命"后的好几届大学生、研究生正是在陈景润这样的榜样的鼓舞下,投身科学文化事业的.正是他们以自己的优良素质与业务能力成为现在各条战线上的骨干力量,有的已经做出了杰出成就.我想这就是景润对国家与民族的贡献,他的广泛久远的影响已远远超出学术领域了.我记得 1978 年夏,和承彪在威海工作之余去刘公岛海军基地参观时,应邀向官兵们介绍景润的工作与哥德巴赫猜想,说的就是这层意思.

人民是不会忘记自己的英雄儿女的.从中央领导到普通老百姓一直十分关心景润的健康、工作、生活.今天,科教兴国的战略方针反映了全国人民共同的强烈愿望,人民需要和呼唤千千万万像景润一样成就杰出、无私奉献的人.不幸,他过早去世了,人们怎能不无比悲痛与深切怀念呢……

"十年磨一剑",景润大概是在 1962 年前后开始研究哥德巴赫猜想的,到他的著名论文正式全文发表,正好十年.数论界一致公认这一成果在今后相当长的一段时期内仍是最好的.这是景润研究工作的一个显著特点.他总是精益求精,要做得比别人好,要尽可能地

600

做得最好.因此,他的大多数研究成果总是很难被改进,在很长时间内是国际领先的,不少著名问题的成果在今天仍是最好的.尽管如此,他总是极其谦虚谨慎.我从未听见和听说过他夸耀(哪怕是一点点)自己的成果.在报告他的成果时,言语十分朴实,总是说哪些地方应该可以做得更好些,哪些我还没做出来.他的唯一标准是要彻底解决著名难题.他从未主动申请过什么奖,他得到的荣誉和奖励与他获得的成就相比实在是太少了.景润对别人,特别是他对学生工作的评价,也是实事求是,十分严谨、科学的,从不跟着"潮流"滥加赞扬.我想他的这种学风也是他取得成就的原因之一.这一点是特别值得我和大家学习的.

景润喜欢一个人独自钻研,很少和别人讨论、合作研究.他和我各自分别研究不少相同的数论问题,他最后得到的结果大多数要比我的好.在共同的事业中,我们之间的友谊和信任日益加深.值得纪念的是,1980年我们共同合作研究发表了关于哥德巴赫数的例外集合的论文,这是由他主动提出的,这大概是景润和同事仅有的一篇合作成果.

《大学生》杂志在景润去世后不久,要我写篇纪念文章,这也是我所想的.不平静的心情使我几次举笔又放下了.今天写下这几句以作纪念,与全国大学生们共勉之.

景润,安息吧!一代青年一定会以你为榜样,在实现祖国四化的伟大事业中顽强拼搏、无私奉献!

§4　只有陈景润……

——林群

陈景润令我钦佩,因为他与常人不同,有超常的毅力、耐性和不惜代价的投入.

有很多事件说明这些,下面是我的一些回忆,未必准确,但大意不会错.

大约在 1963 年,数学所办公楼里,陈问:"一个 10 阶行列式,怎么知道它一定不等于零呢? 在一篇别人的论文里是这么说的,这个作者用什么办法来算它呢?"

这个问题如果硬算,单是乘法要算 360 万项以上(这意味着,如果一分钟算一次乘法,一天算 10 个小时,那么也要算 10 多年). 虽然行列式计算有一般的"消去法则",具体怎么用来计算这个 10 阶的行列式呢? 谁也说不上.

可是约过一个月,他告诉我:"已经算出来了,结果恰恰是零."真想不到他有这样的毅力和耐性. 问他怎么敢碰这么大的计算量? 他说:"不相信那篇文章的作者会有时间去算它,一定是瞎蒙的."

更使我吃惊的是,过不久,他又提出另一个问题:"一个三元五次多项式,怎样找出所有的解答?"

我只能说,即使是一元问题,也无从着手,这像是海底摸针.

可是,大约又过了一个月,他又来找我说:"全部解

答都找到了,不信你可以一个一个代到方程去,看看是不是满足."

我问他是怎么找出来的? 他说:"找到一个就少一个,一个个找,就是要肯花时间."

他的这种硬打硬拼的精神,使我五体投地.

陈景润的内心充满自信.凡是碰到这类问题,他总不信别人肯花时间、肯下功夫去做这些令人生畏的问题.这时他总说:"要做这种问题,就得拼命."

他果真在拼命.他是老病号,因此就与别的病号一起被安排在同一房间里.晚上由于熄灯得早,他就到宿舍走廊上,蹲靠在厕所外的墙旁,在走廊的夜灯下,捧着一大沓稿纸就地计算,不管三更半夜或黎明,每当你上厕所,总能见到他入魔地算着,待他解决了一道难题:他也就该住院去了.这种不惜代价地做数学,简直是毅力之战.

还有一点充分表现了他的自信心,那就是他从不评价自己的工作.只有一次,我问他最好的工作是哪一项? 他说:"还是哥德巴赫问题做得最好,不过也很难讲,有人也可以说这个工作不怎么样."

他的治学精神和研究风格同样使我钦佩.他说:"白天拆书,晚上装书.我就像玩钟表那样,白天把它拆开,晚上再一个原件一个原件地装回去,装上了,你才懂了."

"做研究就像登山.很多人沿着一条山路爬上去,到了最高点,就满足了.可我常常要试9至10条山路,然后比较哪条山路爬得最高.凡是别人走过的路,我都试过了,所以我知道每条路能爬多高."

大概这就是为什么他变得这么内行,以及能超过别人达到顶峰的秘诀. 如果科学界有这样一批人, 我国的科学在国际上将会占有什么样的席位! 这是不难做出判断的.

可是, 谁敢这么做? 谁肯付出如此的代价?

只有陈景润!

§5 我的学生陈景润

——方德植

陈景润是新中国成立后厦门大学数学系的首届优秀毕业生. 他 1950 年以同等学力考入厦门大学数理系. 当时, 我任系主任, 为他们开设了"高等微积分""高等几何"等基础课程. 上课时我常常提起我国古代数学家杨辉和出身贫苦家庭的德国数学家高斯, 以此勉励同学们刻苦学习, 我常说: "勤做题是很重要的, 但必须掌握两条: 一条是要加强对书本中的基本概念和定理的理解; 另一条是要训练运算技巧和逻辑推理. 离开了这两条, 数学是学不好的." "学数学要打好基础, 科学研究必须循序渐进. 基础不好就不能有所创造, 有所前进." 陈景润就是按这两条去做的. 有一次"高等微积分"考试, 我发现陈景润的试卷写得很乱, 就把他叫到办公室, 问他到底会不会, 他当场做给我看, 尽管给了他满分, 还是教导他"字还要写清楚, 让人家看懂. 以后搞研究出了成果, 不会表达, 写不清楚, 总是个缺点." 他记住我所说的"字是写给别人看的, 要让人家看得懂". 后来, 他做作业、考试都写得清晰、工整多了.

1953 年,因国家急需人才,该年级学生提前一年毕业.陈景润被分配到北京第四中学教书,当时我担心他的表达能力难以胜任这个工作,果然,一年后就被退回了.当时厦大校长王亚南正在福州开会.陈景润找到了王校长说:"我现在失业了,怎么办?"王校长回校时来找我说:"你的学生陈景润失业了,待在福州找不到工作."我就向王校长建议让陈景润回数学系工作,于是他被安排到系里当助教兼资料室资料员.主要的目的是让他有较多的时间和较优越的条件多做研究.两年后,他因《他利问题》的论文引起国内数学界的重视.当时正好是新中国成立后举行全国第一次数学讨论会期间.陈景润本来并没有准备赴京参加会议.华罗庚打电报给我,要陈景润参加报告《他利问题》的论文,陈景润便赴京参加这次会议,并做了报告.会后厦门大学数学系得到了好评.过后华罗庚写信给我,建议让陈景润到中国科学院数学研究所工作.我从大局出发,欣然同意,于是他就于 1957 年 9 月又回到北京.他成名后经常提到要学习我一丝不苟的治学作风和助人为乐、提携后辈的高尚品德.

　　陈景润在厦门大学就学期间的学习生活,可以用十个字来概括:家境贫困,而又醉心学业.他常一天只吃两顿饭,衣服舍不得用力洗,只在水里浸一下就拿出来晒,节俭下钱买书、买资料,还买个手电筒,作为在熄灯后躲在被窝里看数学书用.我劝他注意身体,他却说:"饭可以不吃,但书却不能不念."他在学习上是全身心地投入,经常达到忘我痴迷的程度.在老师没有布置作业的情况下,他常自己拿一本习题集从头做到尾,每天要做百来道.后来他也是以这种"只要功夫深,铁杵磨成针"的精神攻克层层难关的. 他之所以能取得这么大的成就,是与他的智慧与勤奋分不开的. 他所研究的成果至今还保持着世界领先水平,作为他的老师,我是十分欣慰的.

陈景润的成就家喻户晓之后,他没有忘记母校,没有忘记老师.1981 年厦门大学 60 周年校庆,他从北京赶回来参加校庆活动,还特意早上五点多就赶往鼓浪屿,拜访已故校长王亚南的夫人和我. 他时刻不忘师恩,对老师总是敬重有加. 回忆起在 1979 年,我到北京人民教育出版社主编《数学手册》时,陈景润从中关村乘公共汽车到北京城内来看我十几次. 因当时他经常到中学里做报告,许多中学生都认得他,怕白天碰上他们要他签名,走不了,所以只好在晚上才来与我见面. 在这期间,除了谈一般工作,还谈到"文化大革命"期间,"四人帮"要他写大字报揭发邓小平,多次的逼迫使他曾三次企图自杀,最终还是坚持原则,没有写. 他说:"现在形势好转,我们心情舒畅,可以自由谈话了."

陈景润离开了我们,这是我国数学界的重大损失.但我深信全国数学界必能发扬陈景润的精神,必能继续陈景润的事业,为中华民族屹立于世界之林而奋斗!

§6 景润,人民怀念你

——李尚杰

1972 年 9 月,我从中国科学院院直组调到数学研究所做党支部书记工作. 从那时起,我与陈景润相处

20 余年. 对于陈景润, 众说纷纭, 莫衷一是, 我从开始的耳闻到后来的目染, 从逐渐熟悉, 直到共事相知, 成为亲密的同志和朋友. 他的人生态度、学术成就、曲折坎坷的经历、百折不挠的精神, 都使我十分钦佩. 对于陈景润的逝世, 我非常悲痛. 这不但因为我失去了一个朋友, 而且对于整个数学界也是一个损失.

陈景润的确是一位伟大而奇特的数学巨匠. 他的经历, 他的刻苦, 他的节俭, 他的爱心, 足够写一部传奇之作. 这里, 我仅就几个方面做些回忆, 以追悼和纪念他的英灵.

第一, 陈景润一生的经历非常奇特, 他出生在贫穷的邮局职员家庭, 童年就得了肺结核. 在抗日战争、解放战争年代, 他断断续续地上了小学、初中, 到新中国成立初期刚念到高二, 他出奇地以"高中毕业同等学力"的资格考取了厦门大学. 1953 年毕业, 年仅 20 岁的他被分配到北京一所中学, 因为福建口音重以及语言表达能力不佳, 生活不适, 不得不失业回家. 不向命运屈服的陈景润曾幻想自谋生路, 摆起街头书摊, 来支持实现理想, 但失败了. 幸好厦门大学王亚南校长、陆维特书记发现了他, 将他召回母校厦门大学, 陈景润渡过了第一个"危机".

不久, 陈景润初试锋芒, 写出第一篇研究成果, 经李文清推荐, 得到华罗庚赏识, 被邀请参加全国数学大会并做论文宣读.《人民日报》于 1956 年 8 月 24 日报道了"从大学毕业才三年的陈景润, 在两年的业余时间里, 阅读了华罗庚的大部分著作, 他提出的一篇关于《他利问题》的论文, 对华罗庚的研究结果有了一些推进."随后, 他被调入数学所, 接连写了几篇论文, 眼看即将有成之际,在"反右"运动后期,他和恩师华罗庚都被错误地当"白旗"批判.陈景润被调出数学所从事非数学科研工作.

1961 年,在周总理主持召开的"广州会议"上,华罗庚提出要调回陈景润.他渡过了第二个"危机".

陈景润回数学所后,不改初衷,夜以继日,废寝忘食,于 1966 年 5 月 15 日出版的《科学通报》上发表了著名论文"1+2"简报.《科学通报》因"文化大革命"随即停刊.陈景润的喜悦心情又笼罩了暴风雨即将来临的阴影,但他依然坚持科学研究.华罗庚曾称赞"陈景润这种坚忍不拔的精神非常难能可贵".

陈景润被卷进了风暴旋涡,他被搜身,没收了积蓄,这是他最伤心的事,因他已经看到有大字报诬蔑他拿人民给的工资,研究"伪科学",研究"洋人、古人、死人"的东西,"妄想复辟……".他已做好除名后依靠自己已有的积蓄自力更生搞科研的准备.但当钱财被抄走后,陈景润不知所措了.搜身后,他又被"扫地出门",那 6 平方米小屋里的书和凝结心血的手稿被扔得满屋满走廊.他有时一天不吃饭,但他总要喝水呀!他的两只简易暖水瓶也被踢碎倒在地上.还有人抄起他的竹制雨伞打他,直至把伞抽碎,最后把他推进"牛棚",陈景润被逼得走投无路了.作家徐迟用文学语言描述:"陈景润听着那些厌恶与侮辱他的,唾沫横飞的,听不清楚的言语,他茫然直视,他两眼发黑,看不到什么了.他像发寒热一样颤抖.一阵阵刺痛的怀疑在他脑中旋转.血痕印上他惨白的面颊.一块青,一块黑,一种猝发的疾病临到他的身上.他眩晕,他休克,一个倒栽葱,从上空摔到地上."陈景润就在被推进"牛棚"的一刹那,

猛地从三层楼的窗口跳了下去,幸好"被什么东西绊了一下",才免遭于难.陈景润又渡过了第三个"危机",被从"牛棚"里释放了.

再接再厉的陈景润,成功地简化了"1+2"的证明,于 1973 年春全文发表在《中国科学》上,引起国内外数学界轰动,曾被誉为"移动了一座山""陈景润的惊人定理""从筛法的任何方面来说,它都是光辉的顶点".著名数学家王元介绍:日本出了一本《100 个具有挑战性的数学问题》,书中只提到两个中国人,一个是 1 500 年前的祖冲之,一个是 20 世纪的陈景润.

偏偏就在环境和条件日益见好的时候,他患上"帕金森综合征".十多年来,他一直坚持带四名研究生,撰写科普读物和审查论文,陈景润以奇特的毅力与疾病抗争着,他的一生真是出奇的曲折,他一息尚存,总是不断前进.

第二,陈景润对数学出奇的热爱.为了攻关,他出奇的刻苦,从沈元、李文清的启蒙开始,陈景润就立志攀登哥德巴赫猜想的高峰,他伴青灯孜孜矻矻而无怨,处清贫默默求索而无悔.他从小学起就是"读书迷",为了读书,几乎忘记了一切.常人所谓的人间乐趣,根本与他无缘.为了钻研科学,他到数学所后几乎天天在图书馆里,有时竟听不见闭馆铃声,被关在里边.为了学英语,他每天半夜坚持收听中央台的对外广播,曾被人误为偷听敌台.中午,别人去吃午饭,他可以不上食堂,啃两口随身带的窝窝头挡饿.甚至他把自己关在陋室里,只要有两瓶开水解渴,可以一连两三天工作.的确只有这样奇特能吃苦的人,才能取得成就,才能用自己积累的理论知识去移动"数学上的一座山".

众所周知,他曾住在原设计为小锅炉房的 6 平方米的房间里.此前,他还坚持要领导将尚未启用的、只有不到 3 平方米的厕所分配给他,由于他固执的要求,就答应了.厕所没有暖气片,他只装了一只 100 瓦的灯泡取暖.问他冷了怎么办,他说最冷的三九天他把衣服全穿上,甚至棉胶鞋也不脱,把整个身体围在棉被套里读书,冬天墨水结冰了,就改用铅笔做笔记.陈景润就是如此不怕世俗嘲笑,以苦为乐,为科学献身的.

第三,陈景润在生活上毫不讲究,工作环境也不计较,他出奇的节俭,千方百计克服面临的困难.

在吃的方面,前边已说过,多数情况都买窝窝头,只是后来白面供应充裕了,而且不常做窝窝头了,他才改买些馒头.福建籍人有喜食大米的习惯,但他很少买米饭,他说"这样可以适应北方的生活习惯".就在取得成功后,一日,他遇见一位当记者的老乡,他说:"今天见到你很高兴,我请你吃饭."老乡问:"吃什么?"他说:"吃面条."吃面条对陈景润来说都是一种享受.

在穿的方面,只要不露体,新旧残破他都不在乎,年年都穿布料衣服.棉大衣、棉帽他无法自制,才去找裁缝店.从他来北京到 1979 年 1 月 6 日赴美国访问制新装前,十多年就做过一次棉帽和棉大衣.至于短棉袄,则买两件棉毛衫,套在一起,装上用棉花票买来的棉花,填充在两层棉毛衫之间,粗针大线缝上,外罩制服就算完成.鞋袜也是竭力俭省,能穿的绝不轻易扔掉,一般人认为应当抛掉的,如胶皮鞋已露出脚指头,后跟磨出洞,他还要垫上纸板凑合.袜子只在天凉时才穿,有时见他两只脚竟穿两个颜色的袜子,偶尔还见他只穿一只袜子,塑料凉鞋破损了,甚至鞋带断了,一走

一跛一拉,也凑合着穿.除夏天每月理一次发,秋冬季总要两三个月才理上一次.为什么要这样呢?回答是:他绝不是通常人们理解的那种吝啬鬼,财迷!他曾经说过,他怕失业,怕再出现曲折,他是尽可能地存一点钱,作为自己可以长久进行科研的基础保证.他失业过,摆过书摊,被搜身,被扫地出门,几次遭错误批判,又调离数学所,难道他的忧虑是多余的吗?!

陈景润从不占公家便宜,也不占别人一分钱.他节俭一生,没损害国家民族的利益,也没损害他人的利益.这与那些贪婪攫取国家利益的人截然相反,因此,陈景润是值得人们尊敬的.

第四,陈景润爱党、爱国、爱家庭.他的爱心也十分奇特.他是用奋力摘取科学皇后王冠上的明珠的奇特的方式,来表达这种爱心的.1973 年春节过后,他把著名科学论文"1＋2"的简化证明交给了党组织,并说:"是党培养了我!是党在我最困难的时刻支持我、帮助我的."

他出国访问讲学期间,写过论文,有人曾建议他留在国外发表,他不同意,说:"我的论文要在中华人民共和国发表."

1979 年 6 月他第一次从美国讲学访问回国,省下7 500 美金,他刚出机场,就执意要把存折交给组织,说:"我把省下的钱交给党组织,目前国家还不富裕,我要为四化出点力."他结婚以后,特别爱他的家庭.当他的夫人由昆生了欢欢以后,这种感情特别强烈,从来没怎么跑菜市场的陈景润,开始提着菜篮子买鸡、买鸡蛋、买里脊肉、买猪蹄、买青菜,等等,交给婆婆去烧制.然后他还要亲自给由昆往医院送饭.他似乎一反常态,有人笑着问他说,这回搞不了科研了吧? 他说,哪里! 哪里! 白天是耽误了一点时间,夜里还要工作.他还常常在由昆没下班之前,亲自动手做饭,说是要表演一下闽菜功夫.实际上他总是简单从事,不愿在做饭上花太多的时间.每逢这个时候,由昆总是说:"先生,还是我来做,你休息一下."他凡是能替由昆减轻负担的地方,都尽量想到.

有时记者采访他,他就把由昆表扬一番,他说:"我开夜车,她总是催我快点休息!""我在家里得听她管!"……

他在儿子很小的时候,就总设法引导儿子学习拿笔,让儿子翻大本的英文辞典.儿子上小学了,他每天都要检查孩子的作业.1987 年 7 月,正是欢欢上小学的当口,他闹着要出院.他说:"小学和中学阶段是打好基础,养成良好习惯的时期,要告诫他不要偏科,每门功课都同等重要."他还与记者开心地说:"我可以教博士生,可我教不了我的儿子,中小学教师太伟大了."

陈景润还和由昆讨论,要节省家庭生活开支,能不买的东西,就不买,以后市场经济,儿子上大学要支付学费的,美国等国家都是如此,要给儿子攒学费的.由昆回忆:"我对市场经济不甚了解,听先生一说,开始还觉得他想得太多哪!"

由昆医生回忆说,先生两次出国,一个电器大件都没买,后来林群院士出国回来,帮先生买了一台 12 英寸黑白电视机.先生爱国心很强烈,冰箱也要买国产的,在先生的影响下,我儿子也要我买一台国产微波炉.

陈景润就是这样对待人生的.

1991 年北京电视台《祝你成功》节目组采访他们一家,当时我在拍摄现场.记者问他:"人生的目的是什么?"陈景润说:"人生的目的是奉献,而不是索取!"

奇特的陈景润走完了他辉煌的一生,他虽然没有享受什么荣华富贵,也未曾尝遍山珍海味,但他的英名永在,那是用金字镌刻在数学史上的.他为中华人民共和国争得的国际领先的地位已保持了 30 年了,那是无形的丰碑,将永远矗立在人们的心中.

写到这里,我忽然想起鲁迅先生说的那句名言.是啊,陈景润不正像鲁迅先生所说的那样,吃的是"草",而挤出的是"奶".

大地怀念他!人民怀念他!

景润,安息吧!

1997 年 1 月 30 日

§7　陈景润在数论上的成就

——李文清

7.1　陈景润在厦门大学学习的情况

陈景润于 1950 年入学,1953 年毕业,1956 年开始做创造性工作,1957 年调到中科院工作.

1950 年厦门大学数学系还是数理系,方德植先生是当时的系主任.陈景润是新中国成立后第一期学员.我为这一班曾开过数论课,教材是东京帝大高木贞治所著的《初等数论》.这是当时讲授的主要参考书.我为这一班讲述过数论史上三大未决问题：（1）费马问题；（2）双生素数问题；（3）哥德巴赫猜想. 陈景润很注意听讲，布置的习题他都认真做，他做的习题很少错误. 毕业后分配到北京某中学任教，因表达能力较差，离开中学，王亚南校长把他又调回厦门大学，在厦门大学数学系资料室工作，也做一些教学辅导工作.

　　陈景润勤奋读书，曾征求我的意见，读什么书，我介绍他读华罗庚先生所著的《堆垒素数论》. 他刻苦学习，将华先生这本书读了近 30 遍，每条定理都学得很透，反复演算. 他写出第一篇论文《他利问题》，这篇文章改进了华先生的结果. 这篇论文我读后，陈又请张鸣墉先生给他仔细读过，然后我把此论文寄给关肇直先生转交华先生. 正当 1956 年开全国数学会，华先生打电报叫陈去报告他的创作. 由于他表达能力差，我上台代他讲了一半，后来华先生补充发言，做了评述. 1957 年华先生调陈到数学所工作. 1958 年、1962 年、1964 年我曾利用在北京开数学会的机会，同陈交谈数论问题，不过他在这方面已走得很远了，我反过来向他学习了. 几次谈的内容都是围绕三角和、筛法的公式化、黎曼 Zeta 函数. 有一次和林群一起交谈，林说陈的基本功下得很深，像老工人熟习机器零件一样熟习数学定理公式，老工人可以用零件装起机器，他可以用这些基本演算公式写出新的定理. 在科学院同其他研究人员一起进行研究，并有华罗庚先生这样名师的指导，他的工作越来越成熟，所谓切磋琢磨、千锤百炼. 他做出了成绩，为伟大的社会主义祖国赢得了光荣，在 1968 年出版的日本岩波数学辞典上已有了他的名字. 他在数学领域做了很多工作，在下面做一介绍.

7.2　陈景润数学工作的领域及在数论上的成就

（1）哥德巴赫猜想.

在 2 000 多年前古希腊有一位学者埃拉托斯尼提出用筛法做素数表. 在数论中素数分布、筛法理论形成一个重要研究的领域. 在 1742 年哥德巴赫给欧拉的信中提出任一大于 4 的偶数可以用两个素数之和表示. 这一猜想提出之后经过许多学者的议论和研究，才达到今天接近最终解决的阶段. 在 20 世纪 40 年代的教科书中，如高木贞治所著的《初等数论》提到"尚有一自古以来有名的素数分布有关的问题，即哥德巴赫猜想，2 以外的偶数可用两个素数表示至今还未得到证明，但解决确实很困难".

此难题英国数学家哈代及李特伍德对此猜想做过研究，但未解决. 此难题在很多数论著作中被讨论过. 如 Karl Prathar 所著的《素数分布论》（1957 年版）曾证明"几乎所有的偶数可表示为两个素数之和". 秋达可夫所著的《$L-$ 函数引论》（1948 年版）、英国埃斯特曼所著的《近代素数引论》及维诺格拉多夫所著的《三角和方法》（1971 年版）三书中都载有维诺格拉多夫的结果，即任一大奇数可表示为三个素数之和. 关于大偶数用素数积之和表示，曾经过布朗、须尼尔曼、华罗庚、潘承洞、王元、维诺格拉多夫等学者创造性的研究，其成果载于潘承洞、潘承彪所著的《哥德巴赫猜想》，最佳的结果是陈景润证明了"大偶数为一个素数及一个不超过两个素数的乘积之和".

（2）格子点几何.

在圆 $x^2 + y^2 = t$ 的内部及圆周上面整点数目当 $t \to \infty$ 时为

$$R(t) = \pi t + O(t^{\theta}) \qquad \text{①}$$

1942 年,华罗庚的结果为 $\theta \leqslant \dfrac{13}{40}$,陈景润在 1963 年所

得的结果为 $\theta \leqslant \dfrac{12}{37} + \varepsilon$,改进了华先生的结果. 陈同时

也研究三维空间的球 $x^2 + y^2 + z^2 \leqslant a^2$ 的整点个数问

题,他的结果为 $a^{\frac{4}{3}+\varepsilon}$,改进了前人的结果.

(3)华林问题.

此问题为对下列不定方程式的求解问题

$$n = x_1^k + x_2^k + \cdots + x_s^k \qquad \text{②}$$

k 是一个正整数,n 为任一大于零的整数. 当 k 确定后,

寻找一最小正整数 s 使此不定方程有正整数解,此 s

是 k 的函数,记作 $s = g(k)$. 此问题曾有希尔伯特、哈

代、华罗庚等人研究过,Dickson 解决了 $k = 4,5$ 以外

的最小 $g(h)$. 陈景润得到的结果为 $g(5) = 37, 19 \leqslant$

$g(4) \leqslant 27$,填补了数论史上的空白.

(4)黎曼 Zeta 函数.

此函数为

$$\zeta(z) = \frac{1}{1^z} + \frac{1}{2^z} + \cdots + \frac{1}{n^z} + \cdots \qquad \text{③}$$

此函数是研究解析数论的重要函数. 林德洛夫猜想为

$$\zeta\left(\frac{1}{2} + \mathrm{i}t\right) = O(t^{\varepsilon}) \qquad \text{④}$$

国际上曾有科皮特、Koksma、迪奇马士、闵嗣鹤等人进

行研究,闵先生的结果为

$$\zeta\left(\frac{1}{2} + \mathrm{i}t\right) = O(t^{\frac{15}{92}+\varepsilon})$$

1965 年,陈的结果为

$$\zeta\left(\frac{1}{2} + \mathrm{i}t\right) = O(t^{\frac{6}{37}})$$

改进了前人的结果.

(5)关于算术级数最小素数问题.

迪利克雷曾证明当 a,b 是互素的正整数时

$$an+b=P \qquad \text{⑤}$$

可表示无限个素数.最小的素数 P 是什么?陈景润证明了最小素数 $P \leqslant a^{168}$,改进了潘承洞等人的结果.

7.3　国内外评论

哈伯斯坦(英国)及里切特(德国)两位学者 1974 年出版的《筛法》一书中将陈氏定理作为该书一章的内容,并且评论陈的结果在筛法理论上,不论怎么说都是筛法理论的光辉的顶峰.

1976 年在东京一个学术会上,维也纳学者鲁贝尔特教授也用同样评语,并加上"使人激动"的词句.

日本数学会出版的《数学百科辞典》对陈的哥德巴赫猜想及格子点几何的成果做了介绍.

潘承洞等所著的《哥德巴赫猜想》第九章对陈的定理做了详细的叙述.此书对哥德巴赫猜想研究的发展史有细致的论述.

陈景润的工作在 1978 年的《人民教育》有记载.

§8 我所认识的陈景润 ①

——李学数

古来圣贤皆寂寞.

——李白

我不想名利和地位,我只希望能好好地研究数学,在这方面有一些贡献,可以为中国人争一口气.

——陈景润 1979 年 9 月 29 日

8.1 老幼妇孺皆知的陈景润

陈景润是中国数学家,也是全国人大代表及人大主席团的主席之一,他的名字在中国可以说是家喻户晓.可是由于许多人很喜欢加油加酱、涂脂抹粉,流传的故事有许多是歪曲他的形象的.

陈景润是一个像你我一样的普通人,有时也会做出一些幼稚可笑的事,但是在经过歪曲加工的故事里的他却变成了一个怪诞的与众不同的人.

几千年来,中国一些文人对于有成就或创大业的人,肆意宣传是天赋异禀或是天降神物,结果本来是一个普通活泼会犯错误的人,却要变成一个半神或神,不会犯错误的超人,于是社会形成两个层面,下面是广大的浑浑噩噩无知的"群氓",他们要顶礼膜拜上面的一小部分能歌舞升平、享尽富贵、鱼肉良民的"诸神".

连 1 000 多年前我国伟大的诗人李白,由于读万

---

① 摘自:李学数.数学和数学家的故事.北京:新华出版社,1999.

卷书行万里路,知识面广而能写出许多活泼有生气的诗,后人就牵强附会说这个"诗仙"是文曲星下凡,是"神"不是人.难怪他在写《将进酒》时要长太息以流涕,哀叹道:"古来圣贤皆寂寞",因为一变成圣贤就意味着和广大的人民距离远了.

我们的陈景润在特意关怀之下,也变成了一个圣贤.全中国到处流传关于他的故事,例如,远在中国南疆的海南岛的一个穷乡僻壤的老太婆对海外回来的亲人说:"中国出了一个大数学家,这个人是很怪,专门蹲在茅坑上研究数学,他的大定理就是这样发现的."

我们的民族有一个可爱的特点:做事喜欢"一窝蜂",有样学样(这里有电影为证,在外国人拍的著名的《愚公移山》电影里,就有北京的一个"四合院",只要有一家今天买鱼,其他家也跟着买鱼来烧.明天炒韭菜,大家也跟着炒韭菜.当然熟悉中国内情的人可以举更多例子).于是有许多条件不太好的傻小子,竟然相信蹲茅坑可以读好数学,也在里面不怕臭味蹲了半天.

有些少年儿童听到陈景润拼命苦干的故事,于是向他学习,课间操不做,驼着背拼命在钻难题或做习题,不懂怎么样劳逸结合,把眼睛和身体损坏,结果要《体育日报》的记者去专门访问这位从来不懂得做体育运动的数学家谈体育和身体好的重要性.1979 年初,我在美国普林斯顿研究所见到景润时,我就取笑他:"言不由衷".景润说:"我不希望少年学我,把身体弄坏,他们应学雷锋叔叔有一个健康的体魄.有一位教授的孩子,在数学比赛中得到名次,他现在课间操也不做,就是钻研数学习题,他家的物质条件较好,不做运动不要紧.我们有许多孩子营养不是那样好,活动的空间不多,不做一点运动,身体很容易损坏,长远看来是对国家不利的."

8.2 流传海内外的恶毒的流言蜚语

在 1979 年初,由于在一些关心中美科学文化交流的人士如陈省身、杨振宁等教授的努力安排下,美国普林斯顿高等研究所邀请了陈景润与著名的拓扑学家吴文俊先生一起去那里做短期研究和演讲.

陈景润的身体是不太好,在出发前一天还是在医院里疗养,到普林斯顿后,他看到那里有许多图书和资料,非常高兴,整天就是埋在研究所的图书馆和办公室,做他的研究和学习.他觉得从老远的中国来美国很不容易,有这样好的学习条件,不好好地学习,不获得成绩,将会失去祖国人民的厚望.

景润在留美期间,除了参加一些热情的华裔科学工作者的邀请吃饭,从来不花钱在外面吃饭,自己动手煮饭.他很爱惜时间,他也对研究所给他的钱很珍惜,他想到自己的国家穷,现在要向科学进军,可是自己所属的科学研究院的图书馆却还是很缺乏书籍,买外国书籍需要许多外汇.他在留美期间省吃省穿,也不花钱去电影院看电影,结果回国后把一分一分省下的 7 500 美元全部送给科学院作为购买书籍之用,他这种大公无私的精神是值得人们尊敬的.

可是在他还未回国之前,竟然有梦想打倒他的"钢铁工厂"和"制帽公司"的伙计们,散布了这样的谣言:"陈景润不回中国,他已变成美国人了."这谣言传布之广和速度之快的确是惊人的,驻北京的外国记者听到这样敏感的消息,赶快打电话通知美国的同行调查此

事.

　　有记者打电话问普林斯顿研究所的负责人,负责人否认有这样的事;问陈景润,景润生气地回答:"我是中国人,我还要回我的祖国.我是一个中国人!"就把电话挂断.

　　法新社的记者还特意打电话问美国国务院有关人士,要证实此事件.国务院的官方人士说:"没有这一回事,我希望你们不要登载不符合事实的消息,这会妨害中美的友好关系."结果证明这是别有居心者散播的谣言.

　　这个事情弄得景润心情很不舒畅,这种魑魅的伎俩是可悲和可耻的.但他很快就忘掉这一切,又专心钻研一些较难的问题,要把成绩汇报给祖国.

　　景润初来美国时我曾见过他,这事件发生时刚好我到普林斯顿研究所看望在美工作的年轻优秀数学家之一萧荫棠教授.本来我想去安慰景润,但萧先生讲还是让他安静地搞他的工作.我想想也对,就没去见他.

　　1979 年 9 月初,景润受法国的高等科学研究所邀请来法做研究和报告工作,我在巴黎又见到他.我对景润提起这件事,并且表示在那段他难过的日子,我没有过去看他并安慰他,事后觉得是做错了,心中感到不安.他紧握我的手,表示感激,他说:"这个事件流传很广,中国几个省的人都知道.我去开人大会议时,还有一些人大代表跟我开玩笑说我是美国代表.这样的谣言很不好."

　　是的,套用中国的术语,这种谣言就是要"破坏安定团结".

8.3 火后凤凰

在 1979 年 9 月 31 日,我和许多旅法华侨坐在"互助之家"的大厅观看回顾中国这百年来历史的纪录片:《光明的中国》,在这纪录片里就拍到陈景润的一些事迹,他怎样辛勤地在图书馆读书,他写的数学论文手稿,等等.把他比喻成科学园地里一只辛勤的蜜蜂.

在 10 月 1 日的下午,我和许多法国数学工作者及大学生在著名的庞加莱研究所听景润对他的工作的报告.随他而来的研究生小丁在黑板上抄写一些英文句子、定理、符号公式,景润用有气无力的声音说:"感谢你们的邀请,我能来这里介绍我的工作,我感到很高兴.我的英文不好,讲错了请你们原谅."

大家对景润的坦白很是感动,虽然他的声音微弱,但整个演讲厅鸦雀无声,可以听到他的讲话,许多人早从法文读物中知道景润过去的一些遭遇,对于他不能很好地大声讲的缺点是可以谅解的.

当我坐在那里一面听他讲,一面看手中分到的讲稿摘要时,我的思想却没有停留在这些复杂深奥的公式上,而是飞到过去的日子,我回想了他过去的经历.

脑海突然浮现了在第二次世界大战抵抗德国纳粹,领导反法西斯队伍的法国民族英雄戴高乐将军的一句话:"困难,对于有个性的人,特别有吸引力.一个有个性的人在面对困难的时候,才会真正认识他自己."是的,景润的确是个有个性的人物.

景润在 1953 年从厦门大学毕业,他当时为了解决一些著名的数学难题,为了不分心,没有注意他周围发生的事,很早就被人戴上"白专"的帽子.

　　他的一些研究论文很受华罗庚的赏识,要把他从福建调到北京的数学研究所工作,可是在那个时期有政治运动,一些人以思想问题阻止他来到北京.后经华罗庚力争之下,景润才在 1957 年来到科学院数学研究所工作.华罗庚搞的数论小组原本有许多学生,后来大部分党员出身的都转到应用数学去了,现在全中国属于华的学生且还搞解析数论的只剩下王元(1952 年大学毕业)和陈景润这两个人.在研究队伍中,他们可以说是孤军作战.

　　景润开始对数论一些著名难题进军,由于他专心于数学,自己的生活也不懂得处理,他在数学所是著名邋遢的人.他只管自己感兴趣的数学问题,其他什么事情全不关心,在有政治运动时,他又不置身于政治运动当中,于是一些以"政治"为重的人对于他这种生活方式自然不满了.

　　他在"文化大革命"开始之前,就在哥德巴赫问题上有一些突出的成果(关于此问题可参见拙著《数学和数学家的故事》第一册里的《趣味的素数》一文),可是在"文化大革命"发生后,景润被批为"安钻迷"——安于高楼大厦(在研究所里),钻洋纸洋书(中国科技落后,新中国成立科技书不是翻译外文就是原本厚洋书),迷成名成家.于是对一个在数学上有贡献,他的成就为中国带来荣誉的人,头上却被戴上了"白专"的帽子.

　　关心他的研究所所长华罗庚被一些公然违抗周总理指示的红卫兵抄家,而且还被揪斗,有些人还想出这样的毒招:要学生出来斗老师.逼迫这个曾被华罗庚栽培的景润在数千人的大会上斗华罗庚.景润假装肚子痛躲进厕所,然后乘人不备跑走,不想批斗自己的老师,可是他能躲到哪里去呢? 他靠在篮球场的架子下,耳朵听到上面扩音机传来的声音:"陈景润逃跑了,把陈景润捉回来! 把陈景润捉回来!"他眼泪不断地流了下来……

华罗庚被斗的消息还好被周恩来总理早发现(事实上当时南斯拉夫的记者把这消息传到全世界,周恩来从外国新闻中知道此事),马上由毛主席及周总理出面保护他,并把他转移到安全地方,没有受到更多的凌辱折磨.

景润却没有这样的幸运,他被人辱骂为"白痴""社会主义社会的寄生虫",要受到种种的折磨和凌辱.他本来不健康的身体这时是更加坏了.可是他还是想学习和研究,不能搞数学了,他拿起《毛泽东选集》的英译本来学英文,可是不久这本书也被人夺走不让他读了.

有一次在批斗他的大会上,人们发现陈景润突然间有进步了,不断地手写人们批判他的话,全神贯注.有些人还说陈景润已受教育了.可是人们后来发现,景润写的全是不好懂的数学符号和公式,原来在斗他时,他想到数学问题(忘记了就是因为研究数学他才遭殃),聚精会神地想和算,忘记了当时人们是在批判他;批判他的人看到这种样子真是啼笑皆非.

8.4　周恩来关心陈景润

我曾问他,以他这样著名的所谓"白专典型",怎么又会成为人大代表呢? 景润说据他所知道的,"四人帮"把批判他的许多材料给毛主席看,毛主席却说:"景润虽有缺点,还是应该爱护,应该帮助他."

而周恩来总理对于自己国家培养出来的第一代科

学工作者是非常关心的,为了能让更多这样的人参与国家管理事业,周恩来提名景润当人大代表.

当时为了这件事,周总理曾亲自几次打电话给副总理华国锋(当时他负责科学院的工作),科学院的常委第一把手原则上是同意景润当代表,但是许多人却反对不想让他当代表.结果科学院的党组织不通过他当代表.

为了不要让这样棘手的问题使许多人纠缠不清,引起争论浪费时间,为了整个国家命运着想,周总理觉得景润要成为北京地方代表太难,于是把他转移成为天津地方代表,并且把景润直接放在自己附属的小组里,这样能够对他照顾保护,关心他的成长.

景润谈起周总理是非常有感情的.周总理在那最困难的 10 年,不顾个人的安危劳累,要稳定局面,要保护许多受冤屈的人,忍辱负重,风餐露宿,能通宵达旦地工作,把全身心血献给国家、人民.

周总理不许红卫兵搞抄家,搞人身折磨,但一些人却阳奉阴违,对许多著名的文化及科学人士搞抄家、搞突击.

如果不是毛主席及周恩来出面保护许多人,这个国家的许多忠良精英就要消失了.景润告诉我他最后一次见周总理的故事,那是 1975 年四届人大小组会议,也是周总理最后一次在公共场所露面.

在那一次人大会议有许多青年代表,周总理见到天津小组的一位青年代表,就关心地问他的工作情况.这个青年讲他是在宾馆工作,周总理问他有没有外国人住宾馆,这个青年人说有.周总理问他会不会讲英文,这个青年人说不会.周总理说:"那么就应该好好学习英文，这对沟通思想促进国际友谊是很有用的."

"我为什么要学英文？英国人、美国人不学我们的中文，我为什么要学他们的英文呢？我不懂英文，也是照样干革命！"

周总理就很和蔼地对这青年人讲："毛主席的年纪这么大了，他关心世界的局势和革命，每天还用功地学习英文.你们青年人好好学习外语，对国家科学建设、对促进世界人民的友谊等都是很有用处的."

周总理那一次接见他们，身体很明显比以前衰弱许多.一些摄影记者要拍摄他的相片，周总理却提议去拍其他人，不要把镜头集中在他身上.周总理很坦诚地讲自己的身体的状况，说他已经动了几次手术，癌细胞已经扩散，他留在人世间的日子不久了.

许多人看到他病得这么重，还为国家操心，还对一个普通青年的思想情况注意，不禁感动得流下眼泪.他的光辉形象铭刻在景润心里.

8.5 后天下之乐而乐

打倒"四人帮"之后，知识分子不是"臭老九"了，凡是为国家为人民做过一些有益的事的人们，再重新受人尊重和肯定.陈景润不再被当作"社会主义寄生虫"，而是一个"社会主义的劳动英雄".国家要给他及其他科学工作者非常宽敞舒服的房子住，可是景润却仍然要住回他的那间小房间，不想搬进那高级的房子.他认为在中国许多对自己国家和人民有贡献的人，他们的居住条件很差，他们多数家中人口又多，而他自己又是孤身寡人，没有理由要住这么好和大的房子，他把房子给其他比他还需要的人.他说等大家都有好房子住了，

他才来住好房子.你说他的想法是否可爱和可敬?(希望你不会说这是愚蠢的想法!他看问题倒是看得清楚.)

正当社会上刮起"物质享受"的歪风时,景润却仍然是那个景润,不要向国家要什么"电视机票"等,他什么票也不拿,他不要凭借人民给他的地位搞什么特殊的物质享受,他和一些忠心耿耿于科研工作物质生活条件仍差的科学家们一样,把工作放在第一位,生活的舒适问题撇在一边.在我看来他的确是"白专"——"白"是"一身洁白照人间","专"是"专心科研为国家".

如果你有机会认识了解他,你会喜欢这样的人,他不会油腔滑调,弄虚作假,是一个说老实话的正直的人.我听到一位外国新闻工作者讲有关他在美国的故事:《纽约时报》派一个中国血统的记者去访问在普林斯顿的陈景润,这记者是用英文讲话的,人们以为他不会中文.陪同景润的还有一位中国官员,景润用英文讲感谢许多人在促进中美科学文化交流的工作,也感谢普林斯顿研究所给他们提供这样好的生活条件,研究所的办公室这么大,一个人一间,住的房子这么大,在国内研究院的条件还是较差,六七个人要挤一间小办公室工作,四五个人要睡一间房间.这时在景润旁边的官员就打断景润的话,用中文说:"一个人一个房间."要纠正他的讲话.

这官员可能传统思想较爱面子,认为"家丑不可外扬",结果忘记了华国锋主席号召的"说老实话,做老实人,要实事求是",想要景润讲不符合事实的话.

其实在外国,许多人都知道中国科研工作者的生活物质条件比外国差,外国人对中国科研工作者尊敬,是因为他们在那样物质条件差的情况下还能艰苦做出许多创造性的工作，有识之士不会讥笑中国人这方面的穷困，可是有些中国人为了爱面子却弄虚作假，难免给人瞧不起说是幼稚.

景润却是就事论事，没有修正他的讲话. 而这时那位美国记者却用纯正的北京话讲话发问，不再用英文. 那官员发现记者会讲会听中文，反而吓了一跳.

由于十多年中国科学受到干扰及许多科研工作停顿，目前中国的科技和外国的差距仍很大. 许多科学工作者也像景润那样争分夺秒工作，不仅要把自己的业务做好，也要带领一些年轻人做研究，栽培接班人，想方设法地把科技搞上去.

然而中国的传统封建思想，对许多人的影响还是那么大，有些人"学而优则仕""仕而后特权""特权久而腐化"，而一些歪风的泛滥，对一些青年人更起着腐蚀的作用. 景润不是埋头自己的数学世界，看不到这种现象，他担心地对一些青年说："要做好科学研究工作，需要全心全意地去做，不要整天想入党做官. 一个人不能专心在科研上，他是很难取得成绩做出贡献的，这会对不起人民."

我了解景润，而且喜欢他这个人. 他是有一些缺点，由于长年专心于数论，他的知识面不广，可能做一些事在一些人看来是窝囊. 他把数学当作生命，因此对其他生活小节就不注意，心不在焉，恍恍惚惚. 我不希望喜欢"锦上添花"的人们宣传他的奇谈怪事，对青年人是会起不良影响的；也不要为了强调数学的应用价值，不符合事实地把他证明的"1＋2定理"硬说是已在尖端的物理上有应用，做不科学的宣传，这对要提高人

民的认识水平,这对要建立国家的威望是无益而有害的.

景润是一个有感情的人,不是什么"科学怪人".我记得在 1979 年初,据说是十年来普林斯顿最寒冷的一天去看他时,傍晚我和妻子要离开,景润想要送我们出研究所到市区搭车,我坚决拒绝,他要来回走这段漫长的雪路,又是这么冷,他的身体又不怎么好,万一冷坏生病不行.他看我坚持就只好陪我走一段路,路两旁堆积白皑皑的雪堆,他想到了自己的国土,他说:"如果我们有这么大的雪是多么好! 我们的农业将能得到更大的丰收.我们有许多地方还是很干旱,急需要水分."

后来我乘"灰狗"快车,奔驰在广大的加拿大林海雪原上,看到窗外许多在严寒的北美雪地上伫立的松杉,我就像看到向我招手的景润.我想到他的过去、想到翻身后的景润不以自己过去所受的委屈而伸手要国家酬劳,这使我想起了一位曾遭迫害的正直的诗人的诗:"欲知松高洁,待到雪化时."我心潮澎湃,心有感触地在车上写了这样的一首诗送给景润:"蛔蚯纷扰蛇鼠窜,寡廉宵小苟蝇钻.群妖盛气中宵舞,壮士断腕黔黎苦.周公吐哺撑天堕,中流砥柱挡汪澜.天公有情惊衰老,哀鸿遍野意沉消.苍天亦悲降霖雨,风卷阳霾露朝晖.自古疾风知劲草,尔今板荡识英雄.恩怨委屈俱忘怀,雄关漫道从头越.待到四化实现日,毋忘奠酒慰英魂."

后来给他的信中,我对他在送我走时讲的话"我们会开夜车苦干,而外国人会跳舞"提出异议,这是不了解外国人,而且那样的讲话也不科学.

外国人有许多热爱工作的人,他们苦干的精神不输于中国人，但是他们却是懂得怎么样工作，怎么样休息，劳逸结合得好，结果效率反而增高. 爱因斯坦懂得用拉小提琴、读小说、驾帆船来使自己疲倦的脑袋休息. 约里奥·居里（居里夫人的女婿，钱三强的老师，法国的原子弹之父）工作余后喜欢钓鱼沉思，并阅读与他本行无关的社会政治文章. 就拿美国著名的写二百多本科学普及读物、科学幻想小说的阿西莫夫博士（Asimov）来说，他每天在打字机前工作十多个小时，进行大量创作，但他还很喜欢阅读各种各样的书，而且有机会出去时他也喜欢参观旅行放松自己.

景润那种埋头苦干，像苦行僧那样的做法是不能使身体发挥更大的作用的，使生活多彩些，就能使精神更活泼，更能做出好成绩.

在法国期间，我有一次周末把这个苦行僧景润和他的小苦行僧小丁拉出来到巴黎看"先贤祠"（Pantheon），看居里夫人的实验室及她当穷学生时在图书馆读书的地方，带他们看著名的"彭皮杜文化中心"，让他们认识到法国是怎样尊重有功于人民的人和对普及文化提高人民知识水平是怎样重视. 刚好在"文化中心"那里展示了许多 1979 年法国摄影师拍摄的中国人民的生活的照片，景润很有趣地看. 我指着一张 1979 年5 月拍的在昆明公园男女青年跳舞的照片，笑着对他说："景润你已经变成保守派，你的思想赶不上形势的发展."他害羞得赶快走开.

§9　陈景润在厦门大学①

——余纲　王增炳

一株数学之花树在中华民族的土地上盛开怒放.这株花树就是今天举世闻名的陈景润——新中国培养出来的著名数学家.

28 年前,这株花树的种子,落在祖国东南海滨厦门大学这个培育人才的苗圃里,它在这里萌芽、成长,并开出了第一朵鲜花.

让我们追溯一下这株花树生长的经历吧.

9.1　幸运的种子

还得从整个时代谈起.

让我们回到天翻地覆的年代,1949 年,红旗插到了福州城,这时陈景润还只是一个 16 岁的高二学生.他感到由衷的喜悦.党的阳光雨露照进了他的心扉,滋润了他的心田.他充满了对生活的期望.

这时候,解放战争还在继续进行,党已经十分注意培养干部和提高科学文化的工作.1950 年 5 月中央人民政府教育部发布了高等学校 1950 年度暑期招考新生的规定.其中关于“投考资格”的条文中,有这样一条规定:凡有高级中学毕业的同等学力而又持有必要的证明者,可报名投考.新生的祖国,是多么迫切需要广

---

① 原载于《科技之光》,福建人民出版社,1979 年版.

泛吸收人才、选拔人才和培养人才啊！

陈景润看到了这条规定，抑制不住心头的激动．他从小沉默寡言，专心好学，在中学里就自学了大学用的数学书籍．他早就下了决心，要一辈子钻研数学，在这方面做出贡献．然而，在旧社会，他的家庭生活困难，哪能上得起大学，他的愿望显得多么渺茫！新中国成立，为广大青年开辟了广阔的道路，展示了美好的远景．陈景润发现他的理想和现实一下子接近了起来．对数学的浓厚兴趣和强烈的求知欲望，促使他抓住这个好机会，以同等学力报考厦门大学数理系．八月初旬，陈景润经过短时间准备，参加了考试．不久，录取名单在报上公布了．他拿来一看，数理系，正取 20 名，其中分明印着"陈景润"三个字，名列第十！

他太高兴了，感到自己是一个幸运儿．当然，他能用同等学力考取，绝不是"碰运气"，而是刻苦学习的结果．但是，他的确是幸运的，在他高中还没有毕业的时候，就遇上了好年代．党给他送来了和煦的阳光、滋润的春雨，比起过去时代的有才能的青年们，挣扎着成长，走不必要的弯路，他的确是太幸运了．

陈景润兴冲冲地要准备到厦大了．他的想法很简单：厦大一定有许多好老师，有许多图书资料，在那里可以成天地钻研数学；将来，可以解决一道又一道的难题，在数学上做出成绩．至于做出成绩又是为了什么，在这个刚跨到新社会来的纯朴少年的思想中，还是模糊的．但家里的人想法可不一样．新中国刚成立不久，家庭经济还有困难，陈景润要是到厦门去升学，难免要多花钱，衣服铺盖得添置，路费也得筹划．况且，厦门是前线，据说经常可以听到炮声、飞机声，危险啊！他们

劝陈景润还是念福州的大学,随便选一个系,能就近升学就好.要他不念数学,陈景润死也不答应.他倔强地说:"只要有数学念,我走路去也可以."家里的人拗他不过,只好帮他张罗行装.他嫂子拿出辛勤积蓄的一些钱给他,他哥哥也调整了一件旧的大衣给他.在一个初秋的清晨,他一手提了一个小铺盖卷,一手提了一个破旧的小藤箱,就踏上征途了.

厦大,曾是革命和反革命搏斗的战场.新中国成立后,新生的厦大在党的领导下,继承发扬光荣的革命传统,成了革命斗争的熔炉.这是锻炼和培养青年学生的好地方.

为了更好地建设人民的新厦大,1950 年 7 月,党派经济学家王亚南担任厦大校长.这位过去曾在厦大宣传马克思主义的进步教授回到厦大,毅然地挑起了全校行政领导工作的重担.他在工作中坚持了党所指出的正确方向,为培养德才兼备的年轻一代而贡献自己的力量.厦大的教学和科学研究蒸蒸日上,教师队伍也逐步壮大起来.厦大,充满着严肃战斗的气氛、蓬勃向上的朝气、认真勤勉的学风.

幸运的数学种子就在这个培育人才的苗圃里很快地生根、发芽!

9.2　顽强的幼苗

陈景润一踏进厦大,迎接他的就是一连串火红的日子,政治运动和对敌斗争的烈火在厦大校园里熊熊燃烧,广大青年学生积极投身战斗,陈景润也没有置身局外.在备战动员中,他尽管身体孱弱,也和广大师生一起,坚持行军 300 里到闽西龙岩上课.眼前发生的这一切,他认为都是对的,应该的,就像数学的定理一样合乎逻辑,无可怀疑.他肯定,他拥护,他是非明确,爱憎分明.正是在斗争中,他受到了教育.他逐渐懂得了,应该为革命、为人民.他提高了民族自豪感和爱国心,他要为祖国、为人民在数学上做出贡献.

新中国成立初期,厦大就进行了课程改革,开展建校建系运动.这就给各学科的学习和研究提供了指导,指出了方向.1950 年 9 月,王亚南校长根据当时的形势,结合学校具体情况,在全校范围提出"端正学风,加强学习"的号召,强调"学生的基本任务在学习",全校师生积极响应,学习风气空前浓厚.

陈景润念的是数理系.二年级分组时,他分在数学组.1952 年院系调整,成立数学系.这个系十分重视基础课的教学.尽管新中国成立初政治运动一个接一个,陈景润这一届学生为了国家建设的需要,又提前一年毕业,但系里还是安排他们修完必读的全部基础课程.系里还十分重视基础训练,每一门课程,尤其是基础课,都要求学生多做习题,务必使学生熟练掌握运算方法,并巩固所学的知识.同时,这个系还很重视学生的外文学习.三年级的课程,有的已采用外文课本,要求学生做到至少能阅读一种外文的专业书籍.陈景润在中学里英语就学得不错.大学三年中,他除了继续提高英语水平,又初步掌握了俄语.当时系里有一位教授是法国人,不会讲汉语,但是会英语.陈景润为了锻炼自己的外语会话能力,尽管他从来没有跟外国人交谈过,也大胆地用英语和这位教授对话,这在全系学生中是绝无仅有的.当然,他的对话不免有点结结巴巴,但同学们都佩服他那种抓住一切机会努力学习的精神.

　　大学里有这样好的学习条件,本来就是数学迷的陈景润听起课来就更是津津有味,学起来也就更加锲而不舍,感到有无穷的乐趣了.但是,学习毕竟是艰苦的脑力劳动.陈景润之所以能学好这些课程,为他以后攀登世界数学高峰打下坚实的基础,主要还是靠他自己顽强刻苦的钻研.三年中,他抓紧一点一滴的时间,贪婪地阅读大量的数学书籍,仔细地做一道又一道的习题,不厌其烦地进行反复的计算.课本上的习题,一般同学只做教师指定的那部分,陈景润却不但全部做,而且还自己找课本以外的习题做.往往别人只做十题,他要做几十题甚至上百题.他的口袋里经常放着几张纸,一支铅笔,一有空隙的时间,就拿出来演算.像吃饭前后,开会前后,同学们打扑克、谈天的时候,他都从口袋里掏出纸和笔来,坐下来就埋头写写算算.他喜欢深入地独立思考,不轻易相信现成的结论.凡是数学上没有经过严格证明的,哪怕是公认的、一般人认为理所当然的东西,他也不盲从,总要问个为什么,而且要打破砂锅问到底.正由于他有这种钻研精神,同学们送给他一个绰号:爱因斯坦.

　　有一天晚饭后,他又坐下来埋头演算了.一个同学偶然好奇,问他:"爱因斯坦,你在算什么?"也许是演算中碰到困难想跟同学交换意见吧,他抬起头来,把自己演算的纸张拿给这位同学看,并且兴致勃勃地、一本正经地大谈起他的想法来.那张纸上开头写着:"三角形两边之和不一定大于第三边."底下已经密密麻麻地列了许多算式.这个同学一看,不禁哈哈大笑:"三角形两边之和大于第三边,这是众所周知的几何定理,理所当然,你还想否定它?"陈景润有点不高兴了,他不跟这个同学辩论,坐下来继续他的演算.他证了好久,后来去请教跟他比较要好的一位研究生.当然,他终于明白了自己的这次证明是错误的,但通过这一钻研,对这个问题从理论上认识深入了一步.

一个人,当他的全部身心都沉浸在自己所热爱的事业中的时候,他会觉得双倍的时间也不够用.三年中,陈景润的生活几乎成了一个固定的数学公式,就是:宿舍—食堂—教室—阅览室.他奔忙在这条生活线上.他看书入了迷,往往听不见吃饭的钟声.当他恍然悟到时间已迟时,就得小跑步赶到食堂才吃得上饭.理工科因战备搬到龙岩上课的时候,生活条件很差,几十个同学挤在一间叫作"乐逸堂"的祠堂里,睡的是通铺.清早起来,有些同学跑到外面晒谷场上简易的篮球架下投篮,陈景润却拿了一本袖珍版的英汉四用字典,往田野走去.有的同学喊他:"爱因斯坦,来打球吧!"他只是憨厚地笑了笑,又低下头边走边念他的英语去了.傍晚,昏暗的宿舍里蚊子很多,同学们三三两两,都到附近的田野散步去了,他却独自躲在破旧的蚊帐里看书.在厦门,风景如画的集美镇,海上明珠的鼓浪屿,都引不起他的兴趣.就是近在咫尺的著名的南普陀,岩洞清幽的五老峰,他也无心去拜访.从学校到市区,年轻人快步走起来,20分钟就够了,但他很少到市区去.他穿的衣服不怎么合身,原来当时厦大还没有百货商店,他的衣服是托同学到市区代买的.他爱穿蓝的、黑的一类暗色的衣服,这无非贪它洗起来容易些.为了数学,他漠视生活上的一切.

党和毛主席对年轻一代无微不至地关怀,陈景润在厦大享受了人民给他的助学金,他的基本生活有了

保障.1950 年和 1951 年,毛主席一再指示学校要注意健康第一.在新中国成立初国家经济情况还比较困难的情况下,青年学生的生活条件不断地有了显著的改善.同时,和在中小学时不同了,再也没有人欺侮他了.虽然他不爱跟别人来往,同学们还是主动关心他.党的关怀和培养,同志们的关心和照顾,都使陈景润深深感到生活在新中国的幸福.

过分的勤奋使陈景润本来就瘦弱的身体更加瘦弱了,然而,这颗数学的种子在三年之中,却萌芽、发叶,变成一株幼苗,并且茁壮地成长起来了.

9.3　辛勤的园丁

每当陈景润回忆起厦大三年美好的学习生活时,使他久久不能忘怀的是教过他的老师.他尊敬这些热心教育事业,给他以谆谆教导的教师们.直至他已经取得了高度的成就,为祖国赢得了荣誉的今天,他仍然念念不忘母校这些教师对他的许多帮助.去年,几位老师出差到北京,他三番五次地从郊区跑到城里看望这些老师.这些年来,他给老师们写信,总是一笔一笔写得很工整,再三地向老师表示尊敬和感谢,并虚心地继续向老师求教.

每当陈景润给教过他"高等代数"和"实变函数论"的李文清副教授写信时,眼前就浮现出当年他听课的难忘的情景.这位老师教学认真负责,关心学生的学习,还常常在课堂上给同学介绍一些国内外学术动态,或者是一些引人深思的数学难题,或者是一些有意思的数学家故事,打开同学的眼界和思路,引导他们树立攀登数学高峰的理想.

637

　　有一次他给陈景润这班学生讲印度数学家拉马努金的故事.那是 19 世纪末和 20 世纪初的事,当时西方的学者很瞧不起东方学者,散布"西方智慧比东方高"之类的谬论.年轻的拉马努金连大学也没有念完,在一个税务机关当小职员.听了这些胡说,他憋了一肚子气,暗暗下决心要为东方弱小民族争光争气,就挤出时间,拼命攻读,刻苦钻研,把一本很厚的《微积分》放在一个布包中,一有空就拿出来演算.后来,他从自己做的习题中选出了 120 道题,寄给当时英国剑桥大学著名的大数学家哈代,以显示"东方古老的智慧".哈代从这些习题中发现了他的数学才能.他终于成了有名的数学家,在"数的分割"及"合成数的分布"方面有独特的贡献.

　　这时的陈景润,刚经历过抗美援朝的运动,受过反对亲美、崇美、恐美思想的教育,听了老师的介绍,联想起他之前在一所教会学校念书的时代,那时他经常听到"中国月亮不如美国的圆"之类的谬论.如今新中国成立了,过去还是殖民地的印度的拉马努金能做到的事,难道新中国的青年就不能做到?……

　　李老师还给学生们介绍过数论史和日本高木贞治所著的《初等数论》.有一次,他讲到数论史上三大没有解决的难题,这就是:(1)费马问题;(2)孪生素数问题;(3)哥德巴赫猜想问题.他微笑着风趣地说:"我们班上谁要是能解决其中的一个问题,对世界就有了不起的贡献."这时,有的同学笑出声来了,就像高中时代第一次听到数学老师讲哥德巴赫猜想一样,陈景润没有笑.哥德巴赫猜想又一次把他引入沉思之中,不同的是,比前几年高中时代,他更爱深入思考了.他还不清楚解决

这个哥德巴赫猜想问题到底有多难,但他隐隐约约地想到:将来中国的数学家说不定会解决这个问题.天下无难事,只怕有心人……

这样,在老师的影响和引导下,大学时代的陈景润,逐步树立起了数学上的雄心壮志和远大理想.为了实现这一理想,必须通过严格的训练,打好基础.在这方面,陈景润也十分感谢大学的老师们.他们的严格要求,使陈景润后来深感受益匪浅.有两件事给他留下了深刻的印象:

一次是在一年级学习"微积分"课程的时候.当时,任课教师不但在课堂上注意把概念讲透,要求学生比较深入地掌握基本理论,而且每堂课讲完,都要布置作业,要求同学们多练习,以便巩固所学的知识,并牢固地掌握运算方法.当这位老师每次批改学生的作业时,看到陈景润的作业,觉得有点奇怪:纸张长短不一,有的大约是一张纸写错了,裁去一段.为了节约纸张,这也无可厚非.主要问题还是答案太简单,有的只写两三行,好像是习题解答书中的提示那样,不像是演算习题.开头几次作业也许比较容易做,写得简单点还说得过去,但接下去几次都是这样,老师不禁怀疑了,会不会是抄袭别人的?他带着这个疑问到学生宿舍找到了陈景润,把作业摊在桌子上,直率地问:"你的作业写得太简单了,你有没有很好地做呢?"

陈景润有点紧张,赶快回答:"老师,我有做……"同时,他打开抽屉,翻出了一沓杂乱的草稿,交给老师.老师认真地从头到尾细看了一遍,发现这个学生的演算还是详细的,看来表达能力差些,写得过分简单了.他肯定了陈景润草稿的演算,也告诉他作业不能写得太简单，关键的地方，必要的步骤，必须写清楚．陈景润连声回答："好好好……"

但是，培养一个好习惯，并不是一朝一夕的功夫，在二年级学习"高等微积分"的时候，还发生过类似的事情．

有一次，任课教师看到陈景润的考卷，答案很简单，不能说明问题，从卷子本身看很难评上好成绩，但又没有发现什么错误．为了对工作负责，对学生负责，他便把陈景润找来当面问一问．

陈景润起先有点担心，不知道发生了什么事情．老师对他说："这次考的问题你到底懂了没有，从考卷上看不出来，请你再做一做看吧！"

陈景润心里踏实了，他没说什么，坐下来就开始演算了，这些题目他做过，是熟悉的，不一会就把"第二次考卷"递了上去．老师看了，点点头，很满意，略为沉吟一下，提起笔来在原来的考卷右上角打了分数：98．他对陈景润说："你回答得全对，本来可以给 100 分的，但写得不清楚，应该扣 2 分．如果不是找你来问，可能不及格了．以后自己写文章，也要注意表达清楚，否则你自己虽然懂了，人家还是看不懂．"

陈景润连声答应："好好好……我以后一定写清楚．"

陈景润在这些严师的一再督促下，逐渐培养起了极为严谨精细的治学精神．

为了攀登科学高峰，还必须培养科研工作能力．在大学短短的三年时间里，学习很紧张，谈不上搞科研，但在老师的影响下，他逐步认识到科研工作的重要性．尤其是教"复变函数论"的老师经常跟同学说，对于一

个数学工作者来说,要坚持做到两条:一条是打好基础,特别是念好函数论;另一条是一定要学习写论文,在学习前人知识成果的基础上积极思考,大胆探索,在积累中创变,在创变中积累.他不同意一些人的说法,多看外国数学刊物上的文章,在广泛学习的基础上提出问题,努力写论文,就是什么"资产阶级方向""从外国论文夹缝里找题目"等.这一点深深影响了陈景润,推动他去进一步学习、研究更高深的数学问题.

陈景润这株数学幼苗,在厦大这个苗圃中三年,之所以让根扎得深些、正些,枝叶长得茂盛些,和这些园丁们的辛勤劳动是分不开的.它后来开出的鲜艳花朵,也渗透着园丁们的点点心血、颗颗汗珠.

9.4　战鼓催春

1953 年夏天,幸福的大学生活结束了.祖国的社会主义建设急需各方面的人才,陈景润这一届大学生提前一年毕业.他被分配到北京一所中学当数学教员.

实践很快就证明,他不太适合担任这个工作.尽管他在数学的学习上善于攻关,但面对着三尺讲台,却手足无措,仿佛前面有一道难以逾越的障碍,他为此感到极大的苦恼.

一年多以后,正当他陷入困境的时候,厦大的老校长王亚南了解了这一情况,向校党委做了汇报.党委研究之后,决定让陈景润回来,由数学系安排工作.系里安排他担任教学辅助人员,负责管理数学系的教师阅览室,工作不多,阅览室又有比较丰富的图书资料,这样,他就有一个安静的环境和较好的条件从事数学的研究.

这时，厦大数学系正一派生机，朝气蓬勃.

1954 年全国综合大学会议开过之后，确定了综合大学的性质、任务、培养目标，强调综合大学的主要任务是培养理论科学与基础科学方面从事理论研究的专门人才.年轻的数学系在大好形势下，跨上骏马，奋力奔驰了.

1956 年，毛主席发出了向科学进军的号召，敬爱的周总理亲自领导制定了国家科学发展的远景规划.在校党委的领导下，根据这个规划，数学系制定了自己的科研工作规划，确定了 12 年科学研究的方向，雄心勃勃地提出争取在 12 年内赶上或达到国际先进水平.为了实现这一目标，全系教师通过讨论，统一思想，并提出不少切实的措施，积极创造条件，迎着困难上.

陈景润在数学系这个战斗的集体中，人们让他安心钻研，以前的老师们继续给他必要的指点和帮助，领导给他以时间保证，后来还结合他的科研方向，让他担任"复变函数论"课程的助教，使他能进一步得到锻炼，打好科研的基础.

这时，他集中力量，深入钻研华罗庚的名著《堆垒素数论》《数论导引》.他更加顽强、坚毅，孜孜不倦.这些书，他从头到尾钻研过七八遍，重要的地方甚至阅读过 40 遍以上！此外，他还广泛阅读国内外数学刊物，努力吸收前人的成果.党的方针指引着他，大好的形势鼓舞着他，他认识到这是为革命、为祖国而钻研，祖国的社会主义事业需要数学！

陈景润住在"勤业斋"教工宿舍 106 室.这是一座矮小的平房，共有十来个小房间，住在这里的都是身体比较差或者有慢性病的单身教工，每人一小间，7 平方

米.这里的环境特别幽静,对陈景润那赢弱的身体和学习来说,是再适合不过了.宿舍的背后就是一年四季墨绿苍翠的山峰,他的邻居们经常清早起来就去爬山,享受大自然的美景和清新的空气.宿舍离大海不远,游泳的季节一到,邻居们常常到海滨游泳场去,不会游泳的也爱去泡泡海水,晒晒太阳.而陈景润却惬意地遨游在抽象思维的太空,游泳在数学的海洋中.人们觉得他"怪",好奇的人们背后议论他,好心的人们婉转地向他提意见.至于某些小小的误会,那就反而传为佳话.

有一次,夜已深了,整个"勤业斋"静悄悄的,笼罩在一片朦胧的夜色中,只有一个窗口露出了一点微弱的光.两个担任巡逻的学生经过这里,望望这个窗口,有点奇怪:这是怎么回事?是老师在开夜车吗,怎么不把电灯开亮?怀着作为海防前线民兵所特有的警惕感,他们到窗口窥探了一下,更为迷惑不解:一个很大的黑色的灯罩,不但遮住了灯光,也遮住了灯下的人,他在干什么?这两个民兵终于去敲主人的门了.门开了,陈景润似乎刚从沉思中醒过来,惊讶地望着这两位不速之客.两位民兵弄清了是数学系的老师在演算数学,于是说明身份,笑了笑就走了.原来,陈景润因为怕邻居们议论,特地做了一个很大的黑灯罩,把灯光全部遮起来,不让邻居们知道他开夜车.灯罩很大,埋头工作的时候,把头都罩进去了.由于拙劣的手艺,灯罩做得不端正,又有漏洞,这才泄露了"秘密".

为了抓紧点滴时间学习,他把书本拆开了,放几页在口袋里,随时随地拿出来念,反复揣摩、钻研,直到烂熟了,就换几页.开会前念,空袭警报时在防空壕里念,甚至走路时也念.有人看到他手里经常拿着几页书,就怀疑了:他当图书资料管理员,会不会把公家的书撕了? 后来一了解,那是他自己的书.

数学系的科研热潮激励着他. 高中时代和大学时代老师在课堂上两次谈到哥德巴赫猜想问题的情景回到了他的记忆里,一个大胆然而是合理的念头开始萌动了:他也要向国际水平进军,攻下这道著名的难题. 他,年轻的陈景润,能登上这样的险峰吗? 他很清楚,这不是轻而易举的事,这个问题实在太难了,这是龙宫探宝,这是攀登珠峰. 他在大学的三年学习,仅仅是打下了基础,在数学的海洋中,他不过初步学会了游泳,要探骊得珠,还必须深深地潜到海底;在数学的高原上,他才走到登山的大本营,要登上珠峰,还得先进行多少次适应性的行军.

千里之行,始于足下. 在深入钻研《堆垒素数论》的基础上,他的注意力合乎逻辑地集中在"他利问题"上. 在这里,他迈开了新的一步.

这株青葱的数学之树,开始孕育第一朵瑰丽的蓓蕾了.

9.5　鲜花初放

"他利问题"当时是数论中的中心问题之一,它跟哥德巴赫问题一样,吸引着数论学者的注意和探讨. 华罗庚在《堆垒素数论》中对这个问题进行了探讨,在1952 年 6 月份出版的《数学学报》上的《等幂和问题解数的研究》一文中,也专门讨论了"他利问题". 这个问题归结为对指数函数积分的估计,上述论文在进行了这方面的计算和估计之后,写道:"但至善的指数尚未获得,而成为待进一步研讨的问题." 陈景润正是从这

里出发,去敲打科学研究之宫的大门.

他思考又思考,计算又计算,觉得在前人成就的基础上,是可以获得进一步的成果的.然而,他念头一转,又犹豫了:这是著名数学家的著名著作啊!像我这样一个初出茅庐甚至还没有进入科研之门的小毛孩,能推进前人的成果吗? 这样做会不会"不自量""枉费心机"呢?

他找"复变函数论"的主讲老师谈了自己的想法,老师热情地鼓励陈景润:"为什么不可推进前人的成果呢? 不必顾虑重重了.现有的数学名著,它们的作者当然都是著名的.这些著作是他们的研究成果,但后来的年轻人如果不敢再进一步研究,写出论文来,数学又怎能发展呢?"

陈景润提高了勇气,加强了信心,在那向科学大进军的年代,向"他利问题"进军了.

在数学的海洋里,他不仅沉溺其中,而且开始往深处下潜了.他已经看不见、听不见岸上的一切,甚至水面的一切.他已经没有作息时间表,不管上班、下班、白天、黑夜、走路、吃饭,他几乎不停地、反复地构想、思索,尝试用各种可能的方法推演、运算,在一张张稿纸上书写、涂改.除了上班不得不去阅览室、买饭不得不去食堂,他几乎哪儿也不去,人们难得看到他的身影,包括"勤业斋"的邻居们.吃饭的时候,邻居们都喜欢围着翠绿的芭蕉和竹子下面的小石桌,坐在光洁的小石凳上,边吃边聊天.而他,却悄悄地拿了粗菜淡饭,闪进那 7 平方米的房间,马上把门关上了.人们很难猜想他是在吃饭,还是在演算,或者同时进行这两项.只是在他进门的一刹那间,有人偶然瞥见地板上杂乱地堆积着不少涂写过的纸片或纸团，桌上杂乱地堆放着书籍和稿纸. 那上面，多少复杂的符号、数字、等式、不等式，记录着它们的主人在抽象思维王国所经历的欢乐和苦恼、成功和失败.

经过多少个辛劳的日日夜夜，小房间里的地板上纸片和纸团越积越厚了，它们慢慢地凝聚、结晶，在上面形成了工工整整的稿纸——一篇关于"他利问题"的论文.

陈景润怀着激动的心情，把论文拿给教过他的李文清等老师看. 他们仔细地审阅这篇论文，觉得很满意. 接着，李文清副教授把这篇论文辗转寄给了华罗庚.

华罗庚以极大的兴趣审阅这篇论文. 他很高兴，看到了后起之秀能在他所研究的领域中有所发现，有所前进. 同时，他在这篇文章里看到了这个年轻的作者有着无限的发展前途. 在他的推荐下，全国数学会特地邀请陈景润参加 1956 年全国数学论文宣读大会，在会上宣读这一篇论文.

这篇论文是成功的，但作者的宣读却不那么成功. 8 月中旬的一天，数学论文宣读大会的数论代数分组会在北京大学的一间教室里举行. 陈景润站在讲台上，就像两年前在中学里教书一样拘谨. 下面坐着 30 多位数学家和数学工作者，注意力都集中在他身上. 他有点窘，不知道该怎么讲. 他在黑板上写下了题目，说不上几句话，又转身面对黑板，一直写起来，就像他在"勤业斋"的书桌演算一样. 不久，底下就有人摇头、嘀咕了. 他的厦大老师李文清替他暗中着急，后来，只好自告奋勇上台去，对与会者说明他的学生是不善于讲话的，并

对论文的内容做了补充介绍.接着,华罗庚也上台发言,阐述了这篇论文的意义,充分评价陈景润所取得的成果.于是,作者口才的缺陷得到了弥补,宣读总算圆满结束了.听众纷纷点头称是,他们为自己的队伍中又多了一位有前途的年轻的伙伴而感到高兴.

1956 年 8 月 24 日,《人民日报》报道了这次大会,特别指出:"从大学毕业才三年的陈景润,在两年的业余时间里,阅读了华罗庚的大部分著作,他提出的一篇关于'他利问题'的论文,对华罗庚的研究成果有了一些推进."

厦大党委很关心陈景润的工作,对他的成绩给以充分的肯定,鼓励他继续前进.

陈景润没有松一口气,他再接再厉,在数论上的三角和估计等方面开展研究工作,很快就写出了第二篇论文:《关于三角和的一个不等式》,发表在 1957 年第 1 期《厦门大学学报》(自然科学版).

在华罗庚的建议下,中国科学院数学研究所致函厦大,要调陈景润到数学所工作.这个意见,得到厦大党委、王亚南校长和数学系的大力支持.于是,1957 年 9 月,陈景润来到了北京,走上了新的工作岗位,开始了他科学生涯的新阶段.

数学之树已经成长了.在开过了第一朵鲜花之后,它将进入繁盛的花期.但是,在明媚的春光里,也要准备迎接狂风暴雨.陈景润,他既然曾经是幸运的种子,顽强的幼苗,经过暴风雨的洗礼,他也必将成为更加茂盛健壮的花树.这方面,用不着我们多说.我们只希望这里所介绍的他的经历,有助于促使更多科学的花树,在祖国大地上更加健康地茁壮成长.

§10　告诉你一位真实的陈景润

——杨锡安

我和陈景润相识在 1950 年,那时我们一起考入厦门大学数理系(1952 年分为数学、物理两系). 当时读数学专业的只有 3 名学生,另一位是李秋秀,福建永春人,曾在福州大学数学系任教,已退休了. 到了二年级时增加一位陈孟平同学,共有 4 人一起毕业. 大学期间,我们同住一个宿舍,朝夕相处.1957 年他由厦大调到北京,我当时也正好被派到北京中科院数学所学习三年,同是华罗庚先生的学生,他研究数论,我学习代数,彼此来往颇多,以后我们也几乎没有断过联系. 在他成名前后,我们始终都以同学相待,亲如兄弟. 可以说,我对他是非常熟悉的,也非常敬佩他. 现在,陈景润的名字大家都知道,但关于他的故事却有许多不同传说. 我想以我对他的了解,告诉大家一位真实的陈景润. 作为他的同学,这是不可推卸的责任.

10.1　生活上非常俭朴

大学三年里,陈景润把所有心思都用在学习上,生活上非常俭朴. 在我的印象中,他始终穿着一件黑色学生装,戴顶黑色学生帽,穿一双黑色万里鞋. 直到他成名后回厦门大学,也是穿着一件蓝色咔叽布列宁装和一双布鞋. 当时读大学没有助学金,他家里生活贫苦,大概每月伙食费只用了 3～4 元左右. 学校每周放一次

电影,每场 5 分钱,他从没去看过.在校三年,他连鼓浪屿都没有去.20 世纪 80 年代以后,他的生活明显好起来,但生活上仍然保持着俭朴的作风,学习用的一台小型收录机还是向数学所借的.生活上的清贫,并不是他真的穷到没有这样的经济能力.20 世纪 80 年代他到美国、英国讲学,对方给了一笔酬劳,他只花了一小部分必需的开支,其余的回国后全部交给国家.是他不想改善自己的生活吗? 不是的,他只是不愿意在生活上多花时间和精力.有的人对此不能理解,传出他是个傻瓜,完全没有生活情趣.事实上,在他的心目中,只有数学的研究才能使他完全投入,生活上尽可以简单些.应该说,他是我们生活中形形色色人中的一部分,他们对科学的研究到了忘我的地步.而这部分人,是最有成功的希望,也是最值得尊敬的.每个人成功路上有各种阻碍,其中也包含抵御生活享乐的诱惑.陈景润能取得如此巨大的成就,正说明这一点.

10.2　学习上极端刻苦

在大学时,陈景润就得到一个美名"爱因斯坦",这是同学们对他那孜孜以求的学习态度给予的评价.他身体不好,几次住院,但只要身体稍有好转,便可看到他又在看书学习了.他时刻想着书中的问题,有时到了惊人的地步.有一次,从食堂回来,天下着雨,同学们都飞跑起来,而他仍独自慢步走着,我问他下雨不怕淋着吗? 他说他完全没有感觉天在下雨,因为他脑海里已沉浸到书中去了.那时宿舍并没有实行按时熄灯制度,但他晚上看书,怕影响别人,常把头埋进被窝,打着手电筒看书.他几乎无法停止对学业的思考,常常捧着书陷入沉思.有时外出,怕带书本不方便,便把书本一页一页撕下来,带上几页,有空就读.他的这个好读书的习惯,直到逝世前不久仍保持着.上大学时,学习用品缺乏,纸张都不容易得到,但对老师布置以外的习题,他都认真地去做,那些几百道的微积分题目,他全部做了下来.为了节省纸张,他仅写了简单的答案,而在粗糙的纸上做运算.在科学院的研究工作中,他的运算草稿纸可以装几麻袋,对他来说,这并不奇怪.完全可以这样说,陈景润的伟大成就,是在他极为刻苦,勤奋学习、研究的基础上得来的.这一点,常人也许不容易做到,但要达到常人所难于达到的顶峰,就要付出超常的毅力.伟大的贡献都是从勤奋中得来的,陈景润为了哥德巴赫猜想奉献出毕生的精力,他一不为名,二不为利,完全是一种对真理追求的信念在支撑着他、激励着他.我想,这也许是今天学习陈景润的意义所在.

10.3　奉公守法

我们 20 世纪五六十年代毕业的学生,大部分在对待公与私方面,有着一种很强的自律感.奉公守法已成为我们生活中的信条.这一点,陈景润也不例外.如果说默默无闻时,还难以多吃多占,那么当陈景润名声远播,已是中科院学部委员、著名教授时,我们依然可以看到他的这一品行.1981 年,厦大 60 周年校庆,校方邀请他和新婚不久的夫人一起来厦.我到火车站接他时,发现只是他一人下车.他对我说,我是作为校友受邀请回母校,而她(指陈夫人)又不是校友,来了影响不好.更令人敬佩的是,事先安排他坐软卧,而他坚持坐硬卧.当时北京到厦门的火车要花 50 多个小时,坐软

卧对他来讲既不违规又舒适,但他还是选择了硬卧,而且返程也是坐硬卧.他只是觉得不能让国家多花一分钱.

前面提到 20 世纪 80 年代他曾到美国、英国讲学后,把省下的酬劳全部交给国家,也是一件很生动的例子.在美国,他仅买了一件"贵重"物品,一只欧米茄手表.但下了火车不久,他便向我借手表,我真是大惑不解,因为不久前我们在京见面时,他还告诉我在美国买表的事.后来,我才知道,原来他临走前,考虑到厦门是个经济特区,带个这么好的手表,回来后别人会不会认为他买个偷漏税的好货,影响不好.当我把自己的旧上海表给他戴上时,他连声说,"这个好!这个好!"

陈景润出名后,特别是从美国回来后,他家里的亲戚都以为他肯定很有钱,而老家房子破旧,需要维修,他姐姐写信要他支持一下.而实际上陈景润并不富裕,他用自己的积蓄和一些稿费,凑了 2 000 元汇回家.成名后的陈景润,依然是那样俭朴、那样刻苦,但他却十分满足了.他并没有把自己的声望作为捞取名利的资本,他的所得是很微不足道的,但他却在世界科学的最前沿,为中国人赢得了一席之地,得到一枚含金量最高的金牌.那些大慷国家之慨的腐败分子,或动辄挥金如土的"富豪"们,在陈景润面前,实在应该感到汗颜.

10.4　平易近人

陈景润的名字不胫而走,广为宣扬时,他依然是过去的他.学生时代,他钻研自己的学业,自然没有陷入人际关系的是是非非之中.但他待人却是真诚的,尤其是做人的准则,他是一点也不含糊.他尊师长,爱家人,

651

亲朋友,始终如一.只要他有新的论文发表,总要寄给过去的老师、同学阅读.方德植、李文清先生至今仍保留着陈景润给他们写的信,信中那毕恭毕敬的行文和字迹,令人感动.他回厦大时,利用会议间隙做的第一件事就是到老校长王亚南家去看望王师母,去看望过去的老师.他也到我家来看望我夫人和孩子,送上他们结婚照片,并为孩子们题字.那段时间我常到北京,每次都能在数学所的图书阅览室见到他,有次到他新婚家里去,他爱人因工作关系,晚上要很迟回家,他还亲自下厨做菜,几盘炒菜特别是西红柿炒蛋还做得蛮不错.他和夫人的感情很好,对孩子疼爱有加,是个幸福美满的家庭.给我印象很深的是他夫人对他的照料,细致入微.陈景润对自己身体并不太注意,每次要出门,起步便走,他夫人马上就会递上帽子,要他戴上.好几次都是这样,夫人一看他要外出,手中马上就会拿出帽子.陈景润把帽子戴在头上,笑在脸上,心里肯定是热乎乎的.看着他们这样一个普通而温馨的家庭,谁能说陈景润不懂得生活.陈景润其实与我们身边的普通人一样,他是我们生活中一位知书达礼的人,是一位可亲可敬的丈夫、父亲、同学、朋友……

陈景润离开我们了,这使我失去一位老同学、好同学,内心的悲痛是不言而喻的.现在,可能更多的人在思索着这样一个问题,究竟陈景润值不值得学习.为了征服一个世界数学难题,他毕其一生之功,得到的又是那么少,值得吗?有现实意义吗?自己能做得到吗?这些问题,读者可以自己去寻找答案,我的这些文字,是想让大家了解一个真实的陈景润.我想,像他这样的人,世界上应该是越多越好.终究要成就一番事业,靠

投机取巧非长久之计,倒是只有孜孜不倦、刻意追求的
人,才有希望到达光辉的顶点. 在这方面,陈景润给了
我们一个很好的榜样,也是值得我们学习的.

1997 年 1 月 14 日于厦大海滨

§11　陈景润精神魅力永存①

——温红彦

哥德巴赫猜想——"1＋1",这道世界各国科学家
为之前赴后继奋斗了 250 多年的古典数学难题,曾被
一位中国人在 20 世纪 60 年代中叶证明到最接近
"1＋1"的地步——"1＋2". 他的成功为中华民族在国
际数学领域争得了一席光荣之地,他攀登科学高峰的
勇气更成为改革开放初期鼓舞人们迈步新长征的精神
动力,他,就是大家熟知的著名数学家陈景润.

昨天(19 日),他去了. 带着对"1＋2"的满意微笑
和对"1＋1"的无限向往. 由于受帕金森综合征的长期
折磨,近日又因肺炎病情加重,他离开了我们,离开了
那个让他眷恋的数学王国.

全世界公认,陈景润的"1＋2"是数论领域中"筛法
理论的光辉顶点",被国际数学界称为"陈氏定理". 前
天深夜,著名数学家杨乐、王元等看望了弥留之际的陈
景润,今天,杨乐怀着沉痛的心情对记者说:"陈景润是
数学界一位非常重要的学者,他对数学的热爱如醉如

---

① 原载于《人民日报》,1996 年 3 月 21 日.

653

痴,选择了哥德巴赫猜想这条极为艰辛的研究道路,他证明出的'1+2',是我国数学界近几十年来取得的一项重要成果."中科院数学所所长龙瑞麟说:"陈景润的去世,是我国数学界的重大损失,他超人的刻苦和勤奋、执着的治学精神,将继续鼓舞我们和有志于献身科学的年轻人."

20多年来,陈景润一直是热爱科学的年轻人的精神偶像.中科院数学所代数数论室的田卫东博士说:"我是上中学时读了陈先生的事迹才走上这条道路的."顺义出租汽车公司41岁的司机付铁玉告诉记者,在他上初中时就听过陈景润做的报告.他说:"至今还记着这样一句话,'学习一定要刻苦,要忘我',我常用这句话教育我的孩子."

一天来,到陈景润的居所致哀的人络绎不绝.统战部、中组部的领导同志及中科院的科学家们对陈景润的去世表示沉痛哀悼.胡锦涛同志办公室打来电话,希望家属节哀.北大附中初二年级的陆望老师,带着学生们来到陈景润家,信宇轩同学对记者说:"老师常讲,真实的知识是最宝贵的,我们要发扬陈景润的拼搏精神,将来为国家做出贡献."

从事科学研究是陈景润的全部生活和精神寄托.在陈景润寓所简朴的灵堂前,他的妻子由昆告诉记者,春节前后,他常给看望他的同行、领导唱《小草》这支歌,他说自己要像小草一样奉献给春天.她说:"经北京医院建议,全家商量,就让他实现最后的愿望——遗体解剖,为科学事业做最后一次奉献吧!"

安息吧!陈景润,您的精神魅力永存!

654

§12　陈景润精神魅力永存(续)[①]

—— 温红彦

下雪了.春分已过,本不该下雪的.

雪如杨花,纷飘于春天的早晨;又如挽幛,静落在大地的怀抱.

几天来,陈景润去世的消息通过电波、报纸,传遍了全国.人们为失去这位在数学上卓有成就的学者而哀痛,为失去这位以勤奋著称,影响了整整一代人的楷模而惋惜.

多数人了解陈景润,是从读了作家徐迟的《哥德巴赫猜想》开始的.22 日晚上,记者见到了刚刚出院在亲友家养病的徐迟.徐老八十有二,额顶皆白,他伸出颤抖的手,把写就的《悼念陈景润》一文递给记者.文章是这样写的:

"著名数学家陈景润先生去世,这是我国数学界的一个巨大损失.人们为他致哀,我也默默地悼念他.18 年前我写他的一篇文章《哥德巴赫猜想》在《人民文学》1978 年元月号上发表.紧接着上海《文汇报》和党中央的《人民日报》转载了……他的事迹就为广大读者所知.此后我和他再没有往来了,但我知道他很好,很忙……我不敢干扰他,没有想到突然的消息传来,他已去世.我深深地悼念他,祝他的灵魂平安!"

———————————

① 原载于《人民日报》,1996 年 3 月 24 日.

　　徐迟的哀痛是深沉而凝重的.他谈起当年采访陈景润时的情景,仿佛就在昨天.

　　这几天,到陈景润居所悼念的人像流水一样源源不断,鲜花已摆满灵堂,花丛中露出陈景润微微含笑的彩照.从福州赶来的陈景润的小妹陈景馨告诉记者,她这哥哥从小就爱读书,兄妹六人,只他最瘦弱也最用功.陈景馨说:"他在堂兄弟中排行第九,邻家的孩子都亲切地叫他'九哥'.因为不论问什么数学题,九哥都会,而且肯帮助每一个人.当年的孩子如今都老了,知道九哥去世,他们都哭了,我来时他们念起九哥的好处,让我在九哥的灵堂前一定谢谢他小时候对他们的帮助."

　　陈景润的儿子陈由伟今年 15 岁,既聪明又懂事,静静地守在爸爸的遗像前.他告诉记者,有一次,爸爸让他算一道技巧题,从 1 加到 9 等于多少,他想了很久也不会.后来爸爸耐心地告诉他,用两头相加的办法算就很简单,等于 45,并批评他不用功.陈由伟说:"我现在知道用功了,爸爸却离我们而去.我希望明年扫墓的时候,能以最好的成绩去见爸爸."他还告诉记者,妈妈由昆最辛苦,以后要帮妈妈做更多的事情.

　　当今水平的医学穷尽其能,也未挽留住这位数学家的生命.中科院系统研究所研究员林群最了解陈景润,他们同是福州人,又同在厦门大学读书,毕业后又先后来到中科院数学所工作.林群回忆说,当时他们同住一个单身宿舍,他每天夜间起床小解时,都会看到陈景润坐在门厅的地上,上身靠墙,在那里算着.如果哪天夜里看不到,一定是他住进了医院."他吃的药可以用公斤计算,以至于到最后,任何药物对他都不起作用了."中国科学报的《院士心迹》专栏介绍的第一个院士

就是林群. 在"你最敬佩的人是谁?"一栏中,林群说他当时毫不犹豫地写上了"陈景润","因为在我接触的人中,还没有看到一个比他更有毅力."

陈景润生前常说的一句话是:"时间是个常数,花掉一天等于浪费 24 小时." 他就是在对每个人都相同的时间常数下,做出了超出别人几倍的成就. 用作家徐迟的话说,他对哥德巴赫猜想的研究是"空谷幽兰""高寒杜鹃""冰山上的雪莲""抽象思维的牡丹".

数学家王元和潘承洞最了解他的研究成果. 潘承洞教授肯定地告诉记者:"30 年来全世界数论专家没有一位超过他,因为他把毕生经历都用在数学研究上了." 陈景润一生发表学术论文 50 多篇,著述四本,在近代解析数论的许多重要问题上都取得了重要成果.

"他思考问题比我们都深刻,当年华罗庚教授就是看中这一点,才把他从厦门大学调到数学所的",王元教授说,"搞科学的人都比较刻苦,但他的刻苦程度不是常人能比的,他能证出'1+2'在于有一步关键性的证明,这一步全世界研究数论的人都没有想到. 他的这一步是美妙的一步,天才的一步,也是艰难至极的一步!"是啊,数学本身是理性思维和逻辑思维的精髓,它使得自然科学其他领域的巨大进步成为可能. 数学家的研究本来就是在挑战人类智力的极限,而中国的数学家们愿意这样说:陈景润是在挑战解析数论领域 250 年智力极限的总和! 尽管这说法在数学概念上是蹩脚的.

21 日午后去中关村采访,天公也在簌簌地落泪,落的是丝丝细雨. 在换车去北京大学时,路过一位卖花女子的身旁,被花篮里一捧独具哀婉情调的淡紫色碎菊吸引住了."买花吧",我说买过了,刚从一位死者家中出来，又情不自禁地问她："你知道陈景润吗？""知道的，上小学时老师讲过，他是数学家."她还告诉我她是安徽巢湖人，叫曹云霞，31 岁. 是啊，从追随他继续数论研究的博士，到一个乡下的卖花女子，谁不知道"陈景润"的名字呢？

在北京大学，采访了 94 级数学系的几位学生. 来自湖南的罗武安同学曾获 1994 年全国奥林匹克化学竞赛二等奖，他说："我们即使学数学，也不可能对陈景润的数论研究都了解，但我们理解他奋发向上的精神，佩服他勇摘数学皇冠明珠的毅力. 他为中国人争了光，我们学数学的人感激他."

作家徐迟对科学家的艰辛有更多的体会. 他说："理解一个人是很难的，理解一个数学家更不容易."中国社会科学院政治学所副编审王焱也深有同感，王焱说："徐迟的报告文学塑造了一个科学家的形象，具有鲜明的时代特征，这使得科学家第一次在人民大众中获得广泛的认同和理解."他举了一个典故，说明有成就的科学家都有一种脱俗的境界：古希腊一位天文学家仰头看天，不小心掉在坑里，他的婢女讥笑道：地都没看好，还想看天？黑格尔对这一典故有个很好的诠释：虽然婢女不会掉在坑里，但也永远不会发现宇宙的奥秘，王焱说："没有忘我的境界，就没有科学，也就没有陈景润的'1＋2'."

中国社会科学院社会学所陆建华博士是这样认为的："陈景润的成就和人生道路警醒人们，现在的社会应该是一个承认专业成就的社会，陈景润就是在常人认为枯燥的数学领域，在自己对专业规范的理解、掌握和应用的基础上进行了创新，而没有妄想，没有仅凭热情."他认为，强调专业成就至上是一股不可抗拒的时

代潮流,它需要人们不论干什么,都得有一定的专业技巧和能力.经理必须懂企业管理,工人要掌握操作技能,这是现代人的必备素质.

是的,在实施"科教兴国"的今天,提高全民族的科学文化素质要靠每一个人的自身努力.陆博士说:"从陈景润身上我们看到,不但要有拼搏精神,还要培养自己的专业成就意识——追求合理,追求理性,追求高效率,这正是培养跨世纪人才的一个重要因素."

几天的采访收获颇丰,让人再一次认识了陈景润,感受到他那永恒的精神魅力.

§13　关于哥德巴赫猜想的报道
——是正确认识哥德巴赫猜想的时候了[①]

——温红彦

说起哥德巴赫猜想,恐怕中国有相当一部分人熟悉这个词,并会把它同数学家陈景润、同"1+1"、同"皇冠上的明珠"联系起来.

自从 1977 年报告文学《哥德巴赫猜想》问世后,神州大地不知有多少人向往着摘取那颗灿烂的"明珠".十几年来,全国各地自称证明出哥德巴赫猜想的人数以千计,关于这种报道也时常见诸市井小报,甚至一些大报名刊,但最后证实这些全是谬误.十几年来,光是中国科学院数学所就收到约 100 麻袋这样的论文,但

[①]　原载于《人民日报》,1992 年 2 月 17 日.

没有一篇论文正确.这种怪现象最近又有抬头之势.

是正确认识哥德巴赫猜想的时候了.日前,中科院数学所特意邀请了北京十几家新闻单位,就此问题举行了记者招待会.由数学所所长杨乐主持,王元、潘承彪等 7 位数学家参加.会上,著名数论专家王元教授介绍了什么是哥德巴赫猜想,为什么要研究它,研究的难度有多大,其他专家也都谈了自己的看法,以求同新闻界、同热衷于"猜想"的人们达成共识.

哥德巴赫猜想是数学中的一个古典难题,它可以表述为:凡大于或等于 4 之偶数必为两个素数之和（"1＋1"是它的简单表述,即一个素数加一个素数）.1742 年,德国数学家哥德巴赫发现这个现象后,由于无法用严格的数学方法证明命题的正确性,故只能称之为猜想.他写信给当时瑞士大数学家欧拉,请他证明.欧拉一直到离开人世也没证出来,但他相信这个猜想是对的.从此,中外数学家们高擎火炬、辈辈相承地研究这个难题.

20 世纪以来,研究有了突破性进展:1920 年,挪威数学家布朗证明出"9＋9";1956 年,苏联数学家维诺格拉多夫证明了"3＋3";1957 年,我国数学家王元证明出"2＋3";1962 年,我国数学家潘承洞证明了"1＋4".到 1966 年,我国数学家陈景润证明的"1＋2"在世界数学界引起轰动."陈氏定理"的内容是:充分大的偶数可表示为一个素数及一个不超过两个素数的乘积之和.这就是至今有关"猜想"证明的最好结果.

哥德巴赫猜想不是一个孤立的数学问题.当年华罗庚教授倡导并组织研究这个难题,是有深邃的战略眼光的,因为它是带动解析数论,最终带动数学向前发展的重要推动力.如果孤立地看待哥德巴赫猜想,或把

它当作一个数学游戏,可以随便猜一猜,那就偏了.

目前看来,"1＋1"这颗灿烂的"明珠"并非距我们"一步之遥",而仍在遥远的"天边",在用今天最先进的"宇航工具"都不易到达的地方.当代中外研究数论的专家终不能使"猜想"变为"定理",实在不是由于他们不思努力、不想摘那"皇冠上的明珠".数学理论有一个由粗到精的逻辑严密化过程,要靠长期的积累,有时会长达数十年,几百年,甚至上千年.曾与其兄潘承洞在数论方面一起做出重大贡献的数学家、北大教授潘承彪感慨地说,搞数论研究的人谁不想摘取那颗"明珠"啊,但那只是一种理想,按目前国际数学界的理论发展水平,看来在相当时期内是难以达到的.王元教授编辑了《哥德巴赫猜想》一书,汇集了世界上最优秀的论文20篇.他在该书前言中写道:"可以确信,在哥德巴赫猜想的研究中,有待于将来出现一个全新的数学观念."

这,已成为中国数学界同仁的共识.

这次记者招待会的举行,于科学家、于新闻界、于迷恋"猜想"的人们都是有益的.如果科学家们继续保持沉默,无异于让那些毫无学术价值的论证继续干扰科学家的研究,损坏新闻界的声誉,使更多的人走入歧途.

说那些论证毫无学术价值是有充分根据的.杨乐教授解释说:"我们看过的宣称已证明出这一难题的全部来稿,没有一处可取.从严格意义上说,不少作者连中学数学都没学好.中学数学是2 000多年前的成果,微积分的出现也离我们300多年了.200多年来,尤其是近几十年,数学各分支有了极大的发展,取得了极其丰富的成果.在这些成果和方法的基础上,大批中外数学家成年累月地努力尚未解决的难题,如果可以靠加加减减和微积分去解决,那么近几百年的数学发展不是等于零吗? 大批数学家的努力不是等于零吗?! 这些人的做法好比手持弓箭参与海湾战争、手持斧锯去造航天飞机."

科学家们还讲到一些令人哭笑不得的事. 不久前,一位外地老同志退休后来到北京,跟潘承彪教授说他要搞哥德巴赫猜想. 潘承彪劝他最好还是做点别的事,他却说"别的事不太好做". 青年数学家贾朝华说,许多人拿了论文来让他提意见找找错,一看文章,找错几乎变成了"找对",有的竟连一处对的地方都找不到.

杨乐教授最后说:"我可以很负责任地告诉大家,这样的作者无论花多少时间,也绝对搞不出哥德巴赫猜想. 如果有谁真的热爱这一'猜想',首先要学好高等数学,认真钻研数论,掌握这个问题的重要文献,否则,就不要在这方面浪费自己的宝贵时间和有限的精力了."

这,也是目前中国数学界同仁的共识.

但愿它还能成为真正热爱数学的朋友们的共识.

§14　话说哥德巴赫猜想[①]

——刘志达　吴雅丽

最近,我们陆续从读者来信和一些材料中看到,有

---

① 原载于《光明日报》,1992 年 2 月 14 日.

人宣称自己"已经得到了世界著名数学难题——哥德巴赫猜想的完整证明".我们怀着半信半疑的态度把有关材料寄给了著名数学家、学部委员王元教授,想征求一下他的意见.王教授很快回了电话:"这种类似的论文和信件我们已收到不下几十麻袋,都是错的,不知浪费了多少人的宝贵时间.我的意见早说过了,这种问题不是可以随便搞的."

我们当即决定去数学所就此事进行采访.没想到,很多家新闻单位的记者也闻风而至,我们的采访便变成了一个记者招待会.杨乐、王元、潘承彪等许多著名数学家接待了我们.

王元首先介绍了什么是哥德巴赫猜想:一个大于或等于 4 的偶数,它就可以写成两个素数之和.1742 年,德国数学家哥德巴赫对许多偶数进行了检验,都说明这是确实的,但因为尚未经过证明,只能称之为猜想.哥德巴赫猜想的简单表述即"1+1".我国数学家陈景润经过不懈努力,于 1966 年证明出"充分大的偶数都是一个素数加上一个不超过两个素数的乘积",即所谓的"1+2"."充分大"到底有多大? 用现在的方法是算不出来的,只知有那么个数存在就是了.

王元教授接着说,我们为什么要研究哥德巴赫猜想? 因为它可以带动数学发展.华罗庚教授在 20 世纪 50 年代提出这个选题时认为,通过对"猜想"的研究,可以推动解析数论的发展.事实上,解析数论中的两个重要方法——筛法和圆法,就是在哥德巴赫猜想的研究中发展和完善起来的.当时,国外只证明到"4+4",距离"1+1"还有很大距离,我们可以做出成绩.我国也确实因此造就了一批数学家,其中包括 3 名学部委员:王元、陈景润、潘承洞.今天,再研究这个问题,难度就大多了.在国外也有个别人还在研究这个猜想,但不像我国有如此多的人热衷于此,而这些热心者大多数没有多少数学基础,这是个怪现象.

曾经与其兄潘承洞一起在解析数论研究方面取得过重要成果的数学家潘承彪说,自从1977年徐迟关于陈景润的报告文学发表后,不知有多少人迷上了哥德巴赫猜想.这类稿子我看过很多,有时是当作政治任务来看的,但那些方法都是错的.不久前有位地方官员退休下来,也研究起哥德巴赫猜想,他拿了"论文"来让我看,我马上指出他的错处,并问他为什么搞这个难题,他说别的不好搞.我给了他一本王元先生编的介绍"猜想"的书,让他先去看看.结果他回去不久又给我寄来第二篇"论文",说这回改对了,弄得我哭笑不得.数学是一门严肃的科学,是循序渐进的,你不知道前面的东西,就不可能证明后面的东西.

数学学报常务主编龙瑞麟研究员感慨更多,他说,徐迟的文章出来后,我们每年收到大量关于哥德巴赫猜想的稿件,简直是"群众运动",根本看不过来,因此,我们学报有个不成文的规定,一般不处理这方面的稿件.有些人声称他的方法可以引起数学界革命,而且和相当一级的领导打了招呼,让我们看,结果没一篇对的.

中科院数学所所长、学部委员杨乐说,北京一共有5位解析数论专家,今天到了王元、潘承彪和我们所副研究员贾朝华3位,陈景润和另一位专家身体不好没有来.我们为什么这么重视这件事呢?因为就我们看到的这些稿件,我可以斩钉截铁地告诉大家:这样的作者绝对搞不出哥德巴赫猜想,因为他们的工具不行.如果一个人拿着锯子、刨子就想造出航天飞机,这能让人

相信吗？所以有人拿着一摞稿子非让我看不可，我只用了一分钟，就告诉他，你是错的．他不高兴，以为我不负责任．其实我就是看了他用的什么工具，他只是用了加加减减、微积分，就等于用的是锯子、刨子．也许有人说自己的能力比陈景润强，这也不是不可能．但是在现代数学研究中，即使很普通的成果，也需要长期的努力学习，打下良好的基础，同时需要对所研究的领域和课题已有的成果、方法和最新文献有较好的掌握，还要在所研究的课题上下一番苦功夫．哥德巴赫问题，稍做解释任何人都能懂，但要在数学上予以证明，是极端困难的．中外数学家历时 200 多年尚未最终解决，现在业余爱好者纷纷上阵，好比说踢足球，国家队输了，成千上万的球迷痛心疾首，但还没一个人能说，你下来，我上去给你踢两脚．更何况数学训练比足球训练需要更长的时间和更多的非先天性因素．

话说到这里已经很明白了．我们问杨所长，陈景润对哥德巴赫猜想的研究是不是有什么新进展．他告诉我们，陈景润是一个优秀科学家，他搞的数论研究十分艰深，他得出的"1＋2"成果非常辉煌．目前他患了帕金森综合征，很不好治．如果他有精力，他还会从事数论研究的．

31 岁的青年数学家贾朝华说，我也看过很多这类的稿子，有的命题都没搞清，牛头不对马嘴，有的甚至全文都挑不出对的地方．

杨乐说，这么说吧，谁能跑百米破 10 秒纪录，国家体委心里是有数的，那么数论方面谁可能取得突破性进展，我们数学界心中也是有数的，不会埋没人才．何况我们国家现在是开放的，如果有谁说埋没了自己，他可以把论文寄给国外数学杂志．

据我们所知,以上意见,不仅仅是这几位数学家的看法,而是数学界大多数人的看法.著名数学家陈景润在 1988 年出版的《初等数论》的前言中也说过这样的话:"一些同志企图用初等数论的方法来解决哥德巴赫猜想及费马大定理等难题,我认为在目前几十年内是不可能的,所以希望青年同志们不要误入歧途,浪费自己的宝贵时间和精力."

§15　著名数学家呼吁——业余数学爱好者不要去钻哥德巴赫猜想等问题①

——满桂芳

日前,著名数学家王元、杨乐、潘承彪等发出呼吁:"请业余数学爱好者们不要在解诸如哥德巴赫猜想等数学难题上下功夫,这会白白浪费他们宝贵的时间和精力."

自从 20 世纪 70 年代关于哥德巴赫猜想的报告文学发表后,引起了社会上许多人对这一问题的兴趣,他们之中的一些人不惜耗费大量的时间去钻研这些问题,仅中国科学院数学所这些年来接到有关宣称解开此类难题的稿件、论文就有近万件.

杨乐、王元等充分肯定了这些同志希望为国争光的精神,但是他们认为,要从数学上证明哥德巴赫猜想是极端困难的.这是一个古典难题,中外数学家经过两百

---

① 　原载于《北京日报》,1992 年 2 月 17 日.

多年的努力,尚未最终解决,现在的业余爱好者大多数想靠中学代数或者微积分来证明,这是绝对不可能的.

中学代数和微积分都是几百年前的东西,而近两百年,尤其是近几十年,数学发展迅速,有了二十多个二级学科.每个二级学科又形成了极其丰富的内容、成果、方法,运用这些最新的成果和方法,大批中外数学家成年累月地努力尚未解决哥德巴赫问题,试想,用三四百年前的工具,解决已发展到现在、有那么多工具还没解决的问题是可能的吗? 这就像用锯、刨子等工具去造火箭一样,根本是不可能的.科学不能存有任何侥幸心理,这些著名数学家不希望那些同志在这个问题上浪费宝贵的时光.

当然,如果有人,特别是青年人立志从事数学研究,他们是非常欢迎的.他们告诫青年人,在现代数学研究上即使是做出很普通的成果,也需要经过长期的努力学习,打下良好的专业基础,对所研究的领域和课题已有的成果、方法和最新文献有较好的掌握,在所研究的课题上下一番苦功夫,除此之外,是没有别的途径的.

§16　证明"1+1"还需新手段,
业余爱好者切莫入歧途[①]

——荣跃

在徐迟那篇著名的报告文学《哥德巴赫猜想》问世

[①]　原载于《中国青年报》,1992 年 2 月 17 日.

Goldbach 猜想(下)

14 年后,热心的读者们终于被浇上了一盆冷水."陈景润从未去证明'1＋1',甚至都没想过自己能证明'1＋1'."刚卸任的中国数学会理事长、著名数论专家王元教授 2 月 13 日向新闻界宣布:"目前,中国数论界没有一个人企图证明哥德巴赫猜想."

自从德国数学家哥德巴赫提出"一个大于或等于 4 的偶数,可以写成两个素数之和"这一猜想(简单表述即"1＋1")后,国内外大批数学家经过 250 年的研究,终于确认,运用现有数学方法很难摘下这颗"数学皇冠上的明珠",需要寻找新的、更先进的手段.

然而,近些年在中国却有成百上千名业余爱好者自称证明了"猜想".几十麻袋的"猜想"论文寄到中科院数学所、数学学报编辑部."而且不少人纠缠得非常厉害."数学所所长杨乐教授迫不得已召开这次新闻发布会来排除干扰.

"这些业余爱好者的来信来访,不仅影响了研究人员的正常工作,也严重损害了科学的声誉."31 岁的数学所副研究员贾朝华颇有些感慨,"严格地说,他们大多数连中学数学都未学好,证明中大部分错误不超出中学常识范围."

有人说:"我们那么多人,万一证出来,怎么办?"杨乐斩钉截铁地回答:"不论这些爱好者有多少人,花多少时间,都证明不了哥德巴赫猜想,因为他们用的工具不行.如果有人要蹬着自行车上月球,谁也不会相信.所以,有人拿来一摞论文,我只看了一分钟就说,你是错的.他以为我不负责任.其实我就是看看他用的什么工具.他用的只是初等代数、几何、微积分,这就等于用的是自行车,想登月球是不可能的."

668

杨乐指出:"数学家出成果的最佳年龄是三十几岁,攻克数学难题需要优秀的青年数学家."他谆谆告诫有志攻数学难题的青少年,选择正确的成才之路,至少具备三条:(1)大学数学系的严格训练;(2)掌握所研究领域的重要成果、方法、文献;(3)在所研究课题上下一番苦功夫.他说:"遗憾的是,这一大批爱好者几乎毫不例外地连条件(1)都不具备,怎么会取得成功呢? 国内足球爱好者不下几千万,为什么没有一个宣称他踢得比马拉多纳还要好? 这是最浅显的道理,何况数学训练比足球训练还需要更长的时间."

杨乐代表中科院数学所宣布,今后,对这类命题的论文原则上不予受理,同时希望领导机关、新闻单位不要再转来此类信件.杨乐表示,他们绝无压制人才之意.他补充说:"国外有两百多家数学杂志,如果有人不相信,可以把论文寄去."

§17 数学家尚且无奈,业余者岂能称雄 [①]

——李大庆

对相当多的中国人来说,哥德巴赫猜想一词并不陌生.20 年前,著名作家徐迟在《人民文学》1978 年第一期上,发表了报告文学《哥德巴赫猜想》.随后,《人民日报》《光明日报》《解放军报》等都予以转载.紧接着,全国许多家报纸和电台都转载和连播了这篇报告文

---

① 原载于《科技日报》,1998 年 2 月 13 日.

学,大中学教科书也纷纷收入此文.一时哥德巴赫猜想一词弥漫于千家万户,那个文弱书生陈景润成了家喻户晓的"明星".

如今 20 年过去了,那个报告文学《哥德巴赫猜想》中的人物陈景润已于 1996 年 3 月 19 日撇下他钟爱的数学,撇下他的妻儿,骑鹤而去;《哥德巴赫猜想》一文的作者徐迟也撂下他那支"划过了几十年逝波"的笔,追随陈景润撒手人寰.

17.1 研究仍无进展

20 年前,徐迟的报告文学使不少中国人都知晓了陈景润是全世界离那颗数学皇冠上的明珠最近的一个人.以当时人们的感觉,这颗明珠仿佛已是陈景润的囊中之物,摘取它指日可待.然而 20 年过去了,中科院院士、数学所研究员王元在接受记者采访时说,到目前为止,哥德巴赫猜想没有什么新进展,还停留在陈景润的那个"1+2"的水平上.

哥德巴赫猜想是一个很神奇的数学问题,只要具备小学三年级的水平就能理解它.18 世纪上半叶,德国数学家哥德巴赫发现每个不小于 6 的偶数都是两个素数之和.200 多年来,就是这道连小学生都能理解的题却难倒了无数的数学家.

20 世纪 20 年代,挪威数学家布朗用一种古老的数学方法"筛法"证明了每一个大偶数可分解为一个不超过 9 个素数之积与一个不超过 9 个素数之积的和(简称"9+9").从此,各国数学家纷纷采用筛法去研究哥德巴赫猜想.1924 年德国数学家拉德马切尔证明了"7+7";1932 年英国数学家埃斯特曼证明了"6+6";

1938 年苏联数学家布赫夕塔布证明了"5＋5"，1940年他又证明了"4＋4"；1956 年苏联数学家维诺格拉多夫证明了"3＋3"；1958 年我国数学家王元证明了"2＋3"；1962 年我国数学家潘承洞证明了"1＋5"；同年，王元、潘承洞又证明了"1＋4"；1965 年布赫夕塔布、维诺格拉多夫和意大利数学家朋比尼都证明了"1＋3"；1966 年 5 月，我国数学家陈景润证明了"1＋2"．在外行人看来，"1＋2"与"1＋1"仿佛只有一步之遥．但王元说，"1＋2"与"1＋1"的距离其实很远很远．陈景润是吸收了全世界关于哥德巴赫猜想 60 年的成果，再加上陈景润的天才创造才把哥德巴赫猜想推进到"1＋2"的水平上．王元认为，使用目前的数学方法是不可能解决哥德巴赫猜想的．以他个人的看法，估计几十年内哥德巴赫猜想不会有什么新进展．

17. 2　备受业余爱好者青睐

20 年前，徐迟以他的报告文学《哥德巴赫猜想》一文"为中国的知识分子平了反"（王元语），为科学正了名，向人们吹响了进军科学的号角．与此同时，也使哥德巴赫 200 多年前的猜想在中国不少数学爱好者的头脑中安家落户．

难以计数的中国人加入了证明这一猜想的行列．

王元先生说，《哥德巴赫猜想》发表后，他和陈景润不知到底收到了多少封讨论哥德巴赫猜想的来信，也不知有多少人宣称已经解决了这个问题．时至今日，中国科学院数学所几乎每天还能收到这样的来信．在数学所业务处，记者看到好几大纸箱的讨论猜想的来信，处长陆柱家研究员对记者说："这些来信大概除了我之外没有人去处理它.因为哥德巴赫猜想虽然很简单,但要证明它依然很复杂,非专业人员看不懂,专业人员又没有时间整天埋在这里处理这些来信."陆处长曾给不少人回过信,告诉他们正确的途径是先写出论文向学术刊物投稿,如果编辑部认为有价值会请专家审稿的,数学所的研究人员都有自己的研究工作,然而,不断有人寄信来要求鉴定,有人即使接到了陆处长的信依然不屈不挠地来信.

曾有一天,数学所来了一位30多岁的妇女,自述高中毕业.她还带着自己的孩子.她说自己证明了哥德巴赫猜想,希望数学所鉴定一下.陆处长说让她写成论文寄到杂志社去,但她不止一次地来请求.

王元先生说,有许多人来信与他讨论哥德巴赫猜想,有的人还往他家里打电话讨论,更有甚者,有人不知怎么知道了王元家的地址,上门非要与王元讨论哥德巴赫猜想,弄得王元哭笑不得.王元说:"那些研究哥德巴赫猜想的业余数学爱好者,往往是低层次的,没有受过严格的数学教育.像一般大学数学系的毕业生几乎都没有搞哥德巴赫猜想研究的,因为他们都知道它的难度."

业余数学爱好者究竟能不能证明这一猜想呢?徐迟在《哥德巴赫猜想》一文中描写陈景润第一次听到哥德巴赫猜想的情景时写道:"当老师介绍了这一猜想后,学生们吵吵嚷嚷地认为没什么了不起.第二天就有几个相当用功的学生给老师送来答案,宣称哥德巴赫猜想已经证明."老师说:"你们算了吧,白费这个劲儿干什么?你们这些卷子我是看也不会看的,用不着看的.那么容易吗?你们是想骑着自行车到月球上去."

数学所陆柱家处长解释说,如果一个人没有良好的高等数学基础,不了解一些非常现代的数学方法就想证明哥德巴赫猜想,就好比拿着改锥、锯、刨子造一架航天飞机,你说你造出来了,谁信呢? 假如能用初等数学的方法证明,那么也早就被人证明了.

北京师范大学数学系惠昌常教授对记者说,他曾经见过一些业余数学爱好者号称攻克哥德巴赫猜想的论证.他说那些论证往往是有问题的.数学方法讲究的是严格的逻辑论证和推导,而那些号称攻克哥德巴赫猜想的论证往往是想当然的推理:因为今天上午阴天,所以下午肯定要下雨.假如是这样论证的话,那么从数学上讲结论是不能被承认的.

数学所收到的关于哥德巴赫猜想的来信五花八门.湖北武汉市的一位数学爱好者给数学所寄来了一封信,他仅用了普通信纸的 14 行就"证明"了哥德巴赫猜想,而陈景润证明"1＋2"的论文还有 20 多页呢! 江苏南京的一位数学爱好者在给数学所的信中这样写道:"过去我根本不敢碰哥德巴赫猜想,这几年倒来了兴趣,无事可做,搞点有钻头的东西,锻炼脑子也是好的.现在我把我的研究结论寄来,目的当然不是祈望成'家',只请你们在备忘录上记一笔.将来有那么一天,出来一个'大权威',他得出的结论与我的相似,你们可以证明一下:这个结论他不是第一个."广东韶关的一位数学爱好者,在 1996 年底给数学所业务处的信中写到,他给某杂志寄的论文已 8 个月了,仍无结果,"为使审稿工作简单明了,作者愿出资委托贵处举办一个答辩会.答辩规模为:邀请 20 名专家,每一专家审稿费及出场费 200 元.租场地、印刷、劳务及一切会务费用均由作者承担."

许多业余数学爱好者都强调他们研究哥德巴赫猜想是为国争光,有人甚至说:"陈景润死了,我来接班."王元先生对这些人的评价是:与1958年"大跃进"时期的"人有多大胆地有多大产"有异曲同工之处.王元先生劝告那些正在从事哥德巴赫猜想研究的业余数学爱好者不要再白白耗费时间去做无谓的探索了.

迄今,哥德巴赫猜想依然是一个未解之谜,数学家们依然还看不到证明它的"光明"前途.不过在各国数学家们已走过的追逐哥德巴赫猜想的探险路上,中国数学家们做出过巨大贡献,并且保持着冠军头衔.1996年,德国数学家 Volke 教授曾到中科院数学所访问,他说:"中国数学家对哥德巴赫猜想的贡献那么大,如果哥德巴赫还活着,我猜想他一定会首先选择到中国来访问."他还赠送给数学所一件礼物:哥德巴赫与欧拉关于哥德巴赫猜想的通信的复印件,以表示他对中国数学家的敬意.

报告文学与新闻报道

第 12 章

§1 哥德巴赫猜想①

——徐迟

陈景润是福建人,生于 1933 年,当他降生到这个现实人间时,他的家庭和社会生活并没有对他呈现出玫瑰花朵一般的艳丽色彩.他父亲是邮政局职员,老是跑来跑去的.他母亲是一个善良的操劳过甚的妇女,一共生了 12 个孩子,只活了 6 个,其中陈景润排行老三,上有哥哥和姐姐,下有弟弟和妹妹.孩子生得多了,就不是双亲所疼爱的儿女了.他越来越成为父母的累赘——多

---

① 原载于《人民日报》,1978 年 2 月 17 日.

675

余的孩子，多余的人．从生下的那一天起，他就像一个
被宣布为不受欢迎的人似的，来到了这人世间．

他甚至没有享受过多少童年的快乐．母亲劳苦终
日，顾不上爱他．当他记事的时候，酷烈的战争爆发，日
本鬼子打进福建省．他还这么小，就提心吊胆过生活．
父亲到三明市，一个邮政分局当局长．小小邮局，设在
山区一座古寺庙里．这地方曾经是一个革命根据地，但
那时候，茂郁山林已成为悲惨世界．所有男子汉都被国
民党匪军疯狂屠杀，无一幸存者，连老年的男人也一个
都不剩了，剩下的只有妇女，她们的生活特别凄凉．逃
难进山来的人多起来，这里飞机不来轰炸，山区渐渐有
点儿兴旺．却又迁来了一个集中营，深夜里，常有鞭声
惨痛地回荡，不时还有杀害烈士的枪声．第二天，那些
戴着镣铐出来劳动的人，神色就更阴森了．

陈景润的幼小心灵受到了极大的创伤，他时常被
惊慌和迷惘所征服．在家里并没有得到乐趣，在小学里
他总是受人欺侮，习惯于挨打，从来不讨饶．这更使对
方狠狠揍他，而他则更坚韧而有耐力了．他过分敏感，
过早地感觉到了旧社会那些人吃人的现象．他被锻造
成了一个内向的人．他独独爱上了数学，演算数学习题
占去了他大部分的时间．

当他升入初中的时候，江苏学院从远方的沦陷区
搬迁到这个山区来了．教授和讲师也到本地初中里来
兼点课，这些老师很有学问．他喜欢两个外地的数理老
师．外地老师倒还喜欢他，人们对他歧视，拳打脚踢，只
能使他更加爱上数学．枯燥无味的代数方程却使他
充满了幸福，成为他唯一的乐趣．抗战胜利了，他们回
到福州，陈景润进了英华书院．那里有个数学老师，曾

经是清华大学的航空系主任.

老师知识非常渊博,又诲人不倦.他在数学课上,给同学们讲了许多有趣的数学知识.不爱数学的同学都能被他吸引住,爱数学的同学就更不用说了.

数学分两大部分:纯数学和应用数学.纯数学处理数的关系与空间形式.在处理数的关系这部分里,讨论整数性质的一个重要分支,名叫"数论".17世纪法国大数学家费马是西方数论的创始人.但是中国古代老早就已对数论做出了特殊贡献.《周髀》是最古老的古典数学著作.较早的还有一部《孙子算经》,其中有一条余数定理是中国首创的.据说大军事家韩信曾经用它来点兵.后来被传到了西方,名为孙子定理,是数论中的一条著名定理.直到明代以前,中国在数论方面是对人类有过较大的贡献的.13世纪下半叶更是中国古代数学的高潮了.南宋大数学家秦九韶著有《数书九章》.他的联立一次方程式的解法比意大利大数学家欧拉的解法早出了500多年.元代大数学家朱世杰,著有《四元玉鉴》,他的多元高次方程的解法,比法国大数学家毕朱也早出了400多年.明清以后,我们落后了,然而中国人对于数学好像是特具禀赋的,中国应当出大数学家,中国是数学的故乡.

有一次,老师给这些高中生讲了数论之中一道著名的难题.当初,他说,俄罗斯的彼得大帝建设彼得堡,聘请了一大批欧洲的大科学家,其中,有意大利大数学家欧拉;有德国的一位中学教师,名叫哥德巴赫,也是数学家.

1742年,哥德巴赫发现,每一个大偶数都可以写成两个素数之和.他对许多偶数进行了检验,都说明这是确实的．但是这需要给予证明，因为尚未经过证明，只能称之为猜想．他自己却不能够证明它，就写信请教那时赫赫有名的大数学家欧拉，请他来帮忙做出证明．一直到去世，欧拉也不能证明它．从此这成了一道难题，吸引了成千上万数学家的注意．200多年来，多少数学家试图给这个猜想做出证明，都没有成功．

说到这里，教室里成了开了锅的水．那些像初放的花朵一样的青年学生叽叽喳喳地议论起来了．

老师又说，自然科学的皇后是数学，数学的皇冠是数论，哥德巴赫猜想，则是皇冠上的明珠．

同学们都惊讶地瞪大了眼睛．

老师说，你们都知道偶数和奇数，也都知道素数和合数．我们小学三年级就教这些了．这不是最容易的吗？不，这道难题是最难的呢．这道题很难很难，要有谁能够做了出来，不得了，那可不得了呵！

青年人又吵起来了．这有什么不得了，我们来做，我们做得出来，他们夸下了海口．

老师也笑了．他说："真的，昨天晚上我还做了一个梦呢，我梦见你们中间有一位同学，他不得了，他证明了哥德巴赫猜想．"

高中生们轰的一声大笑了．

但是陈景润没有笑．他也被老师的话震动了，但是他不能笑．如果他笑了，还会有同学用白眼瞪他的．自从升入高中以后，他越发孤独了．同学们嫌他古怪，嫌他多病，都不理睬他．他们用蔑视的和讥讽的眼神看着他．他成了一个踽踽独行，形单影只，自言自语，孤苦伶仃的畸零人．长空里，一只孤雁．

第二天，又上课了．几个相当用功的学生兴冲冲地

678

给老师送上了几个答题的卷子.他们说,他们已经做出来了,能够证明那个德国人的猜想了,可以多方面地证明它呢.没有什么了不起的.哈！哈！

"你们算了！"老师笑着说,"算了！算了！"

"我们算了！算了,我们算出来了！"

"你们算啦！好啦好啦,我是说,你们算了吧,白费这个力气做什么？你们这些卷子我是看也不会看的,用不着看的.那么容易吗？你们是想骑着自行车到月球上去."

教室里又爆发出一阵哄堂大笑.那些没有交卷的同学都笑话那几个交了卷的.他们自己也笑了起来,都笑得跺脚,笑破肚子了.唯独陈景润没有笑,他眉头紧锁,他被排除在这一切欢乐之外.

第二年,老师又回清华去了.他早该忘记这两堂数学课了.他怎能知道他被多么深刻地铭刻在学生陈景润的记忆中.老师因为同学多,容易忘记,学生却一辈子记着自己青年时代的老师.

1950 年,陈景润考进了厦门大学.因为成绩特别优异,国家又急需培养人才,提前毕了业,而且,立即分配了工作.1953 年秋季,陈景润被分配到了北京！在中学当数学老师.这该是多么的幸福了啊！

然而,不然！在厦门大学的时候,他的日子是好过的.同组同系就只有四个大学生,倒有四个教授和一个助教指导学习.他是多么饥渴而且贪馋地吸饮于百花丛中,以酿制芬芳馥郁的数学蜜糖呵！学习的成效非常之高.他在抽象的领域里驰骋得多么自由自在！大家有共同的 dx 和 dy 等之类的数学语言.三年中间,没有人歧视他,也不受骂挨打了.他很少和人来往,过的是黄金岁月,全身心沉浸在数学的海洋里面.真想不到,那么快,他就毕业了.一想到他将要当老师,在讲台上站立,被几十对锐利而机灵,有时难免要恶作剧的眼睛盯视,他禁不住吓得打战!

他的猜想立刻得到了证明,他是完全不适合于当老师的.他那么瘦小和病弱,他的学生却都是高大而且健壮的.他最不善于说话,说多几句就嗓子发痛了.他多么羡慕那些循循善诱的好老师.下了课回到房间里,他叫自己笨蛋,辱骂自己比别人还厉害得多.他一向不会照顾自己,又不注意营养,积忧成疾,发烧到 38℃,送进医院一检查,他患有肺结核和急腹症.

这一年内,他住院六次,做了三次手术.当然他没有能够好好地教书,但他并没有放弃他的专业.中国科学院不久前出版了华罗庚的名著《堆垒素数论》,它刚摆上书店的书架,陈景润就买到了.他一头扎进去了.非常深刻的著作,非常之艰难!可是他钻研了它.

厦门大学校长来到了北京,在教育部开会.那中学的一位领导遇见了他,谈起来,很不满意,提出了一大堆的意见:你们怎么培养了这样的高才生?

王亚南,厦门大学校长,就是马克思的《资本论》的翻译者.听到意见之后,非常吃惊.他同意让陈景润回到厦门大学.

听说他可以回厦门大学数学系了,说也奇怪,陈景润的病也就好转了,而王亚南却安排他在厦门大学图书馆当管理员,又不让管理图书,只让他专心致意地研究数学.王亚南不愧为政治经济学的批判家,他懂得价值论,懂得人的价值.陈景润也没有辜负了老校长的培养.他果然精深地钻研了华罗庚的《堆垒素数论》和大

厚本儿的《数论导引》.陈景润都把它们吃透了.他的这种经历却也并不是没有先例的.

当初,我国老一辈的大数学家、大教育家熊庆来,我国现代数学的引进者,在北京的清华大学执教.30年代之初,有一个在初中毕业以后就失了学,失了学就完全自学的青年数学家,寄出了一篇代数方程解法的文章,给了熊庆来.熊庆来一看,就看出了这篇文章中的英姿勃发和奇光异彩.他立刻把它的作者,姓华名罗庚的,请进了清华园来.他安排华罗庚在清华图书馆中工作,一面自学,一面听课.尔后,派遣华罗庚出国,留学英国剑桥.学成回国,已担任昆明云南大学校长的熊庆来又介绍他当联大教授.华罗庚后来再次出国,在美国普林斯顿和依利诺的大学教书.中华人民共和国成立以后,华罗庚马上回国来了,他主持了中国科学院数学研究所的工作.

陈景润在厦门大学图书馆中也很快写出了数论方面的专题文章,文章寄给了中国科学院数学研究所.华罗庚一看文章,就看出了文章中的英姿勃发和奇光异彩,也提出了建议,把陈景润选调到数学研究所来当实习研究员.正是:熊庆来慧眼认罗庚,华罗庚睿目识景润.

1956年年底,陈景润再次从南方海滨来到了首都北京.

1957年夏天,数学大师熊庆来也从国外重返清华.

这时少长咸集,群贤毕至.当时著名的数学家有熊庆来、华罗庚、张宗燧、闵嗣鹤、吴文俊等许多明星灿灿,还有新起的一代俊彦,陆汝钤、王元、越民义、吴方

681

等,如朝霞烂漫,还有后起之秀,杨乐、张广厚等已入北京大学求学. 在解析数论、代数数论、函数论、泛函分析、几何拓扑学等学科之中,已是人才济济,又加上了一个陈景润. 人人握灵蛇之珠,家家抱荆山之玉. 风靡云蒸,阵容齐整. 条件具备了,华罗庚做出了战略性的部署. 侧重于应用数学,但也向那皇冠上的明珠,哥德巴赫猜想挺进!

要懂得哥德巴赫猜想是怎么一回事,只需把早先在小学三年级里就学到过的数学再来温习一下. 那些 1,2,3,4,5,个十百千万的数字,叫作正整数. 那些可以被 2 整除的数,叫作偶数. 剩下的那些数,叫作奇数. 还有一种数,如 2,3,7,11,13 等,只能被 1 和它本身,而不能被别的整数整除的,叫作素数. 除了 1 和它本身以外,还能被别的整数整除的,这种数如 4,6,8,9,10,12 等就叫作合数. 一个整数,如能被一个素数所整除,这个素数就叫作这个整数的素因子. 如 6,就有 2 和 3 两个素因子. 如 30,就有 2,3 和 5 三个素因子. 好了,这暂时也就够用了.

1742 年,哥德巴赫写信给欧拉时,提出了:每个不小于 6 的偶数都是两个素数之和. 例如,6=3+3,又如 24=11+13,等等. 有人对一个一个的偶数都进行了这样的验算,一直验算到了三亿三千万之数,都表明这是对的. 但是更大的数目,更大更大的数目呢? 猜想起来也该是对的. 猜想应当证明,要证明它却很难很难.

整个 18 世纪没有人能证明它.

整个 19 世纪也没有人能证明它.

到了 20 世纪的 20 年代,问题才开始有了点儿进展.

682

很早以前,人们就想证明每一个大偶数是两个"素因子不太多的"数之和.他们想这样来设置包围圈,想由此来逐步证明哥德巴赫猜想——一个素数加一个素数"1+1"是正确的.

1920 年,挪威数学家布朗,用一种古老的筛法(这是研究数论的一种方法)证明了:每一个大偶数是两个"素因子都不超过九个的"数之和.布朗证明了:九个素因子之积加九个素因子之积"9+9"是正确的.这是用了筛法取得的成果.但这样的包围圈还很大,要逐步缩小之.果然,包围圈逐步地缩小了.

1924 年,数学家拉德马切尔证明了"7+7";1932 年,数学家埃斯特曼证明了"6+6";1938 年,数学家布赫夕塔布证明了"5+5";1940 年,他又证明了"4+4";1956 年,数学家维诺格拉多夫证明了"3+3";1958 年,我国数学家王元证明了"2+3".包围圈越来越小,越接近于"1+1"了.但是,以上所有证明都有一个弱点,就是其中的两个数没有一个是可以肯定为素数的.

早在 1948 年,匈牙利数学家兰恩另外设置了一个包围圈,开辟了另一战场,想来证明:每个大偶数都是一个素数和一个"素因子都不超过六个的"数之和.他果然证明了"1+6".

但是,以后又是十年没有进展.

1962 年,我国数学家,山东大学讲师潘承洞证明了"1+5",前进了一步;同年,王元、潘承洞又证明了"1+4";1965 年,布赫夕塔布、维诺格拉多夫和数学家朋比尼都证明了"1+3".

1966 年 5 月,像一颗璀璨的明星升上了数学的天空,陈景润在中国科学院的刊物《科学通报》第 17 期上

683

宣布他已经证明了"1＋2".

自从陈景润被选调到数学研究所以来,他的才智的蓓蕾一朵朵地慢慢开放了.在圆内整点问题、球内整点问题、华林问题、三维除数问题等之上,他都改进了中外数学家的结果.单是这些成果,他那贡献就已经很大了.

但当他已具备了充分依据,他就以惊人的顽强毅力,来向哥德巴赫猜想挺进了.他废寝忘食,昼夜不舍,潜心思考,探测精蕴,进行了大量的运算.一心一意地搞数学,搞得他发呆了.有一次,自己撞在树上,还问是谁撞了他.他把全部心智和理性统统奉献给这道难题的解题上了.他为此而付出了很高的代价,他的两眼深深凹陷了,他的面颊带上了肺结核的红晕,喉头炎严重,他咳嗽不停,腹胀、腹痛难以忍受.有时已人事不知了,却还记挂着数字和符号.他跋涉在数学的崎岖山路,吃力地迈动步伐.在抽象思维的高原,他向陡峭的巉岩升登,降下又升登!善意的误会飞入了他的眼帘,无知的嘲讽钻进了他的耳道.他不屑一顾,他未予理睬.他没有时间来分辨,他宁可含垢忍辱,餐霜饮露,走上去一步就是一步!他气喘不已,汗如雨下.时常感到他支持不下去了,但他还是攀登.用四肢,用指爪,真是艰苦卓绝!多少次上去了摔下来,就是铁鞋,也早该踏破了.人们嘲笑他穿的是通风透气不会得脚气病的一双鞋子.不知多少次发生了可怕的滑坠!几乎粉身碎骨.他无法统计失败了多少次,他毫不气馁,他总结失败的教训,把失败接起来,焊上去,做登山用的尼龙绳子和金属梯子.吃一堑,长一智.失败一次,前进一步.失败是成功之母,成功由失败堆垒而成.他越过了雪

线,到达雪峰和现代冰川,更感缺氧的严重了.多少次坚冰封山,多少次雪崩掩埋! 他就像那些征服珠穆朗玛峰的英雄登山运动员,爬啊,爬啊,爬啊! 而恶毒的诽谤,恶意的污蔑像变天的乌云和九级狂风,但热情的支持为他拨开云雾,明朗的阳光又温暖了他.他向着目标,不屈不挠,继续前进,继续攀登,战胜了第一台阶的难以登上的峻峭,出现在难上加难的第二台阶绝壁之前.他只知攀登,在千仞深渊之上;他只管攀登,在无限风光之间.一张又一张运算的稿纸,像漫天大雪似的飞舞,铺满了大地.数字、符号、引理、公式、逻辑、推理,积在楼板上,有三尺深.忽然化为膝下群山,雪莲万千.他终于登上了攀登顶峰的必由之路,登上了"1＋2"的台阶.

他证明了这个命题,写出了厚达 200 多页的长篇论文.

闵嗣鹤教授细心地阅读了论文原稿,检查了又检查,核对了又核对,肯定了他的证明是正确的,靠得住的.他对陈景润说,去年人家证明"1＋3"是用了大型的、高速的电子计算机,而你证明"1＋2"却完全靠你自己运算,难怪论文写得长了,建议他加以简化.

他当时正修改他的长篇论文,突然被卷入了政治革命的万丈波澜.滚滚而来的巨浪冲击了一切剥削阶级的思想意识,史无前例的无产阶级"文化大革命",像一颗颗的精神原子弹、氢弹的成功试验一样,在神州大地上连续爆炸了.

天文地理要审查,物理化学要审查,生物要审查,数学也要审查.陈景润在无产阶级"文化大革命"中受到了最严峻的考验.老一辈的数学家受到了冲击,连中

685

年和年轻的也跑不了.庄严的科学院被骚扰了,热腾腾的实验室冷清清了.日夜的辩论,剧烈的争吵.行动胜于语言,拳头代替舌头.无产阶级"文化大革命"像一个筛子,什么都要在这筛子上过滤一下.他用的也是筛法.该筛掉的最后都要筛掉,不该筛掉的怎么也筛不掉.

有人曾经强调了科学工作者要安心工作,钻研学问,迷于专业.陈景润又被认为是这种所谓资产阶级科研路线的"安钻迷"典型.确实他成天钻研学问,不太问政治,是的,但也参加了历次的政治运动.共产党好,国民党坏,这个朴素的道理他非常之分明.数学家的逻辑像钢铁一样坚硬,他的立场站得稳,他没有犯过什么错误.在政治历史上,陈景润一身清白,他白得像一只仙鹤,鹤羽上,污点沾不上去,而鹤顶鲜红,两眼也是鲜红的,这大约是他熬夜熬出来的.他曾下厂劳动,也曾用数学来为生产服务,尽管他是从事于数论这一基础理论科学的.但不关心政治,最后政治要来关心他.

善意的误会,是容易纠正的.无知的嘲讽,也可以谅解.批判一个数学家,多少总应该知道一些数学的特点,否则,说出了糊涂话来自己还不知道.陈景润被批判了,他被"帽子工厂"看中了:修正主义苗子,安钻迷,白专道路典型,白痴,寄生虫,剥削者.就有这样的糊涂话:这个人,研究"1＋2"的问题,他搞的是一套人们莫名其妙的数学.让哥德巴赫猜想见鬼去吧!"1＋2"有什么了不起!1＋2不等于3吗?此人混进数学研究所,领了国家的工资,吃了人民的小米,研究什么1＋2＝3,什么玩意儿?!伪科学!

说这话的人才像白痴呢!

并不懂得数学的人说出这样的话,那是可以理解的,可是说这些话的人中间,有的明明是懂得数学,而且是知道哥德巴赫猜想这道世界名题的.那么,这就是恶意的诽谤了.权力使人昏迷了,派性叫人发狂了.

台风的中心是安静的.而旋卷在台风里面的人却焦灼着、奔忙着、谋划着、叫嚷着、战斗着、不吃不睡,狂热地保护自己的派性,疯狂地攻击对方的派性.他们忙着打派战,竟没有时间来顾及他们的那些"专政"对象了.

待到工人宣传队进驻科学院各所以后,陈景润不但可以读书,也可以运算了.但是总有一些人不肯放过他.每天,他们来敲敲门,来查查户口,弄得他心惊肉跳,不得安身.有一次,带来了克丝钳子,存心不让他看书,把他房间里的电灯铰了下来,拿走了.还不够,把开关拉线也剪断了.

于是黑暗降临他的心房.

"九一三"事件之后,大野心家已经演完了他的角色,下场遗臭万年去了.陈景润听到这个传达之后,吃惊得说不出话来.这时,情况渐渐地好转,可是他却越加成了惊弓之鸟.激烈的阶级斗争使他无所适从,唯一的心灵安慰就是数学.他只好到数论的大高原上去隐居起来.现在也允许他这样做了.图书馆的研究员出身的管理员也是他热情的支持者.事实证明,热情的支持者,人数众多.他们对他好,保护他.他被藏在一个小书库的深深的角落里看书.由于这些研究员的坚持,数学研究所继续订购世界各国的文献资料.这样几年,也没有中断过,这是有功劳的.他阅读,他演算,他思考,情绪逐步地振作起来,但是健康状况却越加严重了.他也不说，他也不顾，他又投身于工作．白天在图书馆的小书库一角，夜晚在煤油灯底下，他又在爬，爬，爬了，他要找寻一条一步也不错的最近的登山之途，又是最好走的路程．

敬爱的周总理，一直关心着科学院的工作，着手排除帮派的干扰．半个月之前，有一位周大姐被任命为数学研究所的政治部主任．由解析数论、代数数论等学科组成的五学科室恢复了上下班的制度．还任命了支部书记，是个工农出身的基层老干部，当过第二野战军政治部的政治干事．

到职以后，书记就到处找陈景润．周大姐已经把他所了解的情况告诉了他．他们会了面，会面在图书馆小书库的一个安静的角上．

刚过国庆，十月的阳光普照．书记还只穿一件衬衣，衰弱的陈景润已经穿上了棉袄．

"李书记，谢谢你，"陈景润说，他见人就谢，"很高兴，"他说了一连串的很高兴．他一见面就感到李书记可亲．"很高兴，李书记，我很高兴，李书记，很高兴．"

李书记问他："下班以后，下午五点半好不好？我到你屋去看看你．"

陈景润想了一想就答应了："好，那好，那我下午就在楼门口等你，要不你会找不到的．"

"不，你不要等我，"李书记说，"怎么会找不到呢？找得到的，这是用不到等的．"

但是陈景润固执地说："我要等你，我在宿舍大楼门口等你，不然你找不到，你找不到我就不好了．"

果然下午他是在宿舍大楼门口等着了．他把李书记等到了，带着他上了三楼，请进了一个小房间、小小

房间,只有 6 平方米大小.这房间还缺了一个角.原来
下面二楼是个锅炉房,长方形的大烟囱从他的三楼房
间中通过,切去了房间的六分之一.房间是刀把形的.
显然它的主人刚刚打扫过这间房了.窗子三槅,糊了报
纸,糊得很严实.尽管秋天的阳光非常明丽,屋内光线
却暗淡得很.李书记没有想到他住处这样不好.他坐到
床上,说:"你床上还挺干净!"

　　"新买了床单,刚买来的床单,"陈景润说,"你要来
看看我,我特地去买了床单,"指着光亮雪白的蓝格子
花纹的床单,"谢谢你,李书记,我很高兴,很久很久了,
没有人来看望……看望过我了."他说,声音颤抖起来,
这里面带着泪音.霎时间李书记感到他被这声音震撼
起来,满腔怒火燃烧,这个党的工作者从来没有这样激
动过.不像话,太不像话了! 这房间里还没有桌子.6
平方米的小屋,竟然空如旷野.一捆捆的稿纸从屋角两
只麻袋中探头探脑地露出脸来.只有四叶暖气片的暖
气上放着一只饭盒,一堆药瓶,两只暖瓶.连一只矮凳
子也没有.怎么还有一只煤油灯? 他发现了,原来房间
里没有电灯."怎么?"他问,"没有电灯?"

　　"不要灯,"他回答,"要灯不好,要灯麻烦.这栋大
楼里,用电炉的人家很多.电线负荷太重,常常要检查
线路,一家家的都要查到,但是他们从来不查我,我没
有灯,也没有电线,要灯不好,要灯添麻烦了."说着他
凄然一笑.

　　"桌子呢? 你怎么没有桌子?"

　　陈景润随手把新床单连同褥子一起翻了起来,露
出了床板,指着说,"这不是? 这样也就可以工作了."

　　李书记皱起了眉头,咬牙切齿了.他心中想着:

"唔,竟有这样的事! 在中关村,在科学院呢. 糟蹋人啊,糟蹋科学!"

李书记回到机关,他找到了比他自己早到了才一个星期的办公室老张主任. 主任听他说话后,认为这一切不可能,"瞎说! 怎么会没有灯呢!"李书记给他描绘了小房间的寂寞风光. 那些身上长刺头长角的人把科学院搅得这样! 立刻找来了电工,电工马上去装灯,灯装上了,开关线也接上了. 一拉,灯亮了. 陈景润已经俯伏在一张桌子之上,写起来了.

光明回到陈景润的心房.

数学的公式也是一种世界语言,学会这种语言就懂得它了. 这里面贯穿着最严密的逻辑和自然辩证法,它可以解释太阳系、银河系、河外星系和宇宙的秘密,原子、电子、粒子、层子的奥妙. 但是能升登到这样高深的数学领域去的人不多.

且稍稍窥视一下彼岸彼土,那里似有美丽多姿的白鹤在飞翔舞蹈. 你看那玉羽雪白,雪白得不沾一点尘土;而鹤顶鲜红,而且鹤眼也是鲜红的. 它踯躅徘徊,一飞千里. 还有乐园鸟飞翔,有鸾凤和鸣,姣妙、娟丽,变态无穷. 在深邃的数学领域里,既散魂而荡目,迷不知其所之.

闵嗣鹤教授却能够品味它,欣赏它,观察它的崇高瑰丽. 他当时说过:"陈景润的工作,最近好极了. 他已经把哥德巴赫猜想的那篇论文写出来了. 我已经看到了,写得极好."

"你的论文写出来了,"一位军代表问陈景润,"为什么不拿出来!"陈景润回答他:"正做正做,没有做完."军代表说:"希望你早日完成."

室里的领导老田对李书记说:"可以动员动员他,让他拿出来,但也不急,他不拿出来,自然有他的道理的."

陈景润说:"那个稿子我还在做,我确实没有做完."

……

"我确实还没有做完.我的论文是做完了,又是没有做完的.自从我到数学研究所以来,在严师、名家和组织的培养、教育、熏陶下,我是一个劲儿钻研,怎么还能干别的事? 不这样怎么对得起党? 在世界数学的数论方面三十多道难题中,我攻下了六七道难题,推进了它们的解决.这是我的必不可少的锻炼和必不可少的准备,然后我才能向哥德巴赫猜想挺进.为此,我已经耗尽了我的心血.

"1965年,我初步达到了'1+2'.但是我的解答太复杂了,写了 200 多页的稿子.数学论文的要求是(1)正确性;(2)简洁性.譬如从北京城里走到颐和园那样,可以有许多条路,要选择一条最准确无误,又最短最好的道路.我那个长篇论文是没有错误,但走了远路,绕了点儿道,长达 200 多页,也还没有发表.从那年到今天已经过去 7 年.

"这个事是比较困难的,也是难于被人理解的.从学习外语来说,我是在中学里就学了英语,在大学里学的俄语,在所里又自学了德语和法语.我勉强可以阅读而且写写了.又自学了日语、意大利语和西班牙语,到了勉强可以阅读外国资料和文献的程度.因而在借鉴国外的经验和成就时,可以从原文阅读,用不到等人翻译出来了再读.这是必不可少的一个条件.我必须检阅外国资料的尽可能的全部总和,消化前人智慧的尽可能不缺的全部的果实,而后我才能在这样的基础上解答"1＋2"这样的命题.

"我的成果又必须表现在这样的一篇论文中,虽然是专业性质的论文,文字是比较简单的;尽管是相对地严密的,又必须是绝对地严密的.若干地方就是属于哲学领域的了,所以我考虑了又考虑,计算了又计算,核对了又核对,改了又改,改个没完.我不记得我究竟改了多少遍? 科学的态度应当是最严格的,必须是最严格的.

"我知道我的病早已严重起来.我是病入膏肓了,细菌在吞噬我的肺腑内脏.我的心力已到了衰竭的地步,我的身体确实是支持不了啦! 唯独我的脑细胞是异常的活跃,所以我的工作停不下来,我不能停止……"

1973 年 2 月,春节来临.

早一天,数学研究所的周大姐说,佳节前后,要特别关心一下病号.她说:"那些老八路的作风,那些过去部队里形成的作风,我们千万不能丢掉了.尤其像陈景润那样的同志,要关心他,他很顽强.他病得起不来了,但又没有起不来的时候.在任何情况下挣扎起来,他坚持工作.他为什么? 他为谁? 为他自己吗? 为他自己,早就不干了.不是,他是为人民,为党工作.我们要去慰问他,也要慰问单位里所有的病人."

大年初一早晨,周大姐和几个书记,包括李书记,一行数人,把头天买好了的苹果、梨子装进一些塑料网线袋子.若干袋子大家分头提了,然后举步出发,慰问病人.他们先到陈景润那里,他住得最近.

　　陈景润正从楼梯上走下来,大家招呼他,他很惊讶,来了这许多的领导同志.周大姐说:"过春节,我们看你来了,你的病好点了吧!"李书记也说:"新年好,给你贺新年."陈景润说,"噢,今天是新年了啊？谢谢你们,谢谢你们.新年好,你们好."李书记说:"到你屋里去坐坐吧.""不,不行,"陈景润说,"你没有先给我打招呼,不能进去."周大姐沉吟了一下,说:"好吧,我们就不去了.李书记,你给他送水果上楼吧.我们还上别家去,你回头再赶上我们好了."李书记说:"好."周大姐和陈景润握手,并祝他早日恢复健康,然后转过身走了.李书记把水果袋递给陈景润说:"春节了,这是组织上送给你的.希望你在新的一年里,多给党做点工作.""不要水果,不要水果,"陈景润推却了,"我很好,我没有病,没有什么……这一点点病,呃……呃,谢谢你,我很高兴."说着说着他收下了水果.李书记说:"上你屋聊聊!"他又张手拦住,"不,不要进屋了,你没有给我打招呼."

　　李书记说:"那好,我不上去了,你有什么事,随时告诉我.我也得去追他们,到别家去看望看望."于是握手作别,他返身走,刚走两步,后面又叫,"李书记,李书记!"陈景润又追过来,把水果袋子给了李书记,并说,"给你家的小孩吃吧!我吃不了这(么)多.我是不吃水果的."李书记说,"这是组织上给你的,不过表示表示,一点点的心意罢了.要你好好保养身体,可以更好地工作.你收下吧,吃不下,你慢慢吃吧!"

　　他默然收下了.他默默地送李书记到大楼门口.李书记扬手走了,赶上了周大姐他们的行列.陈景润望着李书记的背影,凝望着周大姐一行人的背影消失在中

693

关村路林荫道旁的切面铺子后面了.突然间,他激动万分.他回身上楼,见人就讲,并且没有人他也讲."从来所领导没有把我当作病号对待,这是头一次,从来没有人带了东西来看望我的病,这是头一次."他举起了塑料袋,端详它,说,"这是水果,我吃到了水果,这是头一次."

他飞快地进了小屋,一下子把自己反锁在里面了.

他没有再出来,直到春节过去了.头一天上班,陈景润把一沓手稿交给了李书记,说:"这是我的论文.我把它交给党."

李书记看他,又轻声问他:"是否是那个'1+2'?"

"是的,闵老师已经看过,不会有错误的."陈景润说.

数学研究所立即组织了一次小型的学术报告会.十几位专家,听了陈景润的报告,一致给予高度评价.然后,数学研究所业务处将他的论文上报院部.

4月中的一天,中国科学院在三里河工人俱乐部召开全院党员干部大会.武衡同志在会上做报告.他说到数学研究所一位中级的研究员做出了世界水平的重大成果.当时没说人名.李书记在座中,听到了,还不知说谁.旁边的人捅了他一下."干什么?"他问,那人说:"你听到没有?""怎么啦?"那人又说:"这活儿是陈景润做出来的呵!""噢? 还这么重要?"那人说:"这是世界名题,真不简单!"

第二天,新华社记者来访,他见到了陈景润,谈了话,进他房间看了看,回去就写出一篇报道,立即在内部刊物上发表.其中,说到了陈景润的经历;他刻苦钻研的精神;重大的科研成果以及他现在还住在一间烟

熏火烤的小房间里.生活条件很差! 疾病严重!! 生命垂危!!!

毛主席看到了这篇报道,立即做出了指示.

当天深夜,武衡同志走进了陈景润的小房间.

他立即被送进医院,由首都医院内科主任和卫生部一位副部长给他做了全面的身体检查.他患有多种疾病.他们要他立即住院疗养,他不肯.于是,向他传达了毛主席的指示.

他一共住院一年半.

在住院期间,敬爱的周总理亲自和华主席(当时是副总理)安排了陈景润的全国人大代表席位,在第四届全国人民代表大会上,陈景润见到了周总理,并和总理在一个小组里开会.人代会期间当他得知总理的病时,当场哭了起来,几夜睡不着觉.大会后,他仍回医院治疗.

当他出院的时候,医院的诊断书上写着:"经住院治疗后,一般情况较好.精神改善,体温正常,体重增加十斤;饮食睡眠好转,腹痛腹胀消失;二肺未见活动性病灶.心电图正常,脑电图正常,肝肾功能正常,血沉及血象正常."

关于他的工作和健康,华主席也非常关怀,并亲自做过几次批示.

早在他的论文发表时,西方记者迅即获悉,电讯传遍全球.国际上的反响非常强烈.英国数学家哈伯斯坦和德国数学家里切特的著作《筛法》正在印刷所付印.他们见到了陈景润的论文立即在这部书里加添了一章,第十一章——"陈氏定理".他们誉之为筛法的"光辉的顶点".在国外的数学出版物上,诸如"杰出的成就""辉煌的定理",等等,不胜枚举.一个英国数学家给他的信里还说,"你移动了群山!"

真是愚公一般的精神呵!

或问:这个陈氏定理有什么用处呢? 它在哪些范围内有用呢?

大凡科学成就有这样两种:一种是经济价值明显,可以用多少万,多少亿人民币来精确地计算出价值来的,叫作"有价之宝";另一种成就是在宏观世界、微观世界、宇宙天体、基本粒子、经济建设、国防科学、自然科学、辩证唯物主义哲学,等等之中有这种那种作用,其经济价值无从估计,无法估计,没有数字可计算的,叫作"无价之宝",例如,这个陈氏定理就是.

现在,离皇冠上的明珠,只有一步之遥了.

但这是最难的一步,且看明珠归于谁之手吧!

陈景润曾经是一个传奇式的人物.关于他,传说纷纭,莫衷一是.有善意的误解、无知的嘲讽、恶意的诽谤、热情的支持,都可以使得这个人扭曲、变形或扩张放大.理解人不容易,理解这个数学家更难.他特殊敏感、过于早熟、极为神经质、思想高度集中.外来和自我的肉体与精神的折磨和迫害使得他试图逃出于世界之外.他成功地逃避在纯数学之中,但还是藏匿不了.纯数学毕竟是非常现实的材料的反映,"这些材料以极度抽象的形式出现,这只能在表面上掩盖它起源于外部世界的事实."(恩格斯)陈景润通过数学的道路,认识了客观世界的必然规律.他在诚实的数学探索中,逐步地接受了辩证唯物论的世界观.没有一定的世界观转变,没有科学院这样的集体和党的关怀,他不可能对哥德巴赫猜想做出这巨大的贡献.帮派体系打击迫害,更

显出党的恩惠温暖.冲击对于他好像是坏事也是好事,他得到了锻炼而成长了.病人恢复了健康,畸零人成了正常人,正直的人已成为政治的人.他的进步显著.他坚定抗击了"四人帮"对他的威胁与利诱.无所不用其极地威胁他诬陷邓副主席,他不屈! 许以高官厚禄,利诱他向人妖效忠,他不动! 真正不简单! 数学家的逻辑像钢铁一样坚硬! 今后,可以信得过,他不会放松了自己世界观的继续改造.他生下来的时候,并没有玫瑰花,他反而取得成绩.而现在呢? 应有所警惕了呢,当美丽的玫瑰花朵微笑时.

§2　生命与春天同在——一个
数学巨匠的人生旅程①

——张严平

1996 年 3 月 19 日,对于中国数学界来说,是一个令人扼腕痛惜的日子——一代数学巨匠陈景润在距离他 63 岁诞辰还有两个月的时候静静地走了.

他走了,带着对"1＋2"的满意微笑.他的这一辉煌证明使得哥德巴赫猜想这道各国数学家为之前赴后继奋斗了 250 年的古典数学难题,在 20 世纪 60 年代中叶达到了接近顶峰的最后一步.

———————

①　原载于《国际人才交流》,1996 年第 7 期,选载时略作删节.

他走了,带着对"1＋1"的无限向往.直到他生命的终结,他一刻不曾停止过向这一顶峰攀登.

他走了,他透支了太多太多.他把自己的全部心智都献给了哥德巴赫猜想,他的生命早已与他毕生努力的数学合为一体.

……

2.1 他留下了一颗金子的心,这颗心凝聚了千千万万中国知识分子的品质与精神

有人说,陈景润是天才.

他的同仁们说,他的成果是他用生命换来的.

徐迟 1978 年在那篇著名报告文学《哥德巴赫猜想》中这样写道:"陈景润把全部心智和理性统统奉献给这道难题的解题上了,他为此而付出了很多代价.他的两眼深深地凹陷了,他的面颊带上了肺结核的红晕,喉头炎严重,他咳嗽不停,腹胀、腹痛,难以忍受.有时已人事不知了,却还记挂着数字与符号……"

这就是陈景润.

陈景润有一位同仁叫林群,他们同是福州人,又同在厦门大学读书,毕业后又前后脚来到中科院数学研究所,林群是陈景润日常交谈比较多的一个人.早在几年前,《中国科学报》的《院士心迹》专栏介绍林群时,在"你最敬佩的人是谁?"一栏中,林群毫不犹豫地写下了一个名字"陈景润".多年朝夕相处,那是林群永远无法从记忆中抹掉的情景.

1956 年,陈景润来到数学所以后,先是与几个人共住一套单元房,为了深夜读书研究不影响别人,他个人住进了单元房那个报废的厕所里,一张单人床把整

个空间塞得满满的,废厕所没有暖气,冬天里面滴水成冰,陈景润就用报纸把窗户糊得厚厚的,以抵挡严寒.人们注意到,陈景润的这间"居室"灯光长年彻夜不熄.后来,这些单身汉都搬到了一幢比较正规的集体宿舍楼,陈景润由于身体不好,被分配住在一个病号房间,病号房规定晚上十点熄灯,于是,每天晚上一到十点钟,陈景润就会准时地出现在楼道公共卫生间的门厅下,背靠墙壁,席地而坐,手拿一张纸、一支笔,借着卫生间昏暗的灯光算题.十点来卫生间的人会看到他,十二点来会看到他,半夜两点、三点、四点……依然会看到他,一直到天大亮,楼道里所有的人都起床吃早饭了,陈景润才摇摇晃晃站起来走回自己的房间,白天他还要继续工作.他通常一干就是七天七夜,接下来大病一场,病稍好,每天晚上十点钟他又会准时出现在卫生间的门厅下,开始了又一个七天七夜.再后来,陈景润搬到了紧靠暖气锅炉烟囱的一间 6 平方米的小屋,除了打开水、吃饭,人们很少见他走出这间小屋.他在这里住了很久,无数个日日夜夜他是怎么度过的,人们可以想象到,但是多年以后,当人们踏进这间小屋,看到屋里的全部情景——一张木床,一个课桌,一把暖壶,一堆药瓶,几麻袋演算稿纸时,仍然被深深地震撼了.

　　陈景润曾向林群袒露心迹:"数学没有什么秘密,就是要拼命.这就像爬山,如果有十条路,一般人爬一条或两条通不到顶,可能就算了,而我是要爬遍十条道路的,从而找到一条最有希望到达顶峰的路."

　　华罗庚当年也正是看准了陈景润的这一点,他说陈景润是慢才,数学竞赛他是不合格的,即问即答,他可能答不出,但第二天他做出的回答却会比所有的回答都深刻.有人形象地把陈景润比作一束激光,说他做的是穿透钢板的工作,而不是纸上的工作,他的一句研究结论常常是以一麻袋演算稿纸做背景的,真正是一句值千金.

"1＋2"的成果公布以后,所有了解陈景润的人都发出同一个感慨:这只能属于陈景润.的确,这只能属于陈景润.数论研究是挑战人类智力的极限,而哥德巴赫猜想是挑战数论领域 250 年智力极限的总和,陈景润就像一个竞赛场上的运动员,对这一挑战充满了打破纪录的强烈信念,为此他投入了全部的生命.他常说一句话:"时间是个常数,花掉一天等于浪费 24 小时."他甚至对林群说:"人不存在失眠问题,失眠正说明需要工作."他不懂得什么叫休息,不懂什么是爱惜身体,别人对他讲也没用,真正是如痴如醉,死而后已.

有人说,陈景润是一个不懂社会的人.

他的同仁说,他心中有一杆看世界的秤.

徐迟的《哥德巴赫猜想》中说了这样一句话:"数学家的逻辑像钢铁一样坚硬."

这就是陈景润.

"文化大革命"期间,陈景润曾被作为安(心工作)、钻(研业务)、迷(于专业)的"白专典型"受到冲击,他研究的"1＋2"被斥为"白痴""伪科学".他的工资被扣了,小屋的电线被掐了,连桌子也被抬走了,每次批判会,他都要登台作靶接受批判.他原本瘦弱的身体越发摇摇晃晃了,他极度神经衰弱,常常惊恐不安,他不明白世界发生了什么紊乱,在他数字的王国里,从来都是充满了和谐与美妙的啊!

然而,他不曾趴下.他是一位真正的数学家,他瘦

小虚弱的身躯包裹着的大脑,有着钢铁般坚硬的逻辑:真理是打不倒的,对真理的追求是不能放弃的.

他忍受屈辱,不停追求.工资扣发,他就极力克俭,一餐饭常常只是馒头伴酱油兑开水;桌子没了,他就把铺盖卷起来,以床板当桌;电线掐了,他就点煤油灯……他的大脑仍然日夜不停地运算.有一次,他所在的"专政队"开批判会,屋里屋外找不到他,再回到他的小屋,发现刚才看到的床板上那团破棉絮动了一下,打开一看,陈景润竟缩在里面正打着手电筒算题呢!

陈景润也有爆发的时刻.那是一次批判会,有人批判他研究哥德巴赫猜想是跟外国人跑,是卖国.听到"卖国"两个字,他一下子被激怒了,他第一次在人前大声地争辩:"不,我是爱国! 运动员打乒乓球拿冠军是中国的光荣,为什么我拿世界数学纪录就不是中国的光荣呢?"数学家的钢铁般的逻辑,使批判他的人亦无言作答.

爱国,是陈景润这位中国科学家感情世界的精髓,是他无论何时何地一生不变的痴情.20 世纪 70 年代,已是名扬天下的陈景润到英国讲学时,一位大学校长盛情邀他留下工作,愿意为他提供世界上最好的研究条件和生活待遇,他毫不犹豫地回答:"感谢你的盛情,可我得回中国去,我是全国人大代表,我应该回去."他带着一个中国人的骄傲回到了祖国.新华社为此专门发出快讯,向全国人民报告"陈景润回来了".科学是没有国界的,可是科学家是有祖国的——这是历史上许多伟大科学家的共识.陈景润无疑是一位伟大的科学家,他把自己的命运和祖国的命运始终连接在一起.许多年来,只要他愿意,移居国外对他来说是一件十分容易的事. 可是他没有走,直到回归脚下的厚土.

　　"文化大革命"期间,陈景润最大的一次爆发,是在他耗费了十几年心血计算出的几麻袋数学手稿被人焚于一旦,他被强拉硬拖赶出那间他赖以能够躲开耳目算题的 6 平方米小屋的那一刻,他绝望了,悲愤交加,从楼上纵身跳下. 万幸,他没有死. 他的极端举动,昭示了他献身科学、万劫不改的痴心.

　　1973 年春天,毛泽东主席在一份内参上知道了陈景润的情况,立即做了批示. 陈景润一辈子都忘不了那个春天的早上,新任数学所所长不久的和蔼可亲的周大姐和在他最困难的时候竭力保护他的数学所党支部李书记来到了他的身边,递上了一袋水果. 他激动万分,噙着泪默默地收下了. 就在这一天,他把自己反锁在小屋里,几天没出来,等他再次走出小屋时,他把1965 年只公布了结果的"1＋2"的全部演算手稿交给了李书记,说:"这是我的论文,我把它交给党."

　　1974 年,周恩来总理亲自推荐陈景润为第四届全国人大代表. 1975 年,邓小平同志针对有人说陈景润是"白专典型",愤怒地说,什么"白专典型",总比把着茅坑不拉屎的人强,并具体过问了陈景润的工作与生活. 粉碎"四人帮"以后,陈景润成了献身科学的传奇式人物,成为青少年学习的榜样. 1981 年,他当选为中国科学院学部委员,他先后获国家自然科学一等奖、何梁何利基金奖、华罗庚数学奖等多项重大奖励.

　　陈景润是幸福的,在祖国的土地上. 尽管他有过困惑,受过屈辱,但最终这片生他养他的土地用加倍的爱与温暖拥抱了他.

　　陈景润是一位真正的攀登者. 他一生取得多项重

要成果,发表五十多篇论文,四本著作,但他从未说过自己所做的工作达到了多么高的水平,工作自己做,评价由别人,这是他的哲学.他雄心勃勃的永远是对科学本身的探索.当他做出"1＋2"后,林群问他,你做出这样重要的成果,数学界评价很多,你怎么看?他说:"无论怎样评价,我都是'1＋2',现在只有'1＋1'才是我更关心的."

　　成为名人的陈景润社会活动多了,但无论走到哪,他都放不下手上的研究工作,在外参加会议期间,每天深夜他仍会像过去一样到走廊或厕所去看书.他生命的后十年,由于患病,长期住院治疗,需要扎针时,他从不让医生扎右手,因为他要用右手写字.当他已不能握笔,不能清晰地发声,但他仍用手势与含混的语言跟他的学生探讨数学问题.在医院中,他不仅培养了三个博士生和一个硕士生,而且与别人合作,写出了十篇论文.

　　1983 年,林群曾问陈景润,搞出"1＋1"有没有希望?陈景润说:"要拼命.现在步子还太小了,还要走一百步才能走到."

　　壮志未酬身先死,几十年的呕心沥血,陈景润透支了他全部的生命,他终于在通向"1＋1"的途中过早地倒下了⋯⋯

　　他留下了距离顶峰只有一步之遥的古典难题,他更留下了一颗金子的心,这颗心凝聚了千千万万中国知识分子的品质与精神,每一个知识分子都可以从中看到自己的影子,看到精神世界中"1＋1"那颗灿烂的明珠,它最终将吸引更多更多的人⋯⋯

2.2　他深爱他的妻子儿子,他多么不想离开这个家啊

　　丙子三月,北京落雪了,春分已过,本不该落雪的.纷纷扬扬的雪花静静地飘在春天的夜晚.

　　陈景润的妻子由昆坐在家中摆满了鲜花的客厅内,望着鲜花丛中陈景润身穿红色羊绒衫面带微笑的大幅彩照,望着她和陈景润及他们的爱子陈由伟的合影,一次次泪眼蒙眬."这两张照片是先生去世前三个月照的,当他第一次拿到照片时,高高捧在眼前,连声说'好! 好!'他还高兴地答应,等病好一些,胖一些,再照一张. 没有想到他走的竟这样快……"由昆心痛欲碎.

　　徐迟在《哥德巴赫猜想》中曾经说过:"理解一个人是很难的,理解一个数学家更不容易."由于陈景润对数学的如痴如醉,使他少与别人交往,所以在很长一段时间,许多人把陈景润想象成一个满脑子只有数字,缺乏感情的人,他的婚姻和家庭由此蒙上了一层神秘的色彩.

　　年轻的医生由昆是怎样与终日沉迷在数学王国里的陈景润走到一起的呢?

　　"这是缘分."由昆至今深信这一点.

　　1978 年,深秋季节,由昆从湖北解放军某部来到北京解放军 309 医院学习,十分巧的是陈景润这时也在 309 医院住院,他的病房正属于由昆所分工工作的病区.她以医生对每一位病人特有的认真、细致、亲切、热情走进了陈景润的视线;而这同时,陈景润对科学所具有的"一箪食,一瓢饮,在陋巷,人不堪其忧,回也不

改其乐"的刻苦痴迷的钻研,令她感到震惊,并深深地敬慕.

有一天,由昆值班,陈景润来到值班室,没头没脑地问道:"你爱人在哪个单位工作?"由昆说:"我还没结婚呢!"陈景润又问:"有没有男朋友?"由昆顺口回答:"没有."陈景润听后默默地走了.这次简洁、突兀的造访,使当时的由昆除了感觉这位数学家性格独特外,并没太在意.又一天,由昆在医院的平台上学习英语,陈景润不知什么时候走过来说:"我们一起学吧,这样进步快."并坚持邀请由昆到他病房去学英语.由昆说:"那可不行,院里有要求,不能打搅你."陈景润说:"没关系."由昆当时没有多想,只是为能有这样一位英语老师而高兴.那是一个阳光灿烂的日子,陈景润在与由昆一起学习时,终于向她表露了真挚的爱慕之情.

由昆十分吃惊和慌乱,尽管她内心深处对这位数学家独具的个性及透明的感情有着越来越多的理解,但现实又使她无法接受:自己是个年轻医生,而陈景润是个中外知名的大科学家,这怎么可能呢? 得不到由昆的明确答复,陈景润一连几天十分伤感,他对由昆说:"我知道自己年纪大了,身体又不好,你不同意,我尊重你的意见,只是除了与你,我不会结婚了."这句话让由昆久久的心疼.

万分矛盾中的由昆,提笔给父母写了一封信,让他们帮自己拿拿主意.她的父亲——一位耿直、坚毅的老军人从女儿的信中看出了她与陈景润彼此相互的真情,他给女儿回了一封很长的信,他告诉女儿:他从报纸上读到过有关陈景润的事迹,他十分钦佩陈景润对科学的献身精神,他认为这样一个人所表达的感情是格外认真而珍贵的,建议女儿不要拒绝命运多舛的陈景润,不要伤他的心,也不要回避自己心底深处的那份情感.

由昆终于把自己的手交到了陈景润的手中.那一天,陈景润高兴得像个孩子,从医院匆匆赶回数学所,向见到的每一位同事宣布:他有对象了!这确实是个大新闻,就在这之前,还曾有人关心地对年近半百的陈景润提及婚事,他摇摇头,不谈婚娶.谁曾想,由昆的出现,竟使这位数学家深深隐于内心的情感一下子奔涌出来.全所同仁们都由衷地为他高兴.1980 年,陈景润与由昆结婚,那一天他们沉浸在深深的幸福中,陈景润的恩师华罗庚先生亲自到场向这对新人祝福.

"我感谢命运,它安排我与先生相识、相知、相爱,这是我一生受之不尽的幸福."这是与陈景润携手走过16 年之后,由昆心底的话.

婚后两年,他们的儿子出生了.那是一个寒冬腊月的日子,滴水成冰.这一天住在医院的由昆要做剖腹产,陈景润担心、激动,几乎一夜未眠,凌晨三四点钟就起床,要去医院.家中请的婆婆告诉他,这么早,医院不开门,劝他再睡一会儿,可陈景润怎么也睡不着,五点多又起床,匆匆往医院赶.在产科病房里,陈景润望着刚从手术室被推出来、脸色苍白的妻子,心疼得不得了,他紧紧地握着妻子的手,不知所措.当医生告诉他,由昆为他生了个儿子时,他兴奋极了,当日冒着寒风步行赶到数学所,就像当年报告他有了对象一样,向所里的人们报告他喜得贵子的消息,让大家分享他的喜悦.给儿子起名时,他对由昆说,你生孩子太辛苦了,就让他随你姓,叫由伟吧.妻子感谢丈夫的真切爱心,但没

有同意,"孩子是我们俩的,就叫他陈由伟吧,小名欢欢."

　　儿子的降生,为已年过半百的数学家陈景润带来了无限的欢乐.当时他们还住着一间半的房子,带保姆全家四口人,十分拥挤,房间里到处挂满了孩子的尿布.陈景润全然不觉这份生活的窘迫,他满足极了,常常抱着欢欢在屋子里转来转去,他每天还去为儿子买牛奶,有一次出去时,忘了戴手套,回来手都冻僵了,但他呵呵地笑着,亲着儿子的小脸蛋,心里暖暖的.那时,北京冬天的街头上除了大白菜,很少见到带颜色的蔬菜.十分喜欢花草的陈景润在家中瓦盆里种下了一颗西红柿,竟长得茂盛健壮,结出了一串又红又大的果实.由昆摘下这些冬天里的珍品,做成汤菜,让丈夫吃,希望能给他多病的身体补充一点营养.但是陈景润说什么也不肯吃一口,"不行! 欢欢需要它,吃下它,孩子会更健康的."

　　孩子能满地跑了,从来不舍得为自己的事多花费一点时间的陈景润每天却都要抽出一定的时间与孩子在一起玩.他与孩子玩的方式很独特,他常常拿着糖果逗孩子,每次都要问拿走几颗还剩几颗,意在从小培养孩子对数学的兴趣.孩子接触到的每件物品,他都不仅教会孩子用中文怎么讲,还教孩子用英语说出,他希望孩子从小掌握英文这项从事科学研究必不可少的工具.孩子长到 5 岁之后,有一段时间对绘画产生了浓厚的兴趣,家中的墙壁上、桌椅上到处是他用彩笔涂抹的颜色.当医生爱洁净的妈妈对儿子的行为表示不满,但是陈景润却站在儿子一边,他对由昆说:"孩子画画,是要表达他内心的想法,不要阻止他."为了鼓励儿子的兴趣,陈景润在家中的走廊上专门办起了"欢欢绘画展",让儿子把自己的作品陆续不断地张贴在上面,陈景润工作之余,总要到画展前认真地评论一番.再大一些的欢欢有了更勇敢的举动,他把自己所有的玩具都拆散了,妈妈不解,认为这个孩子太调皮,仍是陈景润说出了孩子的心思:"这是欢欢在动脑筋了,他要研究东西的结构,让他做."

近年来,由于病魔缠身,陈景润不得不长期住在医院.与孩子在一起的时间少了,但他对孩子的牵挂与关心却不曾停止,每当由昆带着孩子去医院探望他时,他总是拉着欢欢的手问长问短,并一遍遍叮嘱孩子上课怎样听讲,下课怎样复习,就在他去世前两个月,听说欢欢正准备期末考试,他还对由昆说:"让小欢到我这里来复习吧,我可以辅导他."为了不使丈夫过劳,由昆最终没有同意.但是这深切的父爱却深深地烙在了孩子的心上.

由伟永远忘不掉爸爸曾经给他讲过的一道数学题,"那是他一生中给我讲的唯一一道题,后来爸爸的病就越来越重了.那道题是'1+2+3+…+9',我当时小,不懂事,爸爸告诉我答案是 45.他还说,对每一道题,都要认真思考,掌握它里面的规律.""爸爸在我心中最深的印象都是他和妈妈同我在一起时开心的样子.有一次,我和爸爸、妈妈一起玩牌,我偷换了一张牌,被爸爸捉到,他开心地大笑,肚子都笑痛了."

陈景润留给儿子的不仅仅是这些.由昆说:"关于孩子的成长,先生对我最常讲的一句话是,不要使孩子有什么优越感,要教育他尊老敬师,要告诉他,不能靠父母,要靠自己发奋."陈景润是以渗透他生命的全部

东西期望于孩子！陈由伟记住了父亲的话.他在学校是一个谦虚好学的学生,在校外是一个经常帮助邻居家的爷爷奶奶提东西的热心人,在家中是一个能为父母分劳、不讲究吃穿的爱子.由昆记得,有一次她和由伟一起去商场给他买鞋,想想如今许多孩子身上穿戴的名牌,做母亲的决意要给孩子买一双名牌鞋,不想售货员把鞋拿出来一报价格,由伟二话没说,拉着妈妈就走,坚决不要.

　　陈景润以他的爱、以他朴素正直谦虚谨慎的品格滋养了孩子的心灵,生前他常为儿子感到欣慰,他在儿子身上看到了他所期望的,尽管他来不及看得更多.由伟曾在父亲的遗像前说过"爸爸,我绝不辜负你!"这该是陈景润在天之灵听到的最让他开心的一句话吧!

　　63 岁的人生,对于距离摘取哥德巴赫猜想那颗数论皇冠上的明珠只有一步之遥的数学家来说,是逝去的过早了;对于相携走过 16 年风雨至亲至爱的妻子来说,这是以全部生命的代价都无法抵御的刻骨铭心的悲痛,"从先生与我相爱至今,他给予我的太多太多."由昆无限深情.

　　结婚 16 年来的每一天,只要陈景润在家,由昆下班回来一敲门,就会传出陈景润孩子般欣喜的欢叫:"由回来了！由回来了！"

　　每当由昆下班碰到下雨天,陈景润都会嘱咐家中请的阿姨拿伞去车站接她,这件小事竟成为一条定律印在了孩子心上,以至于 6 月里有一次天下雨,陈景润住院,阿姨也出去了,年仅 6 岁的由伟自己找出妈妈的一件毛衣,揣上伞,穿着小汗衫短裤,跑到车站接妈妈.由昆下车,望着被雨水浇得全身直打哆嗦怀里却紧紧抱着给妈妈的毛衣和伞的孩子,心疼万分,责备他不该来,孩子却一脸欢快地说:"这是爸爸让做的事."由昆的泪水一下子涌了出来.

每天晚饭后,他们全家都要在外面散一会儿步,四五岁的小欢欢常常让妈妈抱.丈夫心疼妻子,便对孩子说:"小欢,我们出来干什么?""散步.""那你散步怎么散到妈妈怀里去了? 来,爸爸牵着你的手走."孩子这时会一出溜从妈妈的怀里滑下来,跑着奔向爸爸.

陈景润最喜欢的歌之一是《十五的月亮》,从头至尾全能唱下来,每当唱这首歌时,他都会情不自禁地用手打着拍子,眼睛深情地望着妻子.

作为丈夫,陈景润给了由昆一腔透明深厚的爱,同时也给了由昆精神和事业上的支撑. 由于陈景润独具的个性,以及身为名人之妻,由昆常常遇到一些预料不到的烦恼.婚后不久,她听到一件有关陈景润早年的传闻,说是先生去城里商场买东西,回来发现售货员少找了几毛钱,又得不偿失地花费更多的钱坐车返城去讨还.她曾问先生是否有这件事,陈景润说:"哪有这等事? 我的时间每天都不够用,怎么会为那几毛钱再花费半天."由昆不禁对编造这个"故事"的人十分生气,但陈景润却以大度、淡泊的心境对她说:"不要生气,不要管别人怎么想我们,说我们,这都不重要."

还有一次,由昆在中科院宿舍等班车,一位老者问她是哪个所的,她答是数学所的,当那位老者和她同乘一车时,凑过来对由昆说,你知道吧,陈景润疯了,他媳妇要和他离婚! 由昆说这根本不可能,是造谣.那老者说,好多人都知道了,不信去问问你爸爸(他把由昆当成数学所某人之女了).由昆非常生气,对那老者说:

"告诉你,我就是陈景润的爱人,我叫由昆.陈景润没有疯,我也不会和他离婚,我们的感情一直非常好,现在也非常好!"那老者目瞪口呆.由昆回家后,气愤难消,把这件事告诉了陈景润,陈景润对妻子说:"不要管它,别人愿怎么说随他说好了,重要的是我们现在不是生活得很好吗?"

"先生的宽厚大度给了我精神上极大的抚慰,支持我走过了风风雨雨."由昆每每说起这句话.

由于陈景润事业及身体的原因,作为妻子的由昆在家里有着更多的操劳,然而在单位上,作为医院放射科的主任,她仍有着出色的工作.有人说她是女强人,由昆不同意,她说一切都是先生支持和激励的结果.1984 年,陈景润病情加重住院之后,中科院和她所在医院的领导决定让由昆休班照顾陈先生,由昆同意了,不想陈景润坚决不同意.他对由昆说:"我生病了,已经要耽误工作了,你不能再为我也耽误工作."由昆与孩子去看陈景润都是在星期天,如果哪一天由昆去的日子不是休息日,陈景润都要问清是不是上夜班,如果不是,就立刻让由昆回去上班.陈景润这种看来近乎呆板的做法,真切地表达了他对事业对工作的无私.其实,他何尝不想有更多的时间与妻儿在一起? 医院的许多医护人员都曾多次见到过,每当由昆和孩子来看望陈景润时,他总是紧紧地抓住他们的手,久久不肯松开.

"先生从来都是为工作想,为别人想,就是不为自己想.在他病重期间,他从来没有停止过工作,就在他去世前几天,他还用手撑着眼睛为他的博士生修改论文.我只有努力工作,不然,我对不住先生."

1996 年春节是陈景润一家三口最后一个团圆年.

被抢救过来的陈景润住在北京医院,由昆和孩子节日里天天去医院和他待在一起.大年初三,陈景润精神很好,对由昆说:"给我唱首歌吧."由昆刚一开口,他也随着唱起来,他们唱了《小草》《我是一个兵》.由昆看着生命力顽强的丈夫,很是感动,她坚信随着又一个春天的来临,先生一定能再站起来.她告诉陈景润,5 月 22日,她和孩子要把他接回家给他过 63 岁的生日,陈景润高兴极了.然而,由昆万万没有想到,就在这之后不久,陈景润的病情突然恶化,高烧不退.3 月 18 日,由昆抓住不断处于昏迷中的丈夫的手泪如雨下:"先生啊! 先生! 你不能走,你一定要看着儿子长大,看着他上大学."陈景润用微弱的声音回答:"我一定! 我一定!"这是陈景润最后的话.3 月 19 日,他走了——这一天是丙子春分的前夕.

从这一天开始每个晚上,欢欢开始做功课时,由昆就会到陈景润的相片前坐下,"我要陪陪他,和他说会儿话.先生是多么不想离开这个家啊! 他没有走!"由昆常常这样静静地坐着,许久许久.

是的,陈景润没有走.63 年前,他与春天一起来到这个世界,63 年后,他又停留在春天的门槛上.他的生命与春天同在……

§3　哥德巴赫猜想①

——王丽丽　李小凝

对陈景润这样的人,成名是一种痛苦,甚至成了对他的工作的干扰.他如果不是那么大名气,可以有更多的安静的空间,有充分的时间来更好地进行他的研究.成名对他来说真是一种痛苦,一般人可能不知道,也不能理解.

我想,要是没有成名,他的研究可能要比他后来的进展深入得多.

——徐迟

陈景润的事迹公开报道之后,在社会上引起了强烈的反响,人们对陈景润评价不一.当时的《中国青年》适时开展了"在青年中可不可以提倡学习陈景润的讨论".据当时主持这次讨论的编辑回忆,开始陈景润是不同意展开这个讨论的.他说:"不要提倡向我学习,我没做什么工作,应当提倡向雷锋、王杰那样的英雄模范学习."但是讨论依然进行了,因为是否提倡向陈景润学习,已不是对他个人的评价,而是对他献身祖国科学事业,二十年如一日,含辛茹苦、坚忍不拔地走过的这条路的评价,是对他所代表的优秀知识分子的评价.讨论的结果是大家可以预想到的,陈景润不仅不是"白

---

① 摘自:王丽丽,李小凝.陈景润传.北京:新华出版社,1998.

专",而且是"又红又专"的典型.这不仅是对陈景润的承认,也是对全中国知识分子的承认.随后发表的报告文学《哥德巴赫猜想》更把对陈景润的宣传推向了顶点.

1977年11月,已经60多岁的著名作家徐迟在武汉接到《人民文学》杂志社的邀请,希望他能到北京采访一下陈景润.当他搜集材料准备采访的时候,很多人阻止他说:"算了,算了,写这样有争议的人物,没好处."后来徐迟特意请教了一位长者,问他陈景润能不能写.长者说,陈氏定理很重要,写吧.

徐迟先到数学所去见了陈景润,他"意想不到地发现,陈景润竟处身于那样尖锐的矛盾斗争的生活中,可泣,可歌"之后,徐迟去了华北油田,回来已经12月了,他开始动笔,第一个星期采访,第二个星期写作,第三个星期修改,到第四个星期,一篇《哥德巴赫猜想》已经在《人民文学》的编辑部里发稿了.

数学所的支部书记李尚杰成为徐迟的主要采访对象,他讲陈景润的饮食起居,讲陈景润的为人处事,讲陈景润的逸闻趣事,渐渐地,一个刻苦得近乎痴迷的陈景润显现在徐迟的面前."众人认为是可笑的事,实际上正说明陈景润专注得比别人深,他整个人埋在他的研究里,我没见过其他的科学家能像他这样,所以我写的时候,带着很钦佩的态度."

当时陈景润还住在那间6平方米的小屋,他推着门不让人进去,也不好意思接受采访.徐迟在整个写作的过程中总共见过陈景润两次,进过他的小屋一次.为了能采访好陈景润,徐迟先采访了与他同事的杨乐和张广厚,和他们一起归纳出采访的提纲,提纲一共三个

问题:(1)"猜想"这个题目是怎么回事? (2)"猜想"的题目怎么写,答案怎么写? (3)"1+2"的突破在哪里? 徐迟和陈景润围绕着这三个问题交谈了两三个小时,陈景润把解答这些问题的三段数学公式抄给了徐迟,正如读者看到的,徐迟在他的作品的显著位置引用了这些公式.

徐迟写《哥德巴赫猜想》的时候,并没有想到会给陈景润和他自己带来那么大的影响,他说:"陈景润拿出了成果,我只不过是给他照了相."这位 18 岁开始写作,写过诗歌,写过散文,写过小说的多产作家说:"我写得最好的报告文学是《哥德巴赫猜想》和《祁连山下》."

报告文学《哥德巴赫猜想》的发表,使陈景润在全国的影响迅速扩大,他由一位科技界的优秀工作者,成为妇孺皆知的民族英雄.就像当年向雷锋学习一样,全国掀起向陈景润学习的热潮.拗口的哥德巴赫猜想成为使用频率极高的词,几乎每个人都能说出这个世界级数学难题的来龙去脉,科学家一夜之间成为最时髦的职业.这当中有"文化大革命"期间残留的热情在作怪,人们对陈景润的崇拜也难免盲目,但是这对于纠正当年"读书无用"的观念,纠正人们心中的极"左"思想起到了不可估量的作用.

1978 年 2 月 17 日,《人民日报》《光明日报》同时转载了徐迟的《哥德巴赫猜想》.这一天,陈景润应天津科协的邀请,正在天津做报告,中午当他在李尚杰的陪同下从天津回到北京的时候,发现邮局前人头攒动,许多人在争相购买当天的报纸.当他得知大家争相一睹为快的是《哥德巴赫猜想》之后,他赶紧从人群中退了出来,连声说:"这样不好,不好."

这股愈刮愈烈的"陈景润旋风"不仅席卷了中国的大地,而且漂洋过海,震荡了另外的半球.英帝国学院的一位博士说,英数学家正设法请陈景润访英.路透社发表文章评论徐迟的报告文学.原文如下:

[路透社北京二月二十一日电] (记者克里斯托弗·普里切特)有一名在一个显然没有实际重要的问题上取得进展的中国数学家,在这里已被提高到民族英雄的地位.

报纸上对陈景润的报道,将使西方电影明星和政治家感到妒忌.最近,一篇关于他的生平和研究成果的报道,除了在一些专业杂志上刊登以外,还占去《人民日报》和知识分子阅读的《光明日报》的大部分版面.

中国人说这篇报道,使报纸像刚出炉的热饼一样,很快销售一空.它是多年来公开发表的最有人情味的小说之一.

有一个人说,"这篇报道非常动人,文字真美."他面前摊着一份《光明日报》.

关于陈的身世的报道,不仅可以使人了解中国人心目中的人情味是什么,而且展示了中国的科学在"文化大革命"时代以后的大转变.在"文化大革命"期间,科研必须产生受到赞美或者是可以容忍的成果.

陈一直在设法证明哥德巴赫猜想,这个猜想由一个德国人于一七四二年提出……

《哥德巴赫猜想》发表之后,陈景润应《人民文学》编辑部的邀请去那里做了一次客,并向徐迟和编辑部表示感谢.

此后,陈景润和徐迟保持着电话联系.1979 年之后,他们的来往渐渐少了.八届全国人代会召开的时候,徐迟作为湖北代表来京开会,因为时间紧张,他没有去看望陈景润,两人错过了最后相见的机会.

写完《哥德巴赫猜想》,徐迟还保留了一些素材,"我准备陈景润证明'1＋1'的时候追踪再写一篇,后来跟数学家们一讨论,认为这个问题非到 21 世纪才有可能解决,所以我就放下了."

关于《哥德巴赫猜想》对陈景润个人的影响,徐迟在接受《三联生活周刊》记者专访时表示:"对陈景润,这篇文章起了一定的作用,但也有许多不好的作用.因为当时影响很大,他一下子成了名人.对陈景润这样的人,成名是一种痛苦,甚至成了对他的工作的干扰.他如果不是那么大名气,可以有更多的安静的空间,有充分的时间来更好地进行他的研究.他后来有了许多社会活动,他要当人大代表,他还是一个学校的校外辅导员,而这些活动是要花很多时间的.成名对他来说真是一种痛苦,一般人可能不知道,也不能理解.我想,要是没有成名,他的研究可能要比他后来的进展深入得多."

1996 年,陈景润逝世的噩耗传来,已届 82 岁高龄的徐迟,须发皆白,他伸出颤抖的手写就了《悼念陈景润》:

　　著名数学家陈景润先生去世,这是我国数

717

学界的一个巨大损失.人们为他致哀,我也默默地悼念他.18 年前我写的一篇文章《哥德巴赫猜想》在《人民文学》1978 年元月号上发表.紧接着上海《文汇报》和党中央的《人民日报》转载了,各地党报转载了,他的事迹就为广大读者所知;当年对青少年的成长也许有过较好的影响.以后我和他再没有往来了,但我知道他很好,很忙.他自己藏起来做研究,找他也找不到.我不敢干扰他,他一直很有成绩.没有想到突然的消息传来,他已去世.

我深深地悼念他,祝他的灵魂平安!

徐迟

1996 年 3 月 21 日

湖北省作协顾问徐迟于 1996 年 12 月 12 日深夜不幸去世,享年 82 岁.

也许是一种巧合,徐迟生前的最后一位采访对象也是一位原籍福建的科学家,也姓陈,他就是北京大学副校长陈章良.从陈景润到陈章良,这位老作家似乎在用一条无形的线提示人们,在他整整 20 年的报告文学写作生涯中,他描绘了祖国春天的到来,他关注着中国科学的发展壮大.

1996 年 12 月 13 日,"徐迟同志治丧小组"在为徐迟做生平总结时,有这样一句话:(晚年的)徐迟同志痛惜时光流逝,他以一个著名作家特有的社会使命感和思想敏锐性,把目光聚集在现代化建设和科技发展上.徐迟同志以自己的创作实践再次证明,作家应当是一只预报时代精神的"晴雨表".

§4　《陈景润传》序①

——周光召

1996 年 3 月 19 日,年仅 63 岁的陈景润院士离开了我们.他走得太早、太匆忙了.他几十年超负荷地工作,对生命透支得太多了.陈景润去世前,中组部、统战部、卫生部和科学院党组和学部的领导多次到医院探望.去世还不到一个半小时,统战部常务副部长刘延东就赶到医院代表王兆国部长慰问亲属.不久,中组部、统战部和科学院的领导也来到了医院.首都各大报纸、电台、电视台都发表了消息.乔石、朱镕基、胡锦涛等中央领导同志委托秘书打来电话表示沉痛哀悼并慰问家属.温家宝同志亲笔写了唁函,用传真从外地发到北京.几天里,从他的家乡父老到全国各地的普通百姓,从他的同事友人到年轻学生,无不感到悲痛.温家宝、卢嘉锡、洪学智、朱光亚、王兆国等领导送了花圈.一位科学家的去世,牵动了众多人的心,引起这么大的反响,是罕见的.这足以说明陈景润在全国人民心目中的地位.

陈景润在学术上的成就是有目共睹的.除了在哥德巴赫猜想研究中"1+2"的辉煌成果以外,他在解析数论的其他许多重要问题,如华林问题、圆内整点和球内整点、算术级数中的最小素数、小区间中殆素数分

---

①　摘自:王丽丽,李小凝.陈景润传.北京:新华出版社,1998.

布、三素数定理中的常数估计、孪生素数、哥德巴赫例外集等问题的研究中，获得多项重要成果，做出了不可磨灭的贡献. 他的学术成就为国内外所公认，先后获得全国科学大会奖、国家自然科学一等奖、华罗庚数学奖、何梁何利基金奖等重大奖励.

陈景润具有强烈的爱国精神和民族精神. 他在国际科学前沿争得了一席之地，为中华民族争了光. 他不愧是新中国培养的知识分子中最杰出的代表之一，是我们民族的骄傲. 1974 年，国际数学家大会在介绍意大利数学家朋比尼获数学菲尔兹奖的工作时，特别提到"陈氏定理"作为与之密切关联的工作之一. 陈景润本人曾两次(1978 年和 1982 年)收到国际数学家大会做 45 分钟报告的邀请. 美国普林斯顿高等研究所曾两次邀请陈景润去做访问研究. 毛泽东主席、周恩来总理和邓小平同志都曾亲切关心过陈景润的工作和生活. 他的事迹和拼搏献身的精神在全国广为传颂，成为几代青少年心目中传奇式的人物和学习的楷模. 对于振兴我国的教育和科技起到了巨大的推动作用. 这是陈景润在学术领域以外的一大贡献.

陈景润的敬业精神，更使他对数学的迷恋和热爱达到了如痴如醉的程度，数学研究几乎是他的全部生活和精神寄托. 他的生命早已和数学融为一体. 他心里装着非常宏伟的目标，在实践中则一步一个脚印，一步一个台阶. 他有着超人的勤奋和顽强的毅力，多年来在极为艰难的条件下，孜孜不倦地致力于数学研究，废寝忘食，每天工作十几个小时，常常通宵达旦. 无论是在"文化大革命"中受到不公正对待，还是遭受疾病折磨时，他都没有停止过自己的追求. 他的生活则是简单到

了不能再简单的地步.

　　从 20 世纪 70 年代后期到 20 世纪 80 年代中期,他已是闻名全国的学者、全国人大代表.在参加一些重要会议时,他仍停不下手头的研究.为了不影响别人休息,他常常深夜到有灯光的走廊或厕所去看书,使许多与会者既惊讶又钦佩.在住院治疗期间,他也不间断研究工作.医生给他扎针,他不让往右手扎,他说他还要用右手写字.同志们去探望,劝他放下工作,安心养病.他总是摇摇头,说他离不开数学.到了生命的后期,他已不能握笔,不能清晰地发声,但仍用僵硬的手势和含混的语言,和他的学生探讨数学问题.这需要何等的毅力!他的成就是刻苦攻读与钻研的结晶,是用心和血铸成的.

　　正是这种精神使他登上了一座座数学的高峰.在他用筛法证明"1+2"之前,数论专家曾普遍认为,要想沿用已有的方法(包括筛法)来证明"1+2"是不可能的.而陈景润居然对筛法敲骨吸髓,做了重大改进,使其效力发挥得淋漓尽致,从而震撼了国际数学界.这不能不使全世界的同行惊羡不已,难怪许多来华访问的外国著名数学家,都要求亲眼见一见这位中国的数学奇才.去年德国一位资深数论专家访问数学所,特地带来哥德巴赫当年致欧拉信的复印件和英译文,装入镜框赠送给数学所,并说:"如果哥德巴赫在世,他一定会访问中国,访问北京."

　　陈景润学风非常严谨,对就是对,错就是错,绝不含糊.他的谦虚谨慎,更为科学界称道.他从来不说自己的工作有多重要,从来没有去争什么奖项.对他工作的高度评价都是国内外专家做出的,他所获得的奖励都是组织上替他申请的.工作自己做,评价由别人,这是他的哲学.反映了他对学术成果评价的严肃态度.有人问他,你认为你最重要的工作是什么? 他说,可能是"1＋2"吧,但也不一定.他的心思已经瞄准了下一个目标.

今天我们纪念陈景润,具有很强的现实意义.如果说陈景润的学术成就只有很少人能够达到,那么对于他的敬业精神则是我们每个人都应该学习的.陈景润视事业如生命的献身精神,他追求真理、勇攀高峰、勤于探索、精益求精的创新精神,他甘于寂寞、安贫乐道、脚踏实地、艰苦奋斗的拼搏精神,他的科学道德、严谨学风以及谦虚谨慎的精神,是我们宝贵的精神财富.不仅科技人员要学习陈景润的精神,各行各业的人员都应该学习这种敬业精神.对于年轻人来说,这一点尤为重要.陈景润虽然走了,但是在他身上集中体现的我们中华民族的优良传统和作风必将继往开来,发扬光大.

陈景润院士永垂青史.

1997 年岁末

§5 "1＋1"之外的陈景润[1]

——林融生 陈强

提起陈景润,几乎无人不晓.可近年来被帕金森综

---

[1] 原载于《福建日报》,1991 年 10 月 12 日.

合征困扰的陈景润,一再谢绝记者采访,使得许多人对他的印象仍然停留在当年的"6 平方米"和"1＋1"上.

那么,陈景润近况如何？他真的像外界盛传的那样,只知做学问而不谙人情世故吗？

初秋时节,我们满载乡情进京,叩开了这位福建籍数学家的家门.

迎候的是陈景润的夫人由昆.

换鞋步入明亮的客厅,陈景润如约在沙发上等候我们.他正和不满 10 岁的胖儿子陈由伟一块儿看连环画呢！

"请坐！请坐！"陈景润高兴地朝我们打招呼,只是显得有点拘谨.他依然留着常见的小平头,只是有了些许老人斑和丝丝白发,仍然是那熟悉的福州乡音,只是吐音有些含混不清.

随之而来的是握手、寒暄、交谈,普通话、福州话、英语交替使用,你来我往,四周环绕着亲切、谦和的气氛.学者的严谨、贤者的豁达、智者的敏锐同时在他身上显现出来.

交谈过程中,陈景润不时吃力地闭起双眼,用手紧紧摁住额头按摩,待喝了夫人递上的茶水后,才缓缓睁开眼来.由昆说:景润这症状,源于 7 年前在街上被自行车撞倒后诱发的帕金森综合征.

可想而知,病魔给陈景润的工作和生活带来了多大的苦楚和困难！

好在陈景润有个懂医的夫人.由昆是北京 309 医院放射科主任医师.每天下班回家,她都要为丈夫做上半小时的理疗,并督促他做模仿骑自行车、划船之类的体育锻炼,如今,陈景润的病情已得以有效控制,比别的同类病患者恢复得好.

"妈妈经常买些爸爸喜欢吃的东西,像绿豆糕!爸爸爱吃红萝卜,妈妈怕他咬不动,就特地煮得很烂很烂."虎头虎脑的陈由伟亲热地凑到我们耳边说.

陈景润用脑过度,每天需要补充高蛋白.由昆白天忙于上班,就叮嘱生活秘书每天早上为陈景润准备牛奶、鸡蛋,中、晚餐煮他喜欢吃的稀饭(陈景润还保持福建人的习惯),但必须有肉类和菜类."我们每月的工资基本上都花在吃上了",由昆说罢,又为陈景润倒满茶水,双手捧到他的唇边.当我们夸奖她贤惠时,这位夫人笑了笑说:"每个妻子都会这样做的."

陈景润中年得子.儿子和他都属鸡,两人相差48岁."小鸡"和"老鸡"的性格差异太大了.父亲少时是个公认的"书呆子",儿子却活泼淘气.据由昆介绍,小由伟已是中关村第三小学四年级的学生,成绩良好.这孩子聪明而粗心.比如数学吧,不该丢分的他丢了,可大多数同学做不来的附加题,他倒会做.景润曾试图教他数学,可儿子难以接受数学家的高深讲解,只好另请家庭教师了.

由伟见大家在谈论他,便跑回卧室拿出一大沓彩照.这是他们全家前不久上长白山度假时拍摄的.由伟特地从中找出几张他的"杰作"叫我们看,拍得还真有点"味"呢!

值得一提的是,这个小朋友口才特棒.他常常将在外界的所见所闻加上自己的联想,"胡编乱造"一番说给父亲听,逗得陈景润咧嘴大笑.

我们忙里偷闲,看清了整个房间的格局:四室一厅,面积在100平方米以上.墙上贴墙纸,地上铺地毯;

彩电、冰箱、洗衣机、电话、煤气炉、排油烟机等现代化设备,同样进入了这个数学家的小天地.

由昆告诉我们,类似的套房在中关村只有 20 多套,都是分给年老资深的科学家的,58 岁的陈景润算是其中最年轻的住户了.他从当年的"6 平方米"搬进专家楼,还是邓小平同志特批的呢!

的确,国家对陈景润这个"国宝"关怀备至:让他在家里自行安排工作时间;特地拨给一笔专项护理费;请了一位生活秘书照顾日常生活;指定医生定期上门检查身体.此外,一些友人、企业也不时为他提供帮助.而对这一切,陈景润觉得受之有愧,他说:"我做得很不够."

虽然陈景润比由昆大 17 岁,但他们结合 11 个年头,很少闹别扭.如果说夫妻间有什么不愉快的话,其中之一就是陈景润"太固执",不顾病体"开夜车".

从这种意义上说,身患顽症的陈景润依旧是当年的陈景润.他晚上很少在一两点钟前关灯.这个老规矩,连他的爱妻也破不了.

"妈妈经常半夜起来,看爸爸休息了没有.看到爸爸书房灯还亮着,就叫:'景润、景润,快去睡,明天再写吧!'"小由伟乘妈妈到厨房拎开水的瞬间,赶忙把一些内情透露给我们:"有一回,爸爸没听妈妈的话,继续在写他的数学公式,结果妈妈火了,把我都吵醒了!"

病魔破坏了陈景润的运动系统,但他的数学头脑却奇迹般地完好无损.有一次,家里电话号码簿丢了,由昆急得团团转.没想到,陈景润居然把家里常用的电话号码全记住了.问一个,随口就能说出一个.从此,陈景润成了家里的活电话簿了.

陈景润仍然倾心于老课题——哥德巴赫猜想. 他当年关于"1＋2"的论证, 目前在国际上仍处于领先地位. "愈逼近极限, 难度愈大, 虽然全世界许多数学家都在努力摘取这项桂冠, 但用传统的数学方法证明'1＋1'已行不通, 关键要找到一种全新的方法. 这就好比, 用肉眼无法观测外星球, 用电子望远镜才可能办到. 可至今尚未有人找到类似电子望远镜的新手段……"陈景润尽量用通俗的语言介绍这个人们陌生的领域.

独自攀登数学"珠穆朗玛峰", 对体弱的陈景润来说, 显然有些力不从心了. 他必须寻找合作伙伴, 尽快把自己的思路化为铅字公之于世. 近年来, 他所培养的 3 名博士生成绩斐然, 在中科院数学研究所众人皆知. 他单独与他人合作在国内外权威刊物发表了 40 多篇论文, 还出版了两本有关解析数论的专著.

陈景润过于老实厚道, 有时也让夫人难以接受. 他被自行车撞到这等地步, 对方单位要处分闯祸的小伙子, 他却三番五次替人家求情, 说那是"无意的"; 住院没几天, 就急着出院, 他担心的是小伙子家里负不起医疗费哪!

一位在"文化大革命"中毒打过他的同事准备出国留学. 此人请陈景润为他写推荐信, 陈居然爽快地答应了. 由昆对此颇有微词: "人家过去虐待过你, 你还对人家好?"陈景润憨笑着说: "过去的事过去就算了, 人家的前途还是要关照的."

谈起这些"傻"事, 夫人不免要瞪他一眼. 但对陈景润参与公益慈善活动, 夫人则热心支持. 陈景润捐献给老家福州郊区胪雷村建礼堂的 200 元钱, 及寄给经济拮据的同窗好友的款子, 都是由昆亲自到邮局汇出的.

时间已近 22 点,不便过分打扰陈景润,我们起身告辞.陈景润颤巍巍地站起来,坚持要和家人一同送我们到楼道口.他双手分别紧握我们的手,希望通过本报向关心他的父老乡亲们问好.我们衷心祝愿这位数学巨子健康长寿、家庭幸福、多出成果.相信广大读者与我们有着共同的心愿.

§6　他在喜马拉雅山巅行走①

——沈世豪

雪峰,冰川,晶莹剔透的神话世界.

1972 年,经过九九八十一难的陈景润终于登上喜马拉雅山山巅了.他用独特的智慧和超人的才华,改进了古老的筛法,科学、完整地证明了哥德巴赫猜想中的"1+2".1966 年,他曾证明过,其时,洋洋洒洒的 200 多页论文,烦琐且不乏冗杂之处,《科学通报》发表的仅是一个摘要式的报告,而现在,一篇流光溢彩、珠圆玉润的惊天动地之作,就揣在陈景润的怀里.

他无限喜悦,恰似兀立这世界罕见的绝顶,览尽绮丽风光.远天如画,骄傲的白云,极为温顺而优雅地簇拥山前.黄河,长江,还有中华民族的脊梁长城呢? 它们化为了奇峰绝壁中遗落的传奇? 还是以不屈的英姿,托起了这几乎是亘古不凋的丰碑?

同时,他也感到莫名的忧虑.林彪自我爆炸之后,

---

① 摘自:沈世豪.陈景润.厦门:厦门大学出版社,1997.

中国政坛发生了强烈的震撼.不愧是一代伟人的毛泽东,以力挽狂澜之势,"解放"了175位将军,并于1973年4月,开始启用邓小平,虽然,极"左"思潮并没有得到根本的纠正,"四人帮"仍是甚嚣尘上,但滚滚寒流中,已经可以预感到不可遏制的春天的气息."老九不能走",毛泽东一句诙谐的话语,使处于逆境中的知识分子强烈地领略到阳光的和煦和明媚.陈景润并不完全了解中国当时的政治气候,他从周围人们的神色和对他的态度中,已隐隐感觉到,局势已经相对宽松一些了.毕竟是受过严重冲击,并且声言再也不搞业务的人,心中的余悸并未完全消失.他私下里对要好的朋友透露:"我做了一件东西,不敢拿出来."

没有不透风的墙,陈景润的秘密终于暴露了.当时,派驻中国科学院的军代表负责人是一位将军,久经战阵的他也得知了消息,沉着地告诉部下,尽量动员陈景润拿出来,八年过去了,"文化大革命"大乱,相当于打了一场抗日战争,科学领域已鲜见奇葩异草,正直的人们,同样渴望那能引来百花盛开的一枝独秀.

陈景润是谨慎的.他把这一"稀世珍宝"交给自己最信任的北京大学教授闵嗣鹤先生.闵先生在北大曾开过"数论专门化"的研究生课程,培养了曾攻下哥德巴赫猜想"1＋4"的潘承洞等奋发有为的一代中年人,更重要的,闵先生一贯为人厚道、正派,是个德高望重的数学界前辈.

命运同样钟情陈景润,当时,闵嗣鹤先生的确是审定这一论文的最理想人选.不过,当时闵先生已经得了病,他心脏不好,体力衰弱,他把陈景润的论文放在枕头下,靠在床上,看一段,休息一会.老学者是极端认真

的,每一个步骤,他都亲自复核和演算.犹如登山探险,沿着陈景润的脚印和插上的路标,他抱着病躯,喘着气,一步一步地往前走.风雨兼程,实在坚持不住了,坐在冰冷的石头上歇一会,咬着牙,又往前走.可敬可佩的闵先生,用生命之火的最后一缕光焰,点亮了陈景润的前程和中国科学的明天.

经历三个月,闵先生已是精疲力竭,他含着满意的笑容,向陈景润说道:"为了这篇论文,我至少少活了三年."

陈景润的眼圈红了,嘴里不住地说:"闵老师辛苦,谢谢闵老师."

数学所的王元,也独立审阅了陈景润的这篇论文.王元在"文化大革命"中同样受到冲击,无端被诬为一个所谓反革命小集团的成员之一.他和陈景润同辈,在冲击哥德巴赫猜想过程中,同样有过辉煌的战绩,他证明过"3+4""2+3""1+4",为了慎重起见,他请陈景润给他讲了三天,并进行了细致的演算,证明了陈景润的结论和过程都是正确的,在"审查意见"上写下了"未发现证明有错误"的结论,支持尽快发表陈景润的论文.

事实被不幸言中,闵嗣鹤教授在审核完陈景润的论文不久,因病而不幸去世.陈景润闻讯悲痛万分,他痛楚地对同事说:"闵先生是好人,今后,谁来审我的论文呢?"

《中国科学》杂志于 1973 年正式发表了陈景润的论文《大偶数表为一个素数及一个不超过两个素数的乘积之和》.这就是哥德巴赫猜想"1+2",该文和陈景润 1966 年 6 月发表在《科学通报》的论文题目是一样的,但内容焕然一新,文章简洁、清晰,证明过程处处闪烁着令人惊叹的异彩.

　　世界数学界轰动了.处于政治旋涡中的中国数学界,尚未从浓重的压抑中完全解放出来,但不少有识之士已经看到了陈景润这篇论文的真正意义:它是无价之宝! 是一颗从中国大地升起的华光四射的新星.

　　密切关注陈景润攻克哥德巴赫猜想"1＋2"的外国科学家,看到这篇论文以后,真正信服了.世界著名的数学家哈伯斯坦从香港大学得到陈景润论文的复印件,如获至宝,他立即将陈景润的"1＋2"写入他与里切特合著的专著中.他们为了等待陈景润对"1＋2"的完整证明,把已经排印好的该书的出版日期推延了数年之久.在该书的第十一章即最后一章,以"陈氏定理"为标题.文章一开始,就深情地写道:

　　　　我们本章的目的是为了证明陈景润下面的惊人定理,我们是在前十章已经付印时才注意到这一结果的;从筛法的任何方面来说,它都是光辉的顶点.

　　陈景润喋血跋涉的精神,感动所有深知其艰辛的人们.华罗庚在"文化大革命"中久经"四人帮"一伙的迫害,处于逆境之中.他得知陈景润的情况,这位提携了陈景润,并培养了不少出类拔萃学生的数学大师,一生严谨,轻易不评价他的学生,也压抑不住内心的激动,说道:"我的学生的工作中,最使我感动的是'1＋2'."美国著名的数学家阿·威尔在读了陈景润的一系列论文,尤其是关于哥德巴赫猜想"1＋2"论文以后,充满激情地评价:

　　　　陈景润的每一项工作,都好像是在喜马拉
　　雅山山巅上行走.

　　震惊海外的社会效应,在当时相对封闭的中国,许
多普通老百姓是不清楚的.陈景润的知名度,主要源于
徐迟的那篇著名报告文学《哥德巴赫猜想》,陈景润为
中国人赢得了无比的自豪和骄傲.在《中国科学》上刊
登了他的那篇著名论文后,他第一个想到的,并不是接
踵而至的荣誉和鲜花,而是培养了他的老师和给予他
帮助和支持的同事、朋友.他恭恭敬敬地把论文寄给远
在厦门大学母校的老师们,并在篇首题上表示感激的
话语和名字.或许,是经历了太多的患难和逆境,陈景
润把由此而来的名利、荣誉、待遇看得很淡.他仍是穿
着已经褪色的蓝大褂,看到同事,仍是闪在一旁,率先
问好,或表示谢意.一场大战过后,捷报飞扬,并传及海
外,在陈景润的目光中,一切仿佛都是那么平常,那么
顺其自然.他依然节俭得让人感到过分.唯一奢侈的
是,不忘记在竹壳热水瓶中放下几把药店中买来的最
便宜的参须.

　　1973 年是不寻常的.表面上的特殊平静,往往预
示出人意料的高潮.黄钟大吕,在有着五千年文明历史
的中国,并不至于会那么平淡无奇地消融在飘逝的岁
月里.尽管,"文化大革命"此时并未结束,中国正处于
一种政治上的非常时期,但光明和真理依旧倔强地展
现出那不可战胜的伟力.以毛泽东同志为首的中国共
产党人如擎天大柱,撑起科学的蓝天.

　　陈景润是个传奇式的人物,他是新中国培养的第

一代大学生,由哥德巴赫猜想引发的传奇,以常人无法预料的情节,揭开了更为波澜壮阔丰富多彩的一页.或许,只有生长在中国的陈景润,才有幸享受和领略如此的幸运.

§7　陈景润尊师的故事[①]

—— 张飞舟

4 月的厦门,火红的木棉花开得那样美,那样艳,春天给人们带来了无限的喜悦……

在厦门大学的校园里,师生之间相互传递着一个消息:厦大骄子——陈景润要回校参加 60 周年的校庆活动啦!

他确实回来了.这位 24 年前毕业于厦门大学的数学家,带着对母校的思念,带着对曾经培育他的师长们的深情厚谊回来了.

5 日下午 5 时 35 分,当 175 次列车在厦门车站徐徐停稳后,只见身穿半新蓝色中山装、戴着白边近视眼镜、理着平头的陈景润,从 11 号硬卧车厢走下来.他向欢迎的人们说的第一句话是:"我非常高兴回到我的母校来."他像久别家园的游子回到母亲身边一样,显得格外快乐和激动.他说,在厦门大学学习,是我一生中最难忘和最最幸福的时期.每当我回忆起在厦大当学生时的美好情景,我永远不会忘记教过我的老师.我非

---

① 原载于《中国青年》,1981 年第 15 期.

常尊敬这些热心教育事业,给我以谆谆教导的老师们,
是他们给予我许多的指导和帮助.从离开厦大到现在,
我每时每刻都怀念着我亲爱的母校,怀念着教过我的
老师……"

　　被人们誉为"懂得人的价值"的著名经济学家、厦
门大学的老校长王亚南,曾经对陈景润给了无微不
至的关心和爱护.陈景润重返母校,格外怀念这位已故
的老校长.校庆活动安排得满满的,有一天早晨,陈景
润四点多钟就起了床,匆匆用过早餐,便乘汽艇赶往鼓
浪屿.天刚蒙蒙亮,他就来到王亚南校长的家里.一进
门,他紧紧握住年已七旬的王师母的手,无限深情地
说:"我非常非常的想念王校长,非常感激王校长对我
的培养和教育."王师母拉着他的手慈爱地说:"我们在
报上看到了你的照片,听到你的消息,感到特别亲切.
假如他今天还活着,一定也是很高兴的."陈景润来到
王校长的遗像前,与王师母一起回顾那令人难忘的往
事:王校长当年生动活泼的报告,拄着拐杖、打着雨伞
走访学生宿舍的身影,大清早和陈嘉庚老先生察看礼
堂工地的情景.20 多年前的事了,陈景润今天讲起来
还是那样熟悉,就像发生在昨天一样.他讲着讲着,眼
里噙满了泪水.1969 年 11 月 13 日王校长去世的时
候,他正在"专政队"里,后来是从一位校友那里知道了
这一噩耗,这位冷静的数学家再也抑制不住内心的悲
痛,潸然泪下,痛哭了一场.王师母曾给他寄过一张王
校长的遗照,可惜他没收到.陈景润说:"我心里急得要
死,好几次到那信海中去翻找,结果都没找到."他恳求
王师母再送给他一张以作永久纪念,王师母满足了他
的要求.临别时,陈景润奉献给王师母一套国画图片.

733

校庆大会那天上午,陈景润和大家一起前往会场.当人群匆匆走过数学馆的时候,忽然间,陈景润在另一大群人中发现了李文清教授."是他!"陈景润冲过人群,三步并作两步直向李教授奔去,紧紧握住李教授的手,激动得说不出话来,半分钟左右,才说:"先生,我一定来看您!"两天之后,陈景润果然出现在李教授家中.李教授曾经是陈景润向"哥德巴赫猜想"进军的启蒙老师,陈景润非常尊敬和感激他.陈景润说:"我到北京后,一直想着老师的培养和教育.现在搞研究工作,总觉得以前老师的指导和培养是非常重要的.基础是老师帮我打下的."他还把最近发表的数学论文送给李文清教授审阅,并在论文的扉页上工工整整地写下:"非常感谢我师的长期指导和培养——你的学生陈景润."

方德植教授早年毕业于浙江大学,1943 年到厦大任教,1952 年担任数学系主任,亲自教授"高等微积分"等三门课程.他严谨治学的态度,一直受到陈景润的敬仰.陈景润这次回母校,沿途有很多单位邀请他做学术报告,由于时间紧,他都一一婉言谢绝,唯独在浙江大学作了短暂的停留.有人不解地问起这件事,陈景润回答说:"因为那是我老师读书的地方,是培养我老师的学校,我怎能不去看看呢?"有谁能想到,这位著名的数学家,对老师的母校也如此尊重!

陈景润回到厦大,又来到方德植教授家拜访.他认真端详着方先生的慈容,慢悠悠地回忆说:"那时,我见先生头上只有一点白发,不像现在这么多哟……""我看到先生身体这么好,还是很健康,我心里真高兴呀!"师生两人哈哈大笑起来,笑得是那样快活.方教授望着这位已获得突出成就而对老师又如此恭敬的学生,心

734

里暖烘烘的.他不由得又想起这位学生的一件往事：那是 1977 年,方德植教授到北京编写教材.陈景润听说后,立即打电话给方教授,但未联系上.陈景润在时间上是非常吝啬的,可是用来接待老师,他却格外大方.从中关村到方教授的住处,路上要花一两个小时,他先后五次前去探望.第一趟去时,他早上八点多钟就到了,不巧方教授外出,他一直等到十二点,中午随便吃了点东西,又继续等到下午两点,仍未见到.因为下午有事,他只好遗憾地回去了.尽管在北京他这样热情地接待了老师,陈景润心里仍觉得不够周到.当方教授回到厦大不久,就接到陈景润寄来的一封道歉信.信中这样写道："从我师到北京这一段时间内,生由于各方面的工作很多……生在招待我师方面很不周到,望我师原谅."为了让年迈的老师看得清楚,陈景润把稿纸上的两格当作一格用,字写得一笔一画、端端正正,"生"字写得特别小,以表示对老师的敬意.

　　一个辛勤园丁的快乐,莫过于看到自己亲手培植的幼苗开花结果,一位毕生执教的老师的慰藉,莫过于看到自己的学生在事业上取得突出成就.这位既有成就又如此谦虚的学生带给老师的,又何止是慰藉呢！

§8　陈景润同青少年谈怎样学好数学①

——邵森　林玉树

前不久,我们到中国科学院数学研究所,访问了著名数学家陈景润.他十分热情地把我们拉到他的办公室,指着放在桌上新收到的一大堆来信说:"看,最近全国各地给我的来信更多了,其中大部分是青少年朋友们写的,他们在信中都热烈希望我谈谈怎样学好数学的问题,不知道你们对这个问题有没有兴趣?"

当陈景润听说我们这次来正是要采访这方面的问题以后,便滔滔不绝地谈起了数学在工农业生产中的意义和学习数学的正确方法.

陈景润说,要学好数学,首先要明白数学的意义.在自然界中存在着大量的数和图形,比如一个人、二个人、三个人……其中的一、二、三这就是数.又比如,我们在生活中见到的圆形、三角形、正方形这就是图形.数学与人类生活密切相关.人类在同自然界的斗争中,在生产实践中,不断地总结经验,逐步形成了数学这门学问.现在,在小学里,算术是重要的课程之一;在中学,数、理、化也是课程中最主要的部分.如果数学学不好,那么物理、化学也不可能学好.在理工科大学中,数、理、化更是重要的基础课程.总之,不论在大学,还是中小学,把数学作为很重要的课程是很有道理的,很

---

① 原载于《光明日报》,1978 年 5 月 22 日.

符合实际的.当前,由于数学与四个现代化关系非常密切,所以,我们要特别下功夫把数学学好.数学搞得好不好,对农业、工业、国防和科技现代化有着很大的影响.在工农业生产中我们都希望能多快好省地完成任务,但是在现有条件下,如何合理安排生产过程,使产量最高,质量最好,使消耗费用最小,而又能在最短时间内完成任务,这就需要数学的理论指导和数学的计算,所以数学对社会主义建设事业具有重要的意义.这些情况说明,要实现四个现代化,数学必须大踏步地赶超.怎样才能实现赶超呢? 首先必须依靠党的领导和坚持社会主义道路.同时还要培养出千百万又红又专的青年一代科学家,形成一支宏大的科学工作者队伍.希望寄托在青少年身上.

谈到这里,陈景润说:"有的青少年朋友一时学不好数学,就觉得自己脑袋笨.真是如此吗? 不是的!"我们中华民族是十分勤劳、勇敢、聪明的民族.我们一点也不比外国人笨! 自古以来,我国人民对数学发展曾做出光辉的贡献.谈到这里,他突然问道:"你们听说过这样一个题目吗? 现有一百元款,要买一百只鸡,已知大公鸡每只五元,母鸡每只三元,小鸡每三只值一元,问一百只鸡中,大公鸡、母鸡、小鸡各有多少?"

我们回答不上来,在静静地等待他继续说下去.

他接着说:"这叫作百鸡术,是我国古代人民提出的.很出名呢! 还有圆周率($\pi=3.141\ 592\ 6\cdots$)、孙子定理和商高定理,这些成就的取得都远比西方早.只是近百年来,由于反动的封建统治,以及帝国主义的侵略,我们才落后了.新中国成立后,在党的领导下,我国数学工作又有了较大的发展,我们正在努力赶超世界

737

先进水平. 但是, 前几年由于'四人帮'的干扰破坏, 本来已经缩短了的距离又拉大了. 粉碎'四人帮'后, 数学工作又出现了万马奔腾、踊跃向前的新局面. 我们一定要有民族自豪感, 要坚定地树立起赶超世界先进水平的信心. 绝对不能因为碰到一些暂时的困难, 就认为自己脑袋笨, 就丧失攻关的勇气."

陈景润之所以取得重要成就, 完全是由于长期努力、刻苦钻研的结果. 他告诉青少年们: 要学好数学, 攀登科学高峰, 没有什么捷径走. 唯一可行的办法是勤奋! 千里之行始于足下, 涓涓细流汇成江海. 不下死力气、不做硬功夫, 要学好数学是不可能的, 要攀登高峰更是办不到的! 当然, 除勤奋之处, 还得注意学习方法, 争取做到事半功倍.

怎样运用正确的学习方法呢? 陈景润一会儿坐着细心地向我们讲述道理, 一会儿又站到黑板前, 为我们举例说明. 听着他的话, 就好像跟着他在数学的花园中漫步一样. 他说:

"第一, 要学好数学, 首先要牢固地掌握基本概念. 正确理解数学的基本概念之所以重要, 是因为它是掌握数学基础知识的前提. 犹如建筑房子一样, 基础打得牢靠, 造出来的房子才牢固. 打基础的最好办法是反复地学习基本概念. 既不要以为基本概念很抽象, 难理解, 而轻易地把它放过去, 也不要以为它很容易懂, 而不肯去深入理解. 万事开头难, 入了门就有了主动权. 应当尽一切力量, 争取早日入门. 千万不要轻视简单的东西, 一定要在一门新课、一个新篇章的开头多下功夫. 比如, 在几何学中, 角的概念是基本的. 老师说, 不能用直尺和圆规经过有限次的步骤三等分一个任意

角,而用别的工具是可以做到三等分的,有的同学却不注意.过了一些日子,他告诉老师,他三等分了一个任意角.问他用什么办法? 原来他除了用直尺和圆规以外,还用其他的工具.这是没有意义的工作,结果白费了时间.基本概念掌握不牢,真是害死人呐!

"第二,数学研究和其他科学研究一样,要实事求是,循序渐进,按部就班地前进.只有一步一个脚印,学得扎扎实实,才可能逐步提高.以解方程为例,如果一个同学连一元一次方程 $x+5=0$ 都不会解,他怎样能解二元一次方程组呢? 因后者经消元之后就是一元一次方程,对此,他一定会感到束手无策,只好尽弃前功了.当然,在熟练掌握基本概念的前提下,最好能再选做一些难度高一些的习题,以利于训练思维和逻辑推导的能力.

"第三,要注意培养良好的习惯和作风.学习中一定要做到专心致志,上课听老师讲解要全神贯注;下课复习、做题、阅读参考书籍也要精力集中,争分夺秒.同时,要注意用新学到的知识去巩固旧知识,加深理解,这样一环套一环,必定获益无穷.比方,在上中学时,注意用代数的方法去解算术题,在上大学时,注意用大学所学的知识去解中学学过的知识,做起来非常方便,而且印象深刻.中学生背两角和的正弦、余弦公式,感到很挠头,证明也不简单.如果上大学以后,用复数的概念来证明一下,就会轻而易举地掌握它了.

"第四,要多做习题,要独立思考,自己动手.在做出一道较难的习题以后,还要回想一下,这道习题的难点和关键点在什么地方? 有没有其他简单的解法? 例如:9 999×999,如果使用一般的计算方法,非常麻烦,并且可能算错. 但是如果改写成为 $9\ 999\times(1\ 000-1)$, 那么这样算起来就很简单了, 并且不容易出错. 做习题时, 不要死套公式, 要注意灵活应用. 例如, 解方程式 $(x-4)^2=25$, 如果死套公式, 就是: $x^2-8x+16=25$, 运用一元二次方程 $ax^2+bx+c=0$ 求根的办法, 经过较繁的计算, 求得 $x_1=9,x_2=-1$. 而简单的办法是方程两边开平方: $x-4=\pm5,x_1=9,x_2=-1$, 一步得出结果, 并且不容易错. 无论是计算题或证明题, 都要力争不出错, 如果出了错, 要自己想方设法找出原因来, 总结教训, 不再重犯.

"第五, 要练好基本功. 学习一个定理, 首先要搞清楚这个定理的已知条件是什么, 定理中所要证明的结论是什么, 每一步推理都要论据充分, 十分严谨, 绝不能马马虎虎. 以角度的量度为例, 常见的有 60 分制, 即周角的 $\dfrac{1}{360}$ 称为 $1°$, 另一种是弧度制. 这两种单位各有长处和短处, 在不同情况下应当适当地选择相应的单位, 这样计算起来就简单了. 陈景润曾经问过一些同学, $\cos 90$ 等于多少? $\sin 90$ 等于多少? 回答是 $\cos 90=0, \sin 90=1$. 显然, 这是错误的. 为什么呢? 只要基本功学得好, 一看就明白了."

陈景润同志一再要我们转告青少年朋友们, 学数学千万不可好高骛远. 有的人基础知识还没学好, 就去钻研费马问题; 还有的人向他报告 "1＋1" 问题已经证明成功, 实际上却是错的. 这种学习方法, 无异于奢望骑自行车去月球旅行, 是达不到目的的. 我们希望这些不肯用气力, 企图轻易取得成绩的同学, 能从这次谈话中得到启示.

§9　我所了解的陈景润[①]

——张新学

3 月 19 日晚 7 点,陈景润的夫人由昆给我打电话,告诉我陈景润因病医治无效,不幸逝世的噩耗.悲恸之余,我又一次回忆起去年采访陈先生的情景.

9.1　为陈景润摄影

1995 年 11 月 4 日下午,在北京中关村医院 7 号病房,我拜访了曾以"1＋2"在哥德巴赫猜想研究方面取得了迄今为止世界上最好成果的著名数学家陈景润先生.

深秋时节,室外已经有了几分寒意.陈景润身着休闲服,在妻子由昆和一位姓季的老人陪伴下,静静地在病房中休息着.

自 1984 年陈景润被确诊患有帕金森综合征以来,他经常往返于各大医院之间.现在,陈景润生活不能自理,无法独立行走,双手手指已经弯曲,肌肉部分萎缩,语言表达相当困难,但他的思维还是相当敏捷的.

当中科院的柏万良向陈景润介绍说,张先生是专门拍摄名人肖像的摄影家,我们特意请来为您照相时,他那有时很费劲才能张开的双眼睁了开来.我看到,虽然多年来病魔摧残着他的身体,但那双黑边镜框后面

---

①　原载于《光明日报》,1996 年 3 月 25 日.

的眼睛,依然闪烁着智慧的光芒.

在我当天的安排中,采访陈景润后,要到著名古人类学家贾兰坡和老作家叶君健先生家分别送去我为他们拍摄的 24 寸放大照片. 这时,由昆建议让陈景润看看两位老先生的大幅彩照,陈景润看到照片,眼睛睁得大大的,口中喃喃地说着:"贾—兰—坡,我—认—识!"

由于天色较晚,病房的光线暗了下来,使我这个惯于用室内自然光拍摄人物肖像的人无从下手,我只好和由昆约好第二天再来拍摄.我们向陈景润道别,他望着我们,用不能伸直的手紧紧握住我的手,说:"谢—谢—你,谢—谢—你."目送我们离去.

11 月 5 日上午 9 点多,我们再次来到病房,陈景润穿着一件大红色的毛衣由昆及 14 岁的儿子陈由伟在一起,等待着为他照相.在陈景润和家人的配合下,照片拍得很成功.几天后,我为他送去照片,陈景润抓到手里连声说:"好—好—好!"露出满意的神情;当他看全家的合影时,又是那样的迫不及待,流露着对妻儿深沉的爱.

9.2　陈景润的恋情

由昆是中国人民解放军某医院放射科主任.谈起夫妻感情,可以看出她是那样深深地爱着自己的丈夫陈景润.

那是 1978 年,由昆在解放军湖北某部工作,领导安排她到解放军 309 医院学习,正巧,陈景润也在 309 医院高干病房住院.有一天,由昆值班,陈景润来到值班室,问她,你爱人在哪个单位? 由昆说我还没有结婚呢.陈景润又问你有没有男朋友,由昆顺口答应道没

有.陈景润没再说什么就走了.

一天,由昆在医院的一处平台上学习英语 900 句,陈景润走过去说,我们一起学英语吧,这样进步快.由昆不解地说,你学你的,我学我的,干吗要在一起学呢?陈景润说还是一起学好,而且坚持要由昆到他病房学英语.由昆说那可不行,院里有要求,不许打扰你,陈景润讲没关系.后来,在一起的学习中,陈景润向由昆表露了爱慕之情.

由昆非觉吃惊,无法接受这个现实.自己是个年轻医生,而陈景润是中外知名的大科学家,这怎么可能呢? 可陈景润是那么执着地爱慕着由昆,由昆只好给自己的家人写信,请他们出主意.她父亲为此写了长达十几页的回信.在信中,父亲告诉她,陈景润是认真的,建议由昆不要拒绝命运多舛的陈景润,不要伤他的心.陈景润性子更急,没等由昆家人回信和由昆明确答复,对由昆说就这么定了,并且到数学所宣布自己有对象了,请组织去考察.

由昆很耐心地对陈景润讲,我们俩不合适,我的脾气不好,你和我在一起会经常吵架的.陈景润说,你和我吵,我不和你吵,吵架生气伤身体,怎能吵架呢?

陈景润和由昆是幸福的,他们结婚时,著名数学家华罗庚先生亲自到场祝贺.正像陈景润所说,他们婚后真的没有吵过架.

当然,身为名人之妻的由昆,有时也有预料不到的烦恼.一次,她在等班车,一位老者问她是哪个所的,由昆说是数学所的.过了几天,那位老者又和她同乘一车,凑过来和由昆说,你知道吗? 陈景润疯了,她媳妇要和他离婚! 由昆说根本不可能! 那老者说,好多人都知道了,不信去问问你爸爸(那老者把由昆当成数学所某人之女).由昆非常气愤,对那老者说,告诉你,我就是陈景润的爱人,我叫由昆.那人不信,说不会的.由昆真气急了,说这还有冒充的吗? 义正词严地指出,你这么大岁数的人,不要胡说八道,陈景润没疯,我也不会和他离婚,我和陈景润感情一直非常好,现在也非常好!

9.3　陈景润的父子情

采访中,我们谈到陈景润的感情生活.由昆深情地说,过去很多宣传陈景润的文章,把他描写成满脑子数学公式,不懂生活和感情的书呆子,其实,陈景润是个懂得感情、善解人意、有血有肉的人.

他们的宝贝儿子欢欢快出生时,已是十冬腊月,天气很冷.陈景润得知由昆第二天要剖腹产,很为妻子担心,早晨三四点钟就醒了,吵着要去医院,家中请的婆婆说这么早医院不开门,去了也进不去,劝他再睡会儿.可是陈景润再也睡不着了,五点多钟就起了床,简单吃点东西,匆匆赶到医院.

当医生告诉他,由昆为他生了个儿子时,陈景润高兴极了.但他看到妻子被从手术室推出来,脸色苍白时,又不知所措了,爱怜之情涌上心头.陈景润冒着寒风,从医院步行到数学所,报告他喜得贵子的消息,让大家分享自己的喜悦.

儿子的降生为这位著名数学家带来了无限欢乐.他常常抱着欢欢在屋子里转来转去,转累了就叫"由,我受不了了,你抱会儿吧!"他除了抱着孩子玩,每天还去为他买牛奶.一次,竟然没戴手套就跑了出去,回来

时手都冻僵了,但他的心里却是暖暖的.

陈景润想起妻子生孩子时的痛苦,心里总觉得欠着由昆什么,他跟由昆商量,你生欢欢时那么痛苦,不能让孩子忘记,我看孩子就叫由伟吧.由昆说,不能那样,孩子是我们共同的,还是叫陈由伟吧.

陈景润闲暇时喜欢种花种草,而且种什么活什么.他在自家的阳台上种萝卜,种白菜,连大葱、大蒜也要种一种,每样长得都那么可爱.陈景润还在阳台上种西红柿,竟然也结出硕大的果实.他风趣地说,这给孩子吃一定有营养,孩子会更健康.

9.4　永远辉煌

1984 年 4 月的一天,陈景润从家中骑车到魏公村的新华书店去买书,被一个外地来京的小伙子骑着急驶的自行车撞倒,后脑着地,当即昏了过去.在一个月的治疗中,医院确诊他患了帕金森综合征.

1985 年,灾难又一次降临到他头上,陈景润坐公共汽车去买书,被拥挤的人们挤到车身底下,摔昏了过去.他再次住进医院.

1991 年 4 月,陈景润在家中骑健身车锻炼身体,不慎摔倒在地,造成股骨胫骨骨折,从此他只好由人搀扶着走路了.

生活带给了陈景润许多的不幸,但也给予了他耀眼的辉煌.

陈景润以常人难以承受的顽强毅力推进了哥德巴赫猜想的解决.他的著名论文《大偶数表为一个素数及一个不超过二个素数的乘积之和》深受世界数学界的重视,他以精心的解析和科学的推算论证了"1+2",其

中的定理

$$P_x(1,2) \geqslant \frac{0.67 X c_x}{(\log x)^2}$$

被英国数学家哈伯斯坦和德国数学家里切特誉为"陈氏定理"，是"筛法"的"光辉的顶点"．

1992 年，陈景润获得了第一届华罗庚数学奖，这是用来奖励一个数学家终身成就的．

中国科学院数学所党委书记李福安介绍说，日本出版的《一百个有挑战性的数学问题》一书刊登了两个华人的像，一个是我国古代数学家祖冲之的画像，另一个就是陈景润的照片．

1995 年 1 月，首届"何梁何利基金"在人民大会堂颁奖，陈景润等 20 位科技专家获奖．这是一项对科技成就特别卓著、达到国际领先水平的科学家的奖励．

生命后期的陈景润对数学依然神往．在病中，他还培养了三个博士、一个硕士．虽然语言表达受到了限制，但他的思路仍然清晰敏捷，还不时翻看着那厚厚的论文……

§10 怀念学长——访福建省副省长、厦门大学福州校友会理事长潘心城[①]

——遥青

3 月 19 日对潘心城来说，是个悲痛的日子．这天

---

① 原载于《福建日报》，1996 年 3 月 31 日．

他正在上海出差,电波辗转传来噩耗:陈景润逝世! 悲痛之余,他给陈景润夫人由昆发了一封唁电:

　　惊悉景润学长不幸仙逝,痛不堪言.景润兄一生执着数学研究事业,攻坚不止,赢得殊荣,受到国人和世界友人之敬重.兄长才德兼备的品格为吾侪厦大学子树立了楷模.他的逝世,不但是科学界的一大损失,也使我们失去一位良师益友……

　　3 月 27 日,潘心城在他的办公室里对记者谈起陈景润时,依然面带戚容:"60 年代我在厦大念书时,校园里就盛传本校出了个数学界奇才,但真正接触陈景润,却是在他生病之后.他非常顽强,自患帕金森综合征,手脚不听使唤,走路颠颠倒倒的,却不要人搀扶.我几次到医院看他,他在病床上不是看书,就是为研究生修改论文."

　　作为校友,潘心城和陈景润缔结了深深的友谊,一起吃饭时,患了病的陈景润双手发抖,饭送不到口中,潘心城就为他剥虾,喂他吃菜.

　　"陈景润为人重感情,待人诚恳,随和,他的口头禅就是:谢谢,谢谢."1991 年,陈景润在阔别十年之后第一次回福建,首先就是到母校福建师大附中参加 110周年校庆.后来,厦大福州校友会聘请他当名誉理事长,他欣然同意,并抱病参加了校友会活动.前两年潘心城上北京出差时去了陈景润家,陈景润非常热情,潘心城说起自己去过他老家福州胪雷村时,陈景润喜不自禁……

潘心城说，自己最大的遗憾，是这次在北京开人代会期间，由于会务繁忙，没有去拜访陈景润．说着，他拨通了陈景润夫人由昆的电话："由大姐，过一段带孩子到福建走动走动，散散心……"

§11　陈景润留给我们的财富[①]

——宁可

3 月 19 日，陈景润与世长辞了．这令许多爱戴他的人深感痛惜．

两年前的 3 月，我与另一名记者曾在中关村医院的病房里采访了陈景润，写下了题为《陈景润：一个久违的名字》的长篇报道，发表在一家报纸的头版，在中关村科学城和一些高校中引起了不小的轰动．当时的主要想法是提醒人们注意一个事实：最近十年来关于陈景润的报道少了，人们关注科学和科学家的热情有些减退，而对物质享受的迷恋和对追求金钱的崇尚日高．我们试图通过重提陈景润这个"久违了的名字"重新唤起人们对知识的渴求和对科学的热爱．现在看来，这种呼吁在两年前是有必要的，在今天仍然是有必要的．

陈景润的一生，是摒弃物质享受而呕心沥血地在艰辛的科学道路上跋涉的一生．他的过早逝世，实在是因为他多年积劳成疾、为事业透支了生命的结果．他是

---

① 原载于《光明日报》，1996 年 4 月 4 日．

这个世界上距离哥德巴赫猜想这颗璀璨明珠最近的人,他走了,没能最终摘取这颗明珠,这实在令人扼腕痛惜,但他以奋斗的一生为我们留下了一笔丰厚的精神财富,启迪我们对人生的意义和人生的追求进行审视和思考.

　　陈景润是一个爱国的科学家.20 世纪 70 年代他在英国讲学时,一位大学校长曾盛情挽留他,说要为他提供世界上最好的研究条件和生活待遇.可是这位当年在动乱年代被斥责为"白专典型"和"没有政治灵魂"的人,竟毫不犹豫地回答:"感谢你的盛情,可我得回中国去,我是全国人大代表,我应该回去."他带着一个中国人的骄傲回到了祖国,新华社为此专门发出快讯,向全国人民报告"陈景润回来了".作为一个科学家,爱祖国应该是至高无上的,"科学是没有国界的,可是科学家是有祖国的",这是历史上许多伟大的科学家的共识.陈景润无疑是一个伟大的科学家,他把自己的命运和祖国的命运始终连接在一起.这以后许多年,只要陈景润愿意,移居国外对他来说是一件极为容易的事情.可是他没有走,直至回归脚下的厚土.

　　陈景润是一个善良的科学家."文化大革命"期间有个人凶残地打过他,还烧毁了他耗费十几年心血计算出的几麻袋数学手稿.悲愤交加的陈景润绝望地从楼上跳下来,万幸没有发生生命危险,那人竟挖苦说不愧是研究数学的,连跳楼都能算好角度.对这样一个人,他却不计前嫌,后来还为此人出国留学写了推荐信.他那颗善良的心大概以为,在动乱的年代里一个人的疯狂是可以原谅的,而对在新时期想要追求科学的人是一定要帮助的.还有,他被人骑车撞伤,却生怕肇

749

事者受委屈，硬把责任归于自己．这种温良谦恭、克己忍让、对他人充满爱心的行为折射出中华传统文化中的高尚人格追求．提倡善良、爱心在今天是有实际意义的．科学研究过程本身是一个竞争的过程，在研究哥德巴赫猜想的竞争中，陈景润是冲在前面的，但在学术上的竞争并不妨碍他对他人充满人道主义的爱心．同样提倡经济竞争并不妨碍我们通过努力建立一种人与人之间和谐的关系和全社会的精神文明．

陈景润是一个有普通人情感的科学家．他热爱生活，热爱自己的家庭、妻子和孩子．两年前我们采访他时得知，他爱人由昆在一家医院工作，上班很忙，只有下了班才能带着儿子陈由伟和精心配制的饭菜，坐公共汽车赶到医院看望他．这时候是陈景润在病房里最高兴的时候．陈景润替儿子操心的事很多，担心儿子做作业时粗枝大叶，担心儿子考不好会上不了重点中学，据说，这些心事竟影响到了他的治疗效果．记得当我们问他对儿子将来的前途有什么打算时，他用含混不清但让人明显地感到充满慈爱的话说，希望他能搞数学，但由他选择．舐犊之情溢于言表．他与在医院长期照顾他的老季师傅建立了深厚的感情，他对经常去医院探望的数学所老书记李尚杰充满敬意，他与医护人员密切配合、和睦相处．陈景润在现实中是一个普普通通的人，他有常人的烦恼、常人的情感．他以自己的行动告诉我们，科学家并不像在一些人中传说的那样是不食人间烟火的"怪物"．我们看到，当前，在青少年中立志当一名科学家的人数比十多年前"科学的春天"到来之时减少了，孩子们的偶像成了那些有"有感情""会生活"的明星或大款．陈景润告诉我们，也告诉许多孩子

的家长,科学家是一批最具有高尚情感、最懂得生活意义的人,青少年应把做这样的人作为一种追求,因为科教兴国需要这样的新一代.

陈景润离开了我们.在他的身后,留下了对科学发展的杰出贡献,留下了作为一名中国人的光荣与自豪.以他攻克的世界著名难题"1＋2"而命名的"陈氏定理"将永载数学史册.中科院数学所的一位负责同志曾说:"陈景润 1966 年就求证出的'1＋2',从现在看来,在世界范围内有谁想超越他,今后 20 年内可能还看不出眉目."

陈景润作为一名爱国的、善良的、有普通人感情的科学家,他的一生给我们的启迪是多方面的.20 世纪70 年代末,徐迟的报告文学《哥德巴赫猜想》把陈景润推到了世人面前,震撼了全国人民的心灵,陈景润成为科学与献身的代名词,激励了整整一代人奋发向上、刻苦攀登科学高峰.在 20 世纪 90 年代的今天,我们希望,他能再次激励人们,尤其是青少年为追求科学、追求真理而勇于献身.

陈景润在丙子春分前夕走了,春分这个节气带来的是春光明媚.十多年前,动乱的严冬过去之后,陈景润随着"科学的春天"的到来走到我们中间,他的出现代表了一种希望:科学、真理和善良必将战胜迷信、谬误和野蛮.

陈景润虽然走了,但这种希望却永留人间.

§12　陈景润走了①

——史玮　宋建华

昨天,我们把一束洁白的玫瑰捧到陈景润的遗像前,63 朵白玫瑰,用以缅怀他 63 年全力以赴的生命.

照片安放在陈家的客厅,小小的客厅已经被布置成灵堂,21 日清晨,前来慰问和悼念的人络绎不绝,有老领导,有陈景润多年的中科院数学所的同事,有刚刚从福建老家赶来的他的亲人,还有许多敬仰他的晚辈.窗外春雨绵绵,遗像中的陈景润微笑着面对大家,此刻,他可以安息了.

患帕金森综合征长期住院的陈景润,今年年初因肺炎并发症病情加重,虽经全力抢救,终因呼吸循环衰竭,医治无效,于 1996 年 3 月 19 日 13 时 10 分在北京医院逝世,享年 63 岁.

在陈景润生命的最后日子里,感受了党和组织给予的最大的关注和关心,医院和医生竭尽最大的努力,一次次地将他从死神的身边挽回.

---

① 原载于《北京青年报》,1996 年 3 月 22 日.

12.1　在病榻上走完生命的最后一程

陈景润病情恶化始于今年 1 月 17 日.

那天,陈景润的老朋友、中科院数学所原党委书记李尚杰去中关村医院探望,"记得 1 月 17 日下午,景润教授还让我们扶他起来,说是想到外边走走.看他精神不太好,就劝他不要出去."那天,李尚杰和一直护理陈景润的老季,一左一右扶着他在病房里只走了两圈,"也就四五十步吧,景润就支持不住子,吃力地说走不动了,赶紧把他扶上床躺下休息."李尚杰记得当时陈景润的手脚冰凉,后来才知道,事实上,陈景润当时已经开始出现不适.当天晚上,李尚杰就接到了陈景润夫人由昆从医院打来的电话:"景润发高烧了."

病情发展得很快,1 月 27 日清晨 6 点 20 分,陈景润的呼吸和心跳突然停止."大夫,大夫",守护在一旁的由昆一边采取紧急措施,一边大声叫来主管医生.中关村医院内科主任兼心血管科主任李惠民立即进行人工呼吸,大约 8 分钟后,陈景润才渐渐恢复了心跳.

当日上午,北京医院帕金森综合征治疗中心许贤豪教授、呼吸科副主任王晓平医生以及 309 医院的院长等立即在中关村医院紧急会诊.1 月 27 日下午,在有关部门的关照下,陈景润被紧急转往北京医院.

傍晚时分,北京市卫生局医政处姚处长亲自调来急救车,陈景润在前一辆,以备不测的医护人员和救护设备紧随其后.车行至半路,意外还是发生了,陈景润的喉咙又一次被痰堵住,情况万分危急,身边没有吸痰器,眼看陈景润的脸色发青,姚处长迅速掏出随身的吸痰管,一头插入陈景润嘴里,一头伸给自己,他用力把痰吸出来,陈景润已变得黑紫的脸色才渐渐现出红润.

急救车终于到达北京医院的时候,北京医院领导和有关科室主任正在焦急地等候,而此时,从上午就赶来的一直忙前跑后的中组部、统战部以及科学院、数学所的领导才算稍稍放下心来.

2月1日,陈景润顺利脱机(呼吸机)拔管,以后数日病情一度稳定.

2月5日,他再次发热,胸片显示双肺炎症,改用新的抗生素.

2月8日,体温仍不降,胸片显示肺部感染未控制,北京医院再次组织专家会诊.与此同时,医护人员从患者胃管中抽出咖啡色液体,考虑为上消化道出血,暂禁食,并进行静脉高营养.

2月26日,陈景润外周静脉条件不好,改为锁骨下静脉插管.陈景润体温仍在 38℃ 以上.

3月18日11时,陈景润血压突然测不到,一度为零,并出现心衰、休克.经麻醉科插管、呼吸科上呼吸机、抗休克抢救治疗后,血压恢复.

3月19日上午,陈景润两次出现心率下降,经抢救后重新维持在 150 次/分左右.12 时 35 分心率突降为零,心电监测示波为平线,立即于心外按压,多次三联静推,后出现室扑、室颤,先后 6 次除颤,均未恢复心跳,于 13 时 10 分离开了人世.

　　大年初三,他曾经断断续续地唱了两支歌:《我是一个兵》和《小草》,他对生命的信念依旧乐观而坚定.这一天,他在亲人们的心海中,留下了暖暖亲情的最后记忆.

12.2　陈由伟说:我不会辜负父亲

刚刚过去的春节,是陈景润一家三口最后一个团圆年.被抢救过来的陈景润住在北京医院,身体时好时坏很不稳定地维持着.除夕,由昆和他们 14 岁的儿子陈由伟一直在医院和陈景润待在一起,天黑才回家.

大年初三,数学所的领导一行人前去医院探望,病房里陈景润一家三口都在.那天,陈景润的心情很好,甚至断断续续地唱了两支歌——《我是一个兵》和《小草》.

李尚杰记得:"那天景润教授说话很清晰,看得出,他对自己的治疗很乐观,尽管仍然发烧.我们大家鼓励他,劝他好好养病,景润还一再表示感谢,一再说谢谢."

尽管陈景润重病在身已经十余年,可当他病逝的消息传出,大家还是感到意外突然.在已成永诀的亲人遗像前,由昆续上一炷香,一次又一次泪眼蒙眬.在景润生命垂危的最后时刻,好几次,她把床榻上昏迷的陈景润唤醒,尽管他的身体上插满了管子,不能言语,可是从他的眼神里,由昆能明白他已不能表述的言语.

14 岁的由伟懂事地站在父亲的遗像前,他说他老是想着去中关村医院看望爸爸时的情形,那时,陈景润的病情还没恶化,"我和妈妈扶着他站到楼梯口的镜子面前,妈妈问咱家谁最高,爸爸还开玩笑,说当然是我."由伟记得在病房里,他和妈妈围在病床边,由昆给陈景润读书,由伟在一旁抚摸着父亲的头.

陈由伟含着眼泪给记者讲了他小时候的一件事

情："爸爸给我讲过一道题,那是他一生中唯一给我讲的一道题.后来,爸爸就病得越来越重了.那道题是'1＋2＋3＋…＋9',我当时还小,不懂事,爸爸告诉我,题的答案是 45,他还说,对每一道题,都得认真思考.小时候我很淘气,妈妈为我的功课着急,爸爸就说,欢欢(是陈由伟的乳名)还小,等他上到初二就会好了.今年,我上初二,可爸爸不在了……"由伟说不下去了.14 岁的陈由伟看上去比实际年龄成熟许多,他很懂事地招呼着前来慰问的叔叔阿姨,送我们出门的时候,由伟认真地说:"我不会辜负父亲,一定."

> 1978 年是科学的春天,陈景润和他的"哥德巴赫猜想"甚至改写了一代青年的人生方程式.

12.3 他的贡献不仅仅是哥德巴赫猜想

人们究竟是因为哥德巴赫猜想知道了陈景润还是因为他知道了哥德巴赫猜想,这并不重要,事实上,他的生命早就已经与他毕生努力的数学成为一体.

1978 年,中国历史刚刚翻开新的一页,历经磨难的科学百废待兴.陈景润的出现仿佛是黯淡了许久的天空升起了一颗耀眼的巨星.

人们记得,在 1978 年徐迟那篇著名的报告文学《哥德巴赫猜想》中,有这样的一段:"陈景润把全部心智和理性统统奉献给这道难题的解题上了,他为此付出了很高的代价.他的两眼深深凹陷了,他的面颊带上了肺结核的红晕,喉头炎严重,他咳嗽不停.腹胀、腹

痛,难以忍受.有时已人事不知了,却还记挂着数字和
符号……"

中科院数学所党委书记李福安博士说,景润曾经
是那个年代青少年心中传奇式的楷模,今天,数学所里
的研究生中很多人就是那时长大的孩子.

陈景润曾先后获得全国科学大会奖、国家自然科
学一等奖(与王元、潘承洞合作)、何梁何利基金奖、华
罗庚数学奖等重大奖励.他的学术成就为国内外所公
认.1974 年国际数学家大会介绍朋比尼获菲尔兹奖的
工作时,特别提到"陈氏定理",作为与之密切关联的工
作之一.陈景润于 1978 年和 1982 年两次收到国际数
学家大会做 45 分钟报告的邀请,在"1+2"的伟大成就
之后,他在哥德巴赫数的例外集问题的工作(与刘健民
合作)仍是目前最好的.

凝望着陈景润安详的遗照,李福安深有感触:"他
不算是一个天才,他的成就是实实在在用自己的生命
换来的."陈景润靠的是超人的勤奋和顽强的毅力,多
年来孜孜不倦地致力于数学研究,"每天他的工作时间
都在 12 个小时以上,他的成就是用生命换来的."李福
安望着遗像中的老同事,眼圈又一次红了.

远在大洋彼岸的刘健民是陈景润带出的最后一个
博士生.知道老师病逝的消息,刘健民在电话里泣不成
声,久久不能平静.就在去年,他的论文寄回国内,病中
的陈景润坚持亲自审阅,在病房里,陈景润硬是用手撑
开眼睛,就着灯光一行一行仔细地研读,字里行间,渗
入陈景润的心血,渗入他对数学的挚爱.

1995 年 12 月,新年来临之际,陈景润在病床上告
诉他的秘书,他要计划下年的工作,他请秘书抽空去情

757

报所搜集些新资料，"'1＋1'目前国际上的研究现状，另外把有关费马定理的讨论也找来"，他想等身体好一些的时候看看这些资料.

在数学所业务办公室，朱世学谈起对陈景润的印象，未开口竟沉默了许久. 看得出，他那份心情的深重是遮拦不住的. 朱世学曾在 1979 年陪同陈景润前往美国新泽西州的普林斯顿高等研究院担任客座教授进行数论研究，在那里他和陈景润朝夕相处度过了半年的时间. "陈老最感动我的是他对科学研究的那种勤勉精神，而这种精神他是以整个生命作代价的." 说话时，朱世学的目光一直远远地望着窗外. "那时，陈老一般早上四五点钟就要起床，而桌前的台灯经常通宵不熄. 对青年学生，陈老总能抽出时间予以指导和关心. 记得有一次，十几名中国留学生打电话约陈老联欢，陈老竟抽出了整整一天的时间，把同学邀请到家里，还亲自为学生们煮了银耳粥. 他还勉励青年学生一定要珍惜良好的学习环境，为祖国的科研工作贡献力量."

我们的玫瑰夹在众多的献花丛中，簇拥着陈景润留给人们的安详而坦荡的微笑. 63 朵白玫瑰寄托了我们的悼念，这里面也加入了很多人的心情.

清晨 7 点 30 分，记者叩开一家花店，当卖花的小姑娘听说这花是送给陈景润的，她一枝一枝地挑选修剪，一大捧洁白的花朵郑重地交到记者手里时，小姑娘低缓地说了下面的话："也带去我的心情吧，陈景润是数学家，他属于我们国家……"

§13　陈景润有个满意的家[①]

——刘星云

立秋后的一个星期天,我如约敲开了陈景润家的门.不巧由于临时变更,他与夫人去给一个好友祝寿去了.下午再登门,他仍未归.晚上又去,才总算见到了这位大名鼎鼎的哥德巴赫猜想迷.

时光流逝,如今的陈景润已是五十有七了.虽然仍是当年的小平头,但两鬓已出现了斑白.这位中国科学院数理学部委员,多年患帕金森综合征,语言和视力都有障碍,再加上他一口浓重的福建腔,采访只得在他的家人配合下进行.

陈夫人由昆女士是位医生.她说陈景润是个最不听话的病人,晚上很少在二三点钟以前睡觉,怎么劝都不行,甚至把他的书藏起来,还是无效.他用眼过度,有时到了一下子看不到东西的地步.

虽然如此,陈景润仍在关注哥德巴赫猜想.当年他对哥德巴赫猜想的研究成果,现在仍然处在世界领先地位.目前他主要致力于它的外围研究,为进一步突破创造条件.另外还在进行初等数论和最小初数的研究.这些年他先后带出了三位博士研究生.

陈景润还是当年的陈景润,他的规矩没有改变,即使他所挚爱的夫人也无能为力.他表示,现在环境、家

---

① 原载于《消费时报》,1991 年 8 月 31 日.

759

庭条件都这么好,没有理由不去拼命地搞研究和做学问了.

他最为满意的就是家庭.一方面,他满意妻子体贴、贤惠、能干,儿子可爱、聪明、活泼.另一方面,他满意家里的设施给生活和工作带来的极大的方便.家里有一扭火就着的电子煤气灶,有一扭开关就来热水的煤气热水器,还有抽油烟机,他知足.

陈景润经常出国,但他家里的家用电器基本都是国产的.他觉得我国家电工业发展快,很喜人,国产货性能不差,维修也方便.现在他感到自己的选择很对.家中的一台雪花牌电冰箱和一台白菊牌洗衣机,都已用出了感情,好几年了,仍安然无恙.

陈景润中年得子,视为掌上明珠.儿子陈由伟 9 岁了,上小学三年级.父亲称他是顶聪明的淘气包.父亲儿时是个公认的"书呆子",儿子却极好玩好动,又很好强自信,自称自己的语文、数学、自然、美术、足球都是强项,成绩在中上等之上,还有着拿手戏就是说笑话,常把老爸逗得合不拢嘴.

陈景润觉得晚些要孩子是件好事.孩子一出生就赶上了改革开放,从小接触新事物.现在能开发孩子智力的东西真是五花八门,多种多样,只要是对孩子身心发育有好处的,他都在所不惜.

小由伟很爱父亲.他说:"过去有些报纸杂志把爸爸说成是不知人情世故的怪人,这不符合事实.爸爸是个懂感情、懂生活的人.家里的阳台被他搞成了植物园.他栽种的西红柿,冬天都是果实累累的.爸爸对我最关心啦,辅导我做功课,跟我一起玩.我也经常陪他到医院去蹬健身自行车.他很喜欢这项运动,以后有条

件了,我们家准备买一台放在家中,给他健身用."

陈景润对一切都是那样满足,吃的要求不高,穿的随随便便,在这个温馨的家中,每晚只要有一杯福建花茶相伴,他就会忘记病痛,遨游在浩瀚的数学海洋之中.

§14　科学的辉煌与悲壮[①]

——郑宪

陈景润一定是抱憾终生的.

在生命的最后 12 年里,这位数学泰斗呕心沥血的冲刺却几无长进.

从"1＋2"到"1＋1",哥德巴赫猜想引无数英雄竞折腰.

陈景润在 1966 年向世界宣布的"1＋2"数值结果,被公认为是对哥德巴赫猜想研究的重大贡献,是筛法理论的光辉顶点.

顶点,是一条通道的终结,是一种方法的寿终正寝.

"1＋1",这颗哥德巴赫猜想皇冠上的明珠,陈景润离他只有一步之遥,但他知道,这个世纪中的他和他所在的世纪也许已经不能企及了.

半年前,也在哥德巴赫猜想研究中取得卓然成就的中国科学院院士王元,到医院看望正和病魔做最后

---

① 　原载于《解放日报》,1996 年 4 月 4 日.

抗争的陈景润. 此时的陈景润痛苦得眼睛都无法睁开，手中还握着一本数学书籍. 王元慨然道：你就放弃它（哥德巴赫猜想）吧！你已取得的成就，至少本世纪无人能望其项背！

陈景润摇头，缓缓而坚决地摇头：不！

带着不屈不灭的永恒追求，陈景润永远地走了.

66 岁的王元不胜感慨：

有人说，陈景润不是天才，我不同意. 我知道当时是 1954 年，当时陈景润只有 21 岁，他写了一篇文章，寄给华罗庚，对华的名著《堆垒素数论》的一个结论提出质疑，并做了改进. 我们看了这篇文章，认为陈景润是对的. 这么小的年纪，有如此胆识，不是天才是什么？！

自然科学的皇后是数学，数学的皇冠是数论，哥德巴赫猜想，则是皇冠上的明珠. 哥德巴赫猜想是 1742 年提出来的，至今已有 250 多年. 近 80 年来，吸引了世界上许多伟大的数学家来攻克这道难题. 而陈景润的"1＋2"从 1966 年到现在，至今保持着世界纪录和领先地位. 日本出了本书：《100 个具有挑战性的数学问题》，有两个中国人榜上有名，一个是 1 500 年前的祖冲之，一个就是 20 世纪的陈景润.

陈景润"1＋2"的伟大，还在于成果是产生于极其恶劣的物质环境之中，在 6 平方米的锅炉房里，演绎出几麻袋的数学手稿，在科学的世界前沿为中华民族争得了一席之地.

这里，我说一件外界可能不知道的事：陈景

润的恩师华罗庚,在他最后的 10 年,曾潜心攻研"1＋1",也没有成功.

1996 年 1 月,陈景润的病情急转直下,牵动了无数人的心.

"景润不善交际,要说他有朋友,我就是屈指可数的一个."著名数学家、中科院院士林群如是说:

20 世纪 80 年代初,我和陈景润一起住中科院数学所集体宿舍.那时陈景润就是个多病的病号.他和另外几个人住的是病号房.院里规定,病号房必须晚上 10 点熄灯.但当时 20 多岁的陈景润总在 10 点过后独自悄悄走出病号房,一手拿纸和笔,一手提瓶热水,到楼内厕所隔壁的洗脸间,旁若无人地席地而坐,埋头计算题目,通宵达旦是经常的事.有一次,他突然消失了 7 天 7 夜! 在我印象中,他一天只睡三四个小时,长年累月怎么吃得消.那一回,我问他:"景润,你睡那点觉,还那么精神,可我常失眠,就怕缺觉,睡得比你多,精神没你足,这是怎么回事?"陈景润想了想,很认真地回答我:"失眠说明不缺觉,应该起来工作."

20 世纪 80 年代的陈景润,已是大红大紫,环境变了,可他还是"执迷不悟".那年一起去厦门出差,住的是宾馆,晚上 11 点,陈景润就要睡觉了.我很奇怪,景润也开始保养身体了? 没想到,后半夜两点,他摇醒我,问:"我现在工作影响你吗?"不问也罢,这一摇,我又失眠了.

陈景润骨子里是个一览众山、心气极高的人.1957年,我问他:"你人生的目标是什么?"他回答:"打倒维诺格拉多夫(苏联的世界级数学权威)."

一般人见到一条途径就往上爬,爬到一定的高度就途穷路尽了.但陈景润在攻关时,同时选择10条路,这就需要至少10倍于别人的投入.有道是:一分汗水一分收获,科学没有捷径,"1+1"更没有捷径,照他自己的话说,要做出"1+1",就需在"1+2"的基础上改进100步.关山无数重,站也站不稳的陈景润,他又能走几步?

1996年1月27日清晨近6点,陈景润病情突然恶化.

妻子由昆在家里接到医院电话,旋风般冲进病房,但,陈景润已因大量痰阻,心跳骤停!

医生立即施以人工呼吸抢救.紧张抢救8分钟后,陈景润的心跳终告"复苏".

极短的时间里,中组部有关领导来了,卫生部有关领导来了,著名数学家杨乐也来了.此时,陈景润嘴不能说,眼不能睁,两位数学巨人,相对不能言.

杨乐在电话中这样问记者:"你是不是也认为生活中的陈景润不正常? 科学家都是正常的.当他们在攻关的最后阶段,都十分地沉浸在研究的对象上.气痴者技精,这就是正常."

1984年3月,陈景润从书店买书出来,被一辆自行车撞倒,不省人事,待他醒来,反倒急切地问骑车人

是否伤着？数月后,那天是中科院建院 35 周年纪念日,陈景润应邀出席.当时,党和国家领导人姚依林、方毅举杯向科学家们祝酒致敬.当细心的方毅走到陈景润跟前,发现陈景润呆板的"面具脸"时,惊问:"你身体怎样?"再举目四寻:"数学所负责人谁来了?"遂指示赶紧去医院做检查.检查结果是:帕金森综合征.

1991 年夏,数学所领导经慎重考虑,同意他到长白山和镜泊湖"旅游"休养.此前几年,经过中医、西医及针灸治疗,陈景润的病情得以较大缓解,能自己穿袜、穿鞋、穿大衣了.1988 年,他可以每天走 1 里多地,之后,又可以自己步行上数学所办公室里坐一坐.旁人欣喜,对他说:"陈教授,你真不错呀,康复有望!"陈景润听了舒心一笑.这次受邀去长白山和镜泊湖,陈景润竟没一丝犹豫,反而十分高兴.

美好的大自然,美好的生活,陈景润真心向往啊!

1996 年 3 月 8 日一大早,68 岁的农民季好学走进陈景润的病房.

"景润,老季回来了!"

病情又告恶化的陈景润躺在床上猛地睁开眼:是老季! 伸出因病而呈鸡爪状的手,拉住老季,持久不放.

由昆问:"老季回来,你高兴吗?"

陈景润充满感情地说:"高兴,高兴."

老季是安徽无为县人.1993 年底,有人为他在北京介绍了一份工作:照顾病重的陈景润.莫看老季没文化,但早在 20 年前就知道陈景润.那时乡下也在谈陈景润,说那个陈景润的哥德巴赫猜想了不得,把全世界的外国人都比下去了.他当时心里就万分地敬佩这个比下所有外国人的科学家.要他照顾陈景润,他不讲条件不计报酬,同意.他说这是缘分.

此前老季从没服侍过病人,又是乡下人,但从一开始就把事情干得十分干净妥帖.每天,他为陈景润精心安排好作息和餐饮,喂 3 顿饭,喂 4 次水,吃 1 次水果,搀扶病人在病房内散一次步.就说喂饭,吃的全是捣碎打烂的食物,要慢慢喂.一顿饭少则 1 小时,多则 2 小时.喂饭最怕陈景润气管噎住呛住,确实很危险.可两年来,老季喂饭喂出了"奇迹":一次也不噎不呛.洗澡,冬天一星期洗两次,夏天日日洗.病房的卫生间里找不出一点脏.医院的医生护士都禁不住赞道:"这病房怎么的？ 就是没一点点医院的气味,像干干净净的家似的."陈景润听了,就咧开嘴笑,说:"老季好."

一个大名鼎鼎的数学家,一个普普通通的农民,他们的心灵竟然相通.今年 2 月初,因护理陈景润而几年未归乡里的老季去安徽探亲,家中有他 87 岁的老母亲.归家近 1 个月,老季却日日惦着陈景润.3 月 2 日他来回走 30 多里路,去镇上打长途电话到北京,问:"要不要我回来？"北京这边迫不及待:"老季,陈教授想你,好几次说,老季快回来,快回来,快回来."3 个"快回来",说得老季要淌泪,马上买了长途车票赶来北京……

老季说:"陈教授很重感情."

陈景润岂止是对老季重感情.

华罗庚是陈景润的恩师.陈景润 21 岁时,就精深地钻研了华罗庚的《堆垒素数论》,并写了一篇文章寄到北京.华罗庚慧眼识英才,将陈景润从南方海滨城市厦门调来首都,终于使陈景润一步步走向成功与辉煌.

1985 年,华罗庚不幸去世,而此时,陈景润也正病得难以站立.开追悼会那天,有人劝他,心到,人就不要到了.陈景润坚决要去.一日为师,终身为父,能不去吗?!

他去了,是别人帮他穿衣、穿袜、穿鞋,由别人背他下楼去的.车到追悼会场,又有人劝,你就坐在车上,你不能站呀.他说不行.由别人搀着,走进追悼会场.追悼会整整 40 分钟,他就硬撑着站了 40 分钟.40 分钟里,他一直在哭……

3 月 10 日后,陈景润病情"失控",说话更困难了.之后,摇头也困难了,但他的思维在生命的最后时刻,依然清晰.清晰的明证是对亲人的话依然能听懂,能辨别.由昆对他说:"我问你事,你同意,就伸一个手指头;不同意,伸两个手指."他听懂了,照做.

生命的最后时刻,他忍受最大的痛苦.痰液在喉,问他要不要用吸痰器吸,往日说要,而今天,他再不让吸.他的表示:伸出了两个手指.

他是否知道,这便是对自己生命的拒绝.

3 月 19 日下午 1 点 10 分,陈景润与世长辞.

§15 陈景润情系高中母校①

——薛来弼

陈景润同志对高中母校情笃意深,有其特殊缘由.正是在这里,他在沈元老师的数学课上,第一次听到哥

---

① 原载于《福建师大附中通讯·115 周年校庆专刊》.

德巴赫的著名"猜想"；正是从这里，他开始起步，迈向后来为之奋斗一生的数学王国的求索之路.

陈景润 1948 年 2 月考进福州英华中学高一上（春季班），一直读到高三上，打下了坚实的数理基础. 1950年夏季，他提前毕业，考进了厦门大学数理系.

福州英华中学（今福建师大附中）是享有盛誉的一所名牌学校，它有良好的教学设施、很强的教师阵容、浓厚的科学与民主的风气，校友中出了大批著名的专家学者和许多革命志士. 莘莘学子在这样一个学习环境中，有机会得到良好的教育与发展. 学校十分重视聘请知名学者和优秀大学生、留学生来校任教. 沈元教授是留英博士、清华大学航空工程系主任，1948 年为奔父丧回榕，服丧后由于解放战争三大战役战事正酣，南北交通受阻而暂时停留福州. 协和大学邀请他，他没去；英华中学是他的中学母校，他乐意接受礼聘，为中学生上课. 沈老师正好教到陈景润所在的班级，成了陈后来问鼎"哥德巴赫猜想"的启蒙恩师，这是影响陈景润一生的巧遇，也是和沈老师的难得缘分. 他十分敬重这位恩师，不论在北京、在福州、在美国，师生俩在一起总是那样亲密和愉快，给我们留下许多让人十分赞赏的珍贵照片. 在高中教过他数学的先后还有何老师和陈老师，也都是出名的严师、良师. 他同陈金华老师更熟悉，常主动请教问题，有时还在傍晚放学时，跟着陈老师从高中部一路走到相距二三百米的初中部，话题总离不开数学. 陈老师看他对数学很有兴趣，便指导他多看参考书，开拓他的数学视野. 这样，陈景润除了从学校图书馆借阅许多国内外大学用书，还从陈老师那里借阅了《集合论初论》、［日］《微分学问题详解》等，主

动进行超前学习.1960 年夏季,他回福州养病,两次来校拜访陈老师,请陈老师帮助借阅外文杂志,以不中断他的数学研究.1981 年初,陈老师第一次到中关村看望他时,他热情地请陈老师一道吃饭,这对陈景润来说是很罕有的事情.他不能忘怀母校诲人不倦的好老师,不能忘怀母校藏书丰富的图书馆,他更为母校的新发展高兴.1977 年遇见在京工作的附中校友时,他不无自豪地说:"我也是附中校友,那时还叫英华."

　　1978 年 1 月徐迟长篇报告文学《哥德巴赫猜想》的发表,震撼了国人的心灵,陈景润成为青年学子向科学进军、为四化献身的一面旗帜.应报刊约稿,我们撰写了《陈景润同志在高中时期》一文,送他本人审阅同意后,刊登在《人民教育》1978 年第 4,5 期合刊上;《福建教育》《中国新闻》,香港《大公报》《文汇报》等先后转载原文或改写稿.我校校园里掀起了宣传、学习陈景润的热潮.1981 年国庆节期间,我校举行建校 100 周年庆典.在师生校友的翘首期待中,中国科学院数理学部的两位学部委员——传奇式的英雄人物陈景润和沈元老师(北京航空学院院长、中国航空学会理事长),联袂回榕参加母校校庆活动.10 月 2 日陈景润等知名校友兴致勃勃地参观了校园、教学设施和校庆展览室.同行的许多著名专家学者,大家不一定熟悉,而陈景润的名字则无人不晓,并且在一行人中,不用介绍,都会从仪表上一眼认出他."陈景润、陈景润!"热烈的掌声随处而起,而他总是谦和地微笑着,向大家打招呼致意.他送给母校的珍贵礼物是封面上端庄地写上贺词和落款的《中国科学》1973 年第 2 期,第一篇赫然在目的是他名震世界数坛的那一篇著名论文"1+2".他在参观展览室时最惊喜的一件事,是看到 30 多年前读高中时借阅《微积分学》、哈佛大学讲义《高等代数引论》《郝克士大代数学》《密尔根盖尔物理学》等书的图书馆借书卡.在一阵啧啧赞许声中,又发现其中一张借书卡上也有"沈元"借阅的记载笔迹,师生俩同温当年情景,不禁开怀欢笑起来.

　　10 月 3 日上午举行庆祝大会.省委常务书记项南同志前来参加,同沈元、陈景润等亲切交谈,并在大会讲话中大大赞扬了陈景润的治学精神和杰出贡献.陈景润的大会发言,特别引起轰动.他满怀激情地说:"回忆过去自己在这里念书的一段生活,是我一生中最快乐的一段时间.虽然我们离开母校很久了,虽然我们和家乡距离很远,可是心里总是想着我们的母校,想着母校的老师.""这次回来一看,非常高兴,我们亲眼看到母校的大变化、大发展,想象不到变得这么好……没有共产党,就没有新中国,也没有母校的今天,我们非常感谢国家对我们学校的重视."他深情地望着在主席台上就座的 90 岁高龄的王穆和等老教师,兴奋地说:"我又见到当时教过我的老师,还有我的老师的老师的老师,现在还在,现在还在,真是高兴.他接着说:"母校历史悠久,人才辈出,校友中就出了六个学部委员,还有很多著名的专家学者.被誉为'钢铁战线铁人'的全国著名断裂力学专家陈篪人也是我们的校友,我几次同他见面交谈.他自己知道得的是恶性癌症,全身都是放射性治疗的紫一块、青一块,可是直到去世以前还是在那儿开夜车拼命干.他的精神和事迹非常感人,我们大家都要向他学习.""母校又是具有革命传统的学校,出了很多优秀的革命者,这是非常光荣的."最后他说:

"我祝愿母校发扬优良传统,在党的领导下,不断提高教育质量,培养出来的学生在政治上、业务上、身体上和各方面都要非常好,把母校办得更好,真正成为全国第一流的先进学校."他根本没有用讲稿,全凭自己的一片真情,倾吐出这一席感人话语;不足 20 分钟的精彩发言,被主、分会场五六千名校友、师生的阵阵掌声打断了不下 10 次.

翌日(4 日)上午,他又同三位知名校友在大礼堂为师生做了专场报告.他强调,四化建设非常需要人才,现在附中学习条件这么好,同学们要加倍努力,立志成才.还说,有的青年人问我有什么成功秘诀,其实也没有什么奥妙,最重要的是要热爱科学,打好基础,要勤奋、刻苦、严谨……他的讲话通俗生动、备受欢迎.他还应省、市科协和数学会的邀请,分别向科技界、数学界做了学术报告;应市教委、团委的邀请,同三好学生、数学爱好者代表会面;还同哥哥、妹妹等亲属团聚,圆满完成了一星期的在榕活动,由陈金华老师陪伴回了北京,这是陈老师第三次到他中关村的家了.

转瞬 10 年,1991 年 3 月间,杨玛罗校长赴京出席全国物理学会,借此机会参加了在京老校友的聚会,商讨 110 周年校庆筹备事宜.这时,陈景润已患帕金森综合征多年,竟也冒着严寒来到西直门的福州会馆与会,并表示这年 10 月愿意再回福州参加校庆,使人深为感动.

本来在 1981 年百年校庆时,数学所的领导为了保护他的健康,就曾劝说他写个贺信就好,避免旅途和活动的劳累.这回,陈景润病情已相当严重,情深意切要作此行,真有些为难.经协调,商定请他的夫人由昆大

771

夫和长期关心他的党支部李书记陪同，在国庆前夕顺利抵达福州.

10月1日，陈景润回到久别的郊区老家胪雷村，受到乡亲们非常盛情的款待，傍晚返回师大专家楼已是十分疲劳. 由昆大夫细心为他按摩理疗，让他得到很好的休息和恢复.

10月2日，学校隆重举行110周年校庆暨侯德榜塑像揭幕典礼. 这天上午，陈景润按时来到附中，不让别人搀扶，只要他的夫人随旁适当照顾，笑容满面地挥着右手，从容地步入学校大门，在杨校长的引导下，穿过了二三十米长的夹道欢迎队伍. 九时半，他在主席台前排就座. 他说话有困难，用模糊不清的声音对着话筒说："我很高兴，很高兴，今天又回来了！"掌声响起，他连声说："谢谢，谢谢，大家好，大家好！"掌声再起. 接着由他的夫人宣读了他的书面发言. 他说："我会永远铭记老师的培养教育，希望老师们多多保重，为教育事业做出更大贡献."又说："我衷心希望同学们牢记'以天下为己任'的校训，为报效祖国而努力攀登科学高峰. 只有祖国强盛起来，我们中国人才能真正顶天立地. 还希望同学们能尊师爱校，我无论走到哪里，都会为我的母校而自豪. 也希望同学们能够德智体全面发展，不要像我这样未老先衰……. 我坚信同学们一定会'青出于蓝而胜于蓝'. 看到母校学生接连在国际奥林匹克物理竞赛、信息学竞赛中捧回金牌、银牌，为国家争光，为母校争光，真了不起，我实在高兴."这是他生前在母校集会上的最后一次讲话. 而他留给母校的最后一份手迹，则是他在京提前写给此次校庆的题词："赠福州师范大学附属中学110周年校庆/挥洒辛勤汗，育人满天下/

陈景润 1991.9.1 于北京."

上午 11 时,在科学楼草坪举行侯德榜塑像揭幕典礼.大家想先送陈景润回住处休息,但他不顾疲劳,坚持要参加.他说,侯德榜是我们的老前辈,我们要尊敬.他来到现场,坐在靠椅上参加了揭幕典礼的全过程,还在别人的帮助下高兴地站起来,在塑像前同大家合影,表现了他的顽强毅力和高尚品格.

这天傍晚,陈景润和学部委员王仁、高由禧等知名校友代表,应福建省委书记陈光毅同志的邀请来到西湖宾馆.当陈光毅、陈明义等省领导步入宾馆会客厅时,陈景润站起来握住陈光毅伸过来的手,陈光毅高兴地说:"你还认得我吗?"陈景润也高兴地说:"你比过去更年轻了."陈光毅亲切地扶陈景润坐下,并关切地询问了他的健康情况.在场的国际问题研究所研究员薛谋洪校友说:"福建中医学院表示,如果陈景润同志愿意留在福建治病,将尽最大努力."(中医学院党委书记朱旭同志是师大附中校友会会长)由昆同志说:"就怕给你们添麻烦了."陈光毅爽快地回答:"陈景润同志是国宝,关心他的身体也是我们应尽的责任呀!"接着,他环视四座,笑容可掬地说:"福建师大附中校庆,诸位专程赶来,不但为学校增添光彩,而且为福建增添光彩.目前附中校友当选学部委员的已有七位,今天在座的就有三位,真是英才满天下呀.福建要振兴,一定要尊重人才,充分发挥人才的作用,欢迎大家多来走走,为振兴福建出力."事后,在省委、省政府的全力支持下,陈景润两度在中医学院国医堂特设病房住院治疗,病情得到缓解,两次离榕回京时的康复状况都较好,我们为他感到宽慰.

如今,疾病终于在 3 月 19 日夺去了他的生命,噩耗传来,广大师生校友十分悲痛.杨校长在全校升国旗仪式上做了"沉痛悼念陈景润校友"的讲话;学校及时编印了《怀念、学习陈景润校友》的专刊,发到全体师生手上.28 日,杨校长同校友会秘书长一起专程赶赴北京,到陈景润家中吊唁,向他的夫人表达诚挚的慰问.29 日上午前往八宝山公墓为他最后送别.陈景润同志和我们永别了,但他的光辉事迹和崇高精神永驻人间;连同他对母校的深情和期望,永远铭记在我校史册上.

薛来弼执笔,1996.6

§16　陈景润在高中时期[①]

——福建师范大学附属中学

陈景润 1948 年春季升入我校前身福建英华中学念高中,1950 年夏季,以高三同等学力报考大学,进了厦门大学数理系.

作家徐迟的报告文学《哥德巴赫猜想》发表后,许多同志关心地询问起陈景润在英华中学时的情况——他在高中时期的学习生活有些什么特点呢?

16.1　沉默寡言、生活简朴

提起陈景润,过去的老师、同学都有这样的印象,

---

① 　原载于《人民教育》,1978 年第 4-5 期.

他沉默寡言,跟同学接触很少.那时学校里有各种活动,除政治活动以外,他很少参加其他活动.他有他自己的生活习惯,上完课不是去图书馆,就是背起书包回家.他不多讲话,讲起话来笑嘻嘻的,是一个和善的老实人.

他生活简朴,经常穿一身粗布旧衣衫.书包文具十分粗陋,连一支钢笔都没有,他只有铅笔——铅笔头都要用到很短很短.他那副近视眼镜断了一条腿,长期拿一根线绑着.这同许多同学相比,未免显得"寒酸",但他对此并不在意.看来他是从小就不注意生活的人,以至于像《哥德巴赫猜想》一文中所说的那样,有时几乎是一副"窝囊"的样子.

老师、同学一般不怎么了解他,但也没有歧视他,因为他自有引人注目之处.他有一个清晰的头脑,可在处理生活琐事上却不太清楚,怎样理解这种现象呢?原来是他全副精力集中在学习上.

16.2　专心致志、刻苦钻研

陈景润在中学时期就是一个一心扑在学习上的人.他那种专心致志、刻苦钻研的学习精神,才是这位未来数学家身上的真正特点.那时师生中把用功读书的学生叫作"booker",陈景润就是班上一个有名的"booker",一天到晚连下课时间都在读书.他既然成了一个"读书迷",那就难以过多地责怪他在生活上不修边幅了.

他学习很肯钻研,尤其在数理方面.上数学课,他总是全神贯注,听得入神的时候,连嘴巴也张得大大的.高中阶段教过他数学的,除《哥德巴赫猜想》一文中

讲到的那位沈老师以外，还有何老师和陈老师，他们对
学生的要求很高．何老师是一位公认的"严师"，每节课
都布置了大量的作业，有时一次多至几十道习题，让学
生选做，而陈景润总是全部完成．他在学习上是从来不
吝惜时间和精力的．

同学们还十分佩服他背书的本领．他读书不满足
于读懂，而且要把读懂的东西背得滚瓜烂熟，把数理化
的许多概念、公式、定理、定律一一装在自己的脑袋里，
随时可以应用．有一回，化学老师要学生把一本书背出
来，同学们感到很困难，但他却说："这一点很容易，多
花些功夫就可以记下来，怕什么？"果然没多久，他就把
全书背诵记牢了．

他不善于交往，但这不妨碍他的勤学好问．为了探
求知识宝藏，他常主动接近老师请教问题，借参考书
看．有时下课后老师外出或者到初中部去，他就特意跟
上老师一块走，一路上问功课，谈学习．这时候，他不再
沉默寡言了．

16.3 主动学习、志在登攀

陈景润在班上是一个"booker"，这点大家都知道．
但从表面上看，他的成绩并不突出，比他冒尖的同学还
大有人在．所以后来当他成为著名的数学家时，大家又
高兴，又惊讶，真有"士别三日，当刮目相看"之感．

其实，陈景润的成就，并非一日之功．早在中学时
期，他就为后来攀登科学高峰一步一个脚印地打下了
坚实基础．他不是单纯跟在老师后面跑，看来他对分数
也不大在意．他不仅认真学习规定的功课，而且大量自
学课外参考书，向高一级知识领域顽强进军．有时一本

很厚的参考书,没有多久就看完了,而且看得很认真仔细.他在学习上,精神高度集中,表现了可贵的主动精神,真正成了自己学习的主人.

这儿的图书馆留下了历史的见证.这所老学校存书比较丰富,有几万册图书,陈景润把它当作一个知识的宝库,经常到这里来.二三十年过去了,学校的图书散失了不少,但在图书馆里今天仍然保存着许多陈景润借阅过的书籍,其中有:大学丛书《微积分学》、大学丛书[美]《达夫物理学》、[美]哈佛大学讲义《高等代数引论》,以及《郝克士大代数学》《密尔根盖尔物理学》和《实用力学》等.借书卡片表明,像《微积分学》一书,他还先后借过两次,可见他是下了功夫钻研的.

在英华最后教他数学的是陈老师.陈景润不仅向他学习初等数学,而且经常向他请教高等数学方面的问题,并向他借阅有关书籍,如[日]《微分学问题详解》《集合论初论》等.直到后来 1960 年陈景润从科学院数学研究所回榕休养治病时,还来拜访这位老师,要陈老师帮他在福州借阅外文数学杂志.他这种病休不休、刻苦治学的精神,给中学时期的老师留下了深刻的印象.

16.4　两点启示

陈景润读高中时的老师和同学,目前能在此地找到的不多,而且岁月已久,大家对许多事情也淡忘了,所以本文所反映的情况很不充分.但有两点启示是足以教育今日青少年学生们的.

第一,天才在于勤奋.陈景润在数论研究上的杰出成就,表明了他才智的卓越非凡.但他绝非天生的聪慧.他在中学时期并不显得特别有才华.他之所以能够为社会主义祖国的科学事业做出巨大贡献，显然是由于他长期以来呕心沥血、顽强努力的结果．他在中学时期就是一个"读书迷"．科学有险阻，功夫谈何易．陈景润的事迹告诉我们，需要有这样一种对科学爱之入迷的精神，需要有这样一种锲而不舍的惊人毅力，否则在科学事业上是难有巨大成就的．

第二，中小学是基础．有志为革命事业攀登科学高峰的青少年，一定要像陈景润那样在中小学阶段就下苦功打下坚实的知识基础．陈景润在中学时期，认真学好中学课程，牢牢掌握基础知识，而且发挥主动精神，力所能及地提前学习高等数学、物理，这就为他往后的深造创造了有利的条件，就如他的"背书"本领，他在消化理解的基础上，把大量知识都牢固地装进自己的头脑，这样在后来深造的过程中，使他能够左右逢源，得到极大的好处．中学对一个人的成长有重要影响．陈景润同志早已成为世界闻名的一位数学家，但他仍念念不忘自己的中学母校．他每次回榕总要来探望自己过去的老师．前不久，他在北京见到在那里工作的一位附中校友时高兴地说："我也是附中的校友，那时还叫英华①．"

---

① 福州英华中学 1927 年以前是八年制英华书院，《哥德巴赫猜想》一文系沿用老名字．

§17　怀念景润

——由昆

　　1996 年 3 月 19 日这一天对我们一家来说是极其悲痛的日子.与我相伴 16 年的丈夫——陈景润,带着对事业、对生活、特别是对妻儿的无限眷恋,毫不情愿地离我们远去了.从那时起到现在,景润走了快一年了,可我和我们的爱子陈由伟一直无法相信和接受这个事实.景润的音容笑貌时时活现在我们的心中……

　　16 年的恩恩爱爱,16 年的风风雨雨,使我深深地感到景润作为学者、丈夫、父亲都是最称职、最优秀的.他为了科学事业呕心沥血地在艰辛的科学道路上苦苦跋涉,从不计较个人得失.1984 年景润不幸患了帕金森综合征,他首先想的不是自己的生命安危,而是怕不能继续工作,整日焦躁不安.他为了能在有限的生命中做出更多的工作,更加拼命了.他不顾病痛的折磨,每天坚持十几小时的工作,在住院治疗期间也不例外.生病十几年来他从未间断工作,直至临终前两个月在身体极度衰弱的情况下仍在审批学生的论文.景润是累死的,他是用自己的生命换取了名垂青史的成就和祖国的荣誉,为我们留下了宝贵的精神财富.

　　景润是一个很重感情、热爱生活的人.从他的言行中,我读到了他对妻儿的爱.我上班距离家较远,每天坐班车上下班,阴雨天常常忘记带伞.只要丈夫在家,我就不用担心淋雨,因为景润一定会提醒家人到车站接我．有一次景润不在家，只有不满 6 岁的儿子一人在家，天下起了大雨，当我走下班车的时候，看见儿子腋下夹着我的毛衣，手里打着伞，瑟瑟发抖地站在雨中．我心疼极了，忙问儿子谁让你来的？他说爸爸不在家，每次下雨爸爸都是叫人接您的．我语塞了，双眼充满了泪水，多好的丈夫，多好的儿子呀！

　　1996 年 12 月 18 日是我们的爱子陈由伟的 15 岁生日，往年这一天都是爸爸、妈妈一起为儿子欢欢庆生日，景润在外地也不会忘记，他会打来电话祝儿子生日快乐，可是今天儿子 15 岁生日，景润却不在了，我怕儿子过于难过，还像往年一样买来生日蛋糕．儿子的脸上没有了往日那种欢天喜地的笑容，而是默默地把蛋糕切下一块，双手捧上恭恭敬敬地送到父亲的灵前，三鞠躬后郑重地对父亲说："爸爸，您放心吧，儿子今天满 15 岁了，已经长大，我不会辜负您的期望，一定努力学习，以最好的成绩告慰您……"是的，我们的儿子已经长大，景润那种正直、善良的品格正在儿子身上得以延续……

　　景润，安息吧！您的妻子、儿子会永远怀念您．

1997 年元旦

§18　陈景润与他的军人妻子①

—— 刘萍　兰草　孟祥法

初夏一个有风的下午.

北京西郊解放军 309 医院宣传办公室.

当我面对她那双充满忧伤的眼睛时,事先想好的话都堵在了喉头,我竟一时不知该说什么好了.

一袭洁白的医用白大褂,一条已过时的卡军裤,她就这样忧郁沉静地坐在我们面前,周围散发着一种端庄大方的美感.

当我握着她的手,我的心在轻轻颤动.这双女人的手,在过去的 16 年岁月里,曾支撑起了一个幸福的家庭,为她所钟爱的数学家丈夫营造了一个温馨的爱巢,经受了秋天的泥泞,冬天的雨雪……

由昆的名字是和陈景润连在一起的.

18.1　引子

1996 年 3 月 19 日,陈景润在与疾病奋争了 10 多年后,终于离开了他所热爱的事业和亲人,中国数学界的一颗巨星陨落了.

20 世纪 70 年代末,著名报告文学作家徐迟的一篇《哥德巴赫猜想》把陈景润推到了世人的面前.大多数人并不了解哥德巴赫猜想究竟是怎样的一个谜,陈

---

① 原载于《解放军生活》,1996 年第 8 期.

景润的研究成果对社会生活能起多大的作用,但这不妨碍公众接受陈景润,因为他在研究过程中所表现出的执着与顽强的精神震撼了无数中国人的心灵.陈景润的名字成了科学与献身的代名词,激励了整整一代人.

当陈景润故去之后的今天,人们的脑海中又浮现出他的形象.然而 20 世纪 90 年代的年轻人,并不了解陈景润的名字在当时有多大的意义,在他们心目中,科学家的形象已经苍白了,科学家的精神也已淡漠了,他们所知道的陈景润只是从为数不多的描写中获得的一鳞半爪的印象.

现实生活中陈景润到底是一个怎样的人呢？作为一个丈夫、父亲、学者,他也有常人的情感、常人的烦恼吗？他的家庭生活是否也像常人一样？

带着疑问,我们找到了在 309 医院工作的陈景润的妻子由昆.

我们本想请由昆先谈她自己的情况,以便了解一个更完整的陈景润先生,但由昆开门见山的一番话使我们颇感意外:"如果你们是想写先生,我可以谈.如果你们想写我由昆怎样,那就免了吧.作一个军人也好,妻子也好,我所做的一切都是应该的."

在与由昆近两个小时的交谈中,她谈的全部是她的先生.在她深情的话语中,在她婆婆的泪眼中,我们真切地感受到了一个活生生的、有血有肉的、充满情趣的科学家的形象,感受到了一个高尚而可敬的灵魂.

18.2 懂感情热爱生活

"陈先生是一个很重感情热爱生活的人."在妻子

的眼中,陈景润并不是像外人想象的那种书呆子.由昆说:"有些人总觉得我们这个家庭怪怪的,但当一些朋友来过我家后,就会惊讶地说:没想到你们家很有意思,很活跃呀!"

陈景润之所以不能放松自己,是因为他没有时间.当一个人太专注于其所研究的领域时,便会忘记了周围的一切,这是可能的,但这种情况不会一直存在.

在工作之余,他很有生活情趣.

陈先生喜欢大自然,他喜欢真实美好的事物.

在他和由昆刚结婚时,没有孩子的拖累,两人便经常到植物园踏青、去香山赏秋,大自然的陶冶也升华了两人的感情.那时,两人还像很多夫妻一样过着两地分居的生活.每次由昆来北京,陈景润再忙也要抽出一天时间陪她逛街,他很认真地说:"别人的丈夫都会陪爱人逛商场,我也应该尽到这份心."

一年后,有了小孩,陈先生的研究工作很紧张,出去的机会少了.于是,他便将大自然引回到家中.他自己栽种了各种花草、青菜.阳台、窗台的空间都被占满了.

他做任何事情,都以对待数学研究的精神,认真而严谨,这是他为人处世的风格.所以他种什么都长得非常好.他种的一株西红柿,结了果,有拳头般大,鲜艳诱人.他高兴地摘下来,对由昆说:"这个给小欢欢吃."由昆笑道:"孩子还小,你自己吃吧!""我没关系,孩子需要营养."陈景润坚持一定要留给孩子,一片舐犊之情溢于言表.

还有一次,陈景润把吃剩的苹果核埋到一个花盆里,由昆觉得很好笑:"这绝对不会长出苹果树苗来的."会的,会的."陈先生很认真地说.他经常将剩茶和豆渣倒入花盆里,隔了一段时间后,一颗幼苗破土而出,陈先生看到后,高兴得像个孩子一样叫了起来:"由啊,由啊,你快来看,长出来了!长出来了!"以后,他一直很精心地侍弄这株幼苗,它竟然长到一尺多高.在这位科学家的眼中,这些绿色的植物,使他感受到了生机益然的大自然和生命的活力.

对于陈景润来说,早年艰辛的生活,使他饱受了过多的苦难,因此他格外珍惜和热爱他的家庭,时时刻刻都体现出一个丈夫的深情和父亲的慈爱.

在由昆生孩子时,因剖腹产,需要家属签字,陈先生很紧张地看着签字单,一定要医生保证"由昆不能出事",否则他不签字.当医生问他:"万一有事,是保大人还是保孩子?"陈先生毫不犹豫地说道:"当然是保大人!"他签字时并没有像一般家属只写"同意"二字,而是写了很长一句话:"要保证我爱人由昆手术后能正常生活和工作."躺在病床上的由昆得知后,为丈夫的一片爱心感动得流下了幸福的泪水.

由昆生孩子正是天寒地冻的 12 月份.第二天上午做剖腹产手术,陈先生很为妻子担心,一宿没睡好觉,凌晨三四点就醒了,他起来叫家中请的湖北婆婆给他做点早饭,他要去医院看由昆.婆婆说:"医院没有这么早开门,你去了也是白去.你再睡一会,天亮了再去."但陈先生再也睡不着了,五点多钟,简单吃点东西,他就在黑漆漆的夜色中顶着寒风赶到了医院.医院的门没有开,他就在黎明时的寒风中等了几个钟头.

上午 10 点多钟,医生过来告诉他:"孩子已出生了,是个儿子."得知妻儿都平安,一颗悬着的心落地

了,他笑得合不拢嘴.

在这个家庭里,妻子性格开朗活泼、心直口快,而丈夫沉静内向、温和耐心,正好两人性格互补,非常和谐.

很多人都说:"陈景润这辈子没白活,事业有成,最终还找了一个好妻子."

由昆 1969 年入伍.1977 年从武汉军区 156 医院到北京 309 医院进修.非常巧的是,当时陈先生正患肺结核住在 309 医院,由此演绎出了陈由的婚恋.

当时,徐迟的报告文学刚刊出,很多姑娘纷纷给陈先生写信,表示了爱慕之情,并愿意服侍他一辈子.但陈先生是一个非常认真有主见的人,他不轻易接受这种感情,他相信自己的眼睛.他终于寻找到了意中人——穿军装的由昆.

由昆进修了一年,就回到了武汉.先生便靠鸿雁传书传递着自己热烈的感情.1980 年,有情人终成眷属.结婚后,两人还依然过着两地分居的生活.后来在邓小平同志的直接关怀下,由昆从湖北调入北京,来到 309 医院工作.

10 多年来,由昆给了先生无微不至的关怀和照顾,使多年来生活在恶劣环境中的陈先生享受到了天伦之乐.由昆为他营造了一个温馨的家的港湾,使他能够在这里放松和歇息.

从 1991 年开始,陈先生就一直住院.由昆无论刮风下雨,都要在下班以后去医院看望和照顾先生.她的心思都放在了先生身上,也就无暇照顾儿子,她常常对儿子说:"欢欢,爸爸有病,妈妈现在要去照顾爸爸,妈妈管不了你了,欢欢自己要管好自己."儿子总是很懂事地说："妈妈你放心去照顾爸爸."

　　从家里去医院,必须经过一条又黑又长的巷子.冬天的夜晚寒风凛冽,卷起尘土扬得满脸都是灰.由昆胆子小,每次走到这里,她都甩开步子使劲地跑起来,"啪啪"的脚步声在夜幕里听得更刺耳.当她赶到医院时,已是上气不接下气了.陈先生见到妻子来了,立刻像孩子般高兴地笑起来,他心疼地紧紧握住由昆的两只冰冷的手,有些过意不去地说:"由啊,真是辛苦你了.以后晚上你不要总来了,我不放心."由昆马上很放松地说:"没关系,你老婆人高马大,没人敢欺负."

18.3　父子情深

　　儿子欢欢和陈先生都属鸡,但差了整整 48 岁.老来得子,给陈先生的生活带来了巨大的欢乐.

　　和孩子在一起,常常使他童心大发.一次,他和儿子一起把窗台上的一个花盆搬下来,然后用儿子的小桶、小铲把盆里的土都挖出来,和上水,玩泥巴.见由昆下班回来惊异的样子,一老一少笑得前仰后合.

　　陈先生脾气极好,对孩子对妻子从来不发火、不生气.他常常对由昆说:"对待小孩子要耐心."有一天,小欢欢说:"爸爸,我要撒尿."陈先生说:"好好,爸爸带你上厕所."但儿子却抱住爸爸的腿,嘴里叫道:"爸爸爸爸,爸爸好,好爸爸."说着,竟然把尿尿在爸爸的腿上,顺着裤管流进鞋子里.由昆知道后,嗔怪说:"这孩子太不像话了,你还不揍他两巴掌?!"而陈先生竟然一点也不恼,抱着孩子笑起来.小事上,陈先生并不在意,但他对孩子早期智力的启蒙和人品的教育却非常重视.

　　小欢欢出生时白白胖胖,煞是可爱.陈先生抱着儿

子,憧憬着说:"我要把小欢欢培养成一个对社会有用的人."如同众多父母一样,他对儿子也寄予了很大希望.

　　孩子只有 10 个月的时候,陈先生把一支铅笔放到儿子的小手里,儿子果然攥着笔上下左右地挥舞,陈先生竟开玩笑地说:"我儿子会写字了,他在写字呢!"把由昆和小保姆逗得直乐.

　　欢欢很聪颖,只有一二岁的时候,陈先生就教他说英语,家里的很多东西,只要爸爸一问:"小欢欢,这个用英语怎么说?"他就会用稚嫩的声音说出来.由昆买回来的水果,儿子要吃,陈先生便一边拿一边问:"这里一共有三个苹果,拿出一个给小欢欢吃,还有几个?"

　　小欢欢二三岁的时候,比较喜欢画画.一天,他没有去上幼儿园,而是用笔把家里他够得着的墙面都画得五颜六色.由昆下班回来后,气得大声训斥儿子,而陈先生却在一旁劝道:"你不要骂他,他不是在捣蛋,他是在动脑筋,在画画."

　　先生很爱孩子这一点,十分尊重孩子的个性发展.他和由昆平时把儿子的画都收集起来,在家里办了一个小画展,朋友们看后,都很惊讶地说:"没想到陈先生对孩子这么关心!"

　　欢欢从小就很懂礼貌,也很懂事.爸爸总是告诉他:"要懂礼貌,要尊重老师,尊重爷爷奶奶."小欢欢只要看到邻居哪位老人拎着东西,他就会主动上前去帮忙,把爷爷奶奶送回家.周围邻里都很喜欢他,夸陈先生教子有方.

　　欢欢上小学二三年级时,爸爸问他:"1+2+3+⋯一直加到 9 等于多少?"欢欢做不出来,爸爸便仔细地给他讲.爸爸是那么认真,手把手教他,眼中充满了热切的渴望,这件事给欢欢留下了深刻的印象,但他当时并没有理解父亲的良苦用心.

陈先生刚生病时,儿子才上幼儿园.由昆很遗憾地说:"如果先生身体好,孩子的教育会更好."那段时期,陈先生一直在家办公.欢欢上小学时,到了男孩子贪玩的年龄,陈先生便和由昆商量:"把欢欢的小课桌搬到爸爸的书房里,看到爸爸在认真看书,小欢欢也会用功读书的."当然,小欢欢进了爸爸的书房最终没有坚持多久,又被由昆搬出来了,因为他太调皮,还理解不了父亲的苦心.

陈先生虽然望子成龙,但他从不强迫孩子服从他的意愿,而是顺其自然.儿子在音乐方面有天赋,南洋培训学校选中欢欢吹小号,当时先生在福建,欢欢特地打电话征求爸爸的意见,先生问:"吹小号是不是就是吹喇叭?"由昆告诉他:"这是两种不同的乐器."先生说:"只要欢欢喜欢,我没意见."

父子两人的感情很深,欢欢长得集中了爸爸妈妈的优点,他身材像妈妈,高大魁梧,现在才 14 岁,已有 1 米 77;而五官清秀,又是一个地地道道的南方小男孩的模样.爸爸身体不好,他常常用他那粗壮有力的手给爸爸按摩,然后问爸爸:"舒服吗?"先生便闭着眼,拖着长音说:"舒服极了."

现在爸爸去了,一到星期天,儿子想爸爸就流眼泪.爸爸在他心目中,是一个伟大的父亲,一个慈祥的父亲,一个善良的父亲.

18.4　以当军属为荣

当年很多女孩子写信给陈景润,表示自己的爱慕之情,而陈景润却选择了穿军装的由昆. 我不禁问道:"陈先生是不是很喜欢军人?"由昆的眼中闪出自豪的光彩:"陈先生对部队有很深的感情,一般我们出去,无论是去看朋友,还是出席会议,他都让我穿军装,他为有一个当军人的妻子而感到骄傲. 有时他还问我:你们部队有要我算的吗?"说到这里,由昆笑了.

一个潜心于数学王国的科学家,竟然对部队有着割舍不断的情感,这份真情颇令我们感动. 由此,我们也明白了在陈先生的遗体告别仪式上,由昆为什么穿上了那身军装来为丈夫送行.

陈先生为什么对军人有着深厚的感情呢? 由昆告诉我们:陈先生从厦门大学毕业时,正逢抗美援朝,他萌发了要去当兵的愿望. 但当时他所在的数学系只有 4 名毕业生,是宝贵的人才,他被分配到北京,没有圆上他的当兵梦. 但他当兵的愿望却被弟弟陈景光实现了,他感到一些安慰.

陈先生从弟弟那里学了很多部队的歌曲. 他最喜欢唱的是《我是一个兵》. 他非常喜欢听总政歌舞团演员董文华演唱的《十五的月亮》. 董文华听说后,一天晚上便邀请陈景润夫妇到中国歌剧院听音乐会,本来演出中没有《十五的月亮》这首歌,董文华特意和导演商量,为陈景润先生加唱一首《十五的月亮》. 听罢一曲,陈先生热情地鼓掌,非常高兴.

陈先生是一个对待工作充满热情,而又严谨认真的人. 他做事情很有计划性,他每天该做什么事都事先计划好,如果白天没完成,晚上一定要补回来.因此,他对妻子的工作也是非常支持.

1984 年,陈先生因身体不好住院,当时任总后勤部长的洪学智将军很关心这件事,他特意找由昆说:可以给你放长假,你好好照顾陈景润就行了.当由昆把洪部长的关怀转告先生时,先生的头竟摇得像拨浪鼓:"我不同意,你不能放弃工作.我已是病人,影响了自己的工作,不能让你再因我而放弃了工作."由昆被丈夫的一片真情所打动,她想:先生能放弃他的健康不顾,而让我坚持工作,我不能辜负了先生的一片心意.于是,十几年来,由昆一直坚持正常上班,她从来没有因为自己是陈景润的夫人而影响过工作.由昆平时总是利用晚上和周末的时间去看望并照顾先生.如果由昆偶尔利用上班时间去看他,先生便会不高兴,叫她赶快回去.

陈先生对工作事业的执着,即使是在他得了帕金森综合征住进了北京医院,也依然不减.他请护士给他找一张办公桌,护士反问他:"您是来治病的,还是来工作的? 您这样可不行."于是,为了不给医生护士添麻烦,他掌握了医院的工作规律,每当医生护士来查房时,他就躺下;当医生护士走后,他又起来继续工作.先生病了这些年,但他的工作一直没有停止.

18.5　一个善良真诚的科学家

陈先生在他瘦弱的外表下,跳动着一颗仁爱、善良的心."文化大革命"期间,陈先生被扣上了"寄生虫""走白专道路"的帽子,他用心血研究出的东西被别人烧掉了.这是他的生命,他的一切,生命被毁了,还有什

么存在的意义呢？他绝望了,想离开这个丑恶的世界,
于是,他从楼上跳了下去.当时,他倒在地上,血从裤管
中流出来,竟然还有人在踢他,说:"装死呢."当陈景润
被送往医院后,那人还说:"真不愧是搞数学的,连跳楼
都算好角度."而正是这个人,在十年后,为自己出国的
事找到了陈先生,一口一个陈教师、陈教授,请他给自
己写推荐信.陈先生并没多说什么,在推荐信上签了
字.事后,由昆从别人口中才得知此人就是当年整过先
生的人,她不由得惊诧不已:"怎么会有这样的事?"继
而她嗔怪先生:"这个人以前那样对你,你还帮他?"陈
先生很冷静地说:"你不要计较那么多,都是过去的事
情了,忘掉它算了."由昆接着问道:"你还记得谁打过
你吗?""我记不得了."先生说.由昆不再问了,她心里
明白,先生记忆力非常好,他不是记不得了,而是不愿
再提了.他能用自己博大的胸襟去容纳社会中某些丑
恶现象,他所展示的人格力量和精神是巨大的.一个承
受了这么多苦难和屈辱的人,依然能够保持这样一颗
善良、宽容、执着的心,这不是一般人所能做到的啊!

　　一次,由昆遇到了数学所的一个老人,他把由昆当
成了数学所所长的女儿,神神秘秘地对她说:"告诉你
一个消息,陈景润被他老婆逼疯了,他老婆特别厉害,
听说两人正闹离婚呢!"由昆听了压住心中的火气,冷
冷地对他说:"我就是陈景润的爱人,我怎么没听说
呢!"老人尴尬万分,说:"我也是听别人传的."由昆回
去气得不想吃饭,陈先生却很豁达地说:"让他们去说
好了,只要我们过得好就行."这时,由昆哽噎地说不下
去,这些往事又一次唤起她对丈夫的深切思念,她似乎
在努力克制着自己的感情,然而泪水依然顺着她有些

浮肿的面庞淌下,屋子里的空气似乎凝固住了.陈先生高尚的人格力量也深深地感动了我们这些年轻的心.

这使我想起在陈先生的遗体告别仪式上,有一幅书写在大纸上的挽联:

知交四十载,睿智忠勤,是非分辨,果然真诚人、真爱国,为中华扬眉吐气;

力克万千辛,坚韧朴实,纪律严遵,信手脱世态、脱凡俗,愿来人继志攀登.

这正是陈景润精神的真实写照.

陈景润的精神是永远的,它不仅仅属于一代人.

§19　陈景润返母校厦门大学[①]

——赖任南

1981 年 4 月,陈景润要回母校参加 60 周年校庆的消息很快传遍厦门,许多人都以好奇的心情想一睹这位摘取数学皇冠上明珠的科学家的风采.他还没有到,他住的招待所门口就等了一大批人.列车在厦门车站月台停下,迎接他的学校领导和一批新闻记者就在软卧车厢到处找,没有找到,陈景润却在硬卧车厢上出现了.问他为什么不按规定坐软卧? 他说,国家还困难,软卧花钱多.和他同车的一位校友说,他还要坐硬

---

① 原载于《福建日报》,1981 年 4 月 10 日.

席呢,坐硬卧还是劝了半天的成绩.多么可贵的精神!
陈景润仍留着小平头,穿一身旧的蓝中山装,袖口有些
破了,就是这位普普通通的当年厦大毕业生,为国争了
光,为中华民族争了气,他的事迹已成为激励千千万万
人刻苦学习、勇攀高峰的巨大精神力量.

　　陈景润是"白专"典型,还是"又红又专"的榜样?
至今人们的看法还不一致.20 多年前陈景润的老师、
厦大数学系主任方德植教授对记者说,说陈景润"白
专",是不了解情况.许多自称为掌握了马列主义的人,
一有风吹草动,就左右摇摆,陈景润从未摇摆过,大事
面前从来没有糊涂过.他热爱祖国,热爱社会主义,怎
么能说"白专"? 1977 年冬,方德植教授出差到北京,
专程去看陈景润.见到自己的老师,陈景润十分高兴,
但当天下午是每周半天的政治学习时间,陈景润向老
师抱歉地说明了原因,陪着走了一段路就去参加政治
学习了.方教授说:"能说陈景润不重视政治学习吗?"
陈景润是十分珍惜时间的,但他对自己有三个规定:政
治学习一定参加,党课一定去听,重要的社论一定看.
他在厦大数学系师生座谈会上说:"我们搞数学,但要
注意政治方向,如果你搞了半天还反党反社会主义,怎
么行?"陈景润说的关心政治,他有自己的逻辑方式和
具体内容,他反对空喊政治口号、形式主义,他认为搞
科学的人关心政治,就应该具体体现在搞科学的行动
中.他说:"外国先进的东西我们当然要学习,但不是外
国的月亮也比中国圆.我不相信中国人脑子就比外国
人笨.美国有名的数学家中许多就是美籍华人,美国科
学界的好几位院士都是美籍华人.只要肯努力,外国人
能做到的,我们也能做到."多么有民族志气! 多么有

民族精神！正是这种志气,激励着他去攀登数学的珠穆朗玛峰.长期以来,陈景润给人的印象是沉默寡言,但在厦大数学系座谈会上,他一次发言就谈了一个半小时,他用许多生动的比喻,谈笑风生,引得满堂大笑.会上,他介绍了几次运动中他的情况.大鸣大放大辩论中,有人动员他批判他的两位老师,他认为两位先生治学认真,平时讲的都是真话,所以他一声不吭."文化大革命"中,科学院批判华罗庚教授,陈景润被押着上台揭发,走到半路他上厕所,溜了,广播里大叫陈景润跑了,派人到宿舍、医院找,他却躲在操场看书.后来又要他揭发批判当时在科学院工作的张劲夫同志所谓反党反毛主席的言论,他说:"我没听到."这一连串的事实能说是偶然碰巧吗? 不正是他对待"红专"的具体表现? 他不顾身体,不顾家庭,不为名不为利,为国争光,为民族争光,攀登科学最高峰,能说是只专不红吗?!

陈景润回到当年他的老师身边,立即变得活跃,显出童稚的天真,青年的活泼.许多人见了都说与原来脑子里的陈景润形象完全不同,他和老师亲密无间,话说没完,与平时的沉默寡言判若两人.陈景润对老师十分尊敬,从做学生至今,他在老师面前,凡老师的话没有说完,他绝不插话.这次参加厦大 60 周年校庆,上主席台时,他坚持要等到比他年纪大的人全部上了主席台才肯上,拖、拉都没用.数学系开师生座谈会,他一定要等教过他的三位老师都发言了才肯发言,他谈话条理清晰,逻辑性强,滔滔不绝.陈景润这么健谈,使在座的人都吃惊.谁都知道,陈景润的时间是十分宝贵的,有的人找他,敲门敲一个小时他还不开,但 1977 年他听说当年的老师方德植教授到了北京,他利用晚上时间

去看了方教授五次,每次都谈得很久.他说:"尊敬老师,不是虚伪,是起码的礼貌.我见到在公共汽车上老教授站,青年学生坐,真不像话.中华民族有好传统,我希望大家都来讲究文明、学雷锋."他尊敬老师,每发表一篇论文,总要寄一份给老师并写上"请老师指正".去年8月他结婚,特地托人带了一包喜糖给他的老师.陈景润和他的老师真是尊师爱生的典范.陈景润很听老师的话,刚入厦大,有一次陈景润作业的字写得潦草,老师批评了他,第二次的练习,字写得工工整整,直到现在陈景润给老师写信的字,仍像当年那样工整.

陈景润回到母校,看到校园的巨大变化,回忆过去,高兴地对同学们说:"你们可能不知道,以前条件可没这么好.我第一次从福州乘汽车到厦门,坐了将近一个星期才到达.汽车插树枝伪装,关灯晚上走,怕挨炸.晚上没有电灯,用的是煤油灯.路也不平,坑坑洼洼.现在电灯这么亮,房子这么好,环境这么美,可要好好学习啊!青年人要有远大的理想!"回忆过去,必然使陈景润同志缅怀、感念起王亚南校长.他在校庆大会发言中,十分沉痛地说:"我们敬爱的王亚南校长在"文化大革命"期间离开了我们,这是我国教育界的一大损失."是啊!陈景润遇伯乐,王亚南懂得人才的价值,在陈景润教中学遇到困难的时候,正是王亚南把他要回厦大,并让他到数学系图书馆管理图书,便于他看书,为他攻克科学堡垒创造好的条件.陈景润没有辜负老校长的期望,不久在厦大连续写出《他利问题》和《三角和的一个不等式》两篇论文,把华罗庚的有关研究推进了一步,初露了他出类拔萃才华的光芒.

连日来,陈景润和厦大师生座谈,做学术报告,在谈到读书、做学问的体会时，他说，每个学生都要有自己的明确的学习目标，坚定不移的信心．一定要练好基本功，母校老师对基本功抓得很紧，这很好，使我们受用无穷．学习必然要继承前人的科学成果．陈景润谈到，有个人拿了十几斤重的一堆稿子给他，说是"1＋1"，但一看基本公式都不会用，想得多么简单！陈景润说，有个作家说我为了错找的两角钱，竟花七角钱的车费去取，这是把别人的事套在我头上．我们搞数学可不能这么随便．他深有体会地说，有人认为搞数学的人不要学语文，不对，不学语文，逻辑不强，论文也表达不清．对语文，不仅要学，还要学点文言文，有的数学书就是用文言文写的．学外文就更重要了．要多学几门外文，多几把钥匙，现在许多人看不懂俄文．他介绍说，其实俄文版书很便宜，英文版一旦翻译成俄文出版就便宜十多倍．他说："能看懂俄文多合算．"真是三句话不离本行，又谈到他精确的数学计算范围去了．陈景润仍坚持每天早上四点起来看书吗？对，这次计划来母校参加三天校庆，他带着一大堆书，每天坚持完成预定的看书时间．

　　好啊！祝陈景润同志早日摘取"1＋1"的皇冠明珠！

§20　陈景润影响一代人 [1]

——游雪晴

　　33 岁的张立群是在美国听到陈景润去世的消息的. 这位大学一毕业就在中科院数学所学习、工作至今的年轻人谈到陈景润时极为动情:"陈景润老师的去世,对我国数学界乃至世界数学界都是一个巨大损失. 对于我这样的年轻人来说,心情是无法用语言来描述的,我们进入数学王国,或多或少都受到了陈景润的影响. 我的同龄人中,几乎无人不知陈景润,那个时代,陈景润就是科学的化身."的确……

20.1　他影响了整整一代人

　　徐迟那篇感情色彩颇浓的报告文学《哥德巴赫猜想》使得陈景润在 1978 年那个"科学的春天"里,犹如一面旗帜,召唤着一批批立志献身科学的青年学生,踏上了向科学进军的征途. 1982 年考入北大数学系的崔桂珍,毕业后留校任教,现已在数学所完成了博士后的研究工作. 他自己的切身体会代表了一大批与他有类似经历的人:"应该说,我是喜爱数学的人,从上小学起,数学就学得非常好,考大学时,理所应当地报考了数学专业,认为像陈景润那样去研究、攻克数学难题,是世上最神圣、最伟大的一项事业,从未考虑过谋生、

---

　　① 原载于《科技日报》,1996 年 3 月 31 日.

择业等问题. 在我上学的那个年代,人们都是这么想的."

比崔桂珍小几岁的史博士也有同感:"徐迟的报告文学发表的时候,我刚小学毕业,但当时流行的观念'学好数理化,走遍天下都不怕'已在脑中有极深的印象了,在那种社会氛围下,也就义无反顾地选择了数学. 那是一个功利性不是很强的社会,如果是今天,我也许就不做这种选择了."

1979 年进入山东大学数学系的张立群,恐怕是受这个影响最直接的了."在我上下几届的同学中,有相当多的人是受了陈景润的影响而报考数学系的,有些人甚至说不上喜爱数学,只是把它当成一种人生理想去奋斗,可以讲,当时一大批相当优秀的人才就这样聚集在数学王国里了. 现在返回去看看,这也不是正常的,毕竟数学是一门基础学科,不可能有现实的应用效益,那么多有才华的人都来研究数学也是一种浪费,我的许多同学后来都改了行."

的确,陈景润影响了一代青年学生的择业取向,甚至人生道路,但不论他们是哪个年龄段的,后来又从事了什么专业,在谈及陈景润对他们的影响时,都一致认为……

20.2 他为事业献身的精神最宝贵

读过《哥德巴赫猜想》的人,一定记得陈景润那间昏暗的 6 平方米小屋,那些在床板上演算出的几麻袋草稿……陈景润对数学的痴迷和投入不是一般人能想象到的. 陈景润多年的同事和朋友罗声雄先生回忆说:"陈景润的刻苦,不是常人能做到的,或者说,不是常人

能忍受的."

"在 20 世纪五六十年代,他几乎是每天打一壶开水,买几个馒头和一点小菜,回到他的小屋,一干就是一天.在他的房间,一张床,一个小课桌,一把木椅,剩下的则是他写下的一堆一堆草稿纸.他像一个辛勤的淘金者,通过这些稿纸,寻求数学成果.他的全部生活就是研究数学.

也许有人会觉得陈景润过的不是正常人的生活,然而正是他对数学如醉如痴的迷恋,忍受了常人难以忍受的痛苦,用尽全部心血,才成就了令世人瞩目的业绩.对一项事业,一个理想,只有这样不计名利,忘我投入,才能最终有所发现.在当前这种物欲横流,急功近利的社会环境下,陈景润的这种执着和献身精神是十分难能可贵的,这也是他留给我们最宝贵的精神财富.

陈景润的去世使不少人又一次关注了数学——这一最古老的学科.应该说数学,尤其是纯数学,是一切学科的基础,但在现实生活中,并没有实际的应用效益,然而它仍反映了人类认识自然、掌握自然规律的水平,是人类知识体系中重要的组成部分,虽然像 20 世纪 80 年代初那样,人人都研究数学是不正常的,但也不能无人去搞,毕竟从长远来看,一切可转化为效益的技术和应用科学的发展都要仰仗基础科学.

谈到数学,广而言之到所有基础学科现状,不景气是有目共睹的,甚至目前上大学报考数学系的学生中,有相当一部分是奔着学数学好出国而来的.但记者在采访中,也见到了一批像陈景润一样将数学当成一项神圣的事业,为之献身的人,其中也不乏青年.张立群就说:"研究数学作为职业来讲不是好的,但它是一门艺术,我喜爱它,其中的乐趣是不能用金钱来衡量的."
崔桂珍也讲:"每个人的理想和价值观不一样,我愿意
这样做学问,这也许就是陈景润这些老师给我们的影
响吧!"

　　陈景润在数学上的成就是巨大的,而他对一代人,
一个时代的影响则更是深远的.

陈景润年谱与论著目录

第 13 章

§1 陈景润年谱

1933 年 5 月	出生于福建省闽侯县庐雷村.
1940～1944 年	在福建三一小学读书.
1944 年	在三民镇中心小学(现三明市实验小学)读书.
1945 年 2 月	小学毕业,升入三元县立初级中学(三明市一中)后转入福州三一中学.
1948 年 2 月	进入英华书院(今福建

师大附中).

1950 年 9 月	以同等学力考入厦门大学数理系.
1953 年 9 月	毕业分配至北京四中任教.
1954 年 10 月	在家养病.
1955 年 2 月	由当时厦门大学的校长王亚南先生举荐,回母校厦大数学系任助教.
1956 年	《他利问题》发表,改进了华罗庚先生在《堆垒素数论》中的结果.
1957 年 9 月	由于华罗庚教授的重视,被调到中国科学院数学研究所任研究实习员.
1960~1962 年	转入中科院大连化学物理所工作.
1962 年	升任助理研究员.
1966 年	证明了每个充分大的偶数都可表示为一个素数和一个素因子个数不超过 2 的整数之和.
1966 年 5 月	《科学通报》第 17 卷第 9 期,宣布陈景润《哥德巴赫猜想》"1+2"的结果.
1973 年	论文《大偶数表为一个素数及一个不超过二个素数的乘积之和》在《中国科学》发表,在国际数学界引起轰动,其结果被命名为"陈氏定理".
1975 年 1 月	当选为第四届全国人大代表,后任五、六届全国人大代表.
1977 年	破格晋升为研究员.
1978 年	受国际数学家大会做 45 分钟报告的邀请.
1979 年 1~6 月	赴美国普林斯顿高级研究院工作.

1979 年 9 月	在巴黎法国高等科学研究所和英诺丁汉大学访问学习.
1980 年 8 月 25 日	与由昆结婚.
1980 年 11 月	当选学部委员（中科院院士）.
1981 年 4 月	参加厦门大学 60 周年校庆.
1981 年 12 月	其子陈由伟出生.
1982 年	获国家科委自然科学一等奖,并再次受国际数学家大会做 45 分钟报告邀请.
1984 年	确诊患帕金森综合征.
1988 年	评定为一级研究员.
1991 年 7 月	受吉林延边敖东集团之邀前往长白山.
1991 年 9 月	参加英华中学 110 周年校庆.
1992 年 2 月	荣获首届华罗庚数学奖,先后受聘贵州民族学院、河南大学、厦门大学、青岛大学、华中工学院（今华中科技大学）、福建师范大学等校的兼职教授,并担任《数学季刊》主编.
1995 年 1 月	获 1994 年度何梁何利基金奖（数学奖）.
1996 年 3 月 19 日	因病逝世.

§2　陈景润论著目录

[1] 华林问题中 $G(k)$ 的估值. 数学学报,1958(8):253-257.

[2] Waring's problem for $g(5)$. Sci. Rer. , 1959(3):327-330.

[3] 华林问题中 $g(\varphi)$ 的估值. 数学学报,1959(9):264-270.

[4] 关于 Jesmanowicz 的猜测. 四川大学学报,1962:18-25.

[5] 给定区域内的整点问题. 数学学报,1962(12):408-420;Sci. Sin. , 1963(12):151-161.

[6] Corrigendum to Yin Wen-lin's paper "The lattice-points in a circle". Sci. Sin. , 1962(11):1725.

[7] 圆点整点问题. 数学学报,1963(13):293-313;Sci. Sin. , 1963(12):633-649.

[8] Improvement of asymptotic formulas for the number of lattice-points in a region of three dimensions (Ⅱ). Sci. Sin. , 1963(12):751-764.

[9] 关于三维除数问题. 数学学报,1964(14):549-559;Sci. Sin. , 1965(14):20-29.

[10] 华林问题 $g(5)=37$. 数学学报,1964(14):715-734;Sci. Sin. , 1964(13):1547-1568.

[11] 某种三角和的估值. 数学学报,1964(14):765-768.

[12] An improvement of asymptotic formulas for $\sum\limits_{n \leqslant x} d_3(n)$ where $d_3(n)$ denotes the number of solutions of $n = pqr$. Sci. Sin. , 1964(13)：1185-1188.

[13] 关于 $\zeta\left(\dfrac{1}{2}+it\right)$. 数学学报, 1965(15)：159-173; Sci. Sin. , 1965(14)：522-538.

[14] 关于谢盛刚的《表大偶数为素数与至多三个素数的乘积之和》一文的一些意见. 数学进展, 1965(8)：335-336.

[15] On large odd number as sum of three almost equal primes. Sci. Sin. , 1965(14)：1113-1117.

[16] On the least prime in an arithmetical progression. Sci. Sin. , 1965(14)：1868-1871.

[17] 表大偶数为一个素数及一个不超过二个素数的乘积之和. 科学通报, 1966(17)：385-386.

[18] 大偶数表为一个素数及一个不超过二个素数的乘积之和. 中国科学, 1973(16)：111-128; Sci. Sin. , 1973(16)：157-176.

[19] 华林问题 $g(4)$ 的估值. 数学学报. 1974(17)：131-142.

[20] 关于区间中的殆素数的分布问题. 中国科学, 1976(19)：7-20; Sci. Sin. , 1975(18)：611-627.

[21] 关于算术级数中的最小素数和 $L-$函数零点的二个定理. 中国科学, 1977(20)：383-414; Sci. Sin. , 1977(20)：529-562.

[22] On professor Hua's estimate of exponential sums. Sci. Sin. , 1977(20)：711-719.

[23] 1+2 系数估计的进一步改进——大偶数表为一个素数及一个不超过二个素数的乘积之和(Ⅱ). 中国科学,1978(21):477-494;Sci. Sin.,1978(21):421-430.

[24] On the Goldbach's problem and the sieve methods. Sci. Sin.,1978(21):701-739.

[25] On the least prime in an arithmetical progression and two theorems concerning the zeros of Dirichlet's L-functions (Ⅱ). Sci. Sin.,1979(22):859-889.

[26] 关于区间中的殆素数的分布问题(Ⅱ). 中国科学,1979(22):12-32;Sci. Sin.,1979(22):253-275.

[27] (与潘承洞合作)哥德巴赫数的例外集合. 中国科学,1980(23):219-232;山东大学学报,1979:1-27;Sci. Sin.,1980(23):416-430.

[28] On some problems in prime number theory. Séminaire de Théorie des Nombres, Paris, 1979-1980:167-170.

[29] Goldbach 数的例外集合(Ⅱ). 中国科学,1983(23):327-342;Sci. Sin.,1983(26):714-731.

[30] (与黎鉴愚合作)关于自然数前 n 项幂的和. 厦门大学学报,1984,23(2):134-147.

[31] 某种三角和的估计及其应用. 中国科学,1984(27):1096-1103;Sci. Sin.,1985(28):449-458.

[32] (与黎鉴愚合作)关于等幂和问题. 科学通报,1985(30):316-317.

[33] (与黎鉴愚合作)关于幂和问题的进一步研究. 科

学 通 报，1985（30）：1281-1285；1986（31）：361-362.

[34] 关于 L －函数的零点分布.中国科学，1986（29）：673-689；Sci. Sin.，1986（29）：897-913.

[35] 关于 L －函数的三个定理（Ⅰ）（Ⅱ）.曲阜师范大学学报，1986（2）：1-8；1986（3）：1-14.

[36] （与黎鉴愚合作）On the sum of powers of natural numbers. 数学季刊，1987（2）：1-18.

[37] （与刘健民合作）算术级数中的最小素数和与 L －函数零点有关的定理（Ⅲ）. 科学通报，1988（33）：794；1988（33）：1932-1833.

[38] （与王天泽合作）奇数情形 Goldbach 问题研究.科学通报，1989（34）：1521-1522.

[39] （与刘健民合作）算术级数中的最小素数与 L －函数零点有关的定理（Ⅲ）（Ⅳ）.中国科学，1989（32）：337-351；Sci. Sin.，1989（32）：654-673；Sci. Sin.，1989（32）：792-807.

[40] （与王天泽合作）关于哥德巴赫问题.数学学报，1989（32）：702-718.

[41] （与王天泽合作）关于 L －函数例外零点的一个定理.数学学报，1989（32）：841-858.

[42] （与刘健民合作）关于 L －函数在直线 $\sigma=1$ 附近的零点分布.中国科学技术大学研究生院学报，1989：1-21.

[43] （与刘健民合作）Goldbach 数的例外集合（Ⅲ）（Ⅳ）.数学季刊，1989（4）：1-15；1990（5）：1-10.

[44] （与王天泽合作）关于 Dirichlet L －函数的零点分布.四川大学学报，1990：145-155.

807

[45] (与王天泽合作)关于算术级数中素数分布的一个定理. 中国科学,1989(32):1121-1132;Sci. Sin. ,1990(33):397-408.

[46] (与王天泽合作) Estimation of the second main term in odd Goldbach problem. Acta Math. Sci. ,1991(11):241-250.

[47] (与刘健民合作)On the least prime in an arithmetical progression and theorems concerning the zeros of Dirichlet's *L*-functions (Ⅴ). International symposium in memory of Hua Loo Keng,Science Press,1991,Springer-Verlag, Vol. 1,19-42.

[48] (与王天泽合作)关于 Goldbach 问题的一点注记. 数学学报,1991(34):143-144.

[49] (与王天泽合作)广义 Riemann 猜想下的奇数 Goldbach 问题. 中国科学,1993(36):343-351; Sci. Sin. ,1993(36):628-691.

[50] (与王天泽合作)素变数线性三角和的估计. 数学学报,1994(37):25-31.

[51] (与王天泽合作)关于奇数 Goldbach 问题(Ⅱ). 数学学报,1996(39):169-174.

[52] 初等数论Ⅰ,Ⅱ,Ⅲ. 北京:科学出版社,1978, 1982,1989.

[53] 组合数学. 郑州:河南教育出版社,1984.

[54] (与邵品琼合作)哥德巴赫猜想. 沈阳:辽宁教育出版社,1987.

[55] 组合数学简介. 天津:天津教育出版社,1989.

附　录

厦门大学数学系与数学研究所

附录 I

数学系的前身是算学系,创办于1923年,是理科六个系之一.当时理科全体教职员 20 余人,在校的学生也仅有 20 多人.1927 年 6 月理科第一届毕业生仅 4 人,其中算学系 1 人.在 20 世纪 20 年代学校创办初期,规模虽小,但由于当时北方时局动乱不堪,因此吸引了国内不少知名教授来校任教.特别是1926 年聘请了我国近代数学开创者之一、哈佛大学博士、几何学家姜立夫任算学系主任.姜教授开设高水平的课程"近代几何",在他主持系务期间,购置不少外国图书期刊.来校任教的还有留美学者黄汉和(1928 年代理系主任)、杨克纯(1929 年代理系主任)和周家树等教授.1930 年 2 月理科改名为理学院,算学系改名为数学系,当时系主任是留法学者周澄南教授.1931 年张希陆教授来校担任数学系主任,当年全系学生仅有 6 人.曾任学部委员、四川大学原校长柯召教授,中国科学院原院长卢嘉锡教授,都是当时数学系学生.1936 年秋,数学系与物理系合并为数理系,初由林觉世任主任,后由萨本栋校长兼任系主任直到 1939 年.学校内迁长汀时,数学方面还有林觉世教授.从 20 世纪 40 年代开始,萨本栋校长和随同他来校任教的郑曾同、杨龙生二位先生合编的《实用微积分》一书,在抗战期间教材十分稀缺的情况下,对理工科数学教学起了极其重要的作用.萨校长还开设"高等微积分"和"向量分析"等课程.从 1939 年到 1942 年,数理系主任是光学专家谢玉铭教授.1942 年到 1944 年春,系主任是研究宇宙线的理论物理学家周长宁教授.1943 年秋,微分几何学家方德植来系任教,讲授包括分析几何和代数等方面的课程,对于提高数学教学的水平起了极其重要的作用.

　　抗战胜利后,学校迁回厦门,数学方面聘请了留日学者尤崇宽教授,专门讲授分析方面的课程;方德植教授除了讲授有关几何和代数的课程,还开设他所从事研究的"射影微分几何"专门课程.从 1945 年到 1949 年夏,数理系主任更动频繁,先后由谢玉铭、陈世昌、古文捷、卢嘉锡、罗炽才等教授担任.从 1943 年到 1949 年,每年主修数学的学生数从 1 人到 4 人不等.从建校到新中国成立以前,数学方面的毕业生仅 30 多人,新中国成立以后,数学方面除了方德植教授,1950 年秋留日学者李文清来系任教,还有三名讲师,两名助教,师资力量已有所加强,于是数理系学生开始有数学和物理两组之分.1949 年到 1950 年,系主任由当时理学

院院长卢嘉锡兼任.抗美援朝战争爆发后,1951 年春到 1952 年春,理学院内迁龙岩白土镇,由方德植教授代理系主任职务.

1952 年秋,恢复成立数学系,由方德植教授任系主任.教师共计 14 人,除了方德植教授,一位副教授和两位老讲师,其余均为二十多岁的年青教师.当年招收新生 60 人,新生的数学系,朝气蓬勃,在数学方面,除了本系的全部课程,还承担全校的"高等数学"课程教学任务.由于新中国成立初期中等师资奇缺,学校在 1952 年到 1953 年举办数理化中学师资轮训班,数学系还抽调两名教师承担教学任务.1953 年成立厦门数学会,并创办《厦门数学通讯》.1956 年学校成立海外华侨函授部,由方德植兼任主任,数学系教师承担数学专修科全部教学任务,并编写了从初等数学到高等数学各门课程的教材.20 世纪 50 年代中期,全系教师仅 20 人左右.由于教育与科学事业发展的需要,师资培养工作显得十分迫切.全系教师在教学任务十分繁重的情况下,还抓紧时间,积极开展科学研究工作.教师组织讨论班,报告专著及国内外最新成果,扩大知识面,开展专题研究,撰写学术论文.此外,还选派教师外出进修.由于师资的学术水平不断提高,教学内容不断丰富,从而提高了教学质量和科研的水平.到 1956 年,数学系设置了微分几何、复变函数论、多复变函数、泛函分析与常微分方程等专门化课程.重新建系以后的短短四年中,发表学术论文 28 篇.在 1956 年全国第三届数学年会上,有 3 位教师在会上宣读论文.特别要提到的是陈景润的艰苦勤奋的学习精神,他以两三年时间精读华罗庚教授的名著《数论导论》,为后来解决数论中著名的"哥德巴赫猜想"做出贡献,从而,为成为国际上知名数学家打下坚实基础.当年他在大会上宣读《他利问题》的论文,即得到华罗庚教授的赞赏.由于数学系在教学和科研方面都取得显著成绩,得到高等教育部的表扬,《光明日报》为此刊载特写,专题报道并加以评论,高度赞扬他们的艰苦创新精神.在 1956 年制定十二年远景规划,数学系根据数学科学发展的趋势和自身的特点,提出以"大范围的几何与分析"作为科研的总方向.从十多年来国际数学界的发展和取得成就来看,当时的提法是有益的.虽然由于客观原因后来未能执行,没有完成规定的目标,但对今后的发展仍然有参考意义.学生的学习热情也很高,各班级组织了科研小组,系方还为此创办了《数学习作》油印刊物,作为学生交流学术的园地.全系学术气氛相当浓厚,除了增购国外图书期刊,数学系对外语也非常重视,高年级课程有的选用外文教材,要求学生阅读并翻译外文的专业文献,数学系为此编印了《俄中英数学小词典》,该书后来加以补充,扩展为《俄中英,英中俄数学词典》,并由当时的厦门人民出版社出版发行.

1958 年,在教育革命的浪潮中,数学系师生走向社会进行调查研究,探索数学理论与国民经济生产实际的联系,从而增进了解决实际问题的能力,丰富了教学内容;提高了对教育与社会发展的需要这一关系的认识.在此基础上,数学系增设了"计算数学""概率统计""数学物理方程""运筹学"等学科方向.这不但为当时筹办福州大学数学系的"计算数学"和"应用数学"两个专业奠定基础,而且也为数学系后来设置"计算数学"与"应用数学"这两个专业提供了基本条件.1960

年数学系承担筹建福州大学数学系的任务,从全系教师队伍中抽调一半到福州大学工作,使师资力量受到很大的影响,接着又经受了三年困难时期的严峻考验,各方面条件十分困难,但数学系仍在继续前进.在强调理论联系实际的情况下,坚持基础理论的教学与研究.1962 年方德植教授开始招收微分几何研究生.

从 1958 年到 1966 年,数学系教师发表了论文 35 篇,出版了方德植的《微分几何》、李文清的《泛函分析》两部专著.此外还有林坚冰、陈奕培主编的《俄中英,英中俄数学词典》.到 1965 年,先后增设"概率统计""数理方程""力学"三个专门化学科,全系总共有八个专门化学科.一些学科分支,如微分几何、函数论、泛函分析、微分方程等,具有较高的学术水平,在全国占有一定的地位.在设备方面,图书资料有了较大充实,国内外期刊已经达到 300 多种.

1966 年全系教师增加到 49 人;其中教授 1 人,副教授 4 人,讲师 9 人,助教 35 人.1960 年到 1964 年林坚冰代理系主任.1964 年到 1966 年林鸿庆代理系主任.1955 年学生人数为 79 人,到 1965 年已增加到 401人.学生人数最多的年份是 1963 年,达 464 人. 从 1953 年到 1966 年这 14 年中,为国家培养了本科毕业生 707 人,研究生 4 人.他们分布在全国各地,其中大多数已经成为各条战线的骨干力量,有的已成为学科带头人,在国内外学术界有一定地位.

"文化大革命"开始,教学与科研工作停顿.1970年举办工农试点班,招收 27 名学员.试点班学制两年,学习有关水库和水泵知识.1972 年到 1976 年设置数学、控制理论两个专业,数学专业分为统计预报和水工结构两个方向.教师大部分是本系原有人员,还有一部分是从其他单位调入,总计 89 人.1976 年学生人数约两百人.1973 年底恢复系主任建制,由蔡声玢担任系主任.1977 年底系主任职务改由黄国柱担任.从 1974 年到 1977 年控制理论专业的师生以青州造纸厂为基地进行现场教学.数学专业水工结构方向的师生深入山区参加水库的建设,并与省水利大队联合举办拱坝培训班;统计预报方向的师生则进行有关台风和地震的预报研究,也获得一定成果.

1977 年底恢复全国高校统考招生制度,并制订专业教学计划和各门课程的教学大纲,把"文化大革命"期间遭受破坏的正常教学秩序重新建立起来.数学系从此获得新生,并不断得到发展.1977 年底数学系招收数学和控制理论两个专业的本科学生共计 83 人,1978 年开始招收微分几何、控制理论、位势论、偏微分方程、多复变函数和微分方程定性理论等方向的硕士研究生.1978 年增设计算数学专业.在党的十一届三中全会之后,在加强系的党政领导、调整专业设置,加强师资队伍建设,开展国内外学术交流活动以及图书资料和设备的充实等方面,均有较大的进展,教学和科学研究的质量都有较大的提高.

系主任职务自 1979 年起由方德植教授担任,方勤任党总支书记.1981 年增设计算机软件专业.到 1981 年底,有教授 3 人,副教授 8 人,讲师 56 人,助教 42 人.1982 年春,控制理论和计算机软件两个专业的教师 47 人及该专业的学生另行建立计算机科学系,数学系仅保留数学和计算数学两个专业,全系教职工共计 81 人.1984 年 11 月,调整领导班子,由林鸿庆副教授

担任系主任,谢德平任党总支书记.1985 年 5 月增设应用数学专业,连同原有的计算数学及其应用软件专业共三个专业.

　　到 1987 年,数学系已拥有一支较强大的师资队伍,从事基础理论的教学和科研工作,并开展对有利于国民经济建设,实用性较强的学科分支的教学与研究.其中方德植教授是我国知名的微分几何学家,在射影微分几何方面做出很大贡献,先后出版《微分几何基础》《微分几何》《解析几何》等专著教材多部,对我国高等学校的几何学教学起了重要作用.张鸣镛教授为函数论方面的研究做了重要贡献,他所从事的位势理论研究在国内居领先地位,出版的《现代分析基础》一书具有一定特色.辜联昆教授从事偏微分方程的研究,其成果得到国内外同行的重视,近年来曾到美国、苏联访问,参加学术会议.陈奕培教授从事几何与拓扑方面的教学与研究,编著《射影几何》《几何基础》,对高校的教学起了一定作用.钟同德教授从事多复变函数论的研究,出版专著《多复变函数的积分表示和多维奇异积分方程》.厉则治教授是概率论方面的专家,对该学科的教学和研究工作取得重要成果,曾出席 1986 年世界数学家会议.现有副教授 17 人,他们分别在多元复分析、函数逼近论、偏微分方面、概率统计和微分几何等学科分支具有较高的学术水平.有陈文忠、陈叔瑾两位副教授分别到美国和意大利参加国际学术会议.此外还有讲师 1 人曾到美国进修,年青教师 15 人尚在国外攻读博士学位.

　　在设备方面,图书资料不断得到充实,除了拥有相当数量的图书,现有国外期刊 500 多种,国内期刊 50

多种.还建立了微电脑计算机室,拥有微电脑 25 台,有完整的外部设备和机房附属设备,还有学校计算中心的中型、微型计算机可供使用.所有这些设备,已为数学系的教学和科研提供了较好的物质条件.

在培养人才方面,现有三个专业除了招收本科生,每年还招收硕士研究生,其中有基础数学、概率论与数理统计两个硕士点.指导研究生的研究方向包括:微分几何、微分方程、多复变函数论、位势论、函数逼近论、代数、概率论与数理统计、计算数学等.到 1987 年,已毕业的硕士生共 45 人,在学的研究生有 38 人.数学系从 1985 年开始招收港澳学生,接受外国留学生.此外,为了适应国民经济发展的需要,进行多层次培养人才,还于 1987 年开始举办数学专业函授专科班.

在教学改革方面,为了培养学生掌握一定的基础理论知识并具有较广的知识面,使他们对今后科学的发展以及工作有较大的适应性,一方面是加强基础课的教学,本科生的基础课由副教授以上或有经验的讲师担任,对教学内容和教学方法的改革也做了尝试;另一方面是对教学计划进行修订,主要是减少必修课,开设大量选修课,包括一些实用性较强的课程,如经济数学、计算数学及其应用软件、随机点过程、图论等,并通过毕业论文或科研训练培养本科生从事基础理论研究和解决实际问题的能力.对于研究生,也按专业规定在通过必修的学位课程后,再根据研究方向选修相应的课程并完成学位论文.在科学研究方面,全系教师及研究生根据专题研究的方向或课题,组织了 9 个经常性讨论班,并通过参加全国性和国际性的学术会议、讲学、学术访问等活动,进行学术交流.现有 11 项课题得

到国家科学基金和省科学基金的资助,其中基础研究7项,应用研究4项.从1953—1987年,共发表论文273篇,从1979年到1987年,先后出版的论著有《数学手册》《微分几何基础》《射影几何》《多复变函数的积分表示与多维奇异积分方程》《现代分析基础》等教材和专著10部.

在推广微机的应用方面,除了本系的行政管理手段逐步走上电脑管理阶段,还为校内外研制了一批应用软件,其中"厦门电机厂微电脑在电机型式试验计算分析上的应用"及"厦门叉车厂微机辅助物资管理系统"分别获得省市优秀软件奖,另外有些通过省市级鉴定并被选用参加"全国应用软件展览会"展出.为了与我国国民经济和世界科技的发展趋势相适应,根据党和政府提出的开放与改革的精神,数学系还要对专业设置和教学计划进行必要的改革.

(撰稿:陈奕培(定稿)

郑耀辉

林大兴

审稿:林鸿庆)

著译目录:

方德植,微分几何,人民教育出版社,1964.

方德植,解析几何与线性代替,福建科技出版社,1981.

方德植、陈奕培,射影几何,高等教育出版社,1983.

方德植,微分几何基础,科学出版社,1984.

网络拓扑学,张鸣镛译,上海科学技术出版社,

1963.

　　方德植,解析几何,高等教育出版社,1986.

　　钟同德,多复变函数的积分表示与多维奇异积分方程,厦门大学出版社,1986.

　　张鸣镛,现代分析基础,厦门大学出版社,1987.

　　方德植等,数学手册,人民教育出版社,1979.

　　具有非负特征值二阶微分方程,辜联昆等译,科学出版社,1988.

没有人告诉你是对还是错[①]

刘培杰

附录 Ⅱ

总导语:英国费伯出版社和美国布卢姆斯伯里出版社曾经悬赏 100 万美元,奖给在两年内解开哥德巴赫猜想数学之谜的人.这两家出版社其实醉翁之意不在酒,真实意图是为希腊作家 Apostolos Doxiadis 的小说《波得罗斯大叔和哥德巴赫猜想》做宣传,领奖的最后期限定为 2002 年 3 月 15 日.俗语说:重赏之下,必有勇夫;百万美金像一块巨石,在中国老百姓的心中激起千重浪,于是中国大地再掀"证明"热潮.

哥德巴赫,数学家,1690 年 3 月 18 日生于普鲁士柯尼斯堡(今加里宁格勒),1764 年 12 月 1 日卒于莫斯科.早

---

① 谨以此文献给所有数学业余爱好者.

年学习法学,后来在大学里攻读医学和数学.1725 年移居俄国,任彼得堡科学院会议秘书兼数学教授.1727 年到莫斯科当上沙皇彼得二世的家庭教师.1742 年起任外交部公使,1742 年 6 月 7 日他在致瑞士数学家欧拉的信中提出猜想:任何一个偶数 $n(n \geqslant 4)$ 是两个素数之和.

目前中国在哥德巴赫猜想研究上居于世界领先地位,1996 年德国数学家 Volke 到中国科学院数学所访问时说:"中国数学家对哥德巴赫猜想的贡献那么大,如果哥德巴赫还活着,我猜想他一定会首先选择到中国来访问."同时他把哥德巴赫当年给欧拉的那封信的复件送给了中国数学研究所,以表示他对中国数学家的敬意.

中国第一个想拿走 100 万美元的是任大鸿先生.任大鸿先生是成都某设计院的职工,年近中年,额头宽大,从中国传统相面术来看是一位聪明绝顶之人;当他从媒体中得知费伯出版公司的悬赏之后,兴奋不已,马上把自己关在屋子里几天未出来,最后终于搞出了一份所谓的"证明",并向媒体发布了这一消息.

他对自己的证明颇为自信,这与他中学的求学经历有关,据称他中学时数学特棒,是数学课代表,很少有数学题能难住他.

此后任大鸿就开始等待数学界的答复并准备"领取"100 万美元的巨奖,但这并不容易,因为那两家出版公司规定,必须在两年内得到权威数学机构的认可,并于第 3 年在权威杂志上发表,对此不知任先生怎样想.

在哈尔滨也有多起证明事件.第一起证明人赵东

宁是一位女士,她在黑龙江省卫生学校教中医临床课.赵中学毕业于哈尔滨一中,师从当时很有名望的教师冯宝琦先生,冯先生早年毕业于南京大学,是上海富家子弟.因家庭出身毕业被分配至东北,先是在一中工作,后调至师专数学系.1989 年前赴美投奔中学同学,国民党抗日将领张自忠将军的孙子,至今定居美国.冯先生是黑龙江省数学奥林匹克运动首倡者之一,对自己的学生极尽提拔之能事.

　　冯宝琦先生对他的这位学生十分欣赏,赵女士确实给人以聪明、执着、脱俗之感,她对哥德巴赫猜想和素数个数公式很痴迷,从 1977 年至 1985 年已证明了8 年,并为此耽误了自己的终身大事,她异常勤奋,做了大量计算,只可惜数学基础仅限于集合论,所以多年苦心求证,写了多稿均未果,笔者曾提供给她若干数论专著,如华罗庚先生的《堆垒素数论》,但她无法读懂,所以只能抛开已有的数学概念与符号另起炉灶,必然是错误多多.笔者参加了当年的鉴定工作并指出了她所"发现"的素数个数公式之误.曹珍富、陆子采、吕庆祝先生都指出了其"哥德巴赫猜想"的"证明"之误.但她与笔者后来所遇到的那些"爱好者"不同.她的超拔于物质生活之外的精神风貌与对自己热爱事业的执着精神今天也是少有,实在令笔者敬佩.后来她也到了美国,做家庭服务员,并继续"证明"不停.

　　在职业数学家"宣称"证明了哥德巴赫猜想的人中最著名的一位应该算是东北师范大学的原教务长张德馨博士,张老 1905 年 3 月生于山东省费县,是东北解放后第一个回到祖国的留洋博士,他 1937 年在德国柏林大学获博士学位,当时解放区报纸在头版发表通栏

"欢迎您,张博士",后任东北大学教务长,是我国数论界的老前辈(虽然勒让德在 70 多岁时才证明了费马大定理当 $n=\Gamma$ 时是正确的),并著有《整数论》(1958 年)这样的专著.他在陈景润成名后,按捺不住,也给出了一个基于大量验证的"证明",但数值验证绝不能等同于证明,因为验证只能对有限数值,而自然数是无穷的,对哥德巴赫猜想来说验证早有人在进行.皮平曾核对了 100 000 以内的所有偶数;申懋功核对了 33 000 000 以内的所有偶数;勒依时、富勒斯、哈蒙特与洛易核对到 100 000 000;而尹定更核对到 500 000 000.张德馨的"论文"发表在自己主管的《东北师大学报》(自然科学版)上,其理论依据居然是当时一句政治口号"实践是检验真理的唯一标准",但数学界对"政治数学"和老资格并不买账,终成笑谈.

第四位证明者叫秦正党,家住北京北洼路北京无线电厂宿舍楼 2－4－203 室的秦正党老人,1949 年毕业于上海交通大学航空工程系,后一直服务于空军.据他自己讲:"他根本没有接触数学这门行当,特别是对传统数论而言,迄今我简直就是个数论盲".

但他认为:数论盲也有数论盲的"优势",一张白纸,没有负担,可以沿着自己的思路摸索探寻.

秦先生同其他爱好者一样,都是从 1978 年开始从事"哥德巴赫猜想证明"的.

在开始的两年,他摸索出来所谓的"双余零筛法",这使他看到了一线希望,从而坚定了证明的决心.

但是在接下来的 8 年里,他开始在余数分布规律的圈子中转悠,没有取得任何进展,但他挫之愈奋,几度灰心,几度奋蹄.

　　后来他又摸索到了用数学归纳法证明哥德巴赫猜想的新路子,这使他又"前进"了一步.1993 年他又发表了"余数区间"这个"新概念",使他觉得哥氏猜想已尽在掌握之中.于是秦先生于 1996 年将他的证明用中英文整理出来,由光明日报出版社出版.这是一部 42万字,500 多页的巨著,这部书的出版得益于秦先生的校友.

　　秦先生 1945 年毕业于重庆南开中学,在那一届校友中,有当今著名数学家——美国加利福尼亚州立北岭大学数学教授、哲学博士林同坡(可惜他是代数学专家对解析数论并没有太多的发言权),林同坡先生为他的专著做了序.

　　另外张继庆同学长期支持他搞研究,宋卓敏、伍承德在经济上大力帮助他,为之提供出版经费,孙开远为他校对英文稿,他的一位叫马达璋的同学还为此刻了一方"水滴石穿"的印章,以示庆祝.这些新中国成立前的南开中学毕业生,其理想之高远,友谊之深厚,真令人感慨万千.

　　遗憾的是这是一场西西弗斯的悲剧,注定要失败,水已滴但石不仅没穿,而且根本没滴到那块石上,当然秦老先生并不介意,他在作者自白中写了一首诗:

　　　　　我就是,
　　　　　一支燃烧着的蜡烛;
　　　　　当然希望:
　　　　　在哥德巴赫猜想问题上,
　　　　　发出一点点微弱的亮光.
　　　　　我早就准备着:
　　　　　吞下

　　"瞎子点灯,

　　白费蜡."

　　这个十分难咽的苦果.

　　可以成灰,

　　但不流泪,

　　更不后悔!

　　从以上几个"证明"事件中,第一我们可以看到中国古代那种期待生活中出现落魄公子娶了公主、穷汉捡到狗头金的侥幸心理,已深深植根于我们整个民族内心深处,不论是市井百姓,还是专家学者,这恐怕也是"伪证明"得以大行其道的根源之一. 因为你所运用的方法别人也同样会,那为什么别人没有做出来呢? 所以此时我们提倡人们自问,我有什么过人之处吗? 在解决这个问题的过程中我的长处是什么? 这样会在将自己的成果拿出来时"慎重"些. 而所谓"业余爱好者"的证明因其所花代价太小,所以无法得到真正有价值的东西,但正因如此小代价大收获的诱惑,证明"屡禁不止". 前些年有一位老同志退休后来到北京,跟潘承彪教授(我国哥德巴赫猜想权威之一)说他要搞哥德巴赫猜想,潘承彪劝他最好还是做点别的事,他却说"别的事不太好做",在陈景润教授去世后几天,这种"证明"热浪又开始掀起. 于是《光明日报》在同一天发表了两篇文章,力劝"爱好者"们及时回头. 一篇是中科院数学所业务处写的,文章说"著名数学家陈景润院士去世以后,我们数学所收到比以前多得多的来信来稿,声称解决了哥德巴赫猜想. 过去我们也曾收到成千上万类似的稿件,但没有一篇是对的,而且绝大多数错误不超出中学数学的常识范围."陈景润在 1988 年出版

的《初等数论》的前言中说：一些同志企图用初等数论的方法来解决哥德巴赫猜想及费马大定理等难题，我认为目前几十年内是不可能的，所以希望青年同志们不要误入歧途，浪费自己的宝贵时间和精力.

诗人的浪漫与"俗人"的疯狂

导语：一部好的文学作品既能给人以鼓舞，又能将人引入歧途.

记得 1996 年陈景润教授逝世后，我们曾到北京中国科学院数学研究所组稿，希望能尽快出版一本《陈景润传》，接待我们的是当时数学所人事处处长杨莎莎女士，当我们说明来意后，杨处长介绍说：当年在徐迟先生《哥德巴赫猜想》这篇报告文学发表后，在中国引发了一场全民数论热，杨女士说那个年代数学研究所招收的研究生都是最优秀的，报考人数有几千人，今天的许多中青年数学家都是受了这篇报告文学的影响才进入了数学的殿堂.笔者至今还能清晰地记得当年（1978年）看到这篇报告文学时激动的心情，并由此对数论产生了浓厚的兴趣.在那个整个民族精神振奋，个性解放，崇尚自我奋斗的年代，这篇文章无疑是具有震撼力的，但同时由于徐老的浪漫也使得文章产生了很大的副作用，北大教授金克木在《读书》杂志 2000 年 3 月号发表的一篇名为《数学花木兰：李约瑟难题》的文章中指出：

徐迟是诗人，爱好音乐，他是用对待艺术的态度对待科学的，没留意科学是一种特殊的艺术，甚至可以说是反艺术的艺术.因此他的那篇介绍陈景润的报告文学写得漂亮,起了很好很大的作用,但是描述的是数学家,不是数学.他一再引用很少人能懂的数学公式,却没有解释对一般人必须说明的基本要领,也许因此引发了不少人,甚至有数学界的人,慌忙去证明那个"猜想",使数学研究所的人耗费许多时间去做本无必要的应对.

在徐迟的报告文学中,似乎给人造成了这样一种错觉,似乎陈景润是由一个不知名的小人物一跃而成了大数学家,并且仅靠他自己天才的想法,但实际上完全不是这样.

其实陈景润当时(1966 年)发表"1＋2"之前已是一位功力深厚的解析数论专家了,他那时已经在著名数学杂志上发表了关于华林问题、Jesmanowicz 猜想、圆内整点问题、黎曼猜想、三维除数问题等著名论文 17 篇.并且在他的关于"1＋2"的著名论文中,使用了大量著名数学家的结果与方法,如布朗、拉德马切尔、埃斯特曼、布赫夕塔布、库恩、塞尔伯格、林尼克、瑞尼、巴尔巴恩、朋比尼等一大批人,可以说陈景润的高度绝不是自身的高度,而是站在前人肩上之后的高度.如今近 30 年过去了,陈景润已于 1996 年 3 月 19 日撒开他钟爱的数学,撇下他的妻儿骑鹤而去;《哥德巴赫猜想》一文的作者徐迟也撂下他那枝"划过了几十年逝波"的笔,追随陈景润撒手人寰.

1992 年《人民日报》发表《光明日报》记者温红彦题为《是正确认识哥德巴赫猜想的时候了》的文章,他写道:"自从 1977 年报告文学《哥德巴赫猜想》问世后,神州大地不知有多少人向往着摘取那颗灿烂的'明

珠',十几年来,全国各地自称证明出哥德巴赫猜想的人数以千计,关于这种报道也时常见诸市井小报甚至一些大报名刊,但最后证实这些全是谬误.十几年来,光是中国科学院数学所就收到约 100 麻袋这样的论文,但没有一篇论文正确."

　　江苏南京的一位数学爱好者在给中科院数学研究所的信中这样写道:"过去我根本不敢碰哥德巴赫猜想,这几年倒来了兴趣,无事可做,搞点有钻头的东西,锻炼脑子也是好的,现在我把我的研究结论寄来,目的当然不是祈望成家,只请你们在备忘录上记一笔,将来有那么一天,出来一个'大权威',他得出的结论与我的相似,你们可以证明一下,这个结论他不是第一个."

　　对业余人士的第二种心理分析是他们内心渴望有种崇高感,正像苛求完美既是造就大师与专家的必要心理条件但同时又是抑郁症等心理疾病存在的基础一样,渴望崇高也是一把双刃剑.它不仅能使有非凡能力的人成为伟人,也能使平凡的人变成丧失理智的偏执狂.这有些像中国的教育走入了心理寄托与转移的误区一样,千百万自己很不甘心默默无闻走完人生大半的家长们把全部希望都寄托在自己的子女身上,即所谓的望子成龙的心理.有太多太多的人平凡又平凡地湮灭在人海中,于是乎悲叹自己竟比不上夏夜的萤火虫在黑夜中尚有一丝自己的光亮.于是他们便开始挖空心思表现自己,或将名字刻到长城的石头上追求永恒,或当追星族,借明星之光照亮自己,而稍稍有点头脑的人便琢磨,如何将自己同世界上公认伟大的、崇高的事联系起来.于是文坛上有了写了几千万字无一变成铅字的被讥为浪费中国字的"文学青年";有了吟诗百首无一首让人听得懂、看得明白的"朦胧派诗人"；但最难对付的要算"业余数学爱好者"了。他们像练气功走火入魔一样，笃信自己是数学天才，天降解决某个重大猜想之大任于斯．于是整天衣冠不整，神经兮兮，置本职工作于不顾，视妻儿老小如路人，一心一意，昼夜兼程为求得一个所谓"证明"，夜不安寝，食不甘味．

第三种心理是出人头地，这也是人类共有的心理．

数学家虽然绝大多数在为人上是谦虚的，也可以说是与世无争的，但从某种意义上讲又是最争强好胜的．他们总是觉得应该和各个时代的最伟大的数学家竞争，所以他们大搞世界级难题，啃最硬的果，并且对此充满自信．据陈景润的同乡好友、中科院院士林群回忆说："陈景润其实是一位极其好胜的人，他最大的心愿就是打倒当时世界上哥德巴赫猜想方面的最大权威——苏联的维诺格拉多夫．"记得有人在采访美国数学家罗宾逊教授时，当问及"在数学中，是否有某些领域比其他领域更容易使人成名"时，罗宾逊教授说："在数论中，有许多经典的猜想——哥德巴赫猜想、费马猜想，等等，任何对此做出贡献的人将立刻成名，因为这些问题非常有名．"很早以前有一位名叫梅里尔（Merrill）的数学家在一本《数学漫谈》的书中剖析了人类的这种情结，他写道："凡属人类，天生有一种崇高的特性，也就是好胜的心理，这种心理，使人探险攀高、赴汤蹈火而不辞……"波兰最著名的数学家巴拿赫也常常用这样一句话不断勉励自己，他说"最重要的是掌握技艺的巨大光荣感——众所周知，数学家的技术有着像诗人作诗一样的秘诀……"在数学这个行当中，不存在

国内领先,亚洲第一,每个定理都必须是世界第一,否则你的论文将不会发表,因为绝没有第二的位置,正所谓"赢家通吃".

而初等数论的爱好者大多都有这种心理,他们认为唯其需要魄力和技巧的艰苦工作,才有诱惑的分量.有些人以为数学家之所以不能证明哥德巴赫猜想,乃是工作太难的缘故,存了这个念头,当然想要自己去解决问题,以便打倒一切数学家,出人头地.总之,一切麻烦都因学识不够,竟不知这对他来说是不可能之事,真是可惜.现在无法证明高峰绝壁不可攀登,探险家仍然继续尝试,将来终有登临之日,但要凭借初等数学以至大学本科或硕士研究生的功底要想证明哥德巴赫猜想,无疑是想骑自行车到月球上旅行,这时人类的自省力便是遏制这种蠢行的唯一力量.

最后人类还有一个共同的心理弱点——贪财.这些猜想一经证明便可获巨奖.1998年前也就是1908年德国达姆斯塔特(Darmstadt)一位学过数学的大富翁沃尔夫斯凯尔(Paul Wolfskehl)为感谢在他即将自杀之时,费马猜想救了他一命(他原计划在午夜12点执行自杀,但因看一篇德国数学家库默尔写的关于费马猜想的论文错过了时间),决定悬赏10万马克,奖给第一个证明费马猜想的人,重赏之下,必有勇夫,时间从1908年6月27日哥廷根皇家科学协会发表公告,截止到2007年9月13日.当时盛况空前,"证明"像雪片一样飞到德国哥廷根大学,但没有一个是对的.当年负责审稿工作的施利克汀(F. Schlichting)博士告诉20世纪70年代的人们奖金贬值后仍值1万多马克.

831

他写了一本《费马大定理十三讲》(13 *Lectures on Fermat's Last Theorem*)，写信给保罗·瑞本博伊姆 (Paulo Ribenboim) 说：来稿总数没法统计，第一年 (1907～1908 年)登记 3 621 份，他说在社会地位方面，寄论文者常常是受过一种专业教育，但事业上失败的人，他们企图以证明费马大定理找回成功，他将一些稿件交给了诊断严重精神分裂症的医生．

俗语道"太阳底下无新事"，其实历史上的任何闹剧都没有什么新意，手法相似，只不过狂妄程度有所不同，证明的"难题"各不相同罢了．

历史使人明鉴，历史有惊人的相似之处，在中国这片大地上出现过许多类似哥德巴赫猜想被"爱好者"证明的事件．我们可以给读者展示一个小小的缩影，即中国历史上的三分角家及方圆家的悲喜剧．这对那些狂热的爱好者及不负责的报刊记者都是值得借鉴的．

这些业余人士的存在对社会无益，对本人则有害．辽宁教育出版社曾出版的一本书《如此人间》中作者思果(是一位老先生)曾这样说：

> 至于治学成功，我劝世上所有的少女千万不可嫁好学的人．美国发明家爱迪生新婚之日路过他的试验所，他说要下车去看一看，就不出来了，让他的新娘坐在车子里没有人去理很久很久；史学家顾颉刚的女儿的作文要他看一看，他没有工夫．学问家也不知道有多少这种忽略了家里人的故事，他们一心要研究学问，一切都搁下，没有时间去顾别人．至于外人能利用就尽量利用——只比在风月场中放荡、吸鸦片、打吗

啡、抢银行的好一些,他们其实也是"劫匪",不
过是法律制裁不到而已.

金庸先生也曾谈到他为了写稿子,办《明报》,多次
推托不与大儿子谈心交流,最后导致大儿子因一点小
事而自杀.

所以我们似乎可以这样劝那些爱好者,为了一个
真正的证明尚会让人如此误解与不满,那为了一个"伪
证明"值得吗? 其实对你来说家人与朋友也许更重要.

总想人咬狗

从多起宣称"证明了"哥德巴赫猜想的闹剧中我们
可以看到媒体特别是报纸对此起到了推波助澜的作
用.究其原因在很大程度上是源于记者对数学的无知,
但这毕竟是可以理解的,因为正如新闻的黄金法则是
"狗咬人不是新闻,人咬狗才是新闻".这种心态是这类
业余人士频频出现在报端的根本原因.

谁都无意苛求新闻出版人员有专家般的学识,像
周振甫为钱钟书的《管锥编》当责任编辑时所显示出的
那种学识水准,但最起码要有一种科学的态度.《纽约
时报》的编辑兼记者、科技部主任詹姆斯·格莱克为了
写《混沌开创新科学》,采访了大约200位科学家,这种
精神是值得新闻工作者学习的.相反,有一些新闻工作
者仅凭道听途说,凭着一点少得可怜的数学知识,再夹
杂着一点好大喜功的心理作用,于是一篇篇攻克世界
难题的报道被布之报端,混淆了人们的视听,助长了

"爱好者"们不想做长期艰苦努力就想一鸣惊人的投机心理,于科学的普及极为不利.

有时著名数学家在这方面也会犯错误,苏步青先生早年曾在一篇文章中提到须尼尔曼证明哥德巴赫猜想弱形式时说,须尼尔曼是夜大学生,文章发表于工厂厂报.其实须尼尔曼并非业余人士,而是根红苗正的科班出身,毕业于莫斯科大学.1929 年获数学物理博士学位,1933 年被选为苏联科学院通讯院士,并任莫斯科大学教授,虽然 33 岁就去世了,但仍是哥德巴赫猜想方面的大专家之一.

当然这种报道的失误似乎已成为新闻传媒的常见病,不仅在我国有,就是美国著名的《时代》周刊也出现过这样严重失实的报道.

1984 年 2 月 13 日美国《时代》周刊报道了美国桑迪亚国家实验室的数学家们花了 32 小时解决了一个历经 3 世纪之久的问题;他们找到了梅森(一位法国僧侣 M. Mersenne)数表中最后一个尚未分解的 69 位数 $2^{251}-1$ 的因子,这个 69 位数是:

13268610439897205317760857550609056142935393598903352580289146 9459697

它的三个因子是:

$$178320287214063289511$$
$$6167688219869525 7501367$$
$$120703961782498930399 69681$$

我国的《参考消息》同年 2 月 17 日转载了这篇报道,《数学译林》杂志 1984 年 3 期刊登了此消息,此外还有些杂志做了相应的报道(如 1984 年《科学画报》).

后来我国天津的三位"业余"数学家,天津商学院的吴振奎、沈惠平和华北第三设计院的王金月发现这是一篇严重失实的报道.因为 $2^{251}-1$ 是 76 位数,并且早在 1876 年,卢卡斯就已经找到了它的一个素因数 503,1910 年,克尼佛姆又找到了另一个素因数 54 217.所以真实的情况是报道中的数并不是梅森数 M_{251},即报道中的 $132\cdots697$ 只是梅森数 $2^{251}-1$ 的除去因子 $503\times54\ 217=27\ 271\ 151$ 的余因子.

有一种值得注意的倾向是有些"爱好者"已将试图证明猜想改为自己提出猜想,以期与著名猜想那样受到世人瞩目.但数学圈偏偏又是那样势利,只注重那些大家提出的问题,因为它有价值的概率大,而那些小人物往往是人微言轻,不被人重视.这是自然的,因为那些小人物还没有证明自己行,还没有取得说话的资格.前些年一位毕业于福建师大数学系的成功企业家在《中国青年报》上悬赏 100 万人民币求证他自己提出的一个猜想,后来人们发现它与哥德巴赫猜想是等价的.

目前民间许多业余爱好者提出了许多所谓的猜想,有些比较容易否定,有些则暂时无法证明或肯定,因为有一些是与著名的数论猜想具有某种等价性,随之而来的是将极端困难性也传递了过来.较典型的是,海南省的一位老农民梁定祥在劳动之余提出了一个类似哥德巴赫猜想的猜想.

前几年,一篇关于业余人士宣布证明了费马大定理的报道发表在《科学时报》上,是说中国航空工业总公司退休高级工程师蒋春暄宣布他发现了一种新的数学方法.用他的话来说,这种方法"具有许多优美的性

质,对未来的数学将产生重大影响",而证明费马大定
理只不过是其中的一个应用而已.按照他的方法,证明
费马大定理的论文只需要几页纸,而且也不用新的数
论知识.因此他认为这才应当是当年费马所想到的证
明,但与怀尔斯的证明不同的是,对蒋春暄来说,目前
的尴尬倒不是无人喝彩,而是根本无人理睬.

自从 1991 年他在现已停刊的《潜科学》发表了他
的证明后,只找到了有限的赞同者,但是从未收到过任
何公开的来自学术上的反驳.1994 年一位数学家曾将
蒋春暄发表在《潜科学》的那篇文章写成评论,寄给了
美国的《数学评论》,但遭到了拒绝.直到 1998 年才在
一位美国朋友的帮助下发表在《代数,群,几何》上.在
报道这件事时,记者借用了一句流行歌曲的歌词:"谁
能告诉我是对还是错."这也许是所有业余者的共同遭
遇,从漠然和不置可否这点上说,数学家是吝啬和绝情
的.

究竟是谁冷漠无情

导语:业余爱好者大多有这样的疑问,为什么我们
辛辛苦苦搞出来的东西数学家连看也不愿看,他们真
是一群冷漠无情的人吗?

首先是数学家对那些业余人士的"资格"不予认
可,中国数学会前任理事长,世界哥德巴赫猜想权威王
元教授在一篇写给中学生的关于评论数论经典问题的
科普文章中,语重心长地对数论爱好者说:

　　最后我还想说几句说过多次而某些人可能不爱听的话,那就是研究经典的数论问题之前,必须要对整个现代数学有相当的了解与修养,对前人的工作要熟悉,在这个基础上认真研究,才可能有效.由于某些报纸的宣传,使一些人误解为解决上述著名数论问题就是研究数论的唯一目的,就是摘下数学皇冠上的明珠,就是为国争光.只要我们能破除迷信,敢于拼搏就可以成功.这就难怪有些人在专攻这些问题之前甚至连大学数学基础课也没有学过,初等数论书没有念过,更不用说对这些问题的历史成果有所了解了.他们往往把一些错误的东西认为是正确的东西,以为把问题"解决"了.这样做不仅没有好处,而且是很有害的.这些年来,在这方面不知浪费了多少人的宝贵光阴,实在令人痛心,我衷心希望他们从走过的弯路中,认真总结经验,端正看法,有所反思.

　　再者数学家对业余人士所采用的工具与思想方法不认可.

　　王元还说,多年来,有些人凭一时的热情欲攻克哥氏猜想,但他们既不了解这个问题 80 年来的成就,用的工具又原始,所以浪费了宝贵的时间,又干扰了数学家的工作.

　　1984 年他在国外出版的《哥德巴赫猜想》一书的前言中写道:"可以确信,在哥德巴赫猜想的研究中,有待于将来出现一个全新的数学思想."意思实际是说用现有的方法不能解决这个问题.陈景润生前也有同样看法.

这一切又都是数学家本身深知问题难度才如此的.

中国第一批理学博士、曾任南京师大数学系主任的单墫教授专攻数论,曾拜师于王元,功力不可谓不深.但在他为中国青年出版社写的一本小册子《趣味数论》的结尾中写道:"本书的作者还必须在此郑重声明,如果哪位数学爱好者坚持要解决这个问题(哥德巴赫猜想和费马猜想),务请他别把解答寄来,因为作者不够资格来判定如此伟大、如此艰难的工作的正确性."

这一声明同样也适用于其他的猜想,许多爱好者关心哥德巴赫猜想和黎曼猜想的研究.所幸的是,前几年中国科学院数学研究所所长杨乐专门在《文汇报》上撰文指出目前国内无人(包括陈景润在内)搞哥德巴赫猜想和黎曼猜想.另外数学所绝不受理宣布证明了这几个猜想的论文(大部分论文是各级各类政府官员"推荐"的,在这里数学不承认权力).如不服,可向国外投稿,世界著名数学杂志有 200 家之多.杨乐先生也指出:

> 由于哥德巴赫猜想非常简洁,稍加解释任何人都能明白它的意思,这使许多业余数学爱好者抱着侥幸的心理,误以为靠一些初等的方法或从哲学的认识角度就可以证明它.他们长年累月地冥思苦索,浪费了大量的时间和精力.他们并不明白哥德巴赫猜想难在何处,也不懂得什么才是严格的数学证明.在现代数学的研究领域,即使是做出很普通的成果,也需要:

(1)长期的努力学习,打下良好的基础,达到大学数学系毕业的同等学力;(2)对所研究的领域已有成果、方法和最新文献有较好的掌握;(3)在所研究的课题上下一番功夫.可惜的是,那些自认为解决了哥德巴赫猜想的同志,绝大部分连上面最起码的第一条都不具备.许多同志只是从新闻报刊中了解到哥德巴赫猜想,根本没有认真读过一篇数学文献,甚至连中学数学和微积分都没有学好,显然还不具备数学研究的条件.这些同志无论花多少时间,也绝对不可能解决哥德巴赫猜想,就像用锯子、刨子去造宇宙飞船一样,是不可能成功的,因为缺乏必要的理论基础、工具和手段.希望业余数学爱好者不要再白白耗费时间去做无谓的"探索".

业余人士也能成功

导语:在《骑自行车不能上月球》①(《哈尔滨日报》2000 年 3 月 15 日)这篇文章发表后,许多读者打来电话说:"刘老师,您是不是说业余人士一定不能成功?"我说未必.

所谓业余人士分两类,第一类是开始从事其他副

---

① 为了劝说"业余人士"不要去证明哥德巴赫猜想,笔者曾在 2000 年 3 月 15 日《哈尔滨日报》上做了一篇记者访谈.

业或学其他学科,后来转为职业数学家.

外国的世界概率论权威柯尔莫哥洛夫(Kolmog-orov)原来是莫斯科大学学历史的,后来在做毕业论文时发现他所研究的俄国土地契约问题居然有好几个答案,满足不了他那追求唯一性的天性,于是改学数学,终于成为世界概率论权威.

另一位是格罗登迪克(Grothendieck),他 1928 年生于柏林,后在法国的南部长大,没有受过正规教育,也没有读过多少数学方面的书,只是经常独立地思考一些问题,后受迪多涅(Dieadonné)指导,成为大家,形成了自己的一套完整体系,称为"概型论"(Schema),引入"K 理论",后人惊叹"仿佛来自虚空".

国内更是如此,20 世纪 80 年代有几位非常引人注目的全国最年青的数学博士生导师都是从业余开始的,如肖刚——世界著名代数几何专家,开始是学外语的(1977 年 3 月考入江苏师范学院英语专业);郑伟安——中国著名概率论专家,开始的职业是上海某一街道服务队专做门窗的小木匠;王建磐——曾任上海华东师大校长,著名的代数学家,开始是福建某县地方剧团的编剧;时俭益——著名代数学家,原先的工作是华东师大图书馆的古籍部图书馆管理员,但他们最后无一例外都完成了由业余到职业数学家的转变.

也就是说起点可以业余,但终点必须是职业.

第二类是所学专业不是数学,后来从事的工作也与数学无关,这样的人极少成功,但有一位例外,也就是唯一一位获国家自然科学一等奖的非职业数学家陆家羲.陆家羲生于上海一个贫苦市民家庭,父亲是个收入低微的小商贩,母亲没有职业,靠给别人缝洗衣服弥

补家计的不足,他是这个家庭的独子,5 岁开始上学,先后在上海正德学校、声扬中学和麦伦中学读书,他十分珍惜父母亲辛劳节俭给他提供的读书机会,从小就勤奋好学,成绩优秀.初中毕业后,因父亲去世家境困窘而中断学业,并到公共汽车五金材料行当徒工.工余时,他仍孜孜不倦地读书自学,立志日后要攀登科学高峰.上海解放后,他考入东北电器工业管理局的统计训练班,短期学习后,于 1952 年 5 月被分派到哈尔滨电机厂生产科从事统计工作,在此期间他自修了高中课程和俄语,并广泛涉猎天文、地理、文学、哲学、伦理学等多方面的知识.1951 年在职考入东北师范大学物理系接受高等教育,1961 年毕业分配到包头钢铁学院担任助教,高校调整时,他被调入包头市教育系统,先后在包头市教育局教研室、包头 8 中、包头 5 中、包头 24 中,以及包头 9 中等校担任物理教师直到逝世.

在哈尔滨电机厂工作期间,一次,他阅读了一本名为《数学方法趣引》的书——这是对他一生有决定意义的一件事,这本书是我国老一辈数学家孙泽瀛编写的数学普及读物,是中国青年出版社出版的,近几年又有再版.书中所介绍的两个问题——"柯克曼女生问题"和"斯坦纳系列问题"强烈地吸引了他,使他产生了跃跃欲试的愿望,此后,对这两个组合设计问题的追求再也没有同他的生活分开.

但业余研究谈何容易,他承担着繁重的教学任务,为了能在认真完成教学任务的同时再在自己心心思念的两个数学问题上投入力量,他投入了自己所有的业余时间(美国有一个叫柯尔的数学家曾用三年内全部星期天解决了一个重大猜想),他不分昼夜,没有节假日,理发的周期越来越长,饮食越来越简单,就连婚姻大事也一直拖到 37 岁才解决.人们都知道居里夫妇的实验室,既类似马厩,又像马铃薯窖,但他们的艰难程度又怎么能同当时中国知识分子的工作和生活条件相比呢? 陆家羲一家 4 口挤在一间 10 多平方米的小屋内,这既是卧室,又是厨房和书房,室内仅有一些陈旧的家具和寒酸的衣物,唯一的一张可写字的桌子要给上学的女儿用,他是趴在多处贴补了旧报纸的破土炕上演算着世纪性难题! 包头地处边陲,信息闭塞,资料匮乏,为了查阅文献,他除了通过各方面关系与一些高校的图书馆资料室取得联系,还不时要千里迢迢自费进京,他唯一的业余爱好是欣赏京剧唱段,但是为了提高自己的英语水平,他的京剧唱片换成了英语唱片,他的一切:家庭生活、时间、精力和有限的金钱都完完全全地付给了唯一的目标——攻克难题.

但他的道路十分艰难,在极"左"思潮泛滥和"文化大革命"时期,他时常受到一些人的讥笑,说他是"傻子",有"精神病";他还被指责为追求名利,不务正业;甚至有一段时间被扣上"不问政治、走白专道路"的帽子,送到干校去集训,接受批判,进行劳动改造,研究成果的不被承认,生活上的窘困,政治上的受压抑,统统压到了他那高度近视的,一足微跛的,饱经沧桑的身体上.但是,他以惊人的顽强毅力挺住了,凭着对事业的追求,凭着振兴中华民族的一颗耿耿爱国之心,他含辛茹苦,百折不挠,终于迎来了胜利的喜悦,他成功了,他的论文在美国《组合数学》上连续发表了 6 篇,得到国内外专家的一致好评.

1983 年 10 月武汉召开的中国数学会第四次全国

代表大会破例邀请他作为唯一的中学代表并在会上做报告.

1983 年 10 月 30 日晚,他从武汉跑回包头家中,兴奋异常,向他妻子讲了这几个月来的内心的感受:研究成果所受到的重视,国内外学术界给他的赞誉,他自己进一步攻关的打算.他的妻子于事后回忆说:她第一次见到他笑得这样爽朗,这样欢快,是的,他笑了,但是这已是积劳成疾的他的最后笑声,当夜凌晨,他带着成功的喜悦和对未竟事业的遗憾溘然长逝了! 他逝世后,他的女儿在"悼念爸爸"的短文中遗憾地写道:"爸爸,您走得这样匆忙,……您前几年提议要照一张全家福,可一直没抽出时间,如今我们只有把这张全家福印在心上了."

由此可见,起点和终点都可以是业余的,但研究方式必须是专业的,而且必须与专业数学家保持联系.

另一个故事发生在"文化大革命"后期,1969 年 7 月 20 日,美国阿波罗登月计划成功了,全世界各国人民都围坐在电视边怀着兴奋与期待的心情热切注视着人类在月球上漫步,美国总统尼克松发表演说:"全世界都为此欢呼,只有十亿中国人保持沉默",其实在周恩来总理的亲自指挥下,中国科学院北京天文台台长程茂立手下一位青年数学家韩念国,在很短的时间内已完成了对美国阿波罗飞船的轨道计算,使中国能追踪美国这一空前的试验计划,从而能有效地即时观测.

这时,一群从北京到农村安家落户当农民的"老三届"中学生们,经过两年的准备、学习和组织后,于 1969 年 7 月 20 日在北京正式成立中学生现代数学研究小组,以回应尼克松的演讲.他们还决定出版一份刊物《中学生》，作为联系大家思想、学习、研究的媒介与阵地，他们是程汉生、王明、钱涛、张保环、王世林，他们邀请青年数学家韩念国先生作为他们的指导教师.

1969 年，他们全部搬到了农村，王世林、王明、钱涛分别去了山西省山阴、阳高、汾阳，程汉生则落户于京郊怀柔山区，你可以想象在经过了一天繁重的体力劳动后，还有精力去研读数学与物理巨匠们的艰深的著述吗？恐怕对任何人都是困难的. 王明主动要求去干孤独无味的放羊倌而有大量时间读书，程汉生努力争取到中学去教书，脱离繁重体力劳动以便读书. 王世林当时身体不好根本无法劳动，只好经常申请回京养病看书学习. 钱涛在很长时间边干体力劳动边研读数学，在数学的基本训练期间，他通常是每天清早上工前抄下十道吉米多维奇（Demidovič）数学分析习题，在"汗滴禾下土"的时候冥思苦想，晚上下工回来时都已获得解答，吃完晚饭后，在昏暗的小油灯下验证白天的抽象思想，把习题解答誊写在习题本上.

在 1969 年秋收过后的冬闲，小学者们便迫不及待地匆匆返京聚会，为此程汉生把他仅有的 6 平方米住房改造为科学讨论会议厅，其实，他的改造工程也不太复杂，唯一做的事，是把一面墙涂黑作为黑板.

1963 年陈景润证明了"1＋2"之后，王明于 1975 年到 1976 年深入学习了这篇论文，在完全看懂之后，他写了一篇总结论文，把陈的论文提炼为十大数学分析技巧，这为他将来的博士论文做了准备.

后来五人小组的成员们都通过考试成为数学研究生，并先后在国内外获得博士学位，从事着数学、统计及计算机科学方面的科研教学或专业性工作.

请让我来告诉你善待数学

导语：美国前总统里根在 1987 年 12 月 24 日写给美国数学会全体会员的贺信中说："今天，在我们即将跨入 21 世纪的时候，数学在商业、工业和政府部门中所直接起到的基本作用已经越来越明显了. 我们国家的安全和我们在世界市场中的竞争地位，从来都没有像今天这样依赖于我们使用数学技巧的本领. 我知道，这恰恰是你们所准备迎接的挑战."在数学中，既要研究自然的规律，又要编织出优美的演绎模式. 最成功的创造必然在这两种倾向之间维持着最大张力；最不令人满意的是那些只在某一方面呈支配之势的作品，如风俗画或纯粹的抽象.

一位数学家说学习数学是为了探索宇宙的奥秘……正如文学诱导人们的情感与了解一样，数学则启发人们的想象与推理.

按此理，全社会应该是学数学的人多，但恰恰相反，几年前据哈尔滨工业大学数学系的老师们介绍，在招收基础数学硕士生时经常是报名的比想招的少.

奇怪的是热衷"证明"哥德巴赫猜想的人却越来越多.

可以说今天数学的应用已经渗透到了人类生活的一切领域.

你想保险吗？告诉你保险公司计算保费的精算师是数学家.

你想炒股炒期货吗？告诉你期权定价是数学家定

的（为此获诺贝尔经济学奖）.

你想当医生吗？告诉你 CT 的原理是数学家提出的.

你想当艺术家吗？告诉你二战期间最大的假画案是数学家裁定的.

你想当文学家吗？告诉你《静静的顿河》的真正作者是数学家用计算机判定的.

你想搞电脑吗？告诉你世界上最大的电脑公司顶尖部门由纯数学家组成.

总之在一切领域当你走到顶尖时都会与数学家相遇.

作为人类社会最重大的运动——战争，更是离不开数学.

事实上，早在第二次世界大战期间，不仅有由丹齐格（Dantzig）为首的运筹学家小组发明了解线性规划的单纯算法，使得美军在战略部署中直接受益，还有以霍尔（Marshall Hall）为首的数论与组合数学专家小组则在破译日军电码和赢得太平洋战争的过程中做出了关键性的贡献. 这些都使得美国军方十分热衷于资助应用数学的研究，甚至对某些应用前景还不十分明朗的项目，他们也乐于投资. 了解了这一点，如果我们再看到一些数学理论方面的论文下面标有诸如"本文部分地承蒙美国陆军（海军或空军）研究局资助"的字样，就不会觉得奇怪了.

但要注意两个倾向，一是数学绝不低层次地应用.
数学家凯泽说过：

> 数学不是算账和计数的技术，正如建筑学不是造砖伐木的技术，绘画不是调色的技术，地

质学不是敲碎岩石的技术,解剖学不是屠宰的
技术一样.

二是数学不是马上就有用.

台湾社会学家金耀基教授曾介绍过剑桥的一个非
常引人深思的趣事,他说:在剑桥,饭后举杯有时会有
这么一说:"愿上帝护佑数学,愿它们永不会被任何人
所用."(《剑桥与哥德堡——欧游语丝》书趣文丛第一
辑),另外从事数学研究也是一种生活方式和选择,那
就是数学家从证明哥德巴赫猜想中找到了美感,产生
了愉悦,摆脱了日常生活的单调与烦闷,即数学家自己
找到了一个安度余生的"游戏".再有一种说法是人们
认为的哥德巴赫猜想的求证过程体现了人们对于人类
智力极限的不断追求.已故的两次荣获台湾联合报系
文学类中篇小说大奖的大陆青年作家王小波,在他的
时代三部曲中的《青铜时代》中描写了一个证明费马大
定理的故事,其中有一句可圈点的话就是:"证明了费
马大定理,就证明了自己是世界上最聪明的人.这种事
值得一干."但如果进一步追问下去,社会为什么会容
忍这些人(尽管人数很少)躲在象牙塔中搞这种既不当
吃又不当喝的玩意呢? 这就不可避免地涉及数学的应
用问题,数学家会申辩说研究哥德巴赫猜想会给数论
乃至整个数学的发展产生良性刺激.而人类社会的历
史又一再强化着这样一个共识,即数学对人类生活有
益,至少是无害.于是一项社会契约达成,从全社会财
富中取出一小部分(份额的大小随当权者对数学重要
性的认识程度而定)资助那些自诩能搞数学的人去研
究,成果归全社会共享,但哪一代人能受益不在契约中
规定,全靠天命,而且绝大多数是卯吃寅粮,但我们的

追问似乎还可以再进一步,即可问能否说说数学特别是数论和我们的现实世界究竟是怎么发生联系的吗?是什么保证了一定会应用上?

对此我们切不可再追问下去了,因为那样就会走到哲学的领域中,使我们无法作答. 笔者曾和首都师范大学人文学院副院长、青年哲学家刘啸霆先生讨论过这个问题,他告诉我:对任何事物如果追究到五重问号之后必然是个哲学问题,信乎?

最后让我们这样结束这篇长文:首先,我们全社会都应该宽容这些"业余证明者",因为他们毕竟心怀自己的理想,而且一直在努力.

第二,我们要耐心劝他们"迷途知返",过一个更有意义的人生.

第三,要尊重社会分工,让数学家们走自己的路,我们别再瞎掺和了.

第四,或许我们应该用轻松一点的方式去颠覆那些业余者故作深沉的价值观,用搞笑的方式瓦解他们紧绷的斗志,这一点我们真应向美国人民学习,他们调侃一切. 在美国纽约第八街地铁车站,有一幅涂鸦:

$x^n + y^n = z^n$ 没有解,
　　对此我已发现一个真正美妙的证明,
　　可惜我现在没时间写出来,
　　因为我要坐的地铁车正开过来.

小传

附录 Ⅲ

哥德巴赫(Goldbach，Christian，1690—1764)

哥德巴赫，德国人.1690 年 3 月 18 日生于哥尼斯堡(今俄罗斯加里宁格勒).早年攻读法律,毕业于哥尼斯堡大学法律系.之后,游历了许多地方,并结识了伯努利家族,还与欧拉有交往.1725 年来到俄国,同年成为彼得堡科学院院士.1725 年至 1740 年间,曾任彼得堡科学院的秘书.1742 年起,作为德国派往俄国的一位公使常驻莫斯科外交部.1764 年 12 月 1 日在莫斯科逝世.

哥德巴赫在数学上的成就并不大.1729 年至 1764 年间,他在与欧拉频繁的通信中,讨论了一些共同关心的数学问题.这些信到 1843 年才由富斯整理发表.

1742 年 6 月 7 日，哥德巴赫在写给欧拉的一封信中提出了一个他未能证明的论断：每一个大于 2 的偶数是两个素数之和；每一个奇数（1 例外）或是一个素数，或是三个素数之和．这就是著名的哥德巴赫猜想．同年 6 月 30 日，欧拉在回信中表示这个猜想可能成立，但他也无法证明．1770 年，华林在提出自己的猜想的同时，将哥德巴赫猜想也发表了出来．现在哥德巴赫猜想的通常提法是：每个大于或等于 6 的偶数都可以表示成两个奇素数之和；每个大于或等于 9 的奇数都可以表示成三个奇素数之和．

哥德巴赫提出的这个猜想，叙述起来如此简单，证明起来却步履维艰．非但当时欧拉无能为力，而且至今还是一个未能证明的大难题．两个世纪以来，全世界许多数学家为了证明这个猜想付出了大量的心血．其中，中国数学家也做出了不少贡献，尤其是陈景润 1966 年的成果取得了世界领先的地位．在论证这个猜想的过程中，引进了许多新方法，研究了许多新问题，从而不断地丰富了人类对整数论以及整数论与其他数学分支之间的相互关系的认识，推动了数学及数学方法论的发展．

另外，哥德巴赫还与欧拉通信研究了有关特殊函数、无穷级数、解代数方程等其他问题，还提出过许多其他猜想，但其影响远不如哥德巴赫猜想．

维诺格拉多夫（Vinogradov，Ivan Matveevic，1891—1983）

维诺格拉多夫（Виноградов，Иван Матвеевич），苏联人．1891 年 9 月 14 日生于现在的普斯科夫．1914 年

毕业于彼得堡大学,并留校继续深造.1918 年至 1921 年在彼尔姆斯基大学工作.1920 年获数学物理学博士学位,同年成为教授.1920 年至 1934 年在列宁格勒大学和列宁格勒工学院任教.1932 年起,任苏联科学院斯捷克洛夫数学研究所所长.1942 年成为英国皇家学会外国会员;1946 年成为巴黎科学院通讯院士;1947 年成为丹麦科学院外国院士;同年又成为波士顿的美国艺术和科学院外国名誉院士;1950 年成为德国科学院通讯院士;同年又成为匈牙利科学院名誉院士;1953 年成为亚美尼亚科学院名誉院士;1958 年成为意大利国家科学院外国院士;1959 年成为塞尔维亚科学院院士.他还是其他许多学术团体和学会的成员.

　　维诺格拉多夫在数论方面取得的一系列成果,享有很高的国际声誉.主要成果有:1937 年首先证明了有关哥德巴赫问题的一个结果——充分大的奇数可以表示为 3 个素数之和.其证明方法非常巧妙,涉及所谓三角和法.同年发表了专著《解析数论和新方法》.1952 年发表了《论文选集》,其中收集了他关于数论的一系列论文,其中包括他于 1950 年对哥德巴赫问题的研究成果,即所谓"偶数＝(3＋3)"的证明,以及关于三角和的详细论述.1958 年他得到了关于黎曼猜想的领先的结果,并发表了论文《新的估计函数 $\zeta(1+it)$》.1959 年发表了论文《关于 $G(n)$ 的上界问题》,这是关于华林问题的研究成果.他得到了 $G(k)$ 的当时最好的结果,并引入了与素数定理密切相关的积分.后来关于这个积分的研究成果之一被称为维诺格拉多夫中值定理.1960 年他又获得关于格点问题的重要推广.1976 年他发表了专著《数论中的三角和法》与《最简方案的三角和法》.他关于数论的论著多达 140 余篇(本).

1941 年、1972 年他分别获得苏联国家奖金和列宁奖金;1945 年、1971 年两次被授予社会主义劳动英雄称号;1970 年获罗蒙诺索夫金质奖章;他还荣获 5 枚列宁勋章以及其他奖章.

哈代(Hardy, Godfrey Harold,1877—1947)

哈代,英国人.1877 年 2 月 7 日生于英国克兰利的一个中学教师家庭.1896 年考入英国剑桥大学的三一学院,1898 年通过数学考试,毕业于剑桥大学.1916 年至 1919 年任剑桥大学教授.1919 至 1931 年任牛津大学教授.其间 1928 年至 1929 年曾赴美国普林斯顿高等研究院做研究工作.1931 年至 1942 年又回到剑桥大学任教授.1942 年退休.哈代从 1910 年起就是伦敦皇家学会会员.1947 年 12 月 1 日去世.

哈代在数学上的贡献主要在数论和函数论方面.

哈代研究过丢番图逼近问题、素数分布问题,发展了加性数论的基本理论.他利用圆法对华林问题做了首次的突破.1914 年他证明了黎曼 $\zeta(t)$ 函数在直线 $\sigma = \dfrac{1}{2}$ 上有无穷多个零点.

哈代对三角级数和发散级数的理论、不等式理论、积分方程理论都进行了卓有成效的研究.

哈代特别注意对生物群体进行理论研究.1908 年他发现一个大的随机交配的种群中,在没有迁移、选择和突变的情形下,基因频率和基因型频率在任何世代都是恒定的.现在人们称这个规律是哈代－温伯格平衡法则.

哈代的主要著作有《纯粹数学教程》(1908)、《傅里叶级数》、《不等式》(剑桥大学出版社,1934年初版,1952年修订版;中译本,科学出版社,1965).

哈代终身没有结婚,全部心血都献给了数学科学和数学教育事业.他说过,一生中最愉快的事有两件:一是与李特伍德的合作;另一是发现了拉马努金.他与李特伍德从1911年开始合作撰写学术论文100多篇.他接到1913年1月6日拉马努金的信和论文后,发现论文中尽管有许多错误,但有不少正确结果,还有当时数学家们正在努力解决的问题.于是他决定邀请拉马努金访英.通过他的精心培养,拉马努金进步很快,5年时间内就发表论文21篇,另有17篇注记.这是哈代作为数学教育家最成功的记录.

1901年哈代获史密斯数学奖;他还曾获伦敦皇家学会奖章和其他奖章.

范·德·科皮特(van der Corput, Johannes G. , 1890—1975)

范·德·科皮特,荷兰人.他在数论方面进行了许多研究,丢番图逼近问题中的范·德·科皮特方法是很著名的.

拉德马切尔(Rademacher, Hans Adolph, 1892—1969)

拉德马切尔,德国人.1892年4月3日出生.1936年起在美国宾夕法尼亚大学工作.1969年逝世.

他在实变函数论、正交级数论以及数论方面做出了贡献,在数论方面的贡献尤为突出.1924年他继布朗之后对"筛法"做了进一步改进.1954 年他利用整函数对于正整数 n 的分析数 $P(n)$ 的级数展开式,给出了极巧妙的证明;对于 $P(n)$ 的同余性质也做了研究.对于将正有理整数用有限次代数数域中的理想的范数之和来表示的问题,他也有研究成果.他发表了这方面的专著《解析数论讲义》(1954—1955)和《初等数论讲义》(1964).

朋比尼（Bombieri,Enrilo,1940—　）

朋比尼,意大利人.1940 年 11 月 26 日出生于米兰.他是数学奇才,16 岁就写出了数论方面的论文,1958 年正式发表,时年仅 18 岁.朋比尼于 1963 年获米兰大学博士学位.1963 年至 1964 年到英国剑桥大学做研究工作.1965 年任卡里加大学教授,1966 年任比萨大学教授.1977 年他应聘任美国高等研究院（普林斯顿）的客座教授.1978 年被选为国际数学联盟的 5 位执行委员之一.1980 年朋比尼参加了在中国举行的双微（微分方程和微分几何）的国际会议.

朋比尼在数学上做出了多方面的重大贡献.

首先,朋比尼得到了以他的名字命名的关于筛法的中值公式.利用这个公式可简易地证明哥德巴赫猜想的"1＋3"的情形.在得到这个公式的过程中,他对大筛法也做了重大的改进.

其次,朋比尼对单叶函数的比勃巴赫猜想也做了出色的工作.

最后,朋比尼对 n 维极小曲面问题也做出了重大贡献.他发现当 $n=7$ 时极小曲面有一个奇点;他还举出反例证明了以 R^8 为定义域的 R^9 中的极小曲面不

是超平面,而 $n \leqslant 7$ 时均是超平面.

朋比尼有多方面的兴趣爱好,喜欢下国际象棋,喜欢打桥牌;也爱集邮和收藏贝壳;有时还去垂钓.

朋比尼获 1974 年的菲尔兹奖和 1976 年意大利国家科学院价值 500 万里拉的菲尔特里纳里奖.

塞尔伯格(Selberg, Atle, 1917—2007)

塞尔伯格,美籍挪威人. 1917 年 6 月 4 日生于挪威的朗根松. 在挪威奥斯陆大学毕业后,在该校继续当研究生. 1943 年获博士学位,并留校任教到 1947 年.同年移居美国,应聘到美国普林斯顿高等研究院工作,1951 年成为该院教授.

塞尔伯格在数学上做出了多方面的贡献. 现在以他的名字命名的数学名词有:塞尔伯格不等式、塞尔伯格等式、塞尔伯格渐近公式、塞尔伯格筛法、塞尔伯格猜想等.

塞尔伯格最著名的贡献是对黎曼猜想做出的突破性进展. 黎曼猜想是关于黎曼 $\zeta(s)$ 函数的零点问题的猜想. 这是至今仍未解决的超级难题.

1949 年塞尔伯格利用塞尔伯格不等式,给出了素数定理的初等证明,使数学界受到了震动.

1952 年他对 1920 年布朗创造的筛法做了重要的改进,主要是大大缩小了上、下界的界限.

塞尔伯格对数学的许多分支都产生过兴趣,并做出了重要贡献. 例如,他于 1956 年发表的论文《弱对称黎曼空间中的调和分析和不连续群及其对于迪利克雷级数的应用》就开拓了一个新的研究方向.

塞尔伯格获第二次世界大战后首次(1950)菲尔兹

奖.

蒙哥马利(Montgomery, Deane,1909—1992)

蒙哥马利,美国人.主要研究李群、变换群与拓扑学.著有《拓扑变换群》(1955,与他人合作).

华林(Waring, Edward,1734—1798)

华林,英国人.1743 年生于舒兹伯利.曾任剑桥大学的卢卡斯数学教授.1763 年成为伦敦皇家学会会员.1798 年 8 月 15 日逝世.

华林在无穷级数理论与数论方面有突出的贡献.

在无穷级数理论方面,他研究过级数

$$1+\frac{1}{2^n}+\frac{1}{3^n}+\frac{1}{4^n}+\cdots$$

并且指出,当 $n>1$ 时,该级数收敛;当 $n<1$ 时,该级数发散.1776 年,他还给出了一个关于级数收敛或发散的判别法:取级数的第 $n+1$ 项与第 n 项做比较,如果当 $n\to\infty$ 时,这个比的极限小于 1,那么级数收敛;如果极限大于 1,那么级数发散;当极限等于 1 时,不能得到任何结论.这就是现代数学分析教程中关于无穷级数的有名的比值判别法,然而它被称为柯西比值判别法,还有人称之为达朗贝尔比值判别法.

在数论方面,他于 1770 年发表了著名的《代数沉思录》一书,书中提出了一个以他的名字命名的定理:任何一个正整数能够用不超过 9 个正整数的 3 次幂的和来表示,或者任何一个正整数能够用不超过 19 个正整数的 4 次幂的和来表示.进一步,他又提出:任何一个正整数能够用不超过 r 个正整数的 k 次幂的和来表

示,其中 r 依赖于 k.这些,华林都没有给出自己的证明,所以现代称为著名的华林猜想,或者说是华林问题.这个问题在数学上的影响很大,许多杰出的数学家都研究过这个问题,而且把它推广到代数数域上,成为所谓广义华林问题.在研究这些问题时,产生和发展了许多新的数学方法,对数学的发展有积极意义.在《代数沉思录》中,华林还首次公开发表了著名的哥德巴赫猜想.另外,关于素数的威尔逊定理也是华林首次在《代数沉思录》中发表出来的,1773 年拉格朗日才证明了它.华林对数论有深厚的兴趣,又提出了如此有影响的问题,他是 18 世纪数论的代表人物之一.

谢尔品斯基(Sierpinski,Waclaw,1882—1969)

谢尔品斯基,波兰人.1882 年 3 月 14 日生于华沙.1900 年至 1904 年在华沙大学学习.由于他参加了大学生的罢课活动,不得不于 1905 年离去.后任教于雅格洛诺夫斯基大学.第一次世界大战期间,他到过苏联的莫斯科等地.1918 年起任华沙大学教授.第二次世界大战期间,他仍然在波兰的地下秘密大学里坚持工作.1945 年 2 月起在克拉科夫大学工作.当年秋天又回到华沙大学工作.1917 年至 1951 年他任克拉科夫科学院院士.1952 年起为波兰科学院院士.1952 年至 1957 年间任波兰科学院副院长.他还是许多外国科学院院士和学术团体成员.1969 年 10 月 21 日逝世.

谢尔品斯基主要研究解析学、数论、集合论和拓扑学等,尤其在数论与集合论方面做出了不少贡献.他发表论著 700 多种,其中有 30 多种大学教科书和专著,还有不少科普著作.其中较为著名的有《一般拓扑学引论》(1934)、《连续统假设》(1934)、《关于方程的整数解》(1961)、《数论基础》(1964)等.

谢尔品斯基 1949 年获波兰国家奖金.

西格尔(Siegel,Carl Ludwig,1896—1981)

西格尔,德国人.1896 年 12 月 31 日生于柏林.先后在法兰克福、哥廷根、普林斯顿任数学教授.西格尔主要研究解析数论(超越数、二次型)和函数论.在数论中有西格尔法、西格尔定理和西格尔零点.在天文学方面,他研究过三体问题.著有《复变自守函数》《天体力学讲义》等.

海尔布朗(Heilbronn, Hans Arnold,1908—1975)

海尔布朗,加拿大人.曾任多伦多大学教授.主要研究代数数论和解析数论.共发表著作 44 种.

布朗(Brun,Viggo,1885—?)

布朗,挪威人.1885 年 10 月 3 日出生.1924 年起任特隆赫姆大学教授,1946 年至 1956 年间任奥斯陆大学教授.他是挪威科学院院士,还是许多国家的学术团体和协会的成员.逝世年代不详.

布朗在数论方面做出了贡献.1920 年他提出了寻找素数的新的筛法:将整数表为素因子的个数尽可能少的两个整数之和.在组合分析方面,他也有较深的造诣.1962 年他还发表了《古代挪威的计算艺术》一书.

林尼克(Linnik, Uriĭ Vladimirovič,1915—1972)

林尼克(Линник,Юрий Владимирович),苏联人.

1915 年 1 月 8 日生于乌克兰的基辅市.1938 年毕业于列宁格勒大学数学系,1940 年获数学物理学博士学位.1944 年任列宁格勒大学教授.1964 年被选为苏联科学院院士.1972 年 6 月 30 日逝世,终年 57 岁.

林尼克在数学的多方面都做出了重大贡献.

第一,他创立了二次形式和整数矩阵理论的各态经历方法、L－级数理论的密集方法、二进加性问题中的分散方法.这些方法对与数学有关的学科具有普遍意义,对推动这些学科的发展起了积极的作用.

第二,1941 年他在研究最小正二次非剩余问题时,发现了对初等数论研究有重大意义的"大筛法".林尼克利用这个方法研究哥德巴赫猜想问题,取得了重大的突破.他证明了每个相当大的整数可用两个素数与 2 的整数次幂之和来表示.

第三,在概率论方面,林尼克发现并证明了独立随机机制和马尔柯夫链的极限定理.他对无限可除性定律也进行了深入的研究,并取得了重要进展.

林尼克撰写了许多专著,如《最小二乘方法和处理观察数据的数理统计理论基础》(1958)、《概率规律的分解》(1960)、《解析数论的基本方法》(与盖尔方德合著,1962)等.

林尼克获 1947 年苏联国家奖金,1960 年获列宁奖金和多枚列宁勋章、荣誉勋章等.

西尔克(Scherk,Heinrich F.,1798—1885)

西尔克,德国人.他是行列式理论的开创人之一,曾对行列式的加法、常数积给予定义;他还得到:"行列式若有一行(或列)是其他行(或列)的线性组合,则行列式的值为零"以及"三角行列式的值为其主对角线上元素之积"等性质.著有《数学论文集》(1825).

拉马努金(Ramanujan,Srinivasa,1887—1920)

拉马努金,印度人.1887 年 12 月 22 日生于马德拉省,自幼表现了非凡的数学才能,但因家境十分贫寒,只能自学数学.1904 年得到奖学金后,才进入马德拉大学学习.由于英语不好而停学.1909 年结婚后,终日为生活奔波,一边干会计工作,一边钻研数学.1911 年在《印度数学会杂志》上发表了题为《关于伯努利数的一些性质》的论文后,渐为数学界所知.1913 年 1 月 6 日他给哈代写了一封信,信中除对哈代的论文中一些结果做了改进以外,还写了许多他自己研究的成果.他的结果大部分是当时数学家们正在寻求的解答.虽然信中有不少错误,但是哈代看到了拉马努金闪光的数学思想,于是决定邀请他访英.1914 年他到剑桥大学三一学院进行学习和研究工作.1918 年他当选为伦敦皇家学会会员.因不适应英国的气候,1919 年 4 月回到印度.1920 年 4 月 20 日逝世,终年仅 33 岁.

拉马努金在数论等领域做出了重大贡献.他独立地发现了黎曼函数的许多重要性质.他提出了对应 $\Delta(z)$ 的迪利克雷级数的具有欧拉积的猜想,还提出欧拉积中的次多项式具有虚根的猜想.他对堆垒数论也进行了开创性研究.对正整数 n 表示为若干个正整数之和 $P(n)$ 的母函数,1918 年他与哈代共同给出了一个变换公式,并由他们建立了对这个领域的研究具有划时代意义的方法,得到了国际同行的很高评价.对 $P(n)$ 的同余性质,他也得到重要结果.

　　1976 年人们还发现了拉马努金的记有 600 条公式的笔记本,迄今还在整理中,但已经可以肯定,其中有许多有意义的成果.

　　拉马努金在英国仅有 5 年时间,但在哈代的指导下,通过他自己的努力,在英国伦敦《数学杂志》等刊上先后发表了 21 篇论文、17 篇注记.拉马努金的数学思想是独树一帜的,他常常凭直觉能得出许多正确的结论.他的这种思想,正是古印度数学思想的发展.哈代在悼念拉马努金的文章中写道:"拉马努金的思想方法不属于当代数学家的流派,但他知道什么时候证明了一个定理和什么时候没有证明.他那种原发的巧妙想法源源不断地流出.对于欧洲来说,正因为他代表着不同的流派,因而更加有价值."

朗道(Landau, Edmund Georg Herman,1877—1938)

　　朗道,德国人.1877 年 2 月 14 日生于柏林.曾在哥廷根大学、柏林大学任教授.德国法西斯统治时期,被迫侨居荷兰.1938 年 2 月 19 日逝世.

　　朗道的数学成就主要在数论与复变函数论等方面,整函数中的奇点定理,就是以他的名字命名的.他还著有分析学方面的教科书与大量数论方面的论文,都是很有影响的.

埃拉托斯尼(Eratostheness,前 275—前 194)

　　埃拉托斯尼,古希腊人.公元前 275 年(一说公元前 284 年、一说公元前 274 年)生于施勒尼.曾到雅典柏拉图学园求学,后来被托勒密请到亚历山大里亚,担任古埃及王储的教师，又担任亚历山大里亚图书馆馆长．晚年因眼疾失明．公元前 194 年（一说公元前 192 年），因绝食而去世．

埃拉托斯尼在数学理论与应用方面做了不少工作，但是他的数学著作现已残缺不全．残稿中包括有关柏拉图的数学论文，以及等比中项定理等．至今流传较广，影响较大的有以下两项：

1. 关于"立方倍积"问题．在埃拉托斯尼的一本书中记载有：第罗斯地方的人遭瘟疫，老百姓求于巫神．巫神告诉他们，应该把现有的立方祭坛加倍．第罗斯人知道把祭坛的一边加倍是不能把体积加倍的，于是去找柏拉图解决这个难题．柏拉图说，巫神本意并不在于要双倍大的祭坛，而只是借此谴责希腊人不重视数学，尤其对几何学不够尊崇．这是几何三大问题之一的"立方倍积"问题起源故事的一种说法．传记家普卢塔克也记载过同样的故事．

2. 关于"埃拉托斯尼筛法"，这是埃拉托斯尼大约在公元前 220 年发明的世界上最早的求质数的方法，它对后世研究数论问题影响很大．现在一般初等数论教程乃至小学教科书中均有此法的详细介绍．

埃拉托斯尼将数学用于天文学，做出了杰出的贡献．他测定了地球的纬度差和在同一子午线上两地之间的距离，并用比例方法推算出地球大圆周长；他通过对夏至和冬至太阳子午线纬度的测定，算出黄赤交角为 $23°51'19.5''$；他计算了太阳、月球以及其他星球之间的距离，还编制了包括 675 颗恒星的天文表．

埃拉托斯尼在地理学方面也有许多贡献，特别是他应用经纬网来绘制地图，奠定了数学地理学的初步

基础.

陈景润(Chen Jingrun,1933—1996)

陈景润,中国人.1933 年生于福建省福州市.他在高中读书的时候,在数学教师沈元的影响下,立志献身于数学事业.1950 年,他高中还没有毕业,就以同等学力考入厦门大学数学系.1953 年,以优异成绩提前毕业,被分配到北京市当中学数学教师.他一边教学,一边从事数学研究.后来,厦门大学校长王亚南调他回母校,任图书馆管理员.于是他更加专心研究数学问题,深入钻研了华罗庚的《堆垒素数论》与《数论导引》.很快写出了数论方面的论文《他利问题》.该论文寄到中国科学院数学研究所,得到华罗庚的赏识.到 1956 年底,他已发表论文 40 多篇.后被调到中国科学院数学研究所任实习研究员,并开始在华罗庚的指导下研究数论.陈景润曾任中国科学院数学研究所研究员,且为该所学术委员.1980 年 11 月被选为中国科学院学部委员.

陈景润在数学上的主要研究方向是解析数论,并且在研究著名的哥德巴赫猜想中取得了一系列重大成就,赢得了极高的国际声誉.1966 年 5 月,陈景润在《科学通报》第 17 期发表了关于哥德巴赫猜想的研究成果,他证明了"1＋2"的结论.当时闵嗣鹤审核了约 200 多页的论文原稿,确认证明无误,还建议他加以简化.此后,陈景润不分昼夜地工作,稿纸用了 6 麻袋.1973 年发表了著名论文《大偶数表为一个素数及一个不超过二个素数的乘积之和》.若用 $P_x(1,2)$ 表示将 x 表为一个素数与两个素数乘积之和的表示法,则陈景

润的结论可写成

$$P_x(1,2) \geqslant \frac{0.67xc_x}{(\log x)^2}$$

国际上称之为陈氏定理,被誉为筛法的光辉顶点,并被编入有关筛法的专著中.1978 年,他又在《中国科学》1978 年第 5 期上发表了《(1+2)系数估计的进一步改进》,把定理改进为

$$P_x(1,2) \geqslant \frac{0.8xc_x}{(\log x)^2}$$

1979 年初,应美国普林斯顿高等研究院院长伍尔夫的邀请赴美国讲学,并做短期研究和学术交流.在美期间,他完成了题为《算术级数中的最小素数》的论文,取得了目前世界上的最新成果,受到国际数学界的好评.

此外,陈景润还与潘承洞合写了论文《哥德巴赫数的例外集合》.他还发表了普及性著作《初等数论》(科学出版社,1980)、《组合数学》(河南教育出版社,1983).

陈景润出席了 1978 年召开的首届全国科学大会.1982 年与王元、潘承洞一起获中国自然科学奖一等奖.

王元(Wang Yuan,1930—   )

王元,中国人.1930 年 4 月 30 日生于江苏省镇江市.1952 年毕业于浙江大学,同年被分配到中国科学院数学研究所工作,曾任该所研究员.曾赴法国、英国、美国等国讲学.1980 年当选为中国科学院学部委员.

王元在数论方面做出了重大贡献.他对筛法及哥德巴赫猜想进行了系统深入的研究.1956 年他证明了

"每个大偶数都是不超过 3 个素数的乘积及一个不超过 4 个素数乘积之和"（简记作"3＋4"），是当时国际上最先进的结果．1957 年他又证明了"2＋3"．他与华罗庚一起开辟了用数论方法研究多重积分近似计算的新领域．他们用分圆域独立单位，确定出高维空间的一致分布点列，再构造出非常精密的近似积公式．他们一共列举了约 15 个求积公式且每个公式都给出了误差上界．他们的方法不仅有严格的理论证明，而且在实际应用中收到良好的效果．国际学术界称这个方法为"华－王方法"．他们的研究成果已写成专著《数论在近似分析中的应用》（科学出版社，1979），现已译成英文由斯普林格出版社出版．

王元还对丢番图逼近论、转换定理、测度定理做过研究，并取得了成果．

王元已发表学术论文约 43 篇．

王元获 1981 年中国国家自然科学奖一等奖．

潘承洞（Pan Chengdong，1934—1997）

潘承洞，中国人．1934 年 4 月 14 日生于江苏省苏州市．1956 年毕业于北京大学．1957 年留该校做研究生．1961 年毕业后到山东大学任教，曾任该校教授．

潘承洞在数论领域做出了贡献．潘承洞第一个定出了林尼克常数．1962 年他与合作者一起证明了大偶数可以表为一个素数及一个不超过 5 个素数的乘积之和（即"1＋5"），同年与王元合作证明了"1＋4"，将哥德巴赫猜想的研究由定性阶段引导到定量阶段．潘承洞将其数论研究成果写成了专著《哥德巴赫猜想》（与潘承彪合作，科学出版社，1981）．另一本专著《阶的估计》

由山东科技出版社于 1983 年出版(与于秀源合作).潘承洞在数字滤波、样条函数理论方面也做过有成效的研究工作.

潘承洞与陈景润一起获 1982 年中国国家自然科学奖一等奖.

尹文霖(Yin Wenlin,1928—1985)

尹文霖,中国人.1928 年 6 月生于四川省遂宁县.1945 年考入西南联合大学,次年转入清华大学.1953 年 8 月进入北京大学数学系学习,1957 年毕业,随即在该校攻读研究生课程.1961 年调入四川大学数学系任教.1985 年逝世,终年 57 岁.

尹文霖对哥德巴赫猜想、三维除数问题、格点问题均做出了贡献.在他的论文《三维除数问题误差项估计的改进》中所给出的有关估计是当时的最佳成果.

华罗庚(Hua Luogeng,1910—1985)

华罗庚,中国人.1910 年 11 月 12 日生于江苏省金坛县(今金坛市)的一个小商家庭.他在金坛中学读初中时,在数学教师王维克的指导和影响下爱上了数学.1924 年初中毕业后考进了上海中华职业学校,由于交不起学费而失学.回到家里在其父办的小杂货店做记账员.同时坚持自学数学,直到 1932 年.1932 年至 1936 年在清华大学当助理员、助教、讲师.1934 年成为中华基金会研究员.1936 年到 1938 年赴英国剑桥大学留学,得到哈代的指点.1938 年至 1946 年在西南联合大学任教授.1946 年上半年到苏联科学院做了三个月的学术访问.1946 年至 1947 年应邀到美国普

林斯顿高等研究院任研究员,同时在普林斯顿大学任教.1948 年至 1950 年 1 月在美国伊利诺大学任教,并被聘为该校终身教授.1950 年 1 月华罗庚带领全家回国.先后在清华大学任教授,中国科学院数学研究所任研究员,中国技术大学任教授.

华罗庚从 1955 年起任中国科学院学部委员,曾任中国科学院副院长、中国科学院数学研究所所长,应用数学研究所所长、中国科学技术大学副校长,还曾长期担任中国数学学会理事长.1982 年华罗庚被选为美国国家科学院院士,是美国科学院历史上第一个当选为外籍院士的中国人.与此同时,他的名字进入了美国华盛顿史密斯尼博物馆和芝加哥科学技术博物馆,和古今最著名的数学家的名字并列在一起.1983 年华罗庚被选为第三世界科学院院士.1985 年他被选为德国巴伐利亚科学院院士.华罗庚还获法国南锡大学、香港中文大学的荣誉博士学位.

1985 年 6 月 12 日,华罗庚在日本讲学时,因心脏病突发去世,终年 75 岁.

华罗庚在数学的许多领域都做出了重要贡献.

首先,华罗庚对数论中著名的华林问题、哥德巴赫猜想、他利问题等均进行了深入的研究.在这些领域他共完成了 18 篇论文,先后发表在英、德、法、苏等国的权威数学杂志上,大大推进了这些问题的研究进程.1944 年华罗庚进一步提出了广义华林问题:把任一整数表示为若干个素数方幂之和,并证明了任一充分大整数 n 可表示为 $[6n^2 \log n]$ 个素数方幂之和,此即数学文献中的华罗庚定理.关于哥德巴赫猜想,华罗庚证明了"至多除去密率为零的偶数,其他偶数可以表示为两个素数之和"，即关于本问题的华罗庚定理. 专著《堆垒素数论》是华罗庚在数论领域一系列创造性研究工作的总结. 由于他运用了精深的技巧，把一系列问题解决得较彻底，此书至今仍然是少有经典专著之一，其中许多结果现在仍然是最好的.

其次，华罗庚对多复变函数论进行了系统且深入的研究，并做出了重大贡献. 早在 1944 年他就发现了 4 类典型域的研究可归纳为矩阵几何的研究，并直接建立了 4 类典型域上的解析函数的调和分析理论. 这些独创性工作，不仅在函数论上有重要意义，而且对李群表示理论、齐性空间理论以及多复变函数论等亦有重要意义. 在这个领域引入的度量称为华罗庚度量.

最后，华罗庚在复分析、偏微分方程、数值计算、运筹学等领域也做出了重要贡献. 这些领域的研究成果，在他的相应的专著中得到了充分的反映.

华罗庚是一位自学成才的、没有大学毕业文凭的数学家. 他初中毕业后坚持自学，利用仅有的代数、几何、初等微积分各一本书，日夜攻读，精益求精，终于在 1930 年写出了一篇题为《苏家驹之代数五次方程不能成立的理由》（苏家驹当时是位大学教授）的论文，发表在上海出版的《科学》杂志第 2 期上. 文中证明了苏家驹的解法是错误的. 这篇文章受到了当时在清华大学工作的数学家熊庆来教授的注意. 经过熊庆来的一番奔波，征得学校当局同意后，破格把华罗庚请到清华大学当助理员. 由于华罗庚十分勤奋，在熊庆来的指点下很快达到了当时世界数学的前沿. 他一生勤奋，论著甚丰. 他先后发表了《堆垒素数论》（1947 年在苏联出版了俄文版，1959 年在莱比锡出版了德文版，1965 年在

英国出版了英文版,1959 年在布达佩斯出版了匈牙利文版,1953 年在北京出版了中文版)、《指数和的估计及其在数论中的应用》(1959)、《多复变函数论中的典型域的调和分析》(1958)、《数论导引》(1957)、《典型群》(与万哲先合作,1963)、《两个未知函数的常系数线性偏微分方程组》(与吴兹潜、林伟合著,1978)等 10 本专著.华罗庚发表的学术论文约 200 篇.华罗庚的论著受到了国际数学界的高度重视.从 1939 年至 1965 年间,美国出版的数学权威评论刊物《数学评论》上发表评论华罗庚著作的评论达 105 篇之多.

　　1960 年以来,华罗庚十分注意数学方法在工农业生产中的直接应用.根据中国的国情,他首先倡导并亲自指导在工业生产与组织管理中推广"优选法""统筹法".他到过全国 23 个省、市、自治区的几百个城镇,几千个工厂,为数以万计的工人、工厂领导、技术人员直接讲过课.在数学为社会主义现代化建设服务中取得巨大成效的基础上,他先后编写了《统筹方法平话及补充》(1965)、《优选法平话及其补充》(1971)等 11 本科普著作.

　　华罗庚为青年们树立了自学成才的光辉榜样.他经常教育青年们要树立自学成才的信心.他认为"自修能有成绩的主要关键在于毅力和耐心","没有什么秘密的学习方法".他说,"我在小学里,数学勉强及格.初中一年级的时候,也不见得好.到了初中二年级才有了根本的改变".又说,"不怕困难,刻苦练习,是我学好数学最主要的经验","所谓天才就是靠坚持不断的努力."他勉励在高等学校招生考试中落选的青年们说:"高考落选的青年,不必信心不足.如果想通了,就知道每个人都是要自学的,而且也是可以学到东西的."

华罗庚是一位数学教育家.他非常注意发现有特殊数学才能的年轻人,并首先提倡在中学生中开展数学竞赛.为了培养青年一代,他为中学生编写了《从杨辉三角谈起》(人民教育出版社,1956)、《从祖冲之的圆周率谈起》(人民教育出版社,1963)、《数学归纳法》(上海教育出版社,1963)、《谈谈与蜂房结构有关的数学问题》(北京出版社,1964)、《有限与无限 离散与连续》(与王元合作,1963)、《从孙子的"神奇妙算"谈起》(人民教育出版社,1964)等中学生的课外读物.华罗庚发现人才、培养人才的事迹是十分感人的.20世纪50年代初陈景润写了一篇《他利问题》的论文,他审阅该文后确认陈景润是"很有培养前途"的,破例把陈景润作为特邀代表参加有关学术讨论会,还安排他做学术论文报告.会后,华罗庚设法把陈景润调来北京工作,在华罗庚的精心指导下,陈景润已成为著名数学家.华罗庚通过培养研究生、办讨论班等形式先后发现并培养了一批著名数学家,如王元、陆启铿等,形成了中国数学学派.

华罗庚是一位伟大的爱国者.1937年"七七事变"后,他从生活待遇优厚的英国回到抗日烽火到处燃烧的祖国.担任西南联合大学教授时,尽管生活十分困难,仍然坚持数学研究与教学.1950年为了参加祖国的建设工作,他毫不犹豫地放弃了美国伊利诺大学终身教授的职位,丢去洋房、小汽车、高薪,带着全家又从美国回到了祖国.

华罗庚1956年以专著《多复变函数论中的典型域的调和分析》,荣获中国科学院自然科学奖一等奖.

闵嗣鹤(Min Sihe,1913—1973)

闵嗣鹤,中国人.1935 年毕业于北京师范大学.同年到该校附中任教.1937 年到清华大学任教.1945 年赴英国留学.1948 年回国.曾任中国科学院数学研究所研究员.

闵嗣鹤在数论方面做出了贡献.他对黎曼 ζ—函数做了深入研究,在《数学学报》发表的《关于黎曼 ζ—函数的一种推广》等论文,受到学术界的重视.他严密审核了陈景润的关于哥德巴赫猜想的著名论文,使得这项重大成果得以及时发表.他还发表了专著《数论的方法》(上、下册,科学出版社,1981)等.

⊙ 编辑手记

2018 年举国纪念改革开放四十年，对数学人来说，最初的回忆就是陈景润.

1978 年 2 月 17 日，一位不懂世事的数学家在《人民日报》占据了两整版块，这就是徐迟的报告文学《哥德巴赫猜想》，还配发了一张陈景润的木刻像. 接着，3 月召开全国科学大会. 陈景润和他的老师华罗庚，与党和国家领导人一道坐上了主席台. 邓小平在主席台上第一次提出了"科学技术是生产力"的崭新观点，而且为陈景润这样的"书呆子"摘掉了"白专"的帽子："一个人，如果爱我们社会主义祖国，自觉自愿为社会主义服务，为工农兵服务，应该说这就是初步确立了无产阶级世界观，按政治标准来说，就不能说他们是白，而应该说是红了."

在"文化大革命"末期,邓小平听取主持中科院工作的胡耀邦汇报时,就给予陈景润高度评价:"像这样的科学家,中国有一千个就了不起了!"陈景润的住房长期未能解决,邓小平得知后非常生气,指示国务院机关事务管理局局长高登榜就地解决.高登榜亲临数学所,表示"不分房子我不走",当天,科学院就分给陈景润一套四室一厅的院士房.

英雄末路,美人迟暮是人生的两大憾事,但数学界不是这样,英雄就是英雄,不管过去多少年,数学的江湖上永远有他的传说.

美国电视业内一位有识之士曾说:"我担心我的行业会使这个时代充满遗忘症患者.我们美国人似乎知道过去二十四小时里发生的任何事情,而对过去六十个世纪或六十年里发生的事情却知之甚少."

哥德巴赫猜想已经提出几百年了,数学家仍对其念念不忘,陈景润先生虽然故去多年,但直到今天他仍然是国人心目中的英雄与榜样!

一、有一种优秀叫卓越

哥德巴赫在我国读者心目中一直是位业余数学家,还有资料记载他是德国驻俄国的公使,其实哥德巴赫是一位牧师的儿子,曾在哥尼斯堡大学学习医学和数学.1710 年他像当时许多有条件的人一样周游欧洲来增长阅历.1725 年他定居俄国,成为圣彼得堡帝国科学院的数学教授;1728 年担任了早逝的彼得二世(彼得大帝的孙子)的宫廷教师.

哥德巴赫之所以在数学上负有盛名,是由于他在

1742 年写给欧拉的一封信中提到的"哥德巴赫猜想".

　　阿西莫夫评价说:这样简单,显然正确的事实,为什么不能证明呢? 这是数学家们所受到的挫折之一.本书所编内容就是数学家们克服这一挫折的艰苦历程.

　　"现代的国家制度,要保护平庸;尼采的超人社会,要发展个性.在现代国家里,生活一切机械无聊;在超人社会里,生活一切精彩美丽.现代的国家,是整齐的理想;超人的社会,是力量的象征! ……"这是研究尼采的哲学家的感言.其实数学家的生存法则更为"残酷",因为这是一个赢者通吃的团体,只有第一没有第二,而且是没有所谓的中国第一,亚洲第一,只有世界第一.想一想比勃巴赫猜想被证明后有多少人茫然若失吧,世界最后只记住了一个"怪才"德·布·兰吉斯.

　　在长达 270 余年征服哥德巴赫猜想的征途上,众位豪杰各领风骚,最后止于陈景润.

　　法国大数学家庞加莱试图在头等的数学与次等的数学之间划清界限.他说:"有些问题是人提出的,有些问题是它本身提出的."哥德巴赫猜想是它本身提出的.这个问题提法的极端简单,结合证明的极端困难使之成为真正的问题.况且这些问题的解决又促使整个数论的发展.

　　只有这等大问题,才会吸引那些数学大师的目光,激发起他们的征服欲,而因为有了他们曾经或正在路上才会更吸引后来人加入这一行列,也只有在这样一场高手云集的比赛中脱颖而出才会更有成就感.所以我们学习陈景润,首先要学习他目标远大,追求卓越.

　　曾经的世界数学领袖,德国大数学家希尔伯特曾说:"……为了引诱我们,数学问题应是困难的,但不是完全不可解决的,免得它嘲弄我们的努力.它应是通往潜藏着真理的曲径上的引路人,最后它应该以成功地解答的喜悦作为对我们的奖励."

　　陈景润是幸运的,他恰好选择了一个举世公认的难题,而又在有生之年大大地推进了它.想想有多少人以"焚膏油以继晷,恒兀兀以穷年"为一个大目标耗费了宝贵的一生而终无所获,牛顿为炼丹术耗费了人生最后的四十年,爱因斯坦为统一场论白忙了后半生,美国数学家 Wagstuff 为费马大定理贡献了长达 94 年的一生,最后只证明了对 $p < 12\,500$ 时成立.

　　印度文明的"奇葩",20 世纪最卓越的心灵导师克里希那穆说:"庸俗指的是爬山爬到一半,是做事情只做一半,从来没有爬到山顶,从来不要求自己发挥全部的能量,全部的能力,从来不要求卓越."([印度]克里希那穆.谋生之道.廖世德译.九州出版社,2007,245页.)

　　从这个意义上说陈景润和诸位数论大师都是追求卓越之人,这一点在中国特别需要提倡.做一件事一定要做到极致,绝不中庸,绝不见好就收,绝不半途而废,死了也要干,不淋漓尽致不痛快,这样的人生观、世界观与中国几千年的传统不相合.

　　也有人说咱中国人不争不抢,不急不忙,不紧不慢,13,14 世纪时数学在世界上也是数一数二,出了众多古代筹人.但今天不行了,今天中国数学可以说是大而不强.中国数学在国际上的位置,可以从 2006 年 8

月 22 至 30 日在西班牙马德里召开的国际数学家大会（ICM）的有关数据中可以看出,此次大会邀请 20 位数学家做 1 小时报告(但似乎有照顾东道主之嫌),169 位数学家做 45 分钟报告,题目涉及所有的数学领域,陈志明是本次会议唯一一位应邀做 45 分钟报告的中国大陆数学家.2002 年,田刚做过 1 小时报告.那就是说第一方阵前 20 名没咱的事,第二方阵的前 169 名中仅有咱们一个位置,而陈景润当年是受到邀请在 ICM 上做报告的,而且是美国数学家代表团 20 世纪 70 年代来华访问后写成的报告中值得一提的两大成就之一(另一个是冯康先生的有限元法),所以今天应重提学习景润好榜样,他之于中国当代数学就像鲁迅之于当代中国文学一样至今没人超越.以一般现代人的阅读量可能远远超过鲁迅,但都不会再造鲁迅,除非你再经历过他所承受的一切的一切.多数网络写手写得再多,充其量也只是个吞吐垃圾的网虫.就像知识分子,读书再多也只是个书虫,变成一只两脚书柜.如今不再产思想家,如今盛产"文字制造者"和"信息搬运工".

当今的有些数学家们随着社会大环境的变迁,早已不再把数学当成终生追求的事业和纯美的精神享受,而是当成了一种普通的与其他工作没什么两样的谋生手段,甚至是为了评职称或迎合自然科学基金要求而不得已去大量炮制没多少含金量,不痛不痒的论文,篇数与 SCI 检索数均世界领先但就是没有大成果.所以在偶像缺失的今天,我们就是要重树陈景润这个偶像.反偶像,反偶像变得迷失自我,反偶像变得无条件无原则,反偶像变成精神奴隶,反偶像变得否定过去,否定他者,否定一切,这样的结果是我们都不愿看

到的.

计划经济时代人们重出身,重门第,讲等级,信息流是由上至下传,学术明星也是由官方钦定.所以建国后没宣传过几个数学家.大张旗鼓宣传的只有华罗庚、张德馨、熊庆来、陈景润、杨乐、张广厚等为数不多的几位.到了市场经济时代开始重结果,重业绩,讲贡献,信息流也开始由下至上传递.但明星却又被影视明星、企业明星、作家明星所占据,因为他们通俗、娱乐、易懂,所以容易受到追捧,而数学明星则再度缺失.所以在当前的环境下,我们更应重提陈景润这位学术英雄与之抗衡.

二、有一类人物叫英雄

托尔斯泰说:"只要有战争,就有伟大的军事将领;只要有革命,就有伟人."历史这样说:"只要有伟大的军事将领,实际上,就有战争."仿此我们可说:"只要有数学猜想,就有伟大的数学家,同样有伟大的数学家,一定会有大的猜想."

陈景润的目标是远大的,而且是从初中二年级时就确定了的.由于时局动荡而滞留老家的留法博士沈元先生被历史选中要到陈景润所在的中学兼职谋生,而且学工出身的、后来成为南京工学院院长的他偏巧是个博览群书的人,那个时候就知道哥德巴赫猜想,当时的中学也幸运地没有受到应试教育的主宰,可以任老师在课堂上,天马行空,高谈阔论,陈景润的宏愿就此产生.

少年雨果曾立下这样的宏愿:"要么成为夏多布里昂,要么一无所成."他后来以一支笔面对第二帝国的皇帝拿破仑三世,洋溢着一种大无畏的英雄气概,其实未必不会想起少年时奉为楷模的夏多布里昂.巴尔扎克在放于卧室里的拿破仑塑像的底座上写下这样的豪言壮语:"他用剑未完成的事业,我用笔完成."

陈景润一生都在圆初中时的梦想,也用了半生的时间做准备,他从没想过要在一块木板的最薄处钻很多孔,而是选择了一处最厚最硬的地方只钻一个孔,他要毕其大功于一役,他不屑用微不足道的小成功来骗自己,他要用一个大的结果"当惊世界殊".

宋代王安石在《游褒禅山记》中有:"然力足以至焉,于人为可讥,而在己为有悔.尽吾志也而不能至者,可以无悔矣."用今天的话说就是:"若自己的力量足以到达却没有到达,别人有理由讥笑你,自己也应该悔之.但要是尽了最大的努力还不能达到其目的,那就没什么可后悔的了!"这正是陈景润完成"1+2"后的心情.

虽然哥德巴赫猜想没能终结于陈景润,但是他尽力了,他把一个人一生的所有精力都贡献给了这个猜想,以至于产生了一种绑定的效果,无论在世界何处,人们谈论起哥德巴赫猜想就一定会谈到陈景润,他几乎成了哥德巴赫猜想的同义词,用数学语言描述,他们是"共轭的".陈景润的价值在于重新拾回了中国人的自信心.

2005 年 1 月 26 日,CCTV《面对面》栏目的王志先生来清华园访问杨振宁,王志问:杨先生,您说过您一生最大的成就也许不是得诺贝尔奖,而是帮助中国人改变了一个看法,不如人的看法.很多年前您就开始这么说,但是我们很想知道,您是面对中国人讲的一种客

878

气话,还是觉得真心就这样认为.

杨振宁回答:"我当然是真心这样觉得,不过我想的比你刚才所讲的还要有更深一层的考虑.你如果有20世纪初年,19世纪末年的文献,你就会了解20世纪初年中国的科学是多么落后.那个时候中国学过初等微积分的人,恐怕不到十个人,所以你可以想象20世纪初年,在那样落后的情形之下,一些中国人,尤其是知识分子,有多么大的自卑感.1957年,李政道跟我得到诺贝尔奖,为什么当时全世界的华人都非常高兴呢?我想了一下这个,所以就讲了刚才你所讲的那一句话,是我认为最重要的成就,是帮助中国人改变了自己觉得不如外国人这个心理."(杨振宁著.翁帆编译.曙光集.生活·读书·新知三联书店,2008,358~359页.)

中国传统科学技术的发展在明代已是强弩之末,到了清代也没有什么大的发展,而欧洲的科学技术在这一时期却取得了长足的进步,把中国远远地抛在了后面,但中国并没有紧迫感,反而滋生出了"西学中源"之说,这更多的是出于一种心理自卫机制,但这种脆弱的自大感觉并没有事实支持,数学这一分支我们确实曾被世界远远甩到了后头.从陈景润起刚开始有了单项的领先,随之又是低谷,用丘成桐先生的话说:"当年作家徐迟用生花妙笔描写陈景润的工作,使他成为全国英雄,造成错误的印象,以为数论的目的在于解决一两个孤立的猜想.时至今日,中国数论学家连世界数论主流的文章都看不懂,不止落后十数年了.但是中国新派出的留学生却很快地学习了西方的方法,而且出人头地,可见问题不在中国人的智慧,而是老派数论学家没有将年轻人引导到正确的方向."这些议论当然不乏门第之见，但大体正确.

黑格尔说过："证明是数学的灵魂."几千年来都是这样，有谁能够对此提出挑战？没有.我们能做的只有一件事：把什么是证明搞得更明白；去"找"出一个又一个的数学命题，并且一个又一个地加以"证明"，谁能证明更重要的命题谁就是胜利者（齐民友.数学与文化）.在数学领域的"丛林法则"只承认强者不同情弱者，谁证明了大猜想，开创了大理论，建立了大体系谁就是英雄.从这个意义上说陈景润证明的"1＋2"是一座至今没人能逾越的高山，我们有许多结果关起门在家里炒得挺热闹，但在国际同行中却没有丝毫反应，包括最近炒得很凶的庞加莱猜想的优先权之争，也在国际数学界一边倒的好评佩雷尔曼声中不了了之，而陈景润的传奇却一直在流传.

徐光启在译完欧几里得《几何原本》前 6 卷（1607年版，底本是德国人克拉维乌斯（C. Clavius）校订增补的拉丁文本 *Euclidis Elementorum Libri* XV（《欧几里得原本 15 卷》，1574 年出版），后 9 卷是英国人伟烈亚力和李善兰合译的）时有一句话："续成大业，未知何日，未知何人，书以俟焉."

哥德巴赫猜想这台大戏还没落幕，从潮流上看，解析数论似乎早已不再是主流（潘承彪教授曾跟编者说怀尔斯证明费马大定理用的手法也有解析数论的手法，不知真否），哈代、维诺格拉多夫、陈景润已相继谢幕，在下一位主角还没登台之前，观众心中的英雄还是陈景润.尽管张益唐的事迹在国内几乎家喻户晓，但其影响力还远不及陈景润.

思想家黄宗羲曾说："大丈夫行事，论是非，不论利

害;论顺逆,不论成败;论万世,不论一生."

　　陈景润的选择颇有大丈夫气魄,加之华罗庚先生的高瞻远瞩,论当时中国的数论力量,根本不具备冲击哥德巴赫猜想的实力,但这样的大手笔和将优势兵力集中于狭窄的研究领域的打法(波兰学派的崛起也是用同样做法)居然在解析数论这个当时的主流领域取得了令世界瞩目的大成就,为中国数论界赢得了巨大的国际赞誉.像陈景润他们的这种大眼界,大手笔,今天已越来越少见,相反,对没有风险的小打小闹感兴趣的人越来越多,所以从这个意义上说,景润是个好榜样.

三、有一种状态叫精神

　　契克森米哈赖的《快乐,从心开始》(原名为 *Flow: the Psychology of Optimal Experience*.天下文化出版公司,1993)是一本奇书.据通读了此书的社会学家郑也夫介绍此书时说:商人们说消费能带来快乐,而契氏在快乐的来源上提出了完全不同的看法.契氏说,精神上无序,相当于"精神熵",是很糟糕的状态,烦躁,空虚不说,耗能还很高.反熵就是为自己的精神建立秩序,手段是找到自己的目标(而不是做社会目标的傀儡),专注于这个目标,全身心地投入,达到浑然忘我,并因为投入其中而屏蔽了世俗生活中琐事的打扰.他称这种状态为"心流".比如,外科大夫操刀,陈景润解题,健儿攀岩,都进入到无我的状态.这状态是愉悦的,甚至比无所用心的烦躁耗能少,因为它是有序的.

　　在中国即将进入后工业化社会的今天,原来从未预料到的社会问题层出不穷,特别是人们的精神层面的东西．农业化社会男耕女织，大家都在为生存而努力，日子艰苦而精神充实，进入到工业化社会终于可以衣食无忧了，大家又开始疯狂地积累财富，因为社会公认的法则是以拥有财富的多少决定个人成功与否．社会走到今天，人们终于发现其实丰富的精神生活和追求才是值得拥有的，但这如同音乐和绘画一样需要长期的训练才可能有效，并且一旦入门尝到乐趣，人生便会从此不同．数学家工作的强度是很大的，但他们也多拥有一个充实且长寿的一生，像苏步青、陈省身、阿达玛等 90 多岁的老寿星大有人在，而且这长寿并不受物质条件影响，越艰苦还越有精神．

著名数学家陆启铿教授在一篇纪念华罗庚先生的文章中指出：在抗日战争时期，西南联大的教授们的物质生活条件之差令人难以想象，但那个时候出了不少著名的科学家，华罗庚、陈省身先生许多重要的工作都是那个时候完成的．这需要一股劲，一个优良的学术传统．相反的，有了一个较好的物质生活环境，有些人便有可能不甘过做基础研究的清贫生活，转而寻求赚钱较多的职业，这对基础研究来说是一个危机．

所以陈景润带给我们的是独居陋室，青灯黄卷，物我两忘，自得其乐，躲进小楼成一统的那样一种精神状态和境界．在今天重提这些大有必要，因为在不知不觉之间风气已大变，清代学者章学诚说："且人心日漓，风气日变，缺文之义不闻，而附会之习，且愈出而愈工焉．在官修书，唯冀塞责，私门著述，敬饰浮名．或剽窃成书，或因陋就简．使其术稍黠，皆可愚一时之耳目，而著作之道益衰．诚得自注以标所去取，则闻见之广狭，功力之疏密，心术之诚伪，灼然可见于开卷之顷，而风气

可以渐复于质古,是又为益之尤大者也."(文史通义·
卷三)

矫枉必须过正,陈景润那种极端认真的精神就是
治疗的良药.林群院士回忆陈景润为了验证一个高阶
行列式的值是否真的为零,曾用了两个月的时间,手算
几十万项,只有这种近乎偏执的认真才使他能够发现
谢盛刚教授那篇关于哥德巴赫猜想的文章的一个关键
性的引理有计算错误,更可贵的是他能勇于指出,在你
好,我好,大家好的今天,这种直言近乎绝迹(《数学研
究与评论》早先还有点批评文字,近些年不知为何也没
了).

对当前的大学教育有人批评为:今日的大学正汲
汲于谋生之事,蝇营于应对之策,那种让人卓然独立的
学术品格和精神气质虽然不是荡然无存,但也所剩无
几.(汪堂家.时宜的大学.书城,2000 年第 4 期)

所以我们学习景润,绝不仅仅是学习他刻苦钻研,
努力攀登科学高峰,还要学习他的品格与精神.以景润
为镜我们可以照见自己以及时代的许多毛病和问题,
那些我们大家都曾共同拥有的也共同感到弥足珍贵的
东西在悄悄地远离我们,我们怀念景润是因为他会将
我们带回到那个奋发向上、诚实、勤奋、敬业、学科学、
爱科学的 20 世纪 80 年代.就像老一辈人都怀念西南
联大时期一样,中年人对以景润为学习榜样的 20 世纪
80 年代也是记忆深刻.

在郑也夫先生为《北大清华人大社会学硕士论文
选编 2002~2003》一书所写的前言中指出:一个社会
中众生们不求实,不敬业,必然是它的精英率先告别了
求实和敬业.只要一个社会中精英们的精神还在,不信

东风唤不回.换言之,要改造一个社会的作风,首先要从它的精英开始,不然就是伪善,就是奴隶主的哲学,就是注定不会得逞的痴人说梦.

郑也夫还指出:行为的动机和社会意义是一而二、二而一的事情.我们正统的意识形态过于强调社会意义,极大地忽略了作为当事者个人兴趣的动因.爱因斯坦从事相对论研究,陈景润从事哥德巴赫猜想,首先都是因为他们喜好,他们甚至不知道那结果将如何造福人类.当然他们知道科学同人类的福祉已结不解之缘,但是他们做那桩研究不是完全从利他出发的,他们自己也从中获得了愉快.相反,如果完全从利他出发,个人并无兴趣,是绝不可能在艰难的科学探索中有所发现的.因为当事者的兴趣是高度自我的,因为他们从过程中获得了愉快,在宣传中将他们的动机披挂上爱国主义或造福人类的冠冕其实是勉强的.另外,一个人的能力越强,他的正当行为中越会有良好的"外部性"流溢到社会中.但是那"外部性"不是他的全部动机,有时甚至不是他的主要动机.(博览群书,2004 年第 9 期)

在西方的劳动经济学中一直就有"快乐工资(hedonic wages)"这个概念.有些行业的工资比教授还高,比如,夏威夷的码头工人,用劳动价值论是解释不了的.在当代的劳动经济学看来,有些工种没有人愿意干,因为太脏太累太不体面,所以老板必须要提高工资弥补工人在快乐方面的损失,他才接受这份工作.而数学家特别是像陈景润这样的优秀数学家,他从数学中得到了莫大的乐趣,所以别说工资少他干,不给工资恐怕他都干.

四、有一种希望叫理想

哥德巴赫猜想对大多数中国人来说是一个理想主义的音符,对这种理想的解释可以用一首美国的流行歌曲的歌词来诠释:

那是一种难以割舍的渴望/当强烈的渴望出现时/任何人都会对自己说/我不想放弃/虽然我不想做/我做不到的事情/我知道这份渴望有多么奢侈/可是当它出现的时候/你无法抑制/无论如何/我知道我有这份渴望/我更渴望去实现它……

身体瘦弱的陈景润无疑是一个理想主义者,他的理想就是超越维诺格拉多夫,而承载着这一理想的就是哥德巴赫猜想的证明,欧拉试过,哈代试过,维诺格拉多夫也试过,都没能最后成功,所以一旦自己获证,那岂不是超越了所有的数学前贤.

这本书是献给"理想主义者"的书,是一本脱俗之书.社会学家称,每个社会都有一个基本梦想,这种被他们称为"社会事实"的东西独立于个人愿望,它强迫每个人扮演着自己的角色.如果你不推崇这个基本梦想,你就是傻子,遭社会排斥.现在的社会梦想是成功梦、发财梦、榜上有名梦、娶得美人归梦,而 20 世纪 80 年代的社会梦想是成为科学家梦,是证明哥德巴赫猜想梦.

理想是对未来事物的想象或希望,多指有根据的、合理的,跟空想、幻想不同.一个人总会是理想主义到现实主义转化中的人.一句西谚翻译过来大致是说：如果一个人 20 岁时，他不是理想主义者，那他一定是个庸人；如果他到了 40 岁时还是理想主义者，那他一定是个傻瓜.其实庸人是坚定的，而理想主义者是犹豫的，因为他缺少同类，缺少支持，同时世俗的势力过于强大.

中国青年女导演彭小莲在纪念日本著名纪录片导演小川绅介时说："事情在不断变化着.消逝，展现，又消逝，又展现……我不断地向自己提问，不停地寻找答案，可是到最后……我还是问自己，这都是为了什么？也许，过去我们被穷困压迫得太喘不过气了……回头看去，我们很容易就被欲望和物质重新包裹起来.这是一个灾难.我们的智能似乎越来越低，一切都简单到用金钱就可以来裁决和判断事物，只有想到这里的时候，是多么怀念小川，我想，他要是活着，一定会告诉我该怎么去做的."

其实每一个领域都不乏理想主义者，我们只需要彰显他们，使他和他的同类不再孤单，也使社会保持理想与世俗两极的张力，使之平衡.彭小莲说："小川一直在和自己挑战，他总是对自己感到不满足，他不断地进取着，问题是他选择了一条艰难的道路，理想主义道路.现在，我不是要在这里清算理想主义的价值问题，不是！我是在想，我们自己今天的生存状态，多么像那个时期的日本.我似乎就在这个时期的恍惚中迷失了方向，我感激小康生活，政治运动的硝烟散去了；政治运动中惶惶不可终日的感觉不复存在；但是，四处弥漫着金钱的价值，同样让人害怕."

所以在当前中国很有必要重提理想主义.在所有

人都在提成本和机会成本的经济社会中,像陈景润这样为证明哥德巴赫猜想不计成本,不计代价的理想主义典型有自身的价值.虽然弗里德曼(不是那位著名经济学家,而是美国的一个记者托马斯·弗里德曼)说"世界是平的",但全社会的精神高度不能是平的.我们虽然应该学习陈景润的精神,但并不能要求人人都像陈景润,要保持价值观的多元性.

理想,在任何时代也只是一个符号,什么东西都可以套上"理想"两个字来加以掩饰,但我们一定要看到"理想"后面的代价和结果.

人总是在寻找意义和目的,理想是人性的升华,它使人能高于自己.但理想只是人脑在一时一地的产物,过于夸大意识的主导作用,就违背了唯物主义.也许正因为这点,理想主义和唯心主义可以合用一个英文词.人们需要理想,但一旦执着过了头,理想主义就僵固了:一是可能把理想强加于现实,二是可能把理想强加于他人.这不由使我想起孔子说的"己所不欲,勿施于人",这双重否定似乎很被动,但实在是大智慧.倘若反过来变成双重肯定"己所欲,施于人",听上去好像更积极,后果却不堪设想,一个人的理想难保不成为别人的噩梦.(彭小莲.理想主义的困惑.华东师范大学出版社,2007.)

五、有一种数学叫纯粹

从 19 世纪初开始,数学严格性的倾向使它越来越成为数学家的游戏,而不是一般人取乐的领域(库克.现代数学史).哥德巴赫猜想在中国的知名度远远超过世界上任何一个国家甚至于哥德巴赫的故乡德国和世界数学中心美国,这对于中国这样一个崇尚实用的国度是非常难以想象的,陈景润在历次政治运动中无一幸免地被批为"脱离生产实际,无法服务于人民群众".这一批判使得数论这个数学中最纯的分支无人敢搞,因为很难应用,于是华罗庚搞了优选法,闵嗣鹤搞了石油地质数字处理,潘承洞搞了扁壳基本方程,王元搞了混料均匀设计,越民义搞了运筹学与优化.

美国数学家里查兹说:"好的定理总是对以后的数学有广泛影响的.这仅仅归功于这个定理是真的这一事实.既然是真的,必有其为真的道理;如果这个道理隐藏得很深,那就常常需要对它邻近的事实和原理有更深入的理解.正是这样,数论这位'数学的女皇'才成为数学其他分支中许多工具的试金石.事实上,这就是数论影响纯粹数学和应用数学的真实方式."([美]L.A.斯蒂思.今日数学.马继芳译.上海科学技术出版社,74 页.)

翻开陈景润文集的论文目录,我们没有发现任何应用的痕迹,从这个意义上说陈景润是一个纯粹的数论学家,而且是至纯的,他坚信他的研究是有价值的,不论能否应用.

陈省身先生做过一次演讲,他开篇就举了一个例子,他说欧氏几何里曾经提出一个命题,即空间当中存在着五种正多面体,且只存在着五种正多面体——正四面体,正六面体,正八面体,正十二面体,正二十面体.在欧几里得提出空间中的这种可能性后,人类在现实中——无论是矿物的结晶还是生命体,从未见过正二十面体,只看见过其他四种正多面体.在欧几里得去世两千年后,人类在自然界中才发现了这种形状的东

西. 无论它有用没用, 总算遇上了, 有用成为可能了. 我们能想到现实中的那个正二十面体是什么吗? 就是 SARS 病毒, 只不过它经过变异, 每个面上长出了冠状的东西. 陈省身接着说, 多数数学知识当下不能成为生产力. 物理学和化学使用的数学知识是一两百年以前的数学成果. 有些数学成果一两百年后才变成生产力, 有些已经上千年了, 却依然没有变成生产力. 起码, 它的产生和应用之间有一个时间跨度. 而有些数学知识可能永远也转化不成生产力, 但它可以服务于学科本身, 帮助该学科内其他研究者有所发现, 而后者的成果或许将来被用于实践.

其实真正的智者从来就不会问数学能够做什么, 而是坚信数学是一种强有力的训练, 他们相信, 在不完美的现实世界中, 这种训练能够让人类的心智去理解真实的理念世界, 例如古希腊人的数学不崇尚实用, 但是他们认为建筑和艺术应该符合数学美的法则, 为此他们发现了 "黄金比率", 并用此来设计各种建筑, 如帕特农神庙. 对于一个理论有无应用这个问题在社会科学中也有, 郑也夫 2005 年 6 月 1 日在华中科技大学的演讲时说: "无用之学从来是知识分子的传统. 知识分子在中国古代的前身是巫, 祝, 卜, 史, 是占卜的, 搞宗教活动的, 做记录的. 当时, 他们的作用似乎不太要紧, 他们在打仗前为人占卜似乎没有士兵的长枪厚盾有用, 可正是在这些人的占卜和记录中, 完成了一个民族文字的产生. 当初似乎最无用的东西, 产生了巨大的成果. 正是这些当时没用的人为后来社会的发展奠定了潜能和方向."(郑也夫. 抵抗通吃. 山东人民出版社, 2007, 222 页.)

拿数论来说，这个昔日最纯的数学分支也逐渐有了意想不到的应用，从密码学到航天飞机训练的景色模拟，从通信理论中的纠错码到"上帝不掷骰子"的素数解读，但哥德巴赫猜想还没见到应用迹象，对此郑也夫有一番见解，他说："陈景润是一样的事情．哥德巴赫猜想还未解决，就算解决了，你能告诉我们：它何年何月怎样造福人类？不知道你为什么还要干？第一辜负了人民对你们的养育，第二辜负了你自己的天赋．产生一个如此高智商的人不容易，这岂不是极大的浪费？"（郑也夫．抵抗通吃．山东人民出版社，2007，215 页．）

从这个意义上说，陈景润又是一个对自己倍加珍惜的人，尽管在普通人眼里他为了证明哥德巴赫猜想夜以继日，耗尽了心血，但他知道自己的使命，知道自己的核心价值所在，也知道自己的真正需要，就像精神分析之父弗洛伊德在患口腔癌动了 17 次手术后仍然每天抽十根雪茄一样，因为不如此，他身体再好都没有意义．

陈景润对此深知，所以他才能选了这个意义重大的猜想作为自己的主攻方向．瑞尼说："如果你想要做数学家，那么你必须意识到，你将主要是为了未来而工作．"

像陈景润那样集中近 20 年的时间攻一个大问题也只能是在当时的环境中，现代的中国早已不容他这样"从一而终"，我们需要研究面广，成果多的研究者．这是因为西方的学术体系已经有了很细的分工，一个小的研究领域就可以养活一批研究人员，但是在中国，任何一个细小问题的研究都无法养活一个研究人员，你必须铺开了研究，才能活下去．

陈景润的另一个幸运之处是在那个时代像哥德巴赫猜想这样孤立的大猜想还是数学界的主流而"现代数学主要对结构感兴趣,被选为实现这些结构的那些对象仅仅是作为一般对象生长的基础"(H. Hermes).所以近代荣获菲尔兹奖的那些数学家都是因开创了新领域,建立了新结构,发现了新联系而获奖,即使像怀尔斯和佩雷尔曼证明了古老的费马猜想和庞加莱猜想也是综合运用了多种理论并进行了创造性的改进,从而大大推进了整个分支的研究水平,而不仅仅是孤立地证明了两个定理.打个比方,现代重视的是十八般兵器的综合运用和新武器的研制,而陈景润是将一种兵器玩到了出神入化,举世无双,并且用它杀死了敌军的一员大将.但现在更讲究不战而屈人之兵,这一套不是我们的强项.

李约瑟在《中国科学技术史》中提出了三个问题,其中第一个问题为:中国传统数学为什么在宋元以后没得到进一步的发展?

确实中国古代传统数学经宋元时代达到了高峰以后,从明初开始,除了适应当时商业发展需要的珠算得到广泛的应用,原来以筹算为中心而发展起来的理论数学就完全停滞不前了.对此李约瑟自己给出的答案是有两个原因.第一个原因是中国古代传统数学本身存在的弱点,用日本数学史专家三上义夫等人的说法是缺乏严格求证,形式逻辑没有发展起来和缺乏记录公式的符号方法.除此之外,李约瑟还找到了更深层次的原因,如"在从实践到纯知识领域的飞跃中,中国数学是未曾参与过的","'为数学'而数学的场合极少……他们感兴趣的不是希腊人所追求的那种抽象的、系统化的学院式真理".

著名拓扑学家王诗宬教授在北京大学做报告时说："纽结论本身,是由物理学的需要而生产的,后来因为它不能解释物理现象,物理学家就把它忘掉了,它就纯粹地变成了一个理论的东西.数学家很愉快,尽管没有任何应用,数学家仍孜孜不倦地做,耗费自己的时光.在做了很多年以后,终于在生物学和化学中有了应用……所以说数学理论和实践联系的表现形式是丰富多彩的,它可以是简单、直接和周期的,也可以是深刻和难以预测的."从这个意义上说也许不应将数学人为地分为纯粹数学和应用数学,因为标准很难掌握,比如数论一定被认为是纯粹数学,但陈省身教授在《怎样把中国建为数学大国》中指出："数学中我愿把数论看作应用数学.数论就是把数学应用于整数性质的研究.我想数学中有两个很重要的数学部门,一个是数论,另一个是理论物理."(科技导报,1992 年第 11 期)

六、有一种思绪叫回忆

《新周刊》曾用脱口而出的 50 句口号讲述共和国史.比如 1949 年是:中国人民站起来了;1950 年是:抗美援朝,保家卫国;1966 年是:造反有理;1968 年是:广阔天地大有作为;1971 年是:友谊第一,比赛第二;而1977 年就是:哥德巴赫猜想.

在北京大学举办的一次王诗宬教授主讲"从打结谈起"的讲座上,主持人是这样开场的:"在 20 世纪的100 年里,中国人跟数学比较亲近的是 70 年代末.那时候有一位大数学家,他教给我们哥德巴赫猜想……陈景润成名以后,成了很多人选择学业和职业的一个

分水岭.这之前,肯定好多人是想当诗人的,因为70年代之前,那时候当诗人谈恋爱比较容易,比较吸引女青年.但是,过了1977年以后,好多人想当数学家了.六小龄童在接受《新京报》记者采访时,对'你记忆中哪些人是80年代的风云人物'的提问的回答是:陈景润."(新京报编.追寻80年代.中信出版社,2006,228页.)

当时的大中学生尤其以陈景润为学习榜样,中国著名控制论专家郭雷曾撰文回忆那段时光:"在1978年刚入山东大学自动控制专业学习时被安排到数学系感到很茫然,后听了张学铭教授介绍的控制论的历史后才明白控制论是应用数学的重要分支."于是在陈景润精神的激励下,立即投入了紧张的学习.

在本书后半部分的回忆文章中多次提到了当时陈景润在广大青少年心中的这种榜样形象.

美国精益针灸医疗服务公司总裁李强在《难忘的高考岁月》中回忆道:"1978年3月,中共中央举行了振奋人心的'全国科学大会'.邓小平提出'科学技术是生产力'的论断;叶剑英发表了一首诗,后两句是'科学有险阻,苦战能过关'.学校把它写在进门处的大石碑上,以鼓舞我们的学习热忱.报纸、电台、电视对知识和知识分子做出很高评价.湖北老作家徐迟的报告文学《哥德巴赫猜想》对数学家陈景润在研究'1+2'上的不懈努力做了生动描述.还有对其他科学的广泛宣传,像数学家华罗庚、杨乐、张广厚,化学家唐敖庆,物理学家钱伟长、钱三强等,给了我极大鼓舞."(陈建功,周国平.我的1977.中国华侨出版社,2007,91页.)而且当时的社会风气和大背景有利于这种榜样的产生,因为从那时起人们又开始喜欢读书了.

《光明日报·文荟》副刊主编韩小蕙在回忆当年的情形时写道:"……多少年没见过这种书了,一开禁,人人都兴奋得像小孩子买炮仗一样,抢着买,比着买,买回家来,全家老少个个笑逐颜开,争着读,不撒手.回想起那日子,真像天天下金雨似的,舒心,痛快!"

时势造英雄,任何一位学者要想成为人们心目中的英雄和榜样,那么他一定是身处一个与其追求相符的伟大时代,时代更迭,物是人非.很久以前,伟大的科学历史学家乔治·萨顿说过:"科学迟早要征服其他领域,把它的光芒洒向迷信与无知猖獗的每一个角落."这是何等雄心,到了 21 世纪,人们似乎对科学有些冷漠,随口就说"不过如此".同样的原因陈景润在人们心目中也今非昨日,曾做过 Zhongo 网 CEO 的牟森,在回答《新京报》记者的提问时曾说:"上高中的时候,流行的是'学好数理化,走遍天下都不怕',大家崇拜的是(证明)哥德巴赫猜想式的英雄."(新京报编.追寻 80年代.中信出版社,2006,105 页)而今天风气大变,人人开始谈"股"论"金",昔日英雄已被边缘化.

曹建伟在小说《商人的咒》中说:"英雄往往只有两个结局:一是遭遇扶植者的假赏识与真遗弃;二是遭遇普通人的假崇拜与真妒忌……"(作家出版社,2007)虽然分析精辟但我们宁愿相信这不是真的,但陈景润作为一个英雄却是个例外,他得到了真赏识和真崇拜.

有人在论法国的当代文学时,说有两种文学并存,一种文学"读的人很少,但谈的人很多";另一种文学"读的人很多,但谈的人很少".其实,今人面对 21 世纪的数学,也有类似的情况.哥德巴赫猜想就是一个搞的人很少(甚至没有)但谈的人很多(几乎全民)的一个数

学猜想,甚至职业数学家都用此举例.获 2007 年第四届华人数学家大会晨兴数学金奖的浙江大学客座教授汪徐家在接受《科学时报》记者访问时说:"陈景润解决哥德巴赫猜想中的'1+2'时,并不是一到华罗庚那里马上就解决了这个难题,而是在那的学术环境中慢慢学,增加自己的知识,增加自己的功底,先解决'1+3',再解决'1+2'."(汪徐家.数学的高峰,我还在攀登.科学时报,2008.2.26.)

七、有一种风格叫另类

著名电影导演张艺谋曾说过:"观众的口味并不如我们所设想的那样单一和肤浅."(令狐磊.保卫张艺谋.新周刊,2004 年 192 期).

这本书应视为科普与人物传记之间的一个集子,在我们的印象中科普著作是用非严谨语言写给不求甚解的门外汉看的,但法国大学出版社出版的大型科普丛书《知否?》彻底地颠覆了我们的这一观念,那套书至今已出版了 3 700 多卷,是法国科普著作方面的杰出代表,它覆盖了几乎所有的领域,成为法国大众文化修养的一部分,每卷的篇幅都是 128 页,均为所涉及领域内的顶尖专家撰写,书名永远不变,但内容却会围绕主题随学科前沿的变化和需要而不断更新,与本书相关的《素数论》就是其第 571 卷,由 Emile Borel 写就已是第三版.用刘勰的话说:"才难,然乎? 性各异禀.一朝综文,千年凝锦.馀采徘徊,遗风籍甚.无日纷杂,皎然可品."

与发达国家相比我们的距离实在是太大了,就数学而言,中国人最知名的猜想是哥德巴赫猜想,我们所做的普及工作也远远不够，我们需要介绍陈景润之前的工作，历史的状况和中国解析数论专家群体的贡献，我们需要多样性，多角度，正如在 2000 年的一篇文章里，著名经济学家布坎南指出一个伟大社会需要一种能够鼓励一切人在一切可能的方向上进行创新的制度或者宪法，我们这种编排方法可能不是最佳的，但它比较全面，特别适合那些对哥德巴赫猜想有狂热追捧的读者．据我们观察在当今社会不读书或只读有用之书的表层下，爱书之人还大有人在，并且，他们中将世人皆知的无用之书视为救命稻草者多矣．所谓"饥读之以当肉，寒读之以当裘，孤寂而读之以当友朋，幽忧而读之以当金石琴瑟"．

《长尾理论》的作者克里斯·安德森（Chris Anderson）继长尾理论之后又抛出新论"免费经济"．他指出："我们正在试图发现一些窄众的需求，特定的需求和利基的需求．因为在这些需求方面，人们的主动性是最高的——那些才是他们真正关心的东西．我们还发现，人们对大众产品的主动性相对更加表面化一些，而对于利基产品的主动性要相对深入，人们为了到达小众读者所付出的代价，要高于到达大众读者的代价．在这个基础上，有些东西你可以卖更高的价格．"这也是本书的定价原则．对于编者来讲这当然是本好书，尽管对好书的标准见仁见智．福楼拜认为：评价一本书，要看它能否大声朗读．能就是好书，否则就一文不值，因为"没有节奏"，注定这本书是不能大声朗读的，甚至小声也不行．所以不能用传统方式来评判，我们只能期待读者用自己的金钱进行投票，买的人多自然就好．

数学家常常为"什么样的数学问题才是好问题"而

争论,2005 年 5 月 24 日,传出一条爆炸性的消息,在巴黎法兰西学院的演讲厅,著名数学家阿蒂亚(M. Atiyah)等人宣布,对 7 个悬而未决的数学"新千年难题"(Millennium Problems)每个提供 100 万美元的奖金,奖金由一位富有的数学爱好者克雷(L. Cluy)提供,时间不限,但本书的主题哥德巴赫猜想不在其中,因为它没希望.

这是一本注定不会畅销的书,因为才女洪晃说:"看看现在的'畅销书排行榜',排在前面的都是'How to'类的书籍,现代人看书的目的性太强了.读书不能有目的,学习才是有目的的.学习是为了提高技巧,而读书是为了提高素质."

数学书是提高人的理性素质的最佳读物.加里宁在论共产主义教育时写道:"人的一生只要学好三门课程就行了.一是本国语言,二是数学,三是体育."可见数学之重要.仅仅在几十年前,我们还可以从劳动中学习,从生活中学习,而在今天,我们城市里的人越来越多地从书本中学习,读书成了新一代城市人的生活方式,应试教育和沉重的功课使城市的新一代变成了由书本造就的新新人类,但此书非彼书.

最近读了一本书,《杨振宁的科学世界:数学与物理的交融》,季理真、林开亮主编(高等教育出版社,2018),其中读到一则秩事,杨振宁先生回忆说:"我 60 岁时,有一天碰见一位叫 Wolfenstein 的很有名的物理学家,跟我曾经是同学.我跟他说:'我刚有一个大发现,一个非常重要的发现.'他以为我又有什么新的物理理论,他说:'你讲给我听听.'我说:'人生是有限的'."

897

Goldbach 猜想(下)

人生既然有限就应该做点使自己高兴的事,学数论就是!

刘培杰

2018 年 9 月 8 日

于哈尔滨